现代物理基础丛书·典藏版

# 工程电磁理论

张善杰　著

科学出版社
北京

## 内 容 简 介

本书系统地阐述了 Maxwell 电磁场基本方程、原理和定理；深入分析和讨论了平面波的反射、折射和透射；规则波导的一般理论、矩形波导、圆形波导、同轴波导、光纤波导和波导型谐振腔；线天线的辐射、口径型天线辐射的一般特性；平面电磁波的条形和矩形导电平板的散射，以及电磁波的圆柱散射和平面波的球散射问题。

本书可供电子科学与技术、信息与通信工程学科及相关专业的科研和工程技术人员使用；亦可供从事《工程电磁理论》、《高等电磁场理论》或《时谐电磁场》课程教学的教师和研究生参考和学习。

图书在版编目(CIP)数据

工程电磁理论/张善杰著. —北京：科学出版社，2009

(现代物理基础丛书·典藏版)

ISBN 978-7-03-024761-2

I. 工… II. 张… III. 电磁学 IV. O441

中国版本图书馆 CIP 数据核字(2009) 第 096981 号

责任编辑：张 静 胡 凯／责任校对：陈玉凤

责任印制：吴兆东／封面设计：陈 敬

科 学 出 版 社 出版

北京东黄城根北街 16 号

邮政编码：100717

http://www.sciencep.com

北京厚诚则铭印刷科技有限公司印刷

科学出版社发行 各地新华书店经销

*

2009 年 8 月第一版 开本：B5(720 × 1000)

2022 年 7 月印 刷 印张：48 1/4

字数：953 000

定价：198.00 元

(如有印装质量问题，我社负责调换)

# 序 言

自麦克斯韦于 1873 年发表其经典宏大的电磁学专著以来, 电磁理论已有近 140 年的历史. 在其一百多年的发展历程中, 电磁理论经受了许多考验, 被无数的实验所确证, 逐渐成为电子和电气工程的基石. 即使在今天, 一百多岁的电磁理论依然在科学探索和技术发展中发挥着巨大的作用. 在工程领域, 电磁理论的重要性主要在于电磁现象在现代科学技术中的普遍存在和麦克斯韦方程的精确预测功能. 自直流到交流、长波到短波、微波直至光波, 从纳米尺度到宇宙空间, 麦克斯韦方程被证明精确成立. 因此, 在建立及进行实验之前, 麦克斯韦方程的正确求解可精确预测其实验结果. 毋庸置言, 这一功能在科学技术的发展中极其重大. 因此, 在无线通信、生物工程、地球遥感、太空探索、国防技术、光电技术、高频高速电子技术等方面, 电磁理论都具有广泛的应用. 电磁理论同时也是自然科学中少有的堪称完美典范的理论之一. 其整个基础由四个相对简洁的方程所奠定, 而所有重要的电磁定理和规律均可由此发展而来, 所有复杂电磁现象也可由此得到解释. 电磁理论的发展过程, 从安培定律和法拉第定律到麦克斯韦方程, 是一个科学理论发展的极好范例. 因此, 电磁理论的讲授可使学生学习科学研究的基本法则.

由于电磁理论在科学、技术、工程和高等教育等领域中的重要性, 有关电磁理论的专著和教科书至今难以胜数. 由南京大学张善杰教授所著的《工程电磁理论》却并不仅仅是又一本电磁理论著作, 该书具有异于国内外其他专著的一大特点：工程实用性. 除系统全面地介绍了电磁基本理论外, 该书对几个工程上十分重要的问题做了极为详尽全面的处理, 并给出了计算程序用于获得其数值结果. 这些问题包括多层介质的反射, 光纤波导的传播, 导电圆柱、介质圆柱、介质敷层的导电圆柱和多层介质圆柱的散射, 导电球体、介质球体、介质敷层的导电球体和多层介质球体的散射. 而对圆柱散射, 其处理包括了电极化波和磁极化波、正入射和斜入射、平面入射波和柱面入射波. 虽然目前电磁问题的求解着重于数值方法, 这些经典电磁问题的解析解及其计算仍然十分重要; 它们可用于实际问题简化后的近似解, 更可用于作为验证各种数值方法的精确解, 还可用于培养学生求解电磁场边值问题的能力.

张善杰教授致力于电磁理论和特殊函数的科研教学几十年, 在退休后更是投入了大量的时间和精力完成本书. 因此本书内容丰富翔实, 数学分析深入严谨, 问题处理全面实用, 是一本难得的工程电磁理论研究和教学的参考书, 相信一定会受到科研和工程技术人员、教师和学生的欢迎.

张善杰教授是笔者在南京大学攻读硕士研究生时期的授业恩师. 笔者大部分电磁场理论的知识获取于张教授讲授的 “电磁学中的并矢格林函数理论”. 张教授理论功底深厚, 研究细致扎实, 教学认真负责, 作风实事求是, 对笔者影响甚大. 本书的出版, 将使更多的科技同行, 特别是年轻的一代从中受益, 实值得庆贺.

金建铭

于伊利诺大学香槟校区

二OO九年一月十二日

# 前　言

电磁波的传播、反射和折射、波导中的导行波、电磁波的辐射和散射是电磁波理论主要关心的问题, 也是工程电磁理论的重要研究内容. 理论上, 它们则是归结为求 Maxwell 方程对于给定电磁场初、边值问题的解.

时代在前进, 科技在发展, 学习电磁理论所要求的专业和数学基础知识的广度和深度也与时俱增, 其特点是要求具有良好的矢量分析和特殊函数知识, 如圆柱函数和球函数. 为适应科研工作实际需要, 人们对熟悉常用算法, 应用计算机进行科学计算的能力也提出了较高要求.

笔者在职期间较长时间从事有关电磁场理论、特殊函数与计算方法等方面的教学与科研工作; 感到在 "电磁场理论" 的教与学中, 涉及特殊函数及其计算是个难点问题, 难以验算, 常易在心理上产生不踏实感. 因此, 有必要在 "电磁场理论" 的教材中融入这方面的内容, 笔者认为这也是与时俱进的需要. 2002 年本人有机会被邀对我系本专业该届研究生讲授 "特殊函数和电磁场理论", 本书即是根据此次教学的备课笔记、结合本人多年来的教学与科研工作的学习心得和体会, 经过整理和作了较多补充而成.

本书内容核心是求 Maxwell 电磁场方程边值问题的严格解析解, 时谐因子为 $e^{j\omega t}$. 全书分为 6 章, 每章均包含正文和相应附录两部分. 它们是第 1 章电磁场理论基础; 第 2 章平面电磁波; 第 3 章规则波导和谐振腔; 第 4 章电磁波的辐射和散射; 第 5 章电磁波的圆柱散射; 和第 6 章平面电磁波的圆球散射.

第 1 章介绍 Maxwell 电磁场方程、电磁场定理和原理; 第 2 章阐述平面波在平面分层均匀各向同性媒质中波的反射、折射和透射, 还介绍了在无界等离子体和铁氧体各向异性媒质中平面波的传播; 第 3 章中介绍规则波导的一般理论, 具体分析了矩形波导、圆形波导、同轴波导等金属波导、波导型谐振腔和球形谐振腔, 以及谐振腔的微扰, 还详细分析和讨论了圆截面光纤波导; 第 4 章讨论了线天线的辐射和口径型天线辐射的一般特性, 以及条形和矩形导体平板的平面波散射; 第 5 章和第 6 章以较大篇幅分别分析和讨论了平面电磁波的圆柱散射和球散射问题.

书中特别地研究了具有通用性的平面波多分层介质敷层导体和多层介质的圆柱散射和球散射, 并给出了相应的平面波圆柱散射雷达散射宽度 SW 和球散射雷达散射截面 RCS 的 Fortran 计算程序, 以及其应用说明和范例.

正文中各章均相应有一个附录, 并汇集在书的附录篇中, 它们含有一些推导过程冗长的公式证明, 以突出正文重点, 不至使冗长推导影响对主要结论的了解和掌握, 同时又能对公式的来龙去脉、解决难点问题的过程有所了解; 附录中还包含涉及的一些数值结果的 Fortran 计算程序与范例, 以及相关的深化内容, 此外, 书末还附有一个数学附录, 简要地介绍了矢量分析公式、圆柱函数和球函数, 它们都是本书常遇到的必备内容, 供读者查阅.

值得提出的是, 附录中所给出的特殊函数计算程序、多分层斜入射时反射系数的计算程序、多分层圆柱散射和球散射计算程序、第 1 章中关于求矩形波导并矢 Green 函数范例和第 3 章关于同轴光纤色散方程的分析、推导及其数值解法等具有实际应用价值, 可供相关课题研究借鉴和参考.

本书内容翔实, 取材上注意理论紧密联系实际和循序渐进, 并尝试拉近基础理论与相关前沿专题研究的距离; 数学表述上力求严谨、深入浅出、具有启发性、并方便自学. 以期使读者能够较好地掌握基本理论、基本知识和从事科研工作的基本技能.

笔者已退休十余载, 限于学识和水平, 以及书中一些程序的编程工作量较大、插图和编程绘制的曲线较多且全系自制, 因此全书总工作量很大, 难免有顾此失彼、错误和不妥之处, 敬请读者不吝批评指正. 本书编写过程中曾参阅和学习了有关电磁场理论、微波理论与技术、正弦 (时谐) 电磁场等方面的著作, 特别是前辈们的著作, 受益匪浅, 在此深致谢意.

作者深切感谢美国伊利诺大学 (香槟校区) 电子和计算机工程系金建铭教授为本书作序并提出了可贵意见, 南京大学电子科学与工程系陈健教授对书稿提出的一些宝贵建议、冯一军教授和许伟伟教授给予的关心和帮助.

本书的出版得到南京大学 “211 工程” 建设项目的资助.

作　者

2009 年 5 月

# 目　录

# 第 1 章　电磁场理论基础

Maxwell 场方程组反映了宏观电磁现象所遵守的客观规律; 理论上研究电磁场问题就是求解满足问题的初始与边界条件的场方程组解. 本章简要地回顾了一般时变场和时谐场 (时间因子 $\mathrm{e}^{\mathrm{j}\omega t}$) 的积分和微分形式的 Maxwell 场方程组. 继而介绍了求解具体电磁问题必须知道的本构关系、电磁场边界条件, 以及根据场方程组导得的、表明电磁场基本性质的电磁场定理和原理, 诸如 Poynting 定理、二重性原理、唯一性定理、镜像原理等; 分析、讨论了时谐电磁场的波动方程, 以及电磁理论、包括微波理论中经常用到的标量势、矢量势和赫兹矢量等势函数法. 还介绍了电磁场边值问题中求解 Poisson 和 Helmholtz 方程时常用到的 Green 函数法, 以及应用于求解场源为平面电流源和线电流源时的自由空间辐射问题, 最后, 简要介绍了电磁场并矢 Green 函数.

在本章附录中给出了一些公式证明、Dirac $\delta$ 函数简介、Helmholtz 方程 Green 函数基本解、Fourier 和 Hankel 变换简介, 以及求解 Helmholtz 方程有界问题的标量和并矢 Green 函数典型范例.

## 1.1　Maxwell 电磁场方程组

### 1.1.1　电磁学中的实验规律

这些实验规律是 Maxwell 场方程组的实验基础, 它们是:

(1) 电学中的 Gauss 定律

来自静电场的 Coulomb 定律, 将点电荷推广到任意电荷分布 $q$ 情形, 可得

$$\oint\!\!\!\oint_S \boldsymbol{D}\cdot \mathrm{d}\boldsymbol{S} = q \tag{1.1.1}$$

式中, $\boldsymbol{D}$ 为电位移矢量 (电通量密度), 单位为 $\mathrm{C/m^2}$(库/米 $^2$).

(1.1.1) 式表明通过一封闭曲面 $S$ 的电位移 $\boldsymbol{D}$ 的通量等于其内所包含的净自由电荷 $q$.

(2) 磁学中的 Gauss 定律

$$\oint\!\!\!\oint_S \boldsymbol{B}\cdot \mathrm{d}\boldsymbol{S} = 0 \tag{1.1.2}$$

式中, $\boldsymbol{B}$ 为磁感应强度 (磁通量密度), 单位为 $\mathrm{Wb/m^2}$(韦伯/米 $^2$).

(1.1.2) 式表明自由磁荷不存在, 通过任一封闭曲面 $S$ 的磁感应 $\boldsymbol{B}$ 的通量为零; 即磁感应线 $\boldsymbol{B}$ 是闭合的, 流入曲面 $S$ 的磁感应线 $\boldsymbol{B}$ 必流出.

(3) Ampère 环流定律

$$\oint_l \boldsymbol{H} \cdot \mathrm{d}\boldsymbol{l} = i_c(\text{传导电流}) \tag{1.1.3}$$

式中, $\boldsymbol{H}$ 为磁场强度, 单位为 A/m(安/米).

(1.1.3) 式来自稳恒电流的磁效应, 说明在通有电流 $i$ 的导线周围可产生磁场.

(4) Faraday 电磁感应定律

$$u = \oint_l \boldsymbol{E} \cdot \mathrm{d}\boldsymbol{l} = -\frac{\partial \Phi_B}{\partial t} = -\frac{\partial}{\partial t}\oiint_S \boldsymbol{B} \cdot \mathrm{d}\boldsymbol{S} \tag{1.1.4}$$

式中, $u$ 为感应电动势; $\boldsymbol{E}$ 为电场强度, 单位为 V/m(伏/米); $\Phi_B$ 为磁通量, 单位为 Wb(韦伯). (1.1.4) 式表明变化的磁场可以产生电场.

### 1.1.2　Maxwell 的伟大贡献

Maxwell 认为以上四条电磁学实验规律均可应用于交变场合或不稳定场情形. 他研究了电磁规律的对称性, 并观察到 (1.1.2) 与 (1.1.1) 式相比, 源于缺少迄今尚未发现存在有自由磁荷 $q_m$, (1.1.4) 与 (1.1.3) 式相比, 则是缺少相应的磁流 $i_m$ 项; Maxwell 认为变化的电场亦应产生磁场, 因而 (1.1.3) 式中应补入与 $\dfrac{\partial \Phi_B}{\partial t}$ 相应的项 $\dfrac{\partial \Phi_E}{\partial t}$. 因此, Maxwell 假定对于静态场所得到的两个高斯定律均可直接应用于交变场情形; 而法拉第电磁感应定律中的闭曲线 $l$ 亦不限于导线, 可为任意回路, 并且对于安培环流定律 (1.1.3) 式, 为了使之适用于交变场或不稳定场, 根据电荷守恒, 则必须将传导电流 $i_c$ 用全电流 $i_c + i_d$ 代替, 其中

$$i_d = \frac{\partial \Phi_E}{\partial t} = \frac{\partial}{\partial t}\oiint_S \boldsymbol{D} \cdot \mathrm{d}\boldsymbol{S} = \oiint_S \frac{\partial \boldsymbol{D}}{\partial t} \cdot \mathrm{d}\boldsymbol{S} = \oiint_S \boldsymbol{J}_d \cdot \mathrm{d}\boldsymbol{S} \tag{1.1.5}$$

这里, $i_d$ 称为位移电流; $\boldsymbol{J}_d$ 称为位移电流密度.

于是, 引入了位移电流 $i_d$ 后, 即将 (1.1.3) 式中的电流 $i_c$ 换成全电流 $i = i_c + i_d$, 便有

$$\oint_l \boldsymbol{H} \cdot \mathrm{d}\boldsymbol{l} = i_c + \frac{\partial \Phi_E}{\partial t} = \oiint_S \boldsymbol{J}_c \cdot \mathrm{d}\boldsymbol{S} + \frac{\partial}{\partial t}\oiint_S \boldsymbol{D} \cdot \mathrm{d}\boldsymbol{S} \tag{1.1.6}$$

式中, $\boldsymbol{J}_c$ 为传导电流密度, 单位为 A/m$^2$(安/米 $^2$).

Maxwell 以严谨的数学方法总结了前人所得到的电磁学的实验规律, 引入了位移电流概念, 创立了宏观电磁现象所遵守的 Maxwell 场方程组. 特别是预言了电磁波的存在, 并在之后为 Hertz 的实验所证实, 为电子技术、微波技术、电磁理论和工程电磁学等领域的研究奠定了重要的理论基础.

### 1.1.3 Maxwell 场方程组的积分形式

综上 (1.1.1)~(1.1.6) 式结果, 我们便得到 Maxwell 场方程组的积分形式:

$$\oint_l \boldsymbol{E}\cdot \mathrm{d}\boldsymbol{l} = -\frac{\partial}{\partial t}\oiint_S \boldsymbol{B}\cdot \mathrm{d}\boldsymbol{S} \qquad \text{(Faraday 感应定律)} \tag{1.1.7}$$

$$\oint_l \boldsymbol{H}\cdot \mathrm{d}\boldsymbol{l} = \oiint_S \left(\boldsymbol{J}_c + \frac{\partial \boldsymbol{D}}{\partial t}\right)\cdot \mathrm{d}\boldsymbol{S} \qquad \text{(广义 Ampère 感应定律)} \tag{1.1.8}$$

$$\oiint_S \boldsymbol{D}\cdot \mathrm{d}\boldsymbol{S} = q \qquad \text{(电场 Gauss 定律)} \tag{1.1.9}$$

$$\oiint_S \boldsymbol{B}\cdot \mathrm{d}\boldsymbol{S} = 0 \qquad \text{(磁场 Gauss 定律)} \tag{1.1.10}$$

### 1.1.4 Maxwell 场方程组的微分形式

引用数学中的

$$\text{Gauss 定理:} \qquad \iiint_V \nabla\cdot \boldsymbol{A}\mathrm{d}v = \oiint_S \boldsymbol{A}\cdot \mathrm{d}\boldsymbol{S} \tag{1.1.11}$$

$$\text{Stokes 定理:} \qquad \iint_S \nabla\times \boldsymbol{A}\mathrm{d}\boldsymbol{S} = \oint_l \boldsymbol{A}\cdot \mathrm{d}\boldsymbol{l} \tag{1.1.12}$$

并将电荷 $q$ 用其体电荷密度 $\rho$ 的体积分表示

$$q = \iiint_V \rho \mathrm{d}v \tag{1.1.13}$$

则可将积分形式的 Maxwell 方程 (1.1.7)~(1.1.10) 化为微分形式的 Maxwell 方程:

$$\nabla\times \boldsymbol{E} = -\frac{\partial \boldsymbol{B}}{\partial t} \tag{1.1.14}$$

$$\nabla\times \boldsymbol{H} = \boldsymbol{J} + \frac{\partial \boldsymbol{D}}{\partial t} \tag{1.1.15}$$

$$\nabla\cdot \boldsymbol{D} = \rho \tag{1.1.16}$$

$$\nabla\cdot \boldsymbol{B} = 0 \tag{1.1.17}$$

由于一个矢量的旋度的散度恒为零, 故取 (1.1.14) 式的散度即可得 (1.1.17) 式, 而取 (1.1.15) 式的散度, 则有

$$\nabla\cdot \boldsymbol{J} + \frac{\partial \rho}{\partial t} = 0 \tag{1.1.18}$$

此式称为电流连续性方程, 表明单位时间从单位体积流出的电流, 其极限 (即 $\nabla\cdot\boldsymbol{J}$) 等于该点每单位体积内点荷的减少率.

注意到：在场方程 (1.1.15) 中我们已用 $\boldsymbol{J}$ 替代了传导电流密度 $\boldsymbol{J}_c$. 这里, $\boldsymbol{J}$ 不仅可以是导电媒质在电场作用下所产生的传导电流; 也可以是场中存在的与场无关、作为场激励源的外加 (或称局外) 电流; 或者是同时存在的传导电流与外加源电流之和. 通常, 一般书中对场方程 (1.1.15) 中的电流密度 $\boldsymbol{J}$ 的内涵并未加明确指明, 而是依所讨论的问题来确定. 例如, 若考虑的是理想介质的无源问题, 则 (1.1.15) 式中的 $\boldsymbol{J}=0$; 若考虑的是非理想介质的无源问题, 则 $\boldsymbol{J}=\sigma\boldsymbol{E}$; 而若考虑的是非理想介质含电流源辐射问题, 则用 $\boldsymbol{J}$ 代表传导电流 $\boldsymbol{J}_c$ 与外加源电流 $\boldsymbol{J}$ 之和, 即 $\boldsymbol{J}\to\boldsymbol{J}_c+\boldsymbol{J}$, 此时 $\boldsymbol{J}_c=\sigma\boldsymbol{E}$ 为传导电流, 而原来的 $\boldsymbol{J}$ 为外加源电流. 本书以后叙述中将遵循这一习惯约定.

积分形式的 Maxwell 方程 (1.1.7)~(1.1.10) 仅给出了某宏观区域的场量所满足的关系式. 例如, (1.1.9) 式只是说明通过 $\boldsymbol{D}$ 对曲面 $S$ 的面积分等于其内所包含的电荷 $q$ 这一结果, 应用它并不能求得 $S$ 内各点的 $\boldsymbol{D}$ 值, 除非场具有对称性, 这时 $\boldsymbol{D}$ 可从积分号提出. 另一方面, 微分形式的 Maxwell 方程 (1.1.14)~(1.1.18) 则是给出了求解域中各点场量所满足的关系式. 因此, 一般求解电磁场问题需采用微分形式的 Maxwell 方程.

## 1.2 本构关系

方程 (1.1.14)~(1.1.18) 组成微分形式的 Maxwell 场方程组, 它包括有两个旋度 (矢量) 方程、两个散度方程和一个电流连续性方程 (标量方程). 由于对一个矢量的旋度取散度恒等于零, 因而五个场方程中仅有三个是独立的. 我们可选择 (1.1.14)~(1.1.16) 式, 或 (1.1.14)、(1.1.15) 和 (1.1.18) 式作为独立方程, 而其它方程均可由独立方程导出.

两个旋度方程可分解为 6 个标量方程, 连同一个散度方程, 故共有 7 个独立的标量方程; 而其中未知量是 $\boldsymbol{E},\boldsymbol{H},\boldsymbol{D},\boldsymbol{B},\boldsymbol{J}$ 和 $\rho$, 共 16 个标量; 独立标量方程数比未知量数少 9 个, 因而将不能唯一地确定方程组的解. 因此, 我们必须提供表征在电磁场作用下媒质特性的 9 个标量关系式. 这些辅助关系式就称作本构关系. Maxwell 场方程组连同本构关系是构筑经典电磁理论的基础.

一般地, 我们可将本构关系表为如下形式:

$$\boldsymbol{D}=\boldsymbol{D}(\boldsymbol{E},\boldsymbol{H}) \tag{1.2.1}$$

$$\boldsymbol{B}=\boldsymbol{B}(\boldsymbol{E},\boldsymbol{H}) \tag{1.2.2}$$

$$\boldsymbol{J}_c=\boldsymbol{J}_c(\boldsymbol{E},\boldsymbol{H}) \tag{1.2.3}$$

本构关系 (1.2.1)~(1.2.3) 式正好提供了所需的 9 个独立标量关系式, 在数学上, 满足了场方程组具有唯一解的条件.

如果将场源分布 $\boldsymbol{J}$, $\rho$ 作为已知量, 则我们就将有 6 个独立的标量方程、12 个未知标量. 独立标量方程数比未知量数少 6 个, 因而在已知场源分布 $\boldsymbol{J}$, $\rho$ 情况下, 将不能唯一地确定场源 $\boldsymbol{J}$, $\rho$ 所产生的场. 此时, 本构关系 (1.2.1) 和 (1.2.2) 式正好可提供 6 个独立标量关系式, 而使问题有确定的解.

假定媒质中的 $\boldsymbol{D}, \boldsymbol{B}, \boldsymbol{J}_c$ 与场 $\boldsymbol{E}$、$\boldsymbol{H}$ 之间具有线性关系, 可应用叠加原理, 则这类媒质称为线性媒质, 其线性关系可以是代数的, 也可以含微分和积分运算.

本构关系随场量所处媒质的物理特性而异. 在自然界中存在有各种媒质材料, 如介质、导体、铁电体和铁磁体等, 它们的本构关系是不同的.

### 1.2.1 各向同性媒质

如果媒质中某点的电磁特性与该点场的方向无关, 则这种媒质就称为各向同性媒质. 其本构关系可简单地写成

$$\boldsymbol{D} = \varepsilon \boldsymbol{E} \tag{1.2.4}$$

$$\boldsymbol{B} = \mu \boldsymbol{H} \tag{1.2.5}$$

$$\boldsymbol{J}_c = \sigma \boldsymbol{E} \tag{1.2.6}$$

式中, $\varepsilon$ 称为媒质的介电常数 (permittivity), $\mu$ 称为媒质的磁导率 (permeability); $\boldsymbol{J}_c = \sigma \boldsymbol{E}$ 是欧姆定律的微分形式, $\sigma$ 称为导电媒质的电导率 (conductivity). $\varepsilon$, $\mu$ 和 $\sigma$ 均为标量. 因而, 对于各向同性媒质, 矢量 $\boldsymbol{D}$ 和 $\boldsymbol{J}_c$ 与 $\boldsymbol{E}$ 平行; 矢量 $\boldsymbol{B}$ 与 $\boldsymbol{H}$ 平行 (注: 在导体中的电流密度遵守欧姆定律, 但在非欧姆器件中, $\boldsymbol{J}$ 与 $\boldsymbol{E}$ 具有复杂关系. 例如, 在放电管内的运流电流密度可表为 $\boldsymbol{J} = ne\boldsymbol{v}$, 这里, $\boldsymbol{v}$ 是带电粒子的平均速度, $e$ 是每个粒子所带的电量, $n$ 是单位体积内的带电粒子数).

如果 $\varepsilon$、$\mu$ 和 $\sigma$ 在空间中任一点有相同的值, 则称此媒质为均匀媒质. 微波所用的媒质, 在大多数情况下, 可以认为是均匀媒质; 但 $\varepsilon$、$\mu$ 和 $\sigma$ 一般是频率的函数. 对于非导电的, 或可近似地认为是非导电的媒质, 便有 $\sigma = 0$.

自由空间是最简单的均匀媒质, 其本构关系为

$$\begin{aligned} \boldsymbol{D} &= \varepsilon_0 \boldsymbol{E} \\ \boldsymbol{B} &= \mu_0 \boldsymbol{H} \end{aligned} \tag{1.2.7}$$

式中, $\varepsilon_0$ 和 $\mu_0$ 分别为自由空间的介电常数和磁导率; 用 SI 单位制表示, 它们的值分别是

$$\varepsilon_0 = 8.854 \times 10^{-12} \approx \frac{1}{36\pi} \times 10^{-9}\mathrm{F/m}; \quad \mu_0 = 4\pi \times 10^{-7}\mathrm{H/m} \tag{1.2.8}$$

媒质的介电常数和磁导率相对于自由空间的值用 $\varepsilon_\mathrm{r}$ 和 $\mu_\mathrm{r}$ 表示, 此即有

$$\varepsilon_\mathrm{r} = \varepsilon/\varepsilon_0, \mu_\mathrm{r} = \mu/\mu_0 \quad 或 \quad \varepsilon = \varepsilon_\mathrm{r}\varepsilon_0, \mu = \mu_\mathrm{r}\mu_0 \tag{1.2.9}$$

这里, $\varepsilon_\mathrm{r}$ 和 $\mu_\mathrm{r}$ 分别称为媒质的相对介电常数和相对磁导率.

### 1.2.2 各向异性媒质

如果媒质中某点的电磁特性与该点场的方向有关, 则这种媒质就称为各向异性媒质. 例如, 对于在有外加磁场作用下的等离子体媒质, 其本构关系可表为

$$\boldsymbol{D} = [\varepsilon] \cdot \boldsymbol{E} = \varepsilon_0 [\varepsilon_{\mathrm{r}}] \cdot \boldsymbol{E} \tag{1.2.10}$$

式中, $[\varepsilon]$ 称为张量介电常数, $[\varepsilon_{\mathrm{r}}]$ 为相对的张量介电常数.

又如, 在有外加直流磁场和微波磁场的共同作用下的铁氧体媒质, 其本构关系可表为

$$\boldsymbol{B} = [\mu] \cdot \boldsymbol{H} = \mu_0 [\mu_{\mathrm{r}}] \cdot \boldsymbol{H} \tag{1.2.11}$$

式中, $[\mu]$ 称为张量磁导率, $[\mu_{\mathrm{r}}]$ 为相对的张量磁导率.

当一媒质其电特性由介电常数张量描述, 则它是电各向异性的, 如等离子体媒质; 当一媒质其磁特性由磁导率张量描述, 则它便是磁各向异性的, 如铁氧体媒质. 此外, 一种媒质也可以同时是电和磁的各向异性的, 这类媒质称为双各向异性媒质. 例如, 某些磁性晶体的本构关系可表为

$$\boldsymbol{D} = [\varepsilon] \cdot \boldsymbol{E} + [\xi] \cdot \boldsymbol{H}; \quad \boldsymbol{B} = [\zeta] \cdot \boldsymbol{E} + [\mu] \cdot \boldsymbol{H} \tag{1.2.12}$$

式中, $[\xi]$ 和 $[\zeta]$ 称为磁电张量.

晶体通常用对称的张量介电常数描述. 由于利用坐标变换可使一个矩阵对角化, 因而在新坐标系中, 晶体的张量介电常数可写成

$$[\varepsilon] = \begin{bmatrix} \varepsilon_x & 0 & 0 \\ 0 & \varepsilon_y & 0 \\ 0 & 0 & \varepsilon_z \end{bmatrix} \tag{1.2.13}$$

新坐标系的三个坐标轴称为晶体的主轴.

当张量介电常数中的 $\varepsilon_x \neq \varepsilon_y \neq \varepsilon_z$ 时, 称晶体 (媒质) 是双轴的; 当三个参数中有两个是相等, 例如, $\varepsilon = \varepsilon_x = \varepsilon_y \neq \varepsilon_z$, 则此时称晶体是单轴的, $\varepsilon_z > \varepsilon$ 时为正单轴晶体, $\varepsilon_z < \varepsilon$ 时为负单轴晶体, 而 $z$ 轴称为光轴; 当三个参数 $\varepsilon_x = \varepsilon_y = \varepsilon_z$ 均相等时, 晶体便是各向同性媒质 (如立方形晶体).

在时变场情况下, 参数 $[\varepsilon]$, $[\mu]$, $[\xi]$ 和 $[\zeta]$ 都是频率的函数.

## 1.3 时谐电磁场

在时变电磁场中, 场量和场源除了是空间坐标的函数, 还是时间的函数. 电磁场随时间作正弦变化是最常见也是最重要的形式. 这是以一定频率 $f$、角频率 $\omega = 2\pi f$

作正弦变化的电磁场，称为正弦电磁场或时谐电磁场. 正弦函数在工程技术中占有独特的地位，它是工程人员最常用的函数，主要原因其一是正弦信号容易产生，更重要是一个任意周期函数都可以展成由许多正弦谐波成分组成的 Fourier(傅里叶) 级数 (离散谱)，而一个非周期函数则可以用 Fourier 积分 (连续谱) 表示. 我们可采用 Fourier 分析和变换法通过系统对各个频率的响应，经过叠加确定出系统对任一种时变信号的响应. 因此，研究正弦变化的时变电磁场具有非常重要的意义.

对于周期为 2π 的函数 $f(x)$，其 Fourier 级数为

$$f(x)=\sum_{n=-\infty}^{+\infty} c_n \mathrm{e}^{\mathrm{j}nx} \tag{1.3.1}$$

其中，Fourier 系数

$$c_n=\frac{1}{2\pi}\int_{-\pi}^{\pi} f(\xi)\mathrm{e}^{-\mathrm{j}n\xi}\mathrm{d}\xi \quad (n=0,\pm 1,\pm 2,\cdots) \tag{1.3.2}$$

对于非周期函数 $f(x)$，其 Fourier 积分表示式为

$$f(x)=\int_{-\infty}^{+\infty} g(\omega)\mathrm{e}^{\mathrm{j}\omega x}\mathrm{d}\omega \tag{1.3.3}$$

其中展开系数

$$g(\omega)=\frac{1}{2\pi}\int_{-\infty}^{+\infty} f(x)\mathrm{e}^{-\mathrm{j}\omega x}\mathrm{d}x \tag{1.3.4}$$

实际上 (1.3.4) 式就是 Fourier 变换，(1.3.3) 式为 Fourier 逆变换，它们构成 Fourier 变换对. 将 $\omega\to k$; $\tilde{f}(k)=2\pi g(\omega)$，它们就是附录 D 中给出的 Fourier 变换对.

设场随时间以角频率 $\omega$ 作简谐变化，具有时间因子 $\mathrm{e}^{\mathrm{j}\omega t}$，则由 (1.1.14)~(1.1.17) 式可得，时谐场的 Maxwell 场方程组为

$$\nabla\times\boldsymbol{E}=-\mathrm{j}\omega\mu\boldsymbol{H} \tag{1.3.5}$$

$$\nabla\times\boldsymbol{H}=\boldsymbol{J}+\mathrm{j}\omega\varepsilon\boldsymbol{E} \tag{1.3.6}$$

$$\nabla\cdot\boldsymbol{D}=\rho \tag{1.3.7}$$

$$\nabla\cdot\boldsymbol{B}=0 \tag{1.3.8}$$

在 1.1 节中曾提到过，(1.3.6) 式中的电流密度 $\boldsymbol{J}$ 所代表的可以是导电媒质在电场作用下所产生的传导电流，也可为场中外加激励源电流，或它们两者之和.

现暂不考虑含激励源的问题 (即假定场源位于我们所考虑的区域之外)，于是，对于导电媒质，(1.3.6) 式可以写成

$$\begin{aligned}\nabla\times\boldsymbol{H}&=\sigma\boldsymbol{E}+\mathrm{j}\omega\varepsilon\boldsymbol{E}\\&=\mathrm{j}\omega\tilde{\varepsilon}\boldsymbol{E}\end{aligned} \tag{1.3.9}$$

式中,

$$\tilde{\varepsilon} = \varepsilon - \mathrm{j}\sigma/\omega = \varepsilon' - \mathrm{j}\varepsilon'' \tag{1.3.10}$$

这里, $\tilde{\varepsilon}$ 称为复介电常数; $\varepsilon' = \varepsilon, \varepsilon'' = \sigma/\omega$. 相对的复介电常数为

$$\tilde{\varepsilon}_{\mathrm{r}} = \varepsilon'_{\mathrm{r}} - \mathrm{j}\varepsilon''_{\mathrm{r}}, \quad 其中\ \varepsilon'_{\mathrm{r}} = \varepsilon_{\mathrm{r}}, \varepsilon''_{\mathrm{r}} = \sigma/\omega\varepsilon_0 \tag{1.3.11}$$

使用复介电常数 $\tilde{\varepsilon}$ 可使 (1.3.6) 式表为较简洁的形式, 也使场方程组有进一步的对称; 但它仅是一个数学定义, 其实部表征媒质的介电常数; 而虚部是表征媒质的导电性.

本书在以后各章中, 除 2.11 和 2.12 节中介绍平面电磁波在各向异性媒质中的传播外, 主要是讨论时谐电磁场在均匀各向同性媒质中波的传播、辐射和散射问题.

对于均匀各向同性媒质, $\varepsilon, \mu$ 和 $\sigma$ 均为常量. 媒质的本构关系为

$$\boldsymbol{D} = \varepsilon \boldsymbol{E} \tag{1.3.12}$$

$$\boldsymbol{B} = \mu \boldsymbol{H} \tag{1.3.13}$$

和

$$\boldsymbol{J}_c = \sigma \boldsymbol{E} \tag{1.3.14}$$

## 1.4 电磁场边界条件

微分形式的 Maxwell 场方程组仅适用于场量变化连续的区域, 例如, $\Delta \cdot \boldsymbol{D} = \rho$, 说明任意一点 $\boldsymbol{D}$ 的散度等于该点的电荷密度 $\rho$ 的值; 显然, 在该点 $\boldsymbol{D}$ 必须是连续函数. 另一方面, 积分形式的 Maxwell 场方程组则没有场量必须连续的要求, 但它只能确定在一有限区域内场量所满足的积分关系, 例如, $\oint_S \boldsymbol{D} \cdot \mathrm{d}\boldsymbol{S} = q$ 只是表明通过一封闭曲面 $S$ 的电位移 $\boldsymbol{D}$ 的通量等于其内所包含的净自由电荷 $q$, 并不能确定曲面 $S$ 内任意一点 $\boldsymbol{D}$ 的值.

数学上, 微分方程组可以有多个解, 但是它们中只有一个是所给定问题的解. 因此, 一个电磁问题的完整描述应包含电磁场所满足的微分方程组和相应的条件. 对于时谐电磁场, 仅需考虑在贴近不同媒质特性分界面、其两侧的场应满足的边界条件, 以及满足场必须是有限的条件、周期性条件, 与对于无界域场在无穷远处的辐射条件等自然条件.

### 1.4.1 不同媒质的边界条件

当在不同媒质的分界面两侧, 媒质的特征参数 $\mu$、$\varepsilon$ 和 $\sigma$(或其中之一) 发生突变, 则在媒质的分界面上场量将发生突变. 设分界面两侧媒质参数是连续的, 因而其两侧的电磁场量各自满足微分形式的 Maxwell 场方程组, 并在媒质的分界面上

存在一定的关系 (即所谓电磁场边界条件). 通过应用积分形式的 Maxwell 场方程, 使积分区域跨越媒质分界面, 然后取其极限, 可以建立媒质分界面两侧场量之间的关系, 而得出场所应满足的边界条件.

首先, 我们来考虑在两媒质边界面上, 磁场 $\boldsymbol{H}$ 应满足的边界条件. 参见图 1.4.1(a), 将 Maxwell 场方程 (1.1.8) 应用于一长为 $\Delta l$、宽 $\Delta h$ 的闭合回线; $\Delta l$ 为无穷小, $\Delta h$ 为高阶无穷小; 而闭合回线跨越两媒质的界面. 由于回线很小, 可认为在其上的场量是均匀的, 于是, 略去 $\boldsymbol{H}$ 沿 $\Delta h$ 线上的积分, 我们有

$$H_1 \sin\theta_1 \Delta l - H_2 \sin\theta_2 \Delta l \approx \left(|\boldsymbol{J}| + \left|\frac{\partial \boldsymbol{D}}{\partial t}\right|\right) \Delta l \Delta h$$

或

$$H_1 \sin\theta_1 - H_2 \sin\theta_2 = \lim_{\Delta h \to 0} \left(|\boldsymbol{J}| + \left|\frac{\partial \boldsymbol{D}}{\partial t}\right|\right) \Delta h \tag{1.4.1}$$

式中, $\boldsymbol{J}$ 为媒质分界面上传导电流密度.

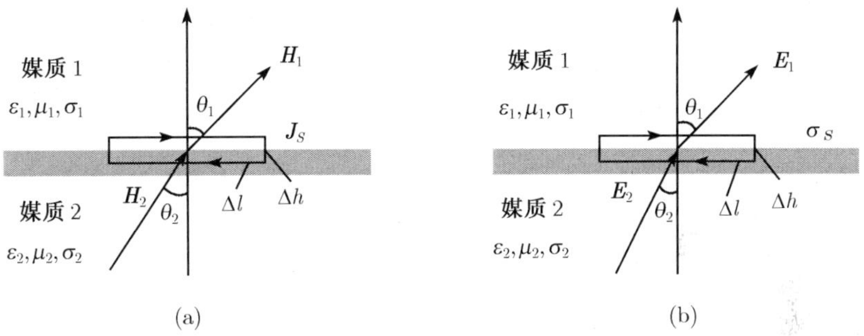


图 1.4.1 $\boldsymbol{H}$ 和 $\boldsymbol{E}$ 跨越界面时的情形

因 $\left|\frac{\partial \boldsymbol{D}}{\partial t}\right|$ 是有限量, $\lim\limits_{\Delta h \to 0} \left|\frac{\partial \boldsymbol{D}}{\partial t}\right| \Delta h \to 0$, 并令 $\lim\limits_{\Delta h \to 0} |\boldsymbol{J}| \Delta h \to \boldsymbol{J}_S$, 于是, (1.4.1) 式可写成

$$H_1 \sin\theta_1 - H_2 \sin\theta_2 = J_S \tag{1.4.2}$$

写成矢量形式为

$$\hat{\boldsymbol{n}} \times (\boldsymbol{H}_1 - \boldsymbol{H}_2) = \boldsymbol{J}_S \tag{1.4.3}$$

式中, $\hat{\boldsymbol{n}}$ 是沿媒质分界面的法线方向上的单位矢量, 其正方向由媒质 2 指向媒质 1; $\boldsymbol{J}_S$ 是沿分界面通过面积 $\Delta S = \Delta l \cdot \Delta h$ 当 $\Delta h \to 0$ 时的面电流密度.

若 $\boldsymbol{J}_S = 0$, 即分界面上没有传导面电流, 则 (1.4.3) 式可化为

$$\hat{\boldsymbol{n}} \times (\boldsymbol{H}_1 - \boldsymbol{H}_2) = 0 \tag{1.4.4}$$

(1.4.3) 和 (1.4.4) 式表明, 当媒质分界面上存在传导面电流, 磁场的切向分量在跨越界面时将发生突变, 其突变值就是面电流密度 $\boldsymbol{J}_S$; 而若媒质分界面上不存在传导面电流, 则磁场的切向分量在跨越界面时是连续的.

其次, 参见图 1.4.1(b), 将 Maxwell 场方程 (1.1.7) 应用于一长为 $\Delta l$、宽 $\Delta h$ 的闭合回线, $\Delta l$ 为无穷小, $\Delta h$ 为高阶无穷小; 而闭合回线跨越两媒质的界面. 类似地, 我们可得

$$E_1 \sin\theta_1 \Delta l - E_2 \sin\theta_2 \Delta l \approx \left|\frac{\partial \boldsymbol{B}}{\partial t}\right| \Delta l \cdot \Delta h$$

或

$$E_1 \sin\theta_1 - E_2 \sin\theta_2 = \lim_{\Delta h \to 0} \left|\frac{\partial \boldsymbol{B}}{\partial t}\right| \Delta h \tag{1.4.5}$$

同样, 由于 $\left|\frac{\partial \boldsymbol{B}}{\partial t}\right|$ 是有限量, $\lim\limits_{\Delta h \to 0} \left|\frac{\partial \boldsymbol{B}}{\partial t}\right| \Delta h \to 0$, 于是得

$$E_1 \sin\theta_1 - E_2 \sin\theta_2 = 0 \tag{1.4.6}$$

即

$$\hat{\boldsymbol{n}} \times (\boldsymbol{E}_1 - \boldsymbol{E}_2) = 0 \quad 或 \quad E_{1t} = E_{2t} \tag{1.4.7}$$

这表明, 电场的切向分量在跨越界面时总是连续的.

最后, 我们考虑在两媒质边界面上, 电位移矢量 $\boldsymbol{D}$ 和磁感应强度 $\boldsymbol{B}$ 应满足的边界条件.

参见图 1.4.2(a), 将 Maxwell 场方程 (1.1.9) 应用于顶面积和底面积为 $\Delta S$, 而高度为 $\Delta h$ 的小圆柱曲面; 由于 $\Delta h$ 很小, 可认为在柱面上的场量是均匀的, 于是, 略去 $\boldsymbol{D}$ 沿柱体侧面积上的面积分, 我们便有

$$\lim_{\substack{\Delta S \to 0 \\ \Delta h \to 0}} (D_1 \cos\theta_1 \Delta S - D_2 \cos\theta_2 \Delta S) \approx \lim_{\substack{\Delta S \to 0 \\ \Delta h \to 0}} (\rho \Delta S \Delta h)$$

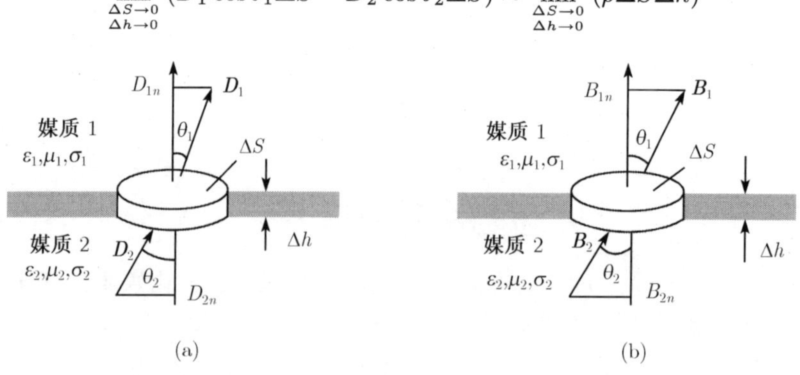


图 1.4.2 $\boldsymbol{D}$ 和 $\boldsymbol{B}$ 跨越界面时的情形

或

$$D_1\cos\theta_1 - D_2\cos\theta_2 = \lim_{\Delta l\to 0}(\rho\Delta h) \tag{1.4.8}$$

写成矢量形式为

$$\hat{\boldsymbol{n}}\cdot(\boldsymbol{D}_1-\boldsymbol{D}_2)=\rho_S \quad 或 \quad D_{1n}-D_{2n}=\rho_S \tag{1.4.9}$$

式中, $\rho_S = \lim\limits_{\Delta h\to 0}(\rho\Delta h)$ 称为面电荷密度.

类似地, 参见图 1.4.2(b), 将 Maxwell 场方程 (1.1.10) 应用于顶面积和底面积为 $\Delta S$, 而高度为 $\Delta h$ 的小圆柱形闭曲面, 则可得

$$\hat{\boldsymbol{n}}\cdot(\boldsymbol{B}_1-\boldsymbol{B}_2)=0 \quad 或 \quad B_{1n}-B_{2n}=0 \tag{1.4.10}$$

(1.4.9) 式表明, 当媒质分界面上存在面电荷密度时, 电位移矢量 $\boldsymbol{D}$ 的法向分量在跨越界将发生突变, 其突变值就是面电荷密度 $\rho_S$; 而若媒质分界面上不存在面电荷密度, 则 $\boldsymbol{D}$ 的法向分量在跨越界面时是连续的; 另一方面, (1.4.10) 式则表明, 磁感应强度 $\boldsymbol{B}$ 的法向分量在跨越界面时总是连续的.

(1.4.3)、(1.4.7)、(1.4.9) 和 (1.4.10) 式是电磁场在任意媒质分界上的边界条件. 在电磁问题中, 介质–理想导体分界面, 以及介质–介质分界面情形是经常遇到的. 对于前者, 因理想导体的 $\sigma=\infty$, 按欧姆定律 $\boldsymbol{J}=\sigma\boldsymbol{E}$, 由于 $\boldsymbol{J}$ 不可能为无限大, 故理想导体中的电场 $\boldsymbol{E}=0$; 而利用 Maxwell 场方程 $\nabla\times\boldsymbol{E}=-\dfrac{\partial\boldsymbol{B}}{\partial t}=-\mathrm{j}\omega\boldsymbol{B}$, 可知有 $\boldsymbol{B}=0$(而有 $\boldsymbol{H}=0$), 因而理想导体中的电磁场均为零. 对于介质–理想导体分界面情形, 边界条件 (1.4.3)、(1.4.7)、(1.4.9) 和 (1.4.10) 式分别简化成

$$\hat{\boldsymbol{n}}\times\boldsymbol{H}=\boldsymbol{J}_S \tag{1.4.11}$$

$$\hat{\boldsymbol{n}}\times\boldsymbol{E}=0 \tag{1.4.12}$$

$$\hat{\boldsymbol{n}}\cdot\boldsymbol{D}=\rho_S \tag{1.4.13}$$

$$\hat{\boldsymbol{n}}\cdot\boldsymbol{B}=0 \tag{1.4.14}$$

式中, $\hat{\boldsymbol{n}}$ 是导体表面法线方向上的单位矢量, $\boldsymbol{E}$、$\boldsymbol{H}$、$\boldsymbol{D}$ 和 $\boldsymbol{B}$ 是介质中的场量.

(1.4.11) 式常用来确定导体表面上的传导面电流密度 $\boldsymbol{J}_S$, $\boldsymbol{J}_S$、$\hat{\boldsymbol{n}}$ 与 $\boldsymbol{H}$ 三者相互垂直, 并成右手螺旋关系; (1.4.13) 式则可用来确定导体表面的面电荷密度 $\rho_S$.

### 1.4.2 辐射条件

设场源和物体均位于距坐标原点有限的范围内, 而所研究的场域为 “开放” 的场域时, 则需要知道其外边界 $r\to\infty$ 处, 电磁场 $\boldsymbol{E}$、$\boldsymbol{H}$ 应满足的条件 (即所谓辐

射条件). 例如, 对于三维情形, 它们是 (参见第 4 章附录 C):

$$\lim_{r\to\infty} r\boldsymbol{E} \to 有限值;\quad \lim_{r\to\infty} r\boldsymbol{H} \to 有限值 \tag{1.4.15}$$

以及

$$\lim_{r\to\infty} r\left[(\hat{\boldsymbol{a}}_r \times \boldsymbol{H}) + \sqrt{\frac{\varepsilon}{\mu}}\boldsymbol{E}\right] = 0 \tag{1.4.16}$$

$$\lim_{r\to\infty} r\left[\sqrt{\frac{\varepsilon}{\mu}}(\hat{\boldsymbol{a}}_r \times \boldsymbol{E}) - \boldsymbol{H}\right] = 0 \tag{1.4.17}$$

式中, $\hat{\boldsymbol{a}}_r$ 是沿 $r$ 方向上的单位矢量. (1.4.15) 式表明, 当 $r \to \infty$ 时, $E$、$H$ 随 $r$ 增大而减小只少为 $r^{-1}$ 的量级; (1.4.16) 和 (1.4.17) 方括号内的项表明, 对于阶为 $r^{-1}$ 的项, $\boldsymbol{E}$、$\boldsymbol{H}$ 和 $\hat{\boldsymbol{a}}_r$ 三者彼此垂直, 且 $\sqrt{\mu/\varepsilon} = \eta$ 为 $\varepsilon$、$\mu$ 媒质自由空间的波阻抗, 它们之间的关系犹如一平面波沿径向 $r$ 方向传播.

## 1.5 Poynting 定理

本节将从 Maxwell 场方程出发介绍时变场和时谐场的 Poynting(坡印亭) 矢量 $\boldsymbol{P}$ 与反映电磁波能量的传播或转换过程中电磁能量守恒的 Poynting 定理.

对于各向同性均匀媒质, 有 $\boldsymbol{D} = \varepsilon\boldsymbol{E}$, $\boldsymbol{B} = \mu\boldsymbol{H}$ 和 $\boldsymbol{J}_c = \sigma\boldsymbol{E}$, Maxwell 场方程 (1.1.14) 和 (1.1.15) 可表为:

$$\nabla \times \boldsymbol{E} = -\mu\frac{\partial \boldsymbol{H}}{\partial t} \tag{1.5.1}$$

$$\nabla \times \boldsymbol{H} = \boldsymbol{J} + \sigma\boldsymbol{E} + \varepsilon\frac{\partial \boldsymbol{E}}{\partial t} \tag{1.5.2}$$

这里, $\varepsilon$、$\mu$ 和 $\sigma$ 分别为媒质的介电常数、磁导率和电导率; $\boldsymbol{J}$ 为外加 (局外) 源电流.

由 $\boldsymbol{H}$ 点乘 (1.5.1) 与 $\boldsymbol{E}$ 点乘 (1.5.2) 式相减, 得

$$\boldsymbol{H}\cdot\nabla\times\boldsymbol{E} - \boldsymbol{E}\cdot\nabla\times\boldsymbol{H} = -\mu\boldsymbol{H}\cdot\frac{\partial \boldsymbol{H}}{\partial t} - \boldsymbol{E}\cdot\boldsymbol{J} - \sigma\boldsymbol{E}\cdot\boldsymbol{E} - \varepsilon\boldsymbol{E}\cdot\frac{\partial \boldsymbol{E}}{\partial t} \tag{1.5.3}$$

应用矢量恒等式: $\nabla\cdot(\boldsymbol{A}\times\boldsymbol{B}) = \boldsymbol{B}\cdot\nabla\times\boldsymbol{A} - \boldsymbol{A}\cdot(\nabla\times\boldsymbol{B})$, 上式可写成

$$\nabla\cdot(\boldsymbol{E}\times\boldsymbol{H}) = -\boldsymbol{E}\cdot\boldsymbol{J} - \sigma\boldsymbol{E}\cdot\boldsymbol{E} - \frac{\partial}{\partial t}\left(\frac{1}{2}\varepsilon\boldsymbol{E}\cdot\boldsymbol{E} + \frac{1}{2}\mu\boldsymbol{H}\cdot\boldsymbol{H}\right) \tag{1.5.4}$$

观察 (1.5.4) 式中各项的量纲, 可知 $\frac{1}{2}\varepsilon\boldsymbol{E}\cdot\boldsymbol{E}$ 和 $\frac{1}{2}\mu\boldsymbol{H}\cdot\boldsymbol{H}$ 的单位可表为 $\mathrm{J/m^3}$, 它是能量密度的单位; $\sigma\boldsymbol{E}\cdot\boldsymbol{E}$、$\boldsymbol{E}\cdot\boldsymbol{J}$ 和 $\nabla\cdot(\boldsymbol{E}\times\boldsymbol{H})$ 的单位均可表为 $\mathrm{J/(m^3\cdot s)}$.

今将 (1.5.4) 式对以 $S$ 为封闭曲面的体积 $V$ 积分, 并对 $\nabla\cdot(\boldsymbol{E}\times\boldsymbol{H})$ 体积分应用散度定理, 则我们可得

$$\begin{aligned}\oiint_S(\boldsymbol{E}\times\boldsymbol{H})\cdot\hat{\boldsymbol{n}}\mathrm{d}S=&-\iiint_V\boldsymbol{E}\cdot\boldsymbol{J}\mathrm{d}v-\iiint_V\sigma\boldsymbol{E}\cdot\boldsymbol{E}\mathrm{d}v\\&-\frac{\partial}{\partial t}\iiint_V\left(\frac{1}{2}\varepsilon\boldsymbol{E}\cdot\boldsymbol{E}+\frac{1}{2}\mu\boldsymbol{H}\cdot\boldsymbol{H}\right)\mathrm{d}v\end{aligned}\tag{1.5.5}$$

式中, $\hat{\boldsymbol{n}}$ 为曲面 $S$ 的外指法向单位矢量.

(1.5.5) 式右端第一项中 $-\boldsymbol{E}\cdot\boldsymbol{J}$ 表示单位时间、单位体积中外加 (局外) 源电流对电场所做的功, 故其体积分为在单位时间内体积 $V$ 中外加场源所提供电磁能量; 右端第二项中 $-\sigma\boldsymbol{E}\cdot\boldsymbol{E}$ 具有 $\mathrm{J/(m^3{\cdot}s)}$ 的量纲, 由于 $\sigma\boldsymbol{E}\cdot\boldsymbol{E}=\boldsymbol{J}_c\cdot\boldsymbol{E}$ 即欧姆定律, 因 $-\sigma\boldsymbol{E}\cdot\boldsymbol{E}=-\sigma|\boldsymbol{E}|^2<0$, 故其体积分是表示单位时间, 由于焦耳热损耗体积 $V$ 中所耗逸的电磁能, 负号是表示 $V$ 内电磁能量减少; 右端第三项中的 $\frac{1}{2}\varepsilon\boldsymbol{E}\cdot\boldsymbol{E}+\frac{1}{2}\mu\boldsymbol{H}\cdot\boldsymbol{H}$具有能量量纲, 该项积分表示电磁储能的减少率. 因此, 按能量守恒原理, 我们可将 (1.5.5) 式左端的面积分解释为在单位时间内从包围 $V$ 的封闭曲面 $S$ 流出去的电磁能量, 它等于单位时间内、体积 $V$ 中场源所提供的能量扣去其中电磁能的热损耗和电磁储能的减少量. 如果 $V$ 中不含场源, 则 (1.5.5) 式就表示单位时间 $V$ 中电磁能量的减少等于从曲面 $S$ 流出去的电磁能量.

另定义一个矢量

$$\boldsymbol{P}=\boldsymbol{E}\times\boldsymbol{H}\tag{1.5.6}$$

称为 Poynting 矢量, 则 (1.5.5) 式便可写成

$$\oiint_S\boldsymbol{P}\cdot\hat{\boldsymbol{n}}\mathrm{d}S=-\iiint_V\boldsymbol{E}\cdot\boldsymbol{J}\mathrm{d}v-\iiint_V\sigma\boldsymbol{E}\cdot\boldsymbol{E}\mathrm{d}v-\frac{\partial}{\partial t}\iiint_V\left(\frac{1}{2}\varepsilon\boldsymbol{E}\cdot\boldsymbol{E}+\frac{1}{2}\mu\boldsymbol{H}\cdot\boldsymbol{H}\right)\mathrm{d}v\tag{1.5.7}$$

从 (1.5.7) 式可以看出, $\boldsymbol{P}$ 的物理意义可解释为在单位时间内通过与它的方向相垂直的单位面积的电磁能量, 或通过与它的方向相垂直的单位面积的电磁场 (波) 功率, 亦称为能流密度. (1.5.7) 式称为积分形式的 Poynting 定理; 而 (1.5.4) 式称为微分形式的 Poynting 定理. 它们反映电磁能量的守恒关系. $\boldsymbol{P}$、$\boldsymbol{E}$ 和 $\boldsymbol{H}$ 三者相互垂直, 并形成右手螺旋关系. Poynting 矢量 $\boldsymbol{P}$ 是时空函数, 它所表示的是瞬时量.

对于时谐场, 电场 $\boldsymbol{E}$ 和磁场 $\boldsymbol{H}$ 随时间作正弦或余弦变化, 而可表为复相量:

$$\begin{aligned}\boldsymbol{E}(\boldsymbol{r},t)&=\boldsymbol{E}(\boldsymbol{r})\mathrm{e}^{\mathrm{j}\omega t}=[E_r(r)+\mathrm{j}E_j(r)]\,\mathrm{e}^{\mathrm{j}\omega t}\\\boldsymbol{H}(\boldsymbol{r},t)&=\boldsymbol{H}(\boldsymbol{r})\mathrm{e}^{\mathrm{j}\omega t}=[H_r(r)+\mathrm{j}H_j(r)]\,\mathrm{e}^{\mathrm{j}\omega t}\end{aligned}\tag{1.5.8}$$

设场随时间作余弦变化, 即为时间因子 $\mathrm{e}^{\mathrm{j}\omega t}$ 的实部; 取实部后得

$$\begin{aligned}\mathrm{Re}\boldsymbol{E}&=E_r\cos\omega t-E_j\sin\omega t\\\mathrm{Re}\boldsymbol{H}&=H_r\cos\omega t-H_j\sin\omega t\end{aligned}\tag{1.5.9}$$

故 Poynting 矢量 $\boldsymbol{P}$ 为

$$\begin{aligned}\boldsymbol{P} &= \mathrm{Re}\boldsymbol{E} \times \mathrm{Re}\boldsymbol{H} \\ &= (E_r \times H_r)\cos^2\omega t + (E_j \times H_j)\sin^2\omega t - (E_r \times H_j + E_j \times H_r)\cos\omega t\sin\omega t\end{aligned}$$

对于周期场, 一般我们关心瞬时 $\boldsymbol{P}$ 在一个周期 $T = 2\pi/\omega$ 内的平均值, 即

$$\begin{aligned}\bar{\boldsymbol{P}} =& \frac{1}{T}\int_0^T \Big\{(E_r \times H_r)\cos^2\omega t + (E_j \times H_j)\sin^2\omega t \\ & - (E_r \times H_j + E_j \times H_r)\cos\omega t\sin\omega t\Big\}\mathrm{d}t\end{aligned} \tag{1.5.10}$$

其中, $\boldsymbol{P}$ 上的一横 "–" 表示对该量取平均值. 将 $T = 2\pi/\omega$ 代入上式, 因

$$\int_0^T \cos\omega t\sin\omega t\mathrm{d}t = 0 \quad 和 \quad \int_0^T \cos^2\omega t\mathrm{d}t = \int_0^T \sin^2\omega t\mathrm{d}t = \frac{\pi}{\omega}$$

于是有

$$\bar{\boldsymbol{P}} = \frac{1}{2}(E_r \times H_r + E_j \times H_j) = \frac{1}{2}\mathrm{Re}(\boldsymbol{E} \times \boldsymbol{H}^*) \tag{1.5.11}$$

式中, "*" 表示对一个量取其复共轭 (注：对于时谐场, 当涉及应用 Poynting 定理时, 除非特别说明, 一般均是指 $\boldsymbol{P}$ 在一周内的平均值 $\bar{\boldsymbol{P}}$; 并有时省去 $\boldsymbol{P}$ 上的一横 "–", 这种情形常可从上下文看出将不致误解).

因 $\nabla\cdot(\boldsymbol{E}\times\boldsymbol{H}^*) = \boldsymbol{H}^*\cdot\nabla\times\boldsymbol{E} - \boldsymbol{E}\cdot(\nabla\times\boldsymbol{H}^*)$ 和由 (1.5.1) 和 (1.5.2) 式有 $\nabla\times\boldsymbol{E} = -\mathrm{j}\omega\mu\boldsymbol{H}$ 与 $\nabla\times\boldsymbol{H} = \boldsymbol{J} + \sigma\boldsymbol{E} + \mathrm{j}\omega\varepsilon\boldsymbol{E}$, 取后者的复共轭 (为讨论方便, 假定不存在外加场源, 即 $\boldsymbol{J} = 0$), 我们便有

$$\nabla\cdot(\boldsymbol{E}\times\boldsymbol{H}^*) = -\sigma\cdot\boldsymbol{E}\cdot\boldsymbol{E}^* - \mathrm{j}\omega\mu\boldsymbol{H}\cdot\boldsymbol{H}^* + \mathrm{j}\omega\varepsilon\boldsymbol{E}\cdot\boldsymbol{E}^* \tag{1.5.12}$$

对上式应用散度定理, 则可得

$$\oiint_S (\boldsymbol{E}\times\boldsymbol{H}^*)\cdot\hat{\boldsymbol{n}}\mathrm{d}S = -\iiint_V \sigma\cdot\boldsymbol{E}\cdot\boldsymbol{E}^*\mathrm{d}v - \mathrm{j}\omega\iiint_V (\mu\boldsymbol{H}\cdot\boldsymbol{H}^* - \varepsilon\boldsymbol{E}\cdot\boldsymbol{E}^*)\mathrm{d}v \tag{1.5.13}$$

此即有

$$-\oiint_S \overline{\boldsymbol{P}}\cdot\hat{\boldsymbol{n}}\mathrm{d}S = \frac{1}{2}\iiint_V \sigma\boldsymbol{E}\cdot\boldsymbol{E}\mathrm{d}v + \mathrm{j}2\omega\iiint_V (w_\mathrm{m} - w_\mathrm{e})\mathrm{d}v \tag{1.5.14}$$

式中

$$w_\mathrm{e} = \frac{1}{4}\varepsilon\boldsymbol{E}\cdot\boldsymbol{E}^* = \frac{1}{4}\varepsilon|\boldsymbol{E}|^2 \quad 为平均电 (储) 能密度 \tag{1.5.15}$$

$$w_{\mathrm{m}}=\frac{1}{4}\mu\boldsymbol{H}\cdot\boldsymbol{H}^{*}=\frac{1}{4}\mu|\boldsymbol{H}|^{2}\quad 为平均磁 (储) 能密度 \tag{1.5.16}$$

(1.5.12) 和 (1.5.14) 式分别就是时谐场 ($\boldsymbol{J}=0$) 的复数形式的微分和积分 Poynting 定理.

(1.5.14) 式左边 $-\oint\!\!\!\oint_S \bar{\boldsymbol{P}}\cdot\hat{\boldsymbol{n}}\mathrm{d}S$ 项代表流入 $V$ 的平均功率, 其实部 (即有功功率) 为

$$\mathrm{Re}\left[-\oint\!\!\!\oint_S \bar{\boldsymbol{P}}\cdot\hat{\boldsymbol{n}}\mathrm{d}S\right]=\frac{1}{2}\iiint_V \sigma\boldsymbol{E}\cdot\boldsymbol{E}^{*}\mathrm{d}v \tag{1.5.17}$$

它等于其中的平均热耗散功率; 而其虚部 (即无功功率) 为

$$\mathrm{Im}\left[-\oint\!\!\!\oint_S \bar{\boldsymbol{P}}\cdot\hat{\boldsymbol{n}}\mathrm{d}S\right]=2\omega\iiint_V (w_m-w_e)\,\mathrm{d}v \tag{1.5.18}$$

它表示 $V$ 中最大磁场储能与最大电场储能之差的 $\omega=2\pi/T$ 倍.

## 1.6 Maxwell 场方程的二重性 (或对称性、对偶性)

众所周知, 如果描述两种现象或问题的两套数学表示式 (包括所满足的条件) 具有相同的形式, 或经过方程中符号的代换后具有相同的形式, 则尽管此时数学符号不同、所代表的物理意义各异, 则称这样的两个问题具有二重性 (亦称为对称性或对偶性), 而它们的解将具有相同形式. 因而若已知某一个问题的求解过程和解答, 则对于具有与之具有二重性的问题便可不必重复其求解过程, 而只需按对偶关系直接写出其求解过程和解答.

现在, 我们来考虑 Maxwell 场方程所具有的二重性.

在 $\varepsilon,\mu$ 空间中存在有场源 $\rho\neq 0$ 和 $\boldsymbol{J}\neq 0$ 时, 电场 $\boldsymbol{E}$ 和磁场 $\boldsymbol{H}$ 满足 Maxwell 场方程组:

$$\nabla\times\boldsymbol{E}=-\mathrm{j}\omega\mu\boldsymbol{H} \tag{1.6.1}$$

$$\nabla\times\boldsymbol{H}=\boldsymbol{J}+\mathrm{j}\omega\varepsilon\boldsymbol{E} \tag{1.6.2}$$

$$\nabla\cdot\boldsymbol{D}=\rho \tag{1.6.3}$$

$$\nabla\cdot\boldsymbol{B}=0 \tag{1.6.4}$$

其中, $\rho$ 为电荷密度; $\boldsymbol{J}$ 为电流密度. $\boldsymbol{D}$ 与 $\boldsymbol{E}$、$\boldsymbol{B}$ 与 $\boldsymbol{H}$ 具有本构关系:

$$\boldsymbol{D}=\varepsilon\boldsymbol{E} \tag{1.6.5}$$

$$\boldsymbol{B}=\mu\boldsymbol{H} \tag{1.6.6}$$

$\rho$ 与 $\boldsymbol{J}$ 满足连续性方程:

$$\nabla\cdot\boldsymbol{J}+\mathrm{j}\omega\rho=0 \tag{1.6.7}$$

按 1.4 节中 (1.4.3)、(1.4.7)、(1.4.9) 和 (1.4.10) 式, 在两种媒质分界面上, 电磁场边界条为

$$\hat{\boldsymbol{n}} \times (\boldsymbol{H}_1 - \boldsymbol{H}_2) = \boldsymbol{J}_S \tag{1.6.8}$$

$$\hat{\boldsymbol{n}} \times (\boldsymbol{E}_1 - \boldsymbol{E}_2) = 0 \tag{1.6.9}$$

$$\hat{\boldsymbol{n}} \cdot (\boldsymbol{D}_1 - \boldsymbol{D}_2) = \rho_S \tag{1.6.10}$$

$$\hat{\boldsymbol{n}} \cdot (\boldsymbol{B}_1 - \boldsymbol{B}_2) = 0 \tag{1.6.11}$$

式中, $\hat{\boldsymbol{n}}$ 是沿媒质分界面的法线方向上的单位矢量, 其正方向由媒质 2 指向媒质 1.

从 (1.6.1)~(1.6.4) 式可见：(1.6.1) 式中缺少与 (1.6.2) 式中 $\boldsymbol{J}$ 相对应的量, 并且当 $\boldsymbol{J}=0$ 时, 它们之间相差一个负号; 而 (1.6.4) 式缺少与 (1.6.3) 式中 $\rho$ 相对应的量. 因而, 当存在场源 $\rho$ 和 $\boldsymbol{J}$ 时, Maxwell 场方程组与电场有关的场量和与磁场有关的场量不具有对称性. 遗憾的是, 物理学家们的不懈探索迄今尚未能从实验上证实自然界中存在与电荷 $\rho$ 和电流 $\boldsymbol{J}$ 相对应的、独立的真实磁荷 $\rho_{\mathrm{m}}$ 和磁流密度 $\boldsymbol{J}_{\mathrm{m}}$. 尽管如此, 为使 Maxwell 场方程组对称起见, 人们从数学上人为地引入假想的, 并不存在的自由磁荷 $\rho_{\mathrm{m}}$ 和磁流密度 $\boldsymbol{J}_{\mathrm{m}}$ 的概念, 或者来等效某些问题的真实场源, 以便应用 Maxwell 场方程的二重性使某些场问题的分析获得很大简化.

引入磁荷 $\rho_{\mathrm{m}}$ 和磁流密度 $\boldsymbol{J}_{\mathrm{m}}$ 后, 对称的形式的 Maxwell 场方程组可写成

$$\nabla \times \boldsymbol{E} = -\boldsymbol{J}_{\mathrm{m}} - \mathrm{j}\omega\mu\boldsymbol{H} \tag{1.6.12}$$

$$\nabla \times \boldsymbol{H} = \boldsymbol{J} + \mathrm{j}\omega\varepsilon\boldsymbol{E} \tag{1.6.13}$$

$$\nabla \cdot \boldsymbol{D} = \rho \tag{1.6.14}$$

$$\nabla \cdot \boldsymbol{B} = \rho_{\mathrm{m}} \tag{1.6.15}$$

显然, 若仅有源 $\rho_{\mathrm{m}} \neq 0$、$\boldsymbol{J}_{\mathrm{m}} \neq 0$, 而 $\rho = 0$、$\boldsymbol{J} = 0$, 则可知 $\boldsymbol{E}$ 和 $\boldsymbol{H}$ 满足 Maxwell 场方程：

$$\nabla \times \boldsymbol{E} = -\boldsymbol{J}_{\mathrm{m}} - \mathrm{j}\omega\mu\boldsymbol{H} \tag{1.6.16}$$

$$\nabla \times \boldsymbol{H} = \mathrm{j}\omega\varepsilon\boldsymbol{E} \tag{1.6.17}$$

$$\nabla \cdot \boldsymbol{D} = 0 \tag{1.6.18}$$

$$\nabla \cdot \boldsymbol{B} = \rho_{\mathrm{m}} \tag{1.6.19}$$

由 (1.6.16) 和 (1.6.19) 式, 可导得 $\rho_{\mathrm{m}}$ 与 $\boldsymbol{J}_{\mathrm{m}}$ 满足连续性方程：

$$\nabla \cdot \boldsymbol{J}_{\mathrm{m}} + \mathrm{j}\omega\rho_{\mathrm{m}} = 0 \tag{1.6.20}$$

此时, 类似于 (1.6.8)~(1.6.11) 式, 而相应有边界条件：

$$\hat{\boldsymbol{n}} \times (\boldsymbol{E}_1 - \boldsymbol{E}_2) = -\boldsymbol{J}_{S\mathrm{m}} \tag{1.6.21}$$

$$\hat{\boldsymbol{n}} \times (\boldsymbol{H}_1 - \boldsymbol{H}_2) = 0 \tag{1.6.22}$$

$$\hat{\boldsymbol{n}} \cdot (\boldsymbol{B}_1 - \boldsymbol{B}_2) = \rho_{S\mathrm{m}} \tag{1.6.23}$$

$$\hat{\boldsymbol{n}} \cdot (\boldsymbol{D}_1 - \boldsymbol{D}_2) = 0 \tag{1.6.24}$$

现将仅有场源 $\rho$、$\boldsymbol{J}$ 的场方程组 (1.6.1)~(1.6.4) 及其边界条件 (1.6.8)~(1.6.11) 与仅有场源 $\rho_{\rm m}$、$\boldsymbol{J}_{\rm m}$ 的场方程组 (1.6.16)~(1.6.19) 及其边界条件 (1.6.21)~(1.6.24) 进行比较, 若将仅有场源 $\rho$、$\boldsymbol{J}$ 的场方程组及其边界条件表示式中的场量作如下对偶代换：

$$\{\boldsymbol{E}\leftrightarrow\boldsymbol{H},\rho\leftrightarrow-\rho_{\rm m},\boldsymbol{J}\leftrightarrow-\boldsymbol{J}_{\rm m}\text{和}\varepsilon\leftrightarrow-\mu\} \tag{1.6.25}$$

代换后它们便变成仅有 $\rho_{\rm m}$、$\boldsymbol{J}_{\rm m}$ 的场方程组及其边界条件表示式; 反之亦然.

显然, 上述 (1.6.25) 式的对偶代换并非唯一的; 例如, 作代换：

$$\{\boldsymbol{E}^{\rm e}\leftrightarrow\boldsymbol{H}^{\rm m},\boldsymbol{H}^{\rm e}\leftrightarrow-\boldsymbol{E}^{\rm m},\varepsilon\leftrightarrow\mu,\rho\leftrightarrow\rho_{\rm m},\boldsymbol{J}\leftrightarrow\boldsymbol{J}_{\rm m}\} \tag{1.6.26}$$

亦可实现相互对偶代换, 上标 “e” 是仅含电源时的场量; “m” 是仅含磁源时的场量.

以上结果表明, 仅含场源 $\rho$、$\boldsymbol{J}$ 与仅含场源 $\rho_{\rm m}$、$\boldsymbol{J}_{\rm m}$ 的 Maxwell 场方程组具有二重性. 因此, 如果已知某场源 $\rho$、$\boldsymbol{J}$ 激发的电磁场边值问题求解过程的每一步序, 直至最后解表示式, 则应用对偶代换：$\{\boldsymbol{E}\leftrightarrow\boldsymbol{H}$, $\rho\leftrightarrow-\rho_{\rm m}$, $\boldsymbol{J}\leftrightarrow-\boldsymbol{J}_{\rm m}$ 和 $\varepsilon\leftrightarrow-\mu\}$, 便可直接写出相应场源 $\rho_{\rm m}$、$\boldsymbol{J}_{\rm m}$ 激发的、对偶的电磁场边值问题的求解过程及其解表示式; 反之亦然.

我们还注意到, 具有对称形式的 Maxwell 场方程组 (1.6.12)~(1.6.15), 其电场 $\boldsymbol{E}$ 与磁场 $\boldsymbol{H}$ 之间相对于代换 (1.6.25) 亦具有二重性. 因此, $\boldsymbol{E}$ 与 $\boldsymbol{H}$ 具有 “相同” 的求解过程. 作为 “二重性” 的这一重要应用是：若我们已求得某含场源 $\rho$、$\boldsymbol{J}$ 和 $\rho_{\rm m}$、$\boldsymbol{J}_{\rm m}$ 边值问题的电场 $\boldsymbol{E}$(或磁场 $\boldsymbol{H}$) 的解, 虽然应用场方程就可以求得相应的磁场 $\boldsymbol{H}$(或电场 $\boldsymbol{E}$) 表示式, 然通过对偶代换 (1.6.25), 可更方便地直接写出此 $\boldsymbol{H}$(或 $\boldsymbol{E}$) 表示式.

此外, 鉴于 Maxwell 场方程是线性的, 其解满足叠加原理. 因而, 将一个电磁问题化为彼此具有对偶性的两个较为简单的电磁问题的叠加, 应用二重性原理可获事半功倍之效. 例如, 将电磁问题含场源 $\rho$、$\boldsymbol{J}$ 与 $\rho_{\rm m}$、$\boldsymbol{J}_{\rm m}$ 的一般情形的解表为仅含场源 $\rho$、$\boldsymbol{J}$ 与仅含场源 $\rho_{\rm m}$、$\boldsymbol{J}_{\rm m}$ 的场方程组解的叠加. 反之, 一般问题解的正确性, 也可应用 “二重性” 原理通过检验从一般解所分解出的两对偶问题解部分是否满足它们的对偶关系进行验证.

为了说明 “二重性” 原理的应用, 现举例如下：

**例 1** 通有电流 $I$、面积为 $S$ 的小电流环与一个磁矩为 $p_{\rm m}=\mu_0 IS$ 的磁偶极子在远区所产生的磁场相同, 故小电流环可等效为一个磁偶极子.

例如, 我们用静磁偶极子来等效直流电流环, 令 $p_{\rm m}=q_{\rm m}\Delta l=\mu_0 IS$, 就可由静电偶极子的远区电场, 通过 (1.6.25) 式的对偶关系, 直接得出小电流环的远区磁场.

已知, 电偶极矩为 $p_e = q\Delta l$ 的静电偶极子在远区 $(r,\theta,\varphi)$ 处所产生的电场为

$$E_r = \frac{2q\Delta l}{4\pi\varepsilon_0 r^3}\cos\theta = \frac{2p_e}{4\pi\varepsilon_0 r^3}\cos\theta;\quad E_\theta = \frac{q\Delta l}{4\pi\varepsilon_0 r^3}\sin\theta = \frac{p_e}{4\pi\varepsilon_0 r^3}\sin\theta$$

现作对偶代换: $\boldsymbol{E} \leftrightarrow \boldsymbol{H}, p_e \leftrightarrow -p_m$ 和 $\varepsilon_0 \leftrightarrow -\mu_0$, 便得知电流环在远区所产生的磁场为

$$H_r = \frac{2p_m}{4\pi\mu_0 r^3}\cos\theta = \frac{2IS}{4\pi r^3}\cos\theta;\quad H_\theta = \frac{p_m}{4\pi\mu_0 r^3}\sin\theta = \frac{IS}{4\pi r^3}\sin\theta$$

而磁感应强度为

$$B_r = \mu_0 H_r = \frac{2\mu_0 IS}{4\pi r^3}\cos\theta;\quad B_\theta = \mu_0 H_\theta = \frac{\mu_0 IS}{4\pi r^3}\sin\theta$$

不难证明这与直接计算小电流环在远区所产生的磁感应强度结果一致.

通有电流 $I = I_m e^{j\omega t}$、面积为 $S$ 的小电流环可等效为一谐变的磁偶极子, 因而它在远区的辐射场可应用二重性原理由谐变电偶极子的辐射场经对偶代换求得 (详见 4.4 节).

**例 2**　已知 Maxwell 场方程组 (1.6.12)~(1.6.15) 具有场源 $\rho$、$\boldsymbol{J}$、$\rho_m$ 和 $\boldsymbol{J}_m$ 时的电场 $\boldsymbol{E}(\boldsymbol{r})$ 的积分形式解 (参见 (4.8.46) 式) 为

$$\begin{aligned}\boldsymbol{E}(\boldsymbol{r}) =& -\frac{1}{4\pi}\iiint_V\left[j\omega\mu\boldsymbol{J}(\boldsymbol{r}')\psi(\boldsymbol{r},\boldsymbol{r}') + \boldsymbol{J}_m(\boldsymbol{r}')\times\nabla'\psi(\boldsymbol{r},\boldsymbol{r}') - \frac{\rho(r')}{\varepsilon}\nabla'\psi(\boldsymbol{r},\boldsymbol{r}')\right]dv'\\ &+\frac{1}{4\pi}\oiint_S\Big\{-j\omega\mu\left[\hat{\boldsymbol{n}}\times\boldsymbol{H}(\boldsymbol{r})\right]\psi(\boldsymbol{r},\boldsymbol{r}') + \left[\hat{\boldsymbol{n}}\times\boldsymbol{E}(\boldsymbol{r})\right]\times\nabla'\psi(\boldsymbol{r},\boldsymbol{r}')\\ &+\left[\hat{\boldsymbol{n}}\cdot\boldsymbol{E}(\boldsymbol{r})\right]\nabla'\psi(\boldsymbol{r},\boldsymbol{r}')\Big\}dS'\end{aligned}$$

按应用二重性原理, 对上式作 (1.6.25) 式对偶代换, 可得其相应磁场 $\boldsymbol{H}(r)$ 的积分形式解为

$$\begin{aligned}\boldsymbol{H}(\boldsymbol{r}) =& -\frac{1}{4\pi}\iiint_V\left[j\omega\varepsilon\boldsymbol{J}_m(\boldsymbol{r}')\psi(\boldsymbol{r},\boldsymbol{r}') - \boldsymbol{J}(\boldsymbol{r}')\times\nabla'\psi(\boldsymbol{r},\boldsymbol{r}') - \frac{\rho_m(\boldsymbol{r}')}{\mu}\nabla'\psi(\boldsymbol{r},\boldsymbol{r}')\right]dv'\\ &+\frac{1}{4\pi}\oiint_S\Big\{j\omega\varepsilon\left[\hat{\boldsymbol{n}}\times\boldsymbol{E}(\boldsymbol{r})\right]\psi(\boldsymbol{r},\boldsymbol{r}')\\ &+\left[\hat{\boldsymbol{n}}\times\boldsymbol{H}(\boldsymbol{r})\right]\times\nabla'\psi(\boldsymbol{r},\boldsymbol{r}') + \left[\hat{\boldsymbol{n}}\cdot\boldsymbol{H}(\boldsymbol{r})\right]\nabla'\psi(\boldsymbol{r},\boldsymbol{r}')\Big\}dS'\end{aligned}$$

式中, $\psi(\boldsymbol{r},\boldsymbol{r}') = \dfrac{e^{-jkR}}{\boldsymbol{R}}$, 而 $\boldsymbol{R} = |\boldsymbol{r}-\boldsymbol{r}'|$; $\boldsymbol{r}$ 和 $\boldsymbol{r}'$ 分别为场点坐标和源点坐标.

## 1.7　唯一性定理

唯一性定理是电磁场理论中的一个重要定理, 它指出对于确定的电磁场问题, 如果 Maxwell 场方程组的解满足一定的初始条件和边界条件, 则所求得的解就是

唯一的; 也就是说, 在这样的条件下无论采用任何一种求解电磁场方法, 即使是直观猜测的方法, 所求得的问题的解均相同或等价, 它们都是可信的. 因而具有重要的理论和实际应用意义.

对于以封闭曲面 $S$ 所包围的体积 $V$, 在 $t > t_0$ 时、区域 $V$ 中任意一点的电磁场解唯一的条件是: ① 在 $t = t_0$, $V$ 内任一点的场值 $\boldsymbol{E}(\boldsymbol{r})$ 和 $\boldsymbol{H}(\boldsymbol{r})$ 均为已知 (初始条件); ② 在 $t \geqslant t_0$ 任何时刻, $S$ 上的 $\boldsymbol{E}$ 或 $\boldsymbol{H}$ 的切向分量为已知 (边界条件). 对于时谐场, 则仅有边界条件.

对于开放的求解域, 解唯一的条件还包含有: ① 所有场源位于空间中的有限区域内; ② 在无穷远处, $\boldsymbol{E}$ 和 $\boldsymbol{H}$ 满足场的辐射条件 (无穷远边界条件).

以下应用反证法来证明电磁场的唯一性定理.

假定所有场源都在 $S$ 之外, 设 $\boldsymbol{E}_1$、$\boldsymbol{H}_1$ 是区域 $V$ 内由 $V$ 外的源所产生的场, 如 $\boldsymbol{E}_2$、$\boldsymbol{H}_2$ 是所考虑的问题的另一可能的解, 即解不唯一, 则其差 $\boldsymbol{E}_1 - \boldsymbol{E}_2, \boldsymbol{H}_1 - \boldsymbol{H}_2$ 将满足 Maxwell 方程组和问题给定的初始条件和边界条件.

现考虑此差场:

$$\boldsymbol{E} = \boldsymbol{E}_1 - \boldsymbol{E}_2 \tag{1.7.1}$$

$$\boldsymbol{H} = \boldsymbol{H}_1 - \boldsymbol{H}_2 \tag{1.7.2}$$

将差场 $\boldsymbol{E}$ 和 $\boldsymbol{H}$ 应用到 Poynting 定理 (1.5.13) 式 (无源 $\boldsymbol{J} = 0$ 时谐场情形), 便有

$$\oiint_S (\boldsymbol{E} \times \boldsymbol{H}^*) \cdot \hat{\boldsymbol{n}} \mathrm{d}S = -\iiint_V \sigma \boldsymbol{E}^2 \mathrm{d}v - \mathrm{j}\omega \iiint_V \left(\frac{1}{2}\varepsilon \boldsymbol{H}^2 - \frac{1}{2}\mu \boldsymbol{E}^2\right) \mathrm{d}v \tag{1.7.3}$$

若 $\boldsymbol{E}\big|_S = (\boldsymbol{E}_1 - \boldsymbol{E}_2)\Big|_S = 0$ 或 $\boldsymbol{H}_S^* = (\boldsymbol{H}_1 - \boldsymbol{H}_2)^*\big|_S = 0$, 即 $\boldsymbol{E}_1$ 与 $\boldsymbol{E}_2$ 或 $\boldsymbol{H}_1$ 与 $\boldsymbol{H}_2$ 在 $S$ 上的切向分量相等, 则 (1.7.3) 式左端的面积分等于零. 此时, 便有

$$\iiint_V \sigma \boldsymbol{E}^2 \mathrm{d}v + \mathrm{j}\omega \iiint_V \left(\frac{1}{2}\varepsilon \boldsymbol{H}^2 - \frac{1}{2}\mu \boldsymbol{E}^2\right) \mathrm{d}v = 0 \tag{1.7.4}$$

由于以上第一项积分被积函数恒大于零, 显然, 此式仅当 $V$ 内的 $\boldsymbol{E} = \boldsymbol{H} = 0$ 时方能成立, 即应有 $\boldsymbol{E}_1 = \boldsymbol{E}_2$ 和 $\boldsymbol{H}_1 = \boldsymbol{H}_2$. 这表明, 只要电磁问题的解在有界区域中满足 Maxwell 方程, 且满足给定场在界面 $S$ 上的边界条件, 则所求得的解便是唯一的.

## 1.8 镜像原理

考虑如下电磁场边值问题: 设有一界面为 $S$ 导体, 其附近有真实的电荷或 (和) 电流的场源存在. 此时, 场源将在导体表面上产生有感应电荷和感应电流, 空间中的总场是真实场源与感应电荷和电流所产生的场的叠加. 一般情况下, 直接求解此

类边值问题来计算总场是比较困难的，但是如果导体的形状与真实场源均比较简单时，如导体形状为平面、场源为点源或线源情形，我们便可应用镜像法进行计算.

镜像法的基本原理就是用假想的、与真实场源相似的电荷和电流来代替导体表面上的感应电荷和感应电流，来计算所给边值问题的场. 由于这些假想电荷和电流是处于导体平面的镜像位置，故通常称它们为镜像电荷和镜像电流 (镜像源). 如果真实场源与其镜像源所产生的场 (或势函数) 满足场方程，以及满足与原有问题 (真实场源与导体界面) 相同的边界条件，则根据场的唯一性定理可知，按镜像法求得的解就是我们所需的解.

因此，镜像法的主要关键就是确定合适的镜像电荷和镜像电流的值及其位置.

现举例来说明镜像原理的应用.

**例 1** 理想导体平面与点电荷

设 $\varepsilon$、$\mu$ 媒质空间中，在坐标轴 $z$ 的 $z=h$ 处有一点电荷 $q$，而在 $z=0$ 处有一接地的无限大理想导体平面，如图 1.8.1(a) 所示. 我们的问题是要求在 $z>0$ 上半平面区域，此点电荷 $q$ 所产生的静电势.

对此静电场边值问题，其静电势 $\phi(x,y,z)$ 应满足：

1) 在 $z>0$ 区域，除点电荷所在的点 $z=h$ 外 (即无源区)，处处满足 Laplace 方程：

$$\nabla^2\phi(x,y,z)=0 \quad (z\neq h) \tag{1.8.1}$$

(在 $z=h$ 电荷所在点满足 Poisson 方程：$\nabla^2\phi(x,y,z)=-\dfrac{1}{\varepsilon}q\delta(x,y,z-h)$)

2) 边界条件是 $\left.\phi(x,y,z)\right|_{z=0}=0$，或 $\left.E_t\right|_{z=0}=-\left.(\nabla\phi)_t\right|_{z=0}=0.$ (1.8.2)

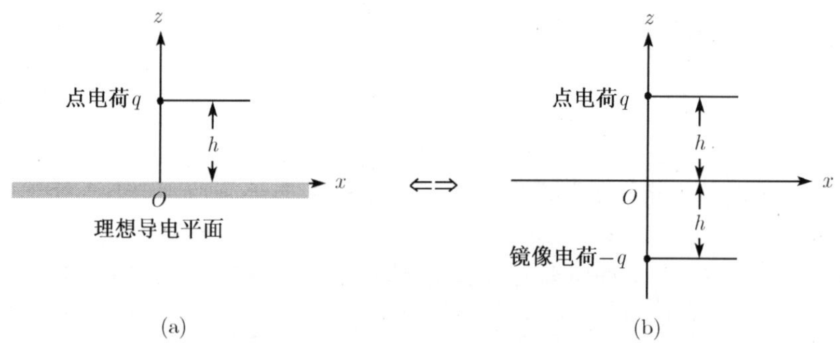


图 1.8.1 点电荷与理想导电平面

现设想把导电平面抽去，使整个空间充满 $\varepsilon$、$\mu$ 同一种媒质，并在与原点电荷 $q$ 相对于 $z=0$ 平面对称 (镜像) 位置，即轴 $z$ 的 $z=-h$ 处放一镜像点电荷 $-q$，如图 1.8.1(b) 所示.

熟知，在空间里任一点 $P(x,y,z)$ 的电势 $\phi(x,y,z)$ 为真实点电荷 $q$ 与镜像点电

荷 $-q$ 所产生的静电势之和. 选择无穷远点为电势的参考点, 则此静电势为

$$\phi(x,y,z)=\frac{q}{4\pi\varepsilon}\left(\frac{1}{r_1}-\frac{1}{r_2}\right) \tag{1.8.3}$$

式中

$$r_1=\sqrt{x^2+y^2+(z-h)^2} \text{ 和 } r_2=\sqrt{x^2+y^2+(z+h)^2} \tag{1.8.4}$$

它们分别是 $P$ 点与点电荷 $q$ 和镜像点电荷 $-q$ 的距离.

直接作 $\nabla^2$ 运算, 不难证明, 当 $r_1\neq 0$ 和 $r_2\neq 0$ 时, 有 $\nabla^2\left(\frac{1}{r_1}-\frac{1}{r_2}\right)=0$, 故可知在 $z>0$ 无源区 $\phi(x,y,z)$ 满足 Laplace 方程.

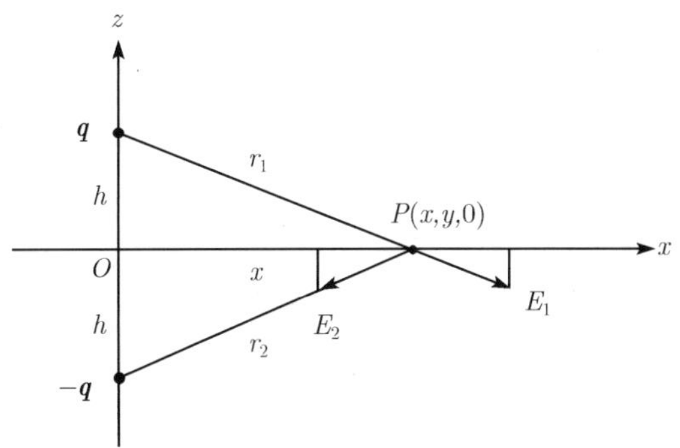


图 1.8.2 点电荷与镜像点电荷的静电势

求得静电势 $\phi(x,y,z)$ 的表示式后, 便可求出它在导电平面上的值. 当 $P$ 点位于 $z=0$ 平面上时, 便有 $r_1=r_2$, 于是可得

$$\phi(x,y,z)|_{z=0}=\frac{q}{4\pi\varepsilon}\left(\frac{1}{r_1}-\frac{1}{r_2}\right)_{z=0}=0 \tag{1.8.5}$$

这相当于在 $z=0$ 处有一理想导电平面, 满足导体表面上 $\phi=0$ 的条件. 此外, 参见图 1.8.2, 我们也可看出当 $r_1=r_2$ 时, $q$ 和 $-q$ 在 $z=0$ 面上的切向电场相互抵消, 满足导体表面上切向电场为零的边界条件.

综上所得结果, 根据场的唯一性定理, 表明我们可用镜像电荷 $-q$ 代替原问题中理想导电平面上的感应电荷; 而图 1.8.1(b) 问题在 $z>0$ 区域的静电势和静电场解与求解图 1.8.1(a) 的原问题所得结果是相同的, 即 (1.8.3) 式就是所求问题的解. 由 (1.8.3) 式, 还可应用边界条件求得导电平面上感应电荷分布.

**例 2** 理想导体平面与电流元 (电偶极子)

设 $\varepsilon$、$\mu$ 媒质空间中, 沿坐标轴 $z$ 的 $z=h$ 处有一长度为 $\Delta l$、垂直于 $z=0$ 平面放置的、频率为 $\omega$ 的时变电流元 $I\Delta l$, 电流的方向沿正 $z$ 方向; 在 $z=0$ 处有一

接地的理想导体平面, 如图 1.8.3(a) 所示. 我们的问题是要求在 $z>0$ 上半平面区域, 此边值问题的镜像法解.

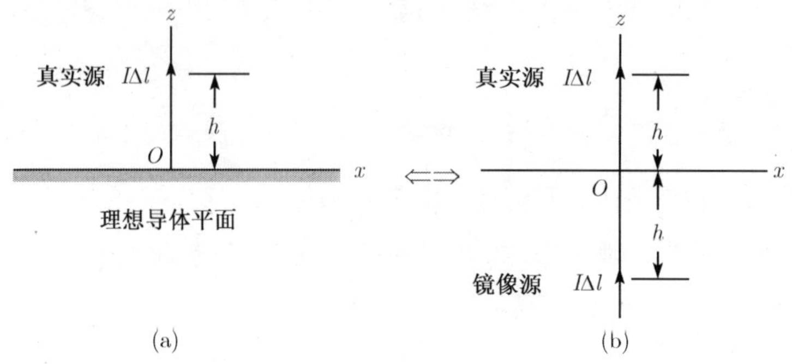


图 1.8.3　谐变电流元与理想导电平面

现设想把导电平面抽去, 使整个空间充满 $\varepsilon$、$\mu$ 同一种媒质, 并在与原电流元 $I\Delta l$ 相对于 $z=0$ 平面的镜像位置 (即在 $z=-h$ 处沿 $z$ 轴方向) 放置一同样的镜像电流元 $I\Delta l$, 如图 1.8.3(b) 所示. 于是, 在空间里任一点 $P(x,y,z)$ 的电、磁场为真实电流元 $I\Delta l$ 与镜像电流元 $I\Delta l$ 所产生的电、磁场之叠加. 应用矢量势法可求得电流元所产生的电磁场 (详见 4.3 节).

参见图 1.8.4, 设原电流元 $I\Delta l$ 在无界空间中任一点所产生的电场和磁场分别为 $\boldsymbol{E}_1$ 和 $\boldsymbol{H}_1$, 由 (4.3.7)~(4.3.9) 式可知, 它们的球坐标分量为

$$E_{r1}=\frac{2I\Delta l}{4\pi\omega\varepsilon}k^3\cos\theta_1\left(\frac{1}{k^2r_1^2}-\frac{\mathrm{j}}{k^3r_1^3}\right)\mathrm{e}^{-\mathrm{j}kr_1} \tag{1.8.6}$$

$$E_{\theta1}=\frac{I\Delta l}{4\pi\omega\varepsilon}k^3\sin\theta_1\left(\frac{\mathrm{j}}{kr_1}+\frac{1}{k^2r_1^2}-\frac{\mathrm{j}}{k^3r_1^3}\right)\mathrm{e}^{-\mathrm{j}kr_1} \tag{1.8.7}$$

$$H_{\varphi1}=\frac{I\Delta l}{4\pi}k^2\sin\theta_1\left(\frac{\mathrm{j}}{kr_1}+\frac{1}{k^2r_1^2}\right)\mathrm{e}^{-\mathrm{j}kr_1} \tag{1.8.8}$$

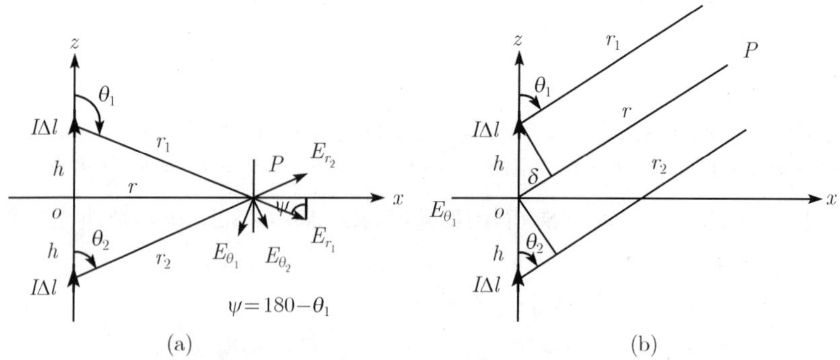


图 1.8.4　谐变电流元所产生的场

而镜像电流元 $I\Delta l$ 所产生的电场和磁场分别为 $\boldsymbol{E}_2$ 和 $\boldsymbol{H}_2$, 它们的球坐标分量为

$$E_{r_2} = \frac{2I\Delta l}{4\pi\omega\varepsilon}k^3\cos\theta_2\left(\frac{1}{k^2r_2^2} - \frac{\mathrm{j}}{k^3r_2^3}\right)\mathrm{e}^{-\mathrm{j}kr_2} \tag{1.8.9}$$

$$E_{\theta_2} = \frac{I\Delta l}{4\pi\omega\varepsilon}k^3\sin\theta_2\left(\frac{\mathrm{j}}{kr_2} + \frac{1}{k^2r_2^2} - \frac{\mathrm{j}}{k^3r_2^3}\right)\mathrm{e}^{-\mathrm{j}kr_2} \tag{1.8.10}$$

$$H_{\varphi_2} = \frac{I\Delta l}{4\pi}k^2\sin\theta_2\left(\frac{\mathrm{j}}{kr_2} + \frac{1}{k^2r_2^2}\right)\mathrm{e}^{-\mathrm{j}kr_2} \tag{1.8.11}$$

原电流元 $I\Delta l$ 所产生的场(1.8.6)~(1.8.8)与镜像电流元 $I\Delta l$ 所产生的场(1.8.9)~(1.8.11) 式是求解 Maxwell 场方程组得来的, 故它们的叠加仍是场方程组的解, 因此, 我们无需再证明它们合成的场满足 Maxwell 场方程的问题. 现在, 我们再来查看图 1.8.3(b) 镜像法合成的电场 $\boldsymbol{E} = \boldsymbol{E}_1 + \boldsymbol{E}_2$ 在 $z = 0$ 对称平面上的切向分量 $\boldsymbol{E}_t$ 是否等于零.

参见图 1.8.4(a), 当 $P$ 点位于 $z = 0$ 平面上时 (由于问题的轴对称性, 考虑 $P$ 点位于 $xz$ 平面并不失一般性), 便有 $r_1 = r_2$, $\theta_2 = \pi - \theta_1$, 而可得 $\boldsymbol{E} = \hat{\boldsymbol{a}}_x E_x + \hat{\boldsymbol{a}}_z E_z$, 其切向分量为

$$\begin{aligned} E_x =& E_{r_1}\cos(\pi/2 - \theta_1) - E_{\theta_1}\cos(\pi - \theta_1) + E_{r_2}\cos(\pi/2 - \theta_2) + E_{\theta_2}\cos\theta_2 \\ =& E_{r_1}\sin\theta_1 + E_{\theta_1}\cos\theta_1 + E_{r_2}\sin\theta_2 + E_{\theta_2}\cos\theta_2 \\ =& E_{r_1}\sin\theta_1 + E_{\theta_1}\cos\theta_1 + E_{r_2}\sin\theta_1 - E_{\theta_2}\cos\theta_1 \end{aligned} \tag{1.8.12}$$

而由 (1.8.6)、(1.8.7) 与 (1.8.9)、(1.8.10) 式可知, 当 $r_1 = r_2$, $\theta_2 = \pi - \theta_1$ 时, 有 $E_{r_1} = -E_{r_2}$ 和 $E_{\theta_1} = E_{\theta_2}$, 于是将它们代入 (1.8.12) 式, 即可得

$$E_t|_{z=0} = E_x|_{z=0} = 0 \tag{1.8.13}$$

总电场 $\boldsymbol{E}$ 在 $z = 0$ 对称平面上的切向分量 $\boldsymbol{E}_t = 0$, 这正是图 1.8.3(a) 原问题在 $z = 0$ 理想导体的场边界条件. 由于图 1.8.4(b) 给出的 $z > 0$ 的电磁场解既是满足场方程组 Maxwell 场方程的解, 又满足图 1.8.3(a) 原问题的电场边界条件. 按场的唯一性定理, 表明我们可用镜像电流 $I\Delta l$ 产生的场代替原问题中理想导电平面上的感应电流产生的场; 因此, 图 1.8.3(b) 问题中所给出的原电流元 $I\Delta l$ 与镜像电流元 $I\Delta l$ 在 $z > 0$ 区域所产生的场之和就是我们所要求的问题的解.

当 $r_1 \gg \lambda$ 或 $kr_1 \gg 1$, 由 (1.8.6)~(1.8.8) 式取远距离近似后, 仅保留 $r^{-1}$ 项可得图 1.8.3(b) 中原电流元 $I\Delta l$ 的远区辐射场为

$$E_{\theta_1} \approx \mathrm{j}\frac{k^2 I\Delta l}{4\pi\omega\varepsilon r_1}\sin\theta_1\mathrm{e}^{-\mathrm{j}kr_1} \tag{1.8.14}$$

$$H_{\varphi_1} \approx \mathrm{j}\frac{kI\Delta l}{4\pi r_1}\sin\theta_1 \mathrm{e}^{-\mathrm{j}kr_1} \tag{1.8.15}$$

而由 (1.8.9)~(1.8.11) 式仅保留 $r^{-1}$ 项可得图 1-5(b) 中镜像电流元 $I\Delta l$ 的远区辐射场为

$$E_{\theta_2} = \mathrm{j}\frac{k^2 I\Delta l}{4\pi\omega\varepsilon r_2}\sin\theta_2 \mathrm{e}^{-\mathrm{j}kr_2} \tag{1.8.16}$$

$$H_{\varphi_2} = \mathrm{j}\frac{kI\Delta l}{4\pi r_2}\sin\theta_2 \mathrm{e}^{-\mathrm{j}kr_2} \tag{1.8.17}$$

参见图 1.8.4(b), 对于远区场, 可取如下近似:

$$\theta_1 \approx \theta_2 \approx \theta; r_1 \approx r - h\cos\theta; r_2 \approx r + h\cos\theta; \frac{1}{r_1} \approx \frac{1}{r_2} \approx \frac{1}{r} \tag{1.8.18}$$

于是, 这样便得到图 1.8.3(a) 导电平面之上的垂直电流元 $I\Delta l$ 所产生的辐射场:

$$\begin{aligned} E_\theta &= E_{\theta_1} + E_{\theta_2} \approx \mathrm{j}\frac{k^2 I\Delta l}{4\pi\omega\varepsilon r}\mathrm{e}^{-\mathrm{j}kr}\sin\theta\left(\mathrm{e}^{\mathrm{j}kh\cos\theta} + \mathrm{e}^{-\mathrm{j}kh\cos\theta}\right) \\ &= \mathrm{j}\eta\frac{I\Delta l}{\lambda r}\mathrm{e}^{-\mathrm{j}kr}\sin\theta\cos(kh\cos\theta) \end{aligned} \tag{1.8.19}$$

$$\begin{aligned} H_\varphi &= H_{\varphi_1} + H_{\varphi_2} \approx \mathrm{j}\frac{kI\Delta l}{4\pi r}\mathrm{e}^{-\mathrm{j}kr}\sin\theta\left(\mathrm{e}^{\mathrm{j}kh\cos\theta} + \mathrm{e}^{-\mathrm{j}kh\cos\theta}\right) \\ &= \mathrm{j}\frac{I\Delta l}{\lambda r}\mathrm{e}^{-\mathrm{j}kr}\sin\theta\cos(kh\cos\theta) = E_\theta/\eta \end{aligned} \tag{1.8.20}$$

式中, $k = \omega\sqrt{\varepsilon\mu} = 2\pi/\lambda$; $\eta = \sqrt{\mu/\varepsilon}$ 为 $\varepsilon$、$\mu$ 媒质的波阻抗.

以上分析表明, 当理想导电平面之上的电流元 $I\Delta l$ 垂直于导电平面放置时, 镜像电流元 $I\Delta l$ 的电流方向必须是与原电流元方向相同方可满足在 $z = 0$ 平面上切向电场 $E_t|_{z=0} = 0$ 的要求. 因此, 这一镜像是 “正像”; 不难证明, 如果在理想导电平面之上的电流元 $I\Delta l$ 是水平方置时, 则满足 $E_t|_{z=0} = 0$ 要求的镜像电流应是与原电流方向相反, 即为 “负像”.

例 1 和例 2 仅讨论了最基本的点电荷和电流元与导电平面的镜像原理. 作为场源, 我们可以有各种源分布; 例如, 真实场源可以为电荷密度分布 $\rho$ 或 $\rho_{\mathrm{m}}$、任意取向的线源电流分布 $\boldsymbol{J}$ 或 $\boldsymbol{J}_{\mathrm{m}}$; 而作为对称的镜像平面可以是导电平面或导磁平面. 不同组合情形时的镜像源如图 1.8.5 所示.

对于任意方向的 $\boldsymbol{J}$ 或 $\boldsymbol{J}_{\mathrm{m}}$, 可先分解成平行和垂直于分界面的两个分量, 总的镜像等于每一个分量的镜像之矢量和. 对于场源为磁荷与磁流, 以及理想导磁体分界面情形, 求其镜像源时可利用场的二重性原理.

从图 1.8.5 我们看到, 若线电流源水平地置于导电平面的上方, 并贴近导电面, 则其镜像线电流位于贴近导电面的下方, 并且它们的电流方向相反. 对于中波频率

(相应波长较长), 天线相对高度 $H/\lambda \ll 1$, 天线难以架 "高", 而地面又可认为是良导体, 故这两个电流所产生的场相互抵消, 致使天线水平架设不能辐射电磁波, 因而中波广播天线总是垂直架设的. 一个垂直架设在地面上的 $\lambda/4$ 天线由于其镜像作用就相当于一个 $\lambda/2$ 的天线. 中波广播天线辐射的是垂直于地面的垂直极化波. 另一方面, 对于短波天线, 由于波长较短, 短波天线则可以架 "高", 并可采用水平架设, 而辐射水平极化波.

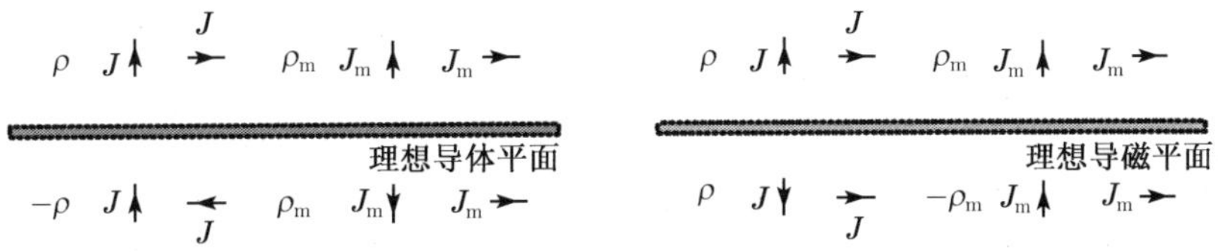

$\rho$ $J$ $J$ $\rho_m$ $J_m$ $J_m$ $\rho$ $J$ $J$ $\rho_m$ $J_m$ $J_m$

理想导体平面 理想导磁平面

$-\rho$ $J$ $J$ $\rho_m$ $J_m$ $J_m$ $\rho$ $J$ $J$ $-\rho_m$ $J_m$ $J_m$

图 1.8.5 各种电磁场源对导电和导磁平面的镜像

对于时谐场, 镜像原理的应用受有较多限制, 它仅用于镜像面为理想导电 (或导磁) 平面情形; 对于静态场, 镜像法可用于镜像面为理想导电 (或导磁) 平面, 亦可用于球面与柱面等情形, 但它能解决的问题仍是很有限, 因为对于某些电荷连续分布或者复杂边界形状, 要求得其镜像电荷分布却很困难. 顺便指出, Green 函数一般是指一点源或线源在一定边界条件下所产生的场. 因此, 应用镜像法求得的具有点源或线源 Poisson 方程边值问题的解, 就是所给边值问题的 Green 函数.

## 1.9 矢量势和标量势、赫兹矢量

在电磁理论、包括微波理论中, 求解电磁场问题的一般方法除直接由 Maxwell 场方程组求电场 $\boldsymbol{E}$ 和磁场 $\boldsymbol{H}$ 外; 还经常采用另一种通过作为辅助函数的势函数 (如矢量势 $\boldsymbol{A}$ 和标量势 $\phi$, 或赫兹矢量 $\boldsymbol{\Pi}^{\mathrm{e}}$ 和 $\boldsymbol{\Pi}^{\mathrm{m}}$) 间接来计算 $\boldsymbol{E}$ 和 $\boldsymbol{H}$. 实际上, 通过势函数间接地求场的方法我们并不陌生, 如对于静电场问题, 就遇到过将电场表为 $\boldsymbol{E}=-\nabla\phi$, $\phi$ 即为静电势.

### 1.9.1 磁矢量势 $\boldsymbol{A}$ 和电标量势 $\phi$

现在, 我们首先来求在 $\varepsilon$, $\mu$ 均匀媒质中存在电荷 $\rho$ 和电荷密度 $\boldsymbol{J}$ 时所产生的场. 时变场 Maxwell 场方程组和媒质的本构关系为

$$\nabla\times\boldsymbol{E}=-\frac{\partial\boldsymbol{B}}{\partial t} \tag{1.9.1}$$

$$\nabla\times\boldsymbol{H}=\boldsymbol{J}+\frac{\partial\boldsymbol{D}}{\partial t} \tag{1.9.2}$$

$$\nabla\cdot\boldsymbol{D}=\rho \tag{1.9.3}$$

$$\nabla\cdot\boldsymbol{B}=0 \tag{1.9.4}$$

和

$$\boldsymbol{D} = \varepsilon \boldsymbol{E} \tag{1.9.5}$$

$$\boldsymbol{B} = \mu \boldsymbol{H} \tag{1.9.6}$$

因有矢量恒等式: $\nabla \cdot (\nabla \times \boldsymbol{A}) = 0$, 故由 (1.9.4) 式, 我们可引入矢量 $\boldsymbol{A}$, 而使

$$\boldsymbol{B} = \nabla \times \boldsymbol{A}(\boldsymbol{A}\text{称为磁矢量势或磁矢量位}) \tag{1.9.7}$$

将 (1.9.7) 代入 (1.9.1) 式, 可得 $\nabla \times \boldsymbol{E} = -\dfrac{\partial}{\partial t}(\nabla \times \boldsymbol{A}) = -\nabla \times \dfrac{\partial \boldsymbol{A}}{\partial t}$, 此即有

$$\nabla \times \left(\boldsymbol{E} + \frac{\partial \boldsymbol{A}}{\partial t}\right) = 0 \tag{1.9.8}$$

又因有矢量恒等式: $\nabla \times \nabla \varPhi = 0$, 故我们可引入 $\varPhi^{\mathrm{A}}$, 使

$$\boldsymbol{E} + \frac{\partial \boldsymbol{A}}{\partial t} = -\nabla \varPhi^{\mathrm{A}}(\varPhi^{\mathrm{A}}\text{称为电标量势或电标量位})$$

此即有

$$\boldsymbol{E} = -\nabla \varPhi^{\mathrm{A}} - \frac{\partial \boldsymbol{A}}{\partial t} \tag{1.9.9}$$

将 (1.9.6)、(1.9.7) 和 (1.9.9) 代入 (1.9.2) 式, 得

$$\frac{1}{\mu}\nabla \times \nabla \times \boldsymbol{A} = \varepsilon \frac{\partial}{\partial t}\left(-\nabla \varPhi^{\mathrm{A}} - \frac{\partial \boldsymbol{A}}{\partial t}\right) + \boldsymbol{J} \tag{1.9.10}$$

因有矢量恒等式: $\nabla \times \nabla \times \boldsymbol{A} = \nabla(\nabla \cdot \boldsymbol{A}) - \nabla^2 \boldsymbol{A}$, 于是有

$$\nabla^2 \boldsymbol{A} - \varepsilon\mu \frac{\partial^2 \boldsymbol{A}}{\partial t^2} - \nabla\left(\nabla \cdot \boldsymbol{A} + \varepsilon\mu \frac{\partial \varPhi^{\mathrm{A}}}{\partial t}\right) = -\mu \boldsymbol{J} \tag{1.9.11}$$

而将 (1.9.5) 和 (1.9.9) 代入 (1.9.3) 式, 则有

$$\nabla \cdot \left(-\nabla \varPhi^{\mathrm{A}} - \frac{\partial \boldsymbol{A}}{\partial t}\right) = \frac{1}{\varepsilon}\rho$$

或

$$\nabla^2 \varPhi^{\mathrm{A}} + \frac{\partial}{\partial t}(\nabla \cdot \boldsymbol{A}) = -\frac{1}{\varepsilon}\rho \tag{1.9.12}$$

以上 (1.9.11) 和 (1.9.12) 式即磁矢量势 $\boldsymbol{A}$ 和电标量势 $\varPhi^{\mathrm{A}}$ 所满足的方程. 给定方程的一组解 $(\boldsymbol{A}, \varPhi^{\mathrm{A}})$, 则由 (1.9.7) 和 (1.9.9) 式可确定出磁场 $\boldsymbol{H}$ 和电场 $\boldsymbol{E}$:

$$\boldsymbol{H} = \frac{1}{\mu}\nabla \times \boldsymbol{A} \quad \text{和} \quad \boldsymbol{E} = -\nabla \varPhi^{\mathrm{A}} - \frac{\partial \boldsymbol{A}}{\partial t} \tag{1.9.13}$$

但注意到, 如果取另一组矢量势和标量势 ($\boldsymbol{A}'$, $\varPhi'$), 它们与 ($\boldsymbol{A}$, $\varPhi^{\mathrm{A}}$) 有如下关系:

$$\varPhi^{\mathrm{A}}=\varPhi'+\frac{\partial}{\partial t}\psi(\boldsymbol{r},t) \quad 和 \quad \boldsymbol{A}=\boldsymbol{A}'-\nabla\varPsi(\boldsymbol{r},t) \tag{1.9.14}$$

这里, $\varPsi(\boldsymbol{r},t)$ 为任意的标量时空函数; 则由 (1.9.13) 式, 可得

$$\begin{aligned}&\boldsymbol{H}=\frac{1}{\mu}\nabla\times\left[\boldsymbol{A}'-\nabla\varPsi(\boldsymbol{r},t)\right]=\nabla\times\boldsymbol{A}'\\&\boldsymbol{E}=-\nabla\left[\varPhi'+\frac{\partial}{\partial t}\varPsi(\boldsymbol{r},t)\right]-\frac{\partial}{\partial t}\left[A'-\nabla\varPsi(\boldsymbol{r},t)\right]=-\nabla\varPhi'-\frac{\partial\boldsymbol{A}'}{\partial t}\end{aligned} \tag{1.9.15}$$

(1.9.15) 与 (1.9.13) 式具有相同形式, 这一结果表明, $\boldsymbol{E}$ 和 $\boldsymbol{H}$ 既可由 ($\boldsymbol{A}$, $\varPhi^{\mathrm{A}}$) 确定, 也可由 ($\boldsymbol{A}'$, $\varPhi'$) 确定; 即给定 $\boldsymbol{E}$ 和 $\boldsymbol{H}$, 并不能唯一地确定磁矢量势 $\boldsymbol{A}$ 和电标量势 $\varPhi^{\mathrm{A}}$. 换句话说, 描述同一电磁场的 $\boldsymbol{A}$ 和 $\varPhi^{\mathrm{A}}$ 具有任意性, 这是由于仅给出矢量的旋度并不能唯一地确定该矢量. 根据 Helmholtz 定理 (参见文献 [1] 附录), 为完全确定矢量 $\boldsymbol{A}$, 除给出矢量的旋度 $\nabla\times\boldsymbol{A}$ 还需规定其散度 $\nabla\cdot\boldsymbol{A}$ 的值. 为此, 我们可规定 $\nabla\cdot\boldsymbol{A}$ 或 $\nabla\cdot\boldsymbol{A}$ 与 $\varPhi^{\mathrm{A}}$ 之间满足某个条件. 所选择的条件 (称为规范条件) 有

(a) Coulomb(库仑) 规范条件:

$$\nabla\cdot\boldsymbol{A}=0 \tag{1.9.16}$$

此时, (1.9.11) 和 (1.9.12) 式将化为

$$\nabla^2\boldsymbol{A}-\varepsilon\mu\frac{\partial^2\boldsymbol{A}}{\partial t^2}-\varepsilon\mu\nabla\left(\frac{\partial\varPhi^{\mathrm{A}}}{\partial t}\right)=-\mu\boldsymbol{J} \tag{1.9.17}$$

和

$$\nabla^2\varPhi^{\mathrm{A}}=-\frac{1}{\varepsilon}\rho \tag{1.9.18}$$

(b) Lorentz(洛伦兹) 规范条件:

$$\nabla\cdot\boldsymbol{A}+\varepsilon\mu\frac{\partial\varPhi^{\mathrm{A}}}{\partial t}=0 \tag{1.9.19}$$

在电磁理论和工程电磁学中, 常使用此洛伦兹条件. 此时, (1.9.12) 和 (1.9.13) 式化为

$$\nabla^2\boldsymbol{A}-\varepsilon\mu\frac{\partial^2\boldsymbol{A}}{\partial t^2}=-\mu\boldsymbol{J} \tag{1.9.20}$$

和

$$\nabla^2\varPhi^{\mathrm{A}}-\varepsilon\mu\frac{\partial^2\varPhi^{\mathrm{A}}}{\partial t^2}=-\frac{1}{\varepsilon}\rho \tag{1.9.21}$$

以上两式就是在 Lorentz 规范条件下磁矢量势 $\boldsymbol{A}$ 和电标量势 $\varPhi^{\mathrm{A}}$ 所满足的非齐次波动方程, 称为 D'Alembert(达朗贝尔) 方程. 乍看, 由于 $\boldsymbol{A}$ 和 $\varPhi^{\mathrm{A}}$ 是两个独

立的函数, 实际上它们通过附加的洛伦兹规范条件发生联系, 因而我们并没有必要求解 $\boldsymbol{A}$ 和 $\Phi^{\mathrm{A}}$ 两个方程, 而只要求解一个 (通常为 $\boldsymbol{A}$) 的方程. 以上两个微分方程的特征是: 尽管电流密度 $\boldsymbol{J}$ 和电荷密度 $\rho$ 是相互联系的, 但磁矢量势 $\boldsymbol{A}$ 只决定于 $\boldsymbol{J}$, 而电标量势 $\Phi^{\mathrm{A}}$ 只决定于 $\rho$, 并且它们满足相同形式的方程, 这使得求解 D'Alembert 方程电磁场比直接求解关于含 $\boldsymbol{J}$、$\rho$ 源的 $\boldsymbol{E}$ 和 $\boldsymbol{H}$ 非齐次波动方程方便. 若已解得对于给定问题及其边界条件、具有电流密度 $\boldsymbol{J}$ 分布的磁矢量势 $\boldsymbol{A}$, 则 $\boldsymbol{H}$ 便可由 (1.9.7) 或 (1.9.13) 第一式求得, 而 $\boldsymbol{E}$ 则通过场场方程 (1.9.2)(对于无源区为 $\boldsymbol{E}=\dfrac{1}{\mathrm{j}\omega\varepsilon}\nabla\times\boldsymbol{H}$) 求出.

可以指出, 洛伦兹条件的引入并不会给问题带来影响, 实际上, 将 $\nabla^2$ 作用于 (1.9.19) 式, 可得 $\nabla\cdot(\nabla^2\boldsymbol{A})+\varepsilon\mu\dfrac{\partial}{\partial t}\nabla^2\Phi^{\mathrm{A}}=0$. 将 (1.9.20) 和 (1.9.21) 式代入后, 经整理后便有

$$\varepsilon\mu\frac{\partial^2}{\partial t^2}\left(\nabla\cdot\boldsymbol{A}+\varepsilon\mu\frac{\partial\Phi^{\mathrm{A}}}{\partial t}\right)-\mu\left(\nabla\cdot\boldsymbol{J}+\frac{\partial\rho}{\partial t}\right)=0$$

由于洛伦兹条件可知上式第一项为零, 于是, 就得到了电流连续性方程: $\nabla\cdot\boldsymbol{J}+\dfrac{\partial\rho}{\partial t}=0$. 这表明由洛伦兹条件可导得 (或者说它就等价于) 电流连续性方程; 它与由取 (1.9.2) 散度再代入 (1.9.3) 式所导得的电流连续性方程相一致.

以下讨论几种特殊情形:

(a) $\boldsymbol{J}=0$ 与 $\rho=0$ **无源区域**

此时, (1.9.20) 和 (1.9.21) 式退化为齐次波动方程:

$$\nabla^2\boldsymbol{A}-\varepsilon\mu\frac{\partial^2\boldsymbol{A}}{\partial t^2}=0 \tag{1.9.22}$$

或

$$\nabla^2\Phi^{\mathrm{A}}-\varepsilon\mu\frac{\partial^2\Phi^{\mathrm{A}}}{\partial t^2}=0 \tag{1.9.23}$$

在此情形, $\boldsymbol{A}$ 和 $\Phi^{\mathrm{A}}$ 满足与 $\boldsymbol{E}$ 与 $\boldsymbol{H}$ 相同形式的齐次波动方程.

(b) 静态场

由于 $\dfrac{\partial}{\partial t}=0$, 此时, (1.9.20) 和 (1.9.21) 式退化为泊松 (Poisson) 方程:

$$\nabla^2\boldsymbol{A}=-\mu\boldsymbol{J} \tag{1.9.24}$$

和

$$\nabla^2\Phi^{\mathrm{A}}=-\frac{1}{\varepsilon}\rho \tag{1.9.25}$$

对于静态场, $\boldsymbol{J}$ 与 $\rho$ 之间没有联系, $\boldsymbol{A}$ 与 $\Phi$(通常省去上标 "A") 彼此独立; $\boldsymbol{E}$ 和 $\boldsymbol{H}$ 分别由 $\boldsymbol{A}$ 与 $\Phi$ 单独决定. 对于 $\boldsymbol{J}=0$ 与 $\rho=0$, 即无源区情形, 由 (1.9.24) 和 (1.9.25) 式可知, 势函数 $\boldsymbol{A}$ 与 $\Phi$ 满足拉普拉斯方程.

(c) 时谐场 (时谐因子 $e^{j\omega t}$)

由于 $\dfrac{\partial}{\partial t}=j\omega$, 此时, (1.9.20) 和 (1.9.21) 式可表为

$$\nabla^2\boldsymbol{A}+k^2\boldsymbol{A}=-\mu\boldsymbol{J} \tag{1.9.26}$$

和

$$\nabla^2\Phi^{A}+k^2\Phi^{A}=-\frac{1}{\varepsilon}\rho \tag{1.9.27}$$

式中, $k=\omega\sqrt{\varepsilon\mu}$, 为 $\varepsilon$、$\mu$ 自由空间中的波数; 而洛伦兹条件 (1.9.19) 式变成

$$\nabla\cdot\boldsymbol{A}+j\omega\varepsilon\mu\Phi^{A}=0 \tag{1.9.28}$$

通常, 若解得 $\boldsymbol{A}$, 由 (1.9.28) 式可求出 $\Phi^{A}$, 再由 (1.9.7) 和 (1.9.9) 式得出 $\boldsymbol{H}$ 和 $\boldsymbol{E}$, 即

$$\boldsymbol{H}=\frac{1}{\mu}(\nabla\times\boldsymbol{A}) \tag{1.9.29}$$

和

$$\boldsymbol{E}=-\nabla\Phi^{A}-j\omega\boldsymbol{A}=-j\omega\left(1+\frac{1}{k^2}\nabla\nabla\cdot\right)\boldsymbol{A} \tag{1.9.30}$$

或求得 $\boldsymbol{H}$ 后, 亦可通过 Maxwell 场方程 (1.9.2) 求出 $\boldsymbol{E}$.

如在以后第 4 章中可看到, 对于作时谐变化的 $\boldsymbol{J}$(和 $\rho$) 将产生时谐的 $\boldsymbol{A}$(和 $\Phi^{A}$), 因而产生时谐场, 在离开电流分布区域, 电场与磁场相互激发将形成电磁波在空间传播.

对于 $\boldsymbol{J}=0$ 与 $\rho=0$, 即无源区情形, $\boldsymbol{A}$ 与 $\Phi^{A}$ 满足齐次 Helmholtz 方程:

$$\nabla^2\boldsymbol{A}+k^2\boldsymbol{A}=0 \tag{1.9.31}$$

和

$$\nabla^2\phi^{A}+k^2\Phi^{A}=0 \tag{1.9.32}$$

### 1.9.2 电矢量势 $\boldsymbol{F}$ 和磁标量势 $\boldsymbol{\Phi}^{F}$

以上讨论了磁矢量势 $\boldsymbol{A}$ 和电标量势 $\Phi^{A}$, $\boldsymbol{A}$ 的定义是根据 $\nabla\cdot\boldsymbol{B}=0$ 而引入的, 因不存在“磁荷”, 故磁矢量势 $\boldsymbol{A}$ 的定义是普遍成立的. 如前所述, 我们可人为地从数学上引入磁荷 $\rho_{m}$ 和电荷密度 $\boldsymbol{J}_{m}$(它们可以是等效的场源), 而将 Maxwell 场方程组写成对称形式.

对于仅有场源 $\rho$ 和 $\boldsymbol{J}$ 时的场方程组与仅有场源 $\rho_{m}$ 和 $\boldsymbol{J}_{m}$ 时的场方程具有二重性. 因此, 若采用势函数法已求得仅有场源 $\rho$ 和 $\boldsymbol{J}$ 时场方程组的解, 则通过对偶代换, 就可直接给出采用势函数法当仅有场源为 $\rho_{m}$ 和 $\boldsymbol{J}_{m}$ 时的场方程组的求解过程及其结果.

参见 (1.6.25) 式, 若在势函数法求解过程中, 对场量和中间量 $A$ 和 $\Phi^{\mathrm{A}}$ 作如下对偶代换:

$$\left\{\boldsymbol{E} \leftrightarrow \boldsymbol{H}, \rho \leftrightarrow -\rho_{\mathrm{m}}, \boldsymbol{J} \leftrightarrow -\boldsymbol{J}_{\mathrm{m}}, \varepsilon \leftrightarrow -\mu, \boldsymbol{A} \leftrightarrow \boldsymbol{F}, \Phi^{\mathrm{A}} \leftrightarrow \Phi^{\mathrm{F}}, \rho \leftrightarrow \rho_{\mathrm{m}}\right\} \tag{1.9.33}$$

则不难证明: 应用二重性原理, 对于时谐场情形, $\rho_{\mathrm{m}}$ 和 $\boldsymbol{J}_{\mathrm{m}}$ 所产生的电场 $\boldsymbol{E}$ 和磁场 $\boldsymbol{H}$ 有如下势函数法结果 (在洛伦兹条件下):

$$\boldsymbol{D} = -\nabla \times \boldsymbol{F} \quad \text{或} \quad \boldsymbol{E} = -\frac{1}{\varepsilon}\nabla \times \boldsymbol{F} \tag{1.9.34}$$

$$\boldsymbol{H} = -\nabla \Phi^{\mathrm{F}} - \mathrm{j}\omega \boldsymbol{F} = -\mathrm{j}\omega\left(1 + \frac{1}{k^2}\nabla\nabla\cdot\right)\boldsymbol{F} \tag{1.9.35}$$

这里, $\boldsymbol{F}$ 和 $\Phi^{\mathrm{F}}$ 分别称为电矢量势和磁标量势. 它们满足方程 (参见 (1.9.20) 和 (1.9.21) 式):

$$\nabla^2 \boldsymbol{F} + k^2 \boldsymbol{F} = -\varepsilon \boldsymbol{J}_{\mathrm{m}} \tag{1.9.36}$$

和

$$\nabla^2 \Phi^{\mathrm{F}} + k^2 \Phi^{\mathrm{F}} = -\frac{1}{\mu}\rho_{\mathrm{m}} \tag{1.9.37}$$

式中, $k = \omega\sqrt{\varepsilon\mu}$, 为 $\varepsilon$、$\mu$ 自由空间中的波数.

对于 $\boldsymbol{J}_{\mathrm{m}} = 0$ 与 $\rho_{\mathrm{m}} = 0$, 即无源区情形, $\boldsymbol{F}$ 与 $\Phi^{\mathrm{F}}$ 满足齐次 Helmholtz 方程:

$$\nabla^2 \boldsymbol{F} + k^2 \boldsymbol{F} = 0 \tag{1.9.38}$$

和

$$\nabla^2 \Phi^{\mathrm{F}} + k^2 \Phi^{\mathrm{F}} = 0 \tag{1.9.39}$$

在普遍的情况下, 若在电磁场中同时存在有电性场源 $\rho$、$\boldsymbol{J}$ 和磁性场源 $\rho_{\mathrm{m}}$、$\boldsymbol{J}_{\mathrm{m}}$, 则总的电磁场是它们分别所产生的场的叠加. (注: 在不致引起误解或混淆情况下, 为简洁起见, $\Phi^{\mathrm{A}}$ 和 $\Phi^{\mathrm{F}}$ 常省写其上标 “A” 或 “F”)

### 1.9.3　电赫兹矢量 $\boldsymbol{\Pi}^{\mathrm{e}}$ 和磁赫兹矢量 $\boldsymbol{\Pi}^{\mathrm{m}}$

在电磁理论包括微波理论中, 还经常采用另外两个辅助矢量, 即 $\boldsymbol{\Pi}^{\mathrm{e}}$ 和 $\boldsymbol{\Pi}^{\mathrm{m}}$ 来计算电磁场. 对于时谐场情形, 它们的定义分别为

$$\boldsymbol{\Pi}^{\mathrm{e}} = \frac{1}{\mathrm{j}\omega\varepsilon\mu}\boldsymbol{A} \tag{1.9.40}$$

$$\boldsymbol{\Pi}^{\mathrm{m}} = \frac{1}{\mathrm{j}\omega\varepsilon\mu}\boldsymbol{F} \tag{1.9.41}$$

这两个矢量 $\boldsymbol{\Pi}^{\mathrm{e}}$ 和 $\boldsymbol{\Pi}^{\mathrm{m}}$ 分别称为电赫兹矢量和磁赫兹矢量.

从 $\boldsymbol{\Pi}^{\mathrm{e}}$ 和 $\boldsymbol{\Pi}^{\mathrm{m}}$ 的定义可见, 它们分别与 $\boldsymbol{A}$ 和 $\boldsymbol{F}$ 具有完全相同的意义, 之间仅是相差一个比例常数. 引入赫兹矢量 $\boldsymbol{\Pi}^{\mathrm{e}}$ 和 $\boldsymbol{\Pi}^{\mathrm{m}}$ 后, 场表示式 (1.11.29)、(1.11.30) 和 (1.11.34)、(1.11.35) 式可表为更简洁的形式:

$$\boldsymbol{H} = \mathrm{j}\omega\varepsilon\nabla\times\boldsymbol{\Pi}^{\mathrm{e}} \tag{1.9.42}$$

$$\boldsymbol{E} = \nabla\left(\nabla\cdot\boldsymbol{\Pi}^{\mathrm{e}}\right) + k^2\boldsymbol{\Pi}^{\mathrm{e}} \tag{1.9.43}$$

和

$$\boldsymbol{E} = -\mathrm{j}\omega\mu\nabla\times\boldsymbol{\Pi}^{\mathrm{m}} \tag{1.9.44}$$

$$\boldsymbol{H} = \nabla\left(\nabla\cdot\boldsymbol{\Pi}^{\mathrm{m}}\right) + k^2\boldsymbol{\Pi}^{\mathrm{m}} \tag{1.9.45}$$

将 (1.9.40) 和 (1.9.41) 式分别代入 (1.9.26) 和 (1.9.36) 式, 可知 $\boldsymbol{\Pi}^{\mathrm{e}}$ 和 $\boldsymbol{\Pi}^{\mathrm{m}}$ 分别满足方程:

$$\nabla^2\boldsymbol{\Pi}^{\mathrm{e}} + k^2\boldsymbol{\Pi}^{\mathrm{e}} = -\frac{1}{\mathrm{j}\omega\varepsilon}\boldsymbol{J} \tag{1.9.46}$$

$$\nabla^2\boldsymbol{\Pi}^{\mathrm{m}} + k^2\boldsymbol{\Pi}^{\mathrm{m}} = -\frac{1}{\mathrm{j}\omega\mu}\boldsymbol{J}_{\mathrm{m}} \tag{1.9.47}$$

对于 $\boldsymbol{J}=0$ 与 $\boldsymbol{J}_{\mathrm{m}}=0$, 即无源区情形, $\boldsymbol{\Pi}^{\mathrm{e}}$ 与 $\boldsymbol{\Pi}^{\mathrm{m}}$ 满足齐次 Helmholtz 方程:

$$\nabla^2\boldsymbol{\Pi}^{\mathrm{e}} + k^2\boldsymbol{\Pi}^{\mathrm{e}} = 0 \tag{1.9.48}$$

$$\nabla^2\boldsymbol{\Pi}^{\mathrm{m}} + k^2\boldsymbol{\Pi}^{\mathrm{m}} = 0 \tag{1.9.49}$$

## 1.10 波动方程

通常, 对于电磁场问题, 当应用 Maxwell 场方程直接求解电场 $\boldsymbol{E}$ 与磁场 $\boldsymbol{H}$ 时, 首先的工作就是从场方程推导出仅含 $\boldsymbol{E}$ 与 $\boldsymbol{H}$(有些情形, 为场的某个分量) 所满足的微分方程 (即波动方程), 以便对它进行求解, 并进一步得出满足给定边界条件的边值问题解. 以下我们讨论关于 $\boldsymbol{E}$ 和 $\boldsymbol{H}$ 所应满足的波动方程.

### 1.10.1 矢量波动方程

对于各向同性媒质, 有本构关系 $\boldsymbol{D}=\varepsilon\boldsymbol{E}$、$\boldsymbol{B}=\mu\boldsymbol{H}$. 此时, 对称形式 Maxwell 场方程为

$$\nabla\times\boldsymbol{E} = -\boldsymbol{J}_{\mathrm{m}} - \frac{\partial\boldsymbol{B}}{\partial t} = -\boldsymbol{J}_{\mathrm{m}} - \mu\frac{\partial\boldsymbol{H}}{\partial t} \tag{1.10.1}$$

和

$$\nabla\times\boldsymbol{H} = \boldsymbol{J} + \frac{\partial\boldsymbol{D}}{\partial t} = \boldsymbol{J} + \varepsilon\frac{\partial\boldsymbol{E}}{\partial t} \tag{1.10.2}$$

取 (1.10.1) 和 (1.10.2) 式的旋度, 分别消去 $\boldsymbol{H}$ 和 $\boldsymbol{E}$ 可得

$$\nabla\times\nabla\times\boldsymbol{E}=-\nabla\times\boldsymbol{J}_m-\nabla\times\left(\mu\frac{\partial\boldsymbol{H}}{\partial t}\right)\tag{1.10.3}$$

和

$$\nabla\times\nabla\times\boldsymbol{H}=\nabla\times\boldsymbol{J}+\nabla\times\left(\varepsilon\frac{\partial\boldsymbol{E}}{\partial t}\right)\tag{1.10.4}$$

应用矢量恒等式 $\nabla\times(\phi\boldsymbol{A})=\phi\nabla\times\boldsymbol{A}+\nabla\phi\times\boldsymbol{A}$, 故而有

$$\nabla\times\left(\mu\frac{\partial\boldsymbol{H}}{\partial t}\right)=\mu\nabla\times\frac{\partial\boldsymbol{H}}{\partial t}+\nabla\mu\times\frac{\partial\boldsymbol{H}}{\partial t}=\mu\frac{\partial}{\partial t}\nabla\times\boldsymbol{H}+\nabla\mu\times\frac{\partial\boldsymbol{H}}{\partial t}$$

将 (1.10.2) 的 $\nabla\times\boldsymbol{H}$ 和 (1.10.1) 的 $\dfrac{\partial\boldsymbol{H}}{\partial t}$ 代入上式, 则可得

$$\nabla\times\left(\mu\frac{\partial\boldsymbol{H}}{\partial t}\right)=\mu\frac{\partial\boldsymbol{J}}{\partial t}+\varepsilon\mu\frac{\partial^2\boldsymbol{E}}{\partial t^2}-\frac{\nabla\mu}{\mu}\times(\nabla\times\boldsymbol{E}+\boldsymbol{J}_{\mathrm{m}})$$

于是 (1.10.3) 式可写成

$$\nabla\times\nabla\times\boldsymbol{E}=-\nabla\times\boldsymbol{J}_{\mathrm{m}}-\mu\frac{\partial\boldsymbol{J}}{\partial t}-\varepsilon\mu\frac{\partial^2\boldsymbol{E}}{\partial t^2}+\frac{\nabla\mu}{\mu}\times(\nabla\times\boldsymbol{E}+\boldsymbol{J}_{\mathrm{m}})\tag{1.10.5}$$

因对任意矢量 $\boldsymbol{A}$, 有恒等式 $\nabla\times\nabla\times\boldsymbol{A}=\nabla(\nabla\cdot\boldsymbol{A})-\nabla^2\boldsymbol{A}$, 上式化为

$$\nabla^2\boldsymbol{E}-\nabla(\nabla\cdot\boldsymbol{E})=\nabla\times\boldsymbol{J}_{\mathrm{m}}+\mu\frac{\partial\boldsymbol{J}}{\partial t}+\varepsilon\mu\frac{\partial^2\boldsymbol{E}}{\partial t^2}-\frac{\nabla\boldsymbol{\mu}}{\mu}\times(\nabla\times\boldsymbol{E}+\boldsymbol{J}_{\mathrm{m}})\tag{1.10.6}$$

因 $\nabla\cdot(\phi\boldsymbol{A})=\phi\nabla\cdot\boldsymbol{A}+\boldsymbol{A}\cdot\nabla\phi$, 由 $\nabla\cdot\boldsymbol{D}=\nabla\cdot(\varepsilon\boldsymbol{E})=\rho$, 则可得 $\nabla\cdot\boldsymbol{E}=\rho/\varepsilon-\boldsymbol{E}\cdot(\nabla\varepsilon/\varepsilon)$. 于是, (1.10.6) 式可表为

$$\nabla^2\boldsymbol{E}-\nabla\left(\frac{\rho}{\varepsilon}\right)+\nabla\left(\boldsymbol{E}\cdot\frac{\nabla\varepsilon}{\varepsilon}\right)+\frac{\nabla\boldsymbol{\mu}}{\mu}\times(\nabla\times\boldsymbol{E}+\boldsymbol{J}_m)=\varepsilon\mu\frac{\partial^2\boldsymbol{E}}{\partial t^2}+\nabla\times\boldsymbol{J}_{\mathrm{m}}+\mu\frac{\partial\boldsymbol{J}}{\partial t}\tag{1.10.7}$$

对上式应用 “二重性” 原理, 按 (1.6.25) 式; $\{\boldsymbol{E}\leftrightarrow\boldsymbol{H},\ \rho\leftrightarrow-\rho_{\mathrm{m}},\ \boldsymbol{J}\leftrightarrow-\boldsymbol{J}_{\mathrm{m}}$ 和 $\varepsilon\leftrightarrow-\mu\}$作对偶代换, 或采用类似以上步骤, 可得

$$\nabla^2\boldsymbol{H}-\nabla\left(\frac{\boldsymbol{\rho}_{\mathrm{m}}}{\mu}\right)+\nabla\left(\boldsymbol{H}\cdot\frac{\nabla\boldsymbol{\mu}}{\mu}\right)+\frac{\nabla\boldsymbol{\varepsilon}}{\varepsilon}\times(\nabla\times\boldsymbol{H}-\boldsymbol{J})=\mu\varepsilon\frac{\partial^2\boldsymbol{H}}{\partial t^2}-\nabla\times\boldsymbol{J}+\varepsilon\frac{\partial\boldsymbol{J}_{\mathrm{m}}}{\partial t}\tag{1.10.8}$$

由于实际上 $\rho_{\mathrm{m}}=0$ 和 $\boldsymbol{J}_{\mathrm{m}}=0$, 由 (1.10.7) 和 (1.10.8) 式, 最后便得到

$$\nabla^2\boldsymbol{E}-\nabla\left(\frac{\boldsymbol{\rho}}{\varepsilon}\right)+\nabla\left(\boldsymbol{E}\cdot\frac{\nabla\varepsilon}{\varepsilon}\right)+\frac{\nabla\boldsymbol{\mu}}{\mu}\times(\nabla\times\boldsymbol{E})=\mu\varepsilon\frac{\partial^2\boldsymbol{E}}{\partial t^2}+\mu\frac{\partial\boldsymbol{J}}{\partial t}\tag{1.10.9}$$

和

$$\nabla^2 \boldsymbol{H} + \nabla\left(\boldsymbol{H} \cdot \frac{\nabla \boldsymbol{\mu}}{\mu}\right) + \frac{\nabla \boldsymbol{\varepsilon}}{\varepsilon} \times (\nabla \times \boldsymbol{H}) = \mu\varepsilon \frac{\partial^2 \boldsymbol{H}}{\partial t^2} - \nabla \times \boldsymbol{J} + \frac{\nabla \boldsymbol{\varepsilon}}{\varepsilon} \times \boldsymbol{J} \quad (1.10.10)$$

以上 (1.10.9) 和 (1.10.10) 式分别就是各向同性 $\varepsilon$、$\mu$ 媒质中一般时谐电场和磁场所满足的微分方程, 它们称为矢量波动方程. 对于 $\varepsilon$、$\mu$ 是坐标函数的非均匀媒质, 它们是相当复杂的.

对于时间因子为 $\mathrm{e}^{\mathrm{j}\omega t}$ 的时谐场, $\boldsymbol{J}_\mathrm{m} = \boldsymbol{\rho}_\mathrm{m} = 0$, 以及常遇到的均匀各向同性媒质, 此时 (1.10.7) 或 (1.10.9) 式可简化为

$$\nabla^2 \boldsymbol{E} + k^2 \boldsymbol{E} = \mathrm{j}\omega\mu \boldsymbol{J} + \frac{\rho}{\varepsilon} \quad (1.10.11)$$

对于 $\boldsymbol{H}$, (1.10.8) 式可简化为

$$\nabla^2 \boldsymbol{H} + k^2 \boldsymbol{H} = -\nabla \times \boldsymbol{J} \quad (1.10.12)$$

特别地, 对于 $\rho = 0$ 和 $\boldsymbol{J} = 0$ 无源情形, (1.10.11) 和 (1.10.12) 式进一步简化成

$$\nabla^2 \boldsymbol{E} + k^2 \boldsymbol{E} = 0 \quad (1.10.13)$$

$$\nabla^2 \boldsymbol{H} + k^2 \boldsymbol{H} = 0 \quad (1.10.14)$$

以上式中, 波数 $k = \omega\sqrt{\varepsilon\mu} = k_0\sqrt{\varepsilon_r \mu_r}$.

又如果所考虑的场 $\boldsymbol{E}$ 和 $\boldsymbol{H}$ 为沿 $z$ 方向传播的波, 则其表示式将含有因子 $\mathrm{e}^{\mathrm{j}\omega t - \gamma z}$, 这里 $\gamma$ 为传播常数, $\dfrac{\partial^2}{\partial z^2} = (-\gamma)^2 = \gamma^2$. 此时, 令

$$\nabla^2 = \nabla_\mathrm{T}^2 + \nabla_z^2 = \nabla_\mathrm{T}^2 + \frac{\partial^2}{\partial z^2}, \quad \nabla_\mathrm{T}^2 = \nabla^2 - \frac{\partial^2}{\partial z^2} \text{ 称为横向拉普拉斯算子}$$

于是, (1.10.13) 和 (1.10.14) 式将可写成

$$\nabla_\mathrm{T}^2 \boldsymbol{E} + \left(k^2 + \gamma^2\right) \boldsymbol{E} = 0 \quad (1.10.15)$$

和

$$\nabla_\mathrm{T}^2 \boldsymbol{H} + \left(k^2 + \gamma^2\right) \boldsymbol{H} = 0 \quad (1.10.16)$$

(1.10.15) 和 (1.10.16) 式是二维形式的矢量 Helmholtz 方程.

### 1.10.2 标量波动方程

直接求解电磁场矢量波动方程一般是很困难的, 而求解标量波动方程则简单得多. 若对所解问题的某个场分量满足标量形式的波动方程, 则通常我们总是先求解

该场分量波动方程满足问题边界条件的解, 再应用 Maxwell 场方程求得电、磁场的其它各个分量. 例如,

(1) 在求解柱面波导问题时, 设波导的轴沿 $z$ 方向, 此时, 因 $\boldsymbol{E}=\boldsymbol{E}_{\mathrm{T}}+\hat{\boldsymbol{a}}_z E_z$ 和 $\boldsymbol{H}=\boldsymbol{H}_{\mathrm{T}}+\hat{\boldsymbol{a}}_z H_z$, 而有 $\nabla^2\boldsymbol{E}=\nabla^2\boldsymbol{E}_{\mathrm{T}}+\hat{\boldsymbol{a}}_z\nabla^2 E_z$ 和 $\nabla^2\boldsymbol{H}=\nabla^2\boldsymbol{H}_{\mathrm{T}}+\hat{\boldsymbol{a}}_z\nabla^2 H_z$, 故由 (1.10.13) 和 (1.10.14) 式, 可得电磁场的纵向分量 $E_z$ 和 $H_z$ 满足二维标量波动方程:

$$\nabla_{\mathrm{T}}^2 E_z+\left(k^2+\gamma^2\right)E_z=0 \tag{1.10.17}$$

和

$$\nabla_{\mathrm{T}}^2 H_z+\left(k^2+\gamma^2\right)H_z=0 \tag{1.10.18}$$

若已求得满足波导边界条件波动方程 $E_z$ 和 $H_z$ 的解, 则由场方程便可得波导中电磁场的横向分量. 这就是求解波导问题的 "纵向场法"(详见第 3 章).

(2) 求解时谐电流源 $\boldsymbol{J}$ 的辐射问题时, 采用磁矢量势 $\boldsymbol{A}$ 法, 由 (1.9.26) 式可知, 在均匀各向同性媒质中磁矢量 $\boldsymbol{A}$ 满足非齐次矢量 Helmholtz 方程:

$$\nabla^2\boldsymbol{A}+k^2\boldsymbol{A}=-\mu\boldsymbol{J} \tag{1.10.19}$$

式中, $\boldsymbol{J}$ 为外加源电流密度; $\mu$ 为媒质的磁导率.

由于矢量 $\boldsymbol{A}$ 具有与 $\boldsymbol{J}$ 的方向相同, 因而, 我们有

$$\nabla^2\boldsymbol{A}_i+k^2\boldsymbol{A}_i=-\mu\boldsymbol{J}_i\quad(i=x,y,z) \tag{1.10.20}$$

这就将方程 (1.10.19) 化成三个直角坐标分量的标量 Helmholtz 方程.

(3) 求解球形谐振腔与平面波的圆球散射问题时, 采用磁矢量势 $\boldsymbol{A}$ 和电矢量势 $\boldsymbol{F}$ 法, 我们可导得在球坐标系 $(r,\theta,\varphi)$ 中, $\boldsymbol{A}$ 和 $\boldsymbol{F}$ 沿球坐标 $\boldsymbol{r}$ 的径向分量 $A_r$ 和 $F_r$ 在均匀各向同性媒质中的无源区分别满足标量 "波动方程":

$$\left(\nabla^2+k^2\right)\frac{A_r}{r}=0 \tag{1.10.21}$$

和

$$\left(\nabla^2+k^2\right)\frac{F_r}{r}=0 \tag{1.10.22}$$

若已求得满足以上波动方程 $A_r$ 和 $F_r$ 的解, 则由场与 $A_r$ 和 $F_r$ 的关系、应用球散射问题的边界条件便可得其散射电磁场的各个分量 (详见 3.11 节和第 6 章).

(4) 若对于二维问题 $\boldsymbol{E}$ 和 $\boldsymbol{H}$, 以及 $\varepsilon$、$\mu$ 均与直角坐标 $z$ 无关, 则由 (1.10.9) 和 (1.10.10) 式将不难证明 $\boldsymbol{E}$ 和 $\boldsymbol{H}$ 的 $z$ 分量 $E_z$ 和 $H_z$ 满足如下二维非齐次标量波动方程:

$$\left[\frac{\partial}{\partial x}\left(\frac{1}{\mu_r}\frac{\partial}{\partial x}\right)+\frac{\partial}{\partial y}\left(\frac{1}{\mu_r}\frac{\partial}{\partial y}\right)+k_0^2\varepsilon_r\right]E_z=\mathrm{j}k_0\eta_0 J_z \tag{1.10.23}$$

和

$$\left[\frac{\partial}{\partial x}\left(\frac{1}{\varepsilon_r}\frac{\partial}{\partial x}\right)+\frac{\partial}{\partial y}\left(\frac{1}{\varepsilon_r}\frac{\partial}{\partial y}\right)+k_0^2\mu_r\right]H_z=-\frac{\partial}{\partial x}\left(\frac{1}{\varepsilon_r}J_y\right)+\frac{\partial}{\partial y}\left(\frac{1}{\varepsilon_r}J_x\right) \tag{1.10.24}$$

式中, $\varepsilon_r=\varepsilon/\varepsilon_0$; $\mu_r=\mu/\mu_0$; $k_0=\omega\sqrt{\varepsilon_0\mu_0}$; $\eta_0=\sqrt{\mu_0/\varepsilon_0}$ 为自由空间波阻抗.

## 1.11 Green 函数法

Green 函数法是求解非齐次微分方程的一个重要方法, 在求解含场源的电磁场边值问题中具有广泛应用. 在这种方法中, Green 函数是作为中间函数 (辅助函数), 它所满足的方程与所给问题的方程相同, 但非齐次项则由冲激函数 $\delta(\boldsymbol{r}-\boldsymbol{r}')$ 函数代替, 而满足的边界条件与所给问题边界条件类型相同, 但为齐次的边界条件. 一旦求得所给非齐次方程边值问题的 Green 函数, 应用 Green 定理便可求得所给问题用被积函数含 Green 函数、已知非齐次项与边界条件表示的积分形式解. 关于 $\delta$ 函数的简介参见附录 A.

Green 函数在数学上表现为一个非齐次微分方程其自由项为冲激函数时在一定条件下的解; 而在物理上它则是系统在一定条件下对于一个点源所产生的响应.

### 1.11.1 Green 函数

在电磁问题中, 通常需要求解关于电场 $\boldsymbol{E}$(或磁场 $\boldsymbol{H}$)、标量势和矢量势等场量所满足的非齐次微分方程. 现考虑一般非齐次线性微分方程:

$$Lu(\boldsymbol{r})=f(\boldsymbol{r}) \tag{1.11.1}$$

式中, $L$ 为线性微分算子. $u(\boldsymbol{r})$ 为待求的函数; $f(\boldsymbol{r})$ 为方程的自由项 (或称源函数、激励函数), 它们是空间坐标 $\boldsymbol{r}$ 的函数.

线性微分方程 (1.11.1) 的解形式上可将其两边同乘逆算子 $L^{-1}$ 后给出:

$$L^{-1}Lu(\boldsymbol{r})=L^{-1}f(\boldsymbol{r})$$

即

$$u(\boldsymbol{r})=L^{-1}f(\boldsymbol{r}) \tag{1.11.2}$$

设源函数 $f(\boldsymbol{r})$ 限于在有限体积 $V$ 内, 它在 $V$ 外为零. 按 $\delta$ 函数的定义及其性质, 我们可将源函数 $f(\boldsymbol{r})$ 表为

$$f(\boldsymbol{r})=\iiint_V f(\boldsymbol{r}')\delta(\boldsymbol{r}-\boldsymbol{r}')\mathrm{d}v' \tag{1.11.3}$$

将 (1.11.3) 代入 (1.11.2) 式后, 可得

$$\begin{aligned} u(\boldsymbol{r}) &= L^{-1}\iiint_{V'} f(\boldsymbol{r}')\delta(\boldsymbol{r}-\boldsymbol{r}')\mathrm{d}v' \\ &= \iiint_{V'} f(\boldsymbol{r}')L^{-1}\delta(\boldsymbol{r}-\boldsymbol{r}')\mathrm{d}v' \end{aligned} \tag{1.11.4}$$

令

$$L^{-1}\delta(\boldsymbol{r}-\boldsymbol{r}') = G(\boldsymbol{r},\boldsymbol{r}') \tag{1.11.5}$$

则

$$u(\boldsymbol{r}) = \iiint_{V'} f(\boldsymbol{r}')G(\boldsymbol{r},\boldsymbol{r}')\mathrm{d}v' \tag{1.11.6}$$

式中, 带撇的坐标为源点坐标; 不带撇的坐标为场点坐标.

对 (1.11.5) 式两边同作算子 $L$ 运算, 即有

$$LG(\boldsymbol{r},\boldsymbol{r}') = \delta(\boldsymbol{r}-\boldsymbol{r}') \tag{1.11.7}$$

方程 (1.11.7) 的解 $G(\boldsymbol{r},\boldsymbol{r}')$ 就定义为相应 $L$ 算子方程的 Green 函数 (亦称点源影响函数).

将 (1.11.7) 与 (1.11.1) 相比较可见, $G(\boldsymbol{r},\boldsymbol{r}')$ 所满足的方程就是将原待求的非齐次方程的自由项 $f$ 换成 $\delta$ 函数、$u \to G$ 后的方程. 由于方程 (1.11.7) 的自由项是 $\delta$ 函数, 因而求解它要比求解 (1.11.1) 式简单许多. $G(\boldsymbol{r},\boldsymbol{r}')$ 的物理意义是位于 $\boldsymbol{r}'$ 的点源在 $\boldsymbol{r}$ 处所产生的场, 具有强度为 $f(\boldsymbol{r}')\mathrm{d}v'$ 的点源所产生的场则为 $f(\boldsymbol{r}')G(\boldsymbol{r},\boldsymbol{r}')\mathrm{d}v'$, 由于方程的线性, 因而具有连续场源分布 $f(\boldsymbol{r})$ 所产生的场等于具有一定强度的各个点源的叠加, 而可表为 (1.11.6) 的积分形式.

在电磁问题中最常遇到的非齐次微分方程有 Poisson 方程和 Helmholtz 方程. 例如:

对于**静态场**, 在具有介电常数 $\varepsilon$ 的媒质中, 当存在有电荷密度分布 $\rho(\boldsymbol{r})$ 时, 它在空间所产生的静电势 $u=\phi(\boldsymbol{r})$ 满足标量 Poisson 方程:

$$\nabla^2\phi = -\frac{1}{\varepsilon}\rho \quad (L=-\nabla^2) \tag{1.11.8}$$

对于**稳恒电流场**, 在具有磁导率 $\mu$ 的媒质中, 当存在有电流密度分布 $\boldsymbol{J}(r)$ 时, 它在空间所产生的磁矢量势 $\boldsymbol{A}(\boldsymbol{r})$ 满足矢量 Poisson 方程:

$$\nabla^2\boldsymbol{A} = -\mu\boldsymbol{J} \quad (L=-\nabla^2) \tag{1.11.9}$$

对于时间因子 $\mathrm{e}^{\mathrm{j}\omega t}$ 的**时谐电磁场**, 采用势函数法, 在均匀各向同性 $\varepsilon$、$\mu$ 媒质中, 当含有电荷密度分布 $\rho(\boldsymbol{r})$ 时, 它在空间所产生的电标量势 $\varPhi$ 满足非齐次标量 Helmholtz 方程:

$$\nabla^2\varPhi + k^2\varPhi = -\frac{1}{\varepsilon}\rho \quad \left(L=-\left(\nabla^2+k^2\right)\right) \tag{1.11.10}$$

而当含有电流密度分布 $\boldsymbol{J}(\boldsymbol{r})$ 时, 其产生的磁矢量势 $\boldsymbol{A}$ 满足非齐次的矢量 Helmholtz 方程:

$$\nabla^2 \boldsymbol{A} + k^2 \boldsymbol{A} = -\mu \boldsymbol{J} \quad \left(L = -\left(\nabla^2 + k^2\right)\right) \tag{1.11.11}$$

由于 (1.11.9) 和 (1.11.11) 中的矢量 $\boldsymbol{A}$ 的方向与 $\boldsymbol{J}$ 的方向相同, 我们可以将它们分解成三个直角坐标分量后求解. 因而, 这两个方程亦可归结为标量 Poisson 和 Helmholtz 方程的求解.

对于存在有 $\boldsymbol{J}(\boldsymbol{r})$ 和 $\boldsymbol{\rho}(\boldsymbol{r})$, 电场 $\boldsymbol{E}$ 和磁场 $\boldsymbol{H}$ 所满足非齐次 (矢量) 方程分别为

$$\nabla^2 \boldsymbol{E} + k^2 \boldsymbol{E} = \frac{1}{\varepsilon} \nabla \boldsymbol{\rho} + \mathrm{j}\omega\mu \boldsymbol{J} \tag{1.11.12}$$

和

$$\nabla^2 \boldsymbol{H} + k^2 \boldsymbol{H} = -\nabla \times \boldsymbol{J} \tag{1.11.13}$$

在一般曲面坐标情况下, 由 (1.11.12) 或 (1.11.13) 式可得三个含有曲面坐标分量 (耦合) 的联立方程组, 但由此方程组解出 $\boldsymbol{E}$(和 $\boldsymbol{H}$) 的三个曲面坐标分量却非易事. 仅当所求边值问题可采用直角坐标系时, $\boldsymbol{E}$(和 $\boldsymbol{H}$) 可分解为三个直角坐标分量, 此时才能得到三个独立的标量方程. 在柱面坐标情况下, 有一个坐标分量 (如 $z$ 分量) 就是直角坐标分量, 因而也有一个独立的标量方程. 此时解出 $E_z$ 和 $H_z$, 其它场分量便可通过场方程用它们表示. 对于具有某种对称性的一些问题, 这时亦可导得某一个电场 (或磁场) 分量满足标量形式的非齐次方程, 而求得该场分量后, 其它场分量便可应用场方程求出. 在一般情况下, 直接求解 $\boldsymbol{E}$、$\boldsymbol{H}$ 的非齐次项方程则是很复杂和困难的. 在 1.14 节中, 我们将简要介绍直接求解 $\boldsymbol{E}$ 和 $\boldsymbol{H}$ 非齐次方程的并矢 Green 函数法. 这是一种求解可含复杂媒质的各类电磁场边值问题的系统方法.

综上所述, 对于求静电势、静磁势、电标量势和磁矢量势, 以及有些问题的电磁场时, 我们所需解的就是这些势函数和某个场分量所满足的标量形式的 Poisson 和 Helmholtz 方程. 此时, 相应的 Green 函数满足方程:

$$\nabla^2 G(\boldsymbol{r}, \boldsymbol{r}') = -\delta(\boldsymbol{r} - \boldsymbol{r}') \tag{1.11.14}$$

和

$$\nabla^2 G(\boldsymbol{r}, \boldsymbol{r}') + k^2 G(\boldsymbol{r}, \boldsymbol{r}') = -\delta(\boldsymbol{r} - \boldsymbol{r}') \tag{1.11.15}$$

当 $G(\boldsymbol{r}, \boldsymbol{r}') = \phi$ 与 $G(\boldsymbol{r}, \boldsymbol{r}') = A_i (i = x, y, z)$ 时, (1.11.14) 式的物理意义分别是位于 $\boldsymbol{r}'$ 的 $\varepsilon$ 单位静点电荷与沿某坐标 $i$ 方向 $1/\mu$ 单位稳恒电流元在空间 $\boldsymbol{r}$ 处所产生的静电势与静磁势; 而 (1.11.15) 式的物理意义则分别是位于 $\boldsymbol{r}'$、$\varepsilon$ 单位时谐变化的点电荷与沿某坐标 $i$ 方向 $1/\mu$ 单位时谐变化电流元在空间 $\boldsymbol{r}$ 处所产生的电标量势与磁矢量势.

通常, 对于数学上的定解问题, 或具体的电磁问题 (或物理问题), 方程的解 $u(\boldsymbol{r})$ 必须满足问题给定的边界条件和自然 (有界、单值) 条件, 其 $G(\boldsymbol{r},\boldsymbol{r}')$ 满足相应的齐次边界条件. 因而, 不同边值问题具有不同形式的方程和不同的边界条件就将有不同的 Green 函数.

对于无界域 (且空间中无任何障碍物), 即自由空间情形, 相应方程 (1.11.1) 的 Green 函数, 称为该方程的自由空间 Green 函数, 亦称为该方程的基本解; 并通常, 用 $G_0(\boldsymbol{r},\boldsymbol{r}')$ 表示, 下标 "0" 表示对应于自由空间.

对于静态场情形, $G(\boldsymbol{r},\boldsymbol{r}')$(以及 $u(\boldsymbol{r})$) 在无穷远处应满足的条件是它必须有限, 且其值等于零 (参考点), 即 $\lim\limits_{r\to\infty} G(\boldsymbol{r},\boldsymbol{r}')=0$.

对于时间因子 $\mathrm{e}^{\mathrm{j}\omega t}$ 的时谐场情形, $G(\boldsymbol{r},\boldsymbol{r}')$(以及 $u(\boldsymbol{r})$) 必须其幅值应随波的辐射扩散至无穷远处时等于零, 而其相位变化应是从场源向无穷远方向传播的行波. 此即 $G(\boldsymbol{r},\boldsymbol{r}')$ 应满足辐射条件:

$$\lim_{r\to\infty} r\left(\frac{\mathrm{d}G}{\mathrm{d}r}+\mathrm{j}kG\right)=0 \quad (\text{球面波}) \tag{1.11.16}$$

$$\lim_{\rho\to\infty} \sqrt{\rho}\left(\frac{\mathrm{d}G}{\mathrm{d}\rho}+\mathrm{j}kG\right)=0 \quad (\text{柱面波}) \tag{1.11.17}$$

和

$$\lim_{z\to\pm\infty} \left(\frac{\mathrm{d}G}{\mathrm{d}z}\pm\mathrm{j}kG\right)=0 \quad (\text{平面波}) \tag{1.11.18}$$

由于平面波是一种理想的波, 它在传播过程中不会扩散, 因而到达无穷远处时, 场强的幅值不会等于零, 除非在传播途中存在衰减. 故平面波的辐射条件只反映相位条件.

但注意到, 对于时谐场, 如果媒质的导电率 $\sigma\neq 0$, 则复介电常数 $\tilde{\varepsilon}=\varepsilon-\mathrm{j}\sigma/\varepsilon$ 的虚部小于零, 而 $k=\omega\sqrt{\tilde{\varepsilon}\mu}$, 故我们将有 $\mathrm{Im}k<0$. 因而, 无论球面波、柱面波或平面波, 如果我们假定有 $\mathrm{Im}k<0$, 则波的传播将具有衰减, 即使极微弱的衰减, 在从源到达无穷远时也必将衰减至零, 并同时满足辐射条件中从源向 $\infty$ 处传播的行波相位要求; 但从 $\infty$ 反方向朝源方向传播的行波在远离源后无穷远处则发散, 这表明没有物理意义, 故这样的反向波不应存在. 因此, 本章随后求解时谐电磁场问题时, 在求解其满足的 Helmholtz 方程及其相应 Green 函数时, 我们可以用 $\mathrm{Im}k<0$(且其值为一极小的量) 来替代辐射条件, 即假定媒质具有微弱的导电损耗. 这样, 对于时谐场和静态场的无界域问题, 在无穷远处应满足的限定条件均将可表为

$$\lim_{|\boldsymbol{r}|\to\infty} G(\boldsymbol{r},\boldsymbol{r}')=0 \tag{1.11.19}$$

对于无界域 Helmholtz 方程的自由空间 Green 函数 (即基本解) 可参见附录 B; 对于有界域 Helmholtz 方程场边值问题的 Green 函数的范例见附录 C.

### 1.11.2 Green 函数法

Green 函数方法将原场问题的求解分成两部分：首先是求解方程 (1.11.15) 满足齐次边界条件的解; 然后再将问题的解化为求一个被积函数含 Green 函数与已知方程的非齐次项 (电流源 $J$ 或电流密度 $\rho$) 的体积分, 及一个含 Green 函数 (或其导数) 与边界条件的面积分之和. 显然, 由于方程 (1.11.15) 的非齐次项为 $\delta(\boldsymbol{r}-\boldsymbol{r}')$, 且边界条件为齐次的, 故求解它要比求解原非齐次方程 (1.11.1) 简单, 而所要求的积分一般可通过数值方法或近似方法给出, 因此, 一旦求出相应边值问题的 Green 函数, 问题就基本解决了. 但对于具有复杂边界形状的边值问题, 求其 Green 函数与直接求解原问题同样也是非常困难的.

以上 (1.11.6) 式给出的是无界域情形的解; 对于存在有界面 $S$ 的边值问题, 由于在源的作用下, 界面 $S$ 会产生感应的源, 因而, $u(\boldsymbol{r})$ 的解除含源函数 $f(\boldsymbol{r}')$ 的积分, 还包含有与边界条件有关的面积分. 利用 Green 定理 (即第二 Green 恒等式), 我们便可得此 $u(\boldsymbol{r})$ 的积分表示式.

下面我们将应用 Green 定理来推导非齐次微分方程 (有界) 边值问题含 Green 函数的积分形式解; 并应用于给出 Helmholtz 方程和 Poisson 方程解的积分表示式.

设 $V$ 是有界面 $S$ 的区域, $\phi(x,y,z)$ 和 $\psi(x,y,z)$ 在 $S$ 上具有一阶连续偏导数, 在 $V$ 内具有二阶连续偏导数, 则我们有 Green 定理 (参见数学附录中公式 A(9)):

$$\iiint_V (\psi\nabla^2\phi-\phi\nabla^2\psi)\mathrm{d}v=\oiint_S\left(\psi\frac{\partial\phi}{\partial n}-\phi\frac{\partial\psi}{\partial n}\right)\mathrm{d}S \tag{1.11.20}$$

式中, $\hat{\boldsymbol{n}}$ 为 $S$ 的外指法线方向的单位矢量.

从 (1.11.20) 式可知, 若交换 $\phi$ 和 $\psi$, 则恒等式不变, 这表明它对于 $\phi$ 和 $\psi$ 具有互易性.

Green 定理给出了函数 $\phi$ 和 $\psi$ 满足的积分关系式, 若已知其中一个函数, 则另一函数便可由已知函数的积分表示, 因而有重要的实际应用意义. 因此, 令其中 $\phi$ 为待求微分方程的解, 而 $\psi=G(\boldsymbol{r},\boldsymbol{r}')$ 为相应方程的 Green 函数, 则我们便可得含有 $\phi$ 与已知 $G(\boldsymbol{r},\boldsymbol{r}')$ 的积分关系式.

现考虑 Helmholtz 方程边值问题. 设在区域 $V$ 内, (1.11.20) 式中的 $\phi$ 满足方程:

$$\nabla^2\phi+k^2\phi=-f \tag{1.11.21}$$

而 $G(\boldsymbol{r},\boldsymbol{r}')=\psi$ 是相应 Helmholtz 方程的 Green 函数, 满足方程:

$$\nabla^2 G+k^2 G=-\delta(\boldsymbol{r}-\boldsymbol{r}') \tag{1.11.22}$$

式中, $k$ 为常数. 当 $k=0$ 时, Helmholtz 方程将退化成 Poisson 方程.

由 (1.11.20) 式可得

$$\iiint_V (G(\boldsymbol{r},\boldsymbol{r}')\nabla^2\phi(\boldsymbol{r}') - \phi(\boldsymbol{r}')\nabla^2 G(\boldsymbol{r},\boldsymbol{r}'))\mathrm{d}v' = \oiint_S \left(G(\boldsymbol{r},\boldsymbol{r}')\frac{\partial\phi(\boldsymbol{r}')}{\partial n} - \phi(\boldsymbol{r}')\frac{\partial G(\boldsymbol{r},\boldsymbol{r}')}{\partial n}\right)\mathrm{d}S' \tag{1.11.23}$$

由 $G(\boldsymbol{r},\boldsymbol{r}')$ 乘 (1.11.21) 式与 $\phi(\boldsymbol{r}')$ 乘 (1.11.22) 式相减, 便有

$$G(\boldsymbol{r},\boldsymbol{r}')\nabla^2\phi(\boldsymbol{r}') - \phi(\boldsymbol{r}')\nabla^2 G(\boldsymbol{r},\boldsymbol{r}') = -G(\boldsymbol{r},\boldsymbol{r}')f(\boldsymbol{r}') + \phi(\boldsymbol{r}')\delta(\boldsymbol{r}-\boldsymbol{r}') \tag{1.11.24}$$

将 (1.11.24) 代入 (1.11.23) 式, 因 $\iiint_V \phi(\boldsymbol{r}')\delta(\boldsymbol{r}-\boldsymbol{r}')\mathrm{d}v' = \phi(\boldsymbol{r})$, 我们就得到

$$\phi(\boldsymbol{r}) = \iiint_V G(\boldsymbol{r},\boldsymbol{r}')f(\boldsymbol{r}')\mathrm{d}v' + \oiint_S \left(G(\boldsymbol{r},\boldsymbol{r}')\frac{\partial\phi(\boldsymbol{r}')}{\partial n} - \phi(\boldsymbol{r}')\frac{\partial G(\boldsymbol{r},\boldsymbol{r}')}{\partial n}\right)\mathrm{d}S' \tag{1.11.25}$$

(1.11.25) 式表明, $V$ 内任意一点的 $\phi(\boldsymbol{r})$ 值可表为对 $V$ 的体积分与对界面 $S$ 的面积分之和; 前者表示 $V$ 内源 $f$ 分布对 $\phi(\boldsymbol{r})$ 的贡献, 后者表示界面 $S$ 上感应面源分布对 $\phi(\boldsymbol{r})$ 的贡献.

对于无界域 (自由空间) 情形, 即界面 $S \to S_\infty$, 源 $f$ 只是在一有限体积 $V$ 内具有分布, 此时有 $\phi(\boldsymbol{r}')|_{S_\infty} = 0$ 和 $G(\boldsymbol{r},\boldsymbol{r}')|_{S_\infty} = 0$, 故 (1.11.25) 式中的面积分为零, 而有

$$\phi(\boldsymbol{r}) = \iiint_V G_0(\boldsymbol{r},\boldsymbol{r}')f(\boldsymbol{r}')\mathrm{d}v' \tag{1.11.26}$$

此即 (1.11.6) 式.

对于第一类 Dirichlet 边界条件, $\phi(\boldsymbol{r})|_S = u(\boldsymbol{r})$, $G_1(\boldsymbol{r},\boldsymbol{r}')|_S = 0$, (1.11.25) 式简化为

$$\phi(\boldsymbol{r}) = \iiint_V G_1(\boldsymbol{r},\boldsymbol{r}')f(\boldsymbol{r}')\mathrm{d}v' - \oiint_S u(\boldsymbol{r}')\frac{\partial G_1(\boldsymbol{r},\boldsymbol{r}')}{\partial n}\mathrm{d}S' \tag{1.11.27}$$

对于第二类 Neumann 边界条件, $\left.\dfrac{\partial\phi(\boldsymbol{r})}{\partial n}\right|_S = w(\boldsymbol{r})$, $\left.\dfrac{\partial G_2(\boldsymbol{r},\boldsymbol{r}')}{\partial n}\right|_S = 0$, (1.11.25) 式简化为:

$$\phi(\boldsymbol{r}) = \iiint_V G_2(\boldsymbol{r},\boldsymbol{r}')f(\boldsymbol{r}')\mathrm{d}v' + \oiint_S G_2(\boldsymbol{r},\boldsymbol{r}')w(\boldsymbol{r}')\mathrm{d}S' \tag{1.11.28}$$

对于第三类 Robbin 边界条件, $\left[\alpha\phi(\boldsymbol{r}) + \beta\dfrac{\partial\phi(\boldsymbol{r})}{\partial n}\right]_S = h(\boldsymbol{r})$,

和

$$\alpha G_3(\boldsymbol{r},\boldsymbol{r}') + \beta \left.\frac{\partial G_3(\boldsymbol{r},\boldsymbol{r}')}{\partial n}\right|_S = 0,$$

(1.11.25) 式简化为

$$\phi(\boldsymbol{r}) = \iiint_V G_3(\boldsymbol{r},\boldsymbol{r}')f(\boldsymbol{r}')\mathrm{d}v' - \oiint_S G_3(\boldsymbol{r},\boldsymbol{r}')\frac{h(\boldsymbol{r}')}{\beta}\mathrm{d}S' \tag{1.11.29}$$

(1.11.26)~(1.11.29) 式就是 Green 函数法求得的边值问题的积分形式解. 由于在很多情况下, 积分可采用数值方法或近似方法计算. 从而提供了一种通过求 $G(\boldsymbol{r},\boldsymbol{r}')$ 给出边值问题解的方法, 它具有重要实际应用意义. 这种情况就相应于在线性网络系统分析中, 系统对任一激励信号的响应 (即输出信号) 等于系统对冲激信号的响应与激励函数的褶积积分.

电磁理论中 Green 定理是一个很重要的定理. 求势函数满足的标量非齐次 Helmholtz 方程的解时会用到标量 Green 定理; 对于具有场源 $\rho(\boldsymbol{r})$、$\boldsymbol{J}(\boldsymbol{r})$、$\rho_{\mathrm{m}}(\boldsymbol{r})$ 和 $\boldsymbol{J}_{\mathrm{m}}(\boldsymbol{r})$ 分布的一般情形, 求 Maxwell 场方程组的积分形式解时将用到矢量 Green 定理 (见 4.8 节); 而并矢 Green 函数法求解电磁场边值问题时则需用到并矢形式的 Green 定理 (见 1.14 节).

## 1.12 平面电流源 [18]

本节讨论具有一定强度的一维冲激函数表示的面电流源在自由空间中的辐射问题; 介绍求解一般非齐次微分方程时常用的直接法和变换法, 并用于求解所遇到的、电场本身亦是一个非齐次的 Green 函数方程.

考虑场源为一沿 $x$ 方向极化、延伸整个 $z=0$ 平面的均匀电流密度层 $\boldsymbol{J}_S$, 如图 1.12.1 所示. 设电流密度 $\boldsymbol{J}_S$ 作时谐变化 (略去因子 $\mathrm{e}^{\mathrm{j}\omega t}$), 在空间上不随 $x$、$y$ 变化, 可表为

$$\boldsymbol{J}(z)=\hat{\boldsymbol{a}}_x J_{S0}\delta(z) \tag{1.12.1}$$

式中, $\hat{\boldsymbol{a}}_x$ 为沿 $x$ 轴方向的单位矢量; $J_{S0}$ 为常量 (A/m), 表示面电流源的强度.

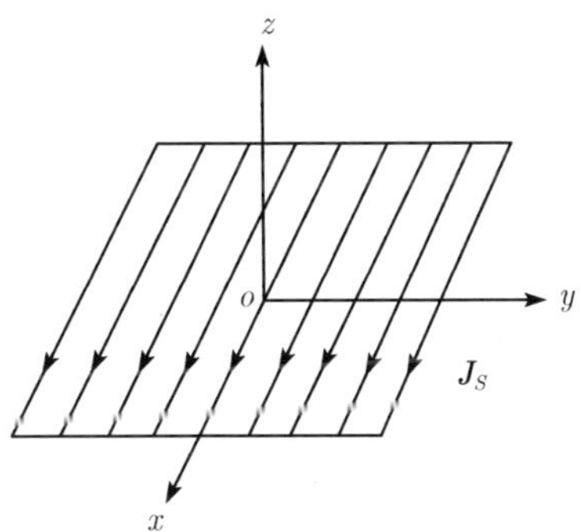


图 1.12.1 沿 $x$ 方向极化、延伸整个 $xy$ 平面的电流层 $\boldsymbol{J}_S$

由 Maxwell 场方程 (1.3.6) 和 (1.3.7), 有

$$\nabla\times\boldsymbol{E}=-\mathrm{j}\omega\mu\boldsymbol{H} \tag{1.12.2}$$

$$\nabla\times\boldsymbol{H}=\mathrm{j}\omega\tilde{\varepsilon}\boldsymbol{E}+\boldsymbol{J} \tag{1.12.3}$$

式中，

$$\tilde{\varepsilon} = \varepsilon - \mathrm{j}\frac{\sigma}{\omega} \tag{1.12.4}$$

$\tilde{\varepsilon}$ 称为复介电常数. $\varepsilon$ 和 $\sigma$ 分别为媒质的介电常数和导电率. 由于场源 $\boldsymbol{J}$ 与 $x$、$y$ 无关, 且空间中又无散射体存在, 故其辐射场将只是坐标 $z$ 的函数, 而有 $\dfrac{\partial}{\partial x} = \dfrac{\partial}{\partial y} = 0$. 于是, 由方程 (1.12.3) 代入 $\boldsymbol{J} = \hat{\boldsymbol{a}}_x J_{S0}\delta(z)$, 可得

$$\frac{\mathrm{d}H_y}{\mathrm{d}z} = -\mathrm{j}\omega\tilde{\varepsilon}E_x - J_{S0}\delta(z) \tag{1.12.5}$$

$$\frac{\mathrm{d}H_x}{\mathrm{d}z} = \mathrm{j}\omega\tilde{\varepsilon}E_y \tag{1.12.6}$$

而由方程 (1.12.2), 可得

$$\frac{\mathrm{d}E_y}{\mathrm{d}z} = \mathrm{j}\omega\mu H_x \tag{1.12.7}$$

$$\frac{\mathrm{d}E_x}{\mathrm{d}z} = -\mathrm{j}\omega\mu H_y \tag{1.12.8}$$

$$E_z = H_z = 0 \tag{1.12.9}$$

从上列方程中, (1.12.5) 和 (1.12.8) 式是关于场量 $E_x$、$H_y$, 含有场源 $\boldsymbol{J} = \hat{\boldsymbol{a}}_x J_{S0}\delta(z)$ 所满足的方程组; (1.12.6) 和 (1.12.7) 式是关于场量 $E_y$、$H_x$ 而不含场源所满足的方程组; 并且这两组方程之间没有耦合. 这后一方程组在整个空间中是无源的, 因而它只有平庸解 (零解), 亦即有

$$E_y = H_x = 0 \tag{1.12.10}$$

于是, $\boldsymbol{E}$ 和 $\boldsymbol{H}$ 分别只有唯一的场分量 $E_x$ 和 $H_y$. 现重写下它们满足的场方程组：

$$\frac{\mathrm{d}H_y}{\mathrm{d}z} = -\mathrm{j}\omega\tilde{\varepsilon}E_x - J_{S0}\delta(z) \tag{1.12.11}$$

$$\frac{\mathrm{d}E_x}{\mathrm{d}z} = -\mathrm{j}\omega\mu H_y \tag{1.12.12}$$

(1.12.12) 式对 $z$ 求导, 并将 (1.12.11) 式代入后, 可得

$$\begin{aligned}\frac{\mathrm{d}^2E_x}{\mathrm{d}z^2} &= -\,\mathrm{j}\omega\mu\left[-\mathrm{j}\omega\tilde{\varepsilon}E_x - J_{S0}\delta(z)\right] \\ &= -\,k^2E_x + \mathrm{j}\omega\mu J_{S0}\delta(z)\end{aligned} \tag{1.12.13}$$

式中, 波数 $k = \omega\sqrt{\varepsilon\mu}\sqrt{1-\mathrm{j}\sigma/(\omega\varepsilon)}$.

故我们所考虑的问题可归结为求解关于 $E_x$ 的非齐次 Helmholtz 方程：

$$\frac{\mathrm{d}^2E_x}{\mathrm{d}z^2} + k^2E_x = \mathrm{j}\omega\mu J_{S0}\delta(z) \quad (-\infty < z < \infty) \tag{1.12.14}$$

当 $z \to \pm\infty$ 时, $E_x$ 应满足一般限定条件:

$$\lim_{z\to\pm\infty} E_x = 0 \quad (\mathrm{Im}k < 0) \tag{1.12.15}$$

或者, 对于时谐场, 当 $z \to \pm\infty$ 时, $E_x$ 应满足辐射条件:

$$\lim_{z\to\pm\infty} \left(\frac{\mathrm{d}E_x}{\mathrm{d}z} \pm \mathrm{j}kE_x\right) = 0 \tag{1.12.16}$$

令

$$E_x = -\mathrm{j}\omega\mu J_{S0} G_0 \tag{1.12.17}$$

则由 (1.12.14) 和 (1.12.15) 式可得

$$\frac{\mathrm{d}^2 G_0}{\mathrm{d}z^2} + k^2 G_0 = -\delta(z) \quad (\mathrm{Im}k < 0) \tag{1.12.18}$$

$$\lim_{z\to\pm\infty} G_0 = 0 \tag{1.12.19}$$

$G_0(z,0)$ 就是一维情形的 Helmholtz 方程的 Green 函数, 其自由项 $\delta(z)$ 表示场源是位于 $z=0$ $(xy)$ 平面上的面电流层所产生的场. 一旦求得 $G_0(z,0)$, 因而 $E_x$ 便可由 (1.12.17) 式给出, 而与之相关联的 $H_y$ 便可由 (1.12.12) 式求出:

以下我们采用直接 (经典) 法与变换法来求解方程 (1.12.18).

**解法 1: 直接 (经典) 法**

考虑较一般情形, 设电流层位于 $z=\xi$ 平面处, 则 (1.12.18) 和 (1.12.19) 式可写成

$$\frac{\mathrm{d}^2 G_0}{\mathrm{d}z^2} + k^2 G_0 = -\delta(z-\xi) \quad (\mathrm{Im}k < 0) \tag{1.12.20}$$

$$\lim_{z\to\pm\infty} G_0(z,\xi) = 0 \tag{1.12.21}$$

直接法的基本求解过程是 (a) 以 $z=\xi$ 场源处为界, 将求解域分成: (1) $\xi < z < \infty$ 和 (2) $-\infty < z < \xi$ 两个区域. 先求出在这两个无源区中、含有待定积分常数的泛定解 $G_0(z,\xi)$; (b) 再应用限定条件 (1.12.21), 以及在 $z=\xi$ 场源处 $G_0(z,\xi)$ 应满足的源条件确定出所有待定常数, 而得出所求方程 (1.12.20) 的解.

将 (1.12.20) 式两边对 $z$ 从 $z=\xi-\Delta/2$ 至 $z=\xi+\Delta/2$($\Delta$ 为小量) 进行积分, 我们有

$$\lim_{\Delta\xi\to 0}\int_{\xi-\Delta/2}^{\xi+\Delta/2} \mathrm{d}z\left[\frac{\mathrm{d}}{\mathrm{d}z}G_0(z,\xi)\right] + k^2\lim_{\Delta\to 0}\int_{\xi-\Delta/2}^{\xi+\Delta/2} G_0(z,\xi)\mathrm{d}z = -\lim_{\Delta\to 0}\int_{\xi-\Delta/2}^{\xi+\Delta/2}\delta(z-\xi)\mathrm{d}z \tag{1.12.22}$$

应用 $z=\xi$ 处 $G_0(z,\xi)$ 连续条件, 有 $\lim\limits_{\Delta\to 0}\int_{\xi-\Delta/2}^{\xi+\Delta/2} G_0(z,\xi)\mathrm{d}z=\lim\limits_{\Delta\to 0}[\Delta G_0(z,\xi)]=0$, 以及对于上式右边第一项积分, 按 $\delta$ 函数的积分定义: $\lim\limits_{\Delta\to 0}\int_{\xi-\Delta/2}^{\xi+\Delta/2}\delta(z-\xi)\mathrm{d}z=1$, 有

$$\lim_{\Delta\to 0}\int_{\xi-\Delta/2}^{\xi+\Delta/2}\mathrm{d}z\left[\frac{\mathrm{d}}{\mathrm{d}z}G_0(z,\xi)\right]=\lim_{\Delta\to 0}\left[\frac{\mathrm{d}}{\mathrm{d}z}G_0(z,\xi)\right]_{\xi-\Delta/2}^{\xi+\Delta/2}$$

则由 (1.12.22) 式可知有 $\lim\limits_{\Delta\to 0}\left[\frac{\mathrm{d}}{\mathrm{d}z}G_0(z,\xi)\right]_{\xi-\Delta/2}^{\xi+\Delta/2}=-1$, 故此时在 $z=\xi$ 场源处, Green 函数的导数 $G_0'(z,\xi)$ 不连续, 其跳变值为 $-1$. 即在 $z=\xi$ 场源处, 所解问题 $G_0(z,\xi)$ 的源条件为

$$G_0^{(1)}(z,\xi)\Big|_{z=\xi}=G_0^{(2)}(z,\xi)\Big|_{z=\xi}\quad 和\quad G_0^{(1)\prime}(z,\xi)\Big|_{z=\xi}-G_0^{(2)\prime}(z,\xi)\Big|_{z=\xi}=-1 \tag{1.12.23}$$

对于区域 (1) 和区域 (2), $z\neq\xi$, $G_0^{(1)}(z,\xi)$ 和 $G_0^{(2)}(z,\xi)$ 分别满足 Helmholtz 方程:

$$\frac{\mathrm{d}^2}{\mathrm{d}z^2}G_0^{(1)}(z,\xi)+k^2G_0^{(1)}(z,\xi)=0 \tag{1.12.24}$$

和

$$\frac{\mathrm{d}^2}{\mathrm{d}z^2}G_0^{(2)}(z,\xi)+k^2G_0^{(2)}(z,\xi)=0 \tag{1.12.25}$$

熟知, 它们的解为

$$G_0^{(1)}(z,\xi)=A\mathrm{e}^{-\mathrm{j}kz}+B\mathrm{e}^{\mathrm{j}kz} \tag{1.12.26}$$

$$G_0^{(2)}(z,\xi)=C\mathrm{e}^{-\mathrm{j}kz}+D\mathrm{e}^{\mathrm{j}kz} \tag{1.12.27}$$

式中, $A,B,C$ 和 $D$ 为待定的积分常数, 可由限定条件 (1.12.21)(或辐射条件) 确定.

因假定 $\mathrm{Re}k>0$ 且 $\mathrm{Im}k<0$(虚部值很小, 表示媒质仅有微弱导电损耗), 则应用辐射条件当 $z\to\infty$ 时, 有 $G_0^{(1)}(z,\xi)\Big|_{z\to+\infty}\to 0$ 和当 $z\to-\infty$, $G_0^{(2)}(z,\xi)\Big|_{z\to-\infty}\to 0$, 便有

$$G_0^{(1)}(z,\xi)\Big|_{z\to+\infty}=\left[A\mathrm{e}^{-\mathrm{j}kz}+B\mathrm{e}^{\mathrm{j}kz}\right]_{z\to+\infty}=0,\quad 可得\quad B=0;$$

$$G_0^{(2)}(z,\xi)\Big|_{z\to-\infty}=\left[C\mathrm{e}^{-\mathrm{j}kz}+D\mathrm{e}^{\mathrm{j}kz}\right]_{z\to-\infty}=0,\quad 可得\quad C=0$$

故有

$$G_0^{(1)}(z,\xi)=A\mathrm{e}^{-\mathrm{j}kz}\quad 和\quad G_0^{(2)}(z,\xi)=D\mathrm{e}^{\mathrm{j}kz} \tag{1.12.28}$$

而应用源条件 (1.12.23), 我们分别可得

$$A\mathrm{e}^{-\mathrm{j}k\xi}=D\mathrm{e}^{\mathrm{j}k\xi} \tag{1.12.29}$$

和

$$-\mathrm{j}k\left(A\mathrm{e}^{-\mathrm{j}k\xi}+D\mathrm{e}^{\mathrm{j}k\xi}\right)=-1 \tag{1.12.30}$$

由它们可解得

$$A=\frac{1}{\mathrm{j}2k}\mathrm{e}^{\mathrm{j}k\xi}\quad D=\frac{1}{\mathrm{j}2k}\mathrm{e}^{-\mathrm{j}k\xi} \tag{1.12.31}$$

将以上 $A$、$D$ 代入 (1.12.28) 式, 便得到 (1.12.18) 式的解:

$$G_0^{(1)}(z,\xi)=\frac{1}{\mathrm{j}2k}\mathrm{e}^{-\mathrm{j}k(z-\xi)}\quad 和\quad G_0^{(2)}(z,\xi)=\frac{1}{\mathrm{j}2k}\mathrm{e}^{\mathrm{j}k(z-\xi)}$$

即

$$G_0(z,\xi)=\begin{cases}\dfrac{1}{\mathrm{j}2k}\mathrm{e}^{-\mathrm{j}k(z-\xi)} & z>\xi\\ \dfrac{1}{\mathrm{j}2k}\mathrm{e}^{\mathrm{j}k(z-\xi)} & z<\xi\end{cases} \tag{1.12.32}$$

或简洁地写成

$$G_0(z,\xi)=\frac{1}{\mathrm{j}2k}\mathrm{e}^{-\mathrm{j}k|z-\xi|} \tag{1.12.33}$$

将此代入 (1.12.17) 式, 最后就得到

$$E_x=-\frac{\omega\mu}{2k}J_{s0}\mathrm{e}^{-\mathrm{j}k|z-\xi|} \tag{1.12.34}$$

若令 $J_{S0}=-\dfrac{2k}{\omega\mu}$, 使 $E_x$ 归一化, 则有

$$E_x=\mathrm{e}^{-\mathrm{j}k|z-\xi|} \tag{1.12.35}$$

将 (1.12.32) 代入 (1.12.8) 式, 可得与 $E_x$ 相应的磁场 $H_y$ 为

$$H_y=\frac{1}{\eta}\begin{cases}\mathrm{e}^{-\mathrm{j}k(z-\xi)} & z>0\\ -\mathrm{e}^{\mathrm{j}k(z-\xi)} & z<0\end{cases} \tag{1.12.36}$$

式中, $\eta=\omega\mu/k$ 为媒质的波组抗.

特别地, 对于 $\xi=0$, 即均匀的平面电流密度层 $J_S$ 位于 $xy$ 平面情形, 则有

$$\left.\begin{aligned}&G_0(z,0)=\frac{1}{\mathrm{j}2k}\mathrm{e}^{-\mathrm{j}k|z|}\\&E_x=\mathrm{e}^{-\mathrm{j}k|z|}\quad H_y=\frac{1}{\eta}\mathrm{e}^{-\mathrm{j}k|z|}(z\neq 0)\end{aligned}\right\}\quad(\mathrm{Im}k<0) \tag{1.12.37}$$

**解法 2: 变换法**

具有限定 (辐射) 条件的非齐次 Helmholtz 方程:

$$\frac{\mathrm{d}^2}{\mathrm{d}z^2}G_0(z,\xi)+k^2G_0(z,\xi)=-\delta(z-\xi)\quad(\mathrm{Im}k<0) \tag{1.12.38}$$

$$\lim_{z \to \pm\infty} G_0(z, \xi) = 0 \tag{1.12.39}$$

也可以采用变换 (谱域) 法进行求解. 变换法的基本思想是: (a) 先对方程 (1.12.38) 各项作 Fourier 积分变换 (视具体问题或采用其它如 Hankel 变换), 将微分方程化为代数方程后在变换域进行求解; (b) 对在变换域解得的象函数作 Fourier 逆变换 (或 Hankel 逆变换) 而求出象原函数, 即方程 (1.12.38) 的解.

已知 Fourier 积分变换对为 (参见附录 D):

$$\tilde{G}_0(h, \xi) = \int_{-\infty}^{\infty} G_0(z, \xi) \mathrm{e}^{-\mathrm{j}hz} \mathrm{d}z \quad (\text{Fourier 变换}) \tag{1.12.40}$$

$$G_0(z, \xi) = \frac{1}{2\pi} \int_{-\infty}^{\infty} G_0(h, \xi) \mathrm{e}^{\mathrm{j}hz} \mathrm{d}h \quad (\text{Fourier 逆变换}) \tag{1.12.41}$$

而 $G_0''(z, \xi)$ 的 Fourier 变换为

$$\tilde{G}_0''(z, \xi) = -h^2 \tilde{G}_0(z, \xi) \tag{1.12.42}$$

$\delta(z-\xi)$ 函数的 Fourier 变换对为

$$\tilde{\delta}(z-\xi) = \int_{-\infty}^{\infty} \delta(z-\xi) \mathrm{e}^{-\mathrm{j}hz} \mathrm{d}z = \mathrm{e}^{-\mathrm{j}h\xi} \tag{1.12.43}$$

$$\delta(z-\xi) = \frac{1}{2\pi} \int_{-\infty}^{\infty} \mathrm{e}^{\mathrm{j}h(z-\xi)} \mathrm{d}\xi \tag{1.12.44}$$

现对 (1.12.38) 式作 Fourier 变换, 得

$$-h^2 \tilde{G}_0(h, \xi) + k^2 \tilde{G}_0(h, \xi) = -\mathrm{e}^{\mathrm{j}h(z-\xi')}$$

由此可解得

$$\tilde{G}_0(h, \xi) = \frac{\mathrm{e}^{\mathrm{j}h(z-\xi)}}{h^2 - k^2} \tag{1.12.45}$$

对 (1.12.45) 式取 Fourier 逆变换, 就得到

$$G_0(z, \xi) = \frac{1}{2\pi} \int_{-\infty}^{\infty} \frac{\mathrm{e}^{\mathrm{j}h(z-\xi)}}{h^2 - k^2} \mathrm{d}h \tag{1.12.46}$$

(1.12.46) 式中的积分可应用复变函数的围线积分法进行计算.

为此, 我们在 $h = u + \mathrm{j}v$ 平面内, 当 $z > \xi$ 时, 考虑由 $-R \to O \to R$ 的一段直线与半径为 $R$、位于上半平面的半圆 $C_{R1}$ 组成的围线 $C_1$(如图 1.12.2 所示), 并计算如下围线积分:

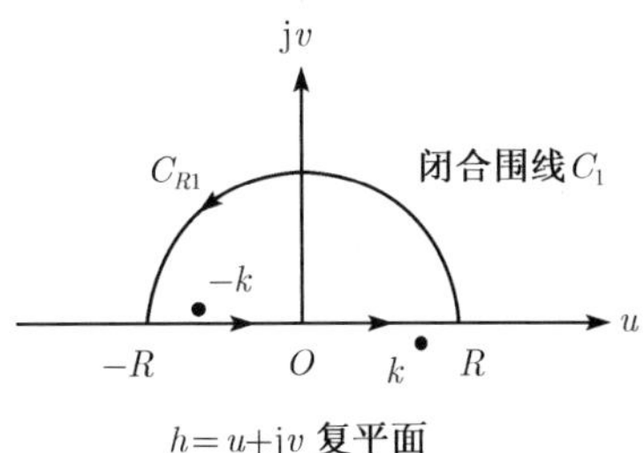


图 1.12.2 围线积分法

$$I=\lim_{R\to\infty}\frac{1}{2\pi}\oint_{C_1}\frac{\mathrm{e}^{\mathrm{j}h(z-\xi)}}{h^2-k^2}\mathrm{d}h \tag{1.12.47}$$

(1.12.47) 式是一复变函数围线积分. 按留数定理, 围线积分的值等于该围线内被积函数 $f(h)$ 在所有极点处的留数之和乘以 $2\pi\mathrm{j}$, 即

$$\oint_{C1}f(h)\mathrm{d}h=2\pi\mathrm{j}\sum_{i=1}^{n}\mathrm{Res}\,(h_i) \tag{1.12.48}$$

式中, $\mathrm{Res}(h_i)$ 表示 $f(h)$ 的第 “ $i$ ” 个留数 (residue).

今

$$f(h)=\frac{\mathrm{e}^{\mathrm{j}h(z-\xi)}}{h^2-k^2}=\frac{\mathrm{e}^{\mathrm{j}h(z-\xi)}}{(h+k)\,(h-k)} \tag{1.12.49}$$

故 $f(h)$ 有两个单极点, 分别位于 $h_1=-k$ 和 $h_2=k$ 处. 假定 $\mathrm{Re}k>0$ 且 $\mathrm{Im}k<0$(小量的虚部), 故它们位置如图 1.12.2 所给出. 在围线 $C_1$ 内仅有一单极点 $h_1=-k$. 而计算单极点的留数的公式为：$\mathrm{Res}(h_i)=(h-h_i)\ f(h)|_{h=hi}$ 于是, 我们可得围线 $C_1$ 内极点的留数：

$$\mathrm{Res}(h_1)=(h+k)\ f(h)|_{h=-k}=-\frac{\mathrm{e}^{\mathrm{j}k(z-\xi)}}{2k}$$

于是, (1.12.48) 式可写成

$$\oint_{C_1}\frac{\mathrm{e}^{\mathrm{j}h(z-\xi)}}{h^2-k^2}\mathrm{d}h=2\pi\mathrm{j}\mathrm{Res}\,(h_1)=\frac{\pi}{\mathrm{j}k}\mathrm{e}^{\mathrm{j}k(z-\xi)}\quad(z>\xi) \tag{1.12.50}$$

另一方面, 我们可将 (1.12.46) 式无穷积分表示成围线 $C_1$ 的积分与半圆线积分 $C_{R1}$ 两部分线积分之差, 即

$$\frac{1}{2\pi}\int_{-\infty}^{\infty}\frac{\mathrm{e}^{\mathrm{j}h(z-\xi)}}{h^2-k^2}\mathrm{d}h=\lim_{R\to\infty}\frac{1}{2\pi}\left[\oint_{C_1}\frac{\mathrm{e}^{\mathrm{j}h(z-\xi)}}{h^2-k^2}\mathrm{d}h-\int_{C_{R1}}\frac{\mathrm{e}^{\mathrm{j}h(z-\xi)}}{h^2-k^2}\mathrm{d}h\right] \tag{1.12.51}$$

上式中的第一项围线 $C_1$ 的积分值已由 (1.12.50) 式给出; 以下来计算 (1.12.51) 式中右端第二项半圆线积分 $C_{R1}$ 的值, 并证明此积分值等于零.

为此, 令 $h = R\mathrm{e}^{\mathrm{j}\theta}$, 而有

$$\begin{aligned}\left|\int_{C_{R1}} \frac{\mathrm{e}^{\mathrm{j}h(z-\xi)}}{h^2-k^2}\mathrm{d}h\right| &= \left|\int_0^{\pi} \frac{\mathrm{e}^{\mathrm{j}(z-\xi)R\cos\theta}\mathrm{e}^{-(z-\xi)R\sin\theta}}{R^2\mathrm{e}^{\mathrm{j}2\theta}-k^2}\mathrm{j}R\mathrm{e}^{\mathrm{j}\theta}\mathrm{d}\theta\right| \\ &\leqslant \frac{R}{R^2-|k|^2}\left|\int_0^{\pi}\mathrm{e}^{-(z-\xi)R\sin\theta}\mathrm{d}\theta\right| \\ &\leqslant \frac{R\pi}{R^2-|k|^2}\end{aligned} \tag{1.12.52}$$

故可知

$$\lim_{R\to\infty}\frac{1}{2\pi}\int_{C_{R1}}\frac{\mathrm{e}^{\mathrm{j}h(z-\xi)}}{h^2-k^2}\mathrm{d}h = 0 \tag{1.12.53}$$

这样, 将 (1.12.51) 和 (1.12.50) 结果代入 (1.12.46) 式就得到

$$\begin{aligned}G_0(z,\xi) &= \frac{1}{2\pi}\oint_{C_1}\frac{\mathrm{e}^{\mathrm{j}h(z-\xi)}}{h^2-k^2}\mathrm{d}h \\ &= \frac{1}{2\mathrm{j}k}\mathrm{e}^{\mathrm{j}k(z-\xi)} \quad (z>\xi)\end{aligned} \tag{1.12.54}$$

类似地, 当 $z<\xi$ 时, 考虑由 $-R \to O \to R$ 的一段直线与半径为 $R$、位于复 $h$ 下半平面的半圆 $C_{R2}$ 组成的围线 $C_2$, 并通过计算围线积分, 我们不难证明有

$$G_0(z,\xi) = \frac{1}{2\mathrm{j}k}\mathrm{e}^{\mathrm{j}k(z-\xi)} \quad (z<\xi) \tag{1.12.55}$$

合并 (1.12.54) 和 (1.12.55) 式, 就得到

$$G_0(z,\xi) = \frac{1}{\mathrm{j}2k}\mathrm{e}^{-\mathrm{j}k|\boldsymbol{z}-\boldsymbol{\xi}|}$$

这个结果与**解法 1**所得到的 (1.12.33) 式相同. 这说明解 (1.12.46) 与解 (1.12.32) 或 (1.12.33) 式虽然形式不同, 但它们彼此是等价的. 这也是按唯一性定理可预见到的.

从以上所述可见, 直接法可以给出问题的解析结果表示式, 但这类问题是十分有限的; 对于有界域问题, 通常方程齐次形式的解需采用本征函数的级数表示, 此时所得结果将是非闭式的. 众所周知, 我们可以将一个函数展成广义的 Fourier 级数, 如 Fourier 级数或 Fourier-Bessel 级数等, 也可以表为 Fourier 积分或 Fourier-Bessel 积分等; 前者本征函数具有离散本征值, 它用于求解有界域问题; 而后者则具有连续本征值, 它限于求解无界域辐射类型问题. 变换法求解过程是先求出所解方程的正变换, 化方程为代数方程进行求解, 然后再对变换域的解进行逆变换以得出方程的解. 变换法是一种谱域方法, 给出的是非闭式的解.

## 1.13 线电流源 [18]

本节讨论具有一定强度的二维冲激函数表示的线电流源 (电流丝) 在自由空间中的辐射问题; 并采用直接法和变换法求解所导得的电场 Green 函数方程.

考虑场源为一沿 $z$ 轴方向的均匀线电流 $\boldsymbol{I}_0$, 从 $z=-\infty$ 延伸至 $z=\infty$ 整个 $z$ 轴, 如图 1.13.1 所示. 此均匀线电流密度 $\boldsymbol{J}$, 可表为

$$\boldsymbol{J}(\rho)=\hat{\boldsymbol{a}}_z I_0\delta(x)\delta(y) \tag{1.13.1}$$

采用圆柱坐标系 $(\rho,\varphi,z)$, (1.1.3.1) 式线电流 $J(\rho)$ 可表为

$$\boldsymbol{J}(\rho)=\hat{\boldsymbol{a}}_z I_0\frac{\delta(\rho)}{2\pi\rho} \tag{1.13.2}$$

式中, $\hat{\boldsymbol{a}}_z$ 为沿 $z$ 轴方向的单位矢量; $I_0$ 为常量 $A$, 表示线电流源的强度.

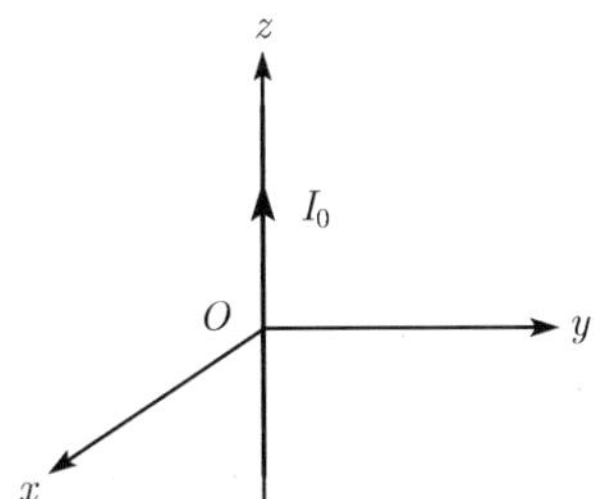


图 1.13.1 $z$ 方向极化、从 $z=-\infty\sim\infty$ 沿 $z$ 轴的线电流 $I_0$

由 Maxwell 场方程 (1.3.6) 和 (1.3.7), 有

$$\nabla\times\boldsymbol{E}=-\mathrm{j}\omega\mu\boldsymbol{H} \tag{1.13.3}$$

$$\nabla\times\boldsymbol{H}=\mathrm{j}\omega\tilde{\varepsilon}\boldsymbol{E}+\boldsymbol{J} \tag{1.13.4}$$

式中, $\tilde{\varepsilon}=\varepsilon-\mathrm{j}\sigma/\omega$ 为复介电常数. $\varepsilon$ 和 $\sigma$ 分别为媒质的介电常数和电导率. 由于这里电流源 $\boldsymbol{J}$ 与 $\varphi$、$z$ 无关, 且空间中又无散射体存在, 故其辐射场将只是坐标 $\rho$ 的函数, 而有 $\dfrac{\partial}{\partial\varphi}=\dfrac{\partial}{\partial z}=0$. 于是, 由方程 (1.13.4), 代入 $\boldsymbol{J}=\hat{\boldsymbol{a}}_z J_z$, 可得

$$\frac{\mathrm{d}H_z}{\mathrm{d}\rho}=-\mathrm{j}\omega\tilde{\varepsilon}E_\varphi \tag{1.13.5}$$

$$\frac{1}{\rho}\left[\frac{\mathrm{d}}{\mathrm{d}\rho}(\rho H_\varphi)\right]=J_z+\mathrm{j}\omega\tilde{\varepsilon}E_z \tag{1.13.6}$$

而由方程 (1.13.3), 可得

$$\frac{\mathrm{d}E_z}{\mathrm{d}\rho}=\mathrm{j}\omega\mu H_\varphi \tag{1.13.7}$$

$$\frac{1}{\rho}\left[\frac{\mathrm{d}}{\mathrm{d}\rho}(\rho E_\varphi)\right] = -\mathrm{j}\omega\mu H_z \tag{1.13.8}$$

$$E_\rho = H_\rho = 0 \tag{1.13.9}$$

从上列方程中, (1.13.6) 和 (1.13.7) 式是关于场量 $E_z$、$H_\varphi$、含有场源 $\boldsymbol{J} = \hat{\boldsymbol{a}}_z J_z$ 所满足的方程组; (1.13.5) 和 (1.13.8) 式是关于场量 $E_\varphi$、$H_z$ 而不含场源所满足的方程组; 并且这两组方程组之间没有耦合. 这后一方程组在整个空间中是无源的, 它只有平庸解 (零解), 亦即有

$$E_\varphi = H_z = 0 \tag{1.13.10}$$

于是, $\boldsymbol{E}$ 和 $\boldsymbol{H}$ 分别只有唯一的场分量 $E_z$ 和 $H_\varphi$. 现重写下它们满足的场方程组:

$$\frac{1}{\rho}\left[\frac{\mathrm{d}}{\mathrm{d}\rho}(\rho H_\varphi)\right] = J_z + \mathrm{j}\omega\tilde{\varepsilon}E_z \tag{1.13.11}$$

$$\frac{\mathrm{d}E_z}{\mathrm{d}\rho} = \mathrm{j}\omega\mu H_\varphi \tag{1.13.12}$$

式中

$$J_z = I_0\frac{\delta(\rho)}{2\pi\rho} \tag{1.13.13}$$

将 (1.13.12) 乘以 $\rho$ 后再对 $\rho$ 求导, 可得

$$\frac{1}{\rho}\frac{\mathrm{d}}{\mathrm{d}\rho}(\rho H_\varphi) = \frac{1}{\mathrm{j}\omega\mu\rho}\left[\frac{\mathrm{d}}{\mathrm{d}\rho}\left(\rho\frac{\mathrm{d}E_z}{\mathrm{d}\rho}\right)\right]$$

再代入 (1.13.11) 式, 于是, 我们有

$$\frac{1}{\rho}\left[\frac{\mathrm{d}}{\mathrm{d}\rho}\left(\rho\frac{\mathrm{d}E_z}{\mathrm{d}\rho}\right)\right] = \mathrm{j}\omega\mu J_z - \omega^2\tilde{\varepsilon}\mu E_z$$

或

$$\frac{1}{\rho}\left[\frac{\mathrm{d}}{\mathrm{d}\rho}\left(\rho\frac{\mathrm{d}E_z}{\mathrm{d}\rho}\right)\right] + k^2 E_z = \mathrm{j}\omega\mu I_0\frac{\delta(\rho)}{2\pi\rho} \tag{1.13.14}$$

这是一非齐次零阶 Bessel 方程; 式中, 波数 $k = \omega\sqrt{\varepsilon\mu}\sqrt{1-\mathrm{j}\sigma/(\omega\varepsilon)}$. 故本例所考虑的问题可归结为求解关于 $E_z$ 的非齐次零阶 Bessel 方程 (1.13.14).

当 $\rho \to \infty$ 时, $E_z$ 应满足辐射条件:

$$\lim_{\rho\to\infty} E_z = 0 \tag{1.13.15}$$

令

$$E_z = -\mathrm{j}\omega\mu I_0 G_0 \tag{1.13.16}$$

则由 (1.13.14) 和 (1.13.15) 式可得

$$\frac{1}{\rho}\left[\frac{\mathrm{d}}{\mathrm{d}\rho}\left(\rho\frac{\mathrm{d}G_0}{\mathrm{d}\rho}\right)\right]+k^2G_0=-\frac{\delta(\rho)}{2\pi\rho} \tag{1.13.17}$$

$$\lim_{\rho\to\infty}G_0=0 \tag{1.13.18}$$

$G_0(\rho,0)$ 表示场源为沿 $z$ 轴的单位线电流所产生的场. 一旦求得 $G_0(\rho,0)$, 则 $E_z$ 即可由 (1.13.16) 式给出, 而与之相关联的 $H_\varphi$ 便可由 (1.13.12) 式求出:

下面我们来求非齐次 Helmholtz 方程 (1.13.17) 的解 $G_0(\rho,0)$.

**解法 1: 直接 (经典) 法**

方程 (1.13.17) 实际上是关于柱坐标变量 $\rho$ 的一维非齐次 (零阶 Bessel) 方程. $\rho$ 相当于一维直线坐标系中的坐标. 现考虑求解奇点位于 $\rho=\rho'$ 较一般情形下此一维非齐次方程:

$$\frac{1}{\rho}\left[\frac{\mathrm{d}}{\mathrm{d}\rho}\left(\rho\frac{\mathrm{d}G_0}{\mathrm{d}\rho}\right)\right]+k^2G_0=-\frac{\delta(\rho-\rho')}{2\pi\rho}\quad(\mathrm{Im}k<0) \tag{1.13.19}$$

$$\lim_{\rho\to\infty}G_0(\rho,\rho')=0 \tag{1.13.20}$$

为此, 今以 $\rho=\rho'$ 源点处为界, 将求解域分成: 区域 (1) $\rho'<\rho<\infty$ 和区域 (2) $0<\rho<\rho'$. 在这两个无源区, $\rho\neq\rho'$, $G_0(\rho,\rho')$ 满足齐次方程:

$$\frac{1}{\rho}\left[\frac{\mathrm{d}}{\mathrm{d}\rho}\left(\rho\frac{\mathrm{d}G_0}{\mathrm{d}\rho}\right)\right]+k^2G_0=0 \tag{1.13.21}$$

(1.13.21) 式是零阶 Bessel 方程, 故它们在区域 (1) 和 (2) 中的解可表为

$$G_0(\rho,\rho')=\begin{cases}AH_0^{(2)}(k\rho)+CH_0^{(1)}(k\rho) & \rho>\rho'\\ BJ_0(k\rho)+DY_0(k\rho) & \rho<\rho'\end{cases} \tag{1.13.22}$$

式中, $A,B,C$ 和 $D$ 为待定积分常数, 可由解必须满足所给限定条件和在 $\rho=\rho'$ 处的源条件确定.

当 $\rho\to0$ 时, 解应有限, 而因 $\rho\to0$ 时, $Y_0(k\rho)\to\infty$ 故应有 $D=0$; 当 $\rho\to\infty$ 时, 因 Hankel 函数有大宗量渐近式:

$$H_0^{(1)}(k\rho)\underset{\rho\to\infty}{\to}\sqrt{\frac{2}{\pi k\rho}}\mathrm{e}^{\mathrm{j}k\rho}\quad 和\quad H_0^{(2)}(k\rho)\underset{\rho\to\infty}{\to}\sqrt{\frac{2}{\pi k\rho}}\mathrm{e}^{-\mathrm{j}k\rho}$$

由于假定有 $\mathrm{Im}k<0$, 当 $\rho\to\infty$ 时, 有 $H_0^{(1)}(k\rho)\to\infty$, 不收敛, 而无物理意义. 为满足条件 $\lim\limits_{\rho\to\infty}G_0(\rho,\rho')=0$, 故应有 $C=0$. 于是, (1.13.22) 式可简化成

$$G_0(\rho,\rho')=\begin{cases}AH_0^{(2)}(k\rho) & \rho>\rho'\\ BJ_0(k\rho) & \rho<\rho'\end{cases} \tag{1.13.23}$$

待定常数 $A$、$B$ 可应用 $G_0(\rho,\rho')$ 在 $\rho=\rho'$ 场源处应满足的源条件确定. 类似于以上给出 (1.12.23) 式的情形, 我们有

$$G_0^{(1)}(\rho,\rho')\Big|_{\rho=\rho'}=G_0^{(2)}(\rho,\rho')\Big|_{\rho=\rho'} \quad 和 \quad G_0^{(1)'}(\rho,\rho')\Big|_{\rho=\rho'}-G_0^{(2)'}(\rho,\rho')\Big|_{\rho=\rho'}=-\frac{1}{2\pi\rho'}$$

此即有

$$AH_0^{(2)}(k\rho')=BJ_0(k\rho') \tag{1.13.24}$$

$$AH_0^{(2)'}(k\rho')-BJ_0'(k\rho')=-\frac{1}{2\pi k\rho'} \tag{1.13.25}$$

消去 $A$ 可得 $B\left[J_0(k\rho')H_0^{(2)'}(k\rho')-J_0'(k\rho')H_0^{(2)}(k\rho')\right]=-\dfrac{1}{2\pi k\rho'}H_0^{(2)}(k\rho')$

已知 $J_0(k\rho')$ 与 $H_0^{(2)}(k\rho')$ 有 Wronskian 关系式:

$$W[J_0(k\rho'),H_0^{(2)}(k\rho')]=J_0(k\rho)H_0^{(2)'}(k\rho')-J_0'(k\rho')H_0^{(2)}(k\rho')=-\mathrm{j}\frac{2}{\pi k\rho'} \tag{1.13.26}$$

于是可解得: $B=\dfrac{1}{4\mathrm{j}}H_0^{(2)}(k\rho')$, 而代入 (1.13.24) 式, 便有 $A=\dfrac{1}{4\mathrm{j}}J_0(k\rho')$. 因而, 将 $A$、$B$ 的值代入 (1.13.23) 式, 最后就得到方程 (1.13.19) 的解为

$$G_0(\rho,\rho')=\frac{1}{4\mathrm{j}}\begin{cases}J_0(k\rho')H_0^{(2)}(k\rho) & \rho>\rho'\\ H_0^{(2)}(k\rho')J_0(k\rho) & \rho<\rho'\end{cases} \tag{1.13.27}$$

特别地, 对于 $\rho'=0$, 因 $J_0(k\rho')=1$, (1.13.27) 式便简化为

$$G_0(\rho,0)=\frac{1}{4\mathrm{j}}H_0^{(2)}(k\rho)\quad(\rho>0) \tag{1.13.28}$$

这就是所要求的方程 (1.13.17) 的解.

将此 $G_0(\rho,0)$ 值代入 (1.13.16) 式, 便有

$$E_z=-\frac{\omega\mu}{4}I_0H_0^{(2)}(k\rho) \tag{1.13.29}$$

而由 (1.13.12) 式, 可知与 (1.13.29) 式相应的磁场 $H_\varphi$ 为

$$H_\varphi=-\mathrm{j}\frac{kI_0}{4}H_1^{(2)}(k\rho) \tag{1.13.30}$$

**解法 2: 变换法**

现重写下非齐次 Bessel 方程 (1.13.19) 和限定条件 (1.13.20) 式:

$$\frac{1}{\rho}\left[\frac{\mathrm{d}}{\mathrm{d}\rho}\left(\rho\frac{\mathrm{d}G_0}{\mathrm{d}\rho}\right)\right]+k^2G_0=-\frac{\delta(\rho-\rho')}{2\pi\rho}\quad(\mathrm{Im}k<0) \tag{1.13.31}$$

$$\lim_{\rho\to\infty} G_0(\rho,\rho') = 0 \tag{1.13.32}$$

方程 (1.13.31) 也可以采用变换 (谱域) 法进行求解.

对于 Hankel 变换, 我们有如下重要结果 (参见附录 D):

Hankel 变换对定义为如下一对积分表示式:

$$H\{f(\rho)\} = \tilde{f}(\lambda) = \int_0^\infty f(\rho)J_n(\lambda\rho)\rho\mathrm{d}\rho \tag{1.13.33}$$

$$H^{-1}\left\{\tilde{f}(\lambda)\right\} = f(\rho) = \int_0^\infty \tilde{f}(\lambda)J_n(\lambda\rho)\lambda\mathrm{d}\lambda \tag{1.13.34}$$

$H\{f(\rho)\}$ 或 $\tilde{f}(\lambda)$ 称为 $f(\rho)$ 的 $n$ 阶 Hankel 变换, 而 $H^{-1}\left\{\tilde{f}(\lambda)\right\}$ 或 $f(\rho)$ 称为 $\tilde{f}(\lambda)$ 的 $n$ 阶 Hankel 逆变换.

函数 $f(\rho) = \dfrac{\delta(\rho-\rho')}{\rho}$ 的零阶 Hankel 变换为

$$H\{f(\rho)\} = \tilde{f}(\lambda) = \int_0^\infty \frac{\delta(\rho-\rho')}{\rho}J_0(\lambda\rho)\rho\mathrm{d}\rho = J_0(\lambda\rho') \tag{1.13.35}$$

函数 $F(\rho) = \dfrac{\mathrm{d}^2 f}{\mathrm{d}\rho^2} + \dfrac{1}{\rho}\dfrac{\mathrm{d}f}{\mathrm{d}\rho} - \dfrac{n^2}{\rho^2}f$, 其 Hankel 变换为

$$H\{F(\rho)\} = \tilde{F}(\lambda) = \int_0^\infty \left(\frac{\mathrm{d}^2 f}{\mathrm{d}\rho^2} + \frac{1}{\rho}\frac{\mathrm{d}f}{\mathrm{d}\rho} - \frac{n^2}{\rho^2}f\right)J_n(\lambda\rho)\rho\mathrm{d}\rho = -\lambda^2\tilde{f}_n(\lambda) \tag{1.13.36}$$

特别地, 对于 $n=0$, $F(\rho) = \dfrac{\mathrm{d}^2 f}{\mathrm{d}\rho^2} + \dfrac{1}{\rho}\dfrac{\mathrm{d}f}{\mathrm{d}\rho}$ 时, 有

$$H\{F(\rho)\} = \tilde{F}(\lambda) = \int_0^\infty \left(\frac{\mathrm{d}^2 f}{\mathrm{d}\rho^2} + \frac{1}{\rho}\frac{\mathrm{d}f}{\mathrm{d}\rho}\right)J_0(\lambda\rho)\rho\mathrm{d}\rho = -\lambda^2\tilde{f}(\lambda) \tag{1.13.37}$$

这里, 按惯例当 $n=0$ 时, 省去了 $\tilde{f}_0(\lambda)$ 的下标 “0”.

应用变换法, 对方程 (1.13.31) 两边作 Hankel 积分变换, 利用 (1.13.37)、(1.13.33) 和 (1.13.35) 式, 我们可得

$$\left(-\lambda^2 + k^2\right)\tilde{G}_0(\lambda,\rho') = -\frac{J_0(\lambda\rho')}{2\pi}$$

于是, 可解得

$$\tilde{G}_0(\lambda,\rho') = \frac{1}{2\pi}\frac{J_0(\lambda\rho')}{\lambda^2 - k^2}$$

式中, $\tilde{G}_0(\lambda,\rho')$ 是 $G_0(\rho,\rho')$ 的 Hankel 变换. 对它取逆变换, 即有

$$G_0(\rho,\rho') = \frac{1}{2\pi}\int_0^\infty \frac{J_0(\lambda\rho)J_0(\lambda\rho')}{\lambda^2 - k^2}\lambda\mathrm{d}\lambda \tag{1.13.38}$$

对于 $\rho' \to 0$ 情形, 我们就得到方程 (1.13.17) 的解为

$$G_0(\rho,0) = \frac{1}{2\pi}\int_0^\infty \frac{J_0(\lambda\rho)}{\lambda^2 - k^2}\lambda \mathrm{d}\lambda \tag{1.13.39}$$

将上式 $G_0(\rho,0)$ 代入 (1.13.16) 式, 便得:

$$E_z = -\frac{\mathrm{j}\omega\mu I_0}{2\pi}\int_0^\infty \frac{J_0(\lambda\rho)}{\lambda^2 - k^2}\lambda \mathrm{d}\lambda \tag{1.13.40}$$

以上我们在圆柱坐标系中, 求解了图 1.13.1 所示线电流源的辐射. 这一问题亦可在直角坐标系中进行求解.

在直角坐标系中, 我们有 $\dfrac{\partial}{\partial z} = 0$, 此时, 由 (1.13.3) 和 (1.13.4) 式, 可得

$$\frac{\partial E_z}{\partial y} = -\mathrm{j}\omega\mu H_x \tag{1.13.41}$$

$$\frac{\partial E_z}{\partial x} = \mathrm{j}\omega\mu H_y \tag{1.13.42}$$

$$\frac{\partial E_y}{\partial x} - \frac{\partial E_x}{\partial y} = -\mathrm{j}\omega\mu H_z \tag{1.13.43}$$

$$\frac{\partial H_z}{\partial y} = \mathrm{j}\omega\tilde{\varepsilon} E_x \tag{1.13.44}$$

$$\frac{\partial H_z}{\partial x} = -\mathrm{j}\omega\tilde{\varepsilon} E_y \tag{1.13.45}$$

$$\frac{\partial H_y}{\partial x} - \frac{\partial H_x}{\partial y} = I_0\delta(x)\delta(y) + \mathrm{j}\omega\tilde{\varepsilon} E_z \tag{1.13.46}$$

以上六个方程中, 可分成两组. (1.13.41)、(1.13.42) 和 (1.13.46) 式是关于场量 $E_z$、$H_x$、$H_y$ 和含有场源 $\boldsymbol{J} = \hat{\boldsymbol{a}}_z I_0\delta(x)\delta(y)$ 所满足的方程组, 由于它不含磁场纵向分量 $H_z$, 相应 $\mathrm{TM}_z$ 场; (1.13.43)、(1.13.44) 和 (1.13.45) 式是关于场量 $E_x$、$E_y$ 和 $H_z$ 而不含场源所满足的方程组, 由于它不含电场纵向分量 $E_z$, 相应 $\mathrm{TE}_z$ 场; 并且这两组方程之间没有耦合. 这 $\mathrm{TE}_z$ 场方程组在整个空间中是无源的, 因而它只有平庸解 (零解), 亦即有

$$E_x = E_y = H_z = 0 \tag{1.13.47}$$

于是, 我们所要求的场量只是 $E_z$、$H_x$ 和 $H_y$, 现重写下这有用的场方程组:

$$\frac{\partial E_z}{\partial y} = -\mathrm{j}\omega\mu H_x \tag{1.13.48}$$

$$\frac{\partial E_z}{\partial x} = \mathrm{j}\omega\mu H_y \tag{1.13.49}$$

$$\frac{\partial H_y}{\partial x} - \frac{\partial H_x}{\partial y} = I_0\delta(x)\delta(y) + \mathrm{j}\omega\tilde{\varepsilon} E_z \tag{1.13.50}$$

将 (1.13.48) 和 (1.13.49) 代入 (1.13.50) 式, 可得

$$\frac{\partial^2 E_z}{\partial x^2}+\frac{\partial^2 E_z}{\partial y^2}+k^2E_z=\mathrm{j}\omega\mu I_0\delta(x)\delta(y) \tag{1.13.51}$$

若已解得 $E_z$, 则 $H_x$ 和 $H_y$ 可由 (1.13.48) 和 (1.13.49) 式给出

$$H_x=-\frac{1}{\mathrm{j}\omega\mu}\frac{\partial E_z}{\partial y} \tag{1.13.52}$$

$$H_y=\frac{1}{\mathrm{j}\omega\mu}\frac{\partial E_z}{\partial x} \tag{1.13.53}$$

对于方程 (1.13.51), 限定的条件为

$$\lim_{x\to\pm\infty}E_z(x,y)=0 \tag{1.13.54}$$

$$\lim_{y\to\pm\infty}E_z(x,y)=0 \tag{1.13.55}$$

现在, 采用变换法来求解方程 (1.13.51).

为此, 我们将 (1.13.51) 式对 $x$ 作 Fourier 变换, 得

$$\frac{\mathrm{d}^2\hat{E}_z}{\mathrm{d}y^2}+\left(k^2-k_x^2\right)\hat{E}_z=\mathrm{j}\omega\mu I_0\delta(y) \tag{1.13.56}$$

式中, $\hat{E}_z=E_z(k_x,y)=\displaystyle\int_{-\infty}^{\infty}E_z(x,y)\mathrm{e}^{-\mathrm{j}k_xx}\mathrm{d}x$ 为 $E_x$ 的一维 Fourier 变换.

令

$$\tilde{G}_x=-\frac{\hat{E}_z}{\mathrm{j}\omega\mu I_0} \tag{1.13.57}$$

$$k_y^2=k^2-k_x^2 \quad 或 \quad k^2=k_x^2+k_y^2 \tag{1.13.58}$$

于是, (1.13.56) 式可写成

$$\frac{\mathrm{d}^2\tilde{G}_x}{\mathrm{d}y^2}+k_y^2\tilde{G}_x=-\delta(y) \tag{1.13.59}$$

比较 (1.13.59) 与 (1.12.18) 式, 由 (1.12.33) 式 ($\xi=0$) 可知, 上式的解 $\tilde{G}_x$ 为

$$\tilde{G}_x=\frac{1}{2\mathrm{j}k_y}\mathrm{e}^{-\mathrm{j}k_y|y|} \quad (\mathrm{Im}k_y<0) \tag{1.13.60}$$

对 (1.13.57) 式作关于 $x$ 的 Fourier 逆变换, 因有 (1.13.60) 式, 可得

$$E_z(x,y)=-\frac{\omega\mu I_0}{4\pi}\int_{-\infty}^{\infty}\frac{\mathrm{e}^{-\mathrm{j}k_y|y|}}{k_y}\mathrm{e}^{\mathrm{j}k_xx}\mathrm{d}k_x \tag{1.13.61}$$

类似地, 如果将 (1.13.51) 式对 $y$ 作 Fourier 变换, 则亦可得 $E_z(x,y)$ 的积分表示式. 这只要在 (1.13.61) 式中作代换 $x\leftrightarrow y$ 即可.

若我们将 (1.13.51) 式同时对 $x$ 和 $y$ 作二维 Fourier 变换, 则易知有

$$\left(k^2-k_x^2-k_y^2\right)\tilde{E}_z(k_x,k_y)=\mathrm{j}\omega\mu I_0$$

或

$$\tilde{E}_z(k_x,k_y)=\frac{\mathrm{j}\omega\mu I_0}{k^2-k_x^2-k_y^2} \tag{1.13.62}$$

对 (1.13.62) 进行二维逆变换, 便有

$$E_z(x,y)=\mathrm{j}\omega\mu I_0\left(\frac{1}{2\pi}\right)^2\int_{-\infty}^{\infty}\int_{-\infty}^{\infty}\frac{\mathrm{e}^{\mathrm{j}(k_xx+k_yy)}}{k^2-k_x^2-k_y^2}\mathrm{d}k_x\mathrm{d}k_y \tag{1.13.63}$$

以上, $\tilde{E}_z(k_x,k_y)$ 与 $E_z(x,y)$ 是二维 Fourier 变换对.

综上所得关于 $E_z(x,y)$ 的四种表示式, 现归纳如下:

(1.13.29): $E_z=-\dfrac{\omega\mu}{4}I_0H_0^{(2)}(k\rho)$

(1.13.40) : $E_z=-\dfrac{\mathrm{j}\omega\mu I_0}{2\pi}\displaystyle\int_0^{\infty}\frac{J_0(\lambda\rho)}{\lambda^2-k^2}\lambda\mathrm{d}\lambda$

(1.13.61) : $E_z(x,y)=-\dfrac{\omega\mu I_0}{4\pi}\displaystyle\int_{-\infty}^{\infty}\frac{e^{-\mathrm{j}k_y|\boldsymbol{y}|}}{k_y}\mathrm{e}^{\mathrm{j}k_xx}\mathrm{d}k_x$

(1.13.63) : $E_z(x,y)=\mathrm{j}\omega\mu I_0\left(\dfrac{1}{2\pi}\right)^2\displaystyle\int_{-\infty}^{\infty}\int_{-\infty}^{\infty}\frac{\mathrm{e}^{\mathrm{j}(k_xx+k_yy)}}{k^2-k_x^2-k_y^2}\mathrm{d}k_x\mathrm{d}k_y$

按 Maxwell 场方程解的唯一性定理, 以上 $E_z$ 的不同表示式相互是等价的. 从而使我们可导出一些有关 Hankel 函数的有用恒定式. 例如:

若将 (1.13.40) 与 (1.13.29) 式进行比较, 则有 Hankel 函数的积分表示式

$$H_0^{(2)}(k\rho)=\frac{2\mathrm{j}}{\pi}\int_0^{\infty}\frac{J_0(\lambda\rho)}{\lambda^2-k^2}\lambda\mathrm{d}\lambda \tag{1.13.64}$$

按 (1.13.33) 式 Hankel 逆变换定义, (1.13.64) 式可写成

$$H_0^{(2)}(k\rho)=H^{-1}\left\{\frac{2\mathrm{j}}{\pi}\frac{1}{\lambda^2-k^2}\right\}$$

对上式取 Hankel 变换, 我们便有关系式:

$$\frac{1}{\lambda^2-k^2}=\frac{\pi}{2\mathrm{j}}\int_0^{\infty}H_0^{(2)}(k\rho)J_0(\lambda\rho)\rho\mathrm{d}\rho \tag{1.13.65}$$

## 1.14　并矢 Green 函数法 [6]

在电磁理论中, 并矢 Green 函数法是求解各类电磁场边值问题和各类复杂媒质中的电磁场问题的一种有效方法, 并已成为处理电磁场问题的一种系统理论. 本

节主要目的是介绍应用并矢 Green 函数法处理电磁场问题所涉及的一些基础概念和内容, 例如, 并矢形式的 Maxwell 方程和并矢形式的波动方程, 电型和磁型并矢 Green 函数的定义、电磁场边界条件的并矢形式及其分类等. 最后, 还给出了自由空间的并矢 Green 函数; 作为有界并矢 Green 函数范例, 在相应附录中给出了矩形波导的并矢 Green 函数. 有关并矢 Green 函数的较全面了解读者可参阅文献 [6], 书中对基本理论及其在矩形、圆形、椭圆形波导和劈、圆球、圆椎等典型边值问题, 以及在平面分层媒质、不均匀媒质、运动媒质等电磁场问题中的应用均有详细分析和论述.

### 1.14.1 Maxwell 场方程和电磁场波动方程的并矢形式

对于时间因子为 $e^{j\omega t}$ 的时谐电磁场, 含有外加电流源 $\boldsymbol{J}$ 的 Maxwell 场方程为

$$\nabla\times\boldsymbol{E}=-j\omega\mu_0\boldsymbol{H} \tag{1.14.1}$$

$$\nabla\times\boldsymbol{H}=\boldsymbol{J}+j\omega\varepsilon_0\boldsymbol{E} \tag{1.14.2}$$

式中, $\varepsilon_0$ 和 $\mu_0$ 分别为媒质的介电常数和磁导率.

由 (1.41.1) 和 (1.14.2) 式消去 $\boldsymbol{H}$ 或 $\boldsymbol{E}$, 可得 $\boldsymbol{E}$ 和 $\boldsymbol{H}$ 分别满足方程:

$$\nabla\times\nabla\times\boldsymbol{E}-k^2\boldsymbol{E}=-\boldsymbol{j}\omega\mu_0\boldsymbol{J} \tag{1.14.3}$$

$$\nabla\times\nabla\times\boldsymbol{H}-k^2\boldsymbol{H}=\nabla\times\boldsymbol{J} \tag{1.14.4}$$

式中, 波数 $k=\omega\sqrt{\varepsilon_0\mu_0}$.

现在, 我们考虑外加电流源 $\boldsymbol{J}$ 为位于 $\boldsymbol{r}=\boldsymbol{r}'$ 处的点源情形. 首先, 设

$$\boldsymbol{J}=-\hat{\boldsymbol{a}}_x\frac{1}{j\omega\mu_0}\delta(\boldsymbol{r}-\boldsymbol{r}') \tag{1.14.5}$$

即 $\boldsymbol{J}$ 沿 $x$ 方向、电流矩 (强度) 为 $-\dfrac{1}{j\omega\mu_0}$; 并将在此电流源 $\boldsymbol{J}$ 作用下, 在空间 $\boldsymbol{r}$ 处产生的电场 $\boldsymbol{E}(\boldsymbol{r})$ 记为 $G_e^{(x)}(\boldsymbol{r},\boldsymbol{r}')$, 而将在 $\boldsymbol{r}$ 处所产生的磁场 $H(\boldsymbol{r})$ 乘以 $-j\omega\mu_0$ 后记为 $G_m^{(x)}(\boldsymbol{r},\boldsymbol{r}')$. $G_e^{(x)}(\boldsymbol{r},\boldsymbol{r})$ 和 $G_m^{(x)}(\boldsymbol{r},\boldsymbol{r})$ 分别称为电型和磁型失量 Green 函数, 下标 “e” 和 “m” 分别表示 “电” 和 “磁”. 此即有

$$\boldsymbol{G}_e^{(x)}(\boldsymbol{r},\boldsymbol{r})=\boldsymbol{E}(\boldsymbol{r}) \tag{1.14.6}$$

$$\boldsymbol{G}_m^{(x)}(\boldsymbol{r},\boldsymbol{r}')=-j\omega\mu_0\boldsymbol{H}(\boldsymbol{r}) \tag{1.14.7}$$

于是, 在此约定下, (1.14.1) 和 (1.14.2) 式可写成

$$\nabla\times G_e^{(x)}(\boldsymbol{r},\boldsymbol{r}')=G_m^{(x)}(\boldsymbol{r},\boldsymbol{r}') \tag{1.14.8}$$

$$\nabla \times G_{\mathrm{m}}^{(x)}(\boldsymbol{r},\boldsymbol{r}') = \delta(\boldsymbol{r}-\boldsymbol{r}')\hat{\boldsymbol{a}}_x + k^2 G_{\mathrm{e}}^{(x)}(\boldsymbol{r},\boldsymbol{r}') \tag{1.14.9}$$

类似地, 对于电流源为 $\boldsymbol{J} = -\hat{\boldsymbol{a}}_y \dfrac{1}{\mathrm{j}\omega\mu_0}\delta(\boldsymbol{r}-\boldsymbol{r}')$ 和 $\boldsymbol{J} = -\hat{\boldsymbol{a}}_z \dfrac{1}{\mathrm{j}\omega\mu_0}\delta(\boldsymbol{r}-\boldsymbol{r}')$ 时, 我们有

$$\nabla \times G_{\mathrm{e}}^{(y)}(\boldsymbol{r},\boldsymbol{r}') = G_{\mathrm{m}}^{(y)}(\boldsymbol{r},\boldsymbol{r}') \tag{1.14.10}$$

$$\nabla \times G_{\mathrm{m}}^{(y)}(\boldsymbol{r},\boldsymbol{r}') = \delta(\boldsymbol{r}-\boldsymbol{r}')\hat{\boldsymbol{a}}_y + k^2 G_{\mathrm{e}}^{(y)}(\boldsymbol{r},\boldsymbol{r}') \tag{1.14.11}$$

和

$$\nabla \times G_{\mathrm{e}}^{(z)}(\boldsymbol{r},\boldsymbol{r}') = G_{\mathrm{m}}^{(z)}(\boldsymbol{r},\boldsymbol{r}') \tag{1.14.12}$$

$$\nabla \times G_{\mathrm{m}}^{(z)}(\boldsymbol{r},\boldsymbol{r}') = \delta(\boldsymbol{r}-\boldsymbol{r}')\hat{\boldsymbol{a}}_z + k^2 G_{\mathrm{e}}^{(z)}(\boldsymbol{r},\boldsymbol{r}') \tag{1.14.13}$$

将 (1.14.8)、(1.14.10) 和 (1.14.12) 式分别乘以单位常矢量 $\hat{\boldsymbol{a}}_x$、$\hat{\boldsymbol{a}}_y$ 和 $\hat{\boldsymbol{a}}_z$, 相加后得

$$\begin{aligned}&\nabla \times \left[G_{\mathrm{e}}^{(x)}(\boldsymbol{r},\boldsymbol{r}')\hat{\boldsymbol{a}}_x + G_{\mathrm{e}}^{(y)}(\boldsymbol{r},\boldsymbol{r}')\hat{\boldsymbol{a}}_y + G_{\mathrm{e}}^{(z)}(\boldsymbol{r},\boldsymbol{r}')\hat{\boldsymbol{a}}_z\right]\\ =&G_{\mathrm{m}}^{(x)}(\boldsymbol{r},\boldsymbol{r}')\hat{\boldsymbol{a}}_x + G_{\mathrm{m}}^{(y)}(\boldsymbol{r},\boldsymbol{r}')\hat{\boldsymbol{a}}_y + G_{\mathrm{m}}^{(z)}(\boldsymbol{r},\boldsymbol{r}')\hat{\boldsymbol{a}}_z\end{aligned} \tag{1.14.14}$$

将 (1.14.9)、(1.14.11) 和 (1.14.13) 式分别乘以常矢量 $\hat{\boldsymbol{a}}_x$、$\hat{\boldsymbol{a}}_y$ 和 $\hat{\boldsymbol{a}}_z$, 再相加后得

$$\begin{aligned}&\nabla \times \left[G_{\mathrm{m}}^{(x)}(\boldsymbol{r},\boldsymbol{r}')\hat{\boldsymbol{a}}_x + G_{\mathrm{m}}^{(y)}(\boldsymbol{r},\boldsymbol{r}')\hat{\boldsymbol{a}}_y + G_{\mathrm{m}}^{(z)}(\boldsymbol{r},\boldsymbol{r}')\hat{\boldsymbol{a}}_z\right]\\ =&\overline{\overline{I}}\delta(\boldsymbol{r}-\boldsymbol{r}') + k^2\left[G_{\mathrm{e}}^{(x)}(\boldsymbol{r},\boldsymbol{r}')\hat{\boldsymbol{a}}_x + G_{\mathrm{e}}^{(y)}(\boldsymbol{r},\boldsymbol{r}')\hat{\boldsymbol{a}}_y + G_{\mathrm{e}}^{(z)}(\boldsymbol{r},\boldsymbol{r}')\hat{\boldsymbol{a}}_z\right]\end{aligned} \tag{1.14.15}$$

式中, $\overline{\overline{I}} = \hat{\boldsymbol{a}}_x\hat{\boldsymbol{a}}_x + \hat{\boldsymbol{a}}_y\hat{\boldsymbol{a}}_y + \hat{\boldsymbol{a}}_z\hat{\boldsymbol{a}}_z$ 称为单位并矢, 亦称归本因子.

现定义电型和磁型并矢 Green 函数为

$$\overline{\overline{G}}_{\mathrm{e}}(\boldsymbol{r},\boldsymbol{r}') = G_{\mathrm{e}}^{(x)}(\boldsymbol{r},\boldsymbol{r}')\hat{\boldsymbol{a}}_x + G_{\mathrm{e}}^{(y)}(\boldsymbol{r},\boldsymbol{r}')\hat{\boldsymbol{a}}_y + G_{e}^{(z)}(\boldsymbol{r},\boldsymbol{r}')\hat{\boldsymbol{a}}_z \tag{1.14.16}$$

$$\overline{\overline{G}}_{\mathrm{m}}(\boldsymbol{r},\boldsymbol{r}') = G_{\mathrm{m}}^{(x)}(\boldsymbol{r},\boldsymbol{r}')\hat{\boldsymbol{a}}_x + G_{\mathrm{m}}^{(y)}(\boldsymbol{r},\boldsymbol{r}')\hat{\boldsymbol{a}}_y + G_{m}^{(z)}(\boldsymbol{r},\boldsymbol{r}')\hat{\boldsymbol{a}}_z \tag{1.14.17}$$

于是, (1.14.14) 和 (1.14.15) 式可写成

$$\nabla \times \overline{\overline{G}}_{\mathrm{e}}(\boldsymbol{r},\boldsymbol{r}') = \overline{\overline{G}}_{\mathrm{m}}(\boldsymbol{r}-\boldsymbol{r}') \tag{1.14.18}$$

$$\nabla \times \overline{\overline{G}}_{\mathrm{m}}(\boldsymbol{r},\boldsymbol{r}') = \overline{\overline{\boldsymbol{I}}}\delta(\boldsymbol{r}-\boldsymbol{r}') + k^2\overline{\overline{\boldsymbol{G}}}_{\mathrm{e}}(\boldsymbol{r},\boldsymbol{r}') \tag{1.14.19}$$

(1.14.18) 和 (1.14.19) 式就是外加电流源 $\boldsymbol{J} = -\dfrac{1}{\mathrm{j}\omega\mu_0}\delta(\boldsymbol{r}-\boldsymbol{r}')(\hat{\boldsymbol{a}}_x + \hat{\boldsymbol{a}}_y + \hat{\boldsymbol{a}}_z)$ 情形 Maxwell 场方程的并矢形式.

由 (1.14.18) 和 (1.14.19) 式消去 $\overline{\overline{\boldsymbol{G}}}_{\mathrm{m}}(\boldsymbol{r},\boldsymbol{r}')$ 或 $\overline{\overline{\boldsymbol{G}}}_{\mathrm{e}}(\boldsymbol{r},\boldsymbol{r}')$, 得 $\overline{\overline{\boldsymbol{G}}}_{\mathrm{e}}(r,r')$ 和 $\overline{\overline{G}}_{\mathrm{m}}(\boldsymbol{r},\boldsymbol{r}')$ 分别满足如下并矢形式的波动方程:

$$\nabla \times \nabla \times \overline{\overline{\boldsymbol{G}}}_{\mathrm{e}}(\boldsymbol{r},\boldsymbol{r}') - k^2\overline{\overline{\boldsymbol{G}}}_{\mathrm{e}}(\boldsymbol{r},\boldsymbol{r}') = \overline{\overline{\boldsymbol{I}}}\delta(\boldsymbol{r}-\boldsymbol{r}') \tag{1.4.20}$$

$$\nabla\times\nabla\times\overline{\overline{\boldsymbol{G}}}_{\mathrm{m}}(\boldsymbol{r},\boldsymbol{r}')-k^2\overline{\overline{\boldsymbol{G}}}_{\mathrm{m}}(\boldsymbol{r},\boldsymbol{r}')=\nabla\times\overline{\overline{\boldsymbol{I}}}\delta(\boldsymbol{r}-\boldsymbol{r}') \tag{1.14.21}$$

这两个方程在非齐次项上有差异. 对它们求散度, 有

$$\nabla\cdot\overline{\overline{\boldsymbol{G}}}_{\mathrm{e}}(\boldsymbol{r},\boldsymbol{r}')=-\frac{1}{k^2}\nabla\cdot\left[\overline{\overline{\boldsymbol{I}}}\delta(\boldsymbol{r}-\boldsymbol{r}')\right]=-\frac{1}{k^2}\nabla\delta(\boldsymbol{r}-\boldsymbol{r}') \tag{1.14.22}$$

$$\nabla\cdot\overline{\overline{\boldsymbol{G}}}_{\mathrm{m}}(\boldsymbol{r},\boldsymbol{r}')=0 \tag{1.14.23}$$

对于 $\overline{\overline{\boldsymbol{G}}}_{\mathrm{m}}(\boldsymbol{r},\boldsymbol{r}')$, 因有 $\nabla\cdot\overline{\overline{\boldsymbol{G}}}_{\mathrm{m}}(\boldsymbol{r},\boldsymbol{r}')=0$, 故它是一有旋无散并矢场; 而对于 $\overline{\overline{\boldsymbol{G}}}_{\mathrm{e}}(\boldsymbol{r},\boldsymbol{r}')$, 在场点位于有源区 ($\boldsymbol{r}=\boldsymbol{r}'$) 时, 则其散度 $\nabla\cdot\overline{\overline{\boldsymbol{G}}}_{\mathrm{e}}(\boldsymbol{r},\boldsymbol{r}')\neq 0$.

### 1.14.2 边界条件和并矢 Green 函数的分类

不同的电磁场边值问题, 其边界条件是不同的, 对于点电流源情况下, 由 (1.14.20) 和 (1.14.21) 式给出的解也是不同的. 为了区别相应不同边界条件下求得的并矢 Green 函数 $\overline{\overline{\boldsymbol{G}}}_{\mathrm{e}}(\boldsymbol{r},\boldsymbol{r}')$ 和 $\overline{\overline{\boldsymbol{G}}}_{\mathrm{m}}(\boldsymbol{r},\boldsymbol{r}')$, 在参考文献 [6] 中作者曾在其专著中, 按照它们在边界面上所满足的条件, 对 $\overline{\overline{\boldsymbol{G}}}_{\mathrm{e}}(\boldsymbol{r},\boldsymbol{r}')$ 和 $\overline{\overline{\boldsymbol{G}}}_{\mathrm{m}}(\boldsymbol{r},\boldsymbol{r}')$ 作了分类, 并给予相应的角注.

(a) $\overline{\overline{\boldsymbol{G}}}_{\mathrm{e0}}(\boldsymbol{r},\boldsymbol{r}')$ 和 $\overline{\overline{\boldsymbol{G}}}_{\mathrm{m0}}(\boldsymbol{r},\boldsymbol{r}')$, 对应于无界域情形, 称为自由空间并矢 Green 函数. 此时, 当 $r\to\infty$ 时, $\overline{\overline{\boldsymbol{G}}}_{\mathrm{e0}}(\boldsymbol{r},\boldsymbol{r}')$ 和 $\overline{\overline{\boldsymbol{G}}}_{\mathrm{m0}}(\boldsymbol{r},\boldsymbol{r}')$ 满足辐射 (边界) 条件:

$$\lim_{r\to\infty} r\left[\nabla\times\overline{\overline{\boldsymbol{G}}}_{\mathrm{e0}}(\boldsymbol{r},\boldsymbol{r}')+\mathrm{j}k\hat{\boldsymbol{a}}_r\times\overline{\overline{\boldsymbol{G}}}_{\mathrm{e0}}(\boldsymbol{r},\boldsymbol{r})\right]=0 \tag{1.14.24}$$

$$\lim_{r\to\infty} r\left[\nabla\times\overline{\overline{\boldsymbol{G}}}_{\mathrm{m0}}(\boldsymbol{r},\boldsymbol{r}')+\mathrm{j}k\hat{\boldsymbol{a}}_r\times\overline{\overline{\boldsymbol{G}}}_{\mathrm{m0}}(\boldsymbol{r},\boldsymbol{r})\right]=0 \tag{1.14.25}$$

式中, $\hat{\boldsymbol{a}}_r$ 为沿 $\boldsymbol{r}$ 方向的单位矢量.

(b) $\overline{\overline{\boldsymbol{G}}}_{\mathrm{e1}}(\boldsymbol{r},\boldsymbol{r}')$ 和 $\overline{\overline{\boldsymbol{G}}}_{\mathrm{m1}}(\boldsymbol{r},\boldsymbol{r}')$, 称为第一类电型和磁型并矢 Green 函数. 在界面 $S$ 上, 它们满足第一类边界条件 (Dirichlet 条件):

$$\hat{\boldsymbol{n}}\times\overline{\overline{\boldsymbol{G}}}_{\mathrm{e1}}(\boldsymbol{r},\boldsymbol{r}')\Big|_S=0 \tag{1.14.26}$$

$$\hat{\boldsymbol{n}}\times\overline{\overline{\boldsymbol{G}}}_{\mathrm{m1}}(\boldsymbol{r},\boldsymbol{r}')\Big|_S=0 \tag{1.14.27}$$

式中, $\hat{\boldsymbol{n}}$ 为界面 $S$ 的外指法向单位矢量.

(c) $\overline{\overline{\boldsymbol{G}}}_{\mathrm{e2}}(\boldsymbol{r},\boldsymbol{r}')$ 和 $\overline{\overline{\boldsymbol{G}}}_{\mathrm{m2}}(\boldsymbol{r},\boldsymbol{r}')$, 称为第二类电型和磁型并矢 Green 函数. 在界面 $S$ 上, 它们满足第二类边界条件 (Neummann 条件):

$$\hat{\boldsymbol{n}}\times\nabla\times\overline{\overline{\boldsymbol{G}}}_{\mathrm{e2}}(\boldsymbol{r},\boldsymbol{r}')\Big|_S=0 \tag{1.14.28}$$

$$\hat{\boldsymbol{n}}\times\nabla\times\overline{\overline{\boldsymbol{G}}}_{\mathrm{m2}}(\boldsymbol{r},\boldsymbol{r}')\Big|_S=0 \tag{1.14.29}$$

(d) $\overline{\overline{\boldsymbol{G}}}_{\mathrm{e3}}(\boldsymbol{r},\boldsymbol{r}')$ 和 $\overline{\overline{\boldsymbol{G}}}_{\mathrm{m3}}(\boldsymbol{r},\boldsymbol{r}')$, 称为第三类电型和磁型并矢 Green 函数. 在界面 $S$ 的两侧 $S^-$ 和 $S^+$ 向 $S$ 逼近时, 它们满足第三类边界条件:

$$\hat{\boldsymbol{n}}\times\overline{\overline{\boldsymbol{G}}}_{\mathrm{e3}}(\boldsymbol{r},\boldsymbol{r}')\Big|_{S^-}=\hat{\boldsymbol{n}}\times\overline{\overline{\boldsymbol{G}}}_{\mathrm{e3}}(\boldsymbol{r},\boldsymbol{r}')\Big|_{S^+} \tag{1.14.30}$$

$$\frac{1}{\mu_1}\hat{\boldsymbol{n}}\times\nabla\times\overline{\overline{\boldsymbol{G}}}_{\mathrm{e}3}(\boldsymbol{r},\boldsymbol{r}')\Big|_{S^-}=\frac{1}{\mu_2}\hat{\boldsymbol{n}}\times\nabla\times\overline{\overline{\boldsymbol{G}}}_{\mathrm{e}3}(\boldsymbol{r},\boldsymbol{r}')\Big|_{S^+}\tag{1.14.31}$$

$$\frac{1}{\mu_1}\hat{\boldsymbol{n}}\times\overline{\overline{\boldsymbol{G}}}_{\mathrm{m}3}(\boldsymbol{r},\boldsymbol{r}')\Big|_{S^-}=\frac{1}{\mu_2}\hat{\boldsymbol{n}}\times\overline{\overline{\boldsymbol{G}}}_{\mathrm{m}3}(\boldsymbol{r},\boldsymbol{r}')\Big|_{S^+}\tag{1.14.32}$$

$$\frac{1}{k_1^2}\hat{\boldsymbol{n}}\times\nabla\times\overline{\overline{\boldsymbol{G}}}_{\mathrm{m}3}(\boldsymbol{r},\boldsymbol{r}')\Big|_{S^-}=\frac{1}{k_2^2}\hat{\boldsymbol{n}}\times\nabla\times\overline{\overline{\boldsymbol{G}}}_{\mathrm{m}3}(\boldsymbol{r},\boldsymbol{r}')\Big|_{S^+}\tag{1.14.33}$$

式中, 界面 $S$ 的两侧 $S^-$ 和 $S^+$ 的媒质参数分别为 $\varepsilon_1$、$\mu_1$ 和 $\varepsilon_2$、$\mu_2$, $\hat{\boldsymbol{n}}$ 为界面 $S$ 的法向单位矢量. 注意到, 由 (1.14.19) 式, 我们有

$$\hat{\boldsymbol{n}}\times\nabla\times\overline{\overline{\boldsymbol{G}}}_{\mathrm{m}}(\boldsymbol{r},\boldsymbol{r}')\Big|_S=\hat{\boldsymbol{n}}\times\overline{\overline{\boldsymbol{I}}}\delta(\boldsymbol{r}-\boldsymbol{r}')\Big|_S+k^2\hat{\boldsymbol{n}}\times\overline{\overline{\boldsymbol{G}}}_{\mathrm{e}}(\boldsymbol{r},\boldsymbol{r}')\Big|_S$$

故若 $\overline{\overline{\boldsymbol{G}}}_{\mathrm{e}}(\boldsymbol{r},\boldsymbol{r}')$ 是满足第一类边界条件 $\hat{\boldsymbol{n}}\times\overline{\boldsymbol{G}}_{\mathrm{e}1}(\boldsymbol{r},\boldsymbol{r}')\Big|_S=0$, 则与 $\overline{\overline{\boldsymbol{G}}}_{\mathrm{e}1}(\boldsymbol{r},\boldsymbol{r}')$ 相关的 $\overline{\overline{\boldsymbol{G}}}_{\mathrm{m}}(\boldsymbol{r},\boldsymbol{r}')$ 满足第二类边界条件 $\hat{\boldsymbol{n}}\times\nabla\times\overline{\overline{\boldsymbol{G}}}_{\mathrm{m}2}(\boldsymbol{r},\boldsymbol{r}')\Big|_S=0$, 此时, 可明确地写出 (1.14.18) 和 (1.14.19) 式为

$$\nabla\times\overline{\overline{\boldsymbol{G}}}_{\mathrm{e}1}(\boldsymbol{r},\boldsymbol{r}')=\overline{\overline{\boldsymbol{G}}}_{\mathrm{m}2}(\boldsymbol{r}-\boldsymbol{r}')\tag{1.14.34}$$

$$\nabla\times\overline{\overline{\boldsymbol{G}}}_{\mathrm{m}2}(r,r')=\overline{\overline{\boldsymbol{I}}}\delta(r-r')+k^2\overline{\overline{\boldsymbol{G}}}_{\mathrm{e}1}(r,r')\tag{1.14.35}$$

类似地, 可写出:

$$\nabla\times\overline{\overline{\boldsymbol{G}}}_{\mathrm{e}2}(r,r')=\overline{\overline{\boldsymbol{G}}}_{\mathrm{m}1}(\boldsymbol{r}-\boldsymbol{r}')\tag{1.14.36}$$

$$\nabla\times\overline{\overline{\boldsymbol{G}}}_{\mathrm{m}1}(r,r')=\overline{\overline{\boldsymbol{I}}}\delta(r-r')+k^2\overline{\overline{\boldsymbol{G}}}_{\mathrm{e}2}(r,r')\tag{1.14.37}$$

以及

$$\nabla\times\overline{\overline{\boldsymbol{G}}}_{\mathrm{e}3}(\boldsymbol{r},\boldsymbol{r}')=\overline{\overline{\boldsymbol{G}}}_{\mathrm{m}3}(\boldsymbol{r}-\boldsymbol{r}')\tag{1.14.38}$$

$$\nabla\times\overline{\overline{\boldsymbol{G}}}_{\mathrm{m}3}(r,r')=\overline{\overline{\boldsymbol{I}}}\delta(r-r')+k^2\overline{\overline{\boldsymbol{G}}}_{\mathrm{e}3}(r,r')\tag{1.14.39}$$

### 1.14.3　并矢 Green 函数法

类似于标量 Green 函数法求解电磁场问题, 所谓并矢 Green 函数法, 就是先寻求并矢形式波动方程 (1.14.20) 与 (1.14.21) 满足给定边界条件的齐次形式的解, 然后利用波动方程的线性, 将所求电磁场用含电流源的分布函数与并矢 Green 函数的体积分和 (或) 面积分表示. 也就是说, 并矢 Green 函数方法将原问题求满足边界条件非齐次项为 $\boldsymbol{J}$ 或 $\nabla\times\boldsymbol{J}$ 的非齐次矢量 Helmholtz 方程的解化为求解非齐次项为 $\overline{\overline{\boldsymbol{I}}}\delta(\boldsymbol{r}-\boldsymbol{r}')$ 函数或 $\nabla\times[\overline{\overline{\boldsymbol{I}}}\delta(\boldsymbol{r}-\boldsymbol{r}')]$ 函数、边界条件为齐次形式的非齐次并矢形式 Helmholtz 方程的解 $\overline{\overline{\boldsymbol{G}}}$, 与求一个含电流源 J 与并矢 Green 函数 $\overline{\overline{\boldsymbol{G}}}$ 积及已知边界值的体积分和 (或) 面积分两部分. 由于所要求的积分一般可通过数值方法求得, 因此一旦求出相应边值问题的并矢 Green 函数, 问题就基本解决了.

应用并矢 Green 函数法处理电磁场边值问题, 要用到并矢形式的 Green 定理, 以建立场量与并矢 Green 函数 $\overline{\overline{G}}(\boldsymbol{r},\boldsymbol{r}')$ 的关系, 从而导出电磁场边值问题含源时 $\overline{\overline{G}}(\boldsymbol{r},\boldsymbol{r}')$ 的积分表示式.

并矢形式的 Green 定理是:

$$\iiint_V \left[\boldsymbol{P}\cdot\nabla^2\times\overline{\overline{Q}}-\left(\nabla^2\times\boldsymbol{P}\right)\cdot\overline{\overline{\boldsymbol{Q}}}\right]\mathrm{d}v=-\oiint_{S_0}\hat{\boldsymbol{n}}\cdot\left[(\nabla\times\boldsymbol{P})\times\overline{\overline{\boldsymbol{Q}}}+\boldsymbol{P}\times\nabla\times\overline{\overline{\boldsymbol{Q}}}\right]\mathrm{d}S \tag{1.14.40}$$

式中, $\hat{\boldsymbol{n}}$ 是闭曲面 $S_0$ 的外指法线方向的单位矢量; 算子 $\nabla^2\equiv\nabla\times\nabla\times$; 矢量 $\boldsymbol{P}$ 和并矢 $\overline{\overline{\boldsymbol{Q}}}$ 满足 Green 定理所要求的在 $V$ 内及其界面 $S_0=S+S'$ 上的边续可导条件; $\boldsymbol{P}$ 可选择为 $\boldsymbol{E}(\boldsymbol{r})$ 或 $\boldsymbol{H}(\boldsymbol{r})$, $\overline{\overline{\boldsymbol{Q}}}$ 可选择为 $\overline{\overline{\boldsymbol{G}}}_{\mathrm{e}}(\boldsymbol{r},\boldsymbol{r}')$ 或 $\overline{\overline{\boldsymbol{G}}}_{\mathrm{m}}(\boldsymbol{r},\boldsymbol{r}')$, 故我们可有四种不同组合. 例如, 我们常用的一种组合是 $\left\{\boldsymbol{P}=\boldsymbol{E}(\boldsymbol{r}),\overline{\overline{\boldsymbol{Q}}}=\overline{\overline{\boldsymbol{G}}}_{e}(\boldsymbol{r},\boldsymbol{r}')\right\}$, 于是, 由 (1.14.41) 式, 有

$$\begin{aligned}&\iiint_V\left[\boldsymbol{E}(\boldsymbol{r})\cdot\nabla^2\times\overline{\overline{\boldsymbol{G}}}_{\mathrm{e}}(\boldsymbol{r},\boldsymbol{r}')-\left(\nabla^2\times\boldsymbol{E}(\boldsymbol{r})\right)\cdot\overline{\overline{\boldsymbol{G}}}_{\mathrm{e}}(\boldsymbol{r},\boldsymbol{r}')\right]\mathrm{d}v\\&=-\oiint_{S_0}\hat{\boldsymbol{n}}\cdot\left[(\nabla\times\boldsymbol{E}(\boldsymbol{r}))\times\overline{\overline{\boldsymbol{G}}}_{\mathrm{e}}(\boldsymbol{r},\boldsymbol{r}')+\boldsymbol{E}(\boldsymbol{r})\times\nabla\times\overline{\overline{\boldsymbol{G}}}_{\mathrm{e}}(\boldsymbol{r},\boldsymbol{r}')\right]\mathrm{d}S\end{aligned} \tag{1.14.41}$$

将 (1.14.3) 和 (1.14.20) 代入上式, 则有

$$\begin{aligned}&\iiint_V\left[\boldsymbol{E}(\boldsymbol{r})\cdot\overline{\overline{\boldsymbol{I}}}\delta(\boldsymbol{r}-\boldsymbol{r}')+\mathrm{j}\omega\mu_0 J(\boldsymbol{r})\cdot\overline{\overline{\boldsymbol{G}}}_{\mathrm{e}}(\boldsymbol{r},\boldsymbol{r}')\right]\mathrm{d}v\\&=-\oiint_{S_0}\hat{\boldsymbol{n}}\cdot\left[(\nabla\times\boldsymbol{E}(\boldsymbol{r}))\times\overline{\overline{\boldsymbol{G}}}_{\mathrm{e}}(\boldsymbol{r},\boldsymbol{r}')+E(\boldsymbol{r})\times\nabla\times\overline{\overline{\boldsymbol{G}}}_{\mathrm{e}}(\boldsymbol{r},\boldsymbol{r}')\right]\mathrm{d}S\end{aligned} \tag{1.14.42}$$

因 $\iiint_V\boldsymbol{E}(\boldsymbol{r})\cdot\overline{\overline{\boldsymbol{I}}}\delta(\boldsymbol{r}-\boldsymbol{r}')\mathrm{d}v=E(\boldsymbol{r}')$, 以及有并矢恒等式 $\boldsymbol{A}\cdot\left(\boldsymbol{B}\times\overline{\overline{\boldsymbol{C}}}\right)=-\boldsymbol{B}\cdot\left(\boldsymbol{A}\times\overline{\overline{\boldsymbol{C}}}\right)=(\boldsymbol{A}\times\boldsymbol{B})\cdot\overline{\overline{\boldsymbol{C}}}$, 故由上式可得

$$\begin{aligned}\boldsymbol{E}(\boldsymbol{r}')=&-\mathrm{j}\omega\mu_0\iiint_V\boldsymbol{J}(\boldsymbol{r})\cdot\overline{\overline{\boldsymbol{G}}}_{\mathrm{e}}(\boldsymbol{r},\boldsymbol{r}')\mathrm{d}v\\&+\oiint_{S_0}\left[(\nabla\times\boldsymbol{E}(\boldsymbol{r}))\cdot\left(\hat{\boldsymbol{n}}\times\overline{\overline{\boldsymbol{G}}}_{\mathrm{e}}(\boldsymbol{r},\boldsymbol{r}')\right)-(\hat{\boldsymbol{n}}\times\boldsymbol{E}(\boldsymbol{r}))\cdot\nabla\times\overline{\overline{\boldsymbol{G}}}_{\mathrm{e}}(\boldsymbol{r},\boldsymbol{r}')\right]\mathrm{d}S\end{aligned} \tag{1.14.43}$$

有三种情形, (1.14.43) 式中的面积分为零而只含体积分项. 它们是:

(i) 自由空间情形, 此时, 由于不存在散射体 ($S=0$) 且是无界域 ($S'=S_\infty$), 封闭曲面 $S_0=S+S'=S_\infty$; 并因当 $|\boldsymbol{r}|\to\infty$ 时, $\boldsymbol{E}(\boldsymbol{r})$ 和 $\overline{\overline{\boldsymbol{G}}}_{\mathrm{e}}(\boldsymbol{r},\boldsymbol{r}')$ 满足辐射条件, $S_\infty$ 的面积分为零, 故 (1.14.43) 式中只有体积分项.

(ii) 导体散射、$\overline{\overline{\boldsymbol{G}}}_{\mathrm{e}}(\boldsymbol{r},\boldsymbol{r}')=\overline{\overline{\boldsymbol{G}}}_{\mathrm{e1}}(\boldsymbol{r},\boldsymbol{r}')$ 情形, 此时, 因是无界域 ($S'=S_\infty$), 封闭曲面 $S_0=S+S'=S+S_\infty$; 并因在 $S$ 上, 有 $\hat{\boldsymbol{n}}\times\boldsymbol{E}(\boldsymbol{r})\Big|_S=0$ 和 $\hat{\boldsymbol{n}}\times\overline{\overline{\boldsymbol{G}}}_{\mathrm{e1}}(\boldsymbol{r},\boldsymbol{r}')\Big|_S=0$,

以及当 $|\boldsymbol{r}| \to \infty$ 时, $E(r)$ 和 $\overline{\overline{\boldsymbol{G}}}(\boldsymbol{r}, \boldsymbol{r}')$ 满足辐射条件, $S$ 和 $S_\infty$ 的面积分均为零, 故 (1.14.43) 式中只有体积分项.

(iii) 波导或导电腔激发、$\overline{\overline{\boldsymbol{G}}}_{\rm e}(\boldsymbol{r}, \boldsymbol{r}') = \overline{\overline{\boldsymbol{G}}}_{\rm e1}(\boldsymbol{r}, \boldsymbol{r}')$ 情形, 此时, 对于波导, 由于波导壁由导体构成满足条件 $\hat{\boldsymbol{n}} \times \boldsymbol{E}(\boldsymbol{r})\Big|_S = 0$ 和 $\hat{\boldsymbol{n}} \times \overline{\overline{\boldsymbol{G}}}_{\rm e1}(\boldsymbol{r}, \boldsymbol{r}')\Big|_S = 0$, 而在无界方向上满足辐射条件; 对于、导电腔, $S$ 和 $S'$ 均满足导体边界条件 $\hat{\boldsymbol{n}} \times \boldsymbol{E}(\boldsymbol{r})\Big|_S = 0$ 和 $\hat{\boldsymbol{n}} \times \overline{\overline{\boldsymbol{G}}}_{\rm e1}(\boldsymbol{r}, \boldsymbol{r}')\Big|_S = 0$. 故对波导与导电腔激发问题, (1.14.43) 式中亦只有体积分项.

因此, 对上述三种情形, (1.14.43) 式可简化成:

$$\boldsymbol{E}(\boldsymbol{r}') = -{\rm j}\omega\mu_0 \iiint_V \boldsymbol{J}(\boldsymbol{r}) \cdot \overline{\overline{\boldsymbol{G}}}_{\rm e1}(\boldsymbol{r}, \boldsymbol{r}'){\rm d}v \tag{1.14.44}$$

将 $\boldsymbol{r} \to \boldsymbol{r}'$, 并因有 $\boldsymbol{A}\cdot\overline{\overline{\boldsymbol{B}}} = \overline{\overline{\boldsymbol{B}}}^{\rm T}\cdot A$ 和 $\overline{\overline{\boldsymbol{G}}}_{\rm e1}(\boldsymbol{r}', \boldsymbol{r})$ 的对称关系式 $\overline{\boldsymbol{G}}_{\rm e1}^{\rm T}(\boldsymbol{r}', \boldsymbol{r}) = \overline{\boldsymbol{G}}_{\rm e1}(\boldsymbol{r}, \boldsymbol{r}')$, 这里 “T” 表示并矢的转置. (1.14.44) 式可化为

$$\begin{aligned}
\boldsymbol{E}(\boldsymbol{r}) &= -{\rm j}\omega\mu_0 \iiint_V \boldsymbol{J}(r') \cdot \overline{\overline{\boldsymbol{G}}}_{\rm e1}(\boldsymbol{r}', \boldsymbol{r}){\rm d}v' \\
&= -{\rm j}\omega\mu_0 \iiint_V \overline{\overline{\boldsymbol{G}}}_{\rm e1}^{\rm T}(\boldsymbol{r}', \boldsymbol{r}) \cdot \boldsymbol{J}(\boldsymbol{r}'){\rm d}v' \\
&= -{\rm j}\omega\mu_0 \iiint_V \overline{\overline{\boldsymbol{G}}}_{\rm e1}(\boldsymbol{r}, \boldsymbol{r}') \cdot \boldsymbol{J}(\boldsymbol{r}'){\rm d}v'
\end{aligned} \tag{1.14.45}$$

对于有界情形的并矢 Green 函数 $\overline{\overline{\boldsymbol{G}}}(\boldsymbol{r}, \boldsymbol{r}')$, 采用本征函数展开法 (亦称 Ohm-Rayleigh 法) 进行求解. 这种方法需要将 $\overline{\overline{\boldsymbol{G}}}(\boldsymbol{r}, \boldsymbol{r}')$ 用矢量波函数 $L, M$ 和 $N$(称为 Hansen 函数) 展开, 它们的定义分别为

$$\begin{aligned}
L &= \nabla\psi_1 \\
M &= \nabla \times (\psi_2 \hat{\boldsymbol{a}}) \\
N &= \frac{1}{K}\nabla \times \nabla \times (\psi_3 \hat{\boldsymbol{a}})
\end{aligned} \tag{1.14.46}$$

式中, $\hat{\boldsymbol{a}}$ 为常矢量, 称为领示矢量. 若 $\psi_i (i = 1, 2, 3)$ 满足标量波动方程:

$$\nabla^2\psi_i + K^2\psi_i = 0 \quad (i = 1, 2, 3) \tag{1.14.47}$$

则不难证明 $L, M$ 和 $N$ 是如下齐次矢量波动方程的解

$$\nabla \times \nabla \times \boldsymbol{F} - K^2\boldsymbol{F} = 0 \tag{1.14.48}$$

通常, 我们取相同的母函数 $\psi$ 和领示矢量 $\hat{\boldsymbol{a}} = \hat{\boldsymbol{a}}_z$ 来生成 $L, M$ 和 $N$, 于是有

$$\begin{aligned}
L &= \nabla\psi \\
M &= \nabla \times (\psi \hat{\boldsymbol{a}}_z) \\
N &= \frac{1}{K}\nabla \times \nabla \times (\psi \hat{\boldsymbol{a}}_z)
\end{aligned} \tag{1.14.49}$$

由 (1.14.49) 式, 可证明 $M$ 和 $N$ 有对称关系 $\nabla\times\boldsymbol{N}=K\boldsymbol{M}$ 和 $\nabla\times\boldsymbol{M}=K\boldsymbol{N}$.

以下将仅给出自由空间的并矢 Green 函数; 关于应用本征函数展开法求解有界情形的并矢 Green 函数, 由于求解过程较长、所占篇幅较多, 作为典型范例, 我们将在附录 E 中详细介绍矩形波导并矢 Green 函数求解的全过程.

### 1.14.4 自由空间的并矢 Green 函数

自由空间的并矢 Green 函数是指对于无界域、空间中不存在任何散射体时位于 $\boldsymbol{r}'$ 处的外加点电流源 $\boldsymbol{J}=\dfrac{1}{\mathrm{j}\omega\mu_0}\delta(\boldsymbol{r}-\boldsymbol{r}')(\hat{\boldsymbol{a}}_x+\hat{\boldsymbol{a}}_y+\hat{\boldsymbol{a}}_z)$所产生的场. 求解并矢 Green 函数方程 (1.14.20) 可有不同方法, 例如:

(a) 矢量势 $\boldsymbol{A}$ 法

由 (1.9.26) 式可知: $\boldsymbol{A}$ 满足方程:

$$\nabla^2\boldsymbol{A}(r)+k^2\boldsymbol{A}(\boldsymbol{r})=-\mu_0\boldsymbol{J}(\boldsymbol{r}) \tag{1.14.50}$$

如果 $\boldsymbol{A}$ 已求得, 则

$$\boldsymbol{E}(\boldsymbol{r})=-\mathrm{j}\omega\left(1+\frac{1}{k^2}\nabla\nabla\cdot\right)\boldsymbol{A}(\boldsymbol{r}) \tag{1.14.51}$$

$$\boldsymbol{H}(\boldsymbol{r})=\frac{1}{\mu_0}\nabla\times\boldsymbol{A}(\boldsymbol{r}) \tag{1.14.52}$$

当 $\boldsymbol{J}=-\dfrac{1}{\mathrm{j}\omega\mu_0}\delta(\boldsymbol{r}-\boldsymbol{r}')\hat{\boldsymbol{a}}_x$ 时, (1.14.50) 式可写为

$$\nabla^2\boldsymbol{A}^{(x)}(r)+k^2\boldsymbol{A}^{(x)}(\boldsymbol{r})=\frac{1}{\mathrm{j}\omega}\delta(\boldsymbol{r}-\boldsymbol{r}')\hat{\boldsymbol{a}}_x \tag{1.14.53}$$

(1.14.53) 式实际上是一标量方程, 其解为

$$\boldsymbol{A}^{(x)}(\boldsymbol{r},\boldsymbol{r}')=-\frac{1}{\mathrm{j}\omega}G_0(\boldsymbol{r},\boldsymbol{r}')\hat{\boldsymbol{a}}_x \tag{1.14.54}$$

式中,

$$G_0(\boldsymbol{r},\boldsymbol{r}')=\frac{\mathrm{e}^{-\mathrm{j}k|\boldsymbol{r}-\boldsymbol{r}'|}}{4\pi|\boldsymbol{r}-\boldsymbol{r}'|} \tag{1.14.55}$$

$G_0(\boldsymbol{r},\boldsymbol{r}')$ 为自由空间标量 Green 函数, 它满足方程:

$$\nabla^2G_0(\boldsymbol{r},\boldsymbol{r}')+k^2G_0(\boldsymbol{r},\boldsymbol{r}')=-\delta(\boldsymbol{r}-\boldsymbol{r}') \tag{1.14.56}$$

将 (1.14.54) 代入 (1.14.51) 式, 便有

$$\boldsymbol{G}_{\mathrm{e}0}^{(x)}(\boldsymbol{r})=\left(1+\frac{1}{k^2}\nabla\nabla\cdot\right)G_0(\boldsymbol{r},\boldsymbol{r}')\hat{\boldsymbol{a}}_x \tag{1.14.57}$$

类似地, 对于 $\boldsymbol{J}=-\dfrac{1}{\mathrm{j}\omega\mu_0}\delta(\boldsymbol{r}-\boldsymbol{r}')\hat{\boldsymbol{a}}_y$ 和 $J=-\dfrac{1}{\mathrm{j}\omega\mu_0}\delta(\boldsymbol{r}-\boldsymbol{r}')\hat{\boldsymbol{a}}_z$, 我们有

$$\boldsymbol{G}_{\mathrm{e}0}^{(y)}(\boldsymbol{r})=\left(1+\frac{1}{k^2}\nabla\nabla\cdot\right)G_0(\boldsymbol{r},\boldsymbol{r}')\hat{\boldsymbol{a}}_y \tag{1.14.58}$$

$$\boldsymbol{G}_{\mathrm{e}0}^{(z)}(\boldsymbol{r})=\left(1+\frac{1}{k^2}\nabla\nabla\cdot\right)G_0(\boldsymbol{r},\boldsymbol{r}')\hat{\boldsymbol{a}}_z \tag{1.14.59}$$

按并矢函数的定义, 将 (1.14.57)~(1.14.59) 式分别乘以 $\hat{\boldsymbol{a}}_x$、$\hat{\boldsymbol{a}}_y$ 和 $\hat{\boldsymbol{a}}_z$ 再相加, 并应用并矢恒等式 $\nabla\cdot\left(\psi\overline{\overline{\boldsymbol{I}}}\right)=\psi\nabla\cdot\overline{\overline{\boldsymbol{I}}}+\nabla\psi\cdot\overline{\overline{\boldsymbol{I}}}=\nabla\psi$, 我们可得

$$\begin{aligned}\overline{\overline{\boldsymbol{G}}}_{\mathrm{e}0}(\boldsymbol{r})&=\left(1+\frac{1}{k^2}\nabla\nabla\cdot\right)G_0(\boldsymbol{r},\boldsymbol{r}')(\hat{\boldsymbol{a}}_x\hat{\boldsymbol{a}}_x+\hat{\boldsymbol{a}}_y\hat{\boldsymbol{a}}_y+\hat{\boldsymbol{a}}_z\hat{\boldsymbol{a}}_z)\\&=\left(1+\frac{1}{k^2}\nabla\nabla\cdot\right)G_0(\boldsymbol{r},\boldsymbol{r}')\overline{\overline{\boldsymbol{I}}}\end{aligned}$$

此即有

$$\overline{\overline{\boldsymbol{G}}}_{\mathrm{e}0}(\boldsymbol{r})=\left(1+\frac{1}{k^2}\nabla\nabla\right)G_0(\boldsymbol{r},\boldsymbol{r}') \tag{1.14.60}$$

(1.14.60) 式就是所要求的自由空间并矢 Green 函数, 其中 $G_0(\boldsymbol{r},\boldsymbol{r}')$ 由 (1.14.55) 式给出.

(b) Levine-Schwinger 法

由 (1.14.20) 式, $G_{\mathrm{e}0}(\boldsymbol{r},\boldsymbol{r}')$ 满足方程:

$$\nabla\times\nabla\times\overline{\overline{\boldsymbol{G}}}_{\mathrm{e}0}(\boldsymbol{r},\boldsymbol{r}')-k^2\overline{\overline{\boldsymbol{G}}}_{\mathrm{e}0}(\boldsymbol{r},\boldsymbol{r}')=\overline{\overline{\boldsymbol{I}}}\delta(\boldsymbol{r}-\boldsymbol{r}') \tag{1.14.61}$$

因有算子恒等式 $\nabla\times\boldsymbol{\nabla}\times=\nabla\nabla\cdot-\nabla^2$, (1.14.61) 式亦可写成

$$\nabla^2\overline{\overline{\boldsymbol{G}}}_{\mathrm{e}0}(\boldsymbol{r},\boldsymbol{r}')+k^2\overline{\overline{\boldsymbol{G}}}_{\mathrm{e}0}(\boldsymbol{r},\boldsymbol{r}')=\nabla\nabla\cdot\overline{\overline{\boldsymbol{G}}}_{\mathrm{e}0}(\boldsymbol{r},\boldsymbol{r}')-\overline{\overline{\boldsymbol{I}}}\delta(\boldsymbol{r}-\boldsymbol{r}') \tag{1.14.62}$$

对 (1.14.61) 式取散度, 则有

$$\nabla\cdot\overline{\overline{\boldsymbol{G}}}_{\mathrm{e}0}(\boldsymbol{r},\boldsymbol{r}')=-\frac{1}{k^2}\nabla\cdot\left[\overline{\overline{\boldsymbol{I}}}\delta(\boldsymbol{r}-\boldsymbol{r}')\right]=-\frac{1}{k^2}\nabla\delta(\boldsymbol{r}-\boldsymbol{r}') \tag{1.14.63}$$

将 (1.14.63) 代入 (1.14.62) 式, 得

$$\nabla^2\overline{\overline{\boldsymbol{G}}}_{\mathrm{e}0}(\boldsymbol{r},\boldsymbol{r}')+k^2\overline{\overline{\boldsymbol{G}}}_{\mathrm{e}0}(\boldsymbol{r},\boldsymbol{r}')=-\left(\overline{\overline{\boldsymbol{I}}}+\frac{1}{k^2}\nabla\nabla\right)\delta(\boldsymbol{r}-\boldsymbol{r}') \tag{1.14.64}$$

若令

$$\overline{\overline{G}}_{\mathrm{e}0}(\boldsymbol{r},\boldsymbol{r}')=\left(\overline{\overline{I}}+\frac{1}{k^2}\nabla\nabla\right)\psi(\boldsymbol{r},\boldsymbol{r}') \tag{1.14.65}$$

则代入上式可知 $\psi(\boldsymbol{r},\boldsymbol{r}')$ 满足方程:

$$\nabla^2\psi(\boldsymbol{r},\boldsymbol{r}')+k^2\psi(\boldsymbol{r},\boldsymbol{r}')=-\delta(\boldsymbol{r}-\boldsymbol{r}') \tag{1.14.66}$$

熟知 $\psi(\boldsymbol{r},\boldsymbol{r}')$ 的解为

$$\psi(\boldsymbol{r},\boldsymbol{r}')=\frac{\mathrm{e}^{-\mathrm{j}k|\boldsymbol{r}-\boldsymbol{r}'|}}{4\pi|\boldsymbol{r}-\boldsymbol{r}'|}=G_0(\boldsymbol{r},\boldsymbol{r}') \tag{1.14.67}$$

将此结果代入 (1.14.65) 式, 于是得自由空间的电型并矢 Green 函数为

$$\overline{\overline{\boldsymbol{G}}}_{\mathrm{e}0}(\boldsymbol{r},\boldsymbol{r}')=\left(\overline{\overline{\boldsymbol{I}}}+\frac{1}{k^2}\nabla\nabla\right)G_0(\boldsymbol{r},\boldsymbol{r}') \tag{1.14.68}$$

这与采用势 $\boldsymbol{A}$ 法所得结果 (1.14.60) 式相同.

# 第2章　平面电磁波

本章分析和讨论各向同性媒质和无界各向异性媒质中均匀平面波的传播特性 [1,4,10].

我们将首先讨论无界各向同性媒质中的平面波, 包括波的电场和磁场表示式、波的传播常数、波阻抗和波的能流密度、波的极化等; 继而对含媒质分界面为平面时的双层媒质、三层媒质, 以及多分层媒质情形、平面波的垂直入射和斜入射 (具有垂直入射极化与平行入射极化) 时波的传播特性进行了分析; 讨论了在分层媒质中平面波的传播与在传输线上电压与电流波的传播的二重性, 并建立分层媒质中平面波传播的等效传输线电路, 从而提供计算平面波传播中各分层界面上反射系数的简便方法. 最后, 在 2.11 和 2.12 节中介绍了在等离子体和铁氧体各向异性无界媒质中均匀平面电磁波的传播.

在本章的附录中分析和讨论了时谐场复量 $\boldsymbol{E}$ 和 $\boldsymbol{H}$ 的物理意义; 用场分析法推导了 $\mathrm{TM}_z$ 波介质夹层斜入射、多层媒质斜入射的反射系数公式; 以及给出了计算介质夹层、多分层媒质反射系数的程序.

## 2.1　理想 (无耗) 媒质中的均匀平面电磁波

平面波是指波的等相面为平面, 而均匀是指其电场和磁场只沿着传播方向变化. 由于在远离场源 (如天线) 的地方, 场源所发出的球面波其局部可视作为均匀的平面波, 因而研究它具有一定实际意义; 此外对于均匀平面电磁波, 由于其数学处理较简单, 且任何复杂形式的波都可分解为许多均匀平面波的叠加, 因而在理论上亦具有重要的意义.

以下讨论均匀各向同性无界媒质中线性极化平面波的表示式及其传播特性.

### 2.1.1　波动方程的均匀平面电磁波解

在 $\varepsilon,\mu,\sigma=0$ 无界媒质中, 对于时谐因子为 $\mathrm{e}^{\mathrm{j}\omega t}$ 的电磁场, Maxwell 场方程组为

$$\nabla\times\boldsymbol{E}=-\mathrm{j}\omega\mu\boldsymbol{H} \tag{2.1.1}$$

$$\nabla\times\boldsymbol{H}=\mathrm{j}\omega\varepsilon\boldsymbol{E} \tag{2.1.2}$$

$$\nabla\cdot\boldsymbol{E}=0 \tag{2.1.3}$$

$$\nabla\cdot\boldsymbol{H}=0 \tag{2.1.4}$$

若媒质导电率 $\sigma \neq 0$, 则仅需将介电常数 $\varepsilon \to \tilde{\varepsilon} = \varepsilon - \mathrm{j}\sigma/\omega$ 作为复量处理.

由 (2.1.1) 和 (2.1.2) 式, 分别消去 $\boldsymbol{E}$ 和 $\boldsymbol{H}$, 可得 $\boldsymbol{E}$ 和 $\boldsymbol{H}$ 所满足矢量 Helmholtz 方程:

$$\nabla^2 \boldsymbol{E} + k^2 \boldsymbol{E} = 0 \tag{2.1.5}$$

$$\nabla^2 \boldsymbol{H} + k^2 \boldsymbol{H} = 0 \tag{2.1.6}$$

式中:

$$k = \omega\sqrt{\varepsilon\mu} \tag{2.1.7}$$

$\boldsymbol{E}$ 和 $\boldsymbol{H}$ 所满足的方程具有相同形式, 我们求解它们中的一个即可, 另一个则可通过 Maxwell 场方程求出. 例如, 若已解得 $\boldsymbol{E}$, 则 $\boldsymbol{H}$ 便可由 (2.1.1) 式求得.

Helmholtz 波动方程在直角坐标系中的解称为平面波函数. 本章遇到的是均匀平面波函数, 下一章讨论矩形波导时所将遇到的则是非均匀的平面波函数. 现在, 我们考虑方程 (2.1.5) 的均匀平面波解.

对于沿某 $\boldsymbol{s}$ 方向传播的均匀平面电磁波, 电磁场仅沿其 $\boldsymbol{s}$ 传播方向上变化, 而在与 $\boldsymbol{s}$ 传播方向相垂直的横平面内无变化, 此横平面即等相面. 参见图 2.1.1, 选用直角坐标系 $Oxyz$, 与某 $\boldsymbol{s}$ 方向相垂直的平面的方程可表为

$$\hat{\boldsymbol{s}} \cdot \boldsymbol{r} = c(\text{常数}) \tag{2.1.8}$$

式中:

$$\hat{\boldsymbol{s}} = s_x \hat{\boldsymbol{a}}_x + s_y \hat{\boldsymbol{a}}_y + s_z \hat{\boldsymbol{a}}_z (\text{沿}\boldsymbol{s}\text{ 方向的单位矢量}) \tag{2.1.9}$$

$$\boldsymbol{r} = x\hat{\boldsymbol{a}}_x + y\hat{\boldsymbol{a}}_y + z\hat{\boldsymbol{a}}_z (\text{位置矢量}) \tag{2.1.10}$$

$$\hat{\boldsymbol{s}} \cdot \boldsymbol{r} = s_x x + s_y y + s_z z \tag{2.1.11}$$

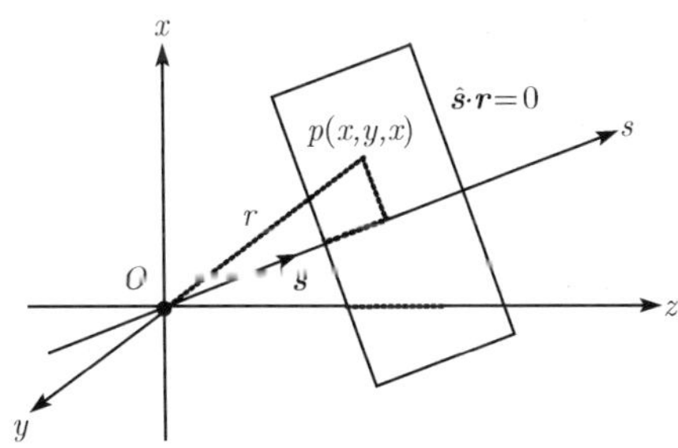


图 2.1.1 沿 $\boldsymbol{s}$ 方向传播的均匀平面电磁波

故我们可设 Helmholtz 方程 (2.1.5) 的沿 $\boldsymbol{s}$ 方向传播的均匀平面波试探解为

$$\boldsymbol{E}(x, y, z, t) = \boldsymbol{E}_0 \mathrm{e}^{\mathrm{j}\omega t - \gamma\hat{\boldsymbol{s}}\cdot\boldsymbol{r}} \tag{2.1.12}$$

式中, $\boldsymbol{E}_0$ 是波的振幅, 为常矢量, 取决于波的激励强度; $\gamma$ 为待定的传播常数.

将 (2.1.12) 式代入方程 (2.1.5), 因有 (2.1.12) 式, 得

$$(-\gamma s_x)^2+(-\gamma s_y)^2+(-\gamma s_z)^2+k^2=0$$

或

$$\gamma^2(s_x^2+s_y^2+s_z^2)+k^2=\gamma^2+k^2=0$$

由此得

$$\gamma=\pm\mathrm{j}k=\pm\mathrm{j}\omega\sqrt{\varepsilon\mu} \tag{2.1.13}$$

于是, 沿 $\boldsymbol{s}$ 方向传播的均匀平面波的电场表示式 (2.1.12) 可写成

$$\boldsymbol{E}(x,y,z,t)=\boldsymbol{E}_0\mathrm{e}^{\mathrm{j}(\omega t-k\hat{\boldsymbol{s}}\cdot\boldsymbol{r})} \tag{2.1.14}$$

这里, 我们将取 "+" 号, 即只考虑向正 $\boldsymbol{s}$ 方向传播的波.

将 (2.1.14) 式代入场方程 (2.1.1), 而有

$$\nabla\times\boldsymbol{E}=\nabla\times\left[\boldsymbol{E}_0\mathrm{e}^{\mathrm{j}(\omega t-k\hat{\boldsymbol{s}}\cdot\boldsymbol{r})}\right]=-\mathrm{j}\omega\mu\boldsymbol{H}$$

因有矢量恒等式: $\nabla\times(\phi\boldsymbol{A})=\nabla\phi\times\boldsymbol{A}+\phi\nabla\times\boldsymbol{A}$, 并因 $\boldsymbol{E}_0$ 是常矢量, 则由上式可得

$$\begin{aligned}\boldsymbol{H}&=-\frac{1}{\mathrm{j}\omega\mu}\nabla\mathrm{e}^{\mathrm{j}(\omega t-k\hat{\boldsymbol{s}}\cdot\boldsymbol{r})}\times\boldsymbol{E}_0+\mathrm{e}^{\mathrm{j}(\omega t-k\hat{\boldsymbol{s}}\cdot\boldsymbol{r})}\nabla\times\boldsymbol{E}_0=\frac{\mathrm{j}}{\omega\mu}\nabla\mathrm{e}^{\mathrm{j}(\omega t-k\hat{\boldsymbol{s}}\cdot\boldsymbol{r})}\times\boldsymbol{E}_0\\&=\frac{\mathrm{j}}{\omega\mu}\nabla(-\mathrm{j}k\hat{\boldsymbol{s}}\cdot\boldsymbol{r})\times\boldsymbol{E}_0\mathrm{e}^{\mathrm{j}(\omega t-k\hat{\boldsymbol{s}}\cdot\boldsymbol{r})}\end{aligned}$$

而 $\nabla(\hat{\boldsymbol{s}}\cdot\boldsymbol{r})=\nabla(s_xx+s_yy+s_zz)=s_x\hat{\boldsymbol{a}}_x+s_y\hat{\boldsymbol{a}}_y+s_z\hat{\boldsymbol{a}}_z=\hat{\boldsymbol{s}}$, 于是, 磁场 $\boldsymbol{H}$ 可表为

$$\boldsymbol{H}=\frac{k}{\omega\mu}(\hat{\boldsymbol{s}}\times\boldsymbol{E})=\frac{1}{\eta}(\hat{\boldsymbol{s}}\times\boldsymbol{E}) \tag{2.1.15}$$

式中, $\eta=\omega\mu/k=\sqrt{\mu/\varepsilon}$ 具有阻抗的量纲, 称为波阻抗.

另一方面, 由矢量恒等式 $\nabla\cdot(\phi\boldsymbol{A})=\boldsymbol{A}\cdot\nabla\phi+\phi\nabla\cdot\boldsymbol{A}$, 而有

$$\nabla\cdot\boldsymbol{E}=\nabla\cdot\left[\boldsymbol{E}_0\mathrm{e}^{\mathrm{j}(\omega t-k\hat{\boldsymbol{s}}\cdot\boldsymbol{r})}\right]=\boldsymbol{E}_0\cdot\nabla\mathrm{e}^{\mathrm{j}(\omega t-k\hat{\boldsymbol{s}}\cdot\boldsymbol{r})}=-\mathrm{j}k\nabla(\hat{\boldsymbol{s}}\cdot\boldsymbol{r})\cdot\boldsymbol{E}_0\mathrm{e}^{\mathrm{j}(\omega t-k\hat{\boldsymbol{s}}\cdot\boldsymbol{r})}$$

故由场方程 $\nabla\cdot\boldsymbol{E}=0$, 可得

$$-\mathrm{j}k\hat{\boldsymbol{s}}\cdot\boldsymbol{E}=0 \quad 即 \quad \hat{\boldsymbol{s}}\cdot\boldsymbol{E}=0 \tag{2.1.16}$$

(2.1.15) 式说明 $\boldsymbol{H}$ 的方向垂直于 $\hat{\boldsymbol{s}}$ 与 $\boldsymbol{E}$ 所决定的平面; 而 (2.1.16) 式说明 $\hat{\boldsymbol{s}}$ 又与 $\boldsymbol{E}$ 垂直. 因此, 可知在各向同性无界媒质中传播的均匀平面电磁波是横电磁波 (TEM) 波, $\boldsymbol{E}$、$\boldsymbol{H}$、$\hat{\boldsymbol{s}}$ 三者相互垂直, 满足右手螺旋关系.

将 (2.1.15) 式两边与 $\hat{\boldsymbol{s}}$ 作叉乘积, 应用矢量恒等式 $\boldsymbol{a}\times\boldsymbol{b}\times\boldsymbol{c}=\boldsymbol{b}(\boldsymbol{a}\cdot\boldsymbol{c})-\boldsymbol{c}(\boldsymbol{a}\cdot\boldsymbol{b})$ 及 (2.1.16) 式, 则可得

$$\boldsymbol{H}\times\hat{\boldsymbol{s}}=\frac{1}{\eta}(\hat{\boldsymbol{s}}\times\boldsymbol{E})\times\hat{\boldsymbol{s}}=\frac{1}{\eta}[(\hat{\boldsymbol{s}}\cdot\hat{\boldsymbol{s}})\boldsymbol{E}-(\hat{\boldsymbol{s}}\cdot\boldsymbol{E})\hat{\boldsymbol{s}}]=\frac{1}{\eta}\boldsymbol{E}$$

即有

$$\boldsymbol{E}=\eta(\boldsymbol{H}\times\hat{\boldsymbol{s}}) \tag{2.1.17}$$

(2.1.15) 和 (2.1.17) 式是均匀平面电磁波电场 $\boldsymbol{E}$ 与磁场 $\boldsymbol{H}$ 之间具有的关系式.

(1) TEM$_z$ 均匀平面波

若波的传播方向沿 $z$ 方向, 即有 $\hat{\boldsymbol{s}}=\boldsymbol{a}_z$, 如图 2.1.2(a) 所示. 设电场 $\boldsymbol{E}=E\hat{\boldsymbol{a}}_x$ 沿 $x$ 方向, 则由 (2.1.15) 式可知, 磁场沿 $y$ 方向. $\boldsymbol{E}$ 和 $\boldsymbol{H}$ 位于与 $z$ 轴方向相垂直的平面内, 是 TEM$_z$ 波, 其电磁场的表示式为

$$E_x=E_{x0}\mathrm{e}^{\mathrm{j}(\omega t-kz)} \tag{2.1.18}$$

$$H_y=\frac{1}{\eta}E_{x0}\mathrm{e}^{\mathrm{j}(\omega t-kz)} \tag{2.1.19}$$

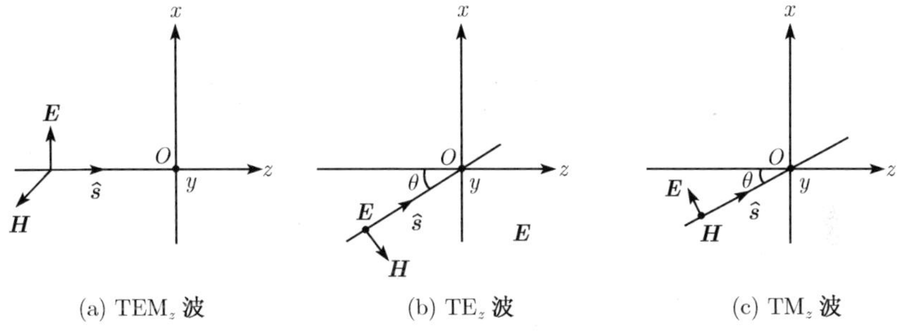


图 2.1.2 沿 $\hat{\boldsymbol{s}}$ 方向传播的均匀平面电磁波

式中, 波阻抗

$$\eta=E_x/H_y=\omega\mu/k=\sqrt{\mu/\varepsilon} \tag{2.1.20}$$

(2) TE$_z$ 均匀平面波

若波的传播方向与 $z$ 轴有一夹角 $\theta$, 如图 2.1.2(b) 所示. 即有

$$\hat{\boldsymbol{s}}=\boldsymbol{a}_x\sin\theta+\boldsymbol{a}_z\cos\theta,\quad \hat{\boldsymbol{s}}\cdot\boldsymbol{r}=x\sin\theta+z\cos\theta$$

设电场 $\boldsymbol{E}=E_y\hat{\boldsymbol{a}}_y$ 沿 $y$ 方向, 由 (2.1.14) 式可知, 此电场表示式为

$$E_y=E_{y0}\mathrm{e}^{\mathrm{j}[\omega t-k(x\sin\theta+z\cos\theta)]} \tag{2.1.21}$$

将 (2.1.21) 代入 (2.1.15) 式, 可得相应的磁场 $\boldsymbol{H}$ 为

$$\boldsymbol{H} = \frac{1}{\eta}(\boldsymbol{a}_x \sin\theta + \boldsymbol{a}_z \cos\theta) \times E_{y0}\boldsymbol{a}_y \mathrm{e}^{\mathrm{j}[\omega t - k(x\sin\theta + z\cos\theta)]}$$

即有

$$H_x = -\frac{1}{\eta}E_{y0}\cos\theta \mathrm{e}^{\mathrm{j}[\omega t - k(x\sin\theta + z\cos\theta)]} \tag{2.1.22}$$

$$H_z = \frac{1}{\eta}E_{y0}\sin\theta \mathrm{e}^{\mathrm{j}[\omega t - k(x\sin\theta + z\cos\theta)]} \tag{2.1.23}$$

电场 $\boldsymbol{E}$ 沿 $y$ 方向, 与 $z$ 轴方向垂直, 而磁场 $\boldsymbol{H}$ 在 $z$ 轴方向具有分量, 相对 $z$ 轴, 是 $\mathrm{TE}_z$ 波.

定义 $\mathrm{TE}_z$ 波的波阻抗 $\eta_{\mathrm{TE}}$(亦称为 $\mathrm{TE}_z$ 波斜阻抗) 为

$$\eta_{\mathrm{TE}} = \frac{E_y}{-H_x} = \eta\sec\theta = \sqrt{\frac{\mu}{\varepsilon}}\sec\theta \tag{2.1.24}$$

(3) $\mathrm{TM}_z$ 均匀平面波

若波的传播方向与 $z$ 轴有一夹角 $\theta$, $\hat{\boldsymbol{s}} \cdot \boldsymbol{r} = x\sin\theta + z\cos\theta$. 如图 2.1.2(c) 所示, 设磁场 $\boldsymbol{H} = H_y\hat{\boldsymbol{a}}_y$ 沿 $y$ 方向, 类似地, 由 (2.1.14) 式可知, 此磁场表示式为

$$H_y = H_{y0}\mathrm{e}^{\mathrm{j}[\omega t - k(x\sin\theta + z\cos\theta)]} \tag{2.1.25}$$

将 (2.1.25) 代入 (2.1.17) 式, 可得相应的电场 $\boldsymbol{E}$ 为

$$\boldsymbol{E} = \eta H_{y0}\hat{\boldsymbol{a}}_y \times (\hat{\boldsymbol{a}}_x \sin\theta + \hat{\boldsymbol{a}}_z \cos\theta)\mathrm{e}^{\mathrm{j}[\omega t - k(x\sin\theta + z\cos\theta)]}$$

即有

$$E_x = \eta H_{y0}\cos\theta \mathrm{e}^{\mathrm{j}[\omega t - k(x\sin\theta + z\cos\theta)]} \tag{2.1.26}$$

$$E_z = -\eta H_{y0}\sin\theta \mathrm{e}^{\mathrm{j}[\omega t - k(x\sin\theta + z\cos\theta)]} \tag{2.1.27}$$

磁场 $\boldsymbol{H}$ 沿 $y$ 方向, 与 $z$ 轴方向垂直, 而电场 $\boldsymbol{E}$ 在 $z$ 轴方向具有分量, 相对 $z$ 轴, 是 $\mathrm{TM}_z$ 波.

定义 $\mathrm{TM}_z$ 波的波阻抗 $\eta_{\mathrm{TM}}$(亦称为 $\mathrm{TM}_z$ 波斜阻抗) 为

$$\eta_{\mathrm{TM}} = \frac{E_x}{H_y} = \eta\cos\theta = \sqrt{\frac{\mu}{\varepsilon}}\cos\theta \tag{2.1.28}$$

### 2.1.2 均匀平面电磁波的传播特性

以上我们已给出了 $\mathrm{TEM}_z$、$\mathrm{TE}_z$ 和 $\mathrm{TM}_z$ 均匀平面波的电磁场的表示式. 式中, 传播常数 $\gamma=\mathrm{j}\omega\sqrt{\varepsilon\mu}$ 和波阻抗 $\eta$(或 $\eta_{\mathrm{TE}}$、$\eta_{\mathrm{TM}}$) 是均匀平面电磁波的两个重要的物理量.

现分析和讨论如下:

(1) 传播常数

若媒质具有损耗, 传播常数 $\gamma=\mathrm{j}k=\mathrm{j}\omega\sqrt{\varepsilon\mu}$ 将为复数, 此时令 $\gamma=\alpha+\mathrm{j}\beta$. 为讨论方便, 考虑电场沿 $x$ 极化、向 $z$ 方向传播的 $\mathrm{TEM}_z$ 波, 于是, (2.1.18) 式可写成

$$E_x=E_{x0}\mathrm{e}^{\mathrm{j}\omega t-\gamma z}=E_{x0}\mathrm{e}^{-\alpha z}\mathrm{e}^{\mathrm{j}(\omega t-\beta z)} \tag{2.1.29}$$

这表明 $E_x$ 是一沿 $+z$ 方向传播的波, 其振幅按 $\mathrm{e}^{-\alpha z}$ 指数规律衰减, 相位按 $\omega t-\beta z$ 规律变化, 故 $\alpha$ 称为衰减常数, $\beta$ 称为相位常数或波数 (注: 在讨论平面波的传播时, 对于无耗媒质, $\alpha=0$, 常将 $\beta$ 记为 $\beta=k$).

令 $\phi=\omega t-\beta z$ 为波的相角, 对于某一时刻 $t$, 当电磁波在 $z$ 方向上相位差等于 $2\pi$ 时的两点间的距离 $\Delta z$ 称为一个波长, 故有 $\beta\Delta z=\beta\lambda=2\pi$, 而有

$$\beta=\frac{2\pi}{\lambda} \tag{2.1.30}$$

(2) 媒质的波阻抗 $\eta$

媒质的波阻抗是研究波在媒质中传播时经常遇到的一个物理量, 它是相对于 $z$ 方向的横向电场与横向磁场之比. 对于理想 (无耗) 媒质, 相对 $z$ 轴方向, 沿 $z$ 方向传播的 $\mathrm{TEM}_z$ 波的波阻抗的 $\eta$、沿 $\boldsymbol{s}$ 方向传播的 $\mathrm{TE}_z$ 波和 $\mathrm{TM}_z$ 波的波阻抗 $\eta_{\mathrm{TE}}$ 和 $\eta_{\mathrm{TM}}$ 已分别在 (2.1.20)、(2.1.24) 和 (2.1.28) 式中给出. 这些波阻抗均为实数, 说明电场与磁场在空间上相互垂直, 在时间上是同相的; 在其表示式中, 横向电场、横向磁场、方向 $z$ 三者形成右手螺旋关系.

(3) 波的相速和群速

对于 $\varepsilon,\mu$ 理想介质, 频率 $\omega$ 的单频波的传播常数 $\gamma=\alpha+\mathrm{j}\beta=\mathrm{j}k=\mathrm{j}\omega\sqrt{\varepsilon\mu}$ 为纯虚数, 而有

$$\alpha=0;\qquad \beta=k=\omega\sqrt{\varepsilon\mu} \tag{2.1.31}$$

波的相角 $\phi=\omega t-\beta z$ 是时间 $t$ 和位置 $z$ 的函数, 对于某给定 $\phi$ 值在空间的位置 $z$ 随时间 $t$ 而移动, 其移动的速度 $\dfrac{\mathrm{d}z}{\mathrm{d}t}$ 就称为相速 (记作 $v_{\mathrm{p}}$), 它可由 $\phi=\omega t-\beta z=c$(常数) 对 $t$ 求微商得到, 于是

$$v_{\mathrm{p}}=\frac{\mathrm{d}z}{\mathrm{d}t}=\frac{\omega}{\beta}=\frac{1}{\sqrt{\varepsilon\mu}} \tag{2.1.32}$$

将 $\beta=2\pi/\lambda$ 和 $\omega=2\pi f$ 代入上式, 相速 $v_p$ 亦可写为

$$v_p = f\lambda \tag{2.1.33}$$

这里, $f$ 是振荡频率, $\omega$ 为角频率, 由波源给定.

从 (2.1.32) 式可见, 若 $\varepsilon,\mu$ 与频率有关, 则相速 $v_p$ 和 $\beta$ 将与频率有关, 这类媒质就称为色散媒质; 反之, $\varepsilon,\mu$ 为常数, $v_p$ 与频率无关, 这类媒质称为无色散媒质. 以后我们可看到导电介质和非理想介质是色散的. 在真空中, $v_{p0}=v_c$, $v_c=1/\sqrt{\varepsilon_0\mu_0}\approx 2.997925\times10^8(\mathrm{m/s})$; $v_c$ 为光速; $\mu_0=4\pi\times10^{-7}(\mathrm{H/m})$; $\varepsilon_0=8.8542\times10^{-12}(\mathrm{F/m})$.

单频 (色) 的平面波并不携带任何信息, 信号的传递是通过对波调制来实现的. 一个可传递信号的电磁波是以频率 $\omega_0$ 为载波频率、具有一定 (狭窄) 频带的已调无线电波, 因而它是由一群具有不同频率、不同相位和振幅的单色波叠加而成的, 称为**波群或波包**. 设波是沿 $z$ 方向传播, 根据 Fourier 积分, 则此波包可表为

$$\begin{aligned}E(z,t)&=\frac{1}{\Delta\omega}\int_{\omega_0-\Delta\omega/2}^{\omega_0+\Delta\omega/2}E_0(\omega)\mathrm{e}^{\mathrm{j}\omega t-\gamma z}\mathrm{d}\omega\\&=\frac{1}{\Delta\omega}\int_{\omega_0-\Delta\omega/2}^{\omega_0+\Delta\omega/2}E_0(\omega)\mathrm{e}^{-\alpha(\omega)z}\mathrm{e}^{\mathrm{j}[\omega t-\beta(\omega)z]}\mathrm{d}\omega\end{aligned} \tag{2.1.34}$$

将 $\alpha(\omega)$ 和 $\beta(\omega)$ 在频率 $\omega_0$ 作 Taylor 级数展开, 我们有

$$\begin{aligned}\alpha&=\alpha(\omega_0)+(\omega-\omega_0)\left.\frac{\mathrm{d}\alpha}{\mathrm{d}\omega}\right|_{\omega=\omega_0}+\frac{1}{2}(\omega-\omega_0)^2\left.\frac{\mathrm{d}^2\alpha}{\mathrm{d}\omega^2}\right|_{\omega=\omega_0}+\cdots\\\beta&=\beta(\omega_0)+(\omega-\omega_0)\left.\frac{\mathrm{d}\beta}{\mathrm{d}\omega}\right|_{\omega=\omega_0}+\frac{1}{2}(\omega-\omega_0)^2\left.\frac{\mathrm{d}^2\beta}{\mathrm{d}\omega^2}\right|_{\omega=\omega_0}+\cdots\end{aligned} \tag{2.1.35}$$

为简化书写, 记

$$\Omega=\omega-\omega_0;\quad \alpha_0=\alpha(\omega_0);\quad \alpha_1=\left.\frac{\mathrm{d}\alpha}{\mathrm{d}\omega}\right|_{\omega=\omega_0};\quad \alpha_2=\left.\frac{\mathrm{d}^2\alpha}{\mathrm{d}\omega^2}\right|_{\omega=\omega_0};$$
$$\beta_0=\beta(\omega_0);\quad \beta_1=\left.\frac{\mathrm{d}\beta}{\mathrm{d}\omega}\right|_{\omega=\omega_0}\quad \beta_2=\left.\frac{\mathrm{d}^2\beta}{\mathrm{d}\omega^2}\right|_{\omega=\omega_0}$$

则 (2.1.35) 式简洁地表为

$$\begin{aligned}\alpha&=\alpha_0+\alpha_1\Omega+\frac{1}{2}\alpha_2\Omega^2+\cdots\\\beta&=\beta_0+\beta_1\Omega+\frac{1}{2}\beta_2\Omega^2+\cdots\end{aligned} \tag{2.1.36}$$

假定 $\Delta\omega \ll \omega_0$, 在狭窄频带 $[\omega_0-\Delta\omega/2, \omega_0+\Delta\omega/2]$ 内, $E_0(\omega)\approx E_0$(常数), 且对所考虑媒质, $\alpha(\omega)$ 和 $\beta(\omega)$ 可近似地表为

$$\alpha = \alpha_0; \quad \beta = \beta_0 + \beta_1 \varOmega \tag{2.1.37}$$

而

$$\mathrm{j}\omega t - \gamma z \approx -\alpha_0 z + \mathrm{j}(\omega_0 t - \beta_0 z) + \mathrm{j}\varOmega(t - \beta_1 z)$$

于是, (2.1.34) 式积分将可化为

$$E(z,t) \approx \frac{E_0}{\Delta\omega}\mathrm{e}^{-\alpha_0 z}\mathrm{e}^{\mathrm{j}(\omega_0 t - \beta_0 z)}\int_{\omega_0-\Delta\omega/2}^{\omega_0+\Delta\omega/2}\mathrm{e}^{\mathrm{j}\varOmega(t-\beta_1 z)}\mathrm{d}\omega \tag{2.1.38}$$

积分后, 便有

$$E(z,t) = E_0\frac{\sin\psi}{\psi}\mathrm{e}^{\mathrm{j}\omega_0 t - \gamma_0 z} = E_{\mathrm{m}}\mathrm{e}^{\mathrm{j}\omega_0 t - \gamma_0 z} \quad (\gamma_0 = \alpha_0 + \mathrm{j}\beta_0) \tag{2.1.39}$$

式中:

$$E_{\mathrm{m}} = E_0\frac{\sin\psi}{\psi}, \quad \psi = \frac{\omega_0}{2}(t - \beta_1 z) \tag{2.1.40}$$

从 (2.2.40) 式可见, 波包的包络形状由 $E_0\dfrac{\sin\psi}{\psi}$ 确定, 其随位置 $z$ 和时间 $t$ 变化, 它沿 $z$ 方向的推进速度 $v_{\mathrm{g}}$ 可由 $\psi=(t-\beta_1 z)\,\omega/2$(常数) 对 $t$ 求微商得到, 于是

$$v_{\mathrm{g}} = \frac{\mathrm{d}z}{\mathrm{d}t} = \frac{1}{\beta_1} = \left.\frac{\mathrm{d}\omega}{\mathrm{d}\beta}\right|_{\omega=\omega_0} \tag{2.1.41}$$

$v_{\mathrm{g}}$ 称为波的群速, 亦即信号的传播速度. 显然, 对于单频波, 仅有相速, 而无所谓群速.

由 (2.1.38) 式可知, 载波的相角 $\phi=\omega_0 t-\beta_0 z$ 是时间 $t$ 和位置 $z$ 的函数, 相速 $v_{\mathrm{p}}$ 为 $\phi$ 取定值时沿 $z$ 方向的推进速度, 故由 $\phi=\omega_0 t-\beta_0 z=c$(常数) 对 $t$ 求微商可得

$$v_{\mathrm{p}} = \frac{\mathrm{d}z}{\mathrm{d}t} \sim \left.\frac{\omega}{\beta}\right|_{\omega=\omega_0} (\text{常数}) \tag{2.1.42}$$

这与单色波 (2.1.32) 式结果一致.

(2.1.41) 和 (2.1.42) 式结果是在 (2.1.37) 式的条件下得到的, 表明此时在传播过程中, 载波和波群受到衰减与延迟; 但由于相速 $v_{\mathrm{p}}\approx$ 常数, 波群形状基本没有变化, 即信号没有失真. 然而, 对于 $\alpha(\omega)$ 和 $\beta(\omega)$ 随频率 $\omega$ 变化较大媒质, 条件 (2.1.37) 式将不满足, 此时在传播过程中波群的形状发生改变, 经过一定时间后便无法确定波形所传播的距离, 因而群速 $v_{\mathrm{g}}$ 失去了意义.

由 (2.1.41) 和 (2.1.42) 式, 可知 $v_{\mathrm{g}}$ 与 $v_{\mathrm{p}}$ 之间有如下关系：

$$v_{\mathrm{g}}=\frac{\mathrm{d}(\beta v_{\mathrm{p}})}{\mathrm{d}\beta}=v_{\mathrm{p}}+\beta\frac{\mathrm{d}v_{\mathrm{p}}}{\mathrm{d}\omega}\cdot\frac{\mathrm{d}\omega}{\mathrm{d}\beta}=v_{\mathrm{p}}+\beta\frac{\mathrm{d}v_{\mathrm{p}}}{\mathrm{d}\omega}\cdot v_{g}$$

故

$$v_{\mathrm{g}}=\frac{v_{\mathrm{p}}}{1-\beta\dfrac{\mathrm{d}v_{\mathrm{p}}}{\mathrm{d}\omega}}=\frac{v_{\mathrm{p}}}{1-\dfrac{\omega}{v_{\mathrm{p}}}\dfrac{\mathrm{d}v_{\mathrm{p}}}{\mathrm{d}\omega}} \tag{2.1.43}$$

由 (2.1.43) 式可知, 仅当 $\dfrac{\mathrm{d}v_{\mathrm{p}}}{\mathrm{d}\omega}=0$ 时, 即对非色散媒质 (如 $\varepsilon_0,\mu_0$ 自由空间), $v_{\mathrm{g}}=v_{\mathrm{p}}$; 对色散媒质, $v_{\mathrm{g}}\neq v_{\mathrm{p}}$, 此时若 $\dfrac{\mathrm{d}v_{\mathrm{p}}}{\mathrm{d}\omega}<0$, 即 $v_{\mathrm{p}}$ 随频率增高而减小, 则有 $v_{\mathrm{g}}<v_{\mathrm{p}}$, 称为**正常色散**; 而若 $\dfrac{\mathrm{d}v_{\mathrm{p}}}{\mathrm{d}\omega}>0$, 即 $v_{\mathrm{p}}$ 随频率增高而增大, 则有 $v_{\mathrm{g}}>v_{\mathrm{p}}$, 称为**非正常色散**.

(4) 媒质的折射系数 (或折射率)$n$

媒质 $\varepsilon,\mu$ 的折射率 $n$ 定义为波在此媒质中的传播速度与 $\varepsilon=\varepsilon_0,\mu=\mu_0$ 自由空间中传播速度之比, 即

$$n=\frac{v_{\mathrm{p}}}{v_{0\mathrm{p}}}=\sqrt{\frac{\varepsilon\mu}{\varepsilon_0\mu_0}}=\sqrt{\varepsilon_{\mathrm{r}}\mu_{\mathrm{r}}} \tag{2.1.44}$$

式中, $\varepsilon_{\mathrm{r}}=\varepsilon/\varepsilon_0$ 和 $\mu_{\mathrm{r}}=\mu/\mu_0$ 分别称为媒质的相对介电常数和相对磁导率.

对于一般媒质, 它们是非磁性媒质, 而有 $\mu\approx\mu_0$ 或 $\mu_{\mathrm{r}}\approx 1$, 而有

$$n=\sqrt{\varepsilon_{\mathrm{r}}}\quad\text{或}\quad\varepsilon_{\mathrm{r}}=n^2 \tag{2.1.45}$$

(5) 平均能量密度 $w$ 和复坡印亭矢量 $\boldsymbol{P}$(功率流密度)

按复 Poynting 矢量的定义：$\boldsymbol{P}^c=\dfrac{1}{2}\boldsymbol{E}\times\boldsymbol{H}^*$, 而其实数部分 $P=\mathrm{Re}(\boldsymbol{P}^c)$ 为

$$P=\frac{1}{2}\mathrm{Re}(\boldsymbol{E}\times\boldsymbol{H}^*) \tag{2.1.46}$$

$\boldsymbol{P}$ 的物理意义是表示每秒钟垂直通过单位面积的电磁能量, 即功率流密度.

例如, 对于沿 $z$ 方向传播 $\mathrm{TEM}_z$ 均匀平面电磁波, 由 (2.1.18) 和 (2.1.19) 式可知：

$$P=\frac{1}{2}\mathrm{Re}\left(E_{x0}\mathrm{e}^{\mathrm{j}(\omega t-kz)}\cdot\frac{1}{\eta}E_{x0}\mathrm{e}^{-\mathrm{j}(\omega t-kz)}\right)\boldsymbol{a}_x\times\boldsymbol{a}_y=\frac{1}{2\eta}E_{x0}^2\boldsymbol{a}_z$$

或

$$P_z=\frac{1}{2\eta}E_{x0}^2 \tag{2.1.47}$$

这里, $P_z$ 即是均匀平面电磁波向 $z$ 方向传播的功率流密度.

又如, 对于图 2.1.2(c) 沿 $\boldsymbol{s}$ 方向传播的 $\mathrm{TM}_z$ 均匀平面波, 由 (2.1.25)~(2.1.27) 式则有

$$\begin{aligned}P &= \frac{1}{2}\mathrm{Re}(\boldsymbol{E}\times\boldsymbol{H}^*) = \frac{1}{2}\left(\eta H_{y0}\cos\theta\hat{\boldsymbol{a}}_x - \eta H_{y0}\sin\theta\hat{\boldsymbol{a}}_z\right)\times H_{y0}\hat{\boldsymbol{a}}_y \\ &= \frac{\eta}{2}H_{y0}^2\frac{\eta}{2}H_{y0}^2\left(\cos\theta\hat{\boldsymbol{a}}_z + \sin\theta\hat{\boldsymbol{a}}_x\right) = P_s\hat{\boldsymbol{s}}\end{aligned}$$

或

$$P_z = \frac{\eta}{2}H_{y0}^2\cos\theta = P_s\cos\theta,\quad P_x = \frac{\eta}{2}H_{y0}^2\sin\theta = P_s\sin\theta \tag{2.1.48}$$

这里, $P_s = \frac{\eta}{2}H_{y0}^2 = \frac{1}{2\eta}E_{s0}^2(E_{s0} = \eta H_{y0})$ 是均匀平面电磁波沿 $s$ 方向传播的功率流密度, 而 $P_z$ 和 $P_x$, 则分别是它沿 $z$ 和 $x$ 方向的功率流密度分量.

类似地, 对于图 2.1.2(b) 沿 $\boldsymbol{s}$ 方向传播的 $\mathrm{TE}_z$ 均匀平面波, 由 (2.1.21)~(2.1.23) 式, 可得 $P_z = P_s\cos\theta$ 和 $P_x = P_s\sin\theta$, 其中 $P_s = \frac{1}{2\eta}E_{y0}^2$ 是沿 $s$ 方向传播的功率流密度.

## 2.2 非理想 (有耗) 媒质中的均匀平面电磁波

媒质有耗有两种来源, 一是源于媒质有漏电, 此时 $\varepsilon,\mu$ 为实数, 电导率 $\sigma\neq 0$, 媒质存在有导电损耗, 等效的介电常数 $\tilde{\varepsilon}$ 为复数; 二是源于对于时谐场, 媒质本身为非理想介质, 存在有介质损耗, 媒质的 $\varepsilon,\mu,\sigma$ 变成复数而不再为实数, 虚部的出现是由于介质中带电粒子具有惯性, 在高频场作用下粒子运动跟不上场的变化, 产生电或 (和) 磁滞后效应, 甚至出现共振现象而产生的.

设 $\mu,\sigma$ 均为实数, 而令复介电常数为

$$\varepsilon_{\mathrm{ef}} = \varepsilon' - \mathrm{j}\varepsilon'' \tag{2.2.1}$$

将这里的 $\varepsilon_{\mathrm{ef}}$ 与等效导电媒质的复介电常数 $\tilde{\varepsilon} = \varepsilon - \mathrm{j}\frac{\sigma}{\omega\varepsilon}$ 进行对比, 则可见有对应关系:

$$\varepsilon\leftrightarrow\varepsilon';\qquad \sigma\leftrightarrow\omega\varepsilon\varepsilon'' \tag{2.2.2}$$

即非理想介质的损耗等效于具有 $\sigma = \omega\varepsilon\varepsilon''$ 的导电媒质的损耗. 因此, 以下关于有耗媒质中的均匀平面波传播的讨论, 将仅考虑电导率 $\sigma\neq 0$ 时的情形; 而对于 $\sigma = 0$ 非理想介质情形, 只需将所得结果作 (2.2.2) 式的等效代换即可.

(1) 传播常数 $\gamma$

对于 $\varepsilon,\mu,\sigma\neq 0$ 有耗媒质情形, 因 $\tilde{\varepsilon} = \varepsilon - \mathrm{j}\sigma/\omega$, 故传播常数 $\gamma = \mathrm{j}\omega\sqrt{\tilde{\varepsilon}\mu}$ 为复数. 令

$$\gamma = \mathrm{j}\omega\sqrt{\tilde{\varepsilon}\mu} = \alpha + \mathrm{j}\beta \tag{2.2.3}$$

而

$$\gamma^2=(\alpha+\mathrm{j}\beta)^2=\alpha^2-\beta^2+\mathrm{j}2\alpha\beta=-\omega^2\mu\left(\varepsilon-\mathrm{j}\frac{\sigma}{\omega}\right)$$

于是有

$$\begin{cases}\alpha^2-\beta^2=-\omega^2\mu\varepsilon\\ 2\alpha\beta=\omega\mu\sigma\end{cases}$$

解此联立方程, 便可得

$$\alpha=\alpha(\omega)=\omega\sqrt{\varepsilon\mu}\sqrt{\frac{1}{2}\left[\sqrt{1+\left(\frac{\sigma}{\omega\varepsilon}\right)^2}-1\right]} \tag{2.2.4}$$

$$\beta=\beta(\omega)=\omega\sqrt{\varepsilon\mu}\sqrt{\frac{1}{2}\left[\sqrt{1+\left(\frac{\sigma}{\omega\varepsilon}\right)^2}+1\right]} \tag{2.2.5}$$

这里, $\alpha,\beta$ 分别称为衰减常数和相位常数 (或波数); 一般它们均是频率的函数.

对于导电介质和非理想介质, 由于 $\beta$ 与 $\omega$ 的关系是非线性的, 故此类介质是色散的; 将 $\gamma=\alpha+\mathrm{j}\beta$ 代入场表示式, 则此时若 $\alpha\neq0$, 波在传播过程中将按指数规律衰减.

对于 $\sigma=0$ 理想介质, (2.2.4) 式退化为：$\alpha=0$, 波在传播过程中没有衰减, 而 $\beta=\omega\sqrt{\varepsilon\mu}$; 传播常数 $\gamma=\alpha+\mathrm{j}\beta=\mathrm{j}\omega\sqrt{\varepsilon\mu}$ 为纯虚数.

对于 $\sigma/\omega\varepsilon\ll10^{-2}$ 低耗媒质 (良介质), 此时 $\sqrt{1+\left(\frac{\sigma}{\omega\varepsilon}\right)^2}\approx1+\frac{1}{2}\left(\frac{\sigma}{\omega\varepsilon}\right)^2$, 而有

$$\sqrt{\sqrt{1+\left(\frac{\sigma}{\omega\varepsilon}\right)^2}-1}\approx\frac{1}{\sqrt{2}}\frac{\sigma}{\omega\varepsilon};\sqrt{\sqrt{1+\left(\frac{\sigma}{\omega\varepsilon}\right)^2}+1}\approx\sqrt{2}\left[1+\frac{1}{8}\left(\frac{\sigma}{\omega\varepsilon}\right)^2\right]$$

于是, (2.2.4) 和 (2.2.5) 式可分别简化为

$$\alpha\approx\frac{1}{2}\sigma\sqrt{\frac{\mu}{\varepsilon}} \tag{2.2.6}$$

$$\beta\approx\omega\sqrt{\varepsilon\mu}\left[1+\frac{1}{8}\left(\frac{\sigma}{\omega\varepsilon}\right)^2\right]\approx\omega\sqrt{\varepsilon\mu} \tag{2.2.7}$$

传播常数

$$\gamma=\alpha+\mathrm{j}\beta\approx\frac{1}{2}\sigma\sqrt{\frac{\mu}{\varepsilon}}+\mathrm{j}\omega\sqrt{\varepsilon\mu} \tag{2.2.8}$$

由此可见, 在低耗媒质中, 平面波传播时除有微小损耗引致的衰减外, 相位常数 $\beta$ 以及波的相速 $v_\mathrm{p}=\omega/\beta=1/\sqrt{\varepsilon\mu}$ 与理想介质情形相同.

对于 $\sigma/\omega\varepsilon \gg 10^2$ 高耗媒质 (良导体), 此时有

$$\sqrt{\sqrt{1+\left(\frac{\sigma}{\omega\varepsilon}\right)^2}-1} \approx \sqrt{\frac{\sigma}{\omega\varepsilon}}, \text{和} \quad \sqrt{\sqrt{1+\left(\frac{\sigma}{\omega\varepsilon}\right)^2}+1} \approx \sqrt{\frac{\sigma}{\omega\varepsilon}}$$

于是, (2.2.4) 和 (2.2.5) 式可分别简化为

$$\alpha \approx \sqrt{\omega\mu\sigma/2} \tag{2.2.9}$$

$$\beta \approx \sqrt{\omega\mu\sigma/2} \tag{2.2.10}$$

传播常数

$$\gamma = \alpha + \mathrm{j}\beta \approx \sqrt{\omega\mu\sigma/2}(1+\mathrm{j}) \tag{2.2.11}$$

由此可见, 在良导体中, 平面波传播时按 $\mathrm{e}^{-\alpha z}$ 指数规律衰减, 对一般良导体 $\sigma$ 为 $10^7/(\Omega\cdot\mathrm{m})$ 量级, 在整个无线电频率范围内, $\sigma/\omega\varepsilon \gg 10^2$, $\alpha$ 很大, 故当平面电磁波在导体内传播时, 电磁场只存在于导体表面, 这一现象称为 "趋肤效应". 工程上常用趋肤厚度 $\varDelta$ 来表示电磁波的穿透深度, $\varDelta$ 的定义为电磁波场强的振幅衰减到表面值的 $1/e$ 时所经过的距离, 即有

$$\mathrm{e}^{-\alpha\varDelta} = \frac{1}{e} \quad \text{于是} \quad \varDelta = \frac{1}{\alpha} = \sqrt{\frac{2}{\omega\mu\sigma}} \tag{2.2.12}$$

频率越愈高, $\varDelta$ 值愈小, 例如, 对于铜, $\sigma \approx 5.8\times10^7/(\Omega\cdot\mathrm{m})$, $\varepsilon \approx \varepsilon_0 = \frac{1}{36\pi}\times 10^{-9}\mathrm{F/m}$, $\mu \approx \mu_0 = 4\pi\times10^{-7}\mathrm{H/m}$, 当 $f = 1\mathrm{MHz}$ 时, $\varDelta \approx 66\mu\mathrm{m}$; 而当 $f = 10\mathrm{GHz}$ 时, $\varDelta \approx 0.66\mu\mathrm{m}$.

由于趋肤效应, 在高频或微波时, 导线的交流电阻甚大于其直流电阻, 空芯导管与实芯导体有相同的效用; 减小高频电阻的方法是增加导线截面积, 例如, 采用多股线代替实芯线.

知道了相位常数 $\beta$, 即可求出电磁波在导电媒质中传播的波长 $\lambda = 2\pi/\beta$ 和相速 $v_\mathrm{p} = f\lambda$. 由 (2.2.11) 式可得, 由于在良导体中, 电磁波的波长 $\lambda$ 和波的相速 $v_\mathrm{p}$ 分别为

$$\lambda = \frac{2\pi}{\beta} \approx 2\pi\sqrt{\frac{2}{\omega\mu\sigma}} = 2\pi\varDelta \tag{2.2.13}$$

和

$$v_p = \frac{\omega}{\beta} = f\lambda \approx \sqrt{\frac{2\omega}{\mu\sigma}} \tag{2.2.14}$$

由 (2.2.13) 和 (2.2.14) 式可见, 波长 $\lambda$ 与 $\sqrt{\omega\sigma}$ 成反比, 而相速 $v_\mathrm{p}$ 与 $\sqrt{\omega/\sigma}$ 成正比, 故当导电率 $\sigma$ 增大波长将变短, 相速减慢; 当频率增高时, 波长将变短, 相速

增大. 例如, 对于铜, 当 $f = 1\text{MHz}$ 时, 波长为 $\lambda \approx 415\mu\text{m}$, $v_p \approx 415\text{m/s}$, 与空气中的声速同数量级.

(2) 波阻抗 $\eta$

对于 $\varepsilon, \mu, \sigma \neq 0$ 有耗媒质情形, 由于 $\tilde{\varepsilon} = \varepsilon - \text{j}\sigma/\omega$ 为复数, 故

$$\eta = \sqrt{\frac{\mu}{\tilde{\varepsilon}}} = \sqrt{\frac{\mu}{\varepsilon - \text{j}\sigma/\omega}} = \sqrt{\frac{\mu}{\varepsilon}}\left(1 - \text{j}\frac{\sigma}{\omega\varepsilon}\right)^{-\frac{1}{2}} \tag{2.2.15}$$

令 $\delta_\varepsilon$ 为复介电常数 $\tilde{\varepsilon} = \varepsilon - \text{j}\sigma/\omega$ 的辐角, 并称 $|\delta_\varepsilon|$ 为其损耗角, 即有

$$|\delta_\varepsilon| = \arctan\left(\frac{\sigma}{\omega\varepsilon}\right) \quad 或 \quad \tan|\delta_\varepsilon| = \frac{\sigma}{\omega\varepsilon} \tag{2.2.16}$$

对于 $\varepsilon, \mu, \sigma \neq 0$ 一般媒质, 波阻抗 $\eta$ 为复数, 表明电场与磁场在空间上虽垂直, 然在时间上并不同相, 而存在有相位差. 对于理想介质 $\sigma = 0$, (2.1.15) 式退化为 $\eta = \sqrt{\mu/\varepsilon}$ 为实数, 即为一纯电阻.

对于 $\sigma/\omega\varepsilon \ll 10^{-2}$ 低耗媒质 (良介质), 于是, (2.2.15) 式可简化为

$$\eta = \sqrt{\frac{\mu}{\varepsilon - \text{j}\sigma/\omega}} \approx \sqrt{\frac{\mu}{\varepsilon}}\left(1 + \text{j}\frac{\sigma}{2\omega\varepsilon}\right) = |\eta|\text{e}^{\text{j}\psi} \tag{2.2.17}$$

由此可见, 波阻抗为复数, 其模 $|\eta| \approx \sqrt{\mu/\varepsilon}$, 而 $\psi = \arctan\left(\dfrac{\sigma}{2\omega\varepsilon}\right)$ 为电场与磁场的相角差.

对于 $\sigma/\omega\varepsilon \gg 10^2$ 高耗媒质 (良导体), 于是, (2.2.15) 式可简化为

$$\eta = \sqrt{\frac{\mu}{\varepsilon - \text{j}\sigma/\omega}} \approx \sqrt{\frac{\text{j}\omega\mu}{\sigma}} = \sqrt{\frac{\omega\mu}{2\sigma}}(1 + \text{j}) \tag{2.2.18}$$

由此可见, 波阻抗为复数, 其模 $|\eta| \approx \sqrt{\omega\mu/\sigma}$, 而 $\psi = \pi/4$ 为电场与磁场的相角差.

## 2.3 均匀平面电磁波的极化 (偏振)[10]

对于时间因子为 $\text{e}^{\text{j}\omega t}$ 的时谐电磁场, $\boldsymbol{E}$ 和 $\boldsymbol{H}$ 均为复矢量. 设有一角频率为 $\omega$ 的均匀平面电磁波沿 $z$ 方向传播, 其电场矢量的复数形式为

$$\boldsymbol{E}(z,t) = \boldsymbol{E}_0\text{e}^{\text{j}\omega t - \gamma z} = \boldsymbol{E}_0\text{e}^{\text{j}(\omega t - kz)} \quad (\gamma = \text{j}\beta, \beta = k) \tag{2.3.1}$$

式中, $E_0$ 为电场的复振幅 (相量); $k = \omega\sqrt{\varepsilon\mu} = 2\pi/\lambda$: $\lambda$ 为在 $\varepsilon, \mu$ 媒质中的波长.

当平面电磁波传播时, 在与传播方向 $z$ 相垂直的 $kz =$ 常数平面内电场矢量随时间所描绘出的轨迹一般为椭圆、圆和直线. 按轨迹曲线的形状, 我们定义相应的电磁波的极化为椭圆极化、圆极化和直线极化.

复振幅 $E_0$ 一般可写为

$$\boldsymbol{E}_0 = E_{x0}\mathrm{e}^{\mathrm{j}\varphi_x}\hat{\boldsymbol{a}}_x + E_{x0}\mathrm{e}^{\mathrm{j}\varphi_y}\hat{\boldsymbol{a}}_y \tag{2.3.2}$$

故

$$\boldsymbol{E}(z,t) = E_{0x}\mathrm{e}^{\mathrm{j}(\omega t - kz + \varphi_x)}\hat{\boldsymbol{a}}_x + E_{0y}\mathrm{e}^{\mathrm{j}(\omega t - kz + \varphi_y)}\hat{\boldsymbol{a}}_y \tag{2.3.3}$$

式中, $E_{x0}$ 和 $E_{y0}$ 分别是复振幅 $\boldsymbol{E}_0$ 的 $\hat{\boldsymbol{a}}_x$ 和 $\hat{\boldsymbol{a}}_y$ 分量的模, 而 $\varphi_x$ 和 $\varphi_y$ 是其相角. 依 $E_{x0}, E_{y0}, \varphi_x$ 和 $\varphi_y$ 的相对大小不同, 平面波的极化可区分为椭圆极化、圆极化和线极化. 现分述如下:

### 2.3.1 椭圆极化 (右旋椭圆极化和左旋椭圆极化)

实际的电场 $\boldsymbol{E}(z,t)$ 是上式的实部或虚部. 取其实部, 则 $\boldsymbol{E}(z,t)$ 的 $\hat{\boldsymbol{a}}_x$ 和 $\hat{\boldsymbol{a}}_y$ 分量分别为

$$E_x(z,t) = \mathrm{Re}\left[E_{x0}\mathrm{e}^{\mathrm{j}(\omega t - kz + \varphi_x)}\right] = E_{x0}\cos(\omega t - kz + \varphi_x)$$

$$E_y(z,t) = \mathrm{Re}\left[E_{y0}\mathrm{e}^{\mathrm{j}(\omega t - kz + \varphi_x)}\right] = E_{y0}\cos(\omega t - kz + \varphi_y)$$

即有

$$\frac{E_x}{E_{x0}} = \cos(\omega t - kz)\cos\varphi_x - \sin(\omega t - kz)\sin\varphi_x \tag{2.3.4}$$

$$\frac{E_y}{E_{y0}} = \cos(\omega t - kz)\cos\varphi_y - \sin(\omega t - kz)\sin\varphi_y \tag{2.3.5}$$

从 (2.3.4) 和 (2.3.5) 式中消去 $(\omega t - kz)$, 为此, 首先将 (2.3.4) 乘 $\sin\varphi_y$ 减去 (2.3.5) 乘 $\sin\varphi_x$, 得

$$\frac{E_x}{E_{x0}}\sin\varphi_y - \frac{E_y}{E_{y0}}\sin\varphi_x = -\cos(\omega t - kz)\sin(\varphi_x - \varphi_y) \tag{2.3.6}$$

再将 (2.3.4) 乘 $\cos\varphi_y$ 减去 (2.3.5) 乘 $\cos\varphi_x$, 而有

$$\frac{E_x}{E_{x0}}\cos\varphi_y - \frac{E_y}{E_{y0}}\cos\varphi_x = -\sin(\omega t - kz)\sin(\varphi_x - \varphi_y) \tag{2.3.7}$$

由 $(2.3.6)^2 + (2.3.7)^2$, 则可得

$$\left(\frac{E_x}{E_{x0}}\right)^2 - 2\frac{E_x}{E_{x0}}\frac{E_y}{E_{y0}}\cos(\varphi_x - \varphi_y) + \left(\frac{E_y}{E_{y0}}\right)^2 = \sin^2(\varphi_x - \varphi_y) \tag{2.3.8}$$

因 $\dfrac{E_x}{E_{x0}} \leqslant 1$ 和 $\dfrac{E_y}{E_{y0}} \leqslant 1$, 故 (2.3.8) 式为封闭的二次曲线方程. 一般情形, 此二

次曲线为椭圆, 这表明当 $t$ 变化时, $\boldsymbol{E}(z,t)$ 在 $z$ 为常数的等相面内扫出的轨迹是一个椭圆.

当相角差 $\varDelta=\varphi_x-\varphi_y>0$ 时, $E_x$ 超前 $E_y$ 相角 $\varDelta$, 故对一定的 $z$ 值, $E_x$ 先达到正最大值, 经过时间 $t=\varDelta/\omega$ 后 $E_y$ 才达到正最大值, 这说明 $\boldsymbol{E}(z,t)$ 按逆时针方向扫出一个椭圆, 如图 2.3.1(a) 所示. 用大姆指代表波传播方向, 另四指代表电场矢量的旋转方向, 它们满足右手螺旋关系, 故此平面波称为右旋椭圆极化波.

另一方面, 若相角差 $\varDelta=\varphi_x-\varphi_y<0$ 时, 则表明 $E_x$ 落后 $E_y$ 相角 $\varDelta$, 故对一定的 $z$ 值, $E_y$ 先达到正最大值, 经过时间 $t=|\varDelta|/\omega$ 后 $E_x$ 才达到正最大值, 这说明 $\boldsymbol{E}(z,t)$ 沿顺时针方向扫出一个椭圆, 亦见图 2.3.1(a). 波传播方向与电场矢量的旋转方向符合左手螺旋关系, 故此平面波称为左旋椭圆极化波.

### 2.3.2 圆极化波 (右旋圆极化和左旋圆极化)

圆极化波是椭圆极化波的特殊情形.

当相差 $\varDelta=\varphi_x-\varphi_y=\pm\pi/2$, 且 $E_{x0}=E_{y0}=E_0$ 时, (2.3.8) 式退化为圆:

$$\left(\frac{E_x}{E_0}\right)^2+\left(\frac{E_y}{E_0}\right)^2=1 \tag{2.3.9}$$

此时, 椭圆极化波退化为圆极化波. 当 $\varDelta=\pi/2$ 时, 为右旋圆极化波; 而当 $\varDelta=-\pi/2$ 时, 为左旋圆极化波,, 如图 2.3.1(b) 所示.

### 2.3.3 直线极化波

当相差 $\varDelta=\varphi_x-\varphi_y=0$ 时, (2.3.8) 式退化为

$$\left(\frac{E_x}{E_{x0}}-\frac{E_y}{E_{y0}}\right)^2=0 \quad 即有 \quad E_y=\frac{E_{y0}}{E_{x0}}E_x \quad (\varDelta=0) \tag{2.3.10}$$

如见图 2.3.1(c) 所示, 电场矢量随时间扫出的轨迹为一直线, 与 $x$ 轴的夹角 $\theta_{\varDelta=0}=\arctan\dfrac{E_{y0}}{E_{x0}}$; 而当相差 $\varDelta=\varphi_x-\varphi_y=\pi$ 时, (2.3.8) 式退化为

$$\left(\frac{E_x}{E_{x0}}+\frac{E_y}{E_{y0}}\right)^2=0 \quad 即有 \quad E_y=-\frac{E_{y0}}{E_{x0}}E_x \quad (\varDelta=\pi) \tag{2.3.11}$$

电场矢量随时间扫出的轨迹亦为一直线, 与 $x$ 轴的夹角 $\theta_{\varDelta=\pi}=-\arctan\dfrac{E_{y0}}{E_{x0}}$.

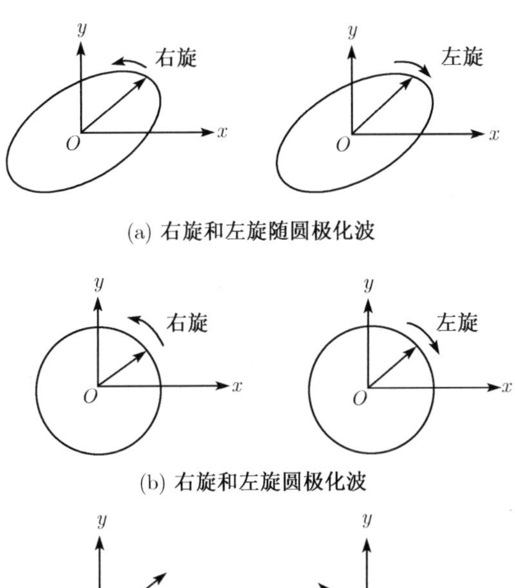


(a) 右旋和左旋随圆极化波

(b) 右旋和左旋圆极化波

y
θ
O
x
y
O
θ
x

(c) 直线极化波

图 2.3.1 均匀平面电磁波的极化形式

上述结果表明在与传播方向 $z$ 相垂直的 $kz$ 等于常数平面内电场矢量随时间所描绘出的轨迹一般为椭圆, 在特殊情下退化为圆和直线, 故 $E=E_0\mathrm{e}^{\mathrm{j}(\omega t-kz)}$ 的物理意义则是代表一向 $+z$ 方向行进的椭圆极化波; 在特殊情况下退化为圆极化波或直线极化波.

注意到电场矢量描绘出的椭圆、圆或直线是在与传播方向 $z$ 相垂直的 $kz=$ 常数平面内所给出的轨迹, 因而它们实际上也表明是对于时谐电磁场, 电场 $\boldsymbol{E}$ 的复量振幅的物理意义. 若将复量电场 $\boldsymbol{E}$ 写成矢量形式: $\boldsymbol{E}=\boldsymbol{E}_r+\mathrm{j}\boldsymbol{E}_j$, 电场矢量 $\boldsymbol{E}$ 位于矢量 $\boldsymbol{E}_r$ 和 $\boldsymbol{E}_j$ 所决定的平面内, 则可以证明, $\boldsymbol{E}(t)$ 随时间扫出的轨迹一般情况下是一个椭圆, 它退化为圆或直线的条件可表为: 当 $\boldsymbol{E}\cdot\boldsymbol{E}=0$ 退化为圆; 当 $\boldsymbol{E}\times\boldsymbol{E}^*=0$ 退化为直线 (证明参见附录 A).

**例 1** 设有一均匀平面电磁波 $\boldsymbol{E}(z,t)=E_0(\hat{\boldsymbol{a}}_x+\mathrm{j}\hat{\boldsymbol{a}}_y)\mathrm{e}^{\mathrm{j}(\omega t-kz)}$, 其复振幅为

$$\boldsymbol{E}=E_0(\hat{\boldsymbol{a}}_x+j\hat{\boldsymbol{a}}_y)$$

满足条件: $E_{x0}=E_{y0}=E_0$ 和 $\varDelta=\varphi_x-\varphi_y=-\pi/2$, 或 $\boldsymbol{E}\cdot\boldsymbol{E}=E_0^2(\hat{\boldsymbol{a}}_x+\mathrm{j}\hat{\boldsymbol{a}}_y)\cdot(\hat{\boldsymbol{a}}_x+\mathrm{j}\hat{\boldsymbol{a}}_y)=0$, 故可知此均匀平面波为一左旋圆极化波.

**例 2** 设有一均匀平面电磁波 $\boldsymbol{E}(z,t)=(E_{x0}\hat{\boldsymbol{a}}_x+E_{y0}\hat{\boldsymbol{a}}_y)\mathrm{e}^{\mathrm{j}(\omega t-kz)}$, 其复振幅

为

$$\boldsymbol{E} = E_{x0}\hat{\boldsymbol{a}}_x + E_{y0}\hat{\boldsymbol{a}}_y \tag{2.3.12}$$

满足条件：$E_x$ 与 $E_y$ 同相 $(\Delta = 0)$, 或 $\boldsymbol{E} \times \boldsymbol{E}^* = (E_{x0}\hat{\boldsymbol{a}}_x + E_{y0}\hat{\boldsymbol{a}}_y) \times (E_{x0}\hat{\boldsymbol{a}}_x + E_{y0}\hat{\boldsymbol{a}}_y)^* = 0$, 故可知此均匀平面波为一线性极化波.

一般情形下, 沿 $z$ 方向传播的均匀平面波的电场含有 $x$ 和 $y$ 两个分量. 按以上分析讨论, 我们不难证明：两个直线极化波可以合成为一个椭圆极化波, 特殊情形时为圆极化波; 以及一个直线极化波亦可以分解成两个幅度相等但旋转相反的左旋与右旋圆极化波之和. 例如, 我们可将直线极化波 $\boldsymbol{E} = E_0\boldsymbol{a}_x$ 表为：

$$\boldsymbol{E} = \frac{E_0}{2}(\hat{\boldsymbol{a}}_x + \mathrm{j}\hat{\boldsymbol{a}}_y) + \frac{E_0}{2}(\hat{\boldsymbol{a}}_x - \mathrm{j}\hat{\boldsymbol{a}}_y)$$

## 2.4 平面波对理想介质和理想导体平面的垂直入射

有一平面电磁波沿 $z$ 方向传播, 从 $z \leqslant 0$ 媒质 (1) 进入 $z \geqslant 0$ 媒质 (2), $z = 0$ 为两媒质的分界平面; 设入射波电场仅有 $y$ 分量, 沿 $y$ 方向极化, 磁场仅有 $x$ 分量, 沿 $-x$ 方向, 故入射波相对 $z$ 方向是 $\mathrm{TEM}_z$ 横电磁波、相对媒质分界面是垂直入射.

考虑有如下两种情形：(a) 媒质 (1) 与媒质 (2) 均为理想介质, 如图 2.4.1 所示. 当入射波从媒质 (1) 进入媒质 (2) 时, 此时将在媒质 (1) 中产生一个反向传播的波, 即反射波, 以及透过分界面在媒质 (2) 中产生一个沿 $z$ 方向的传播的波, 即透射波; (b) 媒质 (1) 为理想介质, 而媒质 (2) 为理想导体或导电平板, 此时, 与情形 (a) 不同的是媒质 (2) 中电场和磁场均为零, 即不存在透射波.

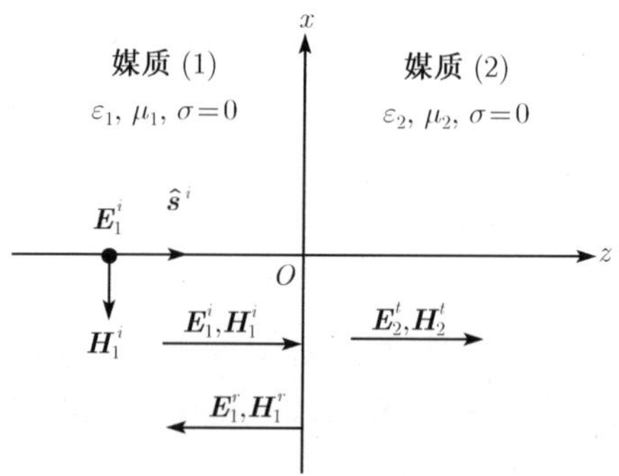


图 2.4.1 平面电磁波对无耗介质分界面的垂直入射

(1) 理想介质分界面情形

参见图 2.4.1, 在媒质 (1) 中, 总电场是入射波电场与反射波电场之和, 而总磁场是入射波磁场与反射波磁场之和; 在媒质 (2) 中, 总电场和磁场仅含有透射波. 它们的表示式如下：

媒质 (1) ($z \leqslant 0, \varepsilon_1$、$\mu_1; k_1 = \omega\sqrt{\varepsilon_1\mu_1}; \eta_1 = \sqrt{\mu_1/\varepsilon_1}$)

$$E_{1y} = E_{10}^i \mathrm{e}^{\mathrm{j}(\omega t - k_1 z)} + E_{10}^r \mathrm{e}^{\mathrm{j}(\omega t + k_1 z)} \tag{2.4.1}$$

$$\begin{aligned} H_{1x} &= H_{10}^i \mathrm{e}^{\mathrm{j}(\omega t - k_1 z)} + H_{10}^r \mathrm{e}^{\mathrm{j}(\omega t + k_1 z)} \\ &= -\frac{1}{\eta_1}\left(E_{10}^i \mathrm{e}^{\mathrm{j}(\omega t - k_1 z)} - E_{10}^r \mathrm{e}^{\mathrm{j}(\omega t + k_1 z)}\right) \end{aligned} \tag{2.4.2}$$

媒质 (2) ($z \geqslant 0, \varepsilon_2$、$\mu_2; k_2 = \omega\sqrt{\varepsilon_2\mu_2}; \eta_2 = \sqrt{\mu_2/\varepsilon_2}$)

$$E_{2y} = E_{20}^t \mathrm{e}^{\mathrm{j}(\omega t - k_2 z)} \tag{2.4.3}$$

$$H_{2x} = -\frac{1}{\eta_2} E_{20}^t \mathrm{e}^{\mathrm{j}(\omega t - k_2 z)} \tag{2.4.4}$$

定义媒质 (1) 中的电场反射系数 $R_E$ 等于其中反射波电场与入射波电场之比在 $z = 0$ 处的值，和磁场反射系数 $R_H$ 等于其中反射波磁场与入射波磁场之比在 $z = 0$ 处的值，即有

$$R_E = \left.\frac{E_{10}^r \mathrm{e}^{\mathrm{j}(\omega t + k_1 z)}}{E_{10}^i \mathrm{e}^{\mathrm{j}(\omega t - k_1 z)}}\right|_{z=0} = \frac{E_{10}^r}{E_{10}^i} \tag{2.4.5}$$

和

$$R_H = \left.\frac{H_{10}^r \mathrm{e}^{\mathrm{j}(\omega t + k_1 z)}}{H_{10}^i \mathrm{e}^{\mathrm{j}(\omega t - k_1 z)}}\right|_{z=0} = \frac{H_{10}^r}{H_{10}^i} = -\frac{E_{10}^r}{E_{10}^i} = -R_E \tag{2.4.6}$$

注意到，反射系数 $R_H$ 与 $R_E$ 仅相差一个负号，因而这里只需使用一个反射系数即足够，通常选用是电场反射系数 $R_E$，并省写下标“$E$”，故除非特加说明，反射系数 $R$ 所指为电场反射系数. 于是，(2.4.1) 和 (2.4.2) 式亦可写为

$$E_{1y} = E_{10}^i \left(\mathrm{e}^{\mathrm{j}(\omega t - k_1 z)} + R\mathrm{e}^{\mathrm{j}(\omega t + k_1 z)}\right) \tag{2.4.7}$$

$$H_{1x} = -\frac{1}{\eta_1} E_{10}^i \left(\mathrm{e}^{\mathrm{j}(\omega t - k_1 z)} - R\mathrm{e}^{\mathrm{j}(\omega t + k_1 z)}\right) \tag{2.4.8}$$

定义媒质 (2) 中电场透射系数 $T$ 等于其中透射波电场与入射波电场在 $z = 0$ 处的值之比，即

$$T = \left.\frac{E_{20}^t \mathrm{e}^{\mathrm{j}(\omega t - k_2 z)}}{E_{10}^i \mathrm{e}^{\mathrm{j}(\omega t - k_1 z)}}\right|_{z=0} = \frac{E_{20}^t}{E_{10}^i} \tag{2.4.9}$$

于是，(2.4.3) 和 (2.4.4) 式亦可写为

$$E_{2y} = TE_{10}^i \mathrm{e}^{\mathrm{j}(\omega t - k_2 z)} \tag{2.4.10}$$

$$H_{2x} = -\frac{T}{\eta_2} E_{10}^i \mathrm{e}^{\mathrm{j}(\omega t - k_2 z)} \tag{2.4.11}$$

电磁场应满足的条件是：在 $z=0$ 两媒质分界面上, 两侧的总电、磁场切向分量各自连续, 即应有 $E_{1y}|_{z=0}=E_{2y}|_{z=0}$ 和 $H_{1x}|_{z=0}=H_{2x}|_{z=0}$, 因而由 (2.4.7) 与 (2.4.10), (2.4.8) 与 (2.4.11) 式可得

$$1+R=T \tag{2.4.12}$$

$$\frac{1}{\eta_1}(1-R)=\frac{1}{\eta_2}T \tag{2.4.13}$$

以上两式相除, 有 $\dfrac{1+R}{1-R}=\dfrac{\eta_2}{\eta_1}$, 由此可解得

$$R=\frac{\eta_2-\eta_1}{\eta_2+\eta_1} \quad 和 \quad T=\frac{2\eta_2}{\eta_2+\eta_1} \tag{2.4.14}$$

给定媒质 (1) 和媒质 (2) 参数 $\varepsilon_1$、$\mu_1$, 和 $\varepsilon_2$、$\mu_2$, 便可计算出 $\eta_1=\sqrt{\mu_1/\varepsilon_1}$、$\eta_2=\sqrt{\mu_2/\varepsilon_2}$、反射系数和 $R$, 透射系数 $T$, 因而由 (2.4.7)~(2.4.11) 式即可求得媒质 (1) 和媒质 (2) 中的电磁场, 其中 $E_{10}^i$ 是入射波的振幅.

现在, 我们来讨论媒质 (1) 中向 $z$ 方向传输的平均功率流 (坡印亭矢量)：

$$\begin{aligned}
\boldsymbol{P}&=\frac{1}{2}\mathrm{Re}\left(\boldsymbol{E}\times\boldsymbol{H}^*\right)\\
&=\frac{1}{2\eta_1}|E_{10}^i|^2\mathrm{Re}\left\{\left[\mathrm{e}^{\mathrm{j}(\omega t-k_1 z)}+R\mathrm{e}^{\mathrm{j}(\omega t+k_1 z)}\right]\cdot\left[\mathrm{e}^{-\mathrm{j}(\omega t-k_1 z)}-R\mathrm{e}^{-\mathrm{j}(\omega t+k_1 z)}\right]\right\}\hat{\boldsymbol{a}}_z\\
&=\frac{1}{2\eta_1}|E_{10}^i|^2\mathrm{Re}\left\{\left[1-R^2+R\left(\mathrm{e}^{\mathrm{j}2k_1 z}-\mathrm{e}^{-\mathrm{j}2k_1 z}\right)\right]\right\}\hat{\boldsymbol{a}}_z\\
&=\frac{1}{2\eta_1}|E_{10}^i|^2\mathrm{Re}\left[1-R^2+\mathrm{j}2R\sin(2k_1 z)\right]\hat{\boldsymbol{a}}_z
\end{aligned}$$

故

$$P_z=\frac{1}{2\eta_1}|E_{10}^i|^2\left(1-R^2\right) \tag{2.4.15}$$

将 (2.4.15) 式 $R=\dfrac{\eta_2-\eta_1}{\eta_2+\eta_1}$ 代入上式, 则可得

$$P_z=\frac{1}{2\eta_1}|E_{10}^i|^2\left[1-\left(\frac{\eta_2-\eta_1}{\eta_2+\eta_1}\right)^2\right]=\frac{1}{2\eta_2}|E_{10}^i|^2\frac{4\eta_2^2}{\left(\eta_2+\eta_1\right)^2}$$

即有

$$P_z=\frac{1}{2\eta_2}|E_{10}^i|^2T^2=\frac{1}{2\eta_2}|E_{2y}^i|^2 \tag{2.4.16}$$

以上 (2.4.15) 和 (2.4.16) 式分别表明媒质 (1) 向 $z$ 方向传输的平均功率流等于入射波的传输的功率流与反方向传播的反射波功率流之差, 并等于媒质中的透射波的功率流.

(2) 理想导体分界面情形

参见图 2.4.2, 在媒质 (1) 中, 总电场是入射波电场与反射波电场之和, 而总磁场是入射波磁场与反射波磁场之和, 电磁场的表示式与 (a) 理想介质分界面情形相同; 唯在媒质 (2) 理想导体中, 电场和磁场为零场.

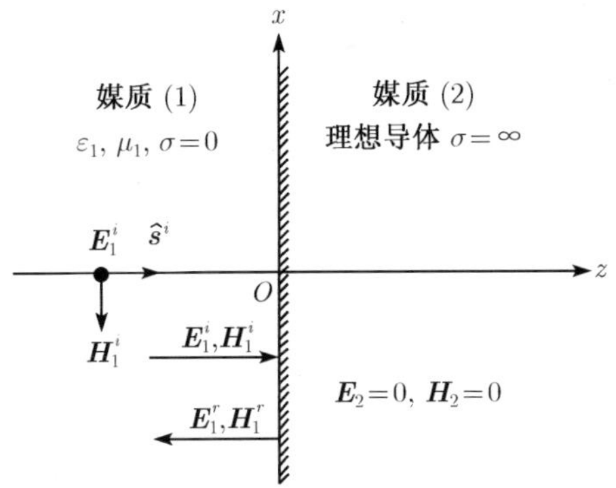


图 2.4.2 平面电磁波对理想导体分界面的垂直入射

媒质 (1) ($z \leqslant 0, \varepsilon_1$、$\mu_1; \sigma_1 = 0; k_1 = \omega\sqrt{\varepsilon_1\mu_1}; \eta_1 = \sqrt{\mu_1/\varepsilon_1}$)

$$E_{1y} = E_{10}^i \left(\mathrm{e}^{\mathrm{j}(\omega t - k_1 z)} + R\mathrm{e}^{\mathrm{j}(\omega t - k_1 z)}\right) \tag{2.4.17}$$

$$H_{1x} = -\frac{1}{\eta_1}E_{10}^i \left(\mathrm{e}^{\mathrm{j}(\omega t - k_1 z)} - R\mathrm{e}^{\mathrm{j}(\omega t + k_1 z)}\right) \tag{2.4.18}$$

媒质 (2) ($z \geqslant 0, \sigma_2 = \infty$ 理想导体)

$$E_{2y} = 0 \quad 和 \quad H_{2x} = 0 \tag{2.4.19}$$

电磁场应满足的条件是: 在 $z = 0$ 两媒质分界面上, 两侧的总电、磁场切向分量各自应连续, 即应有 $E_{1y}|_{z=0} = E_{2y}|_{z=0} = 0$; 磁场的切向分量不连续与导体表面电流密度 $\boldsymbol{J}_S$ 相关, 而有 $\boldsymbol{J}_S = \hat{\boldsymbol{n}} \times \boldsymbol{H}$, 因而有

$$1 + R = 0 \quad 或 \quad R = -1 \tag{2.4.20}$$

将 $R = -1$ 代入 (2.4.7) 和 (2.4.8) 式可得媒质 (1) 中的电磁场为

$$E_{1y} = E_{10}^i \left(\mathrm{e}^{-\mathrm{j}k_1 z} - \mathrm{e}^{\mathrm{j}k_1 z}\right)\mathrm{e}^{\mathrm{j}\omega t} = -2\mathrm{j}E_{10}^i \sin(k_1 z)\mathrm{e}^{\mathrm{j}\omega t} \tag{2.4.21}$$

$$H_{1x} = -\frac{E_{10}^i}{\eta_1}\left(\mathrm{e}^{-\mathrm{j}k_1 z} + \mathrm{e}^{\mathrm{j}k_1 z}\right) = -\frac{2E_{10}^i}{\eta_1}\cos(k_1 z)\mathrm{e}^{\mathrm{j}\omega t} \tag{2.4.22}$$

根据磁场边界条件, 导体表面的电流密度 $\boldsymbol{J}_S$ 为

$$\boldsymbol{J}_S = \hat{\boldsymbol{n}} \times \boldsymbol{H}\Big|_{z=0} = -\hat{\boldsymbol{a}}_z \times H_{1x}\hat{\boldsymbol{a}}_x = \frac{2E_{10}^i}{\eta_1}\cos(k_1 z)\mathrm{e}^{\mathrm{j}\omega t}\hat{\boldsymbol{a}}_y \tag{2.4.23}$$

由 (2.4.21) 和 (2.4.22) 式, 可得向 $z$ 方向传输的平均功率流 $\boldsymbol{P}$:

$$\begin{aligned}\boldsymbol{P} &= \frac{1}{2}\mathrm{Re}\,(\boldsymbol{E}\times\boldsymbol{H}^*)\\ &= \frac{1}{2}|E_{10}^i|^2\mathrm{Re}\left[-\frac{4\mathrm{j}}{\eta_1}\sin(k_1z)\cos(k_1z)\right]\hat{\boldsymbol{a}}_z = 0\end{aligned} \tag{2.4.24}$$

这是可预料到的, 因 (2.4.21) 和 (2.4.22) 式表明在媒质 (1) 中的电场 $E_{1y}$ 和磁场 $H_{1x}$ 均为驻波.

## 2.5 平面波对理想介质平面的斜入射 —— 反射和折射定律、Fresnel 公式

如图 2.5.1 所示, 设有一平面电磁波以入射角为 $\theta^i$ 沿 $\hat{\boldsymbol{s}}^i$ 方向从媒质 (1) 斜入射进入媒质 (2), $z=0$ 为两媒质的分界平面, 此时将在媒质 (1) 中产生一个反射角为 $\theta^r$ 沿 $\hat{\boldsymbol{s}}^r$ 方向传播的波, 即反射波; 以及在媒质 (2) 中产生一个透过分界面沿以折射角为 $\theta^t$ 方向传播的波, 即折射波.

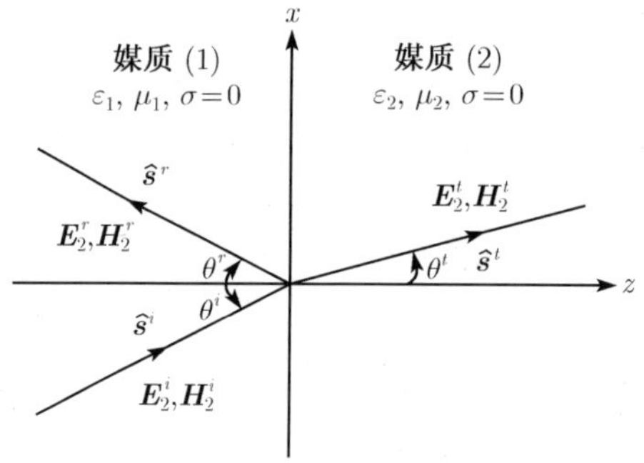


图 2.5.1 反射定律和折射定律

鉴于沿任意方向极化的平面波电场总可以分解为垂直于入射面与平行于入射面的两个分量之和 (入射面就是入射波的射线与媒质分界面的法线所确定的平面), 因而, 不失一般性, 我们可以仅考虑垂直极化波 (或 $\mathrm{TE}_z$ 波) 和平行极化波 (或 $\mathrm{TM}_z$ 波) 两种情形. 前者是入射平面波的电场垂直于入射面、磁场平行 (位于) 入射面; 后者则是入射平面波的磁场垂直于入射面、电场平行 (位于) 入射面.

以下我们将讨论: ① 平面波斜入射时的反射定律和折射定律; ② 分别对入射平面波为垂直极化波和平行极化波两种情形, 推导它们的反射系数和透射系数的 Fresnel 公式.

### 2.5.1 反射定律和折射定律

在 $\varepsilon,\mu$ 媒质中沿 $\hat{\boldsymbol{s}}$ 方向传播的平面波的表示式为

$$\boldsymbol{E} = E_0 \mathrm{e}^{\mathrm{j}(\omega t - k\hat{\boldsymbol{s}}\cdot\boldsymbol{r})} \tag{2.5.1}$$

而相应的磁场为

$$\boldsymbol{H} = \frac{1}{\eta}\hat{\boldsymbol{s}} \times \boldsymbol{E} \tag{2.5.2}$$

式中, $E_0$ 为电场 $\boldsymbol{E}$ 的幅值; $\hat{\boldsymbol{s}}$ 是沿 $\boldsymbol{s}$ 方向上的单位矢量; $k=\omega\sqrt{\varepsilon\mu}$ 为 $\varepsilon,\mu$ 无界空间的波数; $\boldsymbol{r}=x\hat{\boldsymbol{a}}_x+y\hat{\boldsymbol{a}}_y+z\hat{\boldsymbol{a}}_z$ 是坐标原点到波前上任意一点 $P(x,y,z)$ 的矢径.

参见图 2.5.1, $\hat{\boldsymbol{s}}^i$ 和 $\hat{\boldsymbol{s}}^r$ 分别是沿入射波和反射波方向上的单位矢量, 有

$$\begin{aligned} \hat{\boldsymbol{s}}^i &= \sin\theta^i\hat{\boldsymbol{a}}_x + \cos\theta^i\hat{\boldsymbol{a}}_z, \quad \hat{\boldsymbol{s}}^i\cdot\boldsymbol{r} = x\sin\theta^i + z\cos\theta^i \\ \hat{\boldsymbol{s}}^r &= \sin\theta^r\hat{\boldsymbol{a}}_x - \cos\theta^r\hat{\boldsymbol{a}}_z, \quad \hat{\boldsymbol{s}}^r\cdot\boldsymbol{r} = x\sin\theta^r - z\cos\theta^r \end{aligned} \tag{2.5.3}$$

而 $\hat{\boldsymbol{s}}^t$ 是沿折射波方向上的单位矢量, 有

$$\hat{\boldsymbol{s}}^t = \sin\theta^t\hat{\boldsymbol{a}}_x + \cos\theta^t\hat{\boldsymbol{a}}_z, \quad \hat{\boldsymbol{s}}^t\cdot\boldsymbol{r} = x\sin\theta^t + z\cos\theta^t \tag{2.5.4}$$

媒质 (1) $(z\leqslant 0,\ \varepsilon_1$、$\mu_1;\sigma_1=0;k_1=\omega\sqrt{\varepsilon_1\mu_1};\eta_1=\sqrt{\mu_1/\varepsilon_1})$

$$\begin{aligned} E_1 &= E_1^i + E_1^r = E_{10}^i \mathrm{e}^{\mathrm{j}(\omega t - k_1\hat{\boldsymbol{s}}^i\cdot\boldsymbol{r})} + E_{10}^r \mathrm{e}^{\mathrm{j}(\omega t - k_1\hat{\boldsymbol{s}}^r\cdot\boldsymbol{r})} \\ &= E_{10}^i \mathrm{e}^{\mathrm{j}[\omega t - k_1(x\sin\theta^i + z\cos\theta^i)]} + E_{10}^r \mathrm{e}^{\mathrm{j}[\omega t - k_1(x\sin\theta^r - z\cos\theta^r)]} \end{aligned} \tag{2.5.5}$$

$$H_1 = H_1^i + H_1^r = \frac{1}{\eta_1}\hat{\boldsymbol{s}}^i \times E_1^i + \frac{1}{\eta_1}\hat{\boldsymbol{s}}^r \times \boldsymbol{E}_1^r \tag{2.5.6}$$

媒质 (2) $(z\geqslant 0,\ \varepsilon_2$、$\mu_2;\sigma_2=0;k_2=\omega\sqrt{\varepsilon_2\mu_2};\eta_2=\sqrt{\mu_2/\varepsilon_2})$

$$\begin{aligned} E_2 &= E_2^t = E_{20}^t \mathrm{e}^{\mathrm{j}(\omega t - k_2\hat{\boldsymbol{s}}^t\cdot\boldsymbol{r})} \\ &= E_{20}^t \mathrm{e}^{\mathrm{j}[\omega t - k_2(x\sin\theta^t + z\cos\theta^t)]} \end{aligned} \tag{2.5.7}$$

$$H_2 = H_2^t = \frac{1}{\eta_2}\hat{\boldsymbol{s}}^t \times \boldsymbol{E}_2 \tag{2.5.8}$$

在 $z=0$ 两相邻媒质分界面 $S$ 上, 场应满足的条件是: 电场和磁场的切向分量连续, 即

$$\hat{\boldsymbol{a}}_z \times \boldsymbol{E}_1|_{z=0} = \hat{\boldsymbol{a}}_z \times \boldsymbol{E}_2|_{z=0} \quad 和 \quad \hat{\boldsymbol{a}}_z \times \boldsymbol{H}_1|_{z=0} = \hat{\boldsymbol{a}}_z \times \boldsymbol{H}_2|_{z=0} \tag{2.5.9}$$

应用电场边界条件, 省写时间因子 $\mathrm{e}^{\mathrm{j}\omega t}$, 由 (2.5.5) 和 (2.5.7) 式, 得

$$\hat{\boldsymbol{a}}_z \times \left( E_{10}^i \mathrm{e}^{-\mathrm{j}k_1(x\sin\theta^i + z\cos\theta^i)} + E_{10}^r \mathrm{e}^{-\mathrm{j}k_1(x\sin\theta^r - z\cos\theta^r)} \right)\Big|_{z=0}$$

$$=\hat{\boldsymbol{a}}_z \times E_{20}^t \mathrm{e}^{-\mathrm{j}k_2(x\sin\theta^t + z\cos\theta^t)}|_{z=0}$$

显然, 欲使此边界条件成立, 上式中 $E_{10}^i, E_{10}^r$ 和 $E_{20}^t$ 相位因子部分彼此应相等, 因而有

$$k_1 \sin\theta^i = k_1 \sin\theta^r \quad 或 \quad \theta^r = \theta^i \tag{2.5.10}$$

和

$$k_1 \sin\theta^i = k_2 \sin\theta^t \tag{2.5.11}$$

$\varepsilon$、$\mu$ 媒质的折射率 $n$ 为电磁波在 $\varepsilon_0$ 和 $\mu_0$ 自由空间中的传播速度与在该媒质中的传播速度之比, 即 $n = \sqrt{\varepsilon\mu}/\sqrt{\varepsilon_0\mu_0} = \sqrt{\varepsilon_\mathrm{r}\mu_\mathrm{r}}$, 这里, $\varepsilon_\mathrm{r}$ 和 $\mu_\mathrm{r}$ 分别称为媒质 $\varepsilon$、$\mu$ 的相对介电常数和磁导率. 于是我们有

$$\frac{k_2}{k_1} = \frac{\omega\sqrt{\varepsilon_2\mu_2}}{\omega\sqrt{\varepsilon_1\mu_1}} = \sqrt{\frac{\varepsilon_2\mu_2}{\varepsilon_1\mu_1}} = \frac{n_2}{n_1} = n_{21} \tag{2.5.12}$$

式中, $n_{21}$ 称为媒质 (2) 相对媒质 (1) 的折射率. 故 (2.5.11) 式亦可写成:

$$n_1 \sin\theta^i = n_2 \sin\theta^t \quad 或 \quad \sin\theta^i = n_{21} \sin\theta^t \tag{2.5.13}$$

(2.5.10) 式称为反射定律, 而 (2.5.13) 式称为 Snell(斯奈尔) 折射定律; 它们分别给出了 $\theta^r$ 与 $\theta^i$ 和 $\theta^t$ 与 $\theta^i$ 的关系, 并表明入射线、反射线和折射线三者均位于入射线与媒质分界面的法线所构成的入射平面内. 此结果与光学中的反射和折射定律一致, 表明光波也是电磁波.

### 2.5.2 Fresnel(菲涅尔) 公式

(1) 垂直极化波 (TE$_z$ 波)

设平面波磁场 $\boldsymbol{H}$ 位于其入射线与媒质分界面的法向所构成的入射平面内, 而电场 $\boldsymbol{E}$ 仅有 $y$ 分量, 沿 $y$ 方向垂直于入射面, 并与波传播方向 $z$ 垂直, 如图 2.5.2 所示.

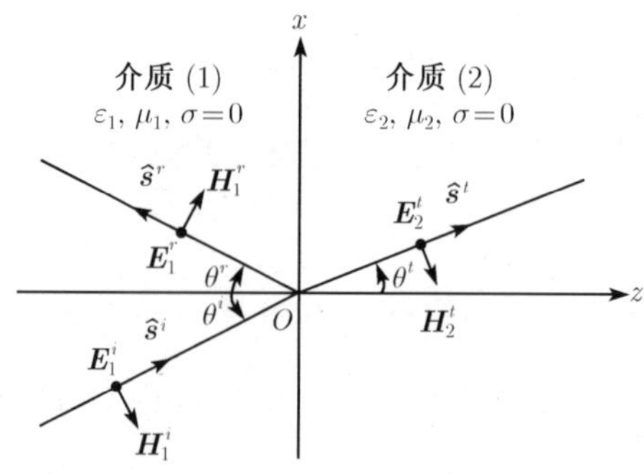


图 2.5.2　平面波对介质分界面的斜入射 (垂直极化波)

媒质 (1) ($z \leqslant 0,\ \varepsilon_1$、$\mu_1; \sigma_1 = 0; k_1 = \omega\sqrt{\varepsilon_1\mu_1}; \eta_1 = \sqrt{\mu_1/\varepsilon_1}$)

$$\begin{aligned} E_{1y} &= E_{y0}^{i}\mathrm{e}^{\mathrm{j}(\omega t - k_1\hat{\boldsymbol{s}}^{i}\cdot\boldsymbol{r})} + E_{y0}^{r}\mathrm{e}^{\mathrm{j}(\omega t - k_1\hat{\boldsymbol{s}}^{r}\cdot\boldsymbol{r})} \\ &= E_{y0}^{i}\mathrm{e}^{\mathrm{j}[\omega t - k_1(x\sin\theta^{i} + z\cos\theta^{i})]} + E_{y0}^{r}\mathrm{e}^{\mathrm{j}[\omega t - k_1(x\sin\theta^{r} - z\cos\theta^{r})]} \end{aligned} \tag{2.5.14}$$

应用场方程 $\boldsymbol{H}_1 = -\dfrac{1}{\mathrm{j}\omega\mu_1}\nabla\times(\boldsymbol{E}_{1y})$ 或 $\boldsymbol{H}_1 = \dfrac{1}{\eta_1}\hat{\boldsymbol{s}}^{i}\times\boldsymbol{E}_{1y}^{i} + \dfrac{1}{\eta_1}\hat{\boldsymbol{s}}^{r}\times\boldsymbol{E}_{1y}^{r}$ 可得相应 $E_{1y}$ 的磁场 $\boldsymbol{H}_1$ 的 $x$ 和 $z$ 分量为

$$H_{1x} = -\frac{1}{\eta_1}\cos\theta^{i}E_{y0}^{i}\mathrm{e}^{\mathrm{j}[\omega t - k_1(x\sin\theta^{i} + z\cos\theta^{i})]} + \frac{1}{\eta_1}\cos\theta^{r}E_{y0}^{r}\mathrm{e}^{\mathrm{j}[\omega t - k_1(x\sin\theta^{r} - z\cos\theta^{r})]} \tag{2.5.15}$$

$$H_{1z} = \frac{1}{\eta_1}\sin\theta^{i}E_{y0}^{i}\mathrm{e}^{\mathrm{j}[\omega t - k_1(x\sin\theta^{i} + z\cos\theta^{i})]} + \frac{1}{\eta_1}\sin\theta^{r}E_{y0}^{r}\mathrm{e}^{\mathrm{j}[\omega t - k_1(x\sin\theta^{r} - z\cos\theta^{r})]} \tag{2.5.16}$$

媒质 (2) ($z \geqslant 0,\ \varepsilon_2$、$\mu_2; \sigma_2 = 0; k_2 = \omega\sqrt{\varepsilon_2\mu_2}; \eta_2 = \sqrt{\mu_2/\varepsilon_2}$)

$$E_{2y} = E_{y0}^{t}\mathrm{e}^{\mathrm{j}(\omega t - k_2\hat{\boldsymbol{s}}^{t}\cdot\boldsymbol{r})} = E_{y0}^{t}\mathrm{e}^{\mathrm{j}[\omega t - k_2(x\sin\theta^{t} + z\cos\theta^{t})]} \tag{2.5.17}$$

类似地, 可得相应 $E_{2y}$ 的磁场为

$$H_{2x} = -\frac{1}{\eta_2}\cos\theta^{t}E_{y0}^{t}\mathrm{e}^{\mathrm{j}[\omega t - k_2(x\sin\theta^{t} + z\cos\theta^{t})]} \tag{2.5.18}$$

$$H_{2z} = \frac{1}{\eta_2}\sin\theta^{t}E_{y0}^{t}\mathrm{e}^{\mathrm{j}[\omega t - k_2(x\sin\theta^{t} + z\cos\theta^{t})]} \tag{2.5.19}$$

反射系数 $R^{\perp}$ 的定义为媒质 (1) 中的反射波电场与入射波电场在 $z = 0$ 媒质分界面处的比值. 由 (2.5.14) 式, 并因有反射定律 $\theta^{r} = \theta^{i}$, 可知

$$R^{\perp} = \left.\frac{E_{y0}^{r}\mathrm{e}^{\mathrm{j}[\omega t - k_1(x\sin\theta^{r} - z\cos\theta^{r})]}}{E_{y0}^{i}\mathrm{e}^{\mathrm{j}[\omega t - k_1(x\sin\theta^{i} + z\cos\theta^{i})]}}\right|_{z=0} = \frac{E_{y0}^{r}\mathrm{e}^{\mathrm{j}(\omega t - k_1 x\sin\theta^{r})}}{E_{y0}^{i}\mathrm{e}^{\mathrm{j}(\omega t - k_1 x\sin\theta^{i})}} = \frac{E_{y0}^{r}}{E_{y0}^{i}} \tag{2.5.20}$$

于是, (2.5.14)~(2.5.16) 式可写成

$$E_{1y} = E_{y0}^{i}\mathrm{e}^{\mathrm{j}(\omega t - k_1 x\sin\theta^{i})}\left(\mathrm{e}^{-\mathrm{j}k_1 z\cos\theta^{i}} + R^{\perp}\mathrm{e}^{\mathrm{j}k_1 z\cos\theta^{r}}\right) \tag{2.5.21}$$

$$H_{1x} = -\frac{1}{\eta_1}E_{y0}^{i}\cos\theta^{i}\mathrm{e}^{\mathrm{j}(\omega t - k_1 x\sin\theta^{i})}\left(\mathrm{e}^{-\mathrm{j}k_1 z\cos\theta^{i}} - R^{\perp}\mathrm{e}^{\mathrm{j}k_1 z\cos\theta^{r}}\right) \tag{2.5.22}$$

$$H_{1z} = \frac{1}{\eta_1}E_{y0}^{i}\sin\theta^{i}\mathrm{e}^{\mathrm{j}(\omega t - k_1 x\sin\theta^{i})}\left(\mathrm{e}^{-\mathrm{j}k_1 z\cos\theta^{i}} + R^{\perp}\mathrm{e}^{\mathrm{j}k_1 z\cos\theta^{r}}\right) \tag{2.5.23}$$

透射系数 $T^{\perp}$ 的定义为媒质 (2) 中的透射波电场在 $z = 0_{+}$ 处的值与媒质 (1) 中的入射波电场在 $z = 0_{-}$ 处的值之比. 由 (2.5.14) 和 (2.5.17) 式, 并因有折射定律 $k_1\sin\theta^{i} = k_2\sin\theta^{t}$, 可知

$$T^{\perp} = \left.\frac{E_{y0}^{t}\mathrm{e}^{\mathrm{j}[\omega t - k_2(x\sin\theta^{t} + z\cos\theta^{t})]}}{E_{y0}^{i}\mathrm{e}^{\mathrm{j}[\omega t - k_1(x\sin\theta^{i} + z\cos\theta^{i})]}}\right|_{z=0} = \frac{E_{y0}^{t}\mathrm{e}^{\mathrm{j}(\omega t - k_2 x\sin\theta^{t})}}{E_{y0}^{i}\mathrm{e}^{\mathrm{j}(\omega t - k_1 x\sin\theta^{i})}} = \frac{E_{y0}^{t}}{E_{y0}^{i}} \tag{2.5.24}$$

于是, (2.5.17)~(2.5.19) 式可写成

$$E_{2y} = T^{\perp} E^{i}_{y0} \mathrm{e}^{\mathrm{j}[\omega t - k_2(x\sin\theta^t + z\cos\theta^t)]} \tag{2.5.25}$$

$$H_{2x} = -\frac{1}{\eta_2}\cos\theta^t T^{\perp} E^{i}_{y0} \mathrm{e}^{\mathrm{j}[\omega t - k_2(x\sin\theta^t + z\cos\theta^t)]} \tag{2.5.26}$$

$$H_{2z} = \frac{1}{\eta_2}\sin\theta^t T^{\perp} E^{i}_{y0} \mathrm{e}^{\mathrm{j}[\omega t - k_2(x\sin\theta^t + z\cos\theta^t)]} \tag{2.5.27}$$

在 $z=0$ 相邻两媒质分界面上, 电磁场的边界条件是: 电场和磁场的切向分量各自应连续, 即 $E_{1y}|_{z=0} = E_{2y}|_{z=0}$ 和 $H_{1x}|_{z=0} = H_{2x}|_{z=0}$. 由其相位因子相等条件可得反射定律和折射定律: $\theta^r = \theta^i$ 和 $k_1 \sin\theta^i = k_2 \sin\theta^t$ 这业已应用; 对于幅值相等条件, 由 (2.5.21) 与 (2.5.25), 和 (2.5.22) 与 (2.5.26) 式的相等, 可得

$$1 + R^{\perp} = T^{\perp} \tag{2.5.28}$$

$$-\frac{1}{\eta_1}\cos\theta^i \left(1 - R^{\perp}\right) = -\frac{1}{\eta_2}\cos\theta^t T^{\perp} \tag{2.5.29}$$

将 (2.5.28) 代入 (2.5.29) 式消去 $T^{\perp}$ 后, 便有

$$-\frac{1}{\eta_1}\cos\theta^i \left(1 - R^{\perp}\right) = -\frac{1}{\eta_2}\cos\theta^t (1 + R^{\perp})$$

由此可解得

$$R^{\perp} = \frac{\eta_2\cos\theta^i - \eta_1\cos\theta^t}{\eta_2\cos\theta^i + \eta_1\cos\theta^t} = \frac{\eta_2/\cos\theta^t - \eta_1/\cos\theta^i}{\eta_2/\cos\theta^t + \eta_1/\cos\theta^i} \tag{2.5.30}$$

而由 (2.5.28) 式, 可得垂直极化波的透射系数 $T^{\perp}$ 为

$$T^{\perp} = 1 + \frac{\eta_2\cos\theta^i - \eta_1\cos\theta^t}{\eta_2\cos\theta^i + \eta_1\cos\theta^t} = \frac{2\eta_2\cos\theta^i}{\eta_2\cos\theta^i + \eta_1\cos\theta^t} \tag{2.5.31}$$

(2.5.30) 和 (2.5.31) 式称为垂直极化波的 Fresnel 公式.

注意到: $\dfrac{\eta_1}{\eta_2} = \sqrt{\dfrac{\mu_1\varepsilon_2}{\varepsilon_1\mu_2}} = \dfrac{\mu_1}{\mu_2}\sqrt{\dfrac{\mu_2\varepsilon_2}{\varepsilon_1\mu_1}} = \dfrac{\mu_1}{\mu_2}\dfrac{n_2}{n_1} = \dfrac{\mu_1}{\mu_2}n_{21}$

对于非磁性媒质, $\mu_1 \approx \mu_2 \approx \mu_0$, 于是有

$$\frac{\eta_1}{\eta_2} = \frac{n_2}{n_1} = n_{21} \tag{2.5.32}$$

将上式和折射定律 (2.5.13) 代入 (2.5.30) 和 (2.5.31) 式, 则分别可得

$$R^{\perp} = \frac{\cos\theta^i - n_{21}\cos\theta^t}{\cos\theta^i + n_{21}\cos\theta^t} = \frac{\cos\theta^i - \sqrt{n_{21}^2 - \sin^2\theta^i}}{\cos\theta^i + \sqrt{n_{21}^2 - \sin^2\theta^i}} \tag{2.5.33}$$

和

$$T^{\perp}=\frac{2\cos\theta^i}{\cos\theta^i+n_{21}\cos\theta^t}=\frac{2\cos\theta^i}{\cos\theta^i+\sqrt{n_{21}^2-\sin^2\theta^i}} \tag{2.5.34}$$

因 $n_{21}=\sin\theta^i/\sin\theta^t$, (2.5.33) 和 (2.5.34) 式分别亦可表为

$$R^{\perp}=-\frac{\sin(\theta^i-\theta^t)}{\sin(\theta^i+\theta^t)} \tag{2.5.35}$$

和

$$T^{\perp}=\frac{2\cos\theta^i\sin\theta^t}{\sin(\theta^i+\theta^t)} \tag{2.5.36}$$

(2) 平行极化波 ($\text{TM}_z$ 波)

设平面波电场 $\boldsymbol{E}$ 位于其入射线与媒质分界面的法线所构成的入射平面内, 而磁场 $\boldsymbol{H}$ 仅有 $y$ 分量, 沿 $y$ 方向垂直于入射面, 并与波传播方向 $z$ 垂直, 如图 2.5.3 所示.

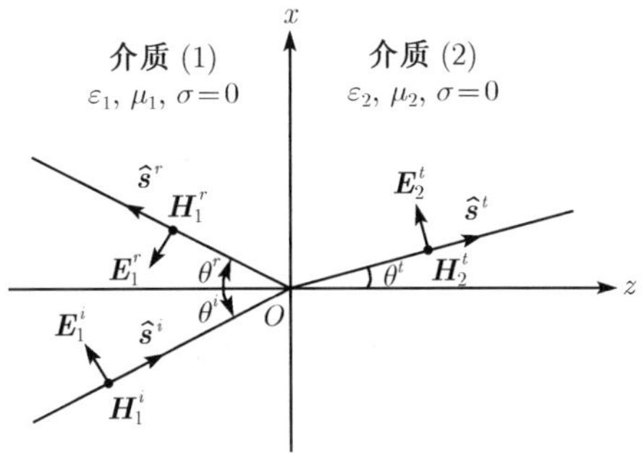


图 2.5.3 平面波对介质分界面的斜入射 (平行极化波)

媒质 (1) ($z\leqslant 0,\ \varepsilon_1$、$\mu_1;\sigma_1=0;k_1=\omega\sqrt{\varepsilon_1\mu_1};\eta_1=\sqrt{\mu_1/\varepsilon_1}$)

$$\begin{aligned}H_{1y}&=H_{y0}^i\mathrm{e}^{\mathrm{j}(\omega t-k_1\hat{\boldsymbol{s}}^i\cdot r)}+H_{y0}^r\mathrm{e}^{\mathrm{j}(\omega t-k_1\hat{\boldsymbol{s}}^r\cdot r)}\\&=H_{y0}^i\mathrm{e}^{\mathrm{j}[\omega t-k_1(x\sin\theta^i+z\cos\theta^i)]}+H_{y0}^r\mathrm{e}^{\mathrm{j}[\omega t-k_1(x\sin\theta^r-z\cos\theta^r)]}\end{aligned} \tag{2.5.37}$$

应用场方程 $\boldsymbol{E}=\dfrac{1}{\mathrm{j}\omega\varepsilon}\nabla\times\boldsymbol{H}$, 或 $\boldsymbol{E}=\eta\boldsymbol{H}^i\times\hat{\boldsymbol{s}}^i+\eta\boldsymbol{H}^r\times\hat{\boldsymbol{s}}^r$ 可得相应 $H_{1y}$ 的电场为

$$E_{1x}=\eta_1\cos\theta^iH_{y0}^i\mathrm{e}^{\mathrm{j}[\omega t-k_1(x\sin\theta^i+z\cos\theta^i)]}-\eta_1\cos\theta^rH_{y0}^r\mathrm{e}^{\mathrm{j}[\omega t-k_1(x\sin\theta^r-z\cos\theta^r)]} \tag{2.5.38}$$

$$E_{1z}=-\eta_1\sin\theta^iH_{y0}^i\mathrm{e}^{\mathrm{j}[\omega t-k_1(x\sin\theta^i+z\cos\theta^i)]}-\eta_1\sin\theta^rH_{y0}^r\mathrm{e}^{\mathrm{j}[\omega t-k_1(x\sin\theta^r-z\cos\theta^r)]} \tag{2.5.39}$$

媒质 (2) ($z \geqslant 0, \varepsilon_2$、$\mu_2; \sigma_2 = 0; k_2 = \omega\sqrt{\varepsilon_2\mu_2}; \eta_2 = \sqrt{\mu_2/\varepsilon_2}$)

$$H_{2y} = H_{y0}^t \mathrm{e}^{\mathrm{j}(\omega t - k_2 \hat{\boldsymbol{s}}^t \cdot \boldsymbol{r})} = H_{y0}^t \mathrm{e}^{\mathrm{j}[\omega t - k_2(x\sin\theta^t + z\cos\theta^t)]} \tag{2.5.40}$$

类似地, 可得相应 $H_{2y}$ 的电场为

$$E_{2x} = \eta_2 \cos\theta^t H_{y0}^t \mathrm{e}^{\mathrm{j}[\omega t - k_2(x\sin\theta^t + z\cos\theta^t)]} \tag{2.5.41}$$

$$E_{2z} = -\eta_2 \sin\theta^t H_{20}^t \mathrm{e}^{\mathrm{j}[\omega t - k_2(x\sin\theta^t + z\cos\theta^t)]} \tag{2.5.42}$$

反射系数 $R^{//}$ 的定义为媒质 (1) 中的反射波磁场与入射波磁场在 $z - 0$ 媒质分界面处之比值. 由 (2.5.37) 式, 并因有反射定律 $\theta^r = \theta^i$, 可知

$$R^{//} = \left.\frac{H_{y0}^r \mathrm{e}^{\mathrm{j}[\omega t - k_1(x\sin\theta^r - z\cos\theta^r)]}}{H_{y0}^i \mathrm{e}^{\mathrm{j}[\omega t - k_1(x\sin\theta^i + z\cos\theta^i)]}}\right|_{z=0} = \frac{H_{y0}^r \mathrm{e}^{\mathrm{j}(\omega t - k_1 x\sin\theta^r)}}{H_{y0}^i \mathrm{e}^{\mathrm{j}(\omega t - k_1 x\sin\theta^i)}} = \frac{H_{y0}^r}{H_{y0}^i} \tag{2.5.43}$$

于是, (2.5.37)~(2.5.39) 式可写成

$$H_{1y} = H_{y0}^i \mathrm{e}^{\mathrm{j}(\omega t - k_1 x\sin\theta^i)} \left(\mathrm{e}^{-\mathrm{j}k_1 z\cos\theta^i} + R^{//} \mathrm{e}^{\mathrm{j}k_1 z\cos\theta^r}\right) \tag{2.5.44}$$

$$E_{1x} = \eta_1 H_{y0}^i \cos\theta^i \mathrm{e}^{\mathrm{j}(\omega t - k_1 x\sin\theta^i)} \left(\mathrm{e}^{-\mathrm{j}k_1 z\cos\theta^i} - R^{//} \mathrm{e}^{\mathrm{j}k_1 z\cos\theta^r}\right) \tag{2.5.45}$$

$$E_{1z} = -\eta_1 H_{y0}^i \sin\theta^i \mathrm{e}^{\mathrm{j}(\omega t - k_1 x\sin\theta^i)} \left(\mathrm{e}^{-\mathrm{j}k_1 z\cos\theta^i} + R^{//} \mathrm{e}^{\mathrm{j}k_1 z\cos\theta^r}\right) \tag{2.5.46}$$

定义透射系数 $T^{//}$ 为媒质 (2) 中的透射波磁场在 $z = 0_+$ 处的值与媒质 (1) 中的入射波磁场在 $z = 0_-$ 处的值之比. 由 (2.5.37) 和 (2.5.40) 式, 并因有折射定律 $k_1 \sin\theta^i = k_2 \sin\theta^t$, 可知

$$T^{//} = \left.\frac{H_{y0}^t \mathrm{e}^{\mathrm{j}[\omega t - k_2(x\sin\theta^t + z\cos\theta^t)]}}{H_{y0}^i \mathrm{e}^{\mathrm{j}[\omega t - k_1(x\sin\theta^i + z\cos\theta^i)]}}\right|_{z=0} = \frac{H_{y0}^t \mathrm{e}^{\mathrm{j}(\omega t - k_2 x\sin\theta^t)}}{H_{y0}^i \mathrm{e}^{\mathrm{j}(\omega t - k_1 x\sin\theta^i)}} = \frac{H_{y0}^t}{H_{y0}^i} \tag{2.5.47}$$

于是, (2.5.40)~(2.5.42) 式可写成

$$H_{2y} = T^{//} H_{y0}^i \mathrm{e}^{\mathrm{j}[\omega t - k_2(x\sin\theta^t + z\cos\theta^t)]} \tag{2.5.48}$$

$$E_{2x} = \eta_2 \cos\theta^t T^{//} H_{y0}^i \mathrm{e}^{\mathrm{j}[\omega t - k_2(x\sin\theta^t + z\cos\theta^t)]} \tag{2.5.49}$$

$$E_{2z} = -\eta_2 \sin\theta^t T^{//} H_{y0}^i \mathrm{e}^{\mathrm{j}[\omega t - k_2(x\sin\theta^t + z\cos\theta^t)]} \tag{2.5.50}$$

在 $z = 0$ 相邻两媒质分界面上, 电磁场的边界条件是: 电场和磁场的切向分量各自应连续, 即 $H_{1y}|_{z=0} = H_{2y}|_{z=0}$ 和 $E_{1x}|_{z=0} = E_{2x}|_{z=0}$. 由其相位因子相等条件可得反射定律和折射定律: $\theta^r = \theta^i$ 和 $k_1 \sin\theta^i = k_2 \sin\theta^t$; 对于幅值相等条件, 由 (2.5.44) 与 (2.5.48), (2.5.45) 与 (2.5.49) 式的相等, 可得

$$1 + R^{//} = T^{//} \tag{2.5.51}$$

$$\eta_1 \cos\theta^i \left(1 - R^{//}\right) = \eta_2 \cos\theta^t T^{//} \tag{2.5.52}$$

由此两式可解得

$$R^{//} = \frac{\eta_1 \cos\theta^i - \eta_2 \cos\theta^t}{\eta_1 \cos\theta^i + \eta_2 \cos\theta^t} \tag{2.5.53}$$

$$T^{//} = 1 + R^{//} = \frac{2\eta_1 \cos\theta^i}{\eta_1 \cos\theta^i + \eta_2 \cos\theta^t} \tag{2.5.54}$$

(2.5.53) 和 (2.5.54) 式即为平行极化波的 Fresnel 公式.

对于非磁性媒质, $\mu_1 \approx \mu_2 \approx \mu_0$, 由 (2.5.32) 式可知, 有 $\eta_1/\eta_2 = n_2/n_1 = n_{21}$, 再注意到有折射定律 $\sin\theta^i = n_{21}\sin\theta^t$, 则 (2.5.53) 式亦可表为

$$R^{//} = \frac{n_{21}\cos\theta^i - \cos\theta^t}{n_{21}\cos\theta^i + \cos\theta^t} = \frac{n_{21}^2 \cos\theta^i - \sqrt{n_{21}^2 - \sin^2\theta^i}}{n_{21}^2 \cos\theta^i + \sqrt{n_{21}^2 - \sin^2\theta^i}} \tag{2.5.55}$$

而 (2.5.54) 式可表为

$$T^{//} = \frac{2n_{21}\cos\theta^i}{n_{21}\cos\theta^i + \cos\theta^t} = \frac{2n_{21}^2 \cos\theta^i}{n_{21}^2 \cos\theta^i + \sqrt{n_{21}^2 - \sin^2\theta^i}} \tag{2.5.56}$$

将 $n_{21} = \sin\theta^i/\sin\theta^t$ 代入 (2.5.55) 和 (2.5.56) 式, 并利用三角函数倍角公式、和积化和差公式 $\sin\alpha \pm \sin\beta = 2\sin(\alpha \pm \beta)/2\cos(\alpha \mp \beta)/2$, 则它们分别还可表为

$$\begin{aligned} R^{//} &= \frac{\sin 2\theta^i - \sin 2\theta^t}{\sin 2\theta^i + \sin 2\theta^t} = \frac{\sin(\theta^i - \theta^t)\cos(\theta^i + \theta^t)}{\cos(\theta^i - \theta^t)\sin(\theta^i + \theta^t)} \\ &= \frac{\tan(\theta^i - \theta^t)}{\tan(\theta^i + \theta^t)} \end{aligned} \tag{2.5.57}$$

和

$$T^{//} = 1 + R^{//} = \frac{2\sin\theta^i \cos\theta^i}{\sin(\theta^i + \theta^t)\cos(\theta^i - \theta^t)} \tag{2.5.58}$$

Fresnel 公式给出了对于给定媒质 (1) 和媒质 (2) 参数 $\varepsilon_1$、$\mu_1$、$\varepsilon_2$、$\mu_2$, $\theta^i$ 和 $\theta^t$(应用折射定律求得), 平面波斜入射时的反射系数和透射系数. 当已知 $R^{\perp}$、$T^{\perp}$ 后, 对于垂直极化波情形, 媒质 (1) 和媒质 (2) 中的电磁场即可由 (2.5.21)~(2.5.23) 和 (2.5.25)~(2.5.27) 式求得; 而当已知 $R^{//}, T^{//}$ 后, 对于平行极化波情形, 媒质 (1) 和媒质 (2) 中的电磁场便可由 (2.5.44)~(2.5.46) 和 (2.5.48)~(2.5.50) 式求得.

图 2.5.4 是 $\varepsilon_{r1} = 1, \varepsilon_{r2} = 2.56$(聚乙烯) 时, 按 (2.5.33) 和 (2.5.53) 式给出的垂直极化波和平行极化波的反射系数 $R^{\perp}$ 和 $R^{//}$ 对入射角 $\theta^i$ 的关系曲线.

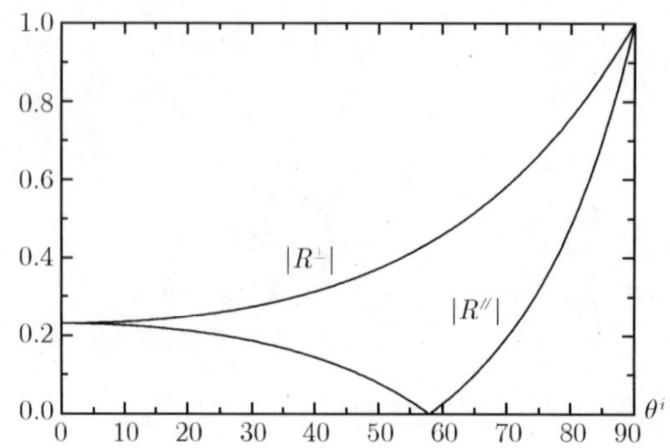


图 2.5.4　反射系数 $|R^{\perp}|$ 和 $|R^{/\!/}|$ 对入射角 $\theta^i$ 的关系

平面电磁波斜入射到理想介质的分界面时, 有如下两种重要的特殊情形, 其一是产生全反射而无折射, 另一是无反射, 而产生全折射.

(1) 全反射 ($|R^{\perp}|=1, |R^{/\!/}|=1$)

如果 $\varepsilon_1>\varepsilon_2$, 即 $n_1>n_2$ ($n_{21}<1$) 时, 则根据折射定律有 $\theta^t>\theta^i$. 若入射角 $\theta^i$ 增加到某一角度 $\theta_{\rm c}$ 时, $\theta^t=90°$, 折射线沿介质分界面掠过; 当 $\theta^i>\theta_{\rm c}$ 时, 媒质 (1) 中的入射波将被分界面完全反射回来, 这一现象称为全反射. 相应于折射角 $\theta^t=90°$ 的入射角 $\theta_{\rm c}$ 称为临界角. 由折射定律可求得临界角为

$$\theta_{\rm c}=\arcsin n_{21}=\arcsin\sqrt{\varepsilon_2/\varepsilon_1} \tag{2.5.59}$$

当 $\varepsilon_2<\varepsilon_1$ 时, $\theta_{\rm c}$ 可有实数解, 从而方有可能存在全反射现象.

当 $\theta_{\rm c}>\theta_i$ 时, $\sin\theta_i>n_{21}$, 这时, (2.5.33) 和 (2.5.53) 式可表为

$$R^{\perp}=\frac{\cos\theta^i-{\rm j}\sqrt{\sin^2\theta^i-n_{21}^2}}{\cos\theta^i+{\rm j}\sqrt{\sin^2\theta^i-n_{21}^{2i}}}={\rm e}^{-{\rm j}2\delta_{\perp}}$$

$$R^{/\!/}=\frac{n_{21}^2\cos\theta^i-{\rm j}\sqrt{\sin^2\theta^i-n_{21}^2}}{n_{21}^2\cos\theta^i+{\rm j}\sin^2\theta^i-n_{21}^2}={\rm e}^{-{\rm j}2\delta_{/\!/}}$$

式中, $\delta_{\perp}=\arctan\dfrac{\sqrt{\sin^2\theta^i-n_{21}^2}}{\cos\theta^i}$ 和 $\delta_{/\!/}=\arctan\dfrac{\sqrt{\sin^2\theta^i-n_{21}^2}}{n_{21}\cos\theta^i}$

由此可见, 当入射角 $\theta_{\rm c}>\theta_i$ 之后, 无论是平行极波还是垂直极化波, 它们的反射系数的模均等于 1, 只是它们的辐角 $\delta_{\perp}\neq\delta_{/\!/}$, 说明发生了全反射现象. 在光纤波导中即是利用这一全反射现象将激光的波能量约束在光纤波导的纤芯中的.

(2) 零反射 (全折射, $R^{/\!/}=0$)

对于平行极化波, 由 (2.5.57) 式可见, 当 $\theta^i+\theta^t=\pi/2$ 时, $\tan(\theta^i+\theta^t)\to\infty$, 此时, $R^{/\!/}=0$, 即反射波的场为零, 而出现全折射. 相应 $R^{/\!/}=0$ 时的入射角 $\theta^i=\theta_{\rm B}$,

$\theta_B$ 称为 Brewster(布儒斯特) 角. 可由折射定律确定:

$$\sin\theta_B = n_{21}\sin\left(\frac{\pi}{2}-\theta_B\right) = n_{21}\cos\theta_B$$

即有

$$\theta_B = \arctan n_{21} \tag{2.5.60}$$

图 2.5.4 表明只有平行极化波在入射角等于 $\theta_B$ 时的反射波等于零. 因此, 当一个任意极化的平面波以布儒斯特角 $\theta_B$ 入射到分界面时, 反射波将不含平行极化波分量, 而只有垂直极化波分量, 光学中的起偏振器即是利用这一极化的滤波作用.

## 2.6 平面波对理想导体平面的斜入射

参见图 2.6.1, $z\leqslant 0$ 媒质 (1) 为 $\varepsilon_1,\mu_1$ 理想介质, $z\geqslant 0$ 媒质 (2) 为理想导体, $z=0$ 为其分界平面. 当一沿 $\hat{s}^i$ 方向传播的平面电磁波以入射角为 $\theta^i$ 从 $\varepsilon_1$、$\mu_1$ 媒质 (1) 斜入射进入媒质 (2) 时, 将在媒质 (1) 中产生一个反射角为 $\theta^r$ 沿 $\hat{\boldsymbol{s}}^r$ 方向传播的波, 称为反射波; 而在媒质 (2) 理想导体中的电磁场为零场.

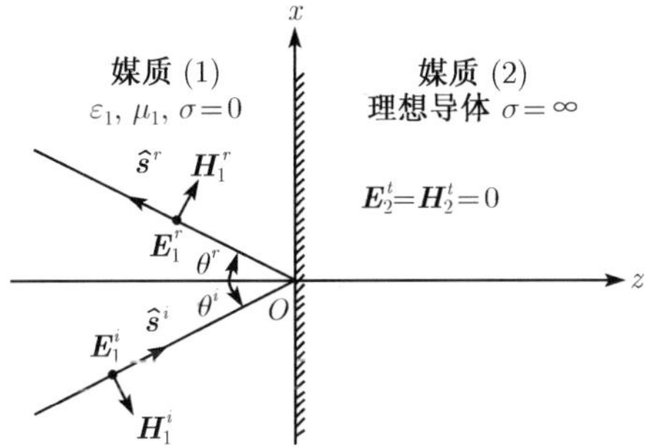


图 2.6.1 平面波对导电平面的斜入射 (垂直极化波)

(1) 垂直极化波 ($\mathrm{TE}_z$ 波)

平面波磁场 $\boldsymbol{H}$ 位于其入射线与媒质分界面的法向所构成的入射平面内, 电场 $\boldsymbol{E}$ 沿 $y$ 方向垂直于入射面, 并与波传播方向 $z$ 垂直, 如图 2.6.1 所示.

媒质 (1) (区域 $z\leqslant 0$, $\varepsilon_1$、$\mu_1$; $\sigma_1=0$; $k_1=\omega\sqrt{\varepsilon_1\mu_1}$; $\eta_1=\sqrt{\mu_1/\varepsilon_1}$)

$$\begin{aligned}E_{1y} &= E_{y0}^i e^{j(\omega t-k_1\hat{\boldsymbol{s}}^i\cdot\boldsymbol{r})} + E_{y0}^r e^{j(\omega t-k_1\hat{\boldsymbol{s}}^r\cdot\boldsymbol{r})}\\ &= E_{y0}^i e^{j[\omega t-k_1(x\sin\theta^i+z\cos\theta^i)]} + E_{y0}^r e^{j[\omega t-k_1(x\sin\theta^r-z\cos\theta^r)]}\end{aligned} \tag{2.6.1}$$

应用场方程 $\boldsymbol{H}_1=-\dfrac{1}{j\omega\mu_1}\nabla\times\boldsymbol{E}_{1y}=\dfrac{1}{j\omega\mu_1}\dfrac{\partial E_{1y}}{\partial z}\hat{\boldsymbol{a}}_x-\dfrac{1}{j\omega\mu_1}\dfrac{\partial E_{1y}}{\partial x}\hat{\boldsymbol{a}}_z$ 或 $\boldsymbol{H}_1=\dfrac{1}{\eta_1}\hat{\boldsymbol{s}}^i\times\boldsymbol{E}_{1y}^i+\dfrac{1}{\eta_1}\hat{\boldsymbol{s}}^r\times\boldsymbol{E}_{1y}^r$ 可得与 $E_{1y}$ 相应的磁场 $\boldsymbol{H}_1$ 的 $x$ 和 $z$ 分量 (亦见 (2.5.15) 和

(2.5.16) 式) 为

$$H_{1x} = -\frac{1}{\eta_1}\mathrm{e}^{\mathrm{j}(\omega t - k_1 x\sin\theta^i)}\left(E_{y0}^i\cos\theta^i\mathrm{e}^{-\mathrm{j}k_1 z\cos\theta^i} - E_{y0}^r\cos\theta^r\mathrm{e}^{\mathrm{j}k_1 z\cos\theta^r}\right) \quad (2.6.2)$$

$$H_{1z} = \frac{1}{\eta_1}\mathrm{e}^{\mathrm{j}(\omega t - k_1 x\sin\theta^i)}\left(E_{y0}^i\sin\theta^i\mathrm{e}^{-\mathrm{j}k_1 z\cos\theta^i} + E_{y0}^r\sin\theta^r\mathrm{e}^{\mathrm{j}k_1 z\cos\theta^r}\right) \quad (2.6.3)$$

媒质 (2) (区域 $z \geqslant 0$, 理想导体 $\sigma_2 = \infty$)

$$\boldsymbol{E}_2 = 0, \quad \boldsymbol{H}_2 = 0 \quad 即 \quad E_{2y} = H_{2x} = H_{2z} = 0 \quad (2.6.4)$$

按反射系数定义, 垂直极化波的反射系数 $R^\perp$ 为

$$R^\perp = \left.\frac{E_{y0}^r\mathrm{e}^{\mathrm{j}[\omega t - k_1(x\sin\theta^r - z\cos\theta^r)]}}{E_{y0}^i\mathrm{e}^{\mathrm{j}[\omega t - k_1(x\sin\theta^i + z\cos\theta^i)]}}\right|_{z=0} = \frac{E_{y0}^r}{E_{y0}^i} \quad (2.6.5)$$

于是, 由 (2.6.1)~(2.6.3) 式, 并因有反射定律 $\theta^r = \theta^i$, 媒质 (1) 中的电磁场可写为

$$E_{1y} = E_{y0}^i\mathrm{e}^{\mathrm{j}(\omega t - k_1 x\sin\theta^i)}\left(\mathrm{e}^{-\mathrm{j}k_1 z\cos\theta^i} + R^\perp\mathrm{e}^{\mathrm{j}k_1 z\cos\theta^i}\right) \quad (2.6.6)$$

$$H_{1x} = -\frac{1}{\eta_1}E_{y0}^i\cos\theta^i\mathrm{e}^{\mathrm{j}(\omega t - k_1 x\sin\theta^i)}\left(\mathrm{e}^{-\mathrm{j}k_1 z\cos\theta^i} - R^\perp\mathrm{e}^{\mathrm{j}k_1 z\cos\theta^i}\right) \quad (2.6.7)$$

$$H_{1z} = \frac{1}{\eta_1}E_{y0}^i\sin\theta^i\mathrm{e}^{\mathrm{j}(\omega t - k_1 x\sin\theta^i)}\left(\mathrm{e}^{-\mathrm{j}k_1 z\cos\theta^i} + R^\perp\mathrm{e}^{\mathrm{j}k_1 z\cos\theta^r}\right) \quad (2.6.8)$$

在媒质 (1) 与理想导体分界面上, 电磁场应满足的条件是: 电场的切向分量或磁场的法向分量连续连续, 即 $E_{1y}|_{z=0} = E_{2y}|_{z=0} = 0$ 或 $H_{1z}|_{z=0} = H_{2z}|_{z=0} = 0$; 而磁场的切向分量不连续与导体表面电流密度 $\boldsymbol{J}_S$ 相关, 而有 $\boldsymbol{J}_S = \hat{\boldsymbol{n}} \times \boldsymbol{H}$.

由 $E_{1y}|_{z=0}$ 或 $H_{1z}|_{z=0}$ 各项相位因子相等, 可得反射定律 $\theta^r = \theta^i$, 这业已应用; 应用幅值相等条件, 由 (2.6.4)、(2.6.6) 或 (2.6.8) 式可得 $E_{1y} = E_{y0}^i(1 + R^\perp) = 0$, 故有

$$R^\perp = -1 \quad (2.6.9)$$

代入 (2.6.6)~(2.6.8) 式, 便得到媒质 (1) 中的电场和磁场为

$$E_{1y} = -\mathrm{j}2E_{y0}^i\sin(k_1 z\cos\theta^i)\mathrm{e}^{\mathrm{j}(\omega t - k_1 x\sin\theta^i)} \quad (2.6.10)$$

$$H_{1x} = -\frac{2}{\eta_1}E_{y0}^i\cos\theta^i\cos(k_1 z\cos\theta^i)\mathrm{e}^{\mathrm{j}(\omega t - k_1 x\sin\theta^i)} \quad (2.6.11)$$

$$H_{1z} = -\mathrm{j}\frac{2}{\eta_1}E_{y0}^i\sin\theta^i\sin(k_1 z\cos\theta^i)\mathrm{e}^{\mathrm{j}(\omega t - k_1 x\sin\theta^i)} \quad (2.6.12)$$

根据磁场边界条件, 导体表面的电流密度 $\boldsymbol{J}_S$ 为

$$\boldsymbol{J}_S = \hat{\boldsymbol{n}} \times \boldsymbol{H}|_{z=0} = -\hat{\boldsymbol{a}}_z \times (H_{1x}\hat{\boldsymbol{a}}_x + H_{1z}\hat{\boldsymbol{a}}_z) = -H_{1x}\hat{\boldsymbol{a}}_y$$

或

$$J_y = \frac{2}{\eta_1}\cos\theta^i E_{y0}^i \mathrm{e}^{\mathrm{j}(\omega t - k_1 x \sin\theta^i)} \tag{2.6.13}$$

媒质 (1) 的功率流密度 $\boldsymbol{P}$ 为

$$\boldsymbol{P} = \frac{1}{2}\mathrm{Re}[\boldsymbol{E}\times\boldsymbol{H}^*] = \frac{1}{2}\mathrm{Re}[-E_{1y}H_{1x}^*\hat{\boldsymbol{a}}_z + E_{1y}H_{1z}^*\hat{\boldsymbol{a}}_x]$$

将 (2.6.10)~(2.6.12) 式代入后, 即有

$$\boldsymbol{P} = \frac{1}{2}\mathrm{Re}\left[-\mathrm{j}\frac{2}{\eta_1}(E_{y0}^i)^2\cos\theta^i\sin(2k_1 z\cos\theta^i)\hat{\boldsymbol{a}}_z + \frac{4}{\eta_1}(E_{y0}^i)^2\sin\theta^i\sin^2(k_1 z\cos\theta^i)\hat{\boldsymbol{a}}_x\right]$$

故得

$$P_x = \frac{2}{\eta_1}(E_{y0}^i)^2\sin\theta^i\sin^2(k_1 z\cos\theta^i)\hat{\boldsymbol{a}}_x \tag{2.6.14}$$

由此可见, Poynting 矢量沿 $z$ 方向的分量是虚数, 表明它的时间平均值为零, 没有功率沿 $z$ 方向传播; 而它沿 $x$ 方向的分量是正实数, 且不随 $x$ 变化, 表明有能量 $x$ 方向传播. 此外, (2.6.10)~(2.6.12) 式电磁场表示式沿 $z$ 方向是驻波、沿 $x$ 方向是行波也证实了这一点.

(2) 平行极化波 ($\mathrm{TM}_z$ 波)

平面波电场 $\boldsymbol{E}$ 位于其入射线与媒质分界面的法线所构成的入射平面内, 磁场 $\boldsymbol{H}$ 沿 $y$ 方向垂直于入射面, 并与波传播方向 $z$ 垂直, 如图 2.6.2 所示.

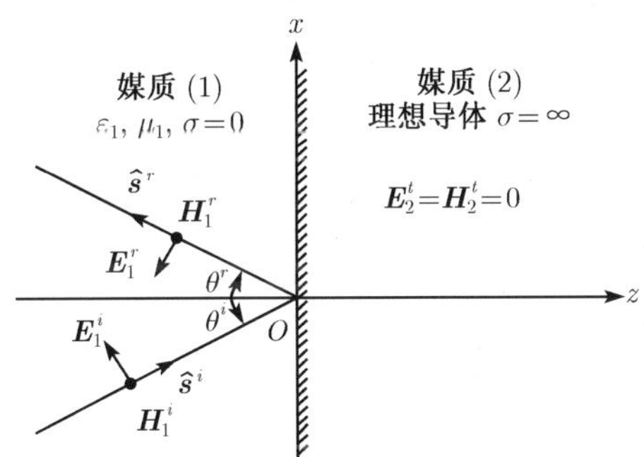


图 2.6.2 平面波对理想导体平面的斜入射 (平行极化波)

媒质 (1) ($z \leqslant 0, \varepsilon_1, \mu_1, \sigma_1 = 0; k_1 = \omega\sqrt{\varepsilon_1\mu_1}, \eta_1 = \sqrt{\mu_1/\varepsilon_1}$)

$$H_{1y} = H_{y0}^i \mathrm{e}^{\mathrm{j}[\omega t - k_1(x\sin\theta^i + z\cos\theta^i)]} + H_{y0}^i \mathrm{e}^{\mathrm{j}[\omega t - k_1(x\sin\theta^r - z\cos\theta^r)]} \tag{2.6.15}$$

而与 $H_{1y}$ 相应的电场 $\boldsymbol{E}_1$ 的 $x$ 和 $z$ 分量 (参见 (2.5.38) 和 (2.5.39) 式) 为

$$E_{1x} = \eta_1 \mathrm{e}^{\mathrm{j}(\omega t - k_1 x\sin\theta^i)}\left(H_{y0}^i\cos\theta^i \mathrm{e}^{-\mathrm{j}k_1 z\cos\theta^i} - H_{y0}^r\cos\theta^r \mathrm{e}^{\mathrm{j}k_1 z\cos\theta^r}\right) \tag{2.6.16}$$

$$E_{1z} = -\eta_1 \mathrm{e}^{\mathrm{j}(\omega t - k_1 x \sin\theta^i)} \left( H_{y0}^i \sin\theta^i \mathrm{e}^{-\mathrm{j}k_1 z\cos\theta^i} + H_{y0}^r \sin\theta^r \mathrm{e}^{\mathrm{j}k_1 z\cos\theta^r} \right) \tag{2.6.17}$$

媒质 (2) ($z \geqslant 0$, 理想导体 $\sigma_2 = \infty$)

$$E_2 = 0, \quad H_2 = 0 \quad 或 \quad E_{2x} = E_{2z} = H_{2y} = 0 \tag{2.6.18}$$

按反射系数定义, 平行极化波的反射系数 $R^{//}$ 为

$$R^{//} = \left. \frac{H_{y0}^i \mathrm{e}^{\mathrm{j}[\omega t - k_1(x\sin\theta^r - z\cos\theta^r)]}}{H_{y0}^i \mathrm{e}^{\mathrm{j}[\omega t - k_1(x\sin\theta^i + z\cos\theta^i)]}} \right|_{z=0} = \frac{H_{y0}^r}{H_{y0}^i} \tag{2.6.19}$$

于是, (2.6.15)~(2.5.17) 式代入 $R^{//}$ 以及反射定律 $\theta^r = \theta^i$ 后, 而可写为

$$H_{1y} = H_{y0}^i \mathrm{e}^{\mathrm{j}(\omega t - k_1 x\sin\theta^i)} \left( \mathrm{e}^{-\mathrm{j}k_1 z\cos\theta^i} + R^{//} \mathrm{e}^{\mathrm{j}k_1 z\cos\theta^i} \right) \tag{2.6.20}$$

$$E_{1x} = \eta_1 H_{y0}^i \cos\theta^i \mathrm{e}^{\mathrm{j}(\omega t - k_1 x\sin\theta^i)} \left( \mathrm{e}^{-\mathrm{j}k_1 z\cos\theta^i} - R^{//} \mathrm{e}^{\mathrm{j}k_1 z\cos\theta^i} \right) \tag{2.6.21}$$

$$E_{1z} = -\eta_1 H_{y0}^i \sin\theta^i \mathrm{e}^{\mathrm{j}(\omega t - k_1 x\sin\theta^i)} \left( \mathrm{e}^{-\mathrm{j}k_1 z\cos\theta^i} + R^{//} \mathrm{e}^{\mathrm{j}k_1 z\cos\theta^i} \right) \tag{2.6.22}$$

在 $z = 0$ 媒质 (1) 与理想导体分界面上, 电磁场应满足的条件是: 电场的切向分量连续, 即 $E_{1x}|_{z=0} = E_{2x}|_{z=0} = 0$; 磁场的切向分量不连续与导体表面电流密度 $\boldsymbol{J}_S$ 相关, 有 $\boldsymbol{J}_S = \hat{\boldsymbol{n}} \times \boldsymbol{H}$. 由边界条件 $E_{1x}|_{z=0} = E_{2x}|_{z=0} = 0$ 两边相位因子相等, 可得反射定律 $\theta^r = \theta^i$, 这业已应用, 而应用其幅值相等, 则由边界条件 $E_{1x}|_{z=0} = 0$ 可得 $1 - R^{//} = 0$, 故有

$$R^{//} = 1 \tag{2.6.23}$$

将 $R^{//} = 1$ 代入 (2.6.20)~(2.6.22) 式, 即可知媒质 (1) 中的磁场和电场为

$$H_{1y} = 2H_{y0}^i \cos(k_1 z \cos\theta^i) \mathrm{e}^{\mathrm{j}(\omega t - k_1 x\sin\theta^i)} \tag{2.6.24}$$

$$E_{1x} = -\mathrm{j}2\eta_1 H_{y0}^i \cos\theta^i \sin(k_1 z\cos\theta^i) \mathrm{e}^{\mathrm{j}(\omega t - k_1 x\sin\theta^i)} \tag{2.6.25}$$

$$E_{1z} = -2\eta_1 H_{y0}^i \sin\theta^i \cos(k_1 z\cos\theta^i) \mathrm{e}^{\mathrm{j}(\omega t - k_1 x\sin\theta^i)} \tag{2.6.26}$$

根据磁场边界条件, 导体表面的电流密度 $\boldsymbol{J}_S$ 为

$$\boldsymbol{J}_S = \hat{\boldsymbol{n}} \times \boldsymbol{H}|_{z=0} = -\hat{\boldsymbol{a}}_z \times H_{1y}\hat{\boldsymbol{a}}_y = H_{1y}\hat{\boldsymbol{a}}_x$$

或

$$J_x = 2H_{y0}^i \mathrm{e}^{\mathrm{j}(\omega t - k_1 x\sin\theta^i)} \tag{2.6.27}$$

媒质 (1) 的功率流密度为

$$\boldsymbol{P} = \frac{1}{2}\mathrm{Re}[\boldsymbol{E} \times \boldsymbol{H}^*] = \frac{1}{2}\mathrm{Re}[E_{1x}H_{1y}^*\hat{\boldsymbol{a}}_z - E_{1z}H_{1y}^*\hat{\boldsymbol{a}}_x]$$

代入 (2.5.24)~(2.5.26) 式, 即有

$$\begin{aligned}\boldsymbol{P} =& \mathrm{Re}\Big[-\mathrm{j}\eta_1(H_{y0}^i)^2\cos\theta^i\sin(2k_1z\cos\theta^i)\hat{\boldsymbol{a}}_z \\ &+ 2\eta_1(H_{y0}^i)^2\sin\theta^i\cos^2(k_1z\cos\theta^i)\hat{\boldsymbol{a}}_x\Big]\end{aligned}$$

故有

$$P_x = 2\eta_1(H_{y0}^i)^2\sin\theta^i\cos^2(k_1z\cos\theta^i) \tag{2.6.28}$$

由此可见, 复 Poynting 矢量沿 $z$ 方向的分量是虚数, 表明它的时间平均值为零, 没有功率沿 $z$ 方向传播; 而它量沿 $x$ 方向的分量是正实数, 表明有能量 $x$ 方向传播. 此外, (2.6.24)~(2.6.26) 式电磁场表示式沿 $z$ 方向是驻波、沿 $x$ 方向是行波也证实了这一点.

## 2.7 平面波对介质夹层的垂直入射

有一平面电磁波从媒质 (1) 沿 $z$ 方向垂直入射至一厚度为 $d$ 的 $\varepsilon_2, \mu_2$ 的介质夹层进入媒质 (3), 电场 $\boldsymbol{E} = E_x\hat{\boldsymbol{a}}_x$ 仅有 $x$ 方向分量, 磁场 $\boldsymbol{H} = H_y\hat{\boldsymbol{a}}_y$ 仅有 $y$ 方向分量, 如图 2.7.1 所示.

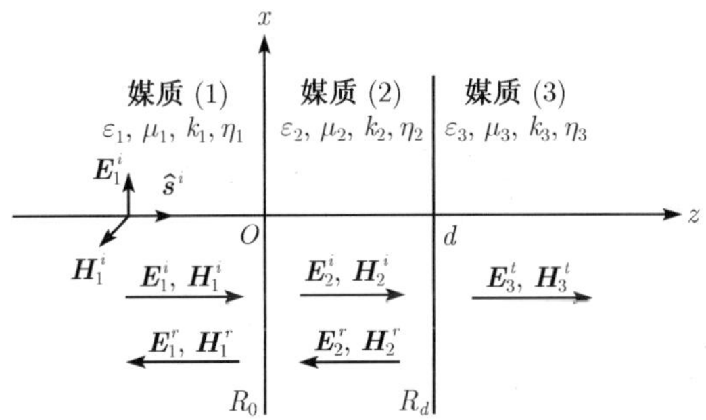


图 2.7.1 平面电磁波对均匀平面介质层的垂直入射

在 $\varepsilon_1$、$\mu_1$ 媒质 (1) 和 $\varepsilon_2$、$\mu_2$ 媒质 (2) 中, 总电场和磁场是相应入射波与反射波之和, 在媒质 (3) 中, 总电场和磁场仅含透射波. 它们的表示式如下:

媒质 (1) ($z \leqslant 0, \varepsilon_1$、$\mu_1; k_1 = \omega\sqrt{\varepsilon_1\mu_1}; \eta_1 = \sqrt{\mu_1/\varepsilon_1}$)

$$E_{1x} = E_{10}^i \mathrm{e}^{\mathrm{j}(\omega t - k_1 z)} + E_{10}^r \mathrm{e}^{\mathrm{j}(\omega t + k_1 z)} \tag{2.7.1}$$

$$\begin{aligned}H_{1y} &= H_{10}^i \mathrm{e}^{\mathrm{j}(\omega t - k_1 z)} + H_{10}^r \mathrm{e}^{\mathrm{j}(\omega t + k_1 z)} \\ &= \frac{1}{\eta_1}\left(E_{10}^i \mathrm{e}^{\mathrm{j}(\omega t - k_1 z)} - E_{10}^r \mathrm{e}^{\mathrm{j}(\omega t + k_1 z)}\right)\end{aligned} \tag{2.7.2}$$

媒质 (2) ($0 \leqslant z \geqslant d, \varepsilon_2$、$\mu_2; k_2 = \omega\sqrt{\varepsilon_2\mu_2}; \eta_2 = \sqrt{\mu_2/\varepsilon_2}$)

$$E_{2x} = E_{20}^i \mathrm{e}^{\mathrm{j}(\omega t - k_2 z)} + E_{20}^r \mathrm{e}^{\mathrm{j}(\omega t + k_2 z)} \tag{2.7.3}$$

$$\begin{aligned}H_{2y}&=H_{20}^{i}\mathrm{e}^{\mathrm{j}(\omega t-k_2z)}+H_{20}^{r}\mathrm{e}^{\mathrm{j}(\omega t+k_2z)}\\&=\frac{1}{\eta_2}\left(E_{20}^{i}\mathrm{e}^{\mathrm{j}(\omega t-k_2z)}-E_{20}^{r}\mathrm{e}^{\mathrm{j}(\omega t+k_2z)}\right)\end{aligned}\tag{2.7.4}$$

媒质 (3) ($z\geqslant d$, $\varepsilon_3$、$\mu_3$; $k_3=\omega\sqrt{\varepsilon_3\mu_3}$; $\eta_3=\sqrt{\mu_3/\varepsilon_3}$)

$$E_{3x}=E_{30}^{i}\mathrm{e}^{\mathrm{j}(\omega t-k_3z)}\tag{2.7.5}$$

$$H_{3y}=\frac{1}{\eta_3}E_{30}^{i}\mathrm{e}^{\mathrm{j}(\omega t-k_3z)}\tag{2.7.6}$$

定义媒质 (1) 中 $z=0$ 处的反射系数 $R_0$ 为在该点反射波电场与入射波电场之比, 即

$$R_0=\left.\frac{E_{10}^{r}\mathrm{e}^{\mathrm{j}(\omega t+k_1z)}}{E_{10}^{i}\mathrm{e}^{\mathrm{j}(\omega t-k_1z)}}\right|_{z=0}=\frac{E_{10}^{r}}{E_{10}^{i}}\quad 而有\quad E_{10}^{r}=R_0E_{10}^{i}\tag{2.7.7}$$

定义媒质 (2) 中 $z=d$ 处的反射系数 $R_d$ 为在该点的反射波电场 $E_{20}^{r}\mathrm{e}^{\mathrm{j}(\omega t+k_2z)}$ 与入射波电场 $E_{20}^{i}\mathrm{e}^{\mathrm{j}(\omega t-k_2z)}$ 之比, 即

$$R_d=\left.\frac{E_{20}^{r}\mathrm{e}^{\mathrm{j}(\omega t+k_2z)}}{E_{20}^{i}\mathrm{e}^{\mathrm{j}(\omega t-k_2z)}}\right|_{z=d}=\frac{E_{20}^{r}\mathrm{e}^{\mathrm{j}k_2d}}{E_{20}^{i}\mathrm{e}^{-\mathrm{j}k_2d}}=\frac{E_{20}^{r}}{E_{20}^{i}}\mathrm{e}^{\mathrm{j}2k_2d}\tag{2.7.8}$$

而有

$$E_{20}^{r}=R_dE_{20}^{i}\mathrm{e}^{-\mathrm{j}2k_2d}\tag{2.7.9}$$

而定义媒质 (3) 中 $z=d$ 处的透射系数 $T_d$ 为在该点透射波电场与媒质 (1) 中 $z=0$ 处的入射波电场之比, 即

$$T_d=\frac{E_{30}^{i}\mathrm{e}^{\mathrm{j}(\omega t-k_3z)}\big|_{z=d}}{E_{10}^{i}\mathrm{e}^{\mathrm{j}(\omega t-k_1z)}\big|_{z=0}}=\frac{E_{30}^{i}}{E_{10}^{i}}\mathrm{e}^{-\mathrm{j}k_3d}\tag{2.7.10}$$

而有

$$E_{30}^{i}=T_dE_{10}^{i}\mathrm{e}^{\mathrm{j}k_3d}\tag{2.7.11}$$

于是, 我们可将媒质 (1)、(2) 和 (3) 中的电磁场表示式 (2.7.1)~(2.7.6) 式写为

$$E_{1x}=E_{10}^{i}\left(\mathrm{e}^{\mathrm{j}(\omega t-k_1z)}+R_0\mathrm{e}^{\mathrm{j}(\omega t+k_1z)}\right)\tag{2.7.12}$$

$$H_{1y}=\frac{1}{\eta_1}E_{10}^{i}\left(\mathrm{e}^{\mathrm{j}(\omega t-k_1z)}-R_0\mathrm{e}^{\mathrm{j}(\omega t+k_1z)}\right)\tag{2.7.13}$$

$$E_{2x}=E_{20}^{i}\left(\mathrm{e}^{\mathrm{j}(\omega t-k_2z)}+R_d\mathrm{e}^{\mathrm{j}[\omega t+k_2(z-2d)]}\right)\tag{2.7.14}$$

$$H_{2y}=\frac{1}{\eta_2}E_{20}^{i}\left(\mathrm{e}^{\mathrm{j}(\omega t-k_2z)}-R_d\mathrm{e}^{\mathrm{j}[\omega t+k_2(z-2d)]}\right)\tag{2.7.15}$$

$$E_{3x}=T_dE_{10}^{i}\mathrm{e}^{\mathrm{j}[\omega t-k_3(z-d)]}\tag{2.7.16}$$

$$H_{3y} = \frac{1}{\eta_3} T_d E_{10}^i \mathrm{e}^{\mathrm{j}[\omega t - k_3(z-d)]} \tag{2.7.17}$$

电磁场应满足的条件是：在 $z=0$ 和 $z=d$ 两相邻媒质分界面上，电磁场的切向分量连续，即 $E_{1x}|_{z=0} = E_{2x}|_{z=0}$ 与 $H_{1y}|_{z=0} = H_{2y}|_{z=0}$，和 $E_{2x}|_{z=d} = E_{3x}|_{z=d}$ 与 $H_{2y}|_{z=d} = H_{3y}|_{z=d}$.

应用 $z=0$ 处的电场幅值边界条件：$E_{1x}|_{z=0}=E_{2x}|_{z=0}$ 与 $H_{1y}|_{z=0}=H_{2y}|_{z=0}$，由 (2.7.12) 与 (2.7.14), (2.7.13) 与 (2.7.15) 式, 可得

$$E_{10}^i(1+R_0) = E_{20}^i\left(1+R_d\mathrm{e}^{-\mathrm{j}2k_2d}\right) \tag{2.7.18}$$

$$\frac{1}{\eta_1}E_{10}^i(1-R_0) = \frac{1}{\eta_2}E_{20}^i\left(1-R_d\mathrm{e}^{-\mathrm{j}2k_2d}\right) \tag{2.7.19}$$

将 (2.7.18) 与 (2.7.19) 式相除后, 可得

$$\frac{1+R_0}{1-R_0} = \frac{\eta_2}{\eta_1}\frac{1+R_d\mathrm{e}^{-\mathrm{j}2k_2d}}{1-R_d\mathrm{e}^{-\mathrm{j}2k_2d}} \tag{2.7.20}$$

令

$$\eta_{\mathrm{eff0}} = \eta_2\frac{1+R_d\mathrm{e}^{-\mathrm{j}2k_2d}}{1-R_d\mathrm{e}^{-\mathrm{j}2k_2d}} \tag{2.7.21}$$

而有

$$\eta_{\mathrm{eff0}} = \eta_1\frac{1+R_0}{1-R_0} \tag{2.7.22}$$

由 (2.7.12)~(2.7.15) 式可知, $\eta_{\mathrm{eff0}}$ 就是在 $z=0$ 处横向电场与横向磁场之比, 称为该点的等效波阻抗, 即 $\eta_{\mathrm{eff0}} = E_{1x}/H_{1y}|_{z=0} = E_{2x}/H_{2y}|_{z=0}$. 由 (2.7.22) 式, 我们可反解得 $z=0$ 端介质分界面处的反射系数 $R_0$ 为

$$R_0 = \frac{\eta_{\mathrm{ef0}} - \eta_1}{\eta_{\mathrm{ef0}} + \eta_1} \tag{2.7.23}$$

应用 $z=d$ 处的电场幅值边界条件：$E_{2x}|_{z=d} = E_{3x}|_{z=d}$ 与 $H_{2y}|_{z=d} = H_{3y}|_{z=d}$，由 (2.7.14) 与 (2.7.16)，(2.7.15) 与 (2.7.17) 式, 可得

$$E_{20}^i\mathrm{e}^{-\mathrm{j}k_2d}(1+R_d) = T_dE_{10}^i \tag{2.7.24}$$

$$\frac{1}{\eta_2}E_{20}^i\mathrm{e}^{-\mathrm{j}k_2d}(1-R_d) = \frac{1}{\eta_3}T_dE_{10}^i \tag{2.7.25}$$

将 (2.7.24) 与 (2.7.25) 式相除后, 可得

$$\frac{1+R_d}{1-R_d} = \frac{\eta_3}{\eta_2} \tag{2.7.26}$$

由此可解得 $z=d$ 处的反射系数：

$$R_d=\frac{\eta_3-\eta_2}{\eta_3+\eta_2} \tag{2.7.27}$$

将媒质 (2) 中 $z=d$ 处的反射系数 $R_d$ 代入 (2.7.21) 式经整理后, 我们可得等效波阻抗 $\eta_{\text{eff0}}$ 的另一表示形式：

$$\begin{aligned}\eta_{\text{eff0}}&=\eta_2\frac{1+\dfrac{\eta_3-\eta_2}{\eta_3+\eta_2}\mathrm{e}^{-\mathrm{j}2k_2d}}{1-\dfrac{\eta_3-\eta_2}{\eta_3+\eta_2}\mathrm{e}^{-\mathrm{j}2k_2d}}=\eta_2\frac{(\eta_3+\eta_2)\mathrm{e}^{\mathrm{j}k_2d}+(\eta_3-\eta_2)\mathrm{e}^{-\mathrm{j}k_2d}}{(\eta_3+\eta_2)\mathrm{e}^{\mathrm{j}k_2d}-(\eta_3-\eta_2)\mathrm{e}^{-\mathrm{j}k_2d}}\\&=\eta_2\frac{\eta_3\cos(k_2d)+\mathrm{j}\eta_2\sin(k_2d)}{\eta_2\cos(k_2d)+\mathrm{j}\eta_3\sin(k_2d)}\end{aligned}$$

此即

$$\eta_{\text{eff0}}=\eta_2\frac{\eta_3+\mathrm{j}\eta_2\tan(k_2d)}{\eta_2+\mathrm{j}\eta_3\tan(k_2d)} \tag{2.7.28}$$

应用 (2.7.28) 式求得等效波阻抗 $\eta_{\text{eff0}}$ 后, 再应用 (2.7.23) 式便可求得反射系数 $R_0$; 此外, 若应用 (2.7.27) 式求出 $R_d$ 后, 再由 (2.7.22) 式求得 $\eta_{\text{eff0}}$, 继而由 (2.7.23) 式亦可得出媒质 (1) 中 $z=0$ 处的反射系数 $R_0$, 它就是我们所感兴趣的反射系数.

由 (2.7.18) 式可知 $\dfrac{E_{20}^i}{E_{10}^i}=\dfrac{1+R_0}{1+R_d\mathrm{e}^{-\mathrm{j}2k_2d}}$, 将它代入 (2.7.24) 式消去 $\dfrac{E_{20}^i}{E_{10}^i}$, 则可得媒质 (3) 中的透射系数 $T_d$ 为

$$\begin{aligned}T_d&=\frac{(1+R_0)(1+R_d)}{1+R_d\mathrm{e}^{-\mathrm{j}2k_2d}}\mathrm{e}^{-\mathrm{j}k_2d}\\&=\frac{(1+R_0)(1+R_d)}{\mathrm{e}^{\mathrm{j}k_2d}+R_d\mathrm{e}^{-\mathrm{j}k_2d}}\end{aligned} \tag{2.7.29}$$

一旦知道了反射系数 $R_0$, $R_d$ 和透射系数 $T_d$, 我们便可由 (2.7.12)~(2.7.17) 式求得媒质 (1)、媒质 (2) 和媒质 (3) 中的电磁场, 其中的 $E_{10}^i$ 由入射波的振幅确定.

现在, 我们来分析几个特殊情形：

(1) 半波长介质夹层

设 $\varepsilon_3=\varepsilon_1=\varepsilon_0,\mu_1=\mu_2=\mu_3=\mu_0$, $d=\lambda_2/2$, $\lambda_2$ 为 $\varepsilon_2,\mu_0$ 介质夹层中的波长. 故有

$$\eta_3=\eta_1,\quad k_2d=\frac{2\pi}{\lambda_2}\frac{\lambda_2}{2}=\pi$$

因 $\tan(k_2d)=\tan\pi=0$, 故由 (2.7.28) 式可知

$$\eta_{\text{eff0}}=\eta_3=\eta_1 \tag{2.7.30}$$

因而, 由 (2.7.23) 式, 可见, 此时在 $z=0$ 端媒质分界面处的反射系数 $R_0=0$, 这表明从媒质 (1) 入射到 $z=0$ 处媒质分界面时不产生波反射, 完全通过介质夹层而无损失. 这一基本思想已被应用于天线罩的设计技术中.

(2) 1/4 波长介质敷层 (阻抗变换器)

选取 $d=\lambda_2/4$ 和 $\eta_2=\sqrt{\eta_1\eta_3}$, 因 $\tan(k_2d)=\tan(\pi/2)=\infty$, 故由 (2.7.28) 式有

$$\eta_{\text{eff0}}=\frac{\eta_2^2}{\eta_3}=\frac{\left(\sqrt{\eta_1\eta_3}\right)^2}{\eta_3}=\eta_1 \tag{2.7.31}$$

由 (2.7.23) 式可知, 此时在 $z=0$ 端媒质分界面处的反射系数 $R_0=0$, 这表明从当电磁波从媒质 (1) 经媒质 (2) 传至媒质 (3), 在 $z=0$ 处的媒质分界面上不产生波反射. 照相机镜头上的敷膜即应用此原理以减少镜面反射增加透光度. 这也是微波技术中的 1/4 波长阻抗匹配器的工作原理.

(3) 金属衬底介质层

设媒质 (3) 为理想导体, 则可知有 $\eta_3=0$, 故由 (2.7.27) 式可得

$$R_d=-1 \tag{2.7.32}$$

对于理想导体 $\eta_3=0$, 由 (2.7.28) 和 (2.7.23) 式可得 $z=0$ 处的等效波阻抗 $\eta_{\text{ef0}}$ 和反射系数 $R_1$:

$$\eta_{\text{eff0}}=j\eta_2\tan(k_2d) \quad 和 \quad R_0=\frac{\mathrm{j}\eta_2\tan(k_2d)-\eta_1}{\mathrm{j}\eta_2\tan(k_2d)+\eta_1} \tag{2.7.33}$$

若媒质 (2) 中为非理想介质, 此时 $k_2$ 为复数, 可表为 $k_2=\beta-\mathrm{j}\alpha$ 为复数, 当入射波行进到 $z=d$ 时将被导体反射, 而此反射波返回抵达 $z=0$ 时受到有 $\mathrm{e}^{-2\alpha d}$ 的衰减, 因而使反射系数 $R_0$ 得到降低. 这类在导体表面增加有耗介质敷层以减小反射的方法已得到实际应用.

## 2.8 平面波对介质夹层的斜入射

参见图 2.8.1, 设 $z\leqslant 0$ 媒质 (1) 为 $\varepsilon_1,\mu_1$ 介质, $0\leqslant z\leqslant d$ 媒质 (2) 为 $\varepsilon_2,\mu_2$ 介质, $z\geqslant d$ 媒质 (3) 为 $\varepsilon_3,\mu_3$ 介质或理想导体; $z=0$ 和 $z=d$ 为它们的分界平面. 有一沿 $\hat{\boldsymbol{s}}^i$ 方向传播的平面电磁波以入射角为 $\theta_1$ 从媒质 (1) 斜入射至一厚度为 $d$ 的 $\varepsilon_2,\mu_2$ 的介质夹层进入媒质 (3), 在媒质 (2) 中以入射角为 $\theta_2$ 斜入射进入媒质 (3), 在媒质 (3) 中的出射角为 $\theta_3$; 若媒质 (3) 为理想导体, 则波在媒质 (2) 中被全反射, 在媒质 (3) 中的电磁场为零.

以下考虑入射波电场分别为垂直于入射面和平行于入射面两种情形:

### 2.8.1　垂直极化波(TE$_z$ 波)

平面波电场 $\boldsymbol{E}$ 沿 $y$ 方向垂直于入射面, 仅有 $y$ 分量, 与波传播方向 $z$ 垂直; 磁场 $\boldsymbol{H}$ 位于入射平面内, 含有 $x$ 分量和 $z$ 分量, 如图 2.8.1 所示.

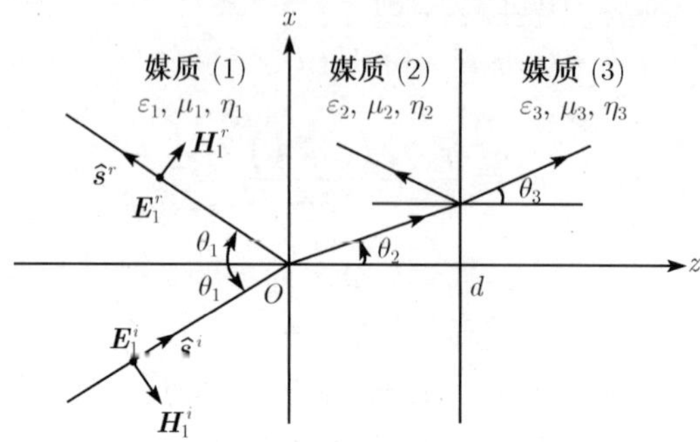


图 2.8.1　平面波对介质夹层的斜入射(垂直极化波)

省去时间因子 $e^{j\omega t}$, 各区域中的电磁场表示式如下:

媒质 (1) ($z \leqslant 0$, $\varepsilon_1$、$\mu_1$; $k_1=\omega\sqrt{\varepsilon_1\mu_1}$; $\eta_1=\sqrt{\mu_1/\varepsilon_1}$)

$$E_{1y}=E_{10}^{i}\mathrm{e}^{-\mathrm{j}k_1\left(x\sin\theta_1+z\cos\theta_1\right)}+E_{10}^{r}\mathrm{e}^{-\mathrm{j}k_1\left(x\sin\theta_1-z\cos\theta_1\right)} \tag{2.8.1}$$

相应 $E_{1y}$ 的磁场为 $\boldsymbol{H}_1=H_{1x}\hat{\boldsymbol{a}}_x+H_{1z}\hat{\boldsymbol{a}}_z$, 其中

$$H_{1x}=-\frac{1}{\eta_1}\cos\theta_1E_{10}^{i}\mathrm{e}^{-\mathrm{j}k_1\left(x\sin\theta_1+z\cos\theta_1\right)}+\frac{1}{\eta_1}\cos\theta_1E_{10}^{r}\mathrm{e}^{-\mathrm{j}k_1\left(x\sin\theta_1-z\cos\theta_1\right)} \tag{2.8.2}$$

$$H_{1z}=\frac{1}{\eta_1}\sin\theta_1E_{10}^{i}\mathrm{e}^{-\mathrm{j}k_1\left(x\sin\theta_1+z\cos\theta_1\right)}+\frac{1}{\eta_1}\sin\theta_1E_{10}^{r}\mathrm{e}^{-\mathrm{j}k_1\left(x\sin\theta_1-z\cos\theta_1\right)} \tag{2.8.3}$$

媒质 (2) ($0 \leqslant z \leqslant d$, $\varepsilon_2$、$\mu_2$; $k_2=\omega\sqrt{\varepsilon_2\mu_2}$; $\eta_2=\sqrt{\mu_2/\varepsilon_2}$)

$$E_{2y}=E_{20}^{i}\mathrm{e}^{-\mathrm{j}k_2\left(x\sin\theta_2+z\cos\theta_2\right)}+E_{20}^{r}\mathrm{e}^{-\mathrm{j}k_2\left(x\sin\theta_2-z\cos\theta_2\right)} \tag{2.8.4}$$

类似地, 相应 $E_{2y}$ 的磁场为 $\boldsymbol{H}_2=H_{2x}\hat{\boldsymbol{a}}_x+H_{2z}\hat{\boldsymbol{a}}_z$, 其中

$$H_{2x}=-\frac{1}{\eta_2}\cos\theta_2E_{20}^{i}\mathrm{e}^{-\mathrm{j}k_2\left(x\sin\theta_2+z\cos\theta_2\right)}+\frac{1}{\eta_2}\cos\theta_2E_{20}^{r}\mathrm{e}^{-\mathrm{j}k_2\left(x\sin\theta_2-z\cos\theta_2\right)} \tag{2.8.5}$$

$$H_{2z}=\frac{1}{\eta_2}\sin\theta_2E_{20}^{i}\mathrm{e}^{-\mathrm{j}k_2\left(x\sin\theta_2+z\cos\theta_2\right)}+\frac{1}{\eta_2}\sin\theta_2E_{20}^{r}\mathrm{e}^{-\mathrm{j}k_2\left(x\sin\theta_2-z\cos\theta_2\right)} \tag{2.8.6}$$

媒质 (3) ($z \geqslant d$, $\varepsilon_3$、$\mu_3$; $k_3=\omega\sqrt{\varepsilon_3\mu_3}$; $\eta_3=\sqrt{\mu_3/\varepsilon_3}$)

$$E_{3y}=E_{30}^{i}\mathrm{e}^{-\mathrm{j}k_3\left(x\sin\theta_3+z\cos\theta_3\right)} \tag{2.8.7}$$

而相应 $E_{3y}$ 的磁场为: $\boldsymbol{H}_3=H_{3x}\hat{\boldsymbol{a}}_x+H_{3z}\hat{\boldsymbol{a}}_z$, 其中

$$H_{3x}^{i}=-\frac{1}{\eta_3}\cos\theta_3E_{30}^{i}\mathrm{e}^{-\mathrm{j}k_3\left(x\sin\theta_3+z\cos\theta_3\right)} \tag{2.8.8}$$

$$H_{3z}^{i}=\frac{1}{\eta_3}\sin\theta_3E_{30}^{i}\mathrm{e}^{-\mathrm{j}k_3\left(x\sin\theta_3+z\cos\theta_3\right)} \tag{2.8.9}$$

按反射系数的定义, 在媒质 (1) 中 $z=0$ 处的反射系数 $R_0^{\perp}$ 由 (2.8.1) 式可知为

$$R_0^{\perp}=\left.\frac{E_{10}^{r}\mathrm{e}^{-\mathrm{j}k_1\left(x\sin\theta_1-z\cos\theta_1\right)}}{E_{10}^{i}\mathrm{e}^{-\mathrm{j}k_1\left(x\sin\theta_1+z\cos\theta_1\right)}}\right|_{z=0}=\frac{E_{10}^{r}}{E_{10}^{i}}\quad\text{而有}\quad E_{10}^{r}=R_0^{\perp}E_{10}^{i} \tag{2.8.10}$$

而在媒质 (2) 中 $z=d$ 处的反射系数 $R_d^{\perp}$ 由 (2.8.4) 式可知为

$$R_d^{\perp}=\left.\frac{E_{20}^{r}\mathrm{e}^{-\mathrm{j}k_2\left(x\sin\theta_2-z\cos\theta_2\right)}}{E_{20}^{i}\mathrm{e}^{-\mathrm{j}k_2\left(x\sin\theta_2+z\cos\theta_2\right)}}\right|_{z=d}=\frac{E_{20}^{r}}{E_{20}^{i}}\mathrm{e}^{\mathrm{j}2k_2d\cos\theta_2} \tag{2.8.11}$$

而有

$$E_{20}^{r}=R_d^{\perp}E_{20}^{i}\mathrm{e}^{-\mathrm{j}2k_2d\cos\theta_2} \tag{2.8.12}$$

此外, 定义媒质 (3) 中 $z=d$ 处的透射系数 $T_d^{\perp}$ 为 $E_{3y}^{i}|_{z=d}$ 与 $E_{1y}^{i}|_{z=0}$ 之比, 由 (2.8.1) 和 (2.8.7) 式可知为

$$T_d^{\perp}=\frac{\left.E_{30}^{i}\mathrm{e}^{-\mathrm{j}k_3\left(x\sin\theta_3+z\cos\theta_3\right)}\right|_{z=d}}{\left.E_{10}^{i}\mathrm{e}^{-\mathrm{j}k_1\left(x\sin\theta_1+z\cos\theta_1\right)}\right|_{z=0}}=\frac{E_{30}^{i}}{E_{10}^{i}}\mathrm{e}^{-\mathrm{j}k_3d\cos\theta_3} \tag{2.8.13}$$

而有

$$E_{30}^{i}=T_d^{\perp}E_{10}^{i}\mathrm{e}^{\mathrm{j}k_3d\cos\theta_3} \tag{2.8.14}$$

这里, 已应用了折射定律 $k_3\sin\theta_3=k_1\sin\theta_1$.

于是, 我们可将媒质 (1)、(2) 和 (3) 中的电磁场表示式 (2.8.1)~(2.8.9) 写为

$$E_{1y}=E_{10}^{i}\left(\mathrm{e}^{-\mathrm{j}k_1z\cos\theta_1}+R_0^{\perp}\mathrm{e}^{\mathrm{j}k_1z\cos\theta_1}\right)\mathrm{e}^{-\mathrm{j}k_1x\sin\theta_1} \tag{2.8.15}$$

$$H_{1x}=-\frac{1}{\eta_1}\cos\theta_1E_{10}^{i}\left(\mathrm{e}^{-\mathrm{j}k_1z\cos\theta_1}-R_0^{\perp}\mathrm{e}^{\mathrm{j}k_1z\cos\theta_1}\right)\mathrm{e}^{-\mathrm{j}k_1x\sin\theta_1} \tag{2.8.16}$$

$$H_{1z}=\frac{1}{\eta_1}\sin\theta_1E_{10}^{i}\left(\mathrm{e}^{-\mathrm{j}k_1z\cos\theta_1}+R_0^{\perp}\mathrm{e}^{\mathrm{j}k_1z\cos\theta_1}\right)\mathrm{e}^{-\mathrm{j}k_1x\sin\theta_1} \tag{2.8.17}$$

$$E_{2y}=E_{20}^{i}\left(\mathrm{e}^{-\mathrm{j}k_2z\cos\theta_2}+R_d^{\perp}\mathrm{e}^{\mathrm{j}k_2(z-2d)\cos\theta_2}\right)\mathrm{e}^{-\mathrm{j}k_2x\sin\theta_2} \tag{2.8.18}$$

$$H_{2x}=-\frac{1}{\eta_2}\cos\theta_2E_{20}^{i}\left(\mathrm{e}^{-\mathrm{j}k_2z\cos\theta_2}-R_d^{\perp}\mathrm{e}^{\mathrm{j}k_2(z-2d)\cos\theta_2}\right)\mathrm{e}^{-\mathrm{j}k_2x\sin\theta_2} \tag{2.8.19}$$

$$H_{2z}=\frac{1}{\eta_2}\sin\theta_2E_{20}^{i}\left(\mathrm{e}^{-\mathrm{j}k_2z\cos\theta_2}+R_d^{\perp}\mathrm{e}^{\mathrm{j}k_2(z-2d)\cos\theta_2}\right)\mathrm{e}^{-\mathrm{j}k_2x\sin\theta_2} \tag{2.8.20}$$

$$E_{3y}=T_d^{\perp}E_{10}^{i}\mathrm{e}^{-\mathrm{j}k_3[x\sin\theta_3+(z-d)\cos\theta_3]} \tag{2.8.21}$$

$$H_{3x}=-\frac{1}{\eta_3}\cos\theta_3T_d^{\perp}E_{10}^{i}\mathrm{e}^{-\mathrm{j}k_3[x\sin\theta_3+(z-d)\cos\theta_3]} \tag{2.8.22}$$

$$H_{3z} = \frac{1}{\eta_3} \sin\theta_3 T_d^{\perp} E_{10}^i \mathrm{e}^{-\mathrm{j}k_3[x\sin\theta_3+(z-d)\cos\theta_3]} \tag{2.8.23}$$

电磁场在 $z=0$ 和 $z=d$ 两相邻媒质分界面上应满足的边界条件是：电场和磁场切向分量连续, 即 $E_{1y}|_{z=0} = E_{2y}|_{z=0}$ 与 $H_{1x}|_{z=0} = H_{2x}|_{z=0}$ 和 $E_{2x}|_{z=d} = E_{3x}|_{z=d}$ 与 $H_{2y}|_{z=d} = H_{3y}|_{z=d}$. 由这些边界条件等式两边相位因子必须相等可导得反射定律和折射定律. 对于反射定律, 在以上给出媒质 (1) 和媒质 (2) 中的场表示式时业已应用; 对于折射定律, 则有

$$k_1 \sin\theta_1 = k_2 \sin\theta_2 = k_3 \sin\theta_3 \quad 或 \quad k_1 \sin\theta_1 = k_m \sin\theta_m (m=2,3) \tag{2.8.24}$$

式中, $k_m - \omega\sqrt{\varepsilon_m \mu_m} = k_0\sqrt{\varepsilon_{rm}\mu_{rm}}$; $\varepsilon_{rm}$ 和 $\mu_{rm}$ 为媒质 $(m)$ 的相对介电常数和相对磁导率.

应用 $z=0$ 处电磁场幅值边界条件：$E_{1y}|_{z=0} = E_{2y}|_{z=0}$ 与 $H_{1x}|_{z=0} = H_{2x}|_{z=0}$, 由 (2.8.15) 与 (2.8.18)、(2.8.16) 与 (2.8.19) 式, 可得

$$E_{10}^i \left(1 + R_0^{\perp}\right) = E_{20}^i \left(1 + R_d^{\perp} \mathrm{e}^{-\mathrm{j}2k_2 d\cos\theta_2}\right) \tag{2.8.25}$$

$$\frac{1}{\eta_1} \cos\theta_1 E_{10}^i \left(1 - R_0^{\perp}\right) = \frac{1}{\eta_2} \cos\theta_2 E_{20}^i \left(1 - R_d^{\perp} \mathrm{e}^{-\mathrm{j}2k_2 d\cos\theta_2}\right) \tag{2.8.26}$$

将以上两式相除, 并注意到 $\eta_{\mathrm{TE}} = \eta\sec\theta$ 为媒质的 $\mathrm{TE}_z$ 横电波的波阻抗, 于是有

$$\frac{1+R_0^{\perp}}{1-R_0^{\perp}} = \frac{\eta_{\mathrm{TE}(2)}}{\eta_{\mathrm{TE}(1)}} \frac{1 + R_d^{\perp} \mathrm{e}^{-\mathrm{j}2k_2 d\cos\theta_2}}{1 - R_d^{\perp} \mathrm{e}^{-\mathrm{j}2k_2 d\cos\theta_2}} \tag{2.8.27}$$

令

$$\eta_{\mathrm{eff0}} = \eta_{\mathrm{TE}(2)} \frac{1 + R_d^{\perp} \mathrm{e}^{-\mathrm{j}2k_2 \mathrm{d}\cos\theta_2}}{1 - R_d^{\perp} \mathrm{e}^{-\mathrm{j}2k_2 \mathrm{d}\cos\theta_2}} \tag{2.8.28}$$

$$= \eta_{\mathrm{TE}(1)} \frac{1+R_0^{\perp}}{1-R_0^{\perp}} \tag{2.8.29}$$

则由 (2.8.29) 式可解得

$$R_0^{\perp} = \frac{\eta_{\mathrm{eff0}} - \eta_{\mathrm{TE}(1)}}{\eta_{\mathrm{eff0}} + \eta_{\mathrm{TE}(1)}} = \frac{\eta_{\mathrm{eff0}}/\eta_{\mathrm{TE}(1)} - 1}{\eta_{\mathrm{eff0}}/\eta_{\mathrm{TE}(1)} + 1} \tag{2.8.30}$$

从 (2.8.15) 和 (2.8.16) 与 (2.8.18) 和 (2.8.19) 式可知, 这里, $\eta_{\mathrm{eff0}} = -E_{1y}/H_{1x}|_{z=0} = -E_{2y}/H_{2x}|_{z=0}$ 为 $z=0$ 点的 $\mathrm{TE}_z$ 波等效波阻抗.

应用 $z=d$ 处电磁场幅值边界条件：$E_{2y}|_{z=d} = E_{3y}|_{z=d}$ 与 $H_{2x}|_{z=d} = H_{3x}|_{z=d}$, 由 (2.8.18) 与 (2.8.21), 和 (2.8.19) 与 (2.8.22) 式, 可得

$$\left(1 + R_d^{\perp}\right) E_{20}^i \mathrm{e}^{-\mathrm{j}k_2 d\cos\theta_2} = T_d^{\perp} E_{10}^i \tag{2.8.31}$$

$$\frac{1}{\eta_2}\cos\theta_2\left(1-R_d^{\perp}\right)E_{20}^{i}\mathrm{e}^{-\mathrm{j}k_2 d\cos\theta_2}=\frac{1}{\eta_3}\cos\theta_3 T_d^{\perp}E_{10}^{i} \tag{2.8.32}$$

将以上两式相除, 于是有

$$\frac{1+R_d^{\perp}}{1-R_d^{\perp}}=\frac{\eta_3\cos\theta_2}{\eta_2\cos\theta_3}=\frac{\eta_{\mathrm{TE}(3)}}{\eta_{\mathrm{TE}(2)}} \tag{2.8.33}$$

由此可解得:

$$R_d^{\perp}=\frac{\eta_{\mathrm{TE}(3)}-\eta_{\mathrm{TE}(2)}}{\eta_{\mathrm{TE}(3)}+\eta_{\mathrm{TE}(2)}}=\frac{\eta_3\cos\theta_2-\eta_2\cos\theta_3}{\eta_3\cos\theta_2+\eta_2\cos\theta_3} \tag{2.8.34}$$

由 (2.8.24) 式, 我们有

$$\varepsilon_{r1}\mu_{r1}\sin^2\theta_1=\varepsilon_{rm}\mu_{rm}\left(1-\cos^2\theta_m\right)(m=2,3)$$

由此得

$$\cos\theta_m=\frac{1}{\sqrt{\varepsilon_{rm}\mu_{rm}}}\sqrt{\varepsilon_{rm}\mu_{rm}-\varepsilon_{r1}\mu_{r1}\sin^2\theta_1}(m=2,3) \tag{2.8.35}$$

故若已知媒质参数 $\varepsilon_1$、$\mu_1$, $\varepsilon_2$、$\mu_2$ 和 $\varepsilon_3$、$\mu_3$, 以及夹层媒质厚度 $d$ 的值, 则对于给定入射角 $\theta_1$, 便可应用 (2.8.35) 式求得 $\mathrm{TE}_z$ 波的 $\cos\theta_2$ 和 $\cos\theta_3$, 而由 (2.8.34) 式求得反射系数 $R_d^{\perp}$; 已知 $R_d^{\perp}$ 后, 由 (2.8.28) 式便可求得 $\eta_{\mathrm{eff0}}$, 继而再应用 (2.8.30) 式求出媒质 (1) 中 $z=0$ 处的反射系数 $R_0^{\perp}$, 其中 $\eta_{\mathrm{TE}(1)}=\sqrt{\mu_1/\varepsilon_1}\sec\theta_1$, $R_0^{\perp}$ 就是我们主要感兴趣的反射系数.

将 (2.8.34) 式反射系数 $R_d^{\perp}$ 代入用 (2.8.28) 式经整理后, 则可得 $\eta_{\mathrm{eff0}}$ 的另一表示形式:

$$\begin{aligned}\eta_{\mathrm{eff0}}&=\eta_{\mathrm{TE}(2)}\left(1+\frac{\eta_{\mathrm{TE}(3)}-\eta_{\mathrm{TE}(2)}}{\eta_{\mathrm{TE}(3)}+\eta_{\mathrm{TE}(2)}}\mathrm{e}^{-\mathrm{j}2k_2 d\cos\theta_2}\right)\Big/\left(1-\frac{\eta_{\mathrm{TE}(3)}-\eta_{\mathrm{TE}(2)}}{\eta_{\mathrm{TE}(3)}+\eta_{\mathrm{TE}(2)}}\mathrm{e}^{-\mathrm{j}2k_2 d\cos\theta_2}\right)\\&=\eta_{\mathrm{TE}(2)}\frac{\eta_{\mathrm{TE}(3)}\left(1+\mathrm{e}^{-\mathrm{j}2k_2 d\cos\theta_2}\right)+\eta_{\mathrm{TE}(2)}\left(1-\mathrm{e}^{-\mathrm{j}2k_2 d\cos\theta_2}\right)}{\eta_{\mathrm{TE}(3)}\left(1-\mathrm{e}^{-\mathrm{j}2k_2 d\cos\theta_2}\right)+\eta_{\mathrm{TE}(2)}\left(1+\mathrm{e}^{-\mathrm{j}2k_2 d\cos\theta_2}\right)}\\&=\eta_{\mathrm{TE}(2)}\frac{\eta_{\mathrm{TE}(3)}\left(\mathrm{e}^{\mathrm{j}k_2 d\mathrm{cos}\theta_2}+\mathrm{e}^{-\mathrm{j}k_2 d\mathrm{cos}\theta_2}\right)+\eta_{\mathrm{TE}(2)}\left(\mathrm{e}^{\mathrm{j}k_2 d\mathrm{cos}\theta_2}-\mathrm{e}^{-\mathrm{j}k_2 d\mathrm{cos}\theta_2}\right)}{\eta_{\mathrm{TE}(3)}\left(\mathrm{e}^{\mathrm{j}k_2 d\mathrm{cos}\theta_2}-\mathrm{e}^{-\mathrm{j}k_2 d\mathrm{cos}\theta_2}\right)+\eta_{\mathrm{TE}(2)}\left(\mathrm{e}^{\mathrm{j}k_2 d\mathrm{cos}\theta_2}+\mathrm{e}^{-\mathrm{j}k_2 d\mathrm{cos}\theta_2}\right)}\end{aligned}$$

即

$$\eta_{\mathrm{eff0}}=\eta_{\mathrm{TE}(2)}\frac{\eta_{\mathrm{TE}(3)}+\mathrm{j}\eta_{\mathrm{TE}(2)}\tan(k_2 d\mathrm{cos}\theta_2)}{\eta_{\mathrm{TE}(2)}+\mathrm{j}\eta_{\mathrm{TE}(3)}\tan(k_2 d\mathrm{cos}\theta_2)} \tag{2.8.36}$$

因而, 应用 (2.8.36) 求得等效波阻抗 $\eta_{\mathrm{eff0}}$ 后, 即可应用 (2.8.30) 式求得反射系数 $R_0^{\perp}$, 从而提供了计算反射系数 $R_0^{\perp}$ 的又一算法.

**例 1** 若媒质 (3) 为理想导体, $\eta_3=0$, 故 (2.8.34) 式便有

$$R_d^{\perp}=-1 \tag{2.8.37}$$

**例 2** 若媒质 (1) 和媒质 (3) 均为空气, $\varepsilon_1=\varepsilon_3=\varepsilon_0$, $\mu_1=\mu_3=\mu_0$, 则有

$$k_1=k_3;\quad \theta_1=\theta_3;\quad \eta_2/\eta_3=\sqrt{\mu_{r2}/\varepsilon_{r2}}$$

而由 (3.8.34) 式可知, 此时有

$$R_d^{\perp}=\frac{\cos\theta_2-\sqrt{\mu_{r2}/\varepsilon_{r2}}\cos\theta_1}{\cos\theta_2+\sqrt{\mu_{r2}/\varepsilon_{r2}}\cos\theta_1} \tag{2.8.38}$$

**例 3** 对于媒质 (1) 和媒质 (3) 均为空气, 此时有 $\eta_{\mathrm{TE}(3)}=\eta_{\mathrm{TE}(1)}=\sqrt{\mu_0/\varepsilon_0}\sec\theta_1$ 于是, (2.8.36) 式便可退化为

$$\frac{\eta_{\mathrm{eff}0}}{\eta_{\mathrm{TE}(1)}}=\frac{\eta_{\mathrm{TE}(2)}}{\eta_{\mathrm{TE}(1)}}\frac{1+\mathrm{j}\dfrac{\eta_{\mathrm{TE}(2)}}{\eta_{\mathrm{TE}(1)}}\tan(k_2d\cos\theta_2)}{\dfrac{\eta_{\mathrm{TE}(2)}}{\eta_{\mathrm{TE}(1)}}+\mathrm{j}\tan(k_2d\cos\theta_2)} \tag{2.8.39}$$

式中,

$$\frac{\eta_{\mathrm{TE}(2)}}{\eta_{\mathrm{TE}(1)}}=\sqrt{\frac{\mu_{r2}}{\varepsilon_{r2}}\frac{\cos\theta_1}{\cos\theta_2}} \tag{2.8.40}$$

已知反射系数 $R_0^{\perp}$ 和 $R_d^{\perp}$, 由 (2.8.25) 式可知 $E_{20}^i=\dfrac{1+R_0^{\perp}}{1+R_d^{\perp}\mathrm{e}^{-\mathrm{j}2k_2d\cos\theta_2}}E_{10}^i$, 将它代 (2.8.31) 式后, 便可求得透射系数:

$$T_d^{\perp}=\frac{\left(1+R_0^{\perp}\right)\left(1+R_d^{\perp}\right)}{1+R_d^{\perp}\mathrm{e}^{-\mathrm{j}2k_2d\cos\theta_2}}\mathrm{e}^{-\mathrm{j}k_2d\cos\theta_2} \tag{2.8.41}$$

当入射波为垂直入射时, $\theta_1=\theta_2=\theta_3=0$, 则 $\eta_{\mathrm{TE}}, R_0^{\perp}, R_d^{\perp}$ 和 $T_d^{\perp}$ 分别退化为上节中的 $\eta, R_0, R_d$ 和 $T_d$.

顺便指出：反射系数 $R_d^{\perp}$ 与波阻抗的关系式 (2.8.34), $R_0^{\perp}$ 与波阻抗的关系式 (2.8.30), 以及等效波阻抗公式 (2.8.36), 与传输线理论中的电压反射系数和输入阻抗公式具有完全相同的形式, 这正是媒质中平面波与传输线中波传播之间存在有的二重性的自然结果, 关于此二重性的详细论述及其对平面波传播的应用见 2.9 和 2.10 节.

### 2.8.2 平行极化波($\mathrm{TM}_z$ 波)

平面波磁场 $\boldsymbol{H}$ 沿 $y$ 方向垂直于入射面, 仅有 $y$ 分量, 与波传播方向 $z$ 垂直; 电场 $\boldsymbol{E}$ 位于入射平面内, 含有 $x$ 分量和 $z$ 分量, 如图 2.8.2 所示.

采用与垂直极化入射波情形相同的分析方法和步骤, 省去时间因子 $e^{j\omega t}$, 我们不难导得如下各区域中的电磁场表示式 (详见附录 B):

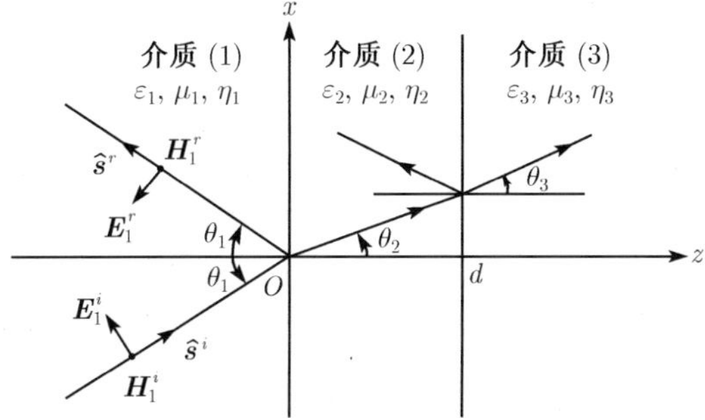


图 2.8.2 平面波对介质夹层的斜入射 (平行极化波)

媒质 (1) ($z \leqslant 0$, $\varepsilon_1$、$\mu_1$; $k_1 = \omega\sqrt{\varepsilon_1\mu_1}$; $\eta_1 = \sqrt{\mu_1/\varepsilon_1}$)

$$H_{1y} = H_{10}^i \left(e^{-jk_1 z\cos\theta_1} + R_0^{//} e^{jk_1 z\cos\theta_1}\right) e^{-jk_1 x\sin\theta_1} \tag{2.8.42}$$

$$E_{1x} = \eta_1 \cos\theta_1 H_{10}^i \left(e^{-jk_1 z\cos\theta_1} - R_0^{//} e^{jk_1 z\cos\theta_1}\right) e^{-jk_1 x\sin\theta_1} \tag{2.8.43}$$

$$E_{1z} = -\eta_1 \sin\theta_1 H_{10}^i \left(e^{-jk_1 z\cos\theta_1} + R_0^{//} e^{jk_1 z\cos\theta_1}\right) e^{-jk_1 x\sin\theta_1} \tag{2.8.44}$$

媒质 (2) ($0 \leqslant z \leqslant d$, $\varepsilon_2$、$\mu_2$; $k_2 = \omega\sqrt{\varepsilon_2\mu_2}$; $\eta_2 = \sqrt{\mu_2/\varepsilon_2}$)

$$H_{2y} = H_{20}^i \left(e^{-jk_2 z\cos\theta_2} + R_d^{//} e^{jk_2(z-2d)\cos\theta_2}\right) e^{-jk_2 x\sin\theta_2} \tag{2.8.45}$$

$$E_{2x} = \eta_2 \cos\theta_2 H_{20}^i \left(e^{-jk_2 z\cos\theta_2} - R_d^{//} e^{jk_2(z-2d)\cos\theta_2}\right) e^{-jk_2 x\sin\theta_2} \tag{2.8.46}$$

$$E_{2z} = -\eta_2 \sin\theta_2 H_{20}^i \left(e^{-jk_2 z\cos\theta_2} + R_d^{//} e^{jk_2(z-2d)\cos\theta_2}\right) e^{-jk_2 x\sin\theta_2} \tag{2.8.47}$$

媒质 (3) ($z \geqslant d$, $\varepsilon_3$、$\mu_3$; $k_3 = \omega\sqrt{\varepsilon_3\mu_3}$; $\eta_3 = \sqrt{\mu_3/\varepsilon_3}$)

$$H_{3y} = T_d^{//} H_{10}^i e^{-jk_3\left[x\sin\theta_3 + (z-d)\cos\theta_3\right]} \tag{2.8.48}$$

$$E_{3x} = \eta_3 \cos\theta_3 T_d^{//} H_{10}^i e^{-jk_3\left[x\sin\theta_3 + (z-d)\cos\theta_3\right]} \tag{2.8.49}$$

$$E_{3z} = -\eta_3 \sin\theta_3 T_d^{//} H_{10}^i e^{-jk_3\left[x\sin\theta_3 + (z-d)\cos\theta_3\right]} \tag{2.8.50}$$

式中, $R_0^{//}$ 为媒质 (1) 中 $z = 0$ 处的反射系数; $R_d^{//}$ 为媒质 (2) 中 $z = d$ 处的反射系数; 而 $T_d^{//}$ 为媒质 (3) 中 $z = d$ 处的透射系数, 它们的定义分别为

$$R_0^{//} = \frac{H_{10}^r}{H_{10}^i};\quad R_d^{//} = \frac{H_{20}^r}{H_{20}^i} e^{j2k_2 d\cos\theta_2};\quad T_d^{//} = \frac{H_{30}^i}{H_{10}^i} e^{-jk_3 d\cos\theta_3} \tag{2.8.51}$$

应用电磁场在 $z = 0$ 和 $z = d$ 处电磁场的边界条件: $E_{1x}|_{z=0} = E_{2x}|_{z=0}$ 与 $H_{1y}|_{z=0} = H_{2y}|_{z=0}$ 和 $E_{2x}|_{z=d} = E_{3x}|_{z=d}$ 与 $H_{2y}|_{z=d} = H_{3y}|_{z=d}$, 我们便可求得

$$R_0^{//} = -\frac{\eta_{\text{ef0}} - \eta_{\text{TM(1)}}}{\eta_{\text{ef0}} + \eta_{\text{TM(1)}}} = -\frac{\eta_{\text{ef0}}/\eta_{\text{TM(1)}} - 1}{\eta_{ef0}/\eta_{\text{TM(1)}} + 1} \tag{2.8.52}$$

$$\eta_{\text{ef0}} = \eta_{\text{TM(2)}} \frac{1 - R_d^{//} \mathrm{e}^{-\mathrm{j}2k_2 d \cos\theta_2}}{1 + R_d^{//} \mathrm{e}^{-\mathrm{j}2k_2 d \cos\theta_2}} \tag{2.8.53}$$

$$R_d^{//} = -\frac{\eta_{\text{TM(3)}} - \eta_{\text{TM(2)}}}{\eta_{\text{TM(3)}} + \eta_{\text{TM(2)}}} = -\frac{\eta_3\cos\theta_3 - \eta_2\cos\theta_2}{\eta_3\cos\theta_3 + \eta_2\cos\theta_2} \tag{2.8.54}$$

式中, $\eta_{\text{TM(2)}} = \eta_2\cos\theta_2$; $\eta_{\text{TM(3)}} = \eta_3\cos\theta_3$; 并且亦有 (参见 (2.8.35) 式):

$$\cos\theta_m = \frac{1}{\sqrt{\varepsilon_{rm}\mu_{rm}}}\sqrt{\varepsilon_{rm}\mu_{rm} - \varepsilon_{r1}\mu_{r1}\sin^2\theta_1}\ (m=2,3) \tag{2.8.55}$$

类似于垂直极化波情形, 故若已知媒质参数 $\varepsilon_1$、$\mu_1$, $\varepsilon_2$、$\mu_2$ 和 $\varepsilon_3$、$\mu_3$, 以及夹层媒质厚度 $d$ 的值, 则对于给定入射角 $\theta_1$, 便可应用 (2.8.55) 式求得 $\text{TM}_z$ 波的 $\cos\theta_2$ 和 $\cos\theta_3$, 而由 (2.8.54) 式求得反射系数 $R_d^{//}$; 已知 $R_d^{//}$ 后, 由 (2.8.53) 式便可求得 $\eta_{\text{ef0}}$, 继而再应用 (2.8.52) 式求出媒质 (1) 中 $z=0$ 处的反射系数 $R_0^{//}$, 其中 $\eta_{\text{TM(1)}} = \sqrt{\mu_1/\varepsilon_1}\cos\theta_1$, $R_0^{//}$ 就是我们主要感兴趣的反射系数.

将 (2.8.54) 式反射系数 $R_d^{//}$ 代入 (2.8.53) 式经整理后, 则可得 $\eta_{\text{ef0}}$ 的另一表示形式:

$$\eta_{\text{ef0}} = \eta_{\text{TM(2)}} \frac{\eta_{\text{TM(3)}} + \mathrm{j}\eta_{\text{TM(2)}}\tan(k_2 d\cos\theta_2)}{\eta_{\text{TM(2)}} + \mathrm{j}\eta_{\text{TM(3)}}\tan(k_2 d\cos\theta_2)} \tag{2.8.56}$$

因而, 应用 (2.8.56) 求得等效波阻抗 $\eta_{\text{ef0}}$ 后, 即可应用 (2.8.52) 式求得反射系数 $R_0^{//}$, 从而提供了计算反射系数 $R_0^{//}$ 的又一算法.

**例 4** 若媒质 (3) 为理想导体, $\eta_3 = 0$, 故此时便有

$$R_d^{//} = 1 \tag{2.8.57}$$

**例 5** 若媒质 (1) 和媒质 (3) 均为空气, $\varepsilon_1 = \varepsilon_3 = \varepsilon_0$, $\mu_1 = \mu_3 = \mu_0$, 而有

$$k_1 = k_3; \theta_1 = \theta_3; \quad \eta_2/\eta_3 = \sqrt{\mu_{r2}/\varepsilon_{r2}}$$

故由 (3.8.54) 式可知, 此时有

$$R_d^{//} = \frac{\sqrt{\mu_{r2}/\varepsilon_{r2}}\cos\theta_2 - \cos\theta_1}{\sqrt{\mu_{r2}/\varepsilon_{r2}}\cos\theta_2 + \cos\theta_1} \tag{2.8.58}$$

**例 6** 对于媒质(1)和媒质(3)均为空气, 此时有 $\eta_{\text{TM(3)}} = \eta_{\text{TM(1)}} = \sqrt{\mu_0/\varepsilon_0}\cos\theta_1$ 于是, (2.8.56) 式便可退化为

$$\frac{\eta_{\text{eff0}}}{\eta_{\text{TM(1)}}} = \frac{\eta_{\text{TM(2)}}}{\eta_{\text{TM(1)}}} \frac{1 + \mathrm{j}\dfrac{\eta_{\text{TM(2)}}}{\eta_{\text{TM(1)}}}\tan(k_2 d\cos\theta_2)}{\dfrac{\eta_{\text{TM(2)}}}{\eta_{\text{TM(1)}}} + \mathrm{j}\tan(k_2 d\cos\theta_2)} \tag{2.8.59}$$

式中,

$$\frac{\eta_{\mathrm{TM}(2)}}{\eta_{\mathrm{TM}(1)}} = \sqrt{\frac{\mu_{r2}}{\varepsilon_{r2}}\frac{\cos\theta_2}{\cos\theta_1}} \tag{2.8.60}$$

平行极化波的透射系数 $T_d^{//}$ 为

$$T_d^{//} = \left(1+R_0^{//}\right)\frac{1+R_d^{//}}{1+R_d^{//}\mathrm{e}^{-\mathrm{j}2k_2d\cos\theta_2}}\mathrm{e}^{-\mathrm{j}k_2d\cos\theta_2} \tag{2.8.61}$$

一旦知道 $\mathrm{TE}_z$ 波和 $\mathrm{TM}_z$ 波的反射系数和透射系数, 则我们便可由 (2.8.15)~(2.8.23) 与 (2.8.42)~(2.8.50) 式分别求得垂直极化与平行极化入射波时媒质 (1)、(2) 和 (3) 中的电磁场.

按前述两种递推算法所编写的计算平面波介质夹层斜入射时 $z=0$ 处的反射系数 $R_0^{\perp}$ 和 $R_0^{//}$ 的 Fortran 程序分别可参见附录 D 中子程序 PB3LRA 和 PB3LRB. 图 2.8.3 所示为介质夹层厚度为 $5\lambda$, $\varepsilon_{r1}=\varepsilon_{r3}=1$, $\mu_{r1}=\mu_{r3}=1$, $\varepsilon_{r2}=(4.0-j0.1)$, $\mu_{r2}=2.0$ 时, 对于 $\mathrm{TE}_z$ 和 $\mathrm{TM}_z$ 入射波, 所计算出的 $z=0$ 处反射系数 $\left|R_0^{\perp}\right|$ 和 $\left|R_0^{//}\right|$ 与 $\theta_1$ 的关系曲线.

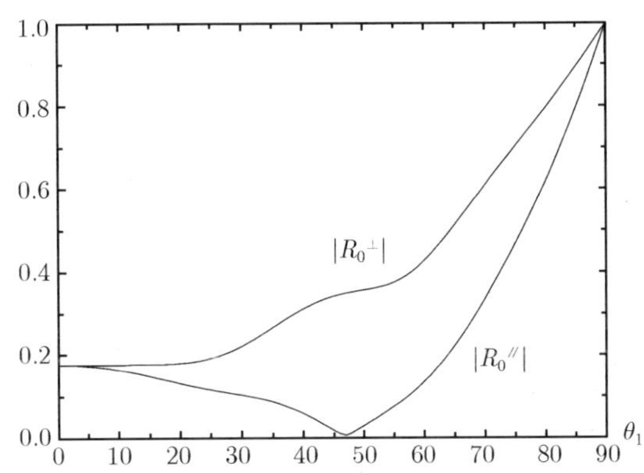


图 2.8.3 平面波介质夹层斜入射的 $|R_0^{\perp}|$-$\theta_1$ 和 $|R_0^{//}|$-$\theta_1$ 特性

## 2.9 媒质中平面波传播与传输线上波传播的二重性 [10]

在 $\varepsilon,\mu$ 无界媒质中沿 $z$ 方向传播的均匀平面电磁波与无限长传输线上沿 $z$ 方向传播的电压和电流波类似, 它们所满足的微分方程及其解具有相同形式; 在平面分层媒质中传播的 $\mathrm{TE}_z$ 和 $\mathrm{TM}_z$ 均匀平面电磁波则与级联的传输线上沿 $z$ 方向传播的电压和电流波类似; 在波传播问题中遇到的诸如传播常数、媒质的波阻抗、反射系数和等效波阻抗等物理量与传输线理论中的传播常数、特性阻抗、反射系数和输入阻抗之间具有对应的关系; 因此, 通过建立分层媒质中的平面波传播的传输线等效电路, 应用等效传输线法来分析、研究和计算平面分层媒质的反射系数, 可避免复杂场计算而具有重要的实用意义.

本节将首先对传输线理论作一简要回顾; 继而对媒质中平面电磁波的传播与传输线上电压和电流波的传播进行对比; 包括它们满足的微分方程, 方程解以及相关物理量之间的对应等; 然后给出等效传输线法的应用范例.

### 2.9.1　传输线理论的简要回顾

设传输线上的电压波 $u = u(z)\mathrm{e}^{\mathrm{j}\omega t}$, 电流波 $i = i(z)\mathrm{e}^{\mathrm{j}\omega t}$, 时间因子为 $\mathrm{e}^{\mathrm{j}\omega t}$. 按 Kirchhoff 电路定律可知沿传输线 $z$ 方向传播的电压波 $u$ 和电流波 $i$ 满足方程:

$$\frac{\partial u}{\partial z} = -\mathrm{j}\omega\tilde{l}i \tag{2.9.1}$$

$$\frac{\partial i}{\partial z} = -\mathrm{j}\omega\tilde{c}u \tag{2.9.2}$$

这里, $\tilde{l} = l - \mathrm{j}r/\omega$, $\tilde{c} = c - \mathrm{j}g/\omega$; $r, l, g$ 和 $c$ 分别为双线传输线单位长度的分布电阻、电感、电导和电容.

由 (2.9.1) 和 (2.9.2) 式分别消去 $i$ 或 $u$, 则可得

$$\frac{\partial^2 u}{\partial z^2} = \gamma^2 u \tag{2.9.3}$$

和

$$\frac{\partial^2 i}{\partial z^2} = \gamma^2 i \tag{2.9.4}$$

式中, $\gamma = \sqrt{(r + \mathrm{j}\omega l)(g + \mathrm{j}\omega c)} = \alpha + \mathrm{j}\beta$ 为传播常数; $\alpha$ 和 $\beta$ 分别为衰减常数和相位常数.

对于方程 (2.9.3) 式, 其两个特解分别为方程 $\mathrm{e}^{-\gamma z}$ 和 $\mathrm{e}^{+\gamma z}$, 计入时间因子 $\mathrm{e}^{\mathrm{j}\omega t}$, 故线上的电压 $u(z,t)$ 可表为

$$u(z,t) = U^{+}\mathrm{e}^{\mathrm{j}\omega t - \gamma z} + U^{-}\mathrm{e}^{\mathrm{j}\omega t + \gamma z} \tag{2.9.5}$$

上式第一项代表向 $+z$ 方向传播的 “入射” 电压波; 而第二项代表向 $-z$ 方向传播的 “反射” 电压波. 求得电压 $u(z,t)$ 后, 由 (2.9.1) 式可得电流 $i(z,t)$:

$$i = \frac{1}{z_c}\left(U^{+}\mathrm{e}^{\mathrm{j}(\omega t - \gamma z)} - U^{-}\mathrm{e}^{\mathrm{j}(\omega t + \gamma z)}\right) \tag{2.9.6}$$

式中

$$z_c = \sqrt{\frac{\tilde{l}}{\tilde{c}}} = \sqrt{\frac{r + \mathrm{j}\omega l}{g + \mathrm{j}\omega c}} \tag{2.9.7}$$

$z_c$ 具有阻抗的量纲, 称为传输线的特性阻抗, 它与传输线的分布参数有关. 当传输线为无限长 (或线终端接匹配负载) 时, 传输线上将仅有入射电压波 $u = U^+ \mathrm{e}^{\mathrm{j}(\omega t - \gamma z)}$ 和入射电流波 $i = \dfrac{1}{z_c} U^+ \mathrm{e}^{\mathrm{j}(\omega t - \gamma z)}$. 此时, 传输线的特性阻抗 $z_c$ 就等于线上同一时刻任意一点的电压 $u$ 与电流 $i$ 之比. 特别地, 对于无耗线, $r = g = 0$, 而有

$$\gamma = \mathrm{j}\omega\sqrt{lc} \quad (\gamma\text{为纯虚数}); \quad \alpha = 0, \quad \beta = \omega\sqrt{lc} \tag{2.9.8}$$

$$z_c = \sqrt{l/c} \quad (z_c\text{为实数,即为一纯电阻}) \tag{2.9.9}$$

传输线上某点的电压反射系数 $\varGamma_u$ 和电流反射系数 $\varGamma_i$ 分别定义为该点反射波电压与入射波电压之比和反射波电流与入射电流波之比, 由 (2.9.5) 和 (2.9.6) 式, 可知有

$$\varGamma_u = \frac{U^- \mathrm{e}^{\mathrm{j}\omega t + \gamma z}}{U^+ \mathrm{e}^{\mathrm{j}\omega t - \gamma z}} = \frac{U^-}{U^+} \mathrm{e}^{2\gamma z} \quad \text{和} \quad \varGamma_i = -\frac{U^- \mathrm{e}^{\mathrm{j}\omega t + \gamma z}}{U^+ \mathrm{e}^{\mathrm{j}\omega t - \gamma z}} = -\varGamma_u \tag{2.9.10}$$

对于 $\alpha = 0$ 无耗线和在 $z = 0$ 反射点处, $\varGamma_u$ 和 $\varGamma_i$ 分别可简化为

$$\varGamma_u = \frac{U^-}{U^+} \quad \text{和} \quad \varGamma_i = -\frac{U^-}{U^+} = -\varGamma_u \tag{2.9.11}$$

$\varGamma_u$ 和 $\varGamma_i$ 两者仅相差一个负号, 因而可只考虑一个反射系数. 通常, 除非特加说明, 反射系数将是指电压反射系数 $\varGamma_u$, 并省去下标而记为 $\varGamma$.

在应用等效传输线法研究平面分层媒质电磁波传播的反射系计算问题时, 将用到传输线理论中的如下结果:

(1) 特性阻抗为 $z_c$ 的传输线终端接有负载阻抗 $z_L$ 时负载端反射系数 $\varGamma_L$ 为

$$\varGamma_L = \frac{z_L - z_c}{z_L + z_c} \tag{2.9.12}$$

(2) 长度为 $d$、特性阻抗为 $z_c$ 的传输线终端接有负载阻抗 $z_L$ 时的输入阻抗 $z_{\text{in}}$:

$$z_{\text{in}} = z_c \frac{z_L + z_c \tanh \gamma d}{z_c + z_L \tanh \gamma d} \tag{2.9.13}$$

特别地, 对于 $\alpha = 0$ 无耗线, $\gamma = \mathrm{j}\beta$, 上式可简化为

$$z_{\text{in}} = z_c \frac{z_L + \mathrm{j} z_c \tan \beta d}{z_c + \mathrm{j} z_L \tan \beta d} \tag{2.9.14}$$

### 2.9.2 传输线电路方程与均匀平面波场方程的对比

对于 $\varepsilon, \mu$ 媒质中沿 $z$ 方向传播的 TEM 均匀平面电磁波和沿 $\hat{\boldsymbol{s}} = x \sin\theta \hat{\boldsymbol{a}}_x + z\cos\theta \hat{\boldsymbol{a}}_z$ 方向传播的 $\mathrm{TE}_z$ 波和 $\mathrm{TM}_z$ 均匀平面电磁波, 则它们的电场和磁场分别满足如下微分方程:

(1) TEM 波

设沿 $z$ 方向传播的 TEM 均匀平面电磁波的电场沿 $x$ 极化, 即电场仅有 $x$ 分量, 磁场仅有 $y$ 分量 (参见图 2.1.2(a)).

由 (2.1.18) 和 (2.1.19) 式可知, 此均匀平面波的电磁场的表示式为

$$E_x = E_{x0}\mathrm{e}^{\mathrm{j}(\omega t - kz)} \tag{2.9.15}$$

$$H_y = \frac{1}{\eta}E_{x0}\mathrm{e}^{\mathrm{j}(\omega t - kz)} \tag{2.9.16}$$

TEM 波的波阻抗 $\eta$ 为

$$\eta = \frac{E_x}{H_y} = \sqrt{\frac{\mu}{\varepsilon}} \tag{2.9.17}$$

由 (2.9.15) 和 (2.1.16) 式对 $z$ 求导 (或由 Maxwell 场方程), 我们可得

$$\frac{\partial E_x}{\partial z} = -\mathrm{j}\omega\mu H_y \tag{2.9.18}$$

$$\frac{\partial H_y}{\partial z} = -\mathrm{j}\omega\varepsilon E_x \tag{2.9.19}$$

和

$$\frac{\partial^2 E_x}{\partial z^2} = -k^2 E_x \tag{2.9.20}$$

$$\frac{\partial^2 H_y}{\partial z^2} = -k^2 H_y \tag{2.9.21}$$

式中, $k = \omega\sqrt{\varepsilon\mu}$.

(2) $\mathrm{TE}_z$ 波

设沿 $\hat{\boldsymbol{s}} = x\sin\theta\hat{\boldsymbol{a}}_x + z\cos\theta\hat{\boldsymbol{a}}_z$ 方向传播的 $\mathrm{TE}_z$ 均匀平面电磁波的电场沿 $y$ 极化, 即仅有 $y$ 分量 (参见图 2.1.2(b)). 由 (2.1.21)~(2.1.23) 式可知, 此平面波的电磁场的表示式为

$$E_y = E_{y0}\mathrm{e}^{\mathrm{j}[\omega t - k(x\sin\theta + z\cos\theta)]} \tag{2.9.22}$$

$$H_x = -\frac{1}{\eta}E_{y0}\cos\theta\mathrm{e}^{\mathrm{j}[\omega t - k(x\sin\theta + z\cos\theta)]} \tag{2.9.23}$$

$$H_z = \frac{1}{\eta}E_{y0}\sin\theta\mathrm{e}^{\mathrm{j}[\omega t - k(x\sin\theta + z\cos\theta)]} \tag{2.9.24}$$

$\mathrm{TE}_z$ 波的斜波阻抗 $\eta_{\mathrm{TE}}$ 为

$$\eta_{\mathrm{TE}} = \frac{E_y}{-H_x} = \eta\sec\theta = \sqrt{\frac{\mu}{\varepsilon}}\sec\theta \tag{2.9.25}$$

由 (2.9.22) 和 (2.9.23) 式对 $z$ 求导 (或由 Maxwell 场方程), 我们可得

$$\frac{\partial E_y}{\partial z} = \mathrm{j}\omega\mu H_x \tag{2.9.26}$$

$$\frac{\partial H_x}{\partial z} = \mathrm{j}\omega\varepsilon\cos^2\theta E_y \tag{2.9.27}$$

和

$$\frac{\partial^2 E_y}{\partial z^2} = -k^2\cos^2\theta E_y \tag{2.9.28}$$

$$\frac{\partial^2 H_x}{\partial z^2} = -k^2\cos^2\theta H_x \tag{2.9.29}$$

(3) $\mathrm{TM}_z$ 波

设沿 $\hat{\boldsymbol{s}} = x\sin\theta\hat{\boldsymbol{a}}_x + z\cos\theta\hat{\boldsymbol{a}}_z$ 方向传播的 $\mathrm{TM}_z$ 均匀平面电磁波的电场平行于 $x$-$z$ 入射平面, 而磁场沿 $y$ 方向, 仅有 $y$ 分量 (参见图 2.1.2(c)). 由 (2.1.25)~(2.1.27) 式可知, 记 $E_{s0} = \eta H_{y0}$, 此平面波的电磁场的表示式为

$$H_y = \frac{1}{\eta}E_{s0}\mathrm{e}^{\mathrm{j}[\omega t - k(x\sin\theta + z\cos\theta)]} \tag{2.9.30}$$

$$E_x = E_{s0}\cos\theta\mathrm{e}^{\mathrm{j}[\omega t - k(x\sin\theta + z\cos\theta)]} \tag{2.9.31}$$

$$E_z = -E_{s0}\sin\theta\mathrm{e}^{\mathrm{j}[\omega t - k(x\sin\theta + z\cos\theta)]} \tag{2.9.32}$$

$\mathrm{TM}_z$ 波的斜波阻抗 $\eta_{\mathrm{TM}}$ 为

$$\eta_{\mathrm{TM}} = \frac{E_x}{H_y} = \eta\cos\theta = \sqrt{\frac{\mu}{\varepsilon}}\cos\theta \tag{2.9.33}$$

由 (2.9.30) 和 (2.9.32) 式对 $z$ 求导 (或由 Maxwell 场方程), 我们可得

$$\frac{\partial E_x}{\partial z} = -\mathrm{j}\omega\mu\cos^2\theta H_y \tag{2.9.34}$$

$$\frac{\partial H_y}{\partial z} = -\mathrm{j}\omega\varepsilon E_x \tag{2.9.35}$$

和

$$\frac{\partial^2 E_x}{\partial z^2} = -k^2\cos^2\theta E_x \tag{2.9.36}$$

$$\frac{\partial^2 H_y}{\partial z^2} = -k^2\cos^2\theta H_y \tag{2.9.37}$$

以上结果表明: (1) 对于 TEM 平面波, 横向电场 $E_x$ 和横向磁场 $H_y$ 之间关系及其所满足的方程 (2.9.18)~(2.9.21) 式; (2) 对于 $\mathrm{TE}_z$ 平面波, 横向电场 $E_y$ 和横向磁场 $-H_x$ 之间关系及其所满足的方程 (2.9.26)~(2.9.29); (3) 对于 $\mathrm{TM}_z$ 平面波,

横向电场 $E_x$ 和横向磁场 $H_y$ 之间关系及其所满足的方程 (2.9.34)~(2.9.37) 式均与传输线上的电压 $u$ 和电流 $i$ 之间关系及其所满足的方程 (2.9.1)~(2.9.4) 的形式完全相同, 以及基于这些方程导出的公式亦具有相同的形式. 因而, 在无界媒质中的 TEM、$\text{TE}_z$ 和 $\text{TM}_z$ 平面电磁波的传播与无限长传输线上电压和电流波的传播具有二重性. 主要物理量间对应关系如下:

横向电场 $E_x$(TEM 波), $E_y$($\text{TE}_z$ 波), $E_x$($\text{TM}_z$ 波) vs 电压 $u$

横向磁场 $H_y$(TEM 波), $-H_x$($\text{TE}_z$ 波), $H_y$($\text{TM}_z$ 波) vs 电流 $i$

媒质波阻抗 $\eta, \eta_{\text{TE}}, \eta_{\text{TM}}$ vs 传输线特性阻抗 $z_c$

$$\left.\begin{aligned}\text{TEM}: \eta &= \sqrt{\frac{\mu}{\varepsilon}} \\ \text{TE}_z: \eta_{\text{TE}} &= \sqrt{\frac{\mu}{\varepsilon}}\sec\theta \\ \text{TM}_z: \eta_{\text{TM}} &= \sqrt{\frac{\mu}{\varepsilon}}\cos\theta\end{aligned}\right\} z_c = \sqrt{\frac{\tilde{l}}{\tilde{c}}}$$

波因子 $\mathrm{e}^{\mathrm{j}(\omega t - kz)}$ $\mathrm{e}^{\mathrm{j}\omega t - \gamma z}$

传播常数 $k = -\mathrm{j}\gamma = \beta - \mathrm{j}\alpha$ vs $\gamma = \alpha + \mathrm{j}\beta$

$$\left.\begin{aligned}&\text{TEM}: k \\ &\text{TE}_z: k_z = k\cos\theta \\ &\text{TM}_z: k_z = k\cos\theta\end{aligned}\right\} -\mathrm{j}\gamma$$

电磁波相速 $v_{\text{p}} = 1/\sqrt{\varepsilon\mu}$ 电压和电流波的相速 $v_p = 1/\sqrt{lc}$

按根据二重性, 我们可建立平面分层媒质它的传输线等效电路. 例如, 对于具有波阻抗为 $\eta$(或 $\eta_{\text{TE}}$、$\eta_{\text{TM}}$) 的无界媒质可等效于一特性阻抗为 $z_c$ 的无限长的传输线; 具有平面分界、波阻抗为 $\eta_1$ 与 $\eta_2$ 的两种媒质等效为特性阻抗为 $z_{c1}$ 和 $z_{c2}$ 的两个 (半) 无限长的传传输线的级联; 具有平面分界、波阻抗为 $\eta_1$、$\eta_2$ 与 $\eta_3$ 的三种媒质可等效为特性阻抗为 $z_{c1}$、$z_{c2}$ 和 $z_{c3}$ 的三段传输线的级联;······. 因此, 我们便可应用 (2.9.12) 式来计算平面波在媒质分界面上的反射、应用 (2.9.13) 式媒质夹层表面处的等效输入波阻抗 $\eta_{\text{eff0}}$, 继而应用 (2.9.12) 式求得波在夹层表面上的反射. 从以下给出的例子将可清楚地看到: 对于计算平面分层媒质的波反射系数, 应用 “等效传输线法” 是十分简便的.

### 2.9.3 平面波传播的等效传输线法的应用范例

**例 1** 参见图 2.5.1, 设 $z = 0$ 为媒质 (1) 与媒质 (2) 的分界面, 它们参数分别为 $\varepsilon_1$、$\mu_1$, $\sigma_1 = 0$, 和 $\varepsilon_2$、$\mu_2$, $\sigma_2 = 0$. 当入射平面波沿 $\hat{\boldsymbol{s}} = \sin\theta\hat{\boldsymbol{a}}_x + \cos\theta\hat{\boldsymbol{a}}_z$ 方向从媒质 (1) 向媒质 (2) 传播时, 其等效传输线电路如图 2.9.1 所示.

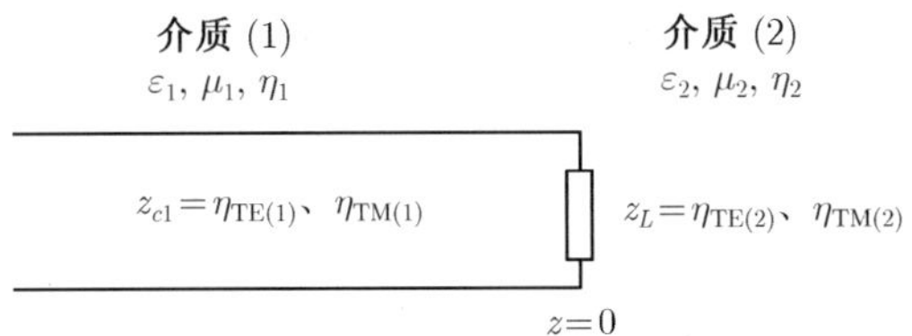


图 2.9.1 平面波的斜入射的等效传输线电路

按传输线理论公式 (2.9.12), 对于 (1) 垂直极化波 ($TE_z$ 波), 有

$$R^{\perp}=\frac{\eta_{TE(2)}-\eta_{TE(1)}}{\eta_{TE(2)}-\eta_{TE(1)}}=\frac{\eta_2\sec\theta^t-\eta_1\sec\theta^i}{\eta_2\sec\theta^t+\eta_1\sec\theta^i}=\frac{\eta_2\cos\theta^i-\eta_1\cos\theta^t}{\eta_2\cos\theta^i+\eta_1\cos\theta^t}$$

而对于 (2) 平行极化波 ($TM_z$ 波), 则有

$$R^{/\!/}=-\frac{\eta_{TM(2)}-\eta_{TM(1)}}{\eta_{TM(2)}-\eta_{TM(1)}}=\frac{\eta_1\cos\theta^i-\eta_2\cos\theta^t}{\eta_1\cos\theta^i-\eta_2\cos\theta^t}$$

此即 (2.5.30) 和 (2.5.53) 式给出的 Fresnel 公式.

**例 2** 参见图 2.7.1, 设有一平面电磁波从 $\varepsilon_1$、$\mu_1$ 媒质 (1) 垂直入射到媒质 (2)$\varepsilon_2$、$\mu_2$ 的介质夹层再进入 $\varepsilon_3$、$\mu_3$ 媒质 (3). 试求在 $z=0$ 媒质 (1) 与媒质 (2) 界面处的反射系数 $R_0$.

此平面电磁波对介质夹层的垂直入射的等效传输线电路如图 2.9.2 所示.

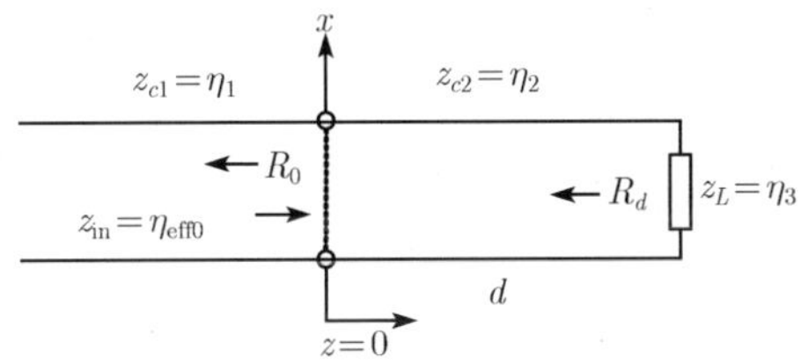


图 2.9.2 平面波介质层垂直入射的等效传输线

按 (2.9.12) 式, 在 $z=d$ 处的反射系数 $R_d$ 为: $R_d=\dfrac{\eta_3-\eta_2}{\eta_3+\eta_2}$. 而由 (2.9.13) 式, 注意到 $\gamma_2=\mathrm{j}k_2, \tanh\gamma_2 d=\mathrm{j}\tan k_2 d$, 在 $z=0$ 处等效波阻抗为

$$\eta_{eff0}=\eta_2\frac{\eta_3+\mathrm{j}\eta_2\tan k_2 d}{\eta_2+\mathrm{j}\eta_3\tan k_2 d}$$

再次应用 (2.9.12) 式, 可知 $z=0$ 处的反射系数为: $R_0=\dfrac{\eta_{eff0}-\eta_1}{\eta_{eff0}+\eta_1}$.
这里应用等效传输线法求出的反射系数 $R_d$、等效波阻抗 $\eta_{eff0}$ 和 $R_0$ 与由 (2.7.27), (2.7.28) 和 (2.7.23) 式采用场分析法所得的结果一致.

**例 3** 设在导体平面与空气接触的表面上敷以两层介质, 介质 (1) 是有耗介质 ($\sigma_1\gg 1$), 厚度 $d\ll\lambda_1$; 介质 (2) 是理想介质, 厚度 $D\approx\lambda_2/4$, 如图 2.9.3(a) 所

示, 图 2.9.3(b) 是其等效传输线电路. 若平面波直接垂直入射到导体平板或导电媒质时, 将被完全反射; 今在导体表面所增加的复合介质敷层, 是期望能通过选择介质夹层 (1) 的厚度 $d$ 使 $z=0$ 界面处波的反射系数降至最小.

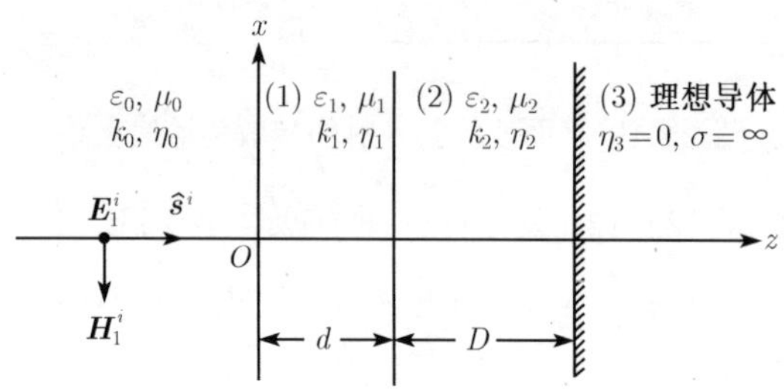


(a) 分层介质中的平面波传播

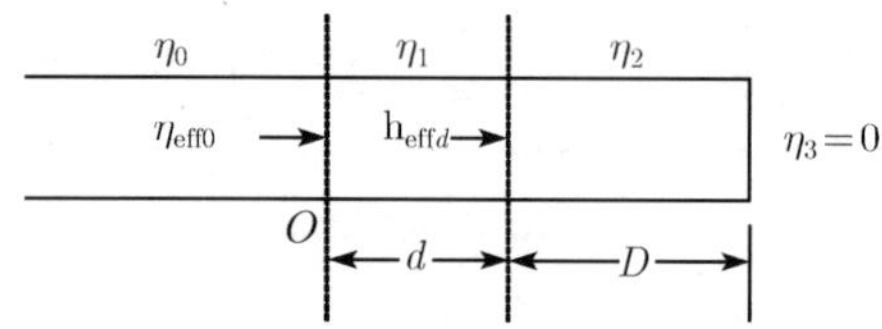


(b) 平面波传播的等效传输线

图 2.9.3　导体表面反射的降低

现在, 我们应用传输线理论通过其等效传输线电路来定性地分析增加介质敷层后在 $\varepsilon_0, \mu_0$ 空间中的反射波, 即波的反射系数得到降低的机理.

由于 $\eta_3=0, D=\lambda_2/4$, 按传输线理论 (2.9.14) 式, 在 $z=d$ 介质 (1) 与介质 (2) 的分界面上的等效阻抗, 即负载短路的四分之一波长线的输入阻抗 $\eta_{\text{eff}d}$ 为

$$\eta_{\text{eff}d}=\text{j}\eta_2\tan\beta_2 D=j\eta_2\tan\left(\frac{2\pi}{\lambda_2}\frac{\lambda_2}{4}\right)\to\infty$$

又应用 (2.9.13) 式可知, 长度为 $d$ 的开路有耗传输线 ($z_L=\infty$) 的输入阻抗 $z_{in}=z_c/\tanh\gamma_1 d$, 故按等效传输线, 由 (2.9.13) 式可知在 $\varepsilon_0, \mu_0$ 自由空间与介质 (1) 的 $z=0$ 交界面处向右看去的等效输入波阻抗 $\eta_{\text{eff0}}$ 为

$$\eta_{\text{eff0}}=\eta_1\frac{\infty+\eta_1\tanh\gamma_1 d}{\eta_1+\infty\cdot\tanh\gamma_1 d}=\eta_1\frac{1}{\tanh\gamma_1 d}$$

式中, $\gamma_1$ 是有耗介质中的传播常数. 因介质层很薄 $d\ll\lambda_1$, 而有 $\gamma_1 d\ll 1$, 故上式可近似地表为: $\eta_{\text{eff0}}\approx\eta_1\dfrac{1}{\gamma_1 d}$

为实现在 $\varepsilon_0, \mu_0$ 自由空间中没有波反射, 要求在 $z=0$ 处向右看去的输入波阻抗应等于 $\varepsilon_0, \mu_0$ 自由空间的波阻抗 $\eta_0$, 即应有 $\eta_{\text{eff0}}=\eta_1\dfrac{1}{\gamma_1 d}=\eta_0$.

对于 $\varepsilon_1$、$\mu_1$、$\sigma_1 \gg 1$ 的有耗 (导电) 媒质 (1), 由 (2.2.11) 和 (2.2.15) 式, 可知有, $\gamma_1 \approx \sqrt{\mathrm{j}\omega\mu_1\sigma_1}$, $\eta_1 \approx \sqrt{\mathrm{j}\omega\mu_1/\sigma_1}$, 故其厚度值应为

$$d \approx \frac{1}{\sigma_1\eta_0}$$

物理上, 波反射的降低或消除是由于有耗介质处在电场的波腹区域, 因而可使电磁场能量反射过程中受到很大损耗之故. 鉴于合适的 $d$ 值与频率有关, 故所述波反射的降低或消除是窄带的.

## 2.10　平面波对平面多分层媒质的斜入射

本节研究平面电磁波在平面多分层媒质中的传播. 由于分层媒质可以用来逼近仅有一维连续变化的媒质, 且当分层分得足够细时, 可给出较为精确的结果, 因而研究它具有重要实际应用意义. 例如, 研究高速飞行体上采用变密度材料制成的天线罩特性; 以及研究高速飞行体周围可能出现按某种近似一维变化分布的电离气体中的电磁波传播过程等.

设有一沿 $\hat{\boldsymbol{s}}^i$ 方向传播的平面电磁波从 $z \leqslant 0$ 半无限大的 $\varepsilon_0$、$\mu_0$ 均匀媒质 (0) 以入射角为 $\theta_0$ 斜入射到厚度为 $d$、计有 $M$ 分层的平面分层媒质进入 $z \geqslant d$ 半无限大的 $\varepsilon_{M+1}$、$\mu_{M+1}$ 均匀媒质 $(M+1)$, 区间 $z_{m-1} \leqslant z \leqslant z_m$ 为第 $(m)$ 层 $\varepsilon_m$、$\mu_m$ 均匀媒质 $(m = 1, 2, \cdots, M)$, 如图 2.10.1 所示.

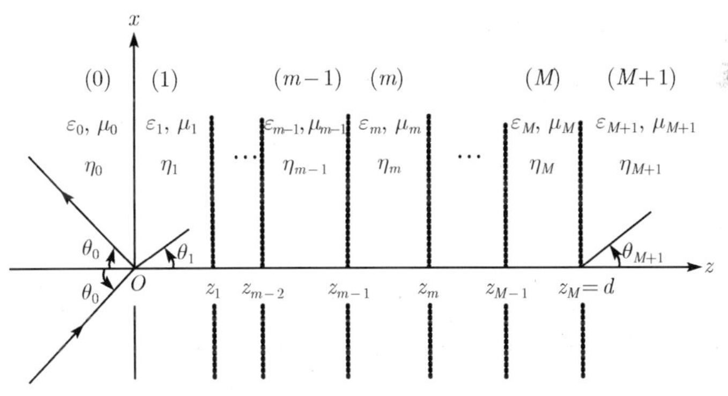


图 2.10.1　平面波对平面多层媒质的斜入射

我们将分别考虑入射波电场沿 $y$ 方向极化、垂直于入射面时的垂直极化波 ($\mathrm{TE}_z$ 波), 和入射波磁场沿 $y$ 方向、电场平行于入射面时的平行极化波 ($\mathrm{TM}_z$ 波) 两种情形.

对于平面电磁波的平面多分层媒质斜入射, 可采用 2.5~2.8 节中所述, 作为电磁场边值问题进行处理; 对于通常仅需求分层媒质表面 $z = 0$ 处的反射系数情形,

我们亦可采用在 2.9 节中所述等效传输线法进行分析, 此时可免去许多复杂的推导. 按媒质中的平面波与传输线上的波传播之间所存在的二重性, 我们可建立平面波多层媒质的斜入射问题的等效传输线电路, 如图 2.10.2 所示.

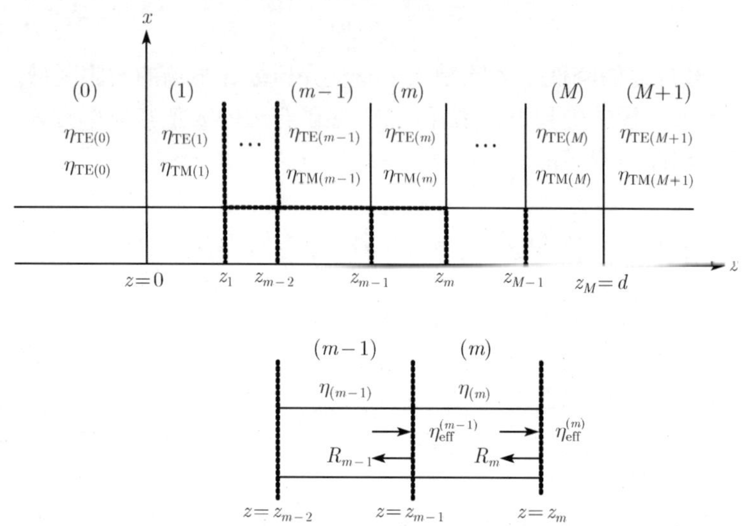


图 2.10.2 平面分层媒质平面波斜入射等效传输线电路

本节中将采用等效传输线法来分析平面波斜入射到平面多分层媒质波时波的传播, 关于场分析法的祥细推导可参见附录 C.

(1) 垂直极化波 ($\mathrm{TE}_z$ 波)

媒质中的 $\mathrm{TE}_z$ 平面波的电场 $E_x$ 和磁场 $-H_y$ 与传输线上的电压 $u$ 和电流 $i$ 波传播之间存在有二重性, 按图 2.10.2 平面波多层媒质的斜入射问题的等效传输线电路, 在第 $(m-1)$ 与 $(m)$ 分层的分界面 $z=z_{m-1}$ 处 $(m-1)$ 分层中的反射系数为

$$R_{m-1}^{\perp}=\frac{\eta_{\mathrm{eff}}^{(m-1)}-\eta_{\mathrm{TE}(m-1)}}{\eta_{\mathrm{eff}}^{(m-1)}+\eta_{\mathrm{TE}(m-1)}}=\frac{\eta_{\mathrm{eff}}^{(m-1)}/\eta_{\mathrm{TE}(m-1)}-1}{\eta_{\mathrm{eff}}^{(m-1)}/\eta_{\mathrm{TE}(m-1)}+1} \tag{2.10.1}$$

$$(m=M+1,M,\cdots,1)$$

当 $m=1$ 时, 由 (2.10.1) 式可得我们所感兴趣的反射系数 $R_0^{\perp}$. 式中, $\eta_{\mathrm{eff}}^{(m-1)}$ 是在 $z=z_{m-1}$ 处朝 “负载” 方向看去的 $\mathrm{TE}_z$ 波输入波阻抗, 而由 (2.9.14) 式, 可知此 $\eta_{\mathrm{eff}}^{(m-1)}$ 为

$$\eta_{\mathrm{eff}}^{(m-1)}=\eta_{\mathrm{TE}(m)}\frac{\eta_{\mathrm{eff}}^{(m)}+\mathrm{j}\eta_{\mathrm{TE}(m)}\tan k_{zm}(z_m-z_{m-1})}{\eta_{\mathrm{TE}(m)}+\mathrm{j}\eta_{\mathrm{eff}}^{(m)}\tan k_{zm}(z_m-z_{m-1})} \tag{2.10.2}$$

或

$$\frac{\eta_{\text{eff}}^{(m-1)}}{\eta_{\text{TE}(m-1)}}=\frac{\eta_{\text{TE}(m)}}{\eta_{\text{TE}(m-1)}}\frac{\eta_{\text{eff}}^{(m)}/\eta_{\text{TE}(m)}+\mathrm{j}\tan k_{zm}(z_m-z_{m-1})}{1+j\eta_{\text{eff}}^{(m)}/\eta_{\text{TE}(m)}\tan k_{zm}(z_m-z_{m-1})}\tag{2.10.3}$$

$$(m=M,M-1,\cdots,1)$$

式中, $\eta_{\text{TE}(m)}=\sqrt{\mu_m/\varepsilon_m}/\cos\theta_m$ 为媒质 $(m)$ 的 $\text{TE}_z$ 波阻抗; 而

$$k_{zm}=k_m\cos\theta_m=k_0\sqrt{\varepsilon_{rm}\mu_{rm}-\sin^2\theta_0};\quad k_m=\omega\sqrt{\varepsilon_m\mu_m}(m=M+1,M,\cdots,0)$$

$$\frac{\eta_{\text{TE}(m)}}{\eta_{\text{TE}(m-1)}}=\frac{\mu_{rm}}{\mu_{r(m-1)}}\frac{k_{z(m-1)}}{k_{zm}}\tag{2.10.4}$$

从上分析可见, 已知 $\eta_{\text{eff}}^{(m)}/\eta_{\text{TE}(m)}$ 由 (2.10.3) 式便可得 $\eta_{\text{eff}}^{(m-1)}/\eta_{\text{TE}(m-1)}$, 继而由 (2.10.1) 式即可求出 $R_{m-1}^{\perp}$ 的值; 这样就在 $\eta_{\text{eff}}^{(m)}/\eta_{\text{TE}(m)}$ 与 $R_{m-1}^{\perp}$ 之间建立了逆向的递推关系式 $(m=M,M-1,\cdots,1)$, 当 $m=1$ 时, 即可得反射系数 $R_0^{\perp}$. 这里, 递推初值为 $\eta_{\text{eff}}^{(M)}/\eta_{\text{TE}(M)}$.

由于 $z=z_m$ 处向 "负载" 看去的输入波阻抗为 $\eta_{\text{TE}(M+1)}$, 此即有 $\eta_{\text{eff}}^{(m)}=\eta_{\text{TE}(M+1)}$, 故可知递推初值为

$$\frac{\eta_{\text{eff}}^{(M)}}{\eta_{\text{TE}(M)}}=\frac{\sqrt{\mu_{M+1}/\varepsilon_{M+1}}}{\sqrt{\mu_M/\varepsilon_M}}\frac{\cos\theta_M}{\cos\theta_{M+1}}=\frac{\mu_{r(M+1)}}{\mu_{rM}}\frac{k_{zM}}{k_{z(M+1)}}\tag{2.10.5}$$

此外, 还可建立计算反射系数 $R_0^{\perp}$ 的另一种算法如下：由 (2.10.1) 式可解得

$$\frac{\eta_{\text{eff}}^{(m-1)}}{\eta_{\text{TE}(m-1)}}=\frac{1+R_{m-1}^{\perp}}{1-R_{m-1}^{\perp}}\tag{2.10.6}$$

令 $m\to m+1$ 则可得 $\eta_{\text{eff}}^{(m)}/\eta_{\text{TE}(m)}=\left(1+R_m^{\perp}\right)/\left(1+R_m^{\perp}\right)$, 将它代入 (2.10.3) 式后, 则可得 $\eta_{\text{eff}}^{(m-1)}/\eta_{\text{TE}(m-1)}$ 的另一表示式:

$$\begin{aligned}\frac{\eta_{\text{eff}}^{(m-1)}}{\eta_{\text{TE}(m-1)}}&=\frac{\eta_{\text{TE}(m)}}{\eta_{\text{TE}(m-1)}}\frac{\dfrac{1+R_m^{\perp}}{1-R_m^{\perp}}+\mathrm{j}\tan k_{zm}(z_m-z_{m-1})}{1+\mathrm{j}\dfrac{1+R_m^{\perp}}{1-R_m^{\perp}}\tan k_{zm}(z_m-z_{m-1})}\\&=\frac{\eta_{\text{TE}(m)}}{\eta_{\text{TE}(m-1)}}\frac{\left(1+R_m^{\perp}\right)\cos k_{zm}(z_m-z_{m-1})+\mathrm{j}\left(1-R_m^{\perp}\right)\sin k_{zm}(z_m-z_{m-1})}{\left(1-R_m^{\perp}\right)\cos k_{zm}(z_m-z_{m-1})+\mathrm{j}\left(1+R_m^{\perp}\right)\sin k_{zm}(z_m-z_{m-1})}\end{aligned}$$

因有 $\mathrm{e}^{\pm\mathrm{j}k_{zm}(z_m-z_{m-1})}=\cos k_{zm}(z_m-z_{m-1})\pm\mathrm{j}\sin k_{zm}(z_m-z_{m-1})$, 经归并整理后, 便可得

$$\frac{\eta_{\text{eff}}^{(m-1)}}{\eta_{\text{TE}(m-1)}}=\frac{\eta_{\text{TE}(m)}}{\eta_{\text{TE}(m-1)}}\frac{1+R_m^{\perp}\mathrm{e}^{-\mathrm{j}2k_{zm}(z_m-z_{m-1})}}{1-R_m^{\perp}\mathrm{e}^{-\mathrm{j}2k_{zm}(z_m-z_{m-1})}}\quad(m=M-1,M-2,\cdots,1)\tag{2.10.7}$$

因而, 若已知 $R_m^{\perp}$ 由 (2.10.7) 式可得 $\eta_{\text{eff}}^{(m-1)}/\eta_{\text{TE}(m-1)}$, 再代入 (2.10.1) 式即可求得 $R_{m-1}^{\perp}$, 这样通过 (2.10.7) 和 (2.10.1) 式就建立了 $R_{m-1}^{\perp}$ 与 $R_m^{\perp}(m=M,M-1,\cdots,2,1)$ 之间的逆向递推关系式, 当 $m=1$ 时, 即可得反射系数 $R_0^{\perp}$. 这里, $R_M^{\perp}$ 为递推初值.

由 (2.9.12) 式可知, 在 $z=z_M=d$"负载" 端的反射系数 $R_M^{\perp}$, 即所求递推初值. 因有 (2.10.4) 式, 故 $R_M^{\perp}$ 可表为

$$R_M^{\perp}=\frac{\eta_{\text{TE(M+1)}}-\eta_{\text{TE}(M)}}{\eta_{\text{TE(M+1)}}+\eta_{\text{TE}(M)}}-\frac{\eta_{\text{TE}(M+1)}/\eta_{\text{TE}(M)}-1}{\eta_{\text{TE}(M+1)}/\eta_{\text{TE}(M)}+1}$$

$$=\frac{\mu_{r(M+1)}k_{zM}-\mu_{(rM)}k_{z(M+1)}}{\mu_{r(M+1)}k_{zM}+\mu_{(rM)}k_{z(M+1)}} \tag{2.10.8}$$

特别地, 若媒质 $(M+1)$ 为理想导体, 其中不存在折射波, 而有 $\eta_{\text{TE}(M+1)}=0$, 此时

$$R_M^{\perp}=-1 \tag{2.10.9}$$

(2) 平行极化波 ($\text{TM}_z$ 波)

平行极化波 ($\text{TM}_z$ 波) 的分析与垂直极化波 ($\text{TE}_z$ 波) 情形类似. 按等效传输线电路, 第 $(m-1)$ 与 $(m)$ 分层的分界面 $z=z_{m-1}$ 处 $(m-1)$ 分层中的反射系数为

$$R_{m-1}^{/\!/}=-\frac{\eta_{\text{eff}}^{(m-1)}-\eta_{\text{TM}(m-1)}}{\eta_{\text{eff}}^{(m-1)}+\eta_{\text{TM}(m-1)}}=-\frac{\eta_{\text{eff}}^{(m-1)}/\eta_{\text{TM}(m-1)}-1}{\eta_{\text{eff}}^{(m-1)}/\eta_{\text{TM}(m-1)}+1} \tag{2.10.10}$$

$$(m=M+1,M,\cdots,1)$$

当 $m=1$ 时, 由 (2.10.10) 式可得我们所感兴趣的反射系数 $R_0^{\perp}$. 式中, $\eta_{\text{eff}}^{(m-1)}$ 是在 $z=z_{m-1}$ 处朝 "负载" 方向看去的 $\text{TM}_z$ 波输入波阻抗, 而由 (2.9.14) 式, 可知此 $\eta_{\text{eff}}^{(m-1)}/\eta_{\text{TM}(m-1)}$ 为

$$\frac{\eta_{\text{eff}}^{(m-1)}}{\eta_{\text{TM}(m-1)}}=\frac{\eta_{\text{TM}(m)}}{\eta_{\text{TM}(m-1)}}\frac{\eta_{\text{eff}}^{(m)}/\eta_{\text{TM}(m)}+\text{j}\tan k_{zm}(z_m-z_{m-1})}{1+\text{j}\eta_{\text{eff}}^{(m)}/\eta_{\text{TM}(m)}\tan k_{zm}(z_m-z_{m-1})} \tag{2.10.11}$$

$$(m=M,M-1,\cdots,1)$$

式中, $\eta_{\text{TM}(m)}=\sqrt{\mu_m/\varepsilon_m}\cos\theta_m$ 为媒质 $(m)$ 的 $\text{TM}_z$ 波阻抗; 而

$$k_{zm}=k_m\cos\theta_m=k_0\sqrt{\varepsilon_{rm}\mu_{rm}-\sin^2\theta_0};\quad k_m=\omega\sqrt{\varepsilon_m\mu_m}(m=M+1,M,\cdots,0)$$

$$\frac{\eta_{\text{TM}(m)}}{\eta_{\text{TM}(m-1)}}=\frac{\varepsilon_{r(m-1)}}{\varepsilon_{rm}}\frac{k_{zm}}{k_{z(m-1)}} \tag{2.10.12}$$

已知 $\eta_{\mathrm{eff}}^{(m)}/\eta_{\mathrm{TM}(m)}$ 则应用 (2.10.11) 式便可求得 $\eta_{\mathrm{eff}}^{(m-1)}/\eta_{\mathrm{TM}(m-1)}$，继而由 (2.10.10) 式即可求出 $R_{m-1}^{//}$ 的值, 而在 $\eta_{\mathrm{eff}}^{(m)}/\eta_{\mathrm{TM}(m)}$ 与 $R_{m-1}^{//}$ 之间建立了逆向的递推关系式 $(m=M,M-1,\cdots,1)$, 当 $m=1$ 时, 即可得反射系数 $R_0^{//}$. 这里, 递推初值为 $\eta_{\mathrm{eff}}^{(M)}/\eta_{\mathrm{TM}(M)}$.

由于 $z=z_m$ 处向 "负载" 看去的输入波阻抗为 $\eta_{\mathrm{TM}(M+1)}$，此即有 $\eta_{\mathrm{eff}}^{(m)}=\eta_{\mathrm{TM}(M+1)}$，故可知递推初值为

$$\frac{\eta_{\mathrm{eff}}^{(M)}}{\eta_{\mathrm{TM}(M)}}=\frac{\sqrt{\mu_{M+1}/\varepsilon_{M+1}}}{\sqrt{\mu_M/\varepsilon_M}}\frac{\cos\theta_{M+1}}{\cos\theta_M}=\frac{\varepsilon_{rM}}{\varepsilon_{r(M+1)}}\frac{k_{z(M+1)}}{k_{zM}} \tag{2.10.13}$$

类似于垂直极化波情形, 我们亦可建立计算反射系数 $R_0^{//}$ 的另一种算法如下：

由 (2.10.10) 式, 令其中 $m\to m+1$, 我们可解得

$$\frac{\eta_{\mathrm{eff}}^{(m)}}{\eta_{\mathrm{TM}(m)}}=\frac{1-R_m^{//}}{1+R_m^{//}} \tag{2.10.14}$$

将 (2.10.14) 代入 (2.10.11) 式后, 则 $\eta_{\mathrm{eff}}^{(m-1)}/\eta_{\mathrm{TE}(m-1)}$ 亦可表示成另一形式：

$$\frac{\eta_{\mathrm{eff}}^{(m-1)}}{\eta_{\mathrm{TE}(m-1)}}=\frac{\eta_{\mathrm{TM}(m)}}{\eta_{\mathrm{TM}(m-1)}}\frac{\dfrac{1-R_m^{//}}{1+R_m^{//}}+\mathrm{j}\tan k_{zm}(z_m-z_{m-1})}{1+\mathrm{j}\dfrac{1-R_m^{//}}{1+R_m^{//}}\tan k_{zm}(z_m-z_{m-1})} \tag{2.10.15}$$

类似于垂直极化波 (2.10.7) 式情形, 经归并整理后, 则可得

$$\frac{\eta_{\mathrm{eff}}^{(m-1)}}{\eta_{\mathrm{TM}(m-1)}}=\frac{\eta_{\mathrm{TM}(m)}}{\eta_{\mathrm{TM}(m-1)}}\frac{1-R_m^{//}\mathrm{e}^{-\mathrm{j}2k_{zm}(z_m-z_{m-1})}}{1+R_m^{//}\mathrm{e}^{-\mathrm{j}2k_{zm}(z_m-z_{m-1})}}\quad(m=M-1,M-2,\cdots,1) \tag{2.10.16}$$

已知 $R_m^{//}$, 由 (2.10.16) 式可得 $\eta_{\mathrm{eff}}^{(m-1)}/\eta_{\mathrm{TM}(m-1)}$ 之值, 再代入 (2.10.10) 式即可求出 $R_{m-1}^{//}$. 故由 (2.10.16) 和 (2.10.10) 式可形成 $R_{m-1}^{//}$ 与 $R_m^{//}(m=M,M-1,\cdots,1)$ 之间的逆向递推关系式, 其中 $R_M^{//}$ 为递推初值 $R_M^{//}$.

类似地, 由 (2.9.12) 式可知, 在 $z=z_M=d$"负载" 端的反射系数 $R_M^{//}$, 即递推初值为

$$R_M^{//}=-\frac{\eta_{\mathrm{TM}(M+1)}-\eta_{\mathrm{TM}(M)}}{\eta_{\mathrm{TM}(M+1)}+\eta_{\mathrm{TM}(M)}}=-\frac{\varepsilon_{rM}k_{z(M+1)}-\varepsilon_{r(M+1)}k_{zM}}{\varepsilon_{rM}k_{z(M+1)}+\varepsilon_{r(M+1)}k_{zM}} \tag{2.10.17}$$

特别地, 若媒质 $(M+1)$ 为理想导体, 其中不存在折射波, 而有 $\eta_{\mathrm{TM}(M+1)}=0$, 此时

$$R_M^{//}=1 \tag{2.10.18}$$

综上所述, 对于垂直极化与平行极化入射波, $M$ 平面分层媒质表面 $z=0$ 处的反射系数 $R_0^{\perp}$ 与 $R_0^{//}$ 的计算, 有两种递推算法可供选用. 现简要重复如下:

算法 (一): 递推初值 $\eta_{\text{eff}}^{(M)}/\eta_{\text{TE}(M)}$, 由 $\eta_{\text{eff}}^{(m-1)}/\eta_{\text{TE}(m-1)}\rightarrow\cdots\rightarrow\eta_{\text{eff}}^{(0)}/\eta_{\text{TE}(0)}$

$$(m=M+1,M,\cdots,1);\quad \eta_{\text{eff}}^{(0)}/\eta_{\text{TE}(0)}\rightarrow R_0^{\perp};$$

与 $\eta_{\text{eff}}^{(M)}/\eta_{\text{TM}(M)}$, 由 $\eta_{\text{eff}}^{(m-1)}/\eta_{\text{TM}(m-1)}\rightarrow\cdots\rightarrow\eta_{\text{eff}}^{(0)}/\eta_{\text{TM}(0)}$

$$(m=M+1,M,\cdots,1);\quad \eta_{\text{eff}}^{(0)}/\eta_{\text{TM}(0)}\rightarrow R_0^{//}.$$

算法 (二): 递推初值 $R_M^{\perp}$, 由 $R_m^{\perp}\rightarrow\eta_{\text{eff}}^{(m-1)}/\eta_{\text{TE}(m-1)}\rightarrow R_{m-1}^{\perp}$

$$(m=M,M-1,\cdots,1);$$

与 $R_M^{//}$, 由 $R_m^{//}\rightarrow\eta_{\text{eff}}^{(m-1)}/\eta_{\text{TM}(m-1)}\rightarrow R_{m-1}^{//}(m=M,M-1,\cdots,1)$.

按上所述两种递推算法所编写的计算平面波 (等间距) 多分层媒质斜入射时 $z=0$ 处的反射系数 $R_0^{\perp}$ 和 $R_0^{//}$ 的 Fortran 程序可参见附录 D 中的程序 MPBMLRA 和 MPBMLRB, 它们分别相应于算法 (一) 和算法 (二).

**例** 设有一平面电磁波以入射角 $\theta_0$ 入射到具有金属衬底、总厚度为 $D=5\lambda$ 的非均匀介质层上, 此介质层的介电常数和磁导率分别为 $\varepsilon_r=4.0+(2.0-\text{j}0.1)(z/D)^2$, $\mu_{r2}=2.0-\text{j}0$, 两侧媒质均为空气.

将此具有金属衬底非均匀介质层采用图 2.10.1 所示 $M$ 多分层介质层逼近; 此时, 对于 $\text{TE}_z$ 入射波, 有 $R_d^{\perp}=-1$; 而对于 $\text{TM}_z$ 波, 有 $R_d^{//}=1$; 采用附录中给出的范例程序计算, 取 $M=100$ 时所得典型数值结果如下:

| $\theta_0$ | $\lvert R_0^{\perp}\rvert$ | $\lvert R_0^{//}\rvert$ |
|---|---|---|
| 0 | .167553 | .167553 |
| 10 | .174139 | .161126 |
| 20 | .196369 | .143195 |
| 30 | .236004 | .112351 |
| 40 | .286792 | .056983 |
| 50 | .355402 | .035471 |
| 60 | .458281 | .148278 |
| 70 | .593880 | .319761 |
| 80 | .769230 | .583889 |
| 90 | 1.000000 | 1.000000 |

根据计算数据绘制的 $z=0$ 处反射系数 $\lvert R_0^{\perp}\rvert$ 和 $\lvert R_0^{//}\rvert$ 与 $\theta_0$ 的关系曲线如图 2.10.3 所示.

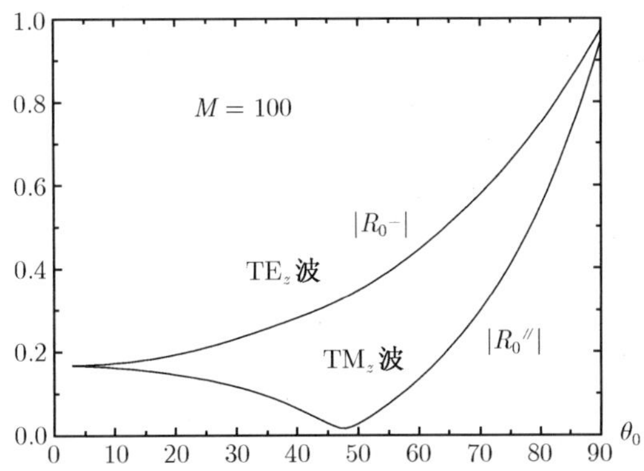


图 2.10.3 平面波非均匀媒质斜入射的 $|R_0^{\perp}|$-$\theta_0$ 和 $|R_0^{/\!/}|$-$\theta_0$ 特性

## 2.11 无界等离子体旋电媒质中的均匀平面电磁波 [1,4]

等离子体是由电子、负离子、正离子及部分未电离的中性分子组成的游离气体. 其中总的带负电的电子、负离子与带正电的离子具有相等的电量, 而整个等离子体对外呈中性. 分析等离子体中电磁波传播问题的方法是将等离子体等效为介电媒质. 等离子体在外加恒定磁场和时谐磁场的共同作用下是一种旋电媒质, 具有电各向异性和磁各向同性; 等效介电常数为一张量, 而磁导率为一标量. 例如地球上空的电离层电磁波的传播, 在地球磁场的影响下, 就是在时谐场与外加恒定磁场作用下的等离子体, 因而是一种等离体旋电媒质. 本节分析和讨论在等离子体旋电媒质中、沿纵向与横向传播的均匀平面波的场表示式及其传播特性.

对于等离子体旋电媒质, Maxwell 电磁场方程具有如下形式:

$$\nabla \times \boldsymbol{E} = -\mathrm{j}\omega\mu_0\boldsymbol{H} \tag{2.11.1}$$

$$\nabla \times \boldsymbol{H} = \mathrm{j}\omega\varepsilon_0\left[\varepsilon_{\mathrm{r}}\right] \cdot \boldsymbol{E} \tag{2.11.2}$$

$$\nabla \cdot \boldsymbol{B} = 0 \tag{2.11.3}$$

$$\nabla \cdot \boldsymbol{D} = 0 \tag{2.11.4}$$

以上式中

$$\boldsymbol{D} = \varepsilon_0\left[\varepsilon_{\mathrm{r}}\right] \cdot \boldsymbol{E} \tag{2.11.5}$$

$$\boldsymbol{B} = \mu_0\boldsymbol{H} \tag{2.11.6}$$

对 (2.11.1) 取旋度后代入 (2.11.2) 式, 应用矢量恒等式: $\nabla \times \nabla \times \boldsymbol{E} = \nabla\nabla \cdot \boldsymbol{E} - \nabla^2\boldsymbol{E}$, 可得

$$\nabla\nabla \cdot \boldsymbol{E} - \nabla^2\boldsymbol{E} = \omega^2\varepsilon_0\mu_0\left[\varepsilon_{\mathrm{r}}\right] \cdot \boldsymbol{E} \tag{2.11.7}$$

(2.11.7) 式就是具有张量介电常数 $[\varepsilon]=\varepsilon_0[\varepsilon_{\rm r}]$ 时 $\boldsymbol{E}$ 所满足的波动方程.

设作用于等离子体的外加恒定磁场为 $\boldsymbol{B}_0=B_0\hat{\boldsymbol{a}}_z$, 沿 $z$ 方向, 且假定电子在运动过程中与中性分子或离子未发生任何碰撞. 对于均匀平面电磁波时谐场, 等离子体的相对等效介电常数 $[\varepsilon_{\rm r}]$ 为 (参见附录 E):

$$[\varepsilon_r]=\begin{bmatrix}\varepsilon_1 & {\rm j}\varepsilon_2 & 0\\ -{\rm j}\varepsilon_2 & \varepsilon_1 & 0\\ 0 & 0 & \varepsilon_3\end{bmatrix} \tag{2.11.8}$$

其中

$$\varepsilon_1=1+\frac{\omega_p^2}{\omega_g^2-\omega^2};\varepsilon_2=\frac{\omega_p^2\omega_g}{\omega\left(\omega_g^2-\omega^2\right)};\varepsilon_3=1-\frac{\omega_p^2}{\omega^2}; \tag{2.11.9}$$

$$\omega_g=\frac{eB_0}{m_{\rm e}}\text{为电子运动的回旋频率;} \tag{2.11.10}$$

$$\omega_p=e\sqrt{\frac{N_{\rm e}}{m_{\rm e}\varepsilon_0}}\text{为等离子体的临界角频率} \tag{2.11.11}$$

若 $\boldsymbol{B}_0=0$, 则 $\omega_g=0$, 由 (2.11.8)~(2.11.11) 式可知, 等离子体的张量介电常数 $[\varepsilon_{\rm r}]$ 退化为标量介电常数 $\varepsilon_{\rm r}=1-\omega_p^2/\omega^2$; 此时, 等离子体为一各向同性媒质. 在此等离子体中均平面波传播的相速为 $v_{\rm p}=v_c/\sqrt{1-\omega_{\rm p}^2/\omega^2}$, 它大于光速 $v_{\rm c}$, 且为频率的函数, 故等离子体是一正常色散媒质. 若 $\omega<\omega_{\rm p}$, $v_{\rm p}$ 为虚数, 波的传播将被衰减, 这是 $\omega_{\rm g}$ 有临界角频率之故.

对于电离层, 由于存在有地球磁场, 它是一旋电媒质. 若地球磁场 $B_0$ 取平均值 $5\times10^{-5}{\rm Wb/m^2}$, 电子密度 $N_{\rm e}$ 取 $F_2$ 层中电子密度最大值 $(1\sim2)\times10^{12}e/{\rm m}^3$, 当将 $e,m_{\rm e}$ 和 $\varepsilon_0$ 的值：$e=1.6021917\times10^{-19}{\rm C}$, $m_{\rm e}=9.109558\times10^{-31}{\rm kg}$, 和 $\varepsilon_0=8.8542\times10^{-12}{\rm F/m}$, 代入至 $\omega_{\rm g}$ 和 $\omega_{\rm p}$ 中后, 则可得

$$f_g=\frac{\omega_g}{2\pi}\approx1.4{\rm MHz};\quad f_{\rm p\,max}=\frac{\rm e}{2\pi}\sqrt{\frac{N_{\rm e\,max}}{m_{\rm e}\varepsilon_0}}\approx12.7{\rm MHz}$$

由于磁化等离子体的电各向异性, 其电磁特性与所传播的电磁波的传播方向有关. 这里, 就常见的如下两种特殊情形予以讨论.

### 2.11.1 沿纵向传播的电磁波

纵向波是指电磁波传播方向与离子体外加恒定磁场 $\boldsymbol{B}_0$ 的方向相平行的波. 设等离子体外加恒定磁场 $\boldsymbol{B}_0$ 沿 $z$ 方向, 入射的均匀平面电磁波沿 $z$ 方向, 故可设其

电场表示式为

$$\boldsymbol{E}=\boldsymbol{E}_0\mathrm{e}^{\mathrm{j}\omega t-\gamma z}(\text{或}\boldsymbol{E}=\boldsymbol{E}_0\mathrm{e}^{\mathrm{j}(\omega t-kz)}) \tag{2.11.12}$$

式中, $\gamma=\alpha+\mathrm{j}\beta$ 为待定传播常数; $k=-\mathrm{j}\gamma=\beta-\mathrm{j}\alpha$. 当不考虑等离子体损耗时, $\alpha=0,\ \gamma=\mathrm{j}\beta,\quad \beta=k$ 为相位常数; $\boldsymbol{E}_0$ 为复振幅.

将 (2.11.7) 式写成矩阵形式, 则有:

$$\begin{bmatrix} \dfrac{\partial}{\partial x}(\nabla\cdot\boldsymbol{E})-\nabla^2E_x \\ \dfrac{\partial}{\partial y}(\nabla\cdot\boldsymbol{E})-\nabla^2E_y \\ \dfrac{\partial}{\partial z}(\nabla\cdot\boldsymbol{E})-\nabla^2E_z \end{bmatrix}=\omega^2\varepsilon_0\mu_0\begin{bmatrix} \varepsilon_1 & \mathrm{j}\varepsilon_2 & 0 \\ -\mathrm{j}\varepsilon_2 & \varepsilon_1 & 0 \\ 0 & 0 & \varepsilon_3 \end{bmatrix}\cdot\begin{bmatrix} E_x \\ E_y \\ E_z \end{bmatrix} \tag{2.11.13}$$

由于所考虑的是沿 $z$ 方向传播的均匀平面波, 而有

$$\frac{\partial E}{\partial x}=\frac{\partial E}{\partial y}=0:\quad \frac{\partial E}{\partial z}=-\gamma E \tag{2.11.14}$$

于是, 由 (2.11.13) 式可得

$$\begin{aligned} -\frac{\partial^2E_x}{\partial z^2}&=\omega^2\varepsilon_0\mu_0\varepsilon_1E_x+\mathrm{j}\omega^2\varepsilon_0\mu_0\varepsilon_2E_y \\ -\frac{\partial^2E_y}{\partial z^2}&=-\mathrm{j}\omega^2\varepsilon_0\mu_0\varepsilon_2E_x+\omega^2\varepsilon_0\mu_0\varepsilon_1E_y \\ 0&=\omega^2\varepsilon_0\mu_0\varepsilon_3E_z \end{aligned}$$

或

$$\gamma^2E_x+\omega^2\varepsilon_0\mu_0(\varepsilon_1E_x+\mathrm{j}\varepsilon_2E_y)=0 \tag{2.11.15}$$

$$\gamma^2E_y+\omega^2\varepsilon_0\mu_0(-\mathrm{j}\varepsilon_2E_x+\varepsilon_1E_y)=0 \tag{2.11.16}$$

$$\omega^2\varepsilon_0\mu_0\varepsilon_3E_z=0 \tag{2.11.17}$$

由 (2.11.1) 式, 可知 $H_z=0$, 而根据 (2.11.17) 或 (2.11.2) 式可知 $E_z=0$, 故在等离子体中沿 $z$ 方向传播的均匀平面波是横电磁波.

(2.11.15) 和 (2.11.16) 式是关于电场分量 $E_x$ 和 $E_y$ 的齐次方程组, 为求得它们的非零解, 则其系数行列式应等于零, 即有

$$\begin{vmatrix} \gamma^2+\omega^2\varepsilon_0\mu_0\varepsilon_1 & \mathrm{j}\omega^2\varepsilon_0\mu_0\varepsilon_2 \\ -\mathrm{j}\omega^2\varepsilon_0\mu_0\varepsilon_2 & \gamma^2+\omega^2\varepsilon_0\mu_0\varepsilon_1 \end{vmatrix}=0$$

或

$$\left(\gamma^2+\omega^2\varepsilon_0\mu_0\varepsilon_1\right)^2-\left(\omega^2\varepsilon_0\mu_0\varepsilon_2\right)^2=0 \tag{2.11.18}$$

由此可解得传播常数为：

$$\gamma^2 = -\omega^2\varepsilon_0\mu_0(\varepsilon_1 \pm \varepsilon_2) \quad \text{或} \quad \gamma = \mathrm{j}\beta = \pm\mathrm{j}\omega\sqrt{\varepsilon_0\mu_0}\sqrt{\varepsilon_1 \pm \varepsilon_2} \tag{2.11.19}$$

式中, 我们将取 "j" 前的 "+" 号, 因所考虑的是向 $z$ 方向传播的波.

将 (2.11.19) 代入 (2.11.15) 或 (2.11.16) 式, 则可得

$$E_x = \pm\mathrm{j}E_y \quad \text{或} \quad E_y = \mp\mathrm{j}E_x \tag{2.11.20}$$

(2.11.20) 式表明在等离子体中沿 $z$ 方向传播的均匀平面波只能是圆极化波. 当 (2.12.19) 式取正号和 $E_x = +\mathrm{j}E_y$ 时为右旋极化 (或称正圆极化); 而取负号时为左旋极化 (或称负圆极化). 它们的相位常数可由 (2.11.19) 式求得, 分别是

$$\beta_+ = \beta_0\sqrt{\varepsilon_1 + \varepsilon_2}; \quad \beta_- = \beta_0\sqrt{\varepsilon_1 - \varepsilon_2} \tag{2.11.21}$$

式中, $\beta_0 = \omega\sqrt{\varepsilon_0\mu_0}$ 为自由空间的相位常数.

故可知正圆极化与负圆极化波的相速分别是

$$v_{p+} = \frac{\omega}{\beta_+} = \frac{v_c}{\sqrt{\varepsilon_1 + \varepsilon_2}}; \quad v_{p-} = \frac{\omega}{\beta_-} = \frac{v_c}{\sqrt{\varepsilon_1 - \varepsilon_2}} \tag{2.11.22}$$

将 $E_z = 0$ 和 (2.11.20) 代入 (2.11.12) 式, 就得到磁化等离子体中纵向波的电场为

$$\boldsymbol{E} = (\hat{\boldsymbol{a}}_x \mp \mathrm{j}\hat{\boldsymbol{a}}_y)E_x \mathrm{e}^{\mathrm{j}(\omega t - \beta_\pm z)} \tag{2.11.23}$$

而相应的磁场由 Maxwell 场方程 (2.11.1), 可知为

$$\boldsymbol{H} = -\frac{1}{\mathrm{j}\omega\mu_0}\nabla \times \boldsymbol{E} = -\frac{1}{\mathrm{j}\omega\mu_0}\left(-\frac{\partial E_y}{\partial z}\hat{\boldsymbol{a}}_x + \frac{\partial E_x}{\partial z}\hat{\boldsymbol{a}}_y\right) \tag{2.11.24}$$

在 2.3 节例 2 中我们曾指出, 任何一个直线极化波都可以分解为两个振幅相等、旋转方向相反、相速相等的正圆和负圆极化波, 如图 2.11.1(a) 所示沿 $y$ 方向极化的直线极化波, 它所分解的两个左、右旋圆极化波于任何时刻的合成后的矢量 $\boldsymbol{E}$ 与 $y$ 轴的夹角不变.

然而如上所述, 若直线极化平面波沿纵向进入等离子体后, 情况将与通常情形有所不同. 假定在 $z = 0$ 处电场的极化方向与 $y$ 方向重合, 并分解为两个初相位相同、振幅相等, 但旋转方向相反的正圆和负圆极化波. 由于正圆极化波与负圆极化波具有不同的传播速度, 传播同一段距离后相移也不相等. 因而, 当它们沿 $z$ 轴边行进边绕 $z$(即 $\boldsymbol{B}_0$) 轴转动时, 合成电场矢量 $\boldsymbol{E}$ 与 $y$ 轴的夹角随时都在变化; $\theta$ 为行进一段距离 $l$ 后合成电场矢量 $\boldsymbol{E}$ 与 $y$ 轴的夹角, 称为偏转角, 如图 2.11.1(b) 所示. 这种现象称为**法拉第旋转效应**. 它是纵向传播的波的一个独特性质.

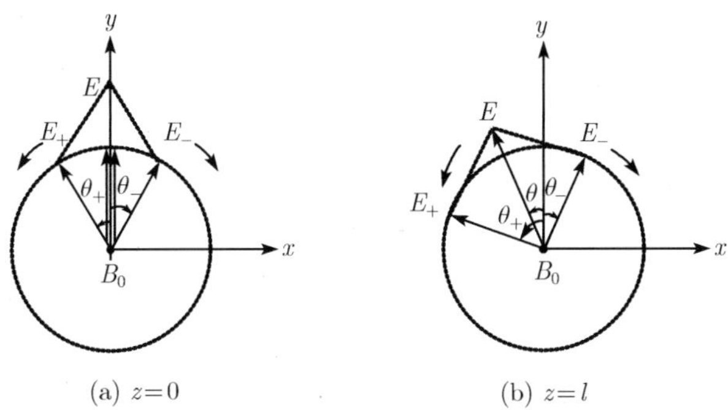


(a) $z=0$ (b) $z=l$

图 2.11.1 等离子体中的法拉第旋转效应

设 $\theta_+ = \beta_+ l$ 为正圆极化波行进距离 $l$ 后的相移角; 而 $\theta_- = \beta_- l$ 为负圆极化波行进距离 $l$ 后的相移角. 由图 2.11.1(b), 我们可见有

$$\tan\theta = \frac{-E_x}{E_y} = \frac{|\boldsymbol{E}|(\sin\theta_- - \sin\theta_+)}{|\boldsymbol{E}|(\cos\theta_- + \cos\theta_+)} \tag{2.11.25}$$

因 $\sin(\alpha-\beta) = 2\sin\dfrac{\alpha-\beta}{2}\cos\dfrac{\alpha+\beta}{2}$ 和 $\cos(\alpha+\beta) = 2\cos\dfrac{\alpha-\beta}{2}\cos\dfrac{\alpha+\beta}{2}$, 于是有 $\tan\theta = \tan\left(\dfrac{\theta_- - \theta_+}{2}\right)$, 故偏转角 $\theta$ 为

$$\theta = (\theta_- - \theta_+)/2 = (\beta_- - \beta_+)l/2 \tag{2.11.26}$$

由 (2.11.9) 式, 有

$$\begin{aligned}
\varepsilon_1 - \varepsilon_2 &= 1 + \frac{\omega_p^2}{\omega_g^2 - \omega^2} - \frac{\omega_p^2\omega_g}{\omega\left(\omega_g^2 - \omega^2\right)} = 1 - \frac{\omega_p^2}{\omega\left(\omega + \omega_g\right)} \\
\varepsilon_1 + \varepsilon_2 &= 1 + \frac{\omega_p^2}{\omega_g^2 - \omega^2} + \frac{\omega_p^2\omega_g}{\omega\left(\omega_g^2 - \omega^2\right)} = 1 - \frac{\omega_p^2}{\omega\left(\omega - \omega_g\right)}
\end{aligned} \tag{2.11.27}$$

于是, 由 (2.11.21) 和 (2.11.26) 式, 便可得单位长度的偏转角为

$$\begin{aligned}
\frac{\theta}{l} &= \frac{\beta_0}{2}\left(\sqrt{\varepsilon_1 - \varepsilon_2} - \sqrt{\varepsilon_1 + \varepsilon_2}\right) \\
&= \frac{\beta_0}{2}\left(\sqrt{1 - \frac{\omega_p^2}{\omega\left(\omega + \omega_g\right)}} - \sqrt{1 - \frac{\omega_p^2}{\omega\left(\omega - \omega_g\right)}}\right)
\end{aligned} \tag{2.11.28}$$

当恒定磁场 $\boldsymbol{B}_0$ 很弱、等离子密度 $N_\mathrm{e}$ 不大, 且电磁波的频率很高时, 即当 $\omega \gg \omega_g$ 和 $\omega \gg \omega_p$ 时, (2.11.28) 式可近似地表为

$$\frac{\theta}{l} \approx \frac{\omega\sqrt{\varepsilon_0\mu_0}}{2}\left[\left(1 - \frac{1}{2}\frac{\omega_p^2}{\omega\left(\omega + \omega_g\right)}\right) - \left(1 - \frac{1}{2}\frac{\omega_p^2}{\omega\left(\omega - \omega_g\right)}\right)\right] \approx \frac{\omega_p^2\omega_g}{2v_c\omega^2} \tag{2.11.29}$$

式中, $v_c = 1/\sqrt{\varepsilon_0\mu_0}$ 为电磁波在真空中的传播速度.

地球上空的电离层在地球磁场的影响下是一种旋电媒质. 如上已指出, 电子的回旋频率 $f_g \approx 1.4\text{MHz}$, 等离子体的最高临界角频率 $f_p \approx 12.7\text{MHz}$, 对于卫星和星际通信的工作频率都在千兆赫的量级, 满足以上 $\omega \gg \omega_g$ 和 $\omega \gg \omega_p$ 条件, 故此时单位长度的偏转角可按 (2.11.29) 式计算; 尽管此值很小, 但由于电离层的厚度绵延数百公里, 传播距离很长, 因而在研究卫星通信的电磁波传播时仍需考虑法拉第旋转这一效应. 然而, 由于地磁场强、电离层的电子密度及其随高度的分布不均匀, 且后者还随昼夜、季节、地理位置而异, 因而严格计算法拉第偏转角是困难的.

### 2.11.2 沿横向传播的电磁波

横向波是指电磁波传播方向与离子体外加恒定磁场 $\boldsymbol{B}_0$ 的方向相垂直的波. 设等离子体外加恒定磁场 $\boldsymbol{B}_0$ 沿 $z$ 方向, 入射的均匀平面电磁波沿 $x$ 方向, 而设其电场的表示式为

$$\boldsymbol{E} = \boldsymbol{E}_0 \mathrm{e}^{\mathrm{j}\omega t - \gamma x} \quad (\text{或}\boldsymbol{E} = \boldsymbol{E}_0 \mathrm{e}^{\mathrm{j}(\omega t - kx)}) \tag{2.11.30}$$

式中, $\gamma = \alpha + \mathrm{j}\beta$ 为待定传播常数; $k = -\mathrm{j}\gamma = \beta - \mathrm{j}\alpha$. 当不考虑等离子体损耗时, $\alpha = 0, \gamma = \mathrm{j}\beta$, $\beta = k$ 为相位常数; $\boldsymbol{E}_0$ 为复振幅.

由于所考虑的是沿 $x$ 方向传播的均匀平面波, 而有

$$\frac{\partial E}{\partial y} = \frac{\partial E}{\partial z} = 0 : \quad \frac{\partial E}{\partial x} = -\gamma E \tag{2.11.31}$$

于是, 由波动方程的矩阵形式 (2.11.13) 式, 可得

$$\begin{aligned}
0 &= \omega^2\varepsilon_0\mu_0\varepsilon_1 E_x + \mathrm{j}\omega^2\varepsilon_0\mu_0\varepsilon_2 E_y \\
-\frac{\partial^2 E_y}{\partial x^2} &= -\mathrm{j}\omega^2\varepsilon_0\mu_0\varepsilon_2 E_x + \omega^2\varepsilon_0\mu_0\varepsilon_1 E_y \\
-\frac{\partial^2 E_z}{\partial x^2} &= \omega^2\varepsilon_0\mu_0\varepsilon_3 E_z
\end{aligned}$$

或

$$\omega^2\varepsilon_0\mu_0 (\varepsilon_1 E_x + \mathrm{j}\varepsilon_2 E_y) = 0 \tag{2.11.32}$$

$$\gamma^2 E_y + \omega^2\varepsilon_0\mu_0 (-\mathrm{j}\varepsilon_2 E_x + \varepsilon_1 E_y) = 0 \tag{2.11.33}$$

$$\left(\gamma^2 + \omega^2\varepsilon_0\mu_0\varepsilon_3\right) E_z = 0 \tag{2.11.34}$$

方程组 (2.11.32)~(2.11.34) 有两组解. 注意到关于电场分量 $E_x$ 和 $E_y$ 的方程组 (2.11.32) 和 (2.11.33) 是齐次的, 且与 (2.11.34) 式之间是相互独立的, 故第一组解可由 (2.11.32) 和 (2.11.33) 式的非零解与 (2.11.34) 式的零解构成; 而第二组解可由 (2.11.32) 和 (2.11.33) 式的零解与 (2.11.34) 式的非零解构成.

对于第一组解, 为了求得非零解, 方程组 (2.11.32) 和 (2.11.33) 的系数行列式应为零, 即

$$\begin{vmatrix} \omega^2\varepsilon_0\mu_0\varepsilon_1 & \mathrm{j}\omega^2\varepsilon_0\mu_0\varepsilon_2 \\ -\mathrm{j}\omega^2\varepsilon_0\mu_0\varepsilon_2 & \gamma^2+\omega^2\varepsilon_0\mu_0\varepsilon_1 \end{vmatrix} = 0$$

或

$$\varepsilon_1\left(\gamma^2+\omega^2\varepsilon_0\mu_0\varepsilon_1\right)-\omega^2\varepsilon_0\mu_0\varepsilon_2^2=0 \tag{2.11.35}$$

由此可解得传播常数 (记为 $\gamma_1$), 而有 $\gamma_1^2=-\omega^2\varepsilon_0\mu_0\left(\varepsilon_1-\varepsilon_2^2/\varepsilon_1\right)$; 由 (2.11.32) 或将 $\gamma_1^2$ 代入 (2.11.33) 式, 我们有 $E_x=-\mathrm{j}\dfrac{\varepsilon_2}{\varepsilon_1}E_y$, 故所求第一组解为

$$E_x=-\mathrm{j}\frac{\varepsilon_2}{\varepsilon_1}E_y\left(\text{或}E_y=\mathrm{j}\frac{\varepsilon_1}{\varepsilon_2}E_x\right);E_z=0 \tag{2.11.36}$$

$$\gamma_1^2=-\omega^2\varepsilon_0\mu_0\left(\varepsilon_1-\frac{\varepsilon_2^2}{\varepsilon_1}\right)\quad\text{或}\quad\gamma_1=\mathrm{j}\beta_1=\mathrm{j}\omega\sqrt{\varepsilon_0\mu_0}\sqrt{\varepsilon_1-\frac{\varepsilon_2^2}{\varepsilon_1}} \tag{2.11.37}$$

于是, 由 (2.11.12) 式可得等离子体中沿 $x$ 方向传播的横向波中一个可能解为

$$\boldsymbol{E}_1=\left(\hat{\boldsymbol{a}}_x+\mathrm{j}\frac{\varepsilon_1}{\varepsilon_2}\hat{\boldsymbol{a}}_y\right)E_{x0}\mathrm{e}^{\mathrm{j}(\omega t-\beta_1 x)} \tag{2.11.38}$$

相应的磁场由 Maxwell 场方程 (2.11.1), 可知为

$$\boldsymbol{H}_1=-\frac{1}{\mathrm{j}\omega\mu_0}\nabla\times\boldsymbol{E}_1=-\frac{1}{\mathrm{j}\omega\mu_0}\frac{\partial E_{1y}}{\partial x}\hat{\boldsymbol{a}}_z \tag{2.11.39}$$

(2.11.38) 式表明这一可能存在的解是椭圆极化波, 椭圆位于 $x$-$y$ 平面内. $E_x/E_y$ 是椭圆极化波的椭圆率, $\beta_1$ 为其相移常数, 它们分别由 (2.11.37) 和 (2.11.38) 式给出. 将 (2.11.9) 式 $\varepsilon_2$ 和 $\varepsilon_1$ 代入其中后, 此椭圆率可表为

$$\frac{E_x}{E_y}=-\mathrm{j}\frac{\varepsilon_2}{\varepsilon_1}=\mathrm{j}\frac{\omega_p^2\omega_g}{\omega\left(\omega^2-\omega_g^2-\omega_p^2\right)} \tag{2.11.40}$$

且不难证明相移常数 $\beta_1$ 可表为

$$\begin{aligned}\beta_1&=\omega\sqrt{\varepsilon_0\mu_0}\sqrt{\frac{(\varepsilon_1-\varepsilon_2)(\varepsilon_1+\varepsilon_2)}{\varepsilon_1}}\\&=\beta_0\sqrt{\left(1+\frac{\omega_g}{\omega}-\frac{\omega_p^2}{\omega^2}\right)\left(1-\frac{\omega_g}{\omega}-\frac{\omega_p^2}{\omega^2}\right)\Big/\left(1-\frac{\omega_g^2}{\omega^2}-\frac{\omega_p^2}{\omega^2}\right)}\end{aligned} \tag{2.11.41}$$

而相速

$$v_{p1}=\frac{\omega}{\beta_1} \tag{2.11.42}$$

由 (2.11.38) 和 (2.11.39) 式可知, 在波的传播方向上 $E_{1x} \neq 0, H_{1x} = 0$, 此椭圆极化波为 $\mathrm{TM}_x$ 波, 而因其传播特性与外加恒定磁场有关, 故这种波称为非常波 (E 波).

对于第二组解, 由 (2.11.34) 式可知有

$$E_z \neq 0; \quad E_x = E_y = 0 \tag{2.11.43}$$

$$\gamma_2 = \mathrm{j}\beta_2 = \mathrm{j}\omega\sqrt{\varepsilon_0\mu_0}\sqrt{\varepsilon_3} \tag{2.11.44}$$

于是, 由 (2.11.30) 式便得等离子体中另一可能沿 $x$ 方向传播的横向波场表示式为

$$\boldsymbol{E}_2 = \hat{\boldsymbol{a}}_z E_{z0}\mathrm{e}^{\mathrm{j}(\omega t - \beta_2 x)} \tag{2.11.45}$$

与之相应的磁场为

$$\boldsymbol{H}_2 = -\frac{1}{\mathrm{j}\omega\mu_0}\nabla \times \boldsymbol{E}_2 = \frac{1}{\mathrm{j}\omega\mu_0}\frac{\partial E_{2z}}{\partial x}\hat{\boldsymbol{a}}_y \tag{2.11.46}$$

将 (2.11.9) 式中的 $\varepsilon_3$ 代入 (2.11.44) 后, 可得相移常数 $\beta_2$ 为

$$\beta_2 = \beta_0\sqrt{\varepsilon_3} = \beta_0\sqrt{1 - (\omega_p/\omega)^2} \tag{2.11.47}$$

而相速

$$v_{p2} = \frac{\omega}{\beta_2} = \frac{v_c}{\sqrt{1 - (\omega_p/\omega)^2}} \tag{2.11.48}$$

与 (2.11.41) 和 (2.11.42) 式相比, $\beta_2$ 和 $v_{p2}$ 与 $\omega_g$(即 $\boldsymbol{B}_0$) 无关, 这是由于电场 $\boldsymbol{E}$ 与外加恒定磁场 $\boldsymbol{B}_0$ 一致, 作用于等离子体中的电子的洛伦兹力 $-e\boldsymbol{u} \times \boldsymbol{B}_0 = 0$, 即 $\boldsymbol{B}_0$ 对电子的运动没有影响; 而从 (2.11.45) 和 (2.11.46) 式可见, 这是一个沿 $z$ 方向的线性极化 $\mathrm{TEM}_x$ 波, 波的 $\beta_2$ 和 $v_{p2}$ 与在各向同性的等离子体中传播的均匀平面波 ($\boldsymbol{B}_0 = 0$ 情形) 相同, 故此线性极化波称为**寻常波 (O 波)**.

综上所述可知, 如果横向进入等离子体的平面波, 其电场方向与外加恒定磁场 $\boldsymbol{B}_0$ 的方向成一定夹角 $\theta$ 时, 将分解成两个不同的速度的波, 一个为速度 $v_{p1}$ 的非常波, 另一个为速度 $v_{p2}$ 的寻常波. 这一现象称为**双折射**. 显然, 若电场方向与外加恒定磁场 $\boldsymbol{B}_0$ 的方向的夹角 $\theta = 0$ 或 $\theta = \pi/2$ 时, 将不发生双折射现象, 此时横向进入等离子体的平面波将分别以寻常波或非常波的形式传播.

## 2.12 无界铁氧体旋磁媒质中的均匀平面电磁波 [1,4]

铁氧体是一簇复合氧化物的总称, 系由 $\mathrm{Fe_2O_3}$ 和一种或多种金属氧化物混合烧结而成, 是一类非金属磁性材料. 铁氧体的电阻率很高, 一般为 $10^{10} \sim 10^{12}\Omega\cdot\mathrm{m}$,

近似于绝缘体; 电磁波在其中传播时损耗很小; 铁氧体有较高的相对介电常数 $\varepsilon_{\mathrm{r}} = 5 \sim 25$, 和较高的相对磁导率 $\mu_{\mathrm{r}} = 10^2 \sim 10^4$. 由于这些良好电磁特性, 使得它在低频和微波技术中有着广泛的应用.

以下分析将指出: 铁氧体在偏置磁场 (即外加稳恒磁场)$\boldsymbol{H}_0$ 与有微波频率磁场 $\boldsymbol{H} = \boldsymbol{H}_{\mathrm{m}}\mathrm{e}^{\mathrm{j}\omega t}$ 的共同作用下是一种旋磁媒质, 其磁导率为张量、介电常数为标量, 具有磁各向异和电各向同性.

对于铁氧体旋磁媒质, Maxwell 电磁场方程组具有如下形式:

$$\nabla \times \boldsymbol{E} = -\mathrm{j}\omega\mu_0 [\mu_{\mathrm{r}}] \cdot \boldsymbol{H} \tag{2.12.1}$$

$$\nabla \times \boldsymbol{H} = \mathrm{j}\omega\varepsilon_0\varepsilon_{\mathrm{r}}\boldsymbol{E} \tag{2.12.2}$$

$$\nabla \cdot \boldsymbol{B} = 0 \tag{2.12.3}$$

$$\nabla \cdot \boldsymbol{D} = 0 \tag{2.12.4}$$

以上式中

$$\boldsymbol{D} = \varepsilon_0\varepsilon_{\mathrm{r}}\boldsymbol{E} \tag{2.12.5}$$

$$\boldsymbol{B} = \mu_0 [\mu_{\mathrm{r}}] \cdot \boldsymbol{H} \tag{2.12.6}$$

对 (2.12.2) 式取旋度后, 应用 (2.12.1) 式和矢量恒等式 $\nabla\times\nabla\times\boldsymbol{H} = \nabla\nabla\cdot\boldsymbol{H} - \nabla^2\boldsymbol{H}$, 可得

$$\nabla\nabla \cdot \boldsymbol{H} - \nabla^2\boldsymbol{H} = \omega^2\mu_0\varepsilon_0\varepsilon_{\mathrm{r}} [\mu_{\mathrm{r}}] \cdot \boldsymbol{H} \tag{2.12.7}$$

(2.12.7) 式就是具有张量磁导率时 $\boldsymbol{H}$ 所满足的波动方程.

设作用于铁氧体的外加饱和稳恒磁场为 $\boldsymbol{H}_0 = H_0\hat{\boldsymbol{a}}_z$ 沿 $z$ 方向, 且假定媒质没有损耗. 对于均匀平面电磁波时谐场, 铁氧体的相对等效磁导率张量 $[\mu_{\mathrm{r}}]$ 为 (参见附录 F):

$$[\mu_{\mathrm{r}}] = \begin{bmatrix} \mu_{\mathrm{r}} & -\mathrm{j}k_{\mathrm{r}} & 0 \\ \mathrm{j}k_{\mathrm{r}} & \mu_{\mathrm{r}} & 0 \\ 0 & 0 & 1 \end{bmatrix} \tag{2.12.8}$$

其中,

$$\mu_{\mathrm{r}} = 1 + \frac{\omega_0\omega_{\mathrm{m}}}{\omega_0^2 - \omega^2}; \quad k_{\mathrm{r}} = -\frac{\omega\omega_{\mathrm{m}}}{\omega_0^2 - \omega^2}; \tag{2.12.9}$$

$$\gamma_{\mathrm{e}} = e/m_{\mathrm{e}} = 0.1759 \times 10^{12}(\mathrm{C/kg})\text{称为旋磁比} \tag{2.12.10}$$

$$\omega_0 = 2\pi f_0 = \gamma_{\mathrm{e}}\mu_0 H_0 \quad \text{称为进动角频率} \tag{2.12.11}$$

$$\omega_{\mathrm{m}} = \gamma_{\mathrm{e}}\mu_0 M_0, \quad M_0\text{为铁氧体在}H_0\text{的作用下产生的磁化强度} \tag{2.12.12}$$

将 $\gamma_e$ 和 $\mu_0$ 的值代入 (2.12.11) 式, $H_0$ 使用奥斯特 (Oersted) 为单位, 则有 $f_0 \approx 2.8H_0(\text{MHz})$; 即每一奥斯特的磁场强度可产生 2.8 兆赫的进动频率.

由于磁化铁氧体的各向异性, 其电磁特性与所传播的电磁波的传播方向有关, 这里就常见的如下两种特殊情形予以讨论.

### 2.12.1 沿纵向传播的电磁波

纵向波是指电磁波传播方向与铁氧体外加稳恒磁场 $\boldsymbol{B}_0$ 的方向相平行的波. 设铁氧体外加稳恒磁场 $\boldsymbol{B}_0$ 沿 $z$ 方向, 入射的均匀平面电磁波沿 $z$ 方向, 故可设其磁场表示式为

$$\boldsymbol{H} = H_{\rm m}\mathrm{e}^{\mathrm{j}\omega t-\gamma z} \quad 或 \quad \boldsymbol{H} = \boldsymbol{H}_{\rm m}\mathrm{e}^{\mathrm{j}(\omega t-kz)} \tag{2.12.13}$$

式中, $\gamma = \alpha + \mathrm{j}\beta$ 为待定传播常数; $k = -\mathrm{j}\gamma = \beta - \mathrm{j}\alpha$. 当不考虑铁氧体损耗时, $\alpha = 0, \gamma = \mathrm{j}\beta, \quad \beta = k$ 为相位常数 (实数); $H_{\rm m}$ 为复振幅.

将 (2.12.7) 式写成矩阵形式, 则有

$$\begin{bmatrix} \dfrac{\partial}{\partial x}(\nabla\cdot\boldsymbol{H}) - \nabla^2 H_x \\ \dfrac{\partial}{\partial y}(\nabla\cdot\boldsymbol{H}) - \nabla^2 H_y \\ \dfrac{\partial}{\partial z}(\nabla\cdot\boldsymbol{H}) - \nabla^2 H_z \end{bmatrix} = \omega^2\mu_0\varepsilon_0\varepsilon_{\rm r}\begin{bmatrix} \mu_{\rm r} & -\mathrm{j}k_{\rm r} & 0 \\ \mathrm{j}k_{\rm r} & \mu_{\rm r} & 0 \\ 0 & 0 & 1 \end{bmatrix}\cdot\begin{bmatrix} H_x \\ H_y \\ H_z \end{bmatrix} \tag{2.12.14}$$

由于所考虑的是沿 $z$ 方向传播的均匀平面波, 有

$$\frac{\partial H}{\partial x} = \frac{\partial H}{\partial y} = 0; \quad \frac{\partial H}{\partial z} = -\gamma H \tag{2.12.15}$$

而

$$\nabla(\nabla\cdot\boldsymbol{H}) = \left(\hat{\boldsymbol{a}}_x\frac{\partial}{\partial x} + \hat{\boldsymbol{a}}_y\frac{\partial}{\partial y} + \hat{\boldsymbol{a}}_z\frac{\partial}{\partial z}\right)\left(\frac{\partial H_x}{\partial x} + \frac{\partial H_y}{\partial y} + \frac{\partial H_z}{\partial z}\right) \tag{2.12.16}$$

$$\nabla^2\boldsymbol{H} = \left(\frac{\partial^2}{\partial x^2} + \frac{\partial^2}{\partial y^2} + \frac{\partial^2}{\partial z^2}\right)(\hat{\boldsymbol{a}}_x H_x + \hat{\boldsymbol{a}}_y H_y + \hat{\boldsymbol{a}}_z H_z) = \gamma^2\boldsymbol{H} \tag{2.12.17}$$

于是, (2.12.14) 式的各个分量可化为

$$\begin{aligned} &-\frac{\partial^2 H_x}{\partial z^2} = \omega^2\mu_0\varepsilon_0\varepsilon_{\rm r}\mu_{\rm r}H_x - \mathrm{j}\omega^2\mu_0\varepsilon_0\varepsilon_{\rm r}k_{\rm r}H_y \\ &-\frac{\partial^2 H_y}{\partial z^2} = \mathrm{j}\omega^2\mu_0\varepsilon_0\varepsilon_{\rm r}k_{\rm r}H_x + \omega^2\mu_0\varepsilon_0\varepsilon_{\rm r}\mu_{\rm r}H_y \\ &0 = \omega^2\mu_0\varepsilon_0\varepsilon_{\rm r}H_z \end{aligned}$$

即

$$\gamma^2 H_x+\omega^2\mu_0\varepsilon_0\varepsilon_{\rm r}\left(\mu_{\rm r}H_x-{\rm j}k_{\rm r}H_{\rm y}\right)=0 \tag{2.12.18}$$

$$\gamma^2 H_y+\omega^2\mu_0\varepsilon_0\varepsilon_{\rm r}\left({\rm j}k_{\rm r}H_x+\mu_{\rm r}H_y\right)=0 \tag{2.12.19}$$

$$H_z=0 \tag{2.12.20}$$

(2.12.20) 式给出 $H_z=0$, 因场 $\boldsymbol{H}$ 仅是 $z$ 的函数而由 (2.12.2) 式可得 $E_z=0$, 故在铁氧体中沿纵向传播的均匀平面波是 $\text{TEM}_z$ 横电磁波.

(2.12.18) 和 (2.12.19) 式是关于磁场分量 $H_x$ 和 $H_y$ 的齐次方程组, 为求得它们的非零解, 则其系数行列式应等于零, 即有

$$\begin{vmatrix} \gamma^2+\omega^2\mu_0\varepsilon_0\varepsilon_{\rm r}\mu_{\rm r} & -{\rm j}\omega^2\mu_0\varepsilon_0\varepsilon_{\rm r}k_{\rm r} \\ {\rm j}\omega^2\mu_0\varepsilon_0\varepsilon_{\rm r}k_{\rm r} & \gamma^2+\omega^2\mu_0\varepsilon_0\varepsilon_{\rm r}\mu_{\rm r} \end{vmatrix}=0$$

或

$$\left(\gamma^2+\omega^2\mu_0\varepsilon_0\varepsilon_{\rm r}\mu_{\rm r}\right)^2-\left(\omega^2\mu_0\varepsilon_0\varepsilon_{\rm r}k_{\rm r}\right)^2=0$$

由此可解得传播常数为

$$\gamma^2=-\omega^2\varepsilon_0\mu_0\varepsilon_{\rm r}\left(\mu_{\rm r}\mp k_{\rm r}\right) \tag{2.12.21}$$

将 (2.12.21) 代入 (2.12.18) 或 (2.12.19) 式, 则可得

$$H_x=\pm{\rm j}H_y \quad 或 \quad H_y=\mp{\rm j}H_x \tag{2.12.22}$$

(2.12.22) 式表明在铁氧体中沿 $z$ 方向 ($\boldsymbol{B}_0$ 方向) 传播的均匀平面波只能是圆极化波. 当 $H_x=+{\rm j}H_y$(对应 (2.13.21) 式中取负号) 时为右旋极化 (或称正圆极化); 反之为左旋极化 (或称负圆极化).

令

$$\mu_\pm=\mu_{\rm r}\mp k_{\rm r} \tag{2.12.23}$$

将 (2.12.9) 式的 $\mu_{\rm r}$ 和 $k_{\rm r}$ 代入上式后, 可得

$$\mu_\pm=1+\frac{\omega_{\rm m}}{\omega_0\mp\omega} \tag{2.12.24}$$

于是, 由 (2.12.21) 式可纵向波传播常数为

$$\gamma=\pm{\rm j}\omega\sqrt{\varepsilon_0\mu_0}\sqrt{\varepsilon_{\rm r}\mu_\pm}=\pm{\rm j}\beta_0\sqrt{\varepsilon_{\rm r}\mu_\pm} \tag{2.12.25}$$

式中, $\beta_0=\omega\sqrt{\varepsilon_0\mu_0}$ 为自由空间的相位常数 (波数). $\gamma$ 的正、负号分别对应向 $+z$ 和 $-z$ 方向传播的波, 而 $\mu_\pm$ 中的正、负号则分别对应右旋和左旋极化波.

对于向 $+z$ 方向传播的波, 当波传播常数是纯虚数时, $\alpha=0$. 右旋极化 (正圆极化) 和左旋极化 (负圆极化) 平面波的相位常数 $\beta_+$ 和 $\beta_-$ 分别可表为

$$\beta_+=\beta_0\sqrt{\varepsilon_{\rm r}\mu_+}=\beta_0\sqrt{\varepsilon_{\rm r}(\mu_{\rm r}-k_{\rm r})} \tag{2.12.26}$$

和

$$\beta_-=\beta_0\sqrt{\varepsilon_{\rm r}\mu_-}=\beta_0\sqrt{\varepsilon_{\rm r}(\mu_{\rm r}+k_{\rm r})} \tag{2.12.27}$$

而右旋极化和左旋极化平面波的相速分别为

$$v_{\rm p+}=\frac{\omega}{\beta_+}=\frac{v_c}{\sqrt{\varepsilon_{\rm r}\mu_+}};\quad 和\quad v_{\rm p-}=\frac{\omega}{\beta_-}=\frac{v_c}{\sqrt{\varepsilon_{\rm r}\mu_-}} \tag{2.12.28}$$

将 $H_z=0$ 和 (2.12.22) 代入 (2.12.13) 式, 就得到磁化铁氧体中纵向波的磁场为

$$\boldsymbol{H}=(\pm{\rm j}\hat{\boldsymbol{a}}_x+{\rm j}\hat{\boldsymbol{a}}_y)H_y=(\pm{\rm j}\hat{\boldsymbol{a}}_x+{\rm j}\hat{\boldsymbol{a}}_y)H_{y{\rm m}}{\rm e}^{{\rm j}(\omega t-\beta_\pm z)} \tag{2.12.29}$$

而相应的电场由 Maxwell 场方程 (2.12.2), 可知为

$$\boldsymbol{E}=\frac{1}{{\rm j}\omega\varepsilon_0\varepsilon_{\rm r}}\nabla\times\boldsymbol{H}=\frac{1}{{\rm j}\omega\varepsilon_0\varepsilon_{\rm r}}\left(-\hat{\boldsymbol{a}}_x\frac{\partial H_y}{\partial z}+\hat{\boldsymbol{a}}_y\frac{\partial H_x}{\partial z}\right) \tag{2.12.30}$$

类似于磁化等离子体情形, 当直线极化平面波沿纵向进入磁化铁氧体后, 将分解为沿 $z$ 方向 (即 $\boldsymbol{B}_0$ 方向) 传播的两个初相位相同、振幅相等, 但旋转方向相反的正圆和负圆极化波. 由于正圆极化波与负圆极化波具有不同的传播速度, 传播同一段距离后相移也不相等. 因而, 当它们沿 $z$ 轴边行进时还边绕 $z$(即 $\boldsymbol{H}_0$) 轴转动, 合成磁场矢量 $\boldsymbol{H}$ 与 $y$ 轴的夹角随时都在变化, 观察同一时刻在 $z=l$ 处合成磁场 $\boldsymbol{H}$ 的极化方向相对于 $z=0$ 处磁场 $\boldsymbol{H}$ 的极化方向便转过一个 $\theta$ 角, 此 $\theta$ 称为法拉第偏转角. 这种现象即**法拉第旋转效应**. 它是铁氧体纵向传播的波的一个独特性质. 此旋转角 $\theta$ 可求出如下:

设波的传播方向与稳恒磁场 $\boldsymbol{H}_0$ 的方向相同. 为讨论方便, 并设在 $z=0$ 处磁场的极化方向与 $y$ 方向重合. 则向 $z$ 方向传播的正圆极化波与负圆极化波的磁场表示式分别为

$$\boldsymbol{H}_+=\frac{1}{2}({\rm j}\hat{\boldsymbol{a}}_x+\hat{\boldsymbol{a}}_y)H_{\rm m}{\rm e}^{{\rm j}(\omega t-\beta_+z)} \tag{2.12.31}$$

$$\boldsymbol{H}_-=\frac{1}{2}(-{\rm j}\hat{\boldsymbol{a}}_x+\hat{\boldsymbol{a}}_y)H_{\rm m}{\rm e}^{{\rm j}(\omega t-\beta_-z)} \tag{2.12.32}$$

在 $z=0$ 处, 其合成的磁场为: $\boldsymbol{H}=\boldsymbol{H}_++\boldsymbol{H}_-=\hat{\boldsymbol{a}}_yH_{\rm m}{\rm e}^{{\rm j}\omega t}$, 极化沿 $y$ 方向; 若外加稳恒磁场 $\boldsymbol{H}_0=0$, $\beta_+=\beta_-=\beta$, 则在 $z=l$ 处合成的磁场为: $\boldsymbol{H}=\hat{\boldsymbol{a}}_yH_{\rm m}{\rm e}^{{\rm j}(\omega t-\beta l)}$,

其磁场极化方向亦恒沿 $y$ 方向, 是直线极化波, 如图 2.12.1(a) 所示; 然而, 对于外加稳恒磁场 $\boldsymbol{H}_0 \neq 0$, $\beta_+ \neq \beta_-$ 情形, 其在 $z=l$ 处合成的磁场则为

$$\begin{aligned}\boldsymbol{H} &= \boldsymbol{H}_+ + \boldsymbol{H}_- \\ &= \frac{\mathrm{j}}{2}H_\mathrm{m}s(\mathrm{e}^{\mathrm{j}(\omega t-\beta_+ l)} - \mathrm{e}^{\mathrm{j}(\omega t-\beta_- l)})\hat{\boldsymbol{a}}x + \frac{1}{2}H_\mathrm{m}(\mathrm{e}^{\mathrm{j}(\omega t-\beta+l)} + \mathrm{e}^{\mathrm{j}(\omega t-\beta_- l)})\hat{\boldsymbol{a}}_y \quad (2.12.33)\end{aligned}$$

由上式的实部或虚部, 可得合成磁场 $\boldsymbol{H}$ 的瞬时值, 如取实部 $H_{Ins} = \mathrm{Re}[\boldsymbol{H}]$, 则有

$$\begin{aligned}\boldsymbol{H}_{Ins} =& -\frac{H_m}{2}[\sin(\omega t-\beta_+ l) - \sin(\omega t-\beta_- l)]\hat{\boldsymbol{a}}_x \\ &+ \frac{H_m}{2}[\cos(\omega t-\beta_+ l) + \cos(\omega t-\beta_- l)]\hat{\boldsymbol{a}}_y \quad (2.12.34)\end{aligned}$$

故可知瞬时合成磁场 $\boldsymbol{H}_{Ins}$ 的相位角 (即偏转角)$\theta$ 的正切为

$$\tan\theta = \frac{-H_x}{H_y} = \frac{\sin(\omega t-\beta_+ l) - \sin(\omega t-\beta_- l)}{\cos(\omega t-\beta_+ l) + \cos(\omega t-\beta_- l)} \quad (2.12.35)$$

因有 $\sin\alpha - \sin\beta = 2\sin\dfrac{\alpha-\beta}{2}\cos\dfrac{\alpha+\beta}{2}$ 和 $\cos\alpha + \cos\beta = 2\cos\dfrac{\alpha-\beta}{2}\cos\dfrac{\alpha+\beta}{2}$, 并令 $\theta_+ = \beta_+ l$, $\theta_- = \beta_- l$, 于是便得到 $\tan\theta = \tan\left(\dfrac{\theta_- - \theta_+}{2}\right)$, 故偏转角 $\theta$ 为

$$\theta = (\theta_- - \theta_+)/2 = (\beta_- - \beta_+)l/2 \quad (2.12.36)$$

当 $l>0$ 时, 这里 $\theta_+ = \beta_+ l$ 和 $\theta_- = \beta_- l$ 分别是正、负圆极化的场行进路程 $l$ 所相应的相角. 对于 $\omega > \omega_0$, 即 $\mu_- > \mu_+$, $\beta_- l > \beta_+ l$ 时, 偏转角 $\theta > 0$ 是表示 $z=l$ 处磁场的极化方向相对于 $y$ 轴的偏转角; $\theta$ 增大的方向是朝着与偏置磁场 $\mathrm{H}_0$ 的方向构成右手螺旋, 如图 2.12.1(b) 所示.

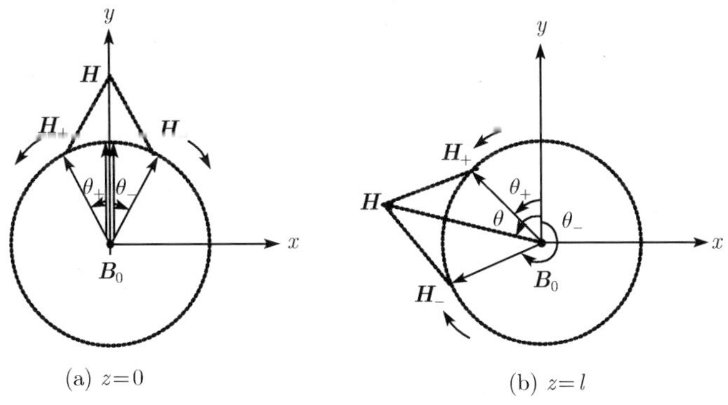


图 2.12.1 铁氧体的法拉第旋转

将 (2.12.24) 式 $\mu_\pm$ 代入 (2.12.26) 和 (2.12.27) 式 $\beta_\pm$ 后代入 (2.12.36) 式, 可得法拉第偏转角 $\theta$:

$$\begin{aligned}\theta &= \frac{l}{2}\omega\sqrt{\mu_0\varepsilon_0}\sqrt{\varepsilon_\mathrm{r}}(\sqrt{\mu_-}-\sqrt{\mu_+})\\ &= \frac{l}{2}\omega\sqrt{\mu_0\varepsilon_0}\sqrt{\varepsilon_\mathrm{r}}\left(\sqrt{1+\frac{\omega_m}{\omega_0+\omega}}-\sqrt{1+\frac{\omega_m}{\omega_0-\omega}}\right)\end{aligned} \tag{2.12.37}$$

对于微波频率, 通常有 $\omega \gg \omega_0$ 和 $\omega \gg \omega_m$, 这时, (2.12.37) 式可简化为

$$\theta = \frac{1}{2}\omega\sqrt{\mu_0\varepsilon_0}\sqrt{\varepsilon_\mathrm{r}}\left[\left(1+\frac{1}{2}\frac{\omega_m}{\omega}+\cdots\right)-\left(1-\frac{1}{2}\frac{\omega_m}{\omega}+\cdots\right)\right] \approx \frac{l}{2}\omega\sqrt{\mu_0\varepsilon_0}\sqrt{\varepsilon_\mathrm{r}}\frac{\omega_m}{\omega}$$

因 $\omega_\mathrm{m} = \gamma_\mathrm{e}\mu_0 M_0$, 于是得

$$\theta \approx \frac{l}{2}\sqrt{\mu_0\varepsilon_0}\sqrt{\varepsilon_\mathrm{r}}\gamma_\mathrm{e}\mu_0 M_0 \tag{2.12.38}$$

(2.12.38) 式表明, 当 $\omega \gg \omega_0$ 和 $\omega \gg \omega_\mathrm{m}$ 时, 在一级近似下, 法拉第偏转角 $\theta$ 与频率无关, 它只依赖于铁氧体材料的饱和磁化强度 $M_0$, 故倒转 $\boldsymbol{H}_0$ 的方向将导致偏转角 $\theta$ 改变符号. 以上讨论的是波的传播方向 $z$ 与偏置磁场 $\boldsymbol{H}_0$ 的方向一致时的结果.

现在讨论波的传播方向与偏置磁场 $\boldsymbol{H}_0$ 的方向相反时的情形, 仍假定 $z=0$ 处两个圆极化波场矢量的相位相等, 合成场矢量的方向沿 $y$ 轴方向; 当这两个圆极化波行进距离 $z$ 后, 场矢量的相位将产生一法拉第偏转角 $\theta = (\beta_- - \beta_+)z/2$. 设偏置磁场 $\boldsymbol{H}_0$ 沿 $z$ 方向, 当波传播方向与 $\boldsymbol{H}_0$ 方向一致时, 对 $\boldsymbol{H}_0$ 是正 (或负) 圆极化波对于 $z$ 亦是正 (或负) 圆极化波; 但若波沿 $-z$ 方向传播与 $\boldsymbol{H}_0$ 方向相反时, 对 $\boldsymbol{H}_0$ 是正 (或负) 圆极化的波对 $-z$ 方向便是负 (或正) 圆极化波. 因此, 对于波传播方向与 $\boldsymbol{H}_0$ 方向不一致, 即沿 $-z$ 方向传播情形, 将导致偏转角 $\theta$ 改变符号, 此外, 因是沿 $-z$ 方向传播的波, $\theta$ 中的 $z \to -z$, 将使偏转角再次异号; 这样, 在 $z = |\boldsymbol{l}|$ 处合成矢量的方向仍是偏了 $\theta$ 角, 其方向仍与偏置磁场 $\boldsymbol{H}_0$ 构成右手螺旋.

综上所述, 当 $\omega \gg \omega_0$ 的直线极化波在磁化铁氧体中传播沿纵向传播时, 它的极化方向会随着波的行进发生偏转, 偏转的方向与外加偏置磁场 $\boldsymbol{H}_0$ 的方向有关, 并成右手螺旋关系; 偏转角 $\theta$ 与波的传播方向是沿着 $\boldsymbol{H}_0$ 的方向, 或者逆着 $\boldsymbol{H}_0$ 的方向传播无关, 都是朝着同一方向偏转的, 其偏转角 $\theta$ 的值可表为: $\theta = (\beta_- - \beta_+)|z|/2$. 换句话说, 如果平面波沿 $+z$ 方向传播一段距离后, 再沿 $-z$ 方向返回原来位置时, 极化方向的偏转角并非零, 而将是两倍于单程的偏转角. 这就是**法拉第旋转效应和它的不可逆性 (即非互易性)**.

### 2.12.2 沿横向传播的电磁波

横向波是指电磁波传播方向与磁化铁氧体偏置磁场 $\boldsymbol{H}_0$ 的方向相垂直的波. 设

铁氧体偏置磁场 $\boldsymbol{H}_0$ 沿 $z$ 方向, 入射的均匀平面电磁波沿 $x$ 方向传播, 而设其磁场的表示式为

$$\boldsymbol{H} = H_{\mathrm{m}}\mathrm{e}^{\mathrm{j}\omega t-\gamma x} \quad 或 \quad \boldsymbol{H} = H_{\mathrm{m}}\mathrm{e}^{\mathrm{j}(\omega t-\beta x)} \quad (\alpha = 0) \tag{2.12.39}$$

式中, $\gamma = \alpha + \mathrm{j}\beta$ 为待定传播常数. 当不考虑铁氧体损耗时, $\alpha = 0$, $\gamma = \mathrm{j}\beta$, $\beta$ 为相位常数 (实数); $H_{\mathrm{m}}$ 为复振幅.

由于所考虑的是沿 $x$ 方向传播的均匀平面波, 而有

$$\frac{\partial H}{\partial y} = \frac{\partial H}{\partial z} = 0; \quad \frac{\partial H}{\partial x} = -\gamma H \tag{2.12.40}$$

于是, 由波动方程的矩阵形式 (2.12.14)、(2.12.16) 和 (2.12.17) 式可得

$$\begin{aligned} 0 =& \omega^2\varepsilon_0\mu_0\varepsilon_{\mathrm{r}}(\mu_{\mathrm{r}}H_x - \mathrm{j}k_{\mathrm{r}}H_y) \\ -\frac{\partial^2 H_y}{\partial x^2} =& \omega^2\varepsilon_0\mu_0\varepsilon_{\mathrm{r}}(\mathrm{j}k_{\mathrm{r}}H_x + \mu_{\mathrm{r}}H_y) \\ -\frac{\partial^2 H_z}{\partial x^2} =& \omega^2\varepsilon_0\mu_0\varepsilon_{\mathrm{r}}H_z \end{aligned}$$

或

$$\omega^2\varepsilon_0\mu_0\varepsilon_{\mathrm{r}}(\mu_{\mathrm{r}}H_x - \mathrm{j}k_{\mathrm{r}}H_y) = 0 \tag{2.12.41}$$

$$\gamma^2 H_y + \omega^2\varepsilon_0\mu_0\varepsilon_{\mathrm{r}}(\mathrm{j}k_{\mathrm{r}}H_x + \mu_{\mathrm{r}}H_y) = 0 \tag{2.12.42}$$

$$(\gamma^2 + \omega^2\varepsilon_0\mu_0\varepsilon_{\mathrm{r}})H_z = 0 \tag{2.12.43}$$

方程组 (2.12.41)~(2.12.43) 有两组解. 注意到关于磁场分量 $H_x$ 和 $H_y$ 的方程组 (2.12.41) 和 (2.11.42) 是齐次的, 且与 (2.12.43) 式之间是相互独立的, 故第一组解可由 (2.12.41) 和 (2.12.42) 式的非零解与 (2.12.43) 式的零解构成; 而第二组解可由 (2.12.41) 和 (2.12.42) 式的零解与 (2.12.43) 式的非零解构成.

**对于第一组解**, 为了求得非零解, 方程组 (2.12.41) 和 (2.12.42) 的系数行列式应为零, 即

$$\begin{vmatrix} \omega^2\varepsilon_0\mu_0\varepsilon_{\mathrm{r}}\mu_{\mathrm{r}} & -\mathrm{j}\omega^2\varepsilon_0\mu_0\varepsilon_{\mathrm{r}}k_{\mathrm{r}} \\ \mathrm{j}\omega^2\varepsilon_0\mu_0\varepsilon_{\mathrm{r}}k_{\mathrm{r}} & \gamma^2 + \omega^2\varepsilon_0\mu_0\varepsilon_{\mathrm{r}}\mu_{\mathrm{r}} \end{vmatrix} = 0$$

即

$$\mu_{\mathrm{r}}(\gamma^2 + \omega^2\varepsilon_0\mu_0\varepsilon_{\mathrm{r}}\mu_{\mathrm{r}}) - \omega^2\varepsilon_0\mu_0\varepsilon_{\mathrm{r}}k_{\mathrm{r}}^2 = 0 \tag{2.12.44}$$

由此可解得传播常数 (记为 $\gamma_1$), 而有 $\gamma_1^2 = -\omega^2\varepsilon_0\mu_0\varepsilon_{\mathrm{r}}(\mu_{\mathrm{r}} - k_{\mathrm{r}}^2/\mu_{\mathrm{r}})$, 故由 (2.12.41) 或将此 $\gamma_1^2$ 代入 (2.12.42) 式, 我们有 $H_x = \mathrm{j}\dfrac{k_{\mathrm{r}}}{\mu_{\mathrm{r}}}H_y$, 故所求第一组解为

$$H_x = \mathrm{j}\frac{k_{\mathrm{r}}}{\mu_{\mathrm{r}}}E_y(或H_y = -\mathrm{j}\frac{\mu_{\mathrm{r}}}{k_{\mathrm{r}}}H_x); \quad H_z = 0 \tag{2.12.45}$$

$$\gamma_1^2 = -\omega^2\varepsilon_0\mu_0\varepsilon_{\rm r}(\mu_{\rm r} - k_{\rm r}^2/\mu_{\rm r}) \quad 或 \quad \beta_1 = \omega\sqrt{\varepsilon_0\mu_0\varepsilon_{\rm r}}\sqrt{\mu_{\rm r} - k_{\rm r}^2/\mu_{\rm r}} \tag{2.12.46}$$

于是, 由 (2.12.39) 式可得铁氧体中沿 $x$ 方向传播的横向波中一个可能的解是

$$\boldsymbol{H}_1 = \left(\mathrm{j}\frac{\mu_{\rm r}}{k_{\rm r}}\hat{\boldsymbol{a}}_x + \hat{\boldsymbol{a}}_y\right)H_{y\rm m}\mathrm{e}^{\mathrm{j}(\omega t - \beta_1 x)} \tag{2.12.47}$$

相应的电场由 Maxwell 场方程 (2.12.2), 可知为

$$\boldsymbol{E}_1 = \frac{1}{\mathrm{j}\omega\varepsilon_0\varepsilon_{\rm r}}\nabla\times\boldsymbol{H}_1 = \frac{1}{\mathrm{j}\omega\varepsilon_0\varepsilon_{\rm r}}\frac{\partial H_y}{\partial x}\hat{\boldsymbol{a}}_z \tag{2.12.48}$$

(2.12.45) 式表明这一可能存在的波是右旋椭圆极化波, 椭圆位于 $x$-$y$ 平面内; 磁场传播方向分量与横向分量之比是 $H_x/H_y = \mathrm{j}k_{\rm r}/\mu_{\rm r}$, 这里, $k_{\rm r}$ 和 $\mu_{\rm r}$ 由 (2.12.9) 式给出; 而其相位常数为 $\beta_1$; 相速为

$$v_{\rm p1} = \frac{\omega}{\beta_1} = \frac{v_c}{\sqrt{\varepsilon_{\rm r}(\mu_{\rm r} - k_{\rm r}^2/\mu_{\rm r})}} = \frac{v_c}{\sqrt{\varepsilon_{\rm r}\mu_\perp}} \tag{2.12.49}$$

式中,

$$\mu_\perp = (\mu_{\rm r}^2 - k_{\rm r}^2)/\mu_{\rm r} \tag{2.12.50}$$

(2.11.45) 和 (2.11.48) 式表明, 在波的传播方向上 $H_x \neq 0$, $E_x = 0$, 故此椭圆极化波为 $\mathrm{TE}_x$ 横电波, 而因其传播特性与 $\mu_\perp$, 因而与外加偏置磁场有关, 而称为**非常波 (或 E 波)**.

**对于第二组解**, 则有

$$H_z \neq 0; \quad H_x = H_y = 0 \tag{2.12.51}$$

$$\gamma_2 = \mathrm{j}\beta_2 = \mathrm{j}\omega\sqrt{\varepsilon_0\mu_0\varepsilon_{\rm r}} \tag{2.12.52}$$

于是, 由 (2.12.39) 式便可得铁氧体中另一可能沿 $x$ 方向传播的横向波解为

$$\begin{aligned} \boldsymbol{H}_2 &= \hat{\boldsymbol{a}}_z H_{z\rm m}\mathrm{e}^{\mathrm{j}(\omega t - \beta_2 x)} \\ \boldsymbol{E}_2 &= \frac{1}{\mathrm{j}\omega\varepsilon_0\varepsilon_{\rm r}}\nabla\times\boldsymbol{H}_2 = -\frac{1}{\mathrm{j}\omega\varepsilon_0\varepsilon_{\rm r}}\frac{\partial H_z}{\partial x}\hat{\boldsymbol{a}}_y \end{aligned} \tag{2.12.53}$$

这是一个电场沿 $y$ 方向极化的直线极化 $\mathrm{TEM}_x$ 波, 其相位常数和相速分别为

$$\beta_2 = \beta_0\sqrt{\varepsilon_{\rm r}} \quad 和 \quad v_{\rm p2} = \frac{\omega}{\beta_2} = \frac{v_c}{\sqrt{\varepsilon_{\rm r}}} \tag{2.12.54}$$

(2.12.54) 式表明在铁氧体中第二个可能存在的解直线极化波的相速与在无界 $\varepsilon_{\rm r}$、$\mu_0$ 介质中传播时一样, 故此波称为**寻常波 (或 O 波)**.

综上所述, 在磁化铁氧体内沿横向传播的平面波中, 亦存在有两种速度不同的波, 一个是右旋椭圆极化波, 另一个为直线极化波. 若进入铁氧体的波 $H_x = 0$, $H_y = 0$, 而 $H_z \neq 0$, 则它以寻常波传播; 若进入铁氧体的波 $H_x \neq 0$, $H_y \neq 0$, 而 $H_z = 0$, 则以非寻常波传播. 在一般情况下, 这两种波可同时存在, 与光学中双折射情形类似, 故亦称为铁氧体中的双折射现象或**Cotton-Mouton**(科顿–穆顿)**效应**.

# 第 3 章　规则波导和谐振腔

规则波导和谐振腔是电磁场理论中典型的两类边值问题 [2,8~10,13]. 本章首先介绍了从 Maxwell 场方程出发求解规则波导电磁场问题的纵向场法和赫兹矢量法; 而后应用纵向场法分析和讨论了矩形波导、圆波导, 以及同轴波导等规则波导的传播特性; 诸如电磁场分布、主模和高次模的传播特性等; 作为介质波导, 分析了圆截面阶梯光纤问题 [7], 给出了它们的电磁场的严格解, 以及特征方程的数值解和作出的色散特性曲线. 对于谐振腔, 首先介绍了谐振腔的一般性概念, 讨论了它们的基本参量, 继而较详细分析了矩形波导、圆形波导、同轴波导等波导型谐振腔, 球形腔中电磁场的严格解、谐振频率和固有 $Q$ 值, 以及由于腔壁变形、腔内媒质参数改变微扰所引起的谐振频率偏移等.

在本章的附录中给出了一些公式的推导或证明; 可确定圆波导、同轴波导 $\mathrm{TE}_{mn}$ 和 $\mathrm{TM}_{mn}$ 波截止波长的特征方程的本征值的 Fortran 程序, 以及确定圆截面阶梯光纤色散特性的 Fortran 等程序. 此外, 还分析和讨论了同轴光纤 (多层光纤) 的混合传输模的色散方程.

## 3.1　规则波导的一般理论

广义而言, 波导或传输线是指能引导电磁波沿某一定方向传播的系统, 它包括高频传输线、微波波导和光导纤维, 以及特种传输线等. 规则波导则是指其横截面形状在波的传播方向上各处相同, 且波导填充媒质的电磁特性相对于传播方向均匀的直波导或柱形波导. 例如, 工作于超短波 (超高频) 波段的双线传输线和软同轴线 (同轴电缆), 工作于微波波段的同轴波导、矩形波导、圆波导、椭圆波导、带状线和微带线等, 以及工作于激光波段的双层和多层圆截面的光纤波导、椭圆截面保偏 (可保持偏振方向稳定) 光纤波导等.

狭义而言, 通常传输线特指双线传输线和同轴电缆; 带线则特指一般带状线、微带线、耦合带状线和耦合微带线等, 这两类传输线的工作模式为 TEM 波, 其传输特性可根据传输线理论利用静电近似法分析; 而波导则特指空心金属波导, 如矩形波导, 圆波导, 椭圆波导等; 而光纤是一种介质波导, 亦称为光波导, 若不加说明是多层或椭圆截面, 则是指具有双层介质的圆截面的光纤波导. 波导和光纤的传输特性需要应用电磁场理论作为边值问题进行求解.

对于任意截面规则波导, 选择一般柱面坐标系 $(u, v, z)$. 设波导的轴线沿 $z$ 方向, 对于沿 $z$ 方向传播的波, 电磁场应含有波因子 $\mathrm{e}^{\mathrm{j}\omega t-\gamma z}$, 即可假定波导试探解为

$$\boldsymbol{E}(u,v,z,t)=\boldsymbol{E}_{\mathrm{m}}(u,v)\mathrm{e}^{\mathrm{j}\omega t-\gamma z} \tag{3.1.1}$$

和

$$\boldsymbol{H}(u,v,z,t)=\boldsymbol{H}_{\mathrm{m}}(u,v)\mathrm{e}^{\mathrm{j}\omega t-\gamma z} \tag{3.1.2}$$

这里, $\gamma=\alpha+\mathrm{j}\beta$ 为传播常数, $\alpha$ 称为衰减常数, $\beta$ 称为相位常数.

任意截面形状规则波导问题的研究就归结为求解具有 (3.1.1) 与 (3.1.2) 式的形式, 满足给定波导截面边界条件 Maxwell 电磁场方程组的解. 具体说来, 就是要确定电磁场的横向分布 $E_{\mathrm{m}}(u,v)$ 和 $H_{\mathrm{m}}(u,v)$, 与传播常数 $\gamma$. 我们将介绍的主要内容有:

(i) 给出适用于求解一般规则波导电磁场的纵向场法与赫兹矢量法.

(ii) 对于给定截面形状波导, 应用纵向场法, 采用分离变量法求得纵向场所满足的波动方程的解, 再由纵向场求出横向场, 从而求得电磁场的全部分量.

(iii) 根据波导中场应满足的边界条件推导出特征 (色散) 方程, 并解此特征方程得出特征值, 确定出波导中各传输模的传播常数 $\gamma=\mathrm{j}\beta$, 以及它们与频率的关系等传输特性. 注: 特征方程的复杂程度与波导的结构有关, 例如, 对于圆波导的特征方程仅含 Bessel 函数 $J_{\mathrm{m}}(x)$ 或 $J'_{\mathrm{m}}(x)$; 对于同轴波导的特征方程则是含有 $J_{\mathrm{m}}(x)$ 和 $Y_{\mathrm{m}}(cx)$ 之积或其导数积的复杂函数; 而对于光纤的特征方程则是含有 Bessel 函数和变型 Bessel 函数更为复杂的函数; 因此, 通常特征方程的求解需采用数值方法.

### 3.1.1 规则波导的求解方法

求解规则波导的电磁场最常用的方法有纵向场法和赫兹矢量法. 前者是先求解场纵向分量 $E_z$ 和 $H_z$ 所满足的标量波动方程, 再应用 Maxwell 方程求得场的横向分量; 后者则不是直接计算电磁场, 而是通过先求解赫兹矢量 (辅助矢量) 某个分量所满足的标量波动方程, 然后再由场与赫兹矢量的关系间接地得出电场 $\boldsymbol{E}$ 和磁场 $\boldsymbol{H}$. 以下分别介绍这两种方法.

(1) 纵向场法

由 (1.10.16) 和 (1.10.17) 式, 对于无源情形, 在 $\varepsilon,\mu$ 均匀各向同性媒质中, 时谐电磁场 $\boldsymbol{E}$ 和 $\boldsymbol{H}$ 满足如下矢量波动方程:

$$\nabla^2\boldsymbol{E}+k^2\boldsymbol{E}=0 \tag{3.1.3}$$

$$\nabla^2\boldsymbol{H}+k^2\boldsymbol{H}=0 \tag{3.1.4}$$

式中, $k^2=\omega^2\varepsilon\mu$.

按纵向场法, 将电场 $\boldsymbol{E}$ 和磁场 $\boldsymbol{H}$ 分别分解为它们的横向分量与纵向分量之和, 即

$$\boldsymbol{E} = \boldsymbol{E}_{\mathrm{T}} + E_z\hat{\boldsymbol{a}}_z, \quad \boldsymbol{H} = \boldsymbol{H}_{\mathrm{T}} + H_z\hat{\boldsymbol{a}}_z \tag{3.1.5}$$

由 (3.1.1) 和 (3.1.2) 式可知, 以上式中的纵向分量可表为

$$E_z = E_z(u,v)\mathrm{e}^{\mathrm{j}\omega t-\gamma z}, \quad H_z = H_z(u,v)\mathrm{e}^{\mathrm{j}\omega t-\gamma z} \tag{3.1.6}$$

这里, $E_z(u,v)$ 和 $H_z(u,v)$ 分别为电场和磁场纵向分量的横向分布.

一旦确定出横向分布函数 $E_z(u,v)$ 和 $H_z(u,v)$, 以及传播常数 $\gamma$, 则电场 $E_z$ 和磁场 $H_z$ 便完全确定; 而场的其它分量便可应用 Maxwell 场方程导得. 因此, 求解满足给定波导截面边界条件的 $E_z$ 和 $H_z$ 是纵向场法求解波导问题的首要和主要工作.

由 (3.1.3) 和 (3.1.4) 式可知场的纵向分量 $E_z$ 和 $H_z$ 分别满足标量波动方程:

$$\nabla^2 E_z + k^2 E_z = 0 \tag{3.1.7}$$

$$\nabla^2 H_z + k^2 H_z = 0 \tag{3.1.8}$$

今定义横向矢量算子 $\nabla_{\mathrm{T}}$ 为

$$\nabla_{\mathrm{T}} = \nabla - \hat{\boldsymbol{a}}_z\frac{\partial}{\partial z} \tag{3.1.9}$$

而 $\nabla^2 = \nabla_{\mathrm{T}}^2 + \nabla_z^2 = \nabla_{\mathrm{T}}^2 + \dfrac{\partial^2}{\partial z^2}$, $\dfrac{\partial^2 E_z}{\partial z^2} = \gamma^2 E_z$ 和 $\dfrac{\partial^2 H_z}{\partial z^2} = \gamma^2 H_z$, 故将 (3.1.6)和 (3.1.9) 式代入 (3.1.7) 和 (3.1.8) 式后可得:

$$\nabla_{\mathrm{T}}^2 E_z(u,v) + \delta^2 E_z(u,v) = 0 \tag{3.1.10}$$

$$\nabla_{\mathrm{T}}^2 H_z(u,v) + \delta^2 H_z(u,v) = 0 \tag{3.1.11}$$

其中, $\nabla_{\mathrm{T}}^2$ 为横向拉普拉斯算子; $k^2 = \omega^2\varepsilon\mu$, 而

$$\gamma^2 = \delta^2 - k^2 \tag{3.1.12}$$

这里, $\delta$ 是与坐标无关的某些常数, 与波导的几何尺寸及场应满足的边界条件有关.

应用场方程 $\nabla\times\boldsymbol{H} = \mathrm{j}\omega\varepsilon\boldsymbol{E}$, 对于横向分量 $\boldsymbol{E}_{\mathrm{T}}$, 有

$$\begin{aligned}\mathrm{j}\omega\varepsilon\boldsymbol{E}_{\mathrm{T}} &= [(\nabla_{\mathrm{T}} + \nabla_z)\times(\boldsymbol{H}_{\mathrm{T}} + \hat{\boldsymbol{a}}_z H_z)]_{\mathrm{T}} \\ &= [\nabla_{\mathrm{T}}\times\boldsymbol{H}_{\mathrm{T}} + \nabla_z\times\boldsymbol{H}_{\mathrm{T}}]_{\mathrm{T}} + [\nabla_{\mathrm{T}}\times\hat{\boldsymbol{a}}_z H_z + \nabla_z\times\hat{\boldsymbol{a}}_z H_z]_{\mathrm{T}}\end{aligned}$$

因 $\nabla_z = \hat{\boldsymbol{a}}_z \dfrac{\partial}{\partial z}$ 和 $\nabla_{\mathrm{T}} \times \boldsymbol{H}_{\mathrm{T}}$ 其方向均在纵方向, 以及有 $\nabla_z \times \hat{\boldsymbol{a}}_z H_z = 0$, 故由上式可得

$$\mathrm{j}\omega\varepsilon \boldsymbol{E}_{\mathrm{T}} = \nabla_{\mathrm{T}} \times \hat{\boldsymbol{a}}_z H_z + \nabla_z \times \boldsymbol{H}_{\mathrm{T}} \tag{3.1.13}$$

类似地, 由场方程 $\nabla \times \mathbf{E} = -\mathrm{j}\omega\mu\mathbf{H}$, 采用相同步骤或直接利用无源 Maxwell 场方程 $\boldsymbol{E}$ 与 $\boldsymbol{H}$ 的二重性 $(\boldsymbol{E} \leftrightarrow \boldsymbol{H}, \varepsilon \leftrightarrow -\mu)$, 由 (3.1.13) 式, 可得横向分量 $\boldsymbol{H}_{\mathrm{T}}$ 为

$$-\mathrm{j}\omega\mu \boldsymbol{H}_{\mathrm{T}} = \nabla_{\mathrm{T}} \times \hat{\boldsymbol{a}}_z E_z + \nabla_z \times \boldsymbol{E}_{\mathrm{T}} \tag{3.1.14}$$

将 (3.1.14) 代入与 $-\mathrm{j}\omega\mu$ 相乘的 (3.1.13) 式消去 $\boldsymbol{H}_{\mathrm{T}}$ 后, 可得

$$\omega^2\varepsilon\mu \boldsymbol{E}_{\mathrm{T}} = -\mathrm{j}\omega\mu\nabla_{\mathrm{T}} \times \hat{\boldsymbol{a}}_z \boldsymbol{H}_z + \nabla_z \times \nabla_{\mathrm{T}} \times (\hat{\boldsymbol{a}}_z E_z) + \nabla_z \times \nabla_z \times \boldsymbol{E}_{\mathrm{T}} \tag{3.1.15}$$

因 $\nabla_z = \hat{\boldsymbol{a}}_z \dfrac{\partial}{\partial z} = -\gamma\hat{\boldsymbol{a}}_z$, 以及 $\nabla \times (\phi\boldsymbol{A}) = \phi\nabla \times \boldsymbol{A} + \nabla\phi \times \boldsymbol{A}$ 和 $\boldsymbol{a} \times (\boldsymbol{b} \times \boldsymbol{c}) = (\boldsymbol{a} \cdot \boldsymbol{c})\boldsymbol{b} - (\boldsymbol{a} \cdot \boldsymbol{b})\boldsymbol{c}$, 上式右端后两项分别可表为

$$\nabla_z \times \nabla_{\mathrm{T}} \times (\hat{\boldsymbol{a}}_z \boldsymbol{E}_z) = -\gamma\hat{\boldsymbol{a}}_z \times (\nabla_{\mathrm{T}}\boldsymbol{E}_z \times \hat{\boldsymbol{a}}_z) = -\gamma\nabla_{\mathrm{T}}E_z$$
$$\nabla_z \times \nabla_z \times \boldsymbol{E}_{\mathrm{T}} = \gamma^2\hat{\boldsymbol{a}}_z \times (\hat{\boldsymbol{a}}_z \times \boldsymbol{E}_{\mathrm{T}}) = -\gamma^2\boldsymbol{E}_{\mathrm{T}}$$

于是 (3.1.15) 式可化为

$$k^2\boldsymbol{E}_{\mathrm{T}} = -\mathrm{j}\omega\mu\nabla_{\mathrm{T}}H_z \times \hat{\boldsymbol{a}}_z - \gamma\nabla_{\mathrm{T}}E_z - \gamma^2\boldsymbol{E}_{\mathrm{T}} \tag{3.1.16}$$

类似地, 由 (3.1.13) 与 (3.1.14) 式消去 $\boldsymbol{E}_{\mathrm{T}}$、采用相同的步骤, 或由 (3.1.16) 式应用 $\boldsymbol{E}$ 与 $\boldsymbol{H}$ 的二重性 $(\boldsymbol{E} \leftrightarrow \boldsymbol{H}, \varepsilon \leftrightarrow -\mu)$, 可得

$$k^2\boldsymbol{H}_{\mathrm{T}} = \mathrm{j}\omega\varepsilon\nabla_{\mathrm{T}}E_z \times \hat{\boldsymbol{a}}_z - \gamma\nabla_{\mathrm{T}}H_z - \gamma^2\boldsymbol{H}_{\mathrm{T}} \tag{3.1.17}$$

由 (3.1.16) 和 (3.1.17) 式横向场 $\boldsymbol{E}_{\mathrm{T}}$ 和 $\boldsymbol{H}_{\mathrm{T}}$, 连同纵向场 (3.1.6) 式 $E_z$ 和 $H_z$, 故规则波导中的电磁场可表为:

$$\begin{aligned}
\boldsymbol{E}_{\mathrm{T}} &= -\frac{1}{\delta^2}\left(\gamma\nabla_{\mathrm{T}}\boldsymbol{E}_z + \mathrm{j}\omega\mu\nabla_{\mathrm{T}}\boldsymbol{H}_z \times \hat{\boldsymbol{a}}_z\right) \\
\boldsymbol{E}_z &= E_z(u,v)\mathrm{e}^{\mathrm{j}\omega t-\gamma z} \\
\boldsymbol{H}_{\mathrm{T}} &= -\frac{1}{\delta^2}\left(\mathrm{j}\omega\varepsilon\hat{\boldsymbol{a}}_z \times \nabla_{\mathrm{T}}\boldsymbol{E}_z + \gamma\nabla_{\mathrm{T}}\boldsymbol{H}_z\right) \\
\boldsymbol{H}_z &= H_z(u,v)\mathrm{e}^{\mathrm{j}\omega t-\gamma z}
\end{aligned} \tag{3.1.18}$$

式中,

$$k^2 = \omega^2\varepsilon\mu; \quad \gamma^2 = \delta^2 - k^2 \tag{3.1.19}$$

由 (3.1.18) 式可见, 若已知 $E_z$ 和 $H_z$, 即求解得它们所满足的波动方程与具体波导边界条件的解, 则场的横向分量便可求出; 从而得知波导中的全部场分量. 这就是纵向场法求解波导问题的基本思路.

(2) 赫兹矢量法

赫兹矢量法不是去直接计算电磁场, 而是间接地通过先求解赫兹矢量– 辅助矢量, 然后再应用场与赫兹矢量的关系得出电场 $\boldsymbol{E}$ 和磁场 $\boldsymbol{H}$.

在 1.9 节中曾讨论过电赫兹矢量势 $\boldsymbol{\Pi}^{\rm e}$ 和磁赫兹矢量势 $\boldsymbol{\Pi}^{\rm m}$. 由 (1.9.48) 和 (1.9.49) 式可知, 对于时谐场, 无场源情况下, 在 $\varepsilon,\mu$ 媒质中的 $\boldsymbol{\Pi}^{\rm e}$ 和 $\boldsymbol{\Pi}^{\rm m}$ 分别满足 Helmholtz 方程:

$$\nabla^2\boldsymbol{\Pi}^{\rm e}+k^2\boldsymbol{\Pi}^{\rm e}=0 \tag{3.1.20}$$

$$\nabla^2\boldsymbol{\Pi}^{\rm m}+k^2\boldsymbol{\Pi}^{\rm m}=0 \tag{3.1.21}$$

当求解出 $\boldsymbol{\Pi}^{\rm e}$ 后, 则电场 $\boldsymbol{E}$ 和磁场 $\boldsymbol{H}$ 可按如下表示式计算:

$$\boldsymbol{E}=\nabla\nabla\cdot\boldsymbol{\Pi}^{\rm e}+k^2\boldsymbol{\Pi}^{\rm e} \tag{3.1.22}$$

$$\boldsymbol{H}={\rm j}\omega\varepsilon\nabla\times\boldsymbol{\Pi}^{\rm e} \tag{3.1.23}$$

而当求解出 $\boldsymbol{\Pi}^{\rm m}$ 后, 则电场 $\boldsymbol{E}$ 和磁场 $\boldsymbol{H}$(可应用与 $\boldsymbol{\Pi}^{\rm e}$ 的场对偶关系) 按如下表示式计算:

$$\boldsymbol{E}=-{\rm j}\omega\mu\nabla\times\boldsymbol{\Pi}^{\rm m} \tag{3.1.24}$$

$$\boldsymbol{H}=\nabla\nabla\cdot\boldsymbol{\Pi}^{\rm m}+k^2\boldsymbol{\Pi}^{\rm m} \tag{3.1.25}$$

式中, $k^2=\omega^2\varepsilon\mu$.

在普遍情况下, 总电磁场是 $\boldsymbol{\Pi}^{\rm e}$ 和 $\boldsymbol{\Pi}^{\rm m}$ 给出的 (3.1.22)~(3.1.25) 式所表示的两部分场之和. 现在, 我们应用赫兹矢量法来求解规则波导中的波传播问题.

设波导的轴线沿 $z$ 方向, 对于沿 $z$ 方向传播的波, 其波因子可表为 ${\rm e}^{{\rm j}\omega t-\gamma z}$, 这里, $\gamma=\alpha+{\rm j}\beta$ 为传播常数, $\alpha$ 称为衰减常数, $\beta$ 称为相位常数. 由于 $\boldsymbol{\Pi}^{\rm e}$ 和 $\boldsymbol{\Pi}^{\rm m}$ 与场 $\boldsymbol{E}$ 和 $\boldsymbol{H}$ 相关, 故我们可设 $\boldsymbol{\Pi}^{\rm e}$ 和 $\boldsymbol{\Pi}^{\rm m}$ 的试探解为

$$\boldsymbol{\Pi}^{\rm e}=\boldsymbol{\Pi}^{\rm e}(u,v){\rm e}^{{\rm j}\omega t-\gamma z}\quad 和\quad \boldsymbol{\Pi}^{\rm m}=\boldsymbol{\Pi}^{\rm m}(u,v){\rm e}^{{\rm j}\omega t-\gamma z} \tag{3.1.26}$$

类似于纵向场法, 若已求得赫兹矢量 $\boldsymbol{\Pi}^{\rm e}$ 和 $\boldsymbol{\Pi}^{\rm m}$ 的两个分量的解, 如纵向分量 $\boldsymbol{\Pi}_z^{\rm e}$ 和 $\boldsymbol{\Pi}_z^{\rm m}$, 则应用 (3.1.22)~(3.1.25) 式即可求得场的横向分量, 从而求得电磁场的全部分量.

对于纵向分量 $\boldsymbol{\Pi}_z^{\rm e}$ 和 $\boldsymbol{\Pi}_z^{\rm m}$, 由 (3.1.20) 和 (3.1.21) 式可知, 它们满足标量 Helmholtz 方程:

$$\nabla_{\rm T}^2\boldsymbol{\Pi}_z^{\rm e}+\delta^2\boldsymbol{\Pi}_z^{\rm e}=0 \tag{3.1.27}$$

$$\nabla_{\mathrm{T}}^{2}\boldsymbol{\Pi}_{z}^{\mathrm{m}}+\delta^{2}\boldsymbol{\Pi}_{z}^{\mathrm{m}}=0 \tag{3.1.28}$$

式中,

$$\delta^{2}=\gamma^{2}+k^{2};\quad k^{2}=\omega^{2}\varepsilon\mu \tag{3.1.29}$$

通常, 方程 (3.1.27) 和 (3.1.28) 采用分离变量法求得其一般解, 然后再结合满足给定波导截面边界条件筛选出所给波导问题的 $\boldsymbol{\Pi}_z^{\mathrm{e}}$ 和 $\boldsymbol{\Pi}_z^{\mathrm{m}}$ 特解.

以下我们将分别求已知 $\boldsymbol{\Pi}_z^{\mathrm{m}}=0$、$\boldsymbol{\Pi}_z^{\mathrm{e}}=\boldsymbol{\Pi}_z^{\mathrm{e}}(u,v)\mathrm{e}^{\mathrm{j}\omega t-\gamma z}$ 时波导中的横向电磁场; 以及 $\boldsymbol{\Pi}_z^{\mathrm{e}}=0$、$\boldsymbol{\Pi}_z^{\mathrm{m}}(u,v)\mathrm{e}^{\mathrm{j}\omega t-\gamma z}$ 时波导中的横向电磁场; 然后由它们的叠加求得 $\boldsymbol{\Pi}_z^{\mathrm{e}}\neq 0$ 和 $\boldsymbol{\Pi}_z^{\mathrm{m}}\neq 0$ 一般情形下的横向电磁场.

(a) 电赫兹矢量 $\boldsymbol{\Pi}_z^{\mathrm{e}}\neq 0$, 而 $\boldsymbol{\Pi}_z^{\mathrm{m}}=0$ 情形

$$\boldsymbol{\Pi}_{z}^{\mathrm{e}}=\boldsymbol{\Pi}_{z}^{\mathrm{e}}(u,v)\mathrm{e}^{\mathrm{j}\omega t-\gamma z},\quad \boldsymbol{\Pi}_{z}^{\mathrm{m}}=0 \tag{3.1.30}$$

注意到 $\nabla\nabla\cdot(\boldsymbol{\Pi}_z^{\mathrm{e}}\hat{\boldsymbol{a}}_z)=-\gamma(\nabla_{\mathrm{T}}+\nabla_z)\boldsymbol{\Pi}_z^{\mathrm{e}}=-\gamma\nabla_{\mathrm{T}}\boldsymbol{\Pi}_z^{\mathrm{e}}+\gamma^2\boldsymbol{\Pi}_z^{\mathrm{e}}\hat{\boldsymbol{a}}_z$, 由 (3.1.22) 式可得已知 $\boldsymbol{\Pi}_z^{\mathrm{e}}$ 时的电场表示式:

$$\begin{aligned}\boldsymbol{E}&=\nabla\nabla\cdot(\boldsymbol{\Pi}_{z}^{\mathrm{e}}\hat{\boldsymbol{a}}_{z})+k^{2}\boldsymbol{\Pi}_{z}^{\mathrm{e}}\hat{\boldsymbol{a}}_{z}\\&=-\gamma\nabla_{\mathrm{T}}\boldsymbol{\Pi}_{z}^{\mathrm{e}}+\left(\gamma^{2}+k^{2}\right)\boldsymbol{\Pi}_{z}^{\mathrm{e}}\hat{\boldsymbol{a}}_{z}\\&=-\gamma\nabla_{\mathrm{T}}\boldsymbol{\Pi}_{z}^{\mathrm{e}}+\delta^{2}\boldsymbol{\Pi}_{z}^{\mathrm{e}}\hat{\boldsymbol{a}}_{z}\end{aligned} \tag{3.1.31}$$

而由 (3.1.30) 代入 (3.1.23) 式可得已知 $\boldsymbol{\Pi}_z^{\mathrm{e}}$ 时的磁场表示式:

$$\begin{aligned}\boldsymbol{H}&=\mathrm{j}\omega\varepsilon\nabla\times(\boldsymbol{\Pi}_{z}^{\mathrm{e}}\hat{\boldsymbol{a}}_{z})\\&=\mathrm{j}\omega\varepsilon\left(\nabla_{\mathrm{T}}\boldsymbol{\Pi}_{z}^{\mathrm{e}}+\nabla_{z}\boldsymbol{\Pi}_{z}^{\mathrm{e}}\right)\times\hat{\boldsymbol{a}}_{z}\\&=\mathrm{j}\omega\varepsilon\left(\nabla_{\mathrm{T}}\boldsymbol{\Pi}_{z}^{\mathrm{e}}\right)\times\hat{\boldsymbol{a}}_{z}\end{aligned} \tag{3.1.32}$$

综上结果, 已知 $\boldsymbol{\Pi}_z^{\mathrm{e}}$ 时的电磁场表示式为

$$\boldsymbol{E}_{\mathrm{T}}=-\gamma\nabla_{\mathrm{T}}\boldsymbol{\Pi}_{z}^{\mathrm{e}},\quad E_{z}=\delta^{2}\boldsymbol{\Pi}_{z}^{\mathrm{e}} \tag{3.1.33}$$

$$\boldsymbol{H}_{\mathrm{T}}=\mathrm{j}\omega\varepsilon\left(\nabla_{\mathrm{T}}\boldsymbol{\Pi}_{z}^{\mathrm{e}}\right)\times\hat{\boldsymbol{a}}_{z},\quad H_{z}=0 \tag{3.1.34}$$

(b) 磁赫兹矢量 $\boldsymbol{\Pi}_z^{\mathrm{m}}\neq 0$, 而 $\boldsymbol{\Pi}_z^{\mathrm{e}}=0$ 情形

$$\boldsymbol{\Pi}_{z}^{\mathrm{m}}=\boldsymbol{\Pi}_{z}^{\mathrm{m}}(u,v)\mathrm{e}^{\mathrm{j}\omega t-\gamma z},\quad \boldsymbol{\Pi}_{z}^{\mathrm{e}}=0 \tag{3.1.35}$$

采用以上与已知 $\boldsymbol{\Pi}_z^{\mathrm{e}}$ 求横向电场和磁场的相同步骤, 或直接应用 $\boldsymbol{\Pi}_z^{\mathrm{m}}$ 与 $\boldsymbol{\Pi}_z^{\mathrm{e}}$ 之间的二重性关系, 由 (3.1.34) 和 (3.1.33) 式作对偶代换 $\boldsymbol{E}\leftrightarrow\boldsymbol{H},\varepsilon\leftrightarrow-\mu$, 便可求得已知 $\boldsymbol{\Pi}_z^{\mathrm{m}}$ 时的电磁场表示式为

$$\boldsymbol{E}_{\mathrm{T}}=-\mathrm{j}\omega\mu\left(\nabla_{\mathrm{T}}\boldsymbol{\Pi}_{z}^{\mathrm{m}}\right)\times\hat{\boldsymbol{a}}_{z},\quad \boldsymbol{E}_{z}=0 \tag{3.1.36}$$

$$\boldsymbol{H}_{\mathrm{T}}=-\gamma\nabla_{\mathrm{T}}\boldsymbol{\Pi}_z^{\mathrm{m}},\quad \boldsymbol{H}_z=\delta^2\boldsymbol{\Pi}_z^{\mathrm{m}} \tag{3.1.37}$$

在同时存在有 $\boldsymbol{\Pi}_z^{\mathrm{e}}=\boldsymbol{\Pi}_z^{\mathrm{e}}(u,v)\mathrm{e}^{\mathrm{j}\omega t-\gamma z}$ 和 $\boldsymbol{\Pi}_z^{\mathrm{m}}=\boldsymbol{\Pi}_z^{\mathrm{m}}(u,v)\mathrm{e}^{\mathrm{j}\omega t-\gamma z}$ 的普遍情况下, 此时总电磁场是 (3.1.33)、(3.1.34) 与 (3.1.36)、(3.1.37) 是两部分场的叠加, 即

$$\begin{aligned}
\boldsymbol{E}_{\mathrm{T}}&=-\left(\gamma\nabla_{\mathrm{T}}\boldsymbol{\Pi}_z^{\mathrm{e}}+\mathrm{j}\omega\mu\left(\nabla_{\mathrm{T}}\boldsymbol{\Pi}_z^{\mathrm{m}}\right)\times\hat{\boldsymbol{a}}_z\right)\\
\boldsymbol{E}_z&=\delta^2\boldsymbol{\Pi}_z^{\mathrm{e}}\\
\boldsymbol{H}_{\mathrm{T}}&=\mathrm{j}\omega\varepsilon\left(\nabla_{\mathrm{T}}\boldsymbol{\Pi}_z^{\mathrm{e}}\right)\times\hat{\boldsymbol{a}}_z-\gamma\nabla_{\mathrm{T}}\boldsymbol{\Pi}_z^{\mathrm{m}}\\
\boldsymbol{H}_z&=\delta^2\boldsymbol{\Pi}_z^{\mathrm{m}}
\end{aligned} \tag{3.1.38}$$

若令 $\boldsymbol{\Pi}_z^{\mathrm{e}}=\dfrac{1}{\delta^2}\boldsymbol{E}_z$ 和 $\boldsymbol{\Pi}_z^{\mathrm{m}}=\dfrac{1}{\delta^2}\boldsymbol{H}_z$, 则将它们代入 (3.1.38) 式中的 $\boldsymbol{E}_{\mathrm{T}}$ 和 $\boldsymbol{H}_{\mathrm{T}}$, 因 $\delta^2$ 为常数, 于是采用赫兹矢量的纵向分量 $\boldsymbol{\Pi}_z^{\mathrm{e}}$ 和 $\boldsymbol{\Pi}_z^{\mathrm{m}}$ 法所求得的 (3.1.36) 式便化为纵向场法的 (3.1.18) 式; $\boldsymbol{\Pi}_z^{\mathrm{e}}$ 和 $\boldsymbol{\Pi}_z^{\mathrm{m}}$ 的边界条件与 $E_z$ 和 $H_z$ 所应满足的边界条件相同; 表明对于时谐场赫兹矢量纵向分量 $\boldsymbol{\Pi}_z^{\mathrm{e}}$ 和 $\boldsymbol{\Pi}_z^{\mathrm{m}}$ 法与纵向场 $E_z$ 和 $H_z$ 法这两种方法实质上是相同的.

在赫兹矢量法 (3.1.38) 式的场是两部分场的叠加. 一部分是与 $\boldsymbol{\Pi}_z^{\mathrm{e}}=0$ 和 $\boldsymbol{\Pi}_z^{\mathrm{m}}\neq 0$ 相关的场, 另一部分是与 $\boldsymbol{\Pi}_z^{\mathrm{m}}=0$ 和 $\boldsymbol{\Pi}_z^{\mathrm{e}}\neq 0$ 相关的场 ($\boldsymbol{\Pi}_z^{\mathrm{e}}=0$ 和 $\boldsymbol{\Pi}_z^{\mathrm{m}}=0$ 分别相应纵向场法 (3.1.18) 式中的 $E_z=0$ 和 $H_z=0$). 前者因沿波传播方向(纵向)上 $E_z=0$、$H_z\neq 0$, 故此类波称为 $\mathrm{TE}_z$ 横电波或 **H** 波; 而后者因沿波传播方向(纵向)上 $H_z=0$、$E_z\neq 0$, 此类波则称为 $\mathrm{TM}_z$ 横磁波或 **E** 波; 一般情形是 $\boldsymbol{\Pi}_z^{\mathrm{e}}\neq 0$ 和 $\boldsymbol{\Pi}_z^{\mathrm{m}}\neq 0$, 所传播的波是同时含有 $E_z\neq 0$ 和 $H_z\neq 0$ 的混合波. 因此, 在规则波波导中, 可传播 $\mathrm{TE}_z$ 波、$\mathrm{TM}_z$ 波, 也可传播混合波. 对于同轴波导(见 3.4 节), 它还可传播 $E_z=0$ 和 $H_z=0$ 的 $\mathrm{TEM}_z$ 横电磁波.

此外, 我们还可引入 "纵波" 的概念, 所谓 "纵波" 是指电场或磁场完全分布在某一 "纵截面上" 的波型; 电场分布在纵截面上的波称为 "纵电(LE)波", 磁场分布在纵截面上的波则称为 "纵磁 (LM) 波". 例如, $H_y=0$, $H_x\neq 0$, $H_z\neq 0$ 的波其磁场位于 $x$-$z$ 纵平面上, 是一种纵磁波, 记为 LMX, 这里, "X" 表示 $H_x\neq 0$, 而 $H_x=0$, $H_y\neq 0$ 的波记为 LMY. 类似地, 纵电波也有两种 "LEX 和 LEY". 从横磁波(电波)和横电波(磁波)的分析我们知道, 横磁波的场分量可以从赫兹电矢量 $z$ 分量导出, 横电波的场分量可以从赫兹磁矢量 $z$ 分量导出. 实际上参见 (3.1.23) 和 (3.1.24) 式可知, $\boldsymbol{H}$ 取决于电赫兹矢量 $\boldsymbol{\Pi}^{\mathrm{e}}$ 的旋度, $\boldsymbol{E}$ 取决于磁赫兹矢量 $\boldsymbol{\Pi}^{\mathrm{m}}$ 的旋度, 而按旋度的特性, 一个矢量的旋度在此矢量方向上无分量. 故相似地, 纵磁波 LMX 和 LMY 的场分量可以分别从赫兹电矢量的 $y$ 和 $x$ 分量导出, 纵磁波 LMX 和 LMY 的场分量可以分别从赫兹电矢量的 $y$ 和 $x$ 分量导出, 而纵电波 LEX 和 LEY 的场分量可以分别从赫兹磁矢量的 $y$ 和 $x$ 分量导出. 对于分析某些波导问题使用纵磁波和纵电波是方便的, 它们也是很有用的波型.

通常, 采用纵向场法处理具体波导问题是方便的. 因为求解 Helmholtz 方程和应用场的边界条件时, 它所仅涉及的直接是场量, 而不涉及辅助矢量, 思路比较清晰、简便和直观, 因此, 以下讨论矩形波导、圆波导、同轴波导和光波导等波导时我们将采用纵向场法.

### 3.1.2 波导中导行波的分类

按波导中可单独存在的导行波中其电磁场是否具有场的纵向分量, 可将它们划分为如下四类波型, 亦称为模式, 或简称模:

(1) TE(横电)波, 或称 H(磁)波

对于 TE 波, $E_z = 0$, 电场是横向的; 纵向磁场 $H_z \neq 0$, $H_z$ 满足 Helmholtz 方程:

$$\nabla_{\mathrm{T}}^2 H_z + \delta^2 H_z = 0 \tag{3.1.39}$$

式中, $\delta$ 可由 $H_z$ 应满足所给定波导的边界条件确定出.

对于理想导体制成的波导, $H_z$ 应满足的条件是沿波导壁法向的方向导数为零, 即:

$$\left.\frac{\partial H_z}{\partial n}\right|_S = 0 \qquad (\text{在波导壁}S\text{上})$$

由 (3.1.18) 式, TE 波电磁场各分量的表示式为

$$\begin{aligned} \boldsymbol{E}_{\mathrm{T}} &= \frac{\mathrm{j}\omega\mu}{\delta^2}\hat{\boldsymbol{a}}_z \times \nabla_{\mathrm{T}}\boldsymbol{H}_z \\ \boldsymbol{E}_z &= 0 \\ \boldsymbol{H}_{\mathrm{T}} &= -\frac{\gamma}{\delta^2}\nabla_{\mathrm{T}}\boldsymbol{H}_z \\ \boldsymbol{H}_z &= \boldsymbol{H}_z(u,v)\mathrm{e}^{\mathrm{j}\omega t-\gamma z} \end{aligned} \tag{3.1.40}$$

TE 波的横向电场 $\boldsymbol{E}_{\mathrm{T}}$ 与横向磁场 $\boldsymbol{H}_{\mathrm{T}}$ 之间有如下关系:

$$\boldsymbol{E}_{\mathrm{T}} = z_{\mathrm{TE}}\left(\boldsymbol{H}_{\mathrm{T}} \times \hat{\boldsymbol{a}}_z\right) \quad \text{或} \quad \boldsymbol{H}_{\mathrm{T}} = \frac{1}{z_{\mathrm{TE}}}\left(\hat{\boldsymbol{a}}_z \times \boldsymbol{E}_{\mathrm{T}}\right) \tag{3.1.41}$$

式中,

$$z_{\mathrm{TE}} = \frac{\mathrm{j}\omega\mu}{\gamma} \quad (\text{称为 TE(H) 波的波阻抗}) \tag{3.1.42}$$

(2) TM(横磁) 波, 或称 E(电)波

对于 TM 波, $\boldsymbol{H}_z = 0$, 磁场为横向; 纵向电场 $\boldsymbol{E}_z \neq 0$, $\boldsymbol{E}_z$ 满足 Helmholtz 方程:

$$\nabla_{\mathrm{T}}^2 \boldsymbol{E}_z + \delta^2 \boldsymbol{E}_z = 0 \tag{3.1.43}$$

式中, $\delta$ 可由 $\boldsymbol{E}_z$ 应满足所给定波导的边界条件确定出.

对于理想导体制成的波导, $\boldsymbol{E}_z$ 应满足的条件是沿波导壁切向分量等于零, 即:

$$E\big|_S = 0 \qquad \text{(在波导壁}S\text{上)}$$

由 (3.1.18) 式, TM 波电磁场各分量的表示式为

$$\begin{aligned} \boldsymbol{E}_\mathrm{T} &= -\frac{\gamma}{\delta^2}\nabla_\mathrm{T}\boldsymbol{E}_z \\ \boldsymbol{E}_z &= \boldsymbol{E}_z(u,v)\mathrm{e}^{\mathrm{j}\omega t-\gamma z} \\ \boldsymbol{H}_\mathrm{T} &= -\frac{\mathrm{j}\omega\varepsilon}{\delta^2}\hat{\boldsymbol{a}}_z\times\nabla_\mathrm{T}\boldsymbol{E}_z \\ \boldsymbol{H}_z &= 0 \end{aligned} \tag{3.1.44}$$

TM 波的横向电场 $\boldsymbol{E}_\mathrm{T}$ 与横向磁场 $\boldsymbol{H}_\mathrm{T}$ 之间有如下关系:

$$\boldsymbol{E}_\mathrm{T} = z_\mathrm{TM}\left(\boldsymbol{H}_\mathrm{T}\times\hat{\boldsymbol{a}}_z\right) \quad \text{或} \quad \boldsymbol{H}_\mathrm{T} = \frac{1}{z_\mathrm{TM}}\left(\hat{\boldsymbol{a}}_z\times\boldsymbol{E}_\mathrm{T}\right) \tag{3.1.45}$$

式中,

$$z_\mathrm{TM} = \frac{\gamma}{\mathrm{j}\omega\varepsilon} \qquad \text{(称为 TM(E) 波的波阻抗)} \tag{3.1.46}$$

(3) 混合(EH、HE)波

对于混合波, 纵向电场 $\boldsymbol{E}_z \neq 0$ 和纵向磁场 $\boldsymbol{H}_z \neq 0$, $\boldsymbol{E}_z$ 和 $\boldsymbol{H}_z$ 满足 Helmholtz 方程:

$$\nabla_\mathrm{T}^2\boldsymbol{E}_z + \delta^2\boldsymbol{E}_z = 0 \tag{3.1.47}$$

$$\nabla_\mathrm{T}^2\boldsymbol{H}_z + \delta^2\boldsymbol{H}_z = 0 \tag{3.1.48}$$

式中, $\delta$ 可由 $\boldsymbol{E}_z$ 和 $\boldsymbol{H}_z$ 应满足所给定波导的边界条件确定.

求得 (3.1.47) 和 (3.1.48) 式的解后, 电磁场的横向分量便可由(3.1.18)式给出.

(4) TEM(横电磁)波

对于 TEM 波, $\boldsymbol{E}_z = 0$ 和 $\boldsymbol{H}_z = 0$, 由 (3.1.3) 和 (3.1.4) 式可知, 场横向分量满足方程:

$$\nabla_\mathrm{T}^2\boldsymbol{E}_\mathrm{T} + \delta^2\boldsymbol{E}_\mathrm{T} = 0 \tag{3.1.49}$$

$$\nabla_\mathrm{T}^2\boldsymbol{H}_\mathrm{T} + \delta^2\boldsymbol{H}_\mathrm{T} = 0 \tag{3.1.50}$$

由 (3.1.18) 式可见, 由于 $\boldsymbol{E}_z = 0$ 和 $\boldsymbol{H}_z = 0$, 若 $\delta \neq 0$, 则 $\boldsymbol{E}_\mathrm{T}$ 和 $\boldsymbol{H}_\mathrm{T}$ 均等于零; 然若 $\delta = 0$, 则有可能存在非零的横向场 $\boldsymbol{E}_\mathrm{T}$ 和 $\boldsymbol{H}_\mathrm{T}$, 此时, $\boldsymbol{E}_\mathrm{T}$ 和 $\boldsymbol{H}_\mathrm{T}$ 满足 Laplace 方程:

$$\nabla_\mathrm{T}^2\boldsymbol{E}_\mathrm{T} = 0 \tag{3.1.51}$$

$$\nabla_{\mathrm{T}}^{2}\boldsymbol{H}_{\mathrm{T}}=0 \tag{3.1.52}$$

这表明 TEM 波的横向电场分布和磁场分布与静电场和稳恒磁场分布相同, 所不同的是它们还具有波因子 $e^{j\omega t-\gamma z}$. 可见在传输线中 TEM 波的存在条件与静态场的存在条件相同, 例如对于双线传输线, 同轴线和微带线等双导体系统可存在静态场的解, 因而其中可以传输 TEM 波, 而对于空心金属波导, 则不存在静态场的解, 故其中不能传播 TEM 波; 事实上, 对于空心波导 $\delta \neq 0$, 其中的电磁场所满足的是 Helmholtz 方程, 而非 Laplace 方程.

### 3.1.3 波导传输的一般性质

(1) 截止波数、截止频率和截止波长

由 (3.1.12) 式可知, 波的传播常数 $\gamma$ 为

$$\gamma=\sqrt{\delta^{2}-\omega^{2}\varepsilon\mu}=\alpha+\mathrm{j}\beta \tag{3.1.53}$$

式中, $\alpha$ 称为衰减常数; $\beta$ 称为相位常数; $\delta$ 为常数, 称为截止波数, 它与给定的具体波导结构有关, 可由相应的边界条件确定. 一旦求得 $\delta$ 的值, 则即可得 $\alpha$ 和 $\beta$ 的值.

当 $\delta \leqslant \omega\sqrt{\varepsilon\mu}$ 时, $\alpha=0, \gamma=\mathrm{j}\beta(\beta \geqslant 0)$ 为纯虚数, 而

$$\beta=\sqrt{\omega^{2}\varepsilon\mu-\delta^{2}}, \quad \alpha=0 \tag{3.1.54}$$

此时

$$\boldsymbol{E}=\boldsymbol{E}(u,v)e^{\mathrm{j}(\omega t-\beta z)} \qquad \text{和} \qquad \boldsymbol{H}=\boldsymbol{H}(u,v)e^{\mathrm{j}(\omega t-\beta z)} \tag{3.1.55}$$

表明沿 $z$ 方向传播的是一个无衰减的波, 或者说波导处于传输状态; 而当 $\delta \geqslant \omega\sqrt{\varepsilon\mu}$ 时,$\beta=0, \gamma=-\alpha$ 为负实数, 而

$$\alpha=\sqrt{\delta^{2}-\omega^{2}\varepsilon\mu}, \quad \beta=0 \tag{3.1.56}$$

此时

$$\boldsymbol{E}=\boldsymbol{E}(u,v)e^{-\alpha z}e^{\mathrm{j}\omega t} \qquad \text{和} \qquad \boldsymbol{H}=\boldsymbol{H}(u,v)e^{-\alpha z}e^{\mathrm{j}\omega t} \tag{3.1.57}$$

表明场从源处随 $z$ 增加按指数规律衰减, 实质上并不具有波动性质, 而只存在着迅速减小的场, 或者说波导处于截止状态. 因此, $\beta=0$ 是波导介于传输与截止状态的**临界点**, 此时相应的工作角频率 $\omega$ 称为截止角频率 $\omega_c$, 由 (3.1.54) 式有

$$\omega_{c}^{2}\varepsilon\mu-\delta^{2}=0 \tag{3.1.58}$$

**截止频率**

$$f_{c}=\frac{\omega_{c}}{2\pi}=\frac{\delta}{2\pi\sqrt{\varepsilon\mu}} \tag{3.1.59}$$

此时对应在 $\varepsilon$、$\mu$ 无界媒质中的**截止波长**$\lambda_c$ 为

$$\lambda_c = \frac{v_c}{f_c} = \frac{2\pi}{\delta} \qquad \text{或} \qquad \delta = \frac{2\pi}{\lambda_c} \tag{3.1.60}$$

式中, $v_c = 1/\sqrt{\varepsilon\mu}$ 为电磁波在 $\varepsilon$、$\mu$ 无界媒质中的传播速度; $\delta$ 称为截止波数. 因此, 只有当激励的波的工作频率大于波导的截止频率, 即 $f > f_c$, 或相应的工作波长小于截止波长, 即 $\lambda < \lambda_c$ 时, 电磁波方可在波导中传输, 这是波导传输特性中的重要结论.

(2) 波导波长 $\lambda_{\rm g}$、相速 $v_{\rm p}$ 和群速 $v_{\rm g}$

应用 (3.1.54) 式, 并注意到 $\omega\sqrt{\varepsilon\mu} = 2\pi/\lambda$ 和 (3.1.60) 式, 则相位常数 $\beta$ 可表为

$$\beta = \frac{2\pi}{\lambda}\sqrt{1-(\lambda/\lambda_c)^2} \tag{3.1.61}$$

按定义, 在波导内沿波传播方向 $z$, 相位改变为 $2\pi$ 时的距离称为一个波导波长 $\lambda_{\rm g}$, 此即有 $\beta_z = \beta\lambda_{\rm g} = 2\pi$ 或 $\lambda_{\rm g} = 2\pi/\beta$, 于是, 我们便有

$$\lambda_{\rm g} = \frac{\lambda}{\sqrt{1-(\lambda/\lambda_c)^2}} \tag{3.1.62}$$

波的相速是表示波导中传播时其等相面的移动速度. 由 (3.1.55) 式, 可知波的相位 $\phi$ 为 $\phi = \omega t - \beta z$, 它随时间 $t$ 和位置 $z$ 而异, 保持波的相位 $\phi$ 为常数, 可求得波的相速 $v_{\rm p}$ 为

$$v_{\rm p} = \left.\frac{{\rm d}z}{{\rm d}t}\right|_{\phi=c} = \frac{\omega}{\beta} \tag{3.1.63}$$

将 (3.1.61) 式代入后, 便有

$$v_{\rm p} = \frac{v_c}{\sqrt{1-(\lambda/\lambda_c)^2}} > v_c \tag{3.1.64}$$

而波的群速是表示波导中波群的波包的传播速度 $v_{\rm g}$, 它可表为

$$v_{\rm g} = \frac{{\rm d}\omega}{{\rm d}\beta} = v_c\sqrt{1-(\lambda/\lambda_c)^2} < v_c \tag{3.1.65}$$

且有关系式:

$$v_{\rm p}v_{\rm g} = v_c^2 \tag{3.1.66}$$

对于 TE 波和 TM 波, 截止波数 $\delta$ 与给定波导的结构和形状有关, 可由相应的边界条件确定; 波导中波的相速 $v_{\rm p}$ 与工作波长 (或工作频率) 有关, 故波导是一色散媒质; 另一方面, 对于 TEM 波, 由于 $\delta = 0$, 故可知 $\beta = \omega\sqrt{\varepsilon\mu}, \lambda_{\rm g} = \lambda, f_c = 0, \lambda_c = \infty$, 而此时 $v_{\rm p} = v_{\rm g} = v_c$ 且与工作频率无关, 是非色散波.

(3) 波阻抗 $z_{\mathrm{TM}}$, $z_{\mathrm{TE}}$ 和 $z_{\mathrm{TEM}}$

波导中的横向电场为 $\boldsymbol{E}_{\mathrm{T}}=E_u\hat{\boldsymbol{a}}_u+E_v\hat{\boldsymbol{a}}_v$, 而横向磁场为 $\boldsymbol{H}_{\mathrm{T}}=H_u\hat{\boldsymbol{a}}_u+H_v\hat{\boldsymbol{a}}_v$, 将它们代入 (3.1.41) 或 (3.1.45) 式可得

$$E_u\hat{\boldsymbol{a}}_u+E_v\hat{\boldsymbol{a}}_v=z_g\left[(H_u\hat{\boldsymbol{a}}_u+H_v\hat{\boldsymbol{a}}_v)\times\hat{\boldsymbol{a}}_z\right]=z_{\mathrm{TM}}\left(-H_u\hat{\boldsymbol{a}}_v+H_v\hat{\boldsymbol{a}}_u\right)$$

这里, $z_g=z_{\mathrm{TE}}$ 或 $z_g=z_{\mathrm{TM}}$. 由上式可得

$$z_{\mathrm{TM}}(\text{或}z_{\mathrm{TE}})=\frac{E_u}{H_v}=-\frac{E_v}{H_u} \tag{3.1.67}$$

当 $\alpha=0$、$\gamma=\mathrm{j}\beta$ 时, 由 (3.1.42) 和 (3.1.46) 式便有

$$z_{\mathrm{TE}}=\frac{\omega\mu}{\beta}\qquad\text{和}\qquad z_{\mathrm{TM}}=\frac{\beta}{\omega\varepsilon} \tag{3.1.68}$$

将 (3.1.61) 式代入以上 $z_{\mathrm{TE}}$ 和 $z_{\mathrm{TM}}$ 后, 便有

$$z_{\mathrm{TE}}=\sqrt{\frac{\mu}{\varepsilon}}\frac{1}{\sqrt{1-(\lambda/\lambda_c)^2}}=\frac{\eta}{\sqrt{1-(\lambda/\lambda_c)^2}} \tag{3.1.69}$$

$$z_{\mathrm{TM}}=\sqrt{\frac{\mu}{\varepsilon}}\sqrt{1-(\lambda/\lambda_c)^2}=\eta\sqrt{1-(\lambda/\lambda_c)^2} \tag{3.1.70}$$

式中, $\eta=\sqrt{\mu/\varepsilon}$ 为在 $\varepsilon$、$\mu$ 无界媒质中 TEM 波的波阻抗.

对于 TEM 波, 因 $\lambda_c=\infty$, 或直接应用场方程 $\nabla\times\boldsymbol{E}_{\mathrm{T}}=-\mathrm{j}\omega\mu\boldsymbol{H}_{\mathrm{T}}$, 则不难证明有 $z_{\mathrm{TEM}}=\eta$; 而由 (3.1.69) 和 (3.1.70) 式亦可得出这一结果.

本节以上所讨论的是规则波导中一般性质, 即规则波导的共性; 由于并未涉及反映波导特殊性 (波导的结构与形状) 的具体波导边界条件, 故**实质上**所讨论的只是在无界 $\varepsilon$, $\mu$ 介质中电磁场具有 $\boldsymbol{E}=\boldsymbol{E}(u,v)\mathrm{e}^{\mathrm{j}\omega t-\gamma z}$ 和 $\boldsymbol{H}=\boldsymbol{H}(u,v)\mathrm{e}^{\mathrm{j}\omega t-\gamma z}$ 形式的 Maxwell 场方程的解及其性质. 对于金属波导, 所描述的就是波导中的场; 对于光波导, 所描述的是某 $\varepsilon$, $\mu$ 介质层中的解. 电磁场的横向分布和传播常数 $\gamma$ 均由场方程满足所给波导的边界条件所得到的方程(或方程组)的解确定.

## 3.2 矩 形 波 导

矩形波导是指横截面为矩形的中空金属导管, 其中媒质的介电常数和磁导率分别为 $\varepsilon$、$\mu$. 设波导的内壁宽度为 $a$、高度为 $b$, 如图 3.2.1 所示. 尽管波导的形式已经很多, 新的形式还不断出现, 然迄今为止, 它仍然是微波技术中应用最为广泛的一种波导.

采用直角坐标系 $(x,y,z)$, $\nabla_{\mathrm{T}}=\hat{\boldsymbol{a}}_x\dfrac{\partial}{\partial x}+\hat{\boldsymbol{a}}_y\dfrac{\partial}{\partial y}$. 应用纵向场法, 已知 $H_z$ 和 $E_z$, 由 (3.1.18) 式可得电磁场的其它横向分量为

$$\begin{aligned}
E_x&=-\frac{1}{\delta^2}\left(\gamma\frac{\partial E_z}{\partial x}+\mathrm{j}\omega\mu\frac{\partial H_z}{\partial y}\right)\\
E_y&=-\frac{1}{\delta^2}\left(\gamma\frac{\partial E_z}{\partial y}-\mathrm{j}\omega\mu\frac{\partial H_z}{\partial x}\right)\\
H_x&=-\frac{1}{\delta^2}\left(-\mathrm{j}\omega\varepsilon\frac{\partial E_z}{\partial y}+\gamma\frac{\partial H_z}{\partial x}\right)\\
H_y&=-\frac{1}{\delta^2}\left(\mathrm{j}\omega\varepsilon\frac{\partial E_z}{\partial x}+\gamma\frac{\partial H_z}{\partial y}\right)
\end{aligned} \tag{3.2.1}$$

式中, $k^2=\omega^2\varepsilon\mu$; $\gamma^2=\delta^2-k^2$.

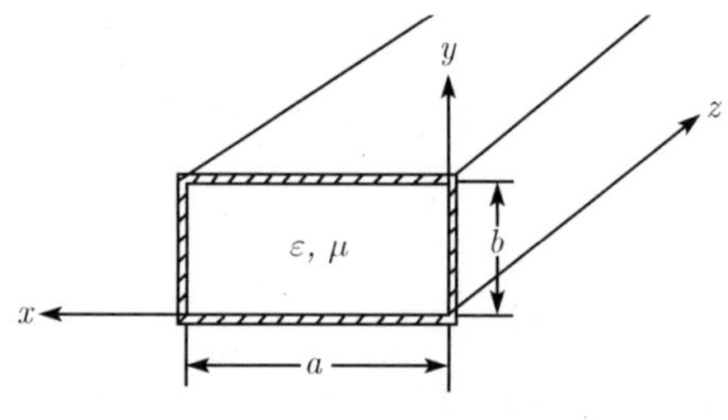


图 3.2.1　矩形波导

### 3.2.1　$\mathbf{TE}_{mn}(\mathbf{H}_{mn})$ 波和 $\mathbf{TM}_{mn}(\mathbf{E}_{mn})$ 波的电磁场表示式

(1) $\mathrm{TE}_{mn}$ 波 $(E_z=0)$

$$H_z=H_z(x,y)\mathrm{e}^{\mathrm{j}\omega t-\gamma z};\quad E_z=0 \tag{3.2.2}$$

$H_z$ 满足以下 Helmholtz 方程:

$$\nabla_{xy}^2H_z(x,y)+\delta^2H_z(x,y)=0 \tag{3.2.3}$$

按边界条件: $E_y\big|_{x=0,a}=0$ 和 $E_x\big|_{y=0,b}=0$, 由 (3.2.1) 式可知, $H_z$ 应满足的边界条件为

$$\left.\frac{\partial H_z}{\partial x}\right|_{x=0,a}=0 \tag{3.2.4}$$

$$\left.\frac{\partial H_z}{\partial y}\right|_{y=0,b}=0 \tag{3.2.5}$$

我们采用分离变量法求解方程 (3.2.2), 为此, 设

$$H_z(x,y)=X(x)Y(y) \tag{3.2.6}$$

式中, $X(x)$ 和 $Y(y)$ 分别仅是一个变量 $x$ 和 $y$ 的函数. 将 (3.2.6) 代入 (3.2.3) 式, 遍除 $X(x)Y(y)$ 后, 可得

$$\frac{1}{X(x)}\frac{\mathrm{d}^2X(x)}{\mathrm{d}x^2}+\frac{1}{Y(y)}\frac{\mathrm{d}^2Y(y)}{\mathrm{d}y^2}+\delta^2=0$$

或

$$-\frac{1}{X(x)}\frac{\mathrm{d}^2X(x)}{\mathrm{d}x^2}=\frac{1}{Y(y)}\frac{\mathrm{d}^2Y(y)}{\mathrm{d}y^2}+\delta^2$$

上式左边为仅是 $x$ 的函数, 而右边仅是 $y$ 的函数, 这只有两边同等于与 $x,y$ 无关的常数, 如 $\delta_x^2$, 于是有

$$-\frac{1}{X(x)}\frac{\mathrm{d}^2X(x)}{\mathrm{d}x^2}=\delta_x^2 \qquad 和 \qquad \frac{1}{Y(x)}\frac{\mathrm{d}^2Y(y)}{\mathrm{d}y^2}+\delta^2=\delta_x^2$$

即

$$\frac{\mathrm{d}^2X(x)}{\mathrm{d}x^2}+\delta_x^2X(x)=0 \qquad 和 \qquad \frac{\mathrm{d}^2Y(y)}{\mathrm{d}y^2}+\delta_y^2Y(y)=0 \tag{3.2.7}$$

式中,

$$\delta_y^2=\delta^2-\delta_x^2 \qquad 或 \qquad \delta^2=\delta_x^2+\delta_y^2 \tag{3.2.8}$$

(3.2.7) 式中两个方程的解分别可表为

$$X(x)=A\cos(\delta_x x)+B\sin(\delta_x x), \quad Y(y)=C\cos(\delta_y y)+D\sin(\delta_y y)$$

$A$, $B$, $C$ 和 $D$ 为待定积分常数. 于是 (3.2.6) 式可写成

$$H_x(x,y)=[A\cos(\delta_x x)+B\sin(\delta_x x)]\lfloor C\cos(\delta_y y)+D\sin(\delta_y y)\rfloor \tag{3.2.9}$$

由边界条件 (3.2.3) 和 (3.2.4) 式, 有

$$\delta_x\left[-A\sin(\delta_x x)+B\cos(\delta_x x)\right]_{x=0,a}=0 \quad 和 \quad \delta_y\left\lfloor -C\sin(\delta_y y)+D\cos(\delta_y y)\right\rfloor_{y=0,b}=0$$

由此可得

$$B=0 \qquad 与 \qquad \delta_x=m\pi/a \tag{3.2.10}$$

和

$$D=0 \qquad 与 \qquad \delta_y=n\pi/b \tag{3.2.11}$$

式中, $m$、$n=0,1,2,\cdots$, 称为波型指数.

于是, 方程 (3.2.3) 纵向磁场 $H_z$ 的解为

$$H_z(x,y)=H_0\cos\left(\frac{m\pi}{a}x\right)\cos\left(\frac{n\pi}{b}y\right) \tag{3.2.12}$$

式中, $H_0 = AC$ 为常数; 波型指数 $m$、$n = 0, 1, 2, \cdots$ ,(但它们不能同时为零, 否则将有 $E_z = H_z = 0$). 将 (3.1.12) 代入 (3.2.1) 式可得横向电场和横向磁场, 计入波因子 $\mathrm{e}^{\mathrm{j}\omega t - \gamma z}$ 后就得到矩形波导中沿 $+z$ 方向传播的 $\mathrm{TE}_{mn}$ 波的电磁场表示式为:

$$\begin{aligned}
E_x &= \frac{\mathrm{j}\omega\mu}{\delta^2}\frac{n\pi}{b}H_0\cos\left(\frac{m\pi}{a}x\right)\sin\left(\frac{n\pi}{b}y\right)\mathrm{e}^{\mathrm{j}\omega t-\gamma z}\\
E_y &= -\frac{\mathrm{j}\omega\mu}{\delta^2}\frac{m\pi}{a}H_0\sin\left(\frac{m\pi}{a}x\right)\cos\left(\frac{n\pi}{b}y\right)\mathrm{e}^{\mathrm{j}\omega t-\gamma z}\\
E_z &= 0\\
H_x &= \frac{\gamma}{\delta^2}\frac{m\pi}{a}H_0\sin\left(\frac{m\pi}{a}x\right)\cos\left(\frac{n\pi}{b}y\right)\mathrm{e}^{\mathrm{j}\omega t-\gamma z}\\
H_y &= \frac{\gamma}{\delta^2}\frac{n\pi}{b}H_0\cos\left(\frac{m\pi}{a}x\right)\sin\left(\frac{n\pi}{b}y\right)\mathrm{e}^{\mathrm{j}\omega t-\gamma z}\\
H_z &= H_0\cos\left(\frac{m\pi}{a}x\right)\cos\left(\frac{n\pi}{b}y\right)\mathrm{e}^{\mathrm{j}\omega t-\gamma z}
\end{aligned} \tag{3.2.13}$$

式中,

$$\delta_{mn}^2 = \delta_x^2 + \delta_y^2 = \left(\frac{m\pi}{a}\right)^2 + \left(\frac{n\pi}{b}\right)^2 \tag{3.2.14}$$

而 $\gamma = \mathrm{j}\beta$ 为传播常数. 由 $\delta^2 = \gamma^2 + \omega^2\varepsilon\mu$, 可知有

$$\gamma = \mathrm{j}\beta; \beta = \sqrt{\omega^2\varepsilon\mu - \left(\frac{m\pi}{a}\right)^2 - \left(\frac{n\pi}{b}\right)^2} \tag{3.2.15}$$

(3.2.13) 式是 Helmholtz 方程 (3.2.3) 满足矩形波导边界条件 (3.2.4) 和 (3.2.5) 的解. 对于不同的 $m$, $n$ 时有不同的场分布, 相应地记为 $\mathrm{TE}_{mn}$ 波 (或模). 故 (3.2.13) 式给出的就是矩形波导中 $\mathrm{TE}_{mn}$ 横电波 ($E_z = 0$) 的电磁场表示式. $m, n$ 称为波型指数, 所有 $\mathrm{TE}_{mn}$ 波都是矩形波导中可能传播的波. 从 (3.2.13) 式可见, 当对于给定的 $m, n$, $\beta > 0$ 时, 场沿 $z$ 方向是行波; 而沿波导 $x, y$ 横方向因有场的边界条件而为驻波. 此外, 横向电场与横向磁场间具有关系:

$$\frac{E_x}{H_y} = -\frac{E_y}{H_x} = z_{\mathrm{TE}} \quad 这里 \quad z_{\mathrm{TE}} = \frac{\mathrm{j}\omega\mu}{\gamma} = \frac{\omega\mu}{\beta}为\mathrm{TE}_{mn}型波的波阻抗.$$

(2) $\mathrm{TM}_{mn}$ 型波 ($H_z = 0$)

$$E_z = E_z(x, y)\mathrm{e}^{\mathrm{j}\omega t - \gamma z}; \quad H_z = 0 \tag{3.2.16}$$

$E_z$ 满足以下 Helmholtz 方程:

$$\nabla_{xy}^2 E_z(x, y) + \delta^2 E_z(x, y) = 0 \tag{3.2.17}$$

按边界条件可知, $E_z$ 应满足的边界条件为

$$E_z\big|_{x=0,a} = 0 \tag{3.2.18}$$

$$E_z\big|_{y=0,b} = 0 \tag{3.2.19}$$

采用分离变量法求解方程 (3.2.17), 为此, 设

$$E_z(x,y) = X(x)Y(y) \tag{3.2.20}$$

式中, $X(x)$ 和 $Y(y)$ 分别仅是一个变量 $x$ 和 $y$ 的函数. 采用类似于求解将方程 (3.2.3) 的相同步骤, (3.2.17) 式的解 (3.2.20) 可表为

$$E_z(x,y) = [A\cos(\delta_x x) + B\sin(\delta_x x)]\,[C\cos(\delta_y y) + D\sin(\delta_y y)] \tag{3.2.21}$$

$A$, $B$, $C$ 和 $D$ 为待定积分常数. 应用边界条件 (3.2.18) 和 (3.2.19) 式, 有

$$[A\cos(k_x x) + B\sin(k_x x)]_{x=0,a} = 0 \quad 和 \quad [C\cos(k_y y) + D\sin(k_y y)]_{y=0,b} = 0$$

由此可得

$$A = 0 \qquad 与 \qquad \delta_x = m\pi/a \tag{3.2.22}$$

和

$$C = 0 \qquad 与 \qquad \delta_y = n\pi/b \tag{3.2.23}$$

式中, $m$、$n = 0, 1, 2, \cdots$, 称为波型指数.

于是, (3.2.21) 式可写简化成

$$E_z(x,y) = E_0 \sin\left(\frac{m\pi}{a}x\right)\sin\left(\frac{n\pi}{b}y\right) \tag{3.2.24}$$

式中, $E_0 = BD$ 为常数; 波型指数 $m$、$n = 0, 1, 2, \cdots$ (但它们不能同时为零, 否则有 $E_z = H_z = 0$).

将 (3.2.24) 式及 $H_z = 0$ 代入 (3.2.1) 式可得 TM 波的横向电磁场, 计入波因子 $\mathrm{e}^{\mathrm{j}\omega t - \gamma z}$ 后就到矩形波导中沿 $+z$ 方向传播的 $\mathrm{TM}_{mn}$ 波的电磁场表示式为

$$\begin{aligned}
E_x &= -\frac{\gamma}{\delta^2}\frac{m\pi}{a}E_0\cos\left(\frac{m\pi}{a}x\right)\sin\left(\frac{n\pi}{b}y\right)\mathrm{e}^{\mathrm{j}\omega t-\gamma z}\\
E_y &= -\frac{\gamma}{\delta^2}\frac{n\pi}{b}E_0\sin\left(\frac{m\pi}{a}x\right)\cos\left(\frac{n\pi}{b}y\right)\mathrm{e}^{\mathrm{j}\omega t-\gamma z}\\
E_z &= E_0\sin\left(\frac{m\pi}{a}x\right)\sin\left(\frac{n\pi}{b}y\right)\mathrm{e}^{\mathrm{j}\omega t-\gamma z}\\
H_x &= \frac{\mathrm{j}\omega\varepsilon}{\delta^2}\frac{n\pi}{b}E_0\sin\left(\frac{m\pi}{a}x\right)\cos\left(\frac{n\pi}{b}y\right)\mathrm{e}^{\mathrm{j}\omega t-\gamma z}\\
H_y &= -\frac{\mathrm{j}\omega\varepsilon}{\delta^2}\frac{m\pi}{a}E_0\cos\left(\frac{m\pi}{a}x\right)\sin\left(\frac{n\pi}{b}y\right)\mathrm{e}^{\mathrm{j}\omega t-\gamma z}\\
H_z &= 0
\end{aligned} \tag{3.2.25}$$

式中, $\delta_{mn}^2=\delta_x^2+\delta_y^2=\left(\frac{m\pi}{a}\right)^2+\left(\frac{n\pi}{b}\right)^2$; $\gamma=\mathrm{j}\beta$; $\beta=\sqrt{\omega^2\varepsilon\mu-\left(\frac{m\pi}{a}\right)^2-\left(\frac{n\pi}{b}\right)^2}$ 与 $\mathrm{TE}_{mn}$ 波情形的 (3.2.14) 和 (3.2.15) 式相同.

对于 $\mathrm{TM}_{mn}$ 波, 其横向场之间具有关系:

$$\frac{E_x}{H_y}=-\frac{E_y}{H_x}=z_{\mathrm{TM}}\quad 这里 z_{\mathrm{TM}}=\frac{\gamma}{\mathrm{j}\omega\varepsilon}=\frac{\beta}{\omega\varepsilon} 为 \mathrm{TM}_{mn} 型波的波阻抗.$$

由于 $\mathrm{TE}_{mn}$ 与 $\mathrm{TM}_{mn}$ 波有相同的截止波数 $\delta_{mn}$. 故由 (3.2.14) 和 (3.1.60) 式, 可知它们的截止波长和相应的截止频率分别为

$$\lambda_{cmn}=\frac{2\pi}{\delta_{mn}}=\frac{2\pi}{\sqrt{\left(\frac{m\pi}{a}\right)^2+\left(\frac{n\pi}{b}\right)^2}}\tag{3.2.26}$$

和

$$f_{cmn}=\frac{\delta_{mn}}{2\pi\sqrt{\varepsilon\mu}}=\frac{1}{2\pi\sqrt{\varepsilon\mu}}\sqrt{\left(\frac{m\pi}{a}\right)^2+\left(\frac{n\pi}{b}\right)^2}\tag{3.2.27}$$

显然, 不同波型指数 $m,n$ 值时有不同的截止波长; 对于一定的波型, 不同尺寸的波导也具有不同的截止波长. 10 cm 波段常用的波导型号为 BJ-32, 其波导尺寸为 $(a\times b=72.14\text{mm}\times 34.04\text{mm})$; 3 cm 波段常用的波导型号为 BJ-100, 其波导尺寸为 $(a\times b=22.86\text{mm}\times 10.16\text{mm})$.

从 (3.2.26) 式, 我们可知截止波长最长的波型是 $\mathrm{TE}_{10}$ 波, 它是矩形波导的工作波型, 称为主型波或主模, 而所有其它的波型则称为高次型波或高次模. 在波导中只有当工作波长小于某波型的截止波长 (或工作频率大于某波型的截止频率) 时, 该波型才能在波导中传播, 因此波导可比拟于一 “高通滤波器”. 当工作波长愈短 (或工作频率愈高) 时, 可传播的波型愈多. 图 3.2.2 是 BJ-100 型矩形波导几个低次波型的截止波长分布.

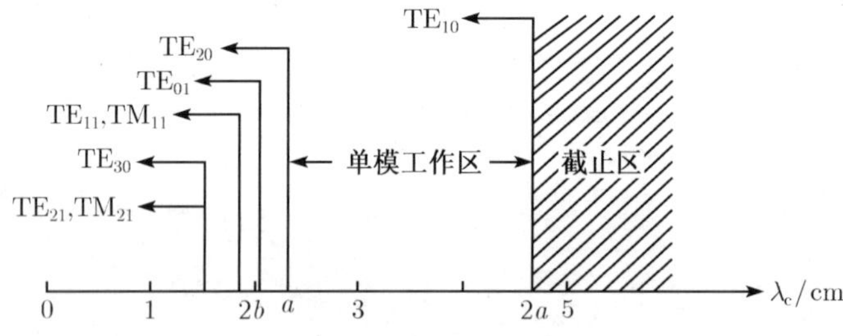


图 3.2.2　BJ-100 波导不同波型的截止波长分布

从图 3.2.2 可见, 为保证波导中仅有 $\mathrm{TE}_{10}$ 主型波可传播, 则应有 $a<\lambda<2a$; 换句话说, 对于给定工作波长 $\lambda$, 波导尺寸 $a$ 的选择必需满足条件 $\lambda/2<a<\lambda$. 当 $a<\lambda/2$(即 $\lambda>2a$) 时, 所有波型的波均不能在波导中传播; 而当 $a>\lambda$(即 $\lambda<a$)

时, 则除了 $\mathrm{TE}_{10}$ 主型波外还将有高次型波在波导中传播. 波导尺寸的大小与工作波长 $\lambda$ 成正比, 通常则选择 $a \approx 0.7\lambda$ 和 $b = 0.5a$. 鉴于波导尺寸过大比较笨重, 而过小波导内壁的机械光洁精度要求难以满足, 因而, 波导通常用于微波波段, 即中心工作波长约为 8mm~10cm, 特别是工作波长为 3cm 波段. 按雷达术语, 3cm,10cm 和 8mm 波段分别称为 X 波段、S 波段和 K 波段.

已知 $\mathrm{TE}_{mn}$ 和 $\mathrm{TM}_{mn}$ 波的截止波长 $\lambda_{cmn}$, 则便可由 (3.1.62)、(3.1.64) 和 (3.1.65) 式求得其波导波长 $\lambda_{\mathrm{g}}$, 相速 $v_{\mathrm{p}}$ 和群速 $v_{\mathrm{g}}$

$$\lambda_{\mathrm{g}mn} = \frac{\lambda}{\sqrt{1-\left(\lambda/\lambda_{cmn}\right)^2}} \tag{3.2.28}$$

$$v_{\mathrm{p}} = \frac{v_c}{\sqrt{1-\left(\lambda/\lambda_{cmn}\right)^2}} > v_c \tag{3.2.29}$$

$$v_{\mathrm{g}} = v_c\sqrt{1-\left(\lambda/\lambda_{cmn}\right)^2} < v_c \tag{3.2.30}$$

式中, $v_c = 1/\sqrt{\varepsilon\mu}$ 为电磁波在 $\varepsilon$、$\mu$ 无界媒质中的传播速度.

此外, 由 (3.1.69) 和 (3.1.70) 式可得 $\mathrm{TE}_{mn}$ 和 $\mathrm{TM}_{mn}$ 波的波阻抗 $z_{\mathrm{TE}}$ 和 $z_{\mathrm{TM}}$ 分别为

$$z_{\mathrm{TE}} = \frac{\eta}{\sqrt{1-\left(\lambda/\lambda_{cmn}\right)^2}} \tag{3.2.31}$$

$$z_{\mathrm{TM}} = \eta\sqrt{1-\left(\lambda/\lambda_{cmn}\right)^2} \tag{3.2.32}$$

式中, $\eta = \sqrt{\mu/\varepsilon}$ 为在 $\varepsilon$、$\mu$ 无界媒质中 TEM 波的波阻抗.

### 3.2.2 矩形波导的 $\mathrm{TE}_{10}$ 主型波

矩形波导的工作波型是 $\mathrm{TE}_{10}$ 波, 这是我们主要关注的波型. 因而, 以下我们将对 $\mathrm{TE}_{10}$ 波所具有的性质和特征, 诸如场结构 (场分布)、截止波长、波导波长、波导壁上的电流分布, 以及衰减常数等进行分析和讨论, 以形成一套 $\mathrm{TE}_{10}$ 主型波的 "图像".

(1) 场结构

由 (3.2.13) 式, 令其中 $m=1, n=0, \delta=\pi/a, \gamma=\mathrm{j}\beta$, 可得 $\mathrm{TE}_{10}$ 波的电磁场表示式为:

$$
\begin{aligned}
E_y &= -\frac{\mathrm{j}\omega\mu a}{\pi} H_0 \sin\left(\frac{\pi}{a}x\right) \mathrm{e}^{\mathrm{j}(\omega t-\beta z)} \\
H_x &= \frac{\mathrm{j}\beta_a}{\pi} H_0 \sin\left(\frac{\pi}{a}x\right) \mathrm{e}^{\mathrm{j}(\omega t-\beta z)} \\
H_z &= H_0 \cos\left(\frac{\pi}{a}x\right) \mathrm{e}^{\mathrm{j}(\omega t-\beta z)} \\
E_x &= E_z = H_y = 0
\end{aligned} \tag{3.2.33}
$$

式中,

$$
\beta = \omega\sqrt{\varepsilon\mu}\sqrt{1-\left(\frac{\lambda}{2a}\right)^2} = \frac{2\pi}{\lambda}\sqrt{1-\left(\frac{\lambda}{2a}\right)^2} \tag{3.2.34}
$$

由 (3.2.33) 式可见, $\mathrm{TE}_{10}$ 波的电磁场表示式最简单, 只有 $E_y$、$H_x$ 和 $H_z$ 三个分量, 且场与坐标 $y$ 无关, 亦即在 $y$ 方向上场是均匀分布的, 沿 $x$ 方向是驻波分布.

为了方便直观地了解波导内波型的电磁场分布, 通常对某一时刻波导中该波型的电场和磁场分别采用电场线和磁感线分布图形来描述; 电场线上某点的切线方向代表该点电场的方向, 磁感线上某点的切线方向代表该点磁场的方向; 而电场和磁场的强度则采用电场线和磁感线的疏密度表示. 故电场线和磁感线的方程分别为

$$
\frac{\mathrm{d}x}{E_x} = \frac{\mathrm{d}y}{E_y} = \frac{\mathrm{d}z}{E_z} \quad 和 \quad \frac{\mathrm{d}x}{H_x} = \frac{\mathrm{d}y}{H_y} = \frac{\mathrm{d}z}{H_z} \tag{3.2.35}
$$

对于给定波型, 将其电磁场的分量表示式代入 (3.2.35) 式, 便可求得各截面上电场线和磁感线所满足的微分方程, 原则上可绘得相应截面上的电场线和磁感线的分布, 或应用绘图软件给出场强分布. 另一方面, 直接从波型的场分量的表示式亦可粗略地了解电场线和磁感线的分布情况. 例如, 对于 $\mathrm{TE}_{10}$ 波, 由 (3.2.33) 式可知, 它的电场只有 $y$ 分量, 电场线沿 $y$ 方向, 即平行于与波导窄壁、垂直于宽壁; 磁场 $\boldsymbol{H} = H_x\hat{\boldsymbol{a}}_x + H_z\hat{\boldsymbol{a}}_z$, 具有 $x$ 和 $z$ 两个分量, 在 $x$-$z$ 平面内为闭合曲线; $E_y$、$H_x$ 和 $H_z$ 之间在 $z$ 方向有 $\pi/2$ 相差. 图 3.2.3 是 $\mathrm{TE}_{10}$ 波的场分布示意图.

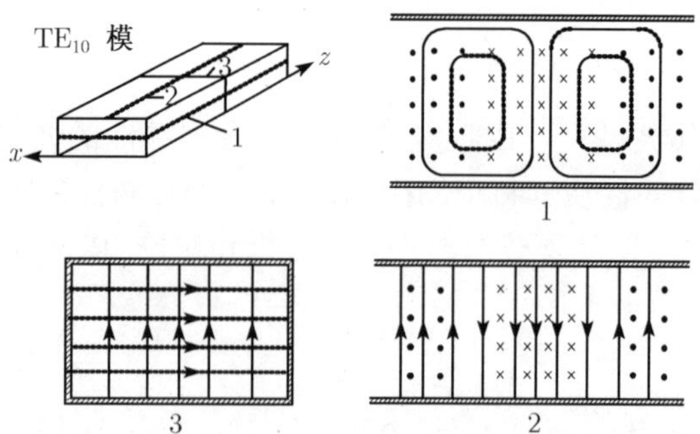


图 3.2.3　$\mathrm{TE}_{10}$ 波场结构的剖面分布示意图

(2) 截止频率、截止波长、波导波长、相速、群速和波阻抗

由 (3.2.26) 和 (3.2.27) 式, 令 $m=1, n=0$, 可得 $\mathrm{TE}_{10}$ 波的截止频率和截止波长为:

$$f_{c10}=\frac{1}{2a\sqrt{\varepsilon\mu}} \tag{3.2.36}$$

和

$$\lambda_{c10}=2a \tag{3.2.37}$$

由 (3.2.28)~(3.2.31) 式, 我们便有

$$\lambda_{g10}=\frac{\lambda}{\sqrt{1-\left(\lambda/\lambda_{c10}\right)^2}} \tag{3.2.38}$$

$$v_{p10}=\frac{v_c}{\sqrt{1-\left(\lambda/\lambda_{c10}\right)^2}}>v_c \tag{3.2.39}$$

$$v_{g10}=v_c\sqrt{1-\left(\lambda/\lambda_{c10}\right)^2}<v_c \tag{3.2.40}$$

$$z_{\mathrm{TE10}}=-\frac{E_y}{H_x}=\frac{\eta}{\sqrt{1-\left(\lambda/\lambda_{c10}\right)^2}} \tag{3.2.41}$$

以上式中, $\lambda_{c10}=2a$; $\eta=\sqrt{\mu/\varepsilon}$ 为 TEM 电磁波在 $\varepsilon$、$\mu$无界媒质中的波阻抗; $v_c=1/\sqrt{\varepsilon\mu}$ 为电磁波在 $\varepsilon$、$\mu$ 自由空间中的传播速度 (注: 在不致引起混淆的情况下, 为书写简洁, 以下有时省去 $\lambda_{c10}, f_{c10}$ 和 $z_{\mathrm{TE}_{10}}$ 等有关 $\mathrm{TE}_{10}$ 波的量的下标 “10”).

(3) 波导壁电流分布

波导中传播的电磁波将在波导壁上产生高频感应电流, 由于波导壁为良导体, 对于微波频率其趋肤深度极小, 故波导壁中的电流可视为面电流 $\boldsymbol{J}_S$. 此面电流的大小和分布决定于波导壁附近磁场强度的大小和分布. 按场的边界条件 (1.4.11) 式, 我们有

$$\boldsymbol{J}_S=\hat{\boldsymbol{n}}\times\boldsymbol{H}\big|_S \tag{3.2.42}$$

式中, $\hat{\boldsymbol{n}}$ 为波导壁指向波导内的法向单位矢. 它表明面电流密度 $\boldsymbol{J}_S$ 的大小等于管壁处磁场的切向分量 $H_t$, 而方向与法向单位矢 $\hat{\boldsymbol{n}}$ 和 $\boldsymbol{H}$ 成右手螺旋关系.

在波导的 $x=0$ 窄壁上, $\hat{\boldsymbol{n}}=\hat{\boldsymbol{a}}_x$; 在 $x=a$ 窄壁上, $\hat{\boldsymbol{n}}=-\hat{\boldsymbol{a}}_x$. 由 (3.2.42) 和 (3.2.33) 式则可得此两窄壁上 $\mathrm{TE}_{10}$ 波的面电流分别为

$$\begin{aligned}\boldsymbol{J}_S\big|_{x=0}&=\hat{\boldsymbol{a}}_x\times(\hat{\boldsymbol{a}}_xH_x+\hat{\boldsymbol{a}}_zH_z)\big|_{x=0}=-\hat{\boldsymbol{a}}_yH_z\big|_{x=0}=-\hat{\boldsymbol{a}}_yH_0\mathrm{e}^{\mathrm{j}(\omega t-\beta z)}\\ \boldsymbol{J}_S\big|_{x=a}&=-\hat{\boldsymbol{a}}_x\times(\hat{\boldsymbol{a}}_xH_x+\hat{\boldsymbol{a}}_zH_z)\big|_{x=a}=-\hat{\boldsymbol{a}}_yH_0\mathrm{e}^{\mathrm{j}(\omega t-\beta z)}\end{aligned} \tag{3.2.43}$$

在波导的 $y=0$ 宽壁上, $\hat{\boldsymbol{n}}=\hat{\boldsymbol{a}}_y$; 在 $y=b$ 宽壁上, $\hat{\boldsymbol{n}}=-\hat{\boldsymbol{a}}_y$. 由 (3.2.42) 和 (3.2.33) 式则可得此两宽壁上 $\mathrm{TE}_{10}$ 波的面电流分别为

$$\begin{aligned}\boldsymbol{J}_S\big|_{y=0}&=\hat{\boldsymbol{a}}_y\times(\hat{\boldsymbol{a}}_xH_x+\hat{\boldsymbol{a}}_zH_z)\big|_{y=0}=-\hat{\boldsymbol{a}}_zH_x\big|_{y=0}+\hat{\boldsymbol{a}}_xH_z\big|_{y=0}\\&=\left[-\hat{\boldsymbol{a}}_z\frac{\mathrm{j}\beta a}{\pi}H_0\sin\left(\frac{\pi}{a}x\right)+\hat{\boldsymbol{a}}_xH_0\cos\left(\frac{\pi}{a}x\right)\right]\mathrm{e}^{\mathrm{j}(\omega t-\beta z)}\\\boldsymbol{J}_S\big|_{y=b}&=-\hat{\boldsymbol{a}}_y\times(\hat{\boldsymbol{a}}_xH_x+\hat{\boldsymbol{a}}_zH_z)\big|_{y=0}=\hat{\boldsymbol{a}}_zH_x\big|_{y=0}-\hat{\boldsymbol{a}}_xH_z\big|_{y=0}\\&=\left[\hat{\boldsymbol{a}}_z\frac{\mathrm{j}\beta a}{\pi}H_0\sin\left(\frac{\pi}{a}x\right)-\hat{\boldsymbol{a}}_xH_0\cos\left(\frac{\pi}{a}x\right)\right]\mathrm{e}^{\mathrm{j}(\omega t-\beta z)}\end{aligned}\tag{3.2.44}$$

类似于绘制波导中的电场线和磁感线的分布, 我们亦可按 (3.2.43) 和 (3.2.44) 式绘得波导壁上的电流线分布, 壁电流线与波导中 $y$ 方向的位移电流线构成闭合回路, 如图 3.2.4 所示.

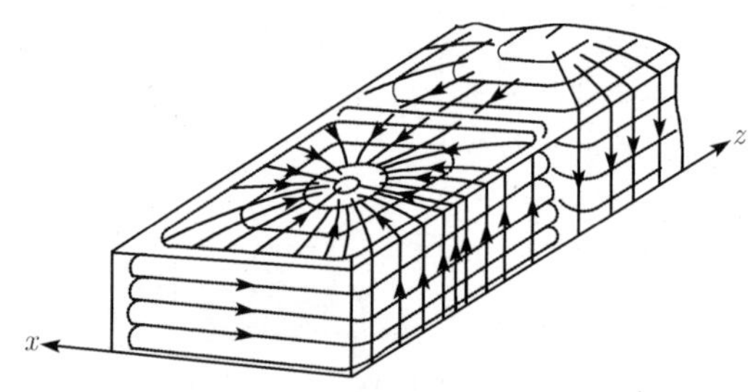


图 3.2.4　矩形波导壁上 $\mathrm{TE}_{10}$ 波的电流分布

另一方面, 从 (3.2.43) 和 (3.2.44) 式可见, 在波导的 $x=0$、$a$ 窄壁上仅有沿 $y$ 方向的横向电流, 其幅值为常量, 而没有 $z$ 方向的纵向电流; 在波导的 $y=0$、$b$ 宽壁上电流有横向电流 $J_{Sx}$ 和纵向电流 $J_{Sz}$ 两个分量, 沿 $x$ 方向它们分别为正弦分布和余弦分布; 当 $x=a/2$, 即宽壁的中心线上, $J_{Sx}=0$, 仅有纵向电流 $J_{Sz}$; 而当 $x=0$、$a$, 即贴近波导窄壁处, $J_{Sz}=0$, 仅有横向电流 $J_{Sy}$. 由于在波导窄壁上的电流线是横向的, 和波导宽壁的中心线上的电流线是纵向的, 因此, 在波导窄壁上顺着电流线开横向槽 (即隙缝) 和波导宽壁的中心线上沿纵向开槽并不会破坏 $\mathrm{TE}_{10}$ 波的壁电流分布, 因而不会影响与之相关联的波导内 $\mathrm{TE}_{10}$ 波的电磁场分布; 反之, 任何破坏壁电流分布的隙缝都将会导致电磁波通过隙缝而向外辐射. 据此, 在微波测量器件中, 如 "测量线" 和 "刀形可变衰减器", 即是应用所述原理进行设计的. 前者在波导宽的壁中心线开一纵向隙缝, 置入一细探针使之沿线移动用以测出沿波导纵向场强的变化与驻波情况; 而后者则是置入一刀形有耗介质片通过伸入波导的深浅而实现改变波的衰减. 此外, 在实际应用中, 在波导窄壁上开有纵向槽 (或斜槽), 或在波导宽壁上开可有横向槽 (或斜槽) 可精心设计出由多个槽组成的阵辐射器, 亦称为槽天线或裂缝天线.

(4) 传输功率和功率容量

按坡印亭矢量的 $\boldsymbol{P}$ 定义, 单位时间内穿过垂直于电磁波传播方向单位面积的平均功率为 $\frac{1}{2}\mathrm{Re}\,(\boldsymbol{E}\times\boldsymbol{H}^*)$, 故通过波导横截面 $\boldsymbol{S}$ 的平均功率, 即沿波导 $z$ 方向的传输功率可表为

$$\overline{P}=\iint_{\mathrm{S}}\frac{1}{2}\mathrm{Re}\Big[\boldsymbol{E}\times\boldsymbol{H}^*\Big]\cdot\hat{\boldsymbol{a}}_z\mathrm{d}S=\iint_{\mathrm{S}}\frac{1}{2}\mathrm{Re}\Big[\boldsymbol{E}\times\boldsymbol{H}^*\Big]_z\mathrm{d}S \tag{3.2.45}$$

对于直角坐标系, $\boldsymbol{E}=E_x\hat{\boldsymbol{a}}_x+E_y\hat{\boldsymbol{a}}_y+E_z\hat{\boldsymbol{a}}_z, \boldsymbol{H}=H_x\hat{\boldsymbol{a}}_x+H_y\hat{\boldsymbol{a}}_y+H_z\hat{\boldsymbol{a}}_z$, 于是

$$\overline{P}=\iint_{\mathrm{S}}\frac{1}{2}\mathrm{Re}\Big[\boldsymbol{E}_{\mathrm{T}}\times\boldsymbol{H}_{\mathrm{T}}^*\Big]\mathrm{d}S=\iint_{\mathrm{S}}\frac{1}{2}\mathrm{Re}\Big[E_xH_y^*-E_yH_x^*\Big]\mathrm{d}S \tag{3.2.46}$$

式中, 下标 “T” 表示横向分量.

令 $z_g$ 代表波阻抗, 它为横向电场与横向磁场之比, 即 $z_{\mathrm{g}}=E_x/H_y=-E_y/H_x$, 故上式亦可写成:

$$\begin{aligned}\overline{P}&=\iint_{\mathrm{S}}\frac{1}{2}\mathrm{Re}\Big[z_{\mathrm{g}}\Big(H_xH_x^*+H_yH_y^*\Big)\Big]\mathrm{d}S\\&=\iint_{\mathrm{S}}\frac{1}{2}\mathrm{Re}\Big[\frac{1}{z_{\mathrm{g}}}\Big(E_xE_x^*+E_yE_y^*\Big)\Big]\mathrm{d}S\end{aligned} \tag{3.2.47}$$

式中, 对于 $\mathrm{TE}_{mn}$ 波, $z_g=z_{\mathrm{TE}}=\dfrac{\mathrm{j}\omega\mu}{\gamma}=\dfrac{\omega\mu}{\beta}$; 对于 $\mathrm{TM}_{mn}$ 波, $z_g=z_{\mathrm{TM}}=\dfrac{\gamma}{\mathrm{j}\omega\varepsilon}=\dfrac{\beta}{\omega\varepsilon}$.

现将 (3.2.33) 式代入 (3.2.47) 式, 便可得 $\mathrm{TE}_{10}$ 波的平均传输功率 $\overline{P}$ 为

$$\overline{P}=\frac{1}{2}\mathrm{Re}\int_0^a\int_0^b\frac{1}{z_{\mathrm{TE}}}E_yE_y^*\mathrm{d}x\mathrm{d}y$$

积分后, 并注意到 $\displaystyle\int_0^a\sin^2\left(\frac{\pi}{a}x\right)\mathrm{d}x=\frac{a}{2}$, 而有

$$\overline{P}=\frac{1}{2}\int_0^a\int_0^b\frac{\omega\beta\mu a^2}{\pi^2}\left|\boldsymbol{H}_0\right|^2\sin^2\left(\frac{\pi}{a}x\right)\mathrm{d}x\mathrm{d}y=\frac{\omega\beta\mu a^3b}{4\pi^2}\left|H_0\right|^2 \tag{3.2.48}$$

因 $\beta=\omega\sqrt{\varepsilon\mu}\sqrt{1-\left(\lambda/\lambda_c\right)^2}$ 和 $\eta=\sqrt{\mu/\varepsilon}$, 于是 $\mathrm{TE}_{10}$ 波的传输功率 $P$ 亦可表为

$$\overline{P}=\frac{\beta^2\eta ab}{16\pi^2}\frac{\lambda_c^2}{\sqrt{1-\left(\lambda/\lambda_c\right)^2}}\left|\boldsymbol{H}_0\right|^2=\frac{ab}{4\eta}\sqrt{1-\left(\lambda/\lambda_c\right)^2}\left|\boldsymbol{E}_0\right|^2 \tag{3.2.49}$$

式中, $\boldsymbol{E}_0=\dfrac{\omega\mu a}{\pi}\boldsymbol{H}_0$; $\lambda_c=\lambda_{c10}=2a$.

当波导中传输的功率很大时, 在波导宽壁中心线上的电场可能达到或超过填充介质的击穿电场强度 $\boldsymbol{E}_{Bd}$, 此时介质将产生电离、击穿和打火, 致使波导不能正常

工作. 当 $|\boldsymbol{E}_0| = \boldsymbol{E}_{Bd}$ 时相应的传输功率就称为波导的功率容量或击穿功率 $P_{Bd}$. 故由 (3.2.49) 式, 可得对于 $\mathrm{TE}_{10}$ 型波的 $P_{Bd}$ 为

$$\overline{P}_{Bd} = \frac{ab}{4\eta}\sqrt{1-\left(\lambda/\lambda_c\right)^2}\,|\boldsymbol{E}_{Bd}|^2 \tag{3.2.50}$$

对于空气填充波导, $E_{Bd} \approx 30\mathrm{kV/cm}$, $\eta \approx 120\pi\Omega$, 此时有

$$\overline{P}_{Bd} \approx 0.6ab\sqrt{1-0.25\left(\lambda/a\right)^2}\ (\mathrm{MW}) \tag{3.2.51}$$

式中, 波导尺寸 $a, b$ 的单位为 cm(厘米); $\overline{P}_{Bd}$ 的单位为 MW(兆瓦).

通常, 波导在高功率应用时, 容许的最大传输功率取:

$$\overline{P}_{\mathrm{Max}} = \left(\frac{1}{3}\sim\frac{1}{5}\right)\overline{P}_{Bd} \tag{3.2.52}$$

需要指出, 以上所给出的功率容量是系统匹配情况下的结果; 当系统失配时, 波导中将存在有驻波, 电场最大值是匹配时的 $\rho$ 倍 ($\rho$ 为驻波比), 因而功率容量将下降了 $\rho$ 倍. 因此, 波导系统的良好匹配是很重要的; 此外, 为了提高一些高功率微波器件的功率容量, 亦常采用密闭加压干燥空气或抽真空等方法.

(5) 波导的损耗和衰减常数

由于波导壁并非理想导体, 其中填充的介质亦非理想介质, 因而电磁波能量在波导内传输的过程中总会产生一定的热损耗, 即导体壁热损耗与介质的热损耗, 而导致波的衰减. 当波导有损耗时, 其传播常数 $\gamma = \alpha + \mathrm{j}\beta$ 为复数, 此时沿波导轴 $z$ 传播的电场可写成

$$\boldsymbol{E} = \boldsymbol{E}_0\mathrm{e}^{\mathrm{j}\omega t-\gamma z} = E_0\mathrm{e}^{-\alpha z}\mathrm{e}^{\mathrm{j}(\omega t-\beta z)} \tag{3.2.53}$$

磁场亦有类似的表示式, 而传播的电磁波平均功率的表示式则为

$$\overline{P}(z) = \overline{P}_0\mathrm{e}^{-2\alpha z} \tag{3.2.54}$$

而有

$$\frac{\mathrm{d}\overline{P}}{\mathrm{d}z} = -2\alpha\overline{P} \tag{3.2.55}$$

记 $P_L = -\dfrac{\mathrm{d}\overline{P}}{\mathrm{d}z}$, 其物理意义为电磁波在波导中每单位长度的平均功率损耗. 于是, 我们有

$$\alpha = \frac{P_L}{2\overline{P}} \tag{3.2.56}$$

因此, 波导的衰减常数 $\alpha$ 可通过计算波导单位长度的平均功率损耗 $P_L$ 与平均传输功率 $\overline{P}$ 求得. 一般损耗功率 $P_L$ 由波导壁功率损耗与填充介质功率损耗之和, 即

$P_L = P_{Lc} + P_{Ld}$; 相应地, 衰减常数 $\alpha$ 为非理想导体波导与非理想填充介质所产生的衰减常数之和, 即 $\alpha = \alpha_c + \alpha_d$. 通常, 波导中填充的介质为空气, 其介质损耗可忽略不计, 即 $P_{Ld} = 0$. 故以下我们将只考虑由于非理想导体波导所产生的功率损耗 $P_{Lc}$, 并按 $P_L = P_{Lc}$ 计算出相应的衰减常数 $\alpha$.

严格求解非理想导体波导问题是困难的. 对于衰减常数 $\alpha_c$ 的计算, 通常是采用如下两种近似(微扰)方法, 它们是:

(a) Poynting 矢量法

对于非理想导电波导, 在波导壁内的电场切向分量 $\boldsymbol{E}_t \neq 0$, 致使一部分电磁能转化为焦尔热损耗, 然对一般良导体 $\boldsymbol{E}_t$ 很小, 能量损耗并不过大, 因而我们可假定非理想良导体制成的波导中的电磁场分布与理想导体波导中的场分布没有显著差别. 此外, 将波导壁导体等效为一复介电常数介质, 因而在波导壁界面处导体内磁场 $\boldsymbol{H}$ 的切向分量可应用磁场边界条件求得, 而有 $\boldsymbol{H}_{1t} = \boldsymbol{H}_t$, 这里, $\boldsymbol{H}_t$ 就是对于理想导体波导求得的切向磁场, 此时波导壁内与 $\boldsymbol{H}_{1t}$ 相联系的电场 $\boldsymbol{E}_{1t}$ 则按在非理介质中传播的平面波电场与磁场所应满足的关系确定, 故方向亦平行于波导壁, 即 $\boldsymbol{E}_{1t} = \eta_1 (\boldsymbol{H}_{1t} \times \hat{\boldsymbol{n}}_1)$, 其中 $\hat{\boldsymbol{n}}_1$ 为波导壁的法向单位矢量, 其正向指向导体壁内; 而 $\eta_1 = \sqrt{\dfrac{\omega\mu_1}{2\sigma_1}}(1+\mathrm{j})$ 为波导壁导体的波阻抗, $\mu_1$ 和 $\sigma_1$ 分别为波导壁的磁导率和电导率. 由于波导壁上场切向分量 $\boldsymbol{E}_{1t} \neq 0$ 和 $\boldsymbol{H}_{1t} \neq 0$, 因而垂直于波导壁的坡印亭矢量分量不为零; 由坡印亭矢量 $\dfrac{1}{2}\mathrm{Re}\,[\boldsymbol{E}_t \times \boldsymbol{H}_t^*]$ 对波导壁横截面的周线为 $l$、轴向单位长度的侧面积的积分即可计算出进入该单位长度波导壁的电磁波功率. 此平均损耗功率 $P_L$ 为

$$
\begin{aligned}
P_L &= \oint_l \int_0^1 \frac{1}{2}\mathrm{Re}\,[\boldsymbol{E}_{1t} \times \boldsymbol{H}_{1t}^*]_S \cdot \hat{\boldsymbol{n}}_1 \mathrm{d}l\mathrm{d}z \\
&= \frac{1}{2}\oint_l \mathrm{Re}\,[\eta_1 (\boldsymbol{H}_{1t} \times \hat{\boldsymbol{n}}_1) \times \boldsymbol{H}_{1t}^*]_S \cdot \hat{\boldsymbol{n}}_1 \mathrm{d}l
\end{aligned} \tag{3.2.57}
$$

应用矢量恒等式: $(\boldsymbol{a} \times \boldsymbol{b}) \times \boldsymbol{c} = (\boldsymbol{a} \cdot \boldsymbol{c})\boldsymbol{b} - (\boldsymbol{b} \cdot \boldsymbol{c})\boldsymbol{a}$, 以及 $\boldsymbol{H}_{1t} = \boldsymbol{H}_t$, 则 (3.2.57) 式可化为

$$
\begin{aligned}
P_L &= \frac{1}{2}\oint_l \mathrm{Re}\,[\eta_1 (\boldsymbol{H}_t \cdot \boldsymbol{H}_t^*)\, \hat{\boldsymbol{n}}_1 - (\hat{\boldsymbol{n}}_1 \cdot \boldsymbol{H}_t^*)\, H_t]_S \cdot \hat{\boldsymbol{n}}_1 \mathrm{d}l \\
&= \frac{1}{2}\oint_l \mathrm{Re}\,[\eta_1 (\boldsymbol{H}_t \cdot \boldsymbol{H}_t^*)]_S\, \mathrm{d}l
\end{aligned}
$$

此即有

$$
P_L = \frac{R_S}{2}\oint_l [\boldsymbol{H}_t \cdot \boldsymbol{H}_t^*]_S\, \mathrm{d}l \tag{3.2.58}
$$

式中, $R_S = \mathrm{Re}[\eta_1] = \sqrt{\dfrac{\omega\mu_1}{2\sigma_1}}$ 为波导壁导体的波阻抗的实部 (波电阻).

对于矩形波导 $\mathrm{TE}_{mn}$ 型波, (3.2.58) 式的截面回线积分, 由沿波导窄壁与宽壁两部分之和. 故进入波导 $x=0$ 处单位长度窄壁的电磁波功率, 即损耗功率 $P_{L1}$ 可表为

$$P_{L1}=\frac{R_S}{2}\int_0^b [H_z H_z^*]_{x=0}\,\mathrm{d}y \tag{3.2.59}$$

类似地, 我们可计算出进入波导 $y=0$ 处单位长度宽壁的电磁波功率, 即损耗功率 $P_{L2}$ 为

$$P_{L2}=\frac{R_S}{2}\int_0^a (H_x H_x^* + H_z H_z^*)\,\mathrm{d}x \tag{3.2.60}$$

故波导每单位长度的损耗功率 $P_L=2P_{L1}+2P_{L2}$. 对于 $\mathrm{TE}_{10}$ 波, 将 (3.2.33) 式代入后可得

$$\begin{aligned}P_L &= R_S\int_0^b H_z H_z^*\Big|_{x=0}\mathrm{d}y + R_s\int_0^a (H_x H_x^* + H_z H_z^*)\,\mathrm{d}x\\ &= R_S\int_0^b |\boldsymbol{H}_0|^2\,\mathrm{d}y + R_s\int_0^a |\boldsymbol{H}_0|^2\left(\cos^2\frac{\pi x}{a}+\frac{\beta^2 a^2}{\pi^2}\sin^2\frac{\pi x}{a}\right)\mathrm{d}x\end{aligned} \tag{3.2.61}$$

对上式积分后, 得

$$P_L = R_S\,|\boldsymbol{H}_0|^2\left(b+\frac{a}{2}+\frac{\beta^2 a^3}{2\pi^2}\right) \tag{3.2.62}$$

于是, 将 (3.2.49) 和 (3.2.62) 代入 (3.2.56) 式, 便得到衰减常数 $\alpha_c$ 为

$$\alpha_c=\frac{P_L}{2\overline{P}}=R_s\left(b+\frac{a}{2}+\frac{\beta^2 a^3}{2\pi^2}\right)\cdot\left[\frac{8\pi^2}{\beta^2\eta ab\lambda_c^2}\sqrt{1-(\lambda/\lambda_c)^2}\right] \tag{3.2.63}$$

因 $\beta=\dfrac{2\pi}{\lambda}\sqrt{1-(\lambda/\lambda_c)^2}$, 故 $\dfrac{8\pi^2}{\beta^2\eta ab\lambda_c^2}\sqrt{1-(\lambda/\lambda_c)^2}=\dfrac{2(\lambda/\lambda_c)^2}{\eta ab\sqrt{1-(\lambda/\lambda_c)^2}}$, 经整理后并将 $\lambda_c=\lambda_{c10}=2a$ 代入 (3.2.63) 式, 就得到矩形波导 $\mathrm{TE}_{10}$ 波的 $\alpha_c$ 简洁表示式:

$$\alpha_c=\frac{R_S}{\eta b\sqrt{1-(\lambda/2a)^2}}\left[\frac{2b}{a}\left(\frac{\lambda}{2a}\right)^2+1\right]\ \mathrm{Np/m} \tag{3.2.64}$$

衰减常数采用 dB/ m 表示时, 有: $\alpha_c(\mathrm{dB/m})=10\lg\alpha_c(\mathrm{Np/m})$

从 (3.2.64) 式可见, $\alpha_c$ 与工作波长、波导尺寸和波导材料电导率 $\sigma$ 有关. 当 $\lambda\to\lambda_c$ 时, 即工作频率 $f\to\mathrm{TE}_{10}$ 波的 $f_c$ 时, 衰减急剧增大; 通常 $b/a\approx 1/2$, 中心工作波长 $\lambda\approx 0.7\lambda_c$.

(b) 壁电流法

壁电流近似法假定非理想导电波导中的电磁场分布和波导壁电流与按理想导体壁情形求得的相同; 波导壁是非理想导体, 因而流经波导壁电流将产生焦尔热损耗. 由于趋肤效应, 可认为只是在波导壁的趋肤厚度 $\varDelta$ 内有波导壁面电流流过.

按面电流的定义, 它是流过波导壁具有单位宽度的电流, 故流经波导横截面周线上 d$l$ 长度的电流可表为 $\boldsymbol{i}_S = \boldsymbol{J}_S \mathrm{d}l = \hat{\boldsymbol{n}} \times \boldsymbol{H}\big|_S \mathrm{d}l$, 而对于波导壁, 具有单位长度、d$l$ 宽度、$\varDelta$ 厚度的波导的电阻为 $R_{\mathrm{d}l} = (\sigma_1 \varDelta \mathrm{d}l)^{-1}$, 故流过轴向单位长度波导、d$l$ 宽度波导壁的电流所产生的欧姆损耗平均功率 $P_L$ 可表为

$$\frac{1}{2}\left[\boldsymbol{i}_S \cdot \boldsymbol{i}_S^* R_{\mathrm{d}l}\right]_S = \frac{1}{2}\left[\boldsymbol{H}_t \cdot \boldsymbol{H}_t^* \mathrm{d}l^2 \frac{1}{\sigma_1 \varDelta \mathrm{d}l}\right]_S = \frac{1}{2\sigma_1 \varDelta}\left[\boldsymbol{H}_t \cdot \boldsymbol{H}_t^*\right]_S \mathrm{d}l,$$

而流经单位长度整个波导壁的功率损耗是将上式 d$l$ 对波导横截面回线 $l$ 的积分, 即

$$P_L = \frac{R_S}{2} \oint_l \left[\boldsymbol{H}_t \cdot \boldsymbol{H}_t^*\right]_S \mathrm{d}l \tag{3.2.65}$$

式中, $R_S = \dfrac{1}{\sigma_1 \varDelta} = \sqrt{\dfrac{\omega \mu_1}{2\sigma_1}}$ 为波导壁导体的波电阻.

(3.2.65) 与 (3.2.58) 式结果一致, 因而, 我们由 (3.2.65) 式亦可导得 (3.2.64) 式所给出的衰减常数 $\alpha_c$, 表明 Poynting 矢量法与壁电流法这两种近似方法是等价的.

# 3.3 圆 柱 波 导

圆柱波导是指横截面为圆形的中空金属导管, 如图 3.3.1 所示. 设波导的内壁半径为 $a$, 其中媒质参数为 $\varepsilon$、$\mu$, 它亦是一种常用的波导形式.

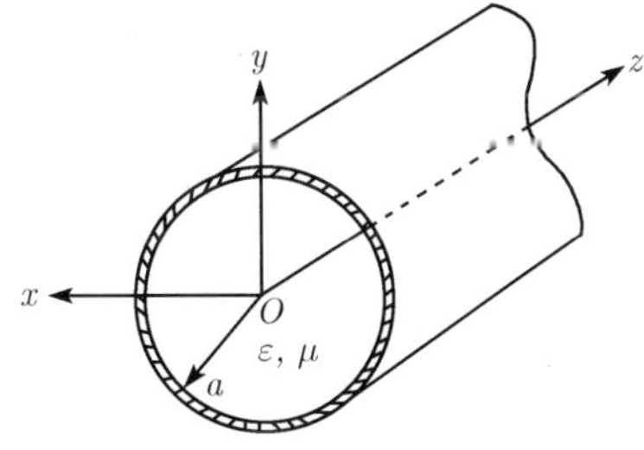


图 3.3.1 圆柱形波导

采用圆柱坐标系 $(\rho, \varphi, z)$, $\nabla_{\mathrm{T}} = \hat{\boldsymbol{a}}_\rho \dfrac{\partial}{\partial \rho} + \hat{\boldsymbol{a}}_\varphi \dfrac{1}{\rho}\dfrac{\partial}{\partial \varphi}$. 应用纵向场法, 已知 $H_z$ 和

$E_z$, 由 (3.1.18) 式可得电磁场的其它横向分量为

$$\begin{aligned} E_\rho &= -\frac{1}{\delta^2}\left(\gamma\frac{\partial E_z}{\partial\rho}+\frac{\mathrm{j}\omega\mu}{\rho}\frac{\partial H_z}{\partial\varphi}\right) \\ E_\varphi &= -\frac{1}{\delta^2}\left(\frac{\gamma}{\rho}\frac{\partial E_z}{\partial\varphi}-\mathrm{j}\omega\mu\frac{\partial H_z}{\partial\rho}\right) \\ H_\rho &= -\frac{1}{\delta^2}\left(-\frac{\mathrm{j}\omega\varepsilon}{\rho}\frac{\partial E_z}{\partial\varphi}+\gamma\frac{\partial H_z}{\partial\rho}\right) \\ H_\varphi &= -\frac{1}{\delta^2}\left(\mathrm{j}\omega\varepsilon\frac{\partial E_z}{\partial\rho}+\frac{\gamma}{\rho}\frac{\partial H_z}{\partial\varphi}\right) \end{aligned} \tag{3.3.1}$$

### 3.3.1　$\mathrm{TE}_{mn}(\mathrm{H}_{mn})$ 和 $\mathrm{TM}_{mn}(\mathrm{E}_{mn})$ 波的电磁场表示式

(1) $\mathrm{TE}_{mn}$ 波 ($E_z=0$)

$$H_z=H_z(\rho,\varphi)\mathrm{e}^{\mathrm{j}\omega t-\gamma z};\quad E_z=0 \tag{3.3.2}$$

$H_z$ 满足以下 Helmholtz 方程:

$$\nabla^2_{\rho\varphi}H_z(\rho,\varphi)+\delta^2H_z(\rho,\varphi)=0$$

即

$$\frac{\partial^2 H_z}{\partial\rho^2}+\frac{1}{\rho}\frac{\partial H_z}{\partial\rho}+\frac{1}{\rho^2}\frac{\partial^2 H_z}{\partial\varphi^2}+\delta^2H_z=0 \tag{3.3.3}$$

$H_z$ 应满足圆波导的边界条件为

$$H_z\big|_{\rho=0}=\text{有限值}\quad\text{和}\quad\frac{\partial H_z}{\partial\rho}\Big|_{\rho=a}=0 \tag{3.3.4}$$

应用分离变量法求解方程 (3.3.3), 设

$$H_z(\rho,\varphi)=G(\rho)\varPhi(\varphi) \tag{3.3.5}$$

式中, $G(\rho)$ 和 $\varPhi(\varphi)$ 分别仅是一个变量 $\rho$ 和 $\varphi$ 的函数. 将 (3.3.5) 代入 (3.3.3) 式, 遍除 $G(\rho)\varPhi(\varphi)$ 后, 可得

$$\frac{1}{G(\rho)}\frac{\mathrm{d}^2G(\rho)}{\mathrm{d}\rho^2}+\frac{1}{\rho}\frac{1}{G(\rho)}\frac{\mathrm{d}G(\rho)}{\mathrm{d}\rho}+\frac{1}{\rho^2}\frac{1}{\varPhi(\varphi)}\frac{\mathrm{d}^2\varPhi(\varphi)}{\mathrm{d}\varphi^2}=-\delta^2$$

或

$$\frac{\rho^2}{G(\rho)}\frac{\mathrm{d}^2G(\rho)}{\mathrm{d}\rho^2}+\frac{\rho}{G(\rho)}\frac{\mathrm{d}G(\rho)}{\mathrm{d}\rho}+\delta^2\rho^2=-\frac{1}{\varPhi(\varphi)}\frac{\mathrm{d}^2\varPhi(\varphi)}{\mathrm{d}\varphi^2} \tag{3.3.6}$$

上式左边为仅是 $\rho$ 的函数, 而右边仅是 $\varphi$ 的函数, 这只有两边同等于与 $\rho$、$\varphi$ 无关的常数, 例如 $m^2$, $m$ 称为分离常数. 于是有

$$\rho^2\frac{\mathrm{d}^2G(\rho)}{\mathrm{d}\rho^2}+\rho\frac{\mathrm{d}G(\rho)}{\mathrm{d}\rho}+\left(\delta^2\rho^2-m^2\right)G(\rho)=0 \tag{3.3.7}$$

和

$$\frac{\mathrm{d}^2\varPhi(\varphi)}{\mathrm{d}\varphi^2}+m^2\varPhi(\varphi)=0 \tag{3.3.8}$$

易知, (3.3.8) 式的一般解为 $\cos(m\varphi)$ 与 $\sin(m\varphi)$ 两个特解的线性组和, 即

$$\varPhi(\varphi)=C_1\cos(m\varphi)+C_2\sin(m\varphi)=\begin{cases}\cos(m\varphi)\\ \sin(m\varphi)\end{cases} \tag{3.3.9}$$

式中, $C_1$ 和 $C_2$ 为任意常数. 由于 $(\rho,\varphi)$ 与 $(\rho,\varphi+2\pi),\cdots$ 所代表的是同一点, 按场的单值条件, $\varPhi(\varphi)$ 必须是角度 $\varphi$ 的 $2\pi$ 周期函数, 因而分离常数 $m$ 应等于整数 $0,\pm1,\pm2,\cdots$. 由于波导的圆对称性, 当 $m\neq0$ 时, 解 $\cos(m\varphi)$ 与 $\sin(m\varphi)$ 两者仅在于极化面上相差 $\pi/2$, 其场形完全相同, 表明这两个解是简并的.

对于方程 (3.3.7), 令作变数变换, 令 $x=\delta\rho$, 则 (3.3.7) 式可化为

$$x^2\frac{\mathrm{d}^2G}{\mathrm{d}x^2}+x\frac{\mathrm{d}G}{\mathrm{d}x}+\left(x^2-m^2\right)G=0 \tag{3.3.10}$$

这就是 $m$ 整数阶、变数为 $x=\delta\rho$ 的标准型式的 Bessel 方程, 其一般解可表为

$$G(\rho)=AJ_m(\delta\rho)+BY_m(\delta\rho) \tag{3.3.11}$$

式中, $A$ 和 $B$ 为待定积分常数; $J_m(\delta\rho)$ 和 $Y_m(\delta\rho)$ 分别为宗量为 $\delta\rho$ 的 $m$ 阶第一类和第二类 Bessel 函数. 于是, 将 (3.3.9) 和 (3.3.11) 代入 (3.3.5) 式后得

$$H_z(\rho,\varphi)=[AJ_m(\delta\rho)+BY_m(\delta\rho)]\begin{cases}\cos(m\varphi)\\ \sin(m\varphi)\end{cases} \tag{3.3.12}$$

由于当 $\rho\to0$ 时, $H_z$ 必须有限, 因 $Y_m(\delta\rho)\big|_{\rho\to0}\to-\infty$, 故所求解 $H_z$ 中不应含有此类函数, 即应有 $B=0$, 记 $H_0=A$, 则 $H_z$ 的解可写为

$$H_z(\rho,\varphi)=H_0J_m(\delta\rho)\begin{cases}\cos(m\varphi)\\ \sin(m\varphi)\end{cases} \tag{3.3.13}$$

式中的 $\delta$(称为波导本征值) 可应用边界条件 (3.3.4) 式：$\dfrac{\partial H_z}{\partial\rho}\Big|_{\rho=a}=0$ 确定. 故有

$$J_m'(\delta a)=0 \tag{3.3.14}$$

表明 $\delta$ 必须使 $\delta a$ 为超越方程 (3.3.14) 的根. 设 $J'_m(\delta a)=0$ 的第 $n$ 个根为 $x'_{mn}$, 记此时相应 $x'_{mn}$ 的 $\delta$ 值为 $\delta'_{mn}$, 于是有

$$\delta'_{mn}a=x'_{mn}\quad 或\quad \delta_{mn}=x'_{mn}/a \tag{3.3.15}$$

故解 $H_z(\rho,\varphi)$ 可表为:

$$H_z(\rho,\varphi)=H_0J_m(\delta'_{mn}\rho)\begin{cases}\cos(m\varphi)\\ \sin(m\varphi)\end{cases} \tag{3.3.16}$$

将 (3.3.16) 式 $H_z$ 和 $E_z=0$ 代入 (3.3.1) 式, 计入波因子 $\mathrm{e}^{\mathrm{j}\omega t-\gamma z}$ 后就得到圆波导中沿 $+z$ 方向传播的 $\mathrm{TE}_{mn}$ 波的电磁场表示式为:

$$\begin{aligned}
&E_\rho=\pm\frac{\mathrm{j}\omega\mu m}{\delta'^2_{mn}\rho}H_0J_m\left(\delta'_{mn}\rho\right)\begin{Bmatrix}\sin(m\varphi)\\ \cos(m\varphi)\end{Bmatrix}\mathrm{e}^{\mathrm{j}\omega t-\gamma z}\\
&E_\varphi=\frac{\mathrm{j}\omega\mu}{\delta'_{mn}}H_0J'_m\left(\delta'_{mn}\rho\right)\begin{Bmatrix}\cos(m\varphi)\\ \sin(m\varphi)\end{Bmatrix}\mathrm{e}^{\mathrm{j}\omega t-\gamma z}\\
&E_z=0\\
&H_\rho=-\frac{\gamma}{\delta'_{mn}}H_0J'_m\left(\delta'_{mn}\rho\right)\begin{Bmatrix}\cos(m\varphi)\\ \sin(m\varphi)\end{Bmatrix}\mathrm{e}^{\mathrm{j}\omega t-\gamma z}\\
&H_\varphi=\pm\frac{\gamma m}{\delta'^2_{mn}\rho}H_0J_m\left(\delta'_{mn}\rho\right)\begin{Bmatrix}\sin(m\varphi)\\ \cos(m\varphi)\end{Bmatrix}\mathrm{e}^{\mathrm{j}\omega t-\gamma z}\\
&H_z=H_0J_m(\delta'_{mn}\rho)\begin{Bmatrix}\cos(m\varphi)\\ \sin(m\varphi)\end{Bmatrix}\mathrm{e}^{\mathrm{j}\omega t-\gamma z}
\end{aligned} \tag{3.3.17}$$

式中, $\delta'_{mn}=x'_{mn}/a$ 由 (3.3.15) 式给出; 而由 (3.1.53) 式可知, 传播常数 $\gamma$ 为

$$\gamma^2=\delta'^2_{mn}-\omega^2\varepsilon\mu\quad 或\quad \gamma=\mathrm{j}\beta=\mathrm{j}\sqrt{\omega^2\varepsilon\mu-\delta'^2_{mn}} \tag{3.3.18}$$

对于给定的阶 $m$, $J'_m(\delta a)=0$ 的根 $x'_{mn}=\delta'_{mn}a$ 可采用数值方法编程计算 (相应程序参见附录 G). 几个低阶的前几个 $x'_{mn}$ 的值如表 3.3.1 所示.

**表 3.3.1　$J'_m(x)=0$ 的第 $n$ 个根 $x'_{mm}$ 的值**

| $m$ \ $n$ | 1 | 2 | 3 | 4 |
|---|---|---|---|---|
| 0 | 3.831706 | 7.015587 | 10.17347 | 13.32369 |
| 1 | 1.841184 | 5.331443 | 9.536316 | 11.70600 |
| 2 | 3.054237 | 6.706133 | 9.969468 | 13.17037 |
| 3 | 4.201189 | 8.015237 | 11.34592 | 14.58585 |
| 4 | 5.317553 | 9.282396 | 12.68191 | 15.96411 |

(3.3.17) 式是 Helmholtz 方程 (3.3.3) 满足圆形波导边界条件 (3.3.4) 的解. 对于不同的 $m,n$ 时有不同的场分布, 相应地记为 $\mathrm{TE}_{mn}$ 波 (或模); 它们是圆波导中可能传播的具有 $E_z=0$ 的 $\mathrm{TE}_{mn}$ 横电波. 从此式可见, 电磁场沿波导径向 $\rho$ 是驻波, 沿 $z$ 方向是行波.

(2) $\mathrm{TM}_{mn}$ 波 $(H_z=0)$

$$E_z(\rho,\varphi,z,t)=E_z(\rho,\varphi)\mathrm{e}^{\mathrm{j}\omega t-\gamma z};\quad H_z=0 \tag{3.3.19}$$

$E_z$ 满足以下 Helmholtz 方程:

$$\nabla^2_{\rho\varphi}E_z(\rho,\varphi)+\delta^2 E_z(\rho,\varphi)=0$$

即

$$\frac{\partial^2 E_z}{\partial\rho^2}+\frac{1}{\rho}\frac{\partial E_z}{\partial\rho}+\frac{1}{\rho^2}\frac{\partial^2 E_z}{\partial\varphi^2}+\delta^2 E_z=0 \tag{3.3.20}$$

$E_z$ 应满足圆波导的边界条件为

$$E_z\big|_{\rho=0}=\text{有限值}\quad\text{和}\quad E_z\big|_{\rho=a}=0 \tag{3.3.21}$$

应用分离变量法求解方程 (3.3.20), 设

$$E_z(\rho,\varphi)=G(\rho)\varPhi(\varphi) \tag{3.3.22}$$

式中, $G(\rho)$ 和 $\varPhi(\varphi)$ 分别仅是一个变量 $\rho$ 和 $\varphi$ 的函数. 类似于求解 $\mathrm{TE}_{mn}$ 波情形, 采用求解方程 (3.3.3) 相同的步骤, 可得 (3.3.20) 式满足条件 $E_z\big|_{\rho=0}$ 必须有限的解 $E_z$ 为:

$$E_z(\rho,\varphi)=E_0 J_m(\delta\rho)\begin{cases}\cos(m\varphi)\\ \sin(m\varphi)\end{cases} \tag{3.3.23}$$

而应用边界条件 (3.3.21) 式 $E_z\big|_{\rho=a}=0$, 则有

$$J_m(\delta a)=0 \tag{3.3.24}$$

表明 $\delta$ 必须使 $\delta a$ 为超越方程 (3.3.24) 的根. 设 $J_m(\delta a)=0$ 的第 $n$ 个根为 $x_{mn}$, 记此时相应 $x_{mn}$ 的 $\delta$ 值为 $\delta_{mn}$, 于是有

$$\delta_{mn}a=x_{mn}\quad\text{或}\quad\delta_{mn}=x_{mn}/a \tag{3.3.25}$$

故解 $E_z(\rho,\varphi)$ 可表为

$$E_z(\rho,\varphi)=E_0 J_m(\delta_{mn}\rho)\begin{cases}\cos(m\varphi)\\ \sin(m\varphi)\end{cases} \tag{3.3.26}$$

将 (3.3.26) 式 $E_z$ 和 $H_z = 0$ 代入 (3.3.1) 式, 计入波因子 $\mathrm{e}^{\mathrm{j}\omega t-\gamma z}$ 后就得到圆波导中沿 $+z$ 方向传播的 $\mathrm{TM}_{mn}$ 波的电磁场表示式为:

$$\begin{aligned}
E_\rho &= -\frac{\gamma}{\delta_{mn}} E_0 J_m'(\delta_{mn}\rho)\left\{\begin{array}{c}\cos(m\varphi)\\ \sin(m\varphi)\end{array}\right\}\mathrm{e}^{\mathrm{j}\omega t-\gamma z}\\
E_\varphi &= \pm\frac{\gamma m}{\delta_{mn}^2\rho} E_0 J_m(\delta_{mn}\rho)\left\{\begin{array}{c}\sin(m\varphi)\\ \cos(m\varphi)\end{array}\right\}\mathrm{e}^{\mathrm{j}\omega t-\gamma z}\\
E_z &= E_0 J_m(\delta_{mn}\rho)\left\{\begin{array}{c}\cos(m\varphi)\\ \sin(m\varphi)\end{array}\right\}\mathrm{e}^{\mathrm{j}\omega t-\gamma z}\\
H_\rho &= \mp\frac{\mathrm{j}\omega\varepsilon m}{\delta_{mn}^2\rho} E_0 J_m(\delta_{mn}\rho)\left\{\begin{array}{c}\sin(m\varphi)\\ \cos(m\varphi)\end{array}\right\}\mathrm{e}^{\mathrm{j}\omega t-\gamma z}\\
H_\varphi &= -\frac{\mathrm{j}\omega\varepsilon}{\delta_{mn}} E_0 J_m'(\delta_{mn}\rho)\left\{\begin{array}{c}\cos(m\varphi)\\ \sin(m\varphi)\end{array}\right\}\mathrm{e}^{\mathrm{j}\omega t-\gamma z}\\
H_z &= 0
\end{aligned} \tag{3.3.27}$$

式中, $\delta_{mn} = x_{mn}/a$ 由 (3.3.25) 式给出; 而由 (3.1.53) 式可知, 传播常数 $\gamma$ 为

$$\gamma^2 = \delta_{mn}^2 - \omega^2\varepsilon\mu \quad 或 \quad \gamma = \mathrm{j}\beta = \mathrm{j}\sqrt{\omega^2\varepsilon\mu - \delta_{mn}^2} \tag{3.3.28}$$

表 3.3.2 列出了几个低阶的前几个 $x_{mn}$ 的值. 对于给定的阶 $m$, $J_m(\delta a) = 0$ 的根可采用数值方法编程计算 (相应程序参见附录 G).

**表 3.3.2　$J_m(x) = 0$ 的第 $n$ 个根 $x_{mn}$ 的值**

| $m$ \ $n$ | 1 | 2 | 3 | 4 |
|---|---|---|---|---|
| 0 | 2.404826 | 5.520078 | 8.653728 | 11.79153 |
| 1 | 3.831706 | 7.015587 | 10.17347 | 13.32369 |
| 2 | 5.135622 | 8.417244 | 11.61984 | 14.79595 |
| 3 | 6.380162 | 9.761023 | 13.01520 | 16.22347 |
| 4 | 7.588342 | 11.06471 | 14.37254 | 17.61597 |

(3.3.27) 式是 Helmholtz 方程 (3.3.20) 满足圆形波导边界条件 (3.3.21) 的解. 对于不同的 $m, n$ 时有不同的场分布, 相应地记为 $\mathrm{TM}_{mn}$ 波(或模); 它们是圆波导中可能传播的具有 $H_z = 0$ 的 $\mathrm{TM}_{mn}$ 横磁波. 从此式可见, 电磁场沿波导径向 $\rho$ 是驻波, 沿 $z$ 方向是行波.

### 3.3.2　$\mathrm{TE}_{mn}$ 和 $\mathrm{TM}_{mn}$ 波的截止波长、截止频率和波阻抗

对于圆波导的 $\mathrm{TE}_{mn}$ 和 $\mathrm{TM}_{mn}$ 波, 由于它们的截止波数 $\delta$ 不同, 因而有不同的截止波长和截止频率.

对于 $TE_{mn}$ 波, 将 (3.3.15) 式 $\delta'_{mn} = x'_{mn}/a$, 代入 (3.1.60) 式可得其截止波长和相应的截止频率; 由 (3.3.18) 和 (3.1.60) 式可得其传播常数, 它们分别为

$$\lambda_{cmn}^{TE} = \frac{2\pi}{\delta'_{mn}} = \frac{2\pi a}{x'_{mn}} \tag{3.3.29}$$

$$f_{cmn}^{TE} = \frac{\delta'_{mn}}{2\pi\sqrt{\varepsilon\mu}} = \frac{x'_{mn}}{2\pi a\sqrt{\varepsilon\mu}} \tag{3.3.30}$$

和

$$\gamma = j\beta; \quad \beta = \omega\sqrt{\varepsilon\mu}\sqrt{1 - \left(\lambda/\lambda_{cmn}^{TE}\right)^2} \tag{3.3.31}$$

对于 $TM_{mn}$ 波, 将 (3.3.25) 式 $\delta_{mn} = x_{mn}/a$, 代入 (3.1.60) 式可得其截止波长和相应的截止频率; 由 (3.3.28) 和 (3.1.60) 式可得其传播常数, 它们分别为

$$\lambda_{cmn}^{TM} = \frac{2\pi}{\delta_{mn}} = \frac{2\pi a}{x_{mn}} \tag{3.3.32}$$

$$f_{cmn}^{TM} = \frac{\delta_{mn}}{2\pi\sqrt{\varepsilon\mu}} = \frac{x_{mn}}{2\pi a\sqrt{\varepsilon\mu}} \tag{3.3.33}$$

和

$$\gamma = j\beta; \quad \beta = \omega\sqrt{\varepsilon\mu}\sqrt{1 - \left(\lambda/\lambda_{cmn}^{TM}\right)^2} \tag{3.3.34}$$

表 3.3.3 给出了圆波导中前 10 个低次波型的 $x'_{mn}$ 和 $x_{mn}$ 的值, 和按 (3.3.29) 和 (3.3.31) 式计算出的截止波长. 图 3.3.2 是圆波导前 10 个波型的截止波长分布图.

**表 3.3.3　圆波导 $TE_{mn}$ 和 $TM_{mn}$ 型波中前 10 个低次波型的截止波长**

| 序号 | 波型 | $x'_{mn}$ 或 $x_{mn}$ | $\frac{\lambda_c}{a} = \frac{2\pi}{x'_{mn}}$ 或 $\frac{2\pi}{x_{mn}}$ |
|---|---|---|---|
| 1 | $TE_{11}$ | 1.841184 | 3.412579 |
| 2 | $TM_{01}$ | 2.404826 | 2.612741 |
| 3 | $TE_{21}$ | 3.054237 | 2.057201 |
| 4,5 | $TE_{01}$,$TM_{11}$ | 3.831706 | 1.639788 |
| 6 | $TE_{31}$ | 4.201189 | 1.495573 |
| 7 | $TM_{21}$ | 5.135622 | 1.223452 |
| 8 | $TE_{41}$ | 5.317553 | 1.181593 |
| 9 | $TE_{12}$ | 5.331442 | 1.178515 |
| 10 | $TM_{02}$ | 5.520078 | 1.138242 |

从表 3.3.3 可见, 圆波导中 $TE_{11}$ 模具有最长的截止波长, 是圆波导中的主模, 其截止波长值为 $\lambda_{c11}^{TE} \approx 3.413a$; 所有其它的波型均为高次模; $TM_{01}$ 模是圆波导的第一个高次模, 其截止波长值为 $\lambda_{c01}^{TM} \approx 2.613a$. 而从图 3.3.2 可见, 为了使波导中仅可传播 $TE_{11}$ 主模, 则对于给定波导尺寸 $a$, 工作波长 $\lambda$ 的范围应满足条件:

$$2.61a < \lambda < 3.41a \tag{3.3.35}$$

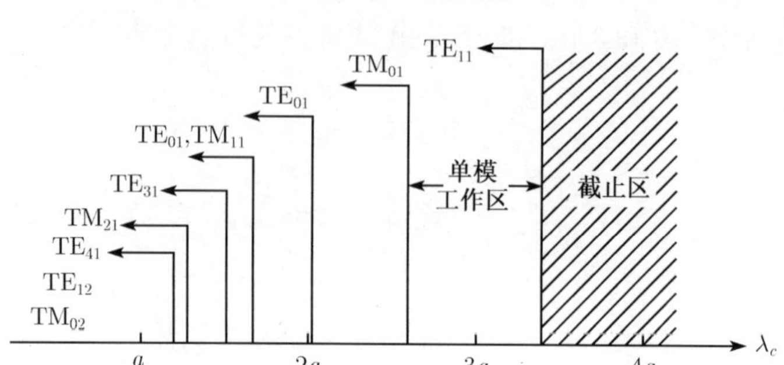


图 3.3.2 圆波导前 10 个低次波型的截止波长分布

如果给定工作波长 $\lambda$, 则相应的波导半径 $a$ 应满足条件:

$$\frac{\lambda}{3.41} < a < \frac{\lambda}{2.61} \tag{3.3.36}$$

此外, 我们还看到 $\mathrm{TE}_{01}$ 与 $\mathrm{TM}_{11}$ 模具有相同的截止波长. 事实上, 因 $J_0'(x) = J_1(x)$, $J_0'(x)$ 与 $J_1(x)$ 有相同零点, 即有 $x_{0n}' = x_{1n}$, 故对于 $\mathrm{TE}_{0n}$ 与 $\mathrm{TM}_{1n}$ 模 $(n = 1, 2, \cdots)$, 它们是具有相同的截止波长的简并模, 是圆波导中除了具有 $\mathrm{TE}_{mn}$ 与 $\mathrm{TM}_{mn}$ 模 $(m \neq 0)$ 具有极化简并性质之外的另类简并情形.

波导的波阻抗 $z_g$ 定义为其中横向电场与横向磁场之比, 即 $z_g = E_\rho/H_\varphi = -E_\varphi/H_\rho$. 由 (3.3.17) 和 (3.3.27) 式可知. 对于 $\mathrm{TE}_{mn}$ 和 $\mathrm{TM}_{mn}$ 波, $z_g$ 分别为 (亦见 (3.1.68)~(3.1.70) 式):

$$z_g = z_{\mathrm{TE}} = \frac{\mathrm{j}\omega\mu}{\gamma} = \frac{\omega\mu}{\beta} \quad 和 \quad z_g = z_{\mathrm{TM}} = \frac{\gamma}{\mathrm{j}\omega\varepsilon} = \frac{\beta}{\omega\varepsilon} \tag{3.3.37}$$

此外, 已知 $\mathrm{TE}_{mn}$ 和 $\mathrm{TM}_{mn}$ 波的截止波长 $\lambda_{cmn}^{\mathrm{TE}}$ 和 $\lambda_{cmn}^{\mathrm{TM}}$, 由 (3.1.62)、(3.1.64) 和 (3.1.65) 式可求得其波导波长 $\lambda_{\mathrm{g}}$, 相速 $v_{\mathrm{p}}$ 和群速 $v_{\mathrm{g}}$.

### 3.3.3 $\mathrm{TE}_{mn}$ 和 $\mathrm{TM}_{mn}$ 波的传输功率 $\overline{P}$

现在, 我们来计算通过圆波导横截面 $S$ 传输的平均功率 $\overline{P}$, 它可应用 (3.2.48) 式计算. 采用圆柱坐标系, $\boldsymbol{E} = E_\rho \hat{\boldsymbol{a}}_\rho + E_\varphi \hat{\boldsymbol{a}}_\varphi + E_z \hat{\boldsymbol{a}}_z$, $\boldsymbol{H} = H_\rho \hat{\boldsymbol{a}}_\rho + H_\varphi \hat{\boldsymbol{a}}_\varphi + H_z \hat{\boldsymbol{a}}_z$, 于是

$$\overline{P} = \iint_{\mathrm{S}} \frac{1}{2} \mathrm{Re}\left[\boldsymbol{E}_{\mathrm{T}} \times \boldsymbol{H}_{\mathrm{T}}^*\right] \mathrm{d}S = \iint_{\mathrm{S}} \frac{1}{2} \mathrm{Re}\left[E_\rho H_\varphi^* - E_\varphi H_\rho^*\right] \mathrm{d}S \tag{3.3.38}$$

因 $z_g = E_\rho/H_\varphi = -E_\varphi/H_\rho$, 故 (3.3.38) 式亦可表为

$$\overline{P} = \iint_{\mathrm{S}} \frac{1}{2} \mathrm{Re}\left[z_g \left(H_\rho H_\rho^* + H_\varphi H_\varphi^*\right)\right] \mathrm{d}S \tag{3.3.39}$$

或

$$\overline{P}=\iint_{\mathrm{S}}\frac{1}{2}\mathrm{Re}\left[\frac{1}{z_g}\left(E_\rho E_\rho^*+E_\varphi E_\varphi^*\right)\right]\mathrm{d}S \tag{3.3.40}$$

对于 $\mathrm{TE}_{mn}$ 波, 将 $z_g=z_{\mathrm{TE}}=\omega\mu/\beta$ 代入 (3.3.39) 式后, 有

$$\begin{aligned}\overline{P}&=\iint_{\mathrm{S}}\frac{1}{2}\mathrm{Re}\left[z_{\mathrm{TE}}\left(H_\rho H_\rho^*+H_\varphi H_\varphi^*\right)\right]\mathrm{d}S\\&=\frac{\omega\mu}{2\beta}\int_0^a\int_0^{2\pi}\mathrm{Re}[H_\rho H_\rho^*+H_\varphi H_\varphi^*]\rho\mathrm{d}\rho\mathrm{d}\varphi\end{aligned} \tag{3.3.41}$$

代入 (3.3.17) 式 $\mathrm{TE}_{mn}$ 波的横向磁场 $H_\rho$ 和 $H_\varphi$, 得

$$\begin{aligned}\overline{P}=&\frac{\omega\mu\beta}{2{\delta'}_{mn}^2}|\boldsymbol{H}_0|^2\int_0^a\int_0^{2\pi}\left[{J'}_m^2\left({\delta'}_{mn}\rho\right)\begin{Bmatrix}\cos^2(m\varphi)\\\sin^2(m\varphi)\end{Bmatrix}\right.\\&\left.+\frac{m^2}{{\delta'}_{mn}^2\rho^2}J_m^2\left({\delta'}_{mn}\rho\right)\begin{Bmatrix}\sin^2(m\varphi)\\\cos^2(m\varphi)\end{Bmatrix}\right]\rho\mathrm{d}\rho\mathrm{d}\varphi\end{aligned}$$

因 $\displaystyle\int_0^{2\pi}\cos^2(m\varphi)\mathrm{d}\varphi=\int_0^{2\pi}\sin^2(m\varphi)\mathrm{d}\varphi=\pi(m\neq0)$, 上式对 $\varphi$ 积分后, 便有

$$\overline{P}=\frac{\omega\mu\beta\pi}{\varepsilon_{0m}{\delta'}_{mn}^2}|\boldsymbol{H}_0|^2\int_0^a\left[{J'}_m^2\left({\delta'}_{mn}\rho\right)+\frac{m^2}{{\delta'}_{mn}^2\rho^2}J_m^2\left({\delta'}_{mn}\rho\right)\right]\rho\mathrm{d}\rho$$

式中, $\varepsilon_{0m}=\begin{cases}1 & m=0\\2 & m\neq0\end{cases}$.

作变数变换, 令 $x={\delta'}_{mn}\rho$, 则以上传输功率 $\overline{P}$ 可写成

$$\overline{P}=\frac{\omega\mu\beta\pi}{\varepsilon_{0m}{\delta'}_{mn}^4}|\boldsymbol{H}_0|^2\int_0^{x'_{mn}}\left[{J'}_m^2\left(x\right)+\frac{m^2}{x^2}J_m^2\left(x\right)\right]x\mathrm{d}x \tag{3.3.42}$$

式中, ${\delta'}_{mn}$ 为 $\mathrm{TE}_{mn}$ 型波的截止波数; $x'_{mn}={\delta'}_{mn}a$ 为 $J'_m(x)$ 的第 $n$ 个零点.

利用 Bessel 函数递推公式, 不难证明有

$${J'}_m^2\left(x\right)+\frac{m^2}{x^2}J_m^2\left(x\right)=\frac{1}{2}\left[J_{m-1}^2\left(x\right)+J_{m+1}^2\left(x\right)\right]$$

于是, 我们将 (3.3.42) 式可化为

$$P=\frac{\omega\mu\beta\pi}{2\varepsilon_{0m}{\delta'}_{mn}^4}|\boldsymbol{H}_0|^2\int_0^{x'_{mn}}\left[J_{m-1}^2\left(x\right)+J_{m+1}^2\left(x\right)\right]x\mathrm{d}x \tag{3.3.43}$$

引用 Bessel 函数积分公式: $\displaystyle\int_0^x J_m^2(x)x\mathrm{d}x=\frac{x^2}{2}\left[J_m^2(x)-J_{m-1}(x)J_{m+1}(x)\right]$, 再次运用 Bessel 函数递推公式, 并因 $x'_{mn}$ 是 $J'_m(x)$ 的零点, 最后可得到圆波导 $\mathrm{TE}_{mn}$ 波的平均传输功率为

$$\overline{P}=\frac{\omega\mu\beta\pi a^4}{2\varepsilon_{0m}{x'}_{mn}^4}|\boldsymbol{H}_0|^2\left({x'}_{mn}^2-m^2\right)J_m^2(x'_{mn})\quad\varepsilon_{0m}=\begin{cases}1 & m=0\\2 & m\neq0\end{cases} \tag{3.3.44}$$

关于 (3.3.44) 是的详细推导, 可参见附录 A.

对于 $\mathrm{TM}_{mn}$ 波, 将 $z_g = z_{\mathrm{TM}} = \dfrac{\beta}{\omega\varepsilon}$, 由 (3.3.40) 式后, 有

$$
\begin{aligned}
\overline{P} &= \frac{1}{2}\iint_{\mathrm{S}} \mathrm{Re}\left[\frac{1}{z_{\mathrm{TM}}}\left(E_\rho E_\rho^* + E_\varphi E_\varphi^*\right)\right]\mathrm{d}S \\
&= \frac{\omega\varepsilon}{2\beta}\int_0^a\int_0^{2\pi} \mathrm{Re}[E_\rho E_\rho^* + E_\varphi H_\varphi^*]\rho\mathrm{d}\rho\mathrm{d}\varphi
\end{aligned}
\tag{3.3.45}
$$

代入 (3.3.27) 式 $\mathrm{TM}_{mn}$ 波的横向电场 $E_\rho$ 和 $E_\varphi$, 得

$$
\begin{aligned}
\overline{P} - \frac{\omega\varepsilon\beta}{2\delta_{mn}^2}|\boldsymbol{E}_0|^2 \int_0^a\int_0^{2\pi} \Bigg[ & J'^2_m(\delta_{mn}\rho)\begin{Bmatrix}\cos^2(m\varphi)\\ \sin^2(m\varphi)\end{Bmatrix} \\
& + \frac{m^2}{\delta_{mn}^2\rho^2}J_m^2(\delta_{mn}\rho)\begin{Bmatrix}\sin^2(m\varphi)\\ \cos^2(m\varphi)\end{Bmatrix}\Bigg]\rho\mathrm{d}\rho\mathrm{d}\varphi
\end{aligned}
$$

注意到 $\displaystyle\int_0^{2\pi}\cos^2(m\varphi)\mathrm{d}\varphi = \int_0^{2\pi}\sin^2(m\varphi)\mathrm{d}\varphi = \pi(m \neq 0)$, 上式对 $\varphi$ 积分后, 便有

$$
\overline{P} = \frac{\omega\varepsilon\beta\pi}{\varepsilon_{0m}\delta_{mn}^2}|\boldsymbol{E}_0|^2\int_0^a\left[J'^2_m(\delta_{mn}\rho) + \frac{m^2}{\delta_{mn}^2\rho^2}J_m^2(\delta_{mn}\rho)\right]\rho\mathrm{d}\rho
$$

式中, $\varepsilon_{0m} = \begin{cases}1 & m = 0\\ 2 & m \neq 0\end{cases}$.

作变数变换, 令 $x = \delta_{mn}\rho$, 则以上传输功率 $\overline{P}$ 可写成

$$
\overline{P} = \frac{\omega\varepsilon\beta\pi}{\varepsilon_{0m}\delta_{mn}^4}|\boldsymbol{E}_0|^2\int_0^{x_{mn}}\left(J_m^{2\,\prime}(x) + \frac{m^2}{x^2}J_m^2(x)\right)x\mathrm{d}x \tag{3.3.46}
$$

式中, $\delta_{mn}$ 为 $\mathrm{TM}_{mn}$ 波的截止波数; $x_{mn} = \delta_{mn}a$ 为 $J_m(x)$ 的第 $n$ 个零点.

类似于 $\mathrm{TE}_{mn}$ 波情形, 应用 Bessel 函数积分公式和递推公式, 并因 $x_{mn} = \delta_{mn}a$ 是 $J_m(x)$ 的零点, 则最后不难导得圆波导 $\mathrm{TM}_{mn}$ 波的平均传输功率为

$$
\overline{P} = \frac{\omega\varepsilon\beta\pi a^4}{2\varepsilon_{0m}x_{mn}^2}|\boldsymbol{E}_0|^2 J'^2_m(x_{mn}) \quad \varepsilon_{0m} = \begin{cases}1 & m = 0\\ 2 & m \neq 0\end{cases} \tag{3.3.47}
$$

关于 (3.3.47) 式的推导亦见附录 A.

### 3.3.4 $\mathrm{TE}_{11}$ 主型波、$\mathrm{TM}_{01}$ 圆磁波和 $\mathrm{TE}_{01}$ 圆电波

圆波导中的 $\mathrm{TE}_{11}$, $\mathrm{TM}_{01}$ 和 $\mathrm{TE}_{01}$ 型波是具有实际应用的三种波型. 因此, 以下我们将分析和讨论它们的场结构 (场分布) 及其传输特性, 诸如截止波长、波导波长、波导壁上的电流分布和衰减常数等, 以及它们的主要特点.

(1) $\text{TE}_{11}$ 主型波

$\text{TE}_{11}$ 型波是圆波导的 $\text{TE}_{mn}$ 和 $\text{TM}_{mn}$ 波型中截止波长最长的波型, 它是圆波导的主模. 由 (3.3.17) 式, 令其中 $m=1,n=1$, 可得 $\text{TE}_{11}$ 波的电磁场表示式:

$$
\begin{aligned}
&E_\rho = \pm\frac{\mathrm{j}\omega\mu}{\delta'^2_{11}\rho}H_0J_1\left(\frac{x'_{11}}{a}\rho\right)\begin{Bmatrix}\sin\varphi\\ \cos\varphi\end{Bmatrix}\mathrm{e}^{\mathrm{j}\omega t-\gamma z}\\
&E_\varphi = \frac{\mathrm{j}\omega\mu}{\delta'_{11}}H_0J'_1\left(\frac{x'_{11}}{a}\rho\right)\begin{Bmatrix}\cos\varphi\\ \sin\varphi\end{Bmatrix}\mathrm{e}^{\mathrm{j}\omega t-\gamma z}\\
&E_z = 0\\
&H_\rho = -\frac{\gamma}{\delta'_{11}}H_0J'_1\left(\frac{x'_{11}}{a}\rho\right)\begin{Bmatrix}\cos\varphi\\ \sin\varphi\end{Bmatrix}\mathrm{e}^{\mathrm{j}\omega t-\gamma z}\\
&H_\varphi = \pm\frac{\gamma}{\delta'^2_{11}\rho}H_0J_1\left(\frac{x'_{11}}{a}\rho\right)\begin{Bmatrix}\sin\varphi\\ \cos\varphi\end{Bmatrix}\mathrm{e}^{\mathrm{j}\omega t-\gamma z}\\
&H_z = H_0J_1\left(\frac{x'_{11}}{a}\rho\right)\begin{Bmatrix}\cos\varphi\\ \sin\varphi\end{Bmatrix}\mathrm{e}^{\mathrm{j}\omega t-\gamma z}
\end{aligned}
\tag{3.3.48}
$$

式中, $\gamma=\mathrm{j}\beta,\beta=\sqrt{\omega^2\varepsilon\mu-\delta'^2_{11}}=\omega\sqrt{\varepsilon\mu}\sqrt{1-\left(\lambda/\lambda_{c11}^{\text{TE}}\right)^2}$; $x'_{11}=\delta'_{11}a=1.841184$ 为 $J'_1(x)$ 的第一个零点.

由 (3.3.29) 和 (3.3.30) 式和表 3.3.1, 取 $m=1,n=0$, 可得 $\text{TE}_{10}$ 波截止波长和截止频率为

$$\lambda_{c11}^{\text{TE}}=3.413a \tag{3.3.49}$$

$$f_{c11}^{\text{TE}}=\frac{\delta'_{11}}{2\pi\sqrt{\varepsilon\mu}}=\frac{1.841}{2\pi a\sqrt{\varepsilon\mu}} \tag{3.3.50}$$

而 $\text{TE}_{11}$ 波的波阻抗 $z_{\text{TE}}$ 为

$$z_{\text{TE}}=\frac{E_\rho}{H_\varphi}=-\frac{E_\varphi}{H_\rho}=\frac{\mathrm{j}\omega\mu}{\gamma}=\frac{\eta}{\sqrt{1-\left(\lambda/3.413a\right)^2}} \tag{3.3.51}$$

式中, $\eta=\sqrt{\mu/\varepsilon}$ 为在 $\varepsilon$、$\mu$ 媒质自由空间中 TEM 波的波阻抗.

由场边界条件 (1.4.11) 式, 圆波导的壁面电流 $\boldsymbol{J}_S=\hat{\boldsymbol{n}}\times\boldsymbol{H}\big|_{\rho=a}=-\hat{\boldsymbol{a}}_\rho\times\boldsymbol{H}\big|_{\rho=a}$, 对于 $\text{TE}_{11}$ 波, 而有

$$J_\varphi=H_z|_{\rho=a}=H_0J_1(x'_{11})\begin{Bmatrix}\cos\varphi\\ \sin\varphi\end{Bmatrix}\mathrm{e}^{\mathrm{j}(\omega t-\beta z)} \tag{3.3.52}$$

$$J_z=-H_\varphi\big|_{\rho=a}=\mp\frac{\gamma}{x'^2_{11}a}H_0J_1\left(x'_{11}\right)\begin{Bmatrix}\sin\varphi\\ \cos\varphi\end{Bmatrix}\mathrm{e}^{\mathrm{j}(\omega t-\beta z)} \tag{3.3.53}$$

圆波导 $TE_{11}$ 波的电磁场分布的示意图如图 3.3.3 所示.

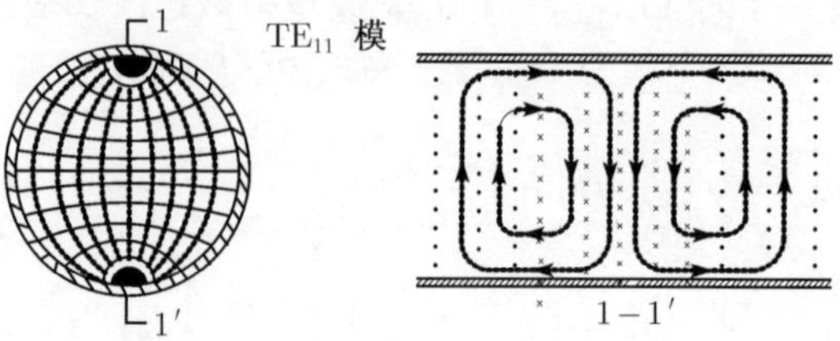


图 3.3.3　圆波导 $TE_{11}$ 波的电磁场分布

采用求矩形波导 $TE_{10}$ 波 $P_L$ 的同样方法, 可得单位长度圆波导 $TE_{11}$ 波平均功率损耗为

$$P_L = \frac{R_S}{2}\oint_l \boldsymbol{H}_t \cdot \boldsymbol{H}_t^* \mathrm{d}l = \frac{R_s}{2}\int_0^{2\pi}\left(H_\varphi H_\varphi^* + H_z H_z^*\right) a\mathrm{d}\varphi \tag{3.3.54}$$

将 (3.3.48) 式中的磁场 $H_\varphi$ 和 $H_z$ 代入上式, 得

$$P_L = \frac{R_S}{2}\left|\boldsymbol{H}_0\right|^2\int_0^{2\pi}\left[\frac{\beta^2}{\delta'^4_{11}a^2}\begin{pmatrix}\sin^2\varphi\\ \cos^2\varphi\end{pmatrix} + \begin{pmatrix}\cos^2\varphi\\ \sin^2\varphi\end{pmatrix}\right] J_1^2\left(x'_{11}\right) a\mathrm{d}\varphi \tag{3.3.55}$$

因 $\int_0^{2\pi}\cos^2\varphi\mathrm{d}\varphi = \int_0^{2\pi}\sin^2\varphi\mathrm{d}\varphi = \pi$, 上式对 $\varphi$ 积分后, 可得

$$P_L = \frac{R_S\pi a}{2}\left|\boldsymbol{H}_0\right|^2\left(\frac{\beta^2 a^2}{x'^4_{11}} + 1\right) J_m^2\left(x'_{11}\right) \tag{3.3.56}$$

式中, $R_S = \sqrt{\dfrac{\omega\mu_1}{2\sigma}}$ 为波导壁的波阻抗的实部.

另一方面, 由 (3.3.44) 式, 令 $m = 1, n = 1$, 可得 $TE_{11}$ 波的平均传输功率 $\overline{P}$ 为

$$\overline{P} = \frac{\omega\mu\beta\pi a^4}{4x'^4_{11}}\left|\boldsymbol{H}_0\right|^2\left(x'^2_{11} - 1\right) J_1^2(x'_{11}) \tag{3.3.57}$$

将 $P_L$ 和 $\overline{P}$ 代入 (3.2.59) 式衰减常数定义, 即得 $TE_{11}$ 型波的 $\alpha_c$ 为

$$\alpha_c = \frac{P_L}{2\overline{P}} = \frac{R_s}{\omega\mu\beta a^3}\frac{\beta^2 a^2 + x'^4_{11}}{x'^2_{11} - 1} \tag{3.3.58}$$

代入 $\beta = \omega\sqrt{\varepsilon\mu}\sqrt{1-\left(\lambda/\lambda_c\right)^2} = \dfrac{2\pi}{\lambda}\sqrt{1-\left(\lambda/\lambda_c\right)^2}$ 和 $x'_{11} = \delta'_{11}a = 2\pi a/\lambda_c$, 上式

可化为：

$$
\begin{aligned}
\alpha_c &= \frac{R_s}{a}\sqrt{\frac{\varepsilon}{\mu}}\frac{\sqrt{1-(\lambda/\lambda_c)^2}}{x'^2_{11}-1}\left[1+\frac{(\lambda/\lambda_c)^2 x'^2_{11}}{1-(\lambda/\lambda_c)^2}\right]\\
&= \frac{R_s}{a}\sqrt{\frac{\varepsilon}{\mu}}\left[\frac{1}{x'^2_{11}-1}+(\lambda/\lambda_c)^2\right]\left[1-(\lambda/\lambda_c)^2\right]^{-\frac{1}{2}}
\end{aligned}
\tag{3.3.59}
$$

为简洁起见, (3.3.59) 式中已将 $TE_{11}$ 波的截止波长 $\lambda_{c11}^{TE}$ 简写成 $\lambda_c$. 对于填充空气的圆波导 $TE_{11}$ 型波, $\varepsilon=\varepsilon_0,\mu=\mu_0\sqrt{\mu_0/\varepsilon_0}\approx 376.7\Omega$, $x'_{11}\approx 1.84118$ 和 $\lambda_{c11}^{TE}\approx 3.412579a$, 代入这些值于 $\alpha_c$ 中, 最后便得到衰减常数：

$$
\alpha_c=\frac{R_s}{a}\left[\frac{3.765}{\sqrt{1-(\lambda/\lambda_{c11}^{TE})^2}}+2.654\sqrt{1-(\lambda/\lambda_{c11}^{TE})^2}\right]\times 10^{-3}\ \mathrm{Np/m} \tag{3.3.60}
$$

由于圆波导几何的轴对称性和 $TE_{11}$ 波的场与方位角 $\varphi$ 有关, 随 $\varphi$ 角的变化一般是 $\cos\varphi$ 与 $\sin\varphi$ 的线性组合, 可表为 $\cos(\varphi+\varphi_0)$, 这里, $\varphi_0$ 为初始相角. 当 $\varphi_0=0$ 时, 即 $\cos\varphi$; $\varphi_0=-90°$ 时, 即 $\sin\varphi$. 不同的 $\varphi_0$ 取值场的极化方向不同, 然它们的传输特性完全相同, 表明 $TE_{11}$ 波是极化简并的. 因波导在制造过程中难以做到理想的“几何”圆, 而存在一定的椭圆度, 且可能随轴向变化, 致使 $TE_{11}$ 波在传输过程中可能产生极化面的旋转, 而影响系统的正常工作. 因此, 圆波导 $TE_{11}$ 波不适宜用于微波信号的传输, 它主要应用在某些波导器件中, 如天线收发开关、极化衰减器、法拉第旋转器和矩形一圆形波导过渡等.

(2) $TM_{01}$ 圆磁波

$TM_{01}$ 波是圆波导的所有模式中的第一高次模、$TM_{mn}$ 波中的最低次模, 其截止波长为

$$
\lambda_{c01}^{TM}=2.612741a \tag{3.3.61}
$$

由 (3.3.27) 式, 令其中 $m=0,n=1$, 可得 $TM_{01}$ 波的电磁场表示式：

$$
\begin{aligned}
E_\rho &= -\frac{\gamma}{\delta_{01}}E_0 J'_0\left(\frac{x_{01}}{a}\rho\right)e^{j\omega t-\gamma z}\\
E_z &= E_0 J_0\left(\frac{x_{01}}{a}\rho\right)e^{j\omega t-\gamma z}\\
H_\varphi &= -\frac{j\omega\varepsilon}{\delta_{01}}E_0 J'_0\left(\frac{x_{01}}{a}\rho\right)e^{j\omega t-\gamma z}\\
E_\varphi &= H_\rho = H_z = 0
\end{aligned}
\tag{3.3.62}
$$

式中, $\gamma=j\beta,\beta=\omega\sqrt{\varepsilon\mu}\sqrt{1-(\lambda/\lambda_{c01}^{TM})^2}$; $x_{01}=\delta_{01}a=2.404826$ 为 $J_0(x)$ 的第一个零点.

圆波导 $\mathrm{TM}_{01}$ 波的电磁场分布的示意图如图 3.3.4 所示.

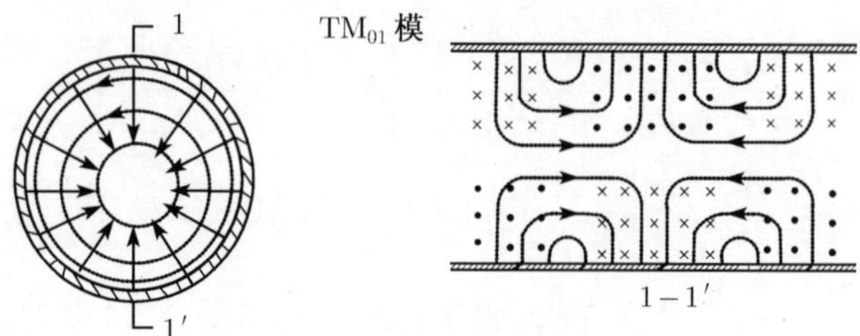


图 3.3.4 圆波导 $\mathrm{TM}_{01}$ 波的电磁场和壁电流分布

$\mathrm{TM}_{01}$ 波的波阻抗 $z_{\mathrm{TM}}$ 为

$$z_{\mathrm{TM}}=\frac{E_\rho}{H_\varphi}=\frac{\gamma}{\mathrm{j}\omega\varepsilon}=\eta\sqrt{1-\left(\lambda/\lambda_{c01}^{\mathrm{TM}}\right)^2} \tag{3.3.63}$$

由场边界条件 (1.4.11) 式可知, 圆波导的壁面电流为

$$\boldsymbol{J}_S=\hat{\boldsymbol{n}}\times\boldsymbol{H}\big|_{\rho=a}=-\hat{\boldsymbol{a}}_\rho\times\hat{\boldsymbol{a}}_\varphi\ H_\varphi|_{\rho=a}$$

对于 $\mathrm{TM}_{01}$ 型波, 由于 $H_z=0$, 故 $\boldsymbol{J}_S$ 只有沿 $z$ 方向的纵向电流, 因 $J_0'(x)=-J_1(x)$, 而有

$$J_z=-H_\varphi|_{\rho=a}=-\frac{\mathrm{j}\omega\varepsilon a}{2.4048}E_0J_1\left(2.405\right)\mathrm{e}^{\mathrm{j}(\omega t-\beta z)} \tag{3.3.64}$$

采用求 $\mathrm{TE}_{11}$ 波 $P_L$ 的相同方法, 可得单位长度圆波导 $\mathrm{TM}_{01}$ 波平均功率损耗:

$$P_L=\frac{R_S}{2}\oint_l[\boldsymbol{H}_t\cdot\boldsymbol{H}_t^*]_{\rho=a}\,\mathrm{d}l=\frac{R_S}{2}\int_0^{2\pi}\left[H_\varphi H_\varphi^*\right]_{\rho=a}a\mathrm{d}\varphi \tag{3.3.65}$$

将 (3.3.62) 式中的磁场 $H_\varphi$ 代入上式, 得

$$\begin{aligned}P_L&=\frac{R_S}{2}\left|\boldsymbol{E}_0\right|^2\int_0^{2\pi}\frac{\omega^2\varepsilon^2}{\delta_{10}^2}J'^2_0\left(x_{01}\right)a\mathrm{d}\varphi\\&=\frac{R_S\pi\omega^2\varepsilon^2a^3}{x_{01}^2}\left|\boldsymbol{E}_0\right|^2J'^2_0\left(x_{01}\right)\end{aligned} \tag{3.3.66}$$

式中, $R_S=\sqrt{\dfrac{\omega\mu_1}{2\sigma}}$ 为波导壁的波阻抗的实部.

另一方面, 由 (3.3.47) 式, 令 $m=0,n=1$, 可得 $\mathrm{TM}_{01}$ 波的平均传输功率 $\overline{P}$ 为

$$\overline{P}=\frac{\omega\varepsilon\beta\pi a^4}{2x_{01}^2}\left|\boldsymbol{E}_0\right|^2J'^2_0(x_{01}^2) \tag{3.3.67}$$

将 $P_L$ 和 $\overline{P}$ 代入 (3.2.59) 式衰减常数定义, 即得 $\mathrm{TM}_{01}$ 波的 $\alpha_c$ 为

$$\alpha_c=\frac{P_L}{2\overline{P}}=\frac{R_S}{a}\frac{\omega\varepsilon}{\beta} \tag{3.3.68}$$

因 $z_{\rm TM}=\dfrac{\beta}{\omega\varepsilon}$; $z_{\rm TM}=\sqrt{\dfrac{\mu}{\varepsilon}}\sqrt{1-\left(\lambda/\lambda_{c01}^{\rm TM}\right)^2}$, 于是, (3.3.68) 式可化为

$$\alpha_c=\frac{R_S}{a}\sqrt{\frac{\varepsilon}{\mu}}\left[1-\left(\lambda/\lambda_{c01}^{\rm TM}\right)^2\right]^{-\frac{1}{2}} \tag{3.3.69}$$

对于填充空气的圆波导 $\mathrm{TM}_{01}$ 波, $\sqrt{\mu_0/\varepsilon_0}\approx 376.7\Omega$ 和$\lambda_{c01}^{\rm TM}\approx 2.612740a$, 代入这些值于 $\alpha_c$ 中, 最后便得到 $\mathrm{TM}_{01}$ 波的衰减常数:

$$\alpha_c=2.654\frac{R_S}{a}\left[1-\left(\frac{\lambda}{2.613a}\right)^2\right]^{-\frac{1}{2}}\times 10^{-3}\ \mathrm{Np/m} \tag{3.3.70}$$

$\mathrm{TM}_{01}$ 波的特点是其磁场仅有沿 $\varphi$ 方向的分量 $H_\varphi$ , 即波导中磁感线图形为同心圆, 故而有圆磁波之称. 由于圆波导中的 $\mathrm{TM}_{01}$ 波同时具有结构上的和电特性上的对称性, 因而它被应用于雷达天线与馈线波导联接的旋转接头中; 此外, 由于在轴线上 ($\rho=0$), 有较强的轴向电场, 因而可有效地与沿轴向运动的电子流交换能量, 从而可应用于微波管和直线加速器的谐振腔和慢波系统中.

(3) $\mathrm{TE}_{01}$ 圆电波

圆波导中的 $\mathrm{TE}_{01}$ 波亦是一具有实际应用的一种波型. 它的截止波长为

$$\lambda_{c01}^{\rm TE}=1.639788a \tag{3.3.71}$$

由 (3.3.17) 式, 令其中 $m=0,n=1$, 可得 $\mathrm{TE}_{01}$ 波的电磁场表示式:

$$\begin{aligned}
E_\varphi&=\frac{\mathrm{j}\omega\mu}{\delta'_{01}}H_0J'_0\left(\frac{x'_{01}}{a}\rho\right)\mathrm{e}^{\mathrm{j}\omega t-\gamma z}\\
H_\rho&=-\frac{\gamma}{\delta'_{01}}H_0J'_0\left(\frac{x'_{01}}{a}\rho\right)\mathrm{e}^{\mathrm{j}\omega t-\gamma z}\\
H_z&=H_0J_0\left(\frac{x'_{01}}{a}\rho\right)\mathrm{e}^{\mathrm{j}\omega t-\gamma z}\\
E_\rho&=E_z=H_\varphi=0
\end{aligned} \tag{3.3.72}$$

式中, $\gamma=\mathrm{j}\beta,\beta=\omega\sqrt{\varepsilon\mu}\sqrt{1-\left(\lambda/\lambda_{c01}^{\rm TE}\right)^2}$; $x'_{01}=\delta'_{01}a=3.831706$ 为 $J'_0(x)$ 的第一个零点.

圆波导 $\mathrm{TE}_{01}$ 波的电磁场分布示意图如图 3.3.5 所示.

$\mathrm{TE}_{01}$ 波的波阻抗 $z_{\rm TE}$ 为

$$z_{\rm TE}=-\frac{E_\varphi}{H_\rho}=\frac{\mathrm{j}\omega\mu}{\gamma}=\eta\left[1-\left(\lambda/\lambda_{c01}^{\rm TE}\right)^2\right]^{-\frac{1}{2}} \tag{3.3.73}$$

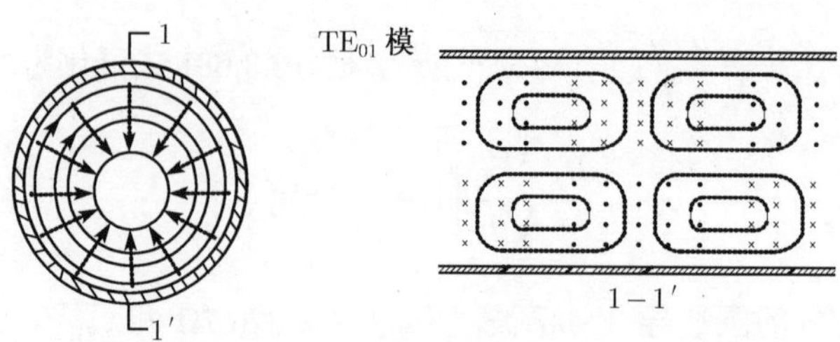


图 3.3.5 圆波导 $\mathrm{TE}_{01}$ 波的电磁场分布

由场边界条件 (1.4.11) 式可知, 波导壁面电流为 $\boldsymbol{J}_S = \hat{\boldsymbol{n}} \times \hat{\boldsymbol{a}}_z\, H_z|_{\rho=a} = -\hat{\boldsymbol{a}}_\rho \times \hat{\boldsymbol{a}}_z\, H_z|_{\rho=a}$. 对于 $\mathrm{TE}_{01}$ 波, 因 $H_z \neq 0$、$H_\varphi = 0$, 故 $\boldsymbol{J}_S$ 只有沿 $\varphi$ 方向的环形电流, 因 $J'_0(x) = -J_1(x)$, 而有

$$J_\varphi = H_z|_{\rho=a} = H_0 J_0\,(3.832)\,\mathrm{e}^{\mathrm{j}(\omega t - \beta z)} \tag{3.3.74}$$

采用求 $\mathrm{TE}_{01}$ 波 $P_L$ 的相同方法, 可得单位长度圆波导 $\mathrm{TE}_{01}$ 波功率损耗:

$$P_L = \frac{R_S}{2}\oint_l [\boldsymbol{H}_t \cdot \boldsymbol{H}_t^*]_{\rho=a}\,\mathrm{d}l = \frac{R_S}{2}\int_0^{2\pi} [H_z H_z^*]_{\rho=a}\, a\mathrm{d}\varphi \tag{3.3.75}$$

将 (3.3.72) 式中的磁场 $H_z$ 代入上式, 得

$$P_L = \frac{R_S}{2}\left|\boldsymbol{H}_0\right|^2 \int_0^{2\pi} J_0^2\,(x'_{01})\, a\mathrm{d}\varphi = R_S \pi a \left|\boldsymbol{H}_0\right|^2 J_0^2\,(x'_{01}) \tag{3.3.76}$$

式中, $R_S = \sqrt{\dfrac{\omega\mu_1}{2\sigma}}$ 为波导壁的波阻抗的实部.

另一方面, 由 (3.3.44) 式, 令 $m = 0, n = 1$, 可得 $\mathrm{TE}_{01}$ 波的传输功率 $\overline{P}$ 为

$$\overline{P} = \frac{\omega\mu\beta\pi a^4}{2x'^2_{01}}\left|\boldsymbol{H}_0\right|^2 J_0^2(x'_{01}) \tag{3.3.77}$$

将 $P_L$ 和 $\overline{P}$ 代入 (3.2.59) 式衰减常数定义, 即得 $\mathrm{TE}_{01}$ 波的 $\alpha_c$ 为

$$\alpha_c = \frac{P_L}{2\overline{P}} = \frac{R_S}{a}\frac{x'^2_{01}}{\omega\mu\beta a^2} \tag{3.3.78}$$

代入 $\omega = \dfrac{2\pi}{\lambda\sqrt{\mu\varepsilon}}$、$\beta = \dfrac{2\pi}{\lambda}\sqrt{1 - \left(\lambda/\lambda_{c01}^{\mathrm{TE}}\right)^2}$ 和$x'_{01} = \delta'_{01} a = 2\pi a/\lambda_{c01}^{\mathrm{TE}}$, 则 (3.3.78) 式可化为

$$\alpha_c = \frac{R_S}{a}\sqrt{\frac{\varepsilon}{\mu}}\left(\lambda/\lambda_{c01}^{\mathrm{TE}}\right)^2\left[1 - \left(\lambda/\lambda_{c01}^{\mathrm{TE}}\right)^2\right]^{-\frac{1}{2}} \tag{3.3.79}$$

对于填充空气的圆波导 $TE_{01}$ 波, $\sqrt{\mu_0/\varepsilon_0} \approx 376.7\Omega$, $\lambda_{c01}^{TE} \approx 1.639788a$, 代入这些值于 $\alpha_c$ 中, 最后便得到 $TE_{01}$ 波的衰减常数:

$$\alpha_c = 2.654\frac{R_S}{a}\left(\frac{\lambda}{1.640a}\right)^2\left[1-\left(\frac{\lambda}{1.640a}\right)^2\right]^{-\frac{1}{2}} \times 10^{-3}\ \text{Np/m} \tag{3.3.80}$$

$TE_{01}$ 波的特点是电场仅有沿 $\varphi$ 方向的分量 $E_\varphi$, 其电场线为同心圆, 故有圆电波之称. 沿波导壁 $TE_{01}$ 波的磁场仅有 $H_z$, 因而其波导壁上仅有沿 $\varphi$ 方向电流而无纵向电流; 此外, $TE_{01}$ 波的衰减系数具有随工作频率的升高而降低的特性, 因而, 它在高 Q 微波谐振腔的设计中具有重要应用. $TE_{01}$ 波是较高次模, 波导中可能存在有 $TE_{11}, TM_{01}, TE_{21}$ 等低次模, 以及与之相简并的 $TM_{11}$ 等寄生模, 它们的存在会导致 $TE_{01}$ 波的附加衰减和信号畸变. 为实现单模工作, 则必须泸除和防范出现这些寄生模, 对波导的制造、加工也提出有严格要求.

## 3.4 同 轴 线

同轴(传输)线是由两同轴的圆柱导体所构成的导波系统, 其内导体的外半径为 $a$, 外导体的内半径为 $b$, 同轴线内外导体间填充 $\varepsilon$、$\mu$ 介质, 如图 3.4.1 所示.

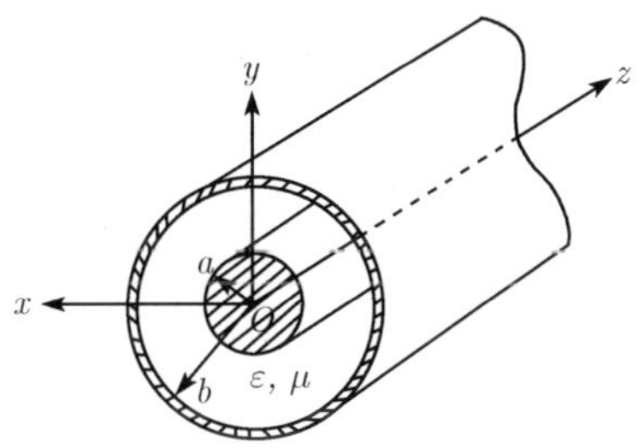


图 3.4.1 同轴线

同轴线有硬同轴线和软同轴线两种结构, 前者称为同轴波导, 后者称为同轴电缆. 硬同轴线内外导体间填充的介质一般为空气, 其间每隔一定距离放置有高频环形状介质支撑, 以保证其同轴和绝缘; 软同轴线内导体为单根或多股绞合铜线, 外导体由铜丝编织而成, 其间填充的是高频低耗介质.

同轴线是一种双导体传输线, 又是一种同轴圆柱波导, 因而在同轴线中既可以传输无色散的 TEM 波, 也可以传输色散的 TE 和 TM 波. 由于 TEM 波的截止波长 $\lambda_c = \infty$, 因此, 它是同轴线中的主模, 而其它所有 TE 和 TM 波均是高次模; TEM 波的截止频率 $f_c = 0$, 表明它可作为一种具有宽带特性的传输线, 其工作频率可以从直流一直到毫米波段, 频率高端主要受到同轴线工作频率愈高实现 TEM 波单模传输所要求其尺寸愈小, 从而导致其传输损耗愈大, 以及过小的尺寸使得加工要求过严所限制.

以下分别讨论同轴线中的 TEM 主型波, 和 TE 与 TM 高次模的场结构及其主要特性.

### 3.4.1　同轴线中的 TEM 波(主模)

(1) 电磁场结构

采用圆柱坐标系 $(\rho,\varphi,z)$, 同轴线中沿其轴向 $z$ 传播的电磁场为

$$\boldsymbol{E}=\boldsymbol{E}_0(\rho,\varphi)\mathrm{e}^{\mathrm{j}\omega t-\lambda z}\quad \text{和}\quad \boldsymbol{H}=\boldsymbol{H}_0(\rho,\varphi)\mathrm{e}^{\mathrm{j}\omega t-\lambda z}\tag{3.4.1}$$

对于 TEM 波, 场纵向分量 $E_z=H_z=0$, 于是, 由 (3.1.51) 和 (3.1.52) 式可知场的横向分量 $\boldsymbol{E}_\mathrm{T}$ 和 $\boldsymbol{H}_\mathrm{T}$ 满足 Laplace 方程:

$$\nabla_\mathrm{T}^2\boldsymbol{E}_\mathrm{T}(\rho,\varphi)=0\tag{3.4.2}$$

$$\nabla_\mathrm{T}^2\boldsymbol{H}_\mathrm{T}(\rho,\varphi)=0\tag{3.4.3}$$

这表明同轴线 TEM 波的电场 $\boldsymbol{E}_\mathrm{T}$ 和磁场 $\boldsymbol{H}_\mathrm{T}$ 的横向分布与静电场和稳恒磁场分布相同. 事实上, 直接由 Maxwell 场方程 $\nabla\times\boldsymbol{E}=-\mathrm{j}\omega\mu\boldsymbol{H}$, 因 $E_z=H_z=0$ 和 $\dfrac{\partial}{\partial z}=-\gamma$, 我们可得

$$\frac{1}{\rho}\frac{\partial E_z}{\partial\varphi}-\frac{\partial E_\varphi}{\partial z}=-\mathrm{j}\omega\mu H_\rho\rightarrow\quad \gamma E_\varphi=-\mathrm{j}\omega\mu H_\rho\tag{3.4.4}$$

$$\frac{\partial E_\rho}{\partial z}-\frac{\partial E_z}{\partial\rho}=-\mathrm{j}\omega\mu H_\varphi\rightarrow\quad -\gamma E_\rho=-\mathrm{j}\omega\mu H_\varphi\tag{3.4.5}$$

$$\frac{1}{\rho}\frac{\partial(\rho E_\varphi)}{\partial\rho}-\frac{1}{\rho}\frac{\partial E_\rho}{\partial\varphi}=-\mathrm{j}\omega\mu H_z\rightarrow\quad \frac{\partial(\rho E_\varphi)}{\partial\rho}-\frac{\partial E_\rho}{\partial\varphi}=0\tag{3.4.6}$$

而由 Maxwell 场方程 $\nabla\times\boldsymbol{H}=\mathrm{j}\omega\varepsilon\boldsymbol{E}$, 我们可得

$$\frac{1}{\rho}\frac{\partial H_z}{\partial\varphi}-\frac{\partial H_\varphi}{\partial z}=\mathrm{j}\omega\varepsilon E_\rho\rightarrow\quad \gamma H_\varphi=\mathrm{j}\omega\varepsilon E_\rho\tag{3.4.7}$$

$$\frac{\partial H_\rho}{\partial z}-\frac{\partial H_z}{\partial\rho}=\mathrm{j}\omega\varepsilon E_\varphi\rightarrow\quad -\gamma H_\rho=\mathrm{j}\omega\mu E_\varphi\tag{3.4.8}$$

$$\frac{1}{\rho}\frac{\partial(\rho H_\varphi)}{\partial\rho}-\frac{1}{\rho}\frac{\partial H_\rho}{\partial\varphi}=\mathrm{j}\omega\varepsilon E_z\rightarrow\quad \frac{\partial(\rho H_\varphi)}{\partial\rho}-\frac{\partial H_\rho}{\partial\varphi}=0\tag{3.4.9}$$

同轴线的边界条件为 $E_\varphi|_{\rho=a,b}=0$ 或 $H_\rho|_{\rho=a,b}=0$, 因对任意的 $a$、$b$ 值它均应成立, 故由 (3.4.4) 式有:

$$E_\varphi(\rho,\varphi)=0\quad \text{和}\quad H_\rho(\rho,\varphi)=0\tag{3.4.10}$$

于是, 由 (3.4.6) 式得 $\dfrac{\partial E_\rho}{\partial \varphi}=0$, 故可知有 $E_\rho=E_\rho(\rho)$, 与 $\varphi$ 无关. 因此, (3.4.4)~(3.4.9) 式六个方程减少成三个:

$$\gamma E_\rho=\mathrm{j}\omega\mu H_\varphi \tag{3.4.11}$$

$$\gamma H_\varphi=\mathrm{j}\omega\varepsilon E_\rho \tag{3.4.12}$$

$$\frac{\partial}{\partial\rho}(\rho H_\varphi)=0 \tag{3.4.13}$$

由 (3.4.11) 和 (3.4.12) 式, 可得

$$\gamma^2=-\omega^2\varepsilon\mu \quad 或 \quad \gamma=\mathrm{j}\omega\sqrt{\varepsilon\mu} \tag{3.4.14}$$

而

$$\delta^2=\gamma^2+\omega^2\varepsilon\mu=0 \tag{3.4.15}$$

如 3.1 节中讨论波型分类时就曾指出的, 对于 TEM 波, 有截止波数 $\delta=0$.

对 (3.4.13) 式进行积分, 可得 $\rho H_\varphi=H_0$, 计入波因子 $\mathrm{e}^{\mathrm{j}\omega t-\gamma z}$, 即有

$$H_\varphi=H_0\frac{1}{\rho}\mathrm{e}^{\mathrm{j}\omega t-\gamma z} \tag{3.4.16}$$

式中, $H_0$ 为积分常数. 而将它代入 (3.4.11) 式, 便可得

$$E_\rho=\frac{\mathrm{j}\omega\mu}{\gamma}H_\varphi=H_0\sqrt{\frac{\mu}{\varepsilon}}\frac{1}{\rho}\mathrm{e}^{\mathrm{j}\omega t-\gamma z} \tag{3.4.17}$$

积分常数 $H_0$ 可应用安培环流定律或场的边界条件确定. 由安培环流定律, 有

$$\oint_l H_\varphi\rho\mathrm{d}\varphi=I_z \tag{3.4.18}$$

式中, $I_z=I_{zm}\mathrm{e}^{\mathrm{j}\omega t-\gamma z}$ 为通过同轴线内导体的电流. 将 (3.4.16) 式代入上式积分后可得 $H_0=\dfrac{I_{zm}}{2\pi}$; 而按同轴线内导体磁场边界条件 $\boldsymbol{J}_S=\hat{\boldsymbol{a}}_\rho\times\hat{\boldsymbol{a}}_\varphi H_\varphi|_{\rho=a}=\hat{\boldsymbol{a}}_z H_\varphi|_{\rho=a}$, 可知 $J_{Sz}=J_{zm}\mathrm{e}^{\mathrm{j}\omega t-\gamma z}=(H_0/a)\,\mathrm{e}^{\mathrm{j}\omega t-\gamma z}$, 而 $I_{zm}=2\pi aJ_{Sm}$, 故由此亦可确定出 $H_0=I_{zm}/2\pi$, 于是, (3.4.16) 和 (3.4.17) 式可表示为

$$H_\varphi=\frac{I_{zm}}{2\pi\rho}\mathrm{e}^{\mathrm{j}\omega t-\gamma z} \tag{3.4.19}$$

$$E_\rho=\sqrt{\frac{\mu}{\varepsilon}}\frac{I_{zm}}{2\pi\rho}\mathrm{e}^{\mathrm{j}\omega t-\gamma z} \tag{3.4.20}$$

同轴线中的 TEM 波电场只有径向分量 $E_\rho$、磁场只有周向分量 $H_\varphi$, 它们与 $\rho$ 成反比, 在内导体 $\rho=a$ 处场强最大; 其场结构具有轴对称, 电场线是经向线, 磁感线为同心圆, 如图 3.4.2 所示. $E_\rho$ 与 $H_\varphi$ 之比等于电磁波在 $\varepsilon,\mu$无限媒质中的波阻抗 $\eta=\sqrt{\mu/\varepsilon}$.

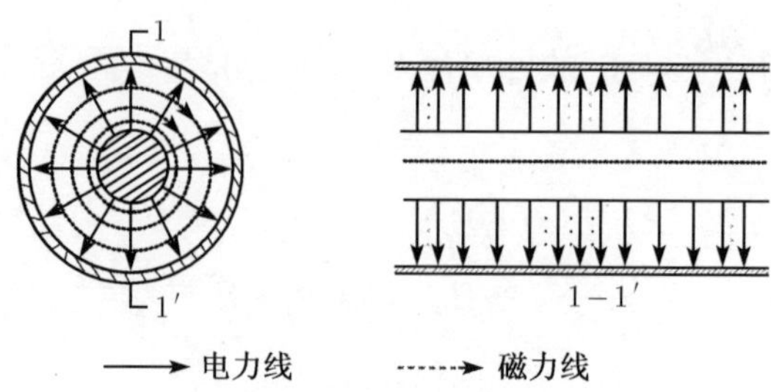


图 3.4.2　同轴线中 TEM 波的场分布

(2) 传输特性

以下讨论同轴线中的 TEM 波的截止频率、截止波长、相位常数、波导波长、传输线特性阻抗、传输功率、功率容量和衰减常数等传输特性.

由 (3.1.59)~(3.1.62) 式, 可得截止频率 $f_c$、截止波长 $\lambda_c$、相位常数 $\beta$ 和波导波长 $\lambda_g$ 为

$$\begin{aligned} f_c &= \frac{\delta}{2\pi\sqrt{\varepsilon\mu}} = 0, \quad \lambda_c = \frac{2\pi}{\delta} = \infty \\ \beta &= \frac{2\pi}{\lambda} = \omega\sqrt{\varepsilon\mu}, \quad \lambda_c = \frac{2\pi}{\delta} = \infty \end{aligned} \tag{3.4.21}$$

而由 (3.1.64)、(3.1.65) 和 (3.1.68) 式可得相速 $v_{\mathrm{p}}$、群速 $v_{\mathrm{g}}$ 和波阻抗 $z_{\mathrm{TEM}}$ 分别为

$$v_{\mathrm{p}} = \frac{\omega}{\beta} = \frac{1}{\sqrt{\varepsilon\mu}} = v_c; v_{\mathrm{g}} = \frac{\mathrm{d}\omega}{\mathrm{d}\beta} = \frac{1}{\sqrt{\varepsilon\mu}} = v_{\mathrm{p}}; z_{\mathrm{TEM}} = \frac{E_\rho}{H_\varphi} = \sqrt{\frac{\mu}{\varepsilon}} = \eta \tag{3.4.22}$$

由 (3.4.20) 式, 我们可求出同轴线的内外导体之间所存在的电位差 $U$:

$$U = \int_a^b E_\rho \mathrm{d}\rho = \int_a^b \frac{I_{zm}}{2\pi\rho}\sqrt{\frac{\mu}{\varepsilon}}\mathrm{e}^{\mathrm{j}\omega t-\gamma z}\mathrm{d}\rho = \frac{I_{zm}}{2\pi}\sqrt{\frac{\mu}{\varepsilon}}\ln\frac{b}{a}\mathrm{e}^{\mathrm{j}\omega t-\gamma z} \tag{3.4.23}$$

传输线上的行波电压与行波电流之比是一个非常重要的量, 具有阻抗量纲, 其值只与传输线的几何尺寸和物理特性参数有关. 对于同轴线, 由 (3.4.23) 式, 有

$$Z_c = \frac{U}{I_z} = \frac{1}{2\pi}\sqrt{\frac{\mu}{\varepsilon}}\ln\frac{b}{a} \tag{3.4.24}$$

$Z_c$ 称为传输线的特性阻抗. 对于填充介质为非磁性介质 $\mu = \mu_0$, (3.4.24) 式可写为

$$Z_c = \frac{60}{\sqrt{\varepsilon_r}}\ln\frac{b}{a} = \frac{138}{\sqrt{\varepsilon_r}}\lg\frac{b}{a} \tag{3.4.25}$$

这表明 $Z_c$ 与比值 $b/a$ 的对数成正比. 例如, 若 $\varepsilon_r \approx 1$, 当 $b/a = 2.3$ 时, $Z_c \approx 50\Omega$; 而当 $b/a = 3.5$ 时, $Z_c \approx 75\Omega$.

现在, 我们来计算同轴线中的 TEM 波的传输功率 $\overline{P}$、功率容量和导体的衰减常数 $\alpha_c$.

对于同轴线中 TEM 波, 通过横截面 $S$ 传输的平均功率 $\overline{P}$ 可应用 (3.3.40) 式计算, 而有

$$\overline{P}=\iint_S \frac{1}{2}\mathrm{Re}\left[\frac{1}{z_{\mathrm{TEM}}}\left(E_\rho E_\rho^*+E_\varphi E_\varphi^*\right)\right]\mathrm{d}S \tag{3.4.26}$$

将 (3.4.20) 式代入后, 可得

$$\overline{P}=\int_a^b\int_0^{2\pi}\frac{1}{2}\mathrm{Re}\left[\frac{1}{\eta}E_\rho E_\rho^*\right]\rho\mathrm{d}\rho\mathrm{d}\varphi=\frac{\eta}{4\pi}\left|I_{zm}\right|^2\int_a^b\frac{1}{\rho}\mathrm{d}\rho$$

即有

$$\overline{P}=\frac{\eta}{4\pi}\left|I_{zm}\right|^2\ln\frac{b}{a} \tag{3.4.27}$$

当同轴线中的最大场强等于介质的击穿场强, 即 $E_{\max}=E_{Bd}$ 时, 它所相应的传输功率则称为功率容量或击穿功率 $\overline{P}_{Bd}$. 故由 (3.4.20) 式, 可得

$$E_{Bd}=E_{\max}=\frac{\eta}{2\pi a}\left|I_{zm}\right|^2 \tag{3.4.28}$$

于是, 由 (3.4.27) 式可得功率容量为

$$\overline{P}_{Bd}=\frac{\pi a^2}{\eta}E_{Bd}^2\ln\frac{b}{a} \tag{3.4.29}$$

每单位长度同轴线所消耗在其内、外导体上的平均功率可亦可应用 (3.3.39) 式计算, 即

$$P_L=\frac{R_S}{2}\int_0^{2\pi}\left[H_\varphi H_\varphi^*\right]_{\rho=a}a\mathrm{d}\varphi+\frac{R_S}{2}\int_0^{2\pi}\left[H_\varphi H_\varphi^*\right]_{\rho=b}b\mathrm{d}\varphi \tag{3.4.30}$$

将 (3.4.19) 式代入后, 可得

$$P_L=\frac{R_S}{4\pi}\left|I_{zm}\right|^2\left(\frac{1}{a}+\frac{1}{b}\right) \tag{3.4.31}$$

故同轴线的衰减常数 $\alpha_c$ 为

$$\alpha_c=\frac{P_L}{2\overline{P}}=\frac{R_S}{2\eta}\frac{1}{\ln\frac{b}{a}}\left(\frac{1}{a}+\frac{1}{b}\right)\mathrm{Np/m} \tag{3.4.32}$$

式中, $R_S=\sqrt{\dfrac{\omega\mu_1}{2\sigma_1}}$ 为同轴线导体的波阻抗.

当同轴线中的介质 $\sigma\neq 0$, 而存在介质损耗时, 对于 TEM 波, 则有

$$\gamma=\mathrm{j}\omega\sqrt{\tilde{\varepsilon}\mu}=\mathrm{j}\omega\sqrt{\left(\varepsilon-\mathrm{j}\sigma/\omega\right)\mu}=\alpha_d+\mathrm{j}\beta \tag{3.4.33}$$

通常, 因介质损耗很低, 而有 $\dfrac{\sigma}{\omega\varepsilon} \ll 10^{-2}$, 此时, 我们便可直接应用 (2.2.6) 式结果, 求得介质衰减常数 $\alpha_d$:

$$\alpha_d = \frac{1}{2}\sigma\sqrt{\frac{\mu}{\varepsilon}} = \frac{1}{2}\omega\sqrt{\varepsilon\mu}\tan\delta_\varepsilon \tag{3.4.34}$$

式中, $\tan\delta_\varepsilon = \dfrac{\sigma}{\omega\varepsilon}$ 为损耗角正切. 通常, $\mu = \mu_0$, (3.4.34) 式亦可写为

$$\alpha_d = \frac{\pi\sqrt{\varepsilon_r}}{\lambda_0}\tan\delta_\varepsilon \text{ Np/m} = 27.3\frac{\sqrt{\varepsilon_r}}{\lambda}\tan\delta_\varepsilon \text{ dB/m} \tag{3.4.35}$$

式中, $\lambda_0$ 为在 $\varepsilon_0, \mu_0$ 无界媒质中电波的波长; 1Np $\approx$ 8.686dB 或 1dB $\approx$ 0.1151 Np.

从 (3.4.32) 式可见, 同轴线的导体衰减 $\alpha_c$ 与 $R_S$ 成正比, 即与 $\sqrt{\omega}$ 成正比, 故它随工作频率 $f$ 的增高而增大, 因而限制了它的使用范围; 当比值 $b/a$ 一定时, $b$(或 $a$)越小, $\alpha_c$ 越大, 且内导体的半径 $a$ 起主要作用; 利用求函数极值的方法, 不难求得当 $b$(或 $a$)一定时, $\alpha_c$ 随 $b/a$ 的变化于 $b/a \approx 3.59$ 处呈现有一最小值, 此时, 相应的同轴线特性阻抗 $Z_c \approx 77/\sqrt{\varepsilon_r}\Omega$, 对于空气同轴线, $Z_c \approx 77\Omega$.

从 (3.4.34) 式可见, 同轴线的介质衰减 $\alpha_d$ 与其尺寸无关, 而仅决定于填充介质的特性. 若填充的介质为空气, 则其损耗可忽略不计.

### 3.4.2 同轴线中的 TE 和 TM 高次波

对于同轴线, 如上所述波动方程 (3.1.9) 和 (3.1.10) 可存在有截止波数 $\delta = 0$ 情形的解, 亦即在同轴线中可以传输 TEM 波. 此外, 同轴线中可以传输 $\delta \neq 0$ 的 TE 和 TM 高次波.

采用纵向场法, 我们可求得同轴线中的 TE 和 TM 波的场表示式.

(1) 对于 $\mathrm{TE}_{mn}(\mathrm{H}_{mn})$ 波, $E_z = 0$, 而

$$H_z(\rho, \varphi, z, t) = H_z(\rho, \varphi)\mathrm{e}^{\mathrm{j}\omega t - \gamma z} \tag{3.4.36}$$

$H_z$ 满足如下波动方程:

$$\frac{\partial^2 H_z}{\partial \rho^2} + \frac{1}{\rho}\frac{\partial H_z}{\partial \rho} + \frac{1}{\rho^2}\frac{\partial^2 H_z}{\partial \varphi^2} + \delta^2 H_z = 0 \tag{3.4.37}$$

应用分离变量法, 采用与圆波导相同步骤, 我们可求得其解为

$$H_z(\rho, \varphi) = [AJ_m(\delta\rho) + BY_m(\delta\rho)]\begin{Bmatrix} \cos(m\varphi) \\ \sin(m\varphi) \end{Bmatrix} \tag{3.4.38}$$

式中, $A$ 和 $B$ 为待定积分常数; 本征值 $\delta$ 则可由边界条件确定.

对于同轴线, $H_z$ 应满足的边界条件是

$$\left.\frac{\partial H_z}{\partial \rho}\right|_{\rho=a}=0 \quad 和 \quad \left.\frac{\partial H_z}{\partial \rho}\right|_{\rho=b}=0 \tag{3.4.39}$$

由此可得

$$AJ'_m(\delta a)+BY'_m(\delta a)=0 \quad 和 \quad AJ'_m(\delta b)+BY'_m(\delta b)=0$$

故有

$$\frac{J'_m(\delta a)}{Y'_m(\delta a)}=\frac{J'_m(\delta b)}{Y'_m(\delta b)} \quad 或 \quad J'_m(\delta a)Y'_m(\delta b)-J'_m(\delta b)Y'_m(\delta a)=0 \tag{3.4.40}$$

令 $x=\delta a$ 和 $c=b/a$, 则 (3.4.40) 式可写成

$$J'_m(x)Y'_m(cx)-J'_m(cx)Y'_m(x)=0 \tag{3.4.41}$$

表明 $x$ 应是以上具有参数 $c$ 的超越方程 (3.4.41) 的根. 记它的第 $n$ 个根为 $x'_{mn}$, 而记相应的截止波数为 $\delta=\delta'_{mn}$, 故有

$$\delta'_{mn}=x'_{mn}/a \quad 和 \quad x'_{mn}=\delta'_{mn}a \tag{3.4.42}$$

将 (3.4.38) 式 $H_z$ 和 $E_z=0$ 代入 (3.3.1) 式, 计入波因子 $\mathrm{e}^{\mathrm{j}\omega t-\gamma z}$ 后就可得同轴线中沿 $+z$ 方向传播的 $\mathrm{TE}_{mn}$ 波的电磁场表示式为

$$\begin{aligned}
&E_\rho=\pm\frac{\mathrm{j}\omega\mu m}{\delta'^2_{mn}\rho}\left[AJ_m(\delta'_{mn}\rho)+BY_m(\delta'_{mn}\rho)\right]\left\{\begin{matrix}\sin(m\varphi)\\ \cos(m\varphi)\end{matrix}\right\}\mathrm{e}^{\mathrm{j}\omega t-\gamma z}\\
&E_\varphi=\frac{\mathrm{j}\omega\mu}{\delta'_{mn}}H_0\left[AJ'_m(\delta'_{mn}\rho)+BY'_m(\delta'_{mn}\rho)\right]\left\{\begin{matrix}\cos(m\varphi)\\ \sin(m\varphi)\end{matrix}\right\}\mathrm{e}^{\mathrm{j}\omega t-\gamma z}\\
&E_z=0\\
&H_\rho=-\frac{\gamma}{\delta'_{mn}}\left[AJ'_m(\delta'_{mn}\rho)+BY'_m(\delta'_{mn}\rho)\right]\left\{\begin{matrix}\cos(m\varphi)\\ \sin(m\varphi)\end{matrix}\right\}\mathrm{e}^{\mathrm{j}\omega t-\gamma z}\\
&H_\varphi=\pm\frac{\gamma m}{\delta'^2_{mn}\rho}\left[AJ_m(\delta'_{mn}\rho)+BY_m(\delta'_{mn}\rho)\right]\left\{\begin{matrix}\sin(m\varphi)\\ \cos(m\varphi)\end{matrix}\right\}\mathrm{e}^{\mathrm{j}\omega t-\gamma z}\\
&H_z=\left[AJ_m(\delta'_{mn}\rho)+BY_m(\delta'_{mn}\rho)\right]\left\{\begin{matrix}\cos(m\varphi)\\ \sin(m\varphi)\end{matrix}\right\}\mathrm{e}^{\mathrm{j}\omega t-\gamma z}
\end{aligned} \tag{3.4.43}$$

式中, $\gamma=\mathrm{j}\beta,\beta=\omega\sqrt{\varepsilon\mu}\sqrt{1-\left(\lambda/\lambda_c\right)^2}$; $\delta'_{mn}=x'_{mn}/a$; $\delta'^2_{mn}=\gamma^2+\omega^2\varepsilon\mu$. 对给定参数 $c$ 和阶 $m$, $\delta'_{mn}=x'/a$ 是超越方程 (3.4.41) 的根, 可采用数值方法编程精确计算 (详见附录 H).

表 3.4.1 列出了参数 $c=2.3$ 与 $c=3.5$ 时, 函数 $J'_m(x)Y'_m(cx)-J'_m(cx)Y'_m(x)$ 几个低阶前三个零点 $x'_{mn}$ 和 $(c-1)x'_{mn}$ 的值.

**表 3.4.1　$J'_m(x)Y'_m(cx) - J'_m(cx)Y'_m(x)$ 的零点 $x'_{mn}$ 和 $(c-1)x'_{mn}(c=b/a)$**

| $m-n$ | $x'_{mn}$ | $(c-1)x'_{mn}$ | $x'_{mn}$ | $(c-1)x'_{mn}$ |
|---|---|---|---|---|
| | $(c=2.3)$ | | $(c=3.5)$ | |
| 0−1 | 2.4765538 | 3.2195199 | 1.3219774 | 3.3049436 |
| 0−2 | 4.8658058 | 6.3255474 | 2.5522076 | 6.3805191 |
| 0−3 | 7.2719615 | 9.4535496 | 3.7970962 | 9.4927404 |
| 1−1 | 0.6186323 | 0.8042219 | 0.4571151 | 1.1427878 |
| 1−2 | 2.5760991 | 3.3489287 | 1.4544652 | 3.5361630 |
| 1−3 | 4.9126383 | 6.3864296 | 2.6152158 | 6.5380396 |
| 2−1 | 1.2123909 | 1.5761081 | 0.8519437 | 2.1298592 |
| 2−2 | 2.8604892 | 3.7186358 | 1.7968440 | 4.4921100 |
| 2−3 | 5.0516895 | 6.5671061 | 2.8038310 | 7.0095790 |
| 3−1 | 1.7671828 | 2.2973375 | 1.1957324 | 2.9893309 |
| 3−2 | 3.2919407 | 4.2795228 | 2.2185052 | 5.5462630 |
| 3−3 | 5.2791470 | 6.8628908 | 3.1127537 | 7.7818843 |

(2) 对于 $\mathrm{TM}_{mn}(\mathrm{E}_{mn})$ 波, $H_z=0$, 而

$$E_z(\rho,\varphi,z,t)=E_z(\rho,\varphi)\mathrm{e}^{\mathrm{j}\omega t-\gamma z} \tag{3.4.44}$$

类似地, 可知 $E_z$ 满足如下波动方程:

$$\frac{\partial^2 E_z}{\partial\rho^2}+\frac{1}{\rho}\frac{\partial E_z}{\partial\rho}+\frac{1}{\rho^2}\frac{\partial^2 E_z}{\partial\varphi^2}+\delta^2 E_z=0 \tag{3.4.45}$$

应用分离变量法, 采用与圆波导相同步骤, 我们可求得其解为

$$E_z(\rho,\varphi)=[AJ_m(\delta\rho)+BY_m(\delta\rho)]\left\{\begin{array}{l}\cos(m\varphi)\\ \sin(m\varphi)\end{array}\right. \tag{3.4.46}$$

式中, $A$ 和 $B$ 为待定积分常数; 本征值 $\delta$ 则可由边界条件确定.

对于同轴线, $E_z$ 应满足的边界条件是

$$E_z|_{\rho=a}=0 \quad 和 \quad E_z|_{\rho=b}=0 \tag{3.4.47}$$

由此可得

$$AJ_m(\delta a)+BY_m(\delta a)=0 \quad 和 \quad AJ_m(\delta b)+BY_m(\delta b)=0$$

故有

$$J_m(\delta a)Y_m(\delta b)-J_m(\delta b)Y_m(\delta a)=0 \tag{3.4.48}$$

令 $x=\delta a$ 和 $c=b/a$, 则 (3.4.48) 式可写成

$$J_m(x)Y_m(cx)-J_m(cx)Y_m(x)=0 \tag{3.4.49}$$

表明 $x$ 为超越方程 (3.4.49) 的根, 记其第 $n$ 个根为 $x_{mn}$, 相应的截止波数 $\delta=\delta_{mn}$, 故有

$$\delta_{mn}=x_{mn}/a \quad 和 \quad x_{mn}=\delta_{mn}a \tag{3.4.50}$$

将 (3.4.46) 式 $E_z$ 和 $H_z=0$ 代入 (3.3.1) 式, 计入波因子 $\mathrm{e}^{\mathrm{j}\omega t-\gamma z}$ 后就得到同轴线中沿 $+z$ 方向传播的 $\mathrm{TM}_{mn}$ 波的电磁场为

$$\begin{aligned}
&E_\rho=-\frac{\gamma}{\delta_{mn}}E_0\left[AJ_m'(\delta_{mn}\rho)+BY_m'(\delta_{mn}\rho)\right]\left\{\begin{matrix}\cos(m\varphi)\\ \sin(m\varphi)\end{matrix}\right\}\mathrm{e}^{\mathrm{j}\omega t-\gamma z}\\
&E_\varphi=\pm\frac{\gamma m}{\delta_{mn}^2\rho}E_0\left[AJ_m(\delta_{mn}\rho)+BY_m(\delta_{mn}\rho)\right]\left\{\begin{matrix}\sin(m\varphi)\\ \cos(m\varphi)\end{matrix}\right\}\mathrm{e}^{\mathrm{j}\omega t-\gamma z}\\
&E_z=E_0\left[AJ_m(\delta_{mn}\rho)+BY_m(\delta_{mn}\rho)\right]\left\{\begin{matrix}\cos(m\varphi)\\ \sin(m\varphi)\end{matrix}\right\}\mathrm{e}^{\mathrm{j}\omega t-\gamma z}\\
&H_\rho=\mp\frac{\mathrm{j}\omega\varepsilon m}{\delta_{mn}^2\rho}E_0\left[AJ_m(\delta_{mn}\rho)+BY_m(\delta_{mn}\rho)\right]\left\{\begin{matrix}\sin(m\varphi)\\ \cos(m\varphi)\end{matrix}\right\}\mathrm{e}^{\mathrm{j}\omega t-\gamma z}\\
&H_\varphi=-\frac{\mathrm{j}\omega\varepsilon}{\delta_{mn}}E_0\left[AJ_m'(\delta_{mn}\rho)+BY_m'(\delta_{mn}\rho)\right]\left\{\begin{matrix}\cos(m\varphi)\\ \sin(m\varphi)\end{matrix}\right\}\mathrm{e}^{\mathrm{j}\omega t-\gamma z}\\
&H_z=0
\end{aligned}\tag{3.4.51}$$

式中, $\gamma=\mathrm{j}\beta,\beta=\omega\sqrt{\varepsilon\mu}\sqrt{1-\left(\lambda/\lambda_c\right)^2}$; $\delta_{mn}=x_{mn}/a$; $\delta_{mn}^2=\gamma^2+\omega^2\varepsilon\mu$. 对给定参数 $c$ 和阶 $m$, $x_{mn}$ 是超越方程 (3.4.49) 的根, 可应用数值方法计算 (详见附录 H).

表 3.4.2 所列为参数 $c=2.3$ 与 $c=3.5$ 时, 函数 $J_m(x)Y_m(cx)-J_m(cx)Y_m(x)$ 几个低阶前三个零点 $x_{mn}$ 和 $(c-1)x_{mn}$ 的值.

**表 3.4.2 $J_m(x)Y_m(cx)-J_m(cx)Y_m(x)$ 的零点 $x_{mn}$ 和 $(c-1)x_{mn}(c=b/a)$**

| $m-n$ | $x_{mn}$ | $(c-1)x_{mn}$ | $x_{mn}$ | $(c-1)x_{mn}$ |
|---|---|---|---|---|
| | $(c=2.3)$ | | $(c=3.5)$ | |
| 0−1 | 2.3962548 | 3.1151312 | 1.2338749 | 3.0846873 |
| 0−2 | 4.8223123 | 6.2690057 | 2.5001650 | 6.2504125 |
| 0−3 | 7.2424394 | 9.4151709 | 3.7608150 | 0.4020097 |
| 1−1 | 2.4765538 | 3.2195199 | 1.3219774 | 3.3049436 |
| 1−2 | 4.8658058 | 6.3255474 | 2.5522076 | 6.3805191 |
| 1−3 | 7.2719615 | 9.4535496 | 3.7970962 | 9.4927404 |
| 2−1 | 2.7014764 | 3.5119192 | 1.5489774 | 3.8724435 |
| 2−2 | 4.9941713 | 6.4924224 | 2.7022729 | 6.7556824 |
| 2−3 | 7.3599252 | 9.5679024 | 3.9043424 | 9.7608559 |
| 3−1 | 3.0346975 | 3.9451066 | 1.8485610 | 4.6214024 |
| 3−2 | 5.2014995 | 6.7619491 | 2.9338303 | 7.3345758 |
| 3−3 | 7.5045849 | 9.7559601 | 4.0778897 | 10.1947243 |

以上表 3.4.1 和表 3.4.2 已给出了同轴波导 TE 波的超越方程 (3.4.41) 的解 $x'_{mn}$ 和 TM 波的超越方程 (3.4.49) 的解 $x_{mn}$, 故由 (3.4.42) 和 (3.4.50) 式我们可求得 $\text{TE}_{mn}$ 和 $\text{TM}_{mn}$ 波的截止波数 $\delta'_{mn}$ 和 $\delta_{mn}$. 于是可知 $\text{TE}_{mn}$ 和 $\text{TM}_{mn}$ 波的截止波长分别是

$$\lambda_{cmn}^{\text{TE}} = \frac{2\pi}{\delta'_{mn}} = \frac{2\pi a}{x'_{mn}} \tag{3.4.52}$$

和

$$\lambda_{cmn}^{\text{TM}} = \frac{2\pi}{\delta_{mn}} = \frac{2\pi a}{x_{mn}} \tag{3.4.53}$$

以下表 3.4.3 给出的是当 $c = 2.3$ 和 $c = 3.5$ 时, 同轴线的高次模截止波长按大小顺序排列的前 11 个模的 $\lambda_{cmn}^{\text{TE}}/a$ 或 $\lambda_{cmn}^{\text{TM}}/a$ 精确值.

**表 3.4.3 同轴线中的高次波截止波长 $\lambda_{cmn}^{\text{TE}}/a$ 或 $\lambda_{cmn}^{\text{TM}}/a$ 按大小顺序的分布**

| 序号 | 波型 | $\frac{\lambda_{cmn}^{\text{TE}}}{2\pi a}$ 或 $\frac{\lambda_{cmn}^{\text{TM}}}{2\pi a}$ $(c = 2.3)$ | 波型 | $\frac{\lambda_{cmn}^{\text{TE}}}{2\pi a}$ 或 $\frac{\lambda_{cmn}^{\text{TM}}}{2\pi a}$ $(c = 3.5)$ |
|---|---|---|---|---|
| 1 | TE 1−1 | 1.6164692 | TE 1−1 | 2.1876328 |
| 2 | TE 2−1 | 0.8248165 | TE 2−1 | 1.1737865 |
| 3 | TE 3−1 | 0.5658724 | TE 3−1 | 0.8363076 |
| 4 | TE 4−1 | 0.4375800 | TM 0−1 | 0.8104549 |
| 5 | TM 0−1 | 0.4173179 | TM 1−1, TE 0−1 | 0.7564426 |
| 6 | TM 1−1, TE 0−1 | 0.4037869 | TE 1−2 | 0.6875379 |
| 7 | TE 1−2 | 0.3881838 | TE 4−1 | 0.6585924 |
| 8 | TM 2−1 | 0.3701680 | TM 2−1 | 0.6455872 |
| 9 | TE 5−1 | 0.3599231 | TE 2−2 | 0.5565313 |
| 10 | TE 2−2 | 0.3495906 | TE 5−1 | 0.5455945 |

从表 3.4.1~3.4.3 可见, 在同轴线的所有高次模中, $\text{TE}_{11}$ 是它的最低高次模; $\text{TE}_{0n}$ 模与 $\text{TM}_{1n}$ 模式简并的. 此外, 对于不同的 $c = b/a$ 值, 其截止波长 $\lambda_{cmn}$ 按大小顺序的分布略有不同. 表中的数据是应用数值方法求解超越方程 (3.4.41) 和 (3.4.49) 所得的较精确的数值结果; 另一方面, 若超越方程中的 Bessel 函数用其近似式代替则可使方程很大简化, 从而解得 $x'_{mn}$ 和 $x_{mn}$ 的简单解析表示式, 以及导出截止波长的简单的计算公式. 计算公式的适用范围则可由 $x'_{mn}$ 和 $x_{mn}$ 的精确数值解结果与所要求的精度判定.

可以指出 (参见附录 B), 对于前几个高次模, 其截止波长 $\lambda_{cmn}^{\text{TE}}$ 和 $\lambda_{cmn}^{\text{TM}}$ 可用如下简单近似式表示

$$\lambda_{cm1}^{\text{TE}} = \frac{2\pi a}{x'_{mn}} \approx \frac{\pi(a+b)}{m} \quad (m = 1, 2, 3; n = 1) \tag{3.4.54}$$

$$\lambda_{c0n}^{\mathrm{TE}} = \frac{2\pi a}{x'_{mn}} \approx \frac{2(b-a)}{n} \qquad (n=1,2,3;m=0) \tag{3.4.55}$$

$$\lambda_{c0n}^{\mathrm{TM}} = \frac{2\pi a}{x_{0n}} \approx \frac{2(b-a)}{n} \qquad (n=1,2,3;m=0) \tag{3.4.56}$$

同轴线中的工作波型是 TEM 波, 当同轴线的工作波长 $\lambda$ 大于 $\mathrm{TE}_{11}$ 模的截止波长 $\lambda_{c11}^{\mathrm{TE}}$ 时, 则所有高次模均不能传输. 因此, 为了保证同轴线只有 TEM 模传输, 而所有其它高次模均受到抑制, 则同轴线的最低工作波长 $\lambda_{\min}$ 应大于 $\mathrm{TE}_{11}$ 模的截止波长; 此时, 我们有 $\lambda_{c11}^{\mathrm{TE}} \approx \pi(a+b)$, 故同轴线单模传输条件是

$$\lambda_{\min} > \pi(a+b) \tag{3.4.57}$$

在实际应用中, 通常从保守考虑取最低工作波长 $\lambda_{\min}$ 为

$$\lambda_{\min} > 1.1\pi(a+b) \tag{3.4.58}$$

若给定工作波长 $\lambda_{\min}$, 则同轴线的尺寸应满足

$$a+b < \frac{1}{1.1\pi}\lambda_{\min} \approx 0.29\lambda_{\min} \tag{3.4.59}$$

由此可知, 随着工作波长减小, 为了确保 TEM 单模传输, 不得不缩小同轴线的横向尺寸, 这将导致最大传输功率的下降, 此外, 尺寸减小, 还将导致导体损耗增加, 从而限制了同轴线应用的频率上限. 同轴线一般是应用于分米波或更长的波段; 在线长度很短的情况下, 在厘米波段亦有应用. 同轴线的突出优点是其 TEM 工作波型的截止波长 $\lambda_c = \infty$, 即没有频率下限; 因而, 从直流到厘米波段均可应用, 是一种宽带传输线.

## 3.5 光纤波导 [7]

本节中我们首先对光纤波导作一简要介绍, 随后主要分析和讨论圆截面阶梯光纤问题的电磁场严格解, 给出了其中传输模的电磁场表示式; 并对色散方程进行了分析, 给出了光纤中的 $\mathrm{HE}_{11}$ 主模和 $\mathrm{TE}_{0n}$, $\mathrm{TM}_{0n}$, $\mathrm{HE}_{mn}$ 和 $\mathrm{EH}_{mn}$ 前 11 个高次模的截止波长和色散特性.

关于光纤的理论和通信应用涉及内容十分广泛, 有兴趣读者可参阅文献 [7].

光纤波导是光通信的传输线, 它是一种称为光导纤维 (简称光纤) 的非磁性介质波导. 光纤的结构如图 3.5.1 所示, 主要由纤芯和包层两部分组成. 设光纤纤芯的半径为 $a$, 介电常数为 $\varepsilon_1$, 磁导率为 $\mu_0$, 折射率为 $n_1 = \sqrt{\varepsilon_1/\varepsilon_0} = \sqrt{\varepsilon_{r1}}$; 外包层的半径为 $b$, 介电常数为 $\varepsilon_2$, 磁导率为 $\mu_0$, 折射率为 $n_2 = \sqrt{\varepsilon_{\mathrm{r}_2}}$. 光纤的纤芯和包层的主体材料均为石英玻璃, 但两区域中的掺杂情况不同, 因而它们的折射率不同.

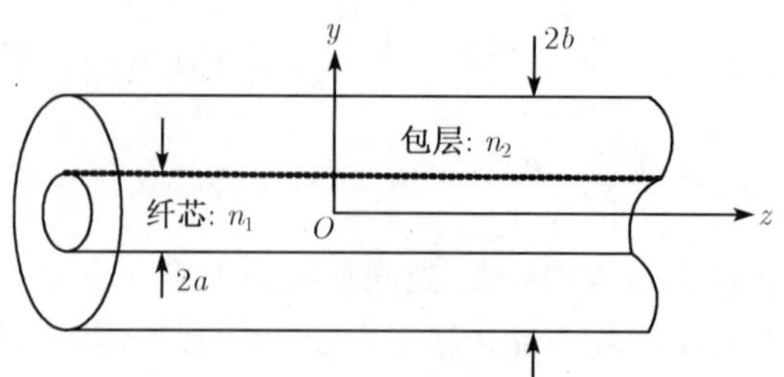


图 3.5.1　圆截面光纤的结构

光纤波导可按不同方法进行分类. 例如, ① 按传播的模式数来分, 有单模 (SM, Single Mode) 光纤和多模 (MM, Multi-mode) 光纤; 单模光纤的纤芯很细, 直径 $2a = 4 \sim 10\mu\text{m}$, 多模光纤的纤芯直径典型值为 $2a = 50\mu\text{m}$; 包层直径典型值为 $2b = 125\mu\text{m}$; 两者在结构上的重要差别是它们纤芯的粗细不同. ② 按其横截面上的折射率分布来分, 有用于单模传输的阶跃或阶梯 (即 SI, Step Index 型) 光纤, 和用于多模传输的渐变折射率 (即 GI, Graded Index 型) 光纤. 前者是纤芯与包层中的折射率均匀、而在交界处作突变的光纤, 后者则是纤芯具有渐变折射率, 在中心大, 往外逐渐减小 (如常用有平方律分布); 渐变折射率的作用是用以减小多模传输时存在的模式色散. ③ 按光纤的横截面形状来分, 有圆截面光纤和椭圆截面光纤, 后者由于没有轴对称性, 偏振方向稳定, 故亦有保偏光纤之称.

光纤中激光的传输损耗随工作的光频而异. 对于石英系光纤, 有三个典型的工作波长窗口分别位于 0.85μm, 1.3μm 和 1.55μm 附近; 位于这些窗口, 光传输损耗较低, 且有产生它们的激光器和激光器件可供应用. 1.55μm 窗口损耗最低, 是光纤的主流应用工作波段.

光纤具有损耗低, 频带宽、信息容量大、重量轻、线径细、可挠性好、节省资源, 和可抗电磁干扰与抗腐蚀等优点, 是可满足实现高质量图像、高速传真、高速数据传送这些高速、宽带远程通信业务需求最为有效的传输载体; 并可由多根光纤组合成的光缆便于工程应用. 光纤不仅用于激光通信, 还可以构成各种光纤传感器用于检测等.

### 3.5.1　电磁场方程的严格解

圆截面光纤波导是一种规则介质波导, 其波传播问题类似于圆波导亦可应用纵向场法在圆柱坐标系 $(\rho, \varphi, z)$ 下进行求解.

我们将从波动方程出发, 应用纵向场法给出阶梯光纤在区域(1)纤芯和区域(2)包层中的电磁场表示式, 再应用电磁场边界条件得出特征方程或色散方程, 从而求解出光纤中传输模的特征值, 而确定出它们的截止波长. 已知某传输模的特征值, 则相应该模的传播常数, 即可求得, 进而对区域 (1) 和区域 (2) 的电磁场的各分量所建立的齐次方程组求解便可得知光纤中的电磁场的分布.

光纤中传输的是表面波, 根据表面波的特性, 当包层厚度足够大后时, 在它的外表面处的场已衰减到可忽略不计, 而可假定包层厚度为无限. 因此, 以下进行理论分析时, 我们将光纤问题作为一个具有 $\varepsilon_1, \mu_0$ 的介质圆柱置于 $\varepsilon_2, \mu_0$ 的无界媒质中的场边值问题来处理. 这里, $\varepsilon_1, \mu_0$ 和 $\varepsilon_2, \mu_0$ 分别就是纤芯和包层的介电常数与磁导率; 纤芯折射率 $n_1 = \sqrt{\varepsilon_{r1}}$ 比包层折射率 $n_2 = \sqrt{\varepsilon_{r2}}$ 略大.

假定电磁场是沿 $z$ 方向传播的波, 因而, 在纤芯与包层中的场将具有波因子 $\mathrm{e}^{\mathrm{j}(\omega t-\beta z)}$, 其试探解可写为: $E = E(\rho, \varphi)\mathrm{e}^{\mathrm{j}(\omega t-\beta z)}$ 和 $H = H(\rho, \varphi)\mathrm{e}^{\mathrm{j}(\omega t-\beta z)}$ 的形式. 其中, $\beta$ 是待定的相位常数. 应用纵向场法, 由 (3.1.7) 和 (3.1.8) 式可得, 在区域(1)和区域(2)中的电场的纵向分量分别满足 Helnholtz 方程:

$$\nabla_{\mathrm{T}}^2 E_{z1} + (\omega^2 \varepsilon_1 \mu_0 - \beta^2) E_{z1} = 0 \tag{3.5.1}$$

$$\nabla_{\mathrm{T}}^2 E_{z2} + (\omega^2 \varepsilon_2 \mu_0 - \beta^2) E_{z2} = 0 \tag{3.5.2}$$

式中, $\nabla_{\mathrm{T}}^2 = \nabla^2 - \dfrac{\partial^2}{\partial_z^2}$. 令

$$\delta_i^2 = \nu_i (\omega^2 \varepsilon_i \mu_0 - \beta^2) \tag{3.5.3}$$

以及对于纤芯, $i = 1, \nu_1 = 1$; 对于包层, $i = 2, \nu_2 = -1$. 于是有

$$\nabla_{\mathrm{T}}^2 E_{z1} + \delta_1^2 E_{z1} = 0 \tag{3.5.4}$$

$$\nabla_{\mathrm{T}}^2 E_{z2} - \delta_2^2 E_{z2} = 0 \tag{3.5.5}$$

(3.5.4) 和 (3.5.5) 式可采用分离变量法进行求解.

对于纤芯区域(1), $\delta_1^2 = \omega^2 \varepsilon_1 \mu_0 - \beta^2$; 当 $\delta_1^2 > 0$, 即 $\omega^2 \varepsilon_1 \mu_0 > \beta^2$ 时, $\delta_1$ 为实数. 由 (3.5.4) 式应用分离变量法, 有关变量 $\rho$ 的方程是 Bessel 方程, 其一般解为特解 $J_m(\delta_1 \rho)$ 与 $Y_m(\delta_1 \rho)$ 的线性组合, 然因 $\rho \to 0$ 时, $Y_m(\delta_1 \rho)|_{\rho \to 0} \to -\infty$ , 为满足解在区域(1)应有限, 应摒弃特解 $Y_m(\delta_1 \rho)$; 有关变量 $\varphi$ 的方程是谐振动方程, 其一般解为特解 $\cos m\varphi$ 与 $\sin m\varphi$ 的线性组合, 对于线性极化情形, 其解为 $\cos m\varphi$ 或 $\sin m\varphi$. 故 $E_{z1}$ 的一般解可表为

$$E_{z1} = a_{m1}^{(1)} J_m(\delta_1 \rho) \left\{ \begin{array}{c} \cos m\varphi \\ \sin m\varphi \end{array} \right\} \mathrm{e}^{\mathrm{j}(\omega t-\beta z)} \tag{3.5.6}$$

对于包层区域(2), $\delta_2^2 = \beta^2 - \omega^2 \varepsilon_2 \mu_0$, 当 $\delta_2^2 > 0$, 即 $\omega^2 \varepsilon_2 \mu_0 < \beta^2$ 时, $\delta_2$ 为实数. 由 (3.5.5) 式应用分离变量法, 有关变量 $\rho$ 的方程是变型 Bessel 方程, 其一般解为 $I_m(\delta_2 \rho)$ 与 $K_m(\delta_2 \rho)$ 的线性组合 ($I_m(x)$ 和 $K_m(x)$ 分别称为第一类和第二类 $m$ 阶变型 Bessel 函数), 然因 $\rho \to \infty$ 时, $I_m(\delta_2 \rho)|_{\rho \to \infty} \to \infty$, 为满足解在区域(2)应有限, 应摒弃特解 $I_m(\delta_2 \rho)$; 有关变量 $\varphi$ 的方程是谐振动方程, 其一般解为特解 $\cos m\varphi$ 与

$\sin m\varphi$ 的线性组合, 对于线性极化情形, 其解为 $\cos m\varphi$ 或 $\sin m\varphi$. 因而, $E_{z2}$ 的一般解可表为:

$$E_{z2} = a_{m2}^{(2)} K_m(\delta_2 \rho) \begin{Bmatrix} \cos m\varphi \\ \sin m\varphi \end{Bmatrix} \mathrm{e}^{\mathrm{j}(\omega t - \beta z)} \tag{3.5.7}$$

(注: 如果令 $\delta_2^2 = \omega^2 \varepsilon_2 \mu_0 - \beta^2$, 则当 $\omega^2 \varepsilon_2 \mu_0 < \beta^2$ 时, $\delta_2$ 为纯虚数, 有关变量 $\rho$ 的方程是虚宗量的 Bessel 方程, 这时将涉及虚宗量的 Bessel 函数计算. )

对于纵向磁场 $H_{z1}$ 和 $H_{z2}$, 我们亦有类似的 Helmholtz 方程和分离变量解. 设对所考虑的线性极化, $H_{z1}$ 和 $H_{z2}$ 中谐振动方程的解 (相应 $E_{z1}$ 和 $E_{z2}$) 取 $\sin m\varphi$ 或 $\cos m\varphi$, 即

$$H_{z1} = b_{m1}^{(1)} J_m(\delta_1 \rho) \begin{Bmatrix} \sin m\varphi \\ \cos m\varphi \end{Bmatrix} \mathrm{e}^{\mathrm{j}(\omega t - \beta z)} \tag{3.5.8}$$

$$H_{z2} = b_{m2}^{(2)} K_m(\delta_2 \rho) \begin{Bmatrix} \sin m\varphi \\ \cos m\varphi \end{Bmatrix} \mathrm{e}^{\mathrm{j}(\omega t - \beta z)} \tag{3.5.9}$$

这样, 按纵向场法, 已知 $E_z$ 和 $H_z$, 应用 (3.3.1) 式可得纤芯和包层中的横向电磁场为

$$E_{\rho i} = -\frac{1}{\nu_i \delta_i^2} \left( \mathrm{j}\beta \frac{\partial E_{zi}}{\partial \rho} + \frac{\mathrm{j}\omega\mu_0}{\rho} \frac{\partial H_{zi}}{\partial \varphi} \right) \tag{3.5.10}$$

$$E_{\varphi i} = -\frac{1}{\nu_i \delta_i^2} \left( \frac{\mathrm{j}\beta}{\rho} \frac{\partial E_{zi}}{\partial \varphi} - \mathrm{j}\omega\mu_0 \frac{\partial H_{zi}}{\partial \rho} \right) \tag{3.5.11}$$

$$H_{\rho i} = -\frac{1}{\nu_i \delta_i^2} \left( -\frac{\mathrm{j}\omega\varepsilon_i}{\rho} \frac{\partial E_{zi}}{\partial \varphi} + \mathrm{j}\beta \frac{\partial H_{zi}}{\partial \rho} \right) \tag{3.5.12}$$

$$H_{\varphi i} = -\frac{1}{\nu_i \delta_i^2} \left( \mathrm{j}\omega\varepsilon_i \frac{\partial E_{zi}}{\partial \rho} + \frac{\mathrm{j}\beta}{\rho} \frac{\partial H_{zi}}{\partial \varphi} \right) \tag{3.5.13}$$

于是, 由 (3.5.6)~(3.5.9) 式以及将它们代入 (3.5.10)~(3.5.13) 式后, 我们可得在区域 (1) 和 (2) 中的电磁场的表示式 (省写波因子 $\mathrm{e}^{\mathrm{j}(\omega t - \beta z)}$ 后) 为

区域 (1): 纤芯 $0 \leqslant \rho \leqslant a(\varepsilon_1、\mu_0)$

$$E_{z1} = a_{m1}^{(1)} J_m(\delta_1 \rho) \begin{Bmatrix} \cos m\varphi \\ \sin m\varphi \end{Bmatrix} \tag{3.5.14}$$

$$E_{\rho 1} = -\frac{1}{\delta_1^2} \left( \mathrm{j}\beta \delta_1 J_m'(\delta_1 \rho) a_{m1}^{(1)} \pm \frac{\mathrm{j}\omega\mu_0 m}{\rho} J_m(\delta_1 \rho) b_{m1}^{(1)} \right) \begin{Bmatrix} \cos m\varphi \\ \sin m\varphi \end{Bmatrix} \tag{3.5.15}$$

$$E_{\varphi 1} = -\frac{1}{\delta_1^2} \left( \mp \frac{\mathrm{j}m\beta}{\rho} J_m(\delta_1 \rho) a_{m1}^{(1)} - \mathrm{j}\omega\mu_0 \delta_1 J_m'(\delta_1 \rho) b_{m1}^{(1)} \right) \begin{Bmatrix} \sin m\varphi \\ \cos m\varphi \end{Bmatrix} \tag{3.5.16}$$

$$H_{z1} = b_{m1}^{(1)} J_m(\delta_1 \rho) \begin{Bmatrix} \sin m\varphi \\ \cos m\varphi \end{Bmatrix} \tag{3.5.17}$$

$$H_{\rho1} = -\frac{1}{\delta_1^2}\left(\pm\frac{\mathrm{j}\omega\varepsilon_1 m}{\rho}J_m(\delta_1\rho)a_{m1}^{(1)} + \mathrm{j}\beta\delta_1 J_m'(\delta_1\rho)b_{m1}^{(1)}\right)\begin{cases}\sin m\varphi\\ \cos m\varphi\end{cases} \tag{3.5.18}$$

$$H_{\varphi1} = -\frac{1}{\delta_1^2}\left(\mathrm{j}\omega\varepsilon_1\delta_1 J_m'(\delta_1\rho)a_{m1}^{(1)} \pm \frac{\mathrm{j}m\beta}{\rho}J_m(\delta_1\rho)b_{m1}^{(1)}\right)\begin{cases}\cos m\varphi\\ \sin m\varphi\end{cases} \tag{3.5.19}$$

区域 (2)：包层 $a \leqslant \rho \leqslant \infty(\varepsilon_2$ 、$\mu_0)$

$$E_{z2} = a_{m2}^{(2)}K_m(\delta_2\rho)\begin{cases}\cos m\varphi\\ \sin m\varphi\end{cases} \tag{3.5.20}$$

$$E_{\rho2} = \frac{1}{\delta_2^2}\left(\mathrm{j}\beta\delta_2 K_m'(\delta_2\rho)a_{m2}^{(2)} \pm \frac{\mathrm{j}\omega\mu_0 m}{\rho}K_m(\delta_2\rho)b_{m2}^{(2)}\right)\begin{cases}\cos m\varphi\\ \sin m\varphi\end{cases} \tag{3.5.21}$$

$$E_{\varphi2} = \frac{1}{\delta_2^2}\left(\mp\frac{\mathrm{j}m\beta}{\rho}K_m(\delta_2\rho)a_{m2}^{(2)} - \mathrm{j}\omega\mu_0\delta_2 K_m'(\delta_2\rho)b_{m2}^{(2)}\right)\begin{cases}\sin m\varphi\\ \cos m\varphi\end{cases} \tag{3.5.22}$$

$$H_{z2} = b_{m2}^{(2)}K_m(\delta_2\rho)\begin{cases}\sin m\varphi\\ \cos m\varphi\end{cases} \tag{3.5.23}$$

$$H_{\rho2} = \frac{1}{\delta_2^2}\left(\pm\frac{\mathrm{j}\omega\varepsilon_2 m}{\rho}K_m(\delta_2\rho)a_{m2}^{(2)} + \mathrm{j}\beta\delta_2 K_m'(\delta_2\rho)b_{m2}^{(2)}\right)\begin{cases}\sin m\varphi\\ \cos m\varphi\end{cases} \tag{3.5.24}$$

$$H_{\varphi2} = \frac{1}{\delta_2^2}\left(\mathrm{j}\omega\varepsilon_2\delta_2 K_m'(\delta_2\rho)a_{m2}^{(2)} \pm \frac{\mathrm{j}m\beta}{\rho}K_m(\delta_2\rho)b_{m2}^{(2)}\right)\begin{cases}\cos m\varphi\\ \sin m\varphi\end{cases} \tag{3.5.25}$$

以上式中, $a_{m1}^{(1)}, b_{m1}^{(1)}, a_{m1}^{(2)}$ 和 $b_{m1}^{(2)}$ 均为待定系数, 系数的上标(1)表示与区域(1)相关联的函数是第一类 Bessel 函数 $J_m(x)$, 而上标(2)表示与区域(2)相关联的函数是第二类变型 Bessel 函数 $K_m(x)$; 这些系数可应用场的边界条件予确定. 而由 (3.5.3) 式可知

$$\delta_i = \sqrt{\nu_i(\varepsilon_{ri} - \beta^2)} = k_0\sqrt{\nu_i(n_i^2 - \overline{\beta}^2)} \quad (i = 1, 2) \tag{3.5.26}$$

其中, $\overline{\beta} = \beta/k_0$, $k_0 = \omega\sqrt{\varepsilon_0\mu_0}$ 为自由空间波数; $\beta$ 为传播常数; 下标 $i = 1$ 和 2 分别对应纤芯区域(1)和外包层区域(2); $\varepsilon_{ri} = \varepsilon_i/\varepsilon_0 = n_i^2$, $\varepsilon_{ri}$ 和 $n_i$ 分别是第 $i$ 区域的相对介电常数和折射率.

### 3.5.2 特征方程 (色散方程) 的推导

阶梯光纤的特征方程(色散方程)可由区域(1)与区域(2)中电磁场在 $\rho = a$ 分界面上所应满足的边界条件求得. 它们是在区域(1)与区域(2)两侧的电磁场的切向分量必须连续, 亦即应有 $E_{z1}|_{\rho=a} = E_{z2}|_{\rho=a}$, $H_{z1}|_{\rho=a} = H_{z2}|_{\rho=a}$ 和 $E_{\varphi1}|_{\rho=a} = E_{\varphi2}|_{\rho=a}$, $H_{\varphi1} = H_{\varphi2}|_{\rho=a}$. 由 (3.5.14) 与 (3.5.20), (3.5.17) 与 (3.5.23), (3.5.16) 与

(3.5.22), (3.5.19) 与 (3.5.25) 式, 分别有

$$J_m(\delta_1 a)a_{m1}^{(1)} = K_m(\delta_2 a)a_{m2}^{(2)} \tag{3.5.27}$$

$$J_m(\delta_1 a)b_{m1}^{(1)} = K_m(\delta_2 a)b_{m2}^{(2)} \tag{3.5.28}$$

$$\begin{aligned}&-\frac{1}{\delta_1^2}\left(\mp\frac{\mathrm{j}m\beta}{a}J_m(\delta_1 a)a_{m1}^{(1)} - \mathrm{j}\omega\mu_0\delta_1 J_m'(\delta_1 a)b_{m1}^{(1)}\right)\\ =&\frac{1}{\delta_2^2}\left(\mp\frac{\mathrm{j}m\beta}{a}K_m(\delta_2 a)a_{m2}^{(2)} - \mathrm{j}\omega\mu_0\delta_2 K_m'(\delta_2 a)b_{m2}^{(2)}\right)\end{aligned} \tag{3.5.29}$$

$$\begin{aligned}&-\frac{1}{\delta_1^2}\left(\mathrm{j}\omega\varepsilon_1\delta_1 J_m'(\delta_1 a)a_{m1}^{(1)} \pm \frac{\mathrm{j}m\beta}{a}J_m(\delta_1 a)b_{m1}^{(1)}\right)\\ =&\frac{1}{\delta_2^2}\left(\mathrm{j}\omega\varepsilon_2\delta_2 K_m'(\delta_2 a)a_{m2}^{(2)} \pm \frac{\mathrm{j}m\beta}{a}K_m(\delta_2 a)b_{m2}^{(2)}\right)\end{aligned} \tag{3.5.30}$$

为书写简洁, 令 $u = \delta_1 a, w = \delta_2 a$, 和 $\overline{\beta} = \beta/k_0$, 其中 $k_0 = \omega\sqrt{\varepsilon_0\mu_0}$. 并注意到: $\eta_0 = \sqrt{\mu_0/\varepsilon_0} = \omega\mu_0/k_0$, 以及有 $\omega\varepsilon_i/k_0 = \varepsilon_{ri}/\eta_0$, 其中 $\varepsilon_{ri} = \varepsilon_i/\varepsilon_0 = n_i^2 (i = 1, 2)$, 则 (3.5.29) 和 (3.5.30) 式可分别写成

$$\pm\frac{\overline{\beta}m}{u^2}J_m(u)a_{m1}^{(1)} + \frac{\eta_0}{u}J_m'(u)b_{m1}^{(1)} = \mp\frac{\overline{\beta}m}{w^2}K_m(w)a_{m2}^{(2)} - \frac{\eta_0}{w}K_m'(w)b_{m2}^{(2)} \tag{3.5.31}$$

$$-\frac{n_1^2}{u\eta_0}J_m'(u)a_{m1}^{(1)} \mp \frac{\overline{\beta}m}{u^2}J_m(u)b_{m1}^{(1)} = \frac{n_2^2}{w\eta_0}K_m'(w)a_{m2}^{(2)} \pm \frac{\overline{\beta}m}{w^2}K_m(w)b_{m2}^{(2)} \tag{3.5.32}$$

由 (3.5.27)、乘以 $\eta_0$ 的 (3.5.28)、(3.5.31) 和乘以 $\eta_0$(3.5.32) 式, 则可得关于待求系数 $a_{m1}^{(1)}$、$\eta_0 b_{m1}^{(1)}$、$a_{m2}^{(2)}$ 和 $\eta_0 b_{m2}^{(2)}$ 的齐次方程组为

$$J_m(u)a_{m1}^{(1)} - K_m(w)a_{m2}^{(2)} = 0 \tag{3.5.33}$$

$$J_m(u)\eta_0 b_{m1}^{(1)} - K_m(w)\eta_0 b_{m2}^{(2)} = 0 \tag{3.5.34}$$

$$\pm\frac{\overline{\beta}m}{u^2}J_m(u)a_{m1}^{(1)} + \frac{1}{u}J_m'(u)\eta_0 b_{m1}^{(1)} \pm \frac{\overline{\beta}m}{w^2}K_m(w)a_{m2}^{(2)} + \frac{1}{w}K_m'(w)\eta_0 b_{m2}^{(2)} = 0 \tag{3.5.35}$$

$$\frac{n_1^2}{u}J_m'(u)a_{m1}^{(1)} \pm \frac{\overline{\beta}m}{u^2}J_m(u)\eta_0 b_{m1}^{(1)} + \frac{n_2^2}{w}K_m'(w)a_{m2}^{(2)} \pm \frac{\overline{\beta}m}{w^2}K_m(w)\eta_0 b_{m2}^{(2)} = 0 \tag{3.5.36}$$

若此齐次方程组 (3.5.33)~(3.5.36) 有解, 则其系数行列式必须等于零, 即应有

$$\begin{vmatrix} J_m(u) & 0 & -K_m(w) & 0 \\ 0 & J_m(u) & 0 & -K_m(w) \\ \pm\frac{\overline{\beta}m}{u^2}J_m(u) & \frac{1}{u}J_m'(u) & \pm\frac{\overline{\beta}m}{w^2}K_m(w) & \frac{1}{w}K_m'(w) \\ \frac{n_1^2}{u}J_m'(u) & \pm\frac{\overline{\beta}m}{u^2}J_m(u) & \frac{n_2^2}{w}K_m'(w) & \pm\frac{\overline{\beta}m}{w^2}K_m(w) \end{vmatrix} = 0 \tag{3.5.37}$$

式中, $u=\delta_1 a$ 和 $w=\delta_2 a$; $\delta_1=k_0\sqrt{n_1^2-\overline{\beta}^2}$ 和 $\delta_2=k_0\sqrt{\overline{\beta}^2-n_2^2}$.

此 $4\times 4$ 阶系数行列式应等于零的方程就是确定两层圆截面光纤传输 HE(或 EH) 混合模的特征方程, 它是一超越方程. 对于给定纤芯和包层的折射率 $n_1$ 和 $n_2$, 以及纤芯半径 $a$ 与工作波长, 由它的解便可确定出 HE(或 EH) 混合模的传播常数 $\overline{\beta}$; 由于 (3.5.37) 式对于给定的 $m$ 有 $n$ 个解 $\overline{\beta}_{mn}(m=0,1,2,\cdots;n=1,2,\cdots)$. 一旦求得了 $\overline{\beta}_{mn}$ 值, 代回至齐次方程组 (3.5.33)~(3.5.36) 式, 取待定系数之一等于 1(例如 $a_{m1}^{(1)}=1$), 解之后即可得出相应的 $\mathrm{HE}_{mn}$(或 $\mathrm{EH}_{mn}$) 模的场分布的**相对值.**

为了便于模式分析, 我们将行列式形式的特征方程的阶由 $4\times 4$ 降为 $2\times 2$, 而表为简洁的解析形式. 为此, 将 (3.5.33) 和 (3.5.34) 代入 (3.5.35) 与 (3.5.36) 式, 消去 $a_{m1}^{(1)}$ 和 $b_{m1}^{(1)}$ 后, 得

$$\pm\frac{\overline{\beta}m}{u^2}K_m(w)a_{m2}^{(2)}+\frac{1}{u}\frac{J_m'(u)}{J_m(u)}K_m(w)\eta_0 b_{m2}^{(2)}\pm\frac{\overline{\beta}m}{w^2}K_m(w)a_{m2}^{(2)}+\frac{1}{w}K_m'(w)\eta_0 b_{m2}^{(2)}=0$$

或

$$\pm\left(\frac{1}{u^2}+\frac{1}{w^2}\right)\overline{\beta}m a_{m2}^{(2)}+\left(\frac{1}{u}\frac{J_m'(u)}{J_m(u)}+\frac{1}{w}\frac{K_m'(u)}{K_m(u)}\right)\eta_0 b_{m2}^{(2)}=0 \tag{3.5.38}$$

和

$$\frac{n_1^2}{u}\frac{J_m'(u)}{J_m(u)}K_m(w)a_{m2}^{(2)}\pm\frac{\overline{\beta}m}{u^2}K_m(w)\eta_0 b_{m2}^{(2)}+\frac{n_2^2}{w}K_m'(w)a_{m2}^{(2)}\pm\frac{\overline{\beta}m}{w^2}K_m(w)\eta_0 b_{m2}^{(2)}=0$$

或

$$\left(\frac{n_1^2}{u}\frac{J_m'(u)}{J_m(u)}+\frac{n_2^2}{w}\frac{K_m'(u)}{K_m(u)}\right)a_{m2}^{(2)}\pm\left(\frac{1}{u^2}+\frac{1}{w^2}\right)\overline{\beta}m\eta_0 b_{m2}^{(2)}=0 \tag{3.5.39}$$

(3.5.38) 和 (3.5.39) 式是关于系数 $a_{m2}^{(2)}$ 和 $\eta_0 b_{m2}^{(2)}$ 的齐次方程组, 其有解条件是它的 $2\times 2$ 阶系数行列式等于零, 即

$$\begin{vmatrix}\pm\left(\dfrac{1}{u^2}+\dfrac{1}{w^2}\right)\overline{\beta}m & \dfrac{1}{u}\dfrac{J_m'(u)}{J_m(u)}+\dfrac{1}{w}\dfrac{K_m'(w)}{K_m(w)}\\ \dfrac{n_1^2}{u}\dfrac{J_m'(u)}{J_m(u)}+\dfrac{n_2^2}{w}\dfrac{K_m'(w)}{K_m(w)} & \pm\left(\dfrac{1}{u^2}+\dfrac{1}{w^2}\right)\overline{\beta}m\end{vmatrix}=0 \tag{3.5.40}$$

这是阶梯光纤的特征方程 (即色散方程) 的行列式形式. 展开后亦可表为

$$\left[\frac{1}{u}\frac{J_m'(u)}{J_m(u)}+\frac{1}{w}\frac{K_m'(w)}{K_m(w)}\right]\left[\frac{n_1^2}{u}\frac{J_m'(u)}{J_m(u)}+\frac{n_2^2}{w}\frac{K_m'(w)}{K_m(w)}\right]=m^2\overline{\beta}^2\left(\frac{1}{u^2}+\frac{1}{w^2}\right)^2 \tag{3.5.41}$$

为书写简洁起见, 令

$$p=\frac{1}{u}\frac{J_m'(u)}{J_m(u)}\quad 和\quad q=\frac{1}{w}\frac{K_m'(w)}{K_m(w)} \tag{3.5.42}$$

这里,

$$u=\delta_1 a=k_0 a\sqrt{n_1^2-\overline{\beta}^2} \quad 和 \quad w=k_0 a\sqrt{\overline{\beta}^2-n_2^2} \tag{3.5.43}$$

由 (3.5.43) 式, 有 $\dfrac{u^2}{w^2}=\dfrac{n_1^2-\overline{\beta}^2}{\overline{\beta}^2-n_2^2}$, 由此可解得 $\overline{\beta}^2=\dfrac{n_1^2w^2+n_2^2u^2}{u^2+w^2}$, 故

$$\overline{\beta}^2\left(\frac{1}{u^2}+\frac{1}{w^2}\right)=\frac{n_1^2w^2+n_2^2u^2}{u^2+w^2}\left(\frac{1}{u^2}+\frac{1}{w^2}\right)=\frac{n_1^2}{u^2}+\frac{n_2^2}{w^2}$$

于是, (3.5.41) 式可写成

$$(p+q)\left(n_1^2p+n_2^2q\right)=m^2\left(\frac{n_1^2}{u^2}+\frac{n_2^2}{w^2}\right)\left(\frac{1}{u^2}+\frac{1}{w^2}\right) \tag{3.5.44}$$

将此式两边同除 $n_1^2$, 乘开后便可得

$$p^2+\left(1+\frac{n_2^2}{n_1^2}\right)qp-m^2\left(\frac{1}{u^2}+\frac{n_2^2}{n_1^2}\frac{1}{w^2}\right)\left(\frac{1}{u^2}+\frac{1}{w^2}\right)+\frac{n_2^2}{n_1^2}q^2=0$$

这是一个关于 $p$ 的二次代数方程, 故它的两个解为

$$p=-\frac{1}{2}\left(1+\frac{n_2^2}{n_1^2}\right)q\pm\frac{1}{2}\sqrt{\left(1-\frac{n_2^2}{n_1^2}\right)^2q^2+4m^2\left(\frac{1}{u^2}+\frac{n_2^2}{n_1^2}\frac{1}{w^2}\right)\left(\frac{1}{u^2}+\frac{1}{w^2}\right)} \tag{3.5.45}$$

(3.5.45) 式是一个联系 $k_0=2\pi/\lambda_0, a, n_1, n_2, \beta$, 涉及 $J_m(u)$ 和 $K_m(w)$ 的超越方程; 式中取 "+" 号与取 "−" 号时特征方程是不同的, 为便于区分它们的解, 我们将 (3.5.45) 式中取 "−" 号记作是 $\mathrm{HE}_{mn}$ 模的特征方程; 而将取 "+" 号时记作是 $\mathrm{EH}_{mn}$ 模的特征方程.

### 3.5.3 截止条件和模式分析

在光纤包层内电磁场沿矢径 $\rho$ 方向按指数规律衰减, 但在轴向呈传输状态, 此为光纤的传输模; 反之, 若在包层内电磁场沿矢径 $\rho$ 方向没有衰减, 即呈辐射状态, 则此时光纤中虽仍有轴向传播的波, 然由于电磁能不断沿 $\rho$ 方向辐射, 沿轴向传播的电磁场将越来越小, 此时称为光纤的截止模.

由于光纤包层中的场是第二类变型 Bessel 函数 $K_m(\delta_2\rho)(\delta_2=w/a)$ 表示. 当 $w^2>0$, 即 $\beta^2>\omega^2\varepsilon_2\mu_0$ 时, $K_m(\delta_2\rho)$ 将随 $\rho$ 增加而按指数规律衰减, 此时包层中的场为传输状态; 而当 $w^2<0$, $w$ 为虚数时, $K_m(\delta_2\rho)$ 将随着 $\rho$ 增加作振荡式缓慢地衰减, 包层中的场呈辐射状态; $w=0$ 是两种状态的临界点. 因此, $w=0$ 可定义为传输模的截止条件. 此时, (3.5.40) 与 (3.5.41) 式就是仅含 $u$ 的超越方程, 一旦解得, 便可由 (3.5.43) 式确定出相应的截止波长.

以下分别讨论 $m=0$, $m>1$ 和 $m=1$ 情形的特征方程和 $w=0$ 时 $u$ 应满足的截止条件.

(1) $m=0$ 情形,$TE_{0n}$ 和 $TM_{0n}$ 模

由 (3.5.41) 式, 当 $m=0$ 时, 可得

$$\left[\frac{1}{u}\frac{J_0'(u)}{J_0(u)}+\frac{1}{w}\frac{K_0'(w)}{K_0(w)}\right]\left[\frac{n_1^2}{u}\frac{J_0'(u)}{J_0(u)}+\frac{n_2^2}{w}\frac{K_0'(w)}{K_0(w)}\right]=0 \tag{3.5.46}$$

故有

$$\frac{1}{u}\frac{J_0'(u)}{J_0(u)}+\frac{1}{w}\frac{K_0'(w)}{K_0(w)}=0 \tag{3.5.47}$$

或

$$\frac{n_1^2}{u}\frac{J_0'(u)}{J_0(u)}+\frac{n_2^2}{w}\frac{K_0'(w)}{K_0(w)}=0 \tag{3.5.48}$$

注意到, 当 $m=0$ 时, (3.5.33)~(3.5.36) 式可简化为

$$J_0(u)a_{01}^{(1)}-K_0(w)a_{02}^{(2)}=0 \tag{3.5.49}$$

$$J_0(u)b_{01}^{(1)}-K_0(w)b_{02}^{(2)}=0 \tag{3.5.50}$$

$$\frac{1}{u}J_0'(u)b_{01}^{(1)}+\frac{1}{w}K_0'(w)b_{02}^{(2)}=0 \tag{3.5.51}$$

$$\frac{n_1^2}{u}J_0'(u)a_{01}^{(1)}+\frac{n_2^2}{w}K_0'(w)a_{02}^{(2)}=0 \tag{3.5.52}$$

以上四个方程中, (3.5.50) 和 (3.5.51) 式是一组关于 $b_{01}^{(1)}$ 和 $b_{02}^{(2)}$ 的方程组, 对应于 $a_{01}^{(1)}=a_{02}^{(2)}=0$(亦即纵向电场 $E_{z1}=E_{z2}=0$) 情形, 而 (3.5.47) 式可由 (3.5.51) 与 (3.5.50) 式相除得出, 因此, 它所对应的是 $TE_{0n}$ 模的特征方程. 又 (3.5.49) 和 (3.5.52) 式是一组关于 $a_{01}^{(1)}$ 和 $a_{02}^{(2)}$ 的方程组, 对应于 $b_{01}^{(1)}=b_{02}^{(2)}=0$(亦即纵向磁场 $H_{z1}=H_{z2}=0$) 情形, (3.5.48) 式可由 (3.5.52) 与 (3.5.49) 式相除得出, 因此, 它所对应的是 $TM_{0n}$ 模的特征方程.

由变型 Bessel 函数性质可知, 当 $x\to 0$ 时, $\lim\limits_{x\to 0}K_0(x)\simeq-\ln x$ 和 $\lim\limits_{x\to 0}K_0'(x)\simeq-\dfrac{1}{x}$, 故有

$$\lim_{w\to 0}\frac{K_0'(w)}{wK_0(w)}\approx\lim_{w\to 0}\left(\frac{1}{w^2\ln w}\right)=\lim_{w\to 0}\frac{(w^{-2})'}{(\ln w)'}=\lim_{w\to 0}\left(-\frac{2}{w^2}\right)=-\infty \tag{3.5.53}$$

故当 $w=0$ 波传播截止时, 由 (3.5.47) 式可得截止条件为

$$\frac{J_0'(u)}{uJ_0(u)}=\infty \quad 或 \quad \frac{uJ_0(u)}{J_0'(u)}=0 \tag{3.5.54}$$

由于 $\lim\limits_{u\to 0}\dfrac{uJ_0(u)}{J_0'(u)}=-2\neq 0$, 故 $u=0$ 并非 (3.5.54) 式的解, 故对于 $m=0$ 情形 $\mathrm{TE}_{0n}$ 模的截止条件为

$$J_0(u)=0 \tag{3.5.55}$$

类似地, 当 $w=0$ 波传播截止时, 由 (3.5.48) 式可得截止条件为

$$\frac{n_1^2}{n_2^2}\frac{1}{u}\frac{J_0'(u)}{J_0(u)}=\infty \quad 或 \quad \frac{uJ_0(u)}{J_0'(u)}=0 \tag{3.5.56}$$

故由此可知对于 $m=0$ 情形 $\mathrm{TM}_{0n}$ 模的截止条件亦为

$$J_0(u)=0 \tag{3.5.57}$$

$\mathrm{TE}_{0n}$ 和 $\mathrm{TM}_{0n}$ 模的特征方程不同, 但它们的截止条件相同, 因而当波传播接近截止时其 $u$ 值相同, 即此时这两种模式是简并的; 但高于截止 $(w>0)$ 时, 其 $u$ 值分别由各自的特征方程 (3.5.47) 与 (3.5.48) 式确定, 因而两者的 $u$ 值和传播常数 $\beta_{0n}$ 值是不同的; 亦即 $\mathrm{TE}_{0n}$ 与 $\mathrm{TM}_{0n}$ 模的色散传输特性曲线它们的起始点相同, 之后将彼此分开 (参见图 3.5.2).

(2) $m>0$ 情形, $\mathrm{HE}_{mn}$ 模

对于 $\mathrm{HE}_{mn}$ 模, 由特征方程 (3.5.45) 式, 取 “−” 号, 有

$$p=-\frac{1}{2}\left(1+\frac{n_2^2}{n_1^2}\right)q-\frac{1}{2}\sqrt{\left(1-\frac{n_2^2}{n_1^2}\right)^2q^2+4m^2\left(\frac{1}{u^2}+\frac{n_2^2}{n_1^2}\frac{1}{w^2}\right)\left(\frac{1}{u^2}+\frac{1}{w^2}\right)} \tag{3.5.58}$$

式中, $p=\dfrac{1}{u}\dfrac{J_m'(u)}{J_m(u)}$ 和 $q=\dfrac{1}{w}\dfrac{K_m'(w)}{K_m(w)}$(见 (3.5.42) 式).

通常, 对于光纤有 $n_1\approx n_2$, 作为零级近似, 可假定 $n_1^2/n_2^2\approx 1$, 则 (3.5.58) 式可简化为

$$p=-q-m\left(\frac{1}{u^2}+\frac{1}{w^2}\right) \tag{3.5.59}$$

即

$$\frac{1}{u}\frac{J_m'(u)}{J_m(u)}=-\frac{1}{w}\frac{K_m'(w)}{K_m(w)}-m\left(\frac{1}{u^2}+\frac{1}{w^2}\right) \tag{3.5.60}$$

已知 Bessel 函数和变型 Bessel 函数有递推关系式:

$$J_m'(x)=-\frac{m}{x}J_m(x)+J_{m-1}(x) \quad 和 \quad K_m'(x)=-\frac{m}{x}K_m(x)-K_{m-1}(x)$$

故

$$p=\frac{1}{u}\frac{J_m'(u)}{J_m(u)}=-\frac{m}{u^2}+\frac{1}{u}\frac{J_{m-1}(u)}{J_m(u)} \tag{3.5.61}$$

和

$$q=\frac{1}{w}\frac{K'_m(w)}{K_m(w)}=-\frac{m}{w^2}-\frac{1}{w}\frac{K_{m-1}(w)}{K_m(w)} \tag{3.5.62}$$

将 (3.5.61) 和 (3.5.62) 代入 (3.5.60) 式后, 则 $\mathrm{HE}_{mn}$ 模的特征方程可化为

$$\frac{1}{u}\frac{J_{m-1}(u)}{J_m(u)}=\frac{1}{w}\frac{K_{m-1}(w)}{K_m(w)} \tag{3.5.63}$$

当 $w=0$ 截止时, 因 $\lim\limits_{w\to 0}K_m(w)\sim\frac{(m-1)!}{2}\left(\frac{2}{w}\right)^m$, 而有 $\lim\limits_{w\to 0}\left[\frac{1}{w}\frac{K_{m-1}(w)}{K_m(w)}\right]\sim\frac{1}{2(m-1)}$, 故

$$\frac{1}{u}\frac{J_{m-1}(u)}{J_m(u)}=\frac{1}{2(m-1)}\quad 或\quad J_{m-2}(u)=0 \tag{3.5.64}$$

(3.5.64) 式用到了 Bessel 函数递推公式 $\frac{2(m-1)}{x}J_{m-1}(x)-J_m(x)=J_{m-2}(x)$, 它就是 $m>0$ 时在 $n_1^2/n_2^2\approx 1$ 零级近似下确定 $\mathrm{HE}_{mn}$ 模截止时 $u$ 值所满足的超越方程.

若将 (3.5.62) 代入 (3.5.58) 式, 作为一级近似略去 $(n_1^2-n_2^2)/n_1^2$ 的二阶小量, 则可以证明代替 (3.5.64) 式的 $\mathrm{HE}_{mn}$ 模截止条件 (参见附录 C) 是

$$\frac{1}{u}\frac{J_{m-1}(u)}{J_m(u)}=\frac{1}{m-1}\frac{n_2^2}{n_1^2+n_2^2}\quad (m>0) \tag{3.5.65}$$

对零级近似, $n_1^2/n_2^2\approx 1$, (3.5.65) 退化为 (3.5.64) 式; 若 $m=1$, 由 (3.5.64) 和 (3.5.65) 式亦有

$$\frac{1}{u}\frac{J_0(u)}{J_1(u)}=\infty\quad 或\quad \frac{uJ_1(u)}{J_0(u)}=0 \tag{3.5.66}$$

因 $J_0(u)|_{u\to 0}\neq 0$, 且 $J_1(u)|_{u\to 0}=0$, 即 $u=0$ 亦是 (3.5.66) 式的解, 故确定 $\mathrm{HE}_{1n}$ 模截止时 $u$ 值的超越方程为

$$J_1(u)=0\quad (含 u=0) \tag{3.5.67}$$

(3) $m>0$ 情形, $\mathrm{EH}_{mn}$ 模

对于 $\mathrm{EH}_{mn}$ 模, 由特征方程 (3.5.45) 式, 取 "+" 号, 有

$$p=-\frac{1}{2}\left(1+\frac{n_2^2}{n_1^2}\right)q+\frac{1}{2}\sqrt{\left(1-\frac{n_2^2}{n_1^2}\right)^2q^2+4m^2\left(\frac{1}{u^2}+\frac{n_2^2}{n_1^2}\frac{1}{w^2}\right)\left(\frac{1}{u^2}+\frac{1}{w^2}\right)} \tag{3.5.68}$$

类似地, 取 $n_1\approx n_2$ 零级近似, (3.5.68) 式可简化为

$$p=-q+m\left(\frac{1}{u^2}+\frac{1}{w^2}\right) \tag{3.5.69}$$

即

$$\frac{1}{u}\frac{J_m'(u)}{J_m(u)} = -\frac{1}{w}\frac{K_m'(w)}{K_m(w)} + m\left(\frac{1}{u^2}+\frac{1}{w^2}\right) \tag{3.5.70}$$

已知 Bessel 函数和变型 Bessel 函数有递推关系式：

$$J_m'(x) = \frac{m}{x}J_m(x) - J_{m+1}(x) \quad 和 \quad K_m'(x) = \frac{m}{x}K_m(x) - K_{m+1}(x)$$

故

$$p = \frac{1}{u}\frac{J_m'(u)}{J_m(u)} = \frac{m}{u^2} - \frac{1}{u}\frac{J_{m+1}(u)}{J_m(u)} \tag{3.5.71}$$

和

$$q = \frac{1}{w}\frac{K_m'(w)}{K_m(w)} = \frac{m}{w^2} - \frac{1}{w}\frac{K_{m+1}(w)}{K_m(w)} \tag{3.5.72}$$

于是, 在 (3.5.70) 式中代入 (3.5.71) 和 (3.5.72) 式后, $EH_{mn}$ 模的特征方程可表为

$$-\frac{1}{u}\frac{J_{m+1}(u)}{J_m(u)} = \frac{1}{w}\frac{K_{m+1}(w)}{K_m(w)} \tag{3.5.73}$$

当 $w=0$ 截止时, 因 $\lim\limits_{w\to 0} K_m(w) \sim \dfrac{(m-1)!}{2}\left(\dfrac{2}{w}\right)^m$, $\lim\limits_{w\to 0}\left[\dfrac{1}{w}\dfrac{K_{m+1}(w)}{K_m(w)}\right] = \lim\limits_{w\to 0}\dfrac{2m}{w^2}$ $\to\infty$, 故有

$$-\frac{1}{u}\frac{J_{m+1}(u)}{J_m(u)} = \infty \quad 或 \quad \frac{uJ_m(u)}{J_{m+1}(u)} = 0 \tag{3.5.74}$$

此式就是 $m>0$ 时在 $n_1^2/n_2^2 \approx 1$ 零级近似下确定 $EH_{mn}$ 模截止时 $u$ 值所满足的超越方程.

由于 $\left.\dfrac{uJ_m(u)}{J_{m+1}(u)}\right|_{u=0} \neq 0$, $u=0$ 不是 (3.5.75) 式的解; 故 (3.5.74) 式亦可表为

$$J_m(u) = 0 \quad (不含 u=0) \tag{3.5.75}$$

此式就是当 $m>0$ 时确定 $EH_{mn}$ 模截止时 $u$ 值所满足的超越方程.

若 $m=1$, 我们亦有 (3.5.76) 式, 故确定 $EH_{1n}$ 模截止时 $u$ 值的超越方程为：

$$J_1(u) = 0 \quad (不含 u=0) \tag{3.5.76}$$

综上所述, (3.5.45) 式是确定阶梯光纤各种模式色散特性的特征方程, 式中取 "−" 号时对应于 $HE_{mn}$, 而取 "+" 号时对应于 $EH_{mn}$ 模. 确定 $HE_{mn}$ 和 $EH_{mn}$ 模截止时 $u$ 值 (由此值可确定出截止波长) 的超越方程分别为：

1) $m=0$, $TE_{0n}$ 模和 $TM_{0n}$ 模：$J_0(u)=0$

2) $m>0$ , $HE_{1n}$ 模：$J_1(u)=0$ (含 $u=0$)

$$HE_{mn}模：\frac{J_{m-1}(u)}{uJ_m(u)} = \frac{1}{m-1}\left(1+\frac{n_2^2}{n_1^2}\right) \ (m>1)$$

3) $m > 0$, $EH_{1n}$ 模：$J_1(u) = 0$ (不含 $u = 0$)

$$EH_{mn}\text{模：}J_m(u) = 0 \quad (\text{不含}u = 0)$$

这些特征方程均需采用数值方法编程求解. 对于 $J_m(u) = 0(m = 0, 1, 2, \cdots)$ 的根, 可得

$J_0(u)$的零点依次为：$2.4048256, 5.5200781, 8.6537279, \cdots$;

$J_1(u)$的零点依次为：$0, 3.831706, 7.0155867, 10.1734681, \cdots$;

$J_2(u)$的零点依次为：$0, 5.1356223, 8.4172441, 11.6198412, \cdots$;

$J_3(u)$的零点依次为：$0, 6.3801619, 9.7610231, 13.0152007, \cdots$; 等.

精确求解 $HE_{mn}$ 模截止时的 $u$ 值的超越方程, 需要知道 $n_1$ 和 $n_2$ 的值. 作为数值例子, 对于 $n_1 = 1.53$ 和 $n_2 = 1.51$ 情形, $m = 2 \sim 5$ 时, 它的前两个解如下表 3.5.1 所列：

**表 3.5.1 按 (3.5.65) 式几个低次 $HE_{mn}$ 模截止时相应的 $u$ 值** ($n_1 = 1.53, n_2 = 1.51$)

| $m$ | $u\|_{HE_{m1}}$ | $u\|_{HE_{m2}}$ |
|---|---|---|
| 2 | 2.4158377 | 5.5249024 |
| 3 | 3.8454989 | 7.0231678 |
| 4 | 5.1510353 | 8.4267104 |
| 5 | 6.3966845 | 9.7718954 |

由 (3.5.43) 式, 我们可知有

$$u^2 + w^2 = k_0^2 a^2 (n_1^2 - n_2^2) \quad \text{或} \quad k_0^2 = \frac{u^2 + w^2}{a^2(n_1^2 - n_2^2)} \tag{3.5.77}$$

对于 $HE_{mn}$ 和 $EH_{mn}$ 模 $(m = 1, 2, \cdots; n = 1, 2, \cdots)$, 当 $w = 0$ 时, 相应的工作波长称为该 $HE_{mn}$ 和 $EH_{mn}$ 模的截止波长 $\lambda_c$. 此时, 由 (3.5.77) 式, 可得

$$\lambda_c = \left.\frac{2\pi}{k_0}\right|_{w=0} = \frac{2\pi a}{u}\left(n_1^2 - n_2^2\right) \tag{3.5.78}$$

例如, 对于 $HE_{11}$ 模, 有 $u = u|_{HE_{11}} = 0$, 于是, 可知 $HE_{11}$ 模的截止波长为

$$\lambda_c|_{TE_{11}} = \frac{2\pi a}{u|_{TE_{11}}}\left(n_1^2 - n_2^2\right) = \infty \tag{3.5.79}$$

这表明 $HE_{11}$ 模具有最长的截止波长, 它是光纤波导中的主模; 而此外所有其它模则统称为高次模. $TE_{01}$, $TM_{01}$ 模是最低的一个高次模, 它们的截止波长为

$$\lambda_c|_{TE_{01} or TM_{01}} = \frac{2\pi a}{u|_{TE_{11} or TM_{01}}}\left(n_1^2 - n_2^2\right) \tag{3.5.80}$$

所谓单模光纤即是指光纤中仅有主模在传播, 这时工作波长 $\lambda$ 应满足条件:

$$\lambda > \lambda_c|_{\mathrm{TE}_{01} or \mathrm{TM}_{01}} = \frac{2\pi a}{2.0405}\left(n_1^2 - n_2^2\right) \tag{3.5.81}$$

综上所述, 确定 $\mathrm{HE}_{1n}$ 和 $\mathrm{EH}_{1n}$ 模截止时 $u$ 值得方程均为 $J_1(u)=0$, 但前者含 $u=0$ 根, 而后者不含 $u=0$ 的根. 因而, $\mathrm{HE}_{1,n+1}$ 模与 $\mathrm{EH}_{1n}$ 模 $(n=1,2,\cdots)$ 截止时有相同的 $u$ 值 (或者说有相同的截止波长). 因此, $\mathrm{HE}_{1,n+1}$ 模与 $\mathrm{EH}_{1n}$ 模的截止 $u$ 值是简并的; 此外, 比较 (3.5.75) 与 (3.5.64) 式可知在 $n_1^2/n_2^2 \approx 1$ 近似下, $\mathrm{HE}_{mn}$ 模将与 $\mathrm{EH}_{m-2,n}$ 模 $(m>1)$ 的截止时 $u$ 值是简并的, 当 $m=2$ 时, 还与 $\mathrm{TE}_{0n}$ 模和 $\mathrm{TM}_{0n}$ 模简并.$u$ 值简并的模表现在它们的色散传输特性曲线上有相同的起始点 (参见图 3.5.2). 表 3.5.2 给出了光纤中按顺序排列的前 12 个低次模截止时相应的 $u$ 值.

**表 3.5.2 光纤中前 12 个低次模截止时的 $u$ 值**

| 序号 | 模式 | 波截止时相应的 $u$ 值 |
|---|---|---|
| 1 | $\mathrm{HE}_{11}$(主模) | 0.0000000 |
| 2,3 | $\mathrm{TE}_{01}$,$\mathrm{TM}_{01}$ | 2.4048256 |
| 4 | $\mathrm{HE}_{21}$ | 2.4158377 |
| 5,6 | $\mathrm{EH}_{11}$, $\mathrm{HE}_{12}$ | 3.8317060 |
| 7 | $\mathrm{HE}_{31}$ | 3.8454989 |
| 8 | $\mathrm{EH}_{21}$ | 5.1356223 |
| 9 | $\mathrm{HE}_{41}$ | 5.1510353 |
| 10,11 | $\mathrm{TE}_{02}$, $\mathrm{TM}_{02}$ | 5.5200781 |
| 12 | $\mathrm{HE}_{22}$ | 5.5249024 |

如上所述, 确定 $\mathrm{HE}_{1n}$ 和 $\mathrm{EH}_{1n}$ 模截止时 $u$ 值的方程均为 $J_1(u)=0$, 但前者含 $u=0$ 根, 而后者不含 $u=0$ 的根. 因而,$\mathrm{HE}_{1,n+1}$ 模与 $\mathrm{EH}_{1n}$ 模 $(n=1,2,\cdots)$ 截止时有相同的 $u$ 值 (截止波长). 因此,$\mathrm{HE}_{1,n+1}$ 模与 $\mathrm{EH}_{1n}$ 模的截止 $u$ 值是简并的; 此外, 比较 (3.5.75) 与 (3.5.64) 式可知在 $n_1^2/n_2^2 \approx 1$ 近似下, $\mathrm{HE}_{mn}$ 模将与 $\mathrm{EH}_{m-2,n}$ 模 $(m \geqslant 2)$ 的截止时 $u$ 值是简并的, 当 $m=2$ 时, 还与 $\mathrm{TE}_{0n}$ 模和 $\mathrm{TM}_{0n}$ 模简并.$u$ 值简并的模表现在它们的色散特性曲线上有相同的起始点 (参见图 3.5.2). 表 3.5.2 列出了光纤中按顺序排列的前 12 个低次模截止时相应的 $u$ 值.

### 3.5.4 阶梯光纤的色散特性

光纤波导与矩形波导和圆波导一样, 其中传播的波的相速与工作频率有关, 亦是一种色散媒质. 由于传输的信号, 如一个脉冲信号, 可表为许多不同频率和不同模式的波的组合, 因而当这些波从输入端进入波导、经过一段距离传输后在输出端它们合成的脉冲信号将发生时间展宽, 导致信号的畸变, 这一物理现象就称为光纤的色散. 光纤色散的特性就是指光纤中的传输模的传播常数 $\beta$ 与工作频率 $f$(或工作波长 $\lambda$ )的关系.

光纤的色散一般有三类; 波导色散、模式色散和材料色散.

波导色散是指光纤中的 $\mathrm{TE}_{0n},\mathrm{TM}_{0n},\mathrm{HE}_{mn}$ 和 $\mathrm{EH}_{mn}$ 这些模本身的传播常数 $\beta$ 与工作频率 $f$ 有关所引起的色散; 模式色散是指存在多个传输模的多模光纤, 因不同传输模有不同的传播常数 $\beta$ 而引起的色散, 故单模光纤没有模式色散; 材料色散是指光纤石英材料的折射率对不同的工作频率亦有不同的值而引起的色散.

光纤的色散可使传输的脉冲信号展宽, 当传输编码脉冲信号时, 将会导致误码率增加, 使通信质量下降; 为保证通信质量必须增加码间距离, 这就限制了通信容量. 显然, 传输距离越长, 脉冲信号展宽越严重, 因而色散也限制了光纤无中继传输距离. 因此, 了解光纤的色散特性是十分重要的. 以下将限于讨论光纤的波导色散特性.

由 (3.5.40) 式可知, 确定阶梯光纤色散特性的特征方程为

$$F=\begin{vmatrix} \pm\left(\dfrac{1}{u^2}+\dfrac{1}{w^2}\right)\overline{\beta}m & \dfrac{1}{u}\dfrac{J_m'(u)}{J_m(u)}+\dfrac{1}{w}\dfrac{K_m'(w)}{K_m(w)} \\ \dfrac{n_1^2}{u}\dfrac{J_m'(u)}{J_m(u)}+\dfrac{n_2^2}{w}\dfrac{K_m'(w)}{K_m(w)} & \pm\left(\dfrac{1}{u^2}+\dfrac{1}{w^2}\right)\overline{\beta}m \end{vmatrix}=0 \tag{3.5.82}$$

而由 (3.5.45) 式给出的是易于区分 $\mathrm{HE}_{mn}$ 和 $\mathrm{EH}_{mn}$ 模的色散方程的形式:

$$F_{\mathrm{HE}}=p+\frac{1}{2}\left(1+\frac{n_2^2}{n_1^2}\right)q+\frac{1}{2}\sqrt{\left(1-\frac{n_2^2}{n_1^2}\right)^2q^2+4m^2\left(\frac{1}{u^2}+\frac{n_2^2}{n_1^2}\frac{1}{w^2}\right)\left(\frac{1}{u^2}+\frac{1}{w^2}\right)}=0 \tag{3.5.83}$$

和

$$F_{\mathrm{EH}}=p+\frac{1}{2}\left(1+\frac{n_2^2}{n_1^2}\right)q-\frac{1}{2}\sqrt{\left(1-\frac{n_2^2}{n_1^2}\right)^2q^2+4m^2\left(\frac{1}{u^2}+\frac{n_2^2}{n_1^2}\frac{1}{w^2}\right)\left(\frac{1}{u^2}+\frac{1}{w^2}\right)}=0 \tag{3.5.84}$$

特别地, 对于 $m=0$ 有

$$F_{\mathrm{TE}}=p+q=0 \tag{3.5.85}$$

$$F_{\mathrm{TM}}=p+\frac{n_2^2}{n_2^2}q=0 \tag{3.5.86}$$

以上式中, $p=\dfrac{1}{u}\dfrac{J_m'(u)}{J_m(u)}$ 和 $q=\dfrac{1}{w}\dfrac{K_m'(w)}{K_m(w)}$(见 (3.5.42) 式)

$\overline{\beta}=\beta/k_0$ 称为规一化传播常数, $k_0=\omega\sqrt{\varepsilon_0\mu_0}=2\pi/\lambda_0$

$u=k_0a\sqrt{n_1^2-\overline{\beta}^2}$ 和 $w=k_0a\sqrt{\overline{\beta}^2-n_1^2}$ (见(3.5.43)式)

记

$$\nu=\sqrt{u^2+w^2}=k_0a\sqrt{n_1^2-n_2^2}\quad \text{称作广义化 (或正规化) 频率} \tag{3.5.87}$$

注意到, 由 (3.5.77) 式, 可得 $k_0a=\nu/\sqrt{n_1^2-n_2^2}$, 故有

$$u=\nu\sqrt{n_1^2-\overline{\beta}^2}\Big/\sqrt{n_1^2-n_2^2}\quad \text{和}\quad w=\nu\sqrt{\overline{\beta}^2-n_2^2}\Big/\sqrt{n_1^2-n_2^2} \tag{3.5.88}$$

(3.5.82) 或 (3.5.83) 和 (3.5.84) 式是联系 $k_0=2\pi/\lambda_0,n_1,n_2,\overline{\beta}$、涉及 $J_m(u)$ 和 $K_m(w)$ 的色散超越方程. 对于传输模, 应有 $u\geqslant 0$ 和 $w\geqslant 0$, 故可知 $\overline{\beta}$ 的取值区间为 $\overline{\beta}=[n_2\sim n_1]$. 实质上, 色散方程是对于光纤的传输模, $\nu$ 与 $\overline{\beta}$ 所必须满足的、以 $m$、$n_1$ 和 $n_2$ 为参数, 联系广义化频率与规一化传播常数的超越方程.

代替通常使用的 $\beta-f$ 色散曲线, 以下将给出具有一定通用性的 $\overline{\beta}-\nu$ 色散曲线; 这里, $\overline{\beta}$ 为规一化传播常数, $\nu$ 为广义化频率. 求解光纤的 $\overline{\beta}-\nu$ 色散曲线可以有两种算法.

算法**A**: 给定阶 $m$ 与某一广义化频率 $\nu$, 应用求解超越方程根的 "二分法" 来确定此 $\nu$ 值所相应的 $\overline{\beta}$. 为此, 首先给出 $\overline{\beta}$ 的初值 $\overline{\beta}_0$, 按一定步长在 $\overline{\beta}$ 的取值范围内搜索, 当寻求到根的存在区间后再应用二分法使根精确化; 求得第一个根后, 继续搜索, 当寻求到第二个根的存在区间后再应用二分法使根精确化; 如此进行下去, 便可求出相应于 $m$、$\nu$ 值, 在给定 $\overline{\beta}=[n_2\sim n_1]$ 区间内超越方程的全部根 $\overline{\beta}_{m1}(\nu),\overline{\beta}_{m2}(\nu),\cdots$. 按此方法, 给定广义化频率 $\nu$(依次减小) 的一系列 $\nu^i(i=1,2,\cdots)$ 值,$\beta$ 在其取值范围 $\overline{\beta}=[n_1\sim n_2]$(亦依次减小) 内搜索, 便可求得相应的 $\overline{\beta}^i_{m1}(i=1,2,\cdots),\overline{\beta}^i_{m2}(i=1,2,\cdots),\cdots$, 而由所建立数据 $(\overline{\beta}^i_{m1},\nu_i),(\overline{\beta}^i_{m2},\nu_i),\cdots(i=1,2,\cdots)$ 即可作出色散曲线 $\overline{\beta}_{m1}-\nu$ 和 $\overline{\beta}_{m2}-\nu,\cdots$; 它们分别对应不同模式的色散曲线. 例如, 对于 $m\geqslant 1$ 情形, 若满足的是色散方程 (3.5.83), 则所求得的 $\overline{\beta}_{m1}-\nu$ 和 $\overline{\beta}_{m2}-\nu,\cdots$ 分别是对应于 $\mathrm{HE}_{m1}$ 和 $\mathrm{HE}_{m2},\cdots$ 传输模; 而若满足的是色散方程 (3.5.84), 则所求得的是分别对应于 $\mathrm{EH}_{m1}$ 和 $\mathrm{EH}_{m2},\cdots$ 传输模. 另一方面, 若求 $\overline{\beta}-\nu$ 色散曲线时采用的是特征方程 (3.5.82), 因无法区分 $\mathrm{HE}_{mn}$ 与 $\mathrm{EH}_{mn}$ 模, 则一律记作是 $\mathrm{HE}_{mn}$ 模, 故求得的 $\overline{\beta}_{mn}-\nu$ 就是 $\mathrm{HE}_{mn}(n=1,2,\cdots)$ 模的色散曲线.

算法**B**: 此法基于给定阶 $m$ 和规一化传播常数 $\overline{\beta}$(从 $n_2\to n_1$ 依次增大) 的一系列 $\overline{\beta}^i(i=1,2,\cdots)$ 值, 应用 "二分法" 通过对 $\nu$ 在其取值范围 (如 $\nu=[0.0,7.2]$) 内的搜索和精确化过程求解出相应于一系列 $\overline{\beta}^i$ 值在此区间内满足色散方程的全部根 $\nu^i_{m1}(\nu),v^i_{m2}(\nu),\cdots$, 从而得出色散曲线 $v_{mn}-\overline{\beta}(n=1,2,\cdots)$, 视求解时所满足的是哪类模式的 ($\mathrm{TE}_{0n}$、$\mathrm{TM}_{0n}$、$\mathrm{HE}_{mn}$ 或 $\mathrm{EH}_{mn}$ 模) 色散方程, 它们就隶属于相应的传输模. 最后通过交换 $\nu_{mn}-\overline{\beta}$ 曲线的 $\nu$ 与 $\overline{\beta}$ 轴便可得出 $\overline{\beta}_{mn}-\nu$ 色散曲线.

按算法 A(或算法 B ) 得出的阶梯光纤 $n_1=1.53$ 和 $n_2=1.51$ 时的 $\mathrm{HE}_{11}$ 主模, 以及 $\mathrm{TE}_{01}$, $\mathrm{TM}_{01},\mathrm{HE}_{21},\mathrm{EH}_{11},\mathrm{HE}_{12},\mathrm{HE}_{31},\mathrm{EH}_{21},\mathrm{HE}_{41},\mathrm{TE}_{02},\mathrm{TM}_{02}$ 和 $\mathrm{HE}_{22}$ 等

前 11 个高次模的 $\overline{\beta}-\nu$ 的色散曲线如图 3.5.2 所示. 这样的色散曲线对于纤芯半径 $a$ 和工作波长 $\lambda$ 具有通用性. 对于算法**A**和算法**B**生成光纤 $\overline{\beta}-\nu$ 与 $\nu-\overline{\beta}$ 色散特性所需数据的计算程序, 分别可参见附录 K 中给出的 Fortran 程序 OPFIBERA 和 OPFIBERB.

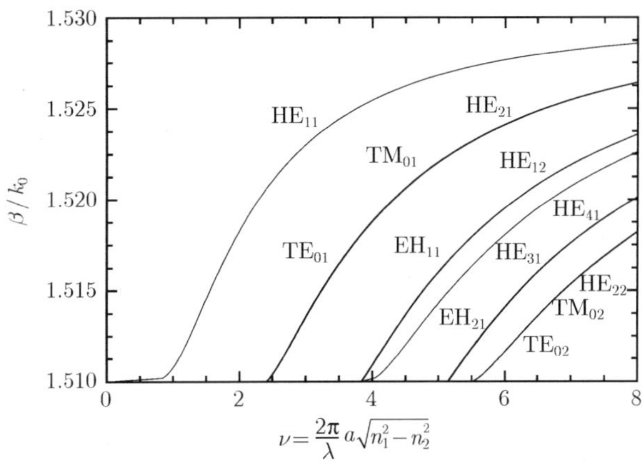


图 3.5.2 阶梯光纤的 $\overline{\beta}-\nu$ 色散特性

## 3.6 谐振腔的一般概念

在低频时, 传输电磁能和信号的传输线采用双线, 随着工作频率从低频 ⟶ 微波, 为了降低线路传输损耗, 经历由平行双线 ⟶ 同轴电缆 (软同轴线), 而被同轴波导、“单导线” 的矩形波导和圆形波导等代替; 同样, 在低频时, 具有储能和选频特性的调谐回路采用由集中参数元件电感 $L$ 和电容 $C$ 组成的 $LC$ 谐振回路, 随着工作频率从低频 ⟶ 微波, 为了克服和降低回路的辐射损耗、导体损耗和介质损耗, 亦相应经历了由一段短路的平行双线传输线 (谐振线), 而被短路的同轴波导、矩形波导等谐振腔所代替.

一般说来, 谐振腔 (亦称为空腔谐振器) 是一个具有任意形状的导电壁 (或导磁壁) 所包围的、能在其中形成电磁振荡的空腔区域. 实际应用中所遇到的谐振腔的结构与形式是多样的; 大体可分为两类: 一类就是我们将讨论的最常见的传输线型谐振腔, 它就是由一段两端短路的微波传输线段, 如同轴腔、矩形腔和圆柱腔等, 或者它们的变型; 如在可调谐的波长计中, 所采用的谐振腔大都是这类型式. 理论上, 这类波导型谐振腔的分析虽可作为一个新的电磁场边值问题进行处理, 但是, 这样做常常是不必要的, 事实上, 我们可引用波导理论得到的结果, 再使它满足腔的两个端壁上的边界条件, 就可直接导得谐振腔问题的解.

另一类是非传输线型谐振腔, 它们常见于一些微波器件中特别是在微波电子管中还采用了许多具有特殊形状的谐振腔. 例如, 在灯塔管、金属陶瓷管和速调管中, 采用环形、同轴形和径向线形的谐振腔, 在磁控管中采用多瓣式谐振腔等. 这类谐振腔由于其几何形状复杂而很难作为边值问题用场论方法进行分析, 故通常则是采用工程计算方法进行分析, 即将腔中场较集中区域用等效的集中参数元件代替, 其它部分结合传输线与电磁场方法处理. 然后应用低频电路和传输线的计算方法求出腔的基本参数.

对于低频电路中的 $LC$ 调谐电路, 其基本参量为电感 $L$、电容 $C$ 和电导 $G$(或电阻 $R$), 因为它们可以很简单而方便地进行测量; 而回路的其它参量, 如谐振频率 $\omega_0$、品质因数 $Q_0$、谐振导纳 $Y$(或谐振阻抗 $Z$) 则作为导出量, 由基本参量 $L$、$C$ 和 $C$(或 $R$) 来表示, 另一方面, 对于工作于微波频率的谐振腔, 它相当于低频电路中的 $LC$ 振荡回路, 亦具有储存电磁能量和选择一定频率信号的特性. 由于谐振腔中的电磁场是分布在整个腔中的, 此时表示集中存储磁能的电感 $L$ 和表示集中存储电能的电容 $C$ 不复存在、集总参数电路的概念已失去意义; 因此, 谐振腔是选用谐振频率 $\omega_0$(或 $f_0$) 和谐振腔的 $Q_0$ 值, 以及电导 $G$ 作为其基本参量. 等效电导 $G$ 用以表征谐振腔的有功损耗, 它虽属于电路概念的范畴, 但对于分析涉及谐振腔的微波器件、微波测量问题时引入等效电路的概念有时仍是有益的. 这三个基本参量可通过测量求得.

以下我们将对谐振腔的基本参量谐振频率 $f_0$、品质因数 $Q_0$、等效电导 $G$, 以及谐振腔的有载 $Q_L$ 值等作一般性简要介绍; 有关具体的谐振腔, 如矩形腔、圆柱腔、同轴腔、球形腔的电磁场结构、储能、损耗功率和 $Q_0$ 值的分析和计算, 以及谐振腔的微扰等问题将随后分节叙述.

### 3.6.1 谐振频率 $f_{mnp}$、谐振波长 $\lambda_{mnp}$

对于波导型谐振腔, 腔内的场必须在三维方向上满足电磁场的边界条件, 因此, 它们随时空的变化必然具有驻波的形式, 其特点是: 电场与磁场具有 $\pi/2$ 的相位差, 故电场为最大时, 磁场为零; 反之磁场为最大时, 电场为零. 而在空间上, 电场与磁场亦具有 $\pi/2$ 的相位差, 因而在电场为最大处, 磁场为零; 反之磁场为最大处, 电场为零. 在腔壁处, 电场的切向分量和磁场的法向分量等于零, 它们是驻波的节点. 另一方面, 对于规则柱波导, 如在求解矩形波导和圆波导时所看到的, 沿波传播方向 $z$ 场为行波, 因场需满足波导壁上的边界条件, 场在与波传播方向相垂直的横平面内则是驻波; 应用边界条件可导得波的截止波长 $\lambda_c$(或截止频率 $f_c$) 和波导波长 $\lambda_g$(即波导中的行波波长). 波导型谐振腔与规则波导相比, 由于波导中的行波在腔的两个端壁来回反射, 谐振腔中沿 $z$ 方向的场亦是驻波场, 因此, 我们只需根据波导中的场在 $z$ 方向为驻波的条件, 便可求确定出谐振腔的谐振频率. 为了满足腔两端的导电壁处为驻波节点的波条件, 谐振腔的长度 $l$ 应等于波导某一模式的半波

导波长 $\lambda_g/2$ 的整数倍, 即

$$l = p\lambda_g/2 \quad (p = 1, 2, \cdots) \tag{3.6.1}$$

作为可采用 "路" 与 "场" 的观点分析的例子, 我们考虑一段工作于 TEM 模的两端短路的同轴线. 由传输线理论可知, 当同轴线的长度为半个波长 ($p = 1$ 情形) 时, 其中可形成驻波. 在同轴线的两端, 电压为零, 而电流最大; 在同轴线中点, 电压最大、电流为零. 电压与电流具有 $\pi/2$ 的相位差. 这时, 同轴线发生谐振 (相应的频率称为同轴线的固有谐振频率), 其上形成驻波; 线上的电能转换成磁能, 磁能又转换成电能, 而其总能量为一常数. 由于同轴线的外导体使它与外界完全隔离, 故须在同轴线的终端置一耦合环, 或同轴线的中心置一探针使此两端短路的同轴线受到激发; 假如外界信号源的频率等于同轴线的谐振频率, 那么振荡将达到最大值. 在稳定的情况下, 外界电源只须供给很小的能量, 以补偿同轴线的损耗, 同轴线内部便可产生稳定的振荡; 电能和磁能来回地转换, 而平均电能等于平均磁能; 假如外界频率不等于同轴线的谐振频率时, 平均的电能就不再等于平均磁能, 这时, 激发源除了供给同轴线的损耗外, 则在一个半周内电源必须供给无功能量, 而在另一半周内又将这部分能量回馈至电源. 因此, 这段同轴线可看成是一个具有电抗性的负载, 显然, 这段同轴线与普通的低频调谐回路具有相似的性质.

一般地, 对于规则波导, 由 (3.1.62) 式可知, 其中传播的波的波导波长 $\lambda_g$ 为

$$\lambda_g = \frac{\lambda}{\sqrt{1 - (\lambda/\lambda_c)^2}} \tag{3.6.2}$$

或写成

$$\lambda_g = \frac{1}{\sqrt{\varepsilon\mu}\sqrt{f^2 - f_c^2}} \tag{3.6.3}$$

式中, $\lambda = 1/f\sqrt{\varepsilon\mu}$ 为工作波长; $f$ 为工作频率; $\varepsilon$、$\mu$ 分别是腔内媒质的介电常数和磁导率; $\lambda_c$ 和 $f_c$ 分别为波导截止波长和相应的截止频率.

由 (3.6.1) 和 (3.6.3) 式, 谐振腔的谐振条件可表为

$$f^2 = f_c^2 + \frac{1}{\varepsilon\mu}\left(\frac{p}{2l}\right)^2 \tag{3.6.4}$$

由此可得波导型谐振腔的谐振频率:

$$f = \frac{1}{\sqrt{\varepsilon\mu}}\sqrt{\frac{1}{\lambda_c^2} + \left(\frac{p}{2l}\right)^2} \tag{3.6.5}$$

例如, 对于相应同轴波导的 TEM 模同轴腔, $\lambda_c = \infty$, 其谐振频率为

$$f_p = \frac{p}{2l\sqrt{\varepsilon\mu}} \quad 即 \quad l = p\frac{\lambda}{2} \quad (\lambda_g = \lambda) \tag{3.6.6}$$

对于矩形腔, $\lambda_c = \lambda_{cmn}$, 由 (3.2.26) 和 (3.6.5) 式可得其 $\text{TE}_{mnp}$ 或 $\text{TM}_{mnp}$ 模的谐振频率和相应的谐振波长为

$$f_{mnp} = \frac{1}{\sqrt{\varepsilon\mu}}\sqrt{\left(\frac{m}{2a}\right)^2 + \left(\frac{n}{2b}\right)^2 + \left(\frac{p}{2l}\right)^2}$$
$$\lambda_{mnp} = \frac{2}{\sqrt{\left(\frac{m}{a}\right)^2 + \left(\frac{n}{b}\right)^2 + \left(\frac{l}{p}\right)^2}} \tag{3.6.7}$$

对于圆柱腔, 由 (3.3.29) 式 $\lambda_{cmn}^{\text{TE}} = 2\pi a/x'_{mn}$ 和 (3.3.32) 式 $\lambda_{cmn}^{\text{TM}} = 2\pi a/x_{mn}$, 应用 (3.6.5) 式可其 $\text{TE}_{mnp}$ 或 $\text{TM}_{mnp}$ 模的谐振频率和相应的谐振波长为

$$f_{mnp}^{\text{TE}} = \frac{1}{\sqrt{\varepsilon\mu}}\sqrt{\left(\frac{x'_{mn}}{2\pi a}\right)^2 + \left(\frac{p}{2l}\right)^2}; \quad \lambda_{mnp}^{\text{TE}} = \frac{2\pi}{\sqrt{\left(x'_{mn}/a\right)^2 + \left(p\pi/l\right)^2}} \tag{3.6.8}$$

和

$$f_{mnp}^{\text{TM}} = \frac{1}{\sqrt{\varepsilon\mu}}\sqrt{\left(\frac{x_{mn}}{2\pi a}\right)^2 + \left(\frac{p}{2l}\right)^2}; \quad \lambda_{mnp}^{\text{TM}} = \frac{2\pi}{\sqrt{\left(x_{mn}/a\right)^2 + \left(p\pi/l\right)^2}} \tag{3.6.9}$$

这里, $x'_{mn}$ 和 $x_{mn}$ 分别是 $J'_m(x)$ 和 $J_m(x)$ 的第 $n$ 个零点; 其值可参见表 3.3.1 和表 3.3.2.

谐振腔中指数 $m$、$n$、$p$ 可取 $0, 1, 2, \cdots$ 不同整数值, 因而谐振腔中存在一系列离散的谐振频率或谐振波长; 谐振频率最高或谐振波长最长的模称为谐振腔主模, 因此, 主模具有最小可存在指数 $m$、$n$、$p$ 值. 对于矩形腔 ($c > a, a \approx 2b$), 主模为 $\text{TE}_{101}$ 模; 对于圆柱腔, 主模可为 $\text{TE}_{111}$ 模或 $\text{TM}_{010}$ 模, 这取决于 $l/a$ 的比值. 因

$$\lambda_{111}^{\text{TE}} \approx \frac{2\pi a}{\sqrt{(1.841)^2 + \left(\pi a/l\right)^2}} \quad \text{而} \quad \lambda_{010}^{\text{TM}} \approx \frac{2\pi a}{2.405}$$

故当 $\text{TE}_{101}$ 模为主模时应有：$(1.841)^2 + \left(\pi a/l\right)^2 < (2.405)^2$, 由此可解得 $a/l < 0.4926$, 即当 $l > 2.03a$ 时, 圆柱腔主模为 $\text{TE}_{111}$ 模; 反之为 $\text{TM}_{010}$ 模.

以上波导型谐振腔的谐振频率和谐振波长是采用驻波法求出的, 它们与将在 3.7~3.9 节中采用场分析法讨论矩形、圆柱形和同轴型谐振腔时所得的结果是一致的.

### 3.6.2 品质因数 $Q_0$

以上分析已指出谐振腔具有离散的谐振频率, 而且每一谐振频率相应一种振荡模式及其电磁场分布. 如果我们采用某种耦合方法在谐振腔中激发一种特定的振荡

模式，就得使激发的频率正好等于所选择的谐振频率，否则将不能在腔内建立起该振荡模式的场. 实际上，由于谐振腔存在有损耗，并不存在像 $\delta$ 函数那样的一个激发频率奇点；而是在此谐振频率左右一个狭窄频带，腔内可产生能观察到的激发场. 谐振腔的 $Q_0$ 值就是度量它对外界激发的频率响应的尖锐程度，即评价谐振腔频率选择性优劣 (与能量损耗) 的一个物理量，其定义是

$$Q_0 = \omega_0 \frac{U_\Sigma}{P_L} \tag{3.6.10}$$

式中，$\omega_0$ 是假定腔在没有能量损耗时的谐振频率；$U_\Sigma$ 为总储能量；$P_L$ 为腔损耗在一个周期内的平均值.

因 $\omega_0 = 2\pi/T$，$T$ 为振荡周期，$P_L = U_L/T$，故 $Q_0$ 定义亦可表为总储能 $U_\Sigma$ 与一个周期中腔的损耗能量 $U_L$ 之比的 $2\pi$ 倍，即

$$Q_0 = 2\pi \frac{U_\Sigma}{U_L} \tag{3.6.11}$$

谐振腔中总的电磁储能 $U_\Sigma$ 和损耗功率 $P_L$ 可计算如下：

在谐振腔中，电场与磁场随时间作简谐变化，且呈驻波状态，因此，腔中的电场、电场储能和磁场、磁场储能随时间交替变化. 在电场储能为最大某一瞬时，磁场储能为零；反之，在磁场储能为最大某一瞬时，电场储能为零；且在电场 (和电场储能密度) 为最大处，磁场(和磁场储能密度) 等于零；反之，在电场 (和电场储能密度) 为最大处，磁场 (和磁场储能密度) 等于零. 对于任一瞬时，腔体积 $V$ 内的总储能则是电场储能与磁场储能之和，它为一常量，并等于最大电场储能 $U_{\mathrm{e}}$ 或最大磁场储 $U_{\mathrm{m}}$. 事实上，如果我们对谐振腔的内壁的封闭曲面 $S$ 所包围的体积 $V$，应用 Poynting 定理，则由 (1.5.14) 式，假定腔内媒质是无耗的 ($\sigma = 0$)，以及 Poynting 矢量 $\overline{\boldsymbol{P}} = \frac{1}{2}\boldsymbol{E} \times \boldsymbol{H}^*$，我们有

$$-\frac{1}{2}\oiint_S (\boldsymbol{E} \times \boldsymbol{H}^*) \cdot \hat{\boldsymbol{n}} \mathrm{d}S = \mathrm{j}2\omega \iiint_V (w_{\mathrm{m}} - w_{\mathrm{e}}) \mathrm{d}v \tag{3.6.12}$$

式中，$w_{\mathrm{m}} = \frac{\mu}{4}\boldsymbol{H} \cdot \boldsymbol{H}^*$ 和 $w_{\mathrm{e}} = \frac{\varepsilon}{4}\boldsymbol{E} \cdot \boldsymbol{E}^*$ 分别为平均磁场储能密度和平均电场储能密度；$\varepsilon$、$\mu$ 分别是腔内填充媒质的介电常数和磁导率.

因在腔壁上场应满足边界条件：$(\boldsymbol{E} \times \boldsymbol{H}^*) \cdot \hat{\boldsymbol{n}}|_S = \boldsymbol{H}^* \cdot (\hat{\boldsymbol{n}} \times \boldsymbol{E})|_S = 0$，故 (3.6.12) 式左边积分等于零，于是便有

$$\iiint_V (w_{\mathrm{m}} - w_{\mathrm{e}}) \mathrm{d}v = 0 \quad 或 \quad \iiint_V w_{\mathrm{m}} \mathrm{d}v = \iiint_V w_{\mathrm{e}} \mathrm{d}v \tag{3.6.13}$$

故可知腔中总的储能为：

$$U_\Sigma = \iiint_V (w_{\mathrm{e}} + w_{\mathrm{m}}) \mathrm{d}v = 2\iiint_V w_{\mathrm{e}} \mathrm{d}v = 2\iiint_V w_{\mathrm{m}} \mathrm{d}v \tag{3.6.14}$$

即有

$$U_{\Sigma}=\frac{1}{2}\iiint_V \mu\boldsymbol{H}\cdot\boldsymbol{H}^*\mathrm{d}v=U_{\mathrm{m}};\quad U_{\Sigma}=\frac{1}{2}\iiint_V \varepsilon\boldsymbol{E}\cdot\boldsymbol{E}^*\mathrm{d}v=U_{\mathrm{e}} \tag{3.6.15}$$

式中, $V$ 是谐振腔的体积; $U_{\mathrm{e}}$ 和 $U_{\mathrm{m}}$ 分别是最大电场储能和最大磁场储能. 就证明了腔的总储能 $U_{\Sigma}=U_{\mathrm{m}}=U_{\mathrm{e}}$.

当腔内填充的媒质是无耗时, 能量的损耗仅与腔壁的焦尔损耗有关 (实际的腔总是由非理想导体制成的). 类似于波导损耗的计算, 我们有

$$P_L=\frac{R_S}{2}\oiint_S \boldsymbol{H}_t\cdot\boldsymbol{H}_t^*\mathrm{d}S=\frac{R_S}{2}\oiint_S \left|\boldsymbol{H}_t\right|^2\mathrm{d}S \tag{3.6.16}$$

式中, $S$ 是谐振腔的内表面面积; $R_S=\sqrt{\dfrac{\omega\mu_1}{2\sigma_1}}$, 其中 $\sigma_1$ 和 $\mu_1$ 分别是腔壁的导电率和磁导率, 通常对非磁性媒质, 有 $\mu_1\approx\mu\approx\mu_0$.

将 (3.6.15) 和 (3.6.16) 代入 (3.6.10) 式, 并因 $\omega\mu_1/R_S=2/\varDelta$, 谐振腔的 $Q_0$ 值可表为

$$Q_0=\frac{\omega_0}{R_S}\frac{\displaystyle\iiint_V \mu\boldsymbol{H}\cdot\boldsymbol{H}^*\mathrm{d}v}{\displaystyle\oiint_S \boldsymbol{H}_t\cdot\boldsymbol{H}_t^*\mathrm{d}S}=\frac{2}{\varDelta}\frac{\displaystyle\iiint_V \mu\boldsymbol{H}\cdot\boldsymbol{H}^*\mathrm{d}v}{\displaystyle\oiint_S \boldsymbol{H}_t\cdot\boldsymbol{H}_t^*\mathrm{d}S} \tag{3.6.17}$$

式中, $\varDelta=\sqrt{\dfrac{2}{\omega_0\mu_1\sigma_1}}$ 为腔壁导体的趋肤厚度.

又, 根据能量守恒原理可知, 耗散在腔壁上欧姆损耗功率等于腔的储能 $U_L$ 的时间变化率的负值, 故由 (3.6.10) 式有

$$P_L=-\frac{\mathrm{d}U_{\Sigma}}{\mathrm{d}t}=\frac{\omega_0}{Q_0}U_{\Sigma}\quad 或\quad \frac{\mathrm{d}U_{\Sigma}}{\mathrm{d}t}+\frac{\omega_0}{Q_0}U_{\Sigma}=0 \tag{3.6.18}$$

易知, (3.6.18) 式的解为

$$U_{\Sigma}(t)=U_{\Sigma 0}\mathrm{e}^{-\omega_0 t/Q_0} \tag{3.6.19}$$

表明储能 $U_{\Sigma}$ 按指数规律衰减, 衰减常数与 $Q_0$ 成反比; 其中 $U_{\Sigma 0}$ 是 $t=0$ 时储能 $U_{\Sigma}$ 初值, 由此可知腔中的场随时间的变化为阻尼振荡, 考虑到频移 $\Delta\omega$ 后, 其电场可表为

$$E(t)=E_0\mathrm{e}^{-\frac{\omega_0 t}{2Q_0}}\mathrm{e}^{\mathrm{j}(\omega_0+\Delta\omega)t} \tag{3.6.20}$$

(3.6.20) 式阻尼振荡是时间的非周期函数, 它是在 $\omega=\omega_0+\Delta\omega$ 附近许多频率的叠加. 对 $E(t)$ 作 Fourier 积分变换 (第 1 章附录 D), 则可得其 Fourier 反变换 (积分) 表示式为

$$E(t)=\frac{1}{2\pi}\int_{-\infty}^{\infty}E(\omega)\mathrm{e}^{-\mathrm{j}\omega t}\mathrm{d}t \tag{3.6.21}$$

而 Fourier 变换 (即频谱 $E(\omega)$ 的表示式) 为

$$E(\omega)=\int_{0}^{\infty}E(t)\mathrm{e}^{-\mathrm{j}\omega t}\mathrm{d}t=\int_{0}^{\infty}E_0\mathrm{e}^{-\left(\frac{\omega_0}{2Q_0}+\mathrm{j}(\omega-\omega_0-\Delta\omega)\right)t}\mathrm{d}t \quad \left(E(t)|_{t<0}=0\right) \tag{3.6.22}$$

这是一个初等指数函数的积分, 对它积分后便得到

$$|E(\omega)|^2\propto\frac{1}{(\omega-\omega_0-\Delta\omega)^2+\left(\omega_0/2Q_0\right)^2} \tag{3.6.23}$$

(3.6.23) 式给出了谐振腔中能量的频率分布, 它具有谐振曲线的形状, 如图 3.6.1 所示.

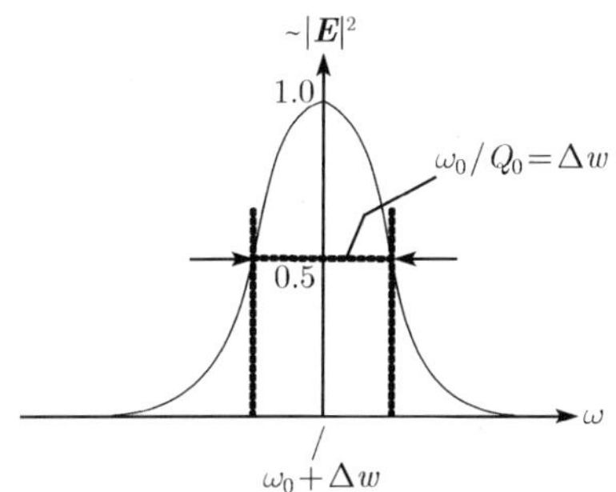


图 3.6.1 谐振腔谐振曲线的一般形状

在谐振曲线半功率点处, 有

$$\omega-\omega_0-\Delta\omega=\pm\frac{\omega_0}{2Q_0} \quad 或 \quad \omega=\omega_0+\Delta\omega\pm\frac{\omega_0}{2Q_0} \tag{3.6.24}$$

参见图 3.6.1, 可知谐振曲线的全带宽为 $\Delta w=2\left(\omega_0/2Q_0\right)=\omega_0/Q_0$. 于是有

$$Q_0=\frac{\omega_0}{\Delta w} \tag{3.6.25}$$

因此, 谐振腔的 $Q_0$ 值亦可通过实验测量谐振频率 $\omega_0$ 和半功率带宽 $\Delta w$ 按 (3.6.25) 式计算.

### 3.6.3 等效电导 $G$

上述讨论曾指出谐振腔相当于一低频调谐回路, 但它具有多个离散的谐振频率, 不同的谐振频率将有不同的场结构, 对应于一种振荡模式. 因而, 我们可对某一振荡模式用一个集总参数表示的谐振回路进行等效. 考虑到谐振腔应用于微波电

真空器件中, 电子束的作用可视为一并联的电子导纳, 为便于它与腔导纳的简单相加, 故通常采用图 3.6.2 所示并联形式的等效电路.

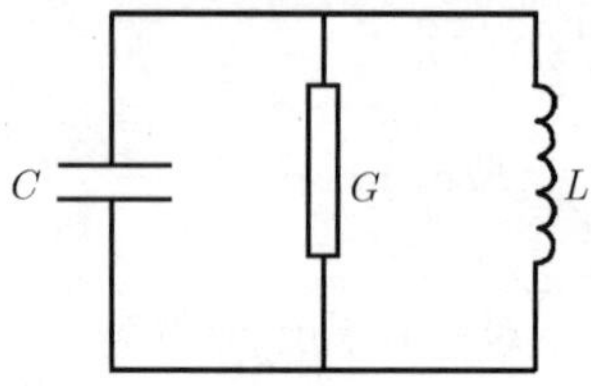


图 3.6.2　谐振腔的并联等效电路

应用等效电路 (即电路理论) 的方法研究谐振腔外部特性, 特别是研究含有谐振腔的微波系统的特性是十分方便的. 在谐振腔的等效电路中, 电感 $L$ 和电容 $C$ 通常满足关系式: $\omega_0 = 1/\sqrt{LC}$, $\omega_0$ 是所等效的振荡模式的谐振频率; $G$ 就是等效电导, 它表征谐振腔的有功损耗. 一定的 $L$、$C$、$G$ 的等效电路只适用于所等效振荡模式的谐振频率及其附近的一个很小范围; 超过此频率范围, 谐振腔还可能谐振于另一振荡模式, 这时则必须采用另一等效电路与之相应.

设 $V_m$ 为并联电路两端的电压幅值, 则消耗在等效电导 $G$ 上的功率为

$$P_L = \frac{1}{2} G V_m^2 \tag{3.6.26}$$

故

$$G = \frac{2P_L}{V_m^2} \tag{3.6.27}$$

式中的 $P_L$ 可由 (3.6.16) 式:

$$P_L = \frac{R_S}{2} \oiint_S |\boldsymbol{H}_t|^2 \, \mathrm{d}S \tag{3.6.28}$$

计算; 按电压的定义 $V_m$ 是电场 $\boldsymbol{E}$ 从所等效的端口点 $A$ 到点 $B$ 的线积分, 即

$$V_m = \int_A^B \boldsymbol{E} \cdot \mathrm{d}\boldsymbol{l} \tag{3.6.29}$$

将 $P_L$ 和 $V_m$ 代入 (3.6.27) 式, 便得到

$$G = \frac{R_S \oiint_S |\boldsymbol{H}_t|^2 \, \mathrm{d}S}{\left[ \int_A^B \boldsymbol{E} \cdot \mathrm{d}\boldsymbol{l} \right]^2} \tag{3.6.30}$$

等效电导 $G$ 的概念在微波电真空器件中具有重要应用, 例如, 图 3.6.3 所示速调管的环形腔. 这时涉及的 $V_m$ 可选取电子束越过腔内栅网电极的路径计算. 然而, $G$ 的计算要求知道腔内的电磁场分布, 这对于具有复杂形状的腔是困难的, 而且由于积分 (3.6.29) 的值不仅取决于所选择的电压计算点 $A$ 和 $B$ 在腔中的位置, 还与选择的积分路径有关, 致使 $G$ 值具有不确定性; 即使可计算出 $G$ 的理论值也与实际值相差较大; 因此, 通常它由实验确定.

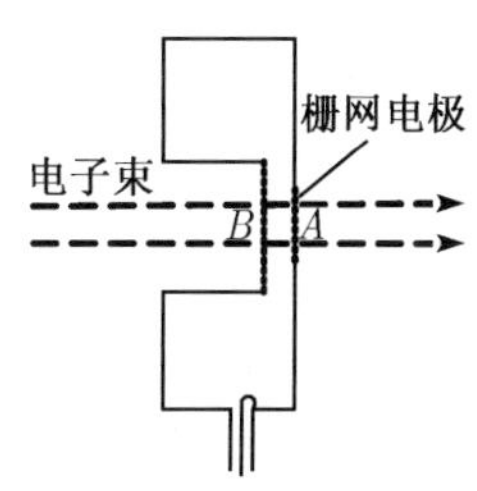


图 3.6.3 速调管中的环形腔

另一方面, 若采用电路理论分析方法, 参见图 3.6.2 谐振腔等效电路, 可知端电压为 $V_m$ 时腔的储能为

$$U_\Sigma = \frac{1}{2}CV_m^2 \tag{3.6.31}$$

于是

$$Q_0 = \omega_0 \frac{U_\Sigma}{P_L} = \frac{\omega_0 C}{G} \tag{3.6.32}$$

为消去上式中的 $C$, 现在来研究在谐振频率 $\omega_0$ 附近, 谐振回路的电纳随频率 $\omega$ 的变化. 谐振回路的导纳等于:

$$Y = G + \mathrm{j}B = G + \mathrm{j}\left(\omega C - \frac{1}{\omega L}\right) \tag{3.6.33}$$

其电纳部分为 $B = \omega C\left(1 - \dfrac{1}{\omega^2 LC}\right)$, 因 $\omega_0^2 = \dfrac{1}{LC}$, 故有

$$B = C(\omega - \omega_0)(\omega + \omega_0)/\omega \tag{3.6.34}$$

如果强迫振荡的频率 $\omega$ 与 $\omega_0$ 相差甚小, 则 $\omega + \omega_0 \approx 2\omega_0$, 于是得

$$B = 2C(\omega - \omega_0) \quad 而有 \quad C = \frac{1}{2}\left(\frac{\mathrm{d}B}{\mathrm{d}\omega}\right)_{\omega=\omega_0} \tag{3.6.35}$$

在微波波段, 测量腔的电纳是方便的, 故可通过测出 $B-\omega$ 曲线在 $\omega \approx \omega_0$附近的斜率而求得 $\left(\dfrac{\mathrm{d}B}{\mathrm{d}\omega}\right)_{\omega=\omega_0}$ 的值, 亦即 $C$ 的值, 将它代入 (3.6.32) 式, 就得到

$$Q_0 = \frac{\omega_0}{2G}\left(\frac{\mathrm{d}B}{\mathrm{d}\omega}\right)_{\omega=\omega_0} \tag{3.6.36}$$

通常 $\omega_0$ 和 $G$ 亦可由实验测知, 故 (3.6.36) 式便提供了测量谐振腔 $Q$ 值的一种方法; 而若 $\omega_0$ 和 $Q_0$ 已由实验测知, (3.6.36) 式则是提供了测量谐振腔等效电导 $G$ 值的一种方法.

### 3.6.4 腔与外界的连接、有载品质因数 $Q_L$

谐振腔本身是无源器件. 在实际应用中, 谐振腔要通过耦合结构与传输系统连接, 以使信号源输入到腔中激励起振荡; 它还须通过耦合结构将腔中的振荡输送到负载上. 如果使用一个耦合结构兼作输入和输出, 则谐振腔(反应型谐振腔)就相当于一个负载, 为一两端(单口)网络; 如果谐振腔中有输入和输出两个耦合结构, 则谐振腔(传输型谐振腔)便形成一四端(双口)网络. 因此, 谐振腔与外界有耦合就使得腔内振荡的能量不仅消耗在腔本身, 还消耗在负载中. 若令 $P_{\text{Load}}$ 表示损耗在负载中的功率; $P_L$ 为非理想导电腔壁的损耗功率, 则此时腔损耗功率可表为

$$P_{\Sigma L} = P_L + P_{\text{Load}} \tag{3.6.37}$$

相应的 $Q$ 值则称为有载品质因数. 记为 $Q_L$, 因而有

$$Q_L = \omega_0 \frac{U_\Sigma}{P_{\Sigma L}} = \omega_0 \frac{U_\Sigma}{P_L + P_{\text{Load}}} \tag{3.6.38}$$

或写成

$$\frac{1}{Q_L} = \frac{1}{Q_0} + \frac{1}{Q_{\text{Load}}} \tag{3.6.39}$$

式中, $Q_{\text{Load}} = \omega_0 U_\Sigma / P_{\text{Load}}$ 称为负载 (或外界) 品质因数. 腔的固有品质因数 $Q_0$ 仅与腔的工作模式, 几何形状和尺寸、腔壁材料和腔内媒质特性有关, 如果腔内媒质是有耗的, 则 $P_L$ 中还应计入介质损耗; 腔有载品质因数 $Q_L$ 随其耦合方式、耦合强度的不同变化较大.

另一方面, 若采用电路理论分析方法, 当谐振腔与外电路的相连接时, 对腔的某一谐振模式, 在其谐振频率附近可用一等效谐振回路表示; 而与之连接的外电路可表为一段终端接有负载阻抗的传输线. 若传输线连接的负载等于线的特性阻抗 $Z_0$(相应特性导纳 $Y_0$), 则在与腔连接的、传输线输入端的输入导纳就等于 $Y_0$, 故整个系统的等效电路可用图 3.6.4 表示.

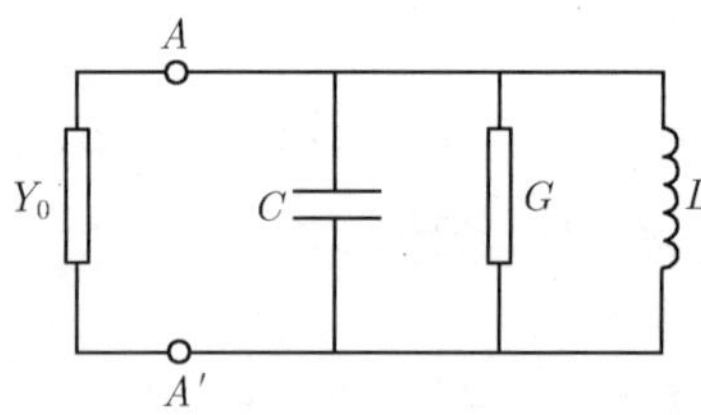


图 3.6.4　含负载的谐振腔等效电路

当谐振腔的终端 $AA'$ 开路时, 由 (3.6.32) 式, 系统的固有 $Q$ 值为

$$Q_0 = \frac{\omega_0 C}{G} \tag{3.6.40}$$

当谐振腔的终端接有负载 $Y_0$ 时, 系统的 $Q$ 值可表为

$$Q_L = \frac{\omega_0 C}{G + Y_0} \quad \text{或写成} \quad \frac{1}{Q_L} = \frac{1}{Q_0} + \frac{1}{Q_{\mathrm{Load}}} \tag{3.6.41}$$

式中, $\omega_0 = 1/\sqrt{LC}$; $Q_{\mathrm{Load}} = \omega_0 C/Y_0$ 为外界品质因数, 而 $Q_0$ 为固有 (或无载) 品质因数.

(3.6.41) 式, 我们可得

$$Q_0 = Q_L\left(1 + \frac{Y_0}{G}\right) = Q_L(1 + \beta) \tag{3.6.42}$$

这里, $\beta = Y_0/G$ 称为耦合系数; $\beta$ 愈越大表示耦合愈强, $Q_L$ 愈低.

## 3.7 矩形谐振腔

矩形谐振腔可由两端用理想导体封闭的一段矩形波导构成. 设其宽度为 $a$, 高度为 $b$ 而长度为 $l$, 如图 3.7.1 所示.

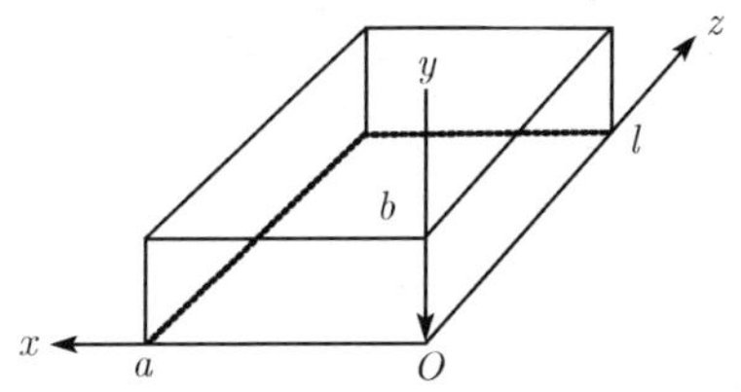


图 3.7.1 矩形谐振腔

我们将在已求得矩形波导中传播的波的场分布基础上来分析矩形谐振腔中的电磁场.

### 3.7.1 $\mathrm{TE}_{mnp}$ 和 $\mathrm{TM}_{mnp}$(振荡) 模

(1) $\mathrm{TE}_{mnp}$ 模

设矩形波导有一 $\mathrm{TE}_{mn}$ 波沿 $+z$ 方向传播, 由 (3.2.13) 式可知其电磁场表示式:

$$\begin{aligned}
E_x^+ &= \frac{\mathrm{j}\omega\mu\delta_y}{\delta^2} H_0 \cos\delta_x x \sin\delta_y y \mathrm{e}^{\mathrm{j}\omega t - \gamma z} \\
E_y^+ &= -\frac{\mathrm{j}\omega\mu\delta_x}{\delta^2} H_0 \sin\delta_x x \cos\delta_y y \mathrm{e}^{\mathrm{j}\omega t - \gamma z} \\
E_z^+ &= 0 \\
H_x^+ &= \frac{\gamma\delta_x}{\delta^2} H_0 \sin\delta_x x \cos\delta_y y \mathrm{e}^{\mathrm{j}\omega t - \gamma z} \\
H_y^+ &= \frac{\gamma\delta_y}{\delta^2} H_0 \cos\delta_x x \sin\delta_y y \mathrm{e}^{\mathrm{j}\omega t - \gamma z}
\end{aligned} \tag{3.7.1}$$

$$H_z^+ = H_0 \cos\delta_x x \cos\delta_y y \mathrm{e}^{\mathrm{j}\omega t - \gamma z}$$

式中,

$$\delta_x = \frac{m\pi}{a} \quad 和 \quad \delta_y = \frac{n\pi}{b}; \delta^2 = \delta_x^2 + \delta_y^2 = \gamma^2 + \omega^2 \varepsilon\mu \tag{3.7.2}$$

当沿 $+z$ 方向传播的 $\mathrm{TE}_{mn}$ 波抵达 $z = l$ 端腔壁 (理想导电平面) 时被反射而产生沿 $-z$ 方向传播的反射波, 当此反射波抵达 $z=0$ 端腔壁时, 又被反射向 $+z$ 方向传播, 如此 $\mathrm{TE}_{mn}$ 波在腔中来回反射, 在腔中同时存在有 $+z$ 和 $-z$ 方向传播的波, 而形成驻波. 腔中的场是 "入射波" 与 "反射波" 的叠加, 它必须满场的边界条件. 由于其合成场已满足腔侧壁的边界条件, 故它仅需满足在 $z = 0$ 端和 $z = l$ 端腔壁内表而上电场的切向分量和磁场的法向必须为零的边界条件.

为了使合成场满足 $z = 0$ 端腔壁上场的边界条件要求, 对于反射波, 除波因子为 $\mathrm{e}^{\mathrm{j}\omega t + \gamma z}$ 外, 反射波电场 $E_x^-$、$E_y^-$ 和磁场 $H_z^-$ 与入射波的 $E_x^+$、$E_y^+$ 和 $H_z^+$ 应相差一负号, 即它们之间具有 180° 相位差; 而 $H_x^-$、$H_y^-$、$E_z^-$ 与 $H_x^+$、$H_y^+$、$E_z^+$ 间没有相差. 这样, 我们可直接写出反射波的电磁场表示式为

$$\begin{aligned}
E_x^- &= -\frac{\mathrm{j}\omega\mu\delta_y}{\delta^2} H_0 \cos\delta_x x \sin\delta_y y \mathrm{e}^{\mathrm{j}\omega t + \gamma z} \\
E_y^- &= \frac{\mathrm{j}\omega\mu\delta_x}{\delta^2} H_0 \sin\delta_x x \cos\delta_y y \mathrm{e}^{\mathrm{j}\omega t + \gamma z} \\
E_z^- &= 0 \\
H_x^- &= \frac{\gamma\delta_x}{\delta^2} H_0 \sin\delta_x x \cos\delta_y y \mathrm{e}^{\mathrm{j}\omega t + \gamma z} \\
H_y^- &= \frac{\gamma\delta_y}{\delta^2} H_0 \cos\delta_x x \sin\delta_y y \mathrm{e}^{\mathrm{j}\omega t + \gamma z} \\
H_z^- &= -H_0 \cos\delta_x x \cos\delta_y y \mathrm{e}^{\mathrm{j}\omega t + \gamma z}
\end{aligned} \tag{3.7.3}$$

故腔中的入射波与反射波叠加后的场 $\boldsymbol{E} = \boldsymbol{E}^+ + \boldsymbol{E}^-$ 和 $\boldsymbol{H} = \boldsymbol{H}^+ + \boldsymbol{H}^-$ 为

$$\begin{aligned}
E_x &= -\frac{\mathrm{j}\omega\mu\delta_y}{\delta^2} H_0 \cos\delta_x x \sin\delta_y y \left(\mathrm{e}^{\gamma z} - \mathrm{e}^{-\gamma z}\right) \mathrm{e}^{\mathrm{j}\omega t} \\
E_y &= \frac{\mathrm{j}\omega\mu\delta_x}{\delta^2} H_0 \sin\delta_x x \cos\delta_y y \left(\mathrm{e}^{\gamma z} - \mathrm{e}^{-\gamma z}\right) \mathrm{e}^{\mathrm{j}\omega t} \\
E_z &= 0 \\
H_x &= \frac{\gamma\delta_x}{\delta^2} H_0 \sin\delta_x x \cos\delta_y y \left(\mathrm{e}^{\gamma z} + \mathrm{e}^{-\gamma z}\right) \mathrm{e}^{\mathrm{j}\omega t} \\
H_y &= \frac{\gamma\delta_y}{\delta^2} H_0 \cos\delta_x x \sin\delta_y y \left(\mathrm{e}^{\gamma z} + \mathrm{e}^{-\gamma z}\right) \mathrm{e}^{\mathrm{j}\omega t} \\
H_z &= -H_0 \cos\delta_x x \cos\delta_y y \left(\mathrm{e}^{\gamma z} - \mathrm{e}^{-\gamma z}\right) \mathrm{e}^{\mathrm{j}\omega t}
\end{aligned} \tag{3.7.4}$$

假定谐振腔为理想导体制成，且腔内介质是无耗的；此时，传播常数 $\gamma$ 为一虚数，即

$$\gamma = \mathrm{j}\beta \tag{3.7.5}$$

于是，(3.7.4) 式可写成

$$\begin{aligned}
E_x &= \frac{2\omega\mu\delta_y}{\delta^2} H_0 \cos\delta_x x \sin\delta_y y \sin\beta z \mathrm{e}^{\mathrm{j}\omega t} \\
E_y &= -\frac{2\omega\mu\delta_x}{\delta^2} H_0 \sin\delta_x x \cos\delta_y y \sin\beta z \mathrm{e}^{\mathrm{j}\omega t} \\
E_z &= 0 \\
H_x &= \frac{2\mathrm{j}\beta\delta_x}{\delta^2} H_0 \sin\delta_x x \cos\delta_y y \cos\beta z \mathrm{e}^{\mathrm{j}\omega t} \\
H_y &= \frac{2\mathrm{j}\beta\delta_y}{\delta^2} H_0 \cos\delta_x x \sin\delta_y y \cos\beta z \mathrm{e}^{\mathrm{j}\omega t} \\
H_z &= -2\mathrm{j} H_0 \cos\delta_x x \cos\delta_y y \sin\beta z \mathrm{e}^{\mathrm{j}\omega t}
\end{aligned} \tag{3.7.6}$$

式中 $\beta$ 值可由 $z=l$ 腔顶壁上的边界条件 $E_x|_{z=l}=0$ 或 $E_y|_{z=l}=0$、$H_z|_{z=l}=0$ 之一确定，即

$$\sin\beta z|_{z=l} = \sin\beta l = 0 \quad \text{由此得} \quad \beta l = p\pi$$

或

$$\beta = \frac{p\pi}{l} \quad (p = 1, 2, 3, \cdots) \tag{3.7.7}$$

故当 $\beta = p\pi/l$ 时，(3.7.6) 式就是矩形谐振腔中的电磁场表示式. 从 (3.7.6) 式可见，谐振腔中的电磁场具有驻波性质，亦即场分布随时间作简谐变化，但在三个方向上场分量各按半个周期的整数倍变化，而其最大点和最小点的位置并不随时间改变. 对于波导，则仅是在横截面上电磁场是驻波分布.

不同的 $m$、$n$ 和 $p$(称为波型指数)取值，矩形谐振腔具有不同的场分布，相应地称为 TE 模的一种振荡模式；(3.7.6) 式就相应于 $\mathrm{TE}_{mnp}$ 模.

(2) $\mathrm{TM}_{mnp}$ 模

设有一 $\mathrm{TM}_{mn}$ 型波沿 $+z$ 方向传播，由 (3.2.25) 式可知其电磁场表示式为

$$\begin{aligned}
E_x^+ &= -\frac{\gamma\delta_x}{\delta^2} E_0 \cos\delta_x x \sin\delta_y y \mathrm{e}^{\mathrm{j}\omega t - \gamma z} \\
E_y^+ &= -\frac{\gamma\delta_y}{\delta^2} E_0 \sin\delta_x x \cos\delta_y y \mathrm{e}^{\mathrm{j}\omega t - \gamma z} \\
E_z^+ &= E_0 \sin\delta_x x \sin\delta_y y \mathrm{e}^{\mathrm{j}\omega t - \gamma z} \\
H_x^+ &= \frac{\mathrm{j}\omega\varepsilon\delta_y}{\delta^2} E_0 \sin\delta_x x \cos\delta_y y \mathrm{e}^{\mathrm{j}\omega t - \gamma z}
\end{aligned} \tag{3.7.8}$$

$$H_y^+ = -\frac{\mathrm{j}\omega\varepsilon\delta_x}{\delta^2}E_0\cos\delta_x x\sin\delta_y y \mathrm{e}^{\mathrm{j}\omega t-\gamma z}$$

$$H_z^+ = 0$$

当入射 $\mathrm{TM}_{mn}$ 波在矩形谐振腔中传播时, 由于 $z=l$ 端腔壁的反射, 而产生反射波场 $E^-$ 和 $H^-$, “入射波” 与 “反射波” 在腔的两端壁间的来回反射便形成了驻波形式的场. 采用相同于 $\mathrm{TE}_{mnp}$ 模情形的分析, 注意到 $\gamma=\mathrm{j}\beta$, 不难求得矩形谐振腔中 $\mathrm{TM}_{mnp}$ 模的电磁场为

$$\begin{aligned}
E_x &= -\frac{2\beta\delta_x}{\delta^2}E_0\cos\delta_x\sin\delta_y\sin\beta z\mathrm{e}^{\mathrm{j}\omega t}\\
E_y &= -\frac{2\beta\delta_y}{\delta^2}E_0\sin\delta_x\cos\delta_y\sin\beta z\mathrm{e}^{\mathrm{j}\omega t}\\
E_z &= 2E_0\sin\delta_x\sin\delta_y\cos\beta z\mathrm{e}^{\mathrm{j}\omega t}\\
H_x &= \frac{2\mathrm{j}\omega\varepsilon\delta_y}{\delta^2}E_0\sin\delta_x\cos\delta_y\cos\beta z\mathrm{e}^{\mathrm{j}\omega t}\\
H_y &= -\frac{2\mathrm{j}\omega\varepsilon\delta_x}{\delta^2}E_0\cos\delta_x\sin\delta_y\cos\beta z\mathrm{e}^{\mathrm{j}\omega t}\\
H_z &= 0
\end{aligned} \tag{3.7.9}$$

式中

$$\delta_x = \frac{m\pi}{a};\delta_y=\frac{n\pi}{a};\delta^2=\delta_x^2+\delta_y^2=\gamma^2+\omega^2\varepsilon\mu \quad 和 \quad \beta=\frac{p\pi}{l} \tag{3.7.10}$$

$$m、n=0,1,2,\cdots(不同时为0);\quad p=0,1,2,\cdots$$

对于 $\mathrm{TE}_{mnp}$ 模, 由 (3.7.2)、(3.7.5)、(3.7.7) 式; 以及对于 $\mathrm{TM}_{mnp}$ 模, 由 (3.7.10) 式, 我们可知它们的角频率 $\omega$ 满足相同的关系式:

$$\omega = \frac{1}{\sqrt{\varepsilon\mu}}\sqrt{\delta^2-\gamma^2}=\frac{1}{\sqrt{\varepsilon\mu}}\sqrt{\delta_x^2+\delta_y^2+\beta^2} \tag{3.7.11}$$

这里, $\delta_x=\dfrac{m\pi}{a};\delta_y=\dfrac{n\pi}{b}$ 和 $\beta=\dfrac{p\pi}{l}$.

(3.7.11) 式表明 $\omega$ 仅与谐振腔的尺寸 $a$、$b$、$l$ 以及波型指数 $m$、$n$、$p$ 有关, 因而它称为谐振腔的固有频率, 常记为 $\omega_{mnp}$(或简写成 $\omega_0$). 亦即, 我们有

$$\omega=\frac{1}{\sqrt{\varepsilon\mu}}\sqrt{\left(\frac{m\pi}{a}\right)^2+\left(\frac{n\pi}{b}\right)^2+\left(\frac{p\pi}{l}\right)^2}=\omega_{mnp}\quad(或\omega_0) \tag{3.7.12}$$

$$(m、n=0,1,2,\cdots(不同时为0);\quad p=1,2,\cdots)$$

而谐振频率 $f_{mnp}$ 和它对应在 $\varepsilon$、$\mu$ 媒质中的谐振波长 $\lambda_{mnp}$ 分别为

$$
\begin{aligned}
f_{mnp} &= \frac{\omega_{mnp}}{2\pi} = \frac{1}{\sqrt{\varepsilon\mu}}\sqrt{\left(\frac{m}{2a}\right)^2 + \left(\frac{n}{2b}\right)^2 + \left(\frac{p}{2l}\right)^2} \\
\lambda_{mnp} &= \frac{1}{f_{mnp}\sqrt{\varepsilon\mu}} = \frac{2}{\sqrt{(m/a)^2 + (n/b)^2 + (p/l)^2}}
\end{aligned}
\tag{3.7.13}
$$

这里, 求得的 $f_{mnp}, \lambda_{mnp}$ 就是曾采用驻波条件法所求得结果 (3.6.7) 式.

对于不同的 $m$、$n$ 和 $p$ 的取值, 矩形谐振腔 $\mathrm{TE}_{mnp}$ 模与 $\mathrm{TM}_{mnp}$ 模具有不同的场分布、但它们具有相同的谐振频率和谐振波长. 对于 $a \approx 2b$, $\mathrm{TE}_{101}$ 模具有最长的谐振波长或最低的谐振频率, 它是矩形谐振腔的主振荡模式.

### 3.7.2 TE$_{101}$ 主 (振荡) 模

(1) $\mathrm{TE}_{101}$ 模电磁场

由 (3.7.4) 式, 令 $m = 1, n = 0, p = 1$, 这时, $\delta_x = \delta = \pi/a$, $\delta_y = 0$, $\beta = \pi/l$, 则可得 $\mathrm{TE}_{101}$ 模的驻波电磁场分布为

$$
\begin{aligned}
E_y &= -\frac{2\omega\mu a}{\pi} H_0 \sin\frac{\pi}{a}x \sin\frac{\pi}{l}z \mathrm{e}^{\mathrm{j}\omega t} \\
H_x &= \frac{2\mathrm{j}\beta a}{\pi} H_0 \sin\frac{\pi}{a}x \cos\frac{\pi}{l}z \mathrm{e}^{\mathrm{j}\omega t} \\
H_z &= -2\mathrm{j}H_0 \cos\frac{\pi}{a}x \sin\frac{\pi}{l}z \mathrm{e}^{\mathrm{j}\omega t} \\
E_x &= E_z = H_y = 0
\end{aligned}
\tag{3.7.14}
$$

按 (3.7.14) 式, 我们可得矩形谐振腔 $\mathrm{TE}_{101}$ 模的电磁场分布示意图如图 3.7.2 所示.

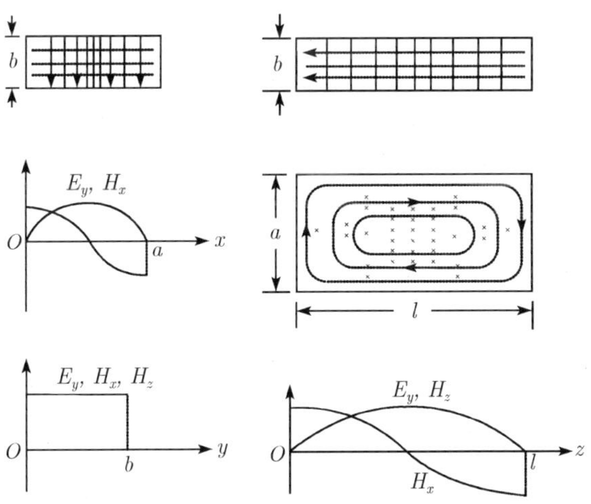


图 3.7.2 矩形谐振腔 $\mathrm{TE}_{101}$ 主模的场分布

由 (3.7.13) 式可知, 矩形谐振腔的 $\mathrm{TE}_{101}$ 模的谐振频率 $f_{101}$ 和谐振波长 $\lambda_{101}$ 为

$$\omega_0 = 2\pi f_{101} = \frac{2\pi}{\sqrt{\varepsilon\mu}}\frac{\sqrt{a^2+l^2}}{2al}; \quad \lambda_{101} = \frac{2al}{\sqrt{a^2+l^2}} \tag{3.7.15}$$

令 $E_0 = -\dfrac{2\omega\mu a}{\pi}H_0$, $\omega\mu = \omega_0\mu = \sqrt{\dfrac{\mu}{\varepsilon}}\dfrac{2\pi}{\lambda_{101}}$, $H_0 = -\dfrac{1}{4a}\sqrt{\dfrac{\varepsilon}{\mu}}\lambda_{101}$,(3.7.14) 式亦可表为

$$\begin{aligned}
&E_y = E_0 \sin\frac{\pi}{a}x \sin\frac{\pi}{l}z\mathrm{e}^{\mathrm{j}\omega t}\\
&H_x = -\mathrm{j}\sqrt{\frac{\varepsilon}{\mu}}\frac{\lambda_{101}}{2l}E_0 \sin\frac{\pi}{a}x \cos\frac{\pi}{l}z\mathrm{e}^{\mathrm{j}\omega t}\\
&H_z = \mathrm{j}\sqrt{\frac{\varepsilon}{\mu}}\frac{\lambda_{101}}{2a}E_0 \cos\frac{\pi}{a}x \sin\frac{\pi}{l}z\mathrm{e}^{\mathrm{j}\omega t}\\
&E_x = E_z = H_y = 0
\end{aligned} \tag{3.7.16}$$

(2) 谐振腔的电磁储能

应用 (3.7.14) 式, 可知矩形谐振腔 $\mathrm{TE}_{101}$ 模电场的最大储能量为

$$\begin{aligned}
U_{\mathrm{e}} &= \frac{\varepsilon}{2}\int_0^a\int_0^b\int_0^l |\boldsymbol{E}|^2\,\mathrm{d}x\mathrm{d}y\mathrm{d}z\\
&= \frac{\varepsilon}{2}E_0^2\int_0^a \sin^2\frac{\pi}{a}x\mathrm{d}x\int_0^b \mathrm{d}y\int_0^l \sin^2\frac{\pi}{l}z\mathrm{d}z\\
&= \frac{\varepsilon}{8}E_0^2 abl
\end{aligned} \tag{3.7.17}$$

而磁场的最大储能量为

$$\begin{aligned}
U_{\mathrm{m}} &= \frac{\mu}{2}\int_0^a\int_0^b\int_0^l \left(H_x^2 + H_z^2\right)\mathrm{d}x\mathrm{d}y\mathrm{d}z\\
&= \frac{\mu}{2}\int_0^a\int_0^b\int_0^l \frac{\varepsilon}{\mu}\lambda_{101}^2 E_0^2\frac{1}{4l^2}\sin^2\frac{\pi}{a}x\cos^2\frac{\pi}{l}z\mathrm{d}x\mathrm{d}y\mathrm{d}z\\
&\quad + \frac{\mu}{2}\int_0^a\int_0^b\int_0^l \frac{\varepsilon}{\mu}\lambda_{101}^2 E_0^2\frac{1}{4a^2}\cos^2\frac{\pi}{a}x\sin^2\frac{\pi}{l}z\mathrm{d}x\mathrm{d}y\mathrm{d}z\\
&= \frac{\varepsilon}{8}E_0^2\lambda_{101}^2\left[\frac{1}{4l^2} + \frac{1}{4a^2}\right]abl
\end{aligned} \tag{3.7.18}$$

将 (3.7.15) 代入上式, 则 $U_{\mathrm{m}}$ 可表为

$$U_{\mathrm{m}} = \frac{\varepsilon}{8}E_0^2\left(\frac{2al}{\sqrt{a^2+l^2}}\right)^2\left[\frac{1}{4l^2} + \frac{1}{4a^2}\right]abl = \frac{\varepsilon}{8}E_0^2 abl = U_{\mathrm{e}} \tag{3.7.19}$$

(3.7.19) 与 (3.7.17) 比较可见, $U_{\mathrm{m}} = U_{\mathrm{e}}$, 即腔谐振时其磁场储能最大值等于电场储能最大值.

(3) 谐振腔壁的损耗功率

当谐振腔壁并非理想导体时, 将产生焦尔热损耗. 按 (3.6.16) 和 (3.7.16) 式, 可求得腔壁的损耗功率 $P_L$ 的近似值, 它是腔左、右两侧壁损耗功率 $P_{1,2}$, 腔底壁和顶壁的损耗功率 $P_{3,4}$ 与腔前、后两端壁损耗功率 $P_{5,6}$ 之和, 即

$$P_L = P_{1,2} + P_{3,4} + P_{5,6} \tag{3.7.20}$$

其中

$$\begin{aligned} P_{1,2} &= 2\frac{R_S}{2}\int_0^b\int_0^l [H_zH_z^*]_{x=0,a}\,\mathrm{d}y\mathrm{d}z = R_S\int_0^b\int_0^l \frac{\varepsilon}{\mu}\frac{\lambda_{101}^2}{4a^2}E_0^2\sin^2\frac{\pi}{l}z\mathrm{d}y\mathrm{d}z \\ &= \frac{R_S}{8}\frac{\varepsilon}{\mu}\frac{bl}{a^2}\lambda_{101}^2E_0^2 \end{aligned} \tag{3.7.21}$$

$$\begin{aligned} P_{3,4} &= 2\frac{R_S}{2}\int_0^a\int_0^l [H_xH_x^* + H_zH_z^*]_{y=0,b}\,\mathrm{d}x\mathrm{d}z \\ &= R_S\int_0^a\int_0^l \frac{\varepsilon}{\mu}\frac{\lambda_{101}^2}{4}\left(\frac{E_0^2}{l^2}\sin^2\frac{\pi}{a}x\cos^2\frac{\pi}{l}z + \frac{E_0^2}{a^2}\cos^2\frac{\pi}{a}x\sin^2\frac{\pi}{l}z\right)\mathrm{d}x\mathrm{d}z \\ &= \frac{R_S}{16}\frac{\varepsilon}{\mu}\left(\frac{a}{l} + \frac{l}{a}\right)\lambda_{101}^2E_0^2 \end{aligned} \tag{3.7.22}$$

$$\begin{aligned} P_{5,6} &= 2\frac{R_S}{2}\int_0^a\int_0^b [H_xH_x^*]_{z=0,l}\,\mathrm{d}x\mathrm{d}y = R_S\int_0^a\int_0^b \frac{\varepsilon}{\mu}\frac{\lambda_{101}^2}{4l^2}E_0^2\sin^2\frac{\pi}{a}x\mathrm{d}x\mathrm{d}t \\ &= \frac{R_S}{8}\frac{\varepsilon}{\mu}\frac{ab}{l^2}\lambda_{101}^2E_0^2 \end{aligned} \tag{3.7.23}$$

将以上 (3.7.21)~(3.7.23) 式求得的 $P_{1,2}$、$P_{3,4}$ 和 $P_{5,6}$ 代入 (3.7.20) 式, 得

$$P_L = \frac{R_S}{8}\frac{\varepsilon}{\mu}\lambda_{101}^2E_0^2\left(\frac{bl}{a^2} + \frac{a}{2l} + \frac{l}{2a} + \frac{ab}{l^2}\right) \tag{3.7.24}$$

(4) $\mathrm{TE}_{101}$ 模的 $Q$ 值

将 (3.7.19) 和 (3.7.24) 式代入谐振腔品质因数 $Q$ 的定义 (3.6.10) 式, 可得

$$Q_{101} = \omega_0\frac{U_\mathrm{m}}{P_L} = \omega_0\frac{\dfrac{\varepsilon}{8}E_0^2abl}{\dfrac{R_S}{8}\dfrac{\varepsilon}{\mu}\lambda_{101}^2E_0^2\left(\dfrac{bl}{a^2} + \dfrac{a}{2l} + \dfrac{l}{2a} + \dfrac{ab}{l^2}\right)}$$

因有 $\omega_0 = \dfrac{1}{\sqrt{\varepsilon\mu}}\dfrac{2\pi}{\lambda_{101}}$ 和 $\lambda_{101} = \dfrac{2al}{\sqrt{a^2+l^2}}$(见 (3.7.15) 式), 上式经整理、化简后, 我们最后便得到矩形谐振腔 $\mathrm{TE}_{101}$ 模的 $Q$ 值表示式为

$$Q_{101} = \frac{\pi}{4R_S}\sqrt{\frac{\mu}{\varepsilon}}\frac{\left(a^2+l^2\right)^{\frac{3}{2}}}{a^3+l^3+\frac{al}{2b}\left(a^2+l^2\right)} \tag{3.7.25}$$

式中, $R_S = \frac{1}{\sigma_1 \varDelta} = \sqrt{\frac{\omega\mu_1}{2\sigma_1}}$, $\sigma_1$ 和 $\mu_1$ 分别为腔壁的电导率和磁导率; $\varDelta$ 为腔壁的趋肤厚度.

对于立方形谐振腔, $a=b=l$, (3.7.25) 式可简化为

$$Q_{101} = \frac{\sqrt{2}\pi}{6R_S}\sqrt{\frac{\mu}{\varepsilon}} \approx 0.74\frac{1}{R_S}\sqrt{\frac{\mu}{\varepsilon}} \tag{3.7.26}$$

如果腔中充的是空气, $\sqrt{\mu/\varepsilon} \approx \sqrt{\mu_0/\varepsilon_0} \approx 377\Omega$. 对于铜, 在频率为 $10^{10}$Hz 时, $\sigma_1 = 5.8\times10^7/\Omega\cdot\mathrm{m}$, $R_S \approx 0.0261\Omega$, 则 $Q_{101} \approx 10700$, 由此可以看出, 谐振腔的品质因数 $Q$ 比一般低频集总参数谐振回路的 $Q$ 值 (约几十至几百) 要大得很多.

## 3.8 圆柱谐振腔

圆柱形谐振腔可由两端用理想导体封闭的一段圆柱波导构成. 设圆柱腔的半径为 $a$, 而长度为 $l$, 如图 3.8.1 所示.

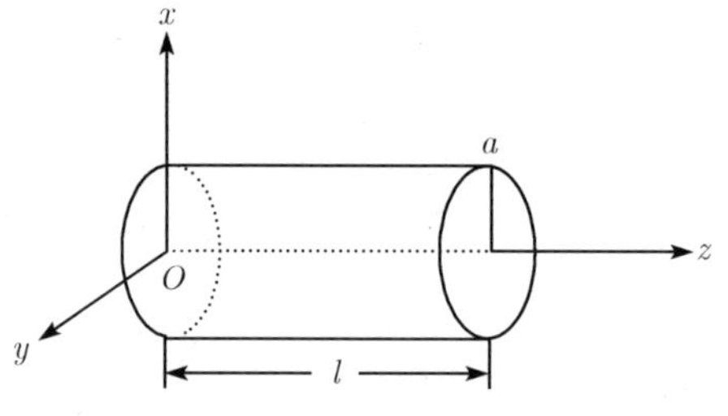


图 3.8.1 圆柱谐振腔

我们将在已求得圆柱波导中传播的波的场分布基础上来分析圆柱腔中的电磁场.

### 3.8.1 $\mathrm{TE}_{mnp}$ 和 $\mathrm{TM}_{mnp}$(振荡) 模

(1) $\mathrm{TE}_{mnp}$ 模

设有一圆波导 $\mathrm{TE}_{mn}$ 波沿 $+z$ 方向传播. 由 (3.3.17) 式可知其电磁场表示式:

$$E_\rho^+ = \frac{\mathrm{j}\omega\mu m}{\delta'^2_{mn}\rho}H_0 J_m\left(\delta'_{mn}\rho\right)\sin m\varphi \mathrm{e}^{\mathrm{j}\omega t-\gamma z}$$

$$E_\varphi^+ = \frac{\mathrm{j}\omega\mu}{\delta'_{mn}}H_0 J'_m\left(\delta'_{mn}\rho\right)\cos m\varphi \mathrm{e}^{\mathrm{j}\omega t-\gamma z}$$

$$
\begin{aligned}
&E_z^+ = 0 \\
&H_\rho^+ = -\frac{\gamma}{\delta'_{mn}} H_0 J'_m(\delta'_{mn}\rho)\cos m\varphi \mathrm{e}^{\mathrm{j}\omega t-\gamma z} \\
&H_\varphi^+ = \frac{\gamma m}{\delta'^2_{mn}\rho} H_0 J_m(\delta'_{mn}\rho)\sin m\varphi \mathrm{e}^{\mathrm{j}\omega t-\gamma z} \\
&H_z^+ = H_0 J_m(\delta'_{mn}\rho)\cos m\varphi \mathrm{e}^{\mathrm{j}\omega t-\gamma z}
\end{aligned}
\tag{3.8.1}
$$

(3.8.1)†

式中,

$$
\delta'^2_{mn} = \left(x'_{mn}/a\right)^2 = \gamma^2 + \omega^2\varepsilon\mu;\quad x'_{mn}\text{为}J'_m(x)=0\text{的第}n\text{个根} \tag{3.8.2}
$$

$$
(m\text{、}n = 0,1,2,\cdots(\text{不同时为}0);\quad p = 1,2,\cdots)
$$

当沿 $+z$ 方向传播的 $\mathrm{TM}_{mn}$ 波抵达 $z=l$ 端腔壁 (理想导电平面) 时被反射而产生沿 $-z$ 方向传播的反射波; 当此反射波抵达 $z=0$ 端腔壁时, 又被反射向 $+z$ 方向传播, 如此 $\mathrm{TE}_{mn}$ 波在腔中来回反射, 在腔中同时存在有 $+z$ 的入射波和 $-z$ 方向的反射波, 而形成驻波. 为了使合成场满足 $z=0$ 端腔壁上场的边界条件要求, 对于反射波, 除波因子为 $e^{\mathrm{j}\omega t+\gamma z}$ 外, 反射波电场 $E_\rho^-$、$E_\varphi^-$ 和磁场 $H_z^-$ 与入射波的 $E_\rho^+$、$E_\varphi^+$ 和 $H_z^+$ 应相差一负号, 即它们之间具有 180° 相位差; 而 $H_\rho^-$、$H_\varphi^-$、$E_z^-$ 与 $H_\rho^+$、$H_\varphi^+$、$E_z^+$ 间没有相差. 这样, 我们可直接写出反射波的电磁场表示式为]

$$
\begin{aligned}
&E_\rho^- = -\frac{\mathrm{j}\omega\mu m}{\delta'^2_{mn}\rho} H_0 J_m(\delta'_{mn}\rho)\sin m\varphi \mathrm{e}^{\mathrm{j}\omega t+\gamma z} \\
&E_\varphi^- = -\frac{\mathrm{j}\omega\mu}{\delta'_{mn}} H_0 J'_m(\delta'_{mn}\rho)\cos m\varphi \mathrm{e}^{\mathrm{j}\omega t+\gamma z} \\
&E_z^- = 0 \\
&H_\rho^- = -\frac{\gamma}{\delta'_{mn}} H_0 J'_m(\delta'_{mn}\rho)\cos m\varphi \mathrm{e}^{\mathrm{j}\omega t+\gamma z} \\
&H_\varphi^- = \frac{\gamma m}{\delta'^2_{mn}\rho} H_0 J_m(\delta'_{mn}\rho)\sin m\varphi \mathrm{e}^{\mathrm{j}\omega t+\gamma z} \\
&H_z^- = -H_0 J_m(\delta'_{mn}\rho)\cos m\varphi \mathrm{e}^{\mathrm{j}\omega t+\gamma z}
\end{aligned}
\tag{3.8.3}
$$

类同于矩形谐振腔情形, 圆柱谐振腔中的 $\mathrm{TE}_{mnp}$ 模的电磁场是圆波导中 $\mathrm{TE}_{mn}$ "入射波" 与 "反射波" 的叠加, 即其 $\boldsymbol{E} = \boldsymbol{E}^+ + \boldsymbol{E}^-, \boldsymbol{H} = \boldsymbol{H}^+ + \boldsymbol{H}^-$, 设谐振腔壁由理想导体制成, 且腔内媒质为无耗的, 而有 $\gamma = \mathrm{j}\beta$, 于是, 我们便可得圆柱腔 $\mathrm{TE}_{mnp}$ 模的电磁场表示式为

† 为简洁起见, (3.8.1) 式中仅取 (3.3.17) 式中的上一项, 由于圆波导的轴对称性, 并不失一般性.

$$
\begin{aligned}
&E_\rho = \frac{2\omega\mu m}{\delta'^2_{mn}\rho} H_0 J_m\left(\delta'_{mn}\rho\right)\sin m\varphi \sin\beta z \mathrm{e}^{\mathrm{j}\omega t}\\
&E_\varphi = \frac{2\omega\mu}{\delta'_{mn}} H_0 J'_m\left(\delta'_{mn}\rho\right)\cos m\varphi \sin\beta z \mathrm{e}^{\mathrm{j}\omega t}\\
&E_z = 0\\
&H_\rho = -\mathrm{j}\frac{2\beta}{\delta'_{mn}} H_0 J'_m\left(\delta'_{mn}\rho\right)\cos m\varphi \cos\beta \mathrm{e}^{\mathrm{j}\omega t}\\
&H_\varphi = \mathrm{j}\frac{2\beta m}{\delta'^2_{mn}\rho} H_0 J_m\left(\delta'_{mn}\rho\right)\sin m\varphi \cos\beta \mathrm{e}^{\mathrm{j}\omega t}\\
&H_z = -\mathrm{j}2 H_0 J_m\left(\delta'_{mn}\rho\right)\cos m\varphi \sin\beta z \mathrm{e}^{\mathrm{j}\omega t}
\end{aligned} \tag{3.8.4}
$$

按 $z=l$ 腔顶壁上场边界条件 $E_\rho|_{z=l} = E_\varphi|_{z=l} = 0$ 和 $H_z|_{z=l} = 0$, 可得 $\sin\beta z|_{z=l} = \sin\beta l = 0$, 故有

$$
\beta = \frac{p\pi}{l} \quad (p = 1, 2, 3, \cdots) \tag{3.8.5}
$$

当 $\beta = p\pi/l$ 时, (3.8.4) 式就是圆柱谐振腔中的电磁场表示式, 它满足腔壁上场的边界条件.

(2) $\mathrm{TM}_{mnp}$ 模见 $\mathrm{TM}_{mnp}$ 模

由 (3.3.27) 式可知圆波导中沿 $+z$ 方向传播的 $\mathrm{TM}_{mn}$ 模电磁场表示式为

$$
\begin{aligned}
&E^+_\rho = -\frac{\gamma}{\delta_{mn}} E_0 J'_m\left(\delta_{mn}\rho\right)\cos m\varphi \mathrm{e}^{\mathrm{j}\omega t - \gamma z}\\
&E^+_\varphi = \frac{\gamma m}{\delta^2_{mn}\rho} E_0 J_m\left(\delta_{mn}\rho\right)\sin m\varphi \mathrm{e}^{\mathrm{j}\omega t - \gamma z}\\
&E^+_z = E_0 J_m\left(\delta_{mn}\rho\right)\cos m\varphi \mathrm{e}^{\mathrm{j}\omega t - \gamma z}\\
&H^+_\rho = -\frac{\mathrm{j}\omega\varepsilon m}{\delta^2_{mn}\rho} E_0 J_m\left(\delta_{mn}\rho\right)\sin m\varphi \mathrm{e}^{\mathrm{j}\omega t - \gamma z}\\
&H^+_\varphi = -\frac{\mathrm{j}\omega\varepsilon}{\delta_{mn}} E_0 J'_m\left(\delta_{mn}\rho\right)\cos m\varphi \mathrm{e}^{\mathrm{j}\omega t - \gamma z}\\
&H^+_z = 0
\end{aligned} \tag{3.8.6}
$$

采用与上述处理 $\mathrm{TE}_{mnp}$ 模波相同方法, 我们不难求得圆柱腔中 $\mathrm{TM}_{mnp}$ 模的电磁场为

$$
\begin{aligned}
&E_\rho = -\frac{2\beta}{\delta_{mn}} E_0 J'_m\left(\delta_{mn}\rho\right)\cos m\varphi \sin\beta z \mathrm{e}^{\mathrm{j}\omega t}\\
&E_\varphi = \frac{2\beta m}{\delta^2_{mn}\rho} E_0 J_m\left(\delta_{mn}\rho\right)\sin m\varphi \sin\beta z \mathrm{e}^{\mathrm{j}\omega t}
\end{aligned}
$$

$$
\begin{aligned}
E_z &= 2E_0 J_m\left(\delta_{mn}\rho\right)\cos m\varphi\cos\beta z \mathrm{e}^{\mathrm{j}\omega t}\\
H_\rho &= -\frac{2\mathrm{j}\omega\varepsilon m}{\delta_{mn}^2\rho}E_0 J_m\left(\delta_{mn}\rho\right)\sin m\varphi\cos\beta z \mathrm{e}^{\mathrm{j}\omega t}\\
H_\varphi &= -\frac{2\mathrm{j}\omega\varepsilon}{\delta_{mn}}E_0 J_m'\left(\delta_{mn}\rho\right)\cos m\varphi\cos\beta z \mathrm{e}^{\mathrm{j}\omega t}\\
H_z &= 0
\end{aligned}
\tag{3.8.7}
$$

式中,

$$
\delta_{mn}^2 = \left(x_{mn}/a\right)^2 = \gamma^2+\omega^2\varepsilon\mu;\quad x_{mn}\text{为}J_m(x)=0\text{的第}n\text{个根};\quad \beta=\frac{p\pi}{l} \tag{3.8.8}
$$

$$
(m、n=0,1,2,\cdots(\text{不同时为}0);\quad p=0,1,2,\cdots)
$$

对于不同的 $(m、n、p)$ 值, TE 和 TM 模具有不同的电磁场分布结构, 相应地称为 $\mathrm{TE}_{mnp}$ 和 $\mathrm{TM}_{mnp}$ 振荡模式, 它们的固有谐振频率与固有谐振波长可计算如下:

(3.8.2) 和 (3.8.8) 式分别给出了圆柱腔的固有谐振频率 $\omega=\omega_0$(或 $\omega_{mnp}$) 与腔尺寸和波型指数 $(m、n、p)$ 所满足的关系式, 由它们可得:

$\mathrm{TE}_{mnp}$模: $\omega_0^2\varepsilon\mu={\delta'}_{mn}^2+\beta^2=\left(x'_{mn}/a\right)^2+\left(p\pi/l\right)^2$

$$
\omega_{mnp}^{\mathrm{TE}}=\frac{1}{\sqrt{\varepsilon\mu}}\sqrt{\left(\frac{x'_{mn}}{a}\right)^2+\left(\frac{p\pi}{l}\right)^2};\ f_{mnp}^{\mathrm{TE}}=\frac{1}{\sqrt{\varepsilon\mu}}\sqrt{\left(\frac{x'_{mn}}{2\pi a}\right)^2+\left(\frac{p}{2l}\right)^2} \tag{3.8.9}
$$

$$
\lambda_{mnp}^{\mathrm{TE}}=\frac{1}{f_{mnp}^{\mathrm{TE}}\sqrt{\varepsilon\mu}}=\frac{2\pi}{\sqrt{\left(x'_{mn}/a\right)^2+\left(p\pi/l\right)^2}} \tag{3.8.10}
$$

$\mathrm{TM}_{mnp}$模: $\omega_0^2\varepsilon\mu=\delta_{mn}^2+\beta^2=\left(x_{mn}/a\right)^2+\left(p\pi/l\right)^2$

$$
\omega_{mnp}^{\mathrm{TM}}=\frac{1}{\sqrt{\varepsilon\mu}}\sqrt{\left(\frac{x_{mn}}{a}\right)^2+\left(\frac{p\pi}{l}\right)^2};\ f_{mnp}^{\mathrm{TM}}=\frac{1}{\sqrt{\varepsilon\mu}}\sqrt{\left(\frac{x_{mn}}{2\pi a}\right)^2+\left(\frac{p}{2l}\right)^2} \tag{3.8.11}
$$

$$
\lambda_{mnp}^{\mathrm{TM}}=\frac{1}{f\sqrt{\varepsilon\mu}}=\frac{2\pi}{\sqrt{\left(x_{mn}/a\right)^2+\left(p\pi/l\right)^2}} \tag{3.8.12}
$$

以上式中, $x'_{mn}$ 是 $J_m'(x)=0$ 的第 $n$ 个根; $x_{mn}$ 是 $J_m(x)=0$ 的第 $n$ 个根. 由于 $J_0'(x)=-J_1(x)$, 因此, $\mathrm{TE}_{0np}$ 模与 $\mathrm{TM}_{1np}$ 模具有相同的谐振频率, 它们是频率简并模. 一般, 不同的 $(m、n、p)$ 值, $\mathrm{TE}_{mnp}$ 与 $\mathrm{TM}_{mnp}$ 模具有不同的谐振频率和谐振波长. (注: 对于从上下文的叙述不致引起混淆的情形, 有时为使符号简洁起见, 而省写了固有谐振频率和谐振波长的上标 “TE” 和 “TM”, 或同时省写它们的上、下标, 而用 $\omega_0$ 和 $\lambda_0$ 表示.)

在圆柱波导中 $TE_{11}$、$TM_{01}$ 和 $TE_{01}$ 模是三个具有广泛应用的重要传播模式. 相应地, 对于由圆柱波导构成谐振腔, $TE_{111}$、$TM_{010}$ 和 $TE_{011}$ 模亦是具有实际应用的三个重要谐振模式; 当 $l < 2a$ 时 (即短圆柱腔), $TM_{010}$ 模式主模, 而当 $l > 2a$ 时 (即长圆柱腔), $TE_{111}$ 模式主模.

以下分别对圆柱腔的上述三种振荡模式进行分析和讨论.

### 3.8.2 $TM_{010}$ 模

(1) $TM_{010}$ 模电磁场

对于 $TM_{010}$ 模, $m = 0, n = 1, p = 0$. 这时, $x_{01} = 2.4048\cdots$, $\gamma = j\beta = 0$, $\delta_{01} = \omega\sqrt{\varepsilon\mu}$. 由 (3.8.7) 式, 注意到 $J_0'(x) - -J_1(x)$, $\omega\varepsilon/\delta_{01} = \sqrt{\varepsilon/\mu}$, 并将常数 $2E_0 \to E_0$, 则可得 $TM_{010}$ 模的电磁场表示式为

$$\begin{aligned} &E_z = E_0 J_0(\delta_{01}\rho)\,e^{j\omega t} \\ &H_\varphi = j\sqrt{\frac{\varepsilon}{\mu}} E_0 J_1(\delta_{01}\rho)\,e^{j\omega t} \\ &H_z = E_\rho = E_\varphi = H_\rho = H_z = 0 \end{aligned} \tag{3.8.13}$$

式中, $\delta_{01} = 2.405/a$. 而由 (3.8.11) 和 (3.8.12) 式可知其谐振频率和谐振波长为

$$\omega_0 = \frac{x_{01}}{a\sqrt{\varepsilon\mu}}; \quad 和 \quad \lambda_{010}^{TM} = \frac{2\pi a}{x_{01}} \approx 2.613a \tag{3.8.14}$$

按 (3.8.13) 式, 可得圆柱谐振腔 $TM_{010}$ 模的电磁场分布如图 3.8.2 所示.

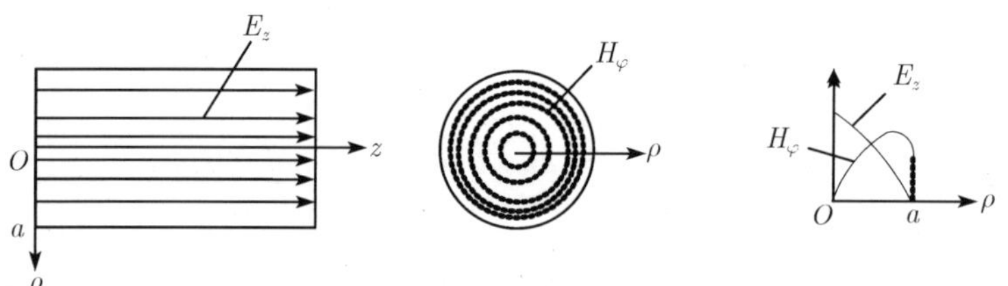


图 3.8.2 圆柱腔 $TM_{010}$ 模的场分布

腔壁上的电流分布可由 $\boldsymbol{J} = \hat{\boldsymbol{n}} \times \boldsymbol{H}|_S$ 给出. 对于 $TM_{010}$ 模, 在腔的两端壁上 $\hat{\boldsymbol{n}} = \pm\hat{\boldsymbol{a}}_z$, $\boldsymbol{J}_S|_{z=0,l} = \pm\hat{\boldsymbol{a}}_z \times \hat{\boldsymbol{a}}_\varphi\ H_\varphi|_{z=0,l} = \mp\hat{\boldsymbol{a}}_\rho\ H_\varphi|_{z=0,l}$(在两端壁上电流仅有径向分量), 在腔的周壁上 $\hat{\boldsymbol{n}} = -\hat{\boldsymbol{a}}_\rho$, $\boldsymbol{J}_S|_{\rho=a} = -\hat{\boldsymbol{a}}_\rho \times \hat{\boldsymbol{a}}_\varphi\ H_\varphi|_{\rho=a} = -\hat{\boldsymbol{a}}_z\ H_\varphi|_{\rho=a}$(在圆柱壁上电流仅有轴向分量).

(2) 谐振腔的电磁储能

谐振腔电磁储能 $U_\Sigma = U_m = U_m$, 故 $U_\Sigma$ 可在磁场最大、电场为零或电场最大、磁场为零的瞬间来计算. 按 (3.6.15) 式, 圆柱腔 $\mathrm{TM}_{010}$ 模电场的最大储能量可表为

$$\begin{aligned} U_{\mathrm{e}} &= \frac{\varepsilon}{2}\int_0^a\int_{-\pi}^{\pi}\int_0^l E_z E_z^* \rho\mathrm{d}\rho\mathrm{d}\varphi\mathrm{d}z \\ &= \frac{\varepsilon}{2}E_0^2\int_0^a J_0^2(\delta_{01}\rho)\rho\mathrm{d}\rho\int_{-\pi}^{\pi}\mathrm{d}\varphi\int_0^l\mathrm{d}z \\ &= \varepsilon\pi l E_0^2\int_0^a J_0^2(\delta_{01}\rho)\rho\mathrm{d}\rho \end{aligned} \tag{3.8.15}$$

因有积分公式:

$$\int_0^a J_0^2(\delta\rho)\rho\mathrm{d}\rho = \frac{a^2}{2}\left[J_0^2(\delta a) + J_1^2(\delta a)\right] \quad (\text{见附录 D}) \tag{3.8.16}$$

而 $\delta_{01}a$ 是 $J_0(x)$ 的零点, 即有 $J_0(\delta_{01}a) = 0$, 故有 $\int_0^a J_0^2(\delta_{01}\rho)\rho\mathrm{d}\rho = \frac{a^2}{2}J_1^2(\delta_{01}a)$, 于是得

$$U_e = \frac{\varepsilon}{2}\pi a^2 l E_0^2 J_1^2(\delta_{01}a) \tag{3.8.17}$$

按 (3.6.15) 式, $\mathrm{TM}_{010}$ 模磁场的最大储能量为

$$\begin{aligned} U_{\mathrm{m}} &= \frac{\mu}{2}\int_0^a\int_{-\pi}^{\pi}\int_0^l H_\varphi H_\varphi^* \rho\mathrm{d}\rho\mathrm{d}\varphi\mathrm{d}z \\ &= \frac{\varepsilon}{2}E_0^2\int_0^a J_1^2(\delta\rho)\rho\mathrm{d}\rho\int_{-\pi}^{\pi}d\varphi\int_0^l\mathrm{d}z \\ &= \varepsilon\pi l E_0^2\int_0^a J_1^2(\delta_{01}\rho)\rho\mathrm{d}\rho \end{aligned} \tag{3.8.18}$$

因有积分公式:

$$\int_0^a J_1^2(\delta\rho)\rho\mathrm{d}\rho = \frac{a^2}{2}\left[J_1^2(\delta a) - J_0(\delta a)J_2(\delta a)\right] \quad (\text{见附录 D}) \tag{3.8.19}$$

而 $J_0(\delta_{01}a) = 0$, 故可得 $\int_0^a J_1^2(\delta_{01}\rho)\rho\mathrm{d}\rho = \frac{a^2}{2}J_1^2(\delta_{01}a)$, 于是有

$$U_{\mathrm{m}} = \frac{\varepsilon}{2}\pi a^2 l E_0^2 J_1^2(\delta_{01}a) = U_e \quad (\text{见 (3.8.17) 式}) \tag{3.8.20}$$

这表明谐振腔在谐振时磁场储能的最大值等于电场储能的最大值.

(3) 谐振腔壁的损耗功率

当谐振腔壁并非理想导体时, 将产生焦尔热损耗. 由 (3.6.16) 和 (3.8.13) 式可求得腔壁的损耗功率 $P_L$ 的近似值, 它是腔 $z = 0$ 底壁和 $z = l$ 顶壁的损耗功率

$P_{1,2}$ 与腔 $\rho = a$ 圆柱周壁损耗功率 $P_3$ 之和, 即

$$P_L = P_{1,2} + P_3 \tag{3.8.21}$$

其中

$$\begin{aligned} P_{1,2} &= 2P_1 = 2\frac{R_S}{2}\int_0^a \int_{-\pi}^{\pi} \left[H_\varphi H_\varphi^*\right]_{z=0} \rho \mathrm{d}\rho \mathrm{d}\varphi \\ &= R_S \frac{\varepsilon}{\mu} E_0^2 \int_0^a J_1^2\left(\delta_{01}\rho\right) \rho \mathrm{d}\rho \int_{-\pi}^{\pi} \mathrm{d}\varphi \end{aligned}$$

引用积分公式 (3.8.19), 上式 $P_{1,2}$ 可表为

$$P_{1,2} = R_S \frac{\varepsilon}{\mu} \pi a^2 E_0^2 J_1^2(x_{01}) \tag{3.8.22}$$

而

$$\begin{aligned} P_3 &= \frac{R_S}{2} \int_{-\pi}^{\pi} \int_0^l \left[H_\varphi H_\varphi^*\right]_{\rho=a} a \mathrm{d}\varphi \mathrm{d}z \\ &= \frac{R_S}{2} \frac{\varepsilon}{\mu} E_0^2 J_1^2\left(\rho_{01} a\right)_a \int_{-\pi}^{\pi} \mathrm{d}\varphi \int_0^l \mathrm{d}z \\ &= R_S \frac{\varepsilon}{\mu} \pi a l E_0^2 J_1^2\left(x_{01}\right) \end{aligned} \tag{3.8.23}$$

将 $P_{1,2}$ 和 $P_3$ 代入 (3.8.21) 式, 便有

$$P_L = R_S \frac{\varepsilon}{\mu} \pi a^2 \left(1 + \frac{l}{a}\right) E_0^2 J_1^2\left(x_{01}\right) \tag{3.8.24}$$

(4) $\mathrm{TM}_{010}$ 模的 $Q_{010}$ 值

按 (3.6.10) 式 $Q$ 值定义, 将 (3.8.14)、(3.8.20) 和 (3.8.24) 式代入后, 可得 $\mathrm{TM}_{010}$ 模 $Q$ 值为

$$Q_{010}^{\mathrm{TM}} = \omega_0 \frac{U_\Sigma}{P_L} = \frac{\eta}{2R_S} \frac{x_{01}}{1 + a/l} \quad \left(U_\Sigma = U_{\mathrm{e}} = U_{\mathrm{m}}\right) \tag{3.8.25}$$

式中, $\eta = \sqrt{\dfrac{\mu}{\varepsilon}}$ 为媒质波阻抗; $R_S = \sqrt{\dfrac{\omega\mu_1}{2\sigma_1}}$. $\sigma_1$ 和 $\mu_1$ 分别为腔壁导体的电导率和磁导率.

对于圆柱谐振腔, $l = 2a$ 情形, (3.8.25) 式可简化为

$$Q_{010}^{\mathrm{TM}} = \frac{x_{01}}{3R_S} \sqrt{\frac{\mu}{\varepsilon}} \approx 0.802 \frac{1}{R_S} \sqrt{\frac{\mu}{\varepsilon}} \tag{3.8.26}$$

### 3.8.3 TE$_{011}$ 模

(1) TE$_{011}$ 模电磁场

由 (3.8.4) 式, 令 $m=0$, $n=p=1$, 可得 TE$_{011}$ 模的电磁场表示式:

$$
\begin{aligned}
&E_\varphi=\frac{2\omega\mu}{\delta'_{01}}H_0J_0'\left(\delta'_{01}\rho\right)\sin\frac{\pi}{l}z\mathrm{e}^{\mathrm{j}\omega t}\\
&H_\rho=-\mathrm{j}\frac{2\beta}{\delta'_{01}}H_0J_0'\left(\delta'_{01}\rho\right)\cos\frac{\pi}{l}z\mathrm{e}^{\mathrm{j}\omega t}\\
&H_z=-\mathrm{j}2H_0J_0\left(\delta'_{01}\rho\right)\sin\frac{\pi}{l}z\mathrm{e}^{\mathrm{j}\omega t}\\
&E_\rho=E_z=H_\varphi=0
\end{aligned}
\tag{3.8.27}
$$

式中

$$
\delta'^2_{01}=\omega^2\varepsilon\mu-\beta^2;\quad \delta'_{01}=x'_{01}/a;\beta=\pi/l \tag{3.8.28}
$$

这里, $x'_{01}=3.8317\cdots$ 是 $J_0'(x)=0$ 的第一个根.

由 (3.8.9) 和 (3.8.10) 式, 令其中 $m=0$, $n=p=1$, 可得圆柱腔 TE$_{011}$ 模的固有谐振角频率 $\omega_0$ 和谐振波长和 $\lambda_{011}^{\mathrm{TE}}$ 分别为

$$
\omega_0=\frac{1}{\sqrt{\varepsilon\mu}}\sqrt{\delta'^2_{01}+\beta^2}=\frac{1}{a\sqrt{\varepsilon\mu}}\sqrt{x'^2_{01}+\frac{\pi^2a^2}{l^2}} \tag{3.8.29}
$$

和

$$
\lambda_{011}^{\mathrm{TE}}=\frac{2\pi}{\omega_0\sqrt{\varepsilon\mu}}=\frac{2\pi}{\sqrt{\delta'^2_{01}+\beta^2}}=\frac{2\pi a}{\sqrt{x'^2_{01}+\dfrac{\pi^2a^2}{l^2}}} \tag{3.8.30}
$$

令 $-\dfrac{2\omega\mu}{\delta'_{01}}H_0=E_0$ 或 $H_0=-\dfrac{\delta'_{01}}{2\omega\mu}E_0$, 注意到 $J_0'(x)=-J_1(x)$, (3.8.27) 式亦可写成

$$
\begin{aligned}
&E_\varphi=E_0J_1\left(\delta'_{01}\rho\right)\sin\frac{\pi}{l}z\mathrm{e}^{\mathrm{j}\omega t}\\
&H_\rho=-\mathrm{j}\frac{\pi}{\omega\mu l}E_0J_1\left(\delta'_{01}\rho\right)\cos\frac{\pi}{l}z\mathrm{e}^{\mathrm{j}\omega t}\\
&H_z=\mathrm{j}\frac{\delta'_{01}}{\omega\mu}E_0J_0\left(\delta'_{01}\rho\right)\sin\frac{\pi}{l}z\mathrm{e}^{\mathrm{j}\omega t}\\
&E_\rho=E_z=H_\varphi=0
\end{aligned}
\tag{3.8.31}
$$

腔壁上的电流分布可由 $\boldsymbol{J}=\hat{\boldsymbol{n}}\times\boldsymbol{H}|_S$ 给出. 对于 TE$_{011}$ 模, 在腔的两端壁上 $\hat{\boldsymbol{n}}=\pm\hat{\boldsymbol{a}}_z$, $\boldsymbol{J}_S|_{z=0,l}=\pm\hat{\boldsymbol{a}}_z\times(H_\rho\hat{\boldsymbol{a}}_\rho+H_z\hat{\boldsymbol{a}}_z)|_{z=0,l}=\pm\hat{\boldsymbol{a}}_\varphi\ H_\rho|_{z=0,l}$(电流仅有周向分量), 在腔的周壁上 $\hat{\boldsymbol{n}}=-\hat{\boldsymbol{a}}_\rho$, $\boldsymbol{J}_S|_{\rho=a}=-\hat{\boldsymbol{a}}_\rho\times(H_\rho\hat{\boldsymbol{a}}_\rho+H_z\hat{\boldsymbol{a}}_z)|_{\rho=a}=\hat{\boldsymbol{a}}_\varphi\ H_z|_{\rho=a}$(电流仅有轴向分量).

按 (3.8.31) 式绘得的圆柱谐振腔 $TE_{011}$ 模的电磁场分布示意图 (图 3.8.3).

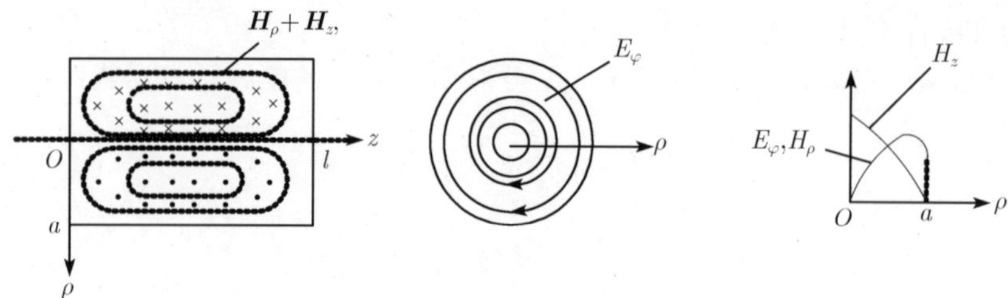


图 3.8.3　圆柱腔 $TE_{011}$ 模的场分布

(2) 谐振腔的电磁储能

当采用在电场为最大, 磁场为零时刻来计算腔中的储能 $U_e$ 时, 则有

$$
\begin{aligned}
U_e &= \frac{\varepsilon}{2}\iiint_V |\boldsymbol{E}|^2\,\mathrm{d}v = \frac{\varepsilon}{2}\int_0^a\int_{-\pi}^{\pi}\int_0^l E_\varphi E_\varphi^*\rho\mathrm{d}\rho\mathrm{d}\varphi\mathrm{d}z \\
&= \frac{\varepsilon}{2}E_0^2\int_0^a J_1^2\left(\delta'_{01}\rho\right)\rho\mathrm{d}\rho\int_{-\pi}^{\pi}\mathrm{d}\varphi\int_0^l \sin^2\frac{\pi}{l}z\mathrm{d}z \\
&= \frac{\varepsilon}{2}\pi l E_0^2\int_0^a J_1^2\left(\delta'_{01}\rho\right)\rho\mathrm{d}\rho
\end{aligned}
\tag{3.8.32}
$$

引用 Bessel 函数递推公式: $J_2(x) = \dfrac{2}{x}J_1(x) - J_0(x)$, 于是, 积分 (3.8.19) 式可化为

$$
\int_0^a J_1^2(\delta'_{01}\rho)\rho\mathrm{d}\rho = \frac{a^2}{2}\left[J_1^2(x'_{01}) + J_0^2(x'_{01}) - \frac{2}{x'^2_{01}}J_0(x'_{01})J_1(x'_{01})\right]
$$

这里, $x'_{01} = \delta'_{01}a$ 是 $J_0'(x)$ 的零点, 而有 $J_1(x'_{01}) = -J_0'(x'_{01}) = 0$, 故

$$
\int_0^a J_1^2(\delta'_{01}\rho)\rho\mathrm{d}\rho = \frac{a^2}{2}J_0^2(x'_{01}) \tag{3.8.33}
$$

将此积分结果代入 (3.8.32) 式, 就得到

$$
U_e = \frac{\varepsilon}{4}\pi a^2 l E_0^2 J_0^2(x'_{01}) \tag{3.8.34}
$$

若在磁场为最大, 电场为零时刻来计算腔中的总电磁储能, 则

$$
\begin{aligned}
U_m &= \frac{\mu}{2}\iiint_V |\boldsymbol{H}|^2\,\mathrm{d}v = \frac{\mu}{2}\int_0^a\int_{-\pi}^{\pi}\int_0^l \left(H_\rho H_\rho^* + H_z H_z^*\right)\rho\mathrm{d}\rho\mathrm{d}\varphi\mathrm{d}z \\
&= \frac{1}{2}\frac{E_0^2}{\omega^2\mu}\left\{\int_0^a \frac{\pi^2}{l^2}J_1^2\left(\delta'_{01}\rho\right)\rho\mathrm{d}\rho\int_{-\pi}^{\pi}\mathrm{d}\varphi\int_0^l\cos^2\frac{\pi}{l}z\mathrm{d}z\right. \\
&\quad \left. +\delta'^2_{01}\int_0^a J_0^2\left(\delta'_{01}\rho\right)\rho\mathrm{d}\rho\int_{-\pi}^{\pi}d\varphi\int_0^l\sin^2\frac{\pi}{l}z\mathrm{d}z\right\}
\end{aligned}
$$

对 $\varphi$ 和 $z$ 积分后, 可化为

$$U_{\rm m}=\frac{\pi l}{2}\frac{E_0^2}{\omega^2\mu}\left\{\frac{\pi^2}{l^2}\int_0^a J_1^2\left(\delta'_{01}\rho\right)\rho{\rm d}\rho+\delta'^2_{01}\int_0^a J_0^2\left(\delta'_{01}\rho\right)\rho{\rm d}\rho\right\} \tag{3.8.35}$$

将 (3.8.33) 和 (3.8.16) 代入后, 并注意到 $J_1(x'_{01})=0$, (3.8.35) 式便可写成

$$U_{\rm m}=\frac{\pi l}{4}\frac{E_0^2}{\omega^2\mu}\left(\frac{\pi^2a^2}{l^2}+x'^2_{01}\right)J_0^2(x'_{01}) \tag{3.8.36}$$

因 $\omega=\omega_0=\dfrac{1}{a\sqrt{\varepsilon\mu}}\sqrt{x'^2_{01}+\pi^2a^2/l^2}$(见 (3.8.29) 式), 上式可化为

$$U_{\rm m}=\frac{\varepsilon}{4}\pi a^2lE_0^2J_0^2(x'_{01})=U_e\quad(\text{见 (3.8.34) 式}) \tag{3.8.37}$$

这表明谐振腔在谐振时磁场储能的最大值等于电场储能的最大值.

(3) 谐振腔壁的损耗功率

对于非理想导体谐振腔壁, 按 (3.6.16) 和 (3.8.27) 式, 可求得腔壁的焦尔热损耗功率 $P_L$ 的近似值, 它是腔 $z=0$ 底壁和 $z=l$ 顶壁损耗功率 $P_{1,2}$ 与腔 $\rho=a$ 圆柱周壁损耗功率 $P_3$ 之和:

$$P_L=P_{1,2}+P_3 \tag{3.8.38}$$

其中

$$\begin{aligned}P_{1,2}&=2P_1=2\frac{R_S}{2}\int_0^a\int_{-\pi}^{\pi}\left[H_\rho H_\rho^*\right]_{z=0}\rho{\rm d}\rho{\rm d}\varphi\\&=R_S\frac{\pi^2}{\omega^2\mu^2l^2}E_0^2\int_0^a J_1^2\left(\delta'_{11}\rho\right)\rho{\rm d}\rho\int_{-\pi}^{\pi}{\rm d}\varphi\\&=R_S\frac{\pi^2}{\omega^2\mu^2l^2}\pi a^2E_0^2J_0^2(x'_{01})\end{aligned} \tag{3.8.39}$$

$$\begin{aligned}P_3&=\frac{R_S}{2}\int_{-\pi}^{\pi}\int_0^l\left[H_zH_z^*\right]_{\rho=a}a{\rm d}\varphi{\rm d}z\\&=\frac{R_S}{2}\frac{\delta'^2_{01}\pi l}{\omega^2\mu^2}E_0^2J_0^2\left(\delta'_{01}a\right)a\int_{-\pi}^{\pi}{\rm d}\varphi\int_0^l\sin^2\frac{\pi}{l}z{\rm d}z\\&=\frac{R_S}{2}\frac{\delta'^2_{01}\pi al}{\omega^2\mu^2}E_0^2J_0^2\left(\delta'_{01}a\right)\end{aligned} \tag{3.8.40}$$

将 $P_{1,2}$ 和 $P_3$ 代入 (3.8.38) 式, 便有

$$P_L=R_S\frac{E_0^2}{\omega^2\mu^2}\frac{l}{a}\frac{\pi}{2}\left[\frac{2\pi^2}{l^3}a^3+x'^2_{01}\right]J_0^2\left(\delta'_{01}a\right) \tag{3.8.41}$$

(4) $\mathrm{TE}_{011}$ 模的 $Q$ 值

按 (3.6.10) 式 $Q$ 值定义, 将 (3.8.29)、(3.8.36) 和 (3.8.41) 式代入后, 可得 $TE_{011}$ 模 $Q$ 值为

$$Q_{011}^{TE} = \frac{\eta}{2R_S} \frac{\left(x_{01}'^2 + \pi^2 a^2/l^2\right)^{\frac{3}{2}}}{x_{01}'^2 + 2\pi^2 a^3/l^3} \tag{3.8.42}$$

式中, $\eta = \sqrt{\dfrac{\mu}{\varepsilon}}$ 为媒质波阻抗; $R_S = \sqrt{\dfrac{\omega\mu_1}{2\sigma_1}}$. $\sigma_1$ 和 $\mu_1$ 分别为腔壁导体的电导率和磁导 f 率.

### 3.8.4 $TE_{111}$ 模

(1) $TE_{111}$ 模电磁场

由 (3.8.4) 式, 令 $m = n = p = 1$, 可得 $TE_{111}$ 模的电磁场表示式:

$$\begin{aligned}
E_\rho &= \frac{2\omega\mu}{\delta_{11}'^2 \rho} H_0 J_1(\delta'_{11}\rho) \sin\varphi \sin\frac{\pi}{l} z e^{j\omega t} \\
E_\varphi &= \frac{2\omega\mu}{\delta'_{11}} H_0 J_1'(\delta'_{11}\rho) \cos\varphi \sin\frac{\pi}{l} z e^{j\omega t} \\
E_z &= 0 \\
H_\rho &= -j\frac{2\beta}{\delta'_{11}} H_0 J_1'(\delta'_{11}\rho) \cos\varphi \cos\frac{\pi}{l} z e^{j\omega t} \\
H_\varphi &= j\frac{2\beta}{\delta_{11}'^2 \rho} H_0 J_1(\delta'_{11}\rho) \sin\varphi \cos\frac{\pi}{l} z e^{j\omega t} \\
H_z &= -j2H_0 J_1(\delta'_{11}\rho) \cos\varphi \sin\frac{\pi}{l} z e^{j\omega t}
\end{aligned} \tag{3.8.43}$$

式中

$$\delta_{11}'^2 = \omega^2 \varepsilon\mu - \beta^2; \delta'_{11} = \frac{x'_{11}}{a}; \beta = \frac{\pi}{l} \tag{3.8.44}$$

这里, $x'_{11} = 1.8411\cdots$ 是 $J_1'(x) = 0$ 的第一个根.

由 (3.8.9) 和 (3.8.10) 式, 令 $m = n = p = 1$ 可得圆柱谐振腔 $TE_{111}$ 模的谐振角频率和谐振波长 $\omega_{111}^{TE}$ 和 $\lambda_{111}^{TE}$; 为简洁起见, 记 $\omega_0 = \omega_{111}^{TE}$, 它们可表为

$$\omega = \frac{1}{\sqrt{\varepsilon\mu}} \sqrt{\delta_{11}'^2 + \beta^2} = \frac{1}{a\sqrt{\varepsilon\mu}} \sqrt{x_{11}'^2 + \frac{\pi^2 a^2}{l^2}} \tag{3.8.45}$$

和

$$\lambda_{111} = \frac{2\pi}{\omega\sqrt{\varepsilon\mu}} = \frac{2\pi}{\sqrt{\delta_{11}'^2 + \beta^2}} = \frac{2\pi a}{\sqrt{x_{11}'^2 + \pi^2 a^2/l^2}} \quad \left(\text{这里}, \beta = \frac{\pi}{l}\right) \tag{3.8.46}$$

令 $\frac{2\omega\mu}{\delta'^2_{11}}H_0 = E_0$ 或 $H_0 = \frac{\delta'^2_{11}}{2\omega\mu}E_0$, (3.8.43) 式亦可写成

$$
\begin{aligned}
E_\rho &= \frac{E_0}{\rho}J_1\left(\delta'_{11}\rho\right)\sin\varphi\sin\frac{\pi}{l}z\mathrm{e}^{\mathrm{j}\omega t} \\
E_\varphi &= \delta'_{11}E_0J_1'\left(\delta'_{11}\rho\right)\cos\varphi\sin\frac{\pi}{l}z\mathrm{e}^{\mathrm{j}\omega t} \\
E_z &= 0 \\
H_\rho &= -\mathrm{j}\frac{\beta}{\omega\mu}\delta'_{11}E_0J_1'\left(\delta'_{11}\rho\right)\cos\varphi\cos\frac{\pi}{l}z\mathrm{e}^{\mathrm{j}\omega t} \\
H_\varphi &= \mathrm{j}\frac{\beta}{\omega\mu\rho}E_0J_1\left(\delta'_{11}\rho\right)\sin\varphi\cos\frac{\pi}{l}z\mathrm{e}^{\mathrm{j}\omega t} \\
H_z &= -\mathrm{j}\frac{\delta'^2_{11}}{\omega\mu}E_0J_1\left(\delta'_{11}\rho\right)\cos\varphi\sin\frac{\pi}{l}z\mathrm{e}^{\mathrm{j}\omega t}
\end{aligned}
\tag{3.8.47}
$$

按 (3.8.47) 式, 可得圆柱谐振腔 $\mathrm{TE}_{111}$ 模的电磁场分布如图 3.8.4 所示.

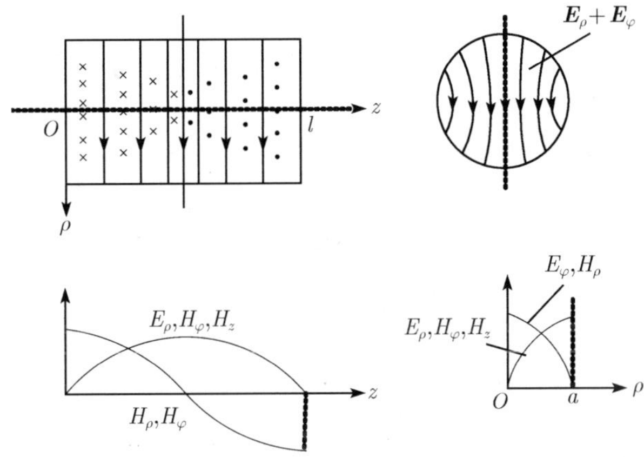


图 3.8.4 圆柱腔 $\mathrm{TE}_{111}$ 模的场分布

(2) 谐振腔的电磁储能

谐振腔电磁储能 $U_\Sigma = U_\mathrm{m} = U_\mathrm{e}$, 故可在磁场最大、电场为零或电场最大、磁场为零的瞬间计算, 当采用在电场为最大, 磁场为零时刻来计算腔中的储能 $U_\mathrm{e}$ 时, 则有

$$
U_\mathrm{e} = \frac{\varepsilon}{2}\iiint_V |\boldsymbol{E}|^2\,\mathrm{d}v = \frac{\varepsilon}{2}\int_0^a\int_{-\pi}^{\pi}\int_0^l\left(|E_\rho|^2 + |E_\varphi|^2\right)\rho\mathrm{d}\rho\mathrm{d}\varphi\mathrm{d}z \tag{3.8.48}
$$

将 (3.8.47) 式中的电场 E 代入上式, 得

$$
U_\mathrm{e} = \frac{\varepsilon}{2}E_0^2\left\{\int_0^a\frac{J_1^2\left(\delta'_{11}\rho\right)}{\rho}\mathrm{d}\rho\int_{-\pi}^{\pi}\sin^2\varphi\mathrm{d}\varphi\int_0^l\sin^2\frac{\pi}{l}z\mathrm{d}z\right.
$$

$$+\delta'^2_{11}\int_0^a\left[J_1'\left(\delta'_{11}\rho\right)\right]^2\rho\mathrm{d}\rho\int_{-\pi}^{\pi}\cos^2\varphi\mathrm{d}\varphi\int_0^l\sin^2\frac{\pi}{l}z\mathrm{d}z\Big\}\tag{3.8.49}$$

因积分 $\int_{-\pi}^{\pi}\sin^2\varphi\mathrm{d}\varphi=\int_{-\pi}^{\pi}\cos^2\varphi\mathrm{d}\varphi=\pi$ 和 $\int_0^l\sin^2\frac{\pi}{l}z\mathrm{d}z=\frac{l}{2}$, 将上式对 $\varphi$ 和 $z$ 积分后得:

$$U_{\mathrm{e}}=\frac{\varepsilon\pi l}{4}E_0^2\left\{\int_0^a\frac{J_1^2\left(\delta'_{11}\rho\right)}{\rho}\mathrm{d}\rho+\delta'^2_{11}\int_0^a\left[J_1'\left(\delta'_{11}\rho\right)\right]^2\rho\mathrm{d}\rho\right\}\tag{3.8.50}$$

已知有积分公式 (参见附录 D):

$$\int_0^a\frac{J_1^2(\delta'_{11}\rho)}{\rho}\mathrm{d}\rho+\delta'^2_{11}\int_0^a\left[J_1'(\delta'_{11}\rho)\right]^2\rho\mathrm{d}\rho-\frac{1}{2}(x'^2_{11}-1)J_1^2(x'_{11})\tag{3.8.51}$$

故 (3.8.50) 式可表为

$$U_{\mathrm{e}}=\frac{\varepsilon\pi l}{8}E_0^2\left(x'_{11}-1\right)J_1^2(x'_{11})\tag{3.8.52}$$

若在磁场为最大, 电场为零时刻来计算腔中的总电磁储能, 则有

$$U_{\mathrm{m}}=\frac{\mu}{2}\iiint_V|\boldsymbol{H}|^2\mathrm{d}v=\frac{\mu}{2}\int_0^a\int_{-\pi}^{\pi}\int_0^l\left(|H_\rho|^2+|H_\varphi|^2+|H_z|^2\right)\rho\mathrm{d}\rho\mathrm{d}\varphi\mathrm{d}z\tag{3.8.53}$$

将 (3.8.47) 式中的磁场 $\boldsymbol{H}$ 代入上式, 得

$$\begin{aligned}U_{\mathrm{m}}=&\frac{\mu}{2}\left(\frac{\beta}{\omega\mu}\right)^2E_0^2\Big\{\int_0^a\delta'^2_{11}\left[J_1'\left(\delta'_{11}\rho\right)\right]^2\rho\mathrm{d}\rho\int_{-\pi}^{\pi}\cos^2\varphi\mathrm{d}\varphi\int_0^l\cos^2\frac{\pi}{l}z\mathrm{d}z\\&+\int_0^a\frac{J_1^2\left(\delta'_{11}\rho\right)}{\rho}\mathrm{d}\rho\int_{-\pi}^{\pi}\sin^2\varphi\mathrm{d}\varphi\int_0^l\cos^2\frac{\pi}{l}z\mathrm{d}z\\&+\frac{l^2}{\pi^2}\delta'^4_{11}\int_0^aJ_1^2\left(\delta'_{11}\rho\right)\rho\mathrm{d}\rho\int_{-\pi}^{\pi}\cos^2\varphi\mathrm{d}\varphi\int_0^l\sin^2\frac{\pi}{l}z\mathrm{d}z\Big\}\end{aligned}$$

对 $\varphi$ 和 $z$ 积分后, 可化为

$$\begin{aligned}U_{\mathrm{m}}=&\frac{\mu}{2}\iiint_V|\boldsymbol{H}|^2\mathrm{d}v=\frac{\mu}{2}\int_0^a\int_{-\pi}^{\pi}\int_0^l\left(|H_\rho|^2+|H_\varphi|^2+|H_z|^2\right)\rho\mathrm{d}\rho\mathrm{d}\varphi\mathrm{d}z\\=&\frac{\mu}{4}\left(\frac{\beta}{\omega\mu}\right)^2\pi lE_0^2\Big\{\int_0^a\delta'^2_{11}\left[J_1'\left(\delta'_{11}\rho\right)\right]^2\rho\mathrm{d}\rho+\int_0^a\frac{J_1^2\left(\delta'_{11}\rho\right)}{\rho}\mathrm{d}\rho\\&+\frac{l^2}{\pi^2}\delta'^4_{11}\int_0^aJ_1^2\left(\delta'_{11}\rho\right)\rho\mathrm{d}\rho\Big\}\end{aligned}\tag{3.8.54}$$

参见附录 D, 我们有积分:

$$\int_0^a\frac{J_1^2\left(\delta\rho\right)}{\rho}\mathrm{d}\rho+\delta^2\int_0^a\left[J_1'\left(\delta\rho\right)\right]^2\rho\mathrm{d}\rho=-J_1^2(\delta a)+\frac{\delta^2a^2}{2}\left[J_1^2(\delta a)+J_0^2(\delta a)\right]\tag{3.8.55}$$

因 $x'_{11}$ 是 $J'_1(x)$ 的零点, $J'_1(x'_{11})=0$ 和 $x'_{01}J_0(x'_{01})=J_1(x'_{01})$, 故由 (3.8.55) 式有

$$\int_0^a \frac{J_1^2(\delta'_{11}\rho)}{\rho}\mathrm{d}\rho+\delta'^2_{11}\int_0^a [J'_1(\delta'_{11}\rho)]^2\rho\mathrm{d}\rho=\frac{1}{2}\left(x'^2_{11}-1\right)J_1^2(x'_{11}) \tag{3.8.56}$$

引用积分 (3.8.19), 因有递推公式: $J_0(x)=\dfrac{1}{x}J_1(x)+J'_1(x)$, $J_2(x)=\dfrac{1}{x}J_1(x)-J'_1(x)$, 而有 $J_0(x)J_2(x)=\dfrac{1}{x^2}J_1^2(x)-J'^2_1(x)$, 于是便有

$$\begin{aligned}\int_0^{\mathrm{a}} J_1^2(\delta'_{11}\rho)\rho\mathrm{d}\rho&=\frac{a^2}{2}\left[J_1^2(x'_{11})-J_0(x'_{01})J_2(x'_{11})\right]\\&=\frac{a^2}{2}\left[J_1^2(x'_{11})+J'_1(x'_{11})-\frac{1}{x'^2_{11}}J_1^2(x'_{11})\right]\\&=\frac{1}{2\delta'^2_{11}}(x'^2_{11}-1)J_1^2(x'_{11})\end{aligned} \tag{3.8.57}$$

将 (3.8.56) 和 (3.8.57) 代入至 (3.8.54) 式, 我们便得到

$$\begin{aligned}U_{\mathrm{m}}&=\frac{\mu}{8}\left(\frac{\beta}{\omega\mu}\right)^2\pi lE_0^2\left(x'^2_{11}-1\right)\left(1+\frac{l^2}{\pi^2}\delta'^2_{11}\right)J_1^2(x'_{11})\\&=\frac{\mu}{8}\left(\frac{\beta}{\omega\mu}\right)^2E_0^2\left(x'^2_{11}-1\right)\frac{l^3}{\pi a^2}\left(x'^2_{11}+\frac{\pi^2a^2}{l^2}\right)J_1^2(x'_{11})\end{aligned} \tag{3.8.58}$$

另一方面, 由 (3.8.45) 式 $\left(\omega=\omega_0=\omega_{111}^{\mathrm{TE}}\right)$, 可得

$$\left(\frac{\beta}{\omega\mu}\right)^2=\frac{\varepsilon}{\mu}\frac{\beta^2}{\delta'^2_{11}+\beta^2}=\frac{\varepsilon}{\mu}\frac{\pi^2a^2}{l^2}\frac{1}{x'^2_{11}+\dfrac{\pi^2a^2}{l^2}}\quad\left(\text{这里}\beta=\frac{\pi}{l}\right)$$

将此代入 (3.8.58) 式, 我们就得到

$$U_{\mathrm{m}}=\frac{\varepsilon\pi l}{8}E_0^2\left(x'_{11}-1\right)J_1^2(x'_{11})=U_{\mathrm{e}}\quad(\text{见 (3.8.52) 式}) \tag{3.8.59}$$

这表明谐振腔在谐振时磁场储能的最大值等于电场储能的最大值,

(3) 谐振腔壁的损耗功率

当谐振腔壁并非理想导体时, 将产生焦尔热损耗, 按 (3.6.16) 和 (3.8.47) 式, 可求得腔壁的损耗功率 $P_L$ 的近似值, 它是腔 $z=0$ 底壁和 $z=l$ 顶壁的损耗功率 $P_{1,2}$ 与腔 $\rho=a$ 圆柱腔周壁损耗功率 $P_3$ 之和, 即

$$P_L=P_{1,2}+P_3 \tag{3.8.60}$$

其中

$$P_{1,2}=2P_1=2\frac{R_S}{2}\int_0^a\int_{-\pi}^{\pi}\left[H_\rho H_\rho^*+H_\varphi H_\varphi^*\right]_{z=0}\rho\mathrm{d}\rho\mathrm{d}\varphi$$
$$=R_S\left(\frac{\beta}{\omega\mu}\right)^2E_0^2\left\{\int_0^a{\delta'}_{11}^2\left[J_1'\left({\delta'}_{11}\rho\right)\right]^2\rho\mathrm{d}\rho\int_{-\pi}^{\pi}\cos^2\varphi\mathrm{d}\varphi\right.$$
$$\left.+\int_0^a\frac{J_1^2\left({\delta'}_{11}\rho\right)}{\rho}\mathrm{d}\rho\int_{-\pi}^{\pi}\sin^2\varphi\mathrm{d}\varphi\right\}$$

将 (3.8.56) 代入上式, 则可得

$$P_{1,2}=\frac{R_S}{2}\left(\frac{\beta}{\omega\mu}\right)^2E_0^2\pi({x'}_{11}^2-1)J_1^2({x'}_{11}) \tag{3.8.61}$$

而腔周壁损耗功率:

$$P_3=\frac{R_S}{2}\int_{-\pi}^{\pi}\int_0^l\left[H_\varphi H_\varphi^*+H_zH_z^*\right]_{\rho=a}a\mathrm{d}\varphi\mathrm{d}z$$
$$=\frac{R_S}{2}\left(\frac{\beta}{\omega\mu}\right)^2E_0^2J_1^2\left({x'}_{11}\right)a\left\{\frac{1}{a^2}\int_0^a\sin^2\varphi\mathrm{d}\varphi\int_0^l\cos^2\beta z\mathrm{d}z\right.$$
$$\left.+\frac{{\delta'}_{11}^4}{\beta^2}\int_0^a\cos^2\varphi\mathrm{d}\varphi\int_0^l\sin^2\beta z\mathrm{d}z\right\}$$

故

$$P_3=\frac{R_S}{4}\left(\frac{\beta}{\omega\mu}\right)^2E_0^2\frac{l^3}{a^3\pi}\left(\frac{\pi^2a^2}{l^2}+{x'}_{11}^4\right)J_1^2\left({x'}_{11}\right) \tag{3.8.62}$$

将 $P_{1,2}$ 和 $P_3$ 代入 (3.8.60) 式, 便得到腔壁总损耗功率为

$$P_L=\frac{R_S}{4}\left(\frac{\beta}{\omega\mu}\right)^2E_0^2\left\{2\pi({x'}_{11}^2-1)+\frac{l^3}{a^3\pi}\left(\frac{\pi^2a^2}{l^2}+{x'}_{11}^4\right)\right\}J_1^2\left({x'}_{11}\right) \tag{3.8.63}$$

(4) $\mathrm{TE}_{111}$ 模的 $Q$ 值

按 (3.6.10) 式 $Q$ 值定义, 将 (3.8.45)、(3.8.59) 和 (3.8.63) 式代入后, 可得 $\mathrm{TE}_{111}$ 模 $Q$ 值为

$$Q_{111}^{\mathrm{TE}}=\frac{\eta}{2R_S}\frac{\left({x'}_{11}^2-1\right)\left(\pi^2a^2/l^2+{x'}_{11}^2\right)^{\frac{3}{2}}}{({x'}_{11}^2-1)2\pi^2a^3/l^3+\left({x'}_{11}^4+\pi^2a^2/l^2\right)} \tag{3.8.64}$$

## 3.9 同轴谐振腔

同轴谐振腔可由两端用理想导体封闭的一段同轴波导构成, 同轴腔的内导体的外半径为 $a$, 外导体的内半径为 $b$, 长度为 $l$; 其中填充 $\varepsilon$ 、$\mu$ 介质, 如图 3.9.1 所示.

设同轴波导的尺寸 $a$、$b$ 满足 (3.4.57) 或 (3.4.58) 式, 故它工作于 TEM 模. 因此, 由它构成的同轴腔具有工作频带宽、振荡模式简单和工作可靠等优点.

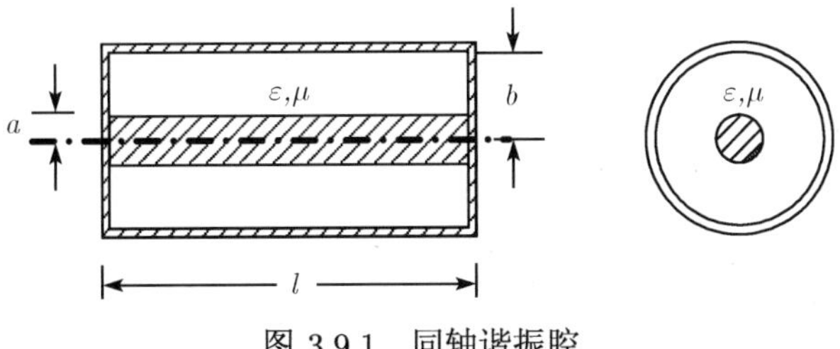


图 3.9.1 同轴谐振腔

$\lambda=2l$ 是同轴腔中最长的振荡波长, 它是同轴腔的主模, 故工作于主模的同轴腔常称为 $\lambda/2$ 同轴腔. 以下我们采用相同于分析矩形腔与圆柱腔的方法, 来分析此主模的电磁场及其振荡特性.

(1) $\lambda/2$ 同轴腔的电磁场

由 (3.4.17) 和 (3.4.16) 式可知在同轴线中沿 $+z$ 方向传播的 TEM 模的电场仅有径向分量, 磁场仅有周向分量, 其表示式为

$$\begin{aligned} E_\rho^+ &= H_0\sqrt{\frac{\mu}{\varepsilon}}\frac{1}{\rho}\mathrm{e}^{\mathrm{j}\omega t-\gamma z} \\ H_\varphi^+ &= H_0\frac{1}{\rho}\mathrm{e}^{\mathrm{j}\omega t-\gamma z} \end{aligned} \tag{3.9.1}$$

式中, $H_0$ 为常数. 而由 (3.4.15) 式, 对于传播常数 $\gamma$ 有关系式:

$$\gamma^2+\omega^2\varepsilon\mu=0 \tag{3.9.2}$$

沿 $-z$ 方向传播的 TEM 模的电磁场可表为

$$\begin{aligned} E_\rho^- &= -H_0\sqrt{\frac{\mu}{\varepsilon}}\frac{1}{\rho}\mathrm{e}^{\mathrm{j}\omega t+\gamma z} \\ H_\varphi^- &= H_0\frac{1}{\rho}\mathrm{e}^{\mathrm{j}\omega t+\gamma z} \end{aligned} \tag{3.9.3}$$

类似于矩形腔和圆柱腔情形, 由于同轴腔的两个端壁的反射作用, 在同轴腔中同时存在有沿 $+z$ 和 $-z$ 方向传播的 TEM 波, 腔中的场为它们的叠加, 故有

$$\begin{aligned} E_\rho &= E_\rho^+ + E_\rho^- = -\sqrt{\frac{\mu}{\varepsilon}}H_0\frac{1}{\rho}\left(\mathrm{e}^{\gamma z}-\mathrm{e}^{-\gamma z}\right)\mathrm{e}^{\mathrm{j}\omega t} \\ H_\varphi &= H_\varphi^+ + H_\varphi^- = H_0\frac{1}{\rho}\left(\mathrm{e}^{\gamma z}+\mathrm{e}^{-\gamma z}\right)\mathrm{e}^{\mathrm{j}\omega t} \end{aligned} \tag{3.9.4}$$

设谐振腔为理想导体制成, 且腔内介质是无耗的; 此时, 传播常数 $\gamma$ 为虚数, 即

$$\gamma = \mathrm{j}\beta \tag{3.9.5}$$

于是, (3.9.4) 式可写成:

$$\begin{aligned} E_\rho &= -\mathrm{j}2H_0\sqrt{\frac{\mu}{\varepsilon}}\frac{1}{\rho}\sin\beta z \mathrm{e}^{\mathrm{j}\omega t} \\ H_\varphi &= 2H_0\frac{1}{\rho}\cos\beta z \mathrm{e}^{\mathrm{j}\omega t} \end{aligned} \tag{3.9.6}$$

此式满足 $E_\rho|_{z=0} = 0$ 腔底壁的电场边界条件; 其中的 $\beta$ 值可由 $E_\rho|_{z=l} = 0$ 腔顶壁的电场边界条件确定. 于是有 $\sin\beta z|_{z=l} = \sin\beta l = 0$, 故由此可得

$$\beta = \frac{p\pi}{l} \quad (p = 1, 2, 3, \cdots) \tag{3.9.7}$$

按 (3.9.7) 式给出的同轴腔主模的电磁场分布示意图如图 3.9.2 式所示.

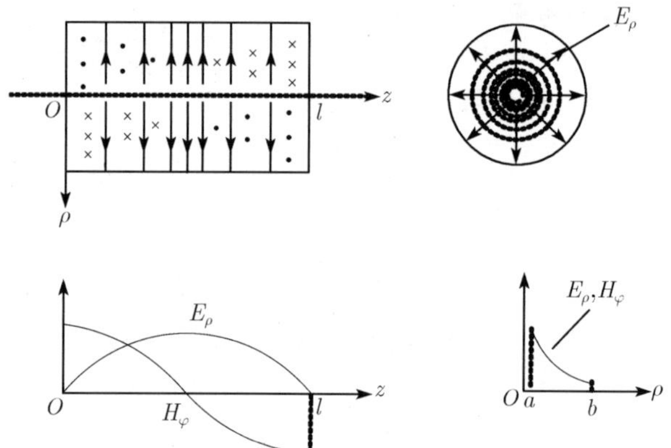


图 3.9.2　$\lambda/2$ 同轴谐振腔的电磁场分布

对于同轴腔主模, $p = 1$, 并记常数 $E_0 = -\mathrm{j}2H_0\sqrt{\mu/\varepsilon}$, 则其电磁场分布 (3.9.6) 式可写成:

$$E_\rho = E_0\frac{1}{\rho}\sin\frac{\pi}{l}z\mathrm{e}^{\mathrm{j}\omega t}, \quad H_\varphi = \mathrm{j}E_0\sqrt{\frac{\varepsilon}{\mu}}\frac{1}{\rho}\cos\frac{\pi}{l}z\mathrm{e}^{\mathrm{j}\omega t} \tag{3.9.8}$$

由 (3.9.2)、(3.9.5) 和 (3.9.7) 式, 可得同轴腔主模的谐振角频率为

$$\omega = 2\pi f = \frac{\beta}{\sqrt{\varepsilon\mu}} = \frac{2\pi}{\lambda\sqrt{\varepsilon\mu}} = \frac{1}{\sqrt{\varepsilon\mu}}\frac{\pi}{l} \tag{3.9.9}$$

而相应的谐振波长为

$$\lambda = 2l \quad 或 \quad l = \lambda/2 \tag{3.9.10}$$

由此可知, 同轴谐振腔工作于主模时, 其长度等于 $\lambda/2$, 因而常称为 $\lambda/2$ 同轴腔.

(2) 主模的电磁储能

由 (3.6.15) 和 (3.9.8) 式, 可得

$$
\begin{aligned}
U_\Sigma &= \iiint_V \frac{\varepsilon}{2}|E_\rho|^2 \mathrm{d}v \\
&= \frac{\varepsilon}{2}|E_0|^2 \int_a^b \frac{\mathrm{d}\rho}{\rho} \int_0^{2\pi} \mathrm{d}\varphi \int_0^l \sin^2 \frac{\pi}{l} z \mathrm{d}z \\
&= \frac{\pi\varepsilon}{2}|E_0|^2 l \ln\frac{b}{a}
\end{aligned}
\tag{3.9.11}
$$

(3) 腔壁的损耗功率

由 (3.6.16) 式, 可知在同轴腔的功率损耗 $P_L = P_{1,2} + P_{3,4}$. 这里, $P_{1,2}$ 为腔底壁和顶壁的功率损耗; $P_{3,4}$ 为腔内、外周壁的损耗功率. 它们分别为

$$
P_{1,2} = 2\frac{R_S}{2}\int_a^b \int_0^{2\pi} |H_\varphi|^2 \rho \mathrm{d}\varphi \mathrm{d}\rho = \frac{2\pi R_S}{\eta^2}|E_0|^2 \ln\frac{b}{a}
$$

式中, $\eta = \sqrt{\mu/\varepsilon}$ 为腔内媒质的波阻抗.

$$
\begin{aligned}
P_{3,4} &= \frac{R_S}{2}\int_0^{2\pi}\int_0^l |H_\varphi|^2_{\rho=b} b\mathrm{d}\varphi\mathrm{d}z + \frac{R_S}{2}\int_0^{2\pi}\int_0^l |H_\varphi|^2_{\rho=a} a\mathrm{d}\varphi\mathrm{d}z \\
&= \frac{\pi}{2}\frac{R_S}{\eta^2}|E_0|^2 l\left(\frac{1}{a}+\frac{1}{b}\right)
\end{aligned}
$$

故有

$$
\begin{aligned}
P_L &= \frac{2\pi R_S}{\eta^2}|E_0|^2 \ln\frac{b}{a} + \frac{\pi}{2}\frac{R_S}{\eta^2}|E_0|^2 l\left(\frac{1}{a}+\frac{1}{b}\right) \\
&= \frac{\pi R_S}{\eta^2}|E_0|^2\left[2\ln\frac{b}{a} + \frac{l}{2}\left(\frac{1}{a}+\frac{1}{b}\right)\right]
\end{aligned}
\tag{3.9.12}
$$

(4) 主模的 $Q$ 值

按 (3.6.10) 式 $Q$ 值定义, 将 (3.9.9)、(3.9.11) 和 (3.9.12) 式代入后, 可得同轴腔 $\mathrm{TEM}_{001}$ 模的 $Q$ 值为

$$
\begin{aligned}
Q_{001} &= \frac{1}{\sqrt{\varepsilon\mu}}\frac{\pi}{l}\frac{\dfrac{\pi\varepsilon}{2}|E_0|^2 l\ln\dfrac{b}{a}}{\dfrac{\pi R_S}{\eta^2}|E_0|^2\left[2\ln\dfrac{b}{a}+\dfrac{l}{2}\left(\dfrac{1}{a}+\dfrac{1}{b}\right)\right]} \\
&= \frac{\pi\eta}{R_S}\frac{\ln\dfrac{b}{a}}{4\ln\dfrac{b}{a}+\dfrac{l}{b}\left(1+\dfrac{b}{a}\right)}
\end{aligned}
\tag{3.9.13}
$$

由上式, 我们不难证明对于 $l$、$b$ 值一定, 当 $b/a \approx 3.6$ 时, $Q_{001}$ 具有最大值.

同轴腔含内、外两个导体, 通常, 功率损耗一般较空心波导大, 其 $Q$ 值较空心波导的 $Q$ 值要小许多. 例如, 对具有 $a = 5\text{mm}, b = 17.5\text{mm}$、$l = 50\text{mm}$ 的充空气的铜制 $\lambda/2$ 同轴腔; $\eta \approx 377\Omega$; 工作波长 $\lambda = 100\text{mm}$, 相应频率为 $3 \times 10^9\text{Hz}$; 此时, $\sigma_1 = 5.8 \times 10^7 / \Omega\cdot\text{m}$, $R_S \approx 0.0143\Omega$. 这些数值代入 (3.9.13) 式后, 可知 $Q_{001} \approx 5800$. 同轴腔常用于中、低精度的宽带波长计, 以及微波振荡器、倍频器和放大器.

可以指出, 类似于一般双线传输线的谐振线, 同轴线谐振腔还可以由一端短路、另一短开路、长度为 $\lambda/4$ 的构成, 即所谓 $\lambda/4$ 同轴腔. 此时, 场的边界条件是, 在短路端, 电场 $E_\rho = 0$; 在开路端, 磁场 $H_\varphi = 0$. 同轴线的开路端常常是将腔的外导体做的比内导体长一些, 使外导体起过极限波导的作用来实现的.

## 3.10　球形谐振腔

球形谐振腔是由一理想导体制成的封闭的球形空腔. 设球形腔的内壁半径为 $a$, 其中填充 $\varepsilon$、$\mu$ 介质, 如图 3.10.1 所示.

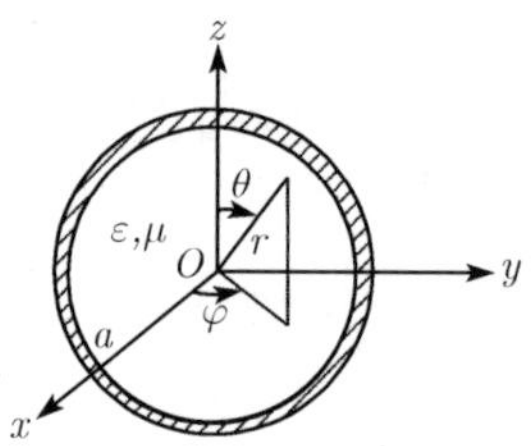


图 3.10.1　球形谐振腔

作为非波导型的球形谐振腔, 我们需要在球面坐标系 $(r, \theta, \varphi)$ 中, 直接求如下时谐 Maxwell 场方程组边值问题的解:

$$\nabla \times \boldsymbol{E} = -\text{j}\omega\mu\boldsymbol{H} \tag{3.10.1}$$

$$\nabla \times \boldsymbol{H} = \text{j}\omega\varepsilon\boldsymbol{E} \tag{3.10.2}$$

$$\nabla \cdot \boldsymbol{E} = 0 \tag{3.10.3}$$

$$\nabla \times \boldsymbol{H} = 0 \tag{3.10.4}$$

在腔壁边界上的条件为

$$E_\theta|_{r=a} = E_\varphi|_{r=a} = H_r|_{r=a} = 0 \tag{3.10.5}$$

在第 6 章研究平面波的球散射时, 我们还要遇到许多涉及圆球的电磁场边值问题. 这类边值问题的求解可应用**势函数法**(见 1.9 节). 因此, 为叙述散射问题时的方便, 我们将这一方法的详细求解过程和公式推导留在了第 6 章中给出 (见 6.3 节), 因而, 这里所述省去了一些公式的推导.

按 1.9 节所述, 在势函数法中, 我们引入磁矢量势 $\boldsymbol{A}$ 和电标量势 $\varPhi^{\mathrm{A}}$, 对于时谐场, 它们分别满足 Helmholtz 方程:

$$\nabla^2\boldsymbol{A}+k^2\boldsymbol{A}=0 \tag{3.10.6}$$

$$\nabla^2\varPhi^{\mathrm{A}}+k^2\varPhi^{\mathrm{A}}=0 \tag{3.10.7}$$

式中, $k^2=\omega^2\varepsilon\mu$.

$\boldsymbol{A}$ 与 $\varPhi^{\mathrm{A}}$ 满足 Lorentz 条件:

$$\nabla\cdot\boldsymbol{A}+\mathrm{j}\omega\varepsilon\mu\varPhi^{\mathrm{A}}=0 \tag{3.10.8}$$

因此, 我们只需由 (3.10.6) 式求解 $\boldsymbol{A}$, 若已解得 $\boldsymbol{A}$, 则 $\varPhi^{\mathrm{A}}$ 便可应用 (3.10.8) 式得出.

一旦求解出腔内的磁矢量势 $\boldsymbol{A}$, 则此场 $\boldsymbol{H}$ 和电场 $\boldsymbol{E}$ 便可由以下式子给出:

$$\boldsymbol{H}=\frac{1}{\mu}\nabla\times\boldsymbol{A} \tag{3.10.9}$$

$$\boldsymbol{E}=-\mathrm{j}\omega\left(1+\frac{1}{k^2}\nabla\nabla\cdot\right)\boldsymbol{A} \tag{3.10.10}$$

这样, 球形腔的问题就便归结为在球面坐标系中求解关于$\boldsymbol{A}$的矢量波动方程 (3.10.6) 满足相应腔壁边界条件的解.

另一方面, 利用 Maxwell 场方程的二重性, 我们还可类似地引入电矢量势 $\boldsymbol{F}$ 和磁标量势 $\varPhi^{\mathrm{F}}$, 它们分别满足方程:

$$\nabla^2\boldsymbol{F}+k^2\boldsymbol{F}=0 \tag{3.10.11}$$

$$\nabla^2\varPhi^{\mathrm{F}}+k^2\varPhi^{\mathrm{F}}=0 \tag{3.10.12}$$

$\boldsymbol{F}$ 与 $\varPhi^{\mathrm{F}}$ 满足与 (3.10.8) 式对偶的 Lorentz 条件:

$$\nabla\cdot\boldsymbol{F}+\mathrm{j}\omega\varepsilon\mu\varPhi^{\mathrm{F}}=0 \tag{3.10.13}$$

一旦求解出腔内的电矢量势 $\boldsymbol{F}$, 则按对偶关系式 (1.6.25), 电场 $\boldsymbol{E}$ 和磁场 $\boldsymbol{H}$ 亦可由以下式子给出:

$$\boldsymbol{E}=-\frac{1}{\varepsilon}\nabla\times\boldsymbol{F} \tag{3.10.14}$$

$$\boldsymbol{H}=-\mathrm{j}\omega\left(1+\frac{1}{k^2}\nabla\nabla\cdot\right)\boldsymbol{F} \tag{3.10.15}$$

这样, 球形腔的问题亦可归结为在球面坐标系中求解关于 $\boldsymbol{F}$ 的矢量波动方程 (3.10.11) 满足相应腔壁边界条件的解.

对于规则柱形波导问题, 我们只需先求解柱面坐标系中电场 $\boldsymbol{E}$ 和磁场 $\boldsymbol{H}$ 的纵向场满足波导边界条件的标量 Helmholtz 方程的解, 即 $E_z$ 和 $H_z$, 然后再由它们应用 Maxwell 场方程导得 $\mathrm{TM}_z$ 波与 $\mathrm{TE}_z$ 波的解, 并通过这两种波的场相叠加给出波导中电磁场的一般解. 类似地, 对于球形谐振腔问题, 我们是否可假定磁矢量势 $\boldsymbol{A}$ 和电矢量势 $\boldsymbol{F}$ 只有径向分量 $A_r$ 和 $F_r$, 而求解它们在球面坐标系中满足腔壁边界条件的、经过变换后的、标量 (类)Helmholtz 方程的解, 然后再由它们应用场与矢量势的关系式导得 $\mathrm{TM}_r$ 波与 $\mathrm{TE}_r$ 波的解, 并通过这两种波的场相叠加给出球形腔中电磁场的一般解呢? 答案是肯定的. 不过分析指出 (见 6.3 节), 满足球面坐标系中标量 Helmholtz 方程的并不是 $A_r$ 和 $F_r$, 而是 $A_r/r$ 和 $F_r/r$.

设矢量势 $\boldsymbol{A}$ 只有径向 $\hat{\boldsymbol{a}}_r$ 分量, 即 $\boldsymbol{A}=A_r\hat{\boldsymbol{a}}_r$, 则 $A_r$ 满足方程:

$$(\nabla^2+k^2)\frac{A_r}{r}=0 \tag{3.10.16}$$

若已解得 $A_r$, 则电场 $\boldsymbol{E}$ 便可由 (3.10.10) 式求出; 因 $\nabla\cdot\boldsymbol{A}=\nabla\cdot(A_r\hat{\boldsymbol{a}}_r)=\hat{\boldsymbol{a}}_r\cdot\nabla A_r=\dfrac{\partial A_r}{\partial r}$, 于是我们有

$$\begin{aligned}
\boldsymbol{E}=&-\mathrm{j}\omega A_r\hat{\boldsymbol{a}}_r+\frac{1}{j\omega\varepsilon\mu}\nabla\left(\frac{\partial A_r}{\partial r}\right)\\
=&-\mathrm{j}\omega A_r\hat{\boldsymbol{a}}_r+\frac{1}{\mathrm{j}\omega\varepsilon\mu}\left(\frac{\partial^2 A_r}{\partial r^2}\hat{\boldsymbol{a}}_r+\frac{1}{r}\frac{\partial^2 A_r}{\partial r\partial\theta}\hat{\boldsymbol{a}}_\theta+\frac{1}{r\sin\theta}\frac{\partial^2 A_r}{\partial r\partial\varphi}\hat{\boldsymbol{a}}_\varphi\right)\\
=&\frac{1}{\mathrm{j}\omega\varepsilon\mu}\left(\frac{\partial^2 A_r}{\partial r^2}+k^2A_r\right)\hat{\boldsymbol{a}}_r+\frac{1}{\mathrm{j}\omega\varepsilon\mu}\frac{1}{r}\frac{\partial^2 A_r}{\partial r\partial\theta}\hat{\boldsymbol{a}}_\theta\\
&+\frac{1}{\mathrm{j}\omega\varepsilon\mu}\frac{1}{r\sin\theta}\frac{\partial^2 A_r}{\partial r\partial\varphi}\hat{\boldsymbol{a}}_\varphi
\end{aligned} \tag{3.10.17}$$

而由 (3.10.9) 式 $\boldsymbol{H}=\dfrac{1}{\mu}\nabla\times\boldsymbol{A}$ 可求得磁场 $\boldsymbol{H}$ 为

$$\boldsymbol{H}=\frac{1}{\mu}\nabla\times(A_r\hat{\boldsymbol{a}}_r)=\frac{1}{\mu}\frac{1}{r\sin\theta}\frac{\partial A_r}{\partial\varphi}\hat{\boldsymbol{a}}_\theta-\frac{1}{\mu}\frac{1}{r}\frac{\partial A_r}{\partial\theta}\hat{\boldsymbol{a}}_\varphi \tag{3.10.18}$$

由 (3.10.17) 和 (3.10.18) 式, 按分量写出的电磁场各分量表示式为

$$E_r=\frac{1}{\mathrm{j}\omega\mu\varepsilon}\left(\frac{\partial^2}{\partial r^2}+k^2\right)A_r$$

$$E_\theta=\frac{1}{\mathrm{j}\omega\mu\varepsilon}\frac{1}{r}\frac{\partial^2 A_r}{\partial r\partial\theta}$$

$$
\begin{aligned}
E_\varphi &= \frac{1}{\mathrm{j}\omega\mu\varepsilon}\frac{1}{r\sin\theta}\frac{\partial^2 A_r}{\partial r\partial\varphi} \\
H_r &= 0 \\
H_\theta &= \frac{1}{\mu}\frac{1}{r\sin\theta}\frac{\partial A_r}{\partial\varphi} \\
H_\phi &= -\frac{1}{\mu}\frac{1}{r}\frac{\partial A_r}{\partial\theta}
\end{aligned} \tag{3.10.19}
$$

以上结果表明, 由磁矢量势 $\boldsymbol{A}$ 的 $r$ 分量 $A_r$ 所产生的电磁场沿 $r$ 方向的磁场 $H_r=0$, 即电磁场是相对于 $r$ 方向 $\mathrm{TM}_r$ 横磁波, 或者说 $\mathrm{TM}_r$ 波的场可由磁矢量势 $A_r$ 来构造. 这是一类不含径向磁场的解, 因而它并不能构成场方程的全解.

另一方面, 设电矢量势 $\boldsymbol{F}$ 只有径向 $\hat{\boldsymbol{a}}_r$ 分量, 即 $\boldsymbol{F}=F_r\hat{\boldsymbol{a}}_r$, 则 $F_r$ 满足方程:

$$
(\nabla^2+k^2)\frac{F_r}{r}=0 \tag{3.10.20}
$$

若已解得 $F_r$, 则电场 $\boldsymbol{E}$ 可由 (3.10.14) 式求出. 磁场 $\boldsymbol{H}$ 便可由 (3.10.15) 式求. 然利用 Maxwell 场方程组解的二重性, 由 (3.10.19) 式的对偶, 我们可直接得出电矢量势 $F_r$ 所产生的电磁场的各分量表示式为:

$$
\begin{aligned}
H_r &= \frac{1}{\mathrm{j}\omega\varepsilon\mu}\left(\frac{\partial^2}{\partial r^2}+k^2\right)F_r \\
H_\theta &= \frac{1}{\mathrm{j}\omega\varepsilon\mu}\frac{1}{r}\frac{\partial^2 F_r}{\partial r\partial\theta} \\
H_\phi &= \frac{1}{\mathrm{j}\omega\varepsilon\mu}\frac{1}{r\sin\theta}\frac{\partial^2 F_r}{\partial r\partial\varphi} \\
E_r &= 0 \\
E_\theta &= -\frac{1}{\varepsilon}\frac{1}{r\sin\theta}\frac{\partial F_r}{\partial\varphi} \\
E_\varphi &= \frac{1}{\varepsilon}\frac{1}{r}\frac{\partial F_r}{\partial\theta}
\end{aligned} \tag{3.10.21}
$$

此结果表明, 由电矢量势 $\boldsymbol{F}$ 的 $r$ 分量 $F_r$ 所产生的电磁场沿 $r$ 方向的电场 $E_r=0$, 即电磁场是相对于 $r$ 方向 $\mathrm{TE}_r$ 横电波, 或者说 $\mathrm{TE}_r$ 波的场可由电矢量势 $F_r$ 来构造. 这是一类不含径向电场的解, 显然, 仅由 $F_r$ 也不能构成场方程的全解.

然而, 对于线性媒质, Maxwell 场方程组是线性的, 当 $\boldsymbol{A}$ 和 $\boldsymbol{F}$ 仅有径向分量时, 由 $A_r$ 所产生的 $\mathrm{TM}_r$ 场与 $F_r$ 所产生的 $\mathrm{TE}_r$ 场的线性叠加则可构成球面坐标系中 Maxwell 场方程组的一般解. 因此, 一旦解得满足所给边值问题的 $A_r$ 和 $F_r$, 则电磁场的各分量可分别由 (3.10.19) 和 (3.10.21) 式的对应分量的叠加给出.

$A_r/r$ 和 $F_r/r$ 分别满足标量 Helmholtz 方程 (3.10.16) 和 (3.10.20). 以下我们来求解它们, 继而通过场与 $A_r$ 和 $F_r$ 的关系应用场边界条件, 从而求得球形腔中 $\mathrm{TM}_r$ 模与 $\mathrm{TE}_r$ 模的解.

在球面坐标系 $(\rho,\varphi,z)$ 中标量波动 (Helmholtz) 方程为

$$\frac{1}{r^2}\frac{\partial}{\partial r}\left(r^2\frac{\partial u}{\partial r}\right)+\frac{1}{r^2\sin\theta}\frac{\partial}{\partial\theta}\left(\sin\theta\frac{\partial u}{\partial\theta}\right)+\frac{1}{r^2\sin^2\theta}\frac{\partial^2 u}{\partial\varphi^2}+k^2u=0 \tag{3.10.22}$$

式中, $u(\rho,\varphi,z)$ 为标量函数; $k=\omega\sqrt{\varepsilon\mu}$ 为自由空间波数.

采用分离变量法, 我们可求得其分离变量的一般解为 (见 6.1 节):

$$\begin{aligned}u(r,\theta,\varphi)=&\{a_nj_n(kr)+b_ny_n(kr)\text{或}a_nh_n^{(1)}(kr)+b_nh_n^{(2)}(kr)\}\\&\times\{c_{mn}P_n^m(\cos\theta)+d_{mn}Q_n^m(\cos\theta)\}\cdot\{h_m\cos m(\varphi+\varphi_m)\}\end{aligned} \tag{3.10.23}$$

式中, $j_n(kr)$ 和 $y_n(kr)$ 分别为第一类和第二类 $n$ 阶球 Bessel 函数; $h_n^{(1)}(kr)$ 和 $h_n^{(2)}(kr)$ 分别为第一类和第二类 $n$ 阶球 Hankel 函数; $P_n^m(\cos\theta)$ 和 $Q_n^m(\cos\theta)$ 分别为第一类和第二类 $n$ 阶缔合 Legendre 函数.

在实际问题中, 作为物理量 $u(r,\theta,\varphi)$ 必须是单值、有界的函数, 且当 $r\to\infty$ 时, 还需满足辐射条件. 因此, 它应是 $\varphi$ 的 $2\pi$ 的周期函数, 故以上分离常数 $m$ 应选取为整数; 若求解域包含 $\theta=0$ 和 $\theta=\pm\pi(x=\pm1)$, 因 $Q_n^m(\pm1)\to$ 无限, 为了使 (3.10.21) 式解有界, 故应摒弃此特解 $Q_n^m(\cos\theta)$, 而只能取解 $P_n^m(\cos\theta)$; 而若求解域包含有 $r=0$ 时, 而因 $y_n(kr),h_n^{(1)}(kr)$ 和 $h_n^{(2)}(kr)$ 当 $r\to0$ 时趋于无限, 这些解亦应摒弃, 而只能取含 $j_n(kr)$ 的解; 此外, 通过选择坐标轴, 可取初相角 $\varphi_m=0$. 故在这些条件下, 标量 Helmholtz 方程的合适特解 $u(r,\theta,\varphi)$ 为

$$u(r,\theta,\varphi)=\alpha_{nm}j_n(kr)P_n^m(\cos\theta)\cos m\varphi \tag{3.10.24}$$

式中, $\alpha_{nm}$ 为任意常数.

对于 $\mathrm{TM}_r(E)$ 模

对于球形谐振腔, 因求解域含 $\theta=\pm\pi$、$r=0$, 故 (3.10.16) 式的解为可表为

$$\frac{A_r}{r}=\alpha_{nm}j_n(kr)P_n^m(\cos\theta)\cos m\varphi$$

或

$$A_r=\frac{\alpha_{nm}}{k}\hat{J}_n(kr)P_n^m(\cos\theta)\cos m\varphi \tag{3.10.25}$$

这里, $\hat{J}_n(z)=zj_n(z)$ 称为 Riccati-Bessel 函数; 它满足如下 Riccati-Bessel 方程:

$$\hat{J}_n''(z)+\hat{J}_n(z)-\frac{n(n+1)}{z^2}\hat{J}_n(z)=0 \tag{3.10.26}$$

注：Riccati-Bessel 函数 $\hat{J}_n(z)$ 与球 Bessel 函数 $j_n(z)$、Bessel 函数 $J_n(z)$ 间有如下关系：

$$\hat{J}_n(z)=zj_n(z);\quad j_n(z)=\sqrt{\frac{\pi}{2z}}J_{n+1/2}(z).$$

因 (3.10.16) 式是齐次方程, 它的解乘以任意常数仍是该方程的解, 令 $\alpha_{nm}=\mathrm{j}\omega\varepsilon\mu/k$, 则 $A_r$ 亦可写成

$$A_r=\mathrm{j}\omega\varepsilon\mu\hat{J}_n(kr)P_n^m(\cos\theta)\cos m\varphi \tag{3.10.27}$$

将 (3.10.27) 代入 (3.10.19) 式, 就得到球形腔中 $\mathrm{TM}_r$(或 $\mathrm{E}_r$) 模的电磁场为

$$\begin{aligned}
E_r&=k^2[\hat{J}_n''(kr)+\hat{J}_n(kr)]P_n^m(\cos\theta)\cos m\varphi\\
&=\frac{n(n+1)}{r^2}\hat{J}_n(kr)P_n^m(\cos\theta)\cos m\varphi\\
E_\theta&=-\frac{k}{r}\sin\theta\hat{J}_n'(kr)P_n^{m'}(\cos\theta)\cos m\varphi\\
E_\varphi&=-\frac{km}{r\sin\theta}\hat{J}_n'(kr)P_n^m(\cos\theta)\sin m\varphi\\
H_r&=0\\
H_\theta&=-\frac{\mathrm{j}\omega\varepsilon_m}{r\sin\theta}\hat{J}_n(kr)P_n^m(\cos\theta)\sin m\varphi\\
H_\varphi&=-\frac{\mathrm{j}\omega\varepsilon}{r}\sin\theta\hat{J}_n(kr)P_n^{m'}(\cos\theta)\cos m\varphi
\end{aligned} \tag{3.10.28}$$

注意：撇号为对宗量求导，即 $\hat{J}_n'(kr)=\dfrac{\mathrm{d}}{\mathrm{d}(kr)}\hat{J}_n(kr)$；$P_n^{m'}(\cos\theta)=\dfrac{\mathrm{d}}{\mathrm{d}(\cos\theta)}P_n^m(\cos\theta)$.

对于 $\mathrm{TE}_r(\mathrm{H}_r)$ 模

对于 $F_r$, (3.10.20) 式的解亦具有相同的形式, 即

$$F_r=\mathrm{j}\omega\varepsilon\mu\hat{J}_n(kr)P_n^m(\cos\theta)\cos m\varphi \tag{3.10.29}$$

将 (3.10.29) 代入 (3.10.21) 式, 就得到球形腔中 $\mathrm{TE}_r$(或 $\mathrm{H}_r$) 模的电磁场为

$$\begin{aligned}
H_r&=[\hat{J}_n''(kr)+\hat{J}_n(kr)]P_n^m(\cos\theta)\cos m\varphi\\
&=\frac{n(n+1)}{r^2}\hat{J}_n(kr)P_n^m(\cos\theta)\cos m\varphi\\
H_\theta&=-\frac{k}{r}\sin\theta\hat{J}_n'(kr)P_n^{m'}(\cos\theta)\cos m\varphi
\end{aligned}$$

$$H_\varphi = \frac{km}{r\sin\theta}\hat{J}'_n(kr)P_n^m(\cos\theta)\sin m\varphi \tag{3.10.30}$$

$$E_r = 0$$
$$E_\theta = \frac{\mathrm{j}\omega\mu m}{r\sin\theta}\hat{J}_n(kr)P_n^m(\cos\theta)\sin m\varphi$$
$$E_\varphi = -\frac{\mathrm{j}\omega\mu}{r}\sin\theta\hat{J}_n(kr)P_n^{m'}(\cos\theta)\cos m\varphi$$

下面让是计算球形腔的 $\mathrm{TM}_r$ 和 $\mathrm{TE}_r$ 模的谐振频率, 以及 $\mathrm{TM}_{011}$ 主模的储能、功率损耗和品质因数 $Q$.

(1) 谐振频率

对于 $\mathrm{TM}_r(\mathrm{E}_r)$ 模

由 (3.10.28) 式, 应用在腔的内壁 $r = a$ 上电场应满足边界条件: $E_\theta|_{r=a} = E_\varphi|_{r=a} = 0$, 有

$$\hat{J}'_n(ka) = 0 \tag{3.10.31}$$

表明 $k$ 必须使 $ka$ 为超越方程 (3.10.31) 的根. 设 $\hat{J}'_n(\chi) = 0$ 的第 $p$ 个根为 $\chi'_{np}$, 则我们有

$$k_{np} = \chi'_{np}/a \quad (n、p = 1, 2, \cdots) \tag{3.10.32}$$

因 $k = \omega\sqrt{\varepsilon\mu} = 2\pi/\lambda$, 故可得球形腔 $\mathrm{TM}_r$ 模的固有谐振波长为

$$\lambda_{np} = \frac{2\pi}{k_{np}} = \frac{2\pi a}{\chi'_{np}} \tag{3.10.33}$$

而相应的固有谐振频率为

$$f_{np} = \frac{\chi'_{np}}{2\pi a\sqrt{\varepsilon\mu}} \tag{3.10.34}$$

对于给定 $n$ 值, $\hat{J}'_n(ka) = 0$ 的根可应用数值方法 (例如, 二分法或 Newton-Raphson 迭代法) 编程计算 (相应程序参见附录 I). 表 3.10.1 列出了几个低阶的前几个 $\chi'_{np}$ 的值.

**表 3.10.1　$\hat{J}'_n(\chi) = 0$ 的第 $p$ 个根 $\chi'_{np}$ 的值**

| $n$ \ $p$ | 1 | 2 | 3 | 4 |
|---|---|---|---|---|
| 1 | 2.743707 | 6.116764 | 9.316616 | 12.48594 |
| 2 | 3.870239 | 7.443087 | 10.71301 | 13.92052 |
| 3 | 4.973420 | 8.721751 | 12.06359 | 15.31356 |
| 4 | 6.061949 | 9.967547 | 13.38012 | 16.67415 |

从表 3.10.1 可见, 对于 $\mathrm{TM}_{m11}$ 模具有最小的 $\chi'_{11} \approx 2.743707$ 值, 因而相应其最长的谐振波长和最低的谐振频率分别为

$$\lambda_{m11}^{\mathrm{TM}} = \frac{2\pi a}{\chi'_{11}} \approx 2.29a \quad 和 \quad f_{m11}^{\mathrm{TM}} = \frac{\chi'_{11}}{2\pi a\sqrt{\varepsilon\mu}} \approx \frac{0.4367}{a\sqrt{\varepsilon\mu}} \tag{3.10.35}$$

对于 $\mathrm{TE}_r(H)$ 模

由 (3.10.30) 式, 应用腔内壁 $r = a$ 上电场边界条件 $E_\theta|_{r=a} = E_\varphi|_{r=a} = 0$, 有

$$\hat{J}_n(ka) = 0 \tag{3.10.36}$$

设 $\hat{J}_n(\chi) = 0$ 的第 $p$ 个根为 $\chi_{np}$, 则我们有

$$k_{np} = x_{np}/a \quad (n、p = 1, 2, \cdots) \tag{3.10.37}$$

故球形腔 $\mathrm{TE}_r$ 模的固有谐振波长为

$$\lambda_{np} = \frac{2\pi}{k_{np}} = \frac{2\pi a}{\chi_{np}} \tag{3.10.38}$$

而相应的固有谐振频率为

$$f_{np} = \frac{\chi_{n\nu}}{2\pi a\sqrt{\varepsilon\mu}} \tag{3.10.39}$$

对于给定 $n$ 值, $\hat{J}_n(ka) = 0$ 的根亦可应用数值方法编程计算 (相应程序参见附录 I). 表 3.10.2 列出了几个低阶的前几个 $\chi_{np}$ 的值.

**表 3.10.2 $\hat{J}_n(\chi) = 0$ 的第 $p$ 个根 $\chi_{np}$ 的值**

| $n$ \ $p$ | 1 | 2 | 3 | 4 |
|---|---|---|---|---|
| 1 | 4.493409 | 7.725252 | 10.90412 | 14.06619 |
| 2 | 5.763459 | 9.095011 | 12.32294 | 15.51460 |
| 3 | 6.987932 | 10.41712 | 13.69802 | 16.92362 |
| 4 | 8.182561 | 11.70491 | 15.03966 | 18.30126 |

从表 3.10.2 可见, 对于 $\mathrm{TE}_{m11}$ 模具有最小的 $\chi_{11} \approx 4.493409$ 值, 相应最长谐振波长和最低谐振频率分别为

$$\lambda_{m11}^{\mathrm{TE}} = \frac{2\pi a}{\chi_{11}} \approx 1.40a \quad 和 \quad f_{m11}^{\mathrm{TM}} = \frac{\chi_{11}}{2\pi a\sqrt{\varepsilon\mu}} \approx \frac{0.7151}{a\sqrt{\varepsilon\mu}} \tag{3.10.40}$$

注意到: 在以上表 3.10.1 和 3.10.2 中关于 $n$ 的取值是从 $n = 1$ 开始的, 这是由于当 $m > n$ 时, 有 $P_n^m(x) = 0$, 故对给定的 $n$ 值, $m$ 的取值为 $m \leqslant n$; 而当 $n = 0$ 时, 则有 $m = 0$ 和 $P_n^m(\cos\theta) = 1, P_n^{m'}(\cos\theta) = 0$, 由 (3.10.28) 和 (3.10.30) 式可知,

此时 $\mathrm{TM}_r$ 模和 $\mathrm{TE}_r$ 模所有场分量均为零, 故有 $n=1,2,\cdots$. 此外, 球形腔的振荡模式用指数 $mnp$ 标识, 而从 (3.10.33) 和 (3.10.34) 式可见, 球形腔的谐振波长与谐振频率与 $m$ 无关, 因而对于指数 $np$ 相同而 $m$ 不同的 $\mathrm{TM}_r$(或 $\mathrm{TE}_r$) 振荡模将具有相同的谐振波长与谐振频率.

比较 (3.10.39) 与 (3.1041) 式, 可见球形腔中 $\mathrm{TM}_{011}$ 模较 $\mathrm{TE}_{011}$ 模具有更长的谐振波长, 它是球形腔的主模.

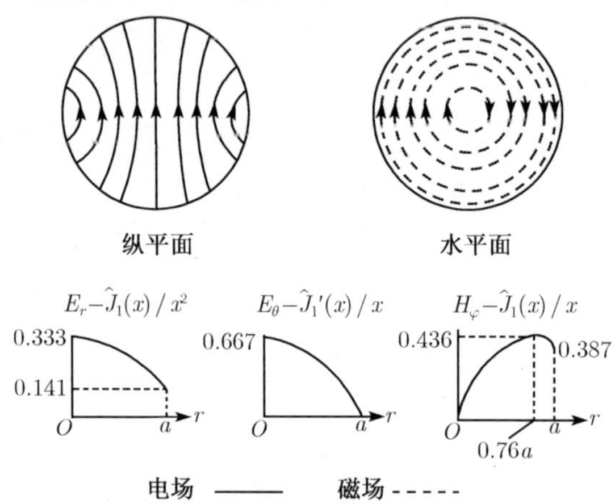


图 3.10.2 球形谐振腔 $\mathrm{TM}_{011}$ 模的电磁场分布

在 $\mathrm{TM}_{m11}$ 模中, 相应 $m=0$ 的振荡模具有最简单的场结构, 它是 $\mathrm{TM}^{\mathrm{r}}$ 波的基模. 由 (3.10.28) 式, 因 $P_1^0(\cos\theta)=\cos\theta, P_1^{0'}(\cos\theta)=1$; 以及 $k_{11}a=\chi_{11}'$ 可得此 $\mathrm{TM}_{011}$ 模场分布的表示式为

$$
\begin{aligned}
E_r &= \frac{2}{r^2}\cos\theta\hat{J}_1(\chi_{11}'r/a)\\
E_\theta &= -\frac{\chi_{11}'}{ra}\sin\theta\hat{J}_1'(\chi_{11}'r/a)\\
H_\varphi &= -\frac{\mathrm{j}\omega\varepsilon}{r}\sin\theta\hat{J}_1(\chi_{11}'r/a)
\end{aligned}
\tag{3.10.41}
$$

式中, $\chi_{11}'=2.743707$.

按 (3.10.41) 式可得 $\mathrm{TM}_{011}$ 模的电磁场分布如图 3.10.2 所示.

在 $\mathrm{TE}_{m11}$ 模中, 相应 $m=0$ 的振荡模具有最简单的场结构, 它是 $\mathrm{TE}^{\mathrm{r}}$ 波的基模. 由 (3.10.30) 式, $k_{11}a=\chi_{11}$, 可得此 $\mathrm{TE}_{011}$ 模场分布表示式为

$$
\begin{aligned}
E_\varphi &= -\frac{\mathrm{j}\omega\mu}{r}\sin\theta\hat{J}_1(\chi_{11}r/a)\\
H_r &= \frac{2}{r^2}\cos\theta\hat{J}_1(\chi_{11}r/a)
\end{aligned}
$$

$$H_\theta = -\frac{\chi_{11}}{ra}\sin\theta\hat{J}_1'(\chi_{11}r/a) \tag{3.10.42}$$

式中, $\chi_{11} = 4.493409$.

按 (3.10.42) 式可得 $\mathrm{TE}_{011}$ 模的电磁场分布如图 3.10.3 所示.

以下分析球形谐振腔的 $\mathrm{TM}_{011}$ 主模的电磁储能、功率损耗和 $Q$ 值.

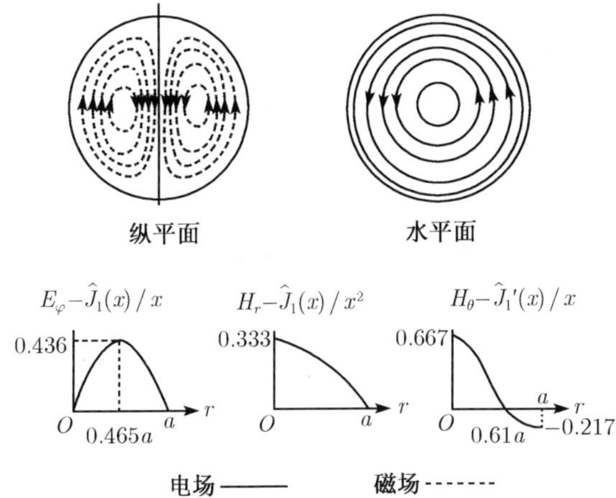


图 3.10.3 球形谐振腔 $\mathrm{TE}_{011}$ 模的电磁场分布

(2)$\mathrm{TM}_{011}$ 模的电磁储能

$$\begin{aligned}
U_\Sigma &= \frac{\mu}{2}\int_0^a\int_0^{2\pi}\int_0^\pi |H_\varphi|^2 r^2\sin\theta\mathrm{d}r\mathrm{d}\varphi\mathrm{d}\theta \\
&= \frac{\mu}{2}\int_0^a\int_0^{2\pi}\int_0^\pi \left[\frac{\omega^2\varepsilon^2}{r^2}\sin^2\theta\hat{J}_1^2(\chi_{11}'ra)\right] r^2\sin\theta\mathrm{d}r\mathrm{d}\varphi\mathrm{d}\theta \\
&= \pi_\mu\omega^2\varepsilon^2\int_0^a \hat{J}_1^2(\chi_{11}'r/a)\mathrm{d}r\int_0^\pi \sin^3\theta\mathrm{d}\theta
\end{aligned}$$

将上式对 $r$ 的积分作变数变换, 令 $x = \chi_{11}'r/a, \mathrm{d}r = a\mathrm{d}x/\chi_{11}'$; 则 $U_\Sigma$ 可写成

$$U_\Sigma = \frac{\pi a\mu\omega^2\varepsilon^2}{\chi_{11}'}\int_0^{\chi_{11}'}\hat{J}_1^2(x)\mathrm{d}x\int_0^\pi \sin^3\theta\mathrm{d}\theta \tag{3.10.43}$$

(3) 功率损耗

$$\begin{aligned}
P_L &= \frac{R_S}{2}\int_0^{2\pi}\int_0^\pi |H_\varphi|^2_{r=a}a^2\sin\theta\mathrm{d}\varphi\mathrm{d}\theta \\
&= R_S\pi a^2\int_0^\pi\left[\frac{\omega^2\varepsilon^2}{a^2}\sin^2\theta\hat{J}_1^2(\chi_{11}')\right]\sin\theta\mathrm{d}\theta \qquad (3.10.44)\\
&= R_S\pi\omega^2\varepsilon^2\hat{J}_1^2(\chi_{11}')\int_0^\pi\sin^3\theta\mathrm{d}\theta
\end{aligned}$$

(4) $\mathrm{TM}_{011}$ 模的 $Q$ 值

按谐振腔品质因数的定义 $Q = \omega U_\Sigma/P_L$，其中代入 (3.10.34)、(3.10.43) 和 (3.10.44) 式, 便得到 $\mathrm{TM}_{011}$ 模的 $Q$ 值为

$$Q_{011}^{\mathrm{TM}} = \omega\frac{U_\Sigma}{P_L} = \frac{1}{R_S}\sqrt{\frac{\mu}{\varepsilon}}\frac{1}{\hat{J}_1^2(\chi_{11}')}\int_0^{\chi_{11}'}\hat{J}_1^2(x)\mathrm{d}x \tag{3.10.45}$$

可以证明式中积分：$I = \displaystyle\int_0^{\chi_{11}'}\hat{J}_1^2(x)\mathrm{d}x = \frac{\chi_{11}'}{2}[\hat{J}_1^2(\chi_{11}') - \hat{J}_0(\chi_{11}')\hat{J}_2(\chi_{11}')]$(证明见附录 D), 代入 $\chi_{11}' = 2.743707$、$\hat{J}_0(\chi_{11}') = 0.3874698$、$\hat{J}_1(\chi_{11}') = 1.063104$ 和 $\hat{J}_2(\chi_{11}') - 0.7749396$ 值后, 计算出的积分值为：$I \approx 1.138534$. 另一方面, 此积分也可方便地采数值积分法 (如高斯积分法) 计算, 因 $\hat{J}_1(x) = \sin x/x - \cos x$, 故积分可表为：$I = \displaystyle\int_0^{\chi_{11}'}(\sin x/x - \cos x)^2\mathrm{d}x$, 采用所编高斯积分法程序 (参见附录 J), 此积分结果为：$I \approx 1.138533$. 将有关数值代入 (3.10.45) 式, 则 $Q_{011}^{\mathrm{TM}}$ 可表为

$$Q_{011}^{\mathrm{TM}} \approx 1.0074\frac{1}{R_S}\sqrt{\frac{\mu}{\varepsilon}} \tag{3.10.46}$$

将此结果与 (3.8.25) 和 (3.7.27) 式比较, 可见球形腔 $\mathrm{TM}_{011}$ 模的 $Q_{011}^{\mathrm{TM}}$ 值比具有 $l = 2a$ 的圆柱腔 $\mathrm{TM}_{010}$ 模的 $Q_{010}^{\mathrm{TM}}$ 值高出 25%, 而比立方形谐振腔 $\mathrm{TE}_{101}$ 模的 $Q_{101}^{\mathrm{TE}}$ 高出 36%.

## 3.11 谐振腔的微扰

由导体构成的空腔相当于一个 $LC$ 谐振回路, 它的谐振频率较高, 且可谐振于无数个频率；每一谐振频率具有一定的场分布, 称为一种振荡模式 (或波型), 所有振荡模式与腔的形状、尺寸以及其中填充的介质有关. 如果改变腔的体积或腔中 (全部或部分) 介质的性质, 则振荡模式的场分布和谐振频率都将发生改变. 实际应用中常据此特性, 在腔中置一铜螺钉 (如在 10cm 速调管的外腔中), 改变螺钉的伸长体积来实现频率微调；或者通过杠杆作用加机械压力于腔的一个具有柔性的壁, 而直接改变腔体的体积, 如在 3cm 的 KF-19、KF-28 等速调管腔, 以实现改变腔的固有谐振频率. 在微波测量技术中, 亦常采用谐振法, 在腔中放置一小块固体介质样品, 或使腔中充入欲测其电磁性质的气体, 通过两种情况下谐振参数 (谐振频率、$Q$ 值等) 的测量, 而确定出介质材料或气体的电磁性质.

谐振腔中放置螺钉、介质或改变其中气体性质都将会使其振荡模式的场分布、谐振频率等发生扰动. 如果放入的样品体积不大 (介质的电磁性质可以相差很大), 或者介质的性质变化不大 (体积可以很大), 则场的分布和谐振频率的变化均很小,

这种扰动称为微扰. 这是工程应用中常遇到、也是很重要的情形, 因为这时难以求得严格的电磁场解, 而需采用近似法; 微扰法就是近似法中的一种重要方法, 例如已用于计算谐振腔的 $Q$ 值和波导的衰减.

### 3.11.1 谐振腔壁的微扰

现研究谐振腔壁发生形变, 而其体积发生微小改变时所引起的微扰, 导出其谐振频率变化的微扰公式.

参见图 3.11.1(a), 设谐振腔为理想导体制成, 腔的体积为 $V$, 表面面积为 $S$, 其中充有介电常数为 $\varepsilon$、磁导率为 $\mu$ 的媒质; 未受微扰时, $\boldsymbol{E}_0$、$\boldsymbol{H}_0$ 和 $\omega_0$ 分别为腔内的电、磁场和谐振频率; 腔体积受到扰动后, 腔体积由 $V \to V - \Delta V = V'$; 而表面积由 $S \to S - \Delta S = S'$, 如图 3.11.1(b) 所示. 此时, 受扰动后腔内的电、磁场和谐振频率将变成 $\boldsymbol{E}$、$\boldsymbol{H}$ 和 $\omega$.

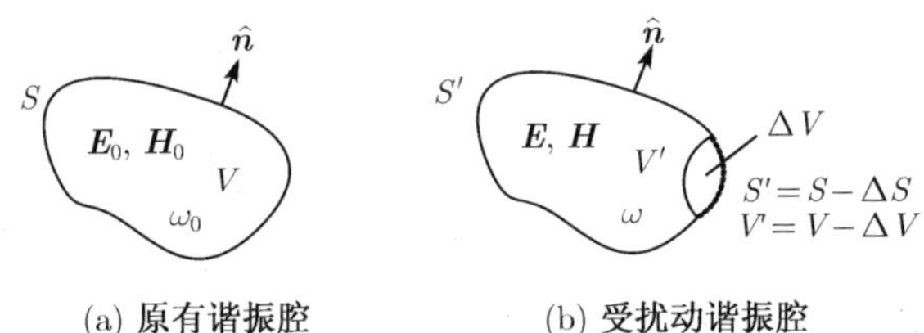


(a) 原有谐振腔　　(b) 受扰动谐振腔

图 3.11.1 谐振腔壁的微扰

当谐振腔体未受微扰时, 其中 $\boldsymbol{E}_0$、$\boldsymbol{H}_0$ 满足 Maxwell 场方程组:

$$\nabla \times \boldsymbol{E}_0 = -\mathrm{j}\omega_0\mu\boldsymbol{H}_0 \tag{3.11.1}$$

$$\nabla \times \boldsymbol{H}_0 = \mathrm{j}\omega_0\varepsilon\boldsymbol{E}_0 \tag{3.11.2}$$

并认为其解已求得, 即 $\boldsymbol{E}_0$、$\boldsymbol{H}_0$ 和 $\omega_0$ 均是已知.

当谐振腔体积受到扰动后, 其中其中 $\boldsymbol{E}$、$\boldsymbol{H}$ 满足 Maxwell 场方程组:

$$\nabla \times \boldsymbol{E} = -\mathrm{j}\omega\mu\boldsymbol{H} \tag{3.11.3}$$

$$\nabla \times \boldsymbol{H} = \mathrm{j}\omega\varepsilon\boldsymbol{E} \tag{3.11.4}$$

应用矢量恒式: $\nabla \cdot (\boldsymbol{A} \times \boldsymbol{B}) = \boldsymbol{B} \cdot (\nabla \times \boldsymbol{A}) - \boldsymbol{A} \cdot (\nabla \times \boldsymbol{B})$ (3.11.5)

令 $\boldsymbol{A} \equiv \boldsymbol{H}, \boldsymbol{B} \equiv \boldsymbol{E}_0^*$, 便有

$$\nabla \cdot (\boldsymbol{H} \times \boldsymbol{E}_0^*) = \boldsymbol{E}_0^* \cdot (\nabla \times \boldsymbol{H}) - \boldsymbol{H} \cdot (\nabla \times \boldsymbol{E}_0^*)$$

将 $\boldsymbol{E}_0^*$ 点乘 (3.11.4) 式与 $\boldsymbol{H}$ 点乘 (3.11.1)* 式相减后, 代入上式得

$$\nabla \cdot (\boldsymbol{H} \times \boldsymbol{E}_0^*) = \mathrm{j}\omega\varepsilon\boldsymbol{E} \cdot \boldsymbol{E}_0^* - \mathrm{j}\omega_0\mu\boldsymbol{H} \cdot \boldsymbol{H}_0^* \tag{3.11.6}$$

类似地, 将 $\boldsymbol{E}$ 点乘 (3.11.2)* 式和 $\boldsymbol{H}_0^*$ 点乘 (3.9.3) 式然后相减, 应用矢量恒式 (3.11.5), 则有

$$\begin{aligned}\nabla\cdot(\boldsymbol{H}_0^*\times\boldsymbol{E}) &= \boldsymbol{E}\cdot(\nabla\times\boldsymbol{H}_0^*)-\boldsymbol{H}_0^*\cdot(\nabla\times\boldsymbol{E})\\ &= -\mathrm{j}\omega_0\varepsilon\boldsymbol{E}\cdot\boldsymbol{E}_0^*+\mathrm{j}\omega\mu\boldsymbol{H}\cdot\boldsymbol{H}_0^*\end{aligned}\tag{3.11.7}$$

现将 (3.11.6) 与 (3.11.7) 式相加, 并对受扰动后的腔体积 $V'$ 积分, 则可得

$$\iiint_{V'}[\nabla\cdot(\boldsymbol{H}\times\boldsymbol{E}_0^*)+\nabla\cdot(\boldsymbol{H}_0^*\times\boldsymbol{E})]\mathrm{d}v'=\mathrm{j}(\omega-\omega_0)\iiint_{V'}(\varepsilon\boldsymbol{E}\cdot\boldsymbol{E}_0^*+\mu\boldsymbol{H}\cdot\boldsymbol{H}_0^*)\mathrm{d}v'$$

应用高斯散度定理, 上式可化为

$$\oiint_{S'}(\boldsymbol{H}\times\boldsymbol{E}_0^*+\boldsymbol{H}_0^*\times\boldsymbol{E})\cdot\hat{\boldsymbol{n}}\mathrm{d}S'=\mathrm{j}(\omega-\omega_0)\iiint_{V'}(\varepsilon\boldsymbol{E}\cdot\boldsymbol{E}_0^*+\mu\boldsymbol{H}\cdot\boldsymbol{H}_0^*)\mathrm{d}v'\tag{3.11.8}$$

式中, $\hat{\boldsymbol{n}}$ 是 $S'$ 的外指法线方向单位矢量 (见图 3.11.1).

由于 $\boldsymbol{E}$ 应满足 $S'$ 上的边界条件: $(\hat{\boldsymbol{n}}\times\boldsymbol{E})|_{S'}=0$, 而有 $(\boldsymbol{H}_0^*\times\boldsymbol{E})\cdot\hat{\boldsymbol{n}}|_{S'}=-\boldsymbol{H}_0^*\cdot(\hat{\boldsymbol{n}}\times\boldsymbol{E})|_{S'}=0$, 故 (3.11.8) 式中左端的第二个面积分等于零, 即

$$\oiint_{S'}(\boldsymbol{H}\times\boldsymbol{E}_0^*)\cdot\hat{\boldsymbol{n}}\mathrm{d}S'=0$$

另一方面, 对于 (3.11.8) 式中左端的第一个面积分, 我们有

$$\begin{aligned}\oiint_{S'}(\boldsymbol{H}\times\boldsymbol{E}_0^*)\cdot\hat{\boldsymbol{n}}\mathrm{d}S' &= \oiint_{S'+\Delta S}(\boldsymbol{H}\times\boldsymbol{E}_0^*)\cdot\hat{\boldsymbol{n}}\mathrm{d}S-\oiint_{\Delta S}(\boldsymbol{H}\times\boldsymbol{E}_0^*)\cdot\hat{\boldsymbol{n}}\mathrm{d}S\\ &= -\oiint_{S}\boldsymbol{H}\cdot(\hat{\boldsymbol{n}}\times\boldsymbol{E}_0^*)\mathrm{d}S-\oiint_{\Delta S}(\boldsymbol{H}\times\boldsymbol{E}_0^*)\cdot\hat{\boldsymbol{n}}\mathrm{d}S\end{aligned}$$

同样, 由于 $\boldsymbol{E}_0$ 满足在 $S$ 上的边界条件: $(\hat{\boldsymbol{n}}\times\boldsymbol{E}_0)|_S=0$, 上式右端第一个面积分为零, 而有

$$\oiint_{S'}(\boldsymbol{H}\times\boldsymbol{E}_0^*)\cdot\hat{\boldsymbol{n}}\mathrm{d}S'=-\oiint_{\Delta S}(\boldsymbol{H}\times\boldsymbol{E}_0^*)\cdot\hat{\boldsymbol{n}}\mathrm{d}S$$

故由 (3.11.8) 式, 我们可得

$$\omega-\omega_0=\frac{\mathrm{j}\oiint_{\Delta S}(\boldsymbol{H}\times\boldsymbol{E}_0^*)\cdot\hat{\boldsymbol{n}}\mathrm{d}S}{\iiint_{V'}(\varepsilon\boldsymbol{E}\cdot\boldsymbol{E}_0^*+\mu\boldsymbol{H}_0\cdot\boldsymbol{H}_0^*)\mathrm{d}v'}\tag{3.11.9}$$

在推导 (3.11.9) 式过程中, 我们并未对扰动作任何限制. 但是, 假若扰动是一种微扰, 且腔的变形浅而均匀, 则在最粗糙的近似下, 可以认为受扰后腔内的场 $\boldsymbol{E}$ 和

$\boldsymbol{H}$ 与原来的场 $\boldsymbol{E}_0$ 和 $\boldsymbol{H}_0$ 近似相同, 并有 $V' \approx V$, 于是, 频来偏移 (3.11.9) 式可近似地表为

$$\omega - \omega_0 \approx \frac{\mathrm{j} \oint\!\!\oint_{\Delta S} (\boldsymbol{H}_0 \times \boldsymbol{E}_0^*) \cdot \hat{\boldsymbol{n}} \mathrm{d}S}{\iiint_V (\varepsilon \boldsymbol{E}_0 \cdot \boldsymbol{E}_0^* + \mu \boldsymbol{H}_0 \cdot \boldsymbol{H}_0^*) \mathrm{d}v'} \tag{3.11.10}$$

上式分子中的积分 $\oint\!\!\oint_{\Delta S} (\boldsymbol{H}_0 \times \boldsymbol{E}_0^*) \cdot \hat{\boldsymbol{n}} \mathrm{d}S = \iiint_{\Delta V} \nabla \cdot (\boldsymbol{H}_0 \times \boldsymbol{E}_0^*) \mathrm{d}v$, 将散度展开后再将 (3.11.1) 和 (3.11.12) 式代入, 则此积分可化为

$$\oint\!\!\oint_{\Delta S} (\boldsymbol{H}_0 \times \boldsymbol{E}_0^*) \cdot \hat{\boldsymbol{n}} \mathrm{d}S = \mathrm{j}\omega_0 \iiint_{\Delta V} (\varepsilon \boldsymbol{E}_0 \cdot \boldsymbol{E}_0^* - \mu \boldsymbol{H}_0 \cdot \boldsymbol{H}_0^*) \mathrm{d}v \tag{3.11.11}$$

于是 (3.11.10) 式可表为

$$\frac{\omega - \omega_0}{\omega_0} \approx \frac{\iiint_{\Delta V} (\mu |\boldsymbol{H}_0|^2 - \varepsilon |\boldsymbol{E}_0|^2) \mathrm{d}v}{\iiint_V (\varepsilon |\boldsymbol{E}_0|^2 + \mu |\boldsymbol{H}_0|^2) \mathrm{d}v} \tag{3.11.12}$$

式中, $|\boldsymbol{E}_0|^2 = \boldsymbol{E}_0 \cdot \boldsymbol{E}_0^*$; $|\boldsymbol{H}_0|^2 = \boldsymbol{H}_0 \cdot \boldsymbol{H}_0^*$.

已知平均电能密度 $w_{\mathrm{e}} = \dfrac{1}{4}\varepsilon |\boldsymbol{E}_0|^2$, 平均磁能密度 $w_{\mathrm{m}} = \dfrac{1}{4}\mu |\boldsymbol{H}_0|^2$, (3.11.12) 式亦可写成

$$\frac{\omega - \omega_0}{\omega_0} \approx \frac{\iiint_{\Delta V} (w_{\mathrm{m}} - w_{\mathrm{e}}) \mathrm{d}v}{\iiint_V (w_{\mathrm{e}} + w_{\mathrm{m}}) \mathrm{d}v} \tag{3.11.13}$$

(3.11.12) 或 (3.11.13) 式就是谐振腔壁向内受压微动所引起的谐振频率偏移的计算公式.

谐振腔中磁场强度最大的地方, 电场为零; 反之, 在电场强度最大的地方, 磁场为零. 因此, 在磁场强度最大、电场为零的地方, 有 $w_{\mathrm{m}} - w_{\mathrm{e}} > 0$, 这时由 (3.11.13) 是可知, 若在此处对腔壁施力, 使体积 $V$ 减小到 $V'$, 则有 $\omega - \omega_0 > 0$, 即谐振腔的固有谐振频率增大; 反之, 如果在电场强度最大、磁场为零地方, 腔壁受到压缩, 则谐振腔的谐振频率降低.

令 $\Delta \overline{U}_{\mathrm{m}} = \iiint_{\Delta V} w_{\mathrm{m}} \mathrm{d}v \approx w_{\mathrm{m}} \Delta V$ 和 $\Delta \overline{U}_{\mathrm{e}} = \iiint_{\Delta V} w_{\mathrm{e}} \mathrm{d}v \approx w_{\mathrm{e}} \Delta V$, 以及

$$U_{\Sigma} = \iiint_V (w_{\mathrm{m}} + w_{\mathrm{e}}) \mathrm{d}v = \iiint_V w \mathrm{d}v = \overline{w}\, V$$

则 (3.11.13) 式可写成

$$\frac{\omega - \omega_0}{\omega_0} \approx \frac{\Delta \overline{U}_{\mathrm{m}} - \Delta \overline{U}_{\mathrm{e}}}{U_{\Sigma}} = \frac{w_{\mathrm{m}} - w_{\mathrm{e}}}{\overline{w}} \frac{\Delta V}{V} = C \frac{\Delta V}{V} \tag{3.11.14}$$

式中, $\Delta\overline{U}_{\rm m}$ 和 $\Delta\overline{U}_{\rm e}$ 分别为体积 $\Delta V$ 中原有的磁能和电能的时间平均值; $U_\Sigma$ 为原有谐振腔内总的电磁储能的时间平均值, 它等于电场储能的最大值 $U_{\rm e}$ 或磁场储能的最大值 $U_{\rm m}$; $w_{\rm m}$ 和 $w_{\rm e}$ 分别为体积 $\Delta V$ 中的平均磁能密度和电能密度 (空间平均值); $\overline{w}$ 为原有谐振腔内总的电磁储能密度的空间平均值; 而系数 $C=(w_{\rm m}-w_{\rm e})/\overline{w}$ 仅决定于谐振腔的几何形状和微扰的位置.

**例 1** 有一宽为 $x=a$、高为 $y=b$、长为 $z=l$ 的矩形谐振腔, 工作于 $\rm TE_{101}$ 主模. 试求:

(a) 在 $y=0$ 腔底壁中央 $x=a/2$, $z=l/2$ 处施压而产生有 $\Delta V$ 的变形时;

(b) 在 $x=0$ 腔侧壁中央 $y=b/2$, $z=l/2$ 处施压产生有 $\Delta V$ 的变形时, 谐振频率的相对偏移值 $\Delta\omega/\omega$.

**解** 由 (3.7.20) 式可知, 矩形腔 $\rm TE_{101}$ 模总电磁储能 $U_\Sigma(=U_{\rm e}=U_{\rm m})$ 为

$$U_\Sigma=\frac{\varepsilon}{8}|E_0|^2abl=\frac{\varepsilon}{8}|E_0|^2V \tag{3.11.15}$$

矩形腔 $\rm TE_{101}$ 主模的电磁场表示式参见 (3.7.17) 式.

(a) 在 $y=0$ 腔底壁中央 $x=a/2$, $z=l/2$ 处腔壁受压有 $\Delta V$ 变形.

由 (3.7.17) 式可知, 在此底壁上中央附近, $E_y=E_0$ 电场为最大, 而 $H_x=H_z=0$ 磁场为零, 而有

$$w_{\rm e}=\frac{1}{4}\varepsilon|E_0|^2 \quad 和 \quad w_{\rm m}=\frac{1}{4}\mu\boldsymbol{H}\cdot\boldsymbol{H}^*=0, \tag{3.11.16}$$

故

$$\Delta\overline{U}_{\rm e}=\frac{1}{4}\varepsilon|E_0|^2\Delta V \quad 和 \quad \Delta U_{\rm m}=0 \tag{3.11.17}$$

按 (3.11.14) 式, 可得谐振频率的相对偏移为

$$\frac{\omega-\omega_0}{\omega_0}\approx\frac{\Delta U_{\rm m}-\Delta U_{\rm e}}{U_\Sigma}=-2\frac{\Delta V}{V} \tag{3.11.18}$$

(b) 在 $x=0$ 腔侧壁中央 $y=b/2$, $z=l/2$ 处腔壁受压有 $\Delta V$ 变形.

由 (3.7.17) 式可知, 在此侧壁中央处, $E_y=H_x=0, H_z=\dfrac{{\rm j}l}{\eta\sqrt{a^2+l^2}}E_0$, 而有

$$w_{\rm e}=\frac{1}{4}\mu\boldsymbol{E}\cdot\boldsymbol{E}^*=0 \quad 和 \quad w_{\rm m}=\frac{1}{4}\mu\boldsymbol{H}\cdot\boldsymbol{H}^*=\frac{\varepsilon}{4}\frac{l^2}{a^2+l^2}|E_0|^2 \tag{3.11.19}$$

故

$$\Delta\overline{U}_{\rm e}=0 \quad 和 \quad \Delta\overline{U}_{\rm m}=\frac{\varepsilon}{4(1+a^2/l^2)}|E_0|^2\Delta V \tag{3.11.20}$$

按 (3.11.14) 式, 代入 (3.11.15) 和 (3.11.20) 式, 可得谐振频率的相对偏移为

$$\frac{\omega-\omega_0}{\omega_0}\approx\frac{\Delta\overline{U}_{\rm m}-\Delta\overline{U}_{\rm e}}{U_\Sigma}=\frac{2}{1+a^2/l^2}\frac{\Delta V}{V} \tag{3.11.21}$$

**例 2** 设有一半径 $\rho=a$、高度 $z=l(l<2a)$、工作于 $\mathrm{TM}_{010}$ 主模的圆柱形谐振腔. 试求:

(a) 在 $z=0$ 腔底壁中央 $\rho=0$ 处施压而产生有 $\Delta V$ 的变形时, 和 (b) 在 $\rho=a$、$z=l/2$ 腔的圆柱壁中央处施压产生有 $\Delta V$ 的变形时, 谐振频率的相对偏移值 $\Delta\omega/\omega$.

**解** 圆柱腔的 $\mathrm{TM}_{010}$ 模的电磁场表示式参见 (3.8.13) 式.

(a) 在 $z=0$、$\rho=0$ 腔的底壁中央处受压有 $\Delta V$ 变形.

由 (3.8.13) 式可知, 在此底壁中央处, 腔内电场 $E=E_z$ 具有最大值, 而磁场 $H=H_\varphi=0$ 为零, 而有

$$w_{\mathrm{e}}=\frac{1}{4}\varepsilon|E_z|^2 \quad 和 \quad w_{\mathrm{m}}=\frac{1}{4}\mu\boldsymbol{H}\cdot\boldsymbol{H}^*=0 \tag{3.11.22}$$

故

$$\Delta\overline{U}_{\mathrm{e}}=w_{\mathrm{e}}\Delta V=\frac{\varepsilon}{4}E_0^2J_0^2(0)\Delta V \quad 和 \quad \Delta\overline{U}_m=0 \tag{3.11.23}$$

而由 (3.8.20) 式可知, $\mathrm{TM}_{010}$ 主模的总电磁储能 $U_\Sigma(=U_{\mathrm{m}}=U_{\mathrm{e}})$ 为

$$U_\Sigma=\frac{\varepsilon}{2}E_0^2J_1^2(x_{01})V \tag{3.11.24}$$

按 (3.11.14) 式, 代入 (3.11.23) 和 (3.11.24) 式, 可得谐振频率的相对偏移为

$$\frac{\omega-\omega_0}{\omega_0}\approx\frac{-\Delta\overline{U}_{\mathrm{e}}}{U_\Sigma}=-\frac{J_0^2(0)}{2J_1^2(x_{01})}\frac{\Delta V}{V}\approx-1.855 \tag{3.11.25}$$

式中, $x_{01}=\delta_{01}a=2.4048\cdots, J_1(x_{01})=0.5191\cdots;\ J_0(0)=1$.

(b) 在 $\rho=a$ 腔圆柱壁上受压有 $\Delta V$ 变形.

由 (3.8.13) 式可知, 在此圆柱壁上, $E_z=0$ 电场为零, 而 $H=H_\varphi$ 磁场最大. 而有

$$w_{\mathrm{e}}=0 \quad 和 \quad w_{\mathrm{m}}=\frac{1}{4}\mu\boldsymbol{H}_\rho\cdot H_\rho^* \tag{3.11.26}$$

即有

$$\Delta\overline{U}_{\mathrm{e}}=0 \quad 和 \quad \Delta U_{\mathrm{m}}=\frac{\varepsilon}{4}E_0^2J_1^2(\delta_{01}a)\Delta V \tag{3.11.27}$$

按 (3.11.14) 式, 代入 (3.11.24) 和 (3.9.27) 式, 可得此谐振频率的相对偏移为

$$\frac{\omega-\omega_0}{\omega_0}\approx\frac{\Delta\overline{U}_{\mathrm{e}}}{U_\Sigma}=-0.5\frac{\Delta V}{V} \tag{3.11.28}$$

**例 3** 设有一半径 $\rho=a$、高度 $z=l(l>2a)$、工作于 $\mathrm{TE}_{111}$ 主模的圆柱形谐振腔. 试求: (a) 在 $\rho=a$ 圆柱腔周壁半腰 $z=l/2\varphi=\pi/2$ 处施压产生有 $\Delta V$ 的变形时; (b) 在 $\rho=a$ 圆柱腔周壁半腰 $z=l/2$、$\varphi=0$ 处腔壁受压有 $\Delta V$ 变形时;

和 (c) 在 $z=0$ 圆柱腔底壁中心 $\rho=0$ 处腔壁受压有 $\Delta V$ 变形时谐振频率的相对偏移值 $\Delta\omega/\omega$.

**解** 圆柱腔的 $\mathrm{TE}_{111}$ 模的电磁场表示式参见 (3.8.47) 式.

(a) 在 $\rho=a$ 圆柱腔周壁半腰 $z=l/2\varphi=\pi/2$ 处腔壁受压有 $\Delta V$ 变形.

由 (3.8.47) 式可知, 在圆柱腔周壁半腰处附近, $E_\varphi=0, E=E_\rho$ 电场, 其值与 $\varphi$ 有关, $\varphi=\pi/2$ 处为最大, 而 $H_\rho=H_\varphi=H_z=0$ 磁场为零. 故有

$$w_\mathrm{e}=\frac{1}{4}\varepsilon|E_\rho|^2 \quad 和 \quad w_m=\frac{1}{4}\mu\boldsymbol{H}\cdot\boldsymbol{H}^*=0 \tag{3.11.29}$$

$$\Delta\overline{U}_\mathrm{e}=w_\mathrm{e}\Delta V=\frac{\varepsilon}{4}\frac{E_0^2}{a^2}J_1^2(x'_{11})\Delta V \quad 和 \quad \Delta\overline{U}_\mathrm{m}=0 \tag{3.11.30}$$

而由 (3.8.59) 式可知, $\mathrm{TE}_{111}$ 主模的总电磁储能 $U_\Sigma(=U_m=U_\mathrm{e})$ 为

$$U_\Sigma=\frac{\varepsilon}{8}\frac{E_0^2}{a^2}(x'^2_{11}-1)J_1^2(x'_{11})\pi a^2 l=\frac{\varepsilon}{8}\frac{E_0^2}{a^2}(x'^2_{11}-1)J_1^2(x'_{11})V \tag{3.11.31}$$

按 (3.11.14) 式, 可得谐振频率的相对偏移为

$$\frac{\omega-\omega_0}{\omega_0}\approx\frac{-\Delta\overline{U}_\mathrm{e}}{U_\Sigma}=-\frac{2}{x'^2_{11}-1}\frac{\Delta V}{V}\approx-0.837 \tag{3.11.32}$$

(b) 在 $\rho=a$ 圆柱腔周壁半腰 $z=l/2$、$\varphi=0$ 处腔壁受压有 $\Delta V$ 变形

由 (3.8.47) 式可知, 在此腔周壁半腰处, $E_\rho=E_\varphi=E_z=0$ 电场为零, 而 $H_\rho=H_\varphi=0$, 磁场 $H_z\neq 0, \varphi-0$ 处为最大. 而有

$$w_\mathrm{e}=0 \quad 即 \quad \Delta\overline{U}_\mathrm{e}=0 \tag{3.11.33}$$

和

$$w_\mathrm{m}=\frac{1}{4}\mu\boldsymbol{H}_z\cdot\boldsymbol{H}_z^* \tag{3.11.34}$$

$$\begin{aligned}\Delta U_\mathrm{m}=&w_\mathrm{m}\Delta V=\frac{\mu}{4}\left(\frac{\delta'^2_{11}}{\omega\mu}\right)^2E_0^2J_1^2(\delta'_{11}a)\Delta V\\=&\frac{\mu}{4}\left(\frac{\beta}{\omega\mu}\right)^2\frac{\delta'^4_{11}}{\beta^2}E_0^2J_1^2(x'_{11})\Delta V\\=&\frac{\mu}{4}\left(\frac{\beta}{\omega\mu}\right)^2x'^2_{11}\frac{x'^2_{11}l^2}{\pi^2a^2}\frac{E_0^2}{a^2}J_1^2(x'_{11})\Delta V\end{aligned} \tag{3.11.35}$$

由 (3.8.45) 式, 可得 $\left(\dfrac{\beta}{\omega\mu}\right)^2=\dfrac{\varepsilon}{\mu}\dfrac{\pi^2}{x'^2_{11}}\dfrac{a^2}{l^2}\left[1+\dfrac{\pi^2}{x'^2_{11}}\dfrac{a^2}{l^2}\right]^{-1}$, 将它代入 $\Delta U_\mathrm{m}$, 便有

$$\Delta U_\mathrm{m}=\frac{\varepsilon}{4}\left[1+\frac{\pi^2}{x'^2_{11}}\frac{a^2}{l^2}\right]^{-1}x'^2_{11}\frac{E_0^2}{a^2}J_1^2(x'_{11})\Delta V$$

$$=\frac{\varepsilon}{4}\frac{x'^2_{11}}{1+(1.706a/l)^2}\frac{E_0^2}{a^2}J_1^2(x'_{11})\Delta V \tag{3.11.36}$$

按 (3.11.14) 式, 代入 (3.11.31) 和 (3.11.36) 式, 便得到谐振频率的相对偏移为:

$$\frac{\omega-\omega_0}{\omega_0}\approx\frac{\Delta\overline{U}_{\mathrm{m}}-0}{U_\Sigma}=\frac{2x'^2_{11}}{(x'^2_{11}-1)}\frac{1}{1+(1.706a/l)^2}\frac{\Delta V}{V}$$

$$\approx\frac{2.837}{1+(1.706a/l)^2}\frac{\Delta V}{V} \tag{3.11.37}$$

(c) 在 $z=0$ 圆柱腔底壁中心 $\rho=0$ 处腔壁受压有 $\Delta V$ 变形.

由 (3.8.47) 式可知, 在此底壁上中心附近, $E_\rho=E_\varphi=E_z=0$ 电场为零, 而 $H_z=0$, 磁场 $|\boldsymbol{H}|^2=|H_\rho|^2+|H_\varphi|^2\neq0$ 为最大. 而有

$$w_{\mathrm{e}}=0\quad 即\quad \Delta\overline{U}_{\mathrm{e}}=0 \tag{3.11.38}$$

和

$$w_{\mathrm{m}}=\frac{1}{4}\mu[|H_\rho|^2+|H_\varphi|^2] \tag{3.11.39}$$

由递推公式：$J_1'(x)=J_1(x)/x-J_1(x)$, 可知 $[J_1(x)/x]_{x\to0}=J_1'(0)$, 故有

$$J_1'^2(\delta'_{11}\rho)|_{\rho\to0}\cos^2\varphi+[J_1(\delta'_{11}\rho)/\delta'_{11}\rho]^2_{\rho\to0}\sin^2\varphi=J_1'^2(0)$$

于是

$$\Delta U_{\mathrm{m}}=w_{\mathrm{m}}\Delta V=\frac{\mu}{4}\left(\frac{\beta}{\omega\mu}\right)^2\delta'^2_{11}E_0^2J'^2_1(0)\Delta V \tag{3.11.40}$$

由 (3.8.45) 式, 可得

$$\left(\frac{\beta}{\omega\mu}\right)^2=\frac{\varepsilon}{\mu}\frac{\beta^2}{\delta'^2_{11}+\beta^2}=\frac{\varepsilon}{\mu}\frac{1}{1+\dfrac{x'^2_{11}}{\pi^2}\dfrac{l^2}{a^2}}=\frac{\varepsilon}{\mu}\frac{1}{1+(0.586l/a)^2} \tag{3.11.41}$$

故

$$\Delta U_{\mathrm{m}}=\frac{\varepsilon}{4}\frac{1}{1+(0.586l/a)^2}\frac{x'^2_{11}}{a^2}E_0^2J'^2_1(0)\Delta V \tag{3.11.42}$$

而由 (3.8.59) 式, 可知 $\mathrm{TE}_{111}$ 主模的总电磁储能 $U_\Sigma(=U_{\mathrm{m}}=U_{\mathrm{e}})$ 为

$$U_\Sigma=\frac{\varepsilon}{8}\frac{E_0^2}{a^2}(x'^2_{11}-1)J_1^2(x'_{11})V \tag{3.11.43}$$

按 (3.11.14) 式, 可得此谐振频率的相对偏移为

$$\frac{\omega-\omega_0}{\omega_0}\approx\frac{\Delta\overline{U}_{\mathrm{m}}-0}{U_\Sigma}=\left[\frac{2x'^2_{11}J'^2_1(0)}{(x'^2_{11}-1)J_1^2(x'_{11})}\right]\frac{1}{1+(0.586l/a)^2}\frac{\Delta V}{V}$$

$$=\frac{2.095}{1+(0.586l/a)^2}\frac{\Delta V}{V} \tag{3.11.44}$$

式中, $x'_{11}=1.84118\cdots$; $J_1(x'_{11})=0.581865\cdots$; $J_1'(0)=0.5$.

### 3.11.2　谐振腔内介质的微扰

现研究谐振腔内介质的介电常数和磁导率发生微小改变时引起的微扰, 导出其谐振频率变化的微扰公式.

参见图 3.11.2(a), 设有理想导体制成的谐振腔, 腔体的体积为 $V$, 表面面积为 $S$, 其中充有介电常数为 $\varepsilon$、磁导率为 $\mu$ 的媒质; 未受微扰时, $\boldsymbol{E}_0$、$\boldsymbol{H}_0$ 和 $\omega_0$ 分别为腔内的电、磁场和谐振频率; 当腔体内媒质受到扰动后, 腔体中的介电常数由 $\varepsilon \to \varepsilon + \Delta\varepsilon$、磁导率由 $\mu \to \mu + \Delta\mu$, 如图 3.11.2(b) 所示. 此时, 受扰动后腔内的电、磁场和谐振频率将变成 $\boldsymbol{E}$、$\boldsymbol{H}$ 和 $\omega$.

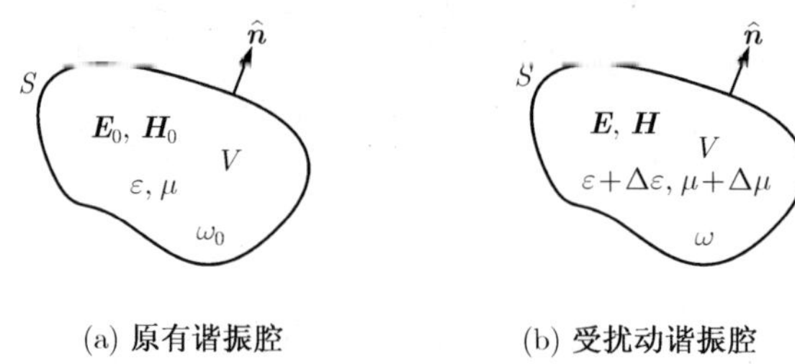


(a) 原有谐振腔　　(b) 受扰动谐振腔

图 3.11.2　谐振腔壁的微扰

谐振腔体内媒质未受微扰时, 其中 $\boldsymbol{E}_0$、$\boldsymbol{H}_0$ 满足 Maxwell 场方程组:

$$\nabla \times \boldsymbol{E}_0 = -\mathrm{j}\omega_0 \mu \boldsymbol{H}_0 \tag{3.11.45}$$

$$\nabla \times \boldsymbol{H}_0 = \mathrm{j}\omega_0 \varepsilon \boldsymbol{E}_0 \tag{3.11.46}$$

并认为其解已求得, 即 $\boldsymbol{E}_0$、$\boldsymbol{H}_0$ 和 $\omega_0$ 均是已知.

当腔体内媒质受到扰动后, 其中 $\boldsymbol{E}$、$\boldsymbol{H}$ 满足 Maxwell 场方程组:

$$\nabla \times \boldsymbol{E} = -\mathrm{j}\omega(\mu + \Delta\mu)\boldsymbol{H} \tag{3.11.47}$$

$$\nabla \times \boldsymbol{H} = \mathrm{j}\omega(\varepsilon + \Delta\varepsilon)\boldsymbol{E} \tag{3.11.48}$$

类似于谐振腔壁微扰情形, 利用应用矢量恒式:

$$\nabla \cdot (\boldsymbol{A} \times \boldsymbol{B}) = \boldsymbol{B} \cdot (\nabla \times \boldsymbol{A}) - \boldsymbol{A} \cdot (\nabla \times \boldsymbol{B}) \tag{3.11.49}$$

令 $\boldsymbol{A} \equiv \boldsymbol{H}, \boldsymbol{B} \equiv \boldsymbol{E}_0^*$, 便有

$$\nabla \cdot (\boldsymbol{H} \times \boldsymbol{E}_0^*) = \boldsymbol{E}_0^* \cdot (\nabla \times \boldsymbol{H}) - \boldsymbol{H} \cdot (\nabla \times \boldsymbol{E}_0^*)$$

将 $\boldsymbol{E}_0^*$ 点乘 (3.11.48) 式与 $\boldsymbol{H}$ 点乘 (3.11.45)* 式相减, 代入上式后则可得

$$\nabla \cdot (\boldsymbol{H} \times \boldsymbol{E}_0^*) = \mathrm{j}\omega(\varepsilon + \Delta\omega)\boldsymbol{E} \cdot \boldsymbol{E}_0^* - \mathrm{j}\omega_0 \mu \boldsymbol{H} \cdot \boldsymbol{H}_0^* \tag{3.11.50}$$

类似地, 将 $\boldsymbol{E}$ 点乘 (3.11.46)* 式和 $\boldsymbol{H}_0^*$ 点乘 (3.11.47) 式相减, 应用矢量恒式 (3.11.49), 则有

$$\begin{aligned}\nabla\cdot(\boldsymbol{H}_0^*\times\boldsymbol{E}) &= \boldsymbol{E}\cdot(\nabla\times\boldsymbol{H}_0^*)-\boldsymbol{H}_0^*\cdot(\nabla\times\boldsymbol{E})\\ &= -\mathrm{j}\omega_0\varepsilon\boldsymbol{E}\cdot\boldsymbol{E}_0^*+\mathrm{j}\omega(\mu+\Delta\mu)\boldsymbol{H}\cdot\boldsymbol{H}_0^*\end{aligned}\tag{3.11.51}$$

现将以上两式相加, 并对整个腔体积 $V$ 积分, 并对左边体积分应用散度定理, 则可得

$$\begin{aligned}\oint\!\!\!\oint_S(\boldsymbol{H}\times\boldsymbol{E}_0^*+\boldsymbol{H}_0^*\times\boldsymbol{E})\cdot\hat{\boldsymbol{n}}\mathrm{d}S =& \mathrm{j}\iiint_V[\omega(\varepsilon+\Delta\omega)-\omega_0\varepsilon]\boldsymbol{E}\cdot\boldsymbol{E}_0^*\mathrm{d}v\\ &+\mathrm{j}\iiint_V[\omega(\mu+\Delta\mu)-\omega_0\mu]\boldsymbol{H}\cdot\boldsymbol{H}_0^*\mathrm{d}v\end{aligned}\tag{3.11.52}$$

式中, $\hat{\boldsymbol{n}}$ 是 $S$ 的外指法线方向单位矢量 (见图 3.11.2).

由边界条件: $(\boldsymbol{H}\times\boldsymbol{E}_0^*)\cdot\hat{\boldsymbol{n}}|_S=-\boldsymbol{H}\cdot(\hat{\boldsymbol{n}}\times\boldsymbol{E}_0^*)|_S=0$ 和 $(\boldsymbol{H}_0^*\times\boldsymbol{E})\cdot\hat{\boldsymbol{n}}|_S=-\boldsymbol{H}_0^*\cdot(\hat{\boldsymbol{n}}\times\boldsymbol{E})|_S=0$, 可知上式左边的面积分等于零, 于是有

$$\iiint_V[\omega(\varepsilon+\Delta\omega)-\omega_0\varepsilon]\boldsymbol{E}\cdot\boldsymbol{E}_0^*\mathrm{d}v+\iiint_V[\omega(\mu+\Delta\mu)-\omega_0\mu]\boldsymbol{H}\cdot\boldsymbol{H}_0^*\mathrm{d}v=0$$

或 $\displaystyle\iiint_V[\omega(\Delta\varepsilon\boldsymbol{E}\cdot\boldsymbol{E}_0^*+\Delta\mu\boldsymbol{H}\cdot\boldsymbol{H}_0^*)+(\omega-\omega_0)(\varepsilon\boldsymbol{E}\cdot\boldsymbol{E}_0^*+\mu\boldsymbol{H}\cdot\boldsymbol{H}_0^*)]\mathrm{d}v=0$

由此可得

$$\frac{\omega-\omega_0}{\omega}=-\frac{\displaystyle\iiint_V(\Delta\varepsilon\boldsymbol{E}\cdot\boldsymbol{E}_0^*+\Delta\mu\boldsymbol{H}\cdot\boldsymbol{H}_0^*)\mathrm{d}v}{\displaystyle\iiint_V(\varepsilon\boldsymbol{E}\cdot\boldsymbol{E}_0^*+\mu\boldsymbol{H}\cdot\boldsymbol{H}_0^*)\mathrm{d}v}\tag{3.11.53}$$

对于 $\Delta\varepsilon\to0$ 和 $\Delta\mu\to0$ 的极限情形, 在最粗糙的近似下, 可以认为受微扰后腔内的场 $\boldsymbol{E}$ 和 $\boldsymbol{H}$ 与原来的场 $\boldsymbol{E}_0$ 和 $\boldsymbol{H}_0$ 近似相同, 于是, 频率偏移公式 (3.11.53) 可近似地表为

$$\frac{\omega-\omega_0}{\omega}\approx-\frac{\displaystyle\iiint_V(\Delta\varepsilon|\boldsymbol{E}_0|^2+\Delta\mu|\boldsymbol{H}_0|^2)\mathrm{d}v}{\displaystyle\iiint_V(\varepsilon|\boldsymbol{E}_0|^2+\mu|\boldsymbol{H}_0|^2)\mathrm{d}v}\tag{3.11.54}$$

这就是谐振腔内媒质的 $\varepsilon$ 和 (或)$\mu$ 的受微扰所引起的谐振频率偏移的计算公式.

(3.11.54) 式表明 $\varepsilon$ 和 (或)$\mu$ 的任何小的增加, 即 $\Delta\varepsilon>0$ 和 (或)$\Delta\mu>0$ 都将使谐振频率降低；由于 $\varepsilon$ 和 (或)$\mu$ 任何大的改变可视作是通过一系列连续小的改变的结果, 因而, 谐振腔内媒质的 $\varepsilon$ 和 (或)$\mu$ 的任何增加都将使谐振频率降低.

已知电能密度 $w_{\mathrm{e}}=\dfrac{1}{4}\varepsilon|\boldsymbol{E}_0|^2$, 磁能密度 $w_{\mathrm{m}}=\dfrac{1}{4}\mu|\boldsymbol{H}_0|^2$, 故 (3.11.54) 式亦可写成

$$\frac{\omega-\omega_0}{\omega}\approx-\frac{1}{U_\Sigma}\iiint_V\left(\frac{\Delta\varepsilon}{\varepsilon}w_{\mathrm{e}}+\frac{\Delta\mu}{\mu}w_{\mathrm{m}}\right)\mathrm{d}v \tag{3.11.55}$$

其中, $U_\Sigma=\dfrac{1}{4}\iiint_V(w_{\mathrm{e}}+w_{\mathrm{m}})\mathrm{d}v$ 为原有谐振腔内总的电磁储能　(3.11.56)

当 $\varepsilon$ 和 $\mu$ 的改变, 即 $\Delta\varepsilon\neq0$ 和 $\Delta\mu\neq0$, 仅局限在一小的区域 $\Delta V$ 中时, (3.11.55) 式又可进一步近似地表示成

$$\begin{aligned}\frac{\omega-\omega_0}{\omega}&\approx-\frac{1}{U_\Sigma}\iiint_{\Delta V}\left(\frac{\Delta\varepsilon}{\varepsilon}w_{\mathrm{e}}+\frac{\Delta\mu}{\mu}w_{\mathrm{m}}\right)\mathrm{d}v\\&\approx-\frac{1}{\overline{U}_L}\left(\frac{\Delta\varepsilon}{\varepsilon}w_{\mathrm{e}}+\frac{\Delta\mu}{\mu}w_{\mathrm{m}}\right)\frac{\Delta V}{V}\end{aligned} \tag{3.11.57}$$

或写为

$$\frac{\omega-\omega_0}{\omega}\approx-\left(C_1\frac{\Delta\varepsilon}{\varepsilon}+C_2\frac{\Delta\mu}{\mu}\right)\frac{\Delta V}{V} \tag{3.11.58}$$

式中, $\overline{U}_L=U_L/V$, 是 $U_L$ 的空间平均值; 而

$$C_1=\frac{w_{\mathrm{e}}}{\overline{U}_\Sigma}\quad 和\quad C_2=\frac{w_{\mathrm{m}}}{\overline{U}_\Sigma} \tag{3.11.59}$$

系数 $C_1$ 和 $C_2$ 仅由谐振腔的几何形状和微扰 $\Delta V$ 所处的位置决定.

我们可利用谐振腔中介质微扰所引起的频偏来测量介质样品的介电常数和磁导率. 由 (3.11.59) 式可知, 若微扰 $\Delta\varepsilon\neq0$ 发生在 $\boldsymbol{E}=0$, 即 $w_{\mathrm{e}}=0$ 处, 则有 $C_1=0$, $\varepsilon$ 的微扰不会使谐振频率有所改变; 而若微扰 $\Delta\mu\neq0$ 发生在 $\boldsymbol{H}=0$, 即 $w_{\mathrm{m}}=0$ 处, 则有 $C_2=0$, $\mu$ 的微扰不会使谐振频率有所改变. 因此, 测介电常数时, 待测介质样品应置于电场最大、磁场为零的位置; 而测磁导率时, 待测介质样品则应置于磁场最大、电场为零的地方.

(3.11.53) 式是对 $\Delta\varepsilon$、$\Delta\mu$ 及其存在的区域大小没有作任何近似的一般公式; (3.11.54) 和 (3.11.55) 式要求 $\Delta\varepsilon\to0$、$\Delta\mu\to0$, 即 $\varepsilon$、$\mu$ 改变很小是微扰; (3.11.57) 和 (3.11.58) 式则要求 $\Delta\varepsilon\to0$、$\Delta\mu\to0$ 和 $\Delta V\to0$, 即 $\varepsilon$、$\mu$ 改变很小是微扰, 且 $\varepsilon$、$\mu$ 改变的区域很小.

显然, 最常遇到的情形是微扰介质样品可以做得很小, 即 $\Delta V\to0$, 但 $\Delta\varepsilon$、$\Delta\mu$ 却可能较大, 此时, 由 (3.11.53) 式可得频偏计算公式为

$$\frac{\omega-\omega_0}{\omega}\approx-\frac{\displaystyle\iiint_{\Delta V}(\Delta\varepsilon\boldsymbol{E}\cdot\boldsymbol{E}_0^*+\Delta\mu\boldsymbol{H}\cdot\boldsymbol{H}_0*)\mathrm{d}v}{\displaystyle\iiint_V(\varepsilon\boldsymbol{E}\cdot\boldsymbol{E}_0^*+\mu\boldsymbol{H}\cdot\boldsymbol{H}_0^*)\mathrm{d}v} \tag{3.11.60}$$

考虑到微扰介质 $\Delta V/V \ll 1$, 因而在 (3.11.60) 是分母中的 $\boldsymbol{E}$、$\boldsymbol{H}$ 仍可用 $\boldsymbol{E}_0$、$\boldsymbol{H}_0$ 代替；以及由于在尺寸比波长小的区域内, Helmholtz 方程可近似地用 Laplace 方程代替, 因此, 作为修正, 我们可将 (3.11.60) 式分子中的 $\boldsymbol{E}$、$\boldsymbol{H}$ 用准静态场 $\boldsymbol{E}_i$、$\boldsymbol{H}_i$ 代替, 即将处于腔中的介质体边值问题作为静电场的边值问题处理. 于是, (3.11.60) 式可进一步近似地表示为

$$\frac{\omega-\omega_0}{\omega}\approx-\frac{\iiint_{\Delta V}(\Delta\varepsilon\boldsymbol{E}_i\cdot\boldsymbol{E}_0^*+\Delta\mu\boldsymbol{H}_i\cdot\boldsymbol{H}_0^*)\mathrm{d}v}{\iiint_V(\varepsilon\boldsymbol{E}\cdot\boldsymbol{E}_0^*+\mu\boldsymbol{H}\cdot\boldsymbol{H}_0^*)\mathrm{d}v} \tag{3.11.61}$$

特别地, 如果介质微扰 $\Delta V$ 位于电场最大、磁场为零地方, 则上式可简化为

$$\begin{aligned}\frac{\omega-\omega_0}{\omega}&\approx-\frac{\iiint_{\Delta V}\Delta\varepsilon\boldsymbol{E}_i\cdot\boldsymbol{E}_0^*\mathrm{d}v}{\iiint_V(\varepsilon\boldsymbol{E}\cdot\boldsymbol{E}_0^*+\mu\boldsymbol{H}\cdot\boldsymbol{H}_0^*)\mathrm{d}v}\approx-\frac{1}{4U_\Sigma}\Delta\varepsilon\boldsymbol{E}_i\cdot\boldsymbol{E}_0^*\Delta V\\&=-\frac{1}{4\overline{U}_L}\Delta\varepsilon\boldsymbol{E}_i\cdot\boldsymbol{E}_0^*\frac{\Delta V}{V}\end{aligned} \tag{3.11.62}$$

图 3.11.3 给出了位于腔中电场最大、磁场为零处的几种典型的小介质体的形状.

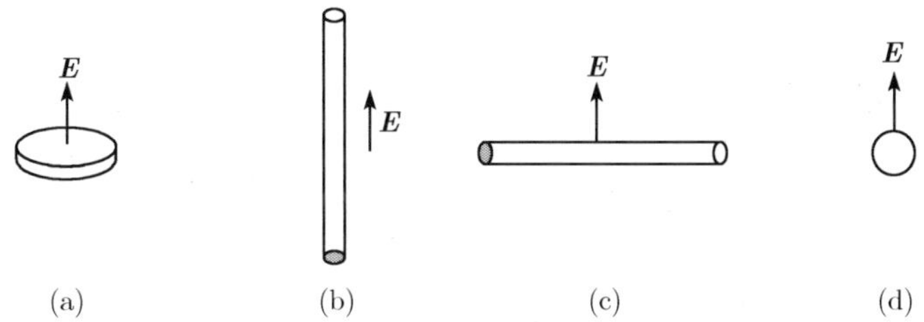


图 3.11.3 谐振腔中微扰介质体的典型形状

图 3.11.3 中 (a) 和 (b) 的静电场解 $\boldsymbol{E}_i$ 可直接分别应用在介质分界面上电位移的法向分量和电场的切向分量连续的边界条件求得 (这种近似适用于薄板、柱体截面具有任意的形状)；而 (c) 和 (d) 的 $\boldsymbol{E}_i$ 则可由求解在静电场 $\boldsymbol{E}$ 中的介质圆柱和介质球的边值问题所给出的介质体内场的解给出, 这里 $\boldsymbol{E}$ 可近似地认为等于未受扰谐振腔中的电场 $\boldsymbol{E}_0$.

假定谐振腔中的填充媒质为空气, 其参数为 $\varepsilon_0$、$\mu_0$, 微扰介质体的媒质参数为 $\varepsilon$、$\mu$. 图 3.11.3 中这几种情形的内场 $\boldsymbol{E}_i$ 结果分别是

(a) $$E_i=\frac{\varepsilon_0}{\varepsilon}E\approx\frac{\varepsilon_0}{\varepsilon}E_0 \tag{3.11.63}$$

(b) $$E_i=E\approx E_0 \tag{3.11.64}$$

$$(c)\quad E_i = \frac{2\varepsilon_0}{\varepsilon+\varepsilon_0}E \approx \frac{2\varepsilon_0}{\varepsilon+\varepsilon_0}E_0 \quad (参见附录 E) \tag{3.11.65}$$

$$(d)\quad E_i = \frac{3\varepsilon_0}{\varepsilon+2\varepsilon_0}E \approx \frac{3\varepsilon_0}{\varepsilon+2\varepsilon_0}E_0 \quad (参见附录 F) \tag{3.11.66}$$

**例 4** 设有一宽 × 高 × 长 $x = a \times b \times l$ 充空气的矩形谐振腔, 工作于 $TE_{101}$ 主模. 今在腔底壁置一厚度为 $d$、介电常数为 $\varepsilon$ 的介质薄板, 试求由于介质板微扰所产生的谐振频率偏移.

**解** 由 (3.7.19) 可知, 矩形谐振腔 $TE_{101}$ 主模的总电磁储能 $U_\Sigma(=U_e=U_m)$ 为

$$U_\Sigma = \frac{\varepsilon_0}{8}|\boldsymbol{F}_0|^2 abl \quad (\varepsilon \to \varepsilon_0)$$

应用 (3.11.63) 式, 注意到腔中场沿 $x$ 和 $z$ 方向均为正弦分布, 故

$$\Delta\varepsilon \boldsymbol{E}_i \cdot \boldsymbol{E}_0^* \Delta V \to (\varepsilon-\varepsilon_0)\frac{\varepsilon_0}{\varepsilon}\frac{|\boldsymbol{E}_0|^2}{4}a\mathrm{d}l$$

将 $U_\Sigma$ 和上式代入 (3.11.62) 式, 便得到谐振频率的相对偏移:

$$\frac{\omega-\omega_0}{\omega} \approx -\frac{(\varepsilon_r-1)}{2\varepsilon_r}\frac{d}{b} \tag{3.11.67}$$

式中, $d$ 是介质板的厚度; $b$ 是矩形谐振腔的高度; $\varepsilon_r=\varepsilon/\varepsilon_0$ 为相对介电常数.

**例 5** 设有一半径 $\rho=a$、高度 $z=l(l<2a)$ 充空气的圆柱谐振腔, 工作于 $TM_{010}$ 模. 今在此圆柱腔的轴线上置一半径为 $r_0$、介电常数为 $\varepsilon$ 的小介质球, 试求由于介质球微扰所产生的谐振频率偏移.

**解** 由 (3.8.20) 可知, 圆柱谐振腔 $TM_{010}$ 模的总电磁储能 $U_\Sigma(=U_e=U_m)$ 为

$$U_\Sigma = \frac{\varepsilon_0}{2}E_0^2 J_1^2(x_{01})V \quad (\varepsilon \to \varepsilon_0)$$

而由 (3.11.66) 式可得

$$\Delta\varepsilon \boldsymbol{E}_i \cdot \boldsymbol{E}_0^* \Delta V = (\varepsilon-\varepsilon_0)\frac{3}{\varepsilon_r+2}\boldsymbol{E}_0 \cdot \boldsymbol{E}_0^* \Delta V = \frac{3(\varepsilon-\varepsilon_0)}{\varepsilon_r+2}|\boldsymbol{E}_0|^2\Delta V$$

将 $U_\Sigma$ 和上式代入 (3.9.66) 式, 便得到谐振频率的相对偏移:

$$\frac{\omega-\omega_0}{\omega} \approx -\frac{3}{2}\left(\frac{\varepsilon_r-1}{\varepsilon_r+2}\right)\frac{1}{J_1^2(x_{01})}\frac{\Delta V}{V} \tag{3.11.68}$$

式中, $\Delta V = \dfrac{4}{3}\pi r_0^3$ 为介质球的体积; $V=\pi a^2 l$ 是圆柱腔的体积;

$$J_1(x_{01}) = 0.5191474\cdots, J_1(x_{01}) = 0.5191474\cdots.$$

# 第 4 章　电磁波的辐射和散射

在第 2 章我们研究了平面波在无界空间中的传播, 以及波在无限大平面媒质界面上的反射和折射; 第 3 章研究了电磁波在规则金属波导和和光纤波导中的传播, 但均未涉及场源的电磁波辐射问题. 当平面波入射到非无限大的平面、或其它非平面的规则媒质界面 (如柱面、球面、椭球面等)、或其它非规则媒质界面上时, 此时, 将不再像平面媒质界面那样仅存在有反射波和折射波, 而出现了波的散射或漫射现象, 即在整个空间各个方向均可能有波存在. 本章将首先讨论场源的电磁波辐射, 即天线的辐射问题 [8、14~16]; 然后再讨论平面波入射到非无限大的导电的条形和矩形平板的散射[3].

在本章的附录中给出了一些公式的推导, 包括 Huygens-Fresnel 原理数学表达式等. 鉴于圆柱与球散射的重要性且所占篇幅较大, 它们将分别在第 5 和第 6 章中叙述.

## 4.1　电磁波辐射引言

熟知, 电荷可产生电场, 电流可产生磁场; 时变的电荷可产生时变电场, 时变的电流可产生时变磁场; 此外, 由 Maxwell 场方程的两个旋度方程可知, 时变的电场亦可产生时变磁场, 而时变的磁场亦可产生时变电场; 因而, 时变电场与时变磁场可相互激发而形成电磁波向远处传播, 即电磁波辐射. 因此, 时变电荷和时变电流就是辐射场的场源; 作时谐变化的电流源和电荷源并不是独立的, 它们之间满足连续性方程. 对于凡含有场源并可辐射电磁波的装置或系统则称为天线. 对于不同的工作波段和用途, 天线可以仅是一个有源辐射器, 如振子天线、喇叭管天线; 也可以是复合型天线, 例如, 带反射振子的振子天线、振子天线阵、抛物面天线 (馈源辐射器＋抛物面反射器)、透镜天线 (馈源辐射器＋透镜)、Cassegrain(卡塞格林) 天线, 以及抛物面天线阵等.

确定天线的辐射场是天线理论的主要任务. 一般来讲, 求解天线辐射问题是根据特定的边界条件来求 Maxwell 场方程组的解, 即解电磁场边值问题. 但是, 根据麦氏场方程求解实际天线的辐射场, 通常由于数学上的困难, 只有在极其简单的情况下, 例如, 反射器的形状为一平面、柱形或球形, 并且原馈源为点源或线源时, 始可求得严格的解析解. 对于一般情形, 求解天线的辐射场则需要采用近似方法和 (或) 数值方法.

常见的天线系统有两种情形, 如图 4.1.1 所示. 在图 4.1.1(a) 中, 场源位于曲面 $S$(虚线) 所示有限封闭区域 $S$ 内. 对此类天线系统, 场源的电流分布可应用线天线理论或电磁场理论近似求得, 并根据已知电流分布可求得天线在无界空间中的远区辐射场. 例如, 长波与中波波段振子天线, 由于此时导体直径远小于工作波长, 可认为是细线天线. 此时可假定线上的电流分布近似地与开路传输线上的电流分布相同, 若工作波长变短, 天线不能视作细天线, 线天线理论将不再适用. 在图 4.1.1(b) 中, 场源位于所示由曲面 $S_0$ 与 $A$(为分析方便, 通常选择 $A$ 为平面) 所形成的有限封闭区域内, 在此区域内的场称为内场, 而之外的场称为外场; 并假定可忽略区域内场与外场之间的耦合, 即不考虑内场与外场由边界条件建立起的固有联系; 并认为口径上的场不为零、口径外的场为零、天线的辐射场是从平面 $A$(称为天线的口径) 发出的. 口径 (面) 型天线是超短波和微波波段最常见的一类天线, 例如, 喇叭管天线、透镜天线、抛物面天线等; 通过口径场求其辐射场是常用的一种近似方法.

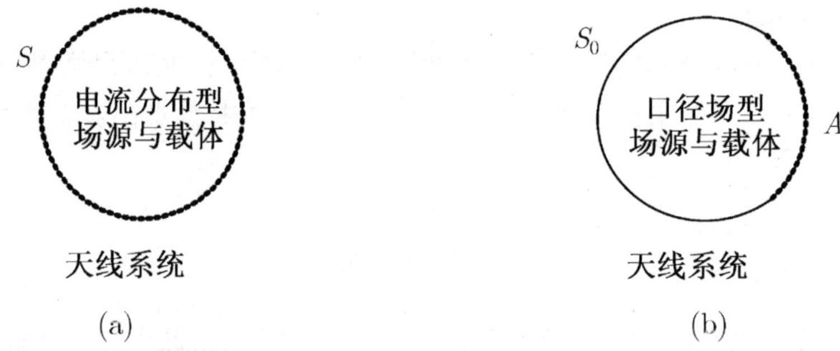


图 4.1.1　两类天线系统

口径天线的口径场分布可独立地通过应用电磁场理论或几何光学与能量守恒原理等其它方法由求得的内场近似解得到. 例如, 喇叭管天线的口径场可近似地认为等于喇叭管为无限长时该口径处的场; 且在口径外, 近似地认为场为零. 求得口径上的场分布后, 便应用波动光学中 Huygens-Fresnel 原理的数学表达式 Kirchhoff 公式计算天线的辐射场 (外场). 因此, 这种计算天线辐射场的方法又称为口径场方法.

以下将分析和讨论线天线和面天线. 首先推导求解线天线辐射场所需的推迟矢量势 $\boldsymbol{A}$ 的表示式, 即达朗贝尔方程的解; 继而将矢量势法应用于求解电偶极子和磁偶极子天线, 以及振子天线, 并给出标志天线特性的一些参数的定义和它们的参数值. 此外, 还分析了由多个天线组成的天线阵, 以增强天线方向性. 矢量势法求解线天线的基本公式为

$$\boldsymbol{A}(\boldsymbol{r},t)=\frac{\mu}{4\pi}\iiint_{V'}\frac{\boldsymbol{J}(\boldsymbol{r}')\mathrm{e}^{\mathrm{j}(\omega t-kR')}}{R}\mathrm{d}v' \tag{4.1.1}$$

式中, $R=|\boldsymbol{r}-\boldsymbol{r}'|$; $\boldsymbol{J}(\boldsymbol{r})$ 为源电流密度. 已知矢量势 $\boldsymbol{A}$, 磁场 $\boldsymbol{H}$ 和电场 $\boldsymbol{E}$ 分别为

$$\boldsymbol{H}=\frac{1}{\mu}\nabla\times\boldsymbol{A} \tag{4.1.2}$$

$$\boldsymbol{E}=\frac{1}{\mathrm{j}\omega\varepsilon\mu}\nabla(\nabla\cdot\boldsymbol{A})-\mathrm{j}\omega\boldsymbol{A} \quad 或 \quad \boldsymbol{E}=\frac{1}{\mathrm{j}\omega\varepsilon}\nabla\times\boldsymbol{H} \tag{4.1.3}$$

继而, 我们通过直接对含源的 Maxwell 场方程组进行积分, 来研究一般天线系统电磁波辐射的最一般情形; 导出了含源电磁场方程组的体积分与面积分之和的积分形式解. 作为仅含面积分的特殊情形, 给出了标量形式的 Kirchhoff 公式 (见 (4.9.22) 式):

$$u_p(\boldsymbol{r})\approx\frac{\mathrm{j}k}{4\pi}\frac{\mathrm{e}^{-\mathrm{j}kr}}{r}\iint_A u\mathrm{e}^{\mathrm{j}k\boldsymbol{r}'\cdot\hat{\boldsymbol{a}}_r}\left(\hat{\boldsymbol{n}}\cdot\hat{\boldsymbol{s}}+\cos\theta\right)\mathrm{d}S \tag{4.1.4}$$

通常, 口径型天线其口径场具有线性极化或近似线性极化, 因而, (4.1.4) 式可用来计算已知口径上为线性极化场分布时口径天线的辐射场. 我们将对天线口径形状为矩形和圆形、其口径场相位具有均匀分布、而振幅分别具有均匀分布与渐减分布时的天线的方向图型和天线参数进行分析, 同时对口径上存在有相差对方向图的影响进行了讨论. 分析所得结果对口径型天线的设计具有一定的指导意义.

作为 Maxwell 场方程积分形式解仅含体积分的特殊情形, 亦可得出 (4.1.1) 式. 为方便读者了解推迟矢量势 $\boldsymbol{A}$ 法的导出, 以下仍对矢量势 $\boldsymbol{A}$ 法给出较祥细的分析和推导.

顺便指出：在光学中, “衍射” 一般是指所观察到光在明显非均匀介质中偏离几何光学的有关现象. 例如, 当光线通过与波长同量级的小孔时就会产生光的衍射, 这种现象可由连续分布的相干光源所激起的波的叠加解释; 而本章所讨论的口径场辐射正是口径和波长同时放大了的 “小孔” 辐射. 因此, 电磁波的口径辐射亦常称为电磁波衍射. 事实上, 光波亦是一种电磁波, 电磁波与光波均遵从电磁理论. 因而, 它们的传播现象有很多相通地方, 术语可相互借鉴. 例如, 光学中波的干涉就是指两个或多个分立相干光源的波的叠加, 而天线阵问题就与之相当; 又如光和电磁波均可绕过障碍物到达几何阴影区, 它们亦是一种光和电磁波的衍射或绕射现象. 电磁波的反射、折射、辐射、绕射和散射等术语均反映了几何光学中的 “射线” 概念在电磁波传播问题中的应用.

## 4.2 D'Alembert (达朗贝尔) 方程的解 —— 推迟势[8]

(1.9.26) 和 (1.9.27) 式给出了矢量势 $\boldsymbol{A}$ 与标量势 $\phi$(省去上标) 满足的达朗贝尔方程:

$$\nabla^2\boldsymbol{A}-\varepsilon\mu\frac{\partial^2\boldsymbol{A}}{\partial t^2}=-\mu\boldsymbol{J} \tag{4.2.1}$$

和

$$\nabla^2\phi-\varepsilon\mu\frac{\partial^2\phi}{\partial t^2}=-\frac{1}{\varepsilon}\rho \tag{4.2.2}$$

其中, $\boldsymbol{J}$ 和 $\rho$ 分别为电流密度和电荷密度, 它们是场源.

一旦解得给定问题边界条件的矢量势 $\boldsymbol{A}$, 则按矢量势法, 我们可求得所需磁场 $\boldsymbol{H}$ 为

$$\boldsymbol{H}=\frac{1}{\mu}(\nabla\times\boldsymbol{A}) \tag{4.2.3}$$

而相应的电场 $\boldsymbol{E}$ 可求得为

$$\boldsymbol{E}=-\nabla\phi-\mathrm{j}\omega\boldsymbol{A}=\frac{1}{\mathrm{j}\omega\varepsilon\mu}\nabla(\nabla\cdot\boldsymbol{A})-\mathrm{j}\omega\boldsymbol{A} \tag{4.2.4}$$

或

$$\boldsymbol{E}=\frac{1}{\mathrm{j}\omega\varepsilon}(\nabla\times\boldsymbol{H}) \tag{4.2.5}$$

设媒质是线性、均匀和各向同性的, 此时, $\varepsilon$ 和 $\mu$ 均为常量, 达朗贝尔方程是线性微分方程, 势函数具有叠加性. 因此, 我们可将分布在有限空间 $V$ 的场源分解成无穷多个点源; 解得存在点源情形的达朗贝尔方程后, 则具有任意分布的场源的解便将是各点源单独作用时的解的叠加.

### 4.2.1 场源为点电荷 $q(t)$ 的达朗贝尔方程解

设在坐标原点处有一时变点电荷 $q(t)$, 其电荷密度为 $\rho$ 可表为 $\rho=q(t)\delta(r)$, 故由 (4.2.2) 式可知, 标量势 $\phi$ 满足方程:

$$\nabla^2\phi-\frac{1}{v^2}\frac{\partial^2\phi}{\partial t^2}=-\frac{1}{\varepsilon}q(t)\delta(r) \tag{4.2.6}$$

式中, $v=1\big/\sqrt{\varepsilon\mu}$; $\delta(r)$ 为 Dirac $\delta$ 函数, 简称 $\delta$ 函数 (参见第 1 章附录 A).

由于点电荷问题的球对称性, 标量势 $\phi$ 将仅与径向坐标 $r$ 有关. 采用球坐标系 $(r,\theta,\varphi)$, 此时, 算子 $\nabla^2=\dfrac{1}{r^2}\dfrac{\partial}{\partial r}\left(r^2\dfrac{\partial}{\partial r}\right)$, (4.2.6) 式可写成

$$\frac{1}{r^2}\frac{\partial}{\partial r}\left(r^2\frac{\partial\phi}{\partial r}\right)-\frac{1}{v^2}\frac{\partial^2\phi}{\partial t^2}=-\frac{1}{\varepsilon}q(t)\delta(r) \tag{4.2.7}$$

对于 $r\neq 0,\delta(r)=0$(即无源区) 情形, 此时, (4.2.7) 式退化为齐次波动方程:

$$\frac{1}{r^2}\frac{\partial}{\partial r}\left(r^2\frac{\partial\phi}{\partial r}\right)-\frac{1}{v^2}\frac{\partial^2\phi}{\partial t^2}=0 \tag{4.2.8}$$

因

$$\frac{1}{r^2}\frac{\partial}{\partial r}\left(r^2\frac{\partial\phi}{\partial r}\right)=\frac{1}{r}\left(r\frac{\partial^2\phi}{\partial r^2}+2\frac{\partial\phi}{\partial r}\right)=\frac{1}{r}\frac{\partial^2(r\phi)}{\partial r^2}$$

故 (4.2.8) 式又可写成

$$\frac{\partial^2 (r\phi)}{\partial r^2} - \frac{1}{v^2}\frac{\partial^2 (r\phi)}{\partial t^2} = 0 \tag{4.2.9}$$

式 (4.2.9) 式是关于 $r\phi$ 标准形式的一维波动方程, 易知其解为

$$r\phi(r,t) = c_1 F_1(r - vt) + c_2 F_2(r + vt) \tag{4.2.10}$$

或

$$\phi(r,t) = c_1 \frac{F_1(r - vt)}{r} + c_2 \frac{F_2(r + vt)}{r} \tag{4.2.11}$$

式中, $c_1$ 和 $c_2$ 为积分常数; 特解 $F_1(r - vt)$ 是沿径向 $+r$ 方向、以速度 $v$ 向空间传播的球面波; 而特解 $F_2(r + vt)$ 是沿径向 $-r$ 方向、以速度 $v$ 向原点传播会聚的球面波. (4.2.11) 式实际上就是在无界 $\varepsilon, \mu$ 空间中波动方程可能存在的球面波解.

当场源为时变点电荷 $q(t)$ 时, 将在空间中激发电磁场, 并以球面波的形式进行传播, 这就是电磁波的辐射. 对于辐射问题, 我们只需考虑沿向 $+r$ 方向行进的球面波. 并将 $F_1(r - vt)$ 的宗量改为 $(t - r/v)$, 则我们便有

$$\phi(r,t) = \frac{f_1(t - r/v)}{r} \tag{4.2.12}$$

式中, $f_1(t - r/v)$ 亦是 $r$ 和 $t$ 的函数, 其具体形式由场源的激发决定. 例如, 对于频率为 $\omega$ 的时谐场, $f_1(t - r/v) = \mathrm{e}^{\mathrm{j}\omega(t - r/v)}$; 熟知, 对于静电场, 点电荷 $q$ 所产生的静电势 $\phi$ 满足 Poisson(泊松) 方程:

$$\nabla^2 \phi = -\frac{1}{\varepsilon}\rho \tag{4.2.13}$$

式中, $\rho = q\delta(r)$. 而其解为 $\phi = \dfrac{q}{4\pi\varepsilon r}$. 将此解推广到时变点电荷 $q(t)$ 情形, 我们可将 $r \neq 0$ 情形波动方程 (4.2.6) 的解表为

$$\phi(r,t) = \frac{q(t - r/v)}{4\pi\varepsilon r} \tag{4.2.14}$$

事实上, 因 (4.2.14) 就是 (4.2.11) 式的一个具体形式, 显然满足波动方程 (4.2.6).

对于 $r = 0, \rho = \dfrac{1}{\varepsilon} q(t)\delta(r) \neq 0$(即有源区) 情形

推想当 $r = 0$ 时波动方程 (4.2.6) 的解仍可由 (4.2.14) 式表示, 这将不难得到证明. 事实上, 由于 $r = 0$ 是方程 (4.2.6) 的奇点. 因而我们需考察方程在此点的奇异性质, 现以 $r = 0$ 原点为心作半径等于 $r_0$ 的小球 $v_0'$, 而将解 (4.2.14) 代入方程 (4.2.6) 对小球积分, 再令 $r_0 \to 0$, 即

$$\lim_{r_0 \to 0} \iiint_{v_0'} \left(\nabla^2 - \frac{1}{v^2}\frac{\partial^2}{\partial t^2}\right) \frac{q(t - r/v)}{4\pi\varepsilon_{\mathrm{r}}} \mathrm{d}v' = -\iiint_{v_0'} \frac{1}{\varepsilon} q(t)\delta(r)\mathrm{d}v' \tag{4.2.15}$$

因 $\iiint_{v_0'}[\cdots]\,\mathrm{d}v'=\int_0^{r_0}[\cdots]\,4\pi r^2\mathrm{d}r$, $r_0\to 0$, 有 $q(t-r/v)\to q(t)$, 故上式左边第二个积分等于零; 再注意到

$$\lim_{r_0\to 0}\iiint_{v_0'}\nabla^2\left(\frac{1}{r}\right)\mathrm{d}v'=\iiint_{v_0'}\nabla\cdot\nabla\left(\frac{1}{r}\right)\mathrm{d}v'=\oiint_{S_0'}\nabla\left(\frac{1}{r}\right)\cdot\mathrm{d}\boldsymbol{S}_0'$$
$$=-\oiint_{S_0'}\frac{\mathrm{d}S_{0'}}{r^2}\cdot\hat{\boldsymbol{a}}_r=-\oiint_{S_0'}\mathrm{d}\Omega=-4\pi$$

式中, $\hat{\boldsymbol{a}}_r$ 为 $+r$ 方向的单位矢量; $\mathrm{d}\Omega$ 为小球面上 $\mathrm{d}S_0'$ 面积元对原点所张的立体角. 故 (4.1.15) 式左边积分就等于

$$\lim_{r_0\to 0}\frac{q(t)}{4\pi\varepsilon}\iiint_{v_0'}\nabla^2\left(\frac{1}{r}\right)\mathrm{d}v'=\frac{q(t)}{4\pi\varepsilon}(-4\pi)=-\frac{1}{\varepsilon}q(t)$$

又应用 $\delta$ 函数的积分性质可知, (4.2.15) 式右边小球积分后亦等于 $-\dfrac{1}{\varepsilon}q(t)$. 即表明对于 $r=0$ 情形, 亦有

$$\left(\nabla^2-\frac{1}{v^2}\frac{\partial^2}{\partial t^2}\right)\frac{q(t)}{4\pi\varepsilon_\mathrm{r}}=-\frac{1}{\varepsilon}q(t)\delta(r)\tag{4.2.16}$$

这样, 就证明了 (4.2.14) 式是场源为点电荷 $q(t)$ 的达朗贝尔方程 (4.2.6) 的解.

### 4.2.2　场源为电荷密度分布 $\rho(\boldsymbol{r}',t)$ 时的达朗贝尔方程解

设在某限区域 $V'$ 内有连续的时变电荷密度分布, 源点 $P(\boldsymbol{r}')$ 处的电荷元为 $\rho\mathrm{d}v'$, $\boldsymbol{r}'$ 是其位置坐标, 场点为 $P(\boldsymbol{r})$,$\boldsymbol{r}$ 是它的位置坐标; $R=|\boldsymbol{r}-\boldsymbol{r}'|$ 是源点 $P(\boldsymbol{r}')$ 到场点为 $P(\boldsymbol{r})$ 的距离, 按 (4.2.14) 式, $\rho\mathrm{d}v'$ 电荷源在 $P(\boldsymbol{r})$ 处所激发的标量势为

$$\mathrm{d}\phi=\frac{\rho(\boldsymbol{r}',t-R/v)}{4\pi\varepsilon R}\mathrm{d}v'\tag{4.2.17}$$

根据场的叠加原理, 我们可得 $V'$ 内所有电荷在场点激发的总标量势为

$$\phi(r,t)=\frac{1}{4\pi\varepsilon}\iiint_{V'}\frac{\rho(\boldsymbol{r}',t-R/v)}{R}\mathrm{d}v'\tag{4.2.18}$$

从 (4.2.18) 式可见, 在 $t$ 时刻, 空间任意一点 $r$ 处的 $\phi(r,t)$ 并不决定于 $t$ 时刻的场源, 而是决定于此刻之前 $(t-R/v)$ 时刻的场源分布, 相差 $R/v$ 秒, 等于源的扰动以速度 $v=1/\sqrt{\varepsilon\mu}\,(\mathrm{m/s})$ 传播距离 $R$ 到达场点 $P$ 所需要的时间, 即场点的势相对源的扰动是滞后的, 因此, $\phi(r,t)$ 常称为推迟势.

对于时间因子为 $\mathrm{e}^{\mathrm{j}\omega t}$ 的时谐场, 波源在空间中所激发的推迟势也是具有相同振荡频率的时谐函数; 此时, $\rho(\boldsymbol{r}',t-R/v)$ 的具体形式可表为 $\rho(\boldsymbol{r}')\mathrm{e}^{\mathrm{j}\omega(t-R/v)}$. 推迟

势中的时间上的滞后则表现为相位的滞后, 因 $\omega R/v = 2\pi R/\lambda = kR$, 故对于时谐场, (4.2.18) 式可写成

$$\phi(\boldsymbol{r},t) = \frac{1}{4\pi\varepsilon}\iiint_{V'} \frac{\rho(\boldsymbol{r}')\mathrm{e}^{\mathrm{j}(\omega t - kR)}}{R}\mathrm{d}v' \qquad (R = |\boldsymbol{r} - \boldsymbol{r}'|) \tag{4.2.19}$$

### 4.2.3 场源为电流密度分布 $\boldsymbol{J}(\boldsymbol{r}',t)$ 时的达朗贝尔方程解

当某限区域 $V'$ 内存在有连续的时变电流密度分布 $\boldsymbol{J}(\boldsymbol{r}',t)$ 时, 在场点 $P(r)$ 处所产生的矢量势 $\boldsymbol{A}(\boldsymbol{r},t)$ 可通过求解达朗贝尔方程 (4.2.1) 得到. 由于 $\boldsymbol{A}(\boldsymbol{r},t)$ 的直角坐标分量与标量势 $\phi(\boldsymbol{r},t)$ 满足的方程形式上完全相同, 因而, 由 $\phi \to \boldsymbol{A}, \rho(\boldsymbol{r}') \to \boldsymbol{J}(\boldsymbol{r}')$ 和 $1/\varepsilon \to \mu$, 可得 $\boldsymbol{J}(\boldsymbol{r}',t)$ 在空间中所激发的推迟矢量势为:

$$\boldsymbol{A}(\boldsymbol{r},t) = \frac{\mu}{4\pi}\iiint_{V'} \frac{\boldsymbol{J}(\boldsymbol{r}', t - R/v)}{R}\mathrm{d}v' \tag{4.2.20}$$

对于时谐场, 则可化为

$$\boldsymbol{A}(\boldsymbol{r},t) = \frac{\mu}{4\pi}\iiint_{V'} \frac{\boldsymbol{J}(\boldsymbol{r}')\mathrm{e}^{\mathrm{j}(\omega t - kR)}}{R}\mathrm{d}v' \qquad (R = |\boldsymbol{r} - \boldsymbol{r}'|) \tag{4.2.21}$$

推迟势是 Maxwell 场方程在自由空间中的一具体的解. 它表明任何时变电荷或电流分布将在空间中激发电磁场, 并以有限速度 $v = 1/\sqrt{\varepsilon\mu}$(当 $\varepsilon = \varepsilon_0, \mu = \mu_0$ 时, $v =$ 光速)、以波的形式在空间传播. 推迟势在求解线天线的辐射问题中, 具有重要应用.

注: 以上我们仅讨论了 (4.2.11) 式中的第一个解 $F_1(r - vt)/r$; 对于数学上给出的第二个解 $F_2(r + vt)/r$, 因它是超前势解, 不符合因果律而没有实际意义, 故未予考虑.

## 4.3 线电流元 (电偶极子) 的辐射

设有一沿 $z$ 轴放置、长度为 $\Delta l \ll \lambda$ 的线电流元, 如图 4.3.1 所示.

假定沿它的全长电流分布是均匀的, 且电流 $I$ 随时间作简谐变化; 瞬时电流 $\boldsymbol{I}(t)$ 的方向沿 $+z$ 轴方向, 可表为

$$I(t) = I_{\mathrm{m}}\mathrm{e}^{\mathrm{j}\omega t} \tag{4.3.1}$$

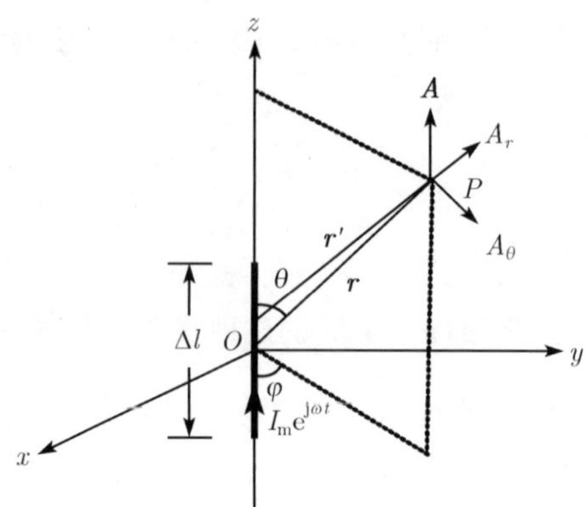


图 4.3.1　线电流元 (电偶极子) 的辐射

线电流元亦称电偶极子或基本振子, 它是在其周围空间产生交变电场和磁场、并以球面波的形式向远处辐射电磁波的场源.

以下应用矢量势法来求此电流元在空间中所产生的电磁场.

由 (4.2.21) 式, 电流密度分布 $\boldsymbol{J}(\boldsymbol{r}')\mathrm{e}^{\mathrm{j}\omega t}$ 在空间 $P(\boldsymbol{r})$ 点产生的矢量推迟势 $\boldsymbol{A}(\boldsymbol{r},t)$ 可表为

$$\boldsymbol{A}(\boldsymbol{r},t) = \frac{\mu}{4\pi}\iiint_V \frac{\boldsymbol{J}(\boldsymbol{r}')\mathrm{e}^{\mathrm{j}(\omega t - k|\boldsymbol{r}-\boldsymbol{r}'|)}}{|\boldsymbol{r}-\boldsymbol{r}'|}\mathrm{d}v' \tag{4.3.2}$$

式中, $k=\omega\sqrt{\varepsilon\mu}$. 参见图 4.3.1, 对于 $\Delta l \ll \lambda$ 的细直线电流元, 有

$$\boldsymbol{r}' = z' << \boldsymbol{r},\text{而有}\ |\boldsymbol{r}-\boldsymbol{r}'| = |\boldsymbol{r}| = r;\ \boldsymbol{J}(\boldsymbol{r}')\mathrm{d}v' = I_\mathrm{m}(z')\mathrm{d}z'\hat{\boldsymbol{a}}_z;\ \boldsymbol{A}(\boldsymbol{r})\text{沿}z\text{方向}$$

于是, 省去时间因子 $\mathrm{e}^{\mathrm{j}\omega t}$, 由 (4.3.2) 式可得

$$A_z(\boldsymbol{r}) = \frac{\mu}{4\pi}\int_{-\frac{\Delta l}{2}}^{\frac{\Delta l}{2}} \frac{I_\mathrm{m}\mathrm{e}^{-\mathrm{j}kr}}{r}\mathrm{d}z' = \frac{\mu}{4\pi}\frac{I_\mathrm{m}\Delta l}{r}\mathrm{e}^{-\mathrm{j}kr} \tag{4.3.3}$$

在球面坐标系 $(r,\theta,\varphi)$ 中, $\boldsymbol{A}(\boldsymbol{r})$ 的三个分量分别为

$$\begin{aligned} A_r &= A_z\cos\theta = \frac{\mu}{4\pi}\frac{I_\mathrm{m}\Delta l}{r}\cos\theta\mathrm{e}^{-\mathrm{j}kr} \\ A_\theta &= -A_z\sin\theta = -\frac{\mu}{4\pi}\frac{I_\mathrm{m}\Delta l}{r}\sin\theta\mathrm{e}^{-\mathrm{j}kr} \\ A_\varphi &= 0 \end{aligned} \tag{4.3.4}$$

当求得矢量 $\boldsymbol{A}(\boldsymbol{r})$ 后, 则可由

$$\boldsymbol{H} = \frac{1}{\mu}\nabla\times\boldsymbol{A} = \frac{1}{\mu}\frac{1}{r^2\sin\theta}\begin{vmatrix} \hat{\boldsymbol{a}}_r & r\hat{\boldsymbol{a}}_\theta & r\sin\theta\hat{\boldsymbol{a}}_\varphi \\ \dfrac{\partial}{\partial r} & \dfrac{\partial}{\partial\theta} & \dfrac{\partial}{\partial\varphi} \\ A_r & rA_\theta & r\sin\theta A_\varphi \end{vmatrix} \tag{4.3.5}$$

求出电流元 $I_{\mathrm{m}}\Delta l$ 所产生的磁场 $\boldsymbol{H}$, 其相应的电场则可应用场方程导得

$$\boldsymbol{E}=\frac{1}{\mathrm{j}\omega\varepsilon}\nabla\times\boldsymbol{H}=\frac{1}{\mathrm{j}\omega\varepsilon}\frac{1}{r^2\sin\theta}\begin{vmatrix}\hat{\boldsymbol{a}}_r & r\hat{\boldsymbol{a}}_\theta & r\sin\theta\hat{\boldsymbol{a}}_\varphi\\ \dfrac{\partial}{\partial r} & \dfrac{\partial}{\partial\theta} & \dfrac{\partial}{\partial\varphi}\\ H_r & rH_\theta & r\sin\theta H_\varphi\end{vmatrix}\tag{4.3.6}$$

注意到, $A_\varphi=0$, $A_r$ 和 $A_\theta$ 与 $\varphi$ 无关, 故磁场 $\boldsymbol{H}$ 仅有 $\varphi$ 分量, 电场 $\boldsymbol{E}$ 的 $\varphi$ 分量为零, 而有

$$\begin{aligned}H_\varphi&=\frac{1}{\mu_r}\frac{\partial(rA_\theta)}{\partial r}\\&=\frac{I_{\mathrm{m}}\Delta l}{4\pi}k^2\sin\theta\left(\frac{\mathrm{j}}{kr}+\frac{1}{k^2r^2}\right)\mathrm{e}^{-\mathrm{j}kr}\end{aligned}\tag{4.3.7}$$

$$\begin{aligned}E_r&=\frac{1}{\mathrm{j}\omega\varepsilon r\sin\theta}\frac{\partial}{\partial\theta}(\sin\theta H_\varphi)\\&=\frac{2I_{\mathrm{m}}\Delta l}{4\pi\omega\varepsilon}k^3\cos\theta\left(\frac{1}{k^2r^2}-\frac{\mathrm{j}}{k^3r^3}\right)\mathrm{e}^{-\mathrm{j}kr}\end{aligned}\tag{4.3.8}$$

$$\begin{aligned}E_\theta&=-\frac{1}{\mathrm{j}\omega\varepsilon r}\frac{\partial(rH_\varphi)}{\partial r}\\&=\frac{I_{\mathrm{m}}\Delta l}{4\pi\omega\varepsilon}k^3\sin\theta\left(\frac{\mathrm{j}}{kr}+\frac{1}{k^2r^2}-\frac{\mathrm{j}}{k^3r^3}\right)\mathrm{e}^{-\mathrm{j}kr}\end{aligned}\tag{4.3.9}$$

$$H_r=H_\theta=E_\varphi=0$$

按场点 (观察点) 与电流元的距离 $r$ 相对于波长的大小, 有两个重要区域. 它们是: (1) $kr\ll 1$ 或 $r\ll\lambda$ 称为近区 (或感应区), 和 (2)$kr\gg 1$ 或 $r\gg\lambda$ 称为远区 (或辐射区). 此时, 我们可对它们的电磁场的表示式作适当近似. 对于 $r$ 与 $\lambda$ 可相比拟 (即 $kr\approx 1$) 区域则称为中间区. 对于近区和远区情形讨论如下:

### 4.3.1 近区场 ($kr\ll 1$, 或$r\ll\lambda$)

此时, $kr\gg k^2r^2\gg k^3r^3$, 由 (4.3.7)~(4.3.9) 式可得电偶极子的近区电磁场为

$$E_r\approx-\mathrm{j}\frac{I_{\mathrm{m}}\Delta l}{2\pi\omega\varepsilon r^3}\cos\theta\mathrm{e}^{-\mathrm{j}kr}\tag{4.3.10}$$

$$E_\theta\approx-\mathrm{j}\frac{I_{\mathrm{m}}\Delta l}{4\pi\omega\varepsilon r^3}\sin\theta\mathrm{e}^{-\mathrm{j}kr}\tag{4.3.11}$$

$$H_\varphi\approx\frac{I_{\mathrm{m}}\Delta l}{4\pi r^2}\sin\theta\mathrm{e}^{-\mathrm{j}kr}\tag{4.3.12}$$

$$E_\varphi=H_r=H_\theta=0\tag{4.3.13}$$

电流元中的电荷亦随时间作简谐变化, $q(t)=q_{\mathrm{m}}\mathrm{e}^{\mathrm{j}\omega t}$, 因 $I=\dfrac{\mathrm{d}q}{\mathrm{d}t}$, 而有

$$I=\mathrm{j}\omega q;\qquad I_{\mathrm{m}}=\mathrm{j}\omega q_{\mathrm{m}}\tag{4.3.14}$$

令 $p_{\mathrm{e}}=q_m\Delta l=-\dfrac{1}{\mathrm{j}\omega}I_m\Delta l$, 并因对于近区场, 有 $kr\ll 1$, $\mathrm{e}^{-\mathrm{j}kr}\approx 1$, 于是, 电流元的近区场 (4.3.10)~(4.3.12) 式可表为

$$E_r\approx\frac{p_{\mathrm{e}}}{2\pi\varepsilon r^3}\cos\theta \tag{4.3.15}$$

$$E_\theta\approx\frac{p_{\mathrm{e}}}{4\pi\varepsilon r^3}\sin\theta \tag{4.3.16}$$

$$H_\varphi\approx\frac{\mathrm{j}\omega p_{\mathrm{e}}}{4\pi r^2}\sin\theta=\mathrm{j}\frac{kr}{\eta}E_\theta\ll E_\theta \tag{4.3.17}$$

注意到 (4.3.15) 和 (4.3.16) 式与静电偶极子所产生的静电场表示式相同, 故时谐电流元有电偶极子之称, 而 $p_{\mathrm{e}}$ 称为电偶极矩; 而 (4.3.12) 式则与毕奥–萨伐尔定律 (Biot-Savart′s law) 关于稳恒电流元产生的静磁场表示式相同. 因时变电偶极子近区场具有静态场的特点, 故常称为似稳场或准静态场; 有时亦称为感应场. 此外, 从电场与磁场表示式可看到, 它们之间具有 90° 相差, 因而能量在电场与磁场之间相互交换, 是非辐射场, 其平均坡印亭矢量为零, 即

$$\begin{aligned}\boldsymbol{P}&=\frac{1}{2}\mathrm{Re}\left[\boldsymbol{E}\times\boldsymbol{H}^*\right]=\frac{1}{2}\mathrm{Re}\left[E_\theta H_\varphi^*\hat{\boldsymbol{a}}_r-E_rH_\varphi^*\hat{\boldsymbol{a}}_\theta\right]\\&=\frac{1}{2}\mathrm{Re}\left[\mathrm{j}\frac{\omega p_{\mathrm{e}}^2}{16\pi^2\varepsilon r^5}\left(-\hat{\boldsymbol{a}}_r\sin^2\theta+\hat{\boldsymbol{a}}_\theta\sin 2\theta\right)\right]=0\end{aligned} \tag{4.3.18}$$

### 4.3.2 远区场 ($kr\gg 1$, 或 $r\gg\lambda$; $k=2\pi/\lambda=\omega\sqrt{\varepsilon\mu}$)

此时, $k^3r^3\gg k^2r^2\gg kr$, 由 (4.3.7)~(4.3.9) 式可得电偶极子的远区电磁场为

$$E_\theta\approx\mathrm{j}\frac{k^2I_{\mathrm{m}}\Delta l}{4\pi\omega\varepsilon r}\sin\theta\mathrm{e}^{-\mathrm{j}kr}=-\frac{k}{\varepsilon}\frac{p_{\mathrm{e}}}{2\lambda}\sin\theta\frac{\mathrm{e}^{-\mathrm{j}kr}}{r} \tag{4.3.19}$$

$$H_\varphi\approx\mathrm{j}\frac{kI_{\mathrm{m}}\Delta l}{4\pi r}\sin\theta\mathrm{e}^{-\mathrm{j}kr}=-\omega\frac{p_{\mathrm{e}}}{2\lambda}\sin\theta\frac{\mathrm{e}^{-\mathrm{j}kr}}{r} \tag{4.3.20}$$

$$E_\varphi=H_r=H_\theta=0;\qquad E_r\approx 0 \tag{4.3.21}$$

式中, $I_{\mathrm{m}}\Delta l=\mathrm{j}\omega p_{\mathrm{e}}$, $p_{\mathrm{e}}=q\Delta l$ 为电偶极子 (电流元) 的电矩.

从 (4.3.10) 和 (4.3.20) 式可见, 线电流元的远区场是沿径向 $r$ 方向辐射的球面波, 因子 $\dfrac{\mathrm{e}^{-\mathrm{j}kr}}{r}$ 就是球面波的特征; 而 $\dfrac{E_\theta}{H_\varphi}=\dfrac{k}{\omega\varepsilon}=\sqrt{\dfrac{\mu}{\varepsilon}}=\eta,\eta$ 为无界 $\varepsilon,\mu$ 媒质自由空间的波阻抗. 对于空气, $\varepsilon=\varepsilon_0\approx\dfrac{1}{36\pi}\times 10^{-9}\mathrm{F/m}$; $\mu=\mu_0=4\pi\times 10^{-7}\mathrm{H/m}$; $\eta=\eta_0\approx 120\pi\Omega$.

令波因子 $\mathrm{e}^{\mathrm{j}(\omega t-kr)}$ 中的相角 $\psi=\omega t-kr=$ 常数, 则有 $\omega\mathrm{d}t-k\mathrm{d}r=0$, 故可得波的相速为

$$v_{\mathrm{p}}=\frac{\mathrm{d}r}{\mathrm{d}t}=\frac{\omega}{k}=\frac{1}{\sqrt{\varepsilon\mu}} \tag{4.3.22}$$

而波的群速为

$$v_{\mathrm{g}}=\frac{\mathrm{d}\omega}{\mathrm{d}k}=\frac{1}{\sqrt{\varepsilon\mu}}=v_{\mathrm{p}} \tag{4.3.23}$$

此值即波在 $\varepsilon,\mu$ 无界媒质中的传播速度. 对于空气, $v_{\mathrm{p}}\approx 3\times 10^{8}\mathrm{m/s}$, 等于光速 $v_c$.

由 (4.3.19) 和 (4.3.20) 式可见, 电场与磁场彼此同相, 均超前于电流 $I$ 相角 $(\pi/2-kr)$; 在空间上它们相互垂直; 计入时间因子 $\mathrm{e}^{\mathrm{j}\omega t}$ 后, 表明电偶极子的远区电磁场是一沿 $r$ 方向传播的球面波. 在 $r\gg\lambda$ 远区, 坡印亭矢量不为零, 其值为

$$\begin{aligned}\boldsymbol{P}&=\frac{1}{2}\mathrm{Re}\left[\boldsymbol{E}\times\boldsymbol{H}^{*}\right]=\frac{1}{2}\mathrm{Re}\left[E_{\theta}H_{\varphi}^{*}\right]\hat{\boldsymbol{a}}_r=\frac{\eta}{2}\left|H_{\varphi}\right|^{2}\hat{\boldsymbol{a}}_r\\&=\frac{\eta}{2}\left(\frac{I_m\Delta l}{2\lambda r}\right)^{2}\sin^{2}\theta\hat{\boldsymbol{a}}_r\end{aligned} \tag{4.3.24}$$

(4.3.24) 式说明有电磁能量以波的形式沿径向 $r$ 向外辐射, 且辐射功率随波长减小即频率增高而增加. 这说明高频时变线电流元 (时谐电偶极子 $p_{\mathrm{e}}\mathrm{e}^{\mathrm{j}\omega t}$) 可以辐射电磁波. 通常, 可辐射电磁波的装置称为 (发射) 天线, 故所述电偶极子亦称偶极子天线或电流元天线.

在天线技术中, 常会遇到一些标志天线特性的参数或术语, 例如, 辐射功率 $P_{rd}$, 辐射电阻 $R_{rd}$, 天线方向性图, 方向性图主瓣宽度, 方向性系数 $D$ 和增益等. 关于电偶极子天线的这些参数, 将在下 4.5 节中叙述一般天线参数的定义时作为例子给出.

## 4.4 小电流环 (磁偶极子) 的辐射

考虑有一位于 $x-y$ 平面的元电流环形回路, 即通有电流的很细小的圆环形导线. 圆环半径为 $a\ll\lambda$, 其圆心在坐标原点; 环电流 $I(t)$ 随时间作简谐变化, 如图 4.4.1 所示.

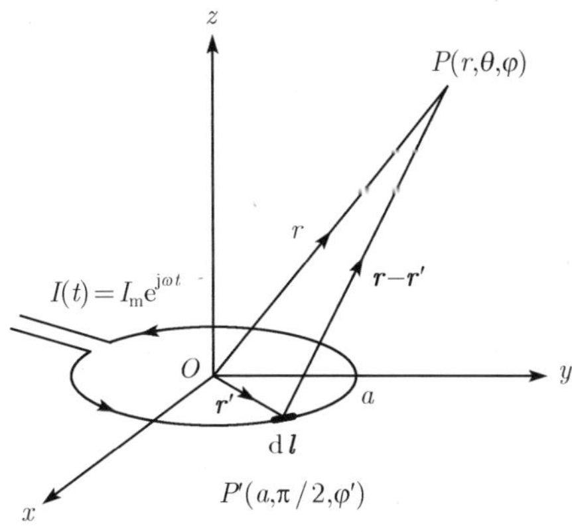


图 4.4.1 环形电流元 (磁偶极子) 的辐射

由于电流环细小, 可假定环内电流分布是均匀的, 瞬时电流 $\boldsymbol{I}(t)=I(t)\hat{\boldsymbol{a}}_\varphi$, 方向沿 $+\varphi$, 电流环中的电荷 $q(t)$ 作时谐变化, 可表为 $q(t)=q_\mathrm{m}\mathrm{e}^{\mathrm{j}\omega t}$, 与之相应的电流环中的电流为

$$I(t)=I_\mathrm{m}\mathrm{e}^{\mathrm{j}\omega t} \tag{4.4.1}$$

因 $I(t)=\dfrac{\mathrm{d}q}{\mathrm{d}t}$, (4.4.1) 式可表为

$$I(t)=\mathrm{j}\omega q_\mathrm{m}\mathrm{e}^{\mathrm{j}\omega t};\qquad I_\mathrm{m}=\mathrm{j}\omega q_\mathrm{m} \tag{4.4.2}$$

与线电流源一样, 作为场源, (4.4.1) 式环电流元亦将在其周围空间将产生交变电磁场, 并以球面波的形式向远处辐射.

环形电流元在其周围空间的辐射场与线电流元的辐射场具有对偶性. 线电流元有电偶极子之称, 因而环形电流元亦常称为磁偶极子. 若定义磁偶极子的磁矩 $p_\mathrm{m}=\mu I_\mathrm{m}S_\mathrm{m}=q_\mathrm{m}\Delta l$, 这里, $S_\mathrm{m}=\pi a^2$ 为小电流环的面积, 则利用二重性原理作对偶代换 $I_\mathrm{m}\leftrightarrow -I_\mathrm{e}$ 或 $p_\mathrm{m}\leftrightarrow -p_\mathrm{e}$ 和 $\varepsilon\leftrightarrow-\mu$, 便可直接从电偶极子的辐射场得出磁偶极子辐射场.

现在, 我们将仍采用矢量势法来求此小电流环在空间所产生的电磁场; 也从而导得环电流元与线电流元 (或者说磁偶极子与电偶极子) 之间所存在的对偶关系.

由 (4.2.21) 式, 电流密度分布 $\boldsymbol{J}(\boldsymbol{r}')$ 在空间 $P(\boldsymbol{r})$ 点所产生的推迟势 $\boldsymbol{A}(\boldsymbol{r})$ 可表为

$$\boldsymbol{A}(\boldsymbol{r})=\frac{\mu}{4\pi}\iiint_V\frac{\boldsymbol{J}(\boldsymbol{r}')\mathrm{e}^{-\mathrm{j}k|\boldsymbol{r}-\boldsymbol{r}'|}}{|\boldsymbol{r}-\boldsymbol{r}'|}\mathrm{d}v' \tag{4.4.3}$$

式中, $k=\omega\sqrt{\varepsilon\mu}$; 已省去了时间因子 $\mathrm{e}^{\mathrm{j}\omega t}$.

参见图 4.4.1, 对于 $a\ll\lambda$ 的细环形电流元, 有

$$\boldsymbol{J}(\boldsymbol{r}')\mathrm{d}v'=I_\mathrm{m}\mathrm{d}l'\hat{\boldsymbol{a}}_\varphi;\qquad \boldsymbol{A}(\boldsymbol{r})\text{沿}\varphi\text{方向,即有}\boldsymbol{A}(\boldsymbol{r})=A(\boldsymbol{r})\hat{\boldsymbol{a}}_\varphi$$

因 $\hat{\boldsymbol{a}}_\varphi=-\sin\varphi'\hat{\boldsymbol{a}}_x+\cos\varphi'\hat{\boldsymbol{a}}_y$ 和 $\mathrm{d}l'=a\mathrm{d}\varphi'$, (4.4.3) 式可写成

$$\boldsymbol{A}(\boldsymbol{r})=\frac{\mu I_\mathrm{m}}{4\pi}\int_0^{2\pi}\frac{\mathrm{e}^{-\mathrm{j}k|\boldsymbol{r}-\boldsymbol{r}'|}}{|\boldsymbol{r}-\boldsymbol{r}'|}(-\sin\varphi'\hat{\boldsymbol{a}}_x+\cos\varphi'\hat{\boldsymbol{a}}_y)\,a\mathrm{d}\varphi' \tag{4.4.4}$$

其中,

$$\boldsymbol{r}-\boldsymbol{r}'=\hat{\boldsymbol{a}}_x(r\sin\theta\cos\varphi-a\cos\varphi')+\hat{\boldsymbol{a}}_y(r\sin\theta\sin\varphi-a\sin\varphi')+\hat{\boldsymbol{a}}_z r\cos\theta$$

而

$$\begin{aligned}|\boldsymbol{r}-\boldsymbol{r}'|&=\sqrt{(r\sin\theta\cos\varphi-a\cos\varphi')^2+(r\sin\theta\sin\varphi-a\sin\varphi')^2+r^2\cos^2\theta}\\&=\sqrt{r^2+a^2-2ar\sin\theta\cos(\varphi-\varphi')}\end{aligned}$$

由于所考虑的电流环形回路具有相对 $z$ 轴的圆对称性, $\boldsymbol{A}(\boldsymbol{r})$ 将与 $\varphi$ 无关, 故不失一般性, 在上式中我们可取 $\varphi$ 为任意值, 如 $\varphi=0$, 于是有

$$|\boldsymbol{r}-\boldsymbol{r}'|=\sqrt{r^2+a^2-2ar\sin\theta\cos\varphi'} \tag{4.4.5}$$

将此式代入 (4.4.4), 并将第一项积分限改为从 $-\pi\to\pi$, 可得

$$\begin{aligned}\boldsymbol{A}(\boldsymbol{r})=&-\frac{\mu I_{\mathrm{m}}a}{4\pi}\int_{-\pi}^{\pi}\frac{\mathrm{e}^{-\mathrm{j}k\sqrt{r^2+a^2-2ar\sin\theta\cos\varphi'}}}{\sqrt{r^2+a^2-2ar\sin\theta\cos\varphi'}}\sin\varphi'\mathrm{d}\varphi'\hat{\boldsymbol{a}}_x\\&+\frac{\mu I_{\mathrm{m}}a}{4\pi}\int_{0}^{2\pi}\frac{\mathrm{e}^{-\mathrm{j}k\sqrt{r^2+a^2-2ar\sin\theta\cos\varphi'}}}{\sqrt{r^2+a^2-2ar\sin\theta\cos\varphi'}}\cos\varphi'\mathrm{d}\varphi'\hat{\boldsymbol{a}}_y\end{aligned}$$

因第一个对 $\mathrm{d}\varphi'$ 的积分被积函数是 $\varphi'$ 的奇函数, 其积分值为零, 这样, 我们便得到

$$\boldsymbol{A}(\boldsymbol{r})=\frac{\mu I_{\mathrm{m}}a}{4\pi}\int_{0}^{2\pi}\frac{\mathrm{e}^{-\mathrm{j}k\sqrt{r^2+a^2-2ar\sin\theta\cos\varphi'}}}{\sqrt{r^2+a^2-2ar\sin\theta\cos\varphi'}}\cos\varphi'\mathrm{d}\varphi'\hat{\boldsymbol{a}}_y \tag{4.4.6}$$

如所预期, 对于 $\varphi=0$ 即在 $x$-$z$ 平面内, 矢量势 $\boldsymbol{A}(\boldsymbol{r})$ 沿 $y$ 方向, 仅有 $y$ 分量不为零, 而有 $\boldsymbol{A}(\boldsymbol{r})=A_\varphi(\boldsymbol{r})$. 因 $\boldsymbol{A}(\boldsymbol{r})$ 与 $\varphi$ 无关, 且 $\boldsymbol{A}(\boldsymbol{r})$ 沿 $\hat{\boldsymbol{a}}_\varphi$ 方向, 故对 $\varphi$ 一般取值, (4.4.6) 式可写成:

$$\boldsymbol{A}(\boldsymbol{r})=A_\varphi(\boldsymbol{r})\hat{\boldsymbol{a}}_\varphi=\frac{\mu I_{\mathrm{m}}a}{4\pi}\int_{0}^{2\pi}\frac{\mathrm{e}^{-\mathrm{j}k\sqrt{r^2+a^2-2ar\sin\theta\cos\varphi'}}}{\sqrt{r^2+a^2-2ar\sin\theta\cos\varphi'}}\cos\varphi'\mathrm{d}\varphi'\hat{\boldsymbol{a}}_\varphi \tag{4.4.7}$$

由于环电流元的半径 $a$ 很小, 有 $r\gg a$ 或 $a/r\ll 1$, 于是将 $|\boldsymbol{r}-\boldsymbol{r}'|$ 和 $1/|\boldsymbol{r}-\boldsymbol{r}'|$ 作二项式展开取其前两项, 则近似有

$$\sqrt{r^2+a^2-2ar\sin\theta\cos\varphi'}\approx r\left(1-\frac{a}{r}\sin\theta\cos\varphi'\right)$$

和

$$\frac{1}{\sqrt{r^2+a^2-2ar\sin\theta\cos\varphi}}\approx\frac{1}{r}\left(1+\frac{a}{r}\sin\theta\cos\varphi'\right)$$

于是, (4.4.7) 式可近似地表为

$$A_\varphi(\boldsymbol{r})=\frac{\mu I_{\mathrm{m}}a}{4\pi r}\int_{0}^{2\pi}\left(1+\frac{a}{r}\sin\theta\cos\varphi'\right)\mathrm{e}^{-\mathrm{j}kr\left(1-\frac{a}{r}\sin\theta\cos\varphi'\right)}\cos\varphi'\mathrm{d}\varphi' \tag{4.4.8}$$

类似于电偶极子情形, 按观察点与偶极子的距离 $r$ 相对于波长的大小, 有两个重要区域. 它们是: (1) $kr\ll 1$ 或 $r\ll\lambda$ 称为近区 (或感应区), 和 (2) $kr\gg 1$ 或 $r\gg\lambda$ 称为远区 (或辐射区). 此时, 可对 (4.4.8) 式 $A_\varphi(r)$ 进一步作适当近似. 对于 $r$ 与 $\lambda$ 可相比拟 (即 $kr\approx 1$) 区域则称为中间区. 对于近区和远区情形讨论如下:

### 4.4.1 近区场 ($kr \ll 1$, 或$r \ll \lambda$)

当$kr \ll 1$ 时, 我们有 $\mathrm{e}^{-\mathrm{j}kr\left(1-\frac{a}{r}\sin\theta\cos\varphi'\right)} \approx 1-\mathrm{j}kr+\mathrm{j}ka\sin\theta\cos\varphi'$, 而

$$
\begin{aligned}
&\left(1+\frac{a}{r}\sin\theta\cos\varphi'\right)\mathrm{e}^{-\mathrm{j}kr\left(1-\frac{a}{r}\sin\theta\cos\varphi'\right)}\\
\approx&\left(1+\frac{a}{r}\sin\theta\cos\varphi'\right)(1-\mathrm{j}kr+\mathrm{j}ka\sin\theta\cos\varphi')\\
=&1-\mathrm{j}kr+\frac{a}{r}\sin\theta\cos\varphi'
\end{aligned}
$$

此时, (4.4.8) 式将简化为

$$
A_\varphi(\boldsymbol{r})=\frac{\mu I_\mathrm{m}a}{4\pi r}\int_0^{2\pi}\left[(1-\mathrm{j}kr)\cos\varphi'+\frac{a}{r}\sin\theta\cos^2\varphi'\right]\mathrm{d}\varphi'
$$

上式第一项积分为零; 第二项积分, 因有积分公式: $\int\cos^2x\mathrm{d}x=\frac{1}{2}x+\frac{1}{4}\sin 2x$, 而有

$$
A_\varphi(\boldsymbol{r})=\frac{\mu I_\mathrm{m}a^2}{4r^2}\sin\theta \tag{4.4.9}
$$

在球面坐标系 $(r,\phi,\varphi)$ 中, $\boldsymbol{A}(\boldsymbol{r})$ 仅有 $A_\varphi$ 分量不为零, 而 $A_r=A_\theta=0$, 故已知 $\boldsymbol{A}(r)$, 由 (4.3.5) 式, 可得求得图 4.4.1 电流环所产生的近区磁场 $\boldsymbol{H}$ 为

$$
H_r=\frac{I_\mathrm{m}\pi a^2}{4\pi}\frac{2\cos\theta}{r^3}=\frac{p_\mathrm{m}}{2\pi\mu r^3}\cos\theta \tag{4.4.10}
$$

$$
H_\theta=\frac{I_\mathrm{m}\pi a^2}{4\pi}\frac{\sin\theta}{r^3}=\frac{p_\mathrm{m}}{4\pi\mu r^3}\sin\theta \tag{4.4.11}
$$

$$
H_\varphi=0
$$

式中, $p_\mathrm{m}=\mu I_\mathrm{m}S_\mathrm{m}$, 其中 $S_\mathrm{m}=\pi a^2$ 是圆电流环的面积.

与此磁场相应的电场则可应用 (4.3.6) 式求得, 因 $H_\varphi=0$ 和 $\frac{\partial}{\partial\varphi}=0$, 其结果为

$$
E_r=E_\theta=E_\varphi=0 \tag{4.4.12}
$$

### 4.4.2 远区场 ($kr \gg 1$, 或$r \gg \lambda$; $k=2\pi/\lambda=\omega\sqrt{\varepsilon\mu}$)

对于环形电流元, $r \gg a$, 故有

$$
\begin{aligned}
&\left(1+\frac{a}{r}\sin\theta\cos\varphi'\right)\mathrm{e}^{-\mathrm{j}kr\left(1-\frac{a}{r}\sin\theta\cos\varphi'\right)}\\
\approx&\,\mathrm{e}^{-\mathrm{j}kr}\left(1+\frac{a}{r}\sin\theta\cos\varphi'\right)(1+\mathrm{j}ka\sin\theta\cos\varphi')\\
\approx&\,\mathrm{e}^{-\mathrm{j}kr}\left[1+\frac{a}{r}(1+\mathrm{j}kr)\sin\theta\cos\varphi'\right]
\end{aligned}
$$

对于远区场,$kr \gg 1$, 上式还可化为

$$\left(1+\frac{a}{r}\sin\theta\cos\varphi'\right)\mathrm{e}^{-\mathrm{j}kr\left(1-\frac{a}{r}\sin\theta\cos\varphi'\right)} \approx \mathrm{e}^{-\mathrm{j}kr}\left(1+\mathrm{j}ka\sin\theta\cos\varphi'\right) \tag{4.4.13}$$

于是, 将此近似关系代入 (4.4.8) 式, 便有

$$A_\varphi(\boldsymbol{r}) = \frac{\mu I_\mathrm{m} a}{4\pi_r}\mathrm{e}^{-\mathrm{j}kr}\int_0^{2\pi}\left(1+\mathrm{j}ka\sin\theta\cos\varphi'\right)\cos\varphi'\mathrm{d}\varphi'$$

此式积分后, 可得

$$A_\varphi(\boldsymbol{r}) = \mathrm{j}\frac{\mu I_\mathrm{m} a^2}{4r}k\sin\theta\mathrm{e}^{-\mathrm{j}kr} = \mathrm{j}\frac{p_m}{2\lambda r}\sin\theta\mathrm{e}^{-\mathrm{j}kr} \tag{4.4.14}$$

式中, $p_m = \mu I_m S_m = \mu I_m \pi a^2$.

求得了 $\boldsymbol{A}(\boldsymbol{r})$, 由 (4.3.5) 式可知图 4.4.1 电流环所产生的远区磁场 $\boldsymbol{H}$ 为

$$H_r = \frac{1}{\mu r\sin\theta}\frac{\partial}{\partial\theta}\left(\sin\theta A_\varphi\right) = \mathrm{j}\frac{p_\mathrm{m}\cos\theta}{\mu\lambda r^2}\mathrm{e}^{-\mathrm{j}kr} \tag{4.4.15}$$

$$H_\theta = -\frac{1}{\mu r\sin\theta}\frac{\partial}{\partial r}\left(r\sin\theta A_\varphi\right) = -\frac{p_\mathrm{m}}{2\lambda r}\frac{k}{\mu}\sin\theta\mathrm{e}^{-\mathrm{j}kr} \tag{4.4.16}$$

$$H_\varphi = 0$$

相应的远区电场 $\boldsymbol{E}$ 则可应用 (4.3.6) 式求得, 因 $H_\varphi = 0$ 和 $\dfrac{\partial}{\partial\varphi} = 0$, 其结果为

$$E_\varphi = \frac{1}{\mathrm{j}\omega\varepsilon r}\left[\frac{\partial\left(rH_\theta\right)}{\partial r} - \frac{\partial H_r}{\partial\theta}\right] \approx \frac{p_\mathrm{m}}{2\lambda r}\omega\sin\theta\mathrm{e}^{-\mathrm{j}kr} \tag{4.4.17}$$

$$E_r = E_\theta = 0$$

从 (4.4.16) 和 (4.4.17) 式可见, 环电流元的远区场是沿径向 $r$ 方向辐射的球面波, 因子 $\dfrac{\mathrm{e}^{-\mathrm{j}kr}}{r}$ 就是球面波的特征; 而 $-\dfrac{E_\varphi}{H_\theta} = \dfrac{\omega\mu}{k} = \sqrt{\dfrac{\mu}{\varepsilon}} = \eta, \eta$ 为 $\varepsilon, \mu$ 媒质自由空间的波阻抗.

在 4.3 节中, 我们曾求得线电流元 (即电偶极子) 的近区的电磁场表示式 (4.3.15) 和 (4.3.16) 式, 以及远区的电磁场表示式 (4.3.19) 与 (4.3.20) 式. 如果在这些式中作对偶代换: $p_\mathrm{e} \leftrightarrow -p_\mathrm{m}, \varepsilon \leftrightarrow -\mu$, 则我们亦可得出以上所导得关于环形电流元的近区电磁场表示式 (4.4.10) 和 (4.4.11) 式, 以及远区电磁场表示式 (4.4.16) 和 (4.4.17) 式 ($|H_r| \ll |H_\theta|$). 因此, 环形电流元有磁偶极子天线之称, 而与 $p_\mathrm{e}$ 相对应的量 $p_\mathrm{m} = \mu I_\mathrm{m} S_\mathrm{m}$ 则称为磁偶极子的磁矩.

类似于电偶极子情形, 对于环电流元 (或磁偶极子), 近区场的平均坡印亭矢量的实部为零, 为感应场; 远区场的平均坡印亭矢量的实部不为零, 有电磁能量向空间辐射.

## 4.5 天线的主要参数

以上两节我们已讨论了作时谐变化的电流元和环形电流元, 即时谐电偶极子天线 (电偶矩 $p_{\mathrm{e}}(t)=p_{\mathrm{e}}\mathrm{e}^{\mathrm{j}\omega t}$) 和时谐磁偶极子天线 (磁偶矩 $p_{\mathrm{m}}(t)=p_{\mathrm{m}}\mathrm{e}^{\mathrm{j}\omega t}$) 向空间辐射的电磁场 (波). 一般地, 为了说明个一天线所辐射的电磁场的特征和便于比较, 定义了一些天线参数, 主要有辐射功率和辐射电阻、方向性图和主瓣宽度, 以及天线方向性系数和增益等参数. 本节将介绍这些天线参数的定义, 并以电偶极子天线之例给予说明.

### 4.5.1 辐射功率和辐射电阻

天线向空间辐射的平均功率 $P_{rd}$ 等于通过以天线为心、半径 $r$ 很大的球面 $S$ 的电磁波功率, 即坡印亭矢量 $\boldsymbol{P}$ 对球面 $S$ 的面积分:

$$P_{rd}=\oiint_S \boldsymbol{P}\cdot\mathrm{d}\boldsymbol{S}=\int_0^{\pi}\int_0^{2\pi}Pr^2\sin\theta\mathrm{d}\theta\mathrm{d}\varphi \tag{4.5.1}$$

式中, 球面上的面积元 $\mathrm{d}S=r^2\sin\theta\mathrm{d}\theta\mathrm{d}\varphi$.

以电偶极子天线为例, 将 (4.3.24) 代入 (4.5.1) 式得

$$P_{rd}=\int_0^{\pi}\int_0^{2\pi}\frac{\eta}{2}\left(\frac{I_{\mathrm{m}}\Delta l}{2\lambda_r}\right)^2r^2\sin^3\theta\mathrm{d}\theta\mathrm{d}\varphi \tag{4.5.2}$$

因 $\int_0^{\pi}\sin^3\theta\mathrm{d}\theta=\left[-\cos\theta+\frac{1}{3}\cos^3\theta\right]_0^{\pi}=\frac{4}{3}$, 和对于空气 $\eta=\eta_0\approx120\pi$, 经积分后, 有

$$P_{rd}=\frac{2\pi\eta}{3}\left(\frac{I_{\mathrm{m}}\Delta l}{\lambda}\right)^2=40\pi^2\left(\frac{I_{\mathrm{m}}\Delta l}{\lambda}\right)^2 \tag{4.5.3}$$

熟知, 电流 $I$ 在电阻 $R$ 上消耗的平均功率为 $P_R=\frac{1}{2}I_{\mathrm{m}}^2R$. 当电流 $I$ 消耗在某一电阻上的平均功率等于辐射功率 $P_{rd}$ 时, 此电阻即定义为辐射电阻 $R_{rd}$, 即有 $P_{rd}=\frac{1}{2}I_{\mathrm{m}}^2R_{rd}$, 故由 (4.5.3) 式可得

$$R_{rd}=\frac{2P_{rd}}{I_{\mathrm{m}}^2}=80\pi^2\left(\frac{\Delta l}{\lambda}\right)^2 \tag{4.5.4}$$

### 4.5.2 方向性图 (辐射图型) 和主瓣宽度

在离开天线一定距离处, 辐射场电场强度随方向角 $\theta$ 和 $\varphi$ 变化, 表示场强与方向的关系图称为方向图. 它可以是三维空间方向图, 但通常较多是采用相互垂直、分别是与电场 $\boldsymbol{E}$ 和磁场 $\boldsymbol{H}$ 相平行的两个主要平面内的方向图, 前者称为 $\boldsymbol{E}$ 面方向图, 后者称为 $\boldsymbol{H}$ 面方向图; 它们分别是空间方向图与两个主要平面的交线.

设 $E_{\max}$ 为天线最大辐射方向的场强, 则电场随 $\theta$ 和 $\varphi$ 变化可表为

$$f(\theta,\varphi)=\frac{\tilde{E}(\theta,\varphi)}{E_{\max}} \tag{4.5.5}$$

函数 $f(\theta,\varphi)$ 称为天线的规一化场强方向图因子; 而 $f^2(\theta,\varphi)$ 称为功率方向图因子.

对于电偶极子天线, 由 (4.3.19) 式可知方向图因子与 $\varphi$ 无关, 而有

$$f(\theta)=\tilde{E}_\theta=\sin\theta \tag{4.5.6}$$

故据此可绘得 $\boldsymbol{E}$ 面 (即含 $z$ 轴的纵平面, 如 $yz$ 平面) 的方向图如图 4.5.1(a) 所示, 呈 "∞" 字形; 和 $\boldsymbol{H}$ 面 (即 $xy$ 平面) 如图 4.5.1(b) 所示, 为一个圆; 而空间方向图则为图 4.5.1(a) 绕 $z$ 轴的旋转体, 呈一 "苹果" 形.

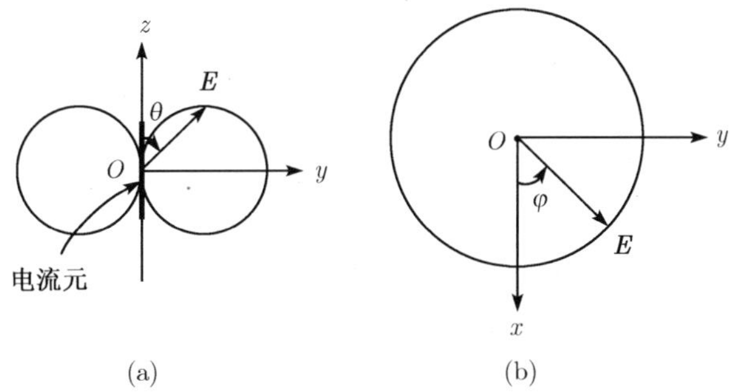


图 4.5.1 电偶极子天线的 $\boldsymbol{E}$ 面和 $\boldsymbol{H}$ 面的方向图

广播、电视、通信、雷达、导航、遥感 …… 不同领域不同用途的天线对方向图的要求是不相同的. 例如, 在雷达应用中, 典型的方向图形状如图 4.5.2 所示, 有尖锐铅笔 (针) 形、扇形和特定要求的赋形 (如余割平方形) 等.

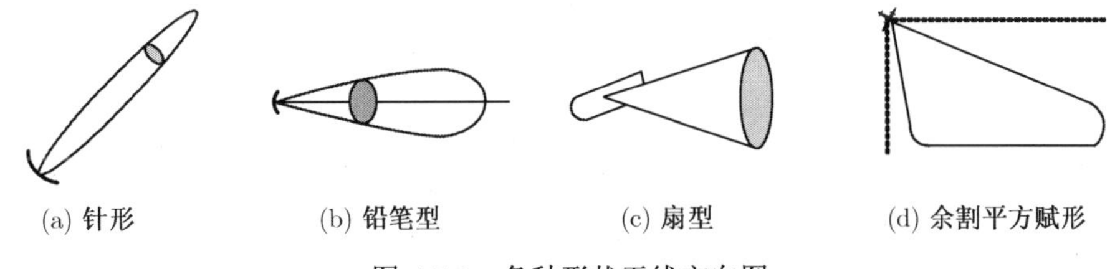


图 4.5.2 各种形状天线方向图

天线的规一化场强方向图 $\tilde{E}_\theta$-$\theta$ 或功率方向图 $\tilde{E}_\theta^2$-$\theta$(或它们的分贝数) 可以是直角坐标方向图和极坐标方向图. 天线的典型极坐标方向图常呈花瓣形状, 故方向图亦称波瓣图. 天线最大辐射方向所在的瓣称为主瓣 (main lobe), 而其余的瓣则称为边瓣或旁瓣 (side lobe), 依次称为第一、第二边瓣 ……. 天线主瓣宽度定义为在主瓣两侧的电磁场功率为主瓣最大值的一半时的两点之间的角度, 即两个半功率

点的角宽度 (或主瓣中两个场强为最大场强的 $1/\sqrt{2}$ 倍的两点之间的夹角). 在 $\boldsymbol{E}$ 面和 $\boldsymbol{H}$ 面内的主瓣宽度分别用 $2\theta_0$ 和 $2\varphi_0$ 表示. 对于雷达针形波束, 其主瓣约为几度到十分之几度或更小. 通常, 方向图中的边瓣希望它尽可能小, 因为边瓣的存在将浪费电磁波能量, 还会误导目标识别. 边瓣的电平常用边瓣的最大值与主瓣最大值之比的分贝数表示：

$$\mathrm{SL}=20\lg\frac{\text{边瓣电场最大值}}{\text{主瓣电场最大值}}(\mathrm{dB})=10\lg\frac{\text{边瓣功率最大值}}{\text{主瓣功率最大值}}(\mathrm{dB}) \tag{4.5.7}$$

### 4.5.3　方向性系数 $D$ 和增益 $G$

从图 4.5.1(a) 可见, 沿偶极子天线轴方向 $(\theta=0)$ 场强为零, 而在垂直于天线轴平面方向 $(\theta=90°)$ 场强最大. 这表明天线的辐射功率比较集中在垂直于天线轴平面方向. 不同的天线, 其方向图是不同的. 为了从数量上说明天线辐射功率的集中情况, 可用一个理想的点源天线作为进行比较的标准. 所谓理想点源天线是指它是没有方向性的天线, 或者说它的空间方向图是一个球. 于是, 我们采用方向性系数, 记为 $D$, 来衡量天线辐射的集中程度 (即方向图的尖锐程度), 它的定义为：在相同的辐射功率下, 某天线在辐射最大方向上某点产生的电场强度的平方 $E^2$ 与点源天线在同一点产生的电场强度的平方 $E_0^2$ 的比值作为此天线的方向性系数, 即

$$D=\frac{E^2}{E_0^2}\quad(\text{相等辐射功率条件下}) \tag{4.5.8}$$

反之, 方向性系数亦可采用如下定义：在某天线在辐射最大方向上某点产生相同电场强度的条件下, 点源天线的总辐射功率 $P_0$ 与某天线的总辐射功率 $P_{rd}$ 的比值称为该天线的方向性系数, 即

$$D=\frac{P_0}{P_{rd}}\quad(\text{相等电场强度条件下}) \tag{4.5.9}$$

由于天线各方向辐射并不相同, 方向性系数 $D$ 也随着观察点的位置而异; 以上所定义的方向性系数 $D$ 乃是最大辐射方向的方向性系数 $D$.

对于电偶极子天线, 由 (4.3.19) 式, 因 $\dfrac{k^2}{4\pi\omega\varepsilon}=\dfrac{\eta}{2\lambda}$, 有

$$|E_\theta|_{\theta=90°}=\eta\frac{I_\mathrm{m}\Delta l}{2\lambda_r}=60\pi\frac{I_\mathrm{m}\Delta l}{\lambda_r} \tag{4.5.10}$$

当理想点源天线球面上各点的电场 $E_0=|E_\theta|_{\theta=90°}$ 时, 其所需辐射功率是：

$$P_0=4\pi r^2\frac{|E_0|^2}{2\eta}=2\pi r^2\eta\left(\frac{I_\mathrm{m}\Delta l}{2\lambda r}\right)^2 \tag{4.5.11}$$

由 (4.5.3) 式, 已知偶极子天线的平均辐射功率为 $P_{rd} = 40\pi^2 \left(\dfrac{I_{\rm m}\Delta l}{\lambda}\right)^2$, 按 (4.5.9) 式方向性系数 $D$ 定义, 代入 $P_0$ 和 $P_{rd}$, 以及 $\eta = \eta_0 = 120\pi$ 后, 便有

$$D = \frac{P_0}{P_{rd}} = 1.5 \qquad \text{或} \qquad D(\text{dB}) = 10\lg D = 1.76(\text{dB}) \tag{4.5.12}$$

方向性系数 $D$ 是采用辐射功率定义的. 考虑到天线通常具有损耗, 而引入天线参量增益 $G$, 其定义为

$$G = \frac{P_0}{P_{in}} \quad (\text{相等电场强度条件下}) \tag{4.5.13}$$

式中, $P_{in}$ 为天线的输入功率. $P_{in}$ 与天线的辐射功率 $P_{rd}$ 和天线效率 $\eta_A$ 之间的关系为:

$$\eta_A = \frac{P_{rd}}{P_{in}} \tag{4.5.14}$$

于是, 由 (4.5.13) 式可得

$$G = \frac{P_0}{P_{in}} = \frac{P_0}{P_{rd}}\eta_A = D\eta_A \tag{4.5.15}$$

故天线增益 $G$ 就是天线方向性系数 $D$ 与天线效率 $\eta_A$ 的乘积. 许多实用微波天线其增益可达数千至几万以上.

## 4.6 对称振子天线的辐射

对称振子天线是振子天线的主要型式, 它是由两根长短、粗细相同的细直导线构成的, 在两段导线之间接入高频振荡源. 设振子轴沿 $z$ 方向放置, 其中心位于坐标原点, 振子的总长度为 $2l$, 如图 4.6.1 所示.

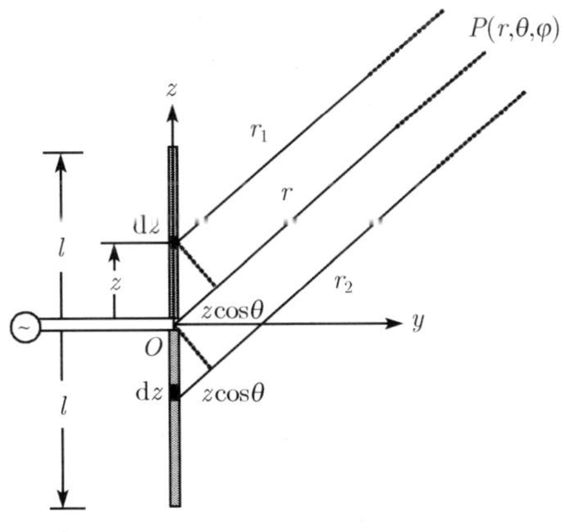


图 4.6.1 对称振子天线

振子接入高频振荡源后, 在其中产生沿 $z$ 方向的高频振荡电流, 省去时间因子 $\mathrm{e}^{\mathrm{j}\omega t}$, 电流密度可表为 $\boldsymbol{J}(z')$. 沿振子长度上的电流密度分布 $\boldsymbol{J}(z')$ 是不均匀的, 其末端是 $\boldsymbol{J}(z')$ 的零点. 严格求解振子上的电流分布在数学上是困难的, 一般采用近似方法. 通常是将振子近似为一段长度等于 $l$、在终端张开 180° 的开路传输线, 并假定振子上的电流服从传输线上的电流分布规律.

对于细直导线对称振子, 有 $\boldsymbol{J}(\boldsymbol{r}')\mathrm{d}v' = I(z')\mathrm{d}z'$. 因而, 振子的电流分布是以其末端为零, 按正弦函数向中心延伸、且振子两臂具有对称电流分布, 可表为

$$I(z) = \begin{cases} I_0 \sin k(l-z) & 0 \leqslant z \leqslant l \\ I_0 \sin k(l+z) & -l \leqslant z \leqslant 0 \end{cases} \tag{4.6.1}$$

式中, $I_0$ 是电流分布的波腹; $k = \omega\sqrt{\varepsilon\mu} = 2\pi/\lambda$ , $\lambda$ 为工作波长.

### 4.6.1　任意 $2l$ 长度对称振子

将 (4.6.1) 代入将 (4.2.20) 式, 可得长度为 $2l$ 的对称振子的矢量势为

$$\begin{aligned} A_z(\boldsymbol{r}) &= \frac{\mu I_0}{4\pi}\left[\int_0^l \frac{\sin k(l-z')\mathrm{e}^{-\mathrm{j}k|\boldsymbol{r}_1-\boldsymbol{z}'|}}{|\boldsymbol{r}_1-\boldsymbol{z}'|}\mathrm{d}z' + \int_{-l}^0 \frac{\sin k(l+z')\mathrm{e}^{-\mathrm{j}k|\boldsymbol{r}_2-\boldsymbol{z}'|}}{|\boldsymbol{r}_2-\boldsymbol{z}'|}\mathrm{d}z'\right] \\ &= \frac{\mu I_0}{4\pi}\left[\int_0^l \frac{\sin k(l-z')\mathrm{e}^{-\mathrm{j}k|\boldsymbol{r}_1-\boldsymbol{z}'|}}{|\boldsymbol{r}_1-\boldsymbol{z}'|}\mathrm{d}z' + \int_0^l \frac{\sin(l-z')\mathrm{e}^{-\mathrm{j}k|\boldsymbol{r}_2+\boldsymbol{z}'|}}{|\boldsymbol{r}_2+\boldsymbol{z}'|}\mathrm{d}z'\right] \end{aligned} \tag{4.6.2}$$

对于 $r \gg 1$ 远区, 在被积函数的分母中取 $|\boldsymbol{r}_1-\boldsymbol{z}'| \approx r, |\boldsymbol{r}_2-\boldsymbol{z}'| \approx r$; 而对指数项中, 取 $|\boldsymbol{r}_1-\boldsymbol{z}'| \approx r_1 \approx r - z'\cos\theta, |\boldsymbol{r}_2-\boldsymbol{z}'| \approx r_2 \approx r + z'\cos\theta$(其中 $z'\cos\theta$ 与 $r$ 相比虽然很小, 但与波长相比具有同一量级却不能略去), 则 $A_z(r)$ 可化为

$$\begin{aligned} A_z(\boldsymbol{r}) &= \frac{\mu I_0}{4\pi}\frac{\mathrm{e}^{-\mathrm{j}kr}}{r}\int_0^l \sin k(l-z')\left(\mathrm{e}^{\mathrm{j}kz'\cos\theta} + \mathrm{e}^{-\mathrm{j}kz'\cos\theta}\right)\mathrm{d}z' \\ &= \frac{\mu I_0}{2\pi}\frac{\mathrm{e}^{-\mathrm{j}kr}}{r}\int_0^l \sin k(l-z')\cos(kz'\cos\theta)\,\mathrm{d}z' \end{aligned} \tag{4.6.3}$$

而积分:

$$\begin{aligned} \int_0^l \sin k(l-z')\cos(kz'\cos\theta)\,\mathrm{d}z' = {}&\sin kl\int_0^l \cos kz'\cos(kz'\cos\theta)\,\mathrm{d}z' \\ &- \cos kl\int_0^l \sin kz'\cos(kz'\cos\theta)\,\mathrm{d}z' \end{aligned}$$

利用积分公式:

$$\int \cos ax\cos bx\ \mathrm{d}x = \frac{\sin(a-b)x}{2(a-b)} + \frac{\sin(a+b)x}{2(a+b)}$$

$$\int \sin ax \cos bx \, \mathrm{d}x = -\frac{\cos(a-b)x}{2(a-b)} - \frac{\cos(a+b)x}{2(a+b)}$$

和三角函数公式：$\cos(x-y) = \cos x \cos y + \sin x \sin y$, 则易知以上积分结果为

$$\int_0^l \sin k(l-z') \cos(kz' \cos\theta) \, \mathrm{d}z' = \frac{\cos(kl\cos\theta) - \cos kl}{k\sin^2\theta}$$

于是, 将此代入 (4.6.3) 式后, 即有

$$A_z(\boldsymbol{r}) = \frac{\mu I_0}{2\pi k} \frac{\mathrm{e}^{-\mathrm{j}kr}}{r} \frac{\cos(kl\cos\theta) - \cos kl}{\sin^2\theta} \tag{4.6.4}$$

在球面坐标系 $(r, \theta, \varphi)$ 中, $\boldsymbol{A}(\boldsymbol{r})$ 的三个分量分别为

$$\begin{aligned}
A_r &= A_z \cos\theta = \frac{\mu I_0}{2\pi k} \frac{\mathrm{e}^{-\mathrm{j}kr}}{r} \frac{\cos(kl\cos\theta) - \cos kl}{\sin^2\theta} \cos\theta \\
A_\theta &= -A_z \sin\theta = -\frac{\mu I_0}{2\pi k} \frac{\mathrm{e}^{-\mathrm{j}kr}}{r} \frac{\cos(kl\cos\theta) - \cos kl}{\sin\theta} \\
A_\varphi &= 0
\end{aligned} \tag{4.6.5}$$

已知矢量势 $\boldsymbol{A}(\boldsymbol{r})$ 后, 由 (4.3.5) 式 $\boldsymbol{H} = \frac{1}{\mu}\nabla \times \boldsymbol{A}$ 可求得磁场, 继而应用场方程 (4.3.6) 式 $\boldsymbol{E} = \frac{1}{\mathrm{j}\omega\varepsilon}\nabla \times \boldsymbol{H}$ 便可求得电场. 注意到, $A_\varphi = 0$, $A_r$ 和 $A_\theta$ 与 $\varphi$ 无关, 故磁场 $\boldsymbol{H}$ 仅有 $\varphi$ 分量, 电场 $\boldsymbol{E}$ 的 $\varphi$ 分量为零, 对于远区场, 仅保留 $r^{-1}$ 项, 其结果为

$$H_\varphi \approx \mathrm{j}\frac{I_0}{2\pi} \frac{\mathrm{e}^{-\mathrm{j}kr}}{r} \frac{\cos(kl\cos\theta) - \cos kl}{\sin\theta} \tag{4.6.6}$$

$$E_\theta \approx \mathrm{j}\frac{k}{\omega\varepsilon} \frac{I_0}{2\pi} \frac{\mathrm{e}^{-\mathrm{j}kr}}{r} \frac{\cos(kl\cos\theta) - \cos kl}{\sin\theta} = \eta H_\varphi \tag{4.6.7}$$

$$H_r = H_\theta = E_\varphi = 0; E_r \approx 0$$

式中, $\eta = \sqrt{\mu/\varepsilon}$ 为 $\varepsilon, \mu$ 自由空间波阻抗.

### 4.6.2　半波长对称振子

半波对称振子及其变形是最简单的实用天线. 此时, $2l = \lambda/2 \ (kl = \pi/2)$, 其上的电流分布可表为

$$I(z) = I_0 \cos kz \qquad |z| \leqslant \frac{\lambda}{4} \tag{4.6.8}$$

而 (4.6.4) 式的矢量势退化为

$$A_z(\boldsymbol{r}) = \frac{\mu I_0}{2\pi k} \frac{\mathrm{e}^{-\mathrm{j}kr}}{r} \frac{\cos\left(\frac{\pi}{2}\cos\theta\right)}{\sin^2\theta} \tag{4.6.9}$$

由 (4.6.6) 和 (4.6.7) 式, 可得半波对称振子的远区辐射场:

$$H_\varphi \approx \mathrm{j}\frac{I_0}{2\pi}\frac{\mathrm{e}^{-\mathrm{j}kr}}{r}\frac{\cos\left(\dfrac{\pi}{2}\cos\theta\right)}{\sin\theta} \tag{4.6.10}$$

$$E_\theta \approx \mathrm{j}\frac{k}{\omega\varepsilon}\frac{I_0}{2\pi}\frac{\mathrm{e}^{-\mathrm{j}kr}}{r}\frac{\cos\left(\dfrac{\pi}{2}\cos\theta\right)}{\sin\theta} = \eta H_\varphi \tag{4.6.11}$$

$$H_r = H_\theta = E_r = E_\varphi = 0 \tag{4.6.12}$$

1. 方向性图 (辐射图型)

几个不同长度对称振子的辐射电磁场方向图如图 4.6.2 所示.

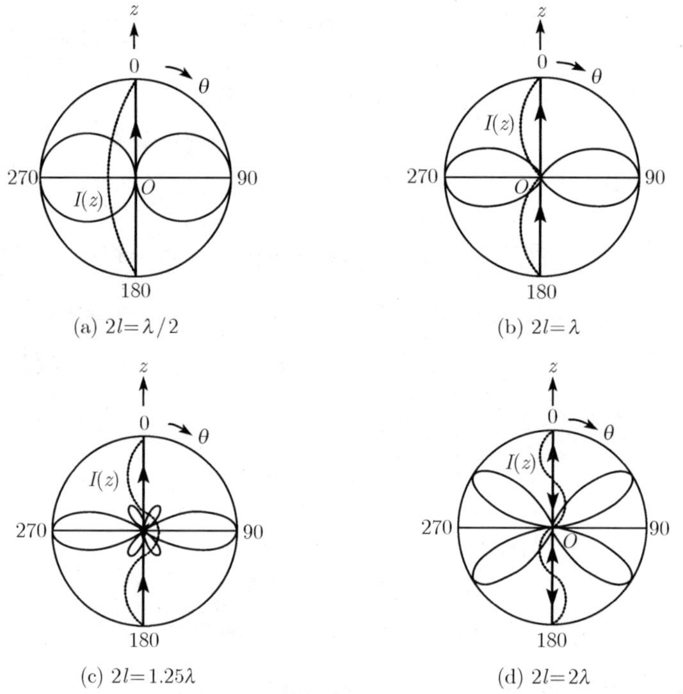


图 4.6.2 对称振子场强规一化方向性图与电流分布

图 4.6.2(a) 是 $2l = \lambda/2$ 半波振子的方向图; 当振子总长度 $2l$ 增至一个波长时, 其方向图如图 4.6.2(b) 所示, 显见波瓣变尖锐了, 主瓣宽度约为 47°, 这是由于振子长度增加且其上各点的元电流同相, 在主辐射方向叠加的结果. 对于全波振子, 由于振子的馈电点的电流很小, 因而全波振子的输入阻抗很高, 且随频率变化较剧, 难以与馈线匹配; 当振子总长度 $2l$ 增至 1.25 波长时, 振子上有 1/5 长度上的电流与其它部分的电流反相, 而使得在与振子相垂直的 $H$ 平面上的辐射减弱, 且使方

向图出现旁瓣, 如图 4.6.2(c) 所示; 若继续增加振子长度, 其上具有反向的电流长度也随之增加, 而使在 $\boldsymbol{H}$ 平面上的辐射继续减小, 旁瓣增大; 当振子总长度 $2l$ 为两个波长时, 振子上电流相反的线段长度相同, $\boldsymbol{H}$ 平面上的辐射完全抵消, 方向图如图 4.6.2(d) 所示.

2. 辐射功率

半波对称振子的能流密度, 即 Poynting 矢量为

$$\boldsymbol{P}=\frac{1}{2}\mathrm{Re}\left[\boldsymbol{E}\times\boldsymbol{H}^*\right]=\frac{\eta}{2}\left|E_\theta\right|^2\hat{\boldsymbol{a}}_r=\eta\frac{I_0^2}{8\pi^2r^2}\frac{\cos^2\left(\dfrac{\pi}{2}\cos\theta\right)}{\sin^2\theta}\hat{\boldsymbol{a}}_r \tag{4.6.13}$$

式中, $\eta=\sqrt{\mu/\varepsilon}$ 为 $\varepsilon,\mu$ 自由空间波阻抗; 对于空气, $\eta_0=\sqrt{\mu_0/\varepsilon_0}=120\pi$.

半波对称振子的总辐射功率:

$$\begin{aligned}P_{rd}&=\oiint_S\boldsymbol{P}\cdot\mathrm{d}\boldsymbol{S}=\int_0^\pi\int_0^{2\pi}Pr^2\sin\theta\mathrm{d}\theta\mathrm{d}\varphi\\&=\eta\frac{I_0^2}{4\pi}\int_0^\pi\cos^2\left(\frac{\pi}{2}\cos\theta\right)\frac{\mathrm{d}\theta}{\sin\theta}\end{aligned} \tag{4.6.14}$$

可以证明 (参见附录 A), 上式中对 $\theta$ 的定积分 $I$ 其结果可表为

$$I=\int_0^\pi\cos^2\left(\frac{\pi}{2}\cos\theta\right)\frac{\mathrm{d}\theta}{\sin\theta}=\frac{1}{2}\left[\gamma+\ln(2\pi)-\mathrm{Ci}(2\pi)\right] \tag{4.6.15}$$

于是有

$$P_{rd}=\eta\frac{I_0^2}{8\pi}\left[\gamma+\ln(2\pi)-\mathrm{Ci}(2\pi)\right] \tag{4.6.16}$$

式中, $\mathrm{Ci}(z)$ 是余弦积分函数, 其定义为 $\mathrm{Ci}(z)=\displaystyle\int_\infty^z\frac{\cos t}{t}\mathrm{d}t$; $\gamma=0.5772156\cdots$ 为 Euler 常数. 已知 $\mathrm{Ci}(2\pi)=-0.022561$, 故 $\gamma+\ln(2\pi)-\mathrm{Ci}(2\pi)\approx2.43766$. 此外, 积分 $I$ 亦可采用数值积分法计算, 其计算结果 $I\approx1.2188267\cdots$ (亦见附录 A).

于是, 对于空气 $\eta=\eta_0=120\pi$, 由 (4.6.16) 式, 可得

$$P_{rd}=36.5648I_0^2 \tag{4.6.17}$$

3. 辐射电阻 $R_{rd}$

按辐射电阻定义, 半波对称振子的 $R_{rd}$ 为

$$R_{rd}=2P_{rd}/I_0^2=73.13(\Omega) \tag{4.6.18}$$

以上所述, 半波对称振子是最简单的实用天线; 因其上馈有电流分布, 故亦称为有源振子. 常见的变形的振子天线如图 4.6.3 所示.

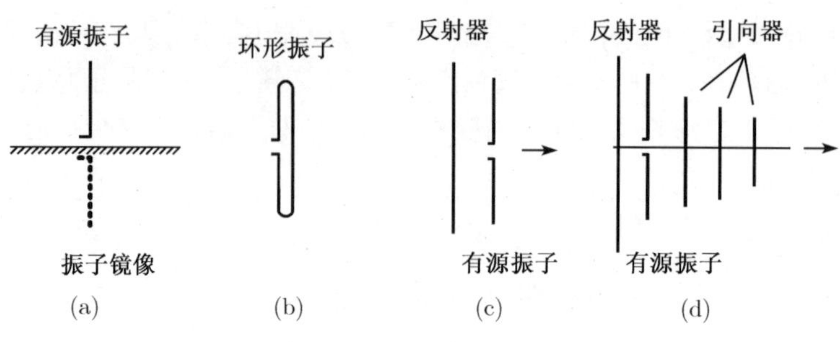


图 4.6.3 变形振子天线

中波天线的天线塔其等效高度约为 $\lambda/4$, 它相当于图 4.6.3(a) 的半波振子; 天线的一半是由其地面的镜像组成, 为使地面在中波频率有良好的导电率 ($\sigma \gg \omega\varepsilon$), 通常在塔面下铺设有导体网; 图 4.6.3(b) 为环形半波振子, 它相当于将半波长的短路传输线折弯成半波长的振子天线, 其特点是它的输入阻抗为普通半波振子天线输入阻抗的四倍, 即 $4 \times 73.1 \approx 300(\Omega)$; 图 4.6.3(c) 为带有反射器的半波振子. 反射器本身不馈电, 比有源振子略长, 其上电流为感应电流, 故亦称为无源振子. 有源振子与反射器的间距约为 $\lambda/4$, 此时反射器具有 "反射" 作用, 可使它们的电流辐射在沿反射器 – 有源振子方向上相互增强, 而在相反的方向相互抵消. 图 4.6.3(d) 是由有源半波振子与反射器和引向器 (一个或多个) 组成的阵列天线, 它称为 Yagi(八木) 天线. 引向器比有源振子略短, 并一个较一个稍短, 其作用可增强天线的增益. 早年在建筑物顶上架设此类八木天线用来接收电视信号十分常见, 如今由于有收视质量高的闭路有线电视可供使用, 这一情况已较为罕见.

振子天线的架设与天线的极化要求有关, 例如, 因地面是 "导体", 在地面处的电场只能是垂直于地面, 因而中波广播天线应发射垂直极化波, 故天线为垂直地面架设; 又如电视工作于超高频波段, 天线可架设距地面较高 ($h \gg \lambda$), 故电视台采用水平极化波发射, 因而所见到用来接收电视信号的振子天线总是水平放置的.

## 4.7 天 线 阵

单个振子或带有反射器的振子天线的方向图较宽, 其方向性很弱, 为了提高天线的方向性或满足特定的要求, 可把多个天线单元按一定规律排成阵列, 称为天线阵. 一般, 天线阵元具有相同类型, 相邻阵元间保持有一定相位差. 按阵元排列方式可分为直线天线阵和平面天线阵.

图 4.7.1 是一 $n$ 元均匀直线天线阵, 各阵元天线分别用 "0", "1", "2", $\cdots$ 表示, 它们在空间中以相同取向、相等间距 $d$ 排列在一条直线上; 各阵元天线的电流大小相等, 而相位则以均匀相差递增或递减.

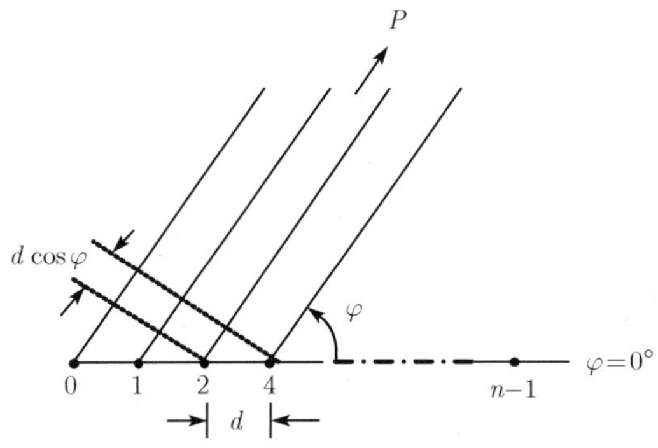


图 4.7.1 均匀直线式天线阵

考虑均匀直线天线阵, 令 $\varDelta$ 是阵元 "$i$" 电流超前相邻阵元 "$i-1$" 电流的相角; 而 $\beta d\cos\varphi$ 是相邻阵元的空间波到达与直线阵成 $\varphi$ 角的方向上 $P$ 点的路程差所引起的相位差; $\beta=2\pi/\lambda$ 为相位常数. 故若 $\boldsymbol{E}_0$ 是天线阵元 "0" 在 $P$ 点的远区辐射场; $E_1$ 是天线阵元 "1" 在 $P$ 点的辐射场, 则天线阵元 "1"$\boldsymbol{E}_1$ 超前阵元 "0"$E_0$ 的相角为:

$$\psi=\beta d\cos\varphi+\varDelta \tag{4.7.1}$$

一般地, 天线阵元 "$i$" 在 $P$ 点的远区辐射场 $E_i$ 超前阵元 "0" 的远区辐射场 $E_0$ 的相角为 $\psi_i=\mathrm{i}\,(\beta d\cos\varphi+\varDelta)=i\psi(i=2,3,\cdots,n-1)$. 因此, 直线阵在 $P$ 点合成的远区辐射场为:

$$\boldsymbol{E}=\sum_{i=0}^{n-1}E_i=E_0\left(1+\mathrm{e}^{\mathrm{j}\psi}+\mathrm{e}^{\mathrm{j}2\psi}+\cdots+\mathrm{e}^{\mathrm{j}(n-1)\psi}\right)=\boldsymbol{E}_0\frac{1-\mathrm{e}^{\mathrm{j}n\psi}}{1-\mathrm{e}^{\mathrm{j}\psi}} \tag{4.7.2}$$

合成场强 $\boldsymbol{E}$ 的振幅等于

$$\begin{aligned}|\boldsymbol{E}|&=|\boldsymbol{E}_0|\left|\frac{1-\mathrm{e}^{\mathrm{j}n\psi}}{1-\mathrm{e}^{\mathrm{j}\psi}}\right|=|\boldsymbol{E}_0|\left|\frac{(1-\cos n\psi)^2+\sin^2 n\psi}{(1-\cos\psi)^2+\sin^2\psi}\right|\\&=|\boldsymbol{E}_0|\frac{\sin(n\psi/2)}{\sin(\psi/2)}=|\boldsymbol{E}_0|\cdot f(\psi)\end{aligned} \tag{4.7.3}$$

式中,

$$f(\psi)=\frac{\sin(n\psi/2)}{\sin(\psi/2)} \tag{4.7.4}$$

(4.7.3) 式表明天线阵的场强是 $\boldsymbol{E}_0$ 与 $f(\psi)$ 的乘积, 其中 $\boldsymbol{E}_0$ 是天线阵元在 $P$ 点所产生的辐射场; $f(\psi)$ 仅与 $\varDelta$ 和 $d$ 有关, 即只涉及两相邻阵元之间的相位差和空间距离, 而称为 $n$ 阵元直线式天线阵的**阵因子**. 故天线阵的方向图是单个阵元天线的方向图与阵因子的乘积.

应用极值条件 $f'(\psi)=0$, 即

$$f'(\psi)=\frac{\mathrm{d}}{\mathrm{d}\psi}\left[\frac{\sin(n\psi/2)}{\sin(\psi/2)}\right]=0 \tag{4.7.5}$$

可得阵因子具有最大辐射所应满足的条件为

$$\tan(n\psi/2)=n\tan(\psi/2) \tag{4.7.6}$$

当 $\psi=0$ 时上式成立, 故阵因子 $f(\psi)$ 的最大值为

$$f(\psi)|_{\max}=\lim_{\psi\to 0}f(\psi)=\lim_{\psi\to 0}\frac{\sin(n\psi/2)}{\sin(\psi/2)}=n \tag{4.7.7}$$

而对于阵因子出现最大值的方向 $\varphi_m$, 由 (4.7.1) 式 $\psi=0$ 可知有

$$\beta d\cos\varphi_m+\Delta=0 \tag{4.7.8}$$

(4.7.7) 式表明, $n$ 元均匀直线天线阵在 $\psi=0$ 时有最大辐射, 其辐射场是单个阵元辐射的 $n$ 倍; (4.7.8) 式则表明通过改变相邻两阵元的相差 $\Delta$ 可改变天线阵最大辐射方向 $\varphi_m$, 而实现辐射波束的扫瞄, 这就是相控阵的基本原理.

图 4.7.2 是 $n$ 元均匀直线阵对于不同 $n$ 取值时的归一化阵因子与 $\psi$ 的关系曲线. 从图可见, 天线阵的作用可使在含线阵的平面内方向图的主瓣变窄, 且 $n$ 愈大, 方向图愈尖锐.

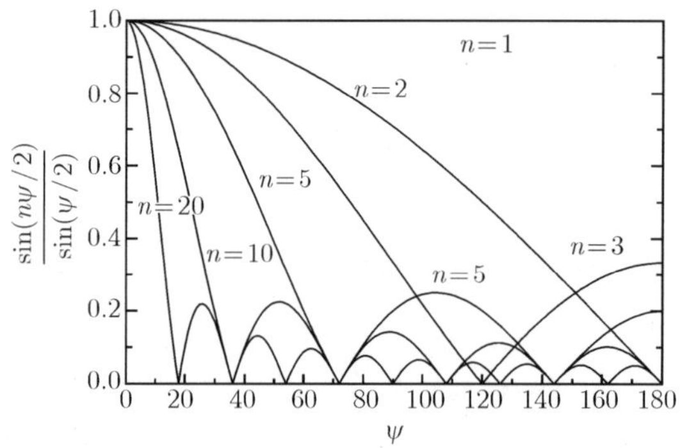


图 4.7.2　均匀直线式天线阵的归一化阵因子

### 4.7.1　边射式天线阵

若天线阵最大辐射方向发生在与阵的轴线相垂直的 $\varphi_m=\pm\pi/2$ 的方向上, 则由 $\psi=\beta d\cos\varphi_m+\Delta=0$ 可得 $\Delta=0$, 即天线阵的各个阵元的电流相位应是相同的. 由于 $\Delta=0$, 因而, 在 $\varphi_m=\pm\pi/2$ 的方向上各阵元的辐射同相叠加, 而具有最

大的辐射. 由于这种天线阵在其两侧具有最大辐射, 故称为边射式 (或侧向式) 天线阵.

当 $\varDelta=0, \varphi_m=\pm\pi/2$ 时, 则 $\psi=\beta d\cos\varphi$. 由 (4.7.4) 式可得天线阵因子方向图 $f(\psi)$ 为

$$f(\varphi)=\left|\frac{\sin(n\beta d\cos\varphi/2)}{\sin(\beta d\cos\varphi/2)}\right| \tag{4.7.9}$$

### 4.7.2 顶射式天线阵

若天线阵最大辐射方向发生在阵的轴线 $\varphi_m=0^\circ$ 或 $\varphi_m=\pi$ 的方向上, 则由 $\psi=\beta d\cos\varphi_m+\varDelta=0$ 可得 $\varDelta=\mp\beta d$, 故当天线阵最大辐射方向 $\varphi_m=0^\circ$ 时, 沿此方向相邻阵元的电流相位依次滞后; 而当天线阵最大辐射方向 $\varphi_m=\pi$ 时, 沿此方向相邻阵元的电流相位依次超前. 此时, 在天线的最大辐射方向, 相邻两阵元由于路程差所产生的相差正好与阵元自身的电流相差互相补偿, 获得同相叠加. 由于这种天线阵在其两端具有最大辐射, 故称为顶射式 (或端射式) 天线阵. 当 $\varDelta=\mp\beta d$, $\varphi_m=0^\circ$ 或 $\varphi_m=\pi$ 时, 则有 $\psi=\beta d(\cos\varphi\mp1)$. 由 (4.7.4) 式可得天线阵因子方向图 $f(\psi)$ 为

$$f(\varphi)=\left|\frac{\sin\left[n\beta d\left(\cos\varphi\mp1\right)/2\right]}{\sin\left[\beta d\left(\cos\varphi\mp1\right)/2\right]}\right| \tag{4.7.10}$$

(4.7.9) 和 (4.7.10) 式分别是边射式与顶射式天线阵的阵因子方向图, 而天线阵的方向图则可按方向图乘法由阵元方向图与阵因子方向图的乘积求得. 作为例子, 图 4.7.3 给出了由四个半波振子构成的边射式均匀直线阵的方向图 (c), 它等于振子的方向图 (a) 与阵因子方向图 (b) 的乘积.

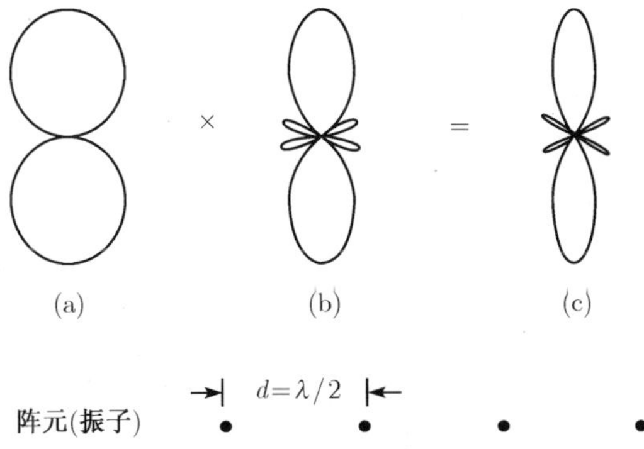


图 4.7.3 四元边射式均匀直线阵方向图乘法之例

以上关于均匀直线式天线阵因子的分析仅涉及阵元在阵中的排列、激励电流的振幅和相位, 而与阵元本身的结构和型式无关. 阵元可以是振子天线、带有反射器的振子天线、裂缝天线、微带天线等. 在天线阵的实际应用中, 常使用二维面型

天线阵以获得很强方向性辐射. 设天线阵所在平面为 $xy$ 平面, 则在 $xz$ 水平面上方向性图的主瓣宽度由 $x$ 方向上的振子数决定; 而在 $yz$ 垂直面上的方向性图的主瓣宽度由天线的层数 (即 $z$ 方向上的振子数) 决定, 若层数愈多, 则该平面的方向性图愈尖锐.

## 4.8 时谐电磁场方程组具有场源 $\rho, \boldsymbol{J}$ 和 $\rho_{\mathrm{m}}, \boldsymbol{J}_{\mathrm{m}}$ 时的积分形式解[5,14]

如 4.1 节中所述, 一般天线辐射问题可归结为对具有场源的 Maxwell 场方程组边值问题求解. 为此, 本节将对存在有自由电荷密度 $\rho$ 和电流密度 $\boldsymbol{J}$, 与磁荷密度 $\rho_{\mathrm{m}}$ 和磁流密度 $\boldsymbol{J}_{\mathrm{m}}$ 时的 Maxwell 场方程组进行严格求解, 给出其积分形式的一般解; 继而讨论其特殊情形对求解线天线和面型天线的应用.

由 (1.6.12)~(1.6.15) 式, 对于时谐场, 含场源的对称形式 Maxwell 场方程组为

$$\nabla \times \boldsymbol{E} = -\boldsymbol{J}_m - \mathrm{j}\omega\mu\boldsymbol{H} \tag{4.8.1}$$

$$\nabla \times \boldsymbol{H} = \boldsymbol{J} + \mathrm{j}\omega\varepsilon\boldsymbol{E} \tag{4.8.2}$$

$$\nabla \cdot \boldsymbol{E} = \frac{\rho}{\varepsilon} \tag{4.8.3}$$

$$\nabla \cdot \boldsymbol{H} = \frac{\rho_{\mathrm{m}}}{\mu} \tag{4.8.4}$$

$\rho$ 与 $\boldsymbol{J}$ 和 $\rho_{\mathrm{m}}$ 与 $\boldsymbol{J}_{\mathrm{m}}$ 满足的连续性方程分别为

$$\nabla \cdot \boldsymbol{J} + \mathrm{j}\omega\rho = 0 \tag{4.8.5}$$

$$\nabla \cdot \boldsymbol{J}_{\mathrm{m}} + \mathrm{j}\omega\rho_{\mathrm{m}} = 0 \tag{4.8.6}$$

式中, $\varepsilon$ 和 $\mu$ 分别为媒质的介电常数和磁导率.

取 (4.8.1) 和 (4.8.2) 式的旋度, 消去 $\boldsymbol{H}$ 或 $\boldsymbol{E}$ 后, 可得 $\boldsymbol{E}$ 和 $\boldsymbol{H}$ 所满足的 Helmholtz 方程:

$$\nabla \times \nabla \times \boldsymbol{E} - k^2\boldsymbol{E} = -\mathrm{j}\omega\mu\boldsymbol{J} - \nabla \times \boldsymbol{J}_{\mathrm{m}} \tag{4.8.7}$$

$$\nabla \times \nabla \times \boldsymbol{H} - k^2\boldsymbol{H} = -\mathrm{j}\omega\varepsilon\boldsymbol{J}_{\mathrm{m}} + \nabla \times \boldsymbol{J} \tag{4.8.8}$$

式中, $k = \omega\sqrt{\varepsilon\mu}$, 为 $\varepsilon$、$\mu$ 自由空间波数.

以下, 我们首先推导矢量格林定理, 然后再将它应用于 Maxwell 场方程中的电磁场, 以求得在求解域 $V$ 内任意一点 $P$ 的场藉在 $V$ 内的已知场源 (电荷、磁荷分布和电流、磁流分布) 的体积分与已知在界面 $S$ 上的电磁场值的面积分之和表示, 即电磁场的积分形式解.

参见图 4.8.1, 设 $V$ 为封闭曲面 $S(S_1, S_2, \cdots, S_n)$ 所包围的区域; 矢量 $\boldsymbol{P}$ 和 $\boldsymbol{Q}$ 是位置的函数, 并且 $\boldsymbol{P}$ 和 $\boldsymbol{Q}$ 及其一阶和二阶导数在 $V$ 内和界面 $S$ 上到处连续. 将高斯定理应用于矢量 $\boldsymbol{P} \times \nabla \times \boldsymbol{Q}$, 则有

$$\iiint_V \nabla \cdot (\boldsymbol{P} \times \nabla \times \boldsymbol{Q}) \mathrm{d}v = -\oiint_S (\boldsymbol{P} \times \nabla \times \boldsymbol{Q}) \cdot \hat{\boldsymbol{n}} \mathrm{d}S \tag{4.8.9}$$

式中, $\hat{\boldsymbol{n}}$ 是曲面 $S$ 的法向单位矢量; 注意: 这里 $\hat{\boldsymbol{n}}$ 的正方向是指向 $V$ 内.

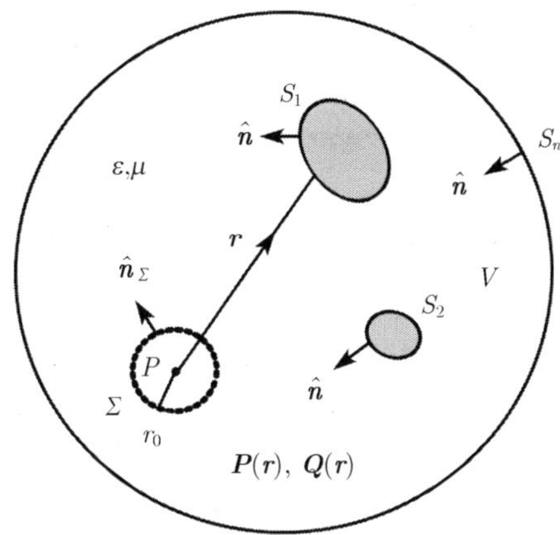


图 4.8.1 矢量格林 (Green) 定理

利用矢量恒等式 $\nabla \cdot (\boldsymbol{A} \times \boldsymbol{B}) = \boldsymbol{B} \cdot \nabla \times \boldsymbol{A} - \boldsymbol{A} \cdot \nabla \times \boldsymbol{B}$, (4.8.9) 式可写成:

$$\iiint_V [(\nabla \times \boldsymbol{Q}) \cdot (\nabla \times \boldsymbol{P}) - \boldsymbol{P} \cdot \nabla \times \nabla \times \boldsymbol{Q}] \mathrm{d}v = -\oiint_S (\boldsymbol{P} \times \nabla \times \boldsymbol{Q}) \cdot \hat{\boldsymbol{n}} \mathrm{d}S \tag{4.8.10}$$

交换 (4.8.10) 式中的 $\boldsymbol{P}$ 与 $\boldsymbol{Q}$ 后, 有

$$\iiint_V [(\nabla \times \boldsymbol{P}) \cdot (\nabla \times \boldsymbol{Q}) - \boldsymbol{Q} \cdot \nabla \times \nabla \times \boldsymbol{P}] \mathrm{d}v = -\oiint_S (\boldsymbol{Q} \times \nabla \times \boldsymbol{P}) \cdot \hat{\boldsymbol{n}} \mathrm{d}S \tag{4.8.11}$$

(4.8.10) 减去 (4.8.11) 式, 可得

$$\begin{aligned} &\iiint_V [\boldsymbol{Q} \cdot \nabla \times \nabla \times \boldsymbol{P} - \boldsymbol{P} \cdot \nabla \times \nabla \times \boldsymbol{Q}] \mathrm{d}v \\ =& -\oiint_S (\boldsymbol{P} \times \nabla \times \boldsymbol{Q} - \boldsymbol{Q} \times \nabla \times \boldsymbol{P}) \cdot \hat{\boldsymbol{n}} \mathrm{d}S \end{aligned} \tag{4.8.12}$$

(4.8.12) 式称为矢量格林定理.

今定义矢量位置函数 $\boldsymbol{Q}$ 为

$$\boldsymbol{Q} = \frac{\mathrm{e}^{-\mathrm{j}kr}}{r} \boldsymbol{a} = \psi \boldsymbol{a} \tag{4.8.13}$$

式中, $\psi=\dfrac{\mathrm{e}^{-\mathrm{j}kr}}{r}$; $r$ 是从 $P$ 点到 $V$ 内任意另一点的距离; $\boldsymbol{a}$ 为一任意常矢量.

矢量 $\boldsymbol{Q}$ 在 $V$ 内除 $P$ 点外满足格林定理对 $\boldsymbol{Q}$ 要求的连续条件. 因此, 我们绕 $P$ 点作半径为 $r_0$ 的小球面 $\varSigma$, 使矢量函数 $\boldsymbol{Q}$ 在曲面 $S'=\boldsymbol{\varSigma}+S_1+S_2+\cdots+S_n$ 包围的体积 $V'$ 内满足所要求的连续条件.

设矢量 $\boldsymbol{P}=\boldsymbol{E}$($\boldsymbol{E}$ 为电场矢量), 以及给定的矢量 $\boldsymbol{Q}$, 它们在 $V'$ 内均满足格林定理的连续性条件要求, 故由 (4.8.12) 式有

$$\begin{aligned}&\iiint_{V'}[\psi\boldsymbol{a}\cdot\nabla\times\nabla\times\boldsymbol{E}-\boldsymbol{E}\cdot\nabla\times\nabla\times(\psi\boldsymbol{a})]\,\psi\mathrm{d}v\\&=-\oiint_{S+\varSigma}[\boldsymbol{E}\times\nabla\times(\psi\boldsymbol{a})-(\psi\boldsymbol{a})\times\nabla\times\boldsymbol{E}]\cdot\hat{\boldsymbol{n}}\mathrm{d}S\end{aligned}\tag{4.8.14}$$

以下的推导工作有点繁杂, 要频繁用到矢量恒等式, 计有:

(1) $\nabla\times\nabla\times\boldsymbol{A}=\nabla\nabla\cdot\boldsymbol{A}-\nabla^2\boldsymbol{A}$

(2) $\nabla\cdot(u\boldsymbol{A})=\boldsymbol{A}\cdot\nabla u+u\nabla\cdot\boldsymbol{A}$

(3) $\nabla\times(u\boldsymbol{A})=\nabla u\times\boldsymbol{A}+u\nabla\times\boldsymbol{A}$

(4) $\boldsymbol{a}\cdot\boldsymbol{b}\times\boldsymbol{c}=\boldsymbol{b}\cdot\boldsymbol{c}\times\boldsymbol{a}=\boldsymbol{c}\cdot\boldsymbol{a}\times\boldsymbol{b}$

(5) $\boldsymbol{a}\times\boldsymbol{b}\times\boldsymbol{c}=\boldsymbol{b}(\boldsymbol{a}\cdot\boldsymbol{c})-\boldsymbol{c}(\boldsymbol{a}\cdot\boldsymbol{b})$

其目的首先是要将 (4.8.14) 式化为如下的形式:

$$\boldsymbol{a}\cdot\iiint_{V'}[\cdots\ \cdots\ \cdots]\,\psi\mathrm{d}v=\boldsymbol{a}\cdot\oiint_{S+\varSigma}[\cdots\ \cdots\ \cdots]\cdot\hat{\boldsymbol{n}}\mathrm{d}S\quad(\text{见(4.8.26)式})$$

为此, 利用恒等式 (1) 和 (2), 并注意到 $\psi$ 满足 $\nabla^2\psi+k^2\psi=0$, 以及 $\boldsymbol{a}$ 为常矢量, 而有

$$\nabla\times\nabla\times(\psi\boldsymbol{a})=\nabla\nabla\cdot(\psi\boldsymbol{a})-\nabla^2(\psi\boldsymbol{a})=\nabla(\boldsymbol{a}\cdot\nabla\psi)+k^2\psi\boldsymbol{a}\tag{4.8.15}$$

用 $\psi\boldsymbol{a}$ 点乘 (4.8.7) 减去 $\boldsymbol{E}$ 点乘 (4.8.15) 式, 可得

$$\psi\boldsymbol{a}\cdot\nabla\times\nabla\times\boldsymbol{E}-\boldsymbol{E}\cdot\nabla\times\nabla\times(\psi\boldsymbol{a})=\boldsymbol{a}\cdot\left(-\mathrm{j}\omega\mu_{\boldsymbol{J}}\psi-\psi\nabla\times\boldsymbol{J}_{\mathrm{m}}\right)-\boldsymbol{E}\cdot\nabla(\boldsymbol{a}\cdot\nabla\psi)\tag{4.8.16}$$

又利用恒等式 (2), 令其中 $u\equiv\boldsymbol{A}\cdot\nabla\psi$, $\boldsymbol{A}\equiv\boldsymbol{E}$, 并因有 (4.8.3) 式, 可得

$$\begin{aligned}\boldsymbol{E}\cdot\nabla(\boldsymbol{a}\cdot\nabla\psi)&=\nabla\cdot[\boldsymbol{E}(\boldsymbol{a}\cdot\nabla\psi)]-(\boldsymbol{a}\cdot\nabla\psi)\nabla\cdot\boldsymbol{E}\\&=\nabla\cdot[\boldsymbol{E}(\boldsymbol{a}\cdot\nabla\psi)]-\frac{\rho}{\varepsilon}(\boldsymbol{a}\cdot\nabla\psi)\end{aligned}\tag{4.8.17}$$

而利用恒等式 (3), 可得

$$\psi\nabla\times\boldsymbol{J}_{\mathrm{m}}=\nabla\times(\psi\boldsymbol{J}_{\mathrm{m}})+\boldsymbol{J}_{\mathrm{m}}\times\nabla\psi\tag{4.8.18}$$

将 (4.8.17) 和 (4.8.18) 代入 (4.8.16) 式, 得

$$\begin{aligned}&\psi \boldsymbol{a}\cdot\nabla\times\nabla\times\boldsymbol{E}-\boldsymbol{E}\cdot\nabla\times\nabla\times(\psi\boldsymbol{a})\\&=\boldsymbol{a}\cdot(-\mathrm{j}\omega\mu\psi\boldsymbol{J}-\nabla\times(\psi\boldsymbol{J}_{\mathrm{m}})-\boldsymbol{J}_{\mathrm{m}}\times\nabla\psi)-\nabla\cdot[\boldsymbol{E}(\boldsymbol{a}\cdot\nabla\psi)]+\frac{\rho}{\varepsilon}(\boldsymbol{a}\cdot\nabla\psi)\end{aligned}\tag{4.8.19}$$

再将 (4.8.19) 式代入 (4.8.14) 式, 便有

$$\begin{aligned}&\boldsymbol{a}\cdot\iiint_{V'}\left[(\mathrm{j}\omega\mu\psi\boldsymbol{J}+\boldsymbol{J}_{\mathrm{m}}\times\nabla\psi)-\frac{\rho}{\varepsilon}\nabla\psi\right]\mathrm{d}v+\boldsymbol{a}\cdot\iiint_{V'}\nabla\times(\psi\boldsymbol{J}_{\mathrm{m}})\mathrm{d}v\\&+\iiint_{V'}\nabla\cdot[\boldsymbol{E}(\boldsymbol{a}\cdot\nabla\psi)]\mathrm{d}v=\oiint_{S+\Sigma}[\boldsymbol{E}\times\nabla\times(\psi\boldsymbol{a})-(\psi\boldsymbol{a})\times\nabla\times\boldsymbol{E}]\cdot\hat{\boldsymbol{n}}\mathrm{d}S\end{aligned}\tag{4.8.20}$$

对于上式等号左边的第二和第三项积分, 应用矢量场论中的高斯公式:

$$\iiint_V\nabla\times\boldsymbol{F}\mathrm{d}v=-\oiint_S\hat{\boldsymbol{n}}\times\boldsymbol{F}\mathrm{d}S\quad 和\quad\iiint_V\nabla\cdot\boldsymbol{F}\mathrm{d}v=-\oiint_S\boldsymbol{F}\cdot\hat{\boldsymbol{n}}\mathrm{d}S\tag{4.8.21}$$

它们分别可表为

$$\boldsymbol{a}\cdot\iiint_{V'}\nabla\times(\boldsymbol{J}_m\psi)\,\mathrm{d}v=-\boldsymbol{a}\cdot\oiint_{S+\Sigma}\psi\hat{\boldsymbol{n}}\times\boldsymbol{J}_m\mathrm{d}S\tag{4.8.22}$$

$$\begin{aligned}\iiint_V\nabla\cdot[\boldsymbol{E}(\boldsymbol{a}\cdot\nabla\psi)]\mathrm{d}v&=-\oiint_{S+\Sigma}(\boldsymbol{a}\cdot\nabla\psi)(\hat{\boldsymbol{n}}\cdot\boldsymbol{E})\mathrm{d}S\\&=-a\cdot\oiint_{S+\Sigma}(\hat{\boldsymbol{n}}\cdot\boldsymbol{E})\nabla\psi\mathrm{d}S\end{aligned}\tag{4.8.23}$$

这里, $\hat{\boldsymbol{n}}$ 是界面 $S$ 的法向单位矢量, 其正方向是指向 $V$ 内.

对于以上 (4.8.20) 式等号右边的第一项面积分, 利用恒等式 (3) 和 (4), 可得

$$\begin{aligned}\oiint_{S+\Sigma}[\boldsymbol{E}\times\nabla\times(\psi\boldsymbol{a})]\cdot\hat{\boldsymbol{n}}\mathrm{d}S&=\iint_{S+\Sigma}[\boldsymbol{E}\times\nabla\psi\times\boldsymbol{a}]\cdot\hat{\boldsymbol{n}}\mathrm{d}S\\&=\oiint_{S+\Sigma}(\hat{\boldsymbol{n}}\times\boldsymbol{E})\cdot(\nabla\psi\times\boldsymbol{a})\mathrm{d}S\\&=\mathrm{a}\cdot\oiint_{S+\Sigma}(\hat{\boldsymbol{n}}\times\boldsymbol{E})\times\nabla\psi\mathrm{d}S\end{aligned}\tag{4.8.24}$$

而第二项面积分, 将 (4.8.1) 式 $\nabla\times\boldsymbol{E}=-\mathrm{j}\omega\mu\boldsymbol{H}-\boldsymbol{J}_{\mathrm{m}}$ 代入后, 并应用恒等式 (4), 可得

$$\begin{aligned}-\oiint_{S+\Sigma}\psi[\boldsymbol{a}\times\nabla\times\boldsymbol{E}]\cdot\hat{\boldsymbol{n}}\mathrm{d}S&=-\oiint_{S+\Sigma}\psi[\boldsymbol{a}\times(-\mathrm{j}\omega\mu\mathrm{H}-\boldsymbol{J}_{\mathrm{m}})]\cdot\hat{\boldsymbol{n}}\mathrm{d}S\\&=-\boldsymbol{a}\cdot\oiint_{S+\Sigma}[\mathrm{j}\omega\mu\psi(\hat{\boldsymbol{n}}\times\boldsymbol{H})+\psi(\hat{\boldsymbol{n}}\times\boldsymbol{J}_{\mathrm{m}})]\mathrm{d}S\end{aligned}\tag{4.8.25}$$

于是, 将 (4.8.22)~(4.8.25) 式结果一并代入 (4.8.20) 式, 最后便得到

$$\begin{aligned}&\boldsymbol{a}\cdot\iiint_{V'}\left(\mathrm{j}\omega\mu\psi\boldsymbol{J}+\boldsymbol{J}_\mathrm{m}\times\nabla\psi-\frac{\rho}{\varepsilon}\nabla\psi\right)\mathrm{d}v\\&=\boldsymbol{a}\cdot\oint\!\!\!\oint_{S+\varSigma}\left[-\mathrm{j}\omega\mu\psi\left(\hat{\boldsymbol{n}}\times\boldsymbol{H}\right)+\left(\hat{\boldsymbol{n}}\times\boldsymbol{E}\right)\times\nabla\psi+\left(\hat{\boldsymbol{n}}\cdot\boldsymbol{E}\right)\nabla\psi\right]\mathrm{d}S\end{aligned}\tag{4.8.26}$$

上式对任意矢量 $\boldsymbol{a}$ 必须成立, 故积分本身应相等. 于是有

$$\begin{aligned}&\iiint_{V'}\left(\mathrm{j}\omega\mu\psi\boldsymbol{J}+\boldsymbol{J}_\mathrm{m}\times\nabla\psi-\frac{\rho}{\varepsilon}\nabla\psi\right)\mathrm{d}v\\&=\oint\!\!\!\oint_{S}\left[-\mathrm{j}\omega\mu\psi\left(\hat{\boldsymbol{n}}\times\boldsymbol{H}\right)+\left(\hat{\boldsymbol{n}}\times\boldsymbol{E}\right)\times\nabla\psi+\left(\hat{\boldsymbol{n}}\cdot\boldsymbol{E}\right)\nabla\psi\right]\mathrm{d}S\\&\quad+\oint\!\!\!\oint_{\varSigma}\left[-\mathrm{j}\omega\mu\psi\left(\hat{\boldsymbol{n}}\times\boldsymbol{H}\right)+\left(\hat{\boldsymbol{n}}\times\boldsymbol{E}\right)\times\nabla\psi+\left(\hat{\boldsymbol{n}}\cdot\boldsymbol{E}\right)\nabla\psi\right]\mathrm{d}S\end{aligned}\tag{4.8.27}$$

为了便于随后处理, 这里已将对小球面 $\varSigma$ 的积分划出. 当半径为 $r_0$ 小球面 $\varSigma$ 缩成一点 $P$ 的极限情况下, $\varSigma$ 面积分中的场将只依赖于 $P$ 点的场强值. 因此, (4.8.27) 式将可给出 $P$ 点的场与场源 (电荷、磁荷分布和电流、磁流分布) 的体积分与已知在界面 $S$ 上的电磁场值的面积分之间的关系式. 具体分析、推导如下:

在 $\varSigma$ 球面上, 有 $\nabla\psi=\left.\dfrac{\partial}{\partial n}\dfrac{\mathrm{e}^{-\mathrm{j}kr}}{r}\right|_{r_0}\hat{\boldsymbol{n}}=\left.\dfrac{\mathrm{d}}{\mathrm{d}r}\dfrac{\mathrm{e}^{-\mathrm{j}kr}}{r}\right|_{r_0}\hat{\boldsymbol{n}}=-\left(\mathrm{j}k+\dfrac{1}{r_0}\right)\dfrac{\mathrm{e}^{-\mathrm{j}kr_0}}{r_0}\hat{\boldsymbol{n}}$, 这里, 法向单位矢量 $\hat{\boldsymbol{n}}$ 是沿 $P$ 点的矢径方向. 令 $\mathrm{d}\varOmega$ 为 $\varSigma$ 上面积元 $\mathrm{d}S$ 于 $P$ 点所张的立体角, 并因由恒等式 (5) 可知, 有 $(\hat{\boldsymbol{n}}\times\boldsymbol{E})\times\hat{\boldsymbol{n}}+(\hat{\boldsymbol{n}}\cdot\boldsymbol{E})\,\hat{\boldsymbol{n}}=\boldsymbol{E}$, 则 $\varSigma$ 球面积分可表为

$$\begin{aligned}&\oint\!\!\!\oint_{\varSigma}\left[-\mathrm{j}\omega\mu\psi\left(\hat{\boldsymbol{n}}\times\boldsymbol{H}\right)+\left(\hat{\boldsymbol{n}}\times\boldsymbol{E}\right)\times\nabla\psi+\left(\hat{\boldsymbol{n}}\cdot\boldsymbol{E}\right)\nabla\psi\right]\mathrm{d}S\\&=-\mathrm{j}r_0\mathrm{e}^{-\mathrm{j}kr_0}\oint\!\!\!\oint_{\varSigma}\left\{\omega\mu\left(\hat{\boldsymbol{n}}\times\boldsymbol{H}\right)+k\left[\left(\hat{\boldsymbol{n}}\times\boldsymbol{E}\right)\times\hat{\boldsymbol{n}}+\left(\hat{\boldsymbol{n}}\cdot\boldsymbol{E}\right)\hat{\boldsymbol{n}}\right]\right\}\mathrm{d}\varOmega\\&\quad-\mathrm{e}^{-\mathrm{j}kr_0}\oint\!\!\!\oint\left[\left(\hat{\boldsymbol{n}}\times\boldsymbol{E}\right)\times\hat{\boldsymbol{n}}+\left(\hat{\boldsymbol{n}}\cdot\boldsymbol{E}\right)\hat{\boldsymbol{n}}\right]\mathrm{d}\varOmega\\&=-\mathrm{j}4\pi r_0\mathrm{e}^{-\mathrm{j}kr_0}\left(\omega\mu\overline{\hat{\boldsymbol{n}}\times\boldsymbol{H}}+k\overline{\boldsymbol{E}}\right)-4\pi\mathrm{e}^{-\mathrm{j}kr_0}\overline{\boldsymbol{E}}\end{aligned}\tag{4.8.28}$$

式中, $\mathrm{d}\varOmega=\mathrm{d}S/r_0^2$; $\hat{\boldsymbol{n}}\times\boldsymbol{H}$ 和 $\boldsymbol{E}$ 上面的横线是表示它们是在 $\varSigma$ 球面上的平均值.

令小球半径 $r_0\to 0$, 则 $\mathrm{e}^{-\mathrm{j}kr_0}\to 1$, $V'\to V, S'\to S$. 因在 $P$ 点附近的场值为有限值, 故含 $r_0$ 的项变为零, 于是有

$$\lim_{r_0\to 0}\oint\!\!\!\oint_{\varSigma}\left[-\mathrm{j}\omega\mu\psi\left(\hat{\boldsymbol{n}}\times\boldsymbol{H}\right)+\left(\hat{\boldsymbol{n}}\times\boldsymbol{E}\right)\times\nabla\psi+\left(\hat{\boldsymbol{n}}\cdot\boldsymbol{E}\right)\nabla\psi\right]\mathrm{d}S=-4\pi\overline{\boldsymbol{E}}_P\tag{4.8.29}$$

将 (4.8.29) 式代入 (4.8.27) 式, 并省去 $\boldsymbol{E}$ 上面的横线, 最后便得到

$$\begin{aligned}\boldsymbol{E}_P=&-\frac{1}{4\pi}\iiint_V\left(\mathrm{j}\omega\mu\psi\boldsymbol{J}+\boldsymbol{J}_{\mathrm{m}}\times\nabla\psi-\frac{\rho}{\varepsilon}\nabla\psi\right)\mathrm{d}v\\&+\frac{1}{4\pi}\oiint_S\left[-\mathrm{j}\omega\mu\psi\left(\hat{\boldsymbol{n}}\times\boldsymbol{H}\right)+\left(\hat{\boldsymbol{n}}\times\boldsymbol{E}\right)\times\nabla\psi+\left(\hat{\boldsymbol{n}}\cdot\boldsymbol{E}\right)\nabla\psi\right]\mathrm{d}S\end{aligned}\tag{4.8.30}$$

对于磁场 $\boldsymbol{H}_P$, 作类似以上分析, 或按二重性原理对 (4.8.30) 式作 $\boldsymbol{E}\leftrightarrow\boldsymbol{H},\varepsilon\leftrightarrow-\mu$ 和 $\boldsymbol{J}\leftrightarrow-\boldsymbol{J}_{\mathrm{m}},\rho\leftrightarrow-\rho_{\mathrm{m}}$ 的代换, 便可求得

$$\begin{aligned}\boldsymbol{H}_P=&-\frac{1}{4\pi}\iiint_V\left(\mathrm{j}\omega\varepsilon\psi\boldsymbol{J}_{\mathrm{m}}-\boldsymbol{J}\times\nabla\psi-\frac{\rho_{\mathrm{m}}}{\mu}\nabla\psi\right)\mathrm{d}v\\&+\frac{1}{4\pi}\oiint_S\left[\mathrm{j}\omega\varepsilon\psi\left(\hat{\boldsymbol{n}}\times\boldsymbol{E}\right)+\left(\hat{\boldsymbol{n}}\times\boldsymbol{H}\right)\times\nabla\psi+\left(\hat{\boldsymbol{n}}\cdot\boldsymbol{H}\right)\nabla\psi\right]\mathrm{d}S\end{aligned}\tag{4.8.31}$$

(4.8.30) 和 (4.8.31) 式中的体积分表示 $V$ 内场源对 $P$ 点场的供献; 而面积分表示 $V$ 外场源对 $P$ 点场的供献.

**几种特殊情形:**

(a) 设曲面 $S_n=S_\infty$, 其半径为 $\infty$; 求解域为无界域; 此时, 我们总可将场源 $\rho,\boldsymbol{J}$, $\rho_{\mathrm{m}}$ 和 $\boldsymbol{J}_{\mathrm{m}}$ 限制在某有限体积 $V$ 内的区域. 由于电磁场 $\boldsymbol{E}$ 和 $\boldsymbol{H}$ 必须满足辐射条件, (4.8.30) 和 (4.8.31) 式中的 $S_\infty$ 面积分为零, 而 $\boldsymbol{E}_P$ 和 $\boldsymbol{H}_P$ 简化为仅含对体积 $V$ 内的场源积分:

$$\boldsymbol{E}_P=-\frac{1}{4\pi}\iiint_V\left[\mathrm{j}\omega\mu\boldsymbol{J}\psi+\boldsymbol{J}_{\mathrm{m}}\times\nabla\psi-\frac{\rho}{\varepsilon}\nabla\psi\right]\mathrm{d}v\tag{4.8.32}$$

$$\boldsymbol{H}_P=-\frac{1}{4\pi}\iiint_V\left[\mathrm{j}\omega\varepsilon\boldsymbol{J}_{\mathrm{m}}\psi-\boldsymbol{J}\times\nabla\psi-\frac{\rho_m}{\mu}\nabla\psi\right]\mathrm{d}v\tag{4.8.33}$$

因 $\rho$ 与 $\boldsymbol{J}$ 满足连续性方程, 由 (4.8.5) 式可知有 $\rho=-\dfrac{1}{\mathrm{j}\omega}\nabla\cdot\boldsymbol{J}$, 将它代入 (4.8.32) 式后得:

$$\boldsymbol{E}_P=\frac{\mathrm{j}}{4\pi\omega\varepsilon}\iiint_V\left[-k^2\boldsymbol{J}\psi+\mathrm{j}\omega\varepsilon\boldsymbol{J}_{\mathrm{m}}\times\nabla\psi+\nabla\cdot\boldsymbol{J}\nabla\psi\right]\mathrm{d}v\tag{4.8.34}$$

令 $\hat{\boldsymbol{a}}_i(i=1,2,3)$ 分别为沿 $x,y$ 和 $z$ 方向的单位矢量, 并应用恒等式 (2), 上式中的第三项可化为

$$\nabla\cdot\boldsymbol{J}\nabla\psi=\sum_{i=1}^{3}\nabla\cdot\boldsymbol{J}\frac{\partial\psi}{\partial x_i}\hat{\boldsymbol{a}}_i=\sum_{i=1}^{3}\hat{\boldsymbol{a}}_i\nabla\cdot\left(\boldsymbol{J}\frac{\partial\psi}{\partial x_i}\right)-\left(\boldsymbol{J}\cdot\nabla\right)\nabla\psi\tag{4.8.35}$$

当场源位于所取的有限体积 $V$ 内, 而包围它的曲面 $S$ 上不含场源, 则应用高斯定理便有

$$\iiint_V\nabla\cdot\left(\boldsymbol{J}\frac{\partial\psi}{\partial x_i}\right)\mathrm{d}v=-\oiint_S\hat{\boldsymbol{n}}\cdot\left(\boldsymbol{J}\frac{\partial\psi}{\partial x_i}\right)\mathrm{d}S=0$$

于是, (4.8.34) 式可表为

$$\boldsymbol{E}_P=-\frac{\mathrm{j}}{4\pi\omega\varepsilon}\iiint_V\left[k^2\boldsymbol{J}\psi-\mathrm{j}\omega\varepsilon\boldsymbol{J}_{\mathrm{m}}\times\nabla\psi+(\boldsymbol{J}\cdot\nabla)\nabla\psi\right]\mathrm{d}v \tag{4.8.36}$$

类似地, 对于磁场 $\boldsymbol{H}_P$, 可得

$$\boldsymbol{H}_P=-\frac{\mathrm{j}}{4\pi\omega\mu}\iiint_V\left[k^2\boldsymbol{J}_{\mathrm{m}}\psi+\mathrm{j}\omega\mu\boldsymbol{J}\times\nabla\psi+(\boldsymbol{J}_{\mathrm{m}}\cdot\nabla)\nabla\psi\right]\mathrm{d}v \tag{4.8.37}$$

(4.8.36) 和 (4.8.37) 式是仅含电流密度场源的 $\boldsymbol{E}_P$ 和 $\boldsymbol{H}_P$ 的表示式.

(b) 求解域 $V$ 为由曲面 $S$ 与半径为 $\infty$ 的曲面 $S_\infty$ 所包围的区域; 所有场源均位于 $S$ 内; 在 $V$ 外 $\rho=0$, $\boldsymbol{J}=0$, $\rho_{\mathrm{m}}=0$ 和 $\boldsymbol{J}_{\mathrm{m}}=0$; $S_\infty$ 为半径为 $\infty$ 的封闭曲面. 此时, (4.7.30) 和 (4.7.31) 式中的体积分为零、以及场应满足辐射条件 (见附录 C)$S_\infty$ 的面积分为零, 而简化成

$$\boldsymbol{E}_P=\frac{1}{4\pi}\oiint_S\left[-\mathrm{j}\omega\mu(\hat{\boldsymbol{n}}\times\boldsymbol{H})\psi+(\hat{\boldsymbol{n}}\times\boldsymbol{E})\times\nabla\psi+(\hat{\boldsymbol{n}}\cdot\boldsymbol{E})\nabla\psi\right]\mathrm{d}S \tag{4.8.38}$$

$$\boldsymbol{H}_P=\frac{1}{4\pi}\oiint_S\left[\mathrm{j}\omega\varepsilon(\hat{\boldsymbol{n}}\times\boldsymbol{E})\psi+(\hat{\boldsymbol{n}}\times\boldsymbol{H})\times\nabla\psi+(\hat{\boldsymbol{n}}\cdot\boldsymbol{H})\nabla\psi\right]\mathrm{d}S \tag{4.8.39}$$

(4.8.38) 和 (4.8.39) 式表明, $P$ 点的电磁场的场源是来自于曲面 $S$ 上存在的场 $\boldsymbol{E}|_S$ 和 $\boldsymbol{H}|_S$.

已知理想导体表面的电磁场边界条件为

$$\rho_S=\varepsilon(\hat{\boldsymbol{n}}\cdot\boldsymbol{E})|_S;\quad \rho_{\mathrm{m}S}=\mu(\hat{\boldsymbol{n}}\cdot\boldsymbol{H})|_S \tag{4.8.40}$$

$$\boldsymbol{J}_S=\hat{\boldsymbol{n}}\times\boldsymbol{H}|_S;\quad \boldsymbol{J}_{\mathrm{m}S}=\boldsymbol{E}\times\hat{\boldsymbol{n}}|_S \tag{4.8.41}$$

式中, $\rho_S$ 和 $\rho_{\mathrm{m}S}$ 分别是面电荷和面磁荷密度; 而 $\boldsymbol{J}_S$ 和 $\boldsymbol{J}_{mS}$ 分别是面电流和面磁流密度. 因此, 应用 (4.8.40) 和 (4.8.41) 式, 我们亦可将 (4.8.38) 和 (4.8.39) 式 $P$ 点的电磁场视为是由于曲面 $S$ 上存在等效的面电荷、面磁荷、面电流和面磁流密度场源所产生的.

可以证明 (4.8.38) 和 (4.8.39) 式可表为如下简洁的形式 (见附录 B):

$$\boldsymbol{E}_P=\frac{1}{4\pi}\oiint_S\left[\boldsymbol{E}\frac{\partial\psi}{\partial n}-\psi\frac{\partial\boldsymbol{E}}{\partial n}\right]\mathrm{d}S \tag{4.8.42}$$

和

$$\boldsymbol{H}_P=\frac{1}{4\pi}\oiint_S\left[\boldsymbol{H}\frac{\partial\psi}{\partial n}-\psi\frac{\partial\boldsymbol{H}}{\partial n}\right]\mathrm{d}S \tag{4.8.43}$$

以上两式就是矢量形式的电磁场格林定理.

(c) 求解域 $V$ 是由 $S = S_C + S_\infty$ 所包围的区域; 在 $V$ 内某有限区域有场源 $\rho, \boldsymbol{J}$, $\rho_{\mathrm{m}}$ 和 $\boldsymbol{J}_{\mathrm{m}}$; $S_C(= S_{1C} + S_{2C} + \cdots)$ 为理想导电曲面. 此时, 由于辐射条件, 可知 (4.8.30) 和 (4.8.31) 式中的 $S_\infty$ 面积分为零, 以及导体边界条件: $\hat{\boldsymbol{n}} \times \boldsymbol{E}|_S = 0$, $\hat{\boldsymbol{n}} \times \boldsymbol{H} = \boldsymbol{J}_S$, $\hat{\boldsymbol{n}} \cdot \boldsymbol{E} = \rho_{\mathrm{S}} / \varepsilon$ 和 $\hat{\boldsymbol{n}} \cdot \boldsymbol{H} = 0$, 故有

$$\boldsymbol{E}_P = -\frac{1}{4\pi} \iiint_V \left[ \mathrm{j}\omega\mu \boldsymbol{J}\psi + \boldsymbol{J}_{\mathrm{m}} \times \nabla\psi - \frac{\rho}{\varepsilon}\nabla\psi \right] \mathrm{d}v + \frac{1}{4\pi} \oiint_{S_C} \left[ -\mathrm{j}\omega\mu \boldsymbol{J}_S \psi + \frac{\rho_S}{\varepsilon}\nabla\psi \right] \mathrm{d}S \tag{4.8.44}$$

$$\boldsymbol{H}_P = -\frac{1}{4\pi} \iiint_V \left[ \mathrm{j}\omega\varepsilon \boldsymbol{J}_{\mathrm{m}}\psi - \boldsymbol{J} \times \nabla\psi - \frac{\rho_m}{\mu}\nabla\psi \right] \mathrm{d}v + \frac{1}{4\pi} \oiint_{S_C} \boldsymbol{J}_S \times \nabla\psi \mathrm{d}S \tag{4.8.45}$$

式中, $\boldsymbol{J}_S$ 和 $\rho_S$ 分别为理想导电曲面 $S_C$ 上的面电流密度和面电荷密度.

以上 $\boldsymbol{E}_P$ 和 $\boldsymbol{H}_P$ 给出的是场点 $P$ 位于坐标系原点时的场值. 参见图 4.8.2, 一般地, 若选择坐标系的原点为 $O$, 场点 $P$ 的坐标为 $\boldsymbol{r}$(非位于坐标系原点); 而源点坐标为 $\boldsymbol{r}'$, 则由 (4.8.30) 和 (4.8.31) 式通过坐标变换可知, 此时 $P$ 点的场 $\boldsymbol{E}(\boldsymbol{r})$ 和 $\boldsymbol{H}(\boldsymbol{r})$ 可表为

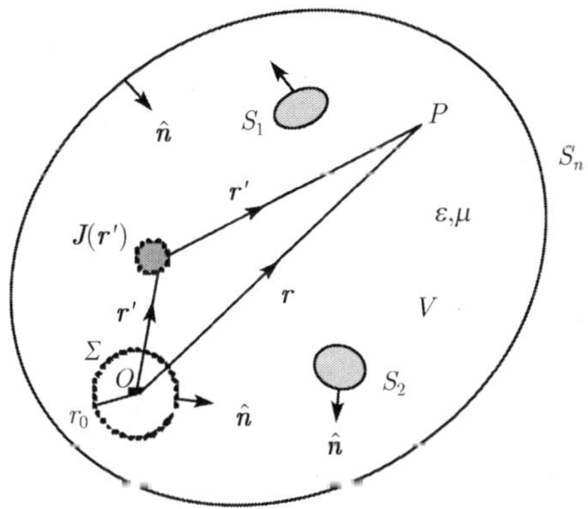


图 4.8.2 Maxwell 场方程的积分

$$\boldsymbol{E}(\boldsymbol{r}) = -\frac{1}{4\pi} \iiint_V \left[ \mathrm{j}\omega\mu \boldsymbol{J}(\boldsymbol{r}')\psi(\boldsymbol{r},\boldsymbol{r}') + \boldsymbol{J}_{\mathrm{m}}(\boldsymbol{r}') \times \nabla'\psi(\boldsymbol{r},\boldsymbol{r}') - \frac{\rho(\boldsymbol{r}')}{\varepsilon}\nabla'\psi(\boldsymbol{r},\boldsymbol{r}') \right] \mathrm{d}v' + \frac{1}{4\pi} \oiint_S \left\{ -\mathrm{j}\omega\mu \left[\hat{\boldsymbol{n}} \times \boldsymbol{H}(\boldsymbol{r})\right] \psi(\boldsymbol{r},\boldsymbol{r}') + \left[\hat{\boldsymbol{n}} \times \boldsymbol{E}(\boldsymbol{r})\right] \times \nabla'\psi(\boldsymbol{r},\boldsymbol{r}') + \left[\hat{\boldsymbol{n}} \cdot \boldsymbol{E}(\boldsymbol{r})\right] \nabla'\psi(\boldsymbol{r},\boldsymbol{r}') \right\} \mathrm{d}S' \tag{4.8.46}$$

$$\boldsymbol{H}(\boldsymbol{r}) = -\frac{1}{4\pi}\iiint_V \left[\mathrm{j}\omega\varepsilon \boldsymbol{J}_\mathrm{m}(\boldsymbol{r}')\psi(\boldsymbol{r},\boldsymbol{r}') - \boldsymbol{J}(\boldsymbol{r}')\times\nabla'\psi(\boldsymbol{r},\boldsymbol{r}') - \frac{\rho_\mathrm{m}(\boldsymbol{r}')}{\mu}\nabla'\psi(\boldsymbol{r},\boldsymbol{r}')\right]\mathrm{d}v'$$
$$+\frac{1}{4\pi}\oiint_S \{\mathrm{j}\omega\varepsilon\left[\hat{\boldsymbol{n}}\times\boldsymbol{E}(\boldsymbol{r})\right]\psi(\boldsymbol{r},\boldsymbol{r}') + \left[\hat{\boldsymbol{n}}\times\boldsymbol{H}(\boldsymbol{r})\right]$$
$$\times\nabla'\psi(\boldsymbol{r},\boldsymbol{r}') + \left[\hat{\boldsymbol{n}}\cdot\boldsymbol{H}(\boldsymbol{r})\right]\nabla'\psi(\boldsymbol{r},\boldsymbol{r}')\}\mathrm{d}S' \tag{4.8.47}$$

式中, $\psi(\boldsymbol{r},\boldsymbol{r}') = \dfrac{\mathrm{e}^{-\mathrm{j}kR}}{R}$, 而 $\boldsymbol{R} = |\boldsymbol{r}-\boldsymbol{r}'|$.

**特殊情形 (a):** 求解域为无界域, $S_n = S_\infty$, 由 (4.8 32) 和 (4.8.33) 式通过坐标变换, 或直接令 (4.8.46) 和 (4.8.47) 式中的面积分为零, 可得

$$\boldsymbol{E}(\boldsymbol{r}) = -\frac{1}{4\pi}\iiint_V \left[\mathrm{j}\omega\mu \boldsymbol{J}(\boldsymbol{r}')\psi(\boldsymbol{r},\boldsymbol{r}') + \boldsymbol{J}_\mathrm{m}(\boldsymbol{r}')\times\nabla'\psi(\boldsymbol{r},\boldsymbol{r}') - \frac{\rho(\boldsymbol{r}')}{\varepsilon}\nabla'\psi(\boldsymbol{r},\boldsymbol{r}')\right]\mathrm{d}v' \tag{4.8.48}$$

$$\overline{\boldsymbol{H}}(\boldsymbol{r}) = -\frac{1}{4\pi}\iiint_V \left[\mathrm{j}\omega\varepsilon \boldsymbol{J}_\mathrm{m}(\boldsymbol{r}')\psi(\boldsymbol{r},\boldsymbol{r}') - \boldsymbol{J}(\boldsymbol{r}')\times\nabla'\psi(\boldsymbol{r},\boldsymbol{r}') - \frac{\rho_m(\boldsymbol{r}')}{\mu}\nabla'\psi(\boldsymbol{r},\boldsymbol{r}')\right]\mathrm{d}v' \tag{4.8.49}$$

应用恒等式 $\nabla\times(u\boldsymbol{A}) = \nabla u\times\boldsymbol{A} + u\nabla\times\boldsymbol{A}$, 令 $u\equiv\psi(\boldsymbol{r},\boldsymbol{r}')$, $\boldsymbol{A}\equiv\boldsymbol{J}(\boldsymbol{r}')$, 因 $\nabla\times\boldsymbol{J}(\boldsymbol{r}') = 0$, 而有 $\nabla\times[\psi(\boldsymbol{r},\boldsymbol{r}')\boldsymbol{J}(\boldsymbol{r}')] = \nabla\psi(\boldsymbol{r},\boldsymbol{r}')\times\boldsymbol{J}(\boldsymbol{r}')$; 又因 $\nabla = -\nabla'$, 故有

$$\boldsymbol{J}(\boldsymbol{r}')\times\nabla'\psi(\boldsymbol{r},\boldsymbol{r}') = \nabla\times[\boldsymbol{J}(\boldsymbol{r}')\psi(\boldsymbol{r},\boldsymbol{r}')]$$

于是, 对于 $\rho_\mathrm{m}(\boldsymbol{r}') = 0$ 和 $\boldsymbol{J}_\mathrm{m}(\boldsymbol{r}') = 0$ 情形, (4.8.49) 式可简化成

$$\overline{\boldsymbol{H}}(\boldsymbol{r}) = \frac{1}{4\pi}\iiint_V [\boldsymbol{J}(\boldsymbol{r}')\times\nabla'\psi(\boldsymbol{r},\boldsymbol{r}')]\,\mathrm{d}v' = \frac{1}{4\pi}\iiint_V \nabla\times[\boldsymbol{J}(\boldsymbol{r}')\psi(\boldsymbol{r},\boldsymbol{r}')]\,\mathrm{d}v'$$

或写成

$$\boldsymbol{H}(\boldsymbol{r}) = \frac{1}{\mu}\nabla\times\frac{\mu}{4\pi}\iiint_V \frac{\boldsymbol{J}(\boldsymbol{r}')\mathrm{e}^{-\mathrm{j}kR}}{R}\mathrm{d}v'$$

令

$$\boldsymbol{A}(\boldsymbol{r}) = \frac{\mu}{4\pi}\iiint_V \frac{\boldsymbol{J}(\boldsymbol{r}')\mathrm{e}^{-\mathrm{j}kR}}{R}\mathrm{d}v',\quad 则有\boldsymbol{H}(\boldsymbol{r}) = \frac{1}{\mu}\nabla\times\boldsymbol{A} \tag{4.8.50}$$

式中, $\psi(\boldsymbol{r},\boldsymbol{r}') = \dfrac{\mathrm{e}^{-\mathrm{j}kR}}{R}$. 这表明矢量势法中的 (4.2.21) 式 $\boldsymbol{A}(\boldsymbol{r})$ 和 (4.2.3) 式 $\boldsymbol{H}(\boldsymbol{r}) = \dfrac{1}{\mu}\nabla\times\boldsymbol{A}$亦可由具有场源 $\boldsymbol{J}$ 的 Maxwell 场方程的积分形式解中仅含体积分的特殊情形导得.

**特殊情形 (b):** 求解域 $V$ 为 $S$ 与 $S_\infty$ 所包围区域, 所有场源均位于曲面 $S$ 内, 在 $V$ 外无场源. 此时, 由 (4.8.38) 和 (4.8.39) 式通过坐标变换, 或直接令 (4.8.46)

和 (4.8.47) 式中的体积分为零, 可得

$$\begin{aligned}\boldsymbol{E}(\boldsymbol{r}) = \frac{1}{4\pi}\oiint_S \{ -\mathrm{j}\omega\mu\,[\hat{\boldsymbol{n}}\times\boldsymbol{H}(\boldsymbol{r})]\,\psi(\boldsymbol{r},\boldsymbol{r}') + [\hat{\boldsymbol{n}}\times\boldsymbol{E}(\boldsymbol{r})] \\ \times\nabla'\psi(\boldsymbol{r},\boldsymbol{r}') + [\hat{\boldsymbol{n}}\cdot\boldsymbol{E}(\boldsymbol{r})]\,\nabla'\psi(\boldsymbol{r},\boldsymbol{r}')\}\mathrm{d}S'\end{aligned} \tag{4.8.51}$$

$$\begin{aligned}\boldsymbol{H}(\boldsymbol{r}) = \frac{1}{4\pi}\oiint_S \{\mathrm{j}\omega\varepsilon\,[\hat{\boldsymbol{n}}\times\boldsymbol{E}(\boldsymbol{r})]\,\psi(\boldsymbol{r},\boldsymbol{r}') + [\hat{\boldsymbol{n}}\times\boldsymbol{H}(\boldsymbol{r})] \\ \times\nabla'\psi(\boldsymbol{r},\boldsymbol{r}') + [\hat{\boldsymbol{n}}\cdot\boldsymbol{H}(\boldsymbol{r})]\,\nabla'\psi(\boldsymbol{r},\boldsymbol{r}')\}\mathrm{d}S'\end{aligned} \tag{4.8.52}$$

由 (4.8.51) 和 (4.8.52) 式可以证明, 或由格林公式 (4.8.42) 和 (4.8.43) 式通过坐标变换可得

$$\boldsymbol{E}(\boldsymbol{r}) = \frac{1}{4\pi}\oiint_S \left[\boldsymbol{E}(\boldsymbol{r})\frac{\partial\psi(\boldsymbol{r},\boldsymbol{r}')}{\partial n} - \psi(\boldsymbol{r},\boldsymbol{r}')\frac{\partial\boldsymbol{E}(\boldsymbol{r})}{\partial n}\right]\mathrm{d}S' \tag{4.8.53}$$

和

$$\boldsymbol{H}(\boldsymbol{r}) = \frac{1}{4\pi}\oiint_S \left[\boldsymbol{H}(\boldsymbol{r})\frac{\partial\psi(\boldsymbol{r},\boldsymbol{r}')}{\partial n} - \psi(\boldsymbol{r},\boldsymbol{r}')\frac{\partial\boldsymbol{H}(\boldsymbol{r})}{\partial n}\right]\mathrm{d}S' \tag{4.8.54}$$

令 $u$ 代表直角坐标系中电、磁场的某个分量, 例如, $E_x, H_x, \cdots$, 则由 (4.8.53) 或 (4.8.54) 式便可得到标量形式的格林定理:

$$u(\boldsymbol{r}) = \frac{1}{4\pi}\oiint_S \left[u(\boldsymbol{r})\frac{\partial\psi(\boldsymbol{r},\boldsymbol{r}')}{\partial n} - \psi(\boldsymbol{r},\boldsymbol{r}')\frac{\partial u(\boldsymbol{r})}{\partial n}\right]\mathrm{d}S' \tag{4.8.55}$$

式中, $\psi(\boldsymbol{r},\boldsymbol{r}') = \mathrm{e}^{-\mathrm{j}k|\boldsymbol{r}-\boldsymbol{r}'|}/|\boldsymbol{r}-\boldsymbol{r}'|$. (4.8.55) 式就是物理光学中的 Kirchhoff(基尔霍夫) 公式, 它是 Huygens-Fresnel(惠更斯–菲涅尔) 原理的数学表达式. 它表明, 若函数 $u$ 及其导数 $\dfrac{\partial u}{\partial n}$ 在曲面 $S$ 上的值为已知时, 则我们可精确地求出在闭曲面 $S+S_\infty$ 所包围的区域内任意一点的 $u(\boldsymbol{r})$ 函数值. (4.8.55) 式也可利用高斯定理和格林恒等式导得 (参见附录 D).

## 4.9 Huygens-Fresnel 原理 ——Kirchhoff 公式 [14~16]

在电磁场实际问题应用中, Kirchhoff 公式可用来计算口径型天线的辐射场. 然而, 对于口径型天线, 仅是在口径 (作为曲面 $S$ 的一部分) 上具有电磁场强, 亦即曲面 $S$ 是不闭合的; 而根据电磁场边界条件可知, 在口径边界线上还存在有线电荷和线电流分布. 因此, 将 (4.8.53) 和 (5.8.54) 式用于非闭合曲面 $S$ 时, 应添加曲面 $S$ 边界的环积分, 即 $S$ 边界上线源所产生的场. 以下我们将应用上节所得结果推导出便于计算口径型天线辐射场的 Kirchhoff 公式的近似表达式.

假定场源位于某有限封闭曲面 $S$ 的体积内区域, 则源区以外的电磁场可由 (4.8.38) 和 (4.8.39) 式给出的面积分表示:

$$\boldsymbol{E}_P = \frac{1}{4\pi}\oiint_S [-\mathrm{j}\omega\mu(\hat{\boldsymbol{n}}\times\boldsymbol{H})\psi + (\hat{\boldsymbol{n}}\times\boldsymbol{E})\times\nabla\psi + (\hat{\boldsymbol{n}}\cdot\boldsymbol{E})\nabla\psi]\,\mathrm{d}S \tag{4.9.1}$$

$$\boldsymbol{H}_P = \frac{1}{4\pi}\oiint_S [\mathrm{j}\omega\varepsilon(\hat{\boldsymbol{n}}\times\boldsymbol{E})\psi + (\hat{\boldsymbol{n}}\times\boldsymbol{H})\times\nabla\psi + (\hat{\boldsymbol{n}}\cdot\boldsymbol{H})\nabla\psi]\,\mathrm{d}S \tag{4.9.2}$$

对于口径型天线, 假定场源位于封闭曲面 $S = S_0 + A$ 内, 这里 $A$ 为口径, 如图 4.9.1 所示 (亦见图 4.1.1). 现将曲面 $S$ 用 $S = S_\infty + A_0 + A$ 代替, 其中 $S_\infty$ 为半径为无限大的球面, $A_0 + A$ 为平面. 由于在无穷远处场必须满足辐射条件, 因而 (4.9.1) 和 (4.9.2) 式中关于 $S_\infty$ 的面积分为零. 于是, (4.9.1) 和 (4.9.2) 式封闭曲面积分可化为以下平面积分:

$$\boldsymbol{E}_P = \frac{1}{4\pi}\iint_{A_0+A} [-\mathrm{j}\omega\mu(\hat{\boldsymbol{n}}\times\boldsymbol{H})\psi + (\hat{\boldsymbol{n}}\times\boldsymbol{E})\times\nabla\psi + (\hat{\boldsymbol{n}}\cdot\boldsymbol{E})\nabla\psi]\,\mathrm{d}S \tag{4.9.3}$$

$$\boldsymbol{H}_P = \frac{1}{4\pi}\iint_{A_0+A} [\mathrm{j}\omega\varepsilon(\hat{\boldsymbol{n}}\times\boldsymbol{E})\psi + (\hat{\boldsymbol{n}}\times\boldsymbol{H})\times\nabla\psi + (\hat{\boldsymbol{n}}\cdot\boldsymbol{H})\nabla\psi]\,\mathrm{d}S \tag{4.9.4}$$

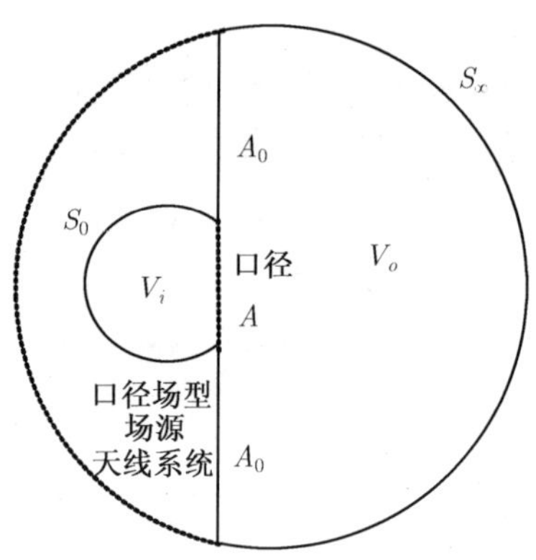


图 4.9.1 口径型天线

在微波天线中, 喇叭天线、抛物面天线和透镜天线等均可视作口径型天线. 按口径场方法, 认为天线的辐射是从一个口径上发出的; 通常口径上的场分布可根据几何光学和能量守恒原理, 或者电磁理论的其它方法近似地求得; 在口径外 (即平面 $A_0$ 上) 的场则近似为零. 因而对环状平面 $A_0$ 的积分为零, (4.9.3) 和 (4.9.4) 式就变成仅对口径平面 $A$ 的积分:

$$\boldsymbol{E}_P \approx \frac{1}{4\pi}\iint_A [-\mathrm{j}\omega\mu(\hat{\boldsymbol{n}}\times\boldsymbol{H})\psi + (\hat{\boldsymbol{n}}\times\boldsymbol{E})\times\nabla\psi + (\hat{\boldsymbol{n}}\cdot\boldsymbol{E})\nabla\psi]\,\mathrm{d}S \tag{4.9.5}$$

$$\boldsymbol{H}_P \approx \frac{1}{4\pi}\iint_A [\mathrm{j}\omega\varepsilon(\hat{\boldsymbol{n}}\times\boldsymbol{E})\psi + (\hat{\boldsymbol{n}}\times\boldsymbol{H})\times\nabla\psi + (\hat{\boldsymbol{n}}\cdot\boldsymbol{H})\nabla\psi]\,\mathrm{d}S \tag{4.9.6}$$

口径场对 $\boldsymbol{E}_P$ 和 $\boldsymbol{H}_P$ 的供献可等效为口径平面 $A$ 上存在有面电荷密度 $\eta_e$、面磁荷密度 $\eta_{\rm m}$、面电流密度 $\boldsymbol{J}_S$ 和面磁流密度 $\boldsymbol{J}_{{\rm m}S}$ 分布所产生的. 由于在口径周线 $\Gamma_A$ 两侧场存在有不连续性, 按场的边界条件, 在周线 $\Gamma_A$ 上电流应满足连续性方程, 因而在 $\Gamma_A$ 上将存在有线电荷和线磁荷分布.

令周线 $\Gamma_A$ 上的线电荷密度为 $\sigma_{\rm e}$, 线磁荷密度为 $\sigma_{\rm m}$; $\mathrm{d}l$ 为周线 $\Gamma_A$ 的元长度; $\boldsymbol{J}_S$ 为口径面上的电流密度. $\hat{\boldsymbol{n}}$ 为口径平面 $A$ 的法向单位矢量; $\hat{\boldsymbol{\tau}}$ 为沿周线 $\Gamma_A$ 的单位矢量; $\hat{\boldsymbol{n}}_1$ 为位于口径平面、与 $\Gamma_A$ 垂直方向上的单位矢量; $\hat{\boldsymbol{n}}_1$、$\hat{\boldsymbol{\tau}}$ 和 $\hat{\boldsymbol{n}}$ 三者成右手螺旋关系.

按电流连续性条件, 流出 $\Gamma_A$ 上 $\mathrm{d}l$ 线段的电流应等于该线段单位时间内所减少的电荷, 此即有 $\boldsymbol{J}_S\cdot\hat{\boldsymbol{n}}_1\mathrm{d}l=\dfrac{\partial\sigma_{\rm e}}{\partial t}\mathrm{d}l$ 或 $\dfrac{\partial\sigma_{\rm e}}{\partial t}=\boldsymbol{J}_S\cdot\hat{\boldsymbol{n}}_1$, 另一方面, 对于时谐场, 有 $\dfrac{\partial\sigma_{\rm e}}{\partial t}=\mathrm{j}\omega\sigma_{\rm e}$, 故

$$\sigma_e=\frac{1}{\mathrm{j}\omega}\frac{\partial\sigma_{\rm e}}{\partial t}=\frac{1}{\mathrm{j}\omega}\left(\boldsymbol{J}_S\cdot\hat{\boldsymbol{n}}_1\right) \tag{4.9.7}$$

而根据磁场的边界条件: $\boldsymbol{J}_S=\hat{\boldsymbol{n}}\times\boldsymbol{H}$, 在周线 $\Gamma_A$ 上, 有 $\boldsymbol{J}_S=\hat{\boldsymbol{n}}\times\boldsymbol{H}_\Gamma$, 于是得

$$\sigma_e=\frac{1}{\mathrm{j}\omega}\left(\hat{\boldsymbol{n}}\times\boldsymbol{H}_\Gamma\right)\cdot\hat{\boldsymbol{n}}_1=-\frac{1}{\mathrm{j}\omega}\left(\hat{\boldsymbol{\tau}}\cdot\boldsymbol{H}_\Gamma\right) \tag{4.9.8}$$

由 (4.8.40) 式可知有 $\varepsilon\left(\hat{\boldsymbol{n}}\cdot\boldsymbol{E}\right)=\rho_S$, (4.9.5) 式积分被积函数最后一项 $\left(\hat{\boldsymbol{n}}\cdot\boldsymbol{E}\right)\nabla\psi$ 可写成 $\left(\rho_S/\varepsilon\right)\nabla\psi$ , 因而, 当考虑周线 $\Gamma_A$ 上存在线电荷密度 $\sigma_{\rm e}$ 后,(4.9.5) 式应增加一项线积分项, 而可写成

$$\begin{aligned}\boldsymbol{E}_P=&-\frac{1}{4\pi\mathrm{j}\omega\varepsilon}\oint_{\Gamma_A}\left(\hat{\boldsymbol{\tau}}\cdot\boldsymbol{H}_\Gamma\right)\nabla\psi\mathrm{d}l\\&+\frac{1}{4\pi}\iint_A\left[-\mathrm{j}\omega\mu\left(\hat{\boldsymbol{n}}\times\boldsymbol{H}\right)\psi+\left(\hat{\boldsymbol{n}}\times\boldsymbol{E}\right)\times\nabla\psi+\left(\hat{\boldsymbol{n}}\cdot\boldsymbol{E}\right)\nabla\psi\right]\mathrm{d}S\end{aligned} \tag{4.9.9}$$

采用类似步骤或应用 $\boldsymbol{E}$ 与 $\boldsymbol{H}$ 的二重性对 (4.9.8) 和 (4.9.9) 式作对偶代换, 可得在口径周线 $\Gamma_A$ 的等效线磁荷密度 $\sigma_{\rm m}$ 和 $P$ 点的辐射磁场分别为

$$\sigma_{\rm m}=\frac{1}{\mathrm{j}\omega}\left(\hat{\boldsymbol{\tau}}\cdot\boldsymbol{E}_\Gamma\right) \tag{4.9.10}$$

$$\begin{aligned}\boldsymbol{H}_P=&\frac{1}{4\pi\mathrm{j}\omega\mu}\oint_{\Gamma}\left(\hat{\boldsymbol{\tau}}\cdot\boldsymbol{E}_\Gamma\right)\nabla\psi\mathrm{d}l\\&+\frac{1}{4\pi}\oiint_S\left[\mathrm{j}\omega\varepsilon\left(\hat{\boldsymbol{n}}\times\boldsymbol{E}\right)\psi+\left(\hat{\boldsymbol{n}}\times\boldsymbol{H}\right)\times\nabla\psi+\left(\hat{\boldsymbol{n}}\cdot\boldsymbol{H}\right)\nabla\psi\right]\mathrm{d}S\end{aligned} \tag{4.9.11}$$

应用矢量恒等式, $P$ 点场表示式 (4.9.9) 和 (4.9.11) 亦可分别表为 (附录 E):

$$\boldsymbol{E}_P=-\frac{1}{4\pi\mathrm{j}\omega\varepsilon}\oint_{\Gamma_A}\nabla\psi(\hat{\boldsymbol{\tau}}\cdot\boldsymbol{H}_\Gamma)\mathrm{d}l+\frac{1}{4\pi}\oint_{\Gamma_A}\psi(\hat{\boldsymbol{\tau}}\times\boldsymbol{E}_\Gamma)\mathrm{d}l$$

$$+\frac{1}{4\pi}\iint_A\left(\boldsymbol{E}\frac{\partial\psi}{\partial n}-\psi\frac{\partial\boldsymbol{E}}{\partial n}\right)\mathrm{d}S \tag{4.9.12}$$

$$\boldsymbol{H}_P=\frac{1}{4\pi\mathrm{j}\omega\mu}\oint_{\Gamma_A}\nabla\psi(\hat{\boldsymbol{\tau}}\cdot\boldsymbol{E}_\Gamma)\mathrm{d}l+\frac{1}{4\pi}\oint_{\Gamma_A}\psi(\hat{\boldsymbol{\tau}}\times\boldsymbol{H}_\Gamma)\mathrm{d}l$$
$$+\frac{1}{4\pi}\iint_A\left(\boldsymbol{H}\frac{\partial\psi}{\partial n}-\psi\frac{\partial\boldsymbol{H}}{\partial n}\right)\mathrm{d}S \tag{4.9.13}$$

现在, 我们来分析 (4.9.12) 式中各项积分对积分的贡献. 第一项围线积分含有 $\nabla\psi$, 它的方向是沿围线上的积分变点与 $P$ 点的连线方向, 因而将产生沿 $z$ 轴方向的分量; 第二项围线积分, 其中含有 $\boldsymbol{E}\times\hat{\boldsymbol{\tau}}$, 它的方向是垂直丁口径, 即产生沿 $z$ 轴方向的分量; 第三项面积分只提供 $\boldsymbol{E}_P$ 沿口径极化方向 (如 $x$ 轴) 分量. 因此, 围线积分中提供有面积分中所没有的 $z$ 轴方向的分量. 显然, 当 $P$ 点在 $z$ 轴附近, 且位于我们所感兴趣的远区, 由于围线对称线段的积分方向相反, 其积分值近似为零. 在一般情况下, 当 $P$ 点位于远区时, 如我们所熟知的, 电磁波矢量 $\boldsymbol{E}$、$\boldsymbol{H}$ 与传播方向三者相互垂直. 因此, 围线积分与面积分对 $\boldsymbol{E}_P$, $\boldsymbol{H}_P$ 的贡献将是使它们不含有沿传播方向的分量.

许多微波天线的特征是其口径场是线性极化或近似线性极化、口径尺寸甚大于工作波长 $\lambda$, 远区辐射场具有较尖锐的方向性, 且最大辐射方向常集中在 $\theta$ 角较小区域. 此时, (4.9.12) 式中的线积分值很小而可略去, 于是空间中任意一点 $P$ 的场强 $\boldsymbol{E}_P$ 可近似地表为

$$\boldsymbol{E}_P(\boldsymbol{r})=\frac{1}{4\pi}\iint_A\left(\boldsymbol{E}\frac{\partial\psi}{\partial n}-\psi\frac{\partial\boldsymbol{E}}{\partial n}\right)\mathrm{d}S \tag{4.9.14}$$

类似地, 对于磁场 $\boldsymbol{H}$, 有

$$\boldsymbol{H}_P(\boldsymbol{r})=\frac{1}{4\pi}\iint_A\left(\boldsymbol{H}\frac{\partial\psi}{\partial n}-\psi\frac{\partial\boldsymbol{H}}{\partial n}\right)\mathrm{d}S \tag{4.9.15}$$

设 $u$ 为 $\boldsymbol{E}$ 或 $\boldsymbol{H}$ 的某一直角坐标分量, 则我们便有

$$u_P(\boldsymbol{r})=\frac{1}{4\pi}\iint_A\left(u\frac{\partial\psi}{\partial n}-\psi\frac{\partial u}{\partial n}\right)\mathrm{d}S \tag{4.9.16}$$

式中, $\psi=\mathrm{e}^{-\mathrm{j}kr}/r$; $\hat{\boldsymbol{n}}$ 是口径面的法向单位矢量. (4.9.16) 式即前已给出的标量 Kirchhoff 公式 (4.8.55) 的近似式, 其中已是口径平面 $A$ 代替了封闭曲面 $S$.

在几何光学近似 ($\lambda_0\to 0, k_0=\omega\sqrt{\varepsilon_0\mu_0}=2\pi/\lambda_0\to\infty$) 情况下, 口径上任意一点的场可视为局部平面波场源, 而可表为如下形式:

$$u=F(x,y,z)\mathrm{e}^{-\mathrm{j}k_0L(x,y,z)} \tag{4.9.17}$$

这里, $F(x,y,z)$ 为口径面上场的振幅; $L(x,y,z)$ 为场的相位, $L(x,y,z)=$ 常数代表等相面.

$$\begin{aligned}\frac{\partial u}{\partial n} &= \hat{\boldsymbol{n}}\cdot\nabla u = -\mathrm{j}k_0u\hat{\boldsymbol{n}}\cdot\nabla L + u\frac{1}{F}\frac{\partial F}{\partial n}\\ &\approx -\mathrm{j}k_0u\hat{\boldsymbol{n}}\cdot\nabla L\end{aligned} \tag{4.9.18}$$

因 $\nabla L$ 的方向垂直于等相面, 表示出射线 $\hat{\boldsymbol{s}}$ 的方向, 故有 $\nabla L=|\nabla L|\,\hat{\boldsymbol{s}}$. 可以证明, $|\nabla L|=k/k_0=n$, 这里 $n$ 为媒质 $\varepsilon,\mu$ 的折射率 (见附录 F). 于是 (4.9.18) 式可写成

$$\frac{\partial u}{\partial n} = -\mathrm{j}ku\hat{\boldsymbol{n}}\cdot\hat{\boldsymbol{s}} \tag{4.9.19}$$

而

$$\frac{\partial \psi}{\partial n} = \hat{\boldsymbol{n}}\cdot\nabla\psi = \left(\frac{\mathrm{d}}{\mathrm{d}r}\frac{\mathrm{e}^{-\mathrm{j}kr}}{r}\right)\hat{\boldsymbol{n}}\cdot\hat{\boldsymbol{r}} = \left(\mathrm{j}k+\frac{1}{r}\right)\frac{\mathrm{e}^{-\mathrm{j}kr}}{r}\hat{\boldsymbol{n}}\cdot\hat{\boldsymbol{r}} \tag{4.9.20}$$

式中, $\hat{\boldsymbol{r}}$ 是口径 $A$ 上某点到所求场点 $P$ 方向上的单位矢量.

将 (4.9.19) 和 (4.9.20) 代入 (4.9.16) 式得

$$u_p(\boldsymbol{r}) \approx \frac{1}{4\pi}\iint_A u\frac{\mathrm{e}^{-\mathrm{j}kr}}{r}\left[\left(\mathrm{j}k+\frac{1}{r}\right)\hat{\boldsymbol{n}}\cdot\hat{\boldsymbol{r}}+\mathrm{j}k\hat{\boldsymbol{n}}\cdot\hat{\boldsymbol{s}}\right]\mathrm{d}S \tag{4.9.21}$$

对于远区场近似, $r\gg\lambda$, 参见图 4.9.2, 我们有 $\boldsymbol{R}=|\boldsymbol{r}-\boldsymbol{r}'|\approx\boldsymbol{r}-\boldsymbol{r}'\cdot\hat{\boldsymbol{a}}_r$, $\hat{\boldsymbol{n}}\cdot\hat{\boldsymbol{r}}=\cos\theta$, $\dfrac{1}{r}\ll\mathrm{j}k$, 于是最后得到便于计算天线远区辐射场的公式:

$$u_P(\boldsymbol{r}) \approx \frac{\mathrm{j}k}{4\pi}\frac{\mathrm{e}^{-\mathrm{j}kr}}{r}\iint_A u\mathrm{e}^{\mathrm{j}k\boldsymbol{r}'\cdot\hat{\boldsymbol{a}}_r}\left(\hat{\boldsymbol{n}}\cdot\hat{\boldsymbol{s}}+\cos\theta\right)\mathrm{d}S \tag{4.9.22}$$

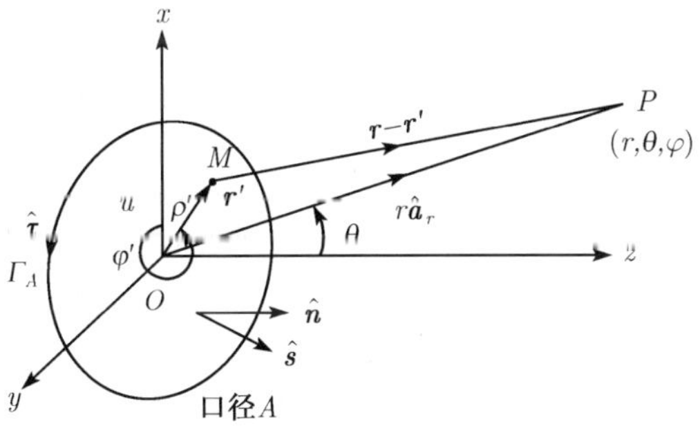


图 4.9.2 口径的辐射

我们将限于考虑口径面 $A$ 为平面 (即有 $\hat{\boldsymbol{n}}=\hat{\boldsymbol{a}}_z$), 且口径场为线性极化情形.

设场沿 $x$ 方向极化, 口径上的场分布为 $u=E_A(x',y')$. 应用球面与直角坐标单位矢量间的关系: $\hat{\boldsymbol{a}}_r=\sin\theta\cos\varphi\hat{\boldsymbol{a}}_x+\sin\theta\sin\varphi\hat{\boldsymbol{a}}_y+\cos\theta\hat{\boldsymbol{a}}_z$ 和 $\boldsymbol{r}'=x'\hat{\boldsymbol{a}}_x+y'\hat{\boldsymbol{a}}_y$,

$(x',y')$ 为口径上积分变点 $M(\boldsymbol{r}')$ 的直角坐标, $\boldsymbol{r}'\cdot\hat{\boldsymbol{a}}_r = x'\sin\theta\cos\varphi + y'\sin\theta\sin\varphi$; $k=\omega\sqrt{\varepsilon\mu}=2\pi/\lambda$; 并因 $E_P = u_P$, 其方向即为口径上电场的极化方向. 于是, (4.9.22) 式可表为

$$E_P(\boldsymbol{r}) \approx \mathrm{j}\frac{\mathrm{e}^{-\mathrm{j}kr}}{2\lambda r}\iint_A E_A(x',y')\,(\hat{\boldsymbol{a}}_z\cdot\hat{\boldsymbol{s}}+\cos\theta)\,\mathrm{e}^{\mathrm{j}kin\theta(x'\cos\varphi+y'\sin\varphi)}\mathrm{d}S' \tag{4.9.23}$$

若口径面为等相面, 则 $\hat{\boldsymbol{a}}_z\cdot\hat{\boldsymbol{s}}=1$; 当口径上相位变化很小时, 取 $\hat{\boldsymbol{n}}\cdot\hat{\boldsymbol{s}}=1$ 导致的误差将很小. 在此情况下, (4.9.23) 式可简化成:

$$E_P(\boldsymbol{r}) \approx \mathrm{j}\frac{\mathrm{e}^{-\mathrm{j}kr}}{2\lambda r}\iint_A E_A(x',y')\,(1+\cos\theta)\,\mathrm{e}^{\mathrm{j}k\sin\theta(x'\cos\varphi+y'\sin\varphi)}\mathrm{d}S' \tag{4.9.24}$$

(4.9.24) 与 (4.9.23) 式相比, 它以较简单的积分形式联系着辐射场与口径场, 表明只要口径上场分布 $E_A(x',y')$ 为已知, 即可计算出辐射场; 并且其结果能较正确地反映距天线口径甚原处 (远区) 的电磁场特性. 因此, 以下将以此为基础了分析和计算口径天线的辐射图型, 即天线的方向图.

## 4.10 口径场方法[14,15]

口径场方法是应用 Kirchhoff 公式由已知天线口径上场分布计算口径型天线辐射场的一种方法. 我们将不考虑如何从场源求出口径上场的分布, 而是假定在给定口径的形状、及其上的线性极化场分布的情况下 (如口径形状为矩形和圆形; 口径场的振幅为均匀分布和余弦 (渐减) 分布; 相位为均匀分布 (同相场)、具有线性、平方和立方变化律等情形) 计算口径型天线的辐射场. 所假定的这些典型口径场分布与实际天线中所遇到的情况十分相近, 因而分析、计算的一些结果对天线的设计具有实际应用意义.

以下分别分析和讨论：① 矩形口径上的同相场、振幅为均匀分布和余弦分布; ② 圆形口径上的同相场、振幅为均匀分布和渐减分布; ③ 口径场具有直线律、平方律和立方律相位偏移时对辐射的影响; ④口径型天线的方向性系数和增益; 以及 ⑤ 口径型天线辐射场的一般性质.

### 4.10.1 矩形口径上的同相场

设矩形口径 $A$ 位于 $x$-$y$ 平面, 口径尺寸为 $a\times b$, 其上电场沿 $x$ 轴方向极化, 磁场沿 $y$ 轴方向. 如图 4.10.1 所示.

口径上的场分布的表示式为

$$E_A(x',y') = F(x',y')\mathrm{e}^{-\mathrm{j}\Phi(x',y')} \tag{4.10.1}$$

式中, $F(x',y')$ 为振幅分布; $\Phi(x',y')$ 为相位分布.

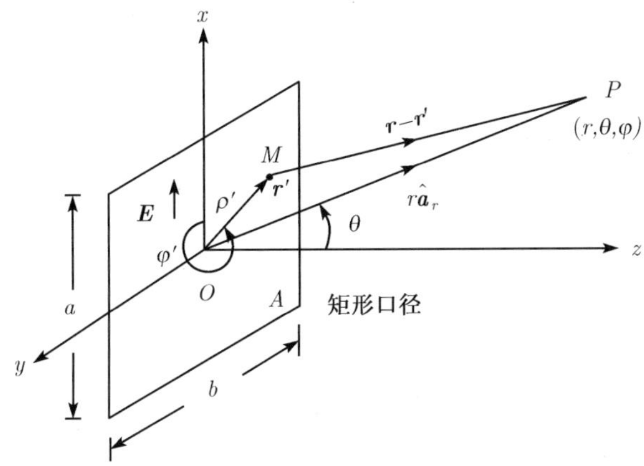


图 4.10.1 矩形口径天线的辐射

由 (4.9.24) 式, $P$ 点的辐射电场可表为

$$E_P(\boldsymbol{r}) \approx \mathrm{j}\frac{\mathrm{e}^{-\mathrm{j}kr}}{2\lambda r}\iint_A F(x',y')\mathrm{e}^{-\mathrm{j}\Phi(x',y')}\,(1+\cos\theta)\,\mathrm{e}^{\mathrm{j}k\sin\theta(x'\cos\varphi+y'\sin\varphi)}\mathrm{d}S' \tag{4.10.2}$$

式中, $(x',y')$ 为口径上积分变点 $M(r')$ 的直角坐标.

通常, 我们只需确定两个主要平面, 即 $\boldsymbol{E}$ 平面 $(\varphi=0)$ 和 $\boldsymbol{H}$ 面 $(\varphi=\pi/2)$ 上的远区 $P$ 点的辐射场分布. 因 $(1+\cos\theta)$ 为缓变函数, 于是

对于 $\boldsymbol{E}$ 平面 (即 $xz$ 平面), $\varphi=0$, (4.10.2) 式简化为

$$E_P(\boldsymbol{r})|_E \approx \mathrm{j}\frac{\mathrm{e}^{-\mathrm{j}kr}}{2\lambda r}\,(1+\cos\theta)\iint_A F(x',y')\mathrm{e}^{\mathrm{j}kx'\sin\theta-\mathrm{j}\Phi(x',y')}\mathrm{d}x'\mathrm{d}y' \tag{4.10.3}$$

对于 $\boldsymbol{H}$ 平面 (即 $yz$ 平面), $\varphi=\pi/2$, (4.10.2) 式简化为

$$E_P(\boldsymbol{r})|_H \approx \mathrm{j}\frac{\mathrm{e}^{-\mathrm{j}kr}}{2\lambda r}\,(1+\cos\theta)\iint_A F(x',y')\mathrm{e}^{\mathrm{j}ky'\sin\theta-\mathrm{j}\Phi(x',y')}\mathrm{d}x'\mathrm{d}y' \tag{4.10.4}$$

对于同相 (相位均匀) 场, $\Phi(x',y')=0$(或常量), (4.10.3) 和 (4.10.4) 式便可表为

$$E_P(\boldsymbol{r})|_E \approx \mathrm{j}\frac{\mathrm{e}^{-\mathrm{jkr}}}{2\lambda\mathrm{r}}\,(1+\cos\theta)\iint_A F(x',y')\mathrm{e}^{\mathrm{j}kx'\sin\theta}\mathrm{d}x'\mathrm{d}y' \tag{4.10.5}$$

$$E_P(\boldsymbol{r})|_H \approx \mathrm{j}\frac{\mathrm{e}^{-\mathrm{j}kr}}{2\lambda r}\,(1+\cos\theta)\iint_A F(x',y')\mathrm{e}^{\mathrm{j}ky'\sin\theta}\mathrm{d}x'\mathrm{d}y' \tag{4.10.6}$$

故应用 (4.10.5) 和 (4.10.6) 式, 即可求得给定口径振幅场分布 $F(x',y')$ 和相位分布 $\Phi(x',y')=0$ 时 $E_P|_E$ 和 $E_P|_H$ 的场方向图. 我们将考虑两种口径场振幅分布:

1. 均匀振幅分布 (均匀照度)

口径上场的振幅和相位都为均匀分布情形相当于 TEM 平面波垂直入射到该口径平面. 此时, $F(x',y')=E_0$(常量), 对于 $\boldsymbol{E}$ 平面, 由 (4.10.5) 式得

$$E_P(\boldsymbol{r})|_E \approx \mathrm{j}\frac{\mathrm{e}^{-\mathrm{j}kr}}{2\lambda r}\left(1+\cos\theta\right)E_0\int_{-\frac{b}{2}}^{\frac{b}{2}}\mathrm{d}y'\int_{-\frac{a}{2}}^{\frac{a}{2}}\mathrm{e}^{\mathrm{j}kx'\sin\theta}\mathrm{d}x'$$

积分后得

$$E_P(\boldsymbol{r})|_E = \mathrm{j}\frac{\mathrm{e}^{-\mathrm{j}kr}}{\lambda r}\frac{1+\cos\theta}{2}E_0ab\frac{\sin\left(\dfrac{ka}{2}\sin\theta\right)}{\dfrac{ka}{2}\sin\theta}$$

或

$$E_P(\boldsymbol{r})|_E = C_0E_0A\frac{1+\cos\theta}{2}\frac{\sin\psi_1}{\psi_1} \tag{4.10.7}$$

式中,

$$C_0=\mathrm{j}\frac{\mathrm{e}^{-\mathrm{j}kr}}{\lambda r};\quad A=ab\text{为口径的面积} \tag{4.10.8}$$

而

$$\psi_1=\frac{ka}{2}\sin\theta=\frac{\pi a}{\lambda}\sin\theta\quad\left(k=\frac{2\pi}{\lambda}\right) \tag{4.10.9}$$

同样地, 对于 $\boldsymbol{H}$ 平面 (即 $yz$ 平面), $\varphi=\pi/2$, 由 (4.10.6) 式经积分后可得

$$\begin{aligned}E_P(\boldsymbol{r})|_H &= \mathrm{j}\frac{\mathrm{e}^{-\mathrm{j}kr}}{2\lambda r}\left(1+\cos\theta\right)E_0\int_{-\frac{a}{2}}^{\frac{a}{2}}\mathrm{d}x'\int_{-\frac{b}{2}}^{\frac{b}{2}}\mathrm{e}^{\mathrm{j}ky'\sin\theta}\mathrm{d}y'\\ &= \mathrm{j}\frac{\mathrm{e}^{-\mathrm{j}kr}}{\lambda r}\frac{1+\cos\theta}{2}E_0ab\frac{\sin\left(\dfrac{kb}{2}\sin\theta\right)}{\dfrac{kb}{2}\sin\theta}\end{aligned}$$

或

$$E_P(\boldsymbol{r})|_H = C_0E_0A\frac{1+\cos\theta}{2}\frac{\sin\psi_2}{\psi_2} \tag{4.10.10}$$

式中,

$$\psi_2=\frac{kb}{2}\sin\theta=\frac{\pi b}{\lambda}\sin\theta \tag{4.10.11}$$

对于口径型天线, 通常有 $a\gg\lambda$ 和 $b\gg\lambda$, 辐射场的主瓣集中于 $\theta$ 较小范围内. 因子 $(1+\cos\theta)/2$ 近似等于 1 或常数, 故天线的方向特性主要决定于后一因子. 因而, 天线在 $\boldsymbol{E}$ 面和 $\boldsymbol{H}$ 面方向性图的函数形式为

$$f(\theta)=\frac{\sin\psi}{\psi} \tag{4.10.12}$$

当 $\psi=0$ 时, $f(\theta)$ 具有最大值, 且 $f(\theta)|_{\max}=1$. 图 4.10.2 曲线 (a) 给出了直角坐标系中 $f(\theta)$-$\psi$ 的关系曲线.

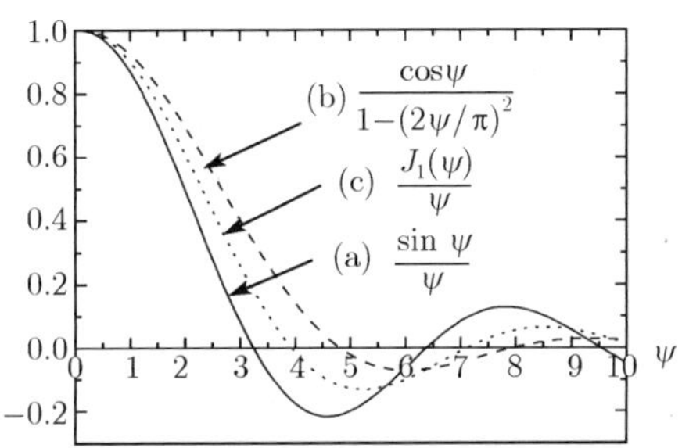


(a) 矩形均匀照度; (b) 矩形余弦照度; (c) 圆形均匀照度

图 4.10.2　口径天线方向性图 $f(\theta)$-$\psi$ 曲线

在半功率点, $f(\theta_0)=f(\theta)|_{\max}/\sqrt{2}=0.707$. 由 (4.10.11) 式不难得知在该点. $\psi=1.3915$. 故由 (4.10.9) 和 (4.10.11) 式, 我们有

$$\psi_{0\mathrm{E}}=\frac{\pi a}{\lambda}\sin\theta_{0\mathrm{E}}=1.3915 \quad 和 \quad \psi_{0\mathrm{H}}=\frac{\pi b}{\lambda}\sin\theta_{0\mathrm{H}}=1.3915$$

按波束主瓣宽度为功率方向图两半功率点之间的宽度的定义, 则 $\boldsymbol{E}$ 面和 $\boldsymbol{H}$ 面方向图的主办宽度为:

$$2\theta_{0\mathrm{E}}=2\arcsin\left(\frac{1.3915\lambda}{\pi a}\right)\approx 0.89\frac{\lambda}{a}\ (\mathrm{rad}) \tag{4.10.13}$$

和

$$2\theta_{0\mathrm{H}}=2\arcsin\left(\frac{1.3915\lambda}{\pi b}\right)\approx 0.89\frac{\lambda}{b}\ (\mathrm{rad}) \tag{4.10.14}$$

而第 $i$ 个边瓣 (副瓣) 相对于主办的电平和位置可由 $f(\theta)=\sin\psi/\psi$ 的第 $i$ 个极值及其位置确定. $f(\theta)$ 的第 $i$ 个极值位置可近似地由 $\sin\psi=1$ 给出, 由此可得 $\psi_i=(2i+1)\pi/2$, 故可知第 $i$ 个边瓣的相对电平为

$$\frac{E_{i\max}}{E_{0\max}}\approx\frac{1}{\psi_i}=\frac{2}{(2i+1)\pi} \tag{4.10.15}$$

例如, 第一和第二边瓣相对主瓣的电平分贝数分别是

$$\mathrm{SLdb}_1=10\lg\left(\frac{E_{2\max}}{E_{0\max}}\right)^2\approx-13.5\mathrm{dB} \quad 和 \quad \mathrm{SLdb}_2=10\lg\left(\frac{E_{2\max}}{E_{0\max}}\right)^2\approx-17.9\mathrm{dB}.$$

(4.10.13) 和 (4.10.14) 式表明, 在某平面内方向图的主瓣宽度与该平面内口径的宽度成反比, 若口径的宽度 $a$ 愈大, 则 $\boldsymbol{E}$ 面方向图就愈尖锐.

2. 余弦振幅分布 (余弦照度)

设口径场振幅余弦分布为

$$F(x',y') = E_0 \cos\frac{\pi x'}{a} \tag{4.10.16}$$

对于 $\boldsymbol{E}$ 平面, 将它代入 (4.10.5) 式后得

$$\begin{aligned} E_P(\boldsymbol{r})|_E &\approx \mathrm{j}\frac{\mathrm{e}^{-\mathrm{j}kr}}{2\lambda r}(1+\cos\theta)E_0\int_{-\frac{b}{2}}^{\frac{b}{2}}\mathrm{d}y'\int_{-\frac{a}{2}}^{\frac{a}{2}}\cos\frac{\pi x'}{a}\mathrm{e}^{\mathrm{j}kx'\sin\theta}\mathrm{d}x' \\ &= \mathrm{j}\frac{\mathrm{e}^{-\mathrm{j}kr}}{\lambda r}\frac{1+\cos\theta}{2}E_0ab\frac{1}{a}\int_{-\frac{a}{2}}^{\frac{a}{2}}\cos\frac{\pi x'}{a}\mathrm{e}^{\mathrm{j}kx'\sin\theta}\mathrm{d}x' \end{aligned} \tag{4.10.17}$$

作变数变换, 令 $z=\dfrac{2x'}{a}$, $\mathrm{d}x'=\dfrac{2}{a}\mathrm{d}z$ 和 $\psi_1=\dfrac{ka}{2}\sin\theta$, $kx'\sin\theta=\psi_1 z$, 并应用积分公式: $\displaystyle\int \mathrm{e}^{ax}\cos bx\mathrm{d}x=\mathrm{e}^{ax}\frac{a\cos bx+b\sin bx}{a^2+b^2}$, 则 (4.10.17) 中的积分:

$$\frac{1}{a}\int_{-\frac{a}{2}}^{\frac{a}{2}}\cos\frac{\pi x'}{a}\mathrm{e}^{\mathrm{j}kx'\sin\theta}\mathrm{d}x'=\frac{1}{2}\int_{-1}^{1}\cos\frac{\pi}{2}z\mathrm{e}^{\mathrm{j}\psi_1 z}\mathrm{d}z=\frac{2}{\pi}\frac{\cos\psi_1}{1-(2\psi_1/\pi)^2}$$

故 (4.10.17) 式可表为 v

$$E_P(\boldsymbol{r})|_E \approx \frac{2}{\pi}C_0E_0A\frac{1+\cos\theta}{2}\frac{\cos\psi_1}{1-(2\psi_1/\pi)^2} \tag{4.10.18}$$

对于 $\boldsymbol{H}$ 平面, 将 (4.10.16) 代入 (4.10.6) 式得

$$\begin{aligned} E_P(\boldsymbol{r})|_H &= \mathrm{j}\frac{\mathrm{e}^{-\mathrm{j}kr}}{2\lambda r}(1+\cos\theta)E_0\int_{-\frac{a}{2}}^{\frac{a}{2}}\cos\frac{\pi x'}{a}\mathrm{d}x'\int_{-\frac{b}{2}}^{\frac{b}{2}}\mathrm{e}^{\mathrm{j}ky'\sin\theta}\mathrm{d}y' \\ &= \frac{2}{\pi}C_0E_0A\frac{1+\cos\theta}{2}\frac{\sin\psi_2}{\psi_2} \end{aligned} \tag{4.10.19}$$

以上式中, $C_0$ 和 $A$ 已于 (4.10.8) 式给出.

故 $\boldsymbol{E}$ 面和 $\boldsymbol{H}$ 面内的天线的方向性图因子分别为

$$f_E(\theta)=\frac{1+\cos\theta}{2}\frac{\cos\psi_1}{1-(2\psi_1/\pi)^2} \tag{4.10.20}$$

和

$$f_H(\theta)=\frac{1+\cos\theta}{2}\frac{\sin\psi_2}{\psi_2} \tag{4.10.21}$$

式中, $\psi_1=\dfrac{\pi a}{\lambda}\sin\theta$ 和 $\psi_2=\dfrac{\pi b}{\lambda}\sin\theta$.

$\boldsymbol{E}$ 平面方向性图因子 $\dfrac{\cos\psi_1}{1-(2\psi_1/\pi)^2}$-$\psi_1$ 的关系曲线如图 4.10.2 曲线 (b) 所示.

在 $\boldsymbol{E}$ 平面波束主瓣半功率点处, 有 $\dfrac{\cos\psi_1}{1-(2\psi_1/\pi)^2}=0.707$, 由此不难解得 (或从其方向性图曲线近似求得) 此时的 $\psi_1=\dfrac{\pi a}{\lambda}\sin\theta_{0\mathrm{E}}\approx 1.86$. 因而 $\boldsymbol{E}$ 平面的主瓣宽度为

$$2\theta_{0\mathrm{E}}=2\arcsin\frac{1.86\lambda}{\pi a}\approx\frac{3.72}{\pi}\frac{\lambda}{a}=1.18\frac{\lambda}{a}\ (\mathrm{rad}) \tag{4.10.22}$$

而第一边瓣位于 $\psi_1=5.935$ 处, 相应的边瓣电平为 $E_{1\max}/E_{0\max}=-0.0708$, 相对主瓣的分贝值为：$\mathrm{SLdb}_1=10\lg(-0.0708)^2\approx-23.0\mathrm{dB}$. 由余弦照度的主瓣宽度和边瓣电平结果可见, 相对于均匀照度情形, $\boldsymbol{E}$ 平面的方向图的主瓣宽度变宽了, 然而边瓣电平有了降低. 另一方面, 在 $\boldsymbol{H}$ 平面的方向图则与均匀照度情形相同.

### 4.10.2 圆形口径上的同相场

设圆形口径 $A$ 的半径为 $a$, 位于 $x$-$y$ 平面, 其上电场沿 $x$ 轴方向极化, 磁场沿 $y$ 轴方向. 口径场振幅和相位为均匀分布, 它相当于 TEM 平面波垂直入射到该口径平面上. 圆形口径采用平面极坐标为 $(\rho',\varphi')$, $A$ 上的积分变点 $M(\boldsymbol{r}')$ 的坐标为 $(\rho',\varphi')$; 而所求场 $P(\boldsymbol{r})$ 点的直角坐标为 $(x,y,z)$, 对应的球坐标为 $(r,\theta,\varphi)$, 如图 4.10.3 所示.

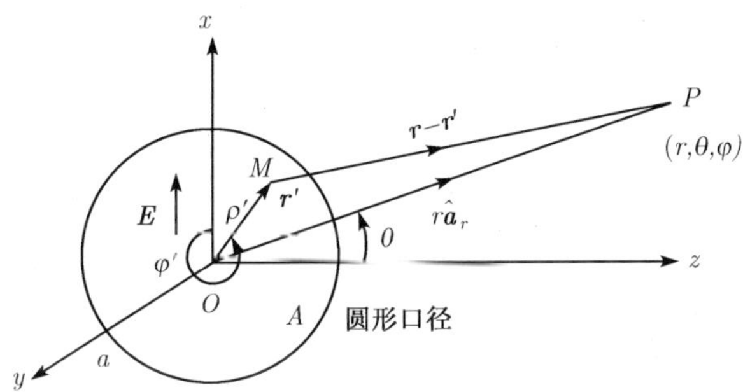


图 4.10.3 圆形口径天线的辐射

应用坐标系间单位矢量之间的关系：$\hat{\boldsymbol{a}}_r=\sin\theta\cos\varphi\hat{\boldsymbol{a}}_x+\sin\theta\sin\varphi\hat{\boldsymbol{a}}_y+\cos\theta\hat{\boldsymbol{a}}_z$ 和 $\boldsymbol{r}'=\rho'\cos\varphi'\hat{\boldsymbol{a}}_x+\rho'\sin\varphi\hat{\boldsymbol{a}}_y$, 而有 $\boldsymbol{r}'\cdot\hat{\boldsymbol{a}}_r=\rho'\cos\varphi'\sin\theta\cos\varphi+\rho'\sin\varphi'\sin\theta\sin\varphi$, 以及对于同相口径场, 可取 $\varPhi(\rho',\varphi')=0$. 于是, 口径场可表为

$$E_A(\rho',\varphi')=F(\rho',\varphi')\mathrm{e}^{-\mathrm{j}\varPhi(x',y')}=F(\rho',\varphi')$$

由 (4.9.24) 式, $P$ 点的辐射电场可表为

$$E_P(\boldsymbol{r})\approx\mathrm{j}\frac{\mathrm{e}^{-\mathrm{j}kr}}{2\lambda r}(1+\cos\theta)\iint_A F(\rho',\varphi')\mathrm{e}^{\mathrm{j}k\rho'\sin\theta(\cos\varphi'\cos\varphi+\sin\varphi'\sin\varphi)}\mathrm{d}S' \tag{4.10.23}$$

这里, $E_P(\boldsymbol{r})$ 的方向沿口径场的极化方向.

对于 $\boldsymbol{E}$ 平面 (即 $xz$ 平面), $\varphi=0$, (4.10.23) 式简化为

$$E_P(\boldsymbol{r})|_E \approx C_0\frac{(1+\cos\theta)}{2}\iint_A F(\rho',\varphi')\mathrm{e}^{\mathrm{j}k\rho'\sin\theta\cos\varphi'}\mathrm{d}S' \qquad (4.10.24)$$

对于 $\boldsymbol{H}$ 平面 (即 $yz$ 平面), $\varphi=\pi/2$, (4.10.23) 式简化为

$$E_P(\boldsymbol{r})|_H \approx C_0\frac{(1+\cos\theta)}{2}\iint_A F(\rho',\varphi')\mathrm{e}^{\mathrm{j}k\rho'\sin\theta\sin\varphi'}\mathrm{d}S \qquad (4.10.25)$$

以上式中, $C_0=\mathrm{j}\dfrac{\mathrm{e}^{-\mathrm{j}kr}}{\lambda r}$.

下面考虑圆形口径上两种场振幅分布情形:

1. 均匀振幅分布 (均匀照度)

此时, $F(\rho',\varphi')=E_0$(常量), 对于 $\boldsymbol{E}$ 平面, 由 (4.10.24) 式得

$$E_P(\boldsymbol{r})|_E \approx C_0E_0\frac{(1+\cos\theta)}{2}\int_0^a\left[\int_0^{2\pi}\mathrm{e}^{\mathrm{j}k\rho'\sin\theta\cos\varphi'}\mathrm{d}\varphi'\right]\rho'\mathrm{d}\rho' \qquad (4.10.26)$$

因有 Bessel 函数的积分表示式:

$$J_n(z)=\frac{1}{2\pi}\int_0^{2\pi}\mathrm{e}^{\mathrm{j}(z\sin\varphi-n\varphi)}\mathrm{d}\varphi=\frac{\mathrm{j}^{-n}}{2\pi}\int_0^{2\pi}\mathrm{e}^{\mathrm{j}(z\cos\varphi-n\varphi)}\mathrm{d}\varphi$$

当 $n=0$ 时,

$$J_0(z)=\frac{1}{2\pi}\int_0^{2\pi}\mathrm{e}^{\mathrm{j}z\sin\varphi}\mathrm{d}\varphi=\frac{1}{2\pi}\int_0^{2\pi}\mathrm{e}^{\mathrm{j}z\cos\varphi}\mathrm{d}\varphi \qquad (4.10.27)$$

于是, (4.10.26) 式可化为

$$E_P(\boldsymbol{r})|_E = C_0E_0\pi(1+\cos\theta)\int_0^a J_0(k\rho'\sin\theta)\rho'\mathrm{d}\rho' \qquad (4.10.28)$$

引用 Bessel 函数的积分公式: $\int J_0(z)z\mathrm{d}z=zJ_1(z)$, 对 (4.10.28) 式的 $\mathrm{d}\rho'$ 积分后, 可得

$$E_P(\boldsymbol{r})|_E = C_0E_0A(1+\cos\theta)\frac{J_1(\psi)}{\psi} \qquad (4.10.29)$$

式中, $A=\pi a^2$ 为口径面积; $J_1(\psi)$ 为一阶的第一类 Bessel 函数; 而

$$\psi=ka\sin\theta=\frac{\pi D}{\lambda}\sin\theta \qquad (D=2a\text{为口径直径}) \qquad (4.10.30)$$

同样地, 对于 $\boldsymbol{H}$ 平面, 由 (4.10.25) 式可得

$$\begin{aligned}E_P(\boldsymbol{r})|_H &\approx C_0E_0\frac{(1+\cos\theta)}{2}\int_0^a\left[\int_0^{2\pi}\mathrm{e}^{\mathrm{j}k\rho'\sin\varphi'\sin\theta}\mathrm{d}\varphi'\right]\rho'\mathrm{d}\rho' \\ &= C_0E_0A(1+\cos\theta)\frac{J_1(\psi)}{\psi}\end{aligned} \qquad (4.10.31)$$

以上结果表明, 在 $\boldsymbol{E}$ 和 $\boldsymbol{H}$ 平面内 $E_P(\boldsymbol{r})|_E$ 和 $E_P(\boldsymbol{r})|_H$ 方向性图的形状相同, 其 $f(\theta)$ 为

$$f(\theta) = (1+\cos\theta)\frac{J_1(\psi)}{\psi} \tag{4.10.32}$$

按 $J_1(\psi)/\psi \sim \psi$ 作出的 (通用) 方向图如图 4.10.2 曲线 (c) 所示. 不难指出, 在半功率点波束主瓣的宽度为:

$$2\theta_0 \approx 1.03\frac{\lambda}{D}\ (\mathrm{rad}) \tag{4.10.33}$$

而第一边瓣位于 $\psi_{SL1} \approx 5.125$ 处, 相对于主瓣电平的分贝数为

$$\mathrm{SLdb}_1 = 10\lg\left(\frac{E_{1\max}}{E_{0\max}}\right)^2 \approx 10\lg(-0.132272)^2 = -17.6\mathrm{dB} \tag{4.10.34}$$

2. 具有 $F(\rho',\varphi') = E_0\left[1-(\rho'/a)^2\right]^n$ 规律的渐减分布

$$F(\rho',\varphi') = E_0\left[1-(\rho'/a)^2\right]^n \quad 和 \quad \varPhi(\rho',\varphi') = 0 \tag{4.10.35}$$

对于 $\boldsymbol{E}$ 平面, 将它们代入 (4.10.24) 式后得

$$E_P(\boldsymbol{r})|_E = C_0E_0\frac{1+\cos\theta}{2}\int_0^a\left[1-(\rho'/a)^2\right]^n\left[\int_0^{2\pi}\mathrm{e}^{\mathrm{j}k\rho'\sin\theta\cos\varphi'}\mathrm{d}\varphi'\right]\rho'\mathrm{d}\rho' \tag{4.10.36}$$

引用 (4.10.27)Bessel 函数 $J_0(z)$ 积分表示式, (4.10.36) 式中关于 $\mathrm{d}\varphi'$ 的积分可表为

$$\int_0^{2\pi}\mathrm{e}^{\mathrm{j}k\rho'\sin\theta\cos\varphi'}\mathrm{d}\varphi' = \int_0^{2\pi}\mathrm{e}^{\mathrm{j}z\cos\varphi'}\mathrm{d}\varphi' = 2\pi J_0(z) = 2\pi J_0(k\rho'\sin\theta) \tag{4.10.37}$$

于是, (4.10.36) 式可化为

$$E_P(\boldsymbol{r})|_E = C_0E_0\pi(1+\cos\theta)\int_0^a\left[1-(\rho'/a)^2\right]^n J_0(k\rho'\sin\theta)\rho'\mathrm{d}\rho' \tag{4.10.38}$$

$$作变数变换, 令 z = k\rho'\sin\theta = \psi\frac{\rho'}{a}, 其中 \psi = ka\sin\theta = \frac{\pi D}{\lambda}\sin\theta \tag{4.10.39}$$

则 (4.10.38) 式中关于 $\mathrm{d}\rho'$ 的积分可化为

$$I = \int_0^a\left[1-(\rho'/a)^2\right]^n J_0(k\rho'\sin\theta)\rho'\mathrm{d}\rho' = \frac{a^2}{\psi^2}\int_0^\psi\left[1-(z/\psi)^2\right]^n J_0(z)z\mathrm{d}z \tag{4.10.40}$$

引用 Bessel 函数积分公式:

$$\int z^{n+1}J_n(z)\mathrm{d}z = z^{n+1}J_{n+1}(z)+c \quad 或 \quad z^{n+1}J_n(z)\mathrm{d}z = \mathrm{d}\left[z^{n+1}J_{n+1}(z)\right] \tag{4.10.41}$$

(4.10.40) 式积分 $I$ 可写成

$$I = \frac{a^2}{\psi^{2n+2}}\int_0^{\psi}\left(\psi^2 - z^2\right)^n \mathrm{d}\left[zJ_1(z)\right] \tag{4.10.42}$$

于是, 对 (4.10.42) 式积分进行一次分部积分后, 并再次引用 (4.10.41) 式, 可得

$$\begin{aligned} I &= \frac{a^2}{\psi^{2n+2}}\left\{\left(\psi^2 - z^2\right)^n\left[zJ_1(z)\right]_0^{\psi} - \int_0^{\psi}\left[zJ_1(z)\right]\mathrm{d}\left(\psi^2 - z^2\right)^n\right\} \\ &= \frac{a^2}{\psi^{2n+2}}2n\int_0^{\psi}\left(\psi^2 - z^2\right)^{n-1}z^2J_1(z)\mathrm{d}z \\ &= \frac{a^2}{\psi^{2n+2}}2n\int_0^{\psi}\left(\psi^2 - z^2\right)^{n-1}\mathrm{d}\left[z^2J_2(z)\right] \end{aligned}$$

依此, 连续进行分部积分 $(n-1)$ 次, 并引用 (4.10.41) 式, 便有

$$\begin{aligned} I &= \frac{a^2}{\psi^{2n+2}}2^2n(n-1)\int_0^{\psi}\left(\psi^2 - z^2\right)^{n-2}\mathrm{d}\left[z^3J_3(z)\right] \\ &= \cdots \\ &= \frac{a^2}{\psi^{2n+2}}2^n n!\int_0^{\psi} z^{n+1}J_n(z)\mathrm{d}z \end{aligned}$$

最后, 再次引用积分公式 (4.10.41), 就得到

$$I = \frac{a^2}{\psi^{2n+2}}2^n n!\left[z^{n+1}J_{n+1}(z)\right]_0^{\psi} = \frac{a^2}{\psi^{n+1}}2^n n! J_{n+1}(\psi) \tag{4.10.43}$$

故 (4.10.40) 式积分的结果为

$$\int_0^a\left[1-\left(\rho'/a\right)^2\right]^n J_0(k\rho'\sin\theta)\rho'\mathrm{d}\rho' = \frac{a^2}{\psi^{n+1}}2^n n! J_{n+1}(\psi) \tag{4.10.44}$$

将它代入 (4.10.38) 式, 便得到圆口径渐减振幅分布的远区辐射场为

$$\begin{aligned} E_P(\boldsymbol{r})|_E &= C_0E_0\pi\left(1+\cos\theta\right)\int_0^a\left[1-\left(\rho'/a\right)^2\right]^n J_0\left(k\rho'\sin\theta\right)\rho'\mathrm{d}\rho' \\ &= C_0E_0\pi\left(1+\cos\theta\right)\frac{a^2}{\psi^{n+1}}2^n n! J_{n+1}(\psi) \\ &= \frac{C_0E_0A}{n+1}\frac{1+\cos\theta}{2}\Lambda_{n+1}(\psi) \end{aligned} \tag{4.10.45}$$

式中, $\psi = ka\sin\theta = \dfrac{\pi D}{\lambda}\sin\theta$; $D = 2a$ 为口径的直径; $A = \pi a^2$ 为口径的面积; 而

$$\varLambda_{n+1}(\psi) = 2^{n+1}(n+1)!\frac{J_{n+1}(\psi)}{\psi^{n+1}} \tag{4.10.46}$$

函数 $\varLambda_{n+1}(\psi)$ 称为 Lambda 函数 [19].

同样地, 对于 $\boldsymbol{H}$ 平面, 将 (4.10.35) 代入 (4.10.25) 式后得

$$E_P(\boldsymbol{r})|_H = C_0E_0\frac{1+\cos\theta}{2}\int_0^a\left[1-(\rho'/a)^2\right]^n\left[\int_0^{2\pi}\mathrm{e}^{\mathrm{j}k\rho'\sin\theta\sin\varphi'}\mathrm{d}\varphi'\right]\rho'\mathrm{d}\rho' \tag{4.10.47}$$

由 (4.10.37) 式可知, 关于 $\mathrm{d}\varphi'$ 的积分等于 $2\pi J_0(k\rho'\sin\theta)$, 于是得

$$E_P(\boldsymbol{r})|_H = C_0E_0\pi(1+\cos\theta)\int_0^a\left[1-(\rho'/a)^2\right]^n J_0(k\rho'\sin\theta)\rho'\mathrm{d}\rho' \tag{4.10.48}$$

这与 (4.10.38) 式完全相同, 因而, 我们亦有

$$E_P(\boldsymbol{r})|_H = \frac{C_0E_0A}{n+1}\frac{1+\cos\theta}{2}\varLambda_{n+1}(\psi) \tag{4.10.49}$$

故在 $\boldsymbol{E}$ 平面和 $\boldsymbol{H}$ 平面天线的方向性图因子均为

$$f_E(\theta) = f_H(\theta) = \frac{1+\cos\theta}{2}\varLambda_{n+1}(\psi) \tag{4.10.50}$$

式中, $\psi = ka\sin\theta = \dfrac{\pi D}{\lambda}\sin\theta$.

方向性图因子 Lambda 函数 $\varLambda_{n+1}-\psi(n=0\sim 3)$ 的关系曲线示于图 4.10.4.

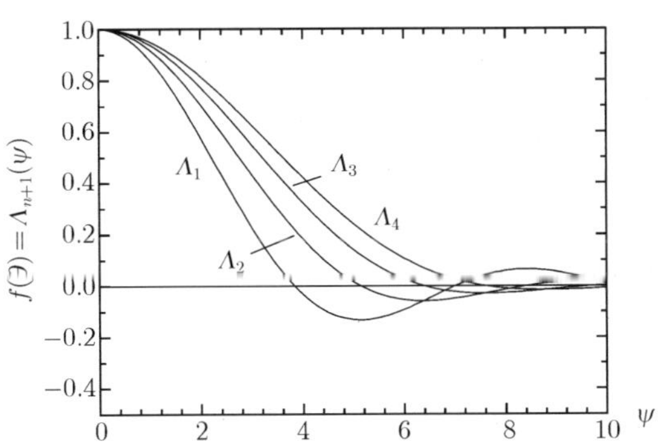


图 4.10.4 渐减振幅分布圆口径天线的方向特性

当 $a/\lambda$ 较大时, 对于主瓣有 $(1+\cos\theta)/2\approx 1$, 此时 $\boldsymbol{E}$ 平面和 $\boldsymbol{H}$ 平面波束的主瓣宽度 $2\theta_0$ 可由函数 $\varLambda_{n+1}(\psi) = 1/\sqrt{2}$ 时相应的 $\psi$ 确定. 从所得 $\varLambda_{n+1}-\psi$ 曲线或通过数值计算, 不难求得对于给定的圆口径渐减分布的形式 (即 $n$ 值), 半功率点

处的 $\psi_{wn}$ 值; 以及第一边瓣的位置 $\psi_{S1}$ 和边瓣相对主瓣的电平的分贝数 $\mathrm{SL}_1$. 已知 $\psi_{wn}$, 则主瓣宽度 $2\theta_0$ 为

$$2\theta_0 \approx 2\arcsin\left(\frac{\psi_{w0}}{\pi}\frac{\lambda}{D}\right) = \frac{\psi_{w0}}{\pi}\frac{\lambda}{D}\ (\mathrm{rad}) \tag{4.10.51}$$

例如, 当 $n=0$ 时, 可求得 $\psi_{w0}\approx 1.6164$ 和 $\psi_{S0}\approx 5.125$, 此时, 主瓣宽度 $2\theta_0\approx 1.03\lambda/D$, $\mathrm{SL}_1 = 10\lg(-0.1323)^2 = -17.6\mathrm{dB}$; 当 $n=1$ 时, 可得 $\psi_{w1}\approx 1.9944$ 和 $\psi_{S1}\approx 6.381$, 此时, $2\theta_0\approx 1.26\lambda/D$ ,$\mathrm{SL}_1 = 10\lg(-0.05862)^2 = -24.6\mathrm{dB}$; 当 $n=2$ 时, 可求得 $\psi_{w2}\approx 2.3133$ 和 $\psi_{S2}\approx 8.87$, 此时, $2\theta_0\approx 1.65\lambda/D$, $\mathrm{SL}_1 = 10\lg(-0.01592)^2 = -36.0\mathrm{dB}$. 这些结果表明, 增大 $n$ 值 (即增大口径振幅分布渐减程度) 可使边瓣降低, 然将导致主瓣宽度增加.

### 4.10.3　口径场相位偏移对辐射的影响

对于口径型微波天线, 一般要求口径 $A$ 上具有均匀的相位分布, 或者按天线设计要求的给定相位分布 (可有一定容差). 然而, 对于实际的天线, 通常由于在天线制造加工、装配过程中, 技术上不可能实现理论上的要求而会引入偏离所需口径相位分布的相差; 例如, 对于抛物面 (或透镜) 天线, 口径上要获得所需的均匀相位分布, 则要求天线馈源应是一理想点源, 并位于焦点上, 且抛物面 (或透镜) 具有理想的几何形状, 但这些实际上均难实现. 因此, 天线口径的相位分布与所要求得分布总会出现偏离, 而具有一定的不均匀性.

口径上的相位不均匀分布一般地可写成

$$\begin{aligned}\Phi(x',y') = {}& c_1x' + c_2x'^2 + c_3x'^3 + \cdots \\ & + d_1y' + d_2y'^2 + d_3y'^3 + \cdots\end{aligned} \tag{4.10.52}$$

以下我们分析和讨论 (4.10.52) 式中线性律、平方律和立方律相位偏移对方向图的影响.

1. 直线律相位偏移

当平面波垂直入射到口径平面 $A$ 时, 口径上的场是同相的, 而当平面波沿着与 $A$ 的法线作一定角度 $\alpha$ 入射时, 口径场的相位将按直线律变化, 如图 4.10.5 所示.

设矩形口径场沿 $x$ 方向极化, 其振幅分布是变量可分离型, 且 $F(x',y') = F(x')$, 而相位分布仅沿口径 $x$ 轴方向按线性律偏移, 即沿 $y$ 轴方向振幅和相位均是均匀分布. 故

$$F(x',y') = F(x') \quad 和 \quad \Phi(x',y') = \mathrm{e}^{\mathrm{j}\delta_1\frac{2x'}{a}} \tag{4.10.53}$$

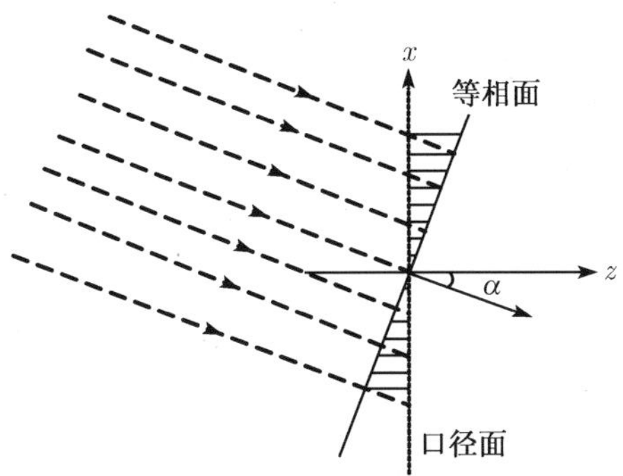


图 4.10.5 直线律的相位偏移

式中, $\delta_1$ 是口径上沿 $x$ 轴的最大相位偏移量. 将 (4.10.53) 代入 (4.10.3) 式, 有

$$\begin{aligned} E_P(\boldsymbol{r})|_E &\approx \mathrm{j}\frac{\mathrm{e}^{-\mathrm{j}kr}}{2\lambda r}(1+\cos\theta)E_0\int\limits_A F(x')\mathrm{e}^{\mathrm{j}kx'\sin\theta-\mathrm{j}\delta_1\frac{2x'}{a}}\mathrm{d}x'\mathrm{d}y' \\ &= \mathrm{j}\frac{\mathrm{e}^{-\mathrm{j}kr}}{2\lambda r}(1+\cos\theta)E_0\int_{-\frac{b}{2}}^{\frac{b}{2}}\mathrm{d}y'\int_{-\frac{a}{2}}^{\frac{a}{2}}F(x')\mathrm{e}^{\mathrm{j}\left(k\sin\theta-\frac{2\delta_1}{a}\right)x'}\mathrm{d}x' \end{aligned} \quad (4.10.54)$$

将上式与同相场情形的 (4.10.5) 式比较可见, 除了被积函数中指数项前者为为 $\mathrm{e}^{\mathrm{j}ka\sin\theta}$、后者为 $\exp\left[j\left(k\sin\theta-2\delta_1/a\right)x'\right]$ 外, 两者积分形式完全相同, 因此, 口径上存在振幅分布 $F(x')$ 与线性律相位分布 $(\delta_1\neq 0)$ 时, 方向图的形状没有改变, 只是整个方向图产生了偏转, 即最大辐射方向偏转了一个角度 $\theta$, 该偏转角 $\theta$ 而可由 $\sin(\psi_1-\delta_1)/(\psi_1-\delta_1)=1$ 确定. 此时应有

$$\psi_1-\delta_1=\frac{\pi a}{\lambda}\sin\theta-\delta_1=0$$

由此可解得

$$\theta=\arcsin\left(\frac{\delta_1\lambda}{\pi a}\right) \quad (4.10.55)$$

$\delta_1$ 值愈大, 偏转角 $\theta$ 也愈大. 口径上直线律相位偏移可以产生方向图偏转这个特性已被广泛地用于雷达扫瞄天线中.

2. 平方律相位偏移

当球面波或柱面波入射到平面口径上时, 口径面上将产生平方律的相位偏移. 例如, 当抛物面天线的馈源偏离焦点时, 就会产生平方律相移; 又如从扇形和角锥形喇叭天线张开处向口径传播的波分别具有柱面波和球面波特性, 因而其口径平面上亦将会产生平方律相移.

设矩形口径场沿 $x$ 方向极化, 其振幅分布 $F(x',y')=F(x')$, 而相位分布仅沿口径 $x$ 轴方向按平方律偏移; 沿 $y$ 轴方向振幅和相位均是均匀分布. 故

$$F(x',y')=F(x') \quad \text{和} \quad \varPhi(x',y')=\mathrm{e}^{\mathrm{j}\delta_2\left(\frac{2x'}{a}\right)^2} \tag{4.10.56}$$

式中, $\delta_2$ 是口径上沿 $x$ 轴的最大相位偏移量.

将 (4.10.56) 代入 (4.10.1) 式, 有

$$\begin{aligned} E_P(\boldsymbol{r})|_E &\approx \mathrm{j}\frac{\mathrm{e}^{-\mathrm{j}kr}}{2\lambda r}(1+\cos\theta)\int_A F(x')\mathrm{e}^{\mathrm{j}kx'\sin\theta-\mathrm{j}\delta_2\left(\frac{2x'}{a}\right)^2}\mathrm{d}x'\mathrm{d}y' \\ &= \mathrm{j}\frac{\mathrm{e}^{-\mathrm{j}kr}}{2\lambda r}(1+\cos\theta)\int_{-\frac{b}{2}}^{\frac{b}{2}}\mathrm{d}y'\int_{-\frac{a}{2}}^{\frac{a}{2}} F(x')\mathrm{e}^{\mathrm{j}kx'\sin\theta-j\delta_2\left(\frac{2x'}{a}\right)^2}\mathrm{d}x' \\ &= C_0 A\frac{1+\cos\theta}{2}\frac{1}{a}\int_{-\frac{a}{2}}^{\frac{a}{2}} F(x')\mathrm{e}^{\mathrm{j}kx'\sin\theta-\mathrm{j}\delta_2\left(\frac{2x'}{a}\right)^2}\mathrm{d}x' \end{aligned} \tag{4.10.57}$$

式中, $A=ab$. 因 $(1+\cos\theta)/2$ 是缓变函数, $E_P(\boldsymbol{r})|_E$ 的方向特性主要取决于方向图因子:

$$f_E(\theta)=\frac{1}{a}\int_{-\frac{a}{2}}^{\frac{a}{2}} F(x')\mathrm{e}^{\mathrm{j}kx'\sin\theta-\mathrm{j}\delta_2\left(\frac{2x'}{a}\right)^2}\mathrm{d}x' \tag{4.10.58}$$

现作变数变换, 引入新变数: $z=\dfrac{2x'}{a}$, $\mathrm{d}x'=\dfrac{a}{2}\mathrm{d}z$ 和 $\psi=\dfrac{ka}{2}\sin\theta=\dfrac{\pi a}{\lambda}\sin\theta$, 于是 (4.10.58) 式 $f_E(\theta)$ 可化为

$$g_E(\psi)=\frac{1}{2}\int_{-1}^{1}F(az/2)\,e^{\mathrm{j}\psi z-\mathrm{j}\delta_2 z^2}\mathrm{d}z \tag{4.10.59}$$

积分形式的 $g_E(\psi)$ 就是以 $\psi$ 为变量的方向图因子. 欲求此积分原函数的解析式是困难的, 但当 $\delta_2$ 值较小时, 可应用 $e^z=\sum\limits_{m=0} z^m/m!$, 将 $\mathrm{e}^{\mathrm{j}\delta_2 z^2}$ 展成级数后再进行逐项积分, 并取其前两项作为近似, 即

$$\begin{aligned} g_E(\psi) &= \frac{1}{2}\int_{-1}^{1}F(az/2)\,\mathrm{e}^{\mathrm{j}\psi z}\left[\sum_{m=0}\left(-\mathrm{j}\delta_2 z^2\right)^m/m!\right]\mathrm{d}z \\ &= \sum_{m=0}\frac{(-\mathrm{j})^m(\delta_2)^m}{m!}\frac{1}{2}\int_{-1}^{1}z^{2m}F(az/2)\,\mathrm{e}^{\mathrm{j}\psi z}\mathrm{d}z \\ &\approx \frac{1}{2}\int_{-1}^{1}F(az/2)\,\mathrm{e}^{\mathrm{j}\psi z}\mathrm{d}z-\mathrm{j}\frac{\delta_2}{2}\int_{-1}^{1}z^2F(az/2)\,\mathrm{e}^{\mathrm{j}\psi z}\mathrm{d}z \end{aligned} \tag{4.10.60}$$

另一方面, (4.10.59) 式积分亦可采用数值积分法进行积分. 此时, 将它写成

$$
\begin{aligned}
g_{E}(\psi) &= \frac{1}{2}\int_{-1}^{1} F\left(az/2\right)\left[\cos(\psi z)+\mathrm{j}\sin(\psi z)\right]\left[\cos(\delta_2 z^2)-\mathrm{j}\sin(\delta_2 z^2)\right]\mathrm{d}z \\
&= \frac{1}{2}\int_{-1}^{1} F\left(az/2\right)\left[\cos(\psi z)\cos\left(\delta_2 z^2\right)+\sin(\psi z)\sin\left(\delta_2 z^2\right)\right]\mathrm{d}z \\
&\quad +\mathrm{j}\frac{1}{2}\int_{-1}^{1} F\left(az/2\right)\left[\sin(\psi z)\cos\left(\delta_2 z^2\right)-\cos(\psi z)\sin\left(\delta_2 z^2\right)\right]\mathrm{d}z
\end{aligned}
$$

上式中若被积函数为奇函数时其积分值为零. 对于均匀和余弦振幅分布, $F\left(az/2\right)$ 为偶函数, 故有：$\frac{1}{2}\int_{-1}^{1} F\left(az/2\right)\sin(\psi z)\sin\left(\delta_2 z^2\right)\mathrm{d}z = \frac{1}{2}\int_{-1}^{1} F\left(az/2\right)\sin(\psi z)\cos\cdot\left(\delta_2 z^2\right)\mathrm{d}z = 0$, 于是

$$
g_{E}(\psi) = \int_{0}^{1} F\left(a_z/2\right)\left[\cos(\psi z)\cos\left(\delta_2 z^2\right)-\mathrm{j}\cos(\psi z)\sin\left(\delta_2 z^2\right)\right]\mathrm{d}z \tag{4.10.61}
$$

而功率方向图型为：

$$
\begin{aligned}
p_{E}(\psi) &= g_{E}(\psi)\cdot g_{E^*}(\psi) \\
&= \left[\int_{0}^{1} F(az/2)\cos(\psi z)\cos\left(\delta_2 z^2\right)\mathrm{d}z\right]^2 \\
&\quad + \left[\int_{0}^{1} F(az/2)\cos(\psi z)\sin\left(\delta_2 z^2\right)\mathrm{d}z\right]^2
\end{aligned} \tag{4.10.62}
$$

由于有现成的数值积分子程序可供使用, 因而对于积分 $p_{E}(\psi)$, 采用数值积分法将十分简便、计算精度较高; 且可适用于较大的 $\delta_2$ 值. 图 4.10.6(a) 和 (b) 就是采用数值积分法分别求得的矩形口径场上最大相位偏移为 $\delta_2 - (0\sim\pi)$ 的平方律相移、均匀振幅和余弦振幅分布的归一化功率方向图 $p_{E}(\psi)$-$\psi$. 平方律相差是对称的相差, $p_{E}(\psi)$ 相对 $\psi=0$ 是对称的, 故图中仅给出了方向图的 $\psi\geqslant 0$ 部分.

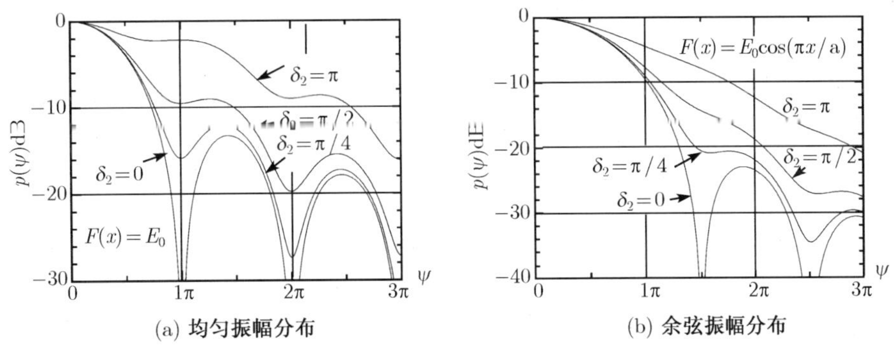


(a) 均匀振幅分布　　(b) 余弦振幅分布

图 4.10.6　平方律相移对方向图的影响

从图中可看出, 当 $\delta_2=0$ 增大至 $\delta_2=\pi/2$, 方向图主瓣的位置未变, 边瓣电平增大, 并且随着 $\delta_2$ 的增大主瓣与边瓣混在一起而形成更宽的波束; 若相位偏移过大还将导致方向图更加恶化. 因此, 在天线设计中总要求尽量减小口径上的平方律相移.

3. 立方律相位偏移

设矩形口径场沿 $x$ 方向极化, 其振幅分布 $F(x',y')=F(x')$, 而相位分布仅沿口径 $x$ 轴方向按立方律偏移; 沿 $y$ 轴方向振幅和相位均是均匀分布. 故

$$F(x',y')=F(x') \quad 和 \quad \Phi(x',y')=\mathrm{e}^{\mathrm{j}\delta_3\left(\frac{2x'}{a}\right)^3} \tag{4.10.63}$$

式中, $\delta_3$ 是口径上沿 $x$ 轴的最大相位偏移量.

口径上具有立方律相差的方向图亦可采用在平方律相差情形相同的近似方法进行分析和处理. 此时, $\boldsymbol{E}$ 面方向图因子的表示式为

$$g_E(\psi)=\frac{1}{2}\int_{-1}^{1}F(az/2)\,\mathrm{e}^{\mathrm{j}\left(\psi z-\delta_3 z^3\right)}\mathrm{d}z \tag{4.10.64}$$

当 $\delta_3$ 值不大时, 相应 (4.10.60) 式的表示式为

$$\begin{aligned}g_E(\psi)&=\sum_{m=0}\frac{(-\mathrm{j})^m(\delta_3)^m}{m!}\frac{1}{2}\int_{-1}^{1}F(az/2)\,z^{3m}\mathrm{e}^{\mathrm{j}\psi z}\mathrm{d}z\\&\approx\frac{1}{2}\int_{-1}^{1}F(az/2)\,\mathrm{e}^{\mathrm{j}\psi z}\mathrm{d}z-\mathrm{j}\frac{\delta_3}{2}\int_{-1}^{1}F(az/2)\,z^3\mathrm{e}^{\mathrm{j}\psi z}\mathrm{d}z\end{aligned} \tag{4.10.65}$$

由于数值积分法十分简便、计算精度较高; 且可适用于较大的 $\delta_3$ 值情形, 故对于立方律相位偏移的方向图 $p_E(\psi)$-$\psi$ 仍应用数值积分法计算. 此时, 我们将 (4.10.64) 写成:

$$\begin{aligned}g_E(\psi)&=\frac{1}{2}\int_{-1}^{1}F(az/2)\,[\cos(\psi z)+\mathrm{j}\sin(\psi z)]\left[\cos(\delta_3 z^3)-\mathrm{j}\sin(\delta_3 z^3)\right]\mathrm{d}z\\&=\frac{1}{2}\int_{-1}^{1}F(az/2)\left[\cos(\psi z)\cos\left(\delta_3 z^3\right)+\sin(\psi z)\sin\left(\delta_3 z^3\right)\right]\mathrm{d}z\\&\quad+\mathrm{j}\frac{1}{2}\int_{-1}^{1}F(az/2)\left[\sin(\psi z)\cos\left(\delta_3 z^3\right)-\cos(\psi z)\sin\left(\delta_3 z^3\right)\right]\mathrm{d}z\end{aligned}$$

对于均匀和余弦振幅分布, $g_E(\psi)$ 虚部的积分被积函数为奇函数, 其积分为零, 故

$$g_E(\psi)=\int_{0}^{1}F(az/2)\left[\cos(\psi z)\cos\left(\delta_3 z^3\right)+\sin(\psi z)\sin\left(\delta_3 z^3\right)\right]\mathrm{d}z \tag{4.10.66}$$

而功率方向图型为

$$
\begin{aligned}
p_E(\psi) &= g_E(\psi) \cdot g_{E^*}(\psi) \\
&= \left\{\int_0^1 F(az/2)\left[\cos(\psi z)\cos\left(\delta_3 z^3\right)+\sin(\psi z)\sin\left(\delta_3 z^3\right)\right]\mathrm{d}z\right\}^2
\end{aligned}
\tag{4.10.67}
$$

对于矩形口径场具有均匀振幅和余弦振幅分布、具有立方律的相位偏移情形,其归一化功率方向图 $p_E(\psi)$-$\psi$ 曲线如图 4.10.7(a) 和 (b) 所示. 为使图中曲线清析起见, 仅对最大相位偏移为 $\delta_3=\pi/2$ 作了计算; 为便于比较, 图中也给出了 $\delta_3=0$(同相场) 时的结果.

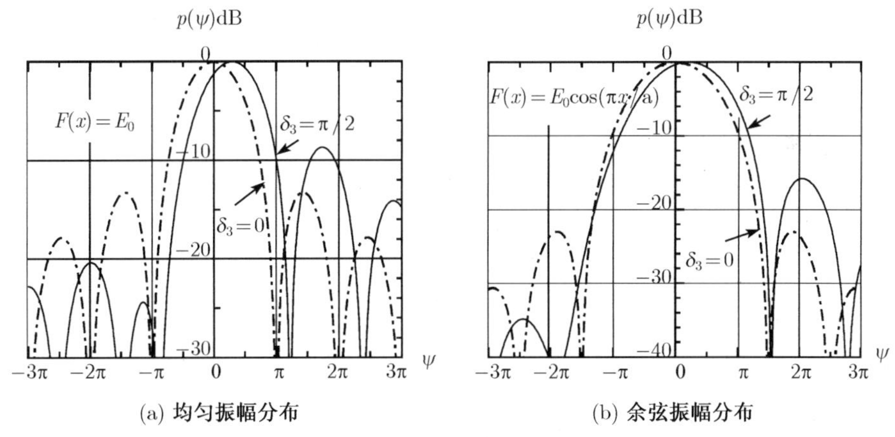


(a) 均匀振幅分布　　(b) 余弦振幅分布

图 4.10.7　立方律相移对方向图的影响

从图中可看出, 由于立方律相差是不对称相差, 故当存在有 $\delta_3 \neq 0$ 相位偏移时, 它除了使主瓣产生偏移外, 还产生与主办不对称的边瓣, 且靠近主瓣一侧的边瓣电平较另一侧为大. 立方律相位偏移对雷达天线的工作是十分有害的, 它极易混淆和误导我们观察的目标. 立方律相差也称慧形相差.

以上已讨论了口径上相位偏移对方向图的影响. 一般来说, 口径上的偏离设计要求的相位不均匀将会导致方向图主瓣宽度的变宽, 以及整个边瓣的电平增高.

### 4.10.4 口径型天线的方向性系数和增益

现考虑天线的方向性系数和增益与口径场的关系.

按定义, 天线方向性系数 $D$ 是天线在最大辐射方向的功率与天线在各方向辐射功率的平均值之比. 天线口径辐射的总功率 $P_T$ 等于流过口径的功率, 即坡印亭矢量沿口径平面的法向分量对口径的积分, 故总功率为

$$
P_T=\frac{1}{2}\sqrt{\frac{\varepsilon}{\mu}}\iint_A |F(x',y')|^2\,(\hat{\boldsymbol{a}}_z\cdot\hat{\boldsymbol{s}})\mathrm{d}x'\mathrm{d}y' \tag{4.10.68}
$$

对于均匀口径场相位分布, 有 $\Phi(x',y')=0$, $\hat{\boldsymbol{s}}\cdot\hat{\boldsymbol{a}}_z=1$; 由 (4.10.68) 式, 在各方向辐射功率的平均值为

$$P_{av}=\frac{1}{2}\sqrt{\frac{\varepsilon}{\mu}}\frac{1}{4\pi r^2}\iint_A|F(x',y)|^2\,\mathrm{d}x'\mathrm{d}y' \tag{4.10.69}$$

并且已知口径上相位分布为均匀时, 辐射最大方向为 $z$ 轴方向, 即 $\theta=0$ 方向, 于是由 (4.10.2) 式可得点 $P(r)$ 处的最大辐射功率为

$$P_{\max}(r)=\frac{1}{2}\sqrt{\frac{\varepsilon}{\mu}}E_PE_P^*=\frac{1}{2}\sqrt{\frac{\varepsilon}{\mu}}\frac{k^2}{4\pi^2r^2}\left[\iint_A F(x',y')\mathrm{d}x'\mathrm{d}y'\right]^2 \tag{4.10.70}$$

故口径型天线的方向性系数 $D$ 可表为

$$D=\frac{P_{\max}}{P_{av}}=\frac{k^2}{\pi}\frac{\left[\iint_A F(x',y')\mathrm{d}x'\mathrm{d}y'\right]^2}{\iint_A|F(x',y')|^2\,\mathrm{d}x'\mathrm{d}y'}=\frac{4\pi}{\lambda^2}\frac{\left[\iint_A F(x',y')\mathrm{d}x'\mathrm{d}y'\right]^2}{\iint_A|F(x',y')|^2\,\mathrm{d}x'\mathrm{d}y'} \tag{4.10.71}$$

对于口径上振幅分布为均匀照度, $F(x',y')=E_0$, 于是便有

$$D=4\pi\frac{A}{\lambda^2}$$

式中, $A=\iint_A\mathrm{d}x'\mathrm{d}y'$ 为口径的面积.

对于矩形口径上沿 $x$ 方向振幅分布为余弦均匀照度, $F(x',y')=E_0\cos(\pi x'/a)$, 则有

$$D=\frac{4\pi}{\lambda^2}\frac{\left[\int_{-\frac{b}{2}}^{\frac{b}{2}}\mathrm{d}y'\int_{-\frac{a}{2}}^{\frac{a}{2}}E_0\cos\left(\frac{\pi x'}{a}\right)\mathrm{d}x'\right]^2}{\int_{-\frac{b}{2}}^{\frac{b}{2}}\mathrm{d}y'\int_{-\frac{a}{2}}^{\frac{a}{2}}E_0^2\cos^2\left(\frac{\pi x'}{a}\right)\mathrm{d}x'}=\frac{8}{\pi^2}4\pi\frac{A}{\lambda^2}\approx 0.81\cdot 4\pi\frac{A}{\lambda^2} \tag{4.10.72}$$

对于一般情形, 应用 Schwartz 不等式:

$$\left|\iint fg\mathrm{d}x'\mathrm{d}y'\right|^2\leqslant\iint f^2\mathrm{d}x'\mathrm{d}y'\iint g^2\mathrm{d}x'\mathrm{d}y' \tag{4.10.73}$$

式中, $f$ 和 $g$ 是两个任意函数. 令 $f=F(x',y')$, $g=1$, 我们有

$$\left|\iint F(x',y')\mathrm{d}x'\mathrm{d}y'\right|^2\leqslant\iint|F(x',y')|^2\,\mathrm{d}x'\mathrm{d}y \tag{4.10.74}$$

将此代入 (4.10.81) 式, 便有

$$D \leqslant 4\pi A/\lambda^2 \tag{4.10.75}$$

因此, 当口径上的相位分布为均匀分布时, 均匀照度给出最高的方向性系数.

一般地, (4.10.75) 式亦可写成

$$D = \nu 4\pi A/\lambda^2 \qquad (\nu \leqslant 1) \tag{4.10.76}$$

式中, $\nu$ 称为口径利用系数. 对均匀照度, $\nu = 1$; 对矩形口径余弦照度, $\nu = 0.81$.

对于微波天线, 天线效率 $\eta_A \approx 1$, 故天线的增益为

$$G = \eta_A D \approx D \tag{4.10.77}$$

### 4.10.5 口径型天线辐射场的一般性质

综上所述, 口径天线的辐射特性与口径的电尺寸 (口径尺寸与波长之比), 与口径场的振幅分布和相位分布有关. 天线在 $\boldsymbol{E}$(或 $\boldsymbol{H}$) 平面的口径电尺寸愈大, 则在相应平面内方向图的波瓣宽度愈尖锐; 相对于口径场均匀照度, 口径场的振幅渐减分布可使方向图的边瓣电平降低, 但主瓣宽度则有所变宽; 口径场的线性相位偏移可使方向图主瓣产生偏转, 而平方律与立方律的相位偏移则将导致方向图恶化, 它们在天线设计中是必须关注的. 表 4.10.1 给出了以上求得的口径场具有均匀相位分布、不同振幅分布时的辐射特性.

**表 4.10.1 口径场具有均匀相位分布、不同振幅分布的辐射特性**

| 口径形状 | 口径场分布函数 | 主瓣宽度 $2\theta_0$/rad | 第一边瓣相对主瓣电平/dB | 方向性系数 | 方向图计算公式 |
|---|---|---|---|---|---|
| 矩形 | $E_A = E_0$ | $0.88\dfrac{\lambda}{a}$ | $-13.2$ | $4\pi\dfrac{A}{\lambda^2}$ | $\dfrac{\sin\psi}{\psi}$ |
| 矩形 | $E_A = E_0\cos\left(\dfrac{\pi x}{a}\right)$ | $1.18\dfrac{\lambda}{a}$ | $-23.0$ | $0.81\times 4\pi\dfrac{A}{\lambda^2}$ | $\dfrac{\cos\psi}{1-(2\psi/\pi)^2}$ |
| 矩形 | $E_A = E_0\cos^2\left(\dfrac{\pi x}{a}\right)$ | $1.45\dfrac{\lambda}{a}$ | $-32.0$ | $0.667\times 4\pi\dfrac{A}{\lambda^2}$ | $\dfrac{\sin\psi}{\psi\left[1-(\psi/\pi)^2\right]}$ |
| 圆形 | $E_A = E_0$ | $1.04\dfrac{\lambda}{D}$ | $-17.6$ | $4\pi\dfrac{A}{\lambda^2}$ | $\dfrac{J_1(\psi)}{\psi}$ |
| 圆形 | $E_A = E_0\left[1-\left(\dfrac{\rho}{a}\right)^2\right]$ | $1.20\dfrac{\lambda}{D}$ | $-24.0$ | $0.75\times 4\pi\dfrac{A}{\lambda^2}$ | $\dfrac{J_2(\psi)}{\psi^2}$ |
| 圆形 | $E_A = E_0\left[1-\left(\dfrac{\rho}{a}\right)^2\right]^2$ | $1.47\dfrac{\lambda}{D}$ | $-30.6$ | $0.56\times 4\pi\dfrac{A}{\lambda^2}$ | $\dfrac{J_3(\psi)}{\psi^3}$ |

## 4.11 口径型天线 —— 口径场方法的应用

本节以喇叭管天线、透镜天线和 Cassegrain 天线为例, 说明口径场方法对口径天线的应用.

### 4.11.1　喇叭管天线

设有一 $\boldsymbol{H}$ 面扇形喇叭管, 口径尺寸为 $D\times b$; 其结构和选取的坐标系如图 4.11.1 所示.

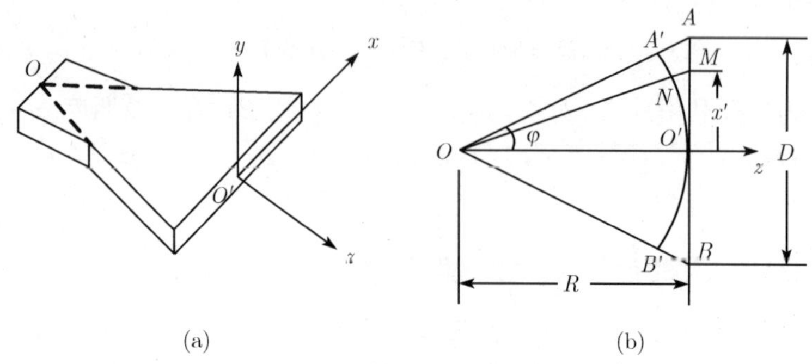


图 4.11.1　$\boldsymbol{H}$ 面扇形喇叭管天线

如前所述, 我们可将喇叭管天线分为内部问题和外部问题. 由内部问题的解确定出喇叭管口径上的场; 然后再按 Kirchhoff 公式求出外部辐射场的空间分布、增益和波束宽度等.

通常, 我们假定喇叭管口径上的场与无限长喇叭管中某截面上的场相同. 采用柱面坐标系, 应用 Maxwell 场方程组可以解得满足 $\boldsymbol{H}$ 面扇形喇叭管边界条件的场分布. 类似于矩形波导, 喇叭管中的场亦与激励的波型有关. 图 4.11.2 是其中激励 $\text{TE}_{10}$ 型波的电磁场分布, 它与波导中的 $\text{TE}_{10}$ 型波场分布有些类似, 所不同的是在扇形喇叭管中的波前不是平面, 而是 $\rho=$ 常数的柱面. 因而口径上的相位分布是不均匀的; 此外, 场的振幅与 $\sqrt{\rho}$ 成反比.

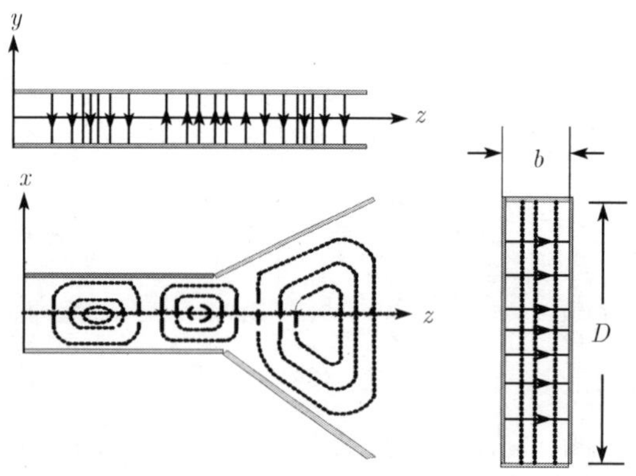


图 4.11.2　$\boldsymbol{H}$ 面扇形喇叭管中 $\text{TE}_{10}$ 型波场分布

因此, 口径上的振幅分布可近似地表为

$$A(x',y') = E_0 \cos\left(\frac{\pi x'}{D}\right) \tag{4.11.1}$$

口径上的相位分布 $\psi(x',y')$ 可计算如下：

参见图 4.11.1(b), 设口径中心点 $O'$ 的相位为零, 故在弧线 $A'O'B'$ 各点的相位相等, 并等于零. 口径上距 $O'$ 点为 $x'$ 的任意一点 $M$ 落后 $O'$ 点的相位角为：

$$\delta_y = \frac{2\pi}{\lambda_P}\overline{\mathrm{MN}} = \frac{2\pi}{\lambda_P}\left(\sqrt{R^2+x'^2}-R\right) = \frac{2\pi}{\lambda_P}\left(\frac{1}{2}\frac{x'^2}{R} - \frac{1}{8}\frac{x'^4}{R^2} + \cdots\right) \tag{4.11.2}$$

式中, $\lambda_P$ 为喇叭管中的导波长. 对于实际情形, 一般有 $D < R$, 亦即有 $x' < R$, 故上式中仅保留 $x'/R$ 的平方项, 并将 $\lambda_P$ 用 $\lambda$ 代替, 则有

$$\delta_y = \frac{\pi}{\lambda}\frac{x'^2}{R} \tag{4.11.3}$$

这样, 对于 $\boldsymbol{H}$ 面扇形喇叭管, 口径上的场分布可写成

$$u = E_0 \cos\left(\frac{\pi x'}{D}\right) \mathrm{e}^{-\mathrm{j}\frac{\pi}{\lambda}\frac{x'^2}{R}} \tag{4.11.4}$$

将 (4.11.4) 代入 Kirchhoff 公式 (4.9.22)(口径相位不均匀很小时, 有 $\hat{\boldsymbol{n}}\cdot\hat{\boldsymbol{s}} \approx 1$), 即可求得此扇形喇叭管天线的辐射场, 并由此得出增益和波束宽度等. 有关喇叭管天线的方向图, 增益等祥细计算, 一般超高频天线书中均有叙述, 并附有设计曲线, 这里不再细述.

### 4.11.2 透镜天线

透镜是利用一种折射媒质使方向性较弱的原辐射器出射的球面波在通过透镜后转换为平面波, 亦即变成方向性较强的辐射; 或者转换为给定形状的波前, 即所谓的赋形波束.

构成透镜的材料可采用的低损耗的天然介质 (折射率 $n > 1$), 亦可采用人造介质, 如金属延迟介质 ($n > 1$) 或波导介质 ($n < 1$).

设有一单面透镜 (仅一面有波的折射) 如图 4.11.3 所示, $F$ 点置有一点源辐射器. $TOT'$ 是透镜的剖面, $FO = f$(焦距), $TOT'$ 上任意一点 $P$ 以 $F$ 为原点的极坐标是 $(r,\theta)$, 而以 $O$ 点为原点的直角坐标为 $(x,y)$.

为了在透镜口径上获得平面的相波前, 则从 $F$ 点发出的波到达口径上任意一点的电长度必须相等, 亦即应有

$$\overline{FP} = \overline{FO} + n\overline{OQ} \quad 或 \quad r = f + n(r\cos\theta - f) \tag{4.11.5}$$

由此可解得透镜的剖面方程为

$$r = \frac{(n-1)f}{n\cos\theta - 1} \tag{4.11.6}$$

对于 $n>1$ 的透镜, 这是原点在一个焦点上、偏心率为 $n$ 的双曲线. 故对于球面透镜透镜剖面是旋转双曲面; 对于柱面透镜, 则是双曲柱面.

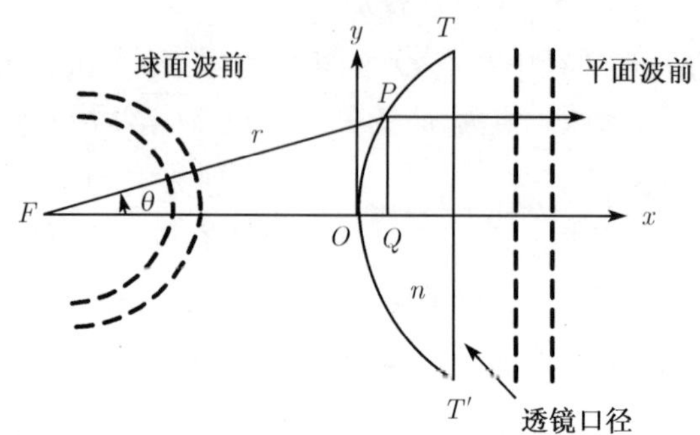


图 4.11.3　单面透镜剖面的设计

若采用直角坐标, (4.11.5) 式可表为

$$\sqrt{(x+f)^2+y^2}=f+nx$$

或

$$\left(n^2-1\right)x^2+2\left(n-1\right)fx-y^2=0 \tag{4.11.7}$$

以上透镜剖面的设计在于给出透镜口径上有均匀的相位分布; 透镜口径上场的振幅分布则与点源辐射器的方向图有关. 由 4.10 节中的分析, 已可知欲获得尖锐的辐射方向图, 透镜口径上最好有均匀振幅分布, 不过此时边瓣的相对电平也较高, 所以实际上总是设计口径上的场振幅分布有一定的渐减以保持有较强的方向性与适当的边瓣电平.

现考虑球面透镜情形. 设 $P(\theta)$ 为点源辐射器在 $\theta$ 方向上单位立体角辐射的功率; $P(\rho)$ 为口径面上与此 $\theta$ 角相应点 (距离轴线为 $\rho$) 处单位面积所辐射的功率.

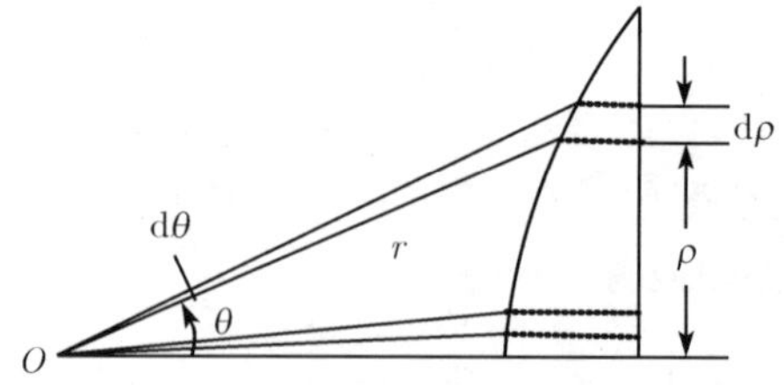


图 4.11.4　球面透镜口径振幅分布的计算

$$P(\theta)\mathrm{d}\Omega=P(\rho)\mathrm{d}S$$

参见图 4.11.4, 不考虑透镜表面的反射, 根据能量守恒原理, 我们有

$$\frac{P(\rho)}{P(\theta)}=\frac{\mathrm{d}\Omega}{\mathrm{d}S}=\frac{\sin\theta\mathrm{d}\theta}{\rho\mathrm{d}\rho} \tag{4.11.8}$$

将 $\rho=r\sin\theta$ 和 (4.11.6) 式, 以及求得的 $\frac{\mathrm{d}\rho}{\mathrm{d}\theta}=\frac{(n-1)f\sin\theta}{(n\cos\theta-1)^2}$ 代入式后, 便有

$$\frac{P(\rho)}{P(\theta)}=\frac{(n\cos\theta-1)^3}{f^2(n-1)^2(n-\cos\theta)} \tag{4.11.9}$$

相应的振幅分布则为

$$\frac{A(\rho)}{A(\theta)}=\sqrt{\frac{(n\cos\theta-1)^3}{f^2(n-1)^2(n-\cos\theta)}} \tag{4.11.10}$$

或写成

$$A(\rho)=f(\theta)A(\theta) \tag{4.11.11}$$

其中,

$$f(\theta)=\sqrt{\frac{(n\cos\theta-1)^3}{f^2(n-1)^2(n-\cos\theta)}} \tag{4.11.12}$$

对于不同的折射率值 $n$, $f(\theta)$ 用 $\theta=\theta_0=0$ 时的值归一化后, 画得的 $f(\theta)/f(\theta_0)$ 与 $\theta$ 的关系曲线如图 4.11.5 所示.

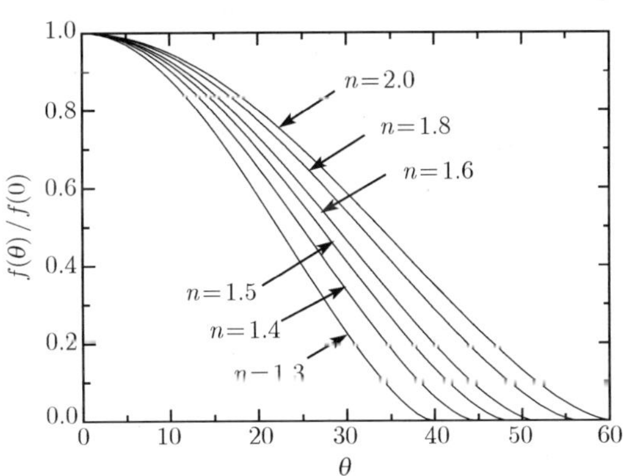


图 4.11.5 透镜不同折射率 $n$ 时的 $f(\theta)/f(0)$-$\theta$ 的关系

从上图可见, 即使原辐射器是无方向性的点源 ($A(\theta)$ = 常量), 由于透镜的折射作用, 口径上场的振幅分布将自口径中心向边缘逐渐减小; 如果原辐射器的 $A(\theta)$ 随 $\theta$ 增大而减小, 那么在口径上场振幅分布将自口径中心向边缘减小更甚, 并且随 $n$ 值减小也变得更快, 所以场有集中在轴线附近的倾向.

由 (4.10.11) 式可知, 若已知点源辐射器方向图 $A(\theta)$, 则口径场振幅分布即可算出; 因口径上的相位分布为均匀, 故按前述口径场法就能计算出透镜天线的方向图和辐射特性.

以上分析了实现球面波 → 平面波转换, 给出了具有均匀折射率单面透镜所具有的剖面方程 (4.11.6) 或 (4.11.7); 然而, 这种不同形式波之间的转换也可以采用球透镜来实现. 这时, 透镜的形状为球形, 但具有不均匀的折射率 $n(r)$.

图 4.11.6 给出了两种球透镜 [11,15,27], 其中 (a) 称为标准 Luneburg (龙伯) 透镜, 图 (b) 称为 Maxwell 鱼眼透镜, 它们是美籍德国数学家 R. K. Luneburg 提出的.

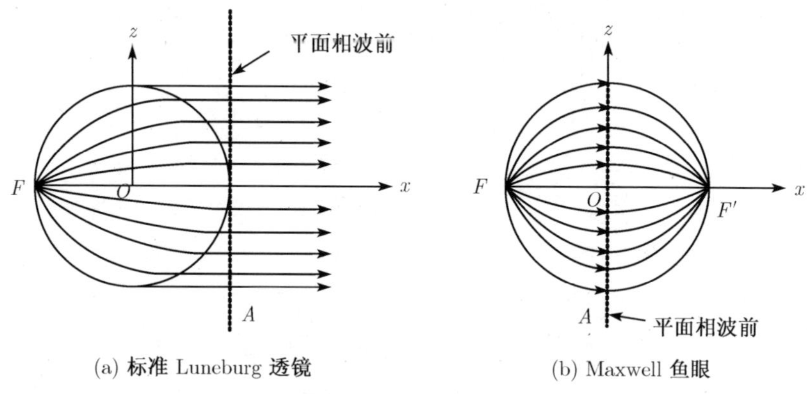


(a) 标准 Luneburg 透镜 (b) Maxwell 鱼眼

图 4.11.6 Luneburg 球透镜

参见图 4.11.6(a), 点源辐射器置于透镜表面的 $F$; 射线自 $F$ 点出发, 在透镜内射线为曲线, 离开透镜后沿直线传播, 口径面 $A$ 处为平面相波前. 因而, 标准 Luneburg 透镜将球面波转换成了平面波.

设 $a$ 为球透镜半径; $r$ 为相对于球心的径向距离, 则 Luneburg 透镜的折射率可表为

$$n(r) = \sqrt{2 - (r/a)^2} \tag{4.11.13}$$

透镜内的射线的轨迹方程为:

$$x^2 - 2xz\cot\alpha + z^2(1 + 2\cot^2\alpha) = a^2 \tag{4.11.14}$$

式中, $\alpha$ 是离开源辐射器的射线束与 $y$ 轴的夹角.

由 (4.11.13) 式可见, 在 $r = 0$ 球心处, $n = 2$ 具有最大值; 在 $r = a$ 球表面处, $n = 1$. 因此, 透镜的表面与自由空间的波阻抗相匹配, 其上没有反射和折射现象.

由于球透镜具有径向对称性, 其方向图可在 360° 范围内进行扫描而不产生失真; 若在 $F$ 处用反射器代以源辐射器便是一雷达全方位反射器, 可用作人工目标和雷达信标. 因此, Luneburg 球透镜是一类受到关注的透镜天线.

图 4.11.6(b) 所示的 Maxwell 鱼眼透镜可将自焦点 $F$ 的点源辐射会聚到球面上的另一个焦点 $F'$ 的点源辐射. Maxwell 鱼眼的折射率可表为

$$n(r)=\frac{2}{1+(r/a)^2} \tag{4.11.15}$$

透镜内的射线的轨迹方程为

$$x^2+z^2+2z\ \mathrm{ctg}^2\alpha=a^2 \tag{4.11.16}$$

式中, $\alpha$ 是离开源辐射器的射线束与 $y$ 轴的夹角.

由图 4.11.6 (b) 可见, 如果我们只用此球的左半球作透镜, 则在口径 $A(x=0$ 平面) 上所有出射的射线都与 $x$ 轴平行, 平面 $A$ 为等相面. 此时, 半个 Maxwell 鱼眼即可将位于 $F$ 处的点源的辐射转变成向自由空间辐射的平行波束. 然此时由于在口径 $A$ 上的折射率 $n\neq 1$, 故将引起一定的能量反射.

### 4.11.3 Cassegrain(卡塞格伦) 天线

Cassegrain 天线主要有三部分组成：(a) 主反射体 (抛物面), (b) 副反射体 (双曲面), (c) 馈源, 如以上图 4.11.7 所示.

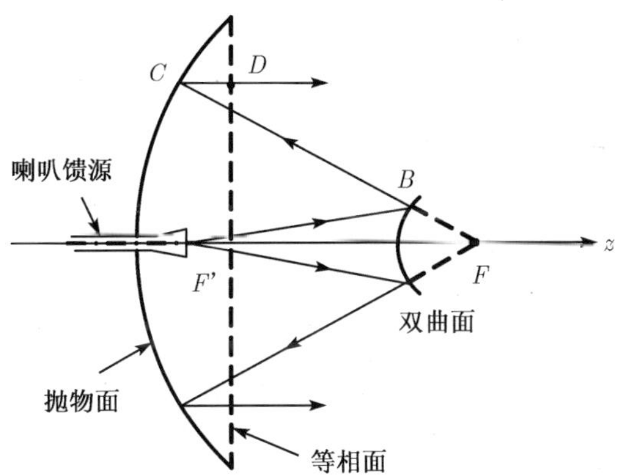


图 4.11.7 Cassegrain 天线示意图

双曲面有两个焦点 $F'$ 和 $F$. $F'$ 称为实焦点, $F$ 称为虚焦点. 在 Cassegrain 天线中, 双曲面的虚焦点 $F$ 亦是抛物面的焦点 $F$, 两者重合, 而馈源则处在双曲面的实焦点 $F'$ 上.

应用双曲线和抛物线的几何性质, 将不难证明：从 $F'$ 点发出的球面波经过双曲面和抛物面两次反射后, 在抛物面的口径上可获平面波. 参见图 4.11.7, 即对任一射线, 有

$$F'B+BC+CD=\text{常数} \tag{4.11.17}$$

事实上, 由双曲线的几何性质可知, $C, B, F$ 位于一条直线上, 并且有

$$F'B - FB = C_1 \tag{4.11.18}$$

这里, $C_1 = 2a$ 是双曲线的两顶点间的距离, 为一常量.

又由抛物线的几何性质可知, 有

$$FB + BC + CD = C_2 \qquad (C_2\text{亦为一常量}) \tag{4.11.19}$$

故由 (4.11.18) 和 (4.11.19) 式便有

$$F'B + BC + CD = C_1 + C_2 = C_3(\text{常量}) \tag{4.11.20}$$

这就是说, 在 Cassegrain 天线中, 天线口径面为一等相面 (见图 4.11.8).

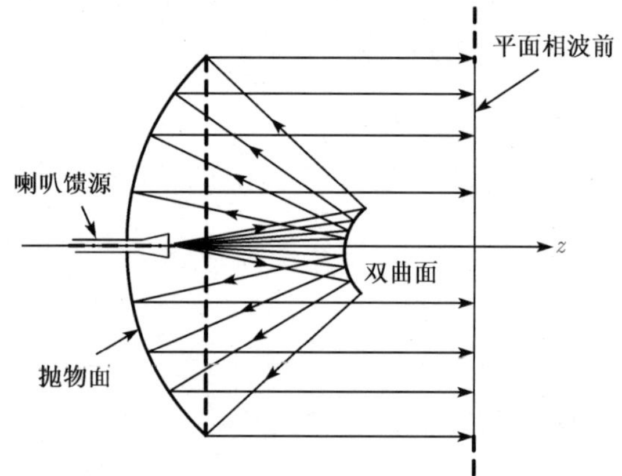


图 4.11.8　Cassegrain 天线球面波 → 平面波

按口径场法, 为了分析和计算 Cassegrain 天线系统的辐射特性, 我们还需知道天线口径上场的振幅分布, 它决定于馈源的方向图 $f(\psi)$ 和 Cassegrain 天线系统的几何特性. 因此, 我们需要根据几何光学方法由射线对应关系确定出口径上坐标 $y$ 与辐射角 $\psi$ 的关系, 从而得出口径上场的振幅分布 $A(y)$.

一种方法是采用所谓 "等效抛物面" 法. 它的意义是把复杂的 Cassegrain 天线系统等效成一个抛物面 (即 "等效抛物面"), 而把天线涉及的问题简化为具有相同馈源、但主反射器不同的单抛物面天线的设计.

参见图 4.11.9, 我们绘出从馈源以不同 $\psi$ 角出射的射线经双曲面和主抛物面两次反射后的各条平行于 $z$ 轴射线; 再绘出馈源以不同 $\psi$ 角出射的射线的延长线; 然后确定出这两组射线对应不同 $\psi$ 角时的各个交点. 可以证明联结这些交点所得到的等效曲面为一等效抛物面, 其口径与主抛物面的口径相同, 而焦距则较主抛物面的焦距为长.

从图 4.11.9, 我们注意到, 在此情况下 Cassegrain 天线系统口径上 $y$ 与 $\psi$ 角的对应关系与相同馈源、采用等效抛物面时的 $y'$ 与 $\psi$ 角的对应关系是相同的. 因此, 利用等效抛物面确定出的口径场分布就是我们所欲求的 Cassegrain 天线口径场分布. 这样, 采用了 "等效抛物面" 的概念就把 Cassegrain 天线的设计问题化为一般抛物面天线的射计问题.

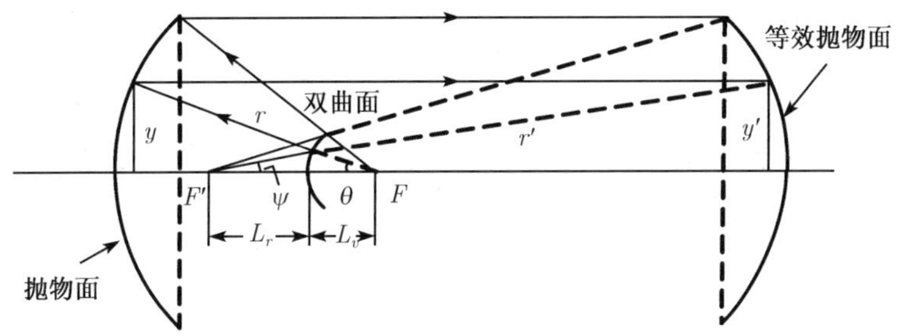


图 4.11.9 Cassegrain 天线 "等效抛物面"

关于 Cassegrain 天线的几何参数, 和它们之间满足的关系式, 以及与 Cassegrain 天线的等效抛物面的证明和焦距的确定可见附录 G.

## 4.12 电磁波散射引言

电磁波在空间的传播过程中遇到障碍物 (如金属物体, 或与所在空间媒质参数不同的物体) 时就会产生波的散射. 此类障碍物常称为散射体. 显然, 散射波场强的空间分布与散射体的材料电磁特性及其电尺寸大小、形状和结构 (即其物理性质和几何) 有关. 如散射体的形状可以是规则的简单柱体、球体, 或其它不规则的形体; 材料可以是良导电体、介质体、外包有一层介质的良导体或由多种材料组合在一起的复合结构等; 此外, 介质还有无耗、有耗、各向同性与各向异性等区别.

电磁波散射问题具有广泛的工程应用, 特别是军用雷达, 它一直是微波理论与技术领域研究的热点. 雷达即是利用其天线所发射的电磁波遇到目标 (即障碍物, 如导弹、战机等飞行体或舰艇等) 后所产生的散射波来发现和识别目标的. 所谓隐身飞机等则是设法减低散射波的场强使雷达难以发现. 此外, 利用电离层、对流层进行散射通信; 应用遥感技术分析和了解地面植被和海浪波动的随机散射情况; 以及地下勘探、电磁兼容、干扰抗干扰等等问题都牵涉到电磁波的散射. 因此, 研究电磁波的散射机理、分析与计算散射场强的大小与分布, 具有十分重要的实际意义.

设在某给定媒质空间中含有障碍物时真实电磁场源辐射的电磁场为 $\boldsymbol{E}$、$\boldsymbol{H}$, 而不含障碍物时辐射的电磁场为 $\boldsymbol{E}^i$、$\boldsymbol{H}^i$, 电场和磁场的改变量分别为 $\boldsymbol{E}^s$ 和 $\boldsymbol{H}^s$. 则

定义 $\boldsymbol{E}^s$ 和 $\boldsymbol{H}^s$ 分别为散射波电场和磁场, 即

$$\boldsymbol{E}^s = \boldsymbol{E} - \boldsymbol{E}^i \tag{4.12.1}$$

$$\boldsymbol{H}^s = \boldsymbol{H} - \boldsymbol{H}^i \tag{4.12.2}$$

式中, $\boldsymbol{E}^i$ 和 $\boldsymbol{H}^i$ 分别称为入射波电场和磁场; $\boldsymbol{E}$ 和 $\boldsymbol{H}$ 分别为媒质空间中含有障碍物时场源所产生的总电场和总磁场, 它们是相应的入射波场与散射波场之和.

严格求解电磁散射边值问题 (即计算散射场) 一般是很困难的, 除极少数形状规则的简单几何散射体 (如圆柱、圆球、椭圆柱和椭球等情形)、场源为平面波或柱面波、散射体的媒质为简单媒质 (其参数均匀、各向同性) 时始可用严格的解析方法求解之外, 对于大多数情形, 则需采用高频近似方法或数值方法. 高频近似方法适宜求解电大尺寸散射问题, 例如, GO(几何光学)、PO(物理光学)、GTD(几何绕射理论)、UTD(一致几何绕射理论) 等方法, 它们适用于电大尺寸的散射问题; 而数值方法则适用于求解与波长相当和电小尺寸的散射体或复杂形体和复杂媒质的散射问题, 如 MM(矩量法)、FD(有限差分法)、FDTD(时域有限差分法)、FEM(有限元法)、BE(边界元法), 以及混合数值方法.

随着电磁理论和高速大容量电子计算机技术的发展与进步, 促进了各种数值方法和近似方法的发展和应用, 现今业已有可能求解一些复杂形体和复杂媒质、电大尺寸的散射问题, 并形成了一门新的学科 "计算电磁学". 有关电磁场数值方法的论述读者可参阅相应专著. 对于散射问题的研究, 解析方法仍有其重要地位, 它是求解电磁场问题的基础. 本书将应用解析方法来分析和讨论平板、圆柱和圆球的平面波电磁散射, 尽管所局限的是规则形体和简单媒质, 但因求得的是问题的精确解, 故可应用它作为近似方法和数值方法的检验标准; 此外, 由所得解也易于求知散射场解随参数变化的趋势, 从而可更深入地揭示问题的物理本质.

雷达天线的辐射图型多为方向性极强的针形波束, 所辐射的电磁波可近似地视为是一平面波, 故实际上所需研究的电磁散射常为目标的平面波电磁散射. 平面波散射问题是电磁理论最基本的问题之一, 它亦是工程电磁学研究中一类重要的电磁场边值问题.

设有一平面电磁波沿 $z$ 轴方向传播, 此时仅在 $z$ 轴迎着传播方向可观测到有电磁场存在; 但若其传播途中含有障碍物, 则除在 $z$ 轴方向外, 在其它方向上也可观测到有散射的电磁场.

对于二维和三维电磁目标的散射问题, 分别应用以下雷达散射宽度 (RSW)$\sigma_{2D}$ 和雷达散射截面 (RCS)$\sigma_{3D}$ 表示它们的散射特性.

二维目标的散射宽度 $\sigma_{2D}$ 的定义是

$$\sigma_{2D} = \lim_{\rho\to\infty}\left[2\pi\rho\frac{|E^s|^2}{|E^i|^2}\right] = \lim_{\rho\to\infty}\left[2\pi\rho\frac{|H^s|^2}{|H^i|^2}\right] \tag{4.12.3}$$

三维目标的雷达散射截面 $\sigma_{3D}$ 的定义是

$$\sigma_{3D}=\lim_{r\to\infty}\left[4\pi r^2\frac{|E^s|^2}{|E^i|^2}\right]=\lim_{r\to\infty}\left[4\pi r^2\frac{|H^s|^2}{|H^i|^2}\right] \tag{4.12.4}$$

## 4.13 TM$_z$ 平面波的条形导体平板的电磁散射

现在, 我们来研究 TM$_z$ 平面波入射到条形导体平板的散射问题. 具体地说, 就是要求解此时空间中的散射场, 然后按 (4.12.3) 式求出此二维问题的散射宽度 $\sigma_{2D}$.

设在 $\mu$、$\varepsilon$ 媒质中有一沿 $z$ 方向极化、$\hat{\boldsymbol{s}}^i$ 方向传播的 TM$_z$ 平面电磁波斜投射到宽度为 $w$、长度为 $\infty$ 的条形导体板上, 如图 4.13.1 所示.

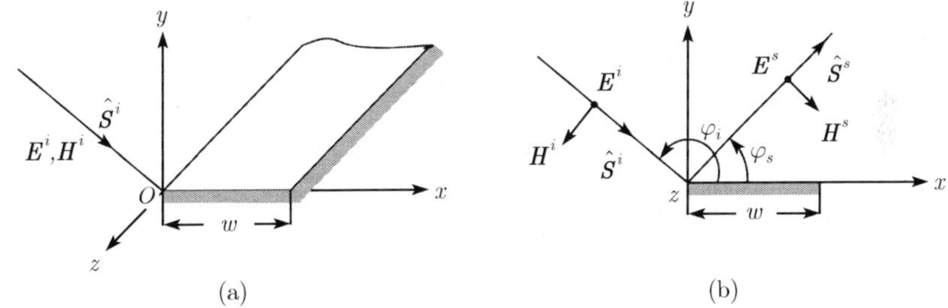


图 4.13.1 (a) 平面电磁波的条形导体平板散射 (b) TM$_z$ 极化波

入射波的电场和磁场, 省写时间因子 $\mathrm{e}^{\mathrm{j}\omega t}$ 后, 分别可表为

$$\boldsymbol{E}^i=\hat{\boldsymbol{a}}_zE_0\mathrm{e}^{-\mathrm{j}k\hat{\boldsymbol{s}}^i\cdot\boldsymbol{r}} \tag{4.13.1}$$

$$\boldsymbol{H}^i=\frac{1}{\eta}\hat{\boldsymbol{s}}^i\times\boldsymbol{E}^i \tag{4.13.2}$$

式中, $E_0$ 为常数, 是入射波电场的振幅; $k=\omega\sqrt{\mu\varepsilon}$ 为波数; $\eta$ 为媒质波阻抗; 而

$$\begin{aligned}\hat{\boldsymbol{s}}^i&=\hat{\boldsymbol{a}}_x\cos(\pi-\varphi_i)-\hat{\boldsymbol{a}}_y\sin(\pi-\varphi_i)=-\hat{\boldsymbol{a}}_x\cos\varphi_i-\hat{\boldsymbol{a}}_y\sin\varphi_i\\ \boldsymbol{r}&=\hat{\boldsymbol{a}}_xx+\hat{\boldsymbol{a}}_yy+\hat{\boldsymbol{a}}_zz\end{aligned} \tag{4.13.3}$$

故 (4.13.1) 和 (4.13.2) 式可写成

$$\boldsymbol{E}^i=\hat{\boldsymbol{a}}_zE_0\mathrm{e}^{\mathrm{j}k(x\cos\varphi_i+y\sin\varphi_i)} \tag{4.13.4}$$

$$\boldsymbol{H}^i=\frac{E_0}{\eta}(-\hat{\boldsymbol{a}}_x\sin\varphi_i+\hat{\boldsymbol{a}}_y\cos\varphi_i)\,\mathrm{e}^{\mathrm{j}k(x\cos\varphi_i+y\sin\varphi_i)} \tag{4.13.5}$$

这里, $\varphi_i$ 为 $-\hat{\boldsymbol{s}}^i$ 相对 $x$ 轴度量的角度, 如图所示, 它大于 90°.

当平面波投射到宽度 $w$ 的条形导体板上时, 在其表面上将激励有表面感应电流 $\boldsymbol{J}_S$, 并向空间辐射. 因条形导体板为无限长, 是与 $z$ 无关的二维问题, 故我们仅

需求 $\boldsymbol{J}_S$ 在 $xy$ 平面 $(\rho,\varphi_s,0)$ 内对应球坐标为 $(r=\rho,\theta_s=90°,\varphi_s)$ 处所产生的电磁场, 即散射场 $\boldsymbol{E}^s$ 和 $\boldsymbol{H}^s$; 这里 $\theta_s$ 和 $\phi_s$ 为散射角. 由于严格求解上述宽度 $w$ 为有限的导电平板上的面感应电流分布 $\boldsymbol{J}_S$ 很困难, 因而难以求得其散射场的精确解. 下面将采用物理光学近似, 即假定条形导电平板上的面电流密度 $\boldsymbol{J}_S$ 可近似地用入射波投射到无限大导电平板时求得的面电流密度代替; 然后再应用磁矢量势 $\boldsymbol{A}$ 法求出远区散射场, 并最后按散射宽度的定义得出宽度为 $w$、长度为 $\infty$ 的条形导电平板的散射宽度.

现假定条形导体板的宽度 $w=\infty$, 即考虑 $\mathrm{TM}_z$ 平面波的无限大导电平板斜入射情形, 此时将仅在 $\phi_s$ 等于反射角 $\varphi_r=\pi-\varphi_i$ 的方向上有电磁场存在, 反射波电场和磁场可表为

$$\boldsymbol{E}^r=\hat{\boldsymbol{a}}_z\Gamma_\perp E_0\mathrm{e}^{-\mathrm{j}k\hat{\boldsymbol{s}}^r\cdot\boldsymbol{r}} \tag{4.13.6}$$

$$\boldsymbol{H}^r=\frac{1}{\eta}\hat{\boldsymbol{s}}^r\times\boldsymbol{E}^r \tag{4.13.7}$$

因

$$\hat{\boldsymbol{s}}^r=\hat{\boldsymbol{a}}_x\cos\varphi_r+\hat{\boldsymbol{a}}_y\sin\varphi_r\qquad \boldsymbol{r}=\hat{\boldsymbol{a}}_x x+\hat{\boldsymbol{a}}_y y+\hat{\boldsymbol{a}}_z z \tag{4.13.8}$$

故 $\mathrm{TM}_z$ 反射平面波的电场 (4.13.6) 和磁场 (4.13.7) 式可写成

$$\boldsymbol{E}^r=\hat{\boldsymbol{a}}_z\Gamma_\perp E_0\mathrm{e}^{-\mathrm{j}k(x\cos\varphi_r+y\sin\varphi_r)} \tag{4.13.9}$$

$$\boldsymbol{H}^r=\Gamma_\perp\frac{E_0}{\eta}\left(\hat{\boldsymbol{a}}_x\sin\varphi_r-\hat{\boldsymbol{a}}_y\cos\varphi_r\right)\mathrm{e}^{-\mathrm{j}k(x\cos\varphi_r+y\sin\varphi_r)} \tag{4.13.10}$$

以上式中, $\Gamma_\perp$ 为 $\mathrm{TM}_z$ 波 (垂直极化波) 的反射系数; $\Gamma_\perp$ 和 $\varphi_r$ 可由假定条形导体板宽度 $w=\infty$ 时其表面上电磁场应满足的边界条件确定出. 对于完全导电的 $w=\infty$ 导体板, 按电场边界条件: $E_z|_{y=0}=\left(E_z^i+E_z^r\right)\big|_{y=0}=0$, 即有

$$E_z^i+E_z^r=\eta E_0\left(\mathrm{e}^{\mathrm{j}kx\cos\varphi_i}+\Gamma_\perp\mathrm{e}^{-\mathrm{j}kx\cos\varphi_r}\right)=0$$

由此得 $\Gamma_\perp=-1$ 和 $\varphi_r=\pi-\varphi_i$(反射定律). 于是, (4.13.9) 和 (4.13.10) 将分别化为

$$\boldsymbol{E}^r=-\hat{\boldsymbol{a}}_z E_0\mathrm{e}^{-\mathrm{j}k(x\cos\varphi_r+y\sin\varphi_r)} \tag{4.13.11}$$

$$\boldsymbol{H}^r=\frac{E_0}{\eta}\left(-\hat{\boldsymbol{a}}_x\sin\varphi_r+\hat{\boldsymbol{a}}_y\cos\varphi_r\right)\mathrm{e}^{-\mathrm{j}k(x\cos\varphi_r+y\sin\varphi_r)} \tag{4.13.12}$$

式中, $\Gamma_\perp$ 为 $\mathrm{TM}_z$ 波的反射系数; $\varphi_r$ 亦相对 $x$ 轴度量.

导电平板上的感应电流密度可根据在界面上的磁场应满足的边界条件:

$$\boldsymbol{J}_S\big|_{A=\infty}=\hat{\boldsymbol{n}}\times\boldsymbol{H}^t\Big|_{\substack{y=0\\x=x'}}=\hat{\boldsymbol{n}}\times\left(\boldsymbol{H}^i+\boldsymbol{H}^r\right)\Big|_{\substack{y=0\\x=x'}} \tag{4.13.13}$$

确定. 这里, $\hat{\boldsymbol{n}}=\hat{\boldsymbol{a}}_y$ 为界面的外指法向单位矢; $\boldsymbol{H}^t$ 为总磁场, 将 (4.13.5) 和 (4.13.12) 代入上式, 因有 $\varphi_r=\pi-\varphi_i$, 得

$$\begin{aligned}\boldsymbol{J}_S|_{A=\infty}&=\hat{\boldsymbol{a}}_y\times\frac{E_0}{\eta}\left[\begin{array}{l}-\hat{\boldsymbol{a}}_x\left(\sin\varphi_i\mathrm{e}^{\mathrm{j}kx'\cos\varphi_i}+\sin\varphi_r\mathrm{e}^{-\mathrm{j}kx'\cos\varphi_r}\right)\\+\hat{\boldsymbol{a}}_y\left(\cos\varphi_i\mathrm{e}^{\mathrm{j}kx'\cos\varphi_i}+\cos\varphi_r\mathrm{e}^{-\mathrm{j}kx'\cos\varphi_r}\right)\end{array}\right]_{\substack{y=0\\x=x'}}\\&=\hat{\boldsymbol{a}}_z\frac{2E_0}{\eta}\sin\varphi_i\mathrm{e}^{\mathrm{j}kx'\cos\varphi_i}\end{aligned}$$

假定有限宽度条形导电板上感应的面电流密度 $\boldsymbol{J}_S$ 近似等于以上求得的 $\boldsymbol{J}_S|_{A=\infty}$, 即

$$\boldsymbol{J}_S\approx\boldsymbol{J}_S|_{A=\infty}=\hat{\boldsymbol{a}}_z\frac{2E_0}{\eta}\sin\varphi_i\mathrm{e}^{\mathrm{j}kx'\cos\varphi_i}\tag{4.13.14}$$

$\boldsymbol{J}_S$ 就是散射场的场源, 应用磁矢量势法由$\boldsymbol{A}$可得散射电磁场. 由 (4.2.21) 式可知, 它所产生的矢量势 $\boldsymbol{A}$ 为

$$\boldsymbol{A}=\frac{\mu}{4\pi}\iint_S\mathrm{J}_S(x',y',z')\frac{\mathrm{e}^{-\mathrm{j}kR}}{R}\mathrm{d}S'\tag{4.13.15}$$

式中,

$$R=\sqrt{(x-x')^2+(y-y')^2+(z-z')^2}=\sqrt{(|\rho-\rho'|)^2+(z-z')^2}\tag{4.13.16}$$

这里, $(\rho,\varphi,z)$ 为柱面坐标; 带撇的为源点坐标, 不带撇的为场点坐标. 将 (4.13.14) 和 (4.13.16) 代入 (4.13.15) 式后, 则可得

$$\boldsymbol{A}=\hat{\boldsymbol{a}}_z\frac{\mu E_0}{2\pi\eta}\sin\varphi_i\int_0^w\left\{\int_{-\infty}^{+\infty}\frac{\exp\left[-\mathrm{j}k\sqrt{(|\rho-\rho'|)^2+(z-z')^2}\right]}{\sqrt{(|\rho-\rho'|)^2+(z-z')^2}}\mathrm{d}z'\right\}\mathrm{e}^{\mathrm{j}kx'\cos\varphi_i}\mathrm{d}x'\tag{4.13.17}$$

可以证明, 零阶 Hankel 函数有如下无穷积分表示式 (参见附录 H):

$$H_0^{(2)}(\alpha x)=\frac{\mathrm{j}}{\pi}\int_{-\infty}^{+\infty}\frac{\mathrm{e}^{-\mathrm{j}\alpha\sqrt{x^2+t^2}}}{\sqrt{x^2+t^2}}\mathrm{d}t\tag{4.13.18}$$

于是, (4.13.17) 式可化为

$$\boldsymbol{A}=-\hat{\boldsymbol{a}}_z\mathrm{j}\frac{\mu E_0}{2\eta}\sin\varphi_i\int_0^w H_0^{(2)}(k|\rho-\rho'|)\mathrm{e}^{\mathrm{j}kx'\cos\varphi_i}\mathrm{d}x'\tag{4.13.19}$$

注意到: $\boldsymbol{A}$ 只有 $z$ 分量, 并正如对二维问题所可预期的, 它与 $z$ 无关. 对于远区场, $\rho\gg\rho'$, 而有

$$\begin{aligned}|\rho-\rho'|&=\sqrt{\rho^2+(\rho')^2-2\rho\rho'\cos(\varphi_s-\varphi')}\approx\rho\sqrt{1-2\frac{\rho'}{\rho}\cos(\varphi_s-\varphi')}\\&\approx\rho-\rho'\cos(\varphi_s-\varphi')\end{aligned}\tag{4.13.20}$$

面电流密度 $\boldsymbol{J}_S$ 存在于条形导电平板上. 参见图 4.13.1, 沿 $x$ 轴线有 $\rho' = x', \varphi' = 0$, 此时, 由 (4.13.20) 式, 有

$$|\rho - \rho'| \approx \rho - x' \cos\varphi_s \tag{4.13.21}$$

又, 已知 Hankel 函数有大宗量渐近式:

$$H_n^{(2)}(z) \underset{z\gg 1}{\approx} \sqrt{\frac{2}{\pi z}} \mathrm{e}^{-\mathrm{j}(z - n\pi/2 - \pi/4)} = \sqrt{\frac{2\mathrm{j}}{\pi z}} \mathrm{j}^n \mathrm{e}^{-\mathrm{j}z} \tag{4.13.22}$$

故 (4.13.19) 式积分中的 Hankel 函数可写成

$$\begin{aligned} H_0^{(2)}(k|\rho - \rho'|) &\underset{\rho\gg\rho'}{\approx} \sqrt{\frac{2\mathrm{j}}{\pi k\rho}} \mathrm{e}^{-\mathrm{j}k(\rho - x'\cos\varphi_s)} \\ &= \sqrt{\frac{2\mathrm{j}}{\pi k}} \frac{\mathrm{e}^{-\mathrm{j}k\rho}}{\sqrt{\rho}} \mathrm{e}^{\mathrm{j}kx'\cos\varphi_s} \end{aligned} \tag{4.13.23}$$

于是, 远区矢量势 $\boldsymbol{A}$ 可化为

$$\boldsymbol{A} \approx -\hat{\boldsymbol{a}}_z \mathrm{j} \frac{\mu E_0}{2\eta} \sqrt{\frac{2\mathrm{j}}{\pi k}} \frac{\mathrm{e}^{-\mathrm{j}k\rho}}{\sqrt{\rho}} \sin\varphi_i \int_0^w \mathrm{e}^{\mathrm{j}kx'(\cos\varphi_s + \cos\varphi_i)} \mathrm{d}x' \tag{4.13.24}$$

积分后便得到

$$\begin{aligned} \boldsymbol{A} = &- \hat{\boldsymbol{a}}_z \mathrm{j} \frac{\mu w E_0}{\eta} \sqrt{\frac{\mathrm{j}}{2\pi k}} \mathrm{e}^{\mathrm{j}\frac{kw}{2}(\cos\varphi_s + \cos\varphi_i)} \\ &\times \left\{ \sin\varphi_i \left[ \frac{\sin\left[\dfrac{kw}{2}(\cos\varphi_s + \cos\varphi_i)\right]}{\dfrac{kw}{2}(\cos\varphi_s + \cos\varphi_i)} \right] \frac{\mathrm{e}^{-\mathrm{j}k\rho}}{\sqrt{\rho}} \right\} \end{aligned} \tag{4.13.25}$$

按矢量势 $\boldsymbol{A}$ 法, 由 (4.2.4) 和 (4.2.3) 式, 已知 $\boldsymbol{A}$ 所产生的电磁场可表为

$$\boldsymbol{E}^s = -\mathrm{j}\omega\boldsymbol{A} + \frac{1}{\mathrm{j}\omega\mu\varepsilon} \nabla(\nabla\cdot\boldsymbol{A}) \tag{4.13.26}$$

$$\boldsymbol{H}^s = \frac{1}{\mu} \nabla\times\boldsymbol{A} \tag{4.13.27}$$

因 $\boldsymbol{A} = A_z\hat{\boldsymbol{a}}_z$ 只有 $z$ 分量, 且与 $z$ 无关, 故 (4.13.26) 式中的第二项 $\nabla(\nabla\cdot\boldsymbol{A}) = 0$, 以及 $\nabla\times\boldsymbol{A} = \dfrac{1}{\rho}\dfrac{\partial A_z}{\partial\varphi}\hat{\boldsymbol{a}}_\rho - \dfrac{\partial A_z}{\partial\rho}\hat{\boldsymbol{a}}_\varphi$,(4.13.26) 和 (4.13.27) 式可写成

$$\boldsymbol{E}^s = -\mathrm{j}\omega\boldsymbol{A} = -\mathrm{j}\omega A_z\hat{\boldsymbol{a}}_z \tag{4.13.28}$$

$$\boldsymbol{H}^s = \frac{1}{\mu}\nabla\times\boldsymbol{A} = \frac{1}{\mu}\left(\frac{1}{\rho}\frac{\partial A_z}{\partial\varphi}\hat{\boldsymbol{a}}_\rho - \frac{\partial A_z}{\partial\rho}\hat{\boldsymbol{a}}_\varphi\right) \tag{4.13.29}$$

对于远区场 $\rho \gg \rho', \rho \gg \lambda$

因

$$\frac{\partial}{\partial \rho}\left(\frac{\mathrm{e}^{-\mathrm{j}k\rho}}{\sqrt{\rho}}\right) = -\left(\mathrm{j}k + \frac{1}{2\rho}\right)\frac{\mathrm{e}^{-\mathrm{j}k\rho}}{\sqrt{\rho}} \approx -\mathrm{j}k\frac{\mathrm{e}^{-\mathrm{j}k\rho}}{\sqrt{\rho}}$$

故由 (4.13.25) 式可知, 有 $\dfrac{\partial A_z}{\partial \rho} \approx -\mathrm{j}kA_z$, (4.13.29) 式中的 $\boldsymbol{H}^s$ 可进一步简化为

$$\boldsymbol{H}^s = \frac{1}{\mu}\left(\frac{1}{\rho}\frac{\partial A_z}{\partial \varphi}\hat{\boldsymbol{a}}_\rho + \mathrm{j}kA_z\hat{\boldsymbol{a}}_\varphi\right) \approx \mathrm{j}\frac{k}{\mu}A_z\hat{\boldsymbol{a}}_\varphi \tag{4.13.30}$$

由 (4.13.28) 与 (4.13.30) 可知, $\boldsymbol{E}^s = E_z^s\hat{\boldsymbol{a}}_z$ 仅有 $z$ 分量; 而 $\boldsymbol{H}^s = H_\varphi^s\hat{\boldsymbol{a}}_\varphi$ 主要是 $\varphi$ 分量. 将 (4.13.25) 式 $A_z$ 代入上两式后, 最后便得到远区散射波电磁场 $E_z^s$ 和 $H_\varphi^s$ 分别为

$$E_z^s = wE_0\sqrt{\frac{\mathrm{j}k}{2\pi}}\mathrm{e}^{\mathrm{j}\frac{kw}{2}(\cos\varphi_s+\cos\varphi_i)}\left\{\sin\varphi_i\left[\frac{\sin\left[\dfrac{kw}{2}(\cos\varphi_s+\cos\varphi_i)\right]}{\dfrac{kw}{2}(\cos\varphi_s+\cos\varphi_i)}\right]\frac{\mathrm{e}^{-\mathrm{j}k\rho}}{\sqrt{\rho}}\right\} \tag{4.13.31}$$

$$H_\varphi^s = \frac{wE_0}{\eta}\sqrt{\frac{\mathrm{j}k}{2\pi}}\mathrm{e}^{\mathrm{j}\frac{kw}{2}(\cos\varphi_s+\cos\varphi_i)}\left\{\sin\varphi_i\left[\frac{\sin\left[\dfrac{kw}{2}(\cos\varphi_s+\cos\varphi_i)\right]}{\dfrac{kw}{2}(\cos\varphi_s+\cos\varphi_i)}\right]\frac{\mathrm{e}^{-\mathrm{j}k\rho}}{\sqrt{\rho}}\right\} \tag{4.13.32}$$

式中, 波阻抗 $\eta = -\dfrac{E_z^s}{H_\phi^s} = \dfrac{\omega\mu}{k} = \sqrt{\dfrac{\mu}{\varepsilon}}$.

求得了 $\mathrm{TM}_z$ 入射波有限宽度 $w$ 条形导电平板的远区所产生散射场后, 按射宽度的定义 (4.12.3) 式, 可知其双站雷达散射宽度为

$$\sigma_{2D}(\text{bistatic}) = \lim_{\rho\to\infty}\left[2\pi\rho\frac{\left|\boldsymbol{E}_z^s\right|^2}{\left|\boldsymbol{E}_z^i\right|^2}\right] = \frac{2\pi w^2}{\lambda}\left\{\sin\varphi_i\left[\frac{\sin\left[\dfrac{kw}{2}(\cos\varphi_s+\cos\varphi_i)\right]}{\dfrac{kw}{2}(\cos\varphi_s+\cos\varphi_i)}\right]\right\}^2 \tag{4.13.33}$$

而当 $\varphi_s = \varphi_i$ 时, 其单站雷达散射宽度为

$$\sigma_{2D}(\text{monostatic}) = \frac{2\pi w^2}{\lambda}\left\{\sin\varphi_i\left[\frac{\sin(kw\cos\varphi_i)}{kw\cos\varphi_i}\right]\right\}^2 \tag{4.13.34}$$

对于入射角 $\varphi_i = 120°$、导体板宽度宽度分别为 $w = 2\lambda$ 和 $w = 10\lambda$ 时, 按 (4.13.33) 式绘出的 $TM_z$ 平面波的有限宽度导体平板电磁散射的双站雷达散射宽度 $\sigma_{2D}$(分贝)~ 散射角 $\varphi_s$ 的关系曲线如图 4.13.2 所示.

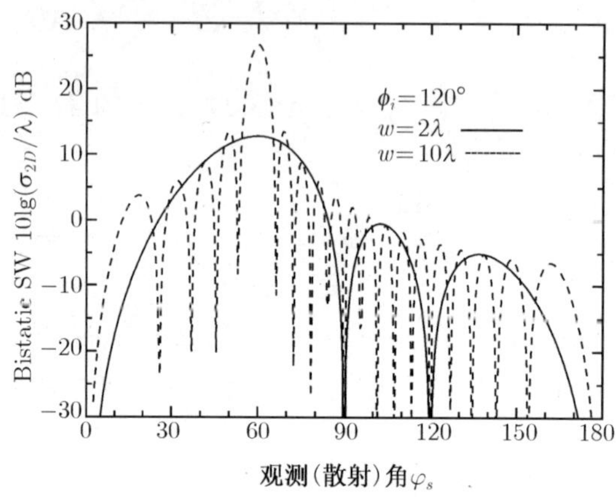


图 4.13.2　宽度 $w$ 条形平板导体的 $TM_z$ 极化波的双站电磁散射

式 (4.13.33) 含有因子 $\sin u/u$, 其中 $u = kw(\cos\varphi_s + \cos\varphi_i)/2$; 当 $u = 0$ 时, $\sin u/u = 1$ 具有最大值, 亦即当 $u = kw(\cos\varphi_s + \cos\varphi_i)/2$ 时, $\sigma_{2D}$ 有最大值. 因而, 对 $w = 2\lambda$ 和 $w = 10\lambda$ 情形, 当 $\varphi_i = 120°$、散射角 $\varphi_s = \pi - \varphi_i = 60°$, 即在散射角等于反射角的方向上双站 $\sigma_{2D}$ 出现最大值; 而偏离散射最大方向则按 $\sin u/u$ 规律变化.

按 (4.13.34) 式绘出的 $TM_z$ 平面波的有限宽度导体平板电磁散射的单站雷达散射宽度 $\sigma_{2D}$(dB)~ 入射角 $\varphi_i$ 的关系曲线如图 4.13.3 所示. 单站 $\sigma_{2D}$(dB) 最大值出现在入射角 $\cos\varphi_i = 0$(即在 $\varphi_i = 90°$ 的方向上); 偏离散射最大方向时则按 $\sin u/u$ 规律变化.

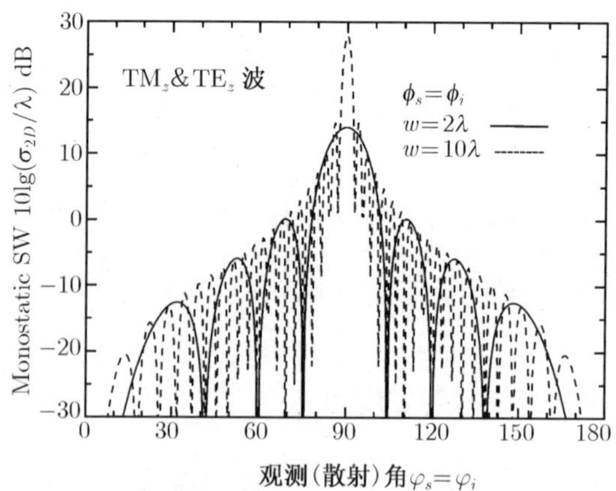


图 4.13.3　宽度 $w$ 条形导电平板的 $TM_z$ 和 $TE_z$ 极化波的单站电磁散射

# 4.14 TE$_z$ 平面波的条形导电平板的电磁散射

设有一 TE$_z$ 极化波斜入射到宽度为 $w$、长度为 $\infty$ 的条形导电平板上, 如图 4.14.1 所示.

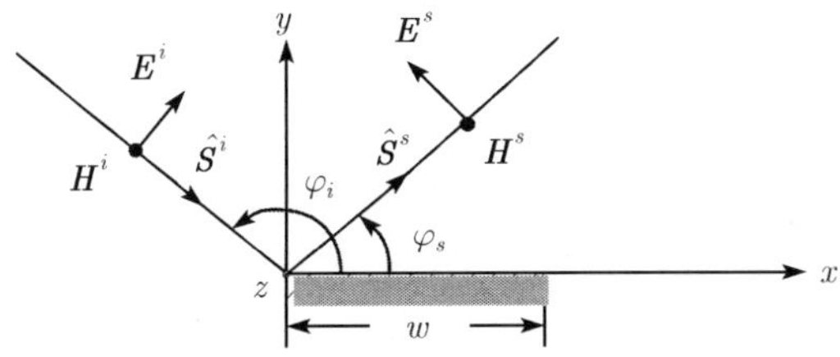


图 4.14.1 TE$_z$ 平面波电磁散射的条形导体平板散射

设入射波的磁场为

$$\boldsymbol{H}^i = \hat{\boldsymbol{a}}_z H_0 \mathrm{e}^{-\mathrm{j}k\hat{\boldsymbol{s}}^i\cdot\boldsymbol{r}} \tag{4.14.1}$$

则相应的入射波电场为

$$\boldsymbol{E}^i = \eta \boldsymbol{H}^i \times \hat{\boldsymbol{s}}^i \tag{4.14.2}$$

式中, $H_0$ 为常数, 是入射波磁场的振幅; $k = \omega\sqrt{\mu\varepsilon}$ 为波数; $\eta$ 为媒质波阻抗.

由图 4.14.1 可知, 有 $\hat{\boldsymbol{s}}^i = -\hat{\boldsymbol{a}}_x \cos\varphi_i - \hat{\boldsymbol{a}}_y \sin\varphi_i$ 和 $\boldsymbol{r} = \hat{\boldsymbol{a}}_x x + \hat{\boldsymbol{a}}_y y + \hat{\boldsymbol{a}}_z z$, 故 TE$_z$ 入射平面波的磁场 (4.14.1) 和电场 (4.14.2) 式可写成

$$\boldsymbol{H}^i = \hat{\boldsymbol{a}}_z H_0 \mathrm{e}^{\mathrm{j}k(x\cos\varphi_i + y\sin\varphi_i)} \tag{4.14.3}$$

$$\boldsymbol{E}^i = \eta H_0 \left(\hat{\boldsymbol{a}}_x \sin\varphi_i - \hat{\boldsymbol{a}}_y \cos\varphi_i\right) \mathrm{e}^{\mathrm{j}k(x\cos\varphi_i + y\sin\varphi_i)} \tag{4.14.4}$$

这里, $\varphi_i$ 为 $-\hat{\boldsymbol{s}}^i$ 相对 $x$ 轴度量的角度, 如图所示, 它大于 90°.

类似于 TM$_z$ 极化波情形, 当 TE$_z$ 极化波投射到宽度 $w$ 的条形导体板上时, 在其表面上将激励有表面感应电流 $\boldsymbol{J}_S$, 并向空间辐射, 在点 $(\rho, \varphi_s, 0)$ 处所产生散射电磁场 $\boldsymbol{E}^s$ 和 $\boldsymbol{H}^s$, 这里 $\varphi_s$ 为散射角. 为求得宽度 $w$ 为有限的条形导体平板上的面感应电流分布 $\boldsymbol{J}_S$, 我们仍采用物理光学近似, 假定此 $\boldsymbol{J}_S$ 可近似地用条形导电平板的宽度 $w = \infty$ 时求得的感应电流 $\boldsymbol{J}_S$ 代替, 然后再应用磁矢量势 $\boldsymbol{A}$ 法求出远区散射场和散射宽度.

设条形导电平板宽度 $w = \infty$, 即考虑 TE$_z$ 极化波的无限大导电平板斜入射情形, 此时将仅在 $\varphi_s$ 等于反射角 $\varphi_r = \pi - \varphi_i$ 的方向上有电磁场存在, 反射波的磁场和电场可表为

$$\boldsymbol{H}^r = -\hat{\boldsymbol{a}}_z \Gamma_{//} H_0 \mathrm{e}^{-\mathrm{j}k\hat{\boldsymbol{s}}^r\cdot\boldsymbol{r}} \tag{4.14.5}$$

$$\boldsymbol{E}^i = \eta \boldsymbol{H}^r \times \hat{\boldsymbol{s}}^r \tag{4.14.6}$$

因 $\hat{\boldsymbol{s}}^r = \hat{\boldsymbol{a}}_x \cos\varphi_r + \hat{\boldsymbol{a}}_y \sin\varphi_r$ 和 $\boldsymbol{r} = \hat{\boldsymbol{a}}_x x + \hat{\boldsymbol{a}}_y y + \hat{\boldsymbol{a}}_z z$, 故 $\mathrm{TE}_z$ 反射平面波的磁场 (4.14.5) 和电场 (4.14.6) 式可写成

$$\boldsymbol{H}^r = \hat{\boldsymbol{a}}_z \Gamma_{//} H_0 \mathrm{e}^{-\mathrm{j}k(x\cos\varphi_r + y\sin\varphi_r)} \tag{4.14.7}$$

$$\boldsymbol{E}^r = \eta \Gamma_{//} H_0 \left(-\hat{\boldsymbol{a}}_x \sin\varphi_r + \hat{\boldsymbol{a}}_y \cos\varphi_r\right) \mathrm{e}^{-\mathrm{j}k(x\cos\varphi_r + y\sin\varphi_r)} \tag{4.14.8}$$

以上式中, $\Gamma_{//}$ 为 $\mathrm{TE}_z$ 波 (平行极化波) 的反射系数; $\Gamma_{//}$ 和 $\varphi_r$ 可由假定条形导电平板宽度 $w = \infty$ 时其表面上电磁场应满足的边界条件确定出. 对于完全导电的 $w = \infty$ 导电平板, 按电场边界条件: $E_x|_{y=0} = \left(E_x^i + E_x^r\right)\big|_{y=0} = 0$, 即有

$$\mathrm{E}_x^i + E_x^r = \eta H_0 \left(\sin\varphi_i \mathrm{e}^{\mathrm{j}kx\cos\varphi_i} - \Gamma_{//} \sin\varphi_r \mathrm{e}^{-\mathrm{j}kx\cos\varphi_r}\right) = 0$$

由此可得 $\Gamma_{//} = 1$ 和 $\varphi_r = \pi - \varphi_i$(反射定律). 于是, (4.14.7) 和 (4.14.8) 分别化为

$$\boldsymbol{H}^r = \hat{\boldsymbol{a}}_z H_0 \mathrm{e}^{\mathrm{j}k(x\cos\varphi_i - y\sin\varphi_i)} \tag{4.14.9}$$

$$\boldsymbol{E}^r = \eta H_0 \left(-\hat{\boldsymbol{a}}_x \sin\varphi_i + \hat{\boldsymbol{a}}_y \cos\varphi_i\right) \mathrm{e}^{\mathrm{j}k(x\cos\varphi_i - y\sin\varphi_i)} \tag{4.14.10}$$

按磁场边界条件可得 $w = \infty$ 时导电平板上的面电流密度 $\boldsymbol{J}_S$ 为

$$\begin{aligned}\boldsymbol{J}_S|_{A=\infty} &= \hat{\boldsymbol{n}} \times \left(\boldsymbol{H}^i + \boldsymbol{H}^r\right)\big|_{\substack{y=0\\x=x'}} = 2\left(\hat{\boldsymbol{a}}_y \times \hat{\boldsymbol{a}}_z\right) H_0 \mathrm{e}^{\mathrm{j}kx'\cos\varphi_i} \\ &= \hat{\boldsymbol{a}}_x 2 H_0 \mathrm{e}^{\mathrm{j}kx'\cos\varphi_i}\end{aligned} \tag{4.14.11}$$

现假定有限宽度条形导体板表面上的面电流密度 $\boldsymbol{J}_S$ 即为 (4.14.11) 式给出的 $\boldsymbol{J}_S|_{A=\infty}$; 即散射波的场源 $\boldsymbol{J}_S \approx \boldsymbol{J}_S|_{A=\infty}$. 故由 (4.2.21) 式可求得 $\boldsymbol{A}$, 再应用矢量势法由 (4.2.3) 和 (4.2.5) 式分别求出散射波磁场和电场.

采用前对于 $\mathrm{TM}_z$ 极化波由已知 $\boldsymbol{J}_S$ 推导 $\boldsymbol{A}$ 的相同步骤 (详见 (4.13.15)~(4.13.19) 式), 从比较 (4.14.11) 与 (4.13.14) 式可见, 对于 $\mathrm{TE}_z$ 极化的入射波情形, 两者差别仅是 $\hat{\boldsymbol{a}}_z \to \hat{\boldsymbol{a}}_x$ 和 $\dfrac{E_0}{\eta}\sin\varphi_i \to H_0$, 故由 (4.13.19) 式, 我们有

$$\boldsymbol{A} = -\hat{\boldsymbol{a}}_x \mathrm{j}\frac{\mu H_0}{2} \int_0^w H_0^{(2)}(k|\rho - \rho'|) \mathrm{e}^{\mathrm{j}kx'\cos\varphi_i} \mathrm{d}x' \tag{4.14.12}$$

这表明, 对于 $\mathrm{TE}_z$ 极化波, 矢量势 $\boldsymbol{A}$ 仅有 $x$ 方向分量.

对于远区场, $\rho \gg \rho', \rho \gg \lambda$

此时, (4.14.12) 式矢量势 $\boldsymbol{A}$(类似于求得 (4.13.25) 式) 亦可化为

$$\boldsymbol{A} = -\hat{\boldsymbol{a}}_x \mathrm{j}\mu w H_0 \sqrt{\frac{\mathrm{j}}{2\pi k}} \mathrm{e}^{\mathrm{j}\frac{kw}{2}(\cos\varphi_s + \cos\varphi_i)} \frac{\sin\left[\dfrac{kw}{2}(\cos\varphi_s + \cos\varphi_i)\right]}{\dfrac{kw}{2}(\cos\varphi_s + \cos\varphi_i)} \frac{\mathrm{e}^{-\mathrm{j}k\rho}}{\sqrt{\rho}} \tag{4.14.13}$$

对于 $x$-$y$ 平面 (即 $\theta_s=90°$), 应用直角与柱面坐标系中单位矢量间有关系式:

$$\hat{\boldsymbol{a}}_x=\hat{\boldsymbol{a}}_\rho\cos\varphi-\hat{\boldsymbol{a}}_\varphi\sin\varphi \tag{4.14.14}$$

故可知

$$A_\rho=-\mathrm{j}\mu wH_0\sqrt{\frac{\mathrm{j}}{2\pi k}}\mathrm{e}^{\mathrm{j}\frac{kw}{2}(\cos\varphi_s+\cos\varphi_i)}\cos\varphi_s\frac{\sin\left[\frac{kw}{2}(\cos\varphi_s+\cos\varphi_i)\right]}{\frac{kw}{2}(\cos\varphi_s+\cos\varphi_i)}\frac{\mathrm{e}^{-\mathrm{j}k\rho}}{\sqrt{\rho}} \tag{4.14.15}$$

$$A_\varphi=\mathrm{j}\mu wH_0\sqrt{\frac{\mathrm{j}}{2\pi k}}\mathrm{e}^{\mathrm{j}\frac{kw}{2}(\cos\varphi_s+\cos\varphi_i)}\sin\varphi_s\frac{\sin\left[\frac{kw}{2}(\cos\varphi_s+\cos\varphi_i)\right]}{\frac{kw}{2}(\cos\varphi_s+\cos\varphi_i)}\frac{\mathrm{e}^{-\mathrm{j}k\rho}}{\sqrt{\rho}} \tag{4.14.16}$$

注意到: 我们有 $A_z=0$ 和 $\dfrac{\partial}{\partial z}=0$, 故柱面坐标系中的旋度表示式可简化写成

$$\nabla\times\boldsymbol{A}=\hat{\boldsymbol{a}}_z\left[\frac{1}{\rho}\frac{\partial(\rho A_\varphi)}{\partial\rho}-\frac{1}{\rho}\frac{\partial A_\rho}{\partial\varphi}\right]$$

因 $\rho\gg\lambda$, 有 $\dfrac{1}{\rho}\dfrac{\partial(\rho A_\varphi)}{\partial\rho}=-(\cdots)\dfrac{1}{\rho}\dfrac{\partial}{\partial\rho}\left(\sqrt{\rho}\mathrm{e}^{-\mathrm{j}k\rho}\right)=-(\cdots)\left(\dfrac{1}{2\rho}+\mathrm{j}k\right)\dfrac{\mathrm{e}^{-\mathrm{j}k\rho}}{\sqrt{\rho}}\approx-\mathrm{j}kA_\varphi$ 故有

$$\nabla\times\boldsymbol{A}=\hat{\boldsymbol{a}}_z\left[\frac{1}{\rho}\frac{\partial(\rho A_\varphi)}{\partial\rho}-\frac{1}{\rho}\frac{\partial A_\rho}{\partial\varphi}\right]\approx-\hat{\boldsymbol{a}}_z\mathrm{j}kA_\varphi$$

于是, 由 (4.2.3) 式, 可得散射波磁场可表为

$$\boldsymbol{H}^s=\frac{1}{\mu}\nabla\times\boldsymbol{A}=-\hat{\boldsymbol{a}}_z\mathrm{j}\frac{k}{\mu}\boldsymbol{A}_\varphi \tag{4.14.17}$$

可见, $\boldsymbol{H}^s$ 仅有 $z$ 分量. 将 (4.14.16) 代入 (4.14.17) 式, 便得到

$$H_z^s=wH_0\sqrt{\frac{\mathrm{j}k}{2\pi}}\mathrm{e}^{\mathrm{j}\frac{kw}{2}(\cos\varphi_s+\cos\varphi_i)}\sin\varphi_s\frac{\sin\left[\frac{kw}{2}(\cos\varphi_s+\cos\varphi_i)\right]}{\frac{kw}{2}(\cos\varphi_s+\cos\varphi_i)}\frac{\mathrm{e}^{-\mathrm{j}k\rho}}{\sqrt{\rho}} \tag{4.14.18}$$

由 (4.2.5) 式 $\boldsymbol{E}=\dfrac{1}{\mathrm{j}\omega\varepsilon}\nabla\times\boldsymbol{H}$ 可知, 散射波电场为

$$\boldsymbol{E}^s=\frac{1}{\mathrm{j}\omega\varepsilon}\left(\hat{\boldsymbol{a}}_\rho\frac{1}{\rho}\frac{\partial H_z^s}{\partial\varphi}-\hat{\boldsymbol{a}}_\varphi\frac{\partial H_z^s}{\partial\rho}\right)\approx-\hat{\boldsymbol{a}}_\varphi\frac{1}{\mathrm{j}\omega\varepsilon}\frac{\partial H_z^s}{\partial\rho} \tag{4.14.19}$$

并因 $\dfrac{\partial}{\partial\rho}\left(\dfrac{\mathrm{e}^{-\mathrm{j}k\rho}}{\sqrt{\rho}}\right)=-\left(\dfrac{1}{2\rho}+\mathrm{j}k\right)\dfrac{\mathrm{e}^{-\mathrm{j}k\rho}}{\sqrt{\rho}}\approx-\mathrm{j}k\dfrac{\mathrm{e}^{-\mathrm{j}k\rho}}{\sqrt{\rho}}$ 和 $\dfrac{k}{\omega\varepsilon}=\eta$, 将 (4.14.18) 代入上式, 或应用横向场关系式: $E_\varphi^s=\eta H_z^s$, 即有

$$E_\varphi^s=\eta w H_0\sqrt{\frac{\mathrm{j}k}{2\pi}}\mathrm{e}^{\mathrm{j}\frac{kw}{2}(\cos\varphi_s+\cos\varphi_i)}\sin\varphi_s\frac{\sin\left[\dfrac{kw}{2}(\cos\varphi_s+\cos\varphi_i)\right]}{\dfrac{kw}{2}(\cos\varphi_s+\cos\varphi_i)}\frac{\mathrm{e}^{-\mathrm{j}k\rho}}{\sqrt{\rho}} \tag{4.14.20}$$

求得了 $\mathrm{TE}_z$ 入射波有限宽度 $w$ 条形导电平板的远区所产生散射场后, 按射宽度的定义 (4.12.3) 式 (磁场), 可知其双站雷达散射宽度为

$$\sigma_{2D}(\text{bistatic})=\frac{2\pi w^2}{\lambda}\left\{\sin\varphi_s\left[\frac{\sin\left[\dfrac{kw}{2}(\cos\varphi_s+\cos\varphi_i)\right]}{\dfrac{kw}{2}(\cos\varphi_s+\cos\varphi_i)}\right]\right\}^2 \tag{4.14.21}$$

对于单站散射情形, $\varphi_s=\varphi_i$, 上式退化为

$$\sigma_{2D}(\text{monostatic})=\frac{2\pi w^2}{\lambda}\left\{\sin\varphi_i\left[\frac{\sin(kw\cos\varphi_i)}{kw\cos\varphi_i}\right]\right\}^2 \tag{4.14.22}$$

(4.14.22) 式给出了 $\mathrm{TE}_z$ 极化入射波的单站散射宽度 $\sigma_{2D}$, 它与 (4.13.34) 式给出的 $\mathrm{TM}_z$ 极化波的 $\sigma_{2D}$ 表示式相同. 对于 $w=2\lambda$ 和 $w=10\lambda$, 已绘于图 4.13.3 中. $\mathrm{TE}_z$ 极化波和 $\mathrm{TM}_z$ 极化波的的双站 $\sigma_{2D}$ 分别由 (4.14.21) 和 (4.13.33) 式给出, 两者表示式略有不同, 前者式中是 $\sin^2\varphi_s$, 而后者式中为 $\sin^2\varphi_i$.

在图 4.14.2, 我们一并给出了 $\varphi_i=120°$、$0°\leqslant\varphi_s\leqslant180°$、导体板宽度分别为 $w=2\lambda$ 和 $w=10\lambda$ 时, 按 (4.14.21) 式作出的 $\mathrm{TE}_z$ 极化波的双站 $\sigma_{2D}$(分贝)~ 散射角 $\varphi_s$ 的关系. 显见, 条板宽度愈大, $\sigma_{2D}$ 的最大值也愈大, 且其边瓣数也愈多.

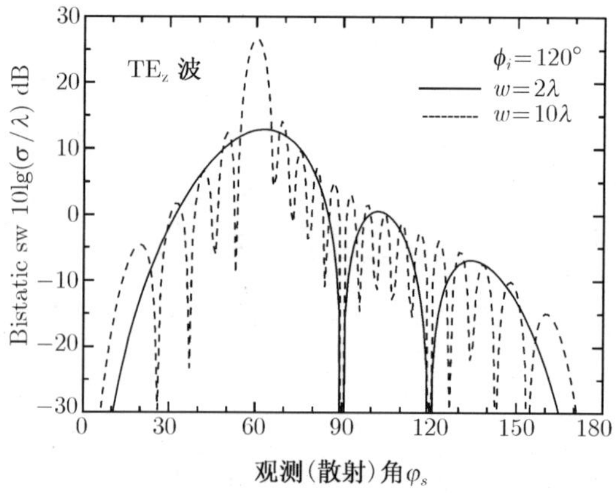


图 4.14.2 $\mathrm{TE}_z$ 极化波的有限宽度导电平板的双站电磁散射

由于 TM$_z$ 极化波的散射宽度 $\sigma_{2D}$ 表示式中含因子 $\sin^2\varphi_i$, 而 TE$_z$ 极化波所含因子为 $\sin^2\varphi_s$, 因而这两种极化波的双站散射宽度 $\sigma_{2D}$ 图型虽十分相似, 但并不等同. 为便于比较和说明它们的双站 $\sigma_{2D}$ 图型间的差别, 我们于图 4.14.3 和 4.14.4 中重新分别给出了当 $\varphi_i = 120°$、条形导电平板 $w = 2\lambda$ 和 $w = 10\lambda$ 时, TM$_z$ 与 TE$_z$ 极化波的双站 $\sigma_{2D}$ 图型.

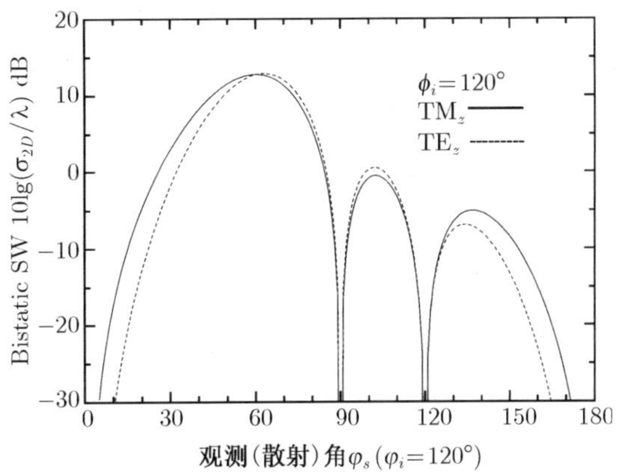


图 4.14.3 $w = 2\lambda$ 条形导电平板的 TM$_z$ 和 TE$_z$ 极化波的双站电磁散射

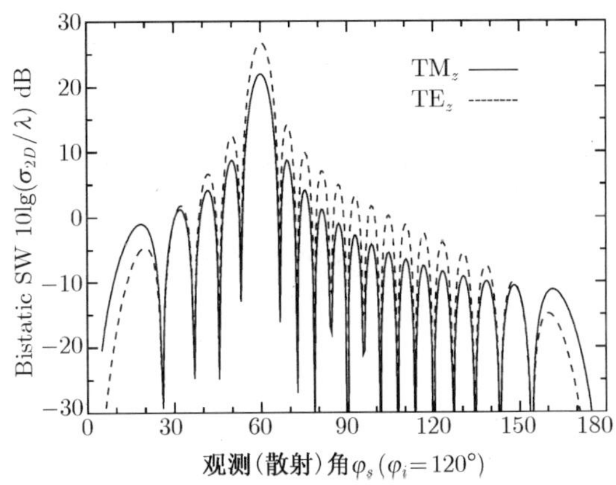


图 4.14.4 $w = 10\lambda$ 条形导电平板的 TM$_z$ 和 TE$_z$ 极化波的双站电磁散射

从图 4.14.3 和 4.14.4 可见：对于 TM$_z$ 极化波, $\sigma_{2D}$ 最大值 (总是) 发生在镜面反射的方向上 (本例, $\varphi_s = 60°$); 对于 TE$_z$ 极化波, $\sigma_{2D}$ 最大值则发生略大于镜面反射的方向上; 但当条形导体板宽度为 $w/\lambda$ 变很大 (例 $w = 10\lambda$) 时, 此 SW 最大值方向将朝 TM$_z$ 极化波的 $\sigma_{2D}$ 最大值方向靠拢, 这是因为对于大的 $w/\lambda$ 值, 当 $\varphi_s$ 变化时, TE$_z$ 极化波的双站散射宽度表示式中的因子 $[\sin u/u]^2$ 是 $\varphi_s$ 的快变函数; 而因子 $\sin^2\varphi_s$ 基本上是慢变函数, 因而在函数 $[\sin u/u]^2$ 的最大值附近实际上为一常数. 另一方面, 当 $w/\lambda$ 值较小 (例 $w=2\lambda$) 时, 情况则并非如此.

## 4.15 TE$_x$ 极化平面波的矩形导电平板的电磁散射

设有一平面电磁波沿 $(\theta_i,\varphi_i)$ 斜入射到 $a\times b$ 矩形导电平板上, 这时不仅在其镜面方向上有反射波的场, 而在所有其它 $(\theta_s,\varphi_s)$ 方向上都会有散射场存在, 如图 4.15.1(a) 所示. 这是三维的电磁散射. 为简化分析, 我们分别讨论入射波的 TE$_x$ 和 TM$_x$ 两种特殊极化情形, 后一情形将留在下节中给出.

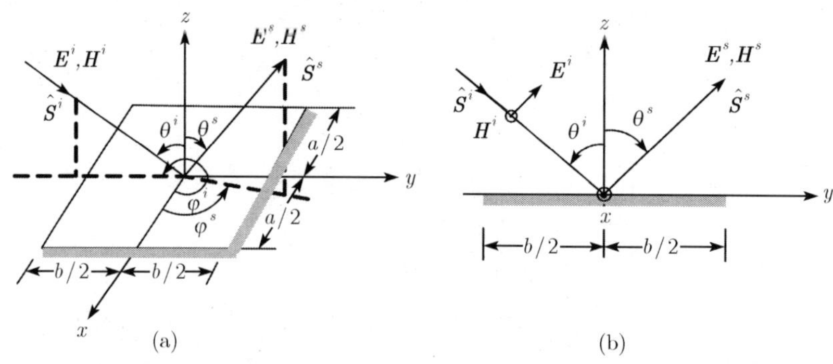


图 4.15.1 $a\times b$ 矩形导电平板的 TE$_x$ 极化波的电磁散射

对于 TE$_x$ 入射极化平面波, 设电场 E$^i$ 位于入射线与矩形导电平板法线构成的 $yz$ 平面内、与 $x$ 方向垂直, 而磁场 $\boldsymbol{H}^i$ 沿 $x$ 方向; $(\theta_i,\varphi_i)$ 为入射波的方向角; $(\theta_s,\varphi_s)$ 为散射波的方向角, 如图 4.15.1(b) 所示 (其中 $\varphi_s$ 未给出).

TE$_x$ 入射极化波的磁场 $\boldsymbol{H}^i$ 可表为

$$\boldsymbol{H}^i=\hat{\boldsymbol{a}}_xH_0\mathrm{e}^{-\mathrm{j}k\hat{\boldsymbol{s}}^i\cdot\boldsymbol{r}}=\hat{\boldsymbol{a}}_xH_0\mathrm{e}^{-\mathrm{j}k(y\sin\varphi_i-z\cos\varphi_i)} \tag{4.15.1}$$

相应的入射波电场为

$$\begin{aligned}\boldsymbol{E}^i&=\eta\boldsymbol{H}^i\times\hat{\boldsymbol{s}}^i\\&=\eta H_0\left(\hat{\boldsymbol{a}}_y\cos\theta_i+\hat{\boldsymbol{a}}_z\sin\theta_i\right)\mathrm{e}^{-\mathrm{j}k(y\sin\varphi_i-z\cos\varphi_i)}\end{aligned} \tag{4.15.2}$$

以上式中, $H_0$ 为常数, 是入射波磁场的振幅; $k=\omega\sqrt{\mu\varepsilon}$ 为波数; $\hat{\boldsymbol{s}}^i=\hat{\boldsymbol{a}}_y\sin\theta_i-\hat{\boldsymbol{a}}_z\cos\theta_i$ 为沿入射波方向的单位矢量; $\boldsymbol{r}=\hat{\boldsymbol{a}}_xx+\hat{\boldsymbol{a}}_yy+\hat{\boldsymbol{a}}_zz$; $\eta$ 为媒质波阻抗.

此入射波投射到矩形导电平板将在其上激起面感应电流 $\boldsymbol{J}_S$, 并向空间辐射产生散射电磁场. 仍应用物理光学近似法, 假定此面电流密度 $\boldsymbol{J}_S$ 可近似地用无限大导电平板情形的面电流密度 $\boldsymbol{J}_S|_{A=\infty}$ 代替, 再由矢量势法求出散射场.

对于无限大导电平板, 仅在与入射波的镜像方向上有反射波. 设反射波磁场可表为

$$\boldsymbol{H}^r = \hat{\boldsymbol{a}}_x \Gamma_{//} H_0 \mathrm{e}^{-\mathrm{j}k\hat{\boldsymbol{s}}^r\cdot\boldsymbol{r}} = \hat{\boldsymbol{a}}_x \Gamma_{//} H_0 \mathrm{e}^{-\mathrm{j}k(y\sin\theta_r + z\cos\theta_r)} \tag{4.15.3}$$

相应的反射波电场为:

$$\begin{aligned}\boldsymbol{E}^r &= \eta \boldsymbol{H}^r \times \hat{\boldsymbol{s}}^r \\ &= \eta \Gamma_{//} H_0 \left(-\hat{\boldsymbol{a}}_y \cos\theta_r + \hat{\boldsymbol{a}}_z \sin\theta_r\right) \mathrm{e}^{-\mathrm{j}k(y\sin\theta_r + z\cos\theta_r)}\end{aligned} \tag{4.15.4}$$

式中, $\Gamma_{//}$ 为波的反射系数; $\hat{\boldsymbol{s}}^r = \hat{\boldsymbol{a}}_y \sin\varphi_r + \hat{\boldsymbol{a}}_z \cos\varphi_r$ 为沿反射波方向的单位矢量.

按导体表面电场应满足的边界条件: $\left(E_y^i + E_y^r\right)\big|_{z=0} = 0$, 易知有 $\Gamma_{//} = 1$ 和 $\theta_r = \theta_i$(Snell 反射定律); 另一方面, 由磁场边界条件: $\boldsymbol{J}_S|_{A=\infty} = \hat{\boldsymbol{n}}\times\left(\boldsymbol{H}^i + \boldsymbol{H}^r\right)\big|_{\substack{y=y' \\ z=0}} = \hat{\boldsymbol{a}}_z \times \left(\boldsymbol{H}^i + \boldsymbol{H}^r\right)\big|_{\substack{y=y' \\ z=0}}$, 可得 $\boldsymbol{J}_S|_{A=\infty} = \hat{\boldsymbol{a}}_y 2H_0 \mathrm{e}^{-\mathrm{j}ky'\sin\theta_i}$, 故需求的面电流密度 $\boldsymbol{J}_S$ 可近似地表为

$$\boldsymbol{J}_S \approx \boldsymbol{J}_S|_{A=\infty} = \hat{\boldsymbol{a}}_y 2H_0 \mathrm{e}^{-\mathrm{j}ky'\sin\theta_i} \tag{4.15.5}$$

已知 $\boldsymbol{J}_S$, 由 (4.2.21) 式即可求得它在空间中所产生的磁矢量势 $\boldsymbol{A}$

$$\boldsymbol{A} = \frac{\mu}{4\pi} \iint_A \frac{\boldsymbol{J}_S(x',y')\mathrm{e}^{-\mathrm{j}kR}}{R} \mathrm{d}S' = \hat{\boldsymbol{a}}_y \frac{\mu}{2\pi} H_0 \iint_A \frac{\mathrm{e}^{-\mathrm{j}kR}\mathrm{e}^{-\mathrm{j}ky'\sin\theta_i}}{R} \mathrm{d}S' \tag{4.15.6}$$

式中, $R = |\boldsymbol{r} - \boldsymbol{r}'|$; $\boldsymbol{r}' = (x', y', 0)$ 为源点 (积分变点) 坐标; $\boldsymbol{r} = (r, \theta_s, \varphi_s)$ 为场点坐标.

对于远区, 有 $R = |\boldsymbol{r} - \boldsymbol{r}'| \approx r - \boldsymbol{r}'\cdot\hat{\boldsymbol{a}}_r$, 又 $\hat{\boldsymbol{a}}_r = \hat{\boldsymbol{a}}_x \sin\theta_s\cos\varphi_s + \hat{\boldsymbol{a}}_y \sin\theta_s \sin\varphi_s + \hat{\boldsymbol{a}}_z \cos\theta_s$, 故 (4.15.6) 式分母中用 $R \approx r$, 而分子中 $R$ 用 $R \approx r - \boldsymbol{r}'\cdot\hat{\boldsymbol{a}}_r$ 表示, 可将它写成

$$\begin{aligned}\boldsymbol{A} &\approx \hat{\boldsymbol{a}}_y \frac{\mu}{2\pi} H_0 \iint_A \mathrm{e}^{\mathrm{j}k(x'\sin\theta_s\cos\varphi_s + y'\sin\theta_s\sin\varphi_s - y'\sin\theta_i)} \frac{\mathrm{e}^{-\mathrm{j}kr}}{r} \mathrm{d}x'\mathrm{d}y' \\ &= \hat{\boldsymbol{a}}_y \frac{\mu}{2\pi} H_0 \frac{\mathrm{e}^{-\mathrm{j}kr}}{r} \int_{-a/2}^{+a/2} \mathrm{e}^{\mathrm{j}kx'\sin\theta_s\cos\varphi_s} \mathrm{d}x' \int_{-b/2}^{+b/2} \mathrm{e}^{\mathrm{j}ky'('\sin\theta_s\sin\varphi_s - \sin\theta_i)} \mathrm{d}y'\end{aligned} \tag{4.15.7}$$

因积分:

$$\begin{aligned}\int_{-a/2}^{+a/2} \mathrm{e}^{\mathrm{j}kx'\sin\theta_s\cos\varphi_s}\mathrm{d}x' &= \frac{1}{\mathrm{j}k\sin\theta_s\cos\varphi_s} \mathrm{e}^{\mathrm{j}kx'\sin\theta_s\cos\varphi_s}\Big|_{-a/2}^{+a/2} \\ &= \frac{2}{k\sin\theta_s\cos\varphi_s} \sin\left\{\frac{ka}{2}\sin\theta_s\cos\varphi_s\right\} = a\frac{\sin(X)}{X}\end{aligned}$$

类似地

$$\begin{aligned}\int_{-b/2}^{+b/2} \mathrm{e}^{\mathrm{j}ky'(\sin\theta_s\sin\varphi_s - \sin\theta_i)}\mathrm{d}y' &= \frac{1}{\mathrm{j}k\left(\sin\theta_s\sin\varphi_s - \sin\theta_i\right)} \mathrm{e}^{\mathrm{j}ky'(\sin\theta_s\sin\varphi_s - \sin\theta_i)}\Big|_{-b/2}^{+b/2} \\ &= b\frac{\sin(Y)}{Y}\end{aligned}$$

式中,

$$X = \frac{ka}{2}\sin\theta_s\cos\varphi_s;\quad Y = \frac{kb}{2}(\sin\theta_s\sin\varphi_s - \sin\theta_i) \tag{4.15.8}$$

于是, (4.15.7) 式磁矢量势 $\boldsymbol{A}$ 可表为

$$\boldsymbol{A} = \hat{\boldsymbol{a}}_y\frac{\mu}{2\pi}abH_0\frac{\mathrm{e}^{-\mathrm{j}kr}}{r}\frac{\sin(X)}{X}\frac{\sin(Y)}{Y} \tag{4.15.9}$$

在球坐标系中, 单位矢量 $\hat{\boldsymbol{a}}_y$ 可写成: $\hat{\boldsymbol{a}}_y = \hat{\boldsymbol{a}}_r\sin\theta_s\sin\varphi_s + \hat{\boldsymbol{a}}_\theta\cos\theta_s\sin\varphi_s + \hat{\boldsymbol{a}}_\varphi\cos\varphi_s$, 故可知磁矢量势 $\boldsymbol{A}$ 的三个分量为

$$\begin{aligned}
A_r &= \frac{\mu}{2\pi}abH_0\sin\theta_s\sin\varphi_s\frac{\mathrm{e}^{-\mathrm{j}kr}}{r}\frac{\sin(X)}{X}\frac{\sin(Y)}{Y}\\
A_\theta &= \frac{\mu}{2\pi}abH_0\cos\theta_s\sin\varphi_s\frac{\mathrm{e}^{-\mathrm{j}kr}}{r}\frac{\sin(X)}{X}\frac{\sin(Y)}{Y}\\
A_\varphi &= \frac{\mu}{2\pi}abH_0\cos\varphi_s\frac{\mathrm{e}^{-\mathrm{j}kr}}{r}\frac{\sin(X)}{X}\frac{\sin(Y)}{Y}
\end{aligned} \tag{4.15.10}$$

注意到: 在 $A$ 的三分量表示式中均含有因子 $\dfrac{\mathrm{e}^{-\mathrm{j}kr}}{r}$, 而对于远区, $r \gg \lambda$, 有

$$\frac{\partial}{\partial r}\left(\frac{\mathrm{e}^{-\mathrm{j}kr}}{r}\right) = -\left(\frac{1}{r}+\mathrm{j}k\right)\frac{\mathrm{e}^{-\mathrm{j}kr}}{r} \approx -\mathrm{j}k\frac{\mathrm{e}^{-\mathrm{jkr}}}{r}$$

而在球坐标系中旋度表示式为

$$\begin{aligned}
\nabla\times\boldsymbol{A} =& \hat{\boldsymbol{a}}_r\left(\frac{1}{r}\frac{\partial A_\varphi}{\partial\theta} + \frac{A_\varphi}{r\tan\theta} - \frac{1}{r\sin\theta}\frac{\partial A_\theta}{\partial\varphi}\right) + \hat{\boldsymbol{a}}_\theta\left(\frac{1}{r\sin\theta}\frac{\partial A_r}{\partial\varphi} - \frac{\partial A_\varphi}{\partial r} - \frac{A_\varphi}{r}\right)\\
&+\hat{\boldsymbol{a}}_\varphi\left(\frac{\partial A_\theta}{\partial r} + \frac{A_\theta}{r} - \frac{1}{r}\frac{\partial A_r}{\partial\theta}\right)
\end{aligned}$$

由 (4.2.3) 式可知, $\boldsymbol{H}^s = \dfrac{1}{\mu}\nabla\times\boldsymbol{A}$. 对于远区场, 仅保留 $\nabla\times\boldsymbol{A}$ 中的 $r^{-1}$ 项, 则可得

$$\boldsymbol{H}^s \approx \hat{\boldsymbol{a}}_r 0 - \hat{\boldsymbol{a}}_\theta\frac{1}{\mu}\frac{\partial A_\varphi}{\partial r} + \hat{\boldsymbol{a}}_\varphi\frac{1}{\mu}\frac{\partial A_\theta}{\partial r} \tag{4.15.11}$$

将 (4.15.10) 代入上式, 远区散射磁场 $\boldsymbol{H}^s$ 的三分量可近似地表为

$$\begin{aligned}
&H_r^s \approx 0\\
&H_\theta^s \approx \frac{\mathrm{j}k}{2\pi}abH_0\cos\varphi_s\frac{\mathrm{e}^{-\mathrm{j}kr}}{r}\frac{\sin(X)}{X}\frac{\sin(Y)}{Y}\\
&H_\varphi^s \approx -\frac{\mathrm{j}k}{2\pi}abH_0\cos\theta_s\sin\varphi_s\frac{\mathrm{e}^{-\mathrm{j}kr}}{r}\frac{\sin(X)}{X}\frac{\sin(Y)}{Y}
\end{aligned} \tag{4.15.12}$$

应用场方程: $\boldsymbol{E}^s = \dfrac{1}{\mathrm{j}\omega\varepsilon}\nabla\times\boldsymbol{H}^s$, 则可得远区散射波电场为

$$\boldsymbol{E}^s \approx \frac{1}{\mathrm{j}\omega\varepsilon}\left(-\hat{\boldsymbol{a}}_\theta\frac{\partial H_\varphi}{\partial r} + \hat{\boldsymbol{a}}_\varphi\frac{\partial H_\theta}{\partial r}\right) \approx \frac{k}{\omega\varepsilon}(\hat{\boldsymbol{a}}_\theta H_\varphi - \hat{\boldsymbol{a}}_\varphi H_\theta)$$

此即有

$$E_r^s = 0, \qquad E_\theta^s = \eta H_\varphi, \qquad E_\varphi^s = -\eta H_\theta \tag{4.15.13}$$

式中, $\eta = \dfrac{k}{\omega\varepsilon} = \sqrt{\dfrac{\mu}{\varepsilon}}$ 为媒质波阻抗. 故可知

$$\begin{aligned} &E_r^s \approx 0 \\ &E_\theta^s \approx -\frac{\mathrm{j}k}{2\pi}\eta ab H_0 \cos\theta_s \sin\varphi_s \frac{\mathrm{e}^{-\mathrm{j}kr}}{r}\frac{\sin(X)}{X}\frac{\sin(Y)}{Y} \\ &E_\varphi^s \approx -\frac{\mathrm{j}k}{2\pi}\eta ab H_0 \cos\varphi_s \frac{\mathrm{e}^{-\mathrm{j}kr}}{r}\frac{\sin(X)}{X}\frac{\sin(Y)}{Y} \end{aligned} \tag{4.15.14}$$

由 (4.15.14) 式可得, $\boldsymbol{E}$ 平面 ($\varphi_s = \pi/2$) 和 $\boldsymbol{H}$ 平面 ($\varphi_s = 0$), 散射场分别为

$\boldsymbol{E}$平面($\varphi_s = \pi/2$)

$$\begin{aligned} &E_r^s \approx E_\varphi^s \approx 0 \\ &E_\theta^s \approx C\frac{\mathrm{e}^{-\mathrm{j}kr}}{r}\cos\theta_s \frac{\sin\left[\dfrac{kb}{2}(\sin\theta_s - \sin\theta_i)\right]}{\dfrac{kb}{2}(\sin\theta_s - \sin\theta_i)} \end{aligned} \tag{4.15.15}$$

$\boldsymbol{H}$平面($\varphi_s = 0$)

$$\begin{aligned} &E_r^s \approx E_\theta^s \approx 0 \\ &E_\varphi^s \approx C\frac{\mathrm{e}^{-\mathrm{j}kr}}{r}\left\{\frac{\sin\left(\dfrac{ka}{2}\sin\theta_s\right)}{\dfrac{ka}{2}\sin\theta_s}\right\}\left\{\frac{\sin\left(\dfrac{kb}{2}\sin\theta_i\right)}{\dfrac{kb}{2}\sin\theta_i}\right\} \end{aligned} \tag{4.15.16}$$

式中,

$$C = -\frac{\mathrm{j}k}{2\pi}\eta ab H_0 \tag{4.15.17}$$

远区总散射波电场为

$$E^s = \sqrt{|E_r^s|^2 + |E_\theta^s|^2 + |E_\varphi^s|^2} \approx \sqrt{|E_\theta^s|^2 + |E_\varphi^s|^2} \tag{4.15.18}$$

按三维 RCS 的定义 (4.12.4) 式, 将 (4.15.12) 或 (4.15.14) 代入后, 可得雷达散射截面:

$$\begin{aligned} \sigma_{3D} &= \lim_{r\to\infty}\left[4\pi r^2 \frac{|\boldsymbol{E}^s|^2}{|\boldsymbol{E}^i|^2}\right] = \lim_{r\to\infty}\left[4\pi r^2 \frac{|\boldsymbol{H}^s|^2}{|\boldsymbol{H}^i|^2}\right] \\ &= 4\pi\left(\frac{ab}{\lambda}\right)^2 (\cos^2\theta_s \sin^2\varphi_s + \cos^2\varphi_s)\left[\frac{\sin(X)}{X}\right]^2\left[\frac{\sin(Y)}{Y}\right]^2 \end{aligned} \tag{4.15.19}$$

由 (4.15.19) 式不难求得, 对于任意入射角 $\theta_i$, 当 $\varphi_s=\pi/2$、$3\pi/2$ 时, $\sigma_{3D}$ 具有最大值. 故 $\varphi_i=3\pi/2$ , $0\leqslant\theta_i\leqslant\pi/2$ 确定的平面是具有最大散射场的入射面; 而由 $\varphi_s=\pi/2$ , $3\pi/2$ 与 $0\leqslant\theta_s\leqslant\pi/2$ 确定的平面是具有最大散射场的散射平面.

对于 $E$ 主平面 ($\varphi_s=\pi/2$、$3\pi/2$), 双站 RCS (4.15.19) 式退化为

$$\sigma_{3D}(\text{bistatic})=4\pi\left(\frac{ab}{\lambda}\right)^2\cos^2\theta_s\sin\frac{\left[\dfrac{kb}{2}(\sin\theta_s\mp\sin\theta_i)\right]^2}{\dfrac{kb}{2}(\sin\theta_s\mp\sin\theta_i)} \tag{4.15.20}$$

式中, "−" 号对应于 $\varphi_s=\pi/2$ , $0\leqslant\theta_s\leqslant\pi/2$; "+" 号对应于 $\varphi_s=3\pi/2$ , $0\leqslant\theta_s\leqslant\pi/2$.

对于背向散射方向 ($\varphi_s=\varphi_i=3\pi/2$ , $\theta_s=\theta_i$), 可得单站 RCS 为

$$\sigma_{3D}(\text{monostatic})=4\pi\left(\frac{ab}{\lambda}\right)^2\cos^2\theta_i\left[\frac{\sin(kb\sin\theta_i)}{kb\sin\theta_i}\right]^2 \tag{4.15.21}$$

对于 $a=b=5\lambda$、$\theta_i=30°$, $\varphi_s=90°$ 和 $\varphi_s=270°$ 时, 按 (4.15.20) 式绘出的 $\text{TE}_x$ 极化波的矩形导电平板电磁散射的双站 RCS $\sigma_{3D}(\text{dB})\sim$ 散射角 $\theta_s(0°\leqslant\theta_s\leqslant 90°)$ 的关系曲线如图 4.15.2 所示. 当 $\varphi_s=90°$ 时, RCS 最大值出现在接近 $\theta_s\approx\theta_i=30°$ 方向上.

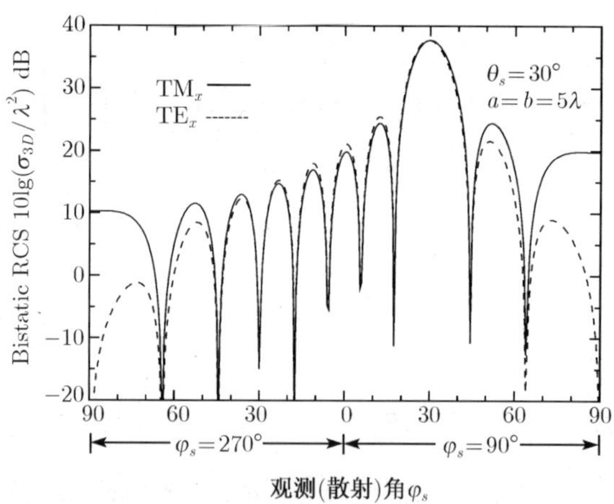


图 4.15.2 $a\times b$ 矩形导电平板的 $\text{TE}_x$ 和 $\text{TM}_x$ 极化波的双站电磁散射

对于 $a=b=5\lambda$, $\varphi_s=90°$ 和 $\varphi_s=270°$ 时, 按 (4.15.21) 式绘出的 $\text{TE}_x$ 极化波的矩形导电平板电磁散射的单站 RCS $\sigma_{3D}(\text{dB})\sim$ 入射角 $\theta_i(0°\leqslant\theta_i\leqslant 90°)$ 的关系曲线如图 4.15.3 所示, 此时 RCS 的最大值出现在 $\theta_i=0°$(垂直入射) 方向. 注意到：当 $b\gg\lambda$ 时, 其最大值近似出现在 $\theta_s=\theta_i$(镜面反射) 的方向上, 这是因为

对于大的 $b$ 值 $(b \gg \lambda)$, (4.15.20) 式中的函数 $\sin(z)/z$ 相对于 $\cos\theta_s$ 是快变函数, $\cos\theta_s$ 在函数 $\sin(z)/z$ 的最大值附近实际上为一常数, 因而最大值的位置主要由函数 $\sin(z)/z$ 的最大值确定. 然而, 对于较小的 $b$ 值, 情况则将有所不同; 对于 TE$_x$ 入射极化波, 导电平板的散射场的最大值并非出现在其镜面反射方向上, 而是随着板面尺寸相对波长的值的增加而趋向镜面反射方向; 这种情形与上节所分析的 TE$_x$ 极化平面波的条形导电平板的电磁散射类似. 在下节里, 我们将看到 TM$_x$ 入射极化波的矩形导电平板其散射场的最大值总是出现在其镜面反射方向上, 而无论板面尺寸的大小; 这种情形则与 4.13 节讨论的 TM$_x$ 极化平面波的条形导电平板的电磁散射类似.

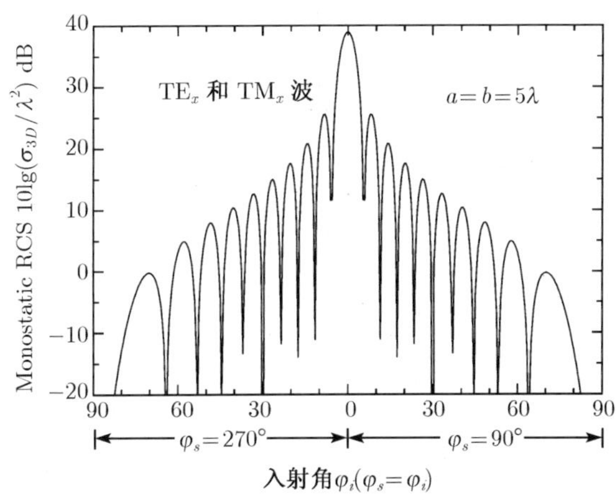


图 4.15.3 $a\times b$ 矩形导电平板的 TE$_x$ 和 TM$_x$ 极化波的单站电磁散射

## 4.16 TM$_x$ 极化平面波的矩形导电平板的电磁散射

参见图 4.16.1, 设有一 TM$_x$ 极化平面电磁波沿 $(\theta_i,\varphi_i)$ 斜入射到 $a\times b$ 矩形导电平板上, 除在其镜面方向上有反射波的场外, 在所有其它 $(\theta_s,\varphi_s)$ 方向上均将有散射场存在.

对于 TM$_x$ 入射极化平面波, 电场 $\boldsymbol{E}^i$ 沿 $x$ 方向、垂直于入射线与矩形导电平板法线构成的 $yz$ 入射平面内, 磁场 $\boldsymbol{H}^i$ 则位于 $yz$ 平面内; $(\theta_i,\varphi_i)$ 为入射波的方向角; $(\theta_s,\varphi_s)$ 为散射波的方向角, 如图 4.16.1(b) 所示 (其中 $\varphi_s$ 未给出).

TM$_x$ 入射极化波的电场 $\boldsymbol{E}^i$ 可表为

$$\boldsymbol{E}^i=\hat{\boldsymbol{a}}_x E_0\mathrm{e}^{-\mathrm{j}k\hat{\boldsymbol{s}}^i\cdot\boldsymbol{r}}=\hat{\boldsymbol{a}}_x E_0\mathrm{e}^{-\mathrm{j}k(y\sin\theta_i-z\cos\theta_i)} \tag{4.16.1}$$

相应的入射波磁场为

$$\begin{aligned}\boldsymbol{H}^i &= \frac{1}{\eta}\hat{\boldsymbol{s}}^i \times \boldsymbol{E}^i \\ &= -\frac{1}{\eta}E_0\left(\hat{\boldsymbol{a}}_y\cos\theta_i + \hat{\boldsymbol{a}}_z\sin\theta_i\right)\mathrm{e}^{-\mathrm{j}k(y\sin\theta_i - z\cos\theta_i)}\end{aligned} \tag{4.16.2}$$

以上式中, $E_0$ 为常数, 是入射波电场的振幅; $k=\omega\sqrt{\mu\varepsilon}$ 为波数; $\hat{\boldsymbol{s}}^i=\hat{\boldsymbol{a}}_y\sin\theta_i-\hat{\boldsymbol{a}}_z\cos\theta_i$ 为沿入射波方向的单位矢量; $\boldsymbol{r}=\hat{\boldsymbol{a}}_x x+\hat{\boldsymbol{a}}_y y+\hat{\boldsymbol{a}}_z z$; $\eta$ 为媒质波阻抗.

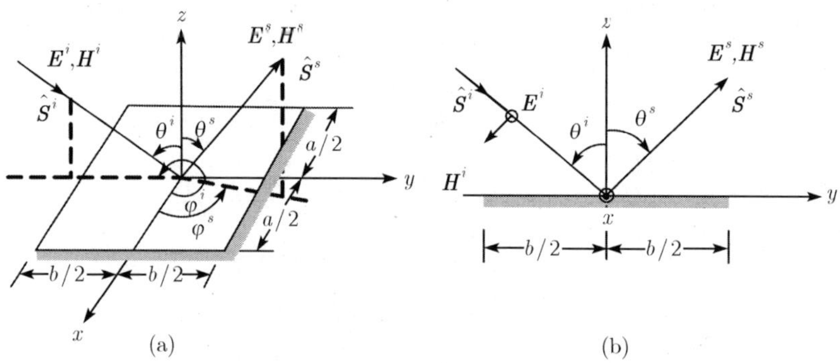


图 4.16.1 $a\times b$ 矩形导电平板的 $\mathrm{TM}_x$ 极化波的电磁散射

此入射波投射到矩形导电平板将在其上激起面感应电流, 并向空间辐射产生散射电磁场. 为了求得有限尺寸的矩形导电板上的面电流密度 $\boldsymbol{J}_S$, 仍应用物理光学近似法, 假定它可近似地用导电平板是无限大时的面电流密度代替.

采用相同于上节 $\mathrm{TE}_x$ 极化波情形的方法和步骤, 不难得知需求的面电流密度 $\boldsymbol{J}_S$ 为

$$\boldsymbol{J}_S \approx \boldsymbol{J}_S|_{A=\infty} = \hat{\boldsymbol{a}}_x 2\frac{E_0}{\eta}\cos\theta_i \mathrm{e}^{-\mathrm{j}ky'\sin\theta_i} \tag{4.16.3}$$

已知 $\mathrm{J}_S$, 由 (4.2.21) 式即可求得它在空间中所产生的磁矢量势 $\boldsymbol{A}$

$$\boldsymbol{A}=\frac{\mu}{4\pi}\iint_A \frac{J_S(x',y')\mathrm{e}^{-\mathrm{j}kR}}{R}\mathrm{d}S' = \hat{\boldsymbol{a}}_x\frac{\mu}{2\pi}\frac{E_0}{\eta}\cos\theta_i\iint_A \frac{\mathrm{e}^{-\mathrm{j}kR}\mathrm{e}^{-\mathrm{j}ky'\sin\theta_i}}{R}\mathrm{d}S' \tag{4.16.4}$$

式中, $R=|\boldsymbol{r}-\boldsymbol{r}'|$; $\boldsymbol{r}'=(x',y',0)$ 为源点 (积分变点); $\boldsymbol{r}=(r,\theta_s,\varphi_s)$ 为场点.

对于远区, 有 $R=|\boldsymbol{r}-\boldsymbol{r}'|\approx r-\boldsymbol{r}'\cdot\hat{\boldsymbol{a}}_r$, 又 $\hat{\boldsymbol{a}}_r=\hat{\boldsymbol{a}}_x\sin\theta_s\cos\varphi_s+\hat{\boldsymbol{a}}_y\sin\theta_s\sin\varphi_s+\hat{\boldsymbol{a}}_z\cos\theta_s$, 故 (4.16.4) 式分母中用 $R\approx r$, 而分子中 $R$ 用 $R\approx r-\boldsymbol{r}'\cdot\hat{\boldsymbol{a}}_r$ 表示, 可将它写成

$$
\begin{aligned}
\boldsymbol{A} &\approx \hat{\boldsymbol{a}}_x \frac{\mu}{2\pi}\frac{E_0}{\eta}\cos\theta_i \iint_A \mathrm{e}^{\mathrm{j}k(x'\sin\theta_s\cos\varphi_s + y'\sin\theta_s\sin\varphi_s - y'\sin\theta_i)}\frac{\mathrm{e}^{-\mathrm{j}kr}}{r}\mathrm{d}x'\mathrm{d}y' \\
&= \hat{\boldsymbol{a}}_x \frac{\mu}{2\pi}\frac{E_0}{\eta}\cos\theta_i \frac{\mathrm{e}^{-\mathrm{j}kr}}{r}\int_{-a/2}^{+a/2}\mathrm{e}^{\mathrm{j}kx'\sin\theta_s\cos\varphi_s}\mathrm{d}x'\int_{-b/2}^{+b/2}\mathrm{e}^{\mathrm{j}ky'('\sin\theta_s\sin\varphi_s - \sin\theta_i)}\mathrm{d}y'
\end{aligned}
\tag{4.16.5}
$$

积分得

$$
\boldsymbol{A} = \hat{\boldsymbol{a}}_x \frac{\mu}{2\pi}ab\frac{E_0}{\eta}\frac{\mathrm{e}^{-\mathrm{j}kr}}{r}\cos\theta_i \frac{\sin(X)}{X}\frac{\sin(Y)}{Y} \tag{4.16.6}
$$

式中,

$$
X = \frac{ka}{2}\sin\theta_s\cos\varphi_s; \qquad Y = \frac{kb}{2}(\sin\theta_s\sin\varphi_s - \sin\theta_i) \tag{4.16.7}
$$

因球坐标系中, 单位矢量 $\hat{\boldsymbol{a}}_x$ 可写成: $\hat{\boldsymbol{a}}_x = \hat{\boldsymbol{a}}_r\sin\theta_s\cos\varphi_s + \hat{\boldsymbol{a}}_\theta\cos\theta_s\cos\varphi_s - \hat{\boldsymbol{a}}_\varphi\sin\varphi_s$, 磁矢量势 $\boldsymbol{A}$ 的三个分量可表为

$$
\begin{aligned}
A_r &= \frac{\mu}{2\pi\eta}abE_0\cos\theta_i\sin\theta_s\cos\varphi_s\frac{\mathrm{e}^{-\mathrm{j}kr}}{r}\frac{\sin(X)}{X}\frac{\sin(Y)}{Y} \\
A_\theta &= \frac{\mu}{2\pi\eta}abE_0\cos\theta_i\cos\theta_s\cos\varphi_s\frac{\mathrm{e}^{-\mathrm{j}kr}}{r}\frac{\sin(X)}{X}\frac{\sin(Y)}{Y} \\
A_\varphi &= -\frac{\mu}{2\pi\eta}abE_0\cos\theta_i\sin\varphi_s\frac{\mathrm{e}^{-\mathrm{j}kr}}{r}\frac{\sin(X)}{X}\frac{\sin(Y)}{Y}
\end{aligned}
\tag{4.16.8}
$$

注意到: 在 $A$ 的三分量表示式中均含有因子 $\dfrac{\mathrm{e}^{-\mathrm{j}kr}}{r}$, 而对于远区, $r \gg \lambda$, 有

$$
\frac{\partial}{\partial r}\left(\frac{\mathrm{e}^{-\mathrm{j}kr}}{r}\right) = -\left(\frac{1}{r} + \mathrm{j}k\right)\frac{\mathrm{e}^{-\mathrm{j}kr}}{r} \approx -\mathrm{j}k\frac{\mathrm{e}^{-\mathrm{j}kr}}{r}
$$

而由 (4.2.3) 式可知, $\boldsymbol{H}^s = \dfrac{1}{\mu}\nabla\times\boldsymbol{A}$. 对于远区场, 仅保留 $\nabla\times\boldsymbol{A}$ 中 $r^{-1}$ 项, 则可得

$$
\boldsymbol{H}^s \approx \hat{\boldsymbol{a}}_r 0 - \boldsymbol{a}_\theta\frac{1}{\mu}\frac{\partial A_\varphi}{\partial r} + \hat{\boldsymbol{a}}_\varphi\frac{1}{\mu}\frac{\partial A_\theta}{\partial r} \tag{4.16.9}
$$

将 (4.16.8) 代入 (4.16.9) 式, 远区散射磁场 $\boldsymbol{H}^s$ 的三分量可近似地表为

$$
\begin{aligned}
H_r^s &\approx 0 \\
H_\theta^s &\approx -\frac{\mathrm{j}k}{2\pi\eta}abE_0\frac{\mathrm{e}^{-\mathrm{j}kr}}{r}\cos\theta_i\sin\varphi_s\frac{\sin(X)}{X}\frac{\sin(Y)}{Y} \\
H_\varphi^s &\approx -\frac{\mathrm{j}k}{2\pi\eta}abE_0\frac{\mathrm{e}^{-\mathrm{j}kr}}{r}\cos\theta_i\cos\theta_s\cos\varphi_s\frac{\sin(X)}{X}\frac{\sin(Y)}{Y}
\end{aligned}
\tag{4.16.10}
$$

应用场方程: $\boldsymbol{E}^s=\dfrac{1}{\mathrm{j}\omega\varepsilon}\nabla\times\boldsymbol{H}^s$, 则可得远区散射波电场为

$$
\begin{aligned}
&E_r^s\approx 0\\
&E_\theta^s\approx\eta H_\varphi=C_0\frac{\mathrm{e}^{-\mathrm{j}kr}}{r}\cos\theta_i\cos\theta_s\cos\varphi_s\frac{\sin(X)}{X}\frac{\sin(Y)}{Y}\\
&E_\varphi^s\approx-\eta H_\theta=-C_0\frac{\mathrm{e}^{-\mathrm{j}kr}}{r}\cos\theta_i\sin\varphi_s\frac{\sin(X)}{X}\frac{\sin(Y)}{Y}
\end{aligned}
\tag{4.16.11}
$$

式中,

$$
C_0=-\frac{\mathrm{j}k}{2\pi}abE_0 \tag{4.16.12}
$$

按三维 RCS 的定义 (4.12.4) 式, 将 (4.16.10) 或 (4.16.11) 代入后, 可得雷达散射截面

$$
\sigma_{3D}=4\pi\left(\frac{ab}{\lambda}\right)^2\left[\cos^2\theta_i\left(\cos^2\theta_s\cos^2\varphi_s+\sin^2\varphi_s\right)\right]\left[\frac{\sin(X)}{X}\right]^2\left[\frac{\sin(Y)}{Y}\right]^2 \tag{4.16.13}
$$

对于 $H$ 主平面 ($\varphi_s=\pi/2$), 此时, $X=0$, $Y=\dfrac{kb}{2}(\sin\theta_s-\sin\theta_i)$, 双站 RCS (4.16.13) 式退化为

$$
\sigma_{3D}(\text{bistatic})=4\pi\left(\frac{ab}{\lambda}\right)^2\cos^2\theta_i\sin\frac{\left[\dfrac{kb}{2}(\sin\theta_s-\sin\theta_i)\right]^2}{\dfrac{kb}{2}(\sin\theta_s-\sin\theta_i)} \tag{4.16.14}
$$

由此可知, 在此最大散射场 $H$ 主平面上, 最大散射出现在 $\theta_s=\theta_i$ 的方向上, 且无论板面尺寸的大小.

当 $\theta_s=\theta_i\quad\varphi_s=3\pi/2\,,0\leqslant\theta_s\leqslant\pi/2$ 时, 由 (4.16.13) 式可得单站的 RCS 为

$$
\sigma_{3D}(\text{monostatic})=4\pi\left(\frac{ab}{\lambda}\right)^2\cos^2\theta_i\left[\frac{\sin(kb\sin\theta_i)}{kb\sin\theta_i}\right]^2 \tag{4.16.15}
$$

对于 $a=b=5\lambda$, 按 $\mathrm{TM}_x$ 波的 (4.16.14) 和 (4.16.15) 式作出的双站和单站 RCS 散射特性, 为方便与 $\mathrm{TE}_x$ 波情形比较, 已分别给在图 4.15.2 和图 4.15.3. 中.

采用物理光学近似, 求得的导电平板的单站雷达截面 RCS 对入射波的极化不敏感, 正如我们看到的两种极化情形的条形导电平板的 SW 的表示式 (4.13.34) 与 (4.14.22) 式完全相同, 以及矩形导电平的 RCS 的表示式 (4.15.21) 与 (4.16.15) 式亦完全相同; 然而测量表明, 两种极化情形的 SW 和 RCS 是略有差别的. 物理光学近似法所给出的 RCS 表示式仅在邻近入射波的镜面反射方向最精确, 偏离愈大则精度愈差.

# 第 5 章　电磁波的圆柱散射

本章从时谐场 Maxwell 场方程组出发, 作为电磁场边值问题, 对无限长不同柱体结构的平面波散射问题严格地进行了求解. 首先给出了柱面波函数, 并推导了平面波的柱面波函数展开式; 继而对 $\mathrm{TM}_z$ 和 $\mathrm{TE}_z$ 入射平面波, 分别通过圆柱纵(轴)向电场 $E_z$ 和磁场 $H_z$ 求得散射问题的 $\mathrm{TM}_z$ 波和 $\mathrm{TE}_z$ 波的电磁场表示式; 较详细地分析和讨论了无限长的导电圆柱、介质圆柱、介质敷层导电圆柱, 多层介质圆柱和多层介质敷层导体圆柱的 $\mathrm{TM}_z$ 和 $\mathrm{TE}_z$ 平面波正向入射时的散射问题; 以及 $\mathrm{TM}_z$ 和 $\mathrm{TE}_z$ 平面波斜向入射时无限长的导体圆柱散射; 给出了表示波散射方向特性的双站(bistatic)和单站(monostatic)雷达散射宽度 SW. 此外, 还对线电流源产生的 $\mathrm{TM}_z$ 极化柱面波和线磁流源产生的 $\mathrm{TE}_z$ 极化柱面波的无限长导体圆柱的散射进行了分析, 推导了所要用到的 Hankel 函数加法定理.

在本章的附录中给出了计算无限长的导电圆柱、介质圆柱、介质敷层导电圆柱平面波 $\mathrm{TM}_z$ 和 $\mathrm{TE}_z$ 散射的双站和单站 SW 的 Fortran 专用程序, 及其应用范例. 此外, 还给出了计算多层介质圆柱和多层介质敷层导体圆柱的平面波散射 SW 的 Fortran 程序, 这是一个通用程序; 以及应用多分层阶梯分布法来处理径向不均匀介质圆柱散射问题的范例.

## 5.1　柱面波函数 —— 柱面坐标系 Helmholtz 方程的解

柱面波函数 $u(\rho,\varphi)$ 是圆柱坐标系 $(\rho,\varphi,z)$ 中 Helmholtz 方程 $\nabla^2 u+k^2u=0$ 具有 $\dfrac{\partial}{\partial z}=0$ 时的解, 即二维标量 Helmholtz 方程:

$$\nabla_{\mathrm{T}}^2 u+k^2u=\frac{\partial^2 u}{\partial\rho^2}+\frac{1}{\rho}\frac{\partial u}{\partial\rho}+\frac{1}{\rho^2}\frac{\partial^2 u}{\partial\varphi^2}+k^2u=0 \tag{5.1.1}$$

的解. 这里, $k=\omega\sqrt{\varepsilon\mu}$ 为自由空间波数.

用分离变量法求解, 令方程 (5.1.1) 的试探解为

$$u(\rho,\varphi)=R(\rho)\varPhi(\varphi) \tag{5.1.2}$$

将 (5.1.2) 代入 (5.1.1) 式, 经变量分离后, 可得两个常微分方程为

$$\rho^2\frac{d^2R}{d\rho^2}+\rho\frac{\partial R}{\partial\rho}+\left(k^2\rho^2-n^2\right)\mathrm{R}=0 \tag{5.1.3}$$

和

$$\frac{\partial^2 \Phi}{\partial \varphi^2} + n^2 \Phi = 0 \tag{5.1.4}$$

方程 (5.1.3) 是变量为 $k\rho$ 的 Bessel 方程, 故其一般解是它的线性无关特解第一类和第二类 $n$ 阶 Bessel 函数 $J_n(k\rho)$ 与 $Y_n(k\rho)$ 和 Hankel 函数 $H_n^{(1)}(k\rho)$ 与 $H_n^{(2)}(k\rho)$ 中任意两个的线性组合, 例如:

$$R(\rho) = a_n J_n(k\rho) + b_n Y_n(k\rho) \quad 或 \quad R(\rho) = a_n H_n^{(1)}(k\rho) + b_n H_n^{(2)}(k\rho) \tag{5.1.5}$$

或

$$R(\rho) = a_n J_n(k\rho) + b_n H_n^{(2)}(k\rho) \tag{5.1.6}$$

方程 (5.1.4) 是谐振动方程, 熟知其解为

$$\Phi(\varphi) = c_n \mathrm{e}^{\mathrm{j}n\varphi} \ (n = 0, \pm 1, \pm 2, \cdots) \tag{5.1.7}$$

以上式中, $n$ 为分离常数; $a_n$、$b_n$ 和 $c_n$ 为常数.

因而, 二维 Helmholtz 方程 (5.1.1) 对于给定 $n$ 的特解 (5.1.2) 式可表示为

$$u_n(\rho, \varphi) = [a_n J_n(k\rho) + b_n Y_n(k\rho)]\, \mathrm{e}^{\mathrm{j}n\varphi} \tag{5.1.8}$$

或

$$u_n(\rho, \varphi) = \left[a_n H_n^{(1)}(k\rho) + b_n H_n^{(2)}(k\rho)\right] \mathrm{e}^{\mathrm{j}n\varphi} \tag{5.1.9}$$

这里, $a_n$, 和 $b_n$ 为原来的 $a_n$, 和 $b_n$ 与 $c_n$ 之积, 仍为常数.

由于 $u_n(\rho, \varphi)$ 必须是 $\rho$ 和 $\varphi$ 的单值、有界的函数. 因而

(a) 它应是 $\varphi$ 的 2π 得周期函数, 因此, 以上分离常数 $n$ 应选取为整数.

(b) 当求解域包含有 $\rho = 0$ 时, 因 $Y_n(0)$、$H_n^{(1)}(0)$ 和 $H_n^{(2)}(0)$ 均为无限, 故在此情形应摒弃这些解, 而只能取含 $J_n(k\rho)$ 的解.

(c) 当求解域包含有 $\rho = \infty$ 时, 它还应满足辐射条件, 即解应为向 $+\rho$ 方向传播的行波, 或随 $\rho$ 增加而衰减. 对于时间因子 $\mathrm{e}^{\mathrm{j}\omega t}$, 当 $\rho \to \infty$ 时, 从 $H_n^{(1)}(k\rho)$ 和 $H_n^{(2)}(k\rho)$ 的渐近式可知, 前者为向 $\rho = 0$ 行进的会聚波, 而后者为向 $\rho \to \infty$ 传播的行波, 故这时 $u_n(\rho, \varphi)$ 中的 $R(\rho)$ 只能取含 $H_n^{(2)}(k\rho)$ 的解.

综上所述, 对于不同的求解域情形, 二维标量 Helmholtz 方程适宜的特解形式如下:

(i) 求解域: $0 \leqslant \rho < \infty$

$$u_n(\rho, \varphi) = a_n J_n(k\rho) \mathrm{e}^{\mathrm{j}n\varphi} \tag{5.1.10}$$

(ii) 求解域：$0 < \rho < \infty$

$$u_n(\rho,\varphi) = [a_n J_n(k\rho) + b_n Y_n(k\rho)]\,\mathrm{e}^{\mathrm{j}n\varphi} \tag{5.1.11}$$

或

$$u_n(\rho,\varphi) = \left[a_n H_n^{(1)}(k\rho) + b_n H_n^{(2)}(k\rho)\right]\mathrm{e}^{\mathrm{j}n\varphi} \tag{5.1.12}$$

(iii) 求解域：$0 \leqslant \rho \leqslant \infty$

$$u_n(\rho,\varphi) = a_n H_n^{(2)}(k\rho)\mathrm{e}^{\mathrm{j}n\varphi} \tag{5.1.13}$$

方程 (5.1.1) 的全解则是所有不同 $n$ 的特解得线性组合, 即

$$u(\rho,\varphi) = \sum_n u_n(\rho,\varphi) \tag{5.1.14}$$

这里, $u_n(\rho,\varphi)$ 和 $u(\rho,\varphi)$ 就是柱面波函数.

最简单情形之例：设 $u = E_z$, $n = 0$(与 $\varphi$ 无关, 均匀柱面波) 对于无界空间, 求解域为 $0 \leqslant \rho \leqslant \infty$(含 $\rho = 0$ 和 $\rho = \infty$), 故由 (5.1.13) 式, 有

$$E_z(\rho) = E_0 H_0^{(2)}(k\rho) \quad (\text{记} E_0 = a_0) \tag{5.1.15}$$

# 5.2 平面波的柱面波展开式 (波变换)

考虑 $\varepsilon_0$、$\mu_0$ 无界媒质中, 有一沿 $+x$ 方向传播的平面波, 其振幅为 $E_0$、极化方向沿 $z$ 方向, 如图 5.2.1 所示.

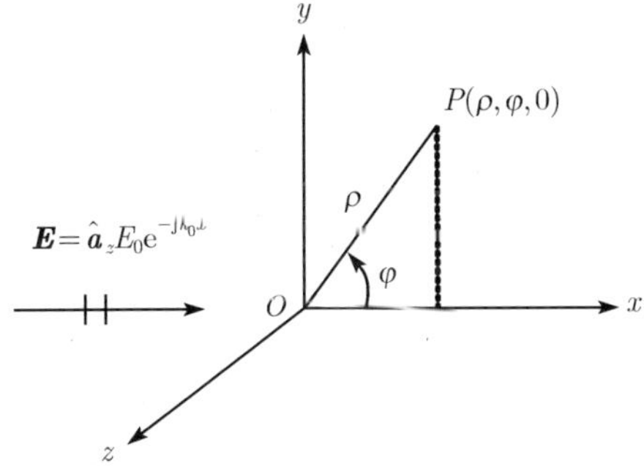


图 5.2.1 平面波的柱面波函数展开

入射平面波的电场 $E_z^i$ 可表为

$$E_z^i = E_0\mathrm{e}^{-\mathrm{j}k_0 x} \quad (k_0 = \omega\sqrt{\mu_0\varepsilon_0}) \tag{5.2.1}$$

在直角坐标系 $(x, y, z)$ 中标量 Helmholtz 方程 $\nabla_{\mathrm{T}}^2 E_z + k_0^2 E_z = 0$ 的解为 $E_z = E_0 \mathrm{e}^{-\mathrm{j}k_0 x}$；而在圆柱坐标系 $(\rho, \varphi, z)$ 中满足 $\rho = 0$ 为有限与单值要求的特解为 $E_z = J_n(k_0\rho)\mathrm{e}^{-\mathrm{j}n\varphi}$. 因此, 我们可将平面波用柱面波函数的无限和 (即柱面波函数的展开式) 表示：

$$E_z^i = E_0 \mathrm{e}^{-\mathrm{j}k_0 x} = E_0 \mathrm{e}^{-\mathrm{j}k_0\rho\cos\varphi} = E_0 \sum_{n=-\infty}^{\infty} a_n J_n(k_0\rho)\mathrm{e}^{\mathrm{j}n\varphi} \tag{5.2.2}$$

式中, $a_n$ 为待定的展开式系数.

下面的工作就是来确定展开式系数 $a_n$. 为此, 将 (5.2.2) 式的后等 式两边同乘 $\mathrm{e}^{-\mathrm{j}m\varphi}$($m$ 为整数), 并从 $0 \sim 2\pi$ 对 $\varphi$ 进行积分, 而得

$$\begin{aligned}\int_0^{2\pi} \mathrm{e}^{-\mathrm{j}(k_0\rho\cos\varphi + m\varphi)}\mathrm{d}\varphi &= \int_0^{2\pi} \sum_{n=-\infty}^{\infty} a_n J_n(k_0\rho)\mathrm{e}^{\mathrm{j}(n-m)\varphi}\mathrm{d}\varphi \\ &= \sum_{n=-\infty}^{\infty} a_n J_n(k_0\rho)\int_0^{2\pi} \mathrm{e}^{\mathrm{j}(n-m)\varphi}\mathrm{d}\varphi\end{aligned} \tag{5.2.3}$$

另一方面, 已知 Bessel 函数的积分表示式为

$$J_n(z) = \frac{1}{2\pi}\int_{-\pi}^{\pi} \mathrm{e}^{\mathrm{j}(z\sin\varphi - n\varphi)}\mathrm{d}\varphi \tag{5.2.4}$$

由于 $\mathrm{e}^{\mathrm{j}(z\sin\varphi - n\varphi)}$ 是 $\varphi$ 的 $2\pi$ 周期函数, 在 $J_n(z)$ 的积分表示式中只要区间的长度等于 $2\pi$, 积分区间可以从任意一点开始, 因而, $J_n(\mathrm{z})$ 亦可表为

$$J_n(z) = \frac{1}{2\pi}\int_{-\frac{\pi}{2}}^{\frac{3\pi}{2}} \mathrm{e}^{\mathrm{j}(z\sin\varphi - n\varphi)}\mathrm{d}\varphi \tag{5.2.5}$$

现作变换, 令 $\varphi' = \varphi + \pi/2$, 然后再将 $\varphi' \to \varphi$, 则有

$$J_n(z) = \frac{1}{2\pi}\int_0^{2\pi} \mathrm{e}^{-\mathrm{j}(z\cos\varphi' + n\varphi' - n\frac{\pi}{2})}\mathrm{d}\varphi' = \frac{\mathrm{j}^n}{2\pi}\int_0^{2\pi} \mathrm{e}^{-\mathrm{j}(z\cos\varphi + n\varphi)}\mathrm{d}\varphi$$

此即有

$$\int_0^{2\pi} \mathrm{e}^{-\mathrm{j}(z\cos\varphi + n\varphi)}\mathrm{d}\varphi = 2\pi\mathrm{j}^{-n} J_n(z) \tag{5.2.6}$$

此外, 易知有正交关系式：

$$\int_0^{2\pi} \mathrm{e}^{\mathrm{j}(n-m)\varphi}\mathrm{d}\varphi = \begin{cases} 2\pi & n = m \\ 0 & n \neq m \end{cases} \tag{5.2.7}$$

将 (5.2.6) 和 (5.2.7) 分别代入 (5.2.3) 式的左边和右边后, 便有

$$2\pi\mathrm{j}^{-m} J_m(k_0\rho) = 2\pi a_m J_m(k_0\rho)$$

由此可得

$$a_n = \mathrm{j}^{-n} \tag{5.2.8}$$

于是, 沿 $+x$ 方向传播的入射平面波的柱面波函数的展开式 (5.2.2) 可写成

$$E_z^i = E_0 \mathrm{e}^{-\mathrm{j}k_0\rho\cos\varphi} = E_0 \sum_{n=-\infty}^{\infty} \mathrm{j}^{-n} J_n(k_0\rho)\mathrm{e}^{\mathrm{j}n\varphi} \tag{5.2.9}$$

对于沿 $-x$ 方向传播的平面波 $E_z^r = E_0\mathrm{e}^{\mathrm{j}k_0x} = E_0\mathrm{e}^{\mathrm{j}k_0\rho\cos\varphi}$ 的柱面波函数展开式可表为：

$$E_z^r = E_0 \sum_{n=-\infty}^{\infty} b_n J_n(k_0\rho)\mathrm{e}^{\mathrm{j}n\varphi} \tag{5.2.10}$$

类似地, 可以证明式中的展开式系数 $b_n = \mathrm{j}^n$；或由 (5.2.9) 式令其中的 $\mathrm{j} \to -\mathrm{j}$ 或 $k_0 \to -k_0$, 亦可求得此 $E_z^r$ 的柱面波函数的展开式为

$$E_z^r = E_0 \mathrm{e}^{\mathrm{j}k_0\rho\cos\varphi} = E_0 \sum_{n=-\infty}^{\infty} \mathrm{j}^{n} J_n(k_0\rho)\mathrm{e}^{\mathrm{j}n\varphi} \tag{5.2.11}$$

## 5.3　正向入射 TM$_z$ 极化平面波的理想导体圆柱散射

设在 $\varepsilon_0$ 、$\mu_0$ 无界媒质中有一 TM$_z$ 均匀平面电磁波沿 $+x$ 方向垂直入射到位于其中半径为 $a$ 的无限长理想导体圆柱上, 电场 $\boldsymbol{E}^i = E_z^i \hat{\boldsymbol{a}}_z$ 沿圆柱轴 $z$ 方向极化, 如图 5.3.1 所示.

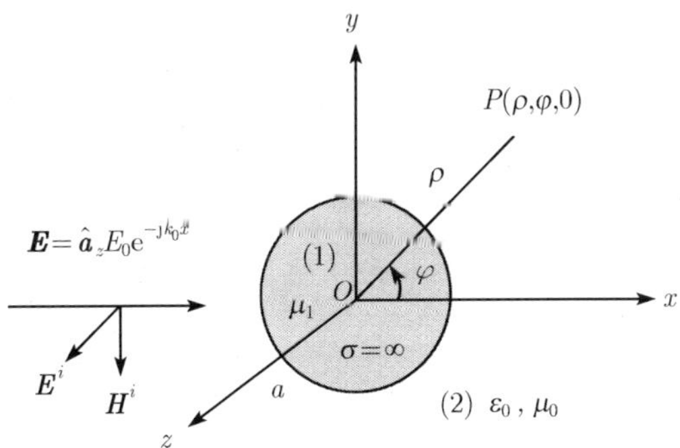


图 5.3.1　正向入射 TM$_z$ 极化平面波的理想导体圆柱散射

采用圆柱坐标系 $(\rho,\varphi,z)$, 沿 $+x$ 方向入射的平面波电场 $E_z^i$ 可表为

$$E_z^i = E_0\mathrm{e}^{-\mathrm{j}k_0x} = E_0\mathrm{e}^{-\mathrm{j}k_0\rho\cos\varphi}(k_0 = \omega\sqrt{\varepsilon_0\mu_0}) \tag{5.3.1}$$

利用平面波的柱面波函数展开式 (5.2.9), $E_z^i$ 可写为

$$E_z^i = E_0 \sum_{n=-\infty}^{\infty} a_n J_n(k_0\rho) \mathrm{e}^{\mathrm{j}n\varphi} \tag{5.3.2}$$

式中, $a_n = \mathrm{j}^{-n}$ 为入射波展开式系数.

在区域 (2) 中, 导体圆柱在入射平面波的作用下其表面将激励起电流, 而此电流将产生散射场. 散射电场亦仅具有 $z$ 分量. 由于散射场是沿矢径 $\rho$ 方向传播的行波, 须用圆柱函数 $H_n^{(2)}(k_0\rho)$ 展开, 因此, 散射场 $E_z^s$ 可表为

$$E_z^s = E_0 \sum_{n=-\infty}^{\infty} s_n H_n^{(2)}(k_0\rho) \mathrm{e}^{\mathrm{j}n\varphi} \tag{5.3.3}$$

式中, $s_n$ 为待定的散射波展开式系数, 可利用场应满足的边界条件予确定.

已知电场 $E_z^i$ 和 $E_z^s$ 后, 应用 Maxwell 方程, 便可求出相应的磁场为

$$\boldsymbol{H} = -\frac{1}{\mathrm{j}\omega\mu_0}\nabla\times\boldsymbol{E} = -\frac{1}{\mathrm{j}\omega\mu_0}\left(\frac{1}{\rho}\frac{\partial E_z}{\partial\varphi}\hat{\boldsymbol{a}}_\rho - \frac{\partial E_z}{\partial\rho}\hat{\boldsymbol{a}}_\varphi\right) \tag{5.3.4}$$

故入射波的磁场为

$$H_\rho^i = -\frac{1}{\mathrm{j}\omega\mu_0\rho}\frac{\partial E_z^i}{\partial\varphi} = -\frac{E_0}{\mathrm{j}\omega\mu_0\rho}\sum_{n=-\infty}^{\infty} n\mathrm{j}a_n J_n(k_0\rho)\mathrm{e}^{\mathrm{j}n\varphi} \tag{5.3.5}$$

$$H_\varphi^i = \frac{1}{\mathrm{j}\omega\mu_0}\frac{\partial E_z^i}{\partial\rho} = \frac{k_0E_0}{\mathrm{j}\omega\mu_0}\sum_{n=-\infty}^{\infty} a_n J_n'(k_0\rho)\mathrm{e}^{\mathrm{j}n\varphi} \tag{5.3.6}$$

而散射波的磁场为

$$H_\rho^s = -\frac{1}{\mathrm{j}\omega\mu_0\rho}\frac{\partial E_z^s}{\partial\varphi} = -\frac{E_0}{\mathrm{j}\omega\mu_0\rho}\sum_{n=-\infty}^{\infty} n\mathrm{j}s_n H_n^{(2)}(k_0\rho)\mathrm{e}^{\mathrm{j}n\varphi} \tag{5.3.7}$$

$$H_\varphi^s = \frac{1}{\mathrm{j}\omega\mu_0}\frac{\partial E_z^s}{\partial\rho} = \frac{k_0E_0}{\mathrm{j}\omega\mu_0}\sum_{n=-\infty}^{\infty} s_n H_n^{(2)\prime}(k_0\rho)\mathrm{e}^{\mathrm{j}n\varphi} \tag{5.3.8}$$

在区域 (1) 和区域 (2) 中的电磁场表示式如下:

区域 (1): $\sigma = \infty$ 理想导体

$$\boldsymbol{E}^{(1)} = \boldsymbol{H}^{(1)} = 0 \tag{5.3.9}$$

区域 (2): $\mu_0, \varepsilon_0$ 自由空间 $(k_0 = \omega\sqrt{\mu_0\varepsilon_0})$

区域 (2) 中的总电磁场是入射波场与散射波场的叠加, 即

$$E_z^{(2)} = E_z^i + E_z^s = E_0\sum_{n=-\infty}^{\infty}\left[a_n J_n(k_0\rho) + s_n H_n^{(2)}(k_0\rho)\right]\mathrm{e}^{\mathrm{j}n\varphi} \tag{5.3.10}$$

$$H_\rho^{(2)} = H_\rho^i + H_\rho^s = -\frac{E_0}{\mathrm{j}\omega\mu_0\rho}\sum_{n=-\infty}^{\infty} n\mathrm{j}\left[a_n J_n(k_0\rho) + s_n H_n^{(2)}(k_0\rho)\right]\mathrm{e}^{\mathrm{j}n\varphi} \quad (5.3.11)$$

$$H_\varphi^{(2)} = H_\varphi^i + H_\varphi^s = \frac{k_0 E_0}{\mathrm{j}\omega\mu_0}\sum_{n=-\infty}^{\infty}\left[a_n J_n'(k_0\rho) + s_n H_n^{(2)'}(k_0\rho)\right]\mathrm{e}^{\mathrm{j}n\varphi} \quad (5.3.12)$$

$$E_\rho^{(2)} = E_\varphi^{(2)} = H_z^{(2)} = 0 \quad (5.3.13)$$

式中, $a_n = \mathrm{j}^{-n}$; $s_n$ 为待定的散射波展开式系数.

现应用在 $\rho = a$ 导体柱面上 $E_z$ 或 $H_\rho$ 应满足的边界条件来确定出系数 $s_n$. 由边界条件:

$$E_z^{(2)}\big|_{\rho=a} = E_z^{(1)}\big|_{\rho=a} = 0 \quad 或 \quad H_\rho^{(2)}\big|_{\rho=a} = \frac{\mu_1}{\mu_0}H_\rho^{(1)}\big|_{\rho=a} = 0, 可得$$

$$a_n J_n(k_0 a) + s_n H_n^{(2)}(k_0 a) = 0$$

由此得

$$s_n = -\frac{J_n(k_0 a)}{H_n^{(2)}(k_0 a)}a_n \quad 或 \quad \tilde{s}_n = \frac{s_n}{a_n} = \mathrm{j}^n s_n = -\frac{J_n(k_0 a)}{H_n^{(2)}(k_0 a)} \quad (5.3.14)$$

求得 $s_n$ 后, 代入 (5.3.10)~(5.3.12) 式即可得区域 (2) 中的总电磁场:

$$E_z^{(2)} = E_0\sum_{n=-\infty}^{\infty}\mathrm{j}^{-n}\left[J_n(k_0\rho) - \frac{J_n(k_0 a)}{H_n^{(2)}(k_0 a)}H_n^{(2)}(k_0\rho)\right]\mathrm{e}^{\mathrm{j}n\varphi} \quad (5.3.15)$$

$$H_\rho^{(2)} = -\frac{E_0}{\mathrm{j}\omega\mu_0\rho}\sum_{n=-\infty}^{\infty} n\mathrm{j}^{-n+1}\left[J_n(k_0\rho) - \frac{J_n(k_0 a)}{H_n^{(2)}(k_0 a)}H_n^{(2)}(k_0\rho)\right]\mathrm{e}^{\mathrm{j}n\varphi} \quad (5.3.16)$$

$$H_\varphi^{(2)} = \frac{k_0 E_0}{\mathrm{j}\omega\mu_0}\sum_{n=-\infty}^{\infty}\mathrm{j}^{-n}\left[J_n'(k_0\rho) - \frac{J_n(k_0 a)}{H_n^{(2)}(k_0 a)}H_n^{(2)'}(k_0\rho)\right]\mathrm{e}^{\mathrm{j}n\varphi} \quad (5.3.17)$$

其它电磁场分量 $E_\rho^{(2)} = E_\varphi^{(2)} = H_z^{(2)} = 0$.

(1) 导体圆柱表面上的感应电流

在 $\rho = a$ 导体圆柱面上, 总切向磁场为

$$H_\varphi^{(2)}\big|_{\rho=a} = \frac{k_0 E_0}{\mathrm{j}\omega\mu_0}\sum_{n=-\infty}^{\infty}\mathrm{j}^{-n}\left[J_n'(k_0 a) - \frac{J_n(k_0 a)}{H_n^{(2)}(k_0 a)}H_n^{(2)'}(k_0 a)\right]\mathrm{e}^{\mathrm{j}n\varphi} \quad (5.3.18)$$

因 $H_n^{(2)}(z) = J_n(z) - \mathrm{j}Y_n(z)$, 以及 Bessel 函数有 Wronskian 关系式:

$$W[J_n(z), Y_n(z)] = J_n(z)Y_n'(z) - J_n'(z)Y_n(z) = \frac{2}{\pi z} \quad (5.3.19)$$

而

$$J_n(z)H_n^{(2)\prime}(z) - J_n'(z)H_n^{(2)}(z) = W[J_n(z), H_n^{(2)}(z)] \\ = -\mathrm{j}W[J_n(z), Y_n(z)] = -\mathrm{j}\frac{2}{\pi z} \tag{5.3.20}$$

于是, (5.3.18) 式可化为

$$H_\varphi^{(2)}\big|_{\rho=a} = \frac{2E_0}{\pi a\omega\mu_0}\sum_{n=-\infty}^{\infty}\mathrm{j}^{-n}\frac{\mathrm{e}^{\mathrm{j}n\varphi}}{H_n^{(2)}(k_0a)}$$

故由切向磁场边界条件可知, 导体圆柱表面上的感应电流为

$$\boldsymbol{J}_S = \hat{\boldsymbol{n}}\times\boldsymbol{H}^{(2)}\big|_{\rho=a} = \hat{\boldsymbol{a}}_\rho\times\left(\hat{\boldsymbol{a}}_\rho H_\rho^{(2)} + \hat{\boldsymbol{a}}_\varphi H_\varphi^{(2)}\right) = \hat{\boldsymbol{a}}_z H_\varphi^{(2)} \\ = \hat{\boldsymbol{a}}_z\frac{2E_0}{\pi a\omega\mu_0}\sum_{n=-\infty}^{\infty}\mathrm{j}^{-n}\frac{\mathrm{e}^{\mathrm{j}n\varphi}}{H_n^{(2)}(k_0a)} \tag{5.3.21}$$

故对于 $\mathrm{TM_z}$ 波导体圆柱散射, 其柱面上的感应电流是沿柱轴 $z$ 方向的纵向电流.

(2) 散射宽度、$\rho\gg\lambda_0$ 远区场

散射宽度 $\sigma_{2D}$ 是二维柱体散射问题的一个重要参数, 按定义：

$$\sigma_{2D} = \lim_{\rho\to\infty}\left[2\pi\rho\frac{|\boldsymbol{E}^s|^2}{|\boldsymbol{E}^i|^2}\right] = \lim_{\rho\to\infty}\left[2\pi\rho\frac{|\boldsymbol{H}^s|^2}{|\boldsymbol{H}^i|^2}\right] \tag{5.3.22}$$

$\sigma_{2D}$ 具有长度单位, 米或厘米 (m 或 cm)；而 $\sigma_{2D}$ 的分贝数定义为

$$\sigma_{2D} = 10\lg\sigma_{2D}(\text{dBm 或 dBcm})$$

(5.3.22) 式中, $\boldsymbol{E}^s$ 和 $\boldsymbol{H}^s$ 分别为散射波电场和磁场, $\boldsymbol{E}^i$ 和 $\boldsymbol{H}^i$ 分别为入射波电场和磁场；因散射波为柱面波, $|\boldsymbol{E}^s|\sim\rho^{-1/2}$, 故散射宽度 $\sigma_{2D}$ 与距离无关.

对于 $\mathrm{TM}_z$ 极化波, $\boldsymbol{E}^i$ 和 $\boldsymbol{E}^s$ 仅有 $\boldsymbol{z}$ 分量, 按 (5.3.22) 式, 有

$$\sigma_{2D} = \lim_{\rho\to\infty}\left[2\pi\rho\frac{|E_z^s|^2}{|E_z^i|^2}\right] \tag{5.3.23}$$

因 $\rho\to\infty$ 时, 第二类 Hankel 函数 $H_n^{(2)}(z)$ 的大宗量渐近式为

$$H_n^{(2)}(z)\underset{z\to\infty}{\approx}\sqrt{\frac{2}{\pi z}}\mathrm{e}^{-\mathrm{j}\left(z-n\frac{\pi}{2}-\frac{\pi}{4}\right)} = \sqrt{\frac{2\mathrm{j}}{\pi z}}\mathrm{j}^n\mathrm{e}^{-\mathrm{j}z}(\because \mathrm{e}^{\mathrm{j}\frac{\pi}{4}} = \sqrt{\mathrm{j}}, \mathrm{e}^{\mathrm{j}\frac{n\pi}{2}} = \mathrm{j}^n) \tag{5.3.24}$$

故由 (5.3.3) 式, 远区散射场 $E_z^s$ 可表为

$$E_z^s\big|_{\rho\to\infty} = E_0\sum_{n=-\infty}^{\infty}\sqrt{\frac{2\mathrm{j}}{\pi k_0\rho}}\mathrm{j}^n s_n e^{-\mathrm{j}k_0\rho}\mathrm{e}^{\mathrm{j}n\varphi} = E_0\sqrt{\frac{2\mathrm{j}}{\pi k_0}}\frac{\mathrm{e}^{-\mathrm{j}k_0\rho}}{\sqrt{\rho}}\sum_{n=-\infty}^{\infty}\tilde{s}_n\mathrm{e}^{\mathrm{j}n\varphi} \tag{5.3.25}$$

由 (5.3.14) 式, 因 $J_{-n}(z)=(-1)^n J_n(z)$ 和 $H_{-n}^{(2)}(z)=(-1)^n H_n^{(2)}(z)$, 而有 $\tilde{s}_{-n}=\tilde{s}_n$; 将上式与 (5.3.1) 代入 (5.3.23) 式后, 便可得散射宽度 $\sigma_{2D}$:

$$\sigma_{2D}=2\pi\rho\frac{\left|E_0\sqrt{\dfrac{2\mathrm{j}}{\pi k_0}}\dfrac{\mathrm{e}^{-\mathrm{j}k_0\rho}}{\sqrt{\rho}}\displaystyle\sum_{n=-\infty}^{\infty}\tilde{s}_n\mathrm{e}^{\mathrm{j}n\varphi}\right|^2}{\left|E_0\mathrm{e}^{-\mathrm{j}k_0x}\right|^2}=\frac{4}{k_0}\left|\sum_{n=-\infty}^{\infty}\tilde{s}_n\mathrm{e}^{\mathrm{j}n\varphi}\right|^2 =\frac{2\lambda_0}{\pi}\left|\sum_{n=0}^{\infty}\varepsilon_n\tilde{s}_n\cos(n\varphi)\right|^2 \tag{5.3.26}$$

式中, $\varepsilon_n=\begin{cases}1 & n=0\\ 2 & n\neq 0\end{cases}$

将 (5.3.14) 式 $\tilde{s}_n$ 代入上式后, 就得到 $\text{TM}_z$ 波理想导体圆柱的散射宽度 $\sigma_{2D}$ 的最终表示式为

$$\sigma_{2D}=\frac{4}{k_0}\left|\sum_{n=-\infty}^{\infty}-\frac{J_n(k_0a)}{H_n^{(2)}(k_0a)}\mathrm{e}^{\mathrm{j}n\varphi}\right|^2=\frac{2\lambda_0}{\pi}\left|\sum_{n=0}^{\infty}\varepsilon_n\frac{J_n(k_0a)}{H_n^{(2)}(k_0a)}\cos(n\varphi)\right|^2 \tag{5.3.27}$$

对于长度为 $l$ 的有限长圆柱, 利用近似式 $\sigma_{3D}\approx\dfrac{2l^2}{\lambda_0}\sigma_{2D}$ 可求得三维雷达散射截面 $\sigma_{3D}$, 因而有

$$\sigma_{3D}=\frac{4l^2}{\pi}\left|\sum_{n=0}^{\infty}\varepsilon_n\frac{J_n(k_0a)}{H_n^{(2)}(k_0a)}\cos(n\varphi)\right|^2 \tag{5.3.28}$$

由 (5.3.27) 和 (5.3.28) 式可见, $\sigma_{2D}$ 和 $\sigma_{3D}$ 与方位角 $\varphi$ 有关. 当 $\varphi\neq 180^\circ$ 时, 求得的 $\sigma_{2D}$ 和 $\sigma_{3D}$ 分别称为双站(bistatic)雷达散射宽度和散射截面; 而当 $\varphi=180^\circ$ 时求得的 $\sigma_{2D}$ 和 $\sigma_{3D}$ 则分别称为背向 (反向) 雷达散射宽度和散射截面, 或单站 (monostatic) 雷达散射宽度和散射截面.

对于 $\text{TM}_z$ 极化波情形, 柱体半径 $a$ 为$0.05, 0.1, 0.2, 0.5$和$0.8\lambda_0$, 双站 $\sigma_{2D}/\lambda_0$-$\varphi$ 的关系曲线如图 5.3.2 所示; 当 $\varphi=180^\circ$ 时, 单站 $\sigma_{2D}/\lambda_0$-$a/\lambda_0$ 的关系曲线如图 5.3.3 所示.

(3) $a/\lambda_0\ll 1$ 小半径(细柱)近似

对于圆柱半径 $a/\lambda_0\ll 1$ 情形, 我们应用 Bessel 函数小宗量近似式. 由于当圆柱半径 $a/\lambda_0\ll 1$ 时, Bessel 函数的宗量 $k_0a$ 很小, 对 Hankel 函数的求和收敛很快, 只要取其首项 $(n=0)$ 已可有足够精度. 由于当 $z\to 0$ 时, 有

$$J_0(z)\approx 1 \qquad Y_0(z)\approx\frac{2}{\pi}\ln\left(\frac{z}{2}+\gamma\right) \tag{5.3.29}$$

而 Hankel 函数 $H_0^{(2)}(z)=J_0(z)-\mathrm{j}Y_0(z)$, 故有

$$H_0^{(2)}(z)\underset{z\to 0}{\approx}1-\mathrm{j}\frac{2}{\pi}\ln\left(\frac{z}{2}+\gamma\right)\approx-\mathrm{j}\frac{2}{\pi}\ln\left(\frac{z}{2}+\gamma\right)=-\mathrm{j}\frac{2}{\pi}\ln\left(\frac{1.78107z}{2}\right) \tag{5.3.30}$$

以上式中, $\gamma = 0.577216649\cdots$ 为 Euler 常数.

于是, 导体圆柱面上的感应电流 (5.3.21) 式可简化为

$$\boldsymbol{J}_S \underset{a\ll\lambda_0}{\approx} \hat{\boldsymbol{a}}_z \frac{2E_0}{\pi a\omega\mu_0}\frac{1}{H_0^{(2)}(k_0a)} = \hat{\boldsymbol{a}}_z \mathrm{j}\frac{E_0}{a\omega\mu_0}\frac{1}{\ln(0.8905k_0a)} \tag{5.3.31}$$

而导体圆柱的散射宽度 (5.3.27) 和散射截面 (5.3.28) 式分别退化为:

$$\sigma_{2D} \underset{a\ll\lambda_0}{\approx} \frac{2\lambda_0}{\pi}\frac{\pi^2}{4}\left|\frac{1}{\ln(0.8905k_0a)}\right|^2 = \frac{\pi\lambda_0}{2}\left|\frac{1}{\ln(0.8905k_0a)}\right|^2 \tag{5.3.32}$$

$$\sigma_{3D} \underset{a\ll\lambda_0}{\approx} \pi l^2\left|\frac{1}{\ln(0.8905k_0a)}\right|^2 \tag{5.3.33}$$

(5.3.32) 和 (5.3.33) 式表明, 当导体圆柱 $a \ll \lambda_0$ 时, 其散射宽度 $\sigma_{2D}$ 和散射截面 $\sigma_{3D}$ 与方位角 $\varphi$ 无关. 这点从图 5.3.2 的 $\sigma_{2D}$ 与 $\varphi$ 的关系曲线中亦可看出.

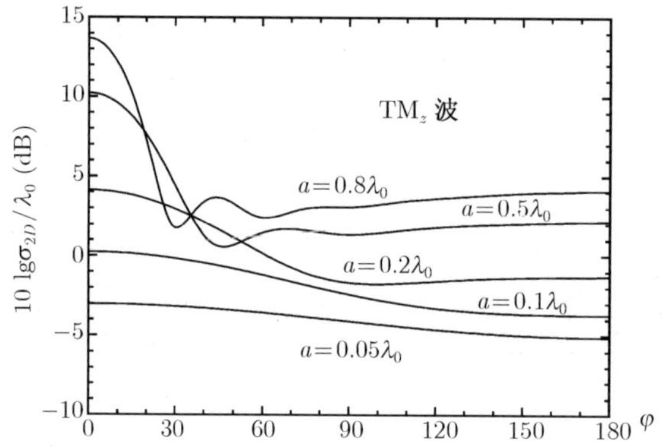


图 5.3.2　导电圆柱双站散射宽度 $\sigma_{2D}/\lambda_0$-$\varphi$ 的关系 (TM$_z$ 波)

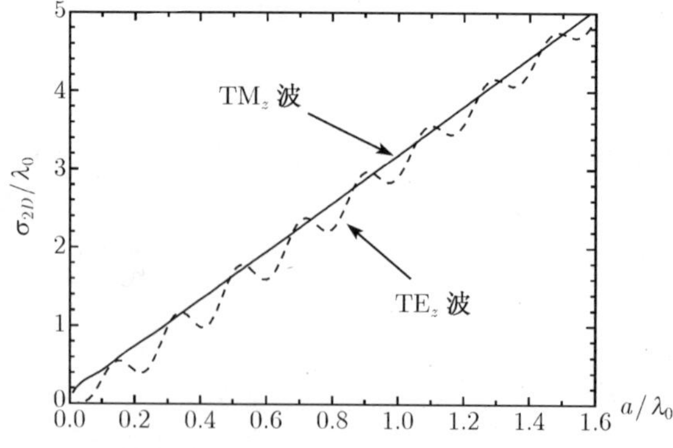


图 5.3.3　导电圆柱单站散射宽度 $\sigma_{2D}/\lambda_0$-$a/\lambda_0$ 的关系 (TM$_z$ 和 TE$_z$ 波)

## 5.4 正向入射 $\mathrm{TE}_z$ 极化平面波的理想导体圆柱散射

设在 $\varepsilon_0$ 、$\mu_0$ 无界媒质中有一 $\mathrm{TE_z}$ 均匀平面电磁波沿 $+x$ 方向垂直入射到位于其中半径为 $a$ 的无限长理想导体圆柱上, 磁场 $\boldsymbol{H}^i = H_z^i \hat{\boldsymbol{a}}_z$ 沿圆柱轴 $z$ 方向, 电场 $\boldsymbol{E}^i = E_y^i \hat{\boldsymbol{a}}_y$ 沿 $y$ 方向. 如图 5.4.1 所示.

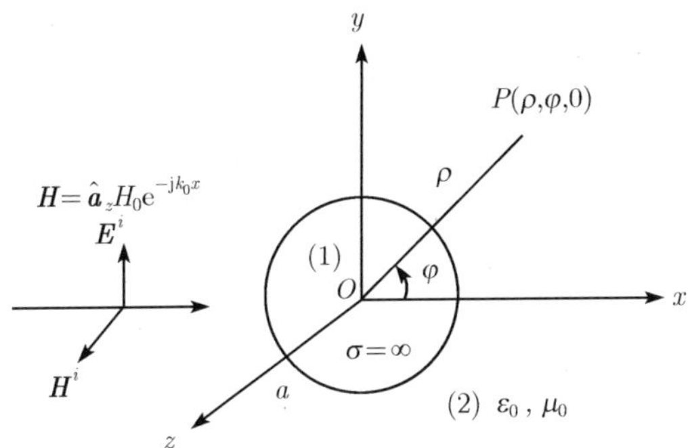


图 5.4.1 正向入射 $\mathrm{TE}_z$ 极化平面波的理想导体圆柱散射

采用圆柱坐标系 $(\rho, \varphi, z)$, 沿 $+x$ 方向入射的平面波磁场 $H_z^i$ 可表为

$$H_z^i = H_0 \mathrm{e}^{-\mathrm{j}k_0 x} = H_0 \mathrm{e}^{-\mathrm{j}k_0 \rho \cos\varphi} (k_0 = \omega\sqrt{\varepsilon_0 \mu_0}) \tag{5.4.1}$$

引用平面波的柱面波函数展开式 (见 (5.2.9) 式), (5.4.1) 式 $H_z^i$ 可写为

$$H_z^i = H_0 \sum_{n=-\infty}^{\infty} a_n J_n(k_0 \rho) \mathrm{e}^{\mathrm{j}n\varphi} \tag{5.4.2}$$

式中, $a_n = \mathrm{j}^{-n}$ 为入射波展开式系数.

在区域 (2) 中, 导体圆柱在入射平面波作用下在其表面激励起电流, 而此电流将产生散射场. 散射磁场亦仅具有 $z$ 分量. 由于散射场是沿矢径 $\rho$ 方向传播的行波, 须用圆柱函数 $H_n^{(2)}(k_0\rho)$ 展开, 因此, 散射场 $H_z^s$ 可表为

$$H_z^s = H_0 \sum_{n=-\infty}^{\infty} s_n H_n^{(2)}(k_0 \rho) \mathrm{e}^{\mathrm{j}n\varphi} \tag{5.4.3}$$

式中, $s_n$ 为待定的散射波展开式系数, 可利用场应满足的边界条件予确定.

已知磁场 $H_z^i$ 和 $H_z^s$ 后, 应用 Maxwell 方程, 便可求出相应的电场为

$$\boldsymbol{E} = \frac{1}{\mathrm{j}\omega\varepsilon_0} \nabla \times \boldsymbol{H} = \frac{1}{\mathrm{j}\omega\varepsilon_0} \left( \frac{1}{\rho} \frac{\partial H_z}{\partial \varphi} \hat{\boldsymbol{a}}_\rho - \frac{\partial H_z}{\partial \rho} \hat{\boldsymbol{a}}_\varphi \right) \tag{5.4.4}$$

故可知入射波的电场为

$$E_\rho^i = \frac{1}{\mathrm{j}\omega\varepsilon_0\rho}\frac{\partial H_z^i}{\partial\varphi} = \frac{H_0}{\mathrm{j}\omega\varepsilon_0\rho}\sum_{n=-\infty}^{\infty} n\mathrm{j}a_n J_n(k_0\rho)\mathrm{e}^{\mathrm{j}n\varphi} \tag{5.4.5}$$

$$E_\varphi^i = -\frac{1}{\mathrm{j}\omega\varepsilon_0}\frac{\partial H_z^i}{\partial\rho} = -\frac{k_0 H_0}{\mathrm{j}\omega\varepsilon_0}\sum_{n=-\infty}^{\infty} a_n J_n'(k_0\rho)\mathrm{e}^{\mathrm{j}n\varphi} \tag{5.4.6}$$

而散射波的电场为

$$E_\rho^s = \frac{1}{\mathrm{j}\omega\varepsilon_0\rho}\frac{\partial H_z^s}{\partial\varphi} = \frac{H_0}{\mathrm{j}\omega\varepsilon_0\rho}\sum_{n=-\infty}^{\infty} n\mathrm{j}s_n H_n^{(2)}(k_0\rho)\mathrm{e}^{\mathrm{j}n\varphi} \tag{5.4.7}$$

$$E_\varphi^s = -\frac{1}{\mathrm{j}\omega\varepsilon_0}\frac{\partial H_z^s}{\partial\rho} = -\frac{k_0 E_0}{\mathrm{j}\omega\varepsilon_0}\sum_{n=-\infty}^{\infty} s_n H_n^{(2)'}(k_0\rho)\mathrm{e}^{\mathrm{j}n\varphi} \tag{5.4.8}$$

在区域 (1) 和区域 (2) 中的电磁场表示式如下：

区域 (1)：$\sigma=\infty$ 理想导体

$$\boldsymbol{E}^{(1)} = \boldsymbol{H}^{(1)} = 0 \tag{5.4.9}$$

区域 (2)：$\mu_0, \varepsilon_0$ 自由空间 $(k_0=\omega\sqrt{\mu_0\varepsilon_0})$

区域 (2) 中的总电磁场是入射波场与反射波场的叠加, 即

$$E_\rho^{(2)} = E_\rho^i + E_\rho^s = \frac{H_0}{\mathrm{j}\omega\varepsilon_0\rho}\sum_{n=-\infty}^{\infty} n\mathrm{j}\left[a_n J_n(k_0\rho) + s_n H_n^{(2)}(k_0\rho)\right]\mathrm{e}^{\mathrm{j}n\varphi} \tag{5.4.10}$$

$$E_\varphi^{(2)} = E_\varphi^i + E_\varphi^s = -\frac{k_0 E_0}{\mathrm{j}\omega\varepsilon_0}\sum_{n=-\infty}^{\infty}\left[a_n J_n'(k_0\rho) + s_n H_n^{(2)'}(k_0\rho)\right]\mathrm{e}^{\mathrm{j}n\varphi} \tag{5.4.11}$$

$$H_z^{(2)} = H_z^i + H_z^s = H_0\sum_{n=-\infty}^{\infty}\left[a_n J_n(k_0\rho) + s_n H_n^{(2)}(k_0\rho)\right]\mathrm{e}^{\mathrm{j}n\varphi} \tag{5.4.12}$$

$$E_z^{(2)} = H_\rho^{(2)} = H_\varphi^{(2)} = 0 \tag{5.4.13}$$

式中, $a_n=\mathrm{j}^{-n}$；$s_n$ 为待定的散射波展开式系数.

现应用在 $\rho=a$ 导体柱面上 $H_z$ 或 $E_\varphi$ 应满足的边界条件来确定系数 $s_n$. 由边界条件：

$$\left.\frac{\partial H_z^{(2)}}{\partial z}\right|_{\rho=a} = \left.\frac{\partial H_z^{(1)}}{\partial z}\right|_{\rho=a} = 0 \quad 或 \quad \left.E_\varphi^{(2)}\right|_{\rho=a} = \left.E_\varphi^{(1)}\right|_{\rho=a} = 0, 可得$$

$$a_n J_n'(k_0 a) + s_n H_n^{(2)'}(k_0 a) = 0$$

由此得

$$s_n = -\frac{J_n'(k_0a)}{H_n^{(2)'}(k_0a)}a_n \quad 或 \quad \tilde{s}_n = \frac{s_n}{a_n} = \mathrm{j}^n s_n = -\frac{J_n'(k_0a)}{H_n^{(2)'}(k_0a)} \tag{5.4.14}$$

求得 $s_n$ 后, 代入 (5.4.10)~(5.4.12) 式即可得区域 (2) 中的总电磁场:

$$E_\rho^{(2)} = \frac{H_0}{\mathrm{j}\omega\varepsilon_0\rho}\sum_{n=-\infty}^{\infty} n\mathrm{j}^{-n+1}\left[J_n(k_0\rho) - \frac{J_n'(k_0a)}{H_n^{(2)'}(k_0a)}H_n^{(2)}(k_0\rho)\right]\mathrm{e}^{\mathrm{j}n\varphi} \tag{5.4.15}$$

$$E_\varphi^{(2)} = -\frac{k_0H_0}{\mathrm{j}\omega\varepsilon_0}\sum_{n=-\infty}^{\infty} \mathrm{j}^{-n}\left[J_n'(k_0\rho) - \frac{J_n'(k_0a)}{H_n^{(2)'}(k_0a)}H_n^{(2)'}(k_0\rho)\right]\mathrm{e}^{\mathrm{j}n\varphi} \tag{5.4.16}$$

$$H_z^{(2)} = H_0\sum_{n=-\infty}^{\infty} \mathrm{j}^{-n}\left[J_n(k_0\rho) - \frac{J_n'(k_0a)}{H_n^{(2)'}(k_0a)}H_n^{(2)}(k_0\rho)\right]\mathrm{e}^{\mathrm{j}n\varphi} \tag{5.4.17}$$

其它电磁场分量 $E_z^{(2)} = H_\rho^{(2)} = H_\varphi^{(2)} = 0$.

(1) 导体圆柱表面上的感应电流

由 (5.4.17) 式可知, 在 $\rho = a$ 导体圆柱面上总切向磁场为

$$H_z^{(2)}\big|_{\rho=a} = H_0\sum_{n=-\infty}^{\infty} \mathrm{j}^{-n}\left[J_n(k_0a) - \frac{J_n'(k_0a)}{H_n^{(2)'}(k_0a)}H_n^{(2)}(k_0a)\right]\mathrm{e}^{\mathrm{j}n\varphi} \tag{5.4.18}$$

由 (5.3.20) 式可知 Bessel 函数 $J_n(z)$ 与 $H_n^{(2)}(z)$ 有 Wronskian 关系式:

$$W[J_n(z), H_n^{(2)}(z)] = J_n(z)H_n^{(2)'}(z) - J_n'(z)H_n^{(2)}(z) = -\mathrm{j}\frac{2}{\pi z}$$

于是, (5.4.18) 式可化为

$$H_z^{(2)}\big|_{\rho=a} = -\mathrm{j}H_0\frac{2}{\pi k_0a}\sum_{n=-\infty}^{\infty} \mathrm{j}^{-n}\frac{\mathrm{e}^{\mathrm{j}n\varphi}}{H_n^{(2)'}(k_0a)} \tag{5.4.19}$$

故由切向磁场边界条件可知, 导体圆柱表面上的感应电流为

$$\begin{aligned}\boldsymbol{J}_S &= \hat{\boldsymbol{n}}\times\boldsymbol{H}^{(2)}\big|_{\rho=a} = \hat{\boldsymbol{a}}_\rho\times\hat{\boldsymbol{a}}_z H_z^{(2)}\Big|_{\rho=a} = -\hat{\boldsymbol{a}}_\varphi H_z^{(2)}\Big|_{\rho=a} \\ &= \hat{\boldsymbol{a}}_\varphi \mathrm{j}\frac{2H_0}{\pi k_0a}\sum_{n=-\infty}^{\infty}\mathrm{j}^{-n}\frac{\mathrm{e}^{\mathrm{j}n\varphi}}{H_n^{(2)'}(k_0a)}\end{aligned} \tag{5.4.20}$$

故对于 TE$_z$ 波导体圆柱散射, 其柱面上的感应电流是沿圆柱的 $\varphi$ 方向.

(2) 散射宽度, $\rho \gg \lambda_0$ 远区场

散射宽度 $\sigma_{2D}$ 可采用远区散射电场计算, 亦可采用远区散射磁场计算. 对于 TE$_z$ 极化波, 入射波和散射波电场有两个分量 $E_\rho$ 和 $E_\varphi$, 而磁场仅有一个分量 $H_z$,

因此，采用远区散射磁场计算散射宽度较为方便. 对于 $\mathrm{TE}_z$ 极化波，由 (5.3.22) 式：

$$\sigma_{2D}=\lim_{\rho\to\infty}\left[2\pi\rho\frac{|\boldsymbol{H}^s|^2}{|\boldsymbol{H}^i|^2}\right] \tag{5.4.21}$$

由 (5.4.3) 式，应用 Hankel 函数的大宗量渐近式 (5.3.24)，可得 $\rho\to\infty$ 时远区散射磁场为

$$\begin{aligned}H_z^s\bigg|_{\rho\to\infty}&=H_0\sum_{n=-\infty}^{\infty}s_n\sqrt{\frac{2j}{\pi k_0\rho}}\mathrm{j}^n\mathrm{e}^{-\mathrm{j}k_0\rho}\mathrm{e}^{\mathrm{j}n\varphi}\\&=H_0\sqrt{\frac{2\mathrm{j}}{\pi k_0}}\frac{\mathrm{e}^{-\mathrm{j}k_0\rho}}{\sqrt{\rho}}\sum_{n=-\infty}^{\infty}\tilde{s}_n\mathrm{e}^{\mathrm{j}n\varphi}\end{aligned} \tag{5.4.22}$$

参见 (5.4.14) 式，有 $\tilde{s}_{-n}=\tilde{s}_n$，将上式与 (5.4.1) 代入 (5.4.21) 式后，便可得散射宽度 $\sigma_{2D}$：

$$\begin{aligned}\sigma_{2D}&=2\pi\rho\frac{\left|H_0\sqrt{\dfrac{2\mathrm{j}}{\pi k_0}}\dfrac{\mathrm{e}^{-\mathrm{j}k_0\rho}}{\sqrt{\rho}}\displaystyle\sum_{n=-\infty}^{\infty}\tilde{s}_n\mathrm{e}^{\mathrm{j}n\varphi}\right|^2}{|H_0\mathrm{e}^{-\mathrm{j}k_0x}|^2}=\frac{4}{k_0}\left|\sum_{n=-\infty}^{\infty}\tilde{s}_n\mathrm{e}^{\mathrm{j}n\varphi}\right|^2\\&=\frac{2\lambda_0}{\pi}\left|\sum_{n=0}^{\infty}\varepsilon_n\tilde{s}_n\cos(n\varphi)\right|^2\end{aligned} \tag{5.4.23}$$

式中，$\varepsilon_n=\begin{cases}1 & n=0\\ 2 & n\neq 0\end{cases}$

将 (5.4.14) 式代入上式 $\tilde{s}_n$ 后便得到 $\mathrm{TE_z}$ 波理想导体圆柱的散射宽度 $\sigma_{2D}$ 的最终表示式为

$$\sigma_{2D}=\frac{4}{k_0}\left|\sum_{n=-\infty}^{\infty}-\frac{J_n'(k_0a)}{H_n^{(2)'}(k_0a)}\mathrm{e}^{\mathrm{j}n\varphi}\right|^2=\frac{2\lambda_0}{\pi}\left|\sum_{n=0}^{\infty}\varepsilon_n\frac{J_n'(k_0a)}{H_n^{(2)'}(k_0a)}\cos(n\varphi)\right|^2 \tag{5.4.24}$$

对于长度为 $l$ 的有限长圆柱，三维雷达散射截面 $\sigma_{3D}$ 可近似地表为

$$\sigma_{3D}=\frac{4l^2}{\pi}\left|\sum_{n=0}^{\infty}\varepsilon_n\frac{J_n'(k_0a)}{H_n^{(2)'}(k_0a)}\cos(n\varphi)\right|^2 \tag{5.4.25}$$

对于 $\mathrm{TE}_z$ 极化波情形，柱体半径 $a$ 为 $0.05, 0.1, 0.2$ 和 $0.5\lambda_0$，双站 $\sigma_{2D}/\lambda_0$-$\varphi$ 的关系曲线如图 5.4.2 所示；当 $\varphi=180^\circ$ 时，单站 $\sigma_{2D}/\lambda_0$-$a/\lambda_0$ 的关系曲线已给在图 5.3.3 中.

注意：对于 $\mathrm{TE}_z$ 波，这里所求得散射宽度 (5.4.23) 与 $\mathrm{TM}_z$ 波的 (5.3.26) 式表达式有相同的形式，只是它们有各自不同的散射系数 $\tilde{s}_n$，这是因为对于正向入射情

形, 两者的入射波场和散射场的展开式相同, 而散射宽度 $\sigma_{2D}$ 仅与散射场 (因而与其展开式系数 $\tilde{s}_n$) 有关, 并且散射宽度可采用远区散射波电场或散射波磁场计算. 因此, (5.3.26) 或 (5.4.23) 式对 $\mathrm{TM}_z$ 和 $\mathrm{TE}_z$ 波均适用. 显然, 由于同样原因, 它们不仅适用于理想导体圆柱散射, 亦适用于正向入射情形的介质圆柱散射、多层介质圆柱散射, 以及多层介质敷层导电圆柱散射. 只是对于不同的圆柱结构散射, 电磁场所应满足的边界条件不同, 而有不同的散射系数 $\tilde{s}_n$.

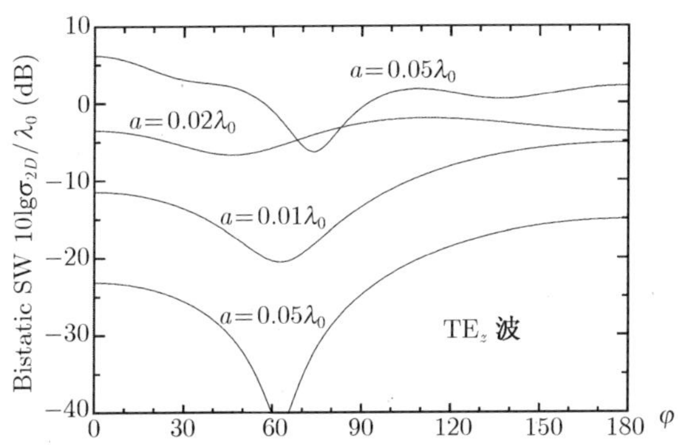


图 5.4.2　导电圆柱双站散射宽度 $\sigma_{2D}/\lambda_0$-$\varphi$ 的关系 ($\mathrm{TE}_z$ 波)

(3) $a/\lambda_0 \ll 1$ 小半径(细柱)近似

对于圆柱半径 $a/\lambda_0 \ll 1$ 即 $k_0a$ 很小情形, 有关 $H_n^{(2)'}(k_0a)$ 的级数求和收敛很快, 这时, 在导体柱面上的感应电流与散射宽度的级数求和式中, 取其前三项已可有足够精度.

因当 $J_0(z)$ 、$J_1(z)$ 、$H_0^{(2)}(z)$ 和 $H_1^{(2)}(z)$ 的宗量 $z \to 0$ 时, 我们有

$$
\begin{aligned}
&J_0(z) \approx 1, && J_0'(z) \approx -\frac{z}{2} \\
&J_1(z) = -J_{-1}(z) \approx \frac{z}{2!}, && J_1'(z) = -J_{-1}'(z) \approx \frac{1}{2} \\
&H_0^{(2)}(z) \approx -\mathrm{j}\frac{2}{\pi}\ln\left(\frac{z}{2}+\gamma\right), && H_0^{(2)'}(z) \approx -\mathrm{j}\frac{2}{\pi z} \\
&H_1^{(2)}(z) = -H_{-1}^{(2)}(z) \approx \mathrm{j}\frac{2}{\pi z}, && H_1^{(2)'}(z) = -H_{-1}^{(2)'}(z) \approx -\mathrm{j}\frac{2}{\pi z^2} \\
&\frac{J_0'(z)}{H_0^{(2)'}(z)} \approx -\mathrm{j}\frac{\pi}{4}z^2, && \frac{J_1'(z)}{H_1^{(2)'}(z)} = \frac{J_{-1}'(z)}{H_{-1}^{(2)'}(z)} \approx \mathrm{j}\frac{\pi}{4}z^2
\end{aligned}
\tag{5.4.26}
$$

于是有

$$
\begin{aligned}
\sum_{n=-\infty}^{\infty}\mathrm{j}^{-n}\frac{\mathrm{e}^{\mathrm{j}n\varphi}}{H_n^{(2)'}(k_0a)} &\approx \frac{1}{H_0^{(2)'}(k_0a)} + \mathrm{j}^{-1}\frac{\mathrm{e}^{\mathrm{j}\varphi}}{H_1^{(2)'}(k_0a)} + \mathrm{j}^{+1}\frac{\mathrm{e}^{-\mathrm{j}\varphi}}{H_{-1}^{(2)'}(k_0a)} \\
&= \mathrm{j}\frac{\pi k_0a}{2}(1-2\mathrm{j}k_0a\cos\varphi)
\end{aligned}
\tag{5.4.27}
$$

$$\sum_{n=-\infty}^{\infty} \frac{J_n'(k_0a)}{H_n^{(2)'}(k_0a)} \mathrm{e}^{\mathrm{j}n\varphi} \approx -\mathrm{j}\frac{\pi}{4}(k_0a)^2 + \mathrm{j}\frac{\pi}{4}(k_0a)^2\left(\mathrm{e}^{\mathrm{j}\varphi} + \mathrm{e}^{-\mathrm{j}\varphi}\right)$$
$$= -\mathrm{j}\frac{\pi}{4}(k_0a)^2(1 - 2\cos\varphi) \tag{5.4.28}$$

将 (5.4.27) 代入 (5.4.20) 式, 可知细导体圆柱面上的感应电流为

$$\boldsymbol{J}_S \underset{a \ll \lambda_0}{\approx} -\hat{\boldsymbol{a}}_\varphi H_0 (1 - 2\mathrm{j}k_0a\cos\varphi) \tag{5.4.29}$$

将 (5.4.28) 代入 (5.4.24) 和 (5.4.25) 式, 分别可得二维和三维细导体圆柱的散射宽度 $\sigma_{2D}$ 和散射截面 $\sigma_{3D}$ 为:

$$\sigma_{2D} \underset{a \ll \lambda_0}{\approx} \frac{\pi\lambda_0}{8}(k_0a)^4 |1 - 2\cos\varphi|^2 \tag{5.4.30}$$

和

$$\sigma_{3D} \underset{a \ll \lambda_0}{\approx} \frac{\pi l^2}{4}(k_0a)^4 |1 - 2\cos\varphi|^2 \tag{5.4.31}$$

以上两式表明, 当导体圆柱 $a \ll \lambda_0$ 时, 其散射宽度 $\sigma_{2D}$ 和散射截面 $\sigma_{3D}$ 与方位角 $\varphi$ 有关.

## 5.5 正向入射 $\mathrm{TM}_z$ 极化平面波的介质圆柱散射

设在 $\varepsilon_0$、$\mu_0$ 无界媒质中有一 $\mathrm{TM}_z$ 均匀平面电磁波沿 $+x$ 方向垂直入射到位于其中半径为 $a$ 的无限长 $\varepsilon$、$\mu$ 介质圆柱上, 电场 $\boldsymbol{E}^i = E_z^i \hat{\boldsymbol{a}}_z$ 沿圆柱轴 $z$ 方向极化, 磁场 $H^i = -H_y^i \hat{\boldsymbol{a}}_y$ 沿 $-y$ 方向, 如图 5.5.1 所示.

按电磁场边值问题的一般解法, 对于平面波的柱散射, 在介质柱体外, 我们将 Helmholtz 方程的一般解用柱面波函数展开, 其中 Bessel 函数是 $J_n(k_0\rho)$ 与 $H_n^{(2)}(k_0\rho)$ 的线性组合, 并且取 $J_n(k_0\rho)$ 的展开式系数为入射平面波的展开式系数 $a_n$, 这意谓将介质柱体外的场表为入射波的场与由于介质圆柱在入射波作用下所激励的散射场 (散射波展开式系数为 $s_n$) 之和, 因为当介质圆柱不存在时, 它就等于入射波的场; 对介质柱体内, 因 $H_n^{(2)}(k\rho)$ 当 $\rho \to 0$ 是为无限, Helmholtz 方程的一般解是仅含 $J_n(k\rho)$ 柱面波函数展开式 (展开式系数为 $b_n$), 当介质圆柱不存在时, 而有 $b_n = a_n$. 已知入射平面波的展开式系数 $a_n = \mathrm{j}^{-n}$, 故通过介质圆柱内、外的场在圆柱表面所应满足的电磁场边界条件可确定出待定展开式系数 $s_n$ 和 $b_n$. 现在, 我们来求解所给图 5.5.1 的介质圆柱散射问题.

采用圆柱坐标系 $(\rho, \varphi, z)$, 沿 $+x$ 方向传播的入射平面波电场 $E_z^i$ 可表为

$$E_z^i = E_0 \mathrm{e}^{-\mathrm{j}k_0x} = E_0 \mathrm{e}^{-\mathrm{j}k_0\rho\cos\varphi} \quad (k_0 = \omega\sqrt{\varepsilon_0\mu_0}) \tag{5.5.1}$$

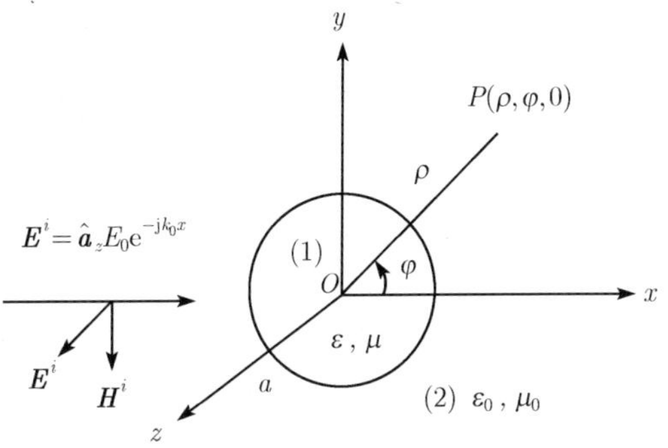


图 5.5.1 正向入射 TM$_z$ 极化平面波的介质圆柱散射

利用平面波的柱面波函数展开式 [见 (5.2.9) 式], 入射波电场 $E_z^i$ 可写为

$$E_z^i=E_0\sum_{n=-\infty}^{\infty}a_nJ_n(k_0\rho)e^{jn\varphi} \tag{5.5.2}$$

式中, $a_n=j^{-n}$ 为入射波展开式系数.

在 $\rho\geqslant a$ 介质圆柱外, 散射波电场 $E_z^s$ 可取如下形式:

$$E_z^s=E_0\sum_{n=-\infty}^{\infty}s_nH_n^{(2)}(k_0\rho)e^{jn\varphi} \tag{5.5.3}$$

式中, $s_n$ 为待定的散射波展开式系数, 由场的边界条件予确定.

应用 Maxwell 方程 $\boldsymbol{H}=-\dfrac{1}{j\omega\mu}\nabla\times\boldsymbol{E}$, 可求得相应 $E_z^i$ 的入射波磁场为

$$H_\rho^i=-\frac{1}{j\omega\mu_0\rho}\frac{\partial E_z^i}{\partial\varphi}=-\frac{E_0}{j\omega\mu_0\rho}\sum_{n=-\infty}^{\infty}nja_nJ_n(k_0\rho)e^{jn\varphi} \tag{5.5.4}$$

$$H_\varphi^i=\frac{1}{j\omega\mu_0}\frac{\partial E_z^i}{\partial\rho}=\frac{k_0E_0}{j\omega\mu_0}\sum_{n=-\infty}^{\infty}a_nJ_n'(k_0\rho)e^{jn\varphi} \tag{5.5.5}$$

$$H_z^i=0 \tag{5.5.6}$$

而相应 $E_z^s$ 的散射波磁场为

$$H_\rho^s=-\frac{1}{j\omega\mu_0\rho}\frac{\partial E_z^s}{\partial\varphi}=-\frac{E_0}{j\omega\mu_0\rho}\sum_{n=-\infty}^{\infty}njs_nH_n^{(2)}(k_0\rho)e^{jn\varphi} \tag{5.5.7}$$

$$H_\varphi^s=\frac{1}{j\omega\mu_0}\frac{\partial E_z^s}{\partial\rho}=\frac{k_0E_0}{j\omega\mu_0}\sum_{n=-\infty}^{\infty}s_nH_n^{(2)\prime}(k_0\rho)e^{jn\varphi} \tag{5.5.8}$$

$$H_z^s=0 \tag{5.5.9}$$

在介质圆柱内的电磁场亦采用柱面波函数展开式表示, 与入射波的展开式具有相同形式, 但展开式系数为待定的 $b_n$, 且其中的 $k_0 \to k$. 故在 $\rho \leqslant a$ 区域 (1) 和 $\rho \geqslant a$ 区域 (2) 中的电磁场, 它们各分量的表示式如下:

区域 (1): $\rho \leqslant a$: $\mu, \varepsilon$ 介质 $(k = \omega\sqrt{\mu\varepsilon})$

$$E_z^{(1)} = E_0 \sum_{n=-\infty}^{\infty} b_n J_n(k\rho)\mathrm{e}^{\mathrm{j}n\varphi} \tag{5.5.10}$$

$$H_\rho^{(1)} = -\frac{1}{\mathrm{j}\omega\mu\rho}\frac{\partial E_z^{(1)}}{\partial\varphi} = -\frac{E_0}{\mathrm{j}\omega\mu\rho}\sum_{n=-\infty}^{\infty} n\mathrm{j}b_n J_n(k\rho)\mathrm{e}^{\mathrm{j}n\varphi} \tag{5.5.11}$$

$$H_\varphi^{(1)} = \frac{1}{\mathrm{j}\omega\mu}\frac{\partial E_z^{(1)}}{\partial\rho} = \frac{kE_0}{\mathrm{j}\omega\mu}\sum_{n=-\infty}^{\infty} b_n J_n'(k\rho)\mathrm{e}^{\mathrm{j}n\varphi} \tag{5.5.12}$$

$$E_\rho^{(1)} = E_\varphi^{(1)} = H_z^{(1)} = 0 \tag{5.5.13}$$

区域 (2): $\rho \geqslant a$: $\mu_0, \varepsilon_0$ 自由空间 $(k_0 = \omega\sqrt{\mu_0\varepsilon_0})$

区域 (2) 中的总电磁场是入射波场与散射波场的叠加, 即

$$E_z^{(2)} = E_0 \sum_{n=-\infty}^{\infty} \left[a_n J_n(k_0\rho) + s_n H_n^{(2)}(k_0\rho)\right]\mathrm{e}^{\mathrm{j}n\varphi} \tag{5.5.14}$$

$$H_\rho^{(2)} = -\frac{E_0}{\mathrm{j}\omega\mu_0\rho}\sum_{n=-\infty}^{\infty} n\mathrm{j}\left[a_n J_n(k_0\rho) + s_n H_n^{(2)}(k_0\rho)\right]\mathrm{e}^{\mathrm{j}n\varphi} \tag{5.5.15}$$

$$H_\varphi^{(2)} = \frac{k_0E_0}{\mathrm{j}\omega\mu_0}\sum_{n=-\infty}^{\infty}\left[a_n J_n'(k_0\rho) + s_n H_n^{(2)'}(k_0\rho)\right]\mathrm{e}^{\mathrm{j}n\varphi} \tag{5.5.16}$$

$$E_\rho^{(2)} = E_\varphi^{(2)} = H_z^{(2)} = 0 \tag{5.5.17}$$

式中, $a_n = \mathrm{j}^{-n}$; $b_n$ 和 $s_n$ 为待定的散射波展开式系数.

现应用在 $\rho = a$ 介质圆柱面上 $E_z$ 和 $H_\varphi$ 应满足的边界条件来确定系数$b_n$ 和 $s_n$. 由边界条件 $E_z^{(1)}\Big|_{\rho=a} = E_z^{(2)}\Big|_{\rho=a}$ 和 $H_\varphi^{(1)}\Big|_{\rho=a} = H_\varphi^{(2)}\Big|_{\rho=a}$, 可得

$$b_n J_n(ka) = a_n J_n(k_0a) + s_n H_n^{(2)}(k_0a) \tag{5.5.18}$$

和

$$\frac{k}{\mu}b_n J_n'(ka) = \frac{k_0}{\mu_0}\left[a_n J_n'(k_0a) + s_n H_n^{(2)'}(k_0a)\right] \tag{5.5.19}$$

(5.5.18) 和 (5.5.19) 式是关于系数 $b_n$ 和 $s_n$ 的联立方程组, 解此方程组, 即可得出 $b_n$ 和 $s_n$ 的解析表达式. 为此, 将 (5.5.18) 与 (5.5.19) 式相除后可得

$$\frac{k_0\mu}{k\mu_0}\frac{J_n(ka)}{J_n'(ka)} = \frac{J_n(k_0a) + \dfrac{s_n}{a_n}H_n^{(2)}(k_0a)}{J_n'(k_0a) + \dfrac{s_n}{a_n}H_n^{(2)'}(k_0a)} \tag{5.5.20}$$

令

$$R_E^{(1)} = \frac{k_0\mu}{k\mu_0}\frac{J_n(ka)}{J_n'(ka)} = \frac{\sqrt{\mu_r}}{\sqrt{\varepsilon_r}}\frac{J_n(ka)}{J_n'(ka)} \tag{5.5.21}$$

则有

$$J_n(k_0a) + \frac{s_n}{a_n}H_n^{(2)}(k_0a) = \left[J_n'(k_0a) + \frac{s_n}{a_n}H_n^{(2)'}(k_0a)\right]R_E^{(1)}$$

由此可解得

$$\tilde{s}_n = \frac{s_n}{a_n} = -\frac{J_n(k_0a) - R_E^{(1)}J_n'(k_0a)}{H_n^{(2)}(k_0a) - R_E^{(1)}H_n^{(2)'}(k_0a)} \tag{5.5.22}$$

代入 $R_E^{(1)}$, 最后便得到

$$\tilde{s}_n = -\frac{\sqrt{\varepsilon_r}J_n'(ka)J_n(k_0a) - \sqrt{\mu_r}J_n(ka)J_n'(k_0a)}{\sqrt{\varepsilon_r}J_n'(ka)H_n^{(2)}(k_0a) - \sqrt{\mu_r}J_n(ka)H_n^{(2)'}(k_0a)} \tag{5.5.23}$$

而将 $s_n$ 代入 (5.5.18) 式可解得系数:

$$\tilde{b}_n = \frac{b_n}{a_n} = \frac{1}{J_n(ka)}\left[J_n(k_0a) + \tilde{s}_nH_n^{(2)}(k_0a)\right] \tag{5.5.24}$$

当求得系数 $\tilde{b}_n$ 和 $\tilde{s}_n$ 后, 便可由 (5.5.10)~(5.5.12) 式求出区域 (1) 中的电磁场, 以及由 (5.5.3)、(5.5.7) 和 (5.5.8), 与 (5.5.14)~(5.5.16) 式分别求出区域 (2) 中的散射场与总的电磁场.

当 $\varepsilon_r = 1, \mu_r = 1, k = k_0$ 时, 这相应于不存在介质圆柱, 如所预期的, 由 (5.5.23) 和 (5.5.24) 式可得 $\tilde{s}_n = 0, b_n = a_n$, 整个空间为单一 $\varepsilon_0, \mu_0$ 媒质, 只存在入射波.

此外, (5.5.18) 和 (5.5.19) 式亦可写成如下矩阵形式:

$$\begin{vmatrix} J_n(ka) & -H_n^{(2)}(k_0a) \\ \dfrac{k}{\mu}J_n'(ka) & -\dfrac{k_0}{\mu_0}H_n^{(2)'}(k_0a) \end{vmatrix}\begin{vmatrix} \tilde{b}_n \\ \tilde{s}n \end{vmatrix} = \begin{vmatrix} J_n(k_0a) \\ \dfrac{k_0}{\mu_0}J_n'(k_0a) \end{vmatrix} \tag{5.5.25}$$

(5.5.25) 式可应用 Cramer(克拉默) 行列式法求解; 对于给定的 $n$ $(n = 0, 1, 2, \cdots)$, 此线性方程组亦可采用数值方法求解得 $b_n$ 和 $\tilde{s}_n$.

注意到,(5.5.1) 和 (5.5.3) 分别与 (5.3.1) 和 (5.3.3) 式具有相同形式, 故已知散射系数 $\tilde{s}_n$ 按散射宽度 $\sigma_{2D}$ 定义, 由 (5.3.22) 式可知, 它具有与 (5.3.26) 式相同的形式:

$$\sigma_{2D} = \lim_{\rho\to\infty}\left[2\pi\rho\frac{|\boldsymbol{E}_z^s|^2}{|\boldsymbol{E}_z^i|^2}\right] = \frac{2\lambda_0}{\pi}\left|\sum_{n=0}^{\infty}\varepsilon_n\tilde{s}_n\cos n\varphi\right|^2 \tag{5.5.26}$$

式中, 散射系数 $\tilde{s}_n$ 由 (5.5.23) 是给出; $\varepsilon_n = \begin{cases} 1 & n = 0 \\ 2 & n \neq 0 \end{cases}$.

应用 (5.5.26) 式可求得介质圆柱 $\mathrm{TM}_z$ 波的散射宽度. 对于 $\varepsilon_r = 2.56$、$a = 0.5\lambda_0$, 其双站 $\sigma_{2D}/\lambda_0$-$\varphi$ 特性如图 5.5.2 所示; 当 $\varphi = 180^\circ$ 时, 其单站 $\sigma_{2D}/\lambda_0$-$a/\lambda_0$

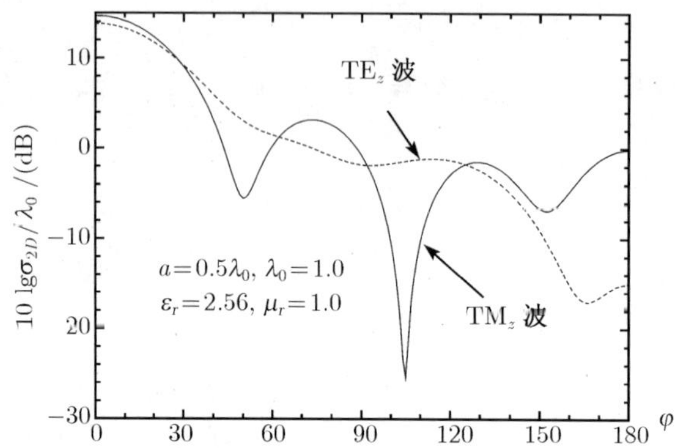


图 5.5.2　正向入射平面波的介质圆柱 $\sigma_{2D}/\lambda_0$-$\varphi$ 的双站散射特性

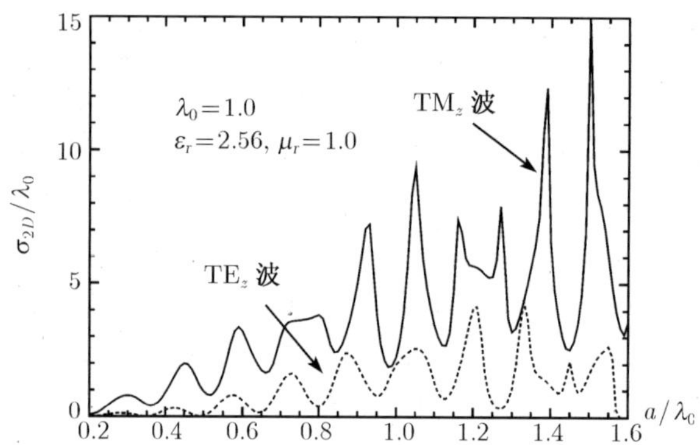


图 5.5.3　正向入射平面波的介质圆柱 $\sigma_{2D}/\lambda_0$-$a/\lambda_0$ 的单站散射特性

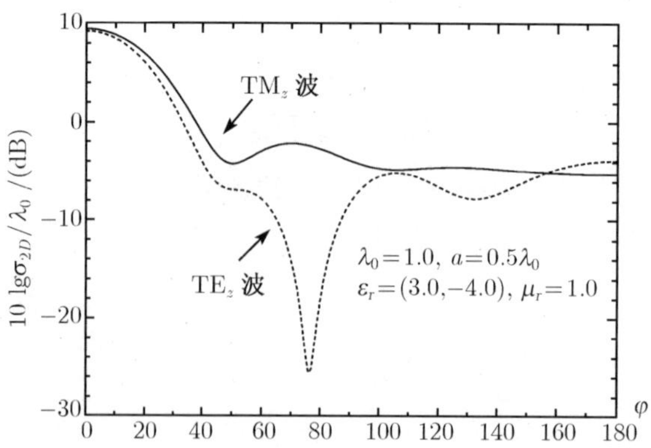


图 5.5.4　复 $\varepsilon_r$ 介质圆柱 $\sigma_{2D}/\lambda_0$-$\varphi$ 的双站散射特性

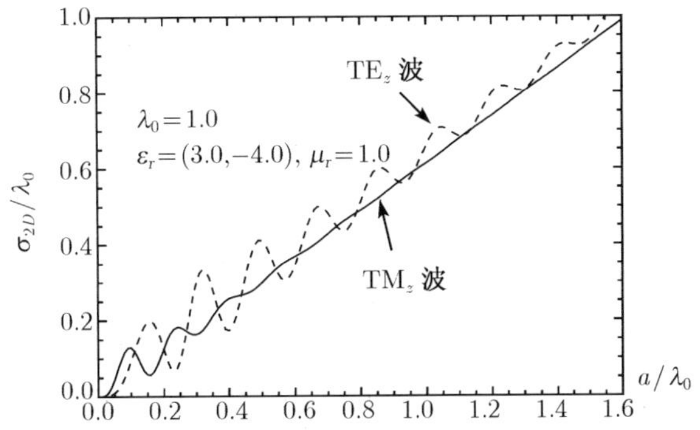


图 5.5.5 复 $\varepsilon_r$ 介质圆柱 $\sigma_{2D}/\lambda_0$-$a/\lambda_0$ 的单站散射特性

特性如图 5.5.3 所示; $\varepsilon_r=3.0-\mathrm{j}4.0$ 时的双站 $\sigma_{2D}/\lambda_0$-$\varphi$ 和单站 $\sigma_{2D}/\lambda_0$-$a/\lambda_0$ 特性分别如图 5.5.4 和图 5.5.5 所示.

## 5.6 正向入射 TE$_z$ 极化平面波的介质圆柱散射

设在 $\varepsilon_0$、$\mu_0$ 无界媒质中有一 TE$_z$ 均匀平面电磁波沿 $+x$ 方向垂直入射到位于其中半径为 $a$ 的无限长 $\varepsilon$、$\mu$ 介质圆柱上, 磁场 $\boldsymbol{H}^i=H_z^i\hat{\boldsymbol{a}}_z$ 沿圆柱轴 $z$ 方向, 电场 $\boldsymbol{E}^i=E_y^i\hat{\boldsymbol{a}}_y$ 沿 $y$ 方向, 如图 5.6.1 所示.

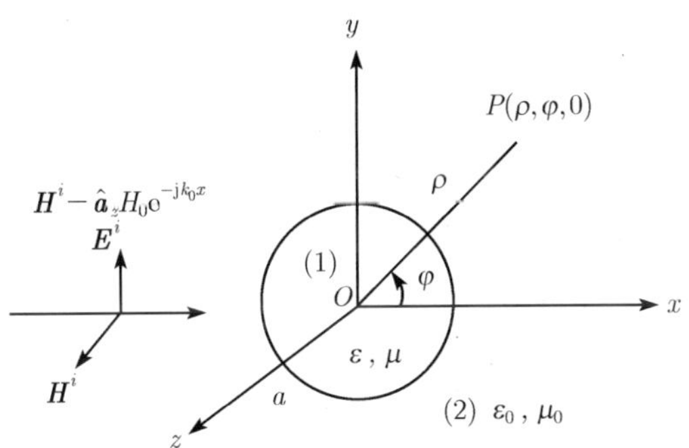


图 5.6.1 正向入射 TE$_z$ 极化平面波的介质圆柱散射

对于 TE$_z$ 波介质圆柱散射, 分析与讨论类似于 TM$_z$ 波情形.

采用圆柱坐标系 $(\rho,\varphi,z)$, 沿 $+x$ 方向传播的入射平面波磁场 $H_z^i$ 可表为

$$H_z^i=H_0\mathrm{e}^{-\mathrm{j}k_0x}=H_0\mathrm{e}^{-\mathrm{j}k_0\rho\cos\varphi}(k_0=\omega\sqrt{\varepsilon_0\mu_0}) \tag{5.6.1}$$

利用平面波的柱面波函数展开式 [见 (5.4.2) 式], $H_z^i$ 可写为

$$H_z^i=H_0\sum_{n=-\infty}^{\infty}a_nJ_n(k_0\rho)\mathrm{e}^{\mathrm{j}n\varphi} \tag{5.6.2}$$

式中, $a_n = \mathrm{j}^{-n}$ 为入射波展开式系数.

在 $\rho \geqslant a$ 介质圆柱外, 散射波电场 $H_z^s$ 可取如下形式:

$$H_z^s = H_0 \sum_{n=-\infty}^{\infty} s_n H_n^{(2)}(k_0\rho)\mathrm{e}^{\mathrm{j}n\varphi} \tag{5.6.3}$$

式中, $s_n$ 为待定的散射波展开式系数, 由场的边界条件予确定.

应用 Maxwell 方程 $\boldsymbol{E} = \dfrac{1}{\mathrm{j}\omega\varepsilon}\nabla \times \boldsymbol{H}$, 可求得相应 $H_z^i$ 的入射波电场为

$$E_\rho^i = \frac{1}{\mathrm{j}\omega\varepsilon_0\rho}\frac{\partial H_z^i}{\partial\varphi} = \frac{H_0}{\mathrm{j}\omega\varepsilon_0\rho}\sum_{n=-\infty}^{\infty} n\mathrm{j}a_n J_n(k_0\rho)\mathrm{e}^{\mathrm{j}n\varphi} \tag{5.6.4}$$

$$E_\varphi^i = -\frac{1}{\mathrm{j}\omega\varepsilon_0}\frac{\partial H_z^i}{\partial\rho} = -\frac{k_0H_0}{\mathrm{j}\omega\varepsilon_0}\sum_{n=-\infty}^{\infty} a_n J_n'(k_0\rho)\mathrm{e}^{\mathrm{j}n\varphi} \tag{5.6.5}$$

$$E_z^i = 0 \tag{5.6.6}$$

而相应 $H_z^s$ 的散射波电场为

$$E_\rho^s = \frac{1}{\mathrm{j}\omega\varepsilon_0\rho}\frac{\partial H_z^s}{\partial\varphi} = \frac{H_0}{\mathrm{j}\omega\varepsilon_0\rho}\sum_{n=-\infty}^{\infty} n\mathrm{j}s_n H_n^{(2)}(k_0\rho)\mathrm{e}^{\mathrm{j}n\varphi} \tag{5.6.7}$$

$$E_\varphi^s = -\frac{1}{\mathrm{j}\omega\varepsilon_0}\frac{\partial H_z^s}{\partial\rho} = -\frac{k_0H_0}{\mathrm{j}\omega\varepsilon_0}\sum_{n=-\infty}^{\infty} s_n H_n^{(2)\prime}(k_0\rho)\mathrm{e}^{\mathrm{j}n\varphi} \tag{5.6.8}$$

$$E_z^s = 0 \tag{5.6.9}$$

在介质圆柱内的电磁场具有与入射波场相类似形式, 故在 $\rho \leqslant a$ 区域 (1) 和 $\rho \geqslant a$ 区域 (2) 中的电磁场, 它们各分量的表示式如下:

区域 (1): $\rho \leqslant a$: $\mu, \varepsilon$ 介质 $(k = \omega\sqrt{\mu\varepsilon})$

$$H_z^{(1)} = H_0 \sum_{n=-\infty}^{\infty} b_n J_n(k\rho)\mathrm{e}^{\mathrm{j}n\varphi} \tag{5.6.10}$$

$$E_\rho^{(1)} = \frac{1}{\mathrm{j}\omega\varepsilon\rho}\frac{\partial H_z^{(1)}}{\partial\varphi} = \frac{H_0}{\mathrm{j}\omega\varepsilon\rho}\sum_{n=-\infty}^{\infty} n\mathrm{j}b_n J_n(k\rho)\mathrm{e}^{\mathrm{j}n\varphi} \tag{5.6.11}$$

$$E_\varphi^{(1)} = -\frac{1}{\mathrm{j}\omega\varepsilon}\frac{\partial H_z^{(1)}}{\partial\rho} = -\frac{kH_0}{\mathrm{j}\omega\varepsilon}\sum_{n=-\infty}^{\infty} b_n J_n'(k\rho)\mathrm{e}^{\mathrm{j}n\varphi} \tag{5.6.12}$$

$$E_z^{(1)} = H_\rho^{(1)} = H_\varphi^{(1)} = 0 \tag{5.6.13}$$

区域 (2): $\rho \geqslant a$: $\mu_0, \varepsilon_0$ 自由空间 $(k_0 = \omega\sqrt{\mu_0\varepsilon_0})$

区域 (2) 中的总电磁场是入射波场与散射波场的叠加, 即

$$H_z^{(2)} = H_0 \sum_{n=-\infty}^{\infty} \left[ a_n J_n(k_0\rho) + s_n H_n^{(2)}(k_0\rho) \right] \mathrm{e}^{\mathrm{j}n\varphi} \tag{5.6.14}$$

$$E_\rho^{(2)} = \frac{H_0}{\mathrm{j}\omega\varepsilon_0\rho} \sum_{n=-\infty}^{\infty} n\mathrm{j} \left[ a_n J_n(k_0\rho) + s_n H_n^{(2)}(k_0\rho) \right] \mathrm{e}^{\mathrm{j}n\varphi} \tag{5.6.15}$$

$$E_\varphi^{(2)} = -\frac{k_0 H_0}{\mathrm{j}\omega\varepsilon_0} \sum_{n=-\infty}^{\infty} \left[ a_n J_n'(k_0\rho) + s_n H_n^{(2)\prime}(k_0\rho) \right] \mathrm{e}^{\mathrm{j}n\varphi} \tag{5.6.16}$$

$$E_z^{(2)} = H_\rho^{(2)} = H_\varphi^{(2)} = 0 \tag{5.6.17}$$

式中, $a_n = \mathrm{j}^{-n}$; $b_n$ 和 $s_n$ 为待定的散射波展开式系数.

现应用在 $\rho = a$ 介质圆柱面上 $H_z$ 和 $E_\varphi$ 的边界条件来确定系数 $b_n$ 和 $s_n$.

根据边界条件 $H_z^{(1)}\Big|_{\rho=a} = H_z^{(2)}\Big|_{\rho=a}$ 和 $E_\varphi^{(1)}\Big|_{\rho=a} = E_\varphi^{(2)}\Big|_{\rho=a}$, 可得

$$b_n J_n(ka) = a_n J_n(k_0a) + s_n H_n^{(2)}(k_0a) \tag{5.6.18}$$

和

$$\frac{k}{\varepsilon} b_n J_n'(ka) = \frac{k_0}{\varepsilon_0} \left[ a_n J_n'(k_0a) + s_n H_n^{(2)\prime}(k_0a) \right] \tag{5.6.19}$$

(5.6.18) 和 (5.6.19) 式是关于系数 $b_n$ 和 $s_n$ 的联立方程组, 解此方程组, 即可得出 $b_n$ 和 $s_n$ 的解析表达式. 为此, 将 (5.6.18) 与 (5.6.19) 式相除后可得

$$\frac{k_0\varepsilon}{k\varepsilon_0} \frac{J_n(ka)}{J_n'(ka)} = \frac{J_n(k_0a) + \dfrac{s_n}{a_n} H_n^{(2)}(k_0a)}{J_n'(k_0a) + \dfrac{s_n}{a_n} H_n^{(2)\prime}(k_0a)} \tag{5.6.20}$$

令

$$R_H^{(1)} = \frac{k_0\varepsilon}{k\varepsilon_0} \frac{J_n(ka)}{J_n'(ka)} = \frac{\sqrt{\varepsilon_r}}{\sqrt{\mu_r}} \frac{J_n(ka)}{J_n'(ka)} \tag{5.6.21}$$

则有

$$J_n(k_0a) + \frac{s_n}{a_n} H_n^{(2)}(k_0a) = \left[ J_n'(k_0a) + \frac{s_n}{a_n} H_n^{(2)\prime}(k_0a) \right] R_H^{(1)}$$

由此可解得

$$\tilde{s}_n = \frac{s_n}{a_n} = -\frac{J_n(k_0a) - R_H^{(1)} J_n'(k_0a)}{H_n^{(2)}(k_0a) - R_H^{(1)} H_n^{(2)\prime}(k_0a)} \tag{5.6.22}$$

代入 $R_H^{(1)}$, 最后便得到

$$\tilde{s}_n = -\frac{\sqrt{\mu_r} J_n'(ka) J_n(k_0a) - \sqrt{\varepsilon_r} J_n(ka) J_n'(k_0a)}{\sqrt{\mu_r} J_n'(ka) H_n^{(2)}(k_0a) - \sqrt{\varepsilon_r} J_n(ka) H_n^{(2)\prime}(k_0a)} \tag{5.6.23}$$

由 (5.6.18) 式可知有

$$\tilde{b}_n = \frac{b_n}{a_n} = \frac{1}{J_n(ka)}\left[J_n(k_0a) + \tilde{s}_n H_n^{(2)}(k_0a)\right] \tag{5.6.24}$$

将 $\tilde{s}_n$ 代入上式便可求得系数 $\tilde{b}_n$.

当 $\varepsilon_r = 1, \mu_r = 1, k = k_0$ 时, 这相应于不存在介质圆柱, 如所预期的, 由 (5.6.23) 和 (5.6.24) 式可得 $\tilde{s}_n = 0, b_n = a_n$, 整个空间为单一 $\varepsilon_0, \mu_0$ 媒质, 只存在入射波.

当求得系数 $\tilde{b}_n$ 和 $\tilde{s}_n$ 后, 便可应用 (5.6.10)~(5.6.12) 式得出区域 (1) 介质圆柱内的电磁场, 应用 (5.6.3)、(5.6.7) 和 (5.6.8), 以及 (5.6.14)~(5.6.16) 式分别得出区域 (2) 中的散射场与总的电磁场.

此外, (5.6.18) 和 (5.6.19) 式亦可写成如下矩阵形式:

$$\begin{vmatrix} J_n(ka) & -H_n^{(2)}(k_0a) \\ \dfrac{k}{\varepsilon}J_n'(ka) & -\dfrac{k_0}{\varepsilon_0}H_n^{(2)'}(k_0a) \end{vmatrix} \begin{vmatrix} \tilde{b}_n \\ \tilde{s}_n \end{vmatrix} = \begin{vmatrix} J_n(k_0a) \\ \dfrac{k_0}{\varepsilon_0}J_n'(k_0a) \end{vmatrix} \tag{5.6.25}$$

(5.6.25) 式可应用 Cramer 行列式法求解; 对于给定的 $n$ $(n = 0, 1, 2, \cdots)$, 此线性方程组亦可采用数值方法求解得 $\tilde{b}_n$ 和 $\tilde{s}_n$.

已知散射系数 $\tilde{s}_n$, 按散射宽度 $\sigma_{2D}$ 定义, 由 (5.3.22) 和 (5.3.26) 式可得

$$\begin{aligned} \sigma_{2D} &= \lim_{\rho\to\infty}\left[2\pi\rho\frac{|\boldsymbol{H}^s|^2}{|\boldsymbol{H}^i|^2}\right] \\ &= \frac{4}{k_0}\left|\sum_{n=-\infty}^{\infty}\tilde{s}_n \mathrm{e}^{\mathrm{j}n\varphi}\right|^2 = \frac{2\lambda_0}{\pi}\left|\sum_{n=0}^{\infty}\varepsilon_n\tilde{s}_n\cos n\varphi\right|^2 \end{aligned} \tag{5.6.26}$$

式中, $\tilde{s}_n$ 由 (5.6.22) 式给出; $\varepsilon_n = \begin{cases} 1 & n = 0 \\ 2 & n \neq 0 \end{cases}$.

应用 (5.6.26) 式可求得介质圆柱 $\mathrm{TE}_z$ 波的散射宽度. 对于介电常数 $\varepsilon_r = 2.56$、柱体半径 $a = 0.5\lambda_0$, 其双站 $\sigma_{2D}/\lambda_0$-$\varphi$ 的关系曲线; 当 $\varphi = 180^\circ$ 时, 其单站 $\sigma_{2D}/\lambda_0$-$a/\lambda_0$ 的关系曲线; 以及具有复介电常数 $\varepsilon_r = 3.0 - \mathrm{j}4.0$ 时的双站 $\sigma_{2D}/\lambda_0$-$\varphi$ 和单站 $\sigma_{2D}/\lambda_0$-$a/\lambda_0$ 的关系曲线它们已与 $\mathrm{TM}_z$ 情形一并给在图 5.5.2~5.5.5 中.

## 5.7 正向入射 $\mathrm{TM}_z$ 平面波的介质敷层导体圆柱散射

设在 $\varepsilon_0$、$\mu_0$ 无界媒质中有一 $\mathrm{TM}_z$ 均匀平面电磁波沿 $+x$ 方向垂直入射到一 $\varepsilon$、$\mu$ 介质敷层的无限长理想导体圆柱上, 导体圆柱的半径为 $a$, 介质敷层圆柱的内

径和外径分别为 $a$ 和 $b$; 电场 $\boldsymbol{E}^i = E_z^i\hat{\boldsymbol{a}}_z$ 沿圆柱轴 $z$ 方向极化, 磁场 $\boldsymbol{H}^i$ 沿 $-y$ 方向, 如图 5.7.1 所示.

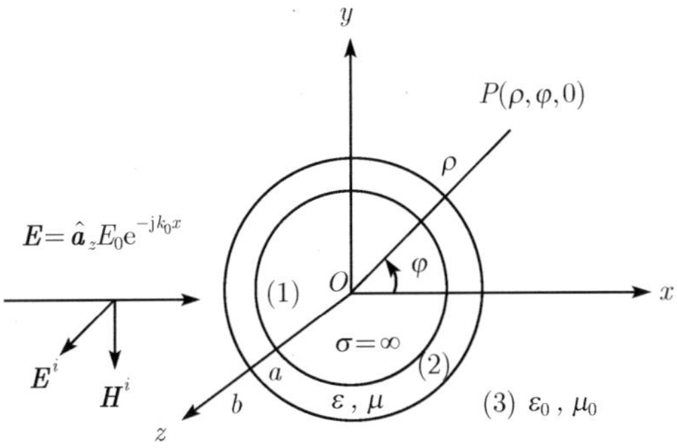


图 5.7.1 正向入射 TM$_z$ 极化波的介质敷层导电圆柱散射

采用圆柱坐标系 $(\rho,\varphi,z)$, 沿 $+x$ 方向传播的入射平面波电场 $E_z^i$ 可表为

$$E_z^i = E_0\mathrm{e}^{-\mathrm{j}k_0x} = E_0\mathrm{e}^{-\mathrm{j}k_0\rho\cos\varphi}(k_0 = \omega\sqrt{\varepsilon_0\mu_0}) \tag{5.7.1}$$

其柱面波函数展开式可表为

$$E_z^i = E_0\sum_{n=-\infty}^{\infty} a_nJ_n(k_0\rho)\mathrm{e}^{\mathrm{j}n\varphi} \tag{5.7.2}$$

式中, $a_n = \mathrm{j}^{-n}$ 为入射波展开式系数.

散射波电场 $E_z^s$ 可取如下形式:

$$E_z^s = E_0\sum_{n=-\infty}^{\infty} s_nH_n^{(2)}(k_0\rho)\mathrm{e}^{\mathrm{j}n\varphi} \tag{5.7.3}$$

式中, $s_n$ 为待定的散射波展开式系数, 可由场的边界条件予确定.

在 $\rho > b$ 介质敷层导体圆柱外, 总电场则为入射波电场与散射电场之和, 即

$$E_z^{(3)} = E_z^i + E_z^s = E_0\sum_{n=-\infty}^{\infty}\left[a_nJ_n(k_0\rho) + s_nH_n^{(2)}(k_0\rho)\right]\mathrm{e}^{\mathrm{j}n\varphi} \tag{5.7.4}$$

在 $a \leqslant \rho \leqslant b$ 介质敷层圆柱内, 总电场 $E_z^{(2)}$ 亦具有 $E_z^{(3)}$ 类似的形式, 它的全解可表为 $J_n(k\rho)$与$Y_n(k\rho)$(或 $H_n^{(1)}(k\rho)$ 与 $H_n^{(2)}(k\rho)$) 的线性组合展开式, 即

$$E_z^{(2)} = E_0\sum_{n=-\infty}^{\infty}\left[b_nJ_n(k_0\rho) + c_nY_n(k_0\rho)\right]\mathrm{e}^{\mathrm{j}n\varphi} \tag{5.7.5}$$

已知 $E_z$, 由 $\boldsymbol{H}=-\dfrac{1}{\mathrm{j}\omega\mu}\nabla\times\boldsymbol{E}$ 可得 $H_\rho=-\dfrac{1}{\mathrm{j}\omega\mu_0\rho}\dfrac{\partial E_z}{\partial\varphi}$ 和 $H_\varphi=\dfrac{1}{\mathrm{j}\omega\mu}\dfrac{\partial E_z}{\partial\rho}$.

于是, 我们可得区域 (1)~(3) 中的电磁场各分量的表示式如下:

区域 (1): $\sigma=\infty$ 理想导体

$$\boldsymbol{E}^{(1)}=\boldsymbol{H}^{(1)}=0 \tag{5.7.6}$$

区域 (2): $a\leqslant\rho\leqslant b$, $\mu,\varepsilon$ 介质 $(k=\omega\sqrt{\mu\varepsilon})$

$$E_z^{(2)}=E_0\sum_{n=-\infty}^{\infty}\left[b_nJ_n(k\rho)+c_nY_n(k\rho)\right]\mathrm{e}^{\mathrm{j}n\varphi} \tag{5.7.7}$$

$$H_\rho^{(2)}=-\frac{E_0}{\mathrm{j}\omega\mu\rho}\sum_{n=-\infty}^{\infty}n\mathrm{j}\left[b_nJ_n(k\rho)+c_nY_n(k\rho)\right]\mathrm{e}^{\mathrm{j}n\varphi} \tag{5.7.8}$$

$$H_\varphi^{(2)}=\frac{kE_0}{\mathrm{j}\omega\mu}\sum_{n=-\infty}^{\infty}\left[b_nJ_n'(k\rho)+c_nY_n'(k\rho)\right]\mathrm{e}^{\mathrm{j}n\varphi} \tag{5.7.9}$$

$$E_\rho^{(2)}=E_\varphi^{(2)}=H_z^{(2)}=0 \tag{5.7.10}$$

式中, $b_n$ 和 $c_n$ 为待定展开式系数, 亦由场的边界条件予确定.

区域 (3): $b\leqslant\rho\leqslant\infty$, $\mu_0,\varepsilon_0$ 自由空间 $(k_0=\omega\sqrt{\mu_0\varepsilon_0})$

$$E_z^{(3)}=E_0\sum_{n=-\infty}^{\infty}\left[a_nJ_n(k_0\rho)+s_nH_n^{(2)}(k_0\rho)\right]\mathrm{e}^{\mathrm{j}n\varphi} \tag{5.7.11}$$

$$H_\rho^{(3)}=-\frac{E_0}{\mathrm{j}\omega\mu_0\rho}\sum_{n=-\infty}^{\infty}n\mathrm{j}\left[a_nJ_n(k_0\rho)+s_nH_n^{(2)}(k_0\rho)\right]\mathrm{e}^{\mathrm{j}n\varphi} \tag{5.7.12}$$

$$H_\varphi^{(3)}=\frac{k_0E_0}{\mathrm{j}\omega\mu_0}\sum_{n=-\infty}^{\infty}\left[a_nJ_n'(k_0\rho)+s_nH_n^{(2)\prime}(k_0\rho)\right]\mathrm{e}^{\mathrm{j}n\varphi} \tag{5.7.13}$$

$$E_\rho^{(3)}=E_\varphi^{(3)}=H_z^{(3)}=0 \tag{5.7.14}$$

现应用在介质敷层与理想导体圆柱 $\rho=a$ 界面上 $E_z$(或 $H_\rho$), 以及在介质敷层与外层 $\varepsilon_0$、$\mu_0$ 空间 $\rho=b$ 界面上 $E_z$ 和 $H_\varphi$ 所应满足的边界条件来确定系数 $b_n$、$c_n$ 和 $s_n$.

由 $\rho=a$ 处边界条件: $E_z^{(2)}\big|_{\rho=a}=0$ 或 $H_\rho^{(2)}\big|_{\rho=a}=0$, 可得

$$b_nJ_n(ka)+c_nY_n(ka)=0 \tag{5.7.15}$$

由 $\rho=b$ 处边界条件: $E_z^{(2)}\Big|_{\rho=b}=E_z^{(3)}\Big|_{\rho=b}$ 和 $H_\varphi^{(2)}\Big|_{\rho=b}=H_\varphi^{(3)}\Big|_{\rho=b}$ 分别可得

$$b_nJ_n(kb)+c_nY_n(kb)=a_nJ_n(k_0b)+s_nH_n^{(2)}(k_0b) \tag{5.7.16}$$

和

$$\frac{k}{\mu}\left[b_n J_n'(kb)+c_n Y_n'(kb)\right]=\frac{k_0}{\mu_0}\left[a_n J_n'(k_0b)+s_n H_n^{(2)'}(k_0b)\right] \tag{5.7.17}$$

以上 (5.7.15)~(5.7.17) 式是关于系数 $b_n, c_n$ 和 $s_n$ 的联立方程组, 解此方程组, 即可得出 $b_n, c_n$ 和 $s_n$ 的解析表达式. 为此, 由 (5.5.15) 式解出 $c_n$, 有

$$c_n=-\frac{J_n(ka)}{Y_n(ka)}b_n \quad 或 \quad \frac{c_n}{b_n}=-\frac{J_n(ka)}{Y_n(ka)} \tag{5.7.18}$$

将 (5.7.18) 代入 (5.7.16) 和 (5.7.17) 式, 消去 $c_n$, 可得

$$\left[J_n(kb)-\frac{J_n(ka)}{Y_n(ka)}Y_n(kb)\right]b_n=a_n J_n(k_0b)+s_n H_n^{(2)}(k_0b) \tag{5.7.19}$$

和

$$\left[J_n'(kb)-\frac{J_n(ka)}{Y_n(ka)}Y_n'(kb)\right]b_n=\frac{k_0\mu}{k\mu_0}\left[a_n J_n'(k_0b)+s_n H_n^{(2)'}(k_0b)\right] \tag{5.7.20}$$

(5.7.19)÷(5.7.19) 式, 得

$$\frac{J_n(kb)Y_n(ka)-J_n(ka)Y_n(kb)}{J_n'(kb)Y_n(ka)-J_n(ka)Y_n'(kb)}=\frac{k\mu_0}{k_0\mu}\frac{a_n J_n(k_0b)+s_n H_n^{(2)}(k_0b)}{a_n J_n'(k_0b)+s_n H_n^{(2)'}(k_0b)} \tag{5.7.21}$$

即

$$\begin{aligned}&k_0\mu\left[J_n(kb)Y_n(ka)-J_n(ka)Y_n(kb)\right]\left[a_n J_n'(k_0b)+s_n H_n^{(2)'}(k_0b)\right]\\=&k\mu_0\left[J_n'(kb)Y_n(ka)-J_n(ka)Y_n'(kb)\right]\left[a_n J_n(k_0b)+s_n H_n^{(2)}(k_0b)\right]\end{aligned}$$

由此可解得

$$\tilde{s}_n=\frac{s_n}{a_n}=\frac{\begin{aligned}&k_0\mu J_n'(k_0b)\left[J_n(kb)Y_n(ka)-J_n(ka)Y_n(kb)\right]\\&-k\mu_0 J_n(k_0b)\left[J_n'(kb)Y_n(ka)-J_n(ka)Y_n'(kb)\right]\end{aligned}}{\begin{aligned}&k\mu_0 H_n^{(2)}(k_0b)\left[J_n'(kb)Y_n(ka)-J_n(ka)Y_n'(kb)\right]\\&-k_0\mu H_n^{(2)'}(k_0b)\left[J_n(kb)Y_n(ka)-J_n(ka)Y_n(kb)\right]\end{aligned}} \tag{5.7.22}$$

求得 $\tilde{s}_n$ 后, 由 (5.7.15) 和 (5.7.16) 式分别消去 $c_n$ 和 $b_n$, 便可解得

$$\tilde{b}_n=\frac{b_n}{a_n}=-Y_n(ka)\frac{J_n(k_0b)+\tilde{s}_n H_n^{(2)}(k_0b)}{J_n(ka)Y_n(kb)-J_n(kb)Y_n(ka)} \tag{5.7.23}$$

和

$$\tilde{c}_n=\frac{c_n}{a_n}=J_n(ka)\frac{J_n(k_0b)+\tilde{s}_n H_n^{(2)}(k_0b)}{J_n(ka)Y_n(kb)-J_n(kb)Y_n(ka)} \tag{5.7.24}$$

此外, (5.7.15)~(5.7.17) 式亦可写成如下矩阵形式：

$$\begin{vmatrix} J_n(ka) & Y_n(ka) & 0 \\ J_n(kb) & Y_n(kb) & -H_n^{(2)}(k_0b) \\ \dfrac{k}{\mu}J_n'(kb) & \dfrac{k}{\mu}Y_n'(kb) & -\dfrac{k_0}{\mu_0}H_n^{(2)'}(k_0b) \end{vmatrix} \begin{vmatrix} \tilde{b}_n \\ \tilde{c}_n \\ \tilde{s}_n \end{vmatrix} = \begin{vmatrix} 0 \\ J_n(k_0b) \\ \dfrac{k_0}{\mu_0}J_n'(k_0b) \end{vmatrix} \tag{5.7.25}$$

(5.7.25) 式可应用 Cramer 行列式法求解；对于给定的 $n$ $(n=0,1,2,\cdots)$, 此线性方程组亦可采用数值方法求解.

由 (5.7.22)~(5.7.24) 式或求解 (5.7.25) 式, 当求得系数 $b_n, c_n$ 和 $s_n$ 后, 便可由 (5.7.7)~(5.7.9) 式计算出区域 (2) 介质敷层中的电磁场；而由 (5.7.11)~(5.7.13) 式计算出区域 (3) 自由空间中的散射波电磁场和总的电磁场.

按散射宽度 $\sigma_{2D}$ 定义, 由 (5.3.22) 和 (5.3.26) 式可得

$$\begin{aligned} \sigma_{2D} &= \lim_{\rho\to\infty}\left[2\pi\rho\frac{|\boldsymbol{E}_z^s|^2}{|\boldsymbol{E}_z^i|^2}\right] \\ &= \frac{4}{k_0}\left|\sum_{n=-\infty}^{\infty}\tilde{s}_n\mathrm{e}^{\mathrm{j}n\varphi}\right|^2 = \frac{2\lambda_0}{\pi}\left|\sum_{n=0}^{\infty}\varepsilon_n\tilde{s}_n\cos n\varphi\right|^2 \end{aligned} \tag{5.7.26}$$

式中, $\varepsilon_n = \begin{cases} 1 & n=0 \\ 2 & n\neq 0 \end{cases}$ ；这里的 $\tilde{s}_n$ 由 (5.7.22) 式给出.

(a) 如果 $b=a$, 则 (5.7.22) 式 $\tilde{s}_n$ 将退化为

$$\begin{aligned} \tilde{s}_n &= \frac{s_n}{a_n} = \frac{-k\mu_0 J_n(k_0a)\left[J_n'(ka)Y_n(ka)-J_n(ka)Y_n'(ka)\right]}{k\mu_0 H_n^{(2)}(k_0a)\left[J_n'(ka)Y_n(ka)-J_n(ka)Y_n'(ka)\right]} \\ &= -\frac{J_n(k_0a)}{H_n^{(2)}(k_0a)} \end{aligned} \tag{5.7.27}$$

(b) 如果 $\varepsilon=\varepsilon_0$, $\mu=\mu_0$, 则有 $k=k_0$, 并因有 Bessel 函数 Wronskian 行列式：

$$\begin{aligned} &W[J_n(z),Y_n(z)] = J_n(z)Y_n'(z)-J_n'(z)Y_n(z) = \frac{2}{\pi z} \\ &W[H_n^{(2)}(z),J_n(z)] = H_n^{(2)}(z)J_n'(z)-H_n^{(2)'}(z)J_n(z) = \mathrm{j}W[J_n(z),Y_n(z)] \\ &W[H_n^{(2)}(z),Y_n(z)] = H_n^{(2)}(z)Y_n'(z)-H_n^{(2)'}(z)Y_n(z) = W[J_n(z),Y_n(z)] \end{aligned}$$

于是 (5.7.22) 式 $\tilde{s}_n$ 的分子和分母将分别简化成：

$$\begin{aligned} (5.7.22)\text{ 式的分子} &= -J_n(k_0a)\left[J_n'(k_0b)Y_n(k_0b)-J_n(k_0b)Y_n'(k_0b)\right] \\ &= -\frac{2}{\pi k_0 b}J_n(k_0a) \end{aligned}$$

$$
\begin{aligned}
(5.7.22)\text{ 式的分母} =& Y_n(k_0a)\left[H_n^{(2)}(k_0b)J_n'(k_0b) - H_n^{(2)'}(k_0b)J_n'(k_0b)\right] \\
& - J_n(k_0a)\left[H_n^{(2)}(k_0b)Y_n'(k_0b) - H_n^{(2)'}(k_0b)Y_n(k_0b)\right] \\
=& \frac{2}{\pi k_0 b}\left[\mathrm{j}Y_n(k_0a) - J_n(k_0a)\right] \\
=& -\frac{2}{\pi k_0 b}H_n^{(2)}(k_0a)
\end{aligned}
$$

代入 (5.7.22) 式后, 便有

$$
\tilde{s}_n = -\frac{J_n(k_0a)}{H_n^{(2)}(k_0a)} \tag{5.7.28}
$$

将 (5.7.27) 或 (5.7.28) 式代入 (5.7.23) 和 (5.7.24) 式, 可得

$$
\tilde{b}_n = \tilde{c}_n = 0
$$

如所预期的, 介质敷层不存在时应有 $\tilde{b}_n = \tilde{c}_n = 0$; 而 (5.7.27) 和 (5.7.28) 式结果正是 TM$_z$ 入射波理想导体圆柱的散射系数 (见 (5.3.14) 式).

应用 (5.7.26) 式可求得 TM$_z$ 波介质敷层导电圆柱的散射宽度. 对于介电常数 $\varepsilon_r = 2.56$、柱体半径 $a = 0.15\lambda_0$、$b = a + \lambda_\varepsilon/8 = 0.228125\lambda_0$ 与 $b = a + \lambda_\varepsilon/4 = 0.30625\lambda_0$ 时的双站 $\sigma_{2D}/\lambda_0$-$\varphi$ 的关系曲线如图 5.7.2 所示; 而 $b = a + \lambda_\varepsilon/2 = 0.4625\lambda_0$ 与 $b = a + 3\lambda_\varepsilon/4 = 0.61875\lambda_0$ 时的双站 $\sigma_{2D}/\lambda_0$-$\varphi$ 的关系曲线如图 5.7.3 所示.

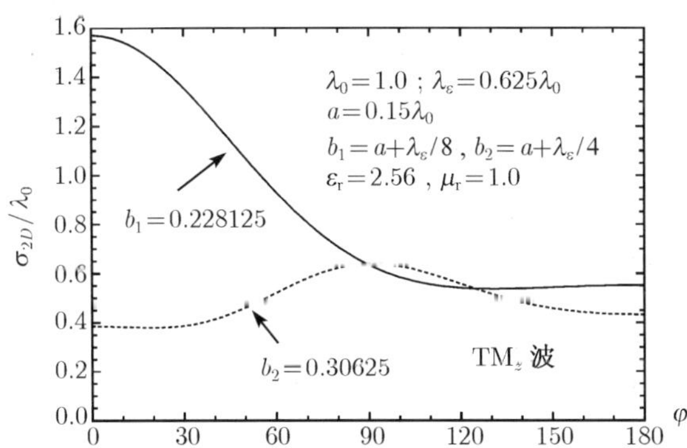


图 5.7.2　TM$_z$ 波介质敷层导电圆柱 $\sigma_{2D}/\lambda_0$-$\varphi$ 的双站散射特性

对于具有复介电常数 $\varepsilon_r = 3.0 - \mathrm{j}4.0$、柱体半径 $a = 0.15\lambda_0$ 和 $b = 0.275\lambda_0$ 时的双站 $\sigma_{2D}/\lambda_0$-$\varphi$ 的关系曲线如图 5.7.4 所示; 当 $\varphi = 180°$, 介电常数 $\varepsilon_r = 2.56$、柱体半径 $a = 0.15\lambda_0$ 和 $a = 0.30\lambda_0$ 时, 单站 $\sigma_{2D}/\lambda_0$-$b/\lambda_0$ 的关系曲线如图 5.7.5 所

示；而当柱体半径 $a=0.15\lambda_0$、介电常数 $\varepsilon_r=5.76$ 和复介电常数 $\varepsilon_r=3.0-\mathrm{j}4.0$ 时单站 $\sigma_{2D}/\lambda_0$-$b/\lambda_0$ 的关系曲线分别给在如图 5.7.6 和图 5.7.7 中.

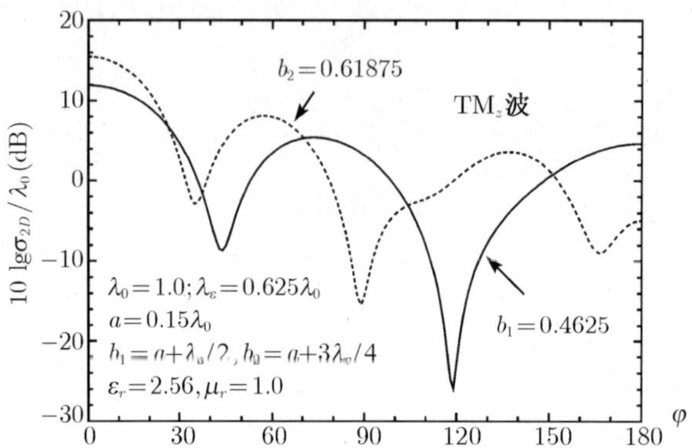


图 5.7.3 TM$_z$ 波介质敷层导电圆柱 $\sigma_{2D}/\lambda_0$-$\varphi$ 双站散射特性

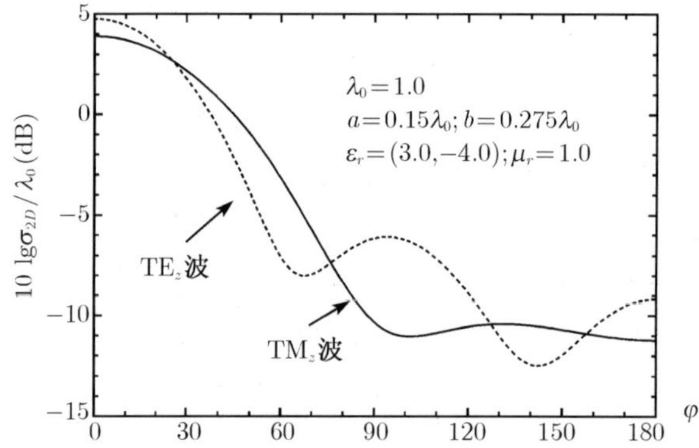


图 5.7.4 介质敷层导电圆柱 $\sigma_{2D}/\lambda_0$-$b/\lambda_0$ 单站散射特性

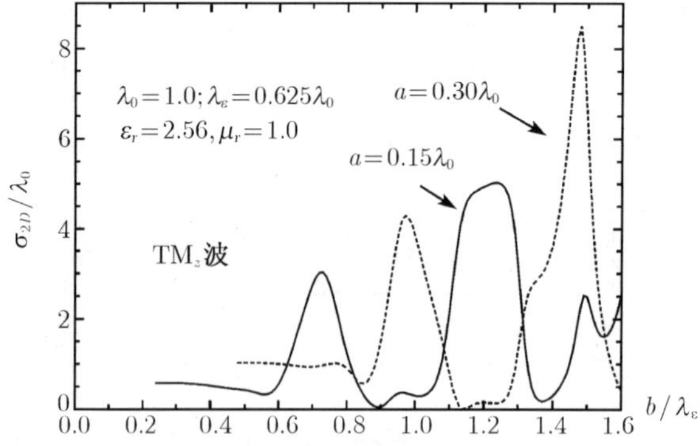


图 5.7.5 TM$_z$ 波介质敷层导电圆柱 $\sigma_{2D}/\lambda_0$-$b/\lambda_\varepsilon$ 单站散射特性

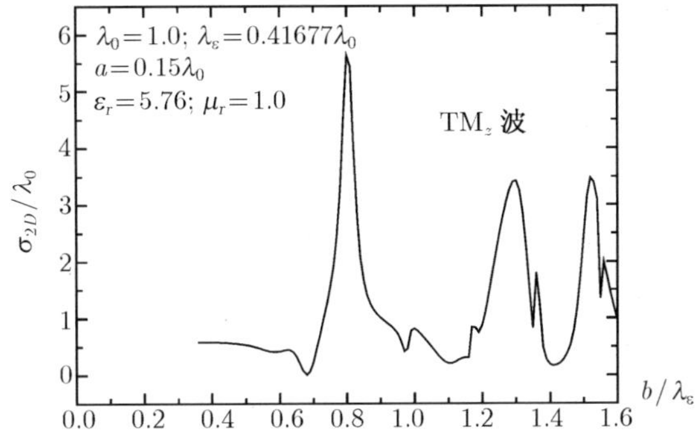


图 5.7.6 TM$_z$ 波介质敷层导电圆柱 $\sigma_{2D}/\lambda_0$-$b/\lambda_\varepsilon$ 单站散射特性

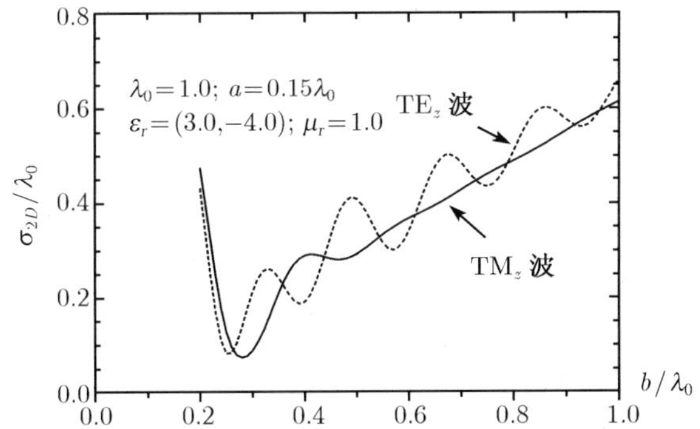


图 5.7.7 TM$_z$ 波复介质敷层导电圆柱 $\sigma_{2D}/\lambda_0$-$b/\lambda_0$ 单站散射特性

## 5.8 正向入射 TE$_z$ 平面波的介质敷层导体圆柱散射

设在无界媒质 $\varepsilon_0$、$\mu_0$ 中有一 TE$_z$ 均匀平面电磁波沿 $+x$ 方向垂直入射到一 $\varepsilon$、$\mu$ 介质敷层的无限长理想导体圆柱上, 导体圆柱的半径为 $a$, 介质敷层的内径和外径分别为 $a$ 和 $b$; 电场 $\boldsymbol{H}^i = H_z^i\hat{\boldsymbol{a}}_z$ 沿圆柱轴 $z$ 方向, 电场 $\boldsymbol{E}^i = E_y^i\hat{\boldsymbol{a}}_y$ 沿 $y$ 方向, 如图 5.8.1 所示.

对于 TE$_z$ 波介质敷层导体圆柱散射, 分析与讨论类似于 TM$_z$ 波情形.

采用圆柱坐标系 $(\rho,\varphi,z)$, 沿 $+x$ 方向传播的入射平面波磁场 $H_z^i$ 可表为

$$H_z^i = H_0\mathrm{e}^{-\mathrm{j}k_0x} = H_0\mathrm{e}^{-\mathrm{j}k_0\rho\cos\varphi}(k_0 = \omega\sqrt{\varepsilon_0\mu_0}) \tag{5.8.1}$$

其柱面波函数展开式可表为

$$H_z^i = H_0\sum_{n=-\infty}^{\infty} a_nJ_n(k_0\rho)\mathrm{e}^{\mathrm{j}n\varphi} \tag{5.8.2}$$

式中, $a_n = \mathrm{j}^{-n}$ 为入射波展开式系数.

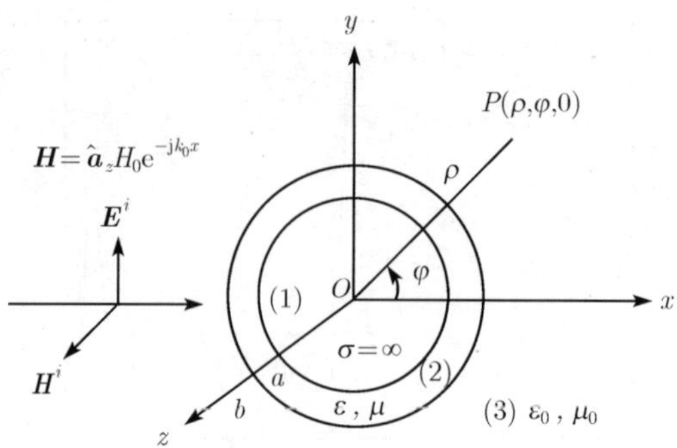


图 5.8.1　正向入射 $\mathrm{TM}_z$ 极化波的介质敷层导电圆柱散射

散射波电场 $H_z^s$ 可取如下形式:

$$H_z^s = H_0 \sum_{n=-\infty}^{\infty} s_n H_n^{(2)}(k_0\rho)\mathrm{e}^{\mathrm{j}n\varphi} \tag{5.8.3}$$

式中, $s_n$ 为待定的散射波展开式系数, 可由场的边界条件予确定.

在 $\rho \geqslant b$ 介质敷层导体圆柱外, 总磁场则为入射波磁场与散射磁场之和, 即

$$H_z^{(3)} = H_z^i + H_z^s = H_0 \sum_{n=-\infty}^{\infty} \left[a_n J_n(k_0\rho) + s_n H_n^{(2)}(k_0\rho)\right] \mathrm{e}^{\mathrm{j}n\varphi} \tag{5.8.4}$$

在 $a \leqslant \rho \leqslant b$ 介质圆柱内, 总磁场 $H_z^{(2)}$ 亦具有 $H_z^{(3)}$ 类似的形式, 它的全解可表为 $J_n(k\rho)$与$Y_n(k\rho)$(或 $H_n^{(1)}(k\rho)$ 与 $H_n^{(2)}(k\rho)$) 的线性组合展开式, 即

$$H_z^{(2)} = H_0 \sum_{n=-\infty}^{\infty} [b_n J_n(k_0\rho) + c_n Y_n(k_0\rho)]\, \mathrm{e}^{\mathrm{j}n\varphi} \tag{5.8.5}$$

已知 $H_z$, 的相应电场为 $\boldsymbol{E} = \dfrac{1}{\mathrm{j}\omega\varepsilon}\nabla \times \boldsymbol{H} = \dfrac{1}{\mathrm{j}\omega\varepsilon\rho}\dfrac{\partial H_z}{\partial \varphi}\hat{a}_\rho - \dfrac{1}{\mathrm{j}\omega\varepsilon}\dfrac{\partial H_z}{\partial \rho}\hat{a}_\varphi$故可得区域 (1)~(3) 中的电磁场各分量的表示式如下:

区域 (1): $\sigma = \infty$ 理想导体

$$\boldsymbol{E}^{(1)} = \boldsymbol{H}^{(1)} = 0 \tag{5.8.6}$$

区域 (2): $a \leqslant \rho \leqslant b$, $\mu, \varepsilon$ 介质 $(k = \omega\sqrt{\mu\varepsilon})$

$$H_z^{(2)} = H_0 \sum_{n=-\infty}^{\infty} [b_n J_n(k\rho) + c_n Y_n(k\rho)]\, \mathrm{e}^{\mathrm{j}n\varphi} \tag{5.8.7}$$

$$E_\rho^{(2)} = \frac{H_0}{\mathrm{j}\omega\varepsilon\rho} \sum_{n=-\infty}^{\infty} n\mathrm{j}\, [b_n J_n(k\rho) + c_n Y_n(k\rho)]\, \mathrm{e}^{\mathrm{j}n\varphi} \tag{5.8.8}$$

$$E_\varphi^{(2)} = -\frac{kH_0}{\mathrm{j}\omega\varepsilon}\sum_{n=-\infty}^{\infty}\left[b_n J_n'(k\rho) + c_n Y_n'(k\rho)\right]\mathrm{e}^{\mathrm{j}n\varphi} \tag{5.8.9}$$

$$E_z^{(2)} = H_\rho^{(2)} = H_\varphi^{(2)} = 0 \tag{5.8.10}$$

式中, $b_n$ 和 $c_n$ 为待定展开式系数, 由场的边界条件予确定.

区域 (3): $b \leqslant \rho \leqslant \infty$, $\mu_0, \varepsilon_0$ 自由空间 $(k_0 = \omega\sqrt{\mu_0\varepsilon_0})$

$$H_z^{(3)} = H_0\sum_{n=-\infty}^{\infty}\left[a_n J_n(k_0\rho) + s_n H_n^{(2)}(k_0\rho)\right]\mathrm{e}^{\mathrm{j}n\varphi} \tag{5.8.11}$$

$$E_\rho^{(3)} = \frac{H_0}{\mathrm{j}\omega\varepsilon_0\rho}\sum_{n=-\infty}^{\infty} n\mathrm{j}\left[a_n J_n(k_0\rho) + s_n H_n^{(2)}(k_0\rho)\right]\mathrm{e}^{\mathrm{j}n\varphi} \tag{5.8.12}$$

$$E_\varphi^{(3)} = -\frac{k_0 H_0}{\mathrm{j}\omega\varepsilon_0}\sum_{n=-\infty}^{\infty}\left[a_n J_n'(k_0\rho) + s_n H_n^{(2)'}(k_0\rho)\right]\mathrm{e}^{\mathrm{j}n\varphi} \tag{5.8.13}$$

$$E_z^{(3)} = H_\rho^{(3)} = H_\varphi^{(3)} = 0 \tag{5.8.14}$$

现应用在介质敷层与理想导体圆柱 $\rho = a$ 界面上 $E_\varphi$, 以及在介质敷层与外层 $\varepsilon_0$、$\mu_0$ 空间 $\rho = b$ 界面上 $H_z$ 和 $E_\varphi$ 所应满足的边界条件来确定系数 $b_n$ 和 $s_n$.

由 $\rho = a$ 处边界条件: $E_\varphi^{(2)}\big|_{\rho=a} = 0$, 可得

$$b_n J_n'(ka) + c_n Y_n'(ka) = 0 \tag{5.8.15}$$

由 $\rho = b$ 处边界条件: $H_z^{(2)}\Big|_{\rho=b} = H_z^{(3)}\Big|_{\rho=b}$ 和 $E_\varphi^{(2)}\Big|_{\rho=b} = E_\varphi^{(3)}\Big|_{\rho=b}$ 分别可得

$$b_n J_n(kb) + c_n Y_n(kb) = a_n J_n(k_0 b) + s_n H_n^{(2)}(k_0 b) \tag{5.8.16}$$

和

$$\frac{k}{\varepsilon}\left[b_n J_n'(kb) + c_n Y_n'(kb)\right] = \frac{k_0}{\varepsilon_0}\left[a_n J_n'(k_0 b) + s_n H_n^{(2)'}(k_0 b)\right] \tag{5.8.17}$$

(5.8.15)~(5.8.17) 式是关于系数 $b_n, c_n$ 和 $s_n$ 的联立方程组, 解此方程组, 即可得出 $b_n, c_n$ 和 $s_n$ 的解析表达式. 为此, 由 (5.8.15) 式解出 $c_n$, 有

$$c_n = -\frac{J_n'(ka)}{Y_n'(ka)}b_n \quad 或 \quad \frac{c_n}{b_n} = -\frac{J_n'(ka)}{Y_n'(ka)} \tag{5.8.18}$$

将 (5.8.18) 代入 (5.8.16) 和 (5.8.17) 式, 消去 $c_n$, 可得

$$\left[J_n(kb) - \frac{J_n'(ka)}{Y_n'(ka)}Y_n(kb)\right]b_n = a_n J_n(k_0 b) + s_n H_n^{(2)}(k_0 b) \tag{5.8.19}$$

和

$$\left[J_n'(kb) - \frac{J_n'(ka)}{Y_n'(ka)}Y_n'(kb)\right]b_n = \frac{k_0\varepsilon}{k\varepsilon_0}\left[a_n J_n'(k_0 b) + s_n H_n^{(2)'}(k_0 b)\right] \tag{5.8.20}$$

(5.8.19)÷(5.8.20) 式, 得

$$
\begin{aligned}
&\frac{J_n(kb)Y_n'(ka)-J_n'(ka)Y_n(kb)}{J_n'(kb)Y_n'(ka)-J_n'(ka)Y_n'(kb)}\\
&=\frac{k\varepsilon_0}{k_0\varepsilon}\frac{a_nJ_n(k_0b)+s_nH_n^{(2)}(k_0b)}{a_nJ_n'(k_0b)+s_nH_n^{(2)'}(k_0b)}
\end{aligned}
\tag{5.8.21}
$$

即有

$$
\begin{aligned}
&k_0\varepsilon\left[J_n(kb)Y_n'(ka)-J_n'(ka)Y_n(kb)\right]\left[a_nJ_n'(k_0b)+s_nH_n^{(2)'}(k_0b)\right]\\
&=k\varepsilon_0\left[J_n'(kb)Y_n'(ka)-J_n'(ka)Y_n'(kb)\right]\left[a_nJ_n(k_0b)+s_nH_n^{(2)}(k_0b)\right]
\end{aligned}
$$

由此可解得

$$
\tilde{s}_n=\frac{s_n}{a_n}=\frac{\begin{aligned}&k_0\varepsilon J_n'(k_0b)\left[J_n(kb)Y_n'(ka)-J_n'(ka)Y_n(kb)\right]\\&-k\varepsilon_0J_n(k_0b)\left[J_n'(kb)Y_n'(ka)-J_n'(ka)Y_n'(kb)\right]\end{aligned}}{\begin{aligned}&k\varepsilon_0H_n^{(2)}(k_0b)\left[J_n'(kb)Y_n'(ka)-J_n'(ka)Y_n'(kb)\right]\\&-k_0\varepsilon H_n^{(2)'}(k_0b)\left[J_n(kb)Y_n'(ka)-J_n'(ka)Y_n(kb)\right]\end{aligned}}
\tag{5.8.22}
$$

求得 $\tilde{s}_n$ 后, 由 (5.8.15) 和 (5.8.17) 式分别消去 $c_n$ 和 $b_n$, 便可解得

$$
\tilde{b}_n=\frac{b_n}{a_n}=-Y_n'(ka)\frac{k_0\varepsilon}{k\varepsilon_0}\frac{J_n'(k_0b)+\tilde{s}_nH_n^{(2)'}(k_0b)}{J_n'(ka)Y_n'(kb)-J_n'(kb)Y_n'(ka)}
\tag{5.8.23}
$$

和

$$
\tilde{c}_n=\frac{c_n}{a_n}=J_n'(ka)\frac{k_0\varepsilon}{k\varepsilon_0}\frac{J_n'(k_0b)+\tilde{s}_nH_n^{(2)'}(k_0b)}{J_n'(ka)Y_n'(kb)-J_n'(kb)Y_n'(ka)}
\tag{5.8.24}
$$

此外, (5.8.15)~(5.8.17) 式亦可写成如下矩阵形式：

$$
\begin{vmatrix}
J_n'(ka) & Y_n'(k_0a) & 0\\
J_n(kb) & Y_n(kb) & -H_n^{(2)}(k_0b)\\
\dfrac{k}{\varepsilon}J_n'(kb) & \dfrac{k}{\varepsilon}Y_n'(kb) & -\dfrac{k_0}{\varepsilon_0}H_n^{(2)'}(k_0b)
\end{vmatrix}
\begin{vmatrix}
\tilde{b}_n\\
\tilde{c}_n\\
\tilde{s}_n
\end{vmatrix}
=
\begin{vmatrix}
0\\
J_n(k_0b)\\
\dfrac{k_0}{\varepsilon_0}J_n'(k_0b)
\end{vmatrix}
\tag{5.8.25}
$$

(5.8.25) 式可应用 Cramer 行列式法求解；对于给定的 $n$ $(n=0,1,2,\cdots)$, 此线性方程组亦可采用数值方法求解.

由 (5.8.22)~(5.8.24) 或 (5.8.25) 式, 当求得系数 $b_n, c_n$ 和 $s_n$ 后, 便可由 (5.8.7)~(5.8.9) 式计算出区域 (2) 介质敷层中的电磁场；而由 (5.8.11)~(5.8.13) 式计算出区域 (3) 自由空间中的散射波电磁场和总电磁场.

按散射宽度 $\sigma_{2D}$ 定义, 由 (5.3.22) 和 (5.3.26) 式可得

$$\sigma_{2D}=\lim_{\rho\to\infty}\left[2\pi\rho\frac{|\boldsymbol{H}_z^s|^2}{|\boldsymbol{H}_z^i|^2}\right]=\frac{2\lambda_0}{\pi}\left|\sum_{n=0}^{\infty}\varepsilon_n\tilde{s}_n\cos n\varphi\right|^2 \tag{5.8.26}$$

式中, $\varepsilon_n=\begin{cases}1 & n=0\\ 2 & n\neq 0\end{cases}$ ; 这里 $\tilde{s}_n$ 由 (5.8.22) 式给出.

(a) 如果 $b=a$, 则 (5.8.22) 式 $\tilde{s}_n$ 将退化为

$$\begin{aligned}\tilde{s}_n=\frac{s_n}{a_n}&=\frac{k\varepsilon_0 J_n'(k_0a)\left[J_n(ka)Y_n'(ka)-J_n'(ka)Y_n(ka)\right]}{-k\varepsilon_0 H_n^{(2)'}(k_0a)\left[J_n(ka)Y_n'(ka)-J_n'(ka)Y_n(ka)\right]}\\&=-\frac{J_n'(k_0a)}{H_n^{(2)'}(k_0a)}\end{aligned} \tag{5.8.27}$$

(b) 如果 $\varepsilon=\varepsilon_0$, $\mu=\mu_0$, 则有 $k=k_0$, 类似于 TM$_z$ 波情形, 利用曾给出的 Bessel 函数 Wronskian 关系式, 则不难证明 (5.8.22) 式亦可退化为 (5.8.27) 式.

此时, 将 (5.8.27) 式代入 (5.8.23) 式 ($a=b$) 和 (5.8.24) 式 ($b\to a$), 便有 $\tilde{b}_n=\tilde{c}_n=0$.

如所预期的, 介质敷层不存在时应有 $\tilde{b}_n=\tilde{c}_n=0$; 而 (5.7.27) 和 (5.7.28) 式结果正是 TE$_z$ 入射波情形理想导体圆柱的散射系数 (见 (5.4.14) 式). 注意: 对于介质敷层导体圆柱散射问题, 由于 TM$_z$ 波与 TE$_z$ 波的边界条件不对偶, 因而两者之间不存在对偶关系.

应用 (5.8.26) 式可求得介质圆柱 TE$_z$ 波介质敷层导电圆柱的散射宽度. 对于所给定的参数值, 双站 $\sigma_{2D}/\lambda_0$-$\varphi$ 与单站 $\sigma_{2D}/\lambda_0$-$a/\lambda_0$ 的关系曲线如图 5.8.2~5.8.5 所示; 对于复介电常数的关系曲线已与 TM$_z$ 波情形一并给出 (参见图 5.7.4 和图 5.7.7).

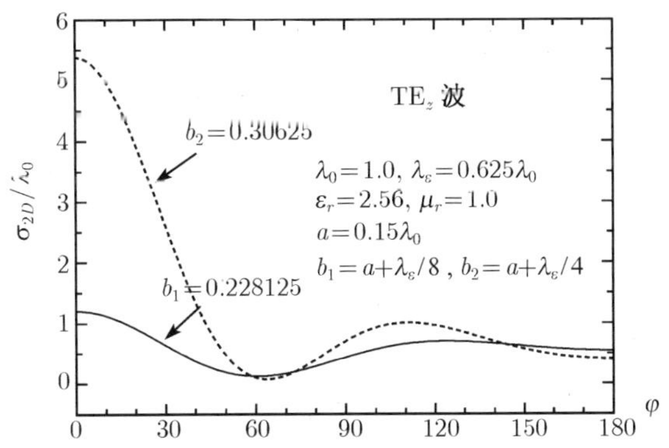


图 5.8.2 TE$_z$ 波介质敷层导电圆柱 $\sigma_{2D}/\lambda_0$-$\varphi$ 双站散射特性

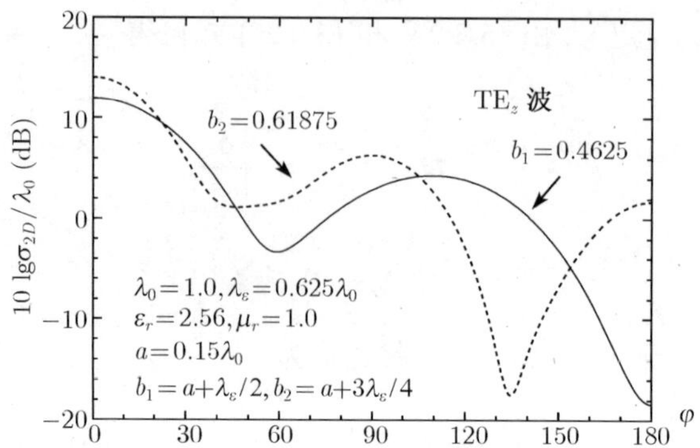


图 5.8.3 TE$_z$ 波介质敷层导电圆柱 $\sigma_{2D}/\lambda_0$-$\varphi$ 双站散射特性

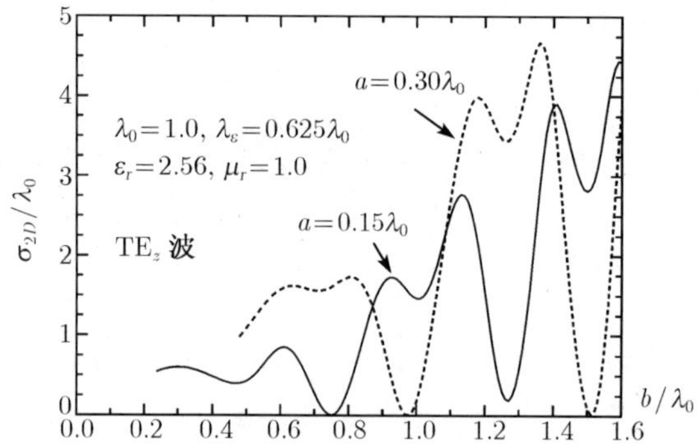


图 5.8.4 TE$_z$ 波介质敷层导电圆柱 $\sigma_{2D}/\lambda_0$-$b/\lambda_\varepsilon$ 单站散射特性

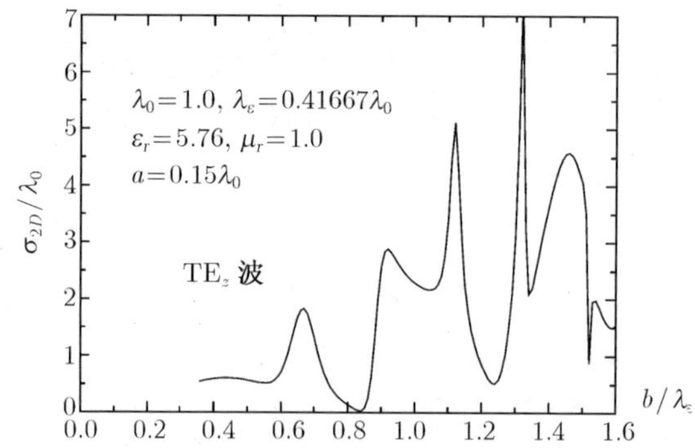


图 5.8.5 TE$_z$ 波介质敷层导电圆柱 $\sigma_{2D}/\lambda_0$-$b/\lambda_\varepsilon$ 单站散射特性

## 5.9 正向入射 TM$_z$ 平面波的 $m$ 多层介质与介质敷层导体圆柱散射

设有一 TM$_z$ 均匀平面电磁波沿 $+x$ 方向垂直入射到位于无界媒质 $\varepsilon_0$、$\mu_0$ 中

共有 $m$ 分层的无限长圆柱上, $0 \leqslant \rho \leqslant a_1$ 为柱芯, 记为第 (1) 层; $a_1 \leqslant \rho \leqslant a_2$ 为第 (2) 层; 向外依次为第 (3)层 ……, 和第 ($m$) 层; 多层圆柱外空间记为第 ($m$+1) 层. 分区半径分别 $a_1, a_2, \cdots, a_m$. 第 (1) 层柱芯为 (a)$\sigma=\infty$ 理想导体圆柱, 或 (b) $\varepsilon_1$、$\mu_1$ 介质圆柱; 第 ($i$) 层为 $\varepsilon_i$、$\mu_i$ 介质层 ($i=1,2,\cdots,m$), 第 ($m$+1) 层为 $\varepsilon_0$、$\mu_0$ 自由空间. 入射波电场 $\boldsymbol{E}^i = E_z^i \hat{\boldsymbol{a}}_z$ 沿圆柱轴 $z$ 方向极化, 如图 5.9.1(a) 所示,

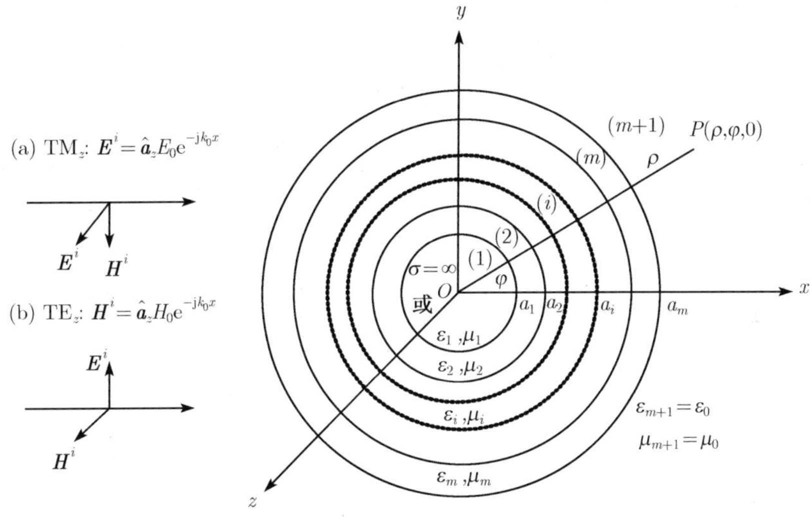


(a) TM$_z$ 极化波; (b) TE$_z$ 极化波

图 5.9.1 正向入射平面波的 $m$ 多层介质与介质敷层导体圆柱散射

采用圆柱坐标系 $(\rho,\varphi,z)$, 沿 $+x$ 方向传播的入射平面波电场 $E_z^i$ 可表为

$$E_z^i = E_0 \mathrm{e}^{-\mathrm{j}k_0 x} = E_0 \mathrm{e}^{-\mathrm{j}k_0 \rho \cos\varphi} \quad (k_0 = \omega\sqrt{\varepsilon_0 \mu_0}) \tag{5.9.1}$$

其柱面波函数展开式可表为:

$$E_\gamma^i = E_0 \sum_{n=-\infty}^{\infty} a_n J_n(k_0 \rho) \mathrm{e}^{\mathrm{j}n\varphi} \tag{5.9.2}$$

式中, $a_n = \mathrm{j}^{-n}$ 为入射波展开式系数.

对于 TM$_z$ 波, 在第 (1), (2), $\cdots$, $(m+1)$ 各层 (区域) 中的电场 $\boldsymbol{E}$ 仅有 $z$ 分量 $E_z$, 它们是 Helmholtz 方程的解, 故根据其一般解, 可写出各区域中电场纵向分量 $E_z^{(i)}$. 已知电场 $E_z^{(i)}$, 应用场方程$\boldsymbol{H} = -\dfrac{1}{\mathrm{j}\omega\mu}\nabla\times\boldsymbol{E} = -\dfrac{1}{\mathrm{j}\omega\mu\rho}\dfrac{\partial E_z}{\partial\varphi}\hat{\boldsymbol{a}}_\rho + \dfrac{1}{\mathrm{j}\omega\mu}\dfrac{\partial E_z}{\partial\rho}\hat{\boldsymbol{a}}_\varphi$, 便可求得它们相应的磁场横向分量.

第 ($i$) 区域中的电场纵向分量 $E_z^{(i)}$, 以及磁场横向分量 $H_\rho^{(i)}$ 和 $H_\varphi^{(i)}$ 的表示式如下:

区域 (1)：$0 \leqslant \rho \leqslant a_1$

(a) $\sigma = \infty$ 理想导体柱芯

$$\boldsymbol{E}^{(1)} = 0 \quad 和 \quad \boldsymbol{H}^{(1)} = 0 \tag{5.9.3}$$

(b) $\varepsilon_1$、$\mu_1$ 介质柱芯 ($k_1 = \omega\sqrt{\varepsilon_1\mu_1}$)

$$E_z^{(1)} = E_0 \sum_{n=-\infty}^{\infty} b_n^{(1)} J_n(k_1\rho)\mathrm{e}^{\mathrm{j}n\varphi} \tag{5.9.4}$$

$$H_\rho^{(1)} = -\frac{E_0}{\mathrm{j}\omega\mu_1\rho} \sum_{n=-\infty}^{\infty} n\mathrm{j}b_n^{(1)} J_n(k_1\rho)\mathrm{e}^{\mathrm{j}n\varphi} \tag{5.9.5}$$

$$H_\varphi^{(1)} = \frac{k_1 E_0}{\mathrm{j}\omega\mu_1} \sum_{n=-\infty}^{\infty} b_n^{(1)} J_n'(k_1\rho)\mathrm{e}^{\mathrm{j}n\varphi} \tag{5.9.6}$$

区域 (2)：$a_1 \leqslant \rho \leqslant a_2$, $\varepsilon_2$、$\mu_2$ 介质 ($k_2 = \omega\sqrt{\varepsilon_2\mu_2}$)

$$E_z^{(2)} = E_0 \sum_{n=-\infty}^{\infty} \left[b_n^{(2)} J_n(k_2\rho) + c_n^{(2)} Y_n(k_2\rho)\right] \mathrm{e}^{\mathrm{j}n\varphi} \tag{5.9.7}$$

$$H_\rho^{(2)} = -\frac{E_0}{\mathrm{j}\omega\mu_2\rho} \sum_{n=-\infty}^{\infty} n\mathrm{j} \left[b_n^{(2)} J_n(k_2\rho) + c_n^{(2)} Y_n(k_2\rho)\right] \mathrm{e}^{\mathrm{j}n\varphi} \tag{5.9.8}$$

$$H_\varphi^{(2)} = \frac{k_2 E_0}{\mathrm{j}\omega\mu_2} \sum_{n=-\infty}^{\infty} \left[b_n^{(2)} J_n'(k_2\rho) + c_n^{(2)} Y_n'(k_2\rho)\right] \mathrm{e}^{\mathrm{j}n\varphi} \tag{5.9.9}$$

区域 ($i$)：$a_{i-1} \leqslant \rho \leqslant a_i$, $\varepsilon_i$、$\mu_i$ 介质 ($k_i = \omega\sqrt{\varepsilon_i\mu_i}$)

$$E_z^{(2)} = E_0 \sum_{n=-\infty}^{\infty} \left[b_n^{(i)} J_n(k_i\rho) + c_n^{(i)} Y_n(k_i\rho)\right] \mathrm{e}^{\mathrm{j}n\varphi} \tag{5.9.10}$$

$$H_\rho^{(2)} = -\frac{E_0}{\mathrm{j}\omega\mu_i\rho} \sum_{n=-\infty}^{\infty} n\mathrm{j} \left[b_n^{(i)} J_n(k_i\rho) + c_n^{(i)} Y_n(k_i\rho)\right] \mathrm{e}^{\mathrm{j}n\varphi} \tag{5.9.11}$$

$$H_\varphi^{(2)} = \frac{k_i E_0}{\mathrm{j}\omega\mu_i} \sum_{n=-\infty}^{\infty} \left[b_n^{(i)} J_n'(k_i\rho) + c_n^{(i)} Y_n'(k_i\rho)\right] \mathrm{e}^{\mathrm{j}n\varphi} \tag{5.9.12}$$

区域 ($m$)：$a_{m-1} \leqslant \rho \leqslant a_m$, $\varepsilon_m$、$\mu_m$ 介质 ($k_m = \omega\sqrt{\varepsilon_m\mu_m}$)

$$E_z^{(m)} = E_0 \sum_{n=-\infty}^{\infty} \left[b_n^{(m)} J_n(k_m\rho) + c_n^{(m)} Y_n(k_m\rho)\right] \mathrm{e}^{\mathrm{j}n\varphi} \tag{5.9.13}$$

$$H_\rho^{(m)} = -\frac{E_0}{\mathrm{j}\omega\mu_m\rho} \sum_{n=-\infty}^{\infty} nj \left[b_n^{(m)} J_n(k_m\rho) + c_n^{(m)} Y_n(k_m\rho)\right] \mathrm{e}^{\mathrm{j}n\varphi} \tag{5.9.14}$$

$$H_{\varphi}^{(m)}=\frac{k_m E_0}{\mathrm{j}\omega\mu_m}\sum_{n=-\infty}^{\infty}\left[b_n^{(m)}J_n'(k_m\rho)+c_n^{(m)}Y_n'(k_m\rho)\right]\mathrm{e}^{\mathrm{j}n\varphi} \tag{5.9.15}$$

区域 $(m+1)$: $a_m\leqslant\rho<\infty$, $\varepsilon_0$、$\mu_0$ 自由空间 $(k_0=\omega\sqrt{\mu_0\varepsilon_0})$

$$E_z^{(m+1)}=E_0\sum_{n=-\infty}^{\infty}\left[a_nJ_n(k_0\rho)+s_nH_n^{(2)}(k_0\rho)\right]\mathrm{e}^{\mathrm{j}n\varphi} \tag{5.9.16}$$

$$H_{\rho}^{(m+1)}=-\frac{E_0}{\mathrm{j}\omega\mu_0\rho}\sum_{n=-\infty}^{\infty}n\mathrm{j}\left[a_nJ_n(k_0\rho)+s_nH_n^{(2)}(k_0\rho)\right]\mathrm{e}^{\mathrm{j}n\varphi} \tag{5.9.17}$$

$$H_{\varphi}^{(m+1)}=\frac{k_0E_0}{\mathrm{j}\omega\mu_0}\sum_{n=-\infty}^{\infty}\left[a_nJ_n'(k_0\rho)+s_nH_n^{(2)'}(k_0\rho)\right]\mathrm{e}^{\mathrm{j}n\varphi} \tag{5.9.18}$$

式中, $a_n=\mathrm{j}^{-n}$ 为入射波展开式系数.

以上 (5.9.4)~(5.9.18) 式中, $k_i=\omega\sqrt{\varepsilon_i\mu_i}$; $b_n^{(1)}$, $b_n^{(i)},c_n^{(i)}(i=2,3,\cdots,m)$ 和 $s_n$ 为待定系数, 它们可应用场所应满足的边界条件予确定; 一旦确定出这些系数, 则第 (1)~$(m)$ 各介质层中的电磁场, 以及第 $(m+1)$ 层自由空间中的散射场和总电磁场即可求得.

在相邻区域的分界面上电磁场的边界条件是: 导体 — 介质分界面上电场的切向分量和磁场法向分量应为零; 在介质 — 介质分界面上电场和磁场的切向分量必须连续. 以下我们将应用这些边界条件来推导计算 $m$ 多层介质与介质敷层导体圆柱散射的散射系数 $s_n$ 的表示式, 并构造出确定 $s_n$ 的递推算法.

(A) $m=1$(单层) 情形

应用 $\rho=a_1$ 处的边界条件:

(a) 对于导体圆柱芯, 有

$$E_z^{(2)}\Big|_{\rho=a_1}=0\quad\text{或}\quad H_{\rho}^{(2)}\Big|_{\rho=a_1}=0 \tag{5.9.19}$$

于是, 由 (5.9.16) 式得

$$a_nJ_n(k_0a_1)+s_nH_n^{(2)}(k_0a_1)=0 \tag{5.9.20}$$

故可得

$$\tilde{s}_n=\frac{s_n}{a_n}=-\frac{J_n(k_0a_1)}{H_n^{(2)}(k_0a_1)} \tag{5.9.21}$$

(b) 对于介质圆柱芯, 有

$$E_z^{(1)}\Big|_{\rho=a_1}=E_z^{(2)}\Big|_{\rho=a_1}\quad\text{和}\quad H_{\varphi}^{(1)}\Big|_{\rho=a_1}=H_{\varphi}^{(2)}\Big|_{\rho=a_1} \tag{5.9.22}$$

于是, 由 (5.9.4) 和 (5.9.16) 与 (5.9.6) 和 (5.9.18) 式得

$$b_n^{(1)} J_n(k_1 a_1) = a_n J_n(k_0 a_1) + s_n H_n^{(2)}(k_0 a_1) \tag{5.9.23}$$

$$\frac{k_1}{\mu_1} b_n^{(1)} J_n'(k_1 a_1) = \frac{k_0}{\mu_0}\left[a_n J_n'(k_0 a_1) + s_n H_n^{(2)'}(k_0 a_1)\right] \tag{5.9.24}$$

由 (5.9.23)÷(5.9.24) 式, 可得

$$\frac{k_0\mu_1}{k_1\mu_0}\frac{J_n(k_1 a)}{J_n'(k_1 a)} = \frac{J_n(k_0 a_1) + \dfrac{s_n}{a_n} H_n^{(2)}(k_0 a_1)}{J_n'(k_0 a_1) + \dfrac{s_n}{a_n} H_n^{(2)'}(k_0 a_1)}$$

由此可解得

$$\begin{aligned}\tilde{s}_n = \frac{s_n}{a_n} &= -\frac{\dfrac{k_1\mu_0}{k_0\mu_1} J_n'(k_1 a_1) J_n(k_0 a_1) - J_n(k_1 a_1) J_n'(k_0 a_1)}{\dfrac{k_1\mu_0}{k_0\mu_1} J_n'(k_1 a_1) H_n^{(2)}(k_0 a_1) - J_n(k_1 a_1) H_n^{(2)'}(k_0 a_1)} \\ &= -\frac{\sqrt{\varepsilon_{r1}} J_n'(k_1 a_1) J_n(k_0 a_1) - \sqrt{\mu_{r1}} J_n(k_1 a_1) J_n'(k_0 a_1)}{\sqrt{\varepsilon_{r1}} J_n'(k_1 a_1) H_n^{(2)}(k_0 a_1) - \sqrt{\mu_{r1}} J_n(k_1 a_1) H_n^{(2)'}(k_0 a_1)}\end{aligned} \tag{5.9.25}$$

式中, $k_0 = \omega\sqrt{\varepsilon_0\mu_0}$, $k_1 = \omega\sqrt{\varepsilon_1\mu_1}$; $\dfrac{k_1\mu_0}{k_0\mu_1} = \sqrt{\dfrac{\varepsilon_1\mu_1}{\varepsilon_0\mu_0}}\dfrac{\mu_0}{\mu_1} = \sqrt{\dfrac{\varepsilon_{r1}}{\mu_{r1}}}$.

(B) $m > 1$(多层) 情形

(1) 应用 $\rho = a_1$ 处的边界条件

(a) 对于导体圆柱芯, 有

$$E_z^{(2)}\Big|_{\rho=a_1} = E_z^{(1)}\Big|_{\rho=a_1} = 0 \quad 或 \quad H_\rho^{(2)}\Big|_{\rho=a_1} = H_\rho^{(1)}\Big|_{\rho=a_1} = 0$$

于是, 由 (5.9.7) 或 (5.9.8) 式可得

$$b_n^{(2)} J_n(k_2 a_1) + c_n^{(2)} Y_n(k_2 a_1) = 0 \tag{5.9.26}$$

由此可得

$$\frac{c_n^{(2)}}{b_n^{(2)}} = -\frac{J_n(k_2 a_1)}{Y_n(k_2 a_1)} \tag{5.9.27}$$

(b) 对于介质圆柱芯, 有

$$E_z^{(1)}\Big|_{\rho=a_1} = E_z^{(2)}\Big|_{\rho=a_1} \quad 和 \quad H_\varphi^{(1)}\Big|_{\rho=a_1} = H_\varphi^{(2)}\Big|_{\rho=a_1}$$

于是, 由 (5.9.4) 和 (5.9.7) 与 (5.9.6) 和 (5.9.9) 式得

$$b_n^{(1)} J_n(k_1 a_1) = b_n^{(2)} J_n(k_2 a_1) + c_n^{(2)} Y_n(k_2 a_1) \tag{5.9.28}$$

$$\frac{k_1}{\mu_1} b_n^{(1)} J_n'(k_1 a_1) = \frac{k_2}{\mu_2} \left[ b_n^{(2)} J_n'(k_2 a_1) + c_n^{(2)} Y_n'(k_2 a_1) \right] \tag{5.9.29}$$

由 (5.9.28)÷(5.9.29) 式, 可得

$$\frac{k_2 \mu_1}{k_1 \mu_2} \frac{J_n(k_1 a_1)}{J_n'(k_1 a_1)} = \frac{J_n(k_2 a_1) + \dfrac{c_n^{(2)}}{b_n^{(2)}} Y_n(k_2 a_1)}{J_n'(k_2 a_1) + \dfrac{c_n^{(2)}}{b_n^{(2)}} Y_n'(k_2 a_1)}$$

令

$$R_E^{(1)} = \frac{k_2 \mu_1}{k_1 \mu_2} \frac{J_n(k_1 a_1)}{J_n'(k_1 a_1)} = \frac{\sqrt{\varepsilon_2 \mu_1}}{\sqrt{\varepsilon_1 \mu_2}} \frac{J_n(k_1 a_1)}{J_n'(k_1 a_1)} \tag{5.9.30}$$

于是有

$$J_n(k_2 a_1) + \frac{c_n^{(2)}}{b_n^{(2)}} Y_n(k_2 a_1) = \left[ J_n'(k_2 a_1) + \frac{c_n^{(2)}}{b_n^{(2)}} Y_n'(k_2 a_1) \right] R_E^{(1)}$$

由此解得

$$\frac{c_n^{(2)}}{b_n^{(2)}} = -\frac{J_n(k_2 a_1) - R_E^{(1)} J_n'(k_2 a_1)}{Y_n(k_2 a_1) - R_E^{(1)} Y_n'(k_2 a_1)} \tag{5.9.31}$$

(2) 对于 $\varepsilon_i$、$\mu_i$ 第 $i$ 介质圆柱层, 应用 $\rho = a_i (i = 2, 3, \cdots, m-1)$ 处的边界条件

$$E_z^{(i)}\Big|_{\rho=a_i} = E_z^{(i+1)}\Big|_{\rho=a_i} \quad 和 \quad H_\varphi^{(i)}\Big|_{\rho=a_{i1}} = H_\varphi^{(i+1)}\Big|_{\rho=a_i}$$

可得

$$b_n^{(i)} J_n(k_i a_i) + c_n^{(i)} Y_n(k_i a_i) = b_n^{(i+1)} J_n(k_{i+1} a_i) + c_n^{(i+1)} Y_n(k_{i+1} a_i) \tag{5.9.32}$$

$$\begin{aligned} &\frac{k_i}{\mu_i} \left[ b_n^{(i)} J_n'(k_i a_i) + c_n^{(i)} Y_n'(k_i a_i) \right] \\ =&\frac{k_{i+1}}{\mu_{i+1}} \left[ b_n^{(i+1)} J_n'(k_{i+1} a_i) + c_n^{(i+1)} Y_n'(k_{i+1} a_i) \right] \end{aligned} \tag{5.9.33}$$

由 (5.9.32)÷(5.9.33) 式, 可得

$$\frac{k_{i+1} \mu_i}{k_i \mu_{i+1}} \frac{J_n(k_i a_i) + \dfrac{c_n^{(i)}}{b_n^{(i)}} Y_n(k_i a_i)}{J_n'(k_i a_i) + \dfrac{c_n^{(i)}}{b_n^{(i)}} Y_n'(k_i a_i)} = \frac{J_n(k_{i+1} a_i) + \dfrac{c_n^{(i+1)}}{b_n^{(i+1)}} Y_n(k_{i+1} a_i)}{J_n'(k_{i+1} a_i) + \dfrac{c_n^{(i+1)}}{b_n^{(i+1)}} Y_n'(k_{i+1} a_i)}$$

令

$$R_E^{(i)} = \frac{k_{i+1} \mu_i}{k_i \mu_{i+1}} \frac{J_n(k_i a_i) + \dfrac{c_n^{(i)}}{b_n^{(i)}} Y_n(k_i a_i)}{J_n'(k_i a_i) + \dfrac{c_n^{(i)}}{b_n^{(i)}} Y_n'(k_i a_i)} = \frac{\sqrt{\varepsilon_{i+1} \mu_i}}{\sqrt{\varepsilon_i \mu_{i+1}}} \frac{J_n(k_i a_i) + \dfrac{c_n^{(i)}}{b_n^{(i)}} Y_n(k_i a_i)}{J_n'(k_i a_i) + \dfrac{c_n^{(i)}}{b_n^{(i)}} Y_n'(k_i a_i)} \tag{5.9.34}$$

于是有

$$J_n(k_{i+1}a_i)+\frac{c_n^{(i+1)}}{b_n^{(i+1)}}Y_n(k_{i+1}a_i)=\left[J_n'(k_{i+1}a_i)+\frac{c_n^{(i+1)}}{b_n^{(i+1)}}Y_n'(k_{i+1}a_i)\right]R_E^{(i)}$$

由此解得

$$\frac{c_n^{(i+1)}}{b_n^{(i+1)}}=-\frac{J_n(k_{i+1}a_i)-R_E^{(i)}J_n'(k_{i+1}a_i)}{Y_n(k_{i+1}a_i)-R_E^{(i)}Y_n'(k_{i+1}a_i)} \tag{5.9.35}$$

(3) 对于 $\varepsilon_m$、$\mu_m$ 第 $m$ 介质圆柱层, 应用 $\rho=a_m$ 处的边界条件:

$$E_z^{(m)}\Big|_{\rho=a_m}=E_z^{(m+1)}\Big|_{\rho=a_m} \quad 和 \quad H_\varphi^{(m)}\Big|_{\rho=a_{m1}}=H_\varphi^{(m+1)}\Big|_{\rho=a_m}$$

可得

$$b_n^{(m)}J_n(k_ma_m)+c_n^{(m)}Y_n(k_ma_m)=a_nJ_n(k_0a_m)+s_nH_n^{(2)}(k_0a_m) \tag{5.9.36}$$

$$\begin{aligned}&\frac{k_m}{\mu_m}\left[b_n^{(m)}J_n'(k_ma_m)+c_n^{(m)}Y_n'(k_ma_m)\right]\\ =&\frac{k_0}{\mu_0}\left[a_nJ_n'(k_0a_m)+s_nH_n^{(2)'}(k_0a_m)\right]\end{aligned} \tag{5.9.37}$$

由 (5.9.36)÷(5.9.37) 式, 可得

$$\frac{k_0\mu_m}{k_m\mu_0}\frac{J_n(k_ma_m)+\dfrac{c_n^{(m)}}{b_n^{(m)}}Y_n(k_ma_m)}{J_n'(k_ma_m)+\dfrac{c_n^{(m)}}{b_n^{(m)}}Y_n'(k_ma_m)}=\frac{J_n(k_0a_m)+\dfrac{s_n}{a_n}H_n^{(2)}(k_0a_m)}{J_n'(k_0a_m)+\dfrac{s_n}{a_n}H_n^{(2)'}(k_0a_m)}$$

令

$$\begin{aligned}R_E^{(m)}&=\frac{k_0\mu_m}{k_m\mu_0}\frac{J_n(k_ma_m)+\dfrac{c_n^{(m)}}{b_n^{(m)}}Y_n(k_ma_m)}{J_n'(k_ma_m)+\dfrac{c_n^{(m)}}{b_n^{(m)}}Y_n'(k_ma_m)}\\ &=\frac{\sqrt{\varepsilon_0\mu_m}}{\sqrt{\varepsilon_m\mu_0}}\frac{J_n(k_ma_m)+\dfrac{c_n^{(m)}}{b_n^{(m)}}Y_n(k_ma_m)}{J_n'(k_ma_m)+\dfrac{c_n^{(m)}}{b_n^{(m)}}Y_n'(k_ma_m)}\end{aligned} \tag{5.9.38}$$

于是有

$$J_n(k_0a_m)+\frac{s_n}{a_n}H_n^{(2)}(k_0a_m)=\left[J_n'(k_0a_m)+\frac{s_n}{a_n}H_n^{(2)'}(k_0a_m)\right]R_E^{(m)}$$

由此解得

$$\tilde{s}_n = \frac{s_n}{a_n} = -\frac{J_n(k_0 a_m) - R_E^{(m)} J_n'(k_0 a_m)}{H_n^{(2)}(k_0 a_m) - R_E^{(m)} H_n^{(2)'}(k_0 a_m)} \tag{5.9.39}$$

综上分析, 当 $m=1$ 时, 对于理想导体圆柱芯和介质圆柱芯, 散射系数 $\tilde{s}_n$ 分别由 (5.9.21) 和 (5.9.25) 式计算；而当 $m>1$ 时, 对于含 $m-1$ 介质敷层导体圆柱和 $m$ 介质圆柱, 其散射系数 $\tilde{s}_n$ 可由以上导得的 (5.9.27) 或 (5.9.30)、(5.9.31) 式, 以及 (5.9.34)、(5.9.35)、(5.9.38) 和 (5.9.39) 式所构造出的递推算法计算, 具体递推过程如下：

(A) $m=1$(单层) 情形

对于理想导体柱芯：$\tilde{s}_n = -\dfrac{J_n(k_0 a_1)}{H_n^{(2)}(k_0 a_1)}$

对于 $\varepsilon_1$、$\mu_1$ 介质体芯：

$$\tilde{s}_n = -\frac{\sqrt{\varepsilon_{r1}} J_n'(k_1 a_1) J_n(k_0 a_1) - \sqrt{\mu_{r1}} J_n(k_1 a_1) J_n'(k_0 a_1)}{\sqrt{\varepsilon_{r1}} J_n'(k_1 a_1) H_n^{(2)}(k_0 a_1) - \sqrt{\mu_{r1}} J_n(k_1 a_1) H_n^{(2)'}(k_0 a_1)}$$

(B) $m>1$(多层) 情形

(1) 首先计算：

对于理想导体柱芯：$\dfrac{c_n^{(2)}}{b_n^{(2)}} = -\dfrac{J_n(k_2 a_1)}{Y_n(k_2 a_1)}$

对于 $\varepsilon_1$、$\mu_1$ 介质体芯：$\dfrac{c_n^{(2)}}{b_n^{(2)}} = -\dfrac{J_n(k_2 a_1) - R_E^{(1)} J_n'(k_2 a_1)}{Y_n(k_2 a_1) - R_E^{(1)} Y_n'(k_2 a_1)}$

式中,

$$R_E^{(1)} = \frac{\sqrt{\varepsilon_2 \mu_1}}{\sqrt{\varepsilon_1 \mu_2}} \frac{J_n(k_1 a_1)}{J_n'(k_1 a_1)}$$

(2) 依次计算：

$$R_E^{(i)} = \frac{\sqrt{\varepsilon_{i+1}\mu_i}}{\sqrt{\varepsilon_i \mu_{i+1}}} \frac{J_n(k_i a_i) + \dfrac{c_n^{(i)}}{b_n^{(i)}} Y_n(k_i a_i)}{J_n'(k_i a_i) + \dfrac{c_n^{(i)}}{b_n^{(i)}} Y_n'(k_i a_i)} \quad (i=2,3,\cdots,m)$$

其中,

$$\frac{c_n^{(i+1)}}{b_n^{(i+1)}} = -\frac{J_n(k_{i+1} a_i) - R_E^{(i)} J_n'(k_{i+1} a_i)}{Y_n(k_{i+1} a_i) - R_E^{(i)} Y_n'(k_{i+1} a_i)} \quad (i=2,3,\cdots,m-1)$$

$$k_i = \omega\sqrt{\varepsilon_i \mu_i} \quad (i=1,2,\cdots,m+1) \quad \varepsilon_{m+1}=\varepsilon_0, \quad \mu_{m+1}=\mu_0$$

(3) 求得 $R_E^{(m)}$ 后, 用 (5.9.39) 式计算散射系数：

$$\tilde{s}_n = \frac{s_n}{a_n} = -\frac{J_n(k_0 a_m) - R_E^{(m)} J_n'(k_0 a_m)}{H_n^{(2)}(k_0 a_m) - R_E^{(m)} H_n^{(2)'}(k_0 a_m)} \quad (a_n = \mathrm{j}^{-n}) \tag{5.9.40}$$

根据 (5.9.40) 式进行编程计算, 可求得散射系数 $\tilde{s}_n$. 一旦求出 $\tilde{s}_n$, 按散射宽度 $\sigma_{2D}$ 定义 (5.3.22) 和 (5.3.26) 式, 即可求得 $\mathrm{TM}_z$ 平面波的多层圆柱的散射宽度为

$$\sigma_{2D}=\lim_{\rho\to\infty}\left[2\pi\rho\frac{|E_z^s|^2}{|E_z^i|^2}\right]=\frac{2\lambda_0}{\pi}\left|\sum_{n=0}^{\infty}\varepsilon_n\tilde{s}_n\cos n\varphi\right|^2 \tag{5.9.41}$$

式中, $\tilde{s}_n$ 由 (5.9.40) 式给出; $\varepsilon_n=\begin{cases}1 & n=0\\ 2 & n\neq 0\end{cases}$.

以上就是求散射宽度 $\tilde{s}_n$ 的递推算法.

回顾上述电磁场在各相邻区域分界面上满足边界条件所给出的方程, 对于理想导体柱芯, 我们得到了含有 $2m-1$ 个未知数 $b_n^{(i)},c_n^{(i)}(i=2,3,\cdots,m)$ 和 $\tilde{s}_n$、共 $2m-1$ 个方程的联立方程组; 对于介质柱芯, 得到的是含有 $2m$ 个未知数 $b_n^{(1)},b_n^{(i)},c_n^{(i)}(i=2,3,\cdots,m)$ 和 $\tilde{s}_n$、共 $2m$ 个方程的联立方程组. 因此, 对于 $m>1$ 多层圆柱散射情形, 我们亦可采解线性方程组的数值方法求出这些未知数. 这里为了便于分析和讨论, 重写下此方程组:

$$b_n^{(2)}J_n(k_2a_1)+c_n^{(2)}Y_n(k_2a_1)=0\quad(\text{导体柱芯})$$

或

$$\begin{cases}b_n^{(1)}J_n(k_1a_1)=b_n^{(2)}J_n(k_2a_1)+c_n^{(2)}Y_n(k_2a_1)\\ \dfrac{k_1}{\mu_1}b_n^{(1)}J_n'(k_1a_1)=\dfrac{k_1}{\mu_1}\left[b_n^{(2)}J_n'(k_2a_1)+c_n^{(2)}Y_n'(k_2a_1)\right]\end{cases}\quad(\text{介质柱芯})$$

$$\cdots\cdots\quad\cdots\cdots$$

$$\begin{cases}\quad b_n^{(i)}J_n(k_ia_i)+c_n^{(i)}Y_n(k_ia_i)\\ =b_n^{(i+1)}J_n(k_{i+1}a_i)+c_n^{(i+1)}Y_n(k_{i+1}a_i)\\ \quad\dfrac{k_i}{\mu_i}\left[b_n^{(i)}J_n'(k_ia_i)+c_n^{(i)}Y_n'(k_ia_i)\right]\\ =\dfrac{k_{i+1}}{\mu_{i+1}}\left[b_n^{(i+1)}J_n'(k_{i+1}a_i)+c_n^{(i+1)}Y_n'(k_{i+1}a_i)\right]\end{cases}$$

$$\cdots\cdots\quad\cdots\cdots$$

$$(i=2,3,\cdots,m-1)$$

$$\begin{cases}b_n^{(m)}J_n(k_ma_m)+c_n^{(m)}Y_n(k_ma_m)=a_nJ_n(k_0a_m)+s_nY_n(k_0a_m)\\ b_n^{(m)}J_n'(k_ma_m)+c_n^{(m)}Y_n'(k_ma_m)=\dfrac{k_0\mu_m}{k_m\mu_0}\left[a_nJ_n'(k_0a_m)+s_nY_n'(k_0a_m)\right]\end{cases} \tag{5.9.42}$$

(5.9.42) 式是未知数为 $b_n^{(1)}$ 和 (或)$b_n^{(i)}$, $c_n^{(i)}(i=2,3,\cdots,m)$, 和 $s_n$ 的联立方程组, 其矩阵形式可表为

$$\boldsymbol{A}\boldsymbol{x}=\boldsymbol{f} \tag{5.9.43}$$

这里, 联立方程组的系数矩阵 $\boldsymbol{A}$ 一般为 $(2m-1)\times(2m-1)$ 或 $(2m)\times(2m)$ 的五对角带型矩阵; $\boldsymbol{x}$ 和 $\boldsymbol{f}$ 均为 $1\times(2m-1)$ 或 $1\times(2m)$ 的列矢量. 为以下书写简洁起见, 记

$$\begin{aligned}
&u_{ij}=J_n(k_ia_j); \quad v_{ij}=Y_n(k_ia_j); \quad w_{0m}=H_n^{(2)}(k_0a_m)\\
&u'_{ij}=\frac{k_i}{\mu_i}J'_n(k_ia_j); \quad v'_{ij}=\frac{k_i}{\mu_i}Y'_n(k_ia_j); \quad w'_{0m}=\frac{k_0}{\mu_0}H_n^{(2)'}(k_ia_j)\\
&u_{0m}=J_n(k_0a_m); \quad u'_{0m}=\frac{k_0}{\mu_0}J'_n(k_0a_m)
\end{aligned} \tag{5.9.44}$$

(a) 理想导体柱芯情形

以 $m=4$ 为例, 具体写出 (5.9.43) 式, 则为

$$\begin{bmatrix}
u_{21} & v_{21} & 0 & & & & & \\
u_{22} & v_{22} & -u_{32} & -v_{32} & & & & \\
u'_{22} & v'_{22} & -u'_{32} & -v'_{32} & & & & \\
 & 0 & u_{33} & v_{33} & -u_{43} & -v_{43} & & \\
 & & u'_{33} & v'_{33} & -u'_{43} & -v'_{43} & & \\
 & & & 0 & u_{44} & v_{44} & -w_{04} \\
 & & & & u'_{44} & v'_{44} & -w'_{04}
\end{bmatrix}
\begin{bmatrix} b_n^{(2)}\\ c_n^{(2)}\\ b_n^{(3)}\\ b_n^{(3)}\\ b_n^{(4)}\\ b_n^{(4)}\\ s_n \end{bmatrix}
=\begin{bmatrix} 0\\0\\0\\0\\0\\ a_nu_{04}\\ a_nu'_{04}\end{bmatrix} \tag{5.9.45}$$

此时, 对于给定的 $n(n=0,1,2,\cdots)$, 求解带型方程组 (5.9.45), 我们即可得列矢量 $x$, 即系数 $b_n^{(i)},c_n^{(i)}(i=2,3,\cdots,m)$ 和 $s_n$, 回代到 (5.9.7)~(5.9.18) 式后, 便可求出区域 (2)~$(m+1)$ 中的总电磁场, 以及多层介质敷层导体圆柱外空间的散射场.

因计算散射宽度 $\sigma_{2D}$ 只需要知道散射系数 $s_n$, 此时, 亦可采用行列式法. 按 Cramer 法则, 对于给定 $n$ 的 $s_n$ 可通过求两个行列式值之比得出:

$$s_n=\frac{\mathrm{Det}S}{\mathrm{Det}A} \tag{5.9.46}$$

式中, Det $A$ 为方程 (5.9.45) 系数矩阵 $\boldsymbol{A}$ 的行列式值; 而 Det$S$ 为将它的最后一列用此矩阵方程的右端矢量 $\boldsymbol{f}$ 替代后的矩阵行列式值.

(b) $\varepsilon_1$, $\mu_1$ 介质柱芯情形

仍以 $m=4$ 为例, 此时具体写出 (5.9.43) 式, 则为

$$\begin{bmatrix} u_{11} & -u_{21} & -v_{21} & & & & & \\ u'_{11} & -u'_{21} & -v_{21} & 0 & & & & \\ & u_{22} & v_{22} & -u_{32} & -v_{32} & & & \\ & u'_{22} & v'_{22} & -u'_{32} & -v'_{32} & & & \\ & & 0 & u_{33} & v_{33} & -u_{43} & -v_{43} & \\ & & & u'_{33} & v'_{33} & -u'_{43} & -v'_{43} & 0 \\ & & & & 0 & u_{44} & v_{44} & -w_{04} \\ & & & & & u'_{44} & v'_{44} & -w'_{04} \end{bmatrix} \begin{bmatrix} b_n^{(1)} \\ b_n^{(2)} \\ c_n^{(2)} \\ b_n^{(3)} \\ c_n^{(3)} \\ b_n^{(4)} \\ c_n^{(4)} \\ s_n \end{bmatrix} = \begin{bmatrix} 0 \\ 0 \\ 0 \\ 0 \\ 0 \\ 0 \\ a_n u_{04} \\ a_n u'_{04} \end{bmatrix} \tag{5.9.47}$$

同样, 对于给定的 $n(n=0,1,2,\cdots)$, 求解带型方程组 (5.9.47), 我们即可得列矢量 $x$, 即系数 $b_n^{(1)}, b_n^{(i)}, c_n^{(i)}(i=2,3,\cdots,m)$ 和 $s_n$, 回代到 (5.9.4)~(5.9.18) 式后, 便可求出区域 (1)~($m$+1) 中的总电磁场, 以及多层介质圆柱外空间的散射场.

对于介质柱芯情形, 采用行列式法求解方程组 (5.9.47), 按 Cramer 法则, 散射系数 $s_n$ 为

$$s_n = \frac{\mathrm{Det}S}{\mathrm{Det}A} \tag{5.9.48}$$

式中, Det$A$ 为方程 (5.9.47) 系数矩阵 $\boldsymbol{A}$ 的行列式值; 而 Det$S$ 为将它的最后一列用此矩阵方程的右端矢量 $\boldsymbol{f}$ 替代后的矩阵行列式值.

对于矩阵行列式的数值计算, 由于涉及的可能是有耗介质柱情形, 此时, $\varepsilon_i, \mu_i$ 为复数, 故宜选用可求复矩阵行列式值的程序.

鉴于矩阵行列式法计算散射系数 $s_n$ 较为费时, 故它仅适用于层数 $m$ 不大, 以及有需要用来验证递推法结果的情形.

## 5.10　正向入射 TE$_z$ 平面波的 $m$ 多层介质与介质敷层导体圆柱散射

设有一 TE$_z$ 均匀平面电磁波沿 $+x$ 方向垂直入射到位于无界媒质 $\varepsilon_0$、$\mu_0$ 中共有 $m$ 分层的无限长圆柱上, $0 \leqslant \rho \leqslant a_1$ 为柱芯, 记为第 (1) 层; $a_1 \leqslant \rho \leqslant a_2$ 为第 (2) 层; 向外依次为第 (3) 层, $\cdots$, 和第 ($m$) 层; 多层圆柱外空间记为第 ($m$+1) 层. 分区半径分别 $a_1, a_2, \cdots, a_m$. 第 (1) 层柱芯为 (a) 为 $\sigma=\infty$ 理想导体圆柱, 或 ($b$)　$\varepsilon_1$、$\mu_1$ 介质圆柱; 第 ($i$) 层为 $\varepsilon_i$、$\mu_i$ 介质层 $(i=1,2,\cdots,m)$, 第 ($m$+1) 层为 $\varepsilon_0$、$\mu_0$ 自由空间. 入射波磁场 $\boldsymbol{H}^i = H_z^i \hat{\boldsymbol{a}}_z$ 沿圆柱轴 $z$ 方向, $E^i = E_z^i \hat{\boldsymbol{a}}_y$ 电场沿 $+y$ 方向, 如图 5.9.1(b) 所示.

对于 TE$_z$ 波多层圆柱散射, 分析和讨论类似于 TM$_z$ 波情形.

沿 $+x$ 方向传播的入射平面波磁场 $H_z^i$ 可表为

$$H_z^i = H_0 \mathrm{e}^{-\mathrm{j}k_0 x} = H_0 \mathrm{e}^{-\mathrm{j}k_0 \rho\cos\varphi} (k_0 = \omega\sqrt{\varepsilon_0\mu_0}) \tag{5.10.1}$$

其柱面波函数展开式可表为

$$H_z^i = H_0 \sum_{n=-\infty}^{\infty} a_n J_n(k_0\rho)\mathrm{e}^{\mathrm{j}n\varphi} \tag{5.10.2}$$

式中, $a_n = \mathrm{j}^{-n}$ 为入射波展开式系数.

对于 TE$_z$ 波, 在第 (1), (2), $\cdots$, $(m+1)$ 各层 (区域) 中的磁场 $\boldsymbol{H}$ 仅有 $z$ 分量 $H_z$, 它们是 Helmholtz 方程的解, 故根据其一般解, 可写出各区域中磁场纵向分量 $H_z^{(i)}$. 已知磁场 $H_z$, 便由场方程 $\boldsymbol{E} = \dfrac{1}{\mathrm{j}\omega\varepsilon}\nabla\times\boldsymbol{H} = \dfrac{1}{j\omega\varepsilon\rho}\dfrac{\partial H_z}{\partial\varphi}\hat{\boldsymbol{a}}_\rho - \dfrac{1}{\mathrm{j}\omega\varepsilon}\dfrac{\partial H_z}{\partial\rho}\hat{\boldsymbol{a}}_\varphi$ 求得电场的横向分量.

各区域中磁场纵向分量 $H_z^{(i)}$, 以及相应的电场横向分量 $E_\rho^{(i)}$ 和 $E_\varphi^{(i)}$ 的表示式如下:

区域 (1): $0 \leqslant \rho \leqslant a_1$

(a) $\sigma = \infty$ 理想导体柱芯

$$E^{(1)} = 0 \quad 和 \quad H^{(1)} = 0 \tag{5.10.3}$$

(b) $\varepsilon_1$、$\mu_1$ 介质柱芯 $(k_1 = \omega\sqrt{\varepsilon_1\mu_1})$

$$H_z^{(1)} = H_0 \sum_{n=-\infty}^{\infty} b_n^{(1)} J_n(k_1\rho)\mathrm{e}^{\mathrm{j}n\varphi} \tag{5.10.4}$$

$$E_\rho^{(1)} = \frac{H_0}{\mathrm{j}\omega\varepsilon_1\rho} \sum_{n=-\infty}^{\infty} n\mathrm{j} b_n^{(1)} J_n(k_1\rho)\mathrm{e}^{\mathrm{j}n\varphi} \tag{5.10.5}$$

$$E_\varphi^{(1)} = -\frac{k_1 H_0}{\mathrm{j}\omega\varepsilon_1} \sum_{n=-\infty}^{\infty} b_n^{(1)} J_n'(k_1\rho)\mathrm{e}^{\mathrm{j}n\varphi} \tag{5.10.6}$$

区域 (2): $a_1 \leqslant \rho \leqslant a_2$, $\varepsilon_2$、$\mu_2$ 介质 $(k_2 = \omega\sqrt{\varepsilon_2\mu_2})$

$$H_z^{(2)} = H_0 \sum_{n=-\infty}^{\infty} \left[b_n^{(2)} J_n(k_2\rho) + c_n^{(2)} Y_n(k_2\rho)\right] \mathrm{e}^{\mathrm{j}n\varphi} \tag{5.10.7}$$

$$E_\rho^{(2)} = \frac{H_0}{\mathrm{j}\omega\varepsilon_2\rho} \sum_{n=-\infty}^{\infty} n\mathrm{j} \left[b_n^{(2)} J_n(k_2\rho) + c_n^{(2)} Y_n(k_2\rho)\right] \mathrm{e}^{\mathrm{j}n\varphi} \tag{5.10.8}$$

$$E_\varphi^{(2)} = -\frac{k_2 H_0}{\mathrm{j}\omega\varepsilon_2} \sum_{n=-\infty}^{\infty} \left[b_n^{(2)} J_n'(k_2\rho) + c_n^{(2)} Y_n'(k_2\rho)\right] \mathrm{e}^{\mathrm{j}n\varphi} \tag{5.10.9}$$

区域 $(i)$：$a_{i-1} \leqslant \rho \leqslant a_i$：$\varepsilon_i$、$\mu_i$ 介质 $(k_i = \omega\sqrt{\varepsilon_i\mu_i})$

$$H_z^{(2)} = H_0 \sum_{n=-\infty}^{\infty} \left[b_n^{(i)} J_n(k_i\rho) + c_n^{(i)} Y_n(k_i\rho)\right] \mathrm{e}^{\mathrm{j}n\varphi} \tag{5.10.10}$$

$$E_\rho^{(2)} = \frac{H_0}{\mathrm{j}\omega\varepsilon_i\rho} \sum_{n=-\infty}^{\infty} nj \left[b_n^{(i)} J_n(k_i\rho) + c_n^{(i)} Y_n(k_i\rho)\right] \mathrm{e}^{\mathrm{j}n\varphi} \tag{5.10.11}$$

$$E_\varphi^{(2)} = -\frac{k_i H_0}{\mathrm{j}\omega\varepsilon_i} \sum_{n=-\infty}^{\infty} \left[b_n^{(i)} J_n'(k_i\rho) + c_n^{(i)} Y_n'(k_i\rho)\right] \mathrm{e}^{\mathrm{j}n\varphi} \tag{5.10.12}$$

区域 $(m)$：$a_{m-1} \leqslant \rho \leqslant a_m$：$\varepsilon_m$、$\mu_m$ 介质 $(k_m = \omega\sqrt{\varepsilon_m\mu_m})$

$$H_z^{(m)} = H_0 \sum_{n=-\infty}^{\infty} \left[b_n^{(m)} J_n(k_m\rho) + c_n^{(m)} Y_n(k_m\rho)\right] \mathrm{e}^{\mathrm{j}n\varphi} \tag{5.10.13}$$

$$E_\rho^{(m)} = \frac{H_0}{\mathrm{j}\omega\varepsilon_m\rho} \sum_{n=-\infty}^{\infty} n\mathrm{j} \left[b_n^{(m)} J_n(k_m\rho) + c_n^{(m)} Y_n(k_m\rho)\right] \mathrm{e}^{\mathrm{j}n\varphi} \tag{5.10.14}$$

$$E_\varphi^{(m)} = -\frac{k_m H_0}{\mathrm{j}\omega\varepsilon_m} \sum_{n=-\infty}^{\infty} \left[b_n^{(m)} J_n'(k_m\rho) + c_n^{(m)} Y_n'(k_m\rho)\right] \mathrm{e}^{\mathrm{j}n\varphi} \tag{5.10.15}$$

区域 $(m+1)$：$a_m \leqslant \rho < \infty$：$\varepsilon_0$、$\mu_0$ 自由空间 $(k_0 = \omega\sqrt{\mu_0\varepsilon_0})$

$$H_z^{(m+1)} = H_0 \sum_{n=-\infty}^{\infty} \left[a_n J_n(k_0\rho) + s_n H_n^{(2)}(k_0\rho)\right] \mathrm{e}^{\mathrm{j}n\varphi} \tag{5.10.16}$$

$$E_\rho^{(m+1)} = \frac{H_0}{\mathrm{j}\omega\varepsilon_0\rho} \sum_{n=-\infty}^{\infty} n\mathrm{j} \left[a_n J_n(k_0\rho) + s_n H_n^{(2)}(k_0\rho)\right] \mathrm{e}^{\mathrm{j}n\varphi} \tag{5.10.17}$$

$$E_\varphi^{(m+1)} = -\frac{k_0 H_0}{\mathrm{j}\omega\varepsilon_0} \sum_{n=-\infty}^{\infty} \left[a_n J_n'(k_0\rho) + s_n H_n^{(2)'}(k_0\rho)\right] \mathrm{e}^{\mathrm{j}n\varphi} \tag{5.10.18}$$

以上 (5.10.4)~(5.10.18) 式中, $k_i = \omega\sqrt{\varepsilon_i\mu_i}$；$b_n^{(1)}$, $b_n^{(i)}, c_n^{(i)} (i = 2, 3, \cdots, m)$ 和 $s_n$ 为待定系数, 它们可应用场所应满足的边界条件予确定；一旦确定出这些系数, 则第 (1)~$(m)$ 各介质层中的电磁场, 以及第 $(m+1)$ 层自由空间中的散射场和总电磁场即可求得.

在相邻区域的分界面上电磁场的边界条件是：导体 — 介质分界面上磁场法向分量与电场的切向分量应为零；在介质 — 介质分界面上电场和磁场的切向分量必须连续. 以下我们将应用这些边界条件来推导计算 $m$ 多层介质与介质敷层导体圆柱散射的散射系数 $s_n$ 的表示式, 并构造出确定 $s_n$ 的递推算法.

(A) $m = 1$(单层) 情形

应用 $\rho = a_1$ 处的边界条件：

(a) 对于导体圆柱芯, 有

$$\left.\frac{\partial H_z^{(2)}}{\partial \rho}\right|_{\rho=a_1}=\left.\frac{\partial H_z^{(1)}}{\partial \rho}\right|_{\rho=a_1}=0 \quad \text{或} \quad \left.E_\varphi^{(2)}\right|_{\rho=a_1}=\left.E_\varphi^{(1)}\right|_{\rho=a_1}=0 \tag{5.10.19}$$

于是, 由 (5.10.16) 式得

$$a_n J_n'(k_0a_1)+s_n H_n^{(2)'}(k_0a_1)=0 \tag{5.10.20}$$

故可得

$$\tilde{s}_n=\frac{s_n}{a_n}=-\frac{J_n'(k_0a_1)}{H_n^{(2)'}(k_0a_1)} \tag{5.10.21}$$

(b) 对于介质圆柱芯, 有

$$\left.H_z^{(1)}\right|_{\rho=a_1}=\left.H_z^{(2)}\right|_{\rho=a_1} \quad \text{和} \quad \left.E_\varphi^{(1)}\right|_{\rho=a_1}=\left.E_\varphi^{(2)}\right|_{\rho=a_1} \tag{5.10.22}$$

于是, 由 (5.10.4) 和 (5.10.16) 与 (5.10.6) 和 (5.10.18) 式得

$$b_n^{(1)}J_n(k_1a_1)=a_nJ_n(k_0a_1)+s_nH_n^{(2)}(k_0a_1) \tag{5.10.23}$$

$$\frac{k_1}{\varepsilon_1}b_n^{(1)}J_n'(k_1a_1)=\frac{k_0}{\varepsilon_0}\left[a_nJ_n'(k_0a_1)+s_nH_n^{(2)'}(k_0a_1)\right] \tag{5.10.24}$$

由 (5.10.23)÷(5.10.24) 式, 可得

$$\frac{k_0\varepsilon_1}{k_1\varepsilon_0}\frac{J_n(k_1a)}{J_n'(k_1a)}=\frac{J_n(k_0a_1)+\dfrac{s_n}{a_n}H_n^{(2)}(k_0a_1)}{J_n'(k_0a_1)+\dfrac{s_n}{a_n}H_n^{(2)'}(k_0a_1)}$$

由此可解得

$$\begin{aligned}\tilde{s}_n=\frac{s_n}{a_n}&=-\frac{\dfrac{k_1\varepsilon_0}{k_0\varepsilon_1}J_n'(k_1a_1)J_n(k_0a_1)-J_n(k_1a_1)J_n'(k_0a_1)}{\dfrac{k_1\varepsilon_0}{k_0\varepsilon_1}J_n'(k_1a_1)H_n^{(2)}(k_0a_1)-J_n(k_1a_1)H_n^{(2)'}(k_0a_1)}\\&=-\frac{\sqrt{\mu_{r1}}J_n'(k_1a_1)J_n(k_0a_1)-\sqrt{\varepsilon_{r1}}J_n(k_1a_1)J_n'(k_0a_1)}{\sqrt{\mu_{r1}}J_n'(k_1a_1)H_n^{(2)}(k_0a_1)-\sqrt{\varepsilon_{r1}}J_n(k_1a_1)H_n^{(2)'}(k_0a_1)}\end{aligned} \tag{5.10.25}$$

式中, $k_0=\omega\sqrt{\varepsilon_0\mu_0}$, $k_1=\omega\sqrt{\varepsilon_1\mu_1}$; $\dfrac{k_1\varepsilon_0}{k_0\varepsilon_1}=\sqrt{\dfrac{\varepsilon_1\mu_1}{\varepsilon_0\mu_0}}\dfrac{\varepsilon_0}{\varepsilon_1}=\sqrt{\dfrac{\mu_{r1}}{\varepsilon_{r1}}}$.

(B) $m>1$(多层) 情形

(1) 应用 $\rho=a_1$ 处的边界条件:

(a) 对于导体圆柱芯, 有

$$\left.\frac{\partial H_z^{(2)}}{\partial \rho}\right|_{\rho=a_1}=0 \quad \text{或} \quad \left.E_\varphi^{(2)}\right|_{\rho=a_1}=0$$

于是, 由 (5.10.7) 或 (5.10.9) 与 (5.10.3) 式可得

$$b_n^{(2)} J_n'(k_2 a_1) + c_n^{(2)} Y_n'(k_2 a_1) = 0 \tag{5.10.26}$$

由此可得

$$\frac{c_n^{(2)}}{b_n^{(2)}} = -\frac{J_n'(k_2 a_1)}{Y_n'(k_2 a_1)} \tag{5.10.27}$$

(b) 对于 $\varepsilon_1$、$\mu_1$ 介质圆柱芯, 有

$$H_z^{(1)}\Big|_{\rho=a_1} = H_z^{(2)}\Big|_{\rho=a_1} \quad 和 \quad E_\varphi^{(1)}\Big|_{\rho=a_1} = E_\varphi^{(2)}\Big|_{\rho=a_1}$$

于是, 由 (5.10.4) 和 (5.10.7) 与 (5.10.6) 和 (5.10.9) 式得

$$b_n^{(1)} J_n(k_1 a_1) = b_n^{(2)} J_n(k_2 a_1) + c_n^{(2)} Y_n(k_2 a_1) \tag{5.10.28}$$

$$\frac{k_1}{\varepsilon_1} b_n^{(1)} J_n'(k_1 a_1) = \frac{k_2}{\varepsilon_2}\left[b_n^{(2)} J_n'(k_2 a_1) + c_n^{(2)} Y_n'(k_2 a_1)\right] \tag{5.10.29}$$

由 (5.10.28)÷(5.10.29) 式, 可得

$$\frac{k_2\varepsilon_1}{k_1\varepsilon_2}\frac{J_n(k_1 a_1)}{J_n'(k_1 a_1)} = \frac{J_n(k_2 a_1) + \dfrac{c_n^{(2)}}{b_n^{(2)}} Y_n(k_2 a_1)}{J_n'(k_2 a_1) + \dfrac{c_n^{(2)}}{b_n^{(2)}} Y_n'(k_2 a_1)}$$

令

$$R_H^{(1)} = \frac{k_2\varepsilon_1}{k_1\varepsilon_2}\frac{J_n(k_1 a_1)}{J_n'(k_1 a_1)} = \frac{\sqrt{\varepsilon_1\mu_2}}{\sqrt{\varepsilon_2\mu_1}}\frac{J_n(k_1 a_1)}{J_n'(k_1 a_1)} \tag{5.10.30}$$

于是有

$$J_n(k_2 a_1) + \frac{c_n^{(2)}}{b_n^{(2)}} Y_n(k_2 a_1) = \left[J_n'(k_2 a_1) + \frac{c_n^{(2)}}{b_n^{(2)}} Y_n'(k_2 a_1)\right] R_H^{(1)}$$

由此解得

$$\frac{c_n^{(2)}}{b_n^{(2)}} = -\frac{J_n(k_2 a_1) - R_H^{(1)} J_n'(k_2 a_1)}{Y_n(k_2 a_1) - R_H^{(1)} Y_n'(k_2 a_1)} \tag{5.10.31}$$

(2) 对于 $\varepsilon_i$、$\mu_i$ 第 $i$ 介质圆柱层, 应用 $\rho = a_i (i = 2, 3, \cdots, m-1)$ 处的边界条件:

$$H_z^{(i)}\Big|_{\rho=a_i} = H_z^{(i+1)}\Big|_{\rho=a_i} \quad 和 \quad E_\varphi^{(i)}\Big|_{\rho=a_{i1}} = E_\varphi^{(i+1)}\Big|_{\rho=a_i}$$

可得

$$b_n^{(i)} J_n(k_i a_i) + c_n^{(i)} Y_n(k_i a_i) = b_n^{(i+1)} J_n(k_{i+1} a_i) + c_n^{(i+1)} Y_n(k_{i+1} a_i) \tag{5.10.32}$$

$$\begin{aligned}&\frac{k_i}{\varepsilon_i}\left[b_n^{(i)}J_n'(k_ia_i)+c_n^{(i)}Y_n'(k_ia_i)\right]\\=&\frac{k_{i+1}}{\varepsilon_{i+1}}\left[b_n^{(i+1)}J_n'(k_{i+1}a_i)+c_n^{(i+1)}Y_n'(k_{i+1}a_i)\right]\end{aligned}\tag{5.10.33}$$

由 (5.10.32)÷(5.10.33) 式, 可得

$$\frac{k_{i+1}\varepsilon_i}{k_i\varepsilon_{i+1}}\frac{J_n(k_ia_i)+\dfrac{c_n^{(i)}}{b_n^{(i)}}Y_n(k_ia_i)}{J_n'(k_ia_i)+\dfrac{c_n^{(i)}}{b_n^{(i)}}Y_n'(k_ia_i)}=\frac{J_n(k_{i+1}a_i)+\dfrac{c_n^{(i+1)}}{b_n^{(i+1)}}Y_n(k_{i+1}a_i)}{J_n'(k_{i+1}a_i)+\dfrac{c_n^{(i+1)}}{b_n^{(i+1)}}Y_n'(k_{i+1}a_i)}$$

令

$$R_H^{(i)}=\frac{k_{i+1}\varepsilon_i}{k_i\varepsilon_{i+1}}\frac{J_n(k_ia_i)+\dfrac{c_n^{(i)}}{b_n^{(i)}}Y_n(k_ia_i)}{J_n'(k_ia_i)+\dfrac{c_n^{(i)}}{b_n^{(i)}}Y_n'(k_ia_i)}=\frac{\sqrt{\varepsilon_i\mu_{i+1}}}{\sqrt{\varepsilon_{i+1}\mu_i}}\frac{J_n(k_ia_i)+\dfrac{c_n^{(i)}}{b_n^{(i)}}Y_n(k_ia_i)}{J_n'(k_ia_i)+\dfrac{c_n^{(i)}}{b_n^{(i)}}Y_n'(k_ia_i)}\tag{5.10.34}$$

于是有

$$J_n(k_{i+1}a_i)+\frac{c_n^{(i+1)}}{b_n^{(i+1)}}Y_n(k_{i+1}a_i)=\left[J_n'(k_{i+1}a_i)+\frac{c_n^{(i+1)}}{b_n^{(i+1)}}Y_n'(k_{i+1}a_i)\right]R_H^{(i)}$$

由此解得

$$\frac{c_n^{(i+1)}}{b_n^{(i+1)}}=-\frac{J_n(k_{i+1}a_i)-R_H^{(i)}J_n'(k_{i+1}a_i)}{Y_n(k_{i+1}a_i)-R_H^{(i)}Y_n'(k_{i+1}a_i)}\tag{5.10.35}$$

(3) 对于 $\varepsilon_m$、$\mu_m$ 第 $m$ 介质圆柱层, 应用 $\rho=a_m$ 处的边界条件:

$$H_z^{(m)}\Big|_{\rho=a_m}=H_z^{(m+1)}\Big|_{\rho=a_m}\quad 和\quad E_\varphi^{(m)}\Big|_{\rho=a_{m_1}}=E_\varphi^{(m+1)}\Big|_{\rho=a_m}$$

可得

$$b_n^{(m)}J_n(k_ma_m)+c_n^{(m)}Y_n(k_ma_m)=a_nJ_n(k_0a_m)+s_nH_n^{(2)}(k_0a_m)\tag{5.10.36}$$

$$\begin{aligned}&\frac{k_m}{\varepsilon_m}\left[b_n^{(m)}J_n'(k_ma_m)+c_n^{(m)}Y_n'(k_ma_m)\right]\\=&\frac{k_0}{\varepsilon_0}\left[a_nJ_n'(k_0a_m)+s_nH_n^{(2)'}(k_0a_m)\right]\end{aligned}\tag{5.10.37}$$

由 (5.10.36)÷(5.10.37) 式, 可得

$$\frac{k_0\varepsilon_m}{k_m\varepsilon_0}\frac{J_n(k_ma_m)+\dfrac{c_n^{(m)}}{b_n^{(m)}}Y_n(k_ma_m)}{J_n'(k_ma_m)+\dfrac{c_n^{(m)}}{b_n^{(m)}}Y_n'(k_ma_m)}=\frac{J_n(k_0a_m)+\dfrac{s_n}{a_n}H_n^{(2)}(k_0a_m)}{J_n'(k_0a_m)+\dfrac{s_n}{a_n}H_n^{(2)'}(k_0a_m)}$$

令

$$R_H^{(m)}=\frac{k_0\varepsilon_m}{k_m\varepsilon_0}\frac{J_n(k_ma_m)+\dfrac{c_n^{(m)}}{b_n^{(m)}}Y_n(k_ma_m)}{J_n'(k_ma_m)+\dfrac{c_n^{(m)}}{b_n^{(m)}}Y_n'(k_ma_m)}=\frac{\sqrt{\varepsilon_m\mu_0}}{\sqrt{\varepsilon_0\mu_m}}\frac{J_n(k_ma_m)+\dfrac{c_n^{(m)}}{b_n^{(m)}}Y_n(k_ma_m)}{J_n'(k_ma_m)+\dfrac{c_n^{(m)}}{b_n^{(m)}}Y_n'(k_ma_m)} \tag{5.10.38}$$

于是有

$$J_n(k_0a_m)+\frac{s_n}{a_n}H_n^{(2)}(k_0a_m)=\left[J_n'(k_0a_m)+\frac{s_n}{a_n}H_n^{(2)'}(k_0a_m)\right]R_H^{(m)}$$

由此解得

$$\tilde{s}_n=\frac{s_n}{a_n}=-\frac{J_n(k_0a_m)-R_H^{(m)}J_n'(k_0a_m)}{H_n^{(2)}(k_0a_m)-R_H^{(m)}H_n^{(2)'}(k_0a_m)} \tag{5.10.39}$$

综上分析, 当 $m=1$ 时, 对于理想导体圆柱和介质圆柱, 散射系数 $\tilde{s}_n$ 分别由 (5.10.21) 和 (5.10.25) 式计算；而当 $m>1$ 时, 对于含 $m-1$ 介质敷层导体圆柱和 $m$ 介质圆柱, 其散射系数 $\tilde{s}_n$ 可由以上导得的 (5.10.27) 或 (5.10.30)、(5.10.31), 以及 (5.10.34)、(5.10.35)、(5.10.38) 和 (5.10.39) 式所构造出的递推算法计算. 注意到：对于 $\mathrm{TE}_z$ 与 $\mathrm{TM}_z$ 波散射系数的推导过程存在相互对应关系；它们的 $\tilde{s}_n$ 表示式 (5.10.39) 与 (5.9.39) 式 (除分别为 $R_H^{(m)}$ 与 $R_E^{(m)}$) 其形式完全相同, 因而其递推过程亦类似. 以下是 $\mathrm{TE}_z$ 波的具体递推过程：

(A) $m=1$(单层) 情形

对于理想导体柱芯：$\tilde{s}_n=-\dfrac{J_n'(k_0a_1)}{H_n^{(2)'}(k_0a_1)}$

对于 $\varepsilon_1$、$\mu_1$ 介质体芯：

$$\tilde{s}_n=-\frac{\sqrt{\mu_{r1}}J_n'(k_1a_1)J_n(k_0a_1)-\sqrt{\varepsilon_{r1}}J_n(k_1a_1)J_n'(k_0a_1)}{\sqrt{\mu_{r1}}J_n'(k_1a_1)H_n^{(2)}(k_0a_1)-\sqrt{\varepsilon_{r1}}J_n(k_1a_1)H_n^{(2)'}(k_0a_1)}$$

(B) $m>1$(多层) 情形

(1) 首先计算：

对于理想导体柱芯：$\dfrac{c_n^{(2)}}{b_n^{(2)}}=-\dfrac{J_n'(k_2a_1)}{Y_n'(k_2a_1)}$

对于 $\varepsilon_1$、$\mu_1$ 介质体芯：$\dfrac{c_n^{(2)}}{b_n^{(2)}}=-\dfrac{J_n(k_2a_1)-R_H^{(1)}J_n'(k_2a_1)}{Y_n(k_2a_1)-R_H^{(1)}Y_n'(k_2a_1)}$

式中, $\quad R_H^{(1)}=\dfrac{\sqrt{\varepsilon_1\mu_2}}{\sqrt{\varepsilon_2\mu_1}}\dfrac{J_n(k_1a_1)}{J_n'(k_1a_1)}$

(2) 依次计算:

$$R_H^{(i)}=\frac{\sqrt{\varepsilon_i\mu_{i+1}}}{\sqrt{\varepsilon_{i+1}\mu_i}}\frac{J_n(k_ia_i)+\dfrac{c_n^{(i)}}{b_n^{(i)}}Y_n(k_ia_i)}{J_n'(k_ia_i)+\dfrac{c_n^{(i)}}{b_n^{(i)}}Y_n'(k_ia_i)}(i=2,3,\cdots,m)$$

其中,

$$\frac{c_n^{(i+1)}}{b_n^{(i+1)}}=-\frac{J_n(k_{i+1}a_i)-R_H^{(i)}J_n'(k_{i+1}a_i)}{Y_n(k_{i+1}a_i)-R_H^{(i)}Y_n'(k_{i+1}a_i)}(i=2,3,\cdots,m-1)$$

$$k_i=\omega\sqrt{\varepsilon_i\mu_i}(i=1,2,\cdots,m+1);\varepsilon_{m+1}=\varepsilon_0,\mu_{m+1}=\mu_0$$

(3) 求得 $R_H^{(m)}$ 后, 用 (5.10.39) 式计算散射系数:

$$\tilde{s}_n=\frac{s_n}{a_n}=-\frac{J_n(k_0a_m)-R_H^{(m)}J_n'(k_0a_m)}{H_n^{(2)}(k_0a_m)-R_H^{(m)}H_n^{(2)\prime}(k_0a_m)}(a_n=\mathrm{j}^{-n}) \tag{5.10.40}$$

根据 (5.10.40) 式进行编程计算, 可求得散射系数 $\tilde{s}_n$. 一旦求出 $\tilde{s}_n$, 按散射宽度 $\sigma_{2D}$ 定义 (5.3.22) 和 (5.3.26) 式, 即可求得 TE$_z$ 平面波的多层圆柱的散射宽度为

$$\sigma_{2D}=\lim_{\rho\to\infty}\left[2\pi\rho\frac{|H_z^s|^2}{|H_z^i|^2}\right]=\frac{2\lambda_0}{\pi}\left|\sum_{n=0}^{\infty}\varepsilon_n\tilde{s}_n\cos n\varphi\right|^2 \tag{5.10.41}$$

式中, $\varepsilon_n=\begin{cases}1 & n=0\\ 2 & n\neq 0\end{cases}$; 这里的 $\tilde{s}_n$ 由 (5.10.40) 式给出.

以上就是求散射宽度 $\tilde{s}_n$ 的递推算法.

类似于 TM$_z$ 波多层柱散射情形, 对于理想导体柱芯, 由各相邻区域分界面上满足边界条件所给出的方程, 我们得到了含有 $2m-1$ 个未知数 $b_n^{(i)},c_n^{(i)}(i=2,3,\cdots,m)$ 和 $\tilde{s}_n$、共 $2m-1$ 个方程的联立方程组, 对于介质柱芯, 则得到的是含有 $2m$ 个未知数 $b_n^{(1)},b_n^{(i)},c_n^{(i)}(i=2,3,\cdots,m)$ 和 $\tilde{s}_n$、共 $2m$ 个方程的联立方程组. 因此, 对于 TE$_z$ 波 $m>1$ 多层圆柱散射, 可采用解线性方程组的数值方法, 亦可采用 Cramer 行列式法求得散射系数 $s_n$(参见 5.9 节), 这里不再赘述.

## 5.11 斜向入射 TM$_z$ 平面波的理想导体散射

在无界媒质 $\varepsilon_0$、$\mu_0$ 中, 设有一 TM$_z$ 均匀平面电磁波沿 $\hat{\boldsymbol{s}}_i$ 方向斜入射到一半径为 $a$ 的无限长理想导体圆柱上, 入射波磁场 $\boldsymbol{H}^i=-H_y^i\hat{\boldsymbol{a}}_y$, 沿负 $y$ 方向与圆柱轴

$z$ 垂直；入射波电场 $\boldsymbol{E}^i$ 极化方向如图 5.11.1(a) 所示. $\boldsymbol{E}^i, \boldsymbol{H}^i$ 和 $\hat{\boldsymbol{s}}_i$ 三者相互垂直, 并形成右手关系.

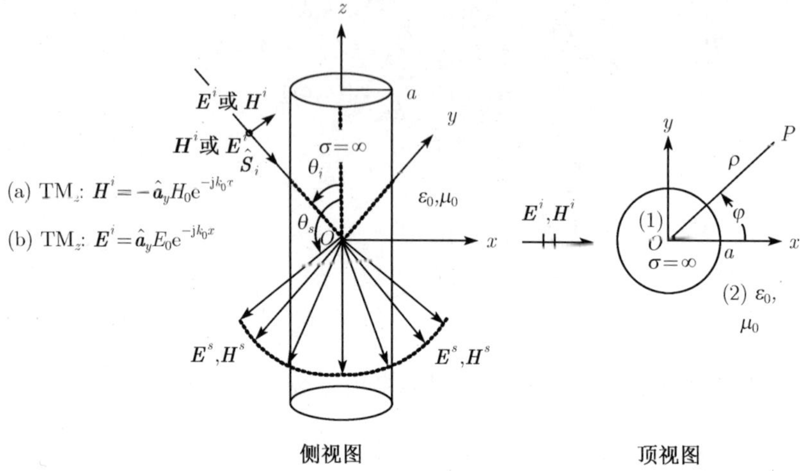


图 5.11.1　斜向入射平面波的理想导体散射

### 5.11.1　入射波和散射波场表示式

采用圆柱坐标系 $(\rho, \varphi, z)$, 沿 $\hat{\boldsymbol{s}}_i$ 方向的入射波电场可表为

$$\boldsymbol{E}^i = \boldsymbol{E}_0^i \mathrm{e}^{-\mathrm{j}k_0 \hat{\boldsymbol{s}}_i \cdot \boldsymbol{r}} \tag{5.11.1}$$

参见图 5.11.1 可知, 有

$$\hat{\boldsymbol{s}}_i = \hat{\boldsymbol{a}}_x \sin\theta_i - \hat{\boldsymbol{a}}_z \cos\theta_i, \quad \boldsymbol{r} = x\hat{\boldsymbol{a}}_x + z\hat{\boldsymbol{a}}_z; \quad \hat{\boldsymbol{s}}_i \cdot \boldsymbol{r} = x\sin\theta_i - z\cos\theta_i \tag{5.11.2}$$

而

$$\boldsymbol{E}_0^i = E_0 \left(\hat{\boldsymbol{a}}_x \cos\theta_i + \hat{\boldsymbol{a}}_z \sin\theta_i\right) \tag{5.11.3}$$

于是, (5.11.1) 式可表为

$$\boldsymbol{E}^i = E_0 \left(\hat{\boldsymbol{a}}_x \cos\theta_i + \hat{\boldsymbol{a}}_z \sin\theta_i\right) \mathrm{e}^{-\mathrm{j}k_0 (x\sin\theta_i - z\cos\theta_i)} \tag{5.11.4}$$

已知柱面波函数展开式:

$$\mathrm{e}^{-\mathrm{j}k_0 x \sin\theta_i} = \sum_{n=-\infty}^{\infty} a_n J_n(k_0 \rho \sin\theta_i) \mathrm{e}^{\mathrm{j}n\varphi} \tag{5.11.5}$$

式中, $a_n = \mathrm{j}^{-n}$ 为入射波展开式系数. 故 (5.11.4) 式可写成

$$\boldsymbol{E}^i = E_0 \left(\hat{\boldsymbol{a}}_x \cos\theta_i + \hat{\boldsymbol{a}}_z \sin\theta_i\right) \mathrm{e}^{\mathrm{j}k_0 z \cos\theta_i} \sum_{n=-\infty}^{\infty} a_n J_n(k_0 \rho \sin\theta_i) \mathrm{e}^{\mathrm{j}n\varphi} \tag{5.11.6}$$

直角坐标系单位矢量与圆柱坐标系单位矢量间有如下关系：

$$\hat{\boldsymbol{a}}_x = \hat{\boldsymbol{a}}_\rho \cos\varphi - \hat{\boldsymbol{a}}_\varphi \sin\varphi; \quad \hat{\boldsymbol{a}}_y = \hat{\boldsymbol{a}}_\rho \sin\varphi + \hat{\boldsymbol{a}}_\varphi \cos\varphi \tag{5.11.7}$$

故入射平面波电场 $\boldsymbol{E}^i$ 的三个柱坐标分量分别是

$$E_\rho^i = E_0 \cos\theta_i \cos\varphi \mathrm{e}^{\mathrm{j}k_0 z\cos\theta_i} \sum_{n=-\infty}^{\infty} a_n J_n(k_0\rho\sin\theta_i)\mathrm{e}^{\mathrm{j}n\varphi} \tag{5.11.8}$$

$$E_\varphi^i = -E_0 \cos\theta_i \sin\varphi \mathrm{e}^{\mathrm{j}k_0 z\cos\theta_i} \sum_{n=-\infty}^{\infty} a_n J_n(k_0\rho\sin\theta_i)\mathrm{e}^{\mathrm{j}n\varphi} \tag{5.11.9}$$

$$E_z^i = E_0 \sin\theta_i \mathrm{e}^{\mathrm{j}k_0 z\cos\theta_i} \sum_{n=-\infty}^{\infty} a_n J_n(k_0\rho\sin\theta_i)\mathrm{e}^{\mathrm{j}n\varphi} \tag{5.11.10}$$

由于 (5.11.1) 式是沿 $\hat{\boldsymbol{s}}_i$ 方向传播的均匀平面波, 因而相应的入射波磁场 $\boldsymbol{H}^i$ 为

$$\begin{aligned}\boldsymbol{H}^i &= -\hat{\boldsymbol{a}}_y H_0 \mathrm{e}^{-\mathrm{j}k_0\hat{\boldsymbol{s}}_i\cdot\boldsymbol{r}} \quad (H_0 = E_0/\eta_0)\\ &= -(\hat{\boldsymbol{a}}_\rho \sin\varphi + \hat{\boldsymbol{a}}_\varphi\cos\varphi)\frac{E_0}{\eta_0}\mathrm{e}^{\mathrm{j}k_0 z\cos\theta_i} \sum_{n=-\infty}^{\infty} a_n J_n(k_0\rho\sin\theta_i)\mathrm{e}^{\mathrm{j}n\varphi}\end{aligned} \tag{5.11.11}$$

此即有

$$H_\rho^i = -\frac{1}{\eta_0} E_0 \sin\varphi \mathrm{e}^{\mathrm{j}k_0 z\cos\theta_i} \sum_{n=-\infty}^{\infty} a_n J_n(k_0\rho\sin\theta_i)\mathrm{e}^{\mathrm{j}n\varphi} \tag{5.11.12}$$

$$H_\varphi^i = -\frac{1}{\eta_0} E_0 \cos\varphi \mathrm{e}^{\mathrm{j}k_0 z\cos\theta_i} \sum_{n=-\infty}^{\infty} a_n J_n(k_0\rho\sin\theta_i)\mathrm{e}^{\mathrm{j}n\varphi} \tag{5.11.13}$$

$$H_z^i = 0 \tag{5.11.14}$$

式中, $\eta_0 = \sqrt{\mu_0/\varepsilon_0}$ 为区域 (2) 自由空间波阻抗.

入射波投射到导体圆柱上时, 将激励起散射场. 在 $\rho \geqslant a$ 柱体外部自由空间中, 总场是入射场与散射场的叠加；散射场是沿矢径 $\rho$ 方向传播的行波, 柱面波函数须用第二类 Hankel 函数进行展开. 鉴于电磁场要满足在 $\rho = a$ 柱面上的边界条件, 因而, 散射波电场 $\boldsymbol{E}^s$ 与入射波电场 $\boldsymbol{E}^i$ 应具有相类似的形式. 对于 $\boldsymbol{E}^s$ 的 $z$ 分量, 可将它写成如下形式：

$$E_z^s = E_0 \sin\theta_s \mathrm{e}^{-\mathrm{j}k_0 z\cos\theta_s} \sum_{n=-\infty}^{\infty} s_n H_n^{(2)}(k_0\rho\sin\theta_s)\mathrm{e}^{\mathrm{j}n\varphi} \tag{5.11.15}$$

式中, $s_n$ 为待定的展开式系数；$\theta_s$ 为散射角 (参见图 5.11.1, $\theta_s > 90^\circ$ ). $s_n$ 和 $\theta_s$ 可由场所应满足的边界条件予确定.

在导体柱外自由空间区域 (2) 中, 总电场的纵向分量 $E_z^{(2)} = E_z^i + E_z^s$. 由 (5.11.10) 和 (5.11.15) 式, 便有

$$E_z^{(2)} = E_0\left[\sin\theta_i e^{jk_0 z\cos\theta_i}\sum_{n=-\infty}^{\infty} a_n J_n(k_0\rho\sin\theta_i) + \sin\theta_s e^{-jk_0 z\cos\theta_s}\sum_{n=-\infty}^{\infty} s_n H_n^{(2)}(k_0\rho\sin\theta_s)\right]e^{jn\varphi} \tag{5.11.16}$$

区域 (1) 是理想导体, 而有 $\boldsymbol{E}^{(1)} = 0$ 和 $\boldsymbol{H}^{(1)} = 0$. 按在 $\rho = a$ 导体柱面上电场边界条件, 应有 $E_z^{(2)} = E_z^{(1)} = 0$, 即应有

$$E_0\left[\sin\theta_i e^{jk_0 z\cos\theta_i}\sum_{n=-\infty}^{\infty} a_n J_n(k_0 a\sin\theta_i) + \sin\theta_s e^{-jk_0 z\cos\theta_s}\sum_{n=-\infty}^{\infty} s_n H_n^{(2)}(k_0 a\sin\theta_s)\right]e^{jn\varphi} = 0$$

由此可得　　$\theta_s = \pi - \theta_i$

$$s_n = -\frac{J_n(k_0 a\sin\theta_i)}{H_n^{(2)}(k_0 a\sin\theta_i)}a_n \quad 或 \quad \tilde{s}_n = \frac{s_n}{a_n} = -\frac{J_n(k_0 a\sin\theta_i)}{H_n^{(2)}(k_0 a\sin\theta_i)} \tag{5.11.17}$$

式中, $a_n = j^{-n}$. 将上式回代至 (5.11.15) 式, 因 $\cos\theta_s = -\cos\theta_i$, 散射波电场 $E_z^s$ 可表为

$$E_z^s = E_0\sin\theta_i e^{jk_0 z\cos\theta_i}\sum_{n=-\infty}^{\infty} s_n H_n^{(2)}(k_0\rho\sin\theta_i)e^{jn\varphi} \tag{5.11.18}$$

显然, (5.11.18) 式对所有 $\varphi$ 角成立. 这表明沿相对 $z$ 轴以 $\theta_s = \pi - \theta_i$ 为半角的整个前向角锥面方向上均存在有散射场.

已知电磁场的纵向分量 $E_z$ 和 $H_z$, 按纵向场法, 由 Maxwell 方程我们可求得电磁场的其它各个横向分量. 对于 $\text{TM}_z$ 散射波, 有 $E_z = E_z^s$, $H_z = H_z^s = 0$.

由　$\nabla\times\boldsymbol{E}^s = -j\omega\mu_0\boldsymbol{H}^s$ 或 $\boldsymbol{H}^s = -\dfrac{1}{j\omega\mu_0}\nabla\times\boldsymbol{E}^s$

此即

$$H_\rho^s = -\frac{1}{j\omega\mu_0}\left(\frac{1}{\rho}\frac{\partial E_z^s}{\partial\varphi} - \frac{\partial E_\varphi^s}{\partial z}\right) \tag{5.11.19}$$

$$H_\varphi^s = -\frac{1}{j\omega\mu_0}\left(\frac{\partial E_\rho^s}{\partial z} - \frac{\partial E_z^s}{\partial\rho}\right) \tag{5.11.20}$$

$$H_z^s = -\frac{1}{j\omega\mu_0}\left[\frac{\partial}{\partial\rho}\left(\rho E_\varphi^s\right) - \frac{\partial E_\rho^s}{\partial\varphi}\right] \tag{5.11.21}$$

而由　$\nabla\times\boldsymbol{H}^s = j\omega\varepsilon_0\boldsymbol{E}^s$　或　$\boldsymbol{E}^s = \dfrac{1}{j\omega\varepsilon_0}\nabla\times\boldsymbol{H}^s$

即有

$$E_\rho^s=\frac{1}{\mathrm{j}\omega\varepsilon_0}\left(\frac{1}{\rho}\frac{\partial H_z^s}{\partial\varphi}-\frac{\partial H_\varphi^s}{\partial z}\right)_{H_z^s=0}=-\frac{1}{\mathrm{j}\omega\varepsilon_0}\frac{\partial H_\varphi^s}{\partial z} \tag{5.11.22}$$

$$E_\varphi^s=\frac{1}{\mathrm{j}\omega\varepsilon_0}\left(\frac{\partial H_\rho^s}{\partial z}-\frac{\partial H_z^s}{\partial\rho}\right)_{H_z^s=0}=\frac{1}{\mathrm{j}\omega\varepsilon_0}\frac{\partial H_\rho^s}{\partial z} \tag{5.11.23}$$

$$E_z^s=\frac{1}{\mathrm{j}\omega\varepsilon_0\rho}\left[\frac{\partial}{\partial\rho}\left(\rho H_\varphi^s\right)-\frac{\partial H_\rho^s}{\partial\varphi}\right] \tag{5.11.24}$$

将 (5.11.23) 代入 (5.11.19) 式, 可得

$$\begin{aligned}H_\rho^s&=-\frac{1}{\mathrm{j}\omega\mu_0}\left[\frac{1}{\rho}\frac{\partial E_z^s}{\partial\varphi}-\frac{1}{\mathrm{j}\omega\varepsilon_0}\frac{\partial}{\partial z}\left(\frac{\partial H_\rho^s}{\partial z}\right)\right]\\&=-\frac{1}{\mathrm{j}\omega\mu_0\rho}\frac{\partial E_z^s}{\partial\varphi}-\frac{1}{\omega^2\varepsilon_0\mu_0}\frac{\partial^2 H_\rho^s}{\partial z^2}\end{aligned}$$

由于所有电磁场分量均含有随 $z$ 变化因子 $\mathrm{e}^{\mathrm{j}k_0 z\cos\theta_i}$, 故上式可化为

$$H_\rho^s=-\frac{1}{\mathrm{j}\omega\mu_0\rho}\frac{\partial E_z^s}{\partial\varphi}-\frac{(\mathrm{j}k_0\cos\theta_i)^2}{\omega^2\varepsilon_0\mu_0}H_\rho^s=-\frac{1}{\mathrm{j}\omega\mu_0\rho}\frac{\partial E_z^s}{\partial\varphi}+\cos^2\theta_i H_\rho^s$$

于是

$$H_\rho^s=-\frac{1}{\mathrm{j}\omega\mu_0\rho\sin^2\theta_i}\frac{\partial E_z^s}{\partial\varphi} \tag{5.11.25}$$

类似地, 将 (5.11.22) 代入 (5.11.20) 式, 可得

$$\begin{aligned}H_\varphi^s&=-\frac{1}{\mathrm{j}\omega\mu_0}\left(-\frac{1}{\mathrm{j}\omega\varepsilon_0}\frac{\partial^2 H_\varphi^s}{\partial z^2}-\frac{\partial E_z^s}{\partial\rho}\right)=-\frac{1}{\omega^2\varepsilon_0\mu_0}\frac{\partial^2 H_\varphi^s}{\partial z^2}+\frac{1}{\mathrm{j}\omega\mu_0}\frac{\partial E_z^s}{\partial\rho}\\&=-\frac{(\mathrm{j}k_0\cos\theta_i)^2}{\omega^2\varepsilon_0\mu_0}H_\varphi^s+\frac{1}{\mathrm{j}\omega\mu_0}\frac{\partial E_z^s}{\partial\rho}=\cos^2\theta_i H_\varphi^s+\frac{1}{\mathrm{j}\omega\mu_0}\frac{\partial E_z^s}{\partial\rho}\end{aligned}$$

于是有

$$H_\varphi^s=\frac{1}{\mathrm{j}\omega\mu_0\sin^2\theta_i}\frac{\partial E_z^s}{\partial\rho} \tag{5.11.26}$$

将 (5.11.18) 代入 (5.11.25) 和 (5.11.26) 式分别可得 $H_\rho^s$ 和 $H_\varphi^s$, 再将所得 $H_\varphi^s$ 和 $H_\rho^s$ 代入 (5.11.22) 和 (5.11.23) 式便可求得 $E_\rho^s$ 和 $E_\varphi^s$. 这样, 我们就求得了 TM$_z$ 波散射电磁场的所有分量, 其结果为

$$E_\rho^s=\mathrm{j}E_0\cos\theta_i\mathrm{e}^{\mathrm{j}k_0 z\cos\theta_i}\sum_{n=-\infty}^{\infty}s_n H_n^{(2)'}(k_0\rho\sin\theta_i)\mathrm{e}^{\mathrm{j}n\varphi} \tag{5.11.27}$$

$$E_\varphi^s=-\frac{E_0}{k_0\rho}\cot\theta_i\mathrm{e}^{\mathrm{j}k_0 z\cos\theta_i}\sum_{n=-\infty}^{\infty}ns_n H_n^{(2)}(k_0\rho\sin\theta_i)\mathrm{e}^{\mathrm{j}n\varphi} \tag{5.11.28}$$

$$E_z^s = E_0 \sin\theta_i \mathrm{e}^{\mathrm{j}k_0 z\cos\theta_i} \sum_{n=-\infty}^{\infty} s_n H_n^{(2)}(k_0\rho\sin\theta_i)\mathrm{e}^{\mathrm{j}n\varphi} \tag{5.11.29}$$

$$H_\rho^s = -\frac{E_0}{\omega\mu_0\rho\sin\theta_i}\mathrm{e}^{\mathrm{j}k_0 z\cos\theta_i} \sum_{n=-\infty}^{\infty} n s_n H_n^{(2)}(k_0\rho\sin\theta_i)\mathrm{e}^{\mathrm{j}n\varphi} \tag{5.11.30}$$

$$H_\varphi^s = -jE_0\sqrt{\frac{\varepsilon_0}{\mu_0}}\mathrm{e}^{\mathrm{j}k_0 z\cos\theta_i} \sum_{n=-\infty}^{\infty} s_n H_n^{(2)\prime}(k_0\rho\sin\theta_i)\mathrm{e}^{\mathrm{j}n\varphi} \tag{5.11.31}$$

$$H_z^s = 0 \tag{5.11.32}$$

式中, 散射波展开系数 $s_n$ 由 (5.11.17) 式给出.

同样地, 已知 $\mathrm{TM}_z$ 入射电磁波场的纵向分量 $E_z^i$(与 $H_z^i = 0$), 按纵向场法, 由 Maxwell 方程亦可求得入射波场的各个横向分量. 但此时所求得的场表示式将与 (5.11.8)~(5.11.14) 式所给出的形式有所不同, 然它们之间是等价的.

### 5.11.2　散射宽度

按 (5.3.22) 式散射宽度 $\sigma_{2D}$ 定义：

$$\sigma_{2D} = \lim_{\rho\to\infty}\left[2\pi\rho\frac{|\boldsymbol{H}^s|^2}{|\boldsymbol{H}^i|^2}\right] \tag{5.11.33}$$

式中, $\boldsymbol{H}^s$ 为散射波磁场; $\boldsymbol{H}_z^i$ 为入射波磁场.

利用第二类 Hankel 函数的大宗量渐近式：

$$\begin{aligned} H_n^{(2)}(z) &\underset{z\to\infty}{\approx} \sqrt{\frac{2}{\pi z}}\mathrm{e}^{-\mathrm{j}\left(z-\frac{n\pi}{2}-\frac{\pi}{4}\right)} = \sqrt{\frac{2\mathrm{j}}{\pi z}}\mathrm{j}^n\mathrm{e}^{-\mathrm{j}z} \\ H_n^{(2)\prime}(z) &\underset{z\to\infty}{\approx} -\frac{1}{2z}\sqrt{\frac{2\mathrm{j}}{\pi z}}\mathrm{e}^{-\mathrm{j}\left(z-\frac{n\pi}{2}-\frac{\pi}{4}\right)} - \sqrt{\frac{2\mathrm{j}}{\pi z}}\mathrm{j}^{n+1}\mathrm{e}^{-\mathrm{j}z} \approx -\sqrt{\frac{2\mathrm{j}}{\pi z}}\mathrm{j}^{n+1}\mathrm{e}^{-\mathrm{j}z} \end{aligned} \tag{5.11.34}$$

由 (5.11.30) 和 (5.11.31) 式, 可得 $\rho\to\infty$ 时的远区散射磁场：

$$\begin{aligned} H_\rho^s &\approx -\frac{E_0}{\omega\mu_0\rho\sin\theta_i}\sqrt{\frac{2\mathrm{j}}{\pi k_0\rho\sin\theta_i}}\mathrm{e}^{\mathrm{j}k_0(z\cos\theta_i-\rho\sin\theta_i)}\sum_{n=-\infty}^{\infty} n\tilde{s}_n\mathrm{e}^{\mathrm{j}n\varphi} \\ &\approx -\frac{E_0}{k_0\eta_0\rho\sin\theta_i}\sqrt{\frac{2\mathrm{j}}{\pi k_0\rho\sin\theta_i}}\mathrm{e}^{\mathrm{j}k_0(z\cos\theta_i-\rho\sin\theta_i)}\sum_{n=-\infty}^{\infty} n\tilde{s}_n\mathrm{e}^{\mathrm{j}n\varphi} \end{aligned} \tag{5.11.35}$$

$$\begin{aligned} H_\varphi^s &\approx -E_0\sqrt{\frac{\varepsilon_0}{\mu_0}}\sqrt{\frac{2\mathrm{j}}{\pi k_0\rho\sin\theta_i}}\mathrm{e}^{\mathrm{j}k_0(z\cos\theta_i-\rho\sin\theta_i)}\sum_{n=-\infty}^{\infty} \tilde{s}_n\mathrm{e}^{\mathrm{j}n\varphi} \\ &\approx -\frac{E_0}{\eta_0}\sqrt{\frac{2\mathrm{j}}{\pi k_0\rho\sin\theta_i}}\mathrm{e}^{\mathrm{j}k_0(z\cos\theta_i-\rho\sin\theta_i)}\sum_{n=-\infty}^{\infty} \tilde{s}_n\mathrm{e}^{\mathrm{j}n\varphi} \end{aligned} \tag{5.11.36}$$

式中, $k_0=\omega\sqrt{\varepsilon_0\mu_0}=2\pi/\lambda_0$, $k_0$ 和 $\lambda_0$ 分别是 $\varepsilon_0$、$\mu_0$ 无界空间的波数和波长. 注意到. 当 $\rho\to\infty$, $\dfrac{H_\rho^s}{H_\varphi^s}\approx\dfrac{1}{k_0\rho\sin\theta_i}\ll 1$, 此即有 $H_\rho^s\ll H_\varphi^s$, 于是有, $\boldsymbol{H}^s\underset{\rho\to\infty}{\approx}H_\varphi^s\hat{\boldsymbol{a}}_\varphi$, 故将 (5.11.11) 和 (5.11.36) 代入 (5.11.33) 式, 得

$$\sigma_{2D}=\lim_{\rho\to\infty}\left[2\pi\rho\frac{|E_0|^2\left(\dfrac{2}{\pi k_0\rho\sin\theta_i}\right)\Big/\eta_0^2}{|E_0|^2/\eta_0^2}\left|\sum_{n=-\infty}^{\infty}\tilde{s}_n\mathrm{e}^{\mathrm{j}n\varphi}\right|^2\right]$$

$$=\frac{4}{k_0\sin\theta_i}\left|\sum_{n=0}^{\infty}\varepsilon_n\tilde{s}_n\mathrm{e}^{\mathrm{j}n\varphi}\right|^2=\frac{2\lambda_0}{\pi\sin\theta_i}\left|\sum_{n=0}^{\infty}\varepsilon_n\tilde{s}_n\cos n\varphi\right|^2 \tag{5.11.37}$$

式中, $\tilde{s}_n$ 由 (5.11.17) 式给出；$\varepsilon_n=\begin{cases}1 & n=0\\ 2 & n\neq 0\end{cases}$. 将 $\tilde{s}_n$ 代入上式, 最后便得到

$$\sigma_{2D}=\frac{4}{k_0\sin\theta_i}\left|\sum_{n=0}^{\infty}\varepsilon_n\frac{J_n(k_0a\sin\theta_i)}{H_n^{(2)}(k_0a\sin\theta_i)}\cos n\varphi\right|^2$$

$$=\frac{2\lambda_0}{\pi\sin\theta_i}\left|\sum_{n=-\infty}^{\infty}\varepsilon_n\frac{J_n(k_0a\sin\theta_i)}{H_n^{(2)}(k_0a\sin\theta_i)}\cos n\varphi\right|^2 \tag{5.11.38}$$

将散射宽度 (5.11.38) 与正向入射情形的 (5.3.27) 式相比较, 可见两者形式相同, 对于斜入射情形, 则是用 $k_0\sin\theta_i$ 代替了 (5.3.27) 式中的 $k_0$.

对于圆柱半径 $a\ll\lambda_0$ 细线近似, 此时, 斜入射散射宽度显然亦可由 (5.2.34) 式中的 $k_0\to k_0\sin\theta_i$, 或将 $\lambda_0\to\lambda_0/\sin\theta_i$ 而得出:

$$\sigma_{2D}=\frac{\pi\lambda_0}{2\sin\theta_i}\left|\frac{1}{\ln(0.8905k_0a\sin\theta_i)}\right|^2 \tag{5.11.39}$$

如所预期的, 细线的 $\sigma_{2D}$ 与 $\varphi$ 无关.

对于长度为 $l$ 的有限长导电圆柱, 不再像无限长导电圆柱斜入射情形那样, 散射场仅存在于相对 $z$ 轴以 $\theta_s=\pi-\theta_i$ 为半角的整个前向角锥面方向, 而是在所有方向上均存在有散射场. 然而, 当柱体长度远大于其半径 ($l\gg a$) 时, 沿 $\theta_s=\pi-\theta_i$ 方向上的散射场远大于其它方向上的散射场；当柱体长度 $l$ 为半波长的整数倍时, 散射场出现有谐振现象, 但随着长度增加超过几个波长后, 此现象便消失.

当 $l\gg a$ 时, 三维散射截面 $\sigma_{3D}$ 与二维散射截面 $\sigma_{2D}$ 有如下近似关系:

$$\sigma_{3D}\approx\sigma_{2D}\frac{2l^2}{\lambda_0}\sin^2\theta_s\left\{\frac{\sin\left[\dfrac{k_0l}{2}(\cos\theta_s+\cos\theta_i)\right]}{\dfrac{k_0l}{2}(\cos\theta_s+\cos\theta_i)}\right\}^2\quad(\text{对于TM}_z\text{波}) \tag{5.11.40}$$

此近似式即使当 $l \approx \lambda_0$ 时仍可给出相当好的合理近似.

将 (5.11.38) 代入上式, 可得三维散射截面 RCS 为

$$\sigma_{3D} \approx \frac{4l^2 \sin^2 \theta_s}{\pi \sin\theta_i} \left| \sum_{n=-\infty}^{\infty} \varepsilon_n \frac{J_n(k_0 a \sin\theta_i)}{H_n^{(2)}(k_0 a \sin\theta_i)} \cos n\varphi \right|^2 \left\{ \frac{\sin\left[\dfrac{k_0 l}{2}(\cos\theta_s + \cos\theta_i)\right]}{\dfrac{k_0 l}{2}(\cos\theta_s + \cos\theta_i)} \right\}^2 \tag{5.11.41}$$

对于细线, 将 (5.11.39) 代入 (5.11.40) 式, 则有

$$\sigma_{3D} \underset{a \ll \lambda_0}{\approx} \frac{\pi_l^2}{\sin\theta_i} \left| \frac{\sin\theta_s}{\ln(0.8905 k_0 a \sin\theta_i)} \right|^2 \left\{ \frac{\sin\left[\dfrac{k_0 l}{2}(\cos\theta_s + \cos\theta_i)\right]}{\dfrac{k_0 l}{2}(\cos\theta_s + \cos\theta_i)} \right\}^2 \tag{5.11.42}$$

从 (5.11.41) 或 (5.33.42) 式可见, 当 $\cos\theta_s + \cos\theta_i = 0$, 即 $\theta_s = \pi - \theta_i$ 时, $\sigma_{3D}$ 具有最大值, 这表明最大散射是位于 $\theta_s = \pi - \theta_i$ 的镜像方向上, 这也是可预料到的.

## 5.12 斜向入射 TE$_z$ 平面波的理想导体散射

在无界媒质 $\varepsilon_0$、$\mu_0$ 中, 设有一 TE$_z$ 均匀平面电磁波沿 $\hat{\boldsymbol{s}}_i$ 方向斜入射到一半径为 $a$ 的无限长理想导体圆柱上, 入射波电场 $\boldsymbol{E}^i = E_y^i \hat{\boldsymbol{a}}_y$, 沿 $y$ 方向极化、与圆柱轴 $z$ 垂直; 入射波磁场 $\boldsymbol{H}^i$ 方向如图 5.11.1(b) 所示. $\boldsymbol{E}^i, \boldsymbol{H}^i$ 和 $\hat{\boldsymbol{s}}_i$ 三者相互垂直, 并形成右手关系.

对于斜向入射 TE$_z$ 波的理想导体散射, 分析和讨论类似于 TM$_z$ 波情形.

### 5.12.1 入射波和散射波场表示式

沿 $\hat{\boldsymbol{s}}_i$ 方向的入射波磁场可表为

$$\boldsymbol{H}^i = \boldsymbol{H}_0^i \mathrm{e}^{-\mathrm{j}k_0 \hat{\boldsymbol{s}}_i \cdot \boldsymbol{r}} \tag{5.12.1}$$

将 (5.11.2) 代入上式, 并因有 (参见图 5.11.1 或 (5.11.3) 式):

$$\boldsymbol{H}_0^i = H_0 (\hat{\boldsymbol{a}}_x \cos\theta_i + \hat{\boldsymbol{a}}_z \sin\theta_i) \tag{5.12.2}$$

于是

$$\mathrm{H}^i = H_0 (\hat{\boldsymbol{a}}_x \cos\theta_i + \hat{\boldsymbol{a}}_z \sin\theta_i) \mathrm{e}^{-\mathrm{j}k_0 (x \sin\theta_i - z\cos\theta_i)} \tag{5.12.3}$$

引用柱面波函数展开式 (5.11.5), $\boldsymbol{H}^i$ 可写成

$$\boldsymbol{H}^i = H_0 (\hat{\boldsymbol{a}}_x \cos\theta_i + \hat{\boldsymbol{a}}_z \sin\theta_i) \mathrm{e}^{\mathrm{j}k_0 z\cos\theta_i} \sum_{n=-\infty}^{\infty} a_n J_n(k_0 \rho \sin\theta_i) \mathrm{e}^{\mathrm{j}n\varphi} \tag{5.12.4}$$

利用直角与圆柱坐标系单位矢量间关系 (5.11.7), 可得 $\boldsymbol{H}^i$ 的三个柱坐标分量:

$$H_\rho^i = H_0 \cos\theta_i \cos\varphi \mathrm{e}^{\mathrm{j}k_0 z\cos\theta_i} \sum_{n=-\infty}^{\infty} a_n J_n(k_0\rho\sin\theta_i)\mathrm{e}^{\mathrm{j}n\varphi} \tag{5.12.5}$$

$$H_\varphi^i = -H_0 \cos\theta_i \sin\varphi \mathrm{e}^{\mathrm{j}k_0 z\cos\theta_i} \sum_{n=-\infty}^{\infty} a_n J_n(k_0\rho\sin\theta_i)\mathrm{e}^{\mathrm{j}n\varphi} \tag{5.12.6}$$

$$H_z^i = H_0 \sin\theta_i \mathrm{e}^{\mathrm{j}k_0 z\cos\theta_i} \sum_{n=-\infty}^{\infty} a_n J_n(k_0\rho\sin\theta_i)\mathrm{e}^{\mathrm{j}n\varphi} \tag{5.12.7}$$

相应 (5.12.1) 式沿 $\hat{\mathrm{s}}_i$ 方向入射波磁场 $\boldsymbol{H}^i$, 入射波电场 $\boldsymbol{E}^i$ 为

$$\begin{aligned}\boldsymbol{E}^i &= \hat{\boldsymbol{a}}_y E_0 \mathrm{e}^{-\mathrm{j}k_0 \hat{\boldsymbol{s}}_i\cdot\boldsymbol{r}} \quad (E_0 = \eta_0 H_0) \\ &= (\hat{\boldsymbol{a}}_\rho \sin\varphi + \hat{\boldsymbol{a}}_\varphi \cos\varphi)\,\eta_0 H_0 \mathrm{e}^{\mathrm{j}k_0 z\cos\theta_i} \sum_{n=-\infty}^{\infty} a_n J_n(k_0\rho\sin\theta_i)\mathrm{e}^{\mathrm{j}n\varphi}\end{aligned} \tag{5.12.8}$$

此即有

$$E_\rho^i = \eta_0 H_0 \sin\varphi \mathrm{e}^{\mathrm{j}k_0 z\cos\theta_i} \sum_{n=-\infty}^{\infty} a_n J_n(k_0\rho\sin\theta_i)\mathrm{e}^{\mathrm{j}n\varphi} \tag{5.12.9}$$

$$E_\varphi^i = \eta_0 H_0 \cos\varphi \mathrm{e}^{\mathrm{j}k_0 z\cos\theta_i} \sum_{n=-\infty}^{\infty} a_n J_n(k_0\rho\sin\theta_i)\mathrm{e}^{\mathrm{j}n\varphi} \tag{5.12.10}$$

$$E_z^i = 0 \tag{5.12.11}$$

式中, $\eta_0 = \sqrt{\mu_0/\varepsilon_0}$ 为区域 (2) 自由空间波阻抗.

类似于 TM$_z$ 情形, 当入射波投射到导体圆柱上时, 将激励起散射场, 并且散射波磁场 $H^s$ 与入射波电场 $H^i$ 应具有相类似的形式. 对于 $H^s$ 的 $z$ 分量, 可将它写成如下形式:

$$H_z^s = H_0 \sin\theta_s \mathrm{e}^{-\mathrm{j}k_0 z\cos\theta_s} \sum_{n=-\infty}^{\infty} s_n H_n^{(2)}(k_0\rho\sin\theta_s)\mathrm{e}^{\mathrm{j}n\varphi} \tag{5.12.12}$$

式中, $s_n$ 为待定的展开式系数, $\theta_s$ 为散射角 ($\theta_s > 90°$). $s_n$ 和 $\theta_s$ 由场的边界条件予以确定.

在导体柱外自由空间区域 (2) 中, 总磁场的纵向分量 $H_z^{(2)}$ 是入射波磁场 $H_z^i$ 与散射波电场 $H_z^s$ 的叠加, 由 (5.12.7) 和 (5.12.12) 式, 便有

$$\begin{aligned}H_z^{(2)} =& H_0\Bigg[\sin\theta_i \mathrm{e}^{\mathrm{j}k_0 z\cos\theta_i} \sum_{n=-\infty}^{\infty} a_n J_n(k_0\rho\sin\theta_i) \\ &+ \sin\theta_s \mathrm{e}^{-\mathrm{j}k_0 z\cos\theta_s} \sum_{n=-\infty}^{\infty} s_n H_n^{(2)}(k_0\rho\sin\theta_s)\Bigg]\mathrm{e}^{\mathrm{j}n\varphi}\end{aligned} \tag{5.12.13}$$

区域 (1) 是理想导体, 而有 $E^{(1)}=0$ 和 $H^{(1)}=0$. 按在 $\rho=a$ 导体柱面上的磁场边界条件,

应有 $H_\rho^{(2)}=E_\rho^{(1)}=0$, 即应有 $\left.\dfrac{\partial H_z^{(2)}}{\partial\rho}\right|_{\rho=a}=0$, 故由 (5.12.13) 式得

$$k_0H_0\left[\sin^2\theta_i\mathrm{e}^{-\mathrm{j}k_0z\cos\theta_i}\sum_{n=-\infty}^{\infty}a_nJ_n'(k_0a\sin\theta_i)\right.$$
$$\left.+\sin^2\theta_s\mathrm{e}^{-\mathrm{j}k_0z\cos\theta_s}\sum_{n=-\infty}^{\infty}s_nH_n^{(2)'}(k_0a\sin\theta_s)\right]\mathrm{e}^{\mathrm{j}n\varphi}=0$$

由此可得 $$\theta_s=\pi-\theta_i$$

$$s_n=-\frac{J_n'(k_0a\sin\theta_i)}{H_n^{(2)'}(k_0a\sin\theta_i)}a_n\quad 或\quad \tilde{s}_n=\frac{s_n}{a_n}=-\frac{J_n'(k_0a\sin\theta_i)}{H_n^{(2)'}(k_0a\sin\theta_i)} \tag{5.12.14}$$

式中, $a_n=\mathrm{j}^{-n}$. 将上式回代至 (5.12.12) 式, 因 $\cos\theta_s=-\cos\theta_i$, 散射波磁场 $H_z^s$ 可表为

$$H_z^s=H_0\sin\theta_i\mathrm{e}^{\mathrm{j}k_0z\cos\theta_i}\sum_{n=-\infty}^{\infty}s_nH_n^{(2)}(k_0\rho\sin\theta_s)\mathrm{e}^{\mathrm{j}n\varphi} \tag{5.12.15}$$

(5.12.15) 式对所有 $\varphi$ 角成立, 表明沿相对 $z$ 轴以 $\theta_s=\pi-\theta_i$ 为半角的整个前向角锥面方向上均存在有散射场.

对于 $\mathrm{TE}_z$ 波, 已知 $E_z=0$ 和 $H_z$, 按纵向场法, 由场方程

$$\boldsymbol{E}^s=\frac{1}{\mathrm{j}\omega\varepsilon_0}\nabla\times\boldsymbol{H}^s\quad 和\quad \boldsymbol{H}^s=-\frac{1}{\mathrm{j}\omega\mu_0}\nabla\times\boldsymbol{E}^s$$

可求得电磁场的其它各个横向分量, 或者利用在无源各向同性自由空 Maxwell 场方程 $\boldsymbol{E}$ 与 $\boldsymbol{H}$ 之间的对偶性, 将 5.11 节中 $\mathrm{TM}_z$ 波的场关系式 (5.11.25)、(5.11.26) 和 $H_z^s=0$, 以及 (5.11.22)、(5.11.23)、(5.11.18) 式作 $\boldsymbol{E}\leftrightarrow\boldsymbol{H}$ 和 $\varepsilon_0\leftrightarrow-\mu_0$ 代换, 而直接得出 $\mathrm{TE}_z$ 波散射场表示式, 结果如下 (其中, 代换后的 $H_z^s$ 即 (5.12.12) 式):

$$E_\rho^s=\frac{1}{\mathrm{j}\omega\varepsilon_0\rho\sin^2\theta_i}\frac{\partial H_z^s}{\partial\varphi} \tag{5.12.16}$$

$$E_\varphi^s=-\frac{1}{\mathrm{j}\omega\varepsilon_0\sin^2\theta_i}\frac{\partial H_z^s}{\partial\rho} \tag{5.12.17}$$

$$E_z^s=0 \tag{5.12.18}$$

$$H_\rho^s=\frac{1}{\mathrm{j}\omega\mu_0}\frac{\partial E_j\varphi^s}{\partial z} \tag{5.12.19}$$

$$H_\varphi^s=-\frac{1}{\mathrm{j}\omega\mu_0}\frac{\partial E_\rho^s}{\partial z} \tag{5.12.20}$$

$$H_z^s = H_0 \sin\theta_i \mathrm{e}^{\mathrm{j}k_0 z\cos\theta_i} \sum_{n=-\infty}^{\infty} s_n H_n^{(2)}(k_0\rho\sin\theta_s)\mathrm{e}^{\mathrm{j}n\varphi} \tag{5.12.21}$$

将 (5.12.21) 代入 (5.12.16) 和 (5.12.17) 式分别可得 $E_\rho^s$ 和 $E_\varphi^s$, 再将所得 $E_\rho^s$ 和 $E_\varphi^s$ 代入 (5.12.19) 和 (5.12.20) 式便可求得 $H_\rho^s$ 和 $H_\varphi^s$. 这样, 我们便求得了 TE$_z$ 波散射电磁场的所有分量, 其结果为

$$E_\rho^s = \frac{H_0}{\omega\varepsilon_0\rho\sin\theta_i}\mathrm{e}^{\mathrm{j}k_0 z\cos\theta_i} \sum_{n=-\infty}^{\infty} n s_n H_n^{(2)}(k_0\rho\sin\theta_i)\mathrm{e}^{\mathrm{j}n\varphi} \tag{5.12.22}$$

$$E_\varphi^s = \mathrm{j}\frac{k_0 H_0}{\omega\varepsilon_0}\mathrm{e}^{\mathrm{j}k_0 z\cos\theta_i} \sum_{n=-\infty}^{\infty} S_n H_n^{(2)'}(k_0\rho\sin\theta_i)\mathrm{e}^{jn\varphi} \tag{5.12.23}$$

$$E_z^s = 0 \tag{5.12.24}$$

$$H_\rho^s = jH_0\cos\theta_i \mathrm{e}^{\mathrm{j}k_0 z\cos\theta_i} \sum_{n=-\infty}^{\infty} s_n H_n^{(2)'}(k_0\rho\sin\theta_i)\mathrm{e}^{\mathrm{j}n\varphi} \tag{5.12.25}$$

$$H_\varphi^s = -\frac{H_0}{k_0\rho}\cot\theta_i \mathrm{e}^{\mathrm{j}k_0 z\cos\theta_i} \sum_{n=-\infty}^{\infty} n s_n H_n^{(2)}(k_0\rho\sin\theta_i)\mathrm{e}^{\mathrm{j}n\varphi} \tag{5.12.26}$$

$$H_z^s = H_0\sin\theta_i \mathrm{e}^{\mathrm{j}k_0 z\cos\theta_i} \sum_{n=-\infty}^{\infty} s_n H_n^{(2)}(k_0\rho\sin\theta_i)\mathrm{e}^{\mathrm{j}n\varphi} \tag{5.12.27}$$

式中, 散射波展开系数 $s_n$ 由 (5.12.14) 式给出.

### 5.12.2 散射宽度

按 (5.2.22) 式散射宽度 $\sigma_{2D}$ 定义:

$$\sigma_{2D} = \lim_{\rho\to\infty}\left[2\pi\rho\frac{|\boldsymbol{E}^s|^2}{|\boldsymbol{E}^i|^2}\right] \tag{5.12.28}$$

式中, $\boldsymbol{E}^s$ 为散射波电场; $E_z^i$ 为入射波电场.

利用第二类 Hankel 函数的大宗量渐近式 (5.11.34), 由 (5.12.22) 和 (5.12.23) 式, 可得 $\rho\to\infty$ 时的远区散射电场:

$$E_\rho^s \approx \frac{H_0}{\omega\varepsilon_0\rho\sin\theta_i}\sqrt{\frac{2\mathrm{j}}{\pi k_0\rho\sin\theta_i}}\mathrm{e}^{\mathrm{j}k_0(z\cos\theta_i-\rho\sin\theta_i)} \sum_{n=-\infty}^{\infty} n\tilde{s}_n\mathrm{e}^{\mathrm{j}n\varphi} \tag{5.12.29}$$

$$E_\varphi^s \approx \eta_0 H_0\sqrt{\frac{2\mathrm{j}}{\pi k_0\rho\sin\theta_i}}\mathrm{e}^{\mathrm{j}k_0(z\cos\theta_i-\rho\sin\theta_i)} \sum_{n=-\infty}^{\infty} \tilde{s}_n\mathrm{e}^{\mathrm{j}n\varphi} \tag{5.12.30}$$

注意到, 当 $\rho\to\infty$, $\dfrac{E_\rho^s}{E_\varphi^s}\sim\dfrac{1}{\rho}\ll 1$, 此即有 $E_\rho^s \ll E_\varphi^s$, 于是, $\boldsymbol{E}^s \underset{\rho\to\infty}{\approx} E_\varphi^s\hat{\boldsymbol{a}}_\varphi$, 将 (5.12.8)

和 (5.12.30) 代入 (5.12.28) 式可得

$$\sigma_{2D}=\lim_{\rho\to\infty}\left[2\pi\rho\frac{|E_\varphi^s|^2}{|\boldsymbol{E}^i|^2}\right]=\lim_{\rho\to\infty}\left[2\pi\rho\frac{\eta_0^2|\boldsymbol{H}_0|^2\left(\dfrac{2}{\pi k_0\rho\sin\theta_i}\right)}{\eta_0^2|\boldsymbol{H}_0|^2}\left|\sum_{n=-\infty}^{\infty}\tilde{s}_n\mathrm{e}^{\mathrm{j}n\varphi}\right|^2\right]$$

即

$$\sigma_{2D}=\frac{4}{k_0\sin\theta_i}\left|\sum_{n=0}^{\infty}\varepsilon_n\tilde{s}_n\mathrm{e}^{\mathrm{j}n\varphi}\right|^2 \tag{5.12.31}$$

式中, $\varepsilon_n=\begin{cases}1 & n=0\\ 2 & n\neq 0\end{cases}$. 将 (5.12.14) 式 $\tilde{s}_n$ 代入上式, 最后便得到

$$\begin{aligned}\sigma_{2D}&=\frac{4}{k_0\sin\theta_i}\left|\sum_{n=0}^{\infty}\varepsilon_n\frac{J_n'(k_0a\sin\theta_i)}{H_n^{(2)'}(k_0a\sin\theta_i)}\cos n\varphi\right|^2\\&=\frac{2\lambda_0}{\pi\sin\theta_i}\left|\sum_{n=-\infty}^{\infty}\varepsilon_n\frac{J_n'(k_0a\sin\theta_i)}{H_n^{(2)'}(k_0a\sin\theta_i)}\cos n\varphi\right|^2\end{aligned} \tag{5.12.32}$$

将散射宽度 (5.12.32) 与正向入射情形的 (5.4.24) 式相比较, 可见两者形式相同, 对于斜入射情形, 则是用 $k_0\sin\theta_i$ 代替了 (5.4.24) 式中的 $k_0$.

对于圆柱半径 $a\ll\lambda_0$ 细线近似, 此时将 (5.4.30) 式中的 $k_0\to k_0\sin\theta_i$, 或 $\lambda_0\to\lambda_0/\sin\theta_i$, 便可得斜入射散射宽度为

$$\sigma_{2D}\underset{a\ll\lambda_0}{\approx}\frac{\pi\lambda_0}{8}\frac{(k_0a\sin\theta_i)^4}{\sin\theta_i}(1-2\cos\varphi)^2 \tag{5.12.33}$$

如所预期的, 对于 $\mathrm{TE}_z$ 波, 细线的 $\sigma_{2D}$ 与 $\varphi$ 有关.

对于长度为 $l$ 的有限长导电圆柱, 与 $\mathrm{TM}_z$ 波斜入射情形一样, 在所有方向上均存在有散射场. 当 $l\gg a$ 时, 三维散射截面 $\sigma_{3D}$ 与二维散射截面 $\sigma_{2D}$ 有如下近似关系:

$$\sigma_{3D}\approx\sigma_{2D}\frac{2l^2}{\lambda_0}\sin^2\theta_i\left\{\frac{\sin\left[\dfrac{k_0l}{2}(\cos\theta_s+\cos\theta_i)\right]}{\dfrac{k_0l}{2}(\cos\theta_s+\cos\theta_i)}\right\}^2\ (\text{对于}\mathrm{TE}_z\text{波}) \tag{5.12.34}$$

将 (5.12.32) 代入上式, 可得对于给定入射角 $\theta_i$、沿散射角 $\theta_s$ 方向上的三维散射截

面 RCS 为

$$\sigma_{3D} \approx \frac{4l^2}{\pi} \sin\theta_i \left| \sum_{n=-\infty}^{\infty} \varepsilon_n \frac{J_n(k_0 a \sin\theta_i)}{H_n^{(2)}(k_0 a \sin\theta_i)} \cos n\varphi \right|^2 \left\{ \frac{\sin\left[\dfrac{k_0 l}{2}(\cos\theta_s + \cos\theta_i)\right]}{\dfrac{k_0 l}{2}(\cos\theta_s + \cos\theta_i)} \right\}^2 \tag{5.12.35}$$

对于细线, 将 (5.12.33) 代入 (5.12.34) 式, 则有

$$\sigma_{3D} \underset{a \ll \lambda_0}{\approx} \frac{\pi l^2}{4} (k_0 a)^4 \sin^5\theta_i (1 - 2\cos\varphi)^2 \left\{ \frac{\sin\left[\dfrac{k_0 l}{2}(\cos\theta_s + \cos\theta_i)\right]}{\dfrac{k_0 l}{2}(\cos\theta_s + \cos\theta_i)} \right\}^2 \tag{5.12.36}$$

## 5.13 线源 —— 柱面电磁波的波源

设在 $\varepsilon_0$、$\mu_0$ 空间中, 沿 $z$ 坐标轴 $z=-\infty$ 至 $z=+\infty$ 有一恒定电流强度 $I_e$ 的时谐线电流源, 如图 5.13.1 所示.

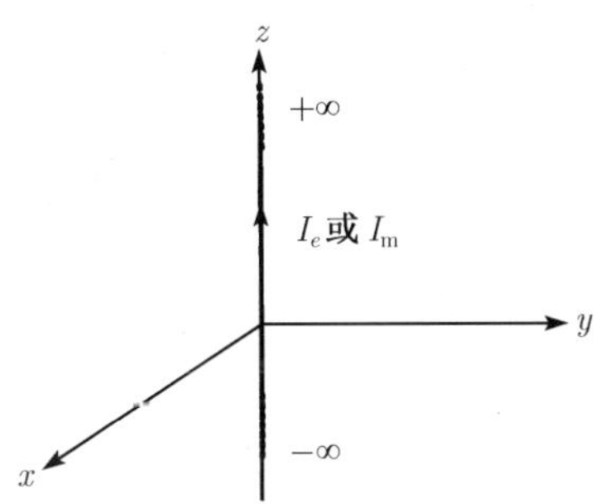


图 5.13.1 柱面电磁波的线源

在圆柱坐标系中, 线源相应的电流密度可表为

$$\boldsymbol{J}(\rho) = I_e \frac{\delta(\rho)}{2\pi\rho} \boldsymbol{a}_z \quad 或 \quad J_z(\rho) = I_e \frac{\delta(\rho)}{2\pi\rho} \tag{5.13.1}$$

式中, $\delta$ 为 Dirac delta 冲激函数.

图 5.13.1 线电流源在 $\rho > 0$ 空间中所产生的电磁场可直接由求解对含有电流源 $\boldsymbol{J}$ 的 Maxwell 场方程组来确定 (详见 1.13 节). 本节我们将采用辅助矢量势 $\boldsymbol{A}$ 法再来求此线源所辐射的电磁场. 由 (1.9.26) 式可知, 矢量势 $\boldsymbol{A}$ 满足如下非齐次 Helmholtz 方程:

$$\nabla^2 \boldsymbol{A} + k_0^2 \boldsymbol{A} = -\mu_0 \boldsymbol{J} \quad (k_0 = \omega\sqrt{\varepsilon_0 \mu_0}) \tag{5.13.2}$$

已知矢量势 $\boldsymbol{A}$, 则由 (1.9.30) 和 (1.9.29) 式便可求得电、磁场分别为

$$\boldsymbol{E} = -\mathrm{j}\omega\boldsymbol{A} - \frac{1}{\mathrm{j}\omega\varepsilon_0\mu_0}\nabla(\nabla\cdot\boldsymbol{A}) \tag{5.13.3}$$

$$\boldsymbol{H} = \frac{1}{\mu_0}\nabla\times\boldsymbol{A} \tag{5.13.4}$$

因 $\boldsymbol{J} = \hat{\boldsymbol{a}}_z J_z$, 故 $\boldsymbol{A}$ 只有 $z$ 分量 $A_z$, 它满足非齐次标量 Helmholtz 方程:

$$\nabla^2 A_z + k_0^2 A_z = -\mu_0 J_z \tag{5.13.5}$$

对于无源区 $\rho > 0, J_z = 0$, $A_z$ 满足齐次方程:

$$\nabla^2 A_z + k_0^2 A_z = 0 \tag{5.13.6}$$

对于无限长线源所产生的场, 有 $\dfrac{\partial}{\partial z} = \dfrac{\partial}{\partial\varphi} = 0$, 以及当 $\rho\to\infty$ 时, 电磁场应是向 $+\rho$ 方向传播的柱面波. 时谐因子为 $\mathrm{e}^{\mathrm{j}\omega t}$, 故 (5.13.6) 式的解可表为

$$A_z = c_0 H_0^{(2)}(k_0\rho) \tag{5.13.7}$$

式中, $c_0$ 为待定系数.

将 (5.13.7) 代入 (5.13.4) 式, 得

$$\boldsymbol{H} = \frac{1}{\mu_0}\nabla\times(A_z\hat{\boldsymbol{a}}_z) = -\frac{1}{\mu_0}\frac{\partial A_z}{\partial\rho}\hat{\boldsymbol{a}}_\varphi = -\frac{k_0}{\mu_0}c_0 H_0^{(2)'}(k_0\rho)\hat{\boldsymbol{a}}_\varphi$$

即

$$H_\varphi = -\frac{k_0}{\mu_0}c_0 H_0^{(2)'}(k_0\rho) \tag{5.13.8}$$

按安培环流定律, 磁场 $\boldsymbol{H}$ 沿任一闭合回线的线积分等于穿过此回线的电流, 即 $\oint_C \boldsymbol{H}\cdot\mathrm{d}\boldsymbol{l} = I$; 据此, 我们可确定出系数 $c_0$ . 现选择该闭合回线 $C$ 是一个圆心位于 $z$ 轴上、半径为 $\rho$ 的圆, 并取 $\rho\to 0$, 因而有

$$\lim_{\rho\to 0}\oint_C \boldsymbol{H}\cdot\mathrm{d}\boldsymbol{l} = \lim_{\rho\to 0}\int_0^{2\pi} H_\varphi\rho\mathrm{d}\varphi = -\lim_{\rho\to 0}\int_0^{2\pi}\frac{k_0}{\mu_0}c_0 H_0^{(2)'}(k_0\rho)\rho\mathrm{d}\varphi = I_e$$

因 $\lim\limits_{\rho\to 0} H_0^{(2)'}(k_0\rho) \sim -\mathrm{j}\dfrac{2}{\pi k_0\rho}$, 代入上式后可得 $\lim\limits_{\rho\to 0}\displaystyle\int_0^{2\pi} c_0\frac{2\mathrm{j}}{\mu_0\pi}\mathrm{d}\varphi = I_e$. 于是有

$$c_0 = \frac{\mu_0 I_\mathrm{e}}{4\mathrm{j}} \tag{5.13.9}$$

将系数 $c_0$ 代入 (5.13.7) 和 (5.13.8) 式, 分别可得

$$A_z = \frac{\mu_0 I_\mathrm{e}}{4\mathrm{j}} H_0^{(2)}(k_0\rho) \tag{5.13.10}$$

和

$$H_\varphi = -\frac{k_0 I_e}{4\mathrm{j}} H_0^{(2)'}(k_0\rho) = -\mathrm{j}\frac{k_0 I_e}{4} H_1^{(2)}(k_0\rho) \tag{5.13.11}$$

而由 (5.13.3) 式, $\boldsymbol{E} = -\mathrm{j}\omega A_z \hat{\boldsymbol{a}}_z - \frac{1}{\mathrm{j}\omega\varepsilon_0\mu_0}\nabla(\nabla\cdot A_z\hat{\boldsymbol{a}}_z) = -j\omega A_z\hat{\boldsymbol{a}}_z$, 于是有

$$E_z = -\mathrm{j}\omega A_z = -\frac{\omega\mu_0 I_e}{4} H_0^{(2)}(k_0\rho) \tag{5.13.12}$$

(5.13.12) 式 $E_z$ 和 (5.13.11) 式 $H_\varphi$ 就是位于轴上的线电流源 $I_e$ 所产生的电磁场的非零分量, 其它场分量 $E_\rho = E_\varphi = H_\rho = H_z = 0$; 其中 $A_z$ 即二维场无源区的自由空间 Green 函数.

## 5.14 Hankel 函数加法定理

在研究柱面波的柱体散射问题时, 为了便于应用场边界条件, 通常选择圆柱坐标系 $(\rho,\varphi,z)$ 中的坐标轴 $z$ 与散射柱体的轴线重合, 而假定恒定线电流源 $I_e$ 是置于 $(\rho',\varphi')$ 处. 因此, 需要将此线电流源所产生的场用所选圆柱坐标系中的柱面波函数展开式表示; 并由此导得称为 Hankel 函数加法定理的恒等式.

参见图 5.14.1, 设在 $\varepsilon_0$、$\mu_0$ 空间中, 有一电流强度为 $I_e$ 的恒定线电流源, 其横向坐标为 $(\rho',\varphi')$, 而场点的横向坐标为 $(\rho,\varphi)$. 现在, 我们采用辅助矢量势 $\boldsymbol{A}$ 法来求此线电流源在 $\rho>0$ 空间中 $(\rho,\varphi)$ 处所产生的电磁场.

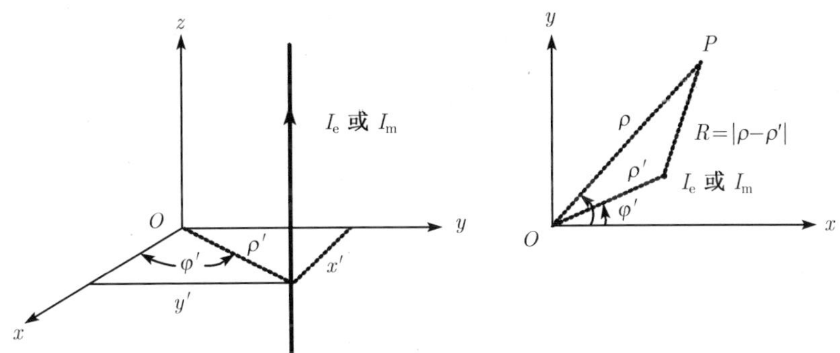


图 5.14.1 Hankel 函数加法定理

矢量势 $A_z$ 满足如下非齐次 Helmholtz 方程:

$$\nabla^2 A_z + k_0^2 A_z = -\mu_0 I_e \frac{\delta(\rho-\rho')(\varphi-\varphi')}{\rho} \tag{5.14.1}$$

对于 $0\leqslant\rho<\rho'$ 和 $\rho'<\rho\leqslant\infty$ 无源区, $A_z$ 满足齐次标量 Helmholtz 方程:

$$\nabla^2 A_z + k_0^2 A_z = 0 \tag{5.14.2}$$

对于无限长线源所产生的场, 有 $\dfrac{\partial}{\partial z}=0$, 以及当 $\rho\to\infty$ 时, 电磁场应是向 $+\rho$ 方向传播的柱面波. 时谐因子为 $\mathrm{e}^{\mathrm{j}\omega t}$, 故由 5.1 节可知, 在 $0\leqslant\rho<\rho'$ 和 $\rho'<\rho\leqslant\infty$ 无源区 (5.14.2) 式的解可写为

$$A_z=\begin{cases}\displaystyle\sum_{n=-\infty}^{\infty}C_n(\rho',\varphi')J_n(k_0\rho)\mathrm{e}^{\mathrm{j}n\varphi} & \rho<\rho'\\ \displaystyle\sum_{n=-\infty}^{\infty}D_n(\rho',\varphi')H_n^{(2)}(k_0\rho)\mathrm{e}^{\mathrm{j}n\varphi} & \rho>\rho'\end{cases}\tag{5.14.3}$$

式中, $C_n(\rho',\varphi')$ 和 $D_n(\rho',\varphi')$ 为待定展开式系数.

由于 $A_z$ 对带撇和不带撇坐标 $\rho$ 是对称的, 故我们将系数 $C_n$ 和 $D_n$ 写成如下形式:

$$C_n=H_n^{(2)}(k_0\rho')\mathrm{e}^{-\mathrm{j}n\varphi'}c_n\quad 和\quad D_n=J_n(k_0\rho')\mathrm{e}^{-\mathrm{j}n\varphi'}c_n$$

于是, (5.14.3) 式可写成

$$A_z=\begin{cases}\displaystyle\sum_{n=-\infty}^{\infty}c_nH_n^{(2)}(k_0\rho')J_n(k_0\rho)\mathrm{e}^{\mathrm{j}n(\varphi-\varphi')} & \rho<\rho'\\ \displaystyle\sum_{n=-\infty}^{\infty}c_nJ_n(k_0\rho')H_n^{(2)}(k_0\rho)\mathrm{e}^{\mathrm{j}n(\varphi-\varphi')} & \rho>\rho'\end{cases}\tag{5.14.4}$$

式中, $c_n$ 为待定展开式系数.

矢量势 $\boldsymbol{A}$ 只有 $z$ 分量, 且有 $\dfrac{\partial}{\partial z}=0$, 而有 $\nabla\cdot\boldsymbol{A}=0$, 故由 (1.9.30) 式可得 $E_z=-\mathrm{j}\omega A_z$, 即电场仅有 $z$ 分量:

$$E_z=-\mathrm{j}\omega\begin{cases}\displaystyle\sum_{n=-\infty}^{\infty}c_nH_n^{(2)}(k_0\rho')J_n(k_0\rho)\mathrm{e}^{\mathrm{j}n(\varphi-\varphi')} & \rho<\rho'\\ \displaystyle\sum_{n=-\infty}^{\infty}c_nJ_n(k_0\rho')H_n^{(2)}(k_0\rho)\mathrm{e}^{\mathrm{j}n(\varphi-\varphi')} & \rho>\rho'\end{cases}\tag{5.14.5}$$

另一方面, 位于 $(\rho',\varphi')$ 的线电流源 $I_e$ 相当于位于坐标轴 $z$ 的线源作一坐标平移 $\rho'$(参见图 5.14.1), 故由 (5.13.12) 式可知此 $(\rho',\varphi')$ 线源所产生的电场 $E_z$ 为

$$E_z=-\frac{\omega\mu_0I_\mathrm{e}}{4}H_0^{(2)}(k_0R)=-\frac{\omega\mu_0I_\mathrm{e}}{4}H_0^{(2)}(k_0\left|\rho-\rho'\right|)\tag{5.14.6}$$

引用三角函数余弦定律:

$$R=\left|\rho-\rho'\right|=\sqrt{\rho^2+(\rho')^2-2\rho\rho'\cos(\varphi-\varphi')}\tag{5.14.7}$$

于是 (5.14.6) 式可写成

$$E_z=-\frac{\omega\mu_0I_\mathrm{e}}{4}H_0^{(2)}\left(k_0\sqrt{\rho^2+(\rho')^2-2\rho\rho'\cos(\varphi-\varphi')}\right)\tag{5.14.8}$$

(5.14.5) 和 (5.14.8) 式所给出的同是位于 $(\rho',\varphi')$ 的线源在空间中 $(\rho,\varphi)$ 处所产生的电场 $E_z$ 的表示式, 显然它们应相等. 据此, 我们便可确定出系数 $c_n$. 令 $\rho'\to\infty$ 和 $\varphi'=0$, 应用 Hankel 函数的渐近式: $H_n^{(2)}(z)\underset{z\to\infty}{\approx}\sqrt{\dfrac{2\mathrm{j}}{\pi z}}\mathrm{j}^n\mathrm{e}^{-\mathrm{j}z}$(见 (5.11.34) 式) 则由 $\rho<\rho'$ 情形的 (5.14.5) 式可得

$$E_z\underset{\rho'\to\infty}{\approx}-\mathrm{j}\omega\sqrt{\frac{2\mathrm{j}}{\pi k_0\rho'}}\mathrm{e}^{-\mathrm{j}k_0\rho'}\sum_{n=-\infty}^{\infty}c_n\mathrm{j}^nJ_n(k_0\rho)\mathrm{e}^{\mathrm{j}n\varphi}\tag{5.14.9}$$

另一方面, 因此时有 $k_0\sqrt{\rho^2+(\rho')^2-2\rho\rho'\cos(\varphi-\varphi')}\approx k_0\rho'-k_0\rho\cos\varphi$, 由 (5.14.8) 式可得

$$E_z\underset{\substack{\rho'\to\infty\\ \varphi'=0}}{\approx}-\frac{\omega\mu_0I_\mathrm{e}}{4}\sqrt{\frac{2\mathrm{j}}{\pi k_0\rho'}}\mathrm{e}^{-\mathrm{j}k_0\rho'}\mathrm{e}^{\mathrm{j}k_0\rho\cos\varphi}\tag{5.14.10}$$

应用 $\mathrm{e}^{\mathrm{j}k_0\rho\cos\varphi}$ 的柱面波函数展开式 (5.2.11), 则 (5.14.10) 式可化为

$$E_z\underset{\substack{\rho'\to\infty\\ \varphi'=0}}{\approx}-\frac{\omega\mu_0I_\mathrm{e}}{4}\sqrt{\frac{2\mathrm{j}}{\pi k_0\rho'}}\mathrm{e}^{-\mathrm{j}k_0\rho'}\sum_{n=-\infty}^{\infty}\mathrm{j}^nJ_n(k_0\rho)\mathrm{e}^{\mathrm{j}n\varphi}\tag{5.14.11}$$

将 (5.14.11) 与 (5.14.9) 式比较, 即确定出系数 $c_n$:

$$c_n=\frac{\mu_0I_\mathrm{e}}{4\mathrm{j}}\tag{5.14.12}$$

将 $c_n$ 代入 (5.14.5) 式, 可知位于 $(\rho',\varphi')$ 的线电流源 $I_e$ 在 $(\rho,\varphi)$ 处所产生的电场 $E_z$ 为

$$E_z=-\frac{\omega\mu_0I_\mathrm{e}}{4}\begin{cases}\displaystyle\sum_{n=-\infty}^{\infty}H_n^{(2)}(k_0\rho')J_n(k_0\rho)\mathrm{e}^{\mathrm{j}n(\varphi-\varphi')} & \rho<\rho'\\ \displaystyle\sum_{n=-\infty}^{\infty}J_n(k_0\rho')H_n^{(2)}(k_0\rho)\mathrm{e}^{\mathrm{j}n(\varphi-\varphi')} & \rho>\rho'\end{cases}\tag{5.14.13}$$

比较 (5.14.13) 与 (5.14.6) 式, 我们可得恒等式:

$$H_0^{(2)}(k_0|\rho-\rho'|)=\begin{cases}\displaystyle\sum_{n=-\infty}^{\infty}H_n^{(2)}(k_0\rho')J_n(k_0\rho)\mathrm{e}^{\mathrm{j}n(\varphi-\varphi')} & \rho<\rho'\\ \displaystyle\sum_{n=-\infty}^{\infty}J_n(k_0\rho')H_n^{(2)}(k_0\rho)\mathrm{e}^{\mathrm{j}n(\varphi-\varphi')} & \rho>\rho'\end{cases}\tag{5.14.14}$$

(5.14.14) 式就是所要求的第二类 Hankel 函数的加法定理.

## 5.15 线电流源 $I_e$ 的 $TM_z$ 柱面波的理想导体圆柱散射

设在 $\varepsilon_0$、$\mu_0$ 无界媒质中, 有一半径为 $a$、轴线与坐标轴 $z$ 重合的无限长理想导体圆柱, 以及位于 $(\rho', \varphi')$ 处有一与 $z$ 轴平行的、强度为 $I_e$ 的时谐线电流源, 如图 5.15.1(a) 所示.

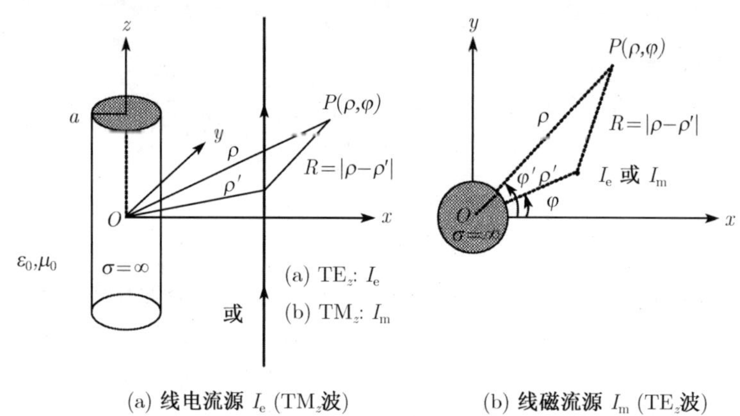


(a) **线电流源** $I_e$ ($TM_z$**波**)　　(b) **线磁流源** $I_m$ ($TE_z$**波**)

图 5.15.1　线源的理想导体圆柱散射

以下对图 5.15.1(a) 线电流源 $I_e$ 所产生的柱面波的理想导体圆柱散射进行分析和讨论. 导体圆柱的入射波电场为线电流源 $I_e$ 所产生的电场, 由 (5.14.6) 式可知, 此电场为

$$E_z^i = -\frac{\omega\mu_0 I_e}{4} H_0^{(2)}(k_0 |\rho - \rho'|) \tag{5.15.1}$$

应用 Hankel 函数加法定理 (5.14.14) 或由 (5.14.13) 式, 入射波电场 $E_z^i$ 可表为

$$E_z = -\frac{\omega\mu_0 I_e}{4} \begin{cases} \sum\limits_{n=-\infty}^{\infty} H_n^{(2)}(k_0\rho') J_n(k_0\rho) e^{jn(\varphi-\varphi')} & \rho < \rho' \\ \sum\limits_{n=-\infty}^{\infty} J_n(k_0\rho') H_n^{(2)}(k_0\rho) e^{jn(\varphi-\varphi')} & \rho > \rho' \end{cases} \tag{5.15.2}$$

在有导体圆柱存在时, 其柱面上将激励有感应电流 $\boldsymbol{J}_S$, 作为二次辐射源, 而产生散射场, 在 $\rho \geqslant a$ 无源区总场是入射场与散射场的叠加. 由于总场应满足在 $\rho = a$ 导体圆柱表面的边界条件, 故散射场也只有一个 $z$ 分量, 并具有与入射波场相类似的形式, 只是当 $\rho \to \infty$ 时它应是向 $+\rho$ 方向传播的行波. 因而散射波电场可写成:

$$E_z^s = -\frac{\omega\mu_0 I_e}{4} \sum_{n=-\infty}^{\infty} s_n H_0^{(2)}(k_0\rho) \quad a \leqslant \rho < \rho',\ \rho > \rho' \tag{5.15.3}$$

式中, $s_n$ 为待定展开式系数, 可由总场应满足的边界条件予确定.

区域 (1) 导体柱内的电磁场 $\boldsymbol{E}^{(1)}=\boldsymbol{H}^{(1)}=0$; 而区域 (2) 导体柱外自由空间中的总场 $\boldsymbol{E}^{(2)}$ 和 $\boldsymbol{H}^{(2)}$ 分别是它们的入射波场与散射波场的叠加.

由 (5.15.2) 和 (5.15.3) 式得 $E_z^{(2)}=E_z^i+E_z^s$ 为

$$E_z=-\frac{\omega\mu_0 I_e}{4}\begin{cases}\displaystyle\sum_{n=-\infty}^{\infty}\left[H_n^{(2)}(k_0\rho')J_n(k_0\rho)+s_nH_n^{(2)}(k_0\rho)\right]e^{jn(\varphi-\varphi')} & a\leqslant\rho<\rho'\\ \displaystyle\sum_{n=-\infty}^{\infty}\left[J_n(k_0\rho')H_n^{(2)}(k_0\rho)+s_nH_n^{(2)}(k_0\rho)\right]e^{jn(\varphi-\varphi')} & \rho>\rho'\end{cases}\tag{5.15.4}$$

电场 $\boldsymbol{E}^{(2)}$ 的 $\rho$ 和 $\varphi$ 分量为零, 即有

$$E_\rho^{(2)}=E_\varphi^{(2)}=0\tag{5.15.5}$$

而仅有$z$分量 $\boldsymbol{E}^{(2)}=E_z^{(2)}\hat{\boldsymbol{a}}_z$, 其相应的磁场 $\boldsymbol{H}^{(2)}$ 可由 Maxwell 方程 $\boldsymbol{H}=-\dfrac{1}{j\omega\mu_0}\nabla\times\boldsymbol{E}$ 求得为: $\boldsymbol{H}^{(2)}=-\dfrac{1}{j\omega\mu_0}\left(\dfrac{1}{\rho}\dfrac{\partial E_z^{(2)}}{\partial\varphi}\hat{\boldsymbol{a}}_\rho-\dfrac{\partial E_z^{(2)}}{\partial\rho}\hat{\boldsymbol{a}}_\varphi\right)$, 故有

$$H_\rho^{(2)}=\frac{I_e}{4\rho}\begin{cases}\displaystyle\sum_{n=-\infty}^{\infty}n\left[H_n^{(2)}(k_0\rho')J_n(k_0\rho)+s_nH_n^{(2)}(k_0\rho)\right]e^{jn(\varphi-\varphi')} & a\leqslant\rho<\rho'\\ \displaystyle\sum_{n=-\infty}^{\infty}n\left[H_n^{(2)}(k_0\rho)J_n(k_0\rho')+s_nH_n^{(2)}(k_0\rho)\right]e^{jn(\varphi-\varphi')} & \rho>\rho'\end{cases}\tag{5.15.6}$$

$$H_\varphi^{(2)}=j\frac{k_0I_e}{4}\begin{cases}\displaystyle\sum_{n=-\infty}^{\infty}\left[H_n^{(2)}(k_0\rho')J_n'(k_0\rho)+s_nH_n^{(2)'}(k_0\rho)\right]e^{jn(\varphi-\varphi')} & a\leqslant\rho<\rho'\\ \displaystyle\sum_{n=-\infty}^{\infty}\left[H_n^{(2)'}(k_0\rho)J_n(k_0\rho')+s_nH_n^{(2)}(k_0\rho)\right]e^{jn(\varphi-\varphi')} & \rho>\rho'\end{cases}\tag{5.15.7}$$

$$H_z^{(2)}=0\tag{5.15.8}$$

应用 $\rho=a$ 导体柱面上电场边界条件 $E_z^{(2)}\big|_{\rho=a}=0$ 或磁场边界条件 $H_\rho^{(2)}\big|_{\rho=a}=0$, 由 (5.15.4) 或 (5.15.6) 式可得

$$\sum_{n=-\infty}^{\infty}\left[H_n^{(2)}(k_0\rho')J_n(k_0a)+s_nH_n^{(2)}(k_0a)\right]e^{jn(\varphi-\varphi')}=0$$

由此得

$$s_n=-H_n^{(2)}(k_0\rho')\frac{J_n(k_0a)}{H_n^{(2)}(k_0a)}\tag{5.15.9}$$

将 $s_n$ 回代至 (5.15.4)、(5.15.6) 和 (5.15.7) 式, 最后便得到区域 (2) 中的电场 $\boldsymbol{E}^{(2)}$ 和磁场 $\boldsymbol{H}^{(2)}$ 的各个分量为

$$E_z^{(2)}=-\frac{\omega\mu_0 I_{\mathrm{e}}}{4}\begin{cases}\displaystyle\sum_{n=-\infty}^{\infty}H_n^{(2)}(k_0\rho')\left[J_n(k_0\rho)-\frac{J_n(k_0a)}{H_n^{(2)}(k_0a)}H_n^{(2)}(k_0\rho)\right]\\ \qquad\times\mathrm{e}^{\mathrm{j}n(\varphi-\varphi')}\quad a\leqslant\rho<\rho'\\ \displaystyle\sum_{n=-\infty}^{\infty}H_n^{(2)}(k_0\rho)\left[J_n(k_0\rho')-\frac{J_n(k_0a)}{H_n^{(2)}(k_0a)}H_n^{(2)}(k_0\rho')\right]\\ \qquad\times\mathrm{e}^{\mathrm{j}n(\varphi-\varphi')}\quad \rho>\rho'\end{cases}\tag{5.15.10}$$

$$E_\rho^{(2)}=E_\varphi^{(2)}=0\tag{5.15.11}$$

$$H_\rho^{(2)}=\frac{I_{\mathrm{e}}}{4\rho}\begin{cases}\displaystyle\sum_{n=-\infty}^{\infty}nH_n^{(2)}(k_0\rho')\left[J_n(k_0\rho)-\frac{J_n(k_0a)}{H_n^{(2)}(k_0a)}H_n^{(2)}(k_0\rho)\right]\\ \qquad\times\mathrm{e}^{\mathrm{j}n(\varphi-\varphi')}\quad a\leqslant\rho<\rho'\\ \displaystyle\sum_{n=-\infty}^{\infty}nH_n^{(2)}(k_0\rho)\left[J_n(k_0\rho')-\frac{J_n(k_0a)}{H_n^{(2)}(k_0a)}H_n^{(2)}(k_0\rho')\right]\\ \qquad\times\mathrm{e}^{\mathrm{j}n(\varphi-\varphi')}\quad \rho>\rho'\end{cases}\tag{5.15.12}$$

$$H_\varphi^{(2)}=\mathrm{j}\frac{k_0 I_{\mathrm{e}}}{4}\begin{cases}\displaystyle\sum_{n=-\infty}^{\infty}H_n^{(2)}(k_0\rho')\left[J_n'(k_0\rho)-\frac{J_n(k_0a)}{H_n^{(2)}(k_0a)}H_n^{(2)'}(k_0\rho)\right]\\ \qquad\times\mathrm{e}^{\mathrm{j}n(\varphi-\varphi')}\quad a\leqslant\rho<\rho'\\ \displaystyle\sum_{n=-\infty}^{\infty}H_n^{(2)'}(k_0\rho)\left[J_n(k_0\rho')-\frac{J_n(k_0a)}{H_n^{(2)}(k_0a)}H_n^{(2)}(k_0\rho')\right]\\ \qquad\times\mathrm{e}^{\mathrm{j}n(\varphi-\varphi')}\quad \rho>\rho'\end{cases}\tag{5.15.13}$$

$$H_z^{(2)}=0\tag{5.15.14}$$

式中, $H_z^{(2)}=0$ 表明线电流源 $I_e$ 所产生的电磁场是 $\mathrm{TM}_z$ 波.

### 5.15.1　面电流密度 $\boldsymbol{J}_S$

由磁场边界条件可知导体柱面上电流密度 $\boldsymbol{J}_S=\hat{\boldsymbol{a}}_\rho\times\boldsymbol{H}^{(2)}\Big|_{\rho=a}=H_\varphi^{(2)}\Big|_{\rho=a}\hat{\boldsymbol{a}}_z$, 故

$$\boldsymbol{J}_S=\hat{\boldsymbol{a}}_z\mathrm{j}\frac{k_0 I_{\mathrm{e}}}{4}\sum_{n=-\infty}^{\infty}H_n^{(2)}(k_0\rho')\left[J_n'(k_0a)-\frac{J_n(k_0a)}{H_n^{(2)}(k_0a)}H_n^{(2)'}(k_0a)\right]\mathrm{e}^{\mathrm{j}n(\varphi-\varphi')}$$

$$= -\hat{\boldsymbol{a}}_z \frac{k_0 I_{\rm e}}{4} \sum_{n=-\infty}^{\infty} H_n^{(2)}(k_0\rho') \left[ \frac{J_n(k_0a)Y_n'(k_0a) - J_n'(k_0a)Y_n(k_0a)}{H_n^{(2)}(k_0a)} \right] {\rm e}^{{\rm j}n(\varphi-\varphi')}$$

因有 Bessel 函数 Wronskian 行列式：$J_n(k_0a)Y_n'(k_0a) - J_n'(k_0a)Y_n(k_0a) = \dfrac{2}{\pi k_0 a}$, 故

$$\boldsymbol{J}_S = -\hat{\boldsymbol{a}}_z \frac{I_{\rm e}}{2\pi a} \sum_{n=-\infty}^{\infty} \frac{H_n^{(2)}(k_0\rho')}{H_n^{(2)}(k_0a)} {\rm e}^{{\rm j}n(\varphi-\varphi')} \tag{5.15.15}$$

### 5.15.2 远区场

对于远区场, $k_0\rho \gg 1$, 利用第二类 Hankel 函数的大宗量渐近式 (见 (5.11.34) 式)：

$$H_n^{(2)}(z) \underset{z\to\infty}{\approx} \sqrt{\frac{2}{\pi z}} {\rm e}^{-{\rm j}\left(z-\frac{n\pi}{2}-\frac{\pi}{4}\right)} = \sqrt{\frac{2{\rm j}}{\pi z}} {\rm j}^n {\rm e}^{-{\rm j}z}$$

则由 $\rho > \rho'$ 时 (5.15.10) 式, 远区总电场 $E_z^{(2)}$ 可简化为

$$\begin{aligned} E_z^{(2)} &\underset{\rho\to\infty}{\approx} -\frac{\omega\mu_0 I_{\rm e}}{4} \sqrt{\frac{2{\rm j}}{\pi k_0}} \frac{{\rm e}^{-{\rm j}k_0\rho}}{\sqrt{\rho}} \sum_{n=-\infty}^{\infty} {\rm j}^n \left[ J_n(k_0\rho') - \frac{J_n(k_0a)}{H_n^{(2)}(k_0a)} H_n^{(2)}(k_0\rho') \right] {\rm e}^{{\rm j}n(\varphi-\varphi')} \\ &= -\frac{\omega\mu_0 I_{\rm e}}{4} \sqrt{\frac{2{\rm j}}{\pi k_0}} \frac{{\rm e}^{-{\rm j}k_0\rho}}{\sqrt{\rho}} \sum_{n=0}^{\infty} \varepsilon_n {\rm j}^n \left[ J_n(k_0\rho') - \frac{J_n(k_0a)}{H_n^{(2)}(k_0a)} H_n^{(2)}(k_0\rho') \right] \cos n(\varphi-\varphi') \end{aligned}$$

式中,

$$\varepsilon_n = \begin{cases} 1 & n = 0 \\ 2 & n \neq 0 \end{cases} \tag{5.15.16}$$

由 (5.15.16) 式可计算出线电流源 $I_e$ 附近存在有导电圆柱时所产生的远区电场图型；其中第一项为远区入射波电场, 第二项为远区散射波电场.

类似地, 由 (5.15.12) 和 (5.15.13) 式, 我们亦可求得远区磁场 $H_\rho^{(2)}$ 和 $H_\varphi^{(2)}$ 的表示式.

## 5.16 线磁流源 $I_{\rm m}$ 的 TE$_z$ 柱面波的理想导体散射

设在 $\varepsilon_0$、$\mu_0$ 无界媒质中, 有一半径为 $a$、轴线与坐标轴 $z$ 重合的无限长理想导体圆柱, 以及位于 $(\rho',\varphi')$ 处有一与 $z$ 轴平行的、强度为 $I_{\rm m}$ 的时谐线磁流源, 如图 5.15.1(b) 所示.

以下我们仿照上节线电流源情形进行分析和讨论.

应用场方程组中电场与磁场之间具有的二重性, 对 (5.15.1) 式作 $\boldsymbol{E} \to \boldsymbol{H}, I_{\rm e} \to -I_{\rm m}$ 和 $\varepsilon_0 \to -\mu_0$ 对偶代换, 即可得线磁流源 $I_{\rm m}$ 所产生的磁场, 即导体圆柱的入

射波磁场为

$$H_z^i = -\frac{\omega\varepsilon_0 I_{\rm m}}{4} H_0^{(2)}(k_0|\rho-\rho'|) \tag{5.16.1}$$

应用 Hankel 函数加法定理 (5.14.14) 式, 入射波磁场 $H_z^i$ 可表为

$$H_z^i = -\frac{\omega\varepsilon_0 I_{\rm m}}{4}\begin{cases}\displaystyle\sum_{n=-\infty}^{\infty} H_n^{(2)}(k_0\rho')J_n(k_0\rho){\rm e}^{{\rm j}n(\varphi-\varphi')} & \rho<\rho' \\ \displaystyle\sum_{n=-\infty}^{\infty} J_n(k_0\rho')H_n^{(2)}(k_0\rho){\rm e}^{{\rm j}n(\varphi-\varphi')} & \rho>\rho'\end{cases} \tag{5.16.2}$$

导体圆柱存在时将激励有散射场. 散射波磁场亦只有一个 $z$ 分量, 并具有与入射波磁场相类似的形式, 而可表为

$$H_z^s = -\frac{\omega\varepsilon_0 I_{\rm m}}{4}\sum_{n=-\infty}^{\infty} s_n H_0^{(2)}(k_0\rho) \quad a\leqslant\rho<\rho',\ \rho>\rho' \tag{5.16.3}$$

式中, $s_n$ 为待定展开式系数, 可由总磁场应满足的边界条件予确定.

区域 (1) 导体柱内的电磁场 $\boldsymbol{E}^{(1)}=\boldsymbol{H}^{(1)}=0$; 而区域 (2) 导体柱外自由空间中的总电场 $\boldsymbol{E}^{(2)}$ 和总磁场 $\boldsymbol{H}^{(2)}$ 分别是它们的入射波场与散射波场的叠加.

由 (5.16.2) 和 (5.16.3) 式, 可得总磁场的 $z$ 分量 $H_z^{(2)}=H_z^i+H_z^s$ 为

$$H_z^{(2)} = -\frac{\omega\varepsilon_0 I_{\rm m}}{4}\begin{cases}\displaystyle\sum_{n=-\infty}^{\infty}\left[H_n^{(2)}(k_0\rho')J_n(k_0\rho)+s_nH_n^{(2)}(k_0\rho)\right]{\rm e}^{{\rm j}n(\varphi-\varphi')} & a\leqslant\rho<\rho' \\ \displaystyle\sum_{n=-\infty}^{\infty}\left[J_n(k_0\rho')H_n^{(2)}(k_0\rho)+s_nH_n^{(2)}(k_0\rho)\right]{\rm e}^{{\rm j}n(\varphi-\varphi')} & \rho>\rho'\end{cases} \tag{5.16.4}$$

磁场 $\boldsymbol{H}^{(2)}$ 的 $\rho$ 和 $\varphi$ 分量为零, 即有

$$H_\rho^{(2)} = H_\varphi^{(2)} = 0 \tag{5.16.5}$$

磁场 $\boldsymbol{H}^{(2)}=H_z^{(2)}\hat{\boldsymbol{a}}_z$ 仅有 $z$ 分量, 其相应的电场 $\boldsymbol{E}^{(2)}$ 可由 Maxwell 方程 $\boldsymbol{E}=\dfrac{1}{{\rm j}\omega\varepsilon_0}\nabla\times\boldsymbol{H}$ 求得为: $\boldsymbol{E}^{(2)}=\dfrac{1}{{\rm j}\omega\varepsilon_0}\left(\dfrac{1}{\rho}\dfrac{\partial H_z^{(2)}}{\partial\varphi}\hat{\boldsymbol{a}}_\rho-\dfrac{\partial H_z^{(2)}}{\partial\rho}\hat{\boldsymbol{a}}_\varphi\right)$, 故有

$$E_\rho^{(2)} = -\frac{I_{\rm m}}{4\rho}\begin{cases}\displaystyle\sum_{n=-\infty}^{\infty} n\left[H_n^{(2)}(k_0\rho')J_n(k_0\rho)+s_nH_n^{(2)}(k_0\rho)\right]{\rm e}^{{\rm j}n(\varphi-\varphi')} & a\leqslant\rho<\rho' \\ \displaystyle\sum_{n=-\infty}^{\infty} n\left[H_n^{(2)}(k_0\rho)J_n(k_0\rho')+s_nH_n^{(2)}(k_0\rho)\right]{\rm e}^{{\rm j}n(\varphi-\varphi')} & \rho>\rho'\end{cases} \tag{5.16.6}$$

$$E_\varphi^{(2)} = -j\frac{k_0 I_\mathrm{m}}{4}\begin{cases}\displaystyle\sum_{n=-\infty}^{\infty}\left[H_n^{(2)}(k_0\rho')J_n'(k_0\rho) + s_n H_n^{(2)'}(k_0\rho)\right]\mathrm{e}^{\mathrm{j}n(\varphi-\varphi')} & a \leqslant \rho < \rho' \\ \displaystyle\sum_{n=-\infty}^{\infty}\left[H_n^{(2)'}(k_0\rho)J_n(k_0\rho') + s_n H_n^{(2)}(k_0\rho)\right]\mathrm{e}^{\mathrm{j}n(\varphi-\varphi')} & \rho > \rho'\end{cases} \tag{5.16.7}$$

$$E_z^{(2)} = 0 \tag{5.16.8}$$

应用边界条件：$E_\varphi^{(2)}\big|_{\rho=a} = 0$ 或 $\left.\dfrac{\partial H_z^{(2)}}{\partial\rho}\right|_{\rho=a} = 0$, 由 (5.16.7) 或 (5.16.4) 式可得

$$\sum_{n=-\infty}^{\infty}\left[H_n^{(2)}(k_0\rho')J_n'(k_0 a) + s_n H_n^{(2)'}(k_0 a)\right]\mathrm{e}^{\mathrm{j}n(\varphi-\varphi')} = 0$$

由此可得

$$s_n = -H_n^{(2)}(k_0\rho')\frac{J_n'(k_0 a)}{H_n^{(2)'}(k_0 a)} \tag{5.16.9}$$

将 $s_n$ 回代至 (5.16.4)、(5.16.6) 和 (5.16.7) 式, 最后便得到区域 (2) 中的磁场 $\boldsymbol{H}^{(2)}$ 和电场 $\boldsymbol{E}^{(2)}$：

$$H_z^{(2)} = -\frac{\omega\varepsilon_0 I_\mathrm{m}}{4}\begin{cases}\displaystyle\sum_{n=-\infty}^{\infty}H_n^{(2)}(k_0\rho')\left[J_n(k_0\rho) - \frac{J_n'(k_0 a)}{H_n^{(2)'}(k_0 a)}H_n^{(2)}(k_0\rho)\right] \\ \qquad\times\mathrm{e}^{\mathrm{j}n(\varphi-\varphi')} \quad a \leqslant \rho < \rho' \\ \displaystyle\sum_{n=-\infty}^{\infty}H_n^{(2)}(k_0\rho)\left[J_n(k_0\rho') - \frac{J_n'(k_0 a)}{H_n^{(2)'}(k_0 a)}H_n^{(2)}(k_0\rho')\right] \\ \qquad\times\mathrm{e}^{\mathrm{j}n(\varphi-\varphi')} \quad \rho > \rho'\end{cases} \tag{5.16.10}$$

$$E_\rho^{(2)} = -\frac{I_\mathrm{m}}{4\rho}\begin{cases}\displaystyle\sum_{n=-\infty}^{\infty}nH_n^{(2)'}(k_0\rho')\left[J_n(k_0\rho) - \frac{J_n'(k_0 a)}{H_n^{(2)}(k_0 a)}H_n^{(2)}(k_0\rho)\right] \\ \qquad\times\mathrm{e}^{\mathrm{j}n(\varphi-\varphi')} \quad a \leqslant \rho < \rho' \\ \displaystyle\sum_{n=-\infty}^{\infty}nH_n^{(2)}(k_0\rho)\left[J_n(k_0\rho') - \frac{J_n'(k_0 a)}{H_n^{(2)'}(k_0 a)}H_n^{(2)}(k_0\rho')\right] \\ \qquad\times\mathrm{e}^{\mathrm{j}n(\varphi-\varphi')} \quad \rho > \rho'\end{cases} \tag{5.16.11}$$

$$E_\varphi^{(2)}=-\mathrm{j}\frac{k_0I_\mathrm{m}}{4}\begin{cases}\displaystyle\sum_{n=-\infty}^{\infty}H_n^{(2)}(k_0\rho')\left[J_n'(k_0\rho)-\frac{J_n'(k_0a)}{H_n^{(2)'}(k_0a)}H_n^{(2)'}(k_0\rho)\right]\\ \qquad\times\mathrm{e}^{\mathrm{j}n(\varphi-\varphi')}\quad a\leqslant\rho<\rho'\\ \displaystyle\sum_{n=-\infty}^{\infty}H_n^{(2)'}(k_0\rho)\left[J_n(k_0\rho')-\frac{J_n'(k_0a)}{H_n^{(2)'}(k_0a)}H_n^{(2)}(k_0\rho')\right]\\ \qquad\times\mathrm{e}^{\mathrm{j}n(\varphi-\varphi')}\quad \rho>\rho'\end{cases}\tag{5.16.12}$$

$$H_\rho^{(2)}=H_\varphi^{(2)}=E_z^{(2)}=0\tag{5.16.13}$$

式中, $E_z^{(2)}=0$ 表明线磁流源 $I_\mathrm{m}$ 所产生的电磁场是 $\mathrm{TE}_z$ 波.

### 5.16.1 面电流密度 $\boldsymbol{J}_S$

由磁场边界条件可知导体柱面上电流密度为

$$\boldsymbol{J}_S=\hat{\boldsymbol{a}}_\rho\times\left(H_z^{(2)}\hat{\boldsymbol{a}}_z\right)\big|_{\rho=a}=-H_z^{(2)}\big|_{\rho=a}\hat{\boldsymbol{a}}_\varphi,$$

故

$$\begin{aligned}\boldsymbol{J}_S&=\hat{\boldsymbol{a}}_\varphi\frac{\omega\varepsilon_0I_\mathrm{m}}{4}\sum_{n=-\infty}^{\infty}H_n^{(2)}(k_0\rho')\left[J_n'(k_0a)-\frac{J_n'(k_0a)}{H_n^{(2)'}(k_0a)}H_n^{(2)'}(k_0a)\right]\mathrm{e}^{\mathrm{j}n(\varphi-\varphi')}\\&=-\mathrm{j}\hat{\boldsymbol{a}}_\varphi\frac{k_0I_\mathrm{m}}{4\eta_0}\sum_{n=-\infty}^{\infty}H_n^{(2)}(k_0\rho')\left[\frac{J_n(k_0a)Y_n'(k_0a)-J_n'(k_0a)Y_n(k_0a)}{H_n^{(2)'}(k_0a)}\right]\mathrm{e}^{\mathrm{j}n(\varphi-\varphi')}\end{aligned}$$

因有 Bessel 函数 Wronskian 行列式：$J_n(k_0a)Y_n'(k_0a)-J_n'(k_0a)Y_n(k_0a)=\dfrac{2}{\pi k_0a}$, 故

$$\boldsymbol{J}_S=-\mathrm{j}\hat{\boldsymbol{a}}_\varphi\frac{I_\mathrm{m}}{2\eta_0\pi a}\sum_{n=-\infty}^{\infty}\frac{H_n^{(2)}(k_0\rho')}{H_n^{(2)'}(k_0a)}\mathrm{e}^{\mathrm{j}n(\varphi-\varphi')}\tag{5.16.14}$$

式中, $\eta_0=\sqrt{\mu_0/\varepsilon_0}$ 为自由空间波阻抗.

### 5.16.2 远区场

对于远区场, $k_0\rho\gg1$, 利用 Hankel 函数渐近式 $H_n^{(2)}(z)\underset{z\to\infty}{\approx}\sqrt{\dfrac{2\mathrm{j}}{\pi z}}\mathrm{j}^n\mathrm{e}^{-\mathrm{j}z}$, 则由 $\rho>\rho'$ 时 (5.16.10) 式, 远区总磁场 $H_z^{(2)}$ 可简化为

$$\begin{aligned}H_z^{(2)}\underset{\rho\to\infty}{\approx}&-\frac{k_0I_\mathrm{m}}{4\eta_0}\sqrt{\frac{2\mathrm{j}}{\pi k_0}}\frac{\mathrm{e}^{-\mathrm{j}k_0\rho}}{\sqrt{\rho}}\sum_{n=-\infty}^{\infty}\mathrm{j}^n\left[J_n(k_0\rho')-\frac{J_n'(k_0a)}{H_n^{(2)'}(k_0a)}H_n^{(2)}(k_0\rho')\right]\mathrm{e}^{\mathrm{j}n(\varphi-\varphi')}\\=&-\frac{k_0I_\mathrm{m}}{4\eta_0}\sqrt{\frac{2\mathrm{j}}{\pi k_0}}\frac{\mathrm{e}^{-\mathrm{j}k_0\rho}}{\sqrt{\rho}}\sum_{n=0}^{\infty}\varepsilon_n\mathrm{j}^n\left[J_n(k_0\rho')-\frac{J_n'(k_0a)}{H_n^{(2)'}(k_0a)}H_n^{(2)}(k_0\rho')\right]\cos n(\varphi-\varphi')\end{aligned}\tag{5.16.15}$$

式中, $\varepsilon_n = \begin{cases} 1 & n=0 \\ 2 & n\neq 0 \end{cases}$

由 (5.16.15) 式可计算出向线磁流源附近存在有导电圆柱时的远区磁场图型；其中第一项为远区入射波磁场, 第二项为远区散射波磁场.

当线磁流源 $I_m$ 移至导电柱体表面上时, 有 $\rho' \to a$. 此时, (5.16.15) 式将变成:

$$H_z^{(2)} \underset{\substack{\rho\to\infty \\ \rho'\to a}}{\approx} \mathrm{j}\frac{k_0 I_{\mathrm{m}}}{4\eta_0}\sqrt{\frac{2\mathrm{j}}{\pi k_0}}\frac{\mathrm{e}^{-\mathrm{j}k_0\rho}}{\sqrt{\rho}}\sum_{n=-\infty}^{\infty}\mathrm{j}^n\left[\frac{J_n(k_0a)Y_n'(k_0a)-J_n'(k_0a)Y_n(k_0a)}{H_n^{(2)'}(k_0a)}\right]\mathrm{e}^{\mathrm{j}n(\varphi-\varphi')}$$

再次应用 Wronskian 关系式后, 上式进一步简化为

$$H_z^{(2)} \underset{\substack{\rho\to\infty \\ \rho'=a}}{\approx} \mathrm{j}\frac{I_{\mathrm{m}}}{2\pi a\eta_0}\sqrt{\frac{2\mathrm{j}}{\pi k_0}}\frac{\mathrm{e}^{-\mathrm{j}k_0\rho}}{\rho}\sum_{n=0}^{\infty}\varepsilon_n\mathrm{j}^n\frac{1}{H_n^{(2)'}(k_0a)}\cos n(\varphi-\varphi') \tag{5.16.16}$$

类似地, 由 (5.16.11) 和 (5.16.12) 式, 我们可求得远区电场 $E_\rho^{(2)}$ 和 $E_\varphi^{(2)}$ 的表示式.

# 第 6 章　平面电磁波的圆球散射

本章从时谐场 Maxwell 场方程组出发, 采用矢量势法, 作为电磁场边值问题对不同圆球结构的平面波的散射问题严格地进行了求解. 首先给出了球面波函数, 并推导了平面波的球面波函数展开式; 继而采用矢量势法, 通过辅助磁矢量势径向分量 $A_r$ 和电矢量势径向分量 $F_r$ 求得电磁场表示式; 较详细地分析和讨论了导电球、介质球、介质敷层导电球, 以及多层介质球和多层介质敷层导体球的平面波散射问题, 给出了反映它们的散射特性的双站 (Bistatic) 和单站 (Monostatic) 雷达散射截面 RCS.

在本章的附录中给出了计算导电球、介质球、介质敷层导电球平面波散射的双站和单站 RCS 的 Fortran 专用程序, 及其应用范例. 此外, 还给出了计算多层介质球和多层介质敷层导体球的平面波散射 RCS 的 Fortran 程序, 这是一个通用程序; 也给出了应用多分层的阶梯分布法来处理径向不均匀介质球散射问题的范例.

## 6.1　球面波函数 —— 球面坐标系 Helmholtz 方程的解

在球面坐标系 $(r,\theta,\varphi)$ 中标量波动 (Helmholtz) 方程为

$$\frac{1}{r^2}\frac{\partial}{\partial r}\left(r^2\frac{\partial u}{\partial r}\right)+\frac{1}{r^2\sin\theta}\frac{\partial}{\partial\theta}\left(\sin\theta\frac{\partial u}{\partial\theta}\right)+\frac{1}{r^2\sin^2\theta}\frac{\partial^2 u}{\partial\varphi^2}+k^2u=0 \tag{6.1.1}$$

式中, $k=\omega\sqrt{\varepsilon\mu}$ 为自由空间波数.

波动方程 (6.1.1) 的解 $u(r,\theta,\varphi)$ 统称为球面波函数. 采用分离变量法求解, 设试探解为

$$u(r,\theta,\varphi)=R(r)\Theta(\theta)\Phi(\varphi) \tag{6.1.2}$$

代入方程 (6.1.1) 后, 可得如下关于 $R(r)$, $\Theta(\theta)$ 和 $\Phi(\varphi)$ 三个常微分方程:

$$\frac{\mathrm{d}}{\mathrm{d}r}\left(r^2\frac{\mathrm{d}R}{\mathrm{d}r}\right)+\left[k^2r^2-n(n+1)\right]R=0 \tag{6.1.3}$$

$$\sin\theta\frac{\mathrm{d}}{\mathrm{d}\theta}\left(\sin\theta\frac{\mathrm{d}\Theta}{\mathrm{d}\theta}\right)+\left[n(n+1)\sin^2\theta-m^2\right]\Theta=0 \tag{6.1.4}$$

和

$$\frac{\mathrm{d}^2\Phi}{\mathrm{d}\varphi^2}+m^2\Phi=0 \tag{6.1.5}$$

以上式中, $n$ 和 $m$ 是应用分离变量法时引入的分离常数.

对于 $R(r)$ 的方程 (6.1.3), 作变数变换：令 $x=kr$, 可将它化为

$$x^2\frac{\mathrm{d}^2R}{\mathrm{d}x^2}+2x\frac{\mathrm{d}R}{\mathrm{d}x}+\left[x^2-n(n+1)\right]R=0 \tag{6.1.6}$$

(6.1.6) 式为标准形式的球 Bessel 方程, 其一般解为它的线性无关特解第一类和第二类 $n$ 阶球 Bessel 函数 $j_n(x)$、$y_n(x)$、球 Hankel 函数 $h_n^{(1)}(x)$ 和 $h_n^{(2)}(x)$ 中任意两个特解的线性组合, 例如

$$R(r)=a_nj_n(kr)+b_ny_n(kr)\text{或}\quad R(r)=a_nh_n^{(1)}(kr)+b_nh_n^{(2)}(kr)$$

或

$$R(r)=a_nj_n(kr)+b_nh_n^{(2)}(kr) \tag{6.1.7}$$

对于 $\varTheta(\theta)$ 的方程 (6.1.4), 作变数变换：令 $x=\cos\theta$, 可将它化为

$$(1-x^2)\frac{\mathrm{d}^2\varTheta}{\mathrm{d}x^2}-2x\frac{\mathrm{d}\varTheta}{\mathrm{d}x}+\left[n(n+1)-\frac{m^2}{1-x^2}\right]\varTheta=0 \tag{6.1.8}$$

(6.1.8) 式为标准形式 $m$ 阶、$n$ 次谛缔合 Legendre 方程, 其一般解为它的两个线性无关特解第一类和第二类缔合 Legendre 函数 $P_n^m(x)$ 和 $Q_n^m(x)$ 的线性组合, 即

$$\varTheta(\theta)=c_{mn}P_n^m(\cos\theta)+d_{mn}Q_n^m(\cos\theta) \tag{6.1.9}$$

(6.1.5) 式是谐振动方程, 其一般解为其两个线性无关特解 $\cos m\varphi$ 和 $\sin m\varphi$ 的线性组合, 即

$$\varPhi(\varphi)=g_m\cos m\varphi+h_m\sin m\varphi\quad\text{或}\quad\varPhi(\varphi)=g_m\cos(m\varphi+\varphi_m) \tag{6.1.10}$$

以上式中, $a_n,b_n,c_{mn},d_{mn},g_n$ 和 $h_n$(或 $\varphi_m$) 均为积分常数.

将 (6.1.7)、(6.1.9) 和 (6.1.10) 代入 (6.1.2) 式, 可得波动方程 (6.1.1) 在一般情形下的特解为：

$$\begin{aligned}u_{nm}(r,\theta,\varphi)=&\left\{\begin{matrix}a_nj_n(kr)+b_ny_n(kr)\\ a_nh_n^{(1)}(kr)+b_nh_n^{(2)}(kr)\\ a_nj_n(kr)+b_nh_n^{(2)}(kr)\end{matrix}\right\}\cdot\{c_{mn}P_n^m(\cos\theta)+d_{mn}Q_n^m(\cos\theta)\}\\ &\times\left\{\begin{matrix}g_m\cos(m\varphi+\varphi_m)\\ g_m\cos m\varphi+h_m\sin m\varphi\end{matrix}\right\}\end{aligned} \tag{6.1.11}$$

由于波动方程是线性的, 其一般解 $u(r,\theta,\varphi)$ 是所有不同 $n$, $m$ 取值的特解的线性组合, 即

$$u(r,\theta,\varphi)=\sum_{n,m}u_{nm}(r,\theta,\varphi) \tag{6.1.12}$$

在实际问题中, 作为物理量 $u(r,\theta,\varphi)$ 必须是单值、有界的函数, 且当 $r\to\infty$ 时, 还需满足辐射条件, 因而

(1) 对于 $\Phi(\varphi)$, 它应是 $\varphi$ 的 $2\pi$ 的周期函数, 故以上分离常数 $m$ 应选取为整数; 若所求解问题具有轴对称性, 则问题与 $\varphi$ 无关, 而有 $m=0$, 本章将考虑的平面波球散射问题即是这种情形. 此时, (6.1.1) 式退化为二维 Helmholtz 方程, 其解为 $u(r,\theta)$.

(2) 所考虑的问题其求解域通常总包含 $\theta=0$ 和 $\theta=\pm\pi(x=\pm1)$, 因 $Q_n^m(\pm1)\to$ 无限, 不满足 $\Theta(\theta)$ 在 $\theta=\pm\pi$ 时有界, 故在 $\Theta(\theta)$ 中应摒弃特解 $Q_n^m(\cos\theta)$, 而只能取解 $P_n^m(\cos\theta)$.

(3) 当求解域包含有 $r=0$ 时, 由于 $y_n(kr),h_n^{(1)}(kr)$ 和 $h_n^{(2)}(kr)$ 当 $r\to0$ 时趋于无限, 故对此情形, $R(kr)$ 应摒弃这些解, 而只能取含 $j_n(kr)$ 的解;

(4) 当求解域包含有 $r=\infty$ 时, 为了满足辐射条件, 解应为向 $+r$ 方向传播的行波, 或随 $r$ 增加而衰减. 对于时间因子 $\mathrm{e}^{\mathrm{j}\omega t}$, 由于 $h_n^{(1)}(kr)$ 和 $h_n^{(2)}(kr)$ 的渐近式分别表示向 $r\to0$ 方向行进的会聚波和向 $r\to\infty$ 方向传播的行波, 故这时 $u(r,\theta,\varphi)$ 中的 $R(kr)$ 只能取含 $h_n^{(2)}(kr)$ 的解.

综上所述, 因而对于具有轴对称问题的不同求解域, 当摒弃了不能满足自然条件和边界条件的特解后, 二维标量 Helmholtz 方程 $u(r,\theta)$ 适宜的特解形式如下:

(i) 求解域: $r\geqslant0,-\pi\leqslant\theta\leqslant\pi$:

$$u_n(r,\theta)=a_nj_n(kr)P_n(\cos\theta) \tag{6.1.13}$$

(ii) 求解域: $0<r<\infty,-\pi\leqslant\theta\leqslant\pi$

$$\begin{aligned}u_n(\rho,\varphi)&=[a_nj_n(k\rho)+b_ny_n(k\rho)]\,P_n(\cos\theta)\text{或}\\&=\left[a_nh_n^{(1)}(kr)+b_nh_n^{(2)}(kr)\right]P_n(\cos\theta)\end{aligned} \tag{6.1.14}$$

(iii) 求解域: $0<r\leqslant\infty,-\pi\leqslant\theta\leqslant\pi$

$$u_n(r,\theta)=\left[a_nj_n(kr)+a_nh_n^{(2)}(kr)\right]P_n(\cos\theta) \tag{6.1.15}$$

其一般解 $u(r,\theta)$ 是所有不同 $n$ 取值时的特解的线性组合, 即

$$u(r,\theta)=\sum_n u_n(r,\theta) \tag{6.1.16}$$

这里, $u_n(r,\theta)$ 和 $u(r,\theta)$ 称为球面波函数.

最简单情形之例: 设 $u$ 代表场的某一分量, 它与 $\theta,\varphi$ 无关, 即有 $m=n=0$(均匀球面波). 对于无界空间, 其求解域含 $r=\infty$, 由 (6.1.15) 式取特解 $h_0^{(2)}(kr)$, 计入因子 $\mathrm{e}^{\mathrm{j}\omega t}$ 后有

$$u(r,t)=a_0h_0^{(2)}(kr)\mathrm{e}^{\mathrm{j}\omega t} \tag{6.1.17}$$

当 $r \to \infty$ 时, 可得此时的球面波表示式为

$$u(r,t) \approx \frac{\mathrm{j}}{kr} a_0 \mathrm{e}^{\mathrm{j}(\omega t - k)r} = u_0 \frac{\mathrm{e}^{\mathrm{j}(\omega t - kr)}}{kr} \tag{6.1.18}$$

## 6.2 平面波的球面波函数展开式 (波变换)

考虑 $\varepsilon_0$、$\mu_0$ 无限媒质中, 一沿 $+z$ 方向传播具有振幅为 $E_0$、沿 $x$ 方向极化的均匀平面电磁波, 如图 6.2.1 所示.

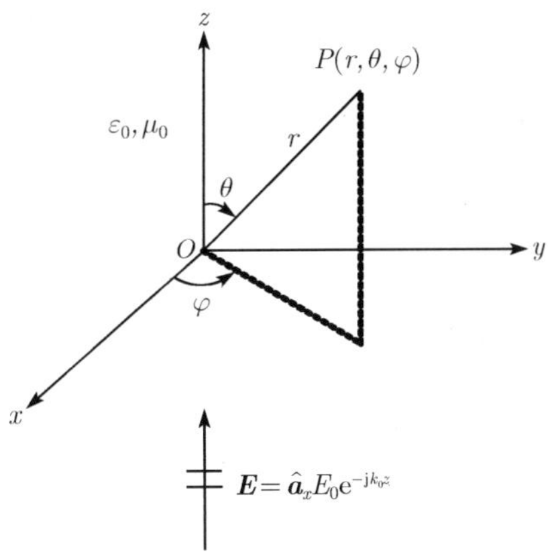


图 6.2.1 沿 $+z$ 方向传播的平面波

平面波的电场表示式可写为

$$\boldsymbol{E} = E_x^i \hat{\boldsymbol{a}}_x = E_0 \mathrm{e}^{-\mathrm{j}k_0 z} \hat{\boldsymbol{a}}_x = E_0 \mathrm{e}^{-\mathrm{j}k_0 r \cos\theta} \hat{\boldsymbol{a}}_x \tag{6.2.1}$$

对于 Helmholtz 方程 $\nabla^2 E_x + k_0^2 E_x = 0, E_x = \mathrm{e}^{-\mathrm{j}k_0 z}$ 是其在直角坐标系 $(x,y,z)$ 中的平面波函数解; 而 $j_0(k_0 r) P_n(\cos\theta)$ 是其在球面坐标系 $(r,\theta,\varphi)$ 中对具有轴对称的问题满足自然条件 $r=0$ 为有限要求的球面波函数解. 因此. 我们可将所考虑的平面波 $E_x^i$ 用球面波函数的无限和 (球面波函数的展开式) 表示, 即

$$E_x^i = E_0 \mathrm{e}^{-\mathrm{j}k_0 z} = E_0 \mathrm{e}^{-\mathrm{j}k_0 r \cos\theta} = \sum_{n=0}^{+\infty} \alpha_n j_n(k_0 r) P_n(\cos\theta) \tag{6.2.2}$$

式中, $\alpha_n$ 为待定的展开式系数; $k_0 = \sqrt{\varepsilon_0 \mu_0}$.

以下我们来确定展开式系数 $\alpha_n$. 为此, 将 (6.2.2) 式后一等式的两边同乘 $P_m(\cos\theta)\sin\theta$, 并对 $\theta$ 从 0 到 π 进行积分, 得

$$\begin{aligned}
&\int_0^{\pi} \mathrm{e}^{-\mathrm{j}k_0 r \cos\theta} P_m(\cos\theta) \sin\theta \mathrm{d}\theta \\
&= \int_0^{\pi} \left[ \sum_{n=0}^{+\infty} \alpha_n j_n(k_0 r) P_n(\cos\theta) P_m(\cos\theta) \sin\theta \right] \mathrm{d}\theta
\end{aligned}$$

$$=\sum_{n=0}^{+\infty}\alpha_n j_n(k_0r)\int_0^{\pi}P_m(\cos\theta)P_n(\cos\theta)\sin\theta\mathrm{d}\theta \tag{6.2.3}$$

利用 Legendre 函数的正交归一关系式:

$$\int_0^{\pi}P_m(\cos\theta)P_n(\cos\theta)\sin\theta\mathrm{d}\theta=\begin{cases}0 & m\neq n\\ 2/(2n+1) & m=n\end{cases} \tag{6.2.4}$$

于是, (6.2.3) 式变成

$$\int_0^{\pi}\mathrm{e}^{-\mathrm{j}k_0r\cos\theta}P_m(\cos\theta)\sin\theta\mathrm{d}\theta=\frac{2\alpha_m}{2m+1}j_m(k_0r) \tag{6.2.5}$$

为了确定系数 $\alpha_m$, 现将 (6.2.5) 式两边对 $k_0r$ 求导 $m$ 次, 再令 $k_0r\rightarrow 0$, 而有

$$\left[\frac{\mathrm{d}^m}{\mathrm{d}(k_0r)^m}\int_0^{\pi}\mathrm{e}^{-\mathrm{j}k_0r\cos\theta}P_m(\cos\theta)\sin\theta\mathrm{d}\theta\right]_{k_0r=0}=\frac{2\alpha_m}{2m+1}\left[\frac{\mathrm{d}^m}{\mathrm{d}(k_0r)^m}j_m(k_0r)\right]_{k_0r=0} \tag{6.2.6}$$

对于 (6.2.6) 式左边, 有

$$\begin{aligned}\left[\frac{\mathrm{d}^m}{\mathrm{d}(k_0r)^m}\int_0^{\pi}\mathrm{e}^{-\mathrm{j}k_0r\cos\theta}P_m(\cos\theta)\sin\theta\mathrm{d}\theta\right]_{k_0r=0}&=(-\mathrm{j})^m\int_0^{\pi}\cos^m\theta P_m(\cos\theta)\sin\theta\mathrm{d}\theta\\&=(-\mathrm{j})^m\int_{-1}^{1}x^mP_m(x)\mathrm{d}x\quad(x=\cos\theta)\end{aligned} \tag{6.2.7}$$

因有 Rodrigue 公式: $P_m(x)=\dfrac{1}{2^mm!}\dfrac{\mathrm{d}^m}{\mathrm{d}x^m}\left(x^2-1\right)^m$, 故代入上式后并进行分部积分, 则有

$$\begin{aligned}\int_{-1}^{1}x^mP_m(x)\mathrm{d}x&=\frac{1}{2^mm!}\int_{-1}^{1}x^m\frac{\mathrm{d}^m}{\mathrm{d}x^m}\left(x^2-1\right)^m\mathrm{d}x\\&=\frac{1}{2^mm!}\int_{-1}^{1}x^m\mathrm{d}\left[\frac{\mathrm{d}^{m-1}}{\mathrm{d}x^{m-1}}\left(x^2-1\right)^m\right]\\&=\frac{1}{2^mm!}\left[x^m\frac{\mathrm{d}^{m-1}}{\mathrm{d}x^{m-1}}\left(x^2-1\right)^m\Big|_{-1}^{1}\right.\\&\qquad\left.-m\int_{-1}^{1}x^{m-1}\frac{\mathrm{d}^{m-1}}{\mathrm{d}x^{m-1}}\left(x^2-1\right)^m\mathrm{d}x\right]\\&=-\frac{m}{2^mm!}\int_{-1}^{1}x^{m-1}\frac{\mathrm{d}^{m-1}}{\mathrm{d}x^{m-1}}\left(x^2-1\right)^m\mathrm{d}x\end{aligned}$$

继续分部积分 $m-1$ 次, 最后便有

$$\begin{aligned}\int_{-1}^{1} x^m P_m(x)\mathrm{d}x &= (-1)^2 \frac{1}{2^m m!} m(m-1)\int_{-1}^{1} x^{m-2}\frac{\mathrm{d}^{m-2}}{\mathrm{d}x^{m-2}}\left(x^2-1\right)^m \mathrm{d}x \\ &= \cdots = \frac{1}{2^m m!}(-1)^m m! \int_{-1}^{1}\left(x^2-1\right)^m \mathrm{d}x \\ &= \frac{1}{2^m}\int_{-1}^{1}\left(1-x^2\right)^m \mathrm{d}x = \frac{1}{2^{m-1}}\int_0^{\frac{\pi}{2}} \sin^{2m+1}\theta \mathrm{d}\theta\end{aligned}$$

利用积分公式: $\int_0^{\frac{\pi}{2}} \sin^{2m+1}\theta\mathrm{d}\theta = \frac{2^m m!}{(2m+1)!!}$, 于是有 $\int_{-1}^{1} x^m P_m(x)\mathrm{d}x = \frac{2m!}{(2m+1)!!}$. 将此结果代入 (6.2.7) 式, 可知 (6.2.6)**左边**可化为

$$\left[\frac{\mathrm{d}^m}{\mathrm{d}(k_0 r)^m}\int_0^{\pi} \mathrm{e}^{-\mathrm{j}k_0 r\cos\theta} P_m(\cos\theta)\sin\theta\mathrm{d}\theta\right]_{k_0 r=0} = (-\mathrm{j})^m \frac{2m!}{(2m+1)!!} \tag{6.2.8}$$

式中, 双阶乘 $(2m+1)!! = 1\cdot 3\cdot 5\cdots(2m+1)$.

另一方面, 对于 (6.2 6) 式**右边**, 因 $m$ 阶球 Bessel 函数的级数表示式为

$$j_m(x) = \frac{x^m}{1\cdot 3\cdot 5\cdots(2m+1)}\left[1-\frac{x^2/2}{1!(2m+3)}+\frac{\left(x^2/2\right)^2}{2!(2m+3)(2m+5)}-\cdots\right]$$

故

$$\left[\frac{\mathrm{d}^m}{\mathrm{d}(k_0 r)^m} j_m(k_0 r)\right]_{k_0 r=0} = \frac{m!}{1\cdot 3\cdot 5\cdots(2m+1)} = \frac{m!}{(2m+1)!!} \tag{6.2.9}$$

故 (6.2.6) 式**右边**可化为

$$\frac{2\alpha_m}{2m+1}\left[\frac{\mathrm{d}^m}{\mathrm{d}(k_0 r)^m} j_m(k_0 r)\right]_{k_0 r=0} = \frac{2\alpha_m}{2m+1}\frac{m!}{(2m+1)!!}$$

于是, 由 (6.2.6) 式可得

$$(-\mathrm{j})^m \frac{2m!}{(2m+1)!!} = \frac{2\alpha_m}{2m+1}\frac{m!}{(2m+1)!!};\ \therefore \alpha_m = (-\mathrm{j})^m(2m+1)$$

此即

$$\alpha_n = \mathrm{j}^{-n}(2n+1) \tag{6.2.10}$$

因而将展开式系数 $\alpha_n$ 代入 (6.2.2) 式, 便得到平面波的球面波函数展开式为

$$E_x^i = E_0\mathrm{e}^{-\mathrm{j}k_0 z} = \sum_{n=0}^{+\infty} \mathrm{j}^{-n}(2n+1)\mathrm{j}_n(k_0 r)P_n(\cos\theta) \tag{6.2.11}$$

类似地, 对于向 $-z$ 方向传播的平面波, 易知其球面波函数展开式可表为

$$E_x^r = E_0 e^{+jk_0 z} = \sum_{n=0}^{+\infty} \beta_n j_n(k_0 r) P_n(\cos\theta) = \sum_{n=0}^{+\infty} j^n (2n+1) j_n(k_0 r) P_n(\cos\theta) \quad (6.2.12)$$

式中, 展开式系数 $\beta_n = j^n(2n+1)$.

## 6.3　球面坐标系中时谐电磁场方程组的矢量势法解

对于球散射问题, 需要知道球形散射体内、外区域中的电磁场, 因而需要在球面坐标系中求解时谐场情形 $\varepsilon$, $\mu$ 无源空间中场方程的解. 这时, 采用矢量势法比较方便.

由 Maxwell 方程 $\nabla \cdot \boldsymbol{H} = 0$ 及矢量场论可知, 任一矢量的旋度的散度恒等于零, 故我们可引入磁矢量势 $\boldsymbol{A}$:

$$\boldsymbol{H} = \frac{1}{\mu} \nabla \times \boldsymbol{A} \quad (6.3.1)$$

而相应的电场 $\boldsymbol{E}$ 可由 Maxwell 方程: $\nabla \times \boldsymbol{H} = j\omega\varepsilon\boldsymbol{E}$ 求得为

$$\boldsymbol{E} = \frac{1}{j\omega\varepsilon} \nabla \times \boldsymbol{H} = \frac{1}{j\omega\varepsilon\mu} \nabla \times \nabla \times \boldsymbol{A} \quad (6.3.2)$$

此外, 由 Maxwell 方程 $\nabla \times \boldsymbol{E} = -j\omega\mu\boldsymbol{H} = -j\omega\nabla \times \boldsymbol{A}$, 有

$$\nabla \times (\boldsymbol{E} + j\omega\boldsymbol{A}) = 0$$

因任一标量的梯度的散度恒等于零, 而有 $\boldsymbol{E} + j\omega\boldsymbol{A} = -\nabla\Phi^{\mathrm{A}}$, 故 $\boldsymbol{E}$ 亦可表为

$$\boldsymbol{E} = -j\omega\boldsymbol{A} - \nabla\Phi^{\mathrm{A}} \quad (6.3.3)$$

式中, $\Phi^{\mathrm{A}}$ 称为电标量势, 上标 “A” 表示它是与 $\boldsymbol{A}$ 相关联的势.

将 (6.3.3) 代入 (6.3.2) 式, 可得

$$\begin{aligned} \nabla \times \nabla \times \boldsymbol{A} &= j\omega\mu\varepsilon(-j\omega\boldsymbol{A} - \nabla\Phi^{\mathrm{A}}) \\ &= k^2\boldsymbol{A} - j\omega\mu\varepsilon\nabla\Phi^{\mathrm{A}} \qquad (k^2 = \omega^2\mu\varepsilon) \end{aligned}$$

即矢量势 $\boldsymbol{A}$ 与标量势 $\Phi^{\mathrm{A}}$ 间满足方程:

$$\nabla \times \nabla \times \boldsymbol{A} - k^2\boldsymbol{A} = -j\omega\mu\varepsilon\nabla\Phi^{\mathrm{A}} \quad (6.3.4)$$

设矢量势 $\boldsymbol{A}$ 只有一个径向 $r$ 分量 $A_r$, 即

$$\boldsymbol{A} = A_r \hat{\boldsymbol{a}}_r \quad (6.3.5)$$

在球面坐标系中, 已知有

$$\nabla\times\nabla\times(A_r\hat{\boldsymbol{a}}_r)=-\left[\frac{1}{r^2\sin\theta}\frac{\partial}{\partial\theta}\left(\sin\theta\frac{\partial A_r}{\partial\theta}\right)+\frac{1}{r^2\sin^2\theta}\frac{\partial^2 A_r}{\partial\varphi^2}\right]\hat{\boldsymbol{a}}_r+\frac{1}{r}\frac{\partial^2 A_r}{\partial r\partial\theta}\hat{\boldsymbol{a}}_\theta+\frac{1}{r\sin\theta}\frac{\partial^2 A_r}{\partial r\partial\varphi}\hat{\boldsymbol{a}}_\varphi \tag{6.3.6}$$

和

$$\nabla\boldsymbol{u}=\frac{\partial u}{\partial r}\hat{\boldsymbol{a}}_r+\frac{1}{r}\frac{\partial u}{\partial\theta}\hat{\boldsymbol{a}}_\theta+\frac{1}{r\sin\theta}\frac{\partial u}{\partial\varphi}\hat{\boldsymbol{a}}_\varphi \tag{6.3.7}$$

将 (6.3.5)~(6.3.7) 代入 (6.3.4) 式, 可得关于 $\hat{\boldsymbol{a}}_r$、$\hat{\boldsymbol{a}}_\theta$ 和 $\hat{\boldsymbol{a}}_\varphi$ 分量的三个方程:

$$-\left[\frac{1}{r^2\sin\theta}\frac{\partial}{\partial\theta}\left(\sin\theta\frac{\partial A_r}{\partial\theta}\right)+\frac{1}{r^2\sin^2\theta}\frac{\partial^2 A_r}{\partial\varphi^2}\right]-k^2A_r=-\mathrm{j}\omega\mu\varepsilon\frac{\partial\Phi^{\mathrm{A}}}{\partial r} \tag{6.3.8}$$

$$\frac{1}{r}\frac{\partial^2 A_r}{\partial r\partial\theta}=-\mathrm{j}\omega\mu\varepsilon\frac{1}{r}\frac{\partial\Phi^{\mathrm{A}}}{\partial\theta} \tag{6.3.9}$$

$$\frac{1}{r\sin\theta}\frac{\partial^2 A_r}{\partial r\partial\varphi}=-\mathrm{j}\omega\mu\varepsilon\frac{1}{r\sin\theta}\frac{\partial\Phi^{\mathrm{A}}}{\partial\varphi} \tag{6.3.10}$$

显然, 若 $A_r$ 和 $\Phi^{\mathrm{A}}$ 满足附加条件:

$$\Phi^{\mathrm{A}}=-\frac{1}{\mathrm{j}\omega\mu\varepsilon}\frac{\partial A_r}{\partial r}\text{或}\quad\frac{\partial A_r}{\partial r}=-\mathrm{j}\omega\mu\varepsilon\Phi^{\mathrm{A}} \tag{6.3.11}$$

则 (6.3.9) 和 (6.3.10) 式均能得到满足. 此时, (6.3.8) 式变为

$$-\left[\frac{1}{r^2\sin\theta}\frac{\partial}{\partial\theta}\left(\sin\theta\frac{\partial A_r}{\partial\theta}\right)+\frac{1}{r^2\sin^2\theta}\frac{\partial^2 A_r}{\partial\varphi^2}\right]-k^2A_r=\frac{\partial^2 A_r}{\partial r^2} \tag{6.3.12}$$

(6.3.11) 式就是可唯一确定 $A_r\hat{\boldsymbol{a}}_r$, 要求 $A_r$ 与 $\Phi^{\mathrm{A}}$ 满足的类似 Lorentz 条件; 此时, (6.3.12) 式为 $A_r$ 所满足的方程. 为了进一步考察 (6.3.12) 式, 现令

$$A_r=rG_r\quad\text{或}\quad G_r=A_r/r \tag{6.3.13}$$

将 (6.3.13) 代入 (6.3.12) 式后, 得

$$\frac{1}{r}\frac{\partial^2(rG_r)}{\partial r^2}+\frac{1}{r^2\sin\theta}\frac{\partial}{\partial\theta}\left[\sin\theta\frac{\partial G_r}{\partial\theta}\right]+\frac{1}{r^2\sin^2\theta}\frac{\partial^2 G_r}{\partial\varphi^2}+k^2G_r=0 \tag{6.3.14}$$

因

$$\frac{1}{r}\frac{\partial^2(rG_r)}{\partial r^2}=\frac{1}{r}\frac{\partial}{\partial r}\left(G_r+r\frac{\partial G_r}{\partial r}\right)=\frac{2}{r}\frac{\partial G_r}{\partial r}+\frac{\partial^2 G_r}{\partial r^2}=\frac{1}{r^2}\frac{\partial}{\partial r}\left(r^2\frac{\partial G_r}{\partial r}\right) \tag{6.3.15}$$

将此代入 (6.3.14) 式, 因球面坐标系中标量 Laplacian 算子为

$$\nabla^2=\frac{1}{r^2}\frac{\partial}{\partial r}\left(r^2\frac{\partial}{\partial r}\right)+\frac{1}{r^2\sin\theta}\frac{\partial}{\partial\theta}\left(\sin\theta\frac{\partial}{\partial\theta}\right)+\frac{1}{r^2\sin^2\theta}\frac{\partial^2}{\partial\varphi^2}$$

便可知 $G_r$ 满足标量 Helmholtz 方程: $\nabla^2G_r+k^2G_r=0$, 此即有

$$\left(\nabla^2+k^2\right)\frac{A_r}{r}=0\quad(k^2=\omega^2\mu\varepsilon)\tag{6.3.16}$$

注意: 这表明 $A_r/r$(而不是 $A_r$) 满足标量 Helmholtz 方程.

**归纳以上结果是:** 设矢量势 $\boldsymbol{A}$ 只有径向 $\hat{\boldsymbol{a}}_r$ 分量, 即 $\boldsymbol{A}=A_r\hat{\boldsymbol{a}}_r$, 则 $A_r$ 满足方程:

$$(\nabla^2+k^2)\frac{A_r}{r}=0$$

若已解得 $A_r$, 则电场 $E$ 可由 (6.3.3) 式 $\boldsymbol{E}=-\mathrm{j}\omega\boldsymbol{A}-\nabla\varPhi^{\mathrm{A}}$ 和 (6.3.11) 式求得为

$$\begin{aligned}\boldsymbol{E}=&-\mathrm{j}\omega A_r\hat{\boldsymbol{a}}_r+\frac{1}{\mathrm{j}\omega\varepsilon\mu}\nabla\left(\frac{\partial A_r}{\partial r}\right)\\=&-\mathrm{j}\omega A_r\hat{\boldsymbol{a}}_r+\frac{1}{\mathrm{j}\omega\varepsilon\mu}\left(\frac{\partial^2A_r}{\partial r^2}\hat{\boldsymbol{a}}_r+\frac{1}{r}\frac{\partial^2A_r}{\partial r\partial\theta}\hat{\boldsymbol{a}}_\theta+\frac{1}{r\sin\theta}\frac{\partial^2A_r}{\partial r\partial\varphi}\hat{\boldsymbol{a}}_\varphi\right)\\=&\frac{1}{\mathrm{j}\omega\varepsilon\mu}\left(\frac{\partial^2A_r}{\partial r^2}+k^2A_r\right)\hat{\boldsymbol{a}}_r+\frac{1}{\mathrm{j}\omega\varepsilon\mu}\frac{1}{r}\frac{\partial^2A_r}{\partial r\partial\theta}\hat{\boldsymbol{a}}_\theta+\frac{1}{\mathrm{j}\omega\varepsilon\mu}\frac{1}{r\sin\theta}\frac{\partial^2A_r}{\partial r\partial\varphi}\hat{\boldsymbol{a}}_\varphi\end{aligned}\tag{6.3.17}$$

而由 (6.3.1) 式 $\boldsymbol{H}=\frac{1}{\mu}\nabla\times\boldsymbol{A}$ 求得磁场 $\boldsymbol{H}$ 为

$$\boldsymbol{H}=\frac{1}{\mu}\nabla\times(A_r\hat{\boldsymbol{a}}_r)=\frac{1}{\mu}\frac{1}{r\sin\theta}\frac{\partial A_r}{\partial\varphi}\hat{\boldsymbol{a}}_\theta-\frac{1}{\mu}\frac{1}{r}\frac{\partial A_r}{\partial\theta}\hat{\boldsymbol{a}}_\varphi\tag{6.3.18}$$

电场亦可应用 (6.3.2) 式: $\boldsymbol{E}=\frac{1}{\mathrm{j}\omega\varepsilon\mu}\nabla\times\nabla\times\boldsymbol{A}=\frac{1}{\mathrm{j}\omega\varepsilon\mu}\nabla\times\nabla\times(A_r\hat{\boldsymbol{a}}_r)$ 求得.

为清楚起见, 以下具体写出已知 $A_r$ 时, (6.3.17) 和 (6.3.18) 式的电磁场的各分量表示式:

$$\begin{aligned}&E_r=\frac{1}{\mathrm{j}\omega\mu\varepsilon}\left(\frac{\partial^2}{\partial r^2}+k^2\right)A_r\\&E_\theta=\frac{1}{\mathrm{j}\omega\mu\varepsilon}\frac{1}{r}\frac{\partial^2A_r}{\partial r\partial\theta}\\&E_\phi=\frac{1}{\mathrm{j}\omega\mu\varepsilon}\frac{1}{r\sin\theta}\frac{\partial^2A_r}{\partial r\partial\varphi}\\&H_r=0\\&H_\theta=\frac{1}{\mu}\frac{1}{r\sin\theta}\frac{\partial A_r}{\partial\varphi}\\&H_\phi=-\frac{1}{\mu}\frac{1}{r}\frac{\partial A_r}{\partial\theta}\end{aligned}\tag{6.3.19}$$

以上结果表明, 由磁矢量势 $\boldsymbol{A}$ 的 $r$ 分量 $A_r$ 所产生的电磁场中沿 $r$ 方向的磁场 $H_r=0$, 即电磁场是相对于 $r$ 方向的 $\mathrm{TM}_r$ 横磁波, 或者说 $\mathrm{TM}_r$ 波的场可由磁矢量势 $A_r$ 来构造.

类似地, 我们可引入与磁矢量势 A 相对偶的辅助矢量 —— 电矢量势 $\boldsymbol{F}$, 其定义为

$$\boldsymbol{E}=-\frac{1}{\varepsilon}\nabla\times\boldsymbol{F} \tag{6.3.20}$$

当电矢量势 $\boldsymbol{F}$ 仅有 $r$ 分量 $F_r$ 时, 按 Maxwell 场方程组中 $\boldsymbol{E}$ 与 $\boldsymbol{H}$ 的二重性关系, 或进行以上相同步骤, 便有

$$\boldsymbol{E}=-\frac{1}{\varepsilon}\nabla\times\left(F_r\hat{\boldsymbol{a}}_r\right) \tag{6.3.21}$$

和

$$\boldsymbol{H}=\frac{1}{\mathrm{j}\omega\varepsilon\mu}\nabla\times\nabla\times\left(F_r\hat{\boldsymbol{a}}_r\right) \tag{6.3.22}$$

磁场 $\boldsymbol{H}$ 亦可表为

$$\boldsymbol{H}=-\mathrm{j}\omega\left(F_r\hat{\boldsymbol{a}}_r\right)-\nabla\varPhi^{\mathrm{F}} \tag{6.3.23}$$

式中, 电矢量势 $F_r$ 满足方程:

$$\left(\nabla^2+k^2\right)\frac{F_r}{r}=0\quad\left(k^2=\omega^2\varepsilon\mu\right) \tag{6.3.24}$$

而 $F_r$ 与 $\varPhi^{\mathrm{F}}$ 满足的附加条件是 (6.3.11) 式的对偶, 即

$$\varPhi^{\mathrm{F}}=-\frac{1}{\mathrm{j}\omega\varepsilon\mu}\frac{\partial F_r}{\partial r}\quad\text{或}\quad\frac{\partial F_r}{\partial r}=-\mathrm{j}\omega\varepsilon\mu\varPhi^{\mathrm{F}} \tag{6.3.25}$$

若已知 $F_r$, 则电场 $\boldsymbol{H}$ 和磁场 $\boldsymbol{E}$ 可表为

$$\begin{aligned}
&H_r=\frac{1}{\mathrm{j}\omega\varepsilon\mu}\left(\frac{\partial^2}{\partial r^2}+k^2\right)F_r\\
&H_\theta=\frac{1}{\mathrm{j}\omega\varepsilon\mu}\frac{1}{r}\frac{\partial^2 F_r}{\partial r\partial\theta}\\
&H_\phi=\frac{1}{\mathrm{j}\omega\varepsilon\mu}\frac{1}{r\sin\theta}\frac{\partial^2 F_r}{\partial r\partial\varphi}\\
&E_r=0\\
&E_\theta=-\frac{1}{\varepsilon}\frac{1}{r\sin\theta}\frac{\partial F_r}{\partial\varphi}\\
&E_\phi=\frac{1}{\varepsilon}\frac{1}{r}\frac{\partial F_r}{\partial\theta}
\end{aligned} \tag{6.3.26}$$

以上结果表明, 由电矢量势 $\boldsymbol{F}$ 的 $r$ 分量 $F_r$ 所产生的电磁场中沿 $r$ 方向的电场 $E_r=0$, 即电磁场是相对于 $r$ 方向的 $\mathrm{TE}_r$ 横电波, 或者说 $\mathrm{TE}_r$ 波的场可由电矢量势 $F_r$ 来构造.

对于线性媒质, Maxwell 场方程组是线性的, 在球面坐标系中, 一般情况下的电磁场可由 $A_r$ 构造的 $\mathrm{TM}_r$ 波与 $F_r$ 构造的 $\mathrm{TE}_r$ 波场的叠加表示. 故一旦解得满足所给边值问题的 $A_r$ 和 $F_r$, 则电磁场的各分量可分别由 (6.3.19) 和 (6.3.26) 式对应分量的叠加给出. 它们是:

$$
\begin{aligned}
E_r &= \frac{1}{\mathrm{j}\omega\varepsilon\mu}\left(\frac{\partial^2}{\partial r^2}+k^2\right)A_r \\
E_\theta &= \frac{1}{\mathrm{j}\omega\varepsilon\mu}\frac{1}{r}\frac{\partial^2 A_r}{\partial r\partial\theta}-\frac{1}{\varepsilon}\frac{1}{r\sin\theta}\frac{\partial F_r}{\partial\varphi} \\
E_\phi &= \frac{1}{\mathrm{j}\omega\varepsilon\mu}\frac{1}{r\sin\theta}\frac{\partial^2 A_r}{\partial r\partial\varphi}+\frac{1}{\varepsilon}\frac{1}{r}\frac{\partial F_r}{\partial\theta} \\
H_r &= \frac{1}{\mathrm{j}\omega\varepsilon\mu}\left(\frac{\partial^2}{\partial r^2}+k^2\right)F_r \\
H_\theta &= \frac{1}{\mu}\frac{1}{r\sin\theta}\frac{\partial A_r}{\partial\varphi}+\frac{1}{\mathrm{j}\omega\varepsilon\mu}\frac{1}{r}\frac{\partial^2 F_r}{\partial r\partial\theta} \\
H_\phi &= -\frac{1}{\mu}\frac{1}{r}\frac{\partial A_r}{\partial\theta}+\frac{1}{\mathrm{j}\omega\varepsilon\mu}\frac{1}{r\sin\theta}\frac{\partial^2 F_r}{\partial r\partial\varphi}
\end{aligned}
\tag{6.3.27}
$$

式中, $A_r$ 和 $F_r$ 分别满足方程 (6.3.16) 和 (6.3.24), 即 $\dfrac{A_r}{r}$ 和 $\dfrac{F_r}{r}$ 均是 Helmholtz 方程的解.

## 6.4　入射平面电磁波场的球面波函数展开式

在电磁散射问题中, 通常散射体处于 $\varepsilon_0,\mu_0(k_0=\omega\sqrt{\varepsilon_0\mu_0})$ 媒质中. 设所考虑的入射波是在此媒质中一沿 $+x$ 方向极化、具有振幅为 $E_0$、向 $+z$ 方向传播的均匀平面波, 为便于应用球面结构边界条件, 合适的坐标系是球面坐标系 $(r,\theta,\varphi)$, 因而需要将此平面波的表示式中的直角坐标变换成球坐标量后进行处理, 即将场矢量分解为球坐标分量; 平面波函数用球面波函数展开式表示.

### 6.4.1　入射平面电磁波场的球坐标分量表示式

入射波的电场可表示为

$$
\boldsymbol{E}^i=E_x^i\hat{\boldsymbol{a}}_x=E_0\mathrm{e}^{-\mathrm{j}k_0x}\hat{\boldsymbol{a}}_x=E_0\mathrm{e}^{-\mathrm{j}k_0r\cos\theta}\hat{\boldsymbol{a}}_x \tag{6.4.1}
$$

在球面坐标系中, 直角坐标系中的单位矢量可表为

$$\begin{aligned}\hat{\boldsymbol{a}}_x &= \hat{\boldsymbol{a}}_r \cos\varphi\sin\theta + \hat{\boldsymbol{a}}_\theta \cos\varphi\cos\theta - \hat{\boldsymbol{a}}_\varphi \sin\varphi \\ \hat{\boldsymbol{a}}_y &= \hat{\boldsymbol{a}}_r \sin\varphi\sin\theta + \hat{\boldsymbol{a}}_\theta \sin\varphi\cos\theta + \hat{\boldsymbol{a}}_\varphi \cos\varphi \\ \hat{\boldsymbol{a}}_z &= \hat{\boldsymbol{a}}_r \cos\theta - \hat{\boldsymbol{a}}_\theta \sin\theta\end{aligned} \tag{6.4.2}$$

故由 (6.4.1) 式, 入射波电场可表为 $E_x^i = \hat{\boldsymbol{a}}_r E_r^i + \hat{\boldsymbol{a}}\theta E_\theta^i + \hat{\boldsymbol{a}}_\varphi E_\varphi^i$, 它的三个球坐标分量分别为

$$E_r^i = E_x^i \cos\varphi\sin\theta;\quad E_\theta^i = E_x^i\cos\varphi\cos\theta;\quad E_\varphi^i = -E_x^i\sin\varphi \tag{6.4.3}$$

利用平面波与球面波的变换公式 (6.2.11)

$$E_x^i = E_0\mathrm{e}^{-\mathrm{j}k_0 r\cos\theta} = E_0\sum_{n=0}^{+\infty}\mathrm{j}^{-n}(2n+1)j_n(k_0r)P_n(\cos\theta) \tag{6.4.4}$$

并因 $\sin\theta\mathrm{e}^{-\mathrm{j}k_0r\cos\theta} = \dfrac{1}{\mathrm{j}k_0r}\dfrac{\partial}{\partial\theta}\mathrm{e}^{-\mathrm{j}k_0r\cos\theta}$, 故 $E_r^i, E_\theta^i$ 和 $E_\varphi^i$ 的球面波函数展开式可写成:

$$\begin{aligned}E_r^i =& E_0\cos\varphi\frac{1}{\mathrm{j}k_0r}\sum_{n=0}^{+\infty}\mathrm{j}^{-n}(2n+1)j_n(k_0r)\frac{\partial}{\partial\theta}P_n(\cos\theta) \\ =& -\mathrm{j}E_0\cos\varphi\frac{1}{(k_0r)^2}\sum_{n=0}^{+\infty}\mathrm{j}^{-n}(2n+1)\hat{J}_n(k_0r)P_n^1(\cos\theta)\end{aligned} \tag{6.4.5}$$

$$\begin{aligned}E_\theta^i - & E_0\cos\varphi\cos\theta\sum_{n=0}^{+\infty}\mathrm{j}^{-n}(2n+1)j_n(k_0r)P_n(\cos\theta) \\ =& E_0\cos\varphi\cos\theta\frac{1}{k_0r}\sum_{n=0}^{+\infty}\mathrm{j}^{-n}(2n+1)\hat{J}_n(k_0r)P_n(\cos\theta)\end{aligned} \tag{6.4.6}$$

$$\begin{aligned}E_\varphi^i =& -E_0\sin\varphi\sum_{n=0}^{+\infty}\mathrm{j}^{-n}(2n+1)j_n(k_0r)P_n(\cos\theta) \\ =& -E_0\sin\varphi\frac{1}{k_0r}\sum_{n=0}^{+\infty}\mathrm{j}^{-n}(2n+1)\hat{J}_n(k_0r)P_n(\cos\theta)\end{aligned} \tag{6.4.7}$$

式中, $\hat{J}_n(x) = xj_n(x)$ 称为 Riccati-Bessel 函数.

$$P_n^m(x) = (-1)^m(1-x^2)^{\frac{m}{2}}\frac{\mathrm{d}^mP_n(x)}{\mathrm{d}x^m}\quad (x=\cos\theta)\text{称为缔合Legendre函数.}$$

当 $m=1$ 时, 有 $P_n^1(\cos\theta) = -\sin\theta\dfrac{\mathrm{d}P_n(\cos\theta)}{\mathrm{d}(\cos\theta)} = \dfrac{\mathrm{d}P_n(\cos\theta)}{\mathrm{d}\theta}$. 而当 $m>n$ 时, 有 $P_n^m(x)=0$;

已知入射平面波电场 $\boldsymbol{E}^i$, 则相应 $\boldsymbol{H}^i$ 可由 $\boldsymbol{H}^i=\dfrac{1}{\eta_0}\hat{\boldsymbol{a}}_z\times\boldsymbol{E}^i=\dfrac{E_x^i}{\eta_0}\hat{\boldsymbol{a}}_y$ 求得, 这里 $\eta_0=\sqrt{\dfrac{\mu_0}{\varepsilon_0}}$.

由 (6.4.2) 式可知, 入射波磁场 $\boldsymbol{H}_x^i=\hat{\boldsymbol{a}}_r H_r^i+\hat{\boldsymbol{a}}_\theta H_\theta^i+\hat{\boldsymbol{a}}_\varphi H_\varphi^i$, 它的三个球坐标分量为

$$H_r^i=\frac{E_x^i}{\eta_0}\sin\varphi\sin\theta;\quad H_\theta^i=\frac{E_x^i}{\eta_0}\sin\varphi\cos\theta;\quad H_\varphi^i=\frac{E_x^i}{\eta_0}\cos\varphi \tag{6.4.8}$$

故代入 $E_x^i$ 的球面波函数展开式 (6.4.4) 后, 即有

$$H_r^i=-\mathrm{j}E_0\sin\varphi\frac{1}{\eta_0\,(k_0r)^2}\sum_{n=0}^{+\infty}\mathrm{j}^{-n}(2n+1)\hat{J}_n(k_0r)P_n^1(\cos\theta) \tag{6.4.9}$$

$$H_\theta^i=E_0\sin\varphi\cos\theta\frac{1}{\eta_0k_0r}\sum_{n=0}^{+\infty}\mathrm{j}^{-n}(2n+1)\hat{J}_n(k_0r)P_n(\cos\theta) \tag{6.4.10}$$

$$H_\varphi^i=E_0\cos\varphi\frac{1}{\eta_0k_0r}\sum_{n=0}^{+\infty}\mathrm{j}^{-n}(2n+1)\hat{J}_n(k_0r)P_n(\cos\theta) \tag{6.4.11}$$

### 6.4.2 矢量势 $A_r^i$ 和 $F_r^i$ 构造的入射平面电磁波表示式

(6.4.5)~(6.4.7) 和 (6.4.9)~(6.4.11) 式已给出了球面坐标系中入射平面波的电磁场各分量表示式. 这一平面波的电磁场亦可由 $A_r^i$ 和 $F_r^i$ 构造出. $A_r^i$ 满足 Helmholtz 方程 (6.3.16), 由 (6.1.12) 和 (6.1.15) 式可知, 其一般解可写成:

$$\frac{A_r^i}{r}=\sum_{n=0}^{\infty}\sum_{m=0}^{\infty}C_{mn}j_n(k_0r)P_n^m(\cos\theta)\cos m\varphi$$

或

$$A_r^i=\sum_{n=0}^{\infty}\sum_{m=0}^{\infty}c_{mn}\hat{J}_n(k_0r)P_n^m(\cos\theta)\cos m\varphi\quad(C_{mn}=kc_{mn}) \tag{6.4.12}$$

式中, $c_{mn}$ 为待定常数.

(6.3.27) 式表明 $E_r^i$ 仅与 $A_r^i$ 有关, 在其中代入 (6.4.12) 式后, 便有

$$E_r^i=\sum_{n=0}^{\infty}\sum_{m=0}^{\infty}c_{mn}\frac{k_0^2}{\mathrm{j}\omega\varepsilon_0\mu_0}\left[\hat{J}_n''(k_0r)+\hat{J}_n(k_0r)\right]P_n^m(\cos\theta)\cos m\varphi$$

因 $\hat{J}_n(z)$ 满足 Riccati-Bessel 方程: $\hat{J}_n''(z)+\hat{J}_n(z)-\dfrac{n(n+1)}{z^2}\hat{J}_n(z)=0$, 故

$$E_r^i=\sum_{n=1}^{\infty}\sum_{m=0}^{\infty}c_{mn}\frac{\omega}{\mathrm{j}}\frac{n(n+1)}{(k_0r)^2}\hat{J}_n(k_0r)P_n^m(\cos\theta)\cos m\varphi \tag{6.4.13}$$

$E_r^i$ 为由 $A_r^i$ 所构造的入射波的场, 故由 (6.4.5) 与 (6.4.13) 式, 应有

$$\begin{aligned}E_r^i &= -\mathrm{j}E_0\cos\varphi\frac{1}{(k_0r)^2}\sum_{n=0}^{+\infty}\mathrm{j}^{-n}(2n+1)\hat{J}_n(k_0r)P_n^1(\cos\theta)\\&=\sum_{n=1}^{\infty}\sum_{m=0}^{\infty}c_{mn}\frac{\omega}{\mathrm{j}}\frac{n(n+1)}{(k_0r)^2}\hat{J}_n(k_0r)P_n^m(\cos\theta)\cos m\varphi\end{aligned}$$

由此可得

$$m=1;\quad c_{mn}=\mathrm{j}^{-n}\frac{E_0}{\omega}\frac{2n+1}{n(n+1)} \tag{6.4.14}$$

于是, 由 (6.4.12) 式可知构造 $\mathrm{TM}_r$ 入射平面波电磁场的磁矢量势 $A_r^i$ 为

$$A_r^i=\frac{E_0\cos\varphi}{\omega}\sum_{n=1}^{+\infty}\mathrm{j}^{-n}\frac{2n+1}{n(n+1)}\hat{J}_n(k_0r)P_n^1(\cos\theta)$$

或写成

$$A_r^i=\frac{E_0\cos\varphi}{\omega}\sum_{n=1}^{+\infty}a_n\hat{J}_n(k_0r)P_n^1(\cos\theta) \tag{6.4.15}$$

式中,

$$a_n=\mathrm{j}^{-n}\frac{2n+1}{n(n+1)} \tag{6.4.16}$$

类似地, $F_r^i$ 满足 Helmholtz 方程 (6.3.24), 其一般解可写成

$$F_r^i=\sum_{n=1}^{\infty}\sum_{m=0}^{\infty}d_{mn}j_n(k_0r)P_n^m(\cos\theta)\sin m\varphi \tag{6.4.17}$$

采用同样方法, 利用将 $F_r^i$ 代入 (6.3.26) 式所求得 $H_r^i$ 和 (6.4.9) 式比较, 可确定出上式中的系数 $d_{mn}$, 从而可得构造 $\mathrm{TE}_r$ 入射平面波电磁场的电矢量势 $F_r^i$ 为

$$F_r^i=\frac{E_0\sin\varphi}{\omega\eta_0}\sum_{n=1}^{\infty}a_n\hat{J}_n(k_0r)P_n^1(\cos\theta) \tag{6.4.18}$$

将 (6.4.15)、(6.4.18) 代入 (6.3.27) 后即可得由 $A_r^i$ 和 $F_r^i$ 构造的入射平面波电磁场表示式:

$$\begin{aligned}E_r^i &= \frac{E_0\cos\varphi}{\mathrm{j}\omega\varepsilon_0\mu_0}\frac{k_0^2}{\omega}\sum_{n=1}^{\infty}a_n\left[\hat{J}_n''(k_0r)+\hat{J}_n(k_0r)\right]P_n^1(\cos\theta)\\&=-\mathrm{j}\frac{E_0\cos\varphi}{(k_0r)^2}\sum_{n=1}^{\infty}a_nn(n+1)\hat{J}_n(k_0r)P_n^1(\cos\theta)\end{aligned} \tag{6.4.19}$$

$$
\begin{aligned}
E_\theta^i =& \mathrm{j}\frac{E_0\cos\varphi}{\omega\varepsilon_0\mu_0 r}\frac{k_0}{\omega}\sum_{n=1}^{\infty}a_n\hat{J}_n'(k_0r)\sin\theta P_n^{1'}(\cos\theta)\\
&-\frac{E_0\cos\varphi}{\omega\varepsilon_0\eta_0 r}\sum_{n=1}^{\infty}a_n\hat{J}_n(k_0r)\frac{P_n^1(\cos\theta)}{\sin\theta}\\
=&\frac{E_0\cos\varphi}{k_0r}\sum_{n=1}^{\infty}a_n\left[\mathrm{j}\hat{J}_n'(k_0r)\sin\theta P_n^{1'}(\cos\theta)-\hat{J}_n(k_0r)\frac{P_n^1(\cos\theta)}{\sin\theta}\right]
\end{aligned}\tag{6.4.20}
$$

$$
\begin{aligned}
E_\varphi^i =& \mathrm{j}\frac{E_0\sin\varphi}{\omega\varepsilon_0\mu_0 r}\frac{k_0}{\omega}\sum_{n=1}^{\infty}a_n\hat{J}_n'(k_0r)\frac{P_n^1(\cos\theta)}{\sin\theta}\\
&-\frac{E_0\sin\varphi}{\omega\varepsilon_0\eta_0 r}\sum_{n=1}^{\infty}a_n\hat{J}_n(k_0r)\sin\theta P_n^{1'}(\cos\theta)\\
=&\frac{E_0\sin\varphi}{k_0r}\sum_{n=1}^{\infty}a_n\left[\mathrm{j}\hat{J}_n'(k_0r)\frac{P_n^1(\cos\theta)}{\sin\theta}-\hat{J}_n(k_0r)\sin\theta P_n^{1'}(\cos\theta)\right]
\end{aligned}\tag{6.4.21}
$$

$$
\begin{aligned}
H_r^i =& \frac{1}{\mathrm{j}\omega\varepsilon_0\mu_0}\frac{E_0\sin\varphi}{\omega\eta_0}k_0^2\sum_{n=0}^{+\infty}a_n\left[\hat{J}_n''(k_0r)+\hat{J}_n(k_0r)\right]P_n^1(\cos\theta)\\
=&-\mathrm{j}\frac{E_0\sin\varphi}{(k_0r)^2\eta_0}\sum_{n=1}^{\infty}a_n n(n+1)\hat{J}_n(k_0r)P_n^1(\cos\theta)
\end{aligned}\tag{6.4.22}
$$

$$
\begin{aligned}
H_\theta^i =& -\frac{E_0\sin\varphi}{\omega\mu_0 r}\sum_{n=1}^{\infty}a_n\hat{J}_n(k_0r)\frac{P_n^1(\cos\theta)}{\sin\theta}\\
&+\mathrm{j}\frac{E_0\sin\varphi}{\omega\varepsilon_0\mu_0 r}\frac{k_0}{\omega\eta_0}\sum_{n=1}^{\infty}a_n\hat{J}_n'(k_0r)\sin\theta P_n^{1'}(\cos\theta)\\
=&-\frac{E_0\sin\varphi}{\omega\mu_0 r}\sum_{n=1}^{\infty}a_n\left[\hat{J}_n(k_0r)\frac{P_n^1(\cos\theta)}{\sin\theta}-\mathrm{j}\hat{J}_n'(k_0r)\sin\theta P_n^{1'}(\cos\theta)\right]
\end{aligned}\tag{6.4.23}
$$

$$
\begin{aligned}
H_\varphi^i =& \frac{E_0\cos\varphi}{\omega\mu_0 r}\sum_{n=1}^{\infty}a_n\hat{J}_n(k_0r)\sin\theta P_n^{1'}(\cos\theta)\\
&-\mathrm{j}\frac{E_0\cos\varphi}{\omega\varepsilon_0\mu_0 r}\frac{k_0}{\omega\eta_0}\sum_{n=1}^{\infty}a_n\hat{J}_n'(k_0r)\frac{P_n^1(\cos\theta)}{\sin\theta}\\
=&\frac{E_0\cos\varphi}{\omega\mu_0 r}\sum_{n=1}^{\infty}a_n\left[\hat{J}_n(k_0r)\sin\theta P_n^{1'}(\cos\theta)-\mathrm{j}\hat{J}_n'(k_0r)\frac{P_n^1(\cos\theta)}{\sin\theta}\right]
\end{aligned}\tag{6.4.24}
$$

注意到 (6.4.5)~(6.4.7) 和 (6.4.9)~(6.4.11) 与 (6.4.19)~(6.4.24) 式给出的是平面电磁波球坐标分量的两种不同表示式. 除了分量 $E_r^i$ 和 $H_r^i$ 是在确定其中系数 $C_{mn}$ 和 $d_{mn}$ 时是由两种表示式相等得出的, 因而对于分量 $E_r^i$ 和 $H_r^i$, 只要代入系数 $a_n=\mathrm{j}^{-n}\dfrac{n(n+1)}{2n+1}$, 容易证明它们的两种表示式是相等外; 其它分量 $E_\theta^i, E_\varphi^i, H_\theta^i$ 和 $H_\varphi^i$ 的两种表示式从外表看来它们并不相同, 且难以用解析法予以证明, 但若采用数值方法则可证明它们确实是等价的.

# 6.5 平面电磁波的理想导体球散射

平面电磁波的球散射是电磁散射的经典问题之一. 由于球的对称性, 可求得其严格的解析解. 因而, 将计算某一复杂靶标雷达散射截面 (RCS) 数值方法用于球体散射, 则其结果与球体散射严格解对比, 就可被用来作为检验所用数值方法的数值计算精度及其方法与编程的正确性. 因此, 熟知导球体的散射特性是有益和重要的.

设在 $\varepsilon_0, \mu_0$ 媒质中有一沿 $+x$ 方向极化、向 $+z$ 方向传播的振幅为 $E_0$ 的均匀平面电磁波入射到一位于其中半径 $r=a$ 的理想导体球上, 如图 6.5.1 所示.

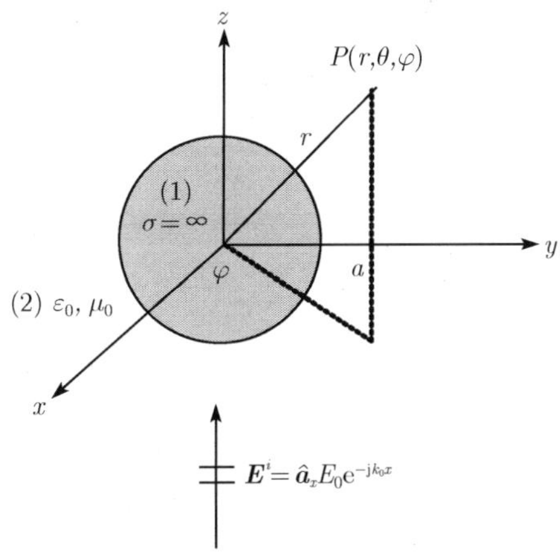


图 6.5.1 平面电磁波的导体球散射

入射平面波的电场 $\boldsymbol{E}^i$ 可表为

$$\boldsymbol{E}^i = \hat{\boldsymbol{a}}_z E_0 \mathrm{e}^{-\mathrm{j}k_0 z} \tag{6.5.1}$$

### 6.5.1 矢量势 $A_r$ 与 $F_r$ 构造的散射电磁波表示式

在区域 (2) 球外空间的总电磁场 $\boldsymbol{E}^{(2)}$ 和 $\boldsymbol{H}^{(2)}$ 是入射波场与散射波场之和, 可应用矢量势 $A_r^{(2)}$ 与 $F_r^{(2)}$ 法求解, 因而有

$$A_r^{(2)} = A_r^i + A_r^s \quad 和 \quad F_r^{(2)} = F_r^i + F_r^s \tag{6.5.2}$$

式中, $A_r^i$ 和 $F_r^i$ 已求得, 分别由 (6.4.15) 和 (6.4.18) 式给出; $A_r^s$ 和 $F_r^s$ 分别是散射波的磁矢量势和电矢量势的 $r$ 径向分量, 它们满足如下标量 Helmholtz 方程:

$$\left(\nabla^2 + k_0^2\right) \frac{A_r^s}{r} = 0 \quad 和 \quad \left(\nabla^2 + k_0^2\right) \frac{F_r^s}{r} = 0 \tag{6.5.3}$$

一旦解得 $A_r^s$ 和 $F_r^s$, 将它们代入 (6.3.29) 和 (6.3.30) 式即可求得散射场, 而与入射场的叠加得出总场 $\boldsymbol{E}^{(2)}$ 和 $\boldsymbol{H}^{(2)}$; 或由 (6.5.2) 式可先求出 $A_r^{(2)}$ 和 $F_r^{(2)}$ 再应用 (6.3.27) 式得出区域 (2) 中的总电磁场.

由于总电磁场要满足 $r=a$ 球面上的边界条件, 因而 $A_r^s$ 和 $F_r^s$ 与 $A_r^i$ 和 $F_r^i$ 的表示式应分别具有相类似的形式. 有关 $\theta,\varphi$ 的因子必须相同, 涉及 $r$ 的因子由于求解域包含 $r=\infty$, 因而 $\hat{J}_n(k_0r)$ 将由在 $r\to\infty$ 具有向 $+r$ 方向传播的球面波的第二类 Riccati-Hankel 函数 $\hat{H}_n^{(2)}(k_0r)$ 代替. 因此, 我们勿需再求解方程 (6.5.3), 而直接可取 $A_r^s$ 和 $F_r^s$ 为如下形式:

$$A_r^s=\frac{E_0\cos\varphi}{\omega}\sum_{n=1}^{\infty}b_n\hat{H}_n^{(2)}(k_0r)P_n^1(\cos\theta) \tag{6.5.4}$$

$$F_r^s=\frac{E_0\sin\varphi}{\omega\eta_0}\sum_{n=1}^{\infty}c_n\hat{H}_n^{(2)}(k_0r)P_n^1(\cos\theta) \tag{6.5.5}$$

式中, $b_n$ 和 $c_n$ 为待定的展开系数, 可由场应满足的边界条件予确定.

将 (6.4.15)、(6.5.4) 与 (6.4.18)、(6.5.5) 式代入 (6.5.2) 式, 得

$$A_r^{(2)}=\frac{E_0\cos\varphi}{\omega}\sum_{n=1}^{\infty}\left[a_n\hat{J}_n(k_0r)+b_n\hat{H}_n^{(2)}(k_0r)\right]P_n^1(\cos\theta) \tag{6.5.6}$$

$$F_r^{(2)}=\frac{E_0\sin\varphi}{\omega\eta_0}\sum_{n=1}^{\infty}\left[a_n\hat{J}_n(k_0r)+c_n\hat{H}_n^{(2)}(k_0r)\right]P_n^1(\cos\theta) \tag{6.5.7}$$

其中,

$$a_n=\mathrm{j}^{-n}\frac{2n+1}{n(n+1)} \tag{6.5.8}$$

将 (6.5.4)、(6.5.5) 代入 (6.3.27) 式, 可得散射波的电场和磁场为

$$E_r^s=-\mathrm{j}\frac{E_0\cos\varphi}{(k_0r)^2}\sum_{n=1}^{\infty}b_nn(n+1)\hat{H}_n^{(2)}(k_0r)P_n^1(\cos\theta) \tag{6.5.9}$$

$$E_\theta^s=\frac{E_0\cos\varphi}{k_0r}\sum_{n=1}^{\infty}\left[\mathrm{j}b_n\hat{H}_n^{(2)'}(k_0r)\sin\theta P_n^{1'}(\cos\theta)-c_n\hat{H}_n^{(2)}(k_0r)\frac{P_n^1(\cos\theta)}{\sin\theta}\right] \tag{6.5.10}$$

$$E_\varphi^s=\frac{E_0\sin\varphi}{k_0r}\sum_{n=1}^{\infty}\left[\mathrm{j}b_n\hat{H}_n^{(2)'}(k_0r)\frac{P_n^1(\cos\theta)}{\sin\theta}-c_n\hat{H}_n^{(2)}(k_0r)\sin\theta P_n^{1'}(\cos\theta)\right] \tag{6.5.11}$$

$$H_r^s=-\mathrm{j}\frac{E_0\sin\varphi}{(k_0r)^2\eta_0}\sum_{n=1}^{\infty}c_nn(n+1)\hat{H}_n^{(2)}(k_0r)P_n^1(\cos\theta) \tag{6.5.12}$$

$$H_\theta^s=-\frac{E_0\sin\varphi}{\omega\mu_0r}\sum_{n=1}^{\infty}\left[b_n\hat{H}_n^{(2)}(k_0r)\frac{P_n^1(\cos\theta)}{\sin\theta}-\mathrm{j}c_n\hat{H}_n^{(2)'}(k_0r)\sin\theta P_n^{1'}(\cos\theta)\right] \tag{6.5.13}$$

$$H_\varphi^s=\frac{E_0\cos\varphi}{\omega\mu_0 r}\sum_{n=1}^{\infty}\left[b_n\hat{H}_n^{(2)}(k_0r)\sin\theta P_n^{1'}(\cos\theta)-\mathrm{j}c_n\hat{H}_n^{(2)'}(k_0r)\frac{P_n^1(\cos\theta)}{\sin\theta}\right] \tag{6.5.14}$$

将 (6.4.19)~(6.4.24) 与 (6.5.9)~(6.5.14) 式对应的分量叠加, 可得总场 $\boldsymbol{E}^{(2)}$ 和 $\boldsymbol{H}^{(2)}$ 为

$$E_r^{(2)}=-\mathrm{j}\frac{E_0\cos\varphi}{(k_0r)^2}\sum_{n=1}^{\infty}n(n+1)\left[a_n\hat{J}_n(k_0r)+b_n\hat{H}_n^{(2)}(k_0r)\right]P_n^1(\cos\theta) \tag{6.5.15}$$

$$\begin{aligned}E_\theta^{(2)}=&\frac{E_0\cos\varphi}{k_0r}\sum_{n=1}^{\infty}\left\{\mathrm{j}\left[a_n\hat{J}_n'(k_0r)+b_n\hat{H}_n^{(2)'}(k_0r)\right]\sin\theta P_n^{1'}(\cos\theta)\right.\\&\left.-\left[a_n\hat{J}_n(k_0r)+c_n\hat{H}_n^{(2)}(k_0r)\right]\frac{P_n^1(\cos\theta)}{\sin\theta}\right\}\end{aligned} \tag{6.5.16}$$

$$\begin{aligned}E_\varphi^{(2)}=&\frac{E_0\sin\varphi}{k_0r}\sum_{n=1}^{\infty}\left\{\mathrm{j}\left[a_n\hat{J}_n'(k_0r)+b_n\hat{H}_n^{(2)'}(k_0r)\right]\frac{P_n^1(\cos\theta)}{\sin\theta}\right.\\&\left.-\left[a_n\hat{J}_n(k_0r)+c_n\hat{H}_n^{(2)}(k_0r)\right]\sin\theta P_n^{1'}(\cos\theta)\right\}\end{aligned} \tag{6.5.17}$$

$$H_r^{(2)}=-\mathrm{j}\frac{E_0\sin\varphi}{(k_0r)^2\eta_0}\sum_{n=1}^{\infty}n(n+1)\left[a_n\hat{J}_n(k_0r)+c_n\hat{H}_n^{(2)}(k_0r)\right]P_n^1(\cos\theta) \tag{6.5.18}$$

$$\begin{aligned}H_\theta^{(2)}=&-\frac{E_0\sin\varphi}{\omega\mu_0 r}\sum_{n=1}^{\infty}\left\{\left[a_n\hat{J}_n(k_0r)+b_n\hat{H}_n^{(2)}(k_0r)\right]\frac{P_n^1(\cos\theta)}{\sin\theta}\right.\\&\left.-\mathrm{j}\left[a_n\hat{J}_n'(k_0r)+c_n\hat{H}_n^{(2)'}(k_0r)\right]\sin\theta P_n^{1'}(\cos\theta)\right\}\end{aligned} \tag{6.5.19}$$

$$\begin{aligned}H_\varphi^{(2)}=&\frac{E_0\cos\varphi}{\omega\mu_0 r}\sum_{n=1}^{\infty}\left\{\left[a_n\hat{J}_n(k_0r)+b_n\hat{H}_n^{(2)}(k_0r)\right]\sin\theta P_n^{1'}(\cos\theta)\right.\\&\left.-\mathrm{j}\left[a_n\hat{J}_n'(k_0r)+c_n\hat{H}_n^{(2)'}(k_0r)\right]\frac{P_n^1(\cos\theta)}{\sin\theta}\right\}\end{aligned} \tag{6.5.20}$$

以上式中, 撇号 “′” 表示对函数的宗量求导.

### 6.5.2 散射电磁场中系数 $b_n$ 和 $c_n$ 的确定

区域 (1) $0\leqslant r\leqslant a$ (理想导体球内, $\sigma=\infty$)

$$\boldsymbol{E}^{(1)}=0;\qquad \boldsymbol{H}^{(1)}=0$$

区域 (2) $a\leqslant r\leqslant\infty$ (导体球外自由空间, $\varepsilon_0,\mu_0,k_0=\omega\sqrt{\varepsilon_0\mu_0}$)

在球外区域, 场由入射波与散射波场的叠加, 总场 $\boldsymbol{E}^{(2)}$ 和 $\boldsymbol{H}^{(2)}$ 由 (6.5.15)~(6.5.20) 式给出. 按场边界条件: $E_\theta^{(2)}\big|_{r=a}=0$ 或 $E_\varphi^{(2)}\big|_{r=a}=0$ 或 $H_r^{(2)}\big|_{r=a}=0$, 由 (6.5.16) 和 (6.5.17) 式, 有

$$E_\theta^{(2)}\big|_{r=a}=\frac{E_0\cos\varphi}{k_0 r}\sum_{n=1}^{\infty}\left\{\mathrm{j}\left[a_n\hat{J}_n'(k_0r)+b_n\hat{H}_n^{(2)'}(k_0r)\right]\sin\theta P_n^{1'}(\cos\theta)\right.$$
$$\left.-\left[a_n\hat{J}_n(k_0r)+c_n\hat{H}_n^{(2)}(k_0r)\right]\frac{P_n^1(\cos\theta)}{\sin\theta}\right\}_{r=a}=0$$

$$E_\varphi^{(2)}\big|_{r=a}=\frac{E_0\sin\varphi}{k_0 r}\sum_{n=1}^{\infty}\left\{\mathrm{j}\left[a_n\hat{J}_n'(k_0r)+b_n\hat{H}_n^{(2)'}(k_0r)\right]\frac{P_n^1(\cos\theta)}{\sin\theta}\right.$$
$$\left.-\left[a_n\hat{J}_n(k_0r)+c_n\hat{H}_n^{(2)}(k_0r)\right]\sin\theta P_n^{1'}(\cos\theta)\right\}_{r=a}=0$$

即有 $a_n\hat{J}_n'(k_0a)+b_n\hat{H}_n^{(2)'}(k_0a)=0$ 和 $a_n\hat{J}_n(k_0a)+c_n\hat{H}_n^{(2)}(k_0a)=0$, 于是得

$$b_n=-\frac{\hat{J}_n'(k_0a)}{\hat{H}_n^{(2)'}(k_0a)}a_n \quad 和 \quad c_n=-\frac{\hat{J}_n(k_0a)}{\hat{H}_n^{(2)}(k_0a)}a_n \tag{6.5.21}$$

其中, $a_n=\mathrm{j}^{-n}\dfrac{2n+1}{n(n+1)}$.

求得系数 $b_n$ 和 $c_n$ 后, 理想导体球的散射电磁场便可由 (6.5.9)~(6.5.14) 式求出; 而总电磁场由 (6.5.15)~(6.5.20) 式求出.

### 6.5.3 导体球面上的感应电流 $\boldsymbol{J}_S$

根据磁场边界条件: 在 $r=a$ 球面上的感应电流为

$$\boldsymbol{J}_S=\hat{\boldsymbol{n}}\times\boldsymbol{H}^{(2)}\big|_{r=a}=\hat{\boldsymbol{a}}_r\times\left(H_r^{(2)}\hat{\boldsymbol{a}}_r+H_\theta^{(2)}\hat{\boldsymbol{a}}_\theta+H_\varphi^{(2)}\hat{\boldsymbol{a}}_\varphi\right)\big|_{r=a}$$
$$=-H_\varphi^{(2)}\big|_{r=a}\hat{\boldsymbol{a}}_\theta+H_\theta^{(2)}\big|_{r=a}\hat{\boldsymbol{a}}_\varphi \tag{6.5.22}$$

将 (6.5.20) 和 (6.5.19) 与 (6.5.21) 代入上式后, 得 $\boldsymbol{J}_S$ 的 $\theta$ 和 $\varphi$ 分量为

$$J_\theta=-\frac{E_0\cos\varphi}{\omega\mu_0 a}\sum_{n=1}^{\infty}a_n\left\{\left[\hat{J}_n(k_0a)-\frac{\hat{J}_n'(k_0a)}{\hat{H}_n^{(2)'}(k_0a)}\hat{H}_n^{(2)}(k_0a)\right]\sin\theta P_n^{1'}(\cos\theta)\right.$$
$$\left.-\mathrm{j}\left[\hat{J}_n'(k_0a)-\frac{\hat{J}_n(k_0a)}{\hat{H}_n^{(2)}(k_0a)}\hat{H}_n^{(2)'}(k_0a)\right]\frac{P_n^1(\cos\theta)}{\sin\theta}\right\} \tag{6.5.23}$$

$$J_\varphi=-\frac{E_0\sin\varphi}{\omega\mu_0 a}\sum_{n=1}^{\infty}a_n\left\{\left[\hat{J}_n(k_0a)-\frac{\hat{J}_n'(k_0a)}{\hat{H}_n^{(2)'}(k_0a)}\hat{H}_n^{(2)}(k_0a)\right]\frac{P_n^1(\cos\theta)}{\sin\theta}\right.$$
$$\left.-\mathrm{j}\left[\hat{J}_n'(k_0a)-\frac{\hat{J}_n(k_0a)}{\hat{H}_n^{(2)}(k_0a)}\hat{H}_n^{(2)'}(k_0a)\right]\sin\theta P_n^{1'}(\cos\theta)\right\} \tag{6.5.24}$$

已知球 Bessel 函数的 Wronskian 行列式为

$$W[j_n(z),y_n(z)]=j_n(z)y_n'(z)-j_n'(z)y_n(z)=\frac{1}{z^2}$$

故 Riccati-Bessel 函数的 Wronskian 行列式:

$$W[\hat{J}_n(z),\hat{H}_n^{(2)}(z)]=\hat{J}_n(z)\hat{H}_n^{(2)'}(z)-\hat{J}_n'(z)\hat{H}_n^{(2)}(z)$$

$$=zj_n(z)\left[zh_n^{(2)}(z)\right]'-[zj_n(z)]'zh_n^{(2)}(z)=z^2\left[j_n(z)h_n^{(2)'}(z)-j_{n'}(z)h_n^{(2)}(z)\right]$$

$$=z^2W[j_n(z),h_n^{(2)}(z)]=z^2W[j_n(z),j_n(z)-jy_n(z)]$$

$$=-\mathrm{j}z^2W[j_n(z),y_n(z)]=-\mathrm{j}$$

于是, 对于 (6.5.23) 和 (6.5.24) 式中的两个方括号部分, 我们分别有

$$\hat{J}_n(k_0a)-\frac{\hat{J}_n'(k_0a)}{\hat{H}_n^{(2)'}(k_0a)}\hat{H}_n^{(2)}(k_0a)=\frac{\hat{J}_n(k_0a)\hat{H}_n^{(2)'}(k_0a)-\hat{J}_n'(k_0a)\hat{H}_n^{(2)}(k_0a)}{\hat{H}_n^{(2)'}(k_0a)}$$

$$=-\frac{\mathrm{j}}{\hat{H}_n^{(2)'}(k_0a)}$$

$$\hat{J}_n'(k_0a)-\frac{\hat{J}_n(k_0a)}{\hat{H}_n^{(2)}(k_0a)}\hat{H}_n^{(2)'}(k_0a)=\frac{j}{\hat{H}_n^{(2)}(k_0a)}$$

将此结果代入 (6.5.23) 和 (6.5.24) 式后, $J_\theta$ 和 $J_\varphi$ 可简化为

$$J_\theta=\mathrm{j}\frac{E_0\cos\varphi}{\eta_0k_0a}\sum_{n=1}^{\infty}a_n\left[\frac{1}{\hat{H}_n^{(2)'}(k_0a)}\sin\theta P_n^{1'}(\cos\theta)+\mathrm{j}\frac{1}{\hat{H}_n^{(2)}(k_0a)}\frac{P_n^1(\cos\theta)}{\sin\theta}\right]\tag{6.5.25}$$

$$J_\varphi=\mathrm{j}\frac{E_0\sin\varphi}{\eta_0k_0a}\sum_{n=1}^{\infty}a_n\left[\frac{1}{\hat{H}_n^{(2)'}(k_0a)}\frac{P_n^1(\cos\theta)}{\sin\theta}+\mathrm{j}\frac{1}{\hat{H}_n^{(2)}(k_0a)}\sin\theta P_n^{1'}(\cos\theta)\right]\tag{6.5.26}$$

式中, 系数 $a_n=\mathrm{j}^{-n}\dfrac{2n+1}{n(n+1)}$; $k_0-\omega\sqrt{\varepsilon_0\mu_0}$; $\eta_0=\sqrt{\dfrac{\mu_0}{\varepsilon_0}}$.

### 6.5.4　导体球的雷达散射截面(RCS)

已知当 $z\to\infty$ 时, 球 Bessel 函数有大宗量渐近式:

$$j_n(z)\underset{z\to\infty}{\approx}\frac{1}{z}\cos\left(z-\frac{n+1}{2}\pi\right)\quad 和\quad y_n(z)\underset{z\to\infty}{\approx}\frac{1}{z}\sin\left(z-\frac{n+1}{2}\pi\right)$$

而有

$$\hat{H}_n^{(2)}(k_0r)\underset{k_0r\to\infty}{\approx}k_0rh_n^{(2)}(k_0r)=\mathrm{e}^{-\mathrm{j}\left(k_0r-\frac{n+1}{2}\pi\right)}$$

$$=\mathrm{j}^{n+1}\mathrm{e}^{-\mathrm{j}k_0r};\ \hat{H}_n^{(2)'}(k_0r)\underset{k_0r\to\infty}{\approx}\mathrm{j}^n\mathrm{e}^{-\mathrm{j}k_0r}$$

故由 (6.5.9)~(6.5.11) 式, 仅保留 $\dfrac{1}{k_0r}$ 的一次项, 可得 $k_0r\to\infty$ 远区散射电场为

$$E_r^s\approx0\tag{6.5.27}$$

$$E_\theta^s \approx \mathrm{j}E_0\cos\varphi\frac{\mathrm{e}^{-\mathrm{j}k_0 r}}{k_0 r}\sum_{n=1}^{\infty}\mathrm{j}^n\left[b_n\sin\theta P_n^{1'}(\cos\theta)-c_n\frac{P_n^1(\cos\theta)}{\sin\theta}\right] \tag{6.5.28}$$

$$E_\varphi^s = \mathrm{j}E_0\sin\varphi\frac{\mathrm{e}^{-\mathrm{j}k_0 r}}{k_0 r}\sum_{n=1}^{\infty}\mathrm{j}^n\left[b_n\frac{P_n^1(\cos\theta)}{\sin\theta}-c_n\sin\theta P_n^{1'}(\cos\theta)\right] \tag{6.5.29}$$

按双站雷达散射截面 (RCS) 的定义:

$$\sigma(\text{Bistatic}) = \lim_{r\to\infty}\left[4\pi r^2\frac{\left|\boldsymbol{E}^s\right|^2}{\left|\boldsymbol{E}^i\right|^2}\right] \tag{6.5.30}$$

将 (6.5.28), (6.5.29) 和 (6.5.1) 代入上式后, 我们可得

$$\sigma(\text{Bistatic}) = \frac{\lambda_0^2}{\pi}\left[\left|A_c\right|^2\cos^2\varphi+\left|A_s\right|^2\sin^2\varphi\right] \tag{6.5.31}$$

其中,

$$\left|A_c\right|^2 = \left|\sum_{n=0}^{\infty}\mathrm{j}^n\left[b_n\sin\theta P_n^{1'}(\cos\theta)-c_n\frac{P_n^1(\cos\theta)}{\sin\theta}\right]\right|^2 \tag{6.5.32}$$

$$\left|A_s\right|^2 = \left|\sum_{n=0}^{\infty}\mathrm{j}^n\left[b_n\frac{P_n^1(\cos\theta)}{\sin\theta}-c_n\sin\theta P_n^{1'}(\cos\theta)\right]\right|^2 \tag{6.5.33}$$

这里, 系数 $b_n$ 和 $c_n$ 由 (6.5.21) 式给出; $\lambda_0$ 为 $\varepsilon_0,\mu_0$ 媒质自由空间波长, 单位为 cm 或 m(厘米或米); $\sigma$ 单位为 $\mathrm{cm}^2$ 或 $\mathrm{m}^2$(平方厘米或平方米).

电场 $\boldsymbol{E}$ 所在的 $\varphi=0^\circ$ 的平面称为 $\boldsymbol{E}$ 平面; $\varphi=90^\circ$ 的平面则称为 $\boldsymbol{H}$ 平面; 故相应地, $\varphi=0^\circ$ 时的 $\sigma$-$\theta$ 关系曲线称为 $\boldsymbol{E}$ 平面的 Bistatic RCS; 而 $\varphi=90^\circ$ 时的 $\sigma$-$\theta$ 关系曲线称为 $\boldsymbol{H}$ 平面的 Bistatic RCS. 按 (6.5.31) 式, 当理想导体球的半径 $a=0.5\lambda_0$ 时, 给出的 $\boldsymbol{E}$ 平面和 $\boldsymbol{H}$ 平面内用球截面积归一化的双站 RCS 的 $10\lg\left(\sigma/\pi a^2\right)$-$\theta$ 的曲线如图 6.5.2 所示.

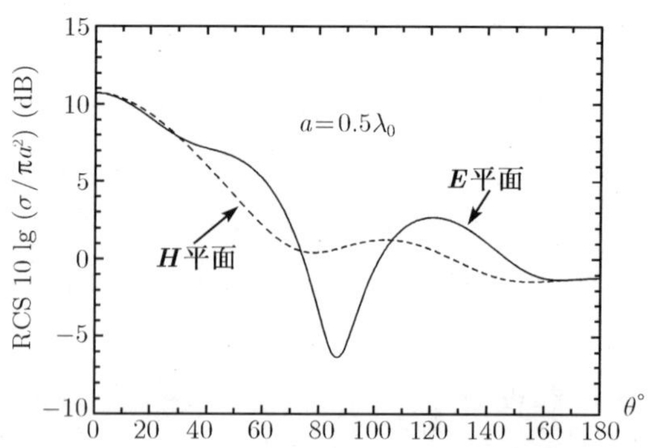


图 6.5.2　理想导体球的双站 RCS 特性

单站雷达散射截面 $\sigma$(Monostatic) 是双站雷达散射截面当 $\theta=\pi$ 时的特殊情形, 故又称为反向或背向雷达散射截面. 当 $\theta=\pi$ 时, 不难证明, 有

$$\left[\frac{P_n^1(\cos\theta)}{\sin\theta}\right]_{\theta=\pi}=\left[\sin\theta P_n^{1'}(\cos\theta)\right]_{\theta=\pi}=(-1)^n\frac{1}{2}n(n+1)$$

此时

$$|A|^2=|A_c|^2=|A_s|^2=\left|\sum_{n=1}^{\infty}\mathrm{j}^n(-1)^n\frac{1}{2}n(n+1)\left(b_n-c_n\right)\right|^2$$

故由 (6.5.31) 式, 当 $\theta=\pi$ 时, 在 $\boldsymbol{E}$ 平面或 $\boldsymbol{H}$ 平面内, 我们便有

$$\sigma(\text{Monostatic})=\frac{\lambda_0^2}{\pi}|A_c|^2=\frac{\lambda_0^2}{\pi}\left|\sum_{n=1}^{\infty}j^n(-1)^n\frac{1}{2}n(n+1)\left(b_n-c_n\right)\right|^2 \tag{6.5.34}$$

代入 (6.5.21) 式系数 $b_n$ 和 $c_n$, 和 $a_n=\mathrm{j}^{-n}\dfrac{2n+1}{n(n+1)}$ 后, 就得到

$$\sigma(\text{Monostatic})=\frac{\lambda_0^2}{4\pi}\left|\sum_{n=1}^{\infty}(-1)^n(2n+1)\left(\frac{\hat{J}_n'(k_0a)}{\hat{H}_n^{(2)'}(k_0a)}-\frac{\hat{J}_n(k_0a)}{\hat{H}_n^{(2)}(k_0a)}\right)\right|^2$$

此即有

$$\sigma(\text{Monostatic})=\frac{\lambda_0^2}{4\pi}\left|\sum_{n=1}^{\infty}(-1)^n\frac{2n+1}{\hat{H}_n^{(2)'}(k_0a)\hat{H}_n^{(2)}(k_0a)}\right|^2 \tag{6.5.35}$$

雷达散射截面 (RCS) 的分贝数定义为

$$\text{RCS(dBsm)}=10\lg\left[\text{RCS}(\text{m}^2)\right] \tag{6.5.36}$$

按 (6.5.35) 式给出的单站 RCS 的 $10\lg\left(\sigma/\pi a^2\right)$-$a/\lambda_0$ 的曲线如图 6.5.3 所示.

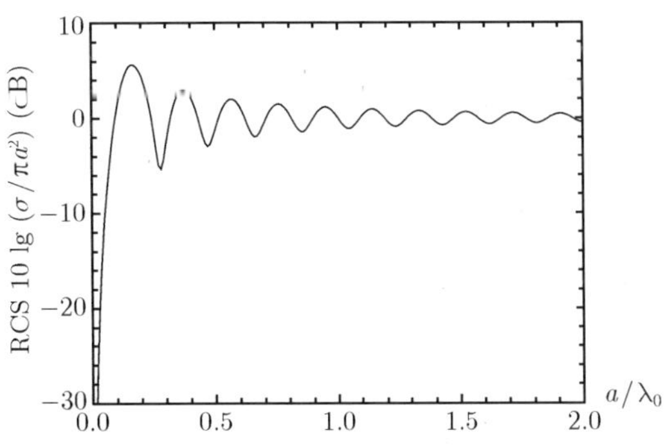


图 6.5.3 理想导体球的单站 RCS 特性

从此图可见, 整个曲线可分成三个区域:

(1) $a < 0.1\lambda_0$ 区, $10\lg\left(\sigma/\pi a^2\right)$ 随 $a/\lambda_0$ 增大增加很快, 称为 Rayleigh(瑞利) 区;

(2) $0.1\lambda_0 \leqslant a \leqslant 2\lambda_0$ 区, $10\lg\left(\sigma/\pi a^2\right)$ 随 $a/\lambda_0$ 增大作振荡变化, 称为谐振区, 相应计算雷达散射截面 $\sigma$ 的级数式称为 Mie(米) 级数;

(3) $a > 2\lambda_0$ 区, $\sigma$ 随 $a/\lambda_0$ 增大而趋于球的几何横截面值 $\pi a^2$, 称光学区.

### 6.5.5 $k_0a \ll 1$ 小球近似

对于 $k_0a \ll 1(a \ll \lambda)$ 情形, (6.5.35) 式求和只取首项即可有足够精度, 可近似地表为:

$$\sigma(\text{Monostatic}) = \frac{\lambda_0^2}{4\pi}\left|\frac{3}{\hat{H}_1^{(2)'}(k_0a)\hat{H}_1^{(2)}(k_0a)}\right|^2 \tag{6.5.37}$$

因

$$\begin{aligned}\hat{H}_1^{(2)}(z) &= z\left[j_1(z) - \mathrm{j}y_1(z)\right]\\ &= z\left[\frac{\sin z}{z^2} - \frac{\cos z}{z} - \mathrm{j}\left(-\frac{\cos z}{z^2} - \frac{\sin z}{z}\right)\right]\\ &= \mathrm{j}\left(\frac{1}{z} + \mathrm{j}\right)\mathrm{e}^{-\mathrm{j}z}\end{aligned}$$

故当 $z = k_0a \to 0$ 时, 有 $\lim\limits_{k_0a\to 0}\hat{H}_1^{(2)}(k_0a) \approx \mathrm{j}\dfrac{1}{k_0a}$ 和 $\lim\limits_{k_0a\to 0}\hat{H}_1^{(2)'}(k_0a) \approx -\mathrm{j}\dfrac{1}{(k_0a)^2}$, 而有

$$\lim_{k_0a\to 0}\hat{H}_1^{(2)}(k_0a)\hat{H}_1^{(2)'}(k_0a) \approx (k_0a)^{-3}$$

将此结果代入 (6.5.37) 式, 就得到小球的单站散射截面:

$$\sigma(\text{Monostatic}) \underset{a\ll\lambda_0}{\approx} = \frac{9\lambda_0^2}{4\pi}(k_0a)^6 \tag{6.5.38}$$

## 6.6 平面电磁波的介质球散射

设在 $\varepsilon_0, \mu_0$ 媒质中有一沿 $+x$ 方向极化、向 $+z$ 方向传播的振幅为 $E_0$ 的均匀平面电磁波入射到一个位于其中半径 $r = a$ 的 $\varepsilon, \mu$ 介质球上, 如图 6.6.1 所示.

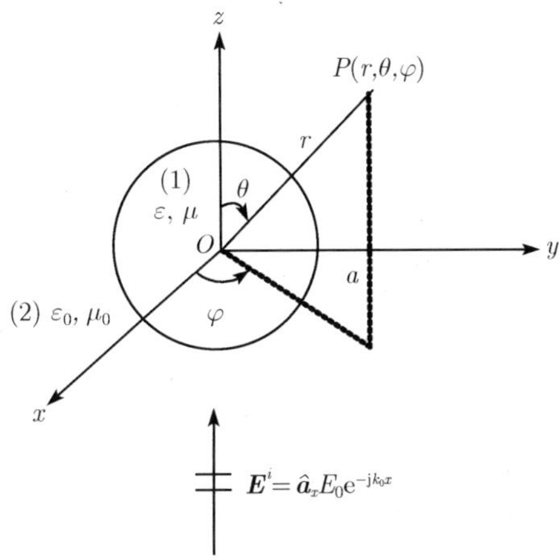


图 6.6.1 平面电磁波的介质球散射

### 6.6.1 电磁场表示式

由 (6.4.4) 入射平面波的电场 $\boldsymbol{E}^i$ 的球面波函数表示式为

$$E_x^i = E_0 \mathrm{e}^{-\mathrm{j}k_0 z} = E_0 \mathrm{e}^{-\mathrm{j}k_0 r\cos\theta} = E_0 \sum_{n=0}^{+\infty} \mathrm{j}^{-n}(2n+1) j_n(k_0 r) P_n(\cos\theta) \tag{6.6.1}$$

区域 (1)：$0 \leqslant r \leqslant a$ (球内：$\varepsilon, \mu; k = \omega\sqrt{\varepsilon\mu}$)

$$A_r^{(1)} = \frac{E_0 \cos\varphi}{\omega} \sum_{n=1}^{\infty} d_n \hat{J}_n(kr) P_n^1(\cos\theta) \tag{6.6.2}$$

$$F_r^{(1)} = \frac{E_0 \sin\varphi}{\omega\eta} \sum_{n=1}^{\infty} e_n \hat{J}_n(k_0 r) P_n^1(\cos\theta) \tag{6.6.3}$$

式中, $d_n$ 和 $e_n$ 为待定的展开系数.

将矢量势 $A_r^{(1)}$ 和 $F_r^{(1)}$ 代入 (6.3.29) 和 (6.3.30) 式, 可求得介质球内的 $\boldsymbol{E}^{(1)}$ 和 $\boldsymbol{H}^{(1)}$ 为

$$E_r^{(1)} = -\mathrm{j}\frac{E_0 \cos\varphi}{(kr)^2} \sum_{n=1}^{\infty} d_n n(n+1) J_n(kr) P_n^1(\cos\theta) \tag{6.6.4}$$

$$E_\theta^{(1)} = \frac{E_0 \cos\varphi}{kr} \sum_{n=1}^{\infty} \left[\mathrm{j} d_n \hat{J}_n'(kr) \sin\theta P_n^{1'}(\cos\theta) - e_n \hat{J}_n(kr) \frac{P_n^1(\cos\theta)}{\sin\theta}\right] \tag{6.6.5}$$

$$E_\varphi^{(1)} = \frac{E_0 \sin\varphi}{kr} \sum_{n=1}^{\infty} \left[\mathrm{j} d_n \hat{J}_n'(k_0 r) \frac{P_n^1(\cos\theta)}{\sin\theta} - e_n \hat{J}_n(kr) \sin\theta P_n^{1'}(\cos\theta)\right] \tag{6.6.6}$$

$$H_r^{(1)} = -\mathrm{j}\frac{E_0 \sin\varphi}{(kr)^2 \eta} \sum_{n=1}^{\infty} e_n n(n+1) \hat{J}_n(kr) P_n^1(\cos\theta) \tag{6.6.7}$$

$$H_\theta^{(1)} = -\frac{E_0 \sin\varphi}{\omega\mu r}\sum_{n=1}^{\infty}\left[d_n \hat{J}_n(kr)\frac{P_n^1(\cos\theta)}{\sin\theta} - \mathrm{j}e_n \hat{J}_n'(kr)\sin\theta P_n^{1'}(\cos\theta)\right] \tag{6.6.8}$$

$$H_\varphi^{(1)} = \frac{E_0 \cos\varphi}{\omega\mu r}\sum_{n=1}^{\infty}\left[d_n \hat{J}_n(kr)\sin\theta P_n^{1'}(\cos\theta) - \mathrm{j}e_n \hat{J}_n'(kr)\frac{P_n^1(\cos\theta)}{\sin\theta}\right] \tag{6.6.9}$$

区域 (2)：$a \leqslant r \leqslant \infty$ (球外：$\varepsilon_0, \mu_0; k_0 = \omega\sqrt{\varepsilon_0\mu_0}$)

球外区域的总电磁场由入射波与散射波场两部分组成, 它们分别可由 $A_r^i$、$A_r^s$ 与 $F_r^i$、$F_r^s$ 生成. 其表示式与导体球散射情形相同, 由 (6.4.15)、(6.4.18) 与 (6.5.4)、(6.5.5) 式给出, 因而, 区域 (2) 中的散射场表示式与 (6.5.9)~(6.5.14) 式相同, 而总场 $E^{(2)}$ 和 $H^{(2)}$ 与 (6.4.15)~(6.4.20) 式相同, 因而有

$$E_r^{(2)} = -\mathrm{j}\frac{E_0 \cos\varphi}{(k_0 r)^2}\sum_{n=1}^{\infty} n(n+1)\left[a_n \hat{J}_n(k_0 r) + b_n \hat{H}_n^{(2)}(k_0 r)\right] P_n^1(\cos\theta) \tag{6.6.10}$$

$$\begin{aligned} E_\theta^{(2)} = &\frac{E_0 \cos\varphi}{k_0 r}\sum_{n=1}^{\infty}\left\{\mathrm{j}\left[a_n \hat{J}_n'(k_0 r) + b_n \hat{H}_n^{(2)'}(k_0 r)\right]\sin\theta P_n^{1'}(\cos\theta)\right. \\ &\left. - \left[a_n \hat{J}_n(k_0 r) + c_n \hat{H}_n^{(2)}(k_0 r)\right]\frac{P_n^1(\cos\theta)}{\sin\theta}\right\} \end{aligned} \tag{6.6.11}$$

$$\begin{aligned} E_\varphi^{(2)} = &\frac{E_0 \sin\varphi}{k_0 r}\sum_{n=1}^{\infty}\left\{\mathrm{j}\left[a_n \hat{J}_n'(k_0 r) + b_n \hat{H}_n^{(2)'}(k_0 r)\right]\frac{P_n^1(\cos\theta)}{\sin\theta}\right. \\ &\left. - \left[a_n \hat{J}_n(k_0 r) + c_n \hat{H}_n^{(2)}(k_0 r)\right]\sin\theta P_n^{1'}(\cos\theta)\right\} \end{aligned} \tag{6.6.12}$$

$$H_r^{(2)} = -\mathrm{j}\frac{E_0 \sin\varphi}{(k_0 r)^2 \eta_0}\sum_{n=1}^{\infty} n(n+1)\left[a_n \hat{J}_n(k_0 r) + c_n \hat{H}_n^{(2)}(k_0 r)\right] P_n^1(\cos\theta) \tag{6.6.13}$$

$$\begin{aligned} H_\theta^{(2)} = &-\frac{E_0 \sin\varphi}{\omega\mu_0 r}\sum_{n=1}^{\infty}\left\{\left[a_n \hat{J}_n(k_0 r) + b_n \hat{H}_n^{(2)}(k_0 r)\right]\frac{P_n^1(\cos\theta)}{\sin\theta}\right. \\ &\left. - \mathrm{j}\left[a_n \hat{J}_n'(k_0 r) + c_n \hat{H}_n^{(2)'}(k_0 r)\right]\sin\theta P_n^{1'}(\cos\theta)\right\} \end{aligned} \tag{6.6.14}$$

$$\begin{aligned} H_\varphi^{(2)} = &\frac{E_0 \cos\varphi}{\omega\mu_0 r}\sum_{n=1}^{\infty}\left\{\left[a_n \hat{J}_n(k_0 r) + b_n \hat{H}_n^{(2)}(k_0 r)\right]\sin\theta P_n^{1'}(\cos\theta)\right. \\ &\left. - \mathrm{j}\left[a_n \hat{J}_n'(k_0 r) + c_n \hat{H}_n^{(2)'}(k_0 r)\right]\frac{P_n^1(\cos\theta)}{\sin\theta}\right\} \end{aligned} \tag{6.6.15}$$

以上式中, 系数 $a_n = \mathrm{j}^{-n}\dfrac{2n+1}{n(n+1)}$(见 (6.4.16) 式); 展开式系数 $b_n, c_n, d_n$ 和 $e_n$ 可由场应满足的边界条件予确定.

对于介质球, 场的边界条件是在 $r = a$ 球面上, 电磁场的切向分量必须连续. 应用 $E_\theta$(或 $E_\varphi$) 和 $H_\varphi$(或 $H_\theta$) 连续条件, 即 $E_\theta^{(1)}\big|_{r=a} = E_\theta^{(2)}\big|_{r=a}$ 和 $H_\varphi^{(1)}\big|_{r=a} =$

$H_\varphi^{(2)}\big|_{r=a}$, 分别比较 (6.6.5) 与 (6.6.11) 式, 和 (6.6.9) 与 (6.6.15) 式中的 $\sin\theta P_n^1(\cos\theta)$ 和 $P_n^{1'}(\cos\theta)/\sin\theta$ 项系数, 即可得

$$\frac{1}{k}d_n\hat{J}_n'(ka)=\frac{1}{k_0}\left[a_n\hat{J}_n'(k_0a)+b_n\hat{H}_n^{(2)'}(k_0a)\right] \tag{6.6.16}$$

$$\frac{1}{k}e_n\hat{J}_n(ka)=\frac{1}{k_0}\left[a_n\hat{J}_n(k_0a)+c_n\hat{H}_n^{(2)}(k_0a)\right] \tag{6.6.17}$$

$$\frac{1}{\mu}d_n\hat{J}_n(ka)=\frac{1}{\mu_0}\left[a_n\hat{J}_n(k_0a)+b_n\hat{H}_n^{(2)}(k_0a)\right] \tag{6.6.18}$$

$$\frac{1}{\mu}e_n\hat{J}_n'(ka)=\frac{1}{\mu_0}\left[a_n\hat{J}_n'(k_0a)+c_n\hat{H}_n^{(2)'}(k_0a)\right] \tag{6.6.19}$$

由 (6.6.16) 和 (6.6.18) 式, 有

$$\begin{aligned}d_n&=\frac{k}{k_0}\frac{1}{\hat{J}_n'(ka)}\left[a_n\hat{J}_n'(k_0a)+b_n\hat{H}_n^{(2)'}(k_0a)\right]\\&=\frac{\mu}{\mu_0}\frac{1}{\hat{J}_n(ka)}\left[a_n\hat{J}_n(k_0a)+b_n\hat{H}_n^{(2)}(k_0a)\right]\end{aligned}$$

因 $k=\omega\sqrt{\varepsilon\mu}$, $k_0=\omega\sqrt{\varepsilon_0\mu_0}$, $\varepsilon_r=\varepsilon/\varepsilon_0$ 和 $\mu_r=\mu/\mu_0$, 故有

$$\sqrt{\varepsilon_r}\hat{J}_n(ka)\left[a_n\hat{J}_n'(k_0a)+b_n\hat{H}_n^{(2)'}(k_0a)\right]=\sqrt{\mu_r}\hat{J}_n'(ka)\left[a_n\hat{J}_n(k_0a)+b_n\hat{H}_n^{(2)}(k_0a)\right]$$

由此可解得

$$b_n=-\frac{\sqrt{\varepsilon_r}\hat{J}_n(ka)\hat{J}_n'(k_0a)-\sqrt{\mu_r}\hat{J}_n'(ka)\hat{J}_n(k_0a)}{\sqrt{\varepsilon_r}\hat{J}_n(ka)\hat{H}_n^{(2)'}(k_0a)-\sqrt{\mu_r}\hat{J}_n'(ka)\hat{H}_n^{(2)}(k_0a)}a_n \tag{6.6.20}$$

类似地, 由 (6.6.17) 和 (6.6.19) 式, 有

$$\begin{aligned}e_n&=\frac{k}{k_0}\frac{1}{\hat{J}_n(ka)}\left[a_n\hat{J}_n(k_0a)+c_n\hat{H}_n^{(2)}(k_0a)\right]\\&=\frac{\mu}{\mu_0}\frac{1}{\hat{J}_n'(ka)}\left[a_n\hat{J}_n'(k_0a)+c_n\hat{H}_n^{(2)'}(k_0a)\right]\end{aligned}$$

即有 $\sqrt{\varepsilon_r}\hat{J}_n'(ka)\left[a_n\hat{J}_n(k_0a)+c_n\hat{H}_n^{(2)}(k_0a)\right]=\sqrt{\mu_r}\hat{J}_n(ka)\left[a_n\hat{J}_n'(k_0a)+c_n\hat{H}_n^{(2)'}(k_0a)\right]$
而由此解得

$$c_n=-\frac{\sqrt{\varepsilon_r}\hat{J}_n'(ka)\hat{J}_n(k_0a)-\sqrt{\mu_r}\hat{J}_n(ka)\hat{J}_n'(k_0a)}{\sqrt{\varepsilon_r}\hat{J}_n'(ka)\hat{H}_n^{(2)}(k_0a)-\sqrt{\mu_r}\hat{J}_n(ka)\hat{H}_n^{(2)'}(k_0a)}a_n \tag{6.6.21}$$

将 (6.6.20) 代入 (6.6.18) 式, 有

$$\begin{aligned}d_n&=\frac{\mu_r}{\hat{J}_n(ka)}\left[\hat{J}_n(k_0a)-\frac{\sqrt{\varepsilon_r}\hat{J}_n(ka)\hat{J}_n'(k_0a)-\sqrt{\mu_r}\hat{J}_n'(ka)\hat{J}_n(k_0a)}{\sqrt{\varepsilon_r}\hat{J}_n(ka)\hat{H}_n^{(2)'}(k_0a)-\sqrt{\mu_r}\hat{J}_n'(ka)\hat{H}_n^{(2)}(k_0a)}\hat{H}_n^{(2)}(k_0a)\right]a_n\\&=\mu_r\frac{\sqrt{\varepsilon_r}\left[\hat{J}_n(k_0a)\hat{H}_n^{(2)'}(k_0a)-\hat{J}_n'(k_0a)\hat{H}_n^{(2)}(k_0a)\right]}{\sqrt{\varepsilon_r}\hat{J}_n(ka)\hat{H}_n^{(2)'}(k_0a)-\sqrt{\mu_r}\hat{J}_n'(ka)\hat{H}_n^{(2)}(k_0a)}a_n\end{aligned}$$

因 Riccati-Bessel 函数 Wronskian 行列式：$\hat{J}_n(k_0a)H_n^{(2)'}(k_0a)-\hat{J}'_n(k_0a)H_n^{(2)}(k_0a)=-\mathrm{j}$, 于是

$$d_n=-\frac{\mathrm{j}\sqrt{\varepsilon_r\mu_r}}{\sqrt{\varepsilon_r}\hat{J}_n(ka)\hat{H}_n^{(2)'}(k_0a)-\sqrt{\mu_r}\hat{J}'_n(ka)\hat{H}_n^{(2)}(k_0a)}a_n \tag{6.6.22}$$

而将 (6.6.21) 代入 (6.6.19) 式, 有

$$\begin{aligned}e_n=&\frac{\mu_r}{\hat{J}'_n(ka)}\left[\hat{J}'_n(k_0a)-\frac{\sqrt{\varepsilon_r}\hat{J}'_n(ka)\hat{J}_n(k_0a)-\sqrt{\mu_r}\hat{J}_n(ka)\hat{J}'_n(k_0a)}{\sqrt{\varepsilon_r}\hat{J}'_n(ka)\hat{H}_n^{(2)}(k_0a)-\sqrt{\mu_r}\hat{J}_n(ka)\hat{H}_n^{(2)'}(k_0a)}\hat{H}_n^{(2)'}(k_0a)\right]a_n\\=&\mu_r\frac{\sqrt{\varepsilon_r}\left[\hat{J}'_n(k_0a)\hat{H}_n^{(2)}(k_0a)-\hat{J}_n(k_0a)\hat{H}_n^{(2)'}(k_0a)\right]}{\sqrt{\varepsilon_r}\hat{J}'_n(ka)\hat{H}_n^{(2)}(k_0a)-\sqrt{\mu_r}\hat{J}_n(ka)\hat{H}_n^{(2)'}(k_0a)}a_n\end{aligned}$$

再次应用 Riccati-Bessel 函数的 Wronskian 行列式, 而有

$$e_n=\frac{\mathrm{j}\sqrt{\varepsilon_r}\mu_r}{\sqrt{\varepsilon_r}\hat{J}'_n(ka)\hat{H}_n^{(2)}(k_0a)-\sqrt{\mu_r}\hat{J}_n(ka)\hat{H}_n^{(2)'}(k_0a)}a_n \tag{6.6.23}$$

以上式中, 系数 $a_n=\mathrm{j}^{-n}\dfrac{2n+1}{n(n+1)}$.

当求得系数 $d_n$ 和 $e_n$ 后, 便可由 (6.6.4)~(6.6.9) 式求出介质球中电磁场 $\boldsymbol{E}^{(1)}$ 和 $\boldsymbol{H}^{(1)}$; 而已知 $b_n$ 和 $c_n$ 后, 便可由 (6.6.10)~(6.6.15) 式求出球外自由空间区域总电磁场 $\boldsymbol{E}^{(2)}$ 和 $\boldsymbol{H}^{(2)}$, 以及其中散射场 $\boldsymbol{E}^s=\boldsymbol{E}^{(2)}-\boldsymbol{E}^i$ 和 $\boldsymbol{H}^s=\boldsymbol{H}^{(2)}-\boldsymbol{H}^i$.

在以上 (6.6.20)~(6.6.23) 式中, 若令 $\mu_r\to 0,\varepsilon_r\to\infty$ 且保持 $k$ 为有限值, 则不难看到它们将分别退化为：

$$b_n=-\frac{\hat{J}'_n(k_0a)}{\hat{H}_n^{(2)'}(k_0a)}a_n \quad 和 \quad c_n=-\frac{\hat{J}_n(k_0a)}{\hat{H}_n^{(2)}(k_0a)}a_n$$

及 $d_n=0$ 和 $e_n=0$.

因此, 导体球散射的解可作为介质球当 $\mu_r\to 0,\varepsilon_r\to\infty$ 且 $k$ 取有限值时的特殊情形.

(6.6.16)~(6.6.19) 式是关于系数 $b_n,c_n,d_n$ 和 $e_n$ 的联立方程组, 可写成

$$\begin{aligned}&-b_n\sqrt{\varepsilon_r\mu_r}\hat{H}_n^{(2)'}(k_0a)+d_n\hat{J}'_n(ka)=a_n\sqrt{\varepsilon_r\mu_r}\hat{J}'_n(k_0a)\\&-c_n\sqrt{\varepsilon_r\mu_r}\hat{H}_n^{(2)}(k_0a)+e_n\hat{J}_n(ka)=a_n\sqrt{\varepsilon_r\mu_r}\hat{J}_n(k_0a)\\&-b_n\mu_r\hat{H}_n^{(2)}(k_0a)+d_n\hat{J}_n(ka)=a_n\mu_r\hat{J}_n(k_0a)\\&-c_n\mu_r\hat{H}_n^{(2)'}(k_0a)+e_n\hat{J}'_n(ka)=a_n\mu_r\hat{J}'_n(k_0a)\end{aligned} \tag{6.6.24}$$

其矩阵形式则为：

$$\begin{vmatrix} -\sqrt{\varepsilon_r\mu_r}\hat{H}_n^{(2)'} & 0 & \hat{J}_n' & 0 \\ 0 & -\sqrt{\varepsilon_r\mu_r}\hat{H}_n^{(2)} & 0 & \hat{J}_n \\ -\mu_r\hat{H}_n^{(2)} & 0 & \hat{J}_n & 0 \\ 0 & -\mu_r\hat{H}_n^{(2)'} & 0 & \hat{J}_n' \end{vmatrix} \begin{vmatrix} b_n/a_n \\ c_n/a_n \\ d_n/a_n \\ e_n/a_n \end{vmatrix} = \begin{vmatrix} \sqrt{\varepsilon_r\mu_r}\hat{J}_n' \\ \sqrt{\varepsilon_r\mu_r}\hat{J}_n \\ \mu_r\hat{J}_n \\ \mu_r\hat{J}_n' \end{vmatrix} \tag{6.6.25}$$

这里, 除系数矩阵第三列 $J_n' = J_n'(ka), J_n = J_n(ka)$, 其它 $J_n, H_n^{(2)}$ 及其导数的宗量均为 $(k_0a)$. 亦可采用求解线性方程组的数值方法求解 (6.6.25) 式而得出系数 $b_n, c_n, d_n$ 和 $e_n$.

### 6.6.2 $a \ll \lambda_0$ 小球近似

当 $a \ll \lambda_0$ 时, 有 $k_0a \to 0$ 和 $ka \to 0$. 此时, 在介质球内和球外场的求和式中只需取其 $n=1$ 首项, 即可有足够精度, 并且此时 Riccati-Bessel 函数可取 $z \to 0$ 时的近似式:

$$\hat{J}_1(z) \underset{z\to 0}{\approx} \frac{1}{3}z^2; \quad \hat{J}_1'(z) \underset{z\to 0}{\approx} \frac{2}{3}z$$

$$\hat{H}_1^{(2)}(z) \underset{z\to 0}{\approx} \mathrm{j}\frac{1}{z}; \quad \hat{H}_1^{(2)'}(z) \underset{z\to 0}{\approx} -\mathrm{j}\frac{1}{z^2}$$

将这些近似式代入 $b_1, c_1, d_1$ 和 $e_1$, 则有

$$b_1|_{k_0a\to 0} \approx -\frac{\sqrt{\varepsilon_r}\frac{1}{3}(ka)^2\frac{2}{3}(k_0a) - \sqrt{\mu_r}\frac{2}{3}(ka)\frac{1}{3}(k_0a)^2}{\sqrt{\varepsilon_r}\frac{1}{3}(ka)^2\frac{(-\mathrm{j})}{(k_0a)^2} - \sqrt{\mu_r}\frac{2}{3}(ka)\mathrm{j}\frac{1}{k_0a}}\left(\frac{1}{\mathrm{j}}\frac{3}{2}\right) = -(k_0a)^3\frac{\varepsilon_r - 1}{\varepsilon_r + 2} \tag{6.6.26}$$

$$c_1|_{z\to 0} \approx -(k_0a)^3\frac{\mu_r - 1}{\mu_r + 2} \tag{6.6.27}$$

以及

$$d_1\big|_{z\to 0} \approx -\frac{9}{2\mathrm{j}(\varepsilon_r + 2)} \quad 和 \quad e_1\big|_{z\to 0} \approx -\frac{9\sqrt{\varepsilon_r\mu_r}}{2\mathrm{j}\varepsilon_r(\mu_r + 2)} \tag{6.6.28}$$

已知 $a \ll \lambda_0$ 情形展开式系数 $b_1, c_1, d_1$ 和 $e_1$ 后, 则此时介质球内、外的电磁场便可求得.

### 6.6.3 雷达散射截面(RCS)

现已求得了系数 $b_n$ 和 $c_n$, 我们便可求得介质球的雷达散射截面 (RCS).

注意到: 无论对于介质球和导体球 (以及将讨论的敷层介质导体球、多层介质球和多层敷层介质导体球) 散射, 在球最外层自由空间的电磁场均是表为入射波场与散射波场的叠加, 并可写成具有相同数学表示式, 只是其中的散射场展开式中的系数 $b_n$ 和 $c_n$ 与具体问题的边界条件有关, 而随具体的球结构而不同, 并且求解它们的复杂程度随着球体的分层增多而增加. 鉴于雷达散射截面 (RCS) 仅取决于散

射场系数 $b_n$ 和 $c_n$, 因而不同球体结构的双站雷达截面 (RCS) 具有相同形式的数学表达式, 它们均可用 (6.5.30)~(6.5.33) 式计算, 即双站 RCS 和单站 RCS 分别为:

$$\sigma(\text{Bistatic}) = \frac{\lambda_0^2}{\pi}\left[\left|A_c\right|^2\cos^2\varphi + \left|A_s\right|^2\sin^2\varphi\right] \tag{6.6.29}$$

$$\sigma(\text{Monostatic}) = \frac{\lambda_0^2}{\pi}\left|\sum_{n=1}^{\infty} \mathrm{j}^n(-1)^n\frac{1}{2}n(n+1)\left(b_n - c_n\right)\right|^2 \tag{6.6.30}$$

这里, $|A_c|^2$ 和 $|A_s|^2$ 见 (6.5.31) 和 (6.5.32) 式, 而系数 $b_n$ 和 $c_n$ 分别由 (6.6.20) 和 (6.6.21) 式给出.

对于非磁性 ($\mu_r = 1.0$) 介质球, 当 $a = 0.5\lambda_0$, $\varepsilon_r = 2.56$ 和 $\varepsilon_r = (3.0, -4.0)$ 时, 其 $\boldsymbol{E}$ 平面和 $\boldsymbol{H}$ 平面内的归一化双站 RCS 的 $10\lg\left(\sigma/\pi a^2\right)$-$\theta$ 特性分别如图 6.6.2 和图 6.6.4 所示; 而它们的归一化单站 RCS 的 $10\lg\left(\sigma/\pi a^2\right)$-$a/\lambda_0$ 特性分别如图 6.6.3 和图 6.6.5 所示. 比较介电常数 $\varepsilon_r$ 为实数与复数 (有耗) 介质球的散射特性可见, 它们很相似, 由于有耗介质球的吸收作用 (取决于 $\varepsilon_r$ 的负虚部值), 因而其散射截面 $\sigma$ 值较导体球为小.

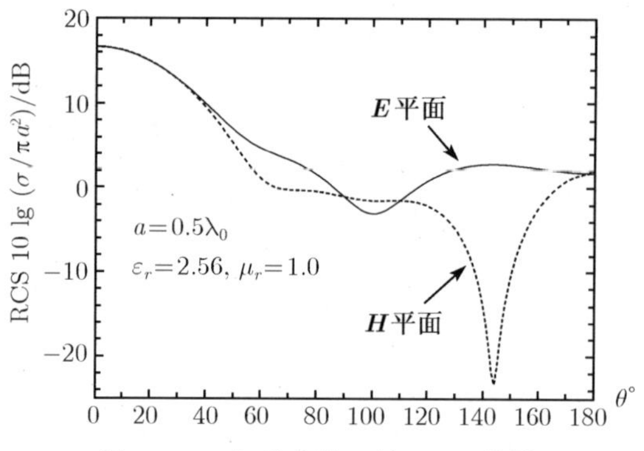


图 6.6.2　介质球的双站 RCS 特性

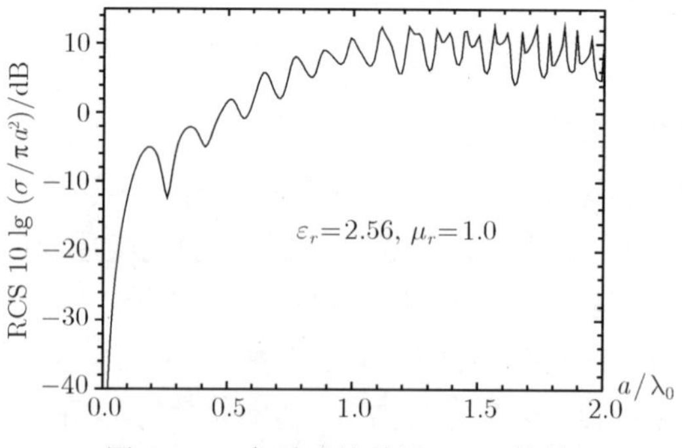


图 6.6.3　介质球的单站 RCS 特性

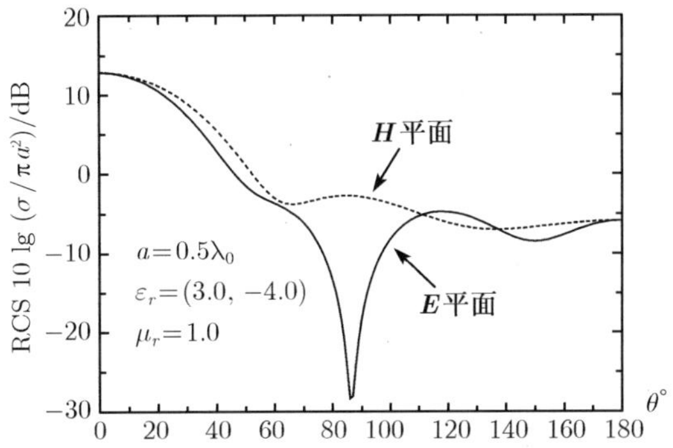


图 6.6.4 有耗介质球的双站 RCS 特性

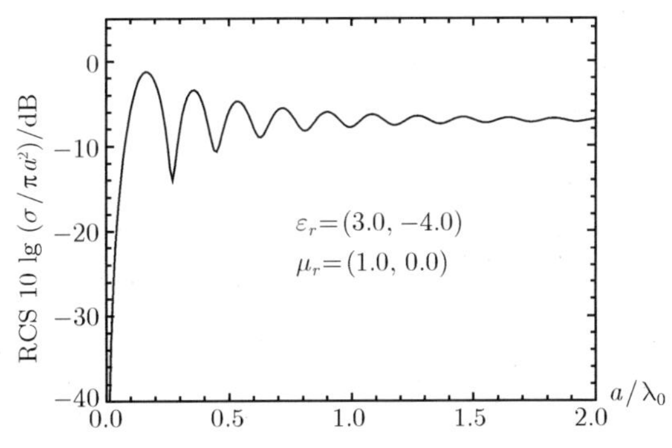


图 6.6.5 有耗介质球的单站 RCS 特性

## 6.7 平面电磁波的介质敷层导体球散射

设在 $\varepsilon_0, \mu_0$ 媒质中有一沿 $+x$ 方向极化、向 $+z$ 方向传播的振幅为 $E_0$ 的均匀平面电磁波入射到位于其中含有 $\varepsilon$、$\mu$ 介质敷层的导体球上, 导体球的半径为 $a$, 介质敷层球壳的外半径为 $b$, 如图 6.7.1 所示.

### 6.7.1 电磁场表示式

由 (6.4.4) 入射平面波的电场 $E^i$ 的球面波函数表示式为

$$E_x^i = E_0 \mathrm{e}^{-\mathrm{j}k_0 z} = E_0 \mathrm{e}^{-\mathrm{j}k_0 r\cos\theta} = E_0 \sum_{n=0}^{+\infty} \mathrm{j}^{-n}(2n+1) j_n(k_0 r) P_n(\cos\theta) \tag{6.7.1}$$

区域 (1): $0 \leqslant r \leqslant a$ (球芯: 理想导体 $\sigma = \infty$)

$$\boldsymbol{E}^{(1)} = 0, \quad \boldsymbol{H}^{(1)} = 0 \tag{6.7.2}$$

区域 (2): $a \leqslant r \leqslant b$ (介质球壳内: $\varepsilon, \mu; k = \omega\sqrt{\varepsilon\mu}$)

$$A_r^{(2)} = \frac{E_0 \cos\varphi}{\omega} \sum_{n=1}^{\infty} \left[ d_n \hat{J}_n(kr) + e_n \hat{Y}_n(kr) \right] P_n^1(\cos\theta) \tag{6.7.3}$$

$$F_r^{(2)} = \frac{E_0 \sin\varphi}{\omega\eta} \sum_{n=1}^{\infty} \left[ g_n \hat{J}_n(k_0 r) + h_n \hat{Y}_n(k_0 r) \right] P_n^1(\cos\theta) \tag{6.7.4}$$

式中, $d_n, e_n, g_n$ 和 $h_n$ 为待定的展开系数.

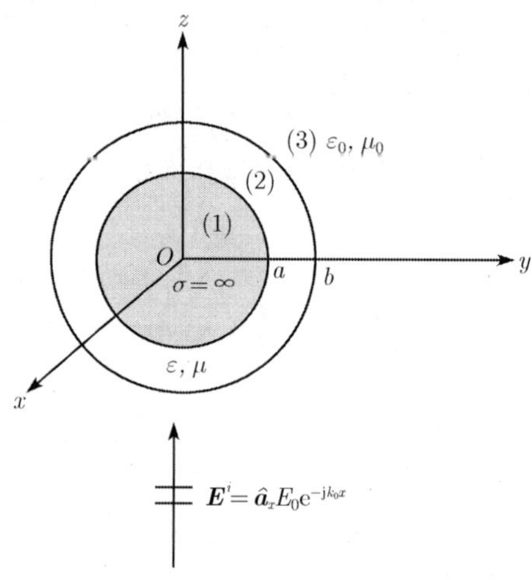


图 6.7.1　平面电磁波的介质敷层导体球散射

将矢量势 $A_r^{(2)}$ 和 $F_r^{(2)}$ 代入 (6.3.27) 式, 可得介质球壳内的 $\boldsymbol{E}^{(2)}$ 和 $\boldsymbol{H}^{(2)}$ 为

$$E_r^{(2)} = -\mathrm{j}\frac{E_0 \cos\varphi}{(kr)^2} \sum_{n=1}^{\infty} n(n+1) \left[ d_n \hat{J}_n(kr) + e_n \hat{Y}_n(kr) \right] P_n^1(\cos\theta) \tag{6.7.5}$$

$$\begin{aligned} E_\theta^{(2)} =& \frac{E_0 \cos\varphi}{kr} \sum_{n=1}^{\infty} \left\{ \mathrm{j} \left[ d_n \hat{J}_n'(kr) + e_n \hat{Y}_n'(kr) \right] \sin\theta P_n^{1'}(\cos\theta) \right. \\ & \left. - \left[ g_n \hat{J}_n(kr) + h_n \hat{J}_n(kr) \right] \frac{P_n^1(\cos\theta)}{\sin\theta} \right\} \end{aligned} \tag{6.7.6}$$

$$\begin{aligned} E_\varphi^{(2)} =& \frac{E_0 \sin\varphi}{kr} \sum_{n=1}^{\infty} \left\{ \mathrm{j} \left[ d_n \hat{J}_n'(k_0 r) + e_n \hat{Y}_n'(k_0 r) \right] \frac{P_n^1(\cos\theta)}{\sin\theta} \right. \\ & \left. - \left[ g_n \hat{J}_n(kr) + h_n \hat{Y}_n(kr) \right] \sin\theta P_n^{1'}(\cos\theta) \right\} \end{aligned} \tag{6.7.7}$$

$$H_r^{(2)} = -\mathrm{j}\frac{E_0 \sin\varphi}{(kr)^2 \eta} \sum_{n=1}^{\infty} n(n+1) \left[ g_n \hat{J}_n(kr) + h_n \hat{Y}_n(kr) \right] P_n^1(\cos\theta) \tag{6.7.8}$$

$$H_\theta^{(2)} = -\frac{E_0 \sin\varphi}{\omega\mu r} \sum_{n=1}^{\infty} \left\{ \left[ d_n \hat{J}_n(kr) + e_n \hat{Y}_n(kr) \right] \frac{P_n^1(\cos\theta)}{\sin\theta} \right.$$

$$-\mathrm{j}\left[g_n\hat{J}_n'(kr)+h_n\hat{J}_n'(kr)\right]\sin\theta P_n^{1'}(\cos\theta)\Bigg\} \tag{6.7.9}$$

$$H_\varphi^{(2)}=\frac{E_0\cos\varphi}{\omega\mu r}\sum_{n=1}^{\infty}\left\{\left[d_n\hat{J}_n(kr)+e_n\hat{Y}_n(kr)\right]\sin\theta P_n^{1'}(\cos\theta)\right.$$
$$\left.-\mathrm{j}\left[g_n\hat{J}_n'(kr)+h_n\hat{Y}_n'(kr)\right]\frac{P_n^1(\cos\theta)}{\sin\theta}\right\} \tag{6.7.10}$$

区域 (3)：$b\leqslant r\leqslant\infty$ (介质球壳外自由空间：$\varepsilon_0,\mu_0;k_0=\omega\sqrt{\varepsilon_0\mu_0}$)

在介质球壳外区域, 场由如射波与散射波场两部分组成, 总电磁场 $\boldsymbol{E}^{(3)}$ 和 $\boldsymbol{H}^{(3)}$ 与导体球或介质球散射情形球外自由空间中的场表示式相同 (见 (6.5.15)~(6.5.20) 式或 (6.6.10)~(6.6.15) 式), 因而有

$$E_r^{(3)}=-\mathrm{j}\frac{E_0\cos\varphi}{(k_0r)^2}\sum_{n=1}^{\infty}n(n+1)\left[a_n\hat{J}_n(k_0r)+b_n\hat{H}_n^{(2)}(k_0r)\right]P_n^1(\cos\theta) \tag{6.7.11}$$

$$E_\theta^{(3)}=\frac{E_0\cos\varphi}{k_0r}\sum_{n=1}^{\infty}\left\{\mathrm{j}\left[a_n\hat{J}_n'(k_0r)+b_n\hat{H}_n^{(2)'}(k_0r)\right]\sin\theta P_n^{1'}(\cos\theta)\right.$$
$$\left.-\left[a_n\hat{J}_n(k_0r)+c_n\hat{H}_n^{(2)}(k_0r)\right]\frac{P_n^1(\cos\theta)}{\sin\theta}\right\} \tag{6.7.12}$$

$$E_\varphi^{(3)}=\frac{E_0\sin\varphi}{k_0r}\sum_{n=1}^{\infty}\left\{\mathrm{j}\left[a_n\hat{J}_n'(k_0r)+b_n\hat{H}_n^{(2)'}(k_0r)\right]\frac{P_n^1(\cos\theta)}{\sin\theta}\right.$$
$$\left.-\left[a_n\hat{J}_n(k_0r)+c_n\hat{H}_n^{(2)}(k_0r)\right]\sin\theta P_n^{1'}(\cos\theta)\right\} \tag{6.7.13}$$

$$H_r^{(3)}=-\mathrm{j}\frac{E_0\sin\varphi}{(k_0r)^2\eta_0}\sum_{n=1}^{\infty}n(n+1)\left[a_n\hat{J}_n(k_0r)+c_n\hat{H}_n^{(2)}(k_0r)\right]P_n^1(\cos\theta) \tag{6.7.14}$$

$$H_\theta^{(3)}=-\frac{E_0\sin\varphi}{\omega\mu_0r}\sum_{n=1}^{\infty}\left\{\left[a_n\hat{J}_n(k_0r)+b_n\hat{H}_n^{(2)}(k_0r)\right]\frac{P_n^1(\cos\theta)}{\sin\theta}\right.$$
$$\left.-\mathrm{j}\left[a_n\hat{J}_n'(k_0r)+c_n\hat{H}_n^{(2)'}(k_0r)\right]\sin\theta P_n^{1'}(\cos\theta)\right\} \tag{6.7.15}$$

$$H_\varphi^{(3)}=\frac{E_0\cos\varphi}{\omega\mu_0r}\sum_{n=1}^{\infty}\left\{\left[a_n\hat{J}_n(k_0r)+b_n\hat{H}_n^{(2)}(k_0r)\right]\sin\theta P_n^{1'}(\cos\theta)\right.$$
$$\left.-\mathrm{j}\left[a_n\hat{J}_n'(k_0r)+c_n\hat{H}_n^{(2)'}(k_0r)\right]\frac{P_n^1(\cos\theta)}{\sin\theta}\right\} \tag{6.7.16}$$

以上式中, 系数 $a_n=\mathrm{j}^{-n}\dfrac{2n+1}{n(n+1)}$(见 (6.4.16) 式)；展开式系数 $b_n,c_n,d_n,e_n,g_n$ 和 $h_n$ 可由场应满足的边界条件予确定. 对于介质敷层导体球, 场应满足的边界条件是：

(a) 在 $r=a$ 导体球芯与介质敷层球壳分界面上, 电场的切向分量等于零. 由 $E_\theta^{(2)}\big|_{r=a}=0$ 或 $E_\varphi^{(2)}\big|_{r=a}=0$ 可得

$$d_n\hat{J}_n'(ka)+e_n\hat{Y}_n'(ka)=0 \quad 或 \quad \frac{e_n}{d_n}=-\frac{\hat{J}_n'(ka)}{\hat{Y}_n'(ka)} \tag{6.7.17}$$

$$g_n\hat{J}_n(ka)+h_n\hat{Y}_n(ka)=0 \quad 或 \quad \frac{h_n}{g_n}=-\frac{\hat{J}_n(ka)}{\hat{Y}_n(ka)} \tag{6.7.18}$$

(b) 在 $r=b$ 球面上, 由边界条件: $E_\theta^{(2)}\big|_{r=b}=E_\theta^{(3)}\big|_{r=b}$ 或 $E_\varphi^{(2)}\big|_{r=b}=E_\varphi^{(3)}\big|_{r=b}$, 有

$$\frac{1}{k}\left[d_n\hat{J}_n'(kb)+e_n\hat{Y}_n'(kb)\right]=\frac{1}{k_0}\left[a_n\hat{J}_n'(k_0b)+b_n\hat{H}_n^{(2)'}(k_0b)\right] \tag{6.7.19}$$

和

$$\frac{1}{k}\left[g_n\hat{J}_n(kb)+h_n\hat{Y}_n(kb)\right]=\frac{1}{k_0}\left[a_n\hat{J}_n(k_0b)+c_n\hat{H}_n^{(2)}(k_0b)\right] \tag{6.7.20}$$

而由磁场切向分量必须连续: $H_\varphi^{(2)}\big|_{r=b}=H_\varphi^{(3)}\big|_{r=b}$ 或 $H_\theta^{(2)}\big|_{r=b}=H_\theta^{(3)}\big|_{r=b}$ 可得

$$\frac{1}{\mu}\left[d_n\hat{J}_n(kb)+e_n\hat{Y}_n(kb)\right]=\frac{1}{\mu_0}\left[a_n\hat{J}_n(k_0b)+b_n\hat{H}_n^{(2)}(k_0b)\right] \tag{6.7.21}$$

和

$$\frac{1}{\mu}\left[g_n\hat{J}_n'(kb)+h_n\hat{Y}_n'(kb)\right]=\frac{1}{\mu_0}\left[a_n\hat{J}_n'(k_0b)+c_n\hat{H}_n^{(2)'}(k_0b)\right] \tag{6.7.22}$$

求解上述由边界条件得到的方程组 (6.7.19)~(6.7.22), 我们可得系数 $b_n, c_n, d_n, e_n, g_n$ 和 $h_n$. 由 (6.7.19)÷(6.7.21) 式, 得

$$\frac{\mu}{k}\frac{d_n\hat{J}_n'(kb)+e_n\hat{Y}_n'(kb)}{d_n\hat{J}_n(kb)+e_n\hat{Y}_n(kb)}=\frac{\mu_0}{k_0}\frac{a_n\hat{J}_n'(k_0b)+b_n\hat{H}_n^{(2)'}(k_0b)}{a_n\hat{J}_n(k_0b)+b_n\hat{H}_n^{(2)}(k_0b)}$$

将 (6.7.17) 式 $e_n/d_n$ 代入上式, 则可得

$$\frac{k_0\mu}{k\mu_0}\frac{\hat{J}_n'(kb)\hat{Y}_n'(ka)-\hat{J}_n'(ka)\hat{Y}_n'(kb)}{\hat{J}_n(kb)\hat{Y}_n'(ka)-\hat{J}_n'(ka)\hat{Y}_n(kb)}=\frac{\hat{J}_n'(k_0b)+\dfrac{b_n}{a_n}\hat{H}_n^{(2)'}(k_0b)}{\hat{J}_n(k_0b)+\dfrac{b_n}{a_n}\hat{H}_n^{(2)}(k_0b)} \tag{6.7.23}$$

令

$$R_b=\frac{k_0\mu}{k\mu_0}\frac{\hat{J}_n'(kb)\hat{Y}_n'(ka)-\hat{J}_n'(ka)\hat{Y}_n'(kb)}{\hat{J}_n(kb)\hat{Y}_n'(ka)-\hat{J}_n'(ka)\hat{Y}_n(kb)} \tag{6.7.24}$$

则 (6.7.23) 式可写成

$$\hat{J}_n'(k_0b)+\frac{b_n}{a_n}\hat{H}_n^{(2)'}(k_0b)=R_b\left[\hat{J}_n(k_0b)+\frac{b_n}{a_n}\hat{H}_n^{(2)}(k_0b)\right] \tag{6.7.25}$$

由此可解得

$$\frac{b_n}{a_n} = -\frac{\hat{J}_n'(k_0b) - R_b\hat{J}_n(k_0b)}{\hat{H}_n^{(2)\prime}(k_0b) - R_b\hat{H}_n^{(2)}(k_0b)} \tag{6.7.26}$$

类似地, 由 (6.7.20)÷(6.7.22) 式, 得

$$\frac{\mu}{k}\frac{g_n\hat{J}_n(kb) + h_n\hat{Y}_n(kb)}{g_n\hat{J}_n'(kb) + h_n\hat{Y}_n'(kb)} = \frac{\mu_0}{k_0}\frac{a_n\hat{J}_n(k_0b) + c_n\hat{H}_n^{(2)}(k_0b)}{a_n\hat{J}_n'(k_0b) + c_n\hat{H}_n^{(2)\prime}(k_0b)}$$

将 (6.7.18) 式 $h_n/g_n$ 代入上式, 则可得

$$\frac{k_0\mu}{k\mu_0}\frac{\hat{J}_n(kb)\hat{Y}_n(ka) - \hat{J}_n(ka)\hat{Y}_n(kb)}{\hat{J}_n'(kb)\hat{Y}_n(ka) - \hat{J}_n(ka)\hat{Y}_n'(kb)} = \frac{\hat{J}_n(k_0b) + \dfrac{c_n}{a_n}\hat{H}_n^{(2)}(k_0b)}{\hat{J}_n'(k_0b) + \dfrac{c_n}{a_n}\hat{H}_n^{(2)\prime}(k_0b)} \tag{6.7.27}$$

令

$$R_c = \frac{k_0\mu}{k\mu_0}\frac{\hat{J}_n(kb)\hat{Y}_n(ka) - \hat{J}_n(ka)\hat{Y}_n(kb)}{\hat{J}_n'(kb)\hat{Y}_n(ka) - \hat{J}_n(ka)\hat{Y}_n'(kb)} \tag{6.7.28}$$

则 (6.7.27) 式可写成

$$\hat{J}_n(k_0b) + \frac{c_n}{a_n}\hat{H}_n^{(2)}(k_0b) = R_c\left[\hat{J}_n'(k_0b) + \frac{c_n}{a_n}\hat{H}_n^{(2)\prime}(k_0b)\right] \tag{6.7.29}$$

由此可解得

$$\frac{c_n}{a_n} = -\frac{\hat{J}_n(k_0b) - R_c\hat{J}_n'(k_0b)}{\hat{H}_n^{(2)}(k_0b) - R_c\hat{H}_n^{(2)\prime}(k_0b)} \tag{6.7.30}$$

以上求得了 $b_n$ 和 $c_n$; 继续求解 (6.7.17) 与 (6.7.19) 式和 (6.7.18) 与 (6.7.20) 式, 便可得系数 $d_n$、$e_n$ 和 $g_n$、$h_n$. 一旦知道这些系数, 即可求得介质敷层球壳内和外层空间中的电磁场.

按 RCS 雷达散射截面 (RCS) 定义, 已知系数 $b_n$ 和 $c_n$ 即足够. 对于介质敷层导体球散射的 RCS, 如前所述可由 (6.5.30)~(6.5.33) 式计算, 即双站 RCS 和单站 RCS 分别为

$$\sigma(\text{bistatic}) = \frac{\lambda_0^2}{\pi}\left[|A_c|^2\cos^2\varphi + |A_s|^2\sin^2\varphi\right] \tag{6.7.31}$$

$$\sigma(\text{monostatic}) = \frac{\lambda_0^2}{\pi}\left|\sum_{n=1}^{\infty}\mathrm{j}^n(-1)^n\frac{1}{2}n(n+1)(b_n - c_n)\right|^2 \tag{6.7.32}$$

这里, $|A_c|^2$ 和 $|A_s|^2$ 见 (6.5.31) 和 (6.5.32) 式, 而系数 $b_n$ 和 $c_n$ 分别由 (6.7.26) 和 (6.7.30) 式给出.

对于介质敷层导体球, 当 $\lambda_0 = 1.0\text{cm}, \varepsilon_r = (3.0, -4.0), \mu_r = 1.0, a = 0.5$ cm, $b = 0.6$ cm 时, 按 (6.7.31) 式给出的 $\boldsymbol{E}$ 平面和 $\boldsymbol{H}$ 平面内的双站 RCS $10\lg(\sigma)$-$\theta$ 特

性如图 6.7.2 所示; 而当 $\lambda_0 = 1.0$ cm, $a = 0.5$ cm, $b = (0.5 \sim 2.0)$ cm, $\varepsilon_r = (3.0, -4.0)$ 和 $\mu_r = 1.0$ 时, 按 (6.7.31) 式 $\theta = \pi$ 时给出的单站 RCS $10\lg(\sigma)$-$b$ 特性如图 6.7.3 所示.

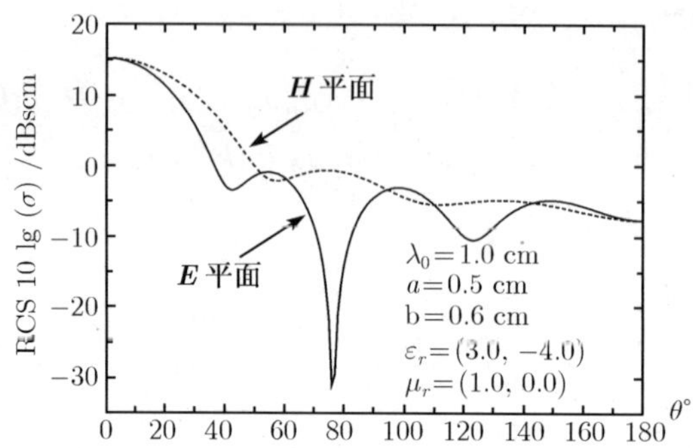


图 6.7.2　介质敷层导体球的双站 RCS(dBscm)-$\theta^\circ$ 特性

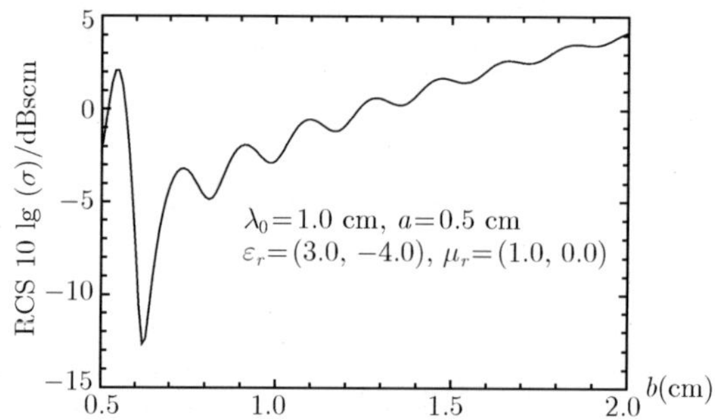


图 6.7.3　介质敷层导体球的单站 RCS(dBscm)-b(cm) 特性

# 6.8　平面电磁波的多层球散射

参见图 6.8.1, 设有一均匀平面电磁波沿 $+z$ 轴方向入射到位于无界媒质 $\varepsilon_0$、$\mu_0$ 中共有 $m$ 分层的圆球上, $0 \leqslant r \leqslant a_1$ 为球芯, 记为第 (1) 层; $a_1 \leqslant r \leqslant a_2$ 为第 (2) 层; 向外依次为第 (3) 层, $\cdots$, 和第 ($m$) 层; 多层球外空间记为第 ($m$+1) 层. 分区半径分别 $a_1, a_2, \cdots, a_m$. 第 (1) 层球芯为 (a)$\sigma = \infty$ 理想导体圆球, 或 (b)$\varepsilon_1$、$\mu_1$ 介质圆球; 第 (i) 层为 $\varepsilon_i$、$\mu_i$ 介质层 ($i = 1, 2, \cdots, m$), 第 ($m$+1) 层为 $\varepsilon_0$、$\mu_0$ 自由空间. 入射波电场沿 $+x$ 轴方向极化, 即 $\boldsymbol{E}^i = E_x^i \hat{\boldsymbol{a}}_x$; 磁场沿 $+y$ 轴方向.

采用球面坐标系 $(r, \theta, \varphi)$, 沿 $+z$ 方向传播的入射平面波电场 $E_x^i$ 可表为

$$E_x^i = E_0 \mathrm{e}^{-\mathrm{j}k_0 z} = E_0 \mathrm{e}^{-\mathrm{j}k_0 r\cos\theta} \quad (k_0 = \omega\sqrt{\varepsilon_0 \mu_0}) \tag{6.8.1}$$

由 (6.2.11) 式, 平面波 $E_x^i$ 的球面波函数展开式可表为

$$E_x^i = E_0 \sum_{n=-\infty}^{\infty} \mathrm{j}^{-n}(2n+1)j_n(k_0 r)P_n(\cos\theta) \tag{6.8.2}$$

图 6.8.1 中第 (1), 第 (2), ⋯, 第 $(m+1)$ 各层 (区域) 中的电磁场 $\boldsymbol{E}$ 和 $\boldsymbol{H}$ 可由矢量势 $\boldsymbol{A}$ 的 $r$ 分量 $A_r$ 所构造的 $\mathrm{TM}_r$ 横磁波与由矢量势 $\boldsymbol{F}$ 的 $r$ 分量 $F_r$ 所构造的 $\mathrm{TE}_r$ 横电波的叠加组成. 这里, $A_r/r$ 和 $F_r/r$ 是 Helmholtz 方程的解; 因而由 Helmholtz 方程的一般解, 我们可写出各区域中的含有待定系数的 $A_r$ 和 $F_r$ 的表示式如下:

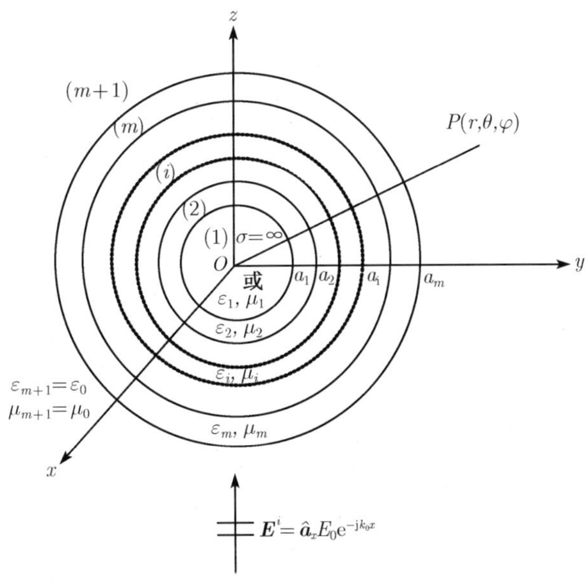


图 6.8.1 平面电磁波的多层介质球和介质敷层导体球的散射

区域 (1) $0 \leqslant r \leqslant a_1$

(a) 理想导体球芯 $(\sigma = \infty)$

$$A_r^{(1)} = 0 \quad 和 \quad F_r^{(1)} = 0 \tag{6.8.3}$$

(b) 介质球芯 $(\varepsilon_1、\mu_1, k_1 = \omega\sqrt{\varepsilon_1\mu_1})$

$$A_r^{(1)} = \frac{E_0\cos\varphi}{\omega}\sum_{n=1}^{\infty} d_n^{(1)}\hat{J}_n(k_1 r)P_n^1(\cos\theta) \tag{6.8.4}$$

$$F_r^{(1)} = \frac{E_0\sin\varphi}{\omega\eta_1}\sum_{n=1}^{\infty} g_n^{(1)}\hat{J}_n(k_1 r)P_n^1(\cos\theta) \tag{6.8.5}$$

区域 $(i)$ $a_{i-1} \leqslant r \leqslant a_i (i = 2, 3, \cdots, m)$ (介质层 $\varepsilon_i, \mu_i, k_i = \omega\sqrt{\varepsilon_i\mu_i}$)

$$A_r^{(i)} = \frac{E_0 \cos\varphi}{\omega} \sum_{n=1}^{\infty} \left[ d_n^{(i)} \hat{J}_n(k_i r) + e_n^{(i)} \hat{Y}_n(k_i r) \right] P_n^1(\cos\theta) \tag{6.8.6}$$

$$F_r^{(1)} = \frac{E_0 \sin\varphi}{\omega \eta_i} \sum_{n=1}^{\infty} \left[ g_n^{(i)} \hat{J}_n(k_i r) + h_n^{(i)} \hat{Y}_n(k_i r) \right] P_n^1(\cos\theta) \tag{6.8.7}$$

区域 $(m+1)$ $a_m \leqslant r \leqslant \infty$(球外自由空间 $\varepsilon_{m+1} = \varepsilon_0, \mu_{m+1} = \mu_0, k_{m+1} = k_0 = \omega\sqrt{\varepsilon_0 \mu_0}$)

在球外区域, 总矢量势 $A_r^{(m+1)}$ 和 $F_r^{(m+1)}$ 可分别由相应入射波与散射波的矢量势组成. 由 (6.5.6) 和 (6.5.7) 式已知它们可表为

$$A_r^{(m+1)} = \frac{E_0 \cos\varphi}{\omega} \sum_{n=1}^{\infty} \left[ a_n \hat{J}_n(k_0 r) + b_n \hat{H}_n^{(2)}(k_0 r) \right] P_n^1(\cos\theta) \tag{6.8.8}$$

$$F_r^{(m+1)} = \frac{E_0 \sin\varphi}{\omega \eta_0} \sum_{n=1}^{\infty} \left[ a_n \hat{J}_n(k_0 r) + c_n \hat{H}_n^{(2)}(k_0 r) \right] P_n^1(\cos\theta) \tag{6.8.9}$$

以上式中, 系数 $a_n = \mathrm{j}^{-n} \dfrac{2n+1}{n(n+1)}$; $\eta_i = \sqrt{\dfrac{\mu_i}{\varepsilon_i}}$; $b_n, c_n, d_n^{(i)}, e_n^{(i)}, g_n^{(i)}$ 和 $h_n^{(i)}$ 为展开式系数.

求得了矢量势 $A_r^{(i)}$ 和 $F_r^{(i)}(i = 1, 2, \cdots, m+1)$, 则各区域中电磁场的 $r, \theta, \varphi$ 分量便可应用矢量势法由 Maxwell 方程导出的 (6.3.27) 式给出. 场分量表示式中的待定系数可由场应满足的边界条件予确定.

电磁场在相邻区域的分界球面上应满足的边界条件是：在导体一介质分界面上电场的切向分量和磁场的法向分量应为零; 在介质一介质分界面上电场和磁场的切向分量必须连续. 鉴于对于导体一介质分界, $E_\theta$ 与 $E_\varphi$ 所给出的边界条件相同, 并包含了 $H_r$ 的边界条件; 以及对于介质一介质分界, $E_\theta$ 与 $E_\varphi$ 所给出的边界条件相同, $H_\varphi$ 与 $H_\theta$ 亦然. 因此, 以下我们应用电磁场边界条件确定待定系数时将仅使用电场 $E_\theta$ 和磁场 $H_\varphi$ 的边界条件; 并且只给出采用矢量势法导得的 (6.3.27) 式电磁场中的 $E_\theta$ 和 $H_\varphi$ 分量表示式.

将 (6.8.4)~(6.8.9) 式矢量势 $A_r^{(i)}$ 和 $F_r^{(i)}(i = 1, 2, \cdots, m+1)$ 代入 (6.3.27) 式所得区域 $(i)$ 中的电场分量 $E_\theta^{(i)}$ 和磁场分量 $H_\varphi^{(i)}(i = 1, 2, \cdots, m+1)$ 的表示式如下：

区域 (1) $0 \leqslant r \leqslant a_1$

(a) 理想导体球芯 ($\sigma = \infty$)

$$E_\theta^{(1)} = 0 \quad 和 \quad H_\varphi^{(1)} = 0 \tag{6.8.10}$$

(b) 介质球芯 ($\varepsilon_1$、$\mu_1$, $k_1 = \omega\sqrt{\varepsilon_1 \mu_1}$)

$$E_\theta^{(1)} = \frac{E_0 \cos\varphi}{k_1 r} \sum_{n=1}^{\infty} \left[ \mathrm{j} d_n^{(1)} \hat{J}_n'(k_1 r) \sin\theta P_n^{1'}(\cos\theta) - g_n^{(1)} \hat{J}_n(k_1 r) \frac{P_n^1(\cos\theta)}{\sin\theta} \right] \tag{6.8.11}$$

$$H_\varphi^{(1)} = \frac{E_0 \cos\varphi}{\omega\mu_1 r} \sum_{n=1}^{\infty} \left[ d_n^{(1)} \hat{J}_n(k_1 r) \sin\theta P_n^{1'}(\cos\theta) - \mathrm{j} g_n^{(1)} \hat{J}_n'(k_1 r) \frac{P_n^1(\cos\theta)}{\sin\theta} \right] \quad (6.8.12)$$

区域 (2) $a_1 \leqslant r \leqslant a_2$ (介质层 $\varepsilon_2$, $\mu_2, k_2 = \omega\sqrt{\varepsilon_2\mu_2}$)

$$\begin{aligned} E_\theta^{(2)} =& \frac{E_0 \cos\varphi}{k_2 r} \sum_{n=1}^{\infty} \left\{ \mathrm{j} \left[ d_n^{(2)} \hat{J}_n'(k_2 r) + e_n^{(2)} \hat{Y}_n'(k_2 r) \right] \sin\theta P_n^{1'}(\cos\theta) \right. \\ & \left. - \left[ g_n^{(2)} \hat{J}_n(k_2 r) + h_n^{(2)} \hat{Y}_n(k_2 r) \right] \frac{P_n^1(\cos\theta)}{\sin\theta} \right\} \end{aligned} \quad (6.8.13)$$

$$\begin{aligned} H_\varphi^{(2)} =& \frac{E_0 \cos\varphi}{\omega\mu_2 r} \sum_{n=1}^{\infty} \left\{ \left[ d_n^{(2)} \hat{J}_n(k_2 r) + e_n^{(2)} \hat{Y}_n(k_2 r) \right] \sin\theta P_n^{1'}(\cos\theta) \right. \\ & \left. - \mathrm{j} \left[ g_n^{(2)} \hat{J}_n'(k_2 r) + h_n^{(2)} \hat{Y}_n'(k_2 r) \right] \frac{P_n^1(\cos\theta)}{\sin\theta} \right\} \end{aligned} \quad (6.8.14)$$

区域 $(i)$ $a_{i-1} \leqslant r \leqslant a_i (i = 3, \cdots, m)$ (介质层 $\varepsilon_i, \mu_i, k_i = \omega\sqrt{\varepsilon_i\mu_i}$)

$$\begin{aligned} E_\theta^{(i)} =& \frac{E_0 \cos\varphi}{k_i r} \sum_{n=1}^{\infty} \left\{ \mathrm{j} \left[ d_n^{(i)} \hat{J}_n'(k_i r) + e_n^{(i)} \hat{Y}_n'(k_i r) \right] \sin\theta P_n^{1'}(\cos\theta) \right. \\ & \left. - \left[ g_n^{(i)} \hat{J}_n(k_i r) + h_n^{(i)} \hat{Y}_n(k_i r) \right] \frac{P_n^1(\cos\theta)}{\sin\theta} \right\} \end{aligned} \quad (6.8.15)$$

$$\begin{aligned} H_\varphi^{(i)} =& \frac{E_0 \cos\varphi}{\omega\mu_i r} \sum_{n=1}^{\infty} \left\{ \left[ d_n^{(i)} \hat{J}_n(k_i r) + e_n^{(i)} \hat{Y}_n(k_i r) \right] \sin\theta P_n^{1'}(\cos\theta) \right. \\ & \left. - \mathrm{j} \left[ g_n^{(i)} \hat{J}_n'(k_i r) + h_n^{(i)} \hat{Y}_n'(k_i r) \right] \frac{P_n^1(\cos\theta)}{\sin\theta} \right\} \end{aligned} \quad (6.8.16)$$

区域 $(m+1)$ $a_m \leqslant r \leqslant \infty$(球外 $\varepsilon_{m+1} = \varepsilon_0, \mu_{m+1} = \mu_0, k_{m+1} = k_0 = \omega\sqrt{\varepsilon_0\mu_0}$)

在球外空间区域, 场由入射波与散射波场的叠加组成, 且总电磁场 $\boldsymbol{E}^{(m+1)}$ 和 $\boldsymbol{H}^{(m+1)}$ 具有与导体球 (或介质球、介质敷层导体球) 散射情形的外层自由空间中的场表示式相同形式 (参见 6.5~6.7 节); 我们不难写出此场表示式, 其场分量 $E_\theta^{(m+1)}$ 和 $H_\varphi^{(m+1)}$(例见 (6.7.12) 和 (6.7.16) 式) 为

$$\begin{aligned} E_\theta^{(m+1)} =& \frac{E_0 \cos\varphi}{k_0 r} \sum_{n=1}^{\infty} \left\{ \mathrm{j} \left[ a_n \hat{J}_n'(k_0 r) + b_n \hat{H}_n^{(2)'}(k_0 r) \right] \sin\theta P_n^{1'}(\cos\theta) \right. \\ & \left. - \left[ a_n \hat{J}_n(k_0 r) + c_n \hat{H}_n^{(2)}(k_0 r) \right] \frac{P_n^1(\cos\theta)}{\sin\theta} \right\} \end{aligned} \quad (6.8.17)$$

$$\begin{aligned} H_\varphi^{(m+1)} =& \frac{E_0 \cos\varphi}{\omega\mu_0 r} \sum_{n=1}^{\infty} \left\{ \left[ a_n \hat{J}_n(k_0 r) + b_n \hat{H}_n^{(2)}(k_0 r) \right] \sin\theta P_n^{1'}(\cos\theta) \right. \\ & \left. - \mathrm{j} \left[ a_n \hat{J}_n'(k_0 r) + c_n \hat{H}_n^{(2)'}(k_0 r) \right] \frac{P_n^1(\cos\theta)}{\sin\theta} \right\} \end{aligned} \quad (6.8.18)$$

以上式中, 展开式系数 $b_n, c_n, d_n^{(i)}, e_n^{(i)}, g_n^{(i)}$ 和 $h_n^{(i)}$ 由场应满足的边界条件予确定. 它们一旦被确定出, 则各区域中的矢量势和电磁场便完全确定.

先前已指出过, 对于球体的平面波散射的雷达散射截面 (RCS) 计算, 仅涉及散射波展开系数 $b_n$ 和 $c_n$. 因此, 以下我们将应用场边界条件来确定系数 $b_n$ 和 $c_n$, 并构造出可计算多层介质球或多层介质敷层导体球散射 $b_n$ 和 $c_n$ 的递推关系式; 前述导体球、介质球和介质敷层导体球散射均是现在所讨论的多层球散射的特例.

(A) $m=1$ 情形

(a) 对于导体球芯 $(\sigma=\infty)$

应用 $r=a_1$ 处的电磁场边界条件:

$$E_\theta^{(2)}\Big|_{r=a_1} = E_\theta^{(1)}\Big|_{r=a_1} = 0 \tag{6.8.19}$$

由 (6.8.17) 式, 可得

$$a_n\hat{J}_n'(k_0a_1) + b_n\hat{H}n^{(2)'}(k_0a_1) = 0 \tag{6.8.20}$$

$$a_n\hat{J}_n(k_0a_1) + c_n\hat{H}_n^{(2)}(k_0a_1) = 0 \tag{6.8.21}$$

由此可得

$$b_n = -\frac{\hat{J}_n'(k_0a_1)}{\hat{H}_n^{(2)'}(k_0a_1)}a_n \quad 和 \quad c_n = -\frac{\hat{J}_n(k_0a_1)}{\hat{H}_n^{(2)}(k_0a_1)}a_n \tag{6.8.22}$$

(b) 对于介质球芯 $(\varepsilon_1, \mu_1)$

应用 $r=a_1$ 处的电磁场边界条件:

$$E_\theta^{(1)}\Big|_{r=a_1} = E_\theta^{(2)}\Big|_{r=a_1} \quad 或 \quad H_\varphi^{(1)}\Big|_{r=a_1} = H_\varphi^{(2)}\Big|_{r=a_1} \tag{6.8.23}$$

由 (6.8.11) 与 (6.8.17) 式, 比较其 $\sin\theta P_n^{1'}(\cos\theta)$、$P_n^1(\cos\theta)/\sin\theta$ 项的系数, 可得

$$\frac{1}{k_1}d_n^{(1)}\hat{J}_n'(k_1a_1) = \frac{1}{k_0}\left[a_n\hat{J}_n'(k_0a_1) + b_n\hat{H}_n^{(2)'}(k_0a_1)\right] \tag{6.8.24}$$

$$\frac{1}{k_1}g_n^{(1)}\hat{J}_n(k_1a_1) = \frac{1}{k_0}\left[a_n\hat{J}_n(k_0a_1) + c_n\hat{H}_n^{(2)}(k_0a_1)\right] \tag{6.8.25}$$

由 (6.8.12) 与 (6.8.18) 式, 而有

$$\frac{1}{\mu_1}d_n^{(1)}\hat{J}_n(k_1a_1) = \frac{1}{\mu_0}\left[a_n\hat{J}_n(k_0a_1) + b_n\hat{H}_n^{(2)}(k_0a_1)\right] \tag{6.8.26}$$

$$\frac{1}{\mu_1}g_n^{(1)}\hat{J}_n'(k_1a_1) = \frac{1}{\mu_0}\left[a_n\hat{J}_n'(k_0a_1) + c_n\hat{H}_n^{(2)'}(k_0a_1)\right] \tag{6.8.27}$$

由 (6.8.24) 和 (6.8.26) 式可得

$$d_n^{(1)}=\frac{k_1}{k_0}\frac{1}{\hat{J}_n'(k_1a_1)}\left[a_n\hat{J}_n'(k_0a_1)+b_n\hat{H}_n^{(2)'}(k_0a_1)\right]$$
$$=\frac{\mu_1}{\mu_0}\frac{1}{\hat{J}_n(k_1a_1)}\left[a_n\hat{J}_n(k_0a_1)+b_n\hat{H}_n^{(2)}(k_0a_1)\right]$$

因 $k_0=\omega\sqrt{\varepsilon_0\mu_0}, k_1=\omega\sqrt{\varepsilon_1\mu_1}$; $\dfrac{k_1\mu_0}{k_0\mu_1}=\sqrt{\dfrac{\varepsilon_1\mu_1}{\varepsilon_0\mu_0}}\dfrac{\mu_0}{\mu_1}=\sqrt{\dfrac{\varepsilon_{r1}}{\mu_{r1}}}$, 于是有

$$\frac{\sqrt{\varepsilon_{r1}}\hat{J}_n(k_1a_1)}{\sqrt{\mu_{r1}}\hat{J}_n'(k_1a_1)}\left[a_n\hat{J}_n'(k_0a_1)+b_n\hat{H}_n^{(2)'}(k_0a_1)\right]=\left[a_n\hat{J}_n(k_0a_1)+b_n\hat{H}_n^{(2)}(k_0a_1)\right]$$

由此可解得

$$b_n=-\frac{\sqrt{\varepsilon_{r1}}\hat{J}_n'(k_0a_1)\hat{J}_n(k_1a_1)-\sqrt{\mu_{r1}}\hat{J}_n(k_0a_1)\hat{J}_n'(k_1a_1)}{\sqrt{\varepsilon_{r1}}\hat{H}_n^{(2)'}(k_0a_1)\hat{J}_n(k_1a_1)-\sqrt{\mu_{r1}}\hat{H}_n^{(2)}(k_0a_1)\hat{J}_n'(k_1a_1)}a_n \tag{6.8.28a}$$

类似地, 由 (6.8.25) 和 (6.8.27) 式可得

$$g_n^{(1)}=\frac{k_1}{k_0}\frac{1}{\hat{J}_n(k_1a_1)}\left[a_n\hat{J}_n(k_0a_1)+c_n\hat{H}_n^{(2)}(k_0a_1)\right]$$
$$=\frac{\mu_1}{\mu_0}\frac{1}{\hat{J}_n'(k_1a_1)}\left[a_n\hat{J}_n'(k_0a_1)+c_n\hat{H}_n^{(2)'}(k_0a_1)\right]$$

由此可解得

$$c_n=-\frac{\sqrt{\varepsilon_{r1}}\hat{J}_n(k_0a_1)\hat{J}_n'(k_1a_1)-\sqrt{\mu_{r1}}\hat{J}_n'(k_0a_1)\hat{J}_n(k_1a_1)}{\sqrt{\varepsilon_{r1}}\hat{H}_n^{(2)}(k_0a_1)\hat{J}_n'(k_1a_1)-\sqrt{\mu_{r1}}\hat{H}_n^{(2)'}(k_0a_1)\hat{J}_n(k_1a_1)}a_n \tag{6.8.28b}$$

(B) $m>1$ 情形

(1) 应用 $r=a_1$ 处的电磁场边界条件:

(a) 对于导体球芯 ($\sigma=\infty$)

$$E_\theta^{(2)}\Big|_{r=a_1}=E_\phi^{(1)}\Big|_{r=a_1}=0 \tag{6.8.29}$$

由 (6.8.13) 式, 可得

$$d_n^{(2)}\hat{J}_n'(k_2a_1)+e_n^{(2)}\hat{Y}_n'(k_2a_1)=0 \tag{6.8.30}$$
$$g_n^{(2)}\hat{J}_n(k_2a_1)+h_n^{(2)}\hat{Y}_n(k_2a_1)=0 \tag{6.8.31}$$

此可得

$$\frac{e_n^{(2)}}{d_n^{(2)}}=-\frac{\hat{J}_n'(k_2a_1)}{\hat{Y}_n'(k_2a_1)} \quad 和 \quad \frac{h_n^{(2)}}{g_n^{(2)}}=-\frac{\hat{J}_n(k_2a_1)}{\hat{Y}_n(k_2a_1)} \tag{6.8.32}$$

(b) 对于介质球芯 ($\varepsilon_1$、$\mu_1$)

$$E_\theta^{(1)}\Big|_{r=a_1} = E_\theta^{(2)}\Big|_{r=a_1} \quad 和 \quad H_\varphi^{(1)}\Big|_{r=a_1} = H_\varphi^{(2)}\Big|_{r=a_1} \tag{6.8.33}$$

应用电场边界条件, 由 (6.8.11) 与 (6.8.13) 式, 可得

$$\frac{1}{k_1} d_n^{(1)} \hat{J}_n'(k_1a_1) = \frac{1}{k_2}\left[d_n^{(2)}\hat{J}_n'(k_2a_1) + e_n^{(2)}\hat{Y}_n'(k_2a_1)\right] \tag{6.8.34}$$

$$\frac{1}{k_1} g_n^{(1)} \hat{J}_n(k_1a_1) = \frac{1}{k_2}\left[g_n^{(2)}\hat{J}_n(k_2a_1) + h_n^{(2)}\hat{Y}_n(k_2a_1)\right] \tag{6.8.35}$$

应用磁场边界条件, 由 (6.8.12) 与 (6.8.14) 式, 可得

$$\frac{1}{\mu_1} d_n^{(1)} \hat{J}_n(k_1a_1) = \frac{1}{\mu_2}\left[d_n^{(2)}\hat{J}_n(k_2a_1) + e_n^{(2)}\hat{Y}_n(k_2a_1)\right] \tag{6.8.36}$$

$$\frac{1}{\mu_1} g_n^{(1)} \hat{J}_n'(k_1a_1) = \frac{1}{\mu_2}\left[g_n^{(2)}\hat{J}_n'(k_2a_1) + h_n^{(2)}\hat{Y}_n'(k_2a_1)\right] \tag{6.3.37}$$

由 (6.8.34)÷(6.8.36) 和 (6.8.35)÷(6.8.37) 式, 分别可得

$$\frac{k_2\mu_1}{k_1\mu_2}\frac{\hat{J}_n'(k_1a_1)}{\hat{J}_n(k_1a_1)} = \frac{\hat{J}_n'(k_2a_1) + \dfrac{e_n^{(2)}}{d_n^{(2)}}\hat{Y}_n'(k_2a_1)}{\hat{J}_n(k_2a_1) + \dfrac{e_n^{(2)}}{d_n^{(2)}}\hat{Y}_n(k_2a_1)} \tag{6.8.38}$$

和

$$\frac{k_2\mu_1}{k_1\mu_2}\frac{\hat{J}_n(k_1a_1)}{\hat{J}_n'(k_1a_1)} = \frac{\hat{J}_n(k_2a_1) + \dfrac{h_n^{(2)}}{g_n^{(2)}}\hat{Y}_n(k_2a_1)}{\hat{J}_n'(k_2a_1) + \dfrac{h_n^{(2)}}{g_n^{(2)}}\hat{Y}_n'(k_2a_1)} \tag{6.8.39}$$

令

$$R_b^{(1)} = \frac{k_2\mu_1}{k_1\mu_2}\frac{\hat{J}_n'(k_1a_1)}{\hat{J}_n(k_1a_1)} = \sqrt{\frac{\varepsilon_{r2}\mu_{r1}}{\varepsilon_{r1}\mu_{r2}}}\frac{\hat{J}_n'(k_1a_1)}{\hat{J}_n(k_1a_1)} \tag{6.8.40a}$$

和

$$R_c^{(1)} = \frac{k_2\mu_1}{k_1\mu_2}\frac{\hat{J}_n(k_1a_1)}{\hat{J}_n'(k_1a_1)} = \sqrt{\frac{\varepsilon_{r2}\mu_{r1}}{\varepsilon_{r1}\mu_{r2}}}\frac{\hat{J}_n(k_1a_1)}{\hat{J}_n'(k_1a_1)} \tag{6.8.40b}$$

则由 (6.8.38) 和 (6.8.39) 式, 分别可得

$$\hat{J}_n'(k_2a_1) + \frac{e_n^{(2)}}{d_n^{(2)}}\hat{Y}_n'(k_2a_1) = R_b^{(1)}\left[\hat{J}_n(k_2a_1) + \frac{e_n^{(2)}}{d_n^{(2)}}\hat{Y}_n(k_2a_1)\right]$$

和

$$\hat{J}_n(k_2a_1) + \frac{h_n^{(2)}}{g_n^{(2)}}\hat{Y}_n(k_2a_1) = R_c^{(1)}\left[\hat{J}_n'(k_2a_1) + \frac{h_n^{(2)}}{g_n^{(2)}}\hat{Y}_n'(k_2a_1)\right]$$

由它们分别可解得

$$\frac{e_n^{(2)}}{d_n^{(2)}}=-\frac{\hat{J}'_n(k_2a_1)-R_b^{(1)}\hat{J}_n(k_2a_1)}{\hat{Y}'_n(k_2a_1)-R_b^{(1)}\hat{Y}_n(k_2a_1)} \tag{6.8.41a}$$

和

$$\frac{h_n^{(2)}}{g_n^{(2)}}=-\frac{\hat{J}_n(k_2a_1)-R_c^{(1)}\hat{J}'_n(k_2a_1)}{\hat{Y}_n(k_2a_1)-R_c^{(1)}\hat{Y}'_n(k_2a_1)} \tag{6.8.41b}$$

对于导体球芯或介质球芯情形, 其 $e_n^{(2)}/d_n^{(2)}$ 和 $h_n^{(2)}/g_n^{(2)}$ 可分别由 (6.8.32) 或 (6.8.41) 式计算.

(2) 应用 $r=a_2$ 处的电磁场边界条件:

$$E_\theta^{(2)}\Big|_{r=a_1}=E_\theta^{(3)}\Big|_{r=a_2} \quad 和 \quad H_\varphi^{(2)}\Big|_{r=a_1}=H_\varphi^{(3)}\Big|_{r=a_2} \tag{6.8.42}$$

应用电场边界条件, 由 (6.8.13) 与 (6.8.15) 式, 可得

$$\frac{1}{k_2}\left[d_n^{(2)}\hat{J}'_n(k_2a_2)+e_n^{(2)}\hat{Y}'_n(k_2a_2)\right]=\frac{1}{k_3}\left[d_n^{(3)}\hat{J}'_n(k_3a_2)+e_n^{(3)}\hat{Y}'_n(k_3a_2)\right] \tag{6.8.43}$$

$$\frac{1}{k_2}\left[g_n^{(2)}\hat{J}_n(k_2a_2)+h_n^{(2)}\hat{Y}_n(k_2a_2)\right]=\frac{1}{k_3}\left[g_n^{(3)}\hat{J}_n(k_3a_2)+h_n^{(3)}\hat{Y}_n(k_3a_2)\right] \tag{6.8.44}$$

应用磁场边界条件, 由 (6.8.14) 与 (6.8.16) 式, 可得

$$\frac{1}{\mu_2}\left[d_n^{(2)}\hat{J}_n(k_2a_2)+e_n^{(2)}\hat{Y}_n(k_2a_2)\right]=\frac{1}{\mu_3}\left[d_n^{(3)}\hat{J}_n(k_3a_2)+e_n^{(3)}\hat{Y}_n(k_3a_2)\right] \tag{6.8.45}$$

$$\frac{1}{\mu_2}\left[g_n^{(2)}\hat{J}'_n(k_2a_2)+h_n^{(2)}\hat{Y}'_n(k_2a_2)\right]=\frac{1}{\mu_3}\left[g_n^{(3)}\hat{J}'_n(k_3a_2)+h_n^{(3)}\hat{Y}'_n(k_3a_2)\right] \tag{6.8.46}$$

由 (6.8.43)÷(6.8.45) 和 (6.8.44)÷(6.8.46) 式, 分别可得

$$\frac{k_3\mu_2}{k_2\mu_3}\frac{\hat{J}'_n(k_2a_2)+\dfrac{e_n^{(2)}}{d_n^{(2)}}\hat{Y}'_n(k_2a_2)}{\hat{J}_n(k_2a_2)+\dfrac{e_n^{(2)}}{d_n^{(2)}}\hat{Y}_n(k_2a_2)}=\frac{\hat{J}'_n(k_3a_2)+\dfrac{e_n^{(3)}}{d_n^{(3)}}\hat{Y}'_n(k_3a_2)}{\hat{J}_n(k_3a_2)+\dfrac{e_n^{(3)}}{d_n^{(3)}}\hat{Y}_n(k_3a_2)} \tag{6.8.47}$$

和

$$\frac{k_3\mu_2}{k_2\mu_3}\frac{\hat{J}_n(k_2a_2)+\dfrac{h_n^{(2)}}{g_n^{(2)}}\hat{Y}_n(k_2a_2)}{\hat{J}'_n(k_2a_2)+\dfrac{h_n^{(2)}}{g_n^{(2)}}\hat{Y}'_n(k_2a_2)}=\frac{\hat{J}_n(k_3a_2)+\dfrac{h_n^{(3)}}{g_n^{(3)}}\hat{Y}_n(k_3a_2)}{\hat{J}'_n(k_3a_2)+\dfrac{h_n^{(3)}}{g_n^{(3)}}\hat{Y}'_n(k_3a_2)} \tag{6.8.48}$$

令

$$R_b^{(2)}=\frac{k_3\mu_2}{k_2\mu_3}\frac{\hat{J}'_n(k_2a_2)+\dfrac{e_n^{(2)}}{d_n^{(2)}}\hat{Y}'_n(k_2a_2)}{\hat{J}_n(k_2a_2)+\dfrac{e_n^{(2)}}{d_n^{(2)}}\hat{Y}_n(k_2a_2)} \tag{6.8.49a}$$

和

$$R_c^{(2)} = \frac{k_3\mu_2}{k_2\mu_3} \frac{\hat{J}_n(k_2a_2) + \dfrac{h_n^{(2)}}{g_n^{(2)}}\hat{Y}_n(k_2a_2)}{\hat{J}_n'(k_2a_2) + \dfrac{h_n^{(2)}}{g_n^{(2)}}\hat{Y}_n'(k_2a_2)} \tag{6.8.49b}$$

则 (6.8.47) 和 (6.8.48) 式分别可写成

$$\hat{J}_n'(k_3a_2) + \frac{e_n^{(3)}}{d_n^{(3)}}\hat{Y}_n'(k_3a_2) = R_b^{(2)}\left[\hat{J}_n(k_3a_2) + \frac{e_n^{(3)}}{d_n^{(3)}}\hat{Y}_n(k_3a_2)\right]$$

和

$$\hat{J}_n(k_3a_2) + \frac{h_n^{(3)}}{g_n^{(3)}}\hat{Y}_n(k_3a_2) = R_c^{(2)}\left[\hat{J}_n'(k_3a_2) + \frac{h_n^{(3)}}{g_n^{(3)}}\hat{Y}_n'(k_3a_2)\right]$$

于是, 由它们分别可解得:

$$\frac{e_n^{(3)}}{d_n^{(3)}} = -\frac{\hat{J}_n'(k_3a_2) - R_b^{(2)}\hat{J}_n(k_3a_2)}{\hat{Y}_n'(k_3a_2) - R_b^{(2)}\hat{Y}_n(k_3a_2)} \tag{6.8.50a}$$

和

$$\frac{h_n^{(3)}}{g_n^{(3)}} = -\frac{\hat{J}_n(k_3a_2) - R_c^{(2)}\hat{J}_n'(k_3a_2)}{\hat{Y}_n(k_3a_2) - R_c^{(2)}\hat{Y}_n'(k_3a_2)} \tag{6.8.50b}$$

当求得 $R_b^{(2)}$ 和 $R_c^{(2)}$ 后, 应用 (6.8.50a) 和 (6.8.50b) 式分别可计算出 $e_n^{(3)}/d_n^{(3)}$ 和 $h_n^{(3)}/g_n^{(3)}$ 的值.

(3) $r = a_i(i = 3, 4, \cdots, m-1)$ 处的电磁场边界条件:

$$E_\theta^{(i)}\Big|_{r=a_i} = E_\theta^{(i+1)}\Big|_{r=a_i} \quad 或 \quad H_\varphi^{(i)}\Big|_{r=a_i} = H_\varphi^{(i+1)}\Big|_{r=a_i} \tag{6.8.51}$$

对于 $i = 3, 4, \cdots, m-1$, 采用类似以上步骤,

令

$$R_b^{(i)} = \frac{k_{i+1}\mu_i}{k_i\mu_{i+1}} \frac{\hat{J}_n'(k_ia_i) + \dfrac{e_n^{(i)}}{d_n^{(i)}}\hat{Y}_n'(k_ia_i)}{\hat{J}_n(k_ia_i) + \dfrac{e_n^{(i)}}{d_n^{(i)}}\hat{Y}_n(k_ia_i)} \tag{6.8.52a}$$

和

$$R_c^{(i)} = \frac{k_{i+1}\mu_i}{k_i\mu_{i+1}} \frac{\hat{J}_n(k_ia_i) + \dfrac{h_n^{(i)}}{g_n^{(i)}}\hat{Y}_n(k_ia_i)}{\hat{J}_n'(k_ia_i) + \dfrac{h_n^{(i)}}{g_n^{(i)}}\hat{Y}_n'(k_ia_i)} \tag{6.8.52b}$$

其中

$$\frac{k_{i+1}\mu_i}{k_i\mu_{i+1}} = \sqrt{\frac{\varepsilon_{r,i+1}\mu_{ri}}{\varepsilon_{ri}\mu_{r,i+1}}}$$

我们将可得

$$\frac{e_n^{(i+1)}}{d_n^{(i+1)}} = -\frac{\hat{J}_n'(k_{i+1}a_i) - R_b^{(i)}\hat{J}_n(k_{i+1}a_i)}{\hat{Y}_n'(k_{i+1}a_i) - R_b^{(i)}\hat{Y}_n(k_{i+1}a_i)} \tag{6.8.53a}$$

和

$$\frac{h_n^{(i+1)}}{g_n^{(i+1)}} = -\frac{\hat{J}_n(k_{i+1}a_i) - R_c^{(i)}\hat{J}_n'(k_{i+1}a_i)}{\hat{Y}_n(k_{i+1}a_i) - R_c^{(i)}\hat{Y}_n'(k_{i+1}a_i)} \tag{6.8.53b}$$

(4) $r = a_m$ 处的电磁场边界条件：

$$E_\theta^{(m)}\Big|_{r=a_m} = E_\theta^{(m+1)}\Big|_{r=a_m} \quad 和 \quad H_\varphi^{(m)}\Big|_{r=a_m} = H_\varphi^{(m+1)}\Big|_{r=a_m} \tag{6.8.54}$$

应用电场边界条件, 由 (6.8.15) 与 (6.8.17) 式, 可得

$$\frac{1}{k_m}\left[d_n^{(m)}\hat{J}_n'(k_m a_m)+e_n^{(m)}\hat{Y}_n'(k_m a_m)\right] = \frac{1}{k_0}\left[a_n\hat{J}_n'(k_0 a_m) + b_n\hat{H}_n^{(2)'}(k_0 a_m)\right] \tag{6.8.55}$$

$$\frac{1}{k_m}\left[g_n^{(m)}\hat{J}_n(k_m a_m)+h_n^{(m)}\hat{Y}_n(k_m a_m)\right] = \frac{1}{k_0}\left[a_n\hat{J}_n(k_0 a_m) + c_n\hat{H}_n^{(2)}(k_0 a_m)\right] \tag{6.8.56}$$

应用磁场边界条件, 由 (6.8.16) 与 (6.8.18) 式, 可得

$$\frac{1}{\mu_m}\left[d_n^{(m)}\hat{J}_n(k_m a_m)+e_n^{(m)}\hat{Y}_n(k_m a_m)\right] = \frac{1}{\mu_0}\left[a_n\hat{J}_n(k_0 a_m)+b_n\hat{H}_n^{(2)}(k_0 a_m)\right] \tag{6.8.57}$$

$$\frac{1}{\mu_m}\left[g_n^{(m)}\hat{J}_n'(k_m a_m)+h_n^{(m)}\hat{Y}_n'(k_m a_m)\right] = \frac{1}{\mu_0}\left[a_n\hat{J}_n'(k_0 a_m)+c_n\hat{H}_n^{(2)'}(k_0 a_m)\right] \tag{6.8.58}$$

由 (6.8.55)÷(6.8.57) 和 (6.8.56)÷(6.8.58) 式, 我们分别可得

$$\frac{k_0\mu_m}{k_m\mu_0}\frac{\hat{J}_n'(k_m a_m) + \dfrac{e_n^{(m)}}{d_n^{(m)}}\hat{Y}_n'(k_m a_m)}{\hat{J}_n(k_m a_m) + \dfrac{e_n^{(m)}}{d_n^{(m)}}\hat{Y}_n(k_m a_m)} = \frac{\hat{J}_n'(k_0 a_m) + \dfrac{b_n}{a_n}\hat{H}_n^{(2)'}(k_0 a_m)}{\hat{J}_n(k_0 a_m) + \dfrac{b_n}{a_n}\hat{H}_n^{(2)}(k_0 a_m)} \tag{6.8.59}$$

和

$$\frac{k_0\mu_m}{k_m\mu_0}\frac{\hat{J}_n(k_m a_m) + \dfrac{h_n^{(m)}}{g_n^{(m)}}\hat{Y}_n(k_m a_m)}{\hat{J}_n'(k_m a_m) + \dfrac{h_n^{(m)}}{g_n^{(m)}}\hat{Y}_n'(k_m a_m)} = \frac{\hat{J}_n(k_0 a_m) + \dfrac{c_n}{a_n}\hat{H}_n^{(2)}(k_0 a_m)}{\hat{J}_n'(k_0 a_m) + \dfrac{c_n}{a_n}\hat{H}_n^{(2)'}(k_0 a_m)} \tag{6.8.60}$$

令

$$R_b^{(m)}=\frac{k_0\mu_m}{k_m\mu_0}\frac{\hat{J}_n'(k_ma_m)+\dfrac{e_n^{(m)}}{d_n^{(m)}}\hat{Y}_n'(k_ma_m)}{\hat{J}_n(k_ma_m)+\dfrac{e_n^{(m)}}{d_n^{(m)}}\hat{Y}_n(k_ma_m)} \tag{6.8.61a}$$

和

$$R_c^{(m)}=\frac{k_0\mu_m}{k_m\mu_0}\frac{\hat{J}_n(k_ma_m)+\dfrac{h_n^{(m)}}{g_n^{(m)}}\hat{Y}_n(k_ma_m)}{\hat{J}_n'(k_ma_m)+\dfrac{h_n^{(m)}}{g_n^{(m)}}\hat{Y}_n'(k_ma_m)} \tag{6.8.61b}$$

则 (6.8.59) 和 (6.8.60) 式, 分别可写成

$$\hat{J}_n'(k_0a_m)+\frac{b_n}{a_n}\hat{H}_n^{(2)'}(k_0a_m)=R_b^{(m)}\left[\hat{J}_n(k_0a_m)+\frac{b_n}{a_n}\hat{H}_n^{(2)}(k_0a_m)\right]$$

$$\hat{J}_n(k_0a_m)+\frac{c_n}{a_n}\hat{H}_n^{(2)}(k_0a_m)=R_c^{(m)}\left[\hat{J}_n'(k_0a_m)+\frac{c_n}{a_n}\hat{H}_n^{(2)'}(k_0a_m)\right]$$

于是, 由此两式便可分别解得系数 $b_n$ 和 $c_n$:

$$b_n=-\frac{\hat{J}_n'(k_0a_m)-R_b^{(m)}\hat{J}_n(k_0a_m)}{\hat{H}_n^{(2)'}(k_0a_m)-R_b^{(m)}\hat{H}_n^{(2)}(k_0a_m)}a_n \tag{6.8.62a}$$

和

$$c_n=-\frac{\hat{J}_n(k_0a_m)-R_c^{(m)}\hat{J}_n'(k_0a_m)}{\hat{H}_n^{(2)}(k_0a_m)-R_c^{(m)}\hat{H}_n^{(2)'}(k_0a_m)}a_n \tag{6.8.62b}$$

综上分析, 当 $m=1$ 时, 对于导体球和介质球, 散射系数 $b_n$ 和 $c_n$ 分别由 (6.8.22) 和 (6.8.28) 式计算; 当 $m>1$ 时, 对于 $m-1$ 层介质敷层导体球和 $m$ 层介质球, $b_n$ 和 $c_n$ 可由以上导得的 (6.8.32) 或 (6.8.40)、(6.8.41) 式, 以及 (6.8.52)、(6.8.53)、(6.8.61) 和 (6.8.62) 式所构造的递推算法计算.

具体的递推过程如下:

(A) $m=1$ 情形

(a) 对导体球芯 ($\sigma=\infty$)

$$b_n=-\frac{\hat{J}_n'(k_0a_1)}{\hat{H}_n^{(2)'}(k_0a_1)}a_n;\quad c_n=-\frac{\hat{J}_n(k_0a_1)}{\hat{H}_n^{(2)}(k_0a_1)}a_n\quad [见 (6.8.22) 式]$$

(b) 对于介质球芯 ($\varepsilon_1,\mu_1$)

$$b_n=-\frac{\sqrt{\varepsilon_{r1}}\hat{J}_n'(k_0a_1)\hat{J}_n(k_1a_1)-\sqrt{\mu_{r1}}\hat{J}_n(k_0a_1)\hat{J}_n'(k_1a_1)}{\sqrt{\varepsilon_{r1}}\hat{H}_n^{(2)'}(k_0a_1)\hat{J}_n(k_1a_1)-\sqrt{\mu_{r1}}\hat{H}_n^{(2)}(k_0a_1)\hat{J}_n'(k_1a_1)}a_n\quad [见 (6.8.28a) 式]$$

$$c_n = -\frac{\sqrt{\varepsilon_{r1}}\hat{J}_n(k_0a_1)\hat{J}'_n(k_1a_1) - \sqrt{\mu_{r1}}\hat{J}'_n(k_0a_1)\hat{J}_n(k_1a_1)}{\sqrt{\varepsilon_{r1}}\hat{H}^{(2)}_n(k_0a_1)\hat{J}'_n(k_1a_1) - \sqrt{\mu_{r1}}\hat{H}^{(2)\prime}_n(k_0a_1)\hat{J}_n(k_1a_1)}a_n \quad \text{[见 (6.8.28b) 式]}$$

以上式中, 系数 $a_n = j^{-n}\dfrac{2n+1}{n(n+1)}$[见 (6.4.16) 式].

(B) $m>1$ 情形

(1) 首先计算：$\dfrac{e_n^{(2)}}{d_n^{(2)}}$ 和 $\dfrac{h_n^{(2)}}{g_n^{(2)}}$

(a) 对导体球芯 ($\sigma=\infty$), 计算：

$$\frac{e_n^{(2)}}{d_n^{(2)}} = -\frac{\hat{J}'_n(k_2a_1)}{\hat{Y}'_n(k_2a_1)};\quad \frac{h_n^{(2)}}{g_n^{(2)}} = -\frac{\hat{J}_n(k_2a_1)}{\hat{Y}_n(k_2a_1)} \quad \text{[见 (6.8.32) 式]}$$

(b) 对于介质球芯 ($\varepsilon_1,\mu_1$), 计算：

$$R_b^{(1)} = \frac{k_2\mu_1}{k_1\mu_2}\frac{\hat{J}'_n(k_1a_1)}{\hat{J}_n(k_1a_1)} = \sqrt{\frac{\varepsilon_{r2}\mu_{r1}}{\varepsilon_{r1}\mu_{r2}}}\frac{\hat{J}'_n(k_1a_1)}{\hat{J}_n(k_1a_1)} \quad \text{[见 (6.8.40a) 式]}$$

$$R_c^{(1)} = \frac{k_2\mu_1}{k_1\mu_2}\frac{\hat{J}_n(k_1a_1)}{\hat{J}'_n(k_1a_1)} = \sqrt{\frac{\varepsilon_{r2}\mu_{r1}}{\varepsilon_{r1}\mu_{r2}}\frac{\hat{J}_n(k_1a_1)}{\hat{J}'_n(k_1a_1)}} \quad \text{[见 (6.8.40b) 式]}$$

$$\frac{e_n^{(2)}}{d_n^{(2)}} = -\frac{\hat{J}'_n(k_2a_1) - R_b^{(1)}\hat{J}_n(k_2a_1)}{\hat{Y}'_n(k_2a_1) - R_b^{(1)}\hat{Y}_n(k_2a_1)} \quad \text{[见 (6.8.41a) 式]}$$

$$\frac{h_n^{(2)}}{g_n^{(2)}} = -\frac{\hat{J}_n(k_2a_1) - R_c^{(1)}\hat{J}'_n(k_2a_1)}{\hat{Y}_n(k_2a_1) - R_c^{(1)}\hat{Y}'_n(k_2a_1)} \quad \text{[见 (6.8.41b) 式]}$$

(2) 通过递推计算：$\dfrac{e_n^{(3)}}{d_n^{(3)}}$ 和 $\dfrac{h_n^{(3)}}{g_n^{(3)}}$, $\dfrac{e_n^{(4)}}{d_n^{(4)}}$ 和 $\dfrac{h_n^{(4)}}{g_n^{(4)}}$, $\cdots$, $\dfrac{e_n^{(m)}}{d_n^{(m)}}$ 和 $\dfrac{h_n^{(m)}}{g_n^{(m)}}$;

$$R_b^{(i)} = \frac{k_{i+1}\mu_i}{k_i\mu_{i+1}}\frac{\hat{J}'_n(k_ia_i) + \dfrac{e_n^{(i)}}{d_n^{(i)}}\hat{Y}'_n(k_ia_i)}{\hat{J}_n(k_ia_i) + \dfrac{e_n^{(i)}}{d_n^{(i)}}\hat{Y}_n(k_ia_i)} \quad \text{[见 (6.8.52a) 式]}$$

$$R_c^{(i)} = \frac{k_{i+1}\mu_i}{k_i\mu_{i+1}}\frac{\hat{J}_n(k_ia_i) + \dfrac{h_n^{(i)}}{g_n^{(i)}}\hat{Y}_n(k_ia_i)}{\hat{J}'_n(k_ia_i) + \dfrac{h_n^{(i)}}{g_n^{(i)}}\hat{Y}'_n(k_ia_i)} \quad \text{[见 (6.8.52b) 式]}$$

其中,

$$\frac{k_{i+1}\mu_i}{k_i\mu_{i+1}} = \sqrt{\frac{\varepsilon_{r,i+1}\mu_{ri}}{\varepsilon_{ri}\mu_{r,i+1}}}; i=2,3,4,\cdots,m,$$

$$\frac{e_n^{(i+1)}}{d_n^{(i+1)}} = -\frac{\hat{J}_n'(k_{i+1}a_i) - R_b^{(i)}\hat{J}_n(k_{i+1}a_i)}{\hat{Y}_n'(k_{i+1}a_i) - R_b^{(i)}\hat{Y}_n(k_{i+1}a_i)} \quad [\text{见 (6.8.53a) 式}]$$

$$\frac{h_n^{(i+1)}}{g_n^{(i+1)}} = -\frac{\hat{J}_n(k_{i+1}a_i) - R_c^{(i)}\hat{J}_n'(k_{i+1}a_i)}{\hat{Y}_n(k_{i+1}a_i) - R_c^{(i)}\hat{Y}_n'(k_{i+1}a_i)} \quad [\text{见 (6.8.53b) 式}]$$

其中, $i = 3, 4, \cdots, m-1$.

(3) 求得 $R_b^{(m)}$ 和 $R_c^{(m)}$ 后, 应用 (6.8.62) 式计算:

$$b_n = -\frac{\hat{J}_n'(k_0a_m) - R_b^{(m)}\hat{J}_n(k_0a_m)}{\hat{H}_n^{(2)'}(k_0a_m) - R_b^{(m)}\hat{H}_n^{(2)}(k_0a_m)}a_n \quad [\text{见 (6.8.62a) 式}]$$

$$c_n = -\frac{\hat{J}_n(k_0a_m) - R_c^{(m)}\hat{J}_n'(k_0a_m)}{\hat{H}_n^{(2)}(k_0a_m) - R_c^{(m)}\hat{H}_n^{(2)'}(k_0a_m)}a_n \quad [\text{见 (6.8.62b) 式}]$$

以上就是确定散射系数的 $b_n$ 和 $c_n$ 的递推算法.

散射系数 $b_n$ 和 $c_n$ 可应用 (6.8.62) 式编程计算. 一旦求得它们后, 按雷达散射截面 (RCS) 定义, 便可计算出多层介质和多层介质敷层导体球平面波散射的散射截面 $\sigma$; 实际上, 其计算公式即我们计算导体球、介质球或介质敷层导体球的平面波散射时曾用到过的 (6.5.30)~(6.5.33) 式, 即

$$\text{双站 RCS: } \sigma(\text{Bistatic}) = \frac{\lambda_0^2}{\pi}\left[\left|A_c\right|^2\cos^2\varphi + \left|A_s\right|^2\sin^2\varphi\right] \tag{6.8.63}$$

$$\text{单站 RCS: } \sigma(\text{Bonostatic}) = \frac{\lambda_0^2}{\pi}\left|\sum_{n=1}^{\infty}\text{j}^n(-1)^n\frac{1}{2}n(n+1)\,(b_n - c_n)\right|^2 \tag{6.8.64}$$

其中, $|A_c|^2$ 和 $|A_s|^2$ 参见 (6.5.32) 和 (6.5.33) 式; 关于多层球散射的系数的 $b_n$ 和 $c_n$ 的递推编程计算, 详见本章附录所给程序和应用范例.

# 参 考 文 献


[1] 毕德显. 电磁场理论. 北京: 电子工业出版社, 1985.

[2] Harrington R F 著. 孟侃译. 正弦电磁场. 上海: 上海科学技术出版社, 1964.

[3] Balanis C A. Advanced Engineering Electromagnetics, NewYork: John Wiley & Sons, Inc., 1989.

[4] 楼仁海. 工程电磁理论. 北京: 国防工业出版社, 1983.

[5] 付君眉, 冯恩信. 高等电磁理论. 西安: 西安交通大学出版社, 2000.

[6] 戴振铎, 鲁述. 电磁理论中的并矢格林函数. 武汉: 武汉大学出版社, 1955.

[7] 叶培大, 吴彝尊. 光波导技术基本理论. 北京: 人民邮电出版社, 1981.

[8] 陈孟尧. 电磁场与微波技术. 北京: 高等教育出版社, 1989.

[9] 黄宏嘉. 微波原理. 卷 I, 卷 II. 北京: 科学出版社, 1963.

[10] 鲍家善, 等. 第二版. 微波原理. 北京: 高等教育出版社, 1985.

[11] 林为干. 微波理论与技术. 北京: 科学出版社, 1979.

[12] 方大纲, 刘次由. 微波理论与技术. 北京: 兵器工业出版社, 1985.

[13] 唐汉. 微波原理. 南京: 南京大学出版社, 1990.

[14] Silver S. Microwave Antenna Theory and Design. Rad. Lab. Series No.12, New York: McGraw-Hill, 1949.

[15] H.T. 薄瓦讲, 超高频天线. 北京: 高等教育出版社, 1959.

[16] Фрадин А З. Антенна Сверхвысоких Частот. Издательство Советское Радио, Москва. 中译本. 特高频天线. 北京: 国防工业出版社. 1957.

[17] Abramowitz M, Stegun I E. Handbook of Mathematical Functions with Formulas, Graphs, and Mathematical Tables, Washington D.C.: U.S. Govt. Print. Off., 1972.

[18] Dudley D G. Mathematical foundations for electromagnetic theory, IEEE Series on Electromagnetic Waves, IEEE Press. 1994.

[19] Shanjie Zhang, Jianming Jin (张善杰, 金建铭). Computation of special functions. New York: John Wiley & Sons, Inc., 1996.

[20] D.C. 斯廷逊著, 王昌曜, 刘天惠译. 电磁学中的数学. 北京: 国防工业出版社, 1982.

[21] 章文勋. 无线电技术中的微分方程. 北京: 国防工业出版社, 1982.

[22] 戴旦前, 陈崇源. $\delta$ 函数和卷积及在电工中的应用. 北京: 高等教育出版社, 1986.

[23] 陈惠青 (美) 著. 电磁波理论 —— 无坐标方法. 梁昌洪等译. 北京: 电子工业出版社, 1988.

[24] 沈熙宁. 电磁场与电磁波. 北京: 科学出版社, 2006.

[25] 王一平, 郭宏福. 电磁波 —— 传输 · 辐射 · 传播. 西安: 西安电子科技大学出版社, 2006.

[26] 沙湘月, 伍瑞新. 电磁场理论与微波技术. 南京: 南京大学出版社, 2004.

[27] Lunburg R K. Mathematical Theory of Optics. Berkeley and Los Angeles., California: University of California Press, 1964.

# 附　　录

## 附　录　一

### A　δ 函数简介 [22]

在物理学中我们常需要研究有关物理量的连续分布与相对集中分布, 如质量密度、电荷密度的空间分布, 物体受力、信号幅度随时间变化的时间分布. 从物理上看, 连续分布与集中分布并没有本质不同. 但当质量密度、电荷密度分布集中在一个很小的空间范围内, 物体的受力、信号幅度被限于一个很短暂时刻时, 在极限的情况下, 就可以抽象地将它们视为 (离散的) 质点、点电荷、瞬时力和瞬时 (脉冲) 信号, 并用一个数来描述它的总量.

所谓质点就是质量密度为无限大, 而它的体积分即质量却为有限的情形. 类似地, 点电荷则是指电荷密度为无限大, 而它的体积分即总电量为有限的情形. 为了描述这一类抽象概念, 在数学上引入了 $\delta$ 函数 (称为 Dirac $\delta$ 函数), 亦称作冲激函数. 以下简要地介绍 $\delta$ 函数的定义和主要性质.

#### 1　δ 函数的定义

关于 $\boldsymbol{\delta}$ 函数的数学定义, 有各种相互等价的表述, 最常见的定义有

(a)

$$\delta(x)=\begin{cases}\infty & x=0\\ 0 & x\neq 0\end{cases}$$
$$\int_{-\infty}^{\infty}\delta(x)\mathrm{d}x=1 \tag{1}$$

这表示 $\delta(x)$ 是定义为一个高度为 $\infty$ 宽度为零, 但脉冲面积为 1 的脉冲.

(b)

$$\delta(x)=\lim_{a\to 0}\frac{1}{a}\left[U(x)-U(x-a)\right]=\frac{\mathrm{d}U(x)}{\mathrm{d}x} \tag{2}$$

式中, $U(x)$ 为单位阶跃函数, 其定义为:

$$U(x)=\begin{cases}0 & x<0\\ 1 & x>0\end{cases} \tag{3}$$

(2) 式表示 $\delta(x)$ 是定义为一个宽度为 $a$、高度 $1/a$ 的矩形脉冲、当 $a\to 0$ 时的极限.

(c)

$$\delta(x)=\lim_{n\to\infty}\frac{\sin nx}{\pi x} \tag{4}$$

这表示 $\delta(x)$ 是定义为函数 $f_n(x)=\sin nx/(\pi x)$ 当 $n\to\infty$ 时的极限.

一般地, 若 $\delta$ 函数的奇点不是位于 $x=0$, 而是位于 $x=x'$, 则由 (1) 式, 有

$$\begin{aligned}&\delta(x-x')=\begin{cases}\infty & x=x'\\ 0 & x\neq x'\end{cases}\\ &\int_{-\infty}^{\infty}\delta(x-x')\mathrm{d}x=1\end{aligned} \tag{5}$$

$\delta(x)$ 是描述具有奇点 $x=0$ 的函数, 故它是一种奇异函数. 从其定义可见, 它与古典函数截然不同. 熟知, 古典函数的某一点都有一个数值与之对应, 而 $\delta$ 函数则是由极限定义的函数; 并且这极限也与古典极限不同, 古典极限要求收敛到一个定值才认为存在极限, 而 $\delta$ 函数的极限却是 $\infty$, 不是一个定值, 称为 “广义极限”; 此外, 函数的值需通过积分来体现.

## 2 δ 函数的主要性质

(1) 抽样 (或筛选) 性质

$$\int_{-\infty}^{\infty}\delta(x)f(x)\mathrm{d}x=f(0) \tag{6}$$

这也可作为 $\delta$ 函数的一种定义表示式, 它可以从 $\delta$ 函数的定义 (1) 式推导出. 现证明如下:

$$\begin{aligned}\int_{-\infty}^{\infty}\delta(x)f(x)\mathrm{d}x&=\int_{-\infty}^{0_-}\delta(x)f(x)\mathrm{d}x+\int_{0_-}^{0_+}\delta(x)f(x)\mathrm{d}x+\int_{0_+}^{\infty}\delta(x)f(x)\mathrm{d}x\\&=\int_{-\infty}^{0_-}0\cdot f(x)\mathrm{d}x+f(0)\int_{0_-}^{0_+}\delta(x)\mathrm{d}x+\int_{0_+}^{\infty}0\cdot f(x)\mathrm{d}x\\&=0+f(0)\cdot 1+0\end{aligned}$$

即

$$\int_{-\infty}^{\infty}\delta(x)f(x)\mathrm{d}x=f(0)$$

(6) 式称为 $\delta$ 函数的筛选性质或取样性质. $\delta$ 函数只有通过积分才有定值, 因此, 它的运算总是要通过 (6) 式那样积分才能作用于另一函数 $f(x)$; 在积分中, 亦与普通积分不同, 普通积分遇到数值为 $\infty$ 时就不可积, 而积分限为 $0_-$ 到 $0_+$ 的积分值为零. 但对于 $\delta(x)$, (6) 式积分却为 $f(x)$ 在 $x=0$ 奇点处的值 $f(0)$.

一般地, 对于奇点位于 $x=x'$ 处, (6) 式将变为

$$\int_{-\infty}^{\infty}\delta(x-x')f(x)\mathrm{d}x=f(x') \tag{7}$$

(2) 偶函数性质

由 $\delta(x)$ 函数的定义 (1) 式或从其函数图形, 不难看出 $\delta(x)$ 具有偶对称性质:

$$\delta(-x)=\delta(x) \tag{8}$$

一般地,

$$\delta(x'-x)=\delta(x-x') \tag{9}$$

(3) 常用坐标系中 $\delta$ 函数的表示式

$\delta$ 函数的定义 (1) 式可推广至不同坐标系的二维和三维情形.

直角坐标系 $(x,y,z)$:

二维　$$\delta(\rho-\rho')=\delta(x-x')\delta(y-y') \tag{10}$$

三维　$$\delta(\boldsymbol{r}-\boldsymbol{r}')=\delta(x-x')\delta(y-y')\delta(z-z') \tag{11}$$

柱面坐标系 $(\rho,\varphi,z)$:

二维　$$\delta(\rho-\rho')=\frac{1}{\rho}\delta(\rho-\rho')\delta(\varphi-\varphi') \tag{12}$$

三维　$$\delta(\boldsymbol{r}-\boldsymbol{r}')=\frac{1}{\rho}\delta(\rho-\rho')\delta(\varphi-\varphi')\delta(z-z') \tag{13}$$

球面坐标系 $(r,\theta,\varphi)$:

$$\delta(\boldsymbol{r}-\boldsymbol{r}')=\frac{1}{r^2\sin\theta}\delta(\boldsymbol{r}-\boldsymbol{r}')\delta(\theta-\theta')\delta(\varphi-\varphi') \tag{14}$$

$\delta$ 函数的单位为 $1/\mathrm{m}^n$, $n$ 为维数.

## B　Helmholtz 方程的自由空间 Green 函数 (基本解)

Helmholtz 方程:

$$\nabla^2G_0(\boldsymbol{r},\boldsymbol{r}')+k^2G_0(\boldsymbol{r},\boldsymbol{r}')=-\delta(\boldsymbol{r}-\boldsymbol{r}')\quad(\mathrm{Im}k<0) \tag{1}$$

$$\lim_{r\to\infty}G_0(\boldsymbol{r},\boldsymbol{r}')=0 \tag{2}$$

(1) 式满足限定条件 (2) 的解就称为 Helmholtz 方程的自由空间 (无界域) 的 Green 函数, 亦称为 Helmholtz 方程的基本解.

(注: 若 $G_0$ 代表 $\mathrm{e}^{\mathrm{j}\omega t}$ 的时谐场, 则 $G_0$ 应满足辐射条件: $\lim\limits_{r\to\infty}r\left(\dfrac{\partial}{\partial r}+\mathrm{j}k\right)G_0=0$)

(1) 三维球面坐标系 $(r,\theta,\varphi)$

今取 $\boldsymbol{r}=\boldsymbol{r}'(x',y',z')$ 为球面坐标系的原点. 由于点源产生的“场”与 $\theta,\varphi$ 无关, 仅是距离 $R=|\boldsymbol{r}-\boldsymbol{r}'|$ 的函数, 故在此球面坐标系下, 当 $\boldsymbol{r}\neq\boldsymbol{r}'$ 时, (1) 和 (2) 式可化为

$$\nabla^2 G_0+k^2G_0=\frac{1}{R}\frac{\mathrm{d}}{\mathrm{d}R}\left(R^2\frac{\mathrm{d}G_0}{\mathrm{d}R}\right)+k^2G_0=0\quad \boldsymbol{r}\neq\boldsymbol{r}' \tag{3}$$

$$\lim_{|r-r'|\to\infty}G_0(\boldsymbol{r},\boldsymbol{r}')=0 \tag{4}$$

式中, $R=|\boldsymbol{r}-\boldsymbol{r}'|=\sqrt{(x-x')^2+(y-y')^2+(z-z')^2}$.

作变换: $U=RG_0$, 则 (3) 式可化为

$$\frac{\mathrm{d}^2U}{\mathrm{d}R^2}+k^2U=0 \tag{5}$$

熟知, (5) 式的解为

$$U=A\mathrm{e}^{-\mathrm{j}kR}+B\mathrm{e}^{\mathrm{j}kR} \tag{6}$$

故 (3) 式的解为

$$G_0=\frac{U}{R}=A\frac{\mathrm{e}^{-\mathrm{j}kR}}{R}+B\frac{\mathrm{e}^{\mathrm{j}kR}}{R} \tag{7}$$

这里, $A$、$B$ 为待定的积分常数.

假定 $k$ 有一小量虚部 $\mathrm{Im}k<0$(表示媒质具有微弱导电损耗), 故第一项 $A\mathrm{e}^{-\mathrm{j}kR}/R$ 有一衰减因子, 其幅值将随 $R$ 增加而减小, 而第二项 $B\mathrm{e}^{-\mathrm{j}kR}/R$ 具有一增幅因子, 其幅值将随 $R$ 增加而增加, 当 $R\to\infty$ 时, 前者收敛, 后者发散, 故需令 $B=0$. 另一方面, 若所考虑的 $G_0$ 是代表时间因子为 $\mathrm{e}^{\mathrm{j}\omega t}$ 的时谐场, 则 $G_0|_{R\to\infty}$ 应满足“辐射条件”, 即除其幅值随 $R\to\infty$ 辐射扩散要满足条件 (4) 而趋于零, 其相位变化应满足从源 $\boldsymbol{r}'$ 处向外辐射行波要求. 这时, (7) 式中的第一和第二项均满足限定条件 (4), 但第一项是代表从源 $\boldsymbol{r}'$ 处向外辐射的球面波; 而第二项是代表来自无穷远处向从源向 $\boldsymbol{r}'$ 处会聚的球面波, 从物理方面考虑, 这第二项对于点源而言没有物理意义, 应予抛弃, 故仍应令 $B=0$. 于是, (7) 式可写成

$$G_0=A\frac{\mathrm{e}^{-\mathrm{j}kR}}{R} \tag{8}$$

即解 $G_0$ 等于齐次微分方程的解 $\dfrac{\mathrm{e}^{-\mathrm{j}kR}}{R}$ 乘以 (表示波振幅的) 任意常数 $A$.

为了求得方程 (1) 的特解, 现将 (8) 代入它来确定常数 $A$. 为此, 令以 $\boldsymbol{r}'$ 为球心作一半径 $a(a\to 0)$ 的小球面 $S_a$, 其体积为 $V_a$, 并将 (1) 式对此体积 $V_a$ 积分, 得

$$\iiint_V(\nabla^2G_0+k^2G_0)\mathrm{d}v=\iiint_{V_a}-\delta(\boldsymbol{r}-\boldsymbol{r}')\mathrm{d}v=-1 \tag{9}$$

注意到 $\nabla^2 G_0 = \nabla\cdot\nabla G_0$. 上式应用高斯定理后, 则有

$$\iiint_V (\nabla^2 G_0 + k^2 G_0)\mathrm{d}v = \oiint_{S_a} \frac{\partial G_0}{\partial n}\mathrm{d}S + k^2\iiint_V G_0 \mathrm{d}v = -1 \tag{10}$$

因当 $a\to 0$ 时, 我们有

$$\begin{aligned}\lim_{a\to 0}\oiint_{S_a}\frac{\partial G_0}{\partial n}\mathrm{d}S &= \lim_{a\to 0}\oiint_{S_a}\frac{\partial G_0}{\partial R}\mathrm{d}S\\ &= \lim_{a\to 0}\oiint_{S_a} -A\left(\mathrm{j}k+\frac{1}{R}\right)\frac{\mathrm{e}^{-\mathrm{j}kR}}{R}\mathrm{d}S\\ &= \lim_{a\to 0}\left[-A\left(\mathrm{j}k+\frac{1}{a}\right)\frac{\mathrm{e}^{-\mathrm{j}ka}}{a}4\pi a^2\right]\\ &= -4\pi A\end{aligned} \tag{11}$$

$$\begin{aligned}\lim_{a\to 0}\iiint_V G_0\mathrm{d}v &= \lim_{a\to 0}\iiint_V A\frac{\mathrm{e}^{-\mathrm{j}kR}}{R}\mathrm{d}v\\ &\leqslant \lim_{a\to 0}|A|\iiint_V \frac{1}{R}\mathrm{d}v\\ &= \lim_{a\to 0}|A|\int_0^a\int_0^{2\pi}\int_0^{\pi} R\sin\theta\mathrm{d}R\mathrm{d}\theta\mathrm{d}\varphi\\ &= |A|2\pi a^2 \to 0\end{aligned} \tag{12}$$

将以上 (11) 和 (12) 式结果代入 (10) 式, 便可得

$$A = \frac{1}{4\pi} \tag{13}$$

这样, 将 (13) 代入 (8) 式, 我们便得到所要求的 Helmholtz 方程 (1) 的基本解或自由空间的 Green 函数为

$$G_0(\boldsymbol{r},\boldsymbol{r}') = \frac{1}{4\pi}\frac{\mathrm{e}^{-\mathrm{j}kR}}{R} = \frac{1}{4\pi}\frac{\mathrm{e}^{-\mathrm{j}k|\boldsymbol{r}-\boldsymbol{r}'|}}{|\boldsymbol{r}-\boldsymbol{r}'|} \tag{14}$$

(2) 二维平面极坐标系 $(\rho,\varphi)$

选用平面极坐标系 $(\rho,\varphi)$, 记点源坐标为 $\boldsymbol{\rho}'$, 场点坐标为 $\boldsymbol{\rho}$. Helmholtz 方程的 Green 函数所满足的方程为

$$\nabla^2 G_0 + k^2 G_0 = -\delta(\boldsymbol{\rho}-\boldsymbol{\rho}') \quad (\mathrm{Im}k < 0) \tag{15}$$

$$G_0(\boldsymbol{\rho},\boldsymbol{\rho}')_{\rho\to\infty} = 0 \tag{16}$$

(注：若 $G_0$ 代表 $\mathrm{e}^{\mathrm{j}\omega t}$ 的时谐场, 则 $G_0$ 应满足辐射条件：$\lim\limits_{r\to\infty}\sqrt{\rho}\left(\dfrac{\partial}{\partial\rho}+\mathrm{j}k\right)G_0 = 0$)

当 $\boldsymbol{\rho} \neq \boldsymbol{\rho}'$ 时, $G_0$ 满足二维 Helmholtz 方程:

$$\nabla^2 G_0 + k^2 G_0 = 0 \quad (\boldsymbol{\rho} \neq \boldsymbol{\rho}') \tag{17}$$

今取 $\boldsymbol{\rho} = \boldsymbol{\rho}'(x', y')$ 为平面极坐标系的原点, 由于为无界域, 点源产生的场具有轴对性, 即 $G_0$ 仅是距离 $R = |\boldsymbol{\rho} - \boldsymbol{\rho}'|$ 的函数, 故在此平面极坐标系下, (15) 式退化为常微分方程:

$$\frac{1}{R}\frac{\mathrm{d}}{\mathrm{d}R}\left(R\frac{\mathrm{d}G_0}{\mathrm{d}R}\right) + k^2 G_0 = 0 \quad (R > 0) \tag{18}$$

式中, $R = |\boldsymbol{\rho} - \boldsymbol{\rho}'| = \sqrt{(x-x')^2 + (y-y')^2}$.

(18) 式就是零阶的 Bessel 方程, 其通解是

$$G_0 = AH_0^{(2)}(kR) + BH_0^{(1)}(kR) \tag{19}$$

这里, $H_0^{(1)}(kR)$ 和 $H_0^{(2)}(kR)$ 分别为第一类和第二类零阶 Hankel 函数; $A$、$B$ 为待定常数.

当 $R \to \infty$ 时, $H_0^{(1)}(kR)$ 和 $H_0^{(2)}(kR)$ 具有大宗量渐近式:

$$H_0^{(1)}(kR) \underset{kR\to\infty}{\approx} \sqrt{\frac{2}{\pi kR}}\mathrm{e}^{\mathrm{j}kR} \quad 和 \quad H_0^{(2)}(kR) \underset{kR\to\infty}{\approx} \sqrt{\frac{2}{\pi kR}}\mathrm{e}^{-\mathrm{j}kR}$$

类似于三维情形所作的讨论, 因 $\mathrm{Im}k < 0$, 或对于时谐场, 当 $kR \gg 1$ 时, 则 (19) 式中第一项 $AH_0^{(2)}(kR)$ 代表从源 $\boldsymbol{\rho}'$ 处向外辐射的柱面波; 而第二项 $BH_0^{(1)}(kR)$ 代表来自无穷远处向从源向 $\boldsymbol{\rho}'$ 传来的柱面波. 后者没有物理意义, 我们应有 $B = 0$, 于是 (19) 式可表为

$$G_0 - AH_0^{(2)}(kR) \tag{20}$$

为了求得方程 (15) 的特解, 现将 (20) 代入 (15) 式来确定常数 $A$. 为此, 我们以 $\boldsymbol{r}'$ 为圆心作一半径 $a(a \to 0)$ 的小圆 $\varGamma$, 其面积为 $S_a$, 并将 (15) 式对此面积 $S_a$ 积分, 得

$$\iint_{S_a} \left(\nabla^2 G_0 + k^2 G_0\right) \mathrm{d}S = -\iint_{S_a} \delta(\boldsymbol{\rho} - \boldsymbol{\rho}')\mathrm{d}S = -1 \tag{21}$$

注意到 $\nabla^2 G_0 = \nabla \cdot \nabla G_0$. 上式左边第一项应用二维高斯定理后, 则有

$$\iint_{S_a} \left(\nabla^2 G_0 + k^2 G_0\right) \mathrm{d}S = \oint_\Gamma \frac{\partial G_0}{\partial n}\mathrm{d}l + \iint_{S_a} k^2 G_0 \mathrm{d}S = -1 \tag{22}$$

对于上式右边的线积分, 将 (20) 式代入后并令 $a \to 0$, 我们可得

$$\begin{aligned}\lim_{a\to 0}\oint_\Gamma \frac{\partial G_0}{\partial n}\cdot \mathrm{d}l &= \lim_{a\to 0}\oint_\Gamma \frac{\partial G_0}{\partial \rho}\mathrm{d}l = 2\pi a\left[\frac{\partial G_0}{\partial \rho}\right]_{a\to 0} \\ &= 2\pi k a A H_0^{(2)'}(k\rho)\Big|_{R=a\to 0}\end{aligned} \tag{23}$$

已知对于 $H_0^{(2)}(x)$, 有小宗量近似式:

$$H_0^{(2)}(x) \underset{x\to 0}{\to} -\mathrm{j}\frac{2}{\pi}\ln\frac{x}{2}; \quad H_0^{(2)'}(x) \underset{x\to 0}{\to} -\mathrm{j}\frac{2}{\pi x} \tag{24}$$

故由 (23) 式有

$$\lim_{a\to 0}\oint_{\Gamma}\frac{\partial G_0}{\partial n}\cdot \mathrm{d}l = -\mathrm{j}4A \tag{25}$$

又因

$$\begin{aligned}\lim_{a\to 0}\iint_{S_a} k^2 G_0 \mathrm{d}s &= \lim_{a\to 0}\iint_{S_a} k^2 A H_0^{(2)}(kR)\mathrm{d}S \\ &-\mathrm{j}\frac{2}{\pi}k^2 A\lim_{a\to 0}\int_0^a\int_0^{2\pi}\ln\left(\frac{kR}{2}\right)R\mathrm{d}R\mathrm{d}\varphi \\ &=\mathrm{j}4k^2 A\lim_{a\to 0}\int_0^a \ln\left(\frac{kR}{2}\right)R\mathrm{d}R\end{aligned}$$

而积分:

$$\begin{aligned}\int_0^a \ln\left(\frac{kR}{2}\right)R\mathrm{d}R &= \int_0^a \ln\frac{k}{2}R\mathrm{d}R + \frac{1}{2}\int_0^a \ln R\mathrm{d}R^2 \\ &= \left(\ln\frac{k}{2}\right)\left.\frac{R^2}{2}\right|_0^a + \frac{1}{2}\left.R^2\ln R\right|_0^a - \left.\frac{R^2}{4}\right|_0^a \\ &= \frac{a^2}{2}\ln\frac{k}{2} + \frac{1}{2}a^2\ln a - \frac{a^2}{4}\end{aligned}$$

因 $a^2\ln a\big|_{a=0} = 0$, 而有

$$\lim_{a\to 0}\iint_{S_a} k^2 G_0 \mathrm{d}S = \mathrm{j}4k^2 A\lim_{a\to 0}\left[\frac{a^2}{2}\ln\frac{k}{2} + \frac{1}{2}a^2\ln a - \frac{a^2}{4}\right] \to 0 \tag{26}$$

将 (25) 和 (26) 代入 (22) 式, 我们就有

$$A = \frac{1}{4\mathrm{j}} = -\frac{\mathrm{j}}{4} \tag{27}$$

将 $A$ 代入 (20) 式, 最后就得到所要求的二维 Helmholtz 方程 (15) 的基本解为

$$G_0 = -\frac{\mathrm{j}}{4}H_0^{(2)}(kR) \tag{28}$$

式中, $R = |\boldsymbol{\rho} - \boldsymbol{\rho}'|$ 为场点与源点之间的距离: 应用余弦定理, 它亦可写成

$$R = \sqrt{\rho^2 + \rho'^2 - 2\rho\rho'\cos\varphi} \tag{29}$$

式中, $\varphi$ 为矢径 $\boldsymbol{\rho}$ 与 $\boldsymbol{\rho}'$ 之间的夹角.

故二维 Helmholtz 方程的自由空间的 Green 函数亦可表为

$$G_0(\boldsymbol{\rho}, \boldsymbol{\rho}') = -\frac{\mathrm{j}}{4}H_0^{(2)}(k\sqrt{\rho^2 + \rho'^2 - 2\rho\rho'\cos\varphi}) \tag{30}$$

(3) 一维直线坐标系

一维 Helmholtz 方程的 Green 函数所满足的方程与限定条件为

$$\frac{\mathrm{d}^2G_0}{\mathrm{d}x^2}+k^2G_0=-\delta(x-x')\quad(\mathrm{Im}k<0) \tag{31}$$

$$\lim_{z\to\pm\infty}G_0(x,x')=0 \tag{32}$$

(注：若 $G_0$ 代表 $\mathrm{e}^{\mathrm{j}\omega t}$ 的时谐场, 则 $G_0$ 应满足辐射条件：$\lim\limits_{x\to\pm\infty}\left(\dfrac{\mathrm{d}}{\mathrm{d}x}\pm\mathrm{j}k\right)G_0=0$)

(32) 式中, $x'$ 为点源坐标; $x$ 为场点坐标. 现以 $\boldsymbol{x}\neq\boldsymbol{x}'$ 为分界, 将求解域分成区域 (1)$x'<x<\infty$ 和区域 (2) $-\infty<x<x'$. 在此两无源区, $G_0$ 分别满足一维齐次 Helmholtz 方程：

$$\frac{\mathrm{d}^2G_0^{(1)}}{\mathrm{d}x^2}+k^2G_0^{(1)}=0\quad(x>x') \tag{33}$$

$$\frac{\mathrm{d}^2G_0^{(2)}}{\mathrm{d}x^2}+k^2G_0^{(2)}=0\quad(x<x') \tag{34}$$

熟知, 它们的通解分别可表为

$$G_0^{(1)}(x,x')=A\mathrm{e}^{-\mathrm{j}kx}+B\mathrm{e}^{\mathrm{j}kx}\quad(x>x') \tag{35}$$

$$G_0^{(2)}(x,x')=C\mathrm{e}^{-\mathrm{j}kx}+D\mathrm{e}^{\mathrm{j}kx}\quad(x<x') \tag{36}$$

其中, $A,B,C$ 和 $D$ 为待定的积分常数.

类似于三维情形所作的讨论, 因假定有 $\mathrm{Im}k<0$, 或对于时谐场, 以上式中它们的第一项 $A\mathrm{e}^{-\mathrm{j}kx}$ 和 $C\mathrm{e}^{-\mathrm{j}kx}$ 代表向 $+x$ 方向传播的平面波; 而第二项 $B\mathrm{e}^{\mathrm{j}kx}$ 和 $D\mathrm{e}^{\mathrm{j}kx}$ 代表向 $-x$ 方向传播的平面波; 我们可应用在 $x=\pm\infty$ 的限定 (或辐射) 条件, 以及在 $x=x'$ 处应满足的源条件来确定这些待定的积分常数.

由 $x\to\infty$ 时, $G_0^{(1)}(x,x')=0(\mathrm{Im}k<0)$, 可得 $B=0$; 而由 $x\to-\infty$ 时, $G_0^{(1)}(x,x')=0$, 则可得 $C=0$, 于是, (35) 和 (36) 式可写成

$$G_0^{(1)}(x,x')=A\mathrm{e}^{-\mathrm{j}kx}\quad(x>x') \tag{37}$$

$$G_0^{(2)}(x,x')=D\mathrm{e}^{\mathrm{j}kx}\quad(x<x') \tag{38}$$

为了确定积分常数 $A$、$D$, 还需按 $G_0(x,x')$ 所代表的物理量的意义 (或在数学上) 给出 $G_0(x,x')$ 在 $x=x'$ 源处应满足的源条件. 假定 $G_0(x,x')$ 的一个附加源条件是在 $x=x'$ 源处 $G_0(x,x')$ 连续, 故有

$$G_0^{(2)}(x,x')\Big|_{x=x'}=G_0^{(1)}(x,x')_{x=x'} \tag{39}$$

因 $G_0(x,x')$ 应满足方程 (31). 为此, 我们将 $G_0(x,x')$ 代入 (31) 式, 并对方程从 $x=x'-\varDelta/2$ 至 $x=x'+\varDelta/2$ 进行积分:

$$\begin{aligned}&\lim_{\varDelta\to 0}\int_{x'-\varDelta/2}^{x'+\varDelta/2}\frac{\mathrm{d}^2}{\mathrm{d}x^2}G_0(x,x')\mathrm{d}x+k^2\lim_{\varDelta\to 0}\int_{x'-\varDelta/2}^{x'+\varDelta/2}G_0(x,x')\mathrm{d}x\\&=-\lim_{\varDelta\to 0}\int_{x'-\varDelta/2}^{x'+\varDelta/2}\delta(x-x')\mathrm{d}x\end{aligned}\tag{40}$$

由于在源处 $G_0(x,x')$ 是 $x$ 的连续函数, 有

$$\lim_{\varDelta\to 0}\int_{x'-\varDelta/2}^{x'+\varDelta/2}G_0(x,x')\mathrm{d}x=\lim_{\varDelta\to 0}[\Delta G_0(x,x')]=0$$

而对于 $\delta$ 函数的积分, 按其定义, 有

$$\lim_{\varDelta\to 0}\int_{x'-\varDelta/2}^{x'+\varDelta/2}\delta(x-x')\mathrm{d}x=1$$

于是, 我们由 (40) 式可得

$$\lim_{\varDelta\to 0}\int_{x'-\varDelta/2}^{x'+\varDelta/2}\mathrm{d}x\left[\frac{\mathrm{d}}{\mathrm{d}x}G_0(x,x')\right]=\lim_{\varDelta\to 0}\left[\frac{\mathrm{d}}{\mathrm{d}x}G_0(x,x')\right]_{x-\varDelta/2}^{x+\varDelta/2}=-1$$

即

$$G_0^{(1)'}(x,x')\Big|_{x=x'}-G_0^{(2)'}(x,x')\Big|_{x=x'}=-1\tag{41}$$

表明在 $x=x'$ 源点处, $G_0'(x,x')$ 连续, 而导数 $G_0'(x,x')$ 则是不连续的, 其跳变值为 $-1$. (41) 式就是 $G_0(x,x')$ 所应满足的第二个源条件.

应用源条件 (39) 和 (41) 式, 由 (37) 和 (38) 式, 我们分别可得

$$A\mathrm{e}^{-\mathrm{j}kx'}=D\mathrm{e}^{\mathrm{j}kx'}\tag{42}$$

和

$$-\mathrm{j}k\left(A\mathrm{e}^{-\mathrm{j}kx'}+D\mathrm{e}^{\mathrm{j}kx'}\right)=-1\tag{43}$$

由以上两式可解得

$$A=\frac{1}{\mathrm{j}2k}\mathrm{e}^{\mathrm{j}kx'};\quad D=\frac{1}{\mathrm{j}2k}\mathrm{e}^{-\mathrm{j}kx'}\tag{44}$$

将它们回代至 (37) 和 (38) 式, 并考虑到在 $x=x'$ Green 函数的连续性, 即得到

$$G_0^{(1)}(x,x')=\frac{1}{\mathrm{j}2k}\mathrm{e}^{-\mathrm{j}k\left(x-x'\right)}x\geqslant x'\quad 和\quad G_0^{(2)}(x,x')=\frac{1}{\mathrm{j}2k}\mathrm{e}^{\mathrm{j}k\left(x-x'\right)}x\leqslant x$$

即写成

$$G_0(x,x')=\begin{cases}\dfrac{1}{\mathrm{j}2k}\mathrm{e}^{-\mathrm{j}k(x-x')} & x\geqslant x'\\ \dfrac{1}{\mathrm{j}2k}\mathrm{e}^{\mathrm{j}k(x-x')} & x\leqslant x'\end{cases}$$

$$=\frac{1}{j2k}\mathrm{e}^{-\mathrm{j}k|\boldsymbol{x}-\boldsymbol{x}'|}\quad(\mathrm{Im}k<0)\tag{45}$$

特别地, 对于 $x'=0$, 便有

$$G_0(x,0)=\frac{1}{\mathrm{j}2k}\mathrm{e}^{-\mathrm{j}k|\boldsymbol{x}|}\quad(\mathrm{Im}k<0)\tag{46}$$

## C　二维 Helmholtz 方程圆柱坐标系有界问题 Green 函数之范例

设有一半径为 $a$ 的无限长、理想导电的空心直圆柱体, 在其中 $\rho=\rho'$ 处置有一作时谐变化 $\mathrm{e}^{\mathrm{j}\omega t}$ 的均匀磁流环, 如图 C.1 所示.

磁流环上的磁流 $\boldsymbol{J}_\mathrm{m}$ 可表为

$$\boldsymbol{J}_\mathrm{m}=\hat{\boldsymbol{a}}_\varphi I_{\mathrm{m}0}\frac{\delta(\rho-\rho')\delta(z-z')}{\rho}\tag{1}$$

式中, $\hat{\boldsymbol{a}}_\varphi$ 为 $\varphi$ 方向上的单位矢量; $I_{\mathrm{m}0}$ 为磁流矩 (常量). 由于问题具有轴对称性, 有 $\dfrac{\partial}{\partial\varphi}=0$, 这是一个二维问题.

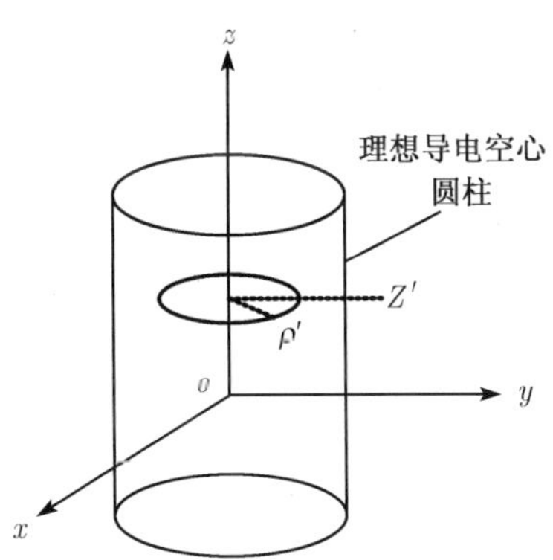


图 C.1　无限长理想导电圆柱内的时谐磁流环

采用势函数法, 电矢量势 $\boldsymbol{F}$ 满足方程:

$$\nabla^2\boldsymbol{F}+k^2\boldsymbol{F}=-\varepsilon\boldsymbol{J}_\mathrm{m}\tag{2}$$

在圆柱坐标系 $(\rho,\varphi,z)$ 中, $\nabla^2\boldsymbol{F}$ 的表示式为

$$\begin{aligned}\nabla^2\boldsymbol{F}=&\hat{\boldsymbol{a}}_\rho\left(\nabla^2F_\varphi-\frac{F_\rho}{\rho^2}-\frac{2}{\rho^2}\frac{\partial F_\varphi}{\partial\rho}\right)\\&+\hat{\boldsymbol{a}}_\varphi\left(\nabla^2F_\varphi-\frac{F_\varphi}{\rho^2}+\frac{2}{\rho^2}\frac{\partial F_\varphi}{\partial\varphi}\right)+\hat{\boldsymbol{a}}_z\nabla^2F_z\end{aligned}\tag{3}$$

因 $\boldsymbol{J}_{\mathrm{m}}$ 只有 $\varphi$ 分量, 以及有 $\dfrac{\partial}{\partial\varphi}=0$, 故由 (2) 式和 (3) 式可得关于 $F_\varphi$ 的标量非齐次微分方程:

$$\nabla^2F_\varphi+\left(k^2-\frac{1}{\rho^2}\right)F_\varphi=-\varepsilon I_{\mathrm{m0}}\frac{\delta(\rho-\rho')\delta(z-z')}{\rho}$$

或

$$\frac{1}{\rho}\frac{\partial}{\partial\rho}\left(\rho\frac{\partial F_\varphi}{\partial\rho}\right)+\left(k^2-\frac{1}{\rho^2}\right)F_\varphi+\frac{\partial^2F_\varphi}{\partial z^2}=-\varepsilon I_{\mathrm{m0}}\frac{\delta(\rho-\rho')\delta(z-z')}{\rho}\tag{4}$$

一旦求得 $F_\varphi$, 则按势函数法电场 $\boldsymbol{E}$ 即可求得为

$$\begin{aligned}\boldsymbol{E}&=-\frac{1}{\varepsilon}\nabla\times\boldsymbol{F}=-\frac{1}{\varepsilon}\nabla\times(\boldsymbol{F}_\varphi\hat{\boldsymbol{a}}_\varphi)\\&=-\frac{1}{\varepsilon}\left[-\frac{\partial F_\varphi}{\partial z}\hat{\boldsymbol{a}}_\rho+\frac{1}{\rho}\frac{\partial}{\partial\rho}(\rho F_\varphi)\hat{\boldsymbol{a}}_z\right]\end{aligned}\tag{5}$$

$$\begin{aligned}\boldsymbol{H}&=-\mathrm{j}\omega\left[1+\frac{1}{k^2}\nabla\nabla\cdot\right]\boldsymbol{F}=-\mathrm{j}\omega\boldsymbol{F}\quad(\text{因为}\nabla\cdot\boldsymbol{F}=0)\\&=-\mathrm{j}\omega F_\varphi\hat{\boldsymbol{a}}_\varphi\end{aligned}\tag{6}$$

令

$$G=\frac{F_\varphi}{\varepsilon I_{\mathrm{m0}}}\tag{7}$$

则 (4) 式可化为

$$\frac{1}{\rho}\frac{\partial}{\partial\rho}\left(\rho\frac{\partial G}{\partial\rho}\right)+\left(k^2-\frac{1}{\rho^2}\right)G+\frac{\partial^2G}{\partial z^2}=-\frac{\delta(\rho-\rho')\delta(z-z')}{\rho}\tag{8}$$

$G$ 应满足的限定、边界条件是

$$\lim_{\rho\to0}G\text{为有限值}\tag{9}$$

$$\lim_{\rho\to a}\frac{1}{\rho}\frac{\partial}{\partial\rho}(\rho G)=0\qquad(E_z|_{\rho=a}=0)\tag{10}$$

$$\lim_{z\to\pm\infty}G=0\tag{11}$$

当 $\rho \neq \rho'$ 和 $z \neq z'$ 时, $G$ 满足方程:

$$\left[\frac{1}{\rho}\frac{\partial}{\partial\rho}\left(\rho\frac{\partial}{\partial\rho}\right)+\left(k^2-\frac{1}{\rho^2}\right)+\frac{\partial^2}{\partial z^2}\right]G=0 \tag{12}$$

今应用分离变量法求解 (12) 式, 令

$$G=G_\rho(\rho)G_z(z) \tag{13}$$

则有

$$\frac{1}{G_\rho}\left[\frac{1}{\rho}\frac{\mathrm{d}}{\mathrm{d}\rho}\left(\rho\frac{\mathrm{d}G_\rho}{\mathrm{d}\rho}\right)+\left(k^2-\frac{1}{\rho^2}\right)\right]=-\frac{1}{G_z}\frac{\mathrm{d}^2G_z}{\mathrm{d}z^2}=k_z^2$$

于是可得

$$\frac{1}{\rho}\frac{d}{d\rho}\left(\rho\frac{\mathrm{d}G_\rho}{\mathrm{d}\rho}\right)+\left(k_\rho^2-\frac{1}{\rho^2}\right)G_\rho=0 \tag{14}$$

和

$$\frac{\mathrm{d}^2G_z}{\mathrm{d}z^2}+k_z^2G_z=0 \tag{15}$$

式中, $k_\rho^2=k^2-k_z^2$; $k_z^2$ 为分离常数.

现在来求解满足方程 (14) 给定条件 (9) 和 (10) 式的解. (12) 式是宗量为 $k_\rho\rho$ 的一阶 Bessel 方程. $G_\rho$ 的一般解是 $J_1(k_\rho\rho)$ 与 $Y_1(k_\rho\rho)$ 的线性叠加, 但 $Y_1(k_\rho\rho)$ 不满足 $\rho=0$ 为有限条件, 应予摒弃, 故 (14) 式满足给定条件 (9) 的解可表为

$$G_\rho=J_1(k_\rho\rho) \tag{16}$$

对于给定条件 (10), 因 Bessel 函数有递推关系式 $J_1'(z)=-J_1(z)/z+J_0(z)$, 边界条件 (10) 可表为:

$$\begin{aligned}G_\rho\Big|_{\rho=a}&=\frac{1}{\rho}\frac{\mathrm{d}}{\mathrm{d}\rho}\left[\rho J_1(k_\rho\rho)\right]\Big|_{\rho=a}=\frac{1}{\rho}\left[k_\rho\rho J_1'(k_\rho\rho)+J_1(k_\rho\rho)\right]_{\rho=a}\\&=\frac{1}{\rho}\left[k_\rho\rho J_0(k_\rho\rho)\right]_{\rho=a}=0\end{aligned}$$

出此得

$$J_0(k_\rho a)=0 \tag{17}$$

令 $\chi_{0n}$ 表示 $J_0(\chi)=0$ 的第 $n$ 个根, 故可知离散本征值为

$$k_{\rho n}=\frac{\chi_{0n}}{a}\quad(n=1,2,\cdots) \tag{18}$$

$n=1\sim4$ 时的 $\chi_{0n}$ 值可参见 3.3 节表 3.3.2. 故方程 (14) 式的解 (16) 式可写为

$$G_\rho=J_1(k_{\rho n}\rho)\quad(n=1,2,\cdots) \tag{19}$$

熟知, 满足给定条件方程 (15) 的解可表为

$$G_z=\begin{cases}e^{-jk_z z} & z>z' \\ e^{jk_z z} & z<z'\end{cases}\quad (\mathrm{Im}k_z<0) \tag{20}$$

这样, 由 (13) 式可得方程 (12) 式的一个特解为

$$G=J_1(k_{\rho n}\rho)G_z \tag{21}$$

而方程 (8) 的一般解可用其齐次形式不同 $n$ 取值的特解 (21) 式的线性叠加表示, 即

$$G=\sum_{n=1}^{\infty}s_n J_1(k_{\rho n}\rho)G_z \tag{22}$$

式中, $s_n$ 为展开式系数.

将 (22) 代入 (8) 式, 我们有

$$\sum_{n=1}^{\infty}s_n\left[\frac{1}{\rho}\frac{\mathrm{d}}{\mathrm{d}\rho}\left(\rho\frac{\mathrm{d}G_\rho}{\mathrm{d}\rho}\right)+\left(k_\rho^2-\frac{1}{\rho^2}\right)G_\rho\right]G_z+\sum_{n=1}^{\infty}s_n\left[\frac{d^2G_z}{dz^2}+k_z^2G_z\right]G_\rho$$
$$=-\frac{\delta(\rho-\rho')\delta(z-z')}{\rho}$$

其中, $G_\rho=J_1(k_{\rho n}\rho)$. 因 $J_1(k_{\rho n}\rho)$ 是方程 (14) 的解, 上式左边第一项等于零, 而有

$$\sum_{n=1}^{\infty}s_n J_1(k_{\rho n}\rho)\left(\frac{\mathrm{d}^2G_z}{\mathrm{d}z^2}+k_z^2G_z\right)=-\frac{\delta(\rho-\rho')\delta(z-z')}{\rho} \tag{23}$$

今将 (22) 式两边同乘 $\rho J_1(k_{\rho n'}\rho)\mathrm{d}\rho$, 并对变量 $\rho$ 从 0 到 $a$ 积分. 按 $\delta$ 函数的性质, 上式右边对 $\rho$ 的积分为 $J_1(k_{\rho n'}\rho')$, 而左边利用 Bessel 函数正交规一化性质:

$$\int_0^a J_1(k_{\rho n}\rho)J_1(k_{\rho n'}\rho)\rho\mathrm{d}\rho=\begin{cases}0 & k_{\rho n}\neq k_{\rho n'}(n\neq n') \\ \dfrac{a^2}{2}J_1^2(k_{\rho n'}a) & k_{\rho n}=k_{\rho n'}(n=n')\end{cases} \tag{24}$$

则可得

$$s_{n'}\frac{a^2}{2}J_1^2(k_{\rho n'}a)\left(\frac{\mathrm{d}^2G_z}{\mathrm{d}z^2}+k_z^2G_z\right)=-J_1(k_{\rho n'}\rho')\delta(z-z')$$

即有

$$\frac{\mathrm{d}^2G_z}{\mathrm{d}z^2}+k_z^2G_z=-\frac{1}{s_{n'}}\frac{2J_1(k_{\rho n'}\rho')}{a^2J_1^2(k_{\rho n'}a)}\delta(z-z') \tag{25}$$

记 $n'\to n$, 并令

$$D=\frac{1}{s_n}\frac{2J_1(k_{\rho n}\rho')}{a^2J_1^2(k_{\rho n}a)} \tag{26}$$

则 (25) 式可简洁地写成

$$\frac{\mathrm{d}^2 G_z}{\mathrm{d}z^2} + k_z^2 G_z = -D\delta(z - z') \tag{27}$$

对于方程 (27), 我们曾解过, 已知其解为 (见本章附录 B(45) 式):

$$G_z = \frac{D}{2\mathrm{j}k_z}\mathrm{e}^{-\mathrm{j}k_z|\boldsymbol{z}-\boldsymbol{z}'|} \tag{28}$$

将 (28) 和 (26) 式代入 (22) 式, 最后我们便得到所求问题的 Green 函数 $G$ 为

$$G = \sum_{n=1}^{\infty} \frac{1}{a^2} \frac{J_1(k_{\rho n}\rho)J_1(k_{\rho n}\rho')}{\mathrm{j}k_z J_1^2(k_{\rho n}a)} \mathrm{e}^{-\mathrm{j}k_z|\boldsymbol{z}-\boldsymbol{z}'|} \tag{29}$$

今已求得 $G$, 故由 (7) 式可知电矢量势 $F_\varphi$ 为

$$F_\varphi = \varepsilon I_{\mathrm{m}0} \sum_{n=1}^{\infty} \frac{1}{a^2} \frac{J_1(k_{\rho n}\rho)J_1(k_{\rho n}\rho')}{\mathrm{j}k_z J_1^2(k_{\rho n}a)} \mathrm{e}^{-\mathrm{j}k_z|\boldsymbol{z}-\boldsymbol{z}'|} \tag{30}$$

而由 (5) 和 (6) 式可得

$$E_\rho = \frac{1}{\varepsilon}\frac{\partial F_\varphi}{\partial z} = -I_{\mathrm{m}0} \sum_{n=1}^{\infty} \frac{1}{a^2} \frac{J_1(k_{\rho n}\rho)J_1(k_{\rho n}\rho')}{J_1^2(k_{\rho n}a)} \mathrm{e}^{-\mathrm{j}k_z|\boldsymbol{z}-\boldsymbol{z}'|} \tag{31}$$

$$\begin{aligned} E_z &= -\frac{1}{\varepsilon\rho}\frac{\partial}{\partial\rho}(\rho F_\varphi) = -\frac{1}{\rho} I_{\mathrm{m}0} \sum_{n=1}^{\infty} \frac{1}{a^2} \frac{\mathrm{d}}{\mathrm{d}\rho}\left[\rho J_1(k_{\rho n}\rho)\right] \frac{J_1(k_{\rho n}\rho')}{\mathrm{j}k_z J_1^2(k_{\rho n}a)} \mathrm{e}^{-\mathrm{j}k_z|\boldsymbol{z}-\boldsymbol{z}'|} \\ &= -I_{\mathrm{m}0} \sum_{n=1}^{\infty} \frac{k_{\rho n}}{a^2} \frac{J_1(k_{\rho n}\rho')J_0(k_{\rho n}\rho')}{\mathrm{j}k_z J_1^2(k_{\rho n}a)} \mathrm{e}^{-\mathrm{j}k_z|\boldsymbol{z}-\boldsymbol{z}'|} \end{aligned} \tag{32}$$

$$\begin{aligned} H_\varphi &= -\mathrm{j}\omega F_\varphi = -\frac{\omega\varepsilon}{k_z} I_{\mathrm{m}0} \sum_{n=1}^{\infty} \frac{1}{a^2} \frac{J_1(k_{\rho n}\rho)J_1(k_{\rho n}\rho')}{J_1^2(k_{\rho n}a)} \mathrm{e}^{-\mathrm{j}k_z|\boldsymbol{z}-\boldsymbol{z}'|} \\ &= \frac{\omega\varepsilon}{k_z} E_\rho = \frac{1}{\eta_z} E_\rho \end{aligned} \tag{33}$$

式中, $\eta_z - \dfrac{k_z}{\omega\varepsilon}$.

## D Fourier 和 Hankel 积分变换

积分变换法已被广泛地应用于数学物理和工程中, 用以求解所遇到的微分方程边值问题. 常见有 Fourier 变换、Laplace 变换, Hankel 变换等. 一般地, 这些变换定义如下:

如果 $K(\alpha, x)$ 为具有两个变数的已知函数, 对于函数 $f(x)$, 以下积分

$$\tilde{f}(\alpha) = \int_a^b f(x)K(\alpha, x)\mathrm{d}x$$

在积分区间 $[a,b]$(通常为 $[-\infty,\infty]$ 或 $[0,\infty]$) 收敛, 则 $\tilde{f}(\alpha)$ 就称为函数 $f(x)$ 的积分变换, 常记作 $\tilde{f}(\alpha)=T\{f(x)\}$. 积分表示式 (1) 中引入的函数 $K(\alpha,x)$ 通常称为积分的 "核", 而 $\alpha$ 为参数, 是与 $x$ 无关的实数或复数. 不同的积分变换将有不同的 "核" 和积分区间.

下面, 我们仅简要介绍 Fourier 变换和 Hankel 变换的定义, 及其导函数的变换性质. 对于它们的许多其它重要性质, 以及其它的变换, 有兴趣的读者可参阅有关专著.

(1) Fourier 变换

(a) Fourier 变换对

设 $f(x)$ 为分段连续函数, 且 $f(x)$ 在区间 $(-\infty<x<\infty)$ 绝对可积, 则积分:

$$\tilde{f}(\xi)=\int_{-\infty}^{\infty} f(x)\mathrm{e}^{-\mathrm{j}\xi x}\mathrm{d}x \tag{1}$$

存在. $\tilde{f}(\xi)$ 定义为 $f(x)$ 的 Fourier 变换, 其中积分变换核为 $\mathrm{e}^{-\mathrm{j}\xi x}$; 常记作 $\tilde{f}(\xi)=F\{f(x)\}$; $\tilde{f}(\xi)$ 亦称为 $f(x)$ 的象函数. 而函数 $f(x)(-\infty<x<\infty)$ 的积分表示式:

$$f(x)=\frac{1}{2\pi}\int_{-\infty}^{\infty}\tilde{f}(\xi)\mathrm{e}^{\mathrm{j}\xi x}\mathrm{d}\xi \tag{2}$$

则定义为 $\tilde{f}(\xi)$ 的 Fourier 逆变换, 常写成 $f(x)=F^{-1}\{\tilde{f}(\xi)\}$; $f(x)$ 亦称为 $\tilde{f}(\xi)$ 的象原函数. $f(x)$ 和 $\tilde{f}(\xi)$ 通过积分可以相互表示, 它们构成了一一对应的 Fourier 变换对.

Fourier 变换可以扩展到多变量情形. 例如, 对函数 $f(r)$ 的直角坐标逐个进行变换 (或展成 Fourier 积分), 我们有二维和三维的 Fourier 变换对.

对于 $f(x,y)(-\infty<x<\infty;-\infty<y<\infty)$, 二维 Fourier 变换对为

$$\tilde{f}(k_x,k_y)=\int_{-\infty}^{\infty} f(x,y)\mathrm{e}^{-\mathrm{j}(k_x x+k_y y)}\mathrm{d}x\mathrm{d}y \tag{3}$$

$$f(x,y)=\frac{1}{4\pi^2}\int_{-\infty}^{\infty}\tilde{f}(k_x,k_y)\mathrm{e}^{\mathrm{j}(k_x x+k_y y)}\mathrm{d}k_x\mathrm{d}k_y \tag{4}$$

对于 $f(x,y,z)(-\infty<x<\infty;-\infty<y<\infty;-\infty<z<\infty)$, 三维 Fourier 变换对为

$$\tilde{f}(k_x,k_y,k_z)=\int_{-\infty}^{\infty} f(x,y,z)\mathrm{e}^{-\mathrm{j}(k_x x+k_y y+k_z z)}\mathrm{d}x\mathrm{d}y\mathrm{d}z \tag{5}$$

$$f(x,y,z)=\frac{1}{8\pi^3}\int_{-\infty}^{\infty}\tilde{f}(k_x,k_y,k_z)\mathrm{e}^{\mathrm{j}(k_x x+k_y y+k_z z)}\mathrm{d}k_x\mathrm{d}k_y\mathrm{d}k_z \tag{6}$$

(b) $f(x)$ 的导数的 Fourier 变换

按式 (1)Fourier 变换的定义, 对于 $f(x)$ 的一阶导数 $f'(x)=\dfrac{\mathrm{d}f}{\mathrm{d}x}$ 的 Fourier 变换公式为

$$\tilde{f}'(\xi)=\int_{-\infty}^{\infty} f'(x)\mathrm{e}^{-\mathrm{j}\xi x}\mathrm{d}x \tag{7}$$

应用分部积分, 便有

$$\tilde{f}'(\xi)=\left[f(x)\mathrm{e}^{-\mathrm{j}\xi x}\right]_{-\infty}^{+\infty}+\mathrm{j}\xi\int_{-\infty}^{\infty} f(x)\mathrm{e}^{-\mathrm{j}\xi x}\mathrm{d}x$$

考虑到已假定 $\lim\limits_{|x|\to\infty} f(x)\to 0$, 并因 $\displaystyle\int_{-\infty}^{\infty} f(x)\mathrm{e}^{-\mathrm{j}\xi x}\mathrm{d}x=\tilde{f}(\xi)$, 故有

$$\tilde{f}'(\xi)=\mathrm{j}\xi\tilde{f}(\xi) \tag{8}$$

它表明一个函数的导数的 Fourier 变换等于这个函数的 Fourier 变换乘以因子 $\mathrm{j}\xi$.

类似地, 对于 $f(x)$ 的二阶导数 $f''(x)=\dfrac{\mathrm{d}^2 f}{\mathrm{d}x^2}$ 的 Fourier 变换公式为

$$\begin{aligned}\tilde{f}''(\xi)&=\int_{-\infty}^{\infty} f''(x)\mathrm{e}^{-\mathrm{j}\xi x}\mathrm{d}x\\&=\left[f'(x)\mathrm{e}^{-\mathrm{j}\xi x}\right]_{-\infty}^{+\infty}+\mathrm{j}\xi\int_{-\infty}^{\infty} f'(x)\mathrm{e}^{-\mathrm{j}\xi x}\mathrm{d}x\end{aligned}$$

再次应用分部积分, 便有

$$\tilde{f}''(\xi)=\left[\{f'(x)+\mathrm{j}\xi f\}\,\mathrm{e}^{-\mathrm{j}\xi x}\right]_{-\infty}^{+\infty}+(\mathrm{j}\xi)^2\int_{-\infty}^{\infty} f(x)\mathrm{e}^{\ \mathrm{j}k_x x}\mathrm{d}x \tag{9}$$

假定我们有 $\left[\{f'(x)+\mathrm{j}\xi f\}\,\mathrm{e}^{-\mathrm{j}hx}\right]_{-\infty}^{+\infty}=0$, 于是, 就 $f''(x)$ 的 Fourier 变换为

$$\tilde{f}''(\xi)=-\xi^2\tilde{f}(\xi) \tag{10}$$

以上假定 $[f'(x)+\mathrm{j}\xi f]_{-\infty}^{\infty}=\lim\limits_{|x|\to\infty}(f'(x)+\mathrm{j}\xi f)=0$, 其数学意义是计算 Fourier 变换对时, 包含有一个“收敛因子”, 而对于电磁问题, 其物理意义则是代表辐射平面波的 Sommerfeld 辐射条件; 如果有 $f(x)|_{|x|\to\infty}=0$, 则亦有 $f'(x)|_{|x|\to\infty}=0$. 实际上, 如果 $f$ 代表电场的某个分量, 则 $f'(x)$ 所代表的乃是磁场的某个分量; 若 $|x|\to\infty$ 时, 电场等于零, 则磁场亦将为零. 而假定 $\mathrm{e}^{-\mathrm{j}\xi|x|}\big|_{-\infty}^{+\infty}=0$, 表示应有 $\mathrm{Im}\xi<0$, 考虑了时间因子 $\mathrm{e}^{\mathrm{j}\omega t}$ 后, 其物理意义则表示波的传播具有损耗.

**例 1** 试求单位脉冲 $f(t)=\begin{cases}0 & |t|>\tau/2\\ 1 & |t|\leqslant\tau/2\end{cases}$ 的 Fourier 变换.

按定义, $f(t)$ 的 Fourier 变换为

$$
\begin{aligned}
\tilde{f}(\omega) &= \int_{-\infty}^{\infty} f(t)\mathrm{e}^{-\mathrm{j}\omega t}\mathrm{d}t = \int_{-\frac{\tau}{2}}^{+\frac{\tau}{2}} \mathrm{e}^{-\mathrm{j}\omega t}\mathrm{d}t \\
&= -\frac{1}{\mathrm{j}\omega}\,\mathrm{e}^{-\mathrm{j}\omega t}\Big|_{-\frac{\tau}{2}}^{+\frac{\tau}{2}} = \frac{2}{\omega}\frac{\mathrm{e}^{\mathrm{j}\frac{\omega\tau}{2}} - \mathrm{e}^{-\mathrm{j}\frac{\omega\tau}{2}}}{2\mathrm{j}} \\
&= \frac{2}{\omega}\sin\frac{\omega\tau}{2}
\end{aligned} \tag{11}
$$

**例 2** 试求函数 $f(x) = \delta(x \quad \xi)$ 的 Fourier 变换和逆变换.

按定义, $f(x)$ 的 Fourier 变换为

$$
\tilde{f}(\xi) = \int_{-\infty}^{\infty} \delta(x - x')\mathrm{e}^{-\mathrm{j}\xi x}\mathrm{d}x = \mathrm{e}^{-\mathrm{j}\xi x'} \tag{12}
$$

而由 (2) 式, 可得 $\tilde{f}(\xi)$ 的 Fourier 逆变换, 即 $\delta(x - x')$ 的积分表示式为

$$
\delta(x - x') = \frac{1}{2\pi}\int_{-\infty}^{\infty} \mathrm{e}^{\mathrm{j}\xi(x-x')}\mathrm{d}\xi \tag{13}
$$

许多函数的 Fourier 变换及其逆变换可由某些数学手册中 Fourier 变换对表查到.

(2) Hankel 变换

(a) Hankel 变换对

如果 $J_n(\lambda x)$ 为 $n$ 阶第一类 Bessl 函数, 则一个函数 $f(x)(0 < x < \infty)$ 的如下积分:

$$
\tilde{f}(\lambda) = \int_{0}^{\infty} f(x)J_n(\lambda x)x\mathrm{d}x \tag{14}
$$

定义为 $f(x)$ 的 Hankel 变换 (亦称 Fourier-Bessel) 变换. 其中 $xJ_n(\lambda x)$ 称为积分变换的核.

如果一个函数 $f(x)(0 < x < \infty)$ 的 Hankel 变换为 $\tilde{f}_n(\lambda)$, 则积分:

$$
f(x) = \int_{0}^{\infty} \tilde{f}(\lambda)J_n(\lambda x)\lambda\mathrm{d}\lambda \tag{15}
$$

则称为 $\tilde{f}(\lambda)$ 的 Hankel 逆变换,

有时, 我们将 $f(x)$ 的 Hankel 变换 $\tilde{f}_n(\lambda)$ 记作 $H\{f(x)\}$, 而将 $\tilde{f}(\lambda)$ 的 Hankel 逆变换记作 $H^{-1}\{f(x)\}$; 积分 (14) 与 (15) 共同构成 Hankel 变换对. Hankel 变换 (亦称为 Fourier-Bessel 变换) 可认为是平面极坐标下的二维 Fourier 变换.

关于 Hankel 逆变换公式可证明如下:

由 (2) 和 (3) 式, 已知对于 $f(x,y)(-\infty<x<\infty \quad -\infty<y<\infty)$, 二维 Fourier 变换对为

$$\tilde{f}(k_x,k_y)=\int_{-\infty}^{\infty} f(x,y)\mathrm{e}^{-\mathrm{j}(k_x x+k_y y)}\mathrm{d}x\mathrm{d}y \tag{16}$$

$$f(x,y)=\frac{1}{4\pi^2}\int_{-\infty}^{\infty}\tilde{f}(k_x,k_y)\mathrm{e}^{\mathrm{j}(k_x x+k_y y)}\mathrm{d}k_x\mathrm{d}k_y \tag{17}$$

现我们令 $x=r\cos\varphi; y=r\sin\varphi$ 和 $k_x=k\cos\alpha; k_y=k\sin\alpha$, 则 (16) 和 (17) 式可变换成

$$\tilde{f}(k,\alpha)=\int_0^{\infty} r\mathrm{d}r\int_0^{2\pi} f(r,\varphi)\mathrm{e}^{-\mathrm{j}kr\cos(\varphi-\alpha)}\mathrm{d}\varphi \tag{18}$$

$$f(r,\varphi)=\frac{1}{4\pi^2}\int_0^{\infty} k\mathrm{d}k\int_0^{2\pi}\tilde{f}(k,\alpha)\mathrm{e}^{\mathrm{j}kr\cos(\varphi-\alpha)}\mathrm{d}\alpha \tag{19}$$

今将 $f(r,\varphi)$ 写成

$$f(r,\varphi)=f(r)\mathrm{e}^{-\mathrm{j}n\varphi} \tag{20}$$

代入 (18) 式后, 可得

$$\tilde{f}(k,\alpha)=\int_0^{\infty} f(r)r\mathrm{d}r\int_0^{2\pi}\mathrm{e}^{\mathrm{j}[-n\varphi+kr\cos(\varphi-\alpha)]}\mathrm{d}\varphi \tag{21}$$

作变换：令 $\theta=\alpha-\varphi-\pi/2$, 则上式将变为

$$\begin{aligned}\tilde{f}(k,\alpha)&=\int_0^{\infty} f(r)r\mathrm{d}r\int_0^{2\pi}\mathrm{e}^{\mathrm{j}[n(\theta+\pi/2-\alpha)+kr\cos(\theta+\pi/2)]}\mathrm{d}\theta\\&=\int_0^{\infty} f(k)r\mathrm{d}r\mathrm{e}^{\mathrm{j}(\pi/2-\alpha)}\int_0^{2\pi}\mathrm{e}^{\mathrm{j}(n\theta-kr\sin\theta)}\mathrm{d}\theta\end{aligned} \tag{22}$$

已知, Bessel 函数有积分表示式:

$$J_n(kr)=\frac{1}{2\pi}\int_0^{2\pi}\mathrm{e}^{\mathrm{j}(n\theta-kr\sin\theta)}\mathrm{d}\theta \tag{23}$$

于是, (22) 式可写成

$$\tilde{f}(k,\alpha)=2\pi\mathrm{e}^{\mathrm{j}(\pi/2-\alpha)}\int_0^{\infty} f(r)J_n(kr)r\mathrm{d}r=2\pi\mathrm{e}^{\mathrm{j}(\pi/2-\alpha)}\tilde{f}(k) \tag{24}$$

将 (24) 代入 (19) 式, 得

$$\begin{aligned}f(r)\mathrm{e}^{-\mathrm{j}n\varphi}&=\frac{1}{2\pi}\int_0^{\infty} k\mathrm{d}k\int_0^{2\pi}\mathrm{e}^{\mathrm{j}n(\pi/2-\alpha)}\tilde{f}(k)\mathrm{e}^{-\mathrm{j}kr\cos(\varphi-\alpha)}\mathrm{d}\alpha\\&=\frac{1}{2\pi}\int_0^{\infty}\tilde{f}(k)k\mathrm{d}k\int_0^{2\pi}\mathrm{e}^{\mathrm{j}[n(\pi/2-\alpha)-kr\cos(\varphi-\alpha)]}\mathrm{d}\alpha\end{aligned} \tag{25}$$

再次作变换：令 $\theta=\varphi-\alpha+\pi/2$, 则上式将变为

$$\begin{aligned}f(r)\mathrm{e}^{-\mathrm{j}n\varphi}&=\int_0^{\infty}k\mathrm{d}k\int_0^{2\pi}\mathrm{e}^{\mathrm{j}[n(\theta-\varphi)-kr\cos(\pi/2-\theta)]}\mathrm{d}\alpha\\&=\frac{1}{2\pi}\int_0^{\infty}\tilde{f}(k)k\mathrm{d}k\mathrm{e}^{-\mathrm{j}n\varphi}\int_0^{2\pi}\mathrm{e}^{\mathrm{j}(n\theta-kr\sin\theta)}\mathrm{d}\theta\end{aligned}\tag{26}$$

或

$$f(r)=\frac{1}{2\pi}\int_0^{\infty}\tilde{f}(k)k2\pi J_n(kr)\mathrm{d}k=\int_0^{\infty}\tilde{f}(k)J_n(kr)k\mathrm{d}k\tag{27}$$

此即所要证明的逆变换公式 (15).

(b) 导函数 $f'(x)$ 的 Hankel 变换

如果 $\tilde{f}_n(\lambda)$ 为 $f(x)$ 的 $n$ 阶 Hankel 变换, 即

$$\tilde{f}_n(\lambda)=\int_0^{\infty}f(x)J_n(\lambda x)x\mathrm{d}x\tag{28}$$

则导函数 $\dfrac{\mathrm{d}f}{\mathrm{d}x}$ 的 $n$ 阶 Hankel 变换 $\tilde{f}'_n(\lambda)$ 的变换公式为

$$\tilde{f}'_n(\lambda)=-\lambda\left[\frac{n+1}{2n}\tilde{f}_{n-1}(\lambda)-\frac{n-1}{2n}\tilde{f}_{n+1}(\lambda)\right]\tag{29}$$

以下来证明此变换公式. 按 Hankel 变换的定义, $f'(x)$ 的 Hankel 变换为

$$\tilde{f}'_n(\lambda)=\int_0^{\infty}\frac{\mathrm{d}f}{\mathrm{d}x}J_n(\lambda x)x\mathrm{d}x\tag{30}$$

应用分部积分法, 得

$$\tilde{f}'_n(\lambda)=[xf(x)J_n(\lambda x)]_0^{\infty}-\int_0^{\infty}f(x)\frac{\mathrm{d}}{\mathrm{d}x}\left[xJ_n(\lambda x)\right]\mathrm{d}x$$

假定 $x\to0$ 和 $x\to\infty$ 时, 有 $xf(x)J_n(\lambda x)|_{\substack{x\to0\\x\to\infty}}\to0$, 则上式变成

$$\tilde{f}'_n(\lambda)=-\int_0^{\infty}f(x)\frac{\mathrm{d}}{\mathrm{d}x}\left[xJ_n(\lambda x)\right]\mathrm{d}x=-\int_0^{\infty}f(x)\left[J_n(\lambda x)+x\frac{\mathrm{d}}{\mathrm{d}x}J_n(\lambda x)\right]\mathrm{d}x\tag{31}$$

利用 Bessel 函数的递推公式：$xJ'_n(x)=xJ_{n-1}(x)-nJ_n(x)$, 可知有

$$x\frac{\mathrm{d}}{\mathrm{d}x}J_n(\lambda x)=\lambda xJ_{n-1}(\lambda x)-nJ_n(\lambda x)\tag{32}$$

于是 (31) 式便可写成

$$\begin{aligned}\tilde{f}'_n(\lambda)&=(n-1)\int_0^{\infty}f(x)J_n(\lambda x)\mathrm{d}x-\lambda\int_0^{\infty}f(x)J_{n-1}(\lambda x)x\mathrm{d}x\\&=(n-1)I-\lambda\tilde{f}_{n-1}(\lambda)\end{aligned}\tag{33}$$

式中, $I$ 为积分:

$$I \equiv \int_0^\infty f(x)J_n(\lambda x)\mathrm{d}x \tag{34}$$

又应用 Bessel 函数的递推公式: $J_{n-1}(x)+J_{n+1}(x)=\dfrac{2n}{x}J_n(x)$, 将 $x\to\lambda x$ 后, 可得

$$J_n(\lambda x)=\frac{\lambda x}{2n}\left[J_{n-1}(\lambda x)+J_{n+1}(\lambda x)\right]$$

代入 (34) 式, 可将积分 $I$ 表为

$$\begin{aligned} I \equiv & \frac{\lambda}{2n}\left[\int_0^\infty f(x)J_{n-1}(\lambda x)x\mathrm{d}x+\int_0^\infty f(x)J_{n+1}(\lambda x)x\mathrm{d}x\right] \\ = & \frac{\lambda}{2n}\left[\tilde{f}_{n-1}(\lambda)+\tilde{f}_{n+1}(\lambda)\right] \end{aligned} \tag{35}$$

于是, 将此代入 (33) 式, 便有

$$\begin{aligned} \tilde{f}'_n(\lambda)= & \frac{(n-1)}{2n}\lambda\left[\tilde{f}_{n-1}(\lambda)+\tilde{f}_{n+1}(\lambda)\right]-\lambda\tilde{f}_{n-1}(\lambda) \\ = & -\lambda\left[\frac{n+1}{2n}f_{n-1}(\lambda)-\frac{n-1}{2n}\tilde{f}_{n+1}(\lambda)\right] \end{aligned} \tag{36}$$

这就证明了 $\dfrac{\mathrm{d}f}{\mathrm{d}x}$的 $n$ 阶 Hankel 变换公式.

(c) $\dfrac{\mathrm{d}^2f}{\mathrm{d}x^2}$, $\dfrac{\mathrm{d}^2f}{\mathrm{d}x^2}+\dfrac{1}{x}\dfrac{\mathrm{d}f}{\mathrm{d}x}$ 和 $\dfrac{\mathrm{d}^2f}{\mathrm{d}x^2}+\dfrac{1}{x}\dfrac{\mathrm{d}f}{\mathrm{d}x}-\dfrac{n^2}{x^2}f$ 在一定条件下的 Hankel 变换

按 Hankel 变换的定义, $f''(x)$ 的 Hankel 变换为

$$\tilde{f}''_n(\lambda)-\int_0^\infty \frac{\mathrm{d}^2f}{\mathrm{d}x^2}J_n(\lambda x)x\mathrm{d}x \tag{37}$$

应用分部积分法, 得

$$\tilde{f}''_n(\lambda)=\left[x\frac{\mathrm{d}f}{\mathrm{d}x}J_n(\lambda x)\right]_0^\infty-\int_0^\infty\frac{\mathrm{d}f}{\mathrm{d}x}\frac{\mathrm{d}}{\mathrm{d}x}\left[xJ_n(\lambda x)\right]\mathrm{d}x$$

假定 $x\to 0$ 和 $x\to\infty$ 时, 有 $x\dfrac{\mathrm{d}f}{\mathrm{d}x}J_n(\lambda x)\bigg|_{\substack{x\to 0\\ x\to\infty}}\to 0$, 则上式变成

$$\begin{aligned} \tilde{f}''_n(\lambda)= & -\int_0^\infty\frac{\mathrm{d}f}{\mathrm{d}x}\frac{\mathrm{d}}{\mathrm{d}x}\left[xJ_n(\lambda x)\right]\mathrm{d}x \\ = & -\int_0^\infty\frac{\mathrm{d}f}{\mathrm{d}x}\left[J_n(\lambda x)+x\frac{\mathrm{d}}{\mathrm{d}x}J_n(\lambda x)\right]\mathrm{d}x \end{aligned} \tag{38}$$

由 (37) 与 (38) 式, 可得

$$\int_0^\infty\left(\frac{\mathrm{d}^2f}{\mathrm{d}x^2}+\frac{1}{x}\frac{\mathrm{d}f}{\mathrm{d}x}\right)xJ_n(\lambda x)\mathrm{d}x=-\int_0^\infty\frac{\mathrm{d}f}{\mathrm{d}x}x\left[\frac{\mathrm{d}}{\mathrm{d}x}J_n(\lambda x)\right]\mathrm{d}x \tag{39}$$

对上式右边应用分部积分, 则 (39) 式可表为

$$\int_0^\infty \left(\frac{\mathrm{d}^2 f}{\mathrm{d}x^2}+\frac{1}{x}\frac{\mathrm{d}f}{\mathrm{d}x}\right)xJ_n(\lambda x)\mathrm{d}x = -\left[xf(x)\frac{\mathrm{d}}{\mathrm{d}x}J_n(\lambda x)\right]_0^\infty + \int_0^\infty f(x)\frac{\mathrm{d}}{\mathrm{d}x}\left[x\frac{\mathrm{d}}{\mathrm{d}x}J_n(\lambda x)\right]\mathrm{d}x$$

假定 $x\to 0$ 和 $x\to\infty$ 时, 有 $xf(x)\frac{\mathrm{d}}{\mathrm{d}x}J_n(\lambda x)\Big|_{\substack{x\to 0\\ x\to\infty}}\to 0$, 则上式变成

$$\int_0^\infty \left(\frac{\mathrm{d}^2 f}{\mathrm{d}x^2}+\frac{1}{x}\frac{\mathrm{d}f}{\mathrm{d}x}\right)xJ_n(\lambda x)\mathrm{d}x = \int_0^\infty f(x)\left[\frac{\mathrm{d}}{\mathrm{d}x}J_n(\lambda x)+x\frac{\mathrm{d}^2}{\mathrm{d}x^2}J_n(\lambda x)\right]\mathrm{d}x \tag{40}$$

因 $J_n(x)$ 是 Bessel 方程的解, 即有：$x^2\frac{\mathrm{d}^2}{\mathrm{d}x^2}J_n(x)+x\frac{\mathrm{d}}{\mathrm{d}x}J_n(x)+(x^2-n^2)J_n(x)=0$, 将 $x\to\lambda x$, 可得 $\frac{\mathrm{d}}{\mathrm{d}x}J_n(\lambda x)+x\frac{\mathrm{d}^2}{\mathrm{d}x^2}J_n(\lambda x)=-\left(\lambda^2-\frac{n^2}{x^2}\right)xJ_n(\lambda x)$, 将此代入 (40) 式, 便有

$$\int_0^\infty \left(\frac{\mathrm{d}^2 f}{\mathrm{d}x^2}+\frac{1}{x}\frac{\mathrm{d}f}{\mathrm{d}x}\right)xJ_n(\lambda x)\mathrm{d}x = -\int_0^\infty f(x)\left(\lambda^2-\frac{n^2}{x^2}\right)xJ_n(\lambda x)\mathrm{d}x$$

此即有 $\int_0^\infty \left(\frac{\mathrm{d}^2 f}{\mathrm{d}x^2}+\frac{1}{x}\frac{\mathrm{d}f}{\mathrm{d}x}-\frac{n^2}{x^2}f\right)xJ_n(\lambda x)\mathrm{d}x = -\lambda^2\int_0^\infty f(x)xJ_n(\lambda x)\mathrm{d}x$

式中, $\int_0^\infty f(x)xJ_n(\lambda x)\mathrm{d}x=\tilde{f}_n(\lambda)$, 这样, 我们最后便得到

$$\int_0^\infty \left(\frac{\mathrm{d}^2 f}{\mathrm{d}x^2}+\frac{1}{x}\frac{\mathrm{d}f}{\mathrm{d}x}-\frac{n^2}{x^2}f\right)xJ_n(\lambda x)\mathrm{d}x = -\lambda^2\tilde{f}_n(\lambda) \tag{41}$$

**例 3**　已知积分公式 $\int_0^\infty \mathrm{e}^{-ax}J_0(\lambda x)\mathrm{d}x=(a^2+\lambda^2)^{-1/2}$, 故可得 $f(x)=\frac{1}{x}\mathrm{e}^{-ax}$ 零阶 Hankel 变换：

$$\tilde{f}(\lambda)=\int_0^\infty \frac{1}{x}\mathrm{e}^{-ax}xJ_0(\lambda x)\mathrm{d}x=\int_0^\infty \mathrm{e}^{-ax}J_0(\lambda x)\mathrm{d}x=(a^2+\lambda^2)^{-1/2} \tag{42}$$

**例 4**　试求 $\tilde{f}(\lambda)=\lambda^{-2}\mathrm{e}^{-a\lambda}$ 的一阶 Hankel 逆变换 $H^{-1}[\tilde{f}(\lambda)]$. 已知对于 Bessel 函数, 有积分公式 $\int_0^\infty \mathrm{e}^{-ax}J_1(\lambda x)\frac{\mathrm{d}x}{x}=\frac{1}{\lambda}\left[(a^2+\lambda^2)^{1/2}-a\right]$, 故可得所求逆变换为

$$\begin{aligned}H^{-1}\left\{\tilde{f}(\lambda)\right\}&=\int_0^\infty \lambda^{-2}\mathrm{e}^{-a\lambda}J_1(\lambda x)\lambda\mathrm{d}\lambda=\int_0^\infty \mathrm{e}^{-a\lambda}J_1(\lambda x)\frac{\mathrm{d}\lambda}{\lambda}\\&=\frac{1}{x}\left[(a^2+x^2)^{1/2}-a\right]\end{aligned} \tag{43}$$

在实际应用中, 许多函数的 Hankel 变换对可由某些数学手册和有关专著查到.

**例 5**　作为 (36) 式特殊情形, 对于 $n=1$, 有

$$\tilde{f}_1'(\lambda)=\int_0^\infty \frac{\mathrm{d}f}{\mathrm{d}x}xJ_1(x)\mathrm{d}x=-\lambda\tilde{f}(\lambda) \tag{44}$$

式中, $\tilde{f}(\lambda)=\tilde{f}_0(\lambda)$, 下标为零时, 省去了 “0”.

**例 6**　试求函数 $f(\rho)=\dfrac{\delta(\rho-\rho')}{\rho}$ 的零阶 Hankel 变换和逆变换.

按定义, $f(\rho)$ 的零阶 Hankel 变换为

$$H\{f(\rho)\}=\tilde{f}(\lambda)=\int_0^\infty \frac{\delta(\rho-\rho')}{\rho}J_0(\lambda\rho)\rho\mathrm{d}\rho=J_0(\lambda\rho') \tag{45}$$

而 $\tilde{f}(\lambda)$ 的零阶 Hankel 逆变换, 即 $f(\rho)$ 的积分表示式为

$$f(\rho)=\int_0^\infty \tilde{f}(\lambda)J_0(\lambda\rho)\lambda\mathrm{d}\lambda=\int_0^\infty J_0(\lambda\rho')J_0(\lambda\rho)\lambda\mathrm{d}\lambda \tag{46}$$

**例 7**　作为 (41) 式特殊情形, 对于 $n=0$ 和 $n=1$, 分别有

$$\int_0^\infty\left(\frac{\mathrm{d}^2f}{\mathrm{d}x^2}+\frac{1}{x}\frac{\mathrm{d}f}{\mathrm{d}x}\right)xJ_0(\lambda x)\mathrm{d}x=-\lambda^2\tilde{f}(\lambda) \tag{47}$$

$$\int_0^\infty\left(\frac{\mathrm{d}^2f}{\mathrm{d}x^2}+\frac{1}{x}\frac{\mathrm{d}f}{\mathrm{d}x}-\frac{1}{x^2}f\right)xJ_1(\lambda x)\mathrm{d}x=-\lambda^2\tilde{f}_1(\lambda) \tag{48}$$

## E　矢量 Helmholtz 方程有界问题 (矩形波导) 并矢 Green 函数之范例

参见图 E.1, 考虑由理想导体制成的、边长为 $a\times b$、充有媒质 $\varepsilon$、$\mu$ 的无限长形波导. 我们的问题是要求波导内存在冲激电流源 $\boldsymbol{J}(\boldsymbol{r})=-\dfrac{1}{\mathrm{j}\omega\mu}(\hat{\boldsymbol{a}}_x+\hat{\boldsymbol{a}}_y+\hat{\boldsymbol{a}}_z)\delta(\boldsymbol{r}-\boldsymbol{r}')$ 时所激发的电磁场.

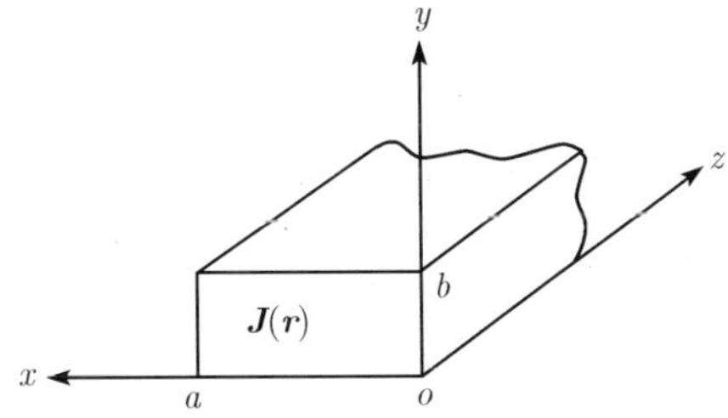


图 E.1　矩形波导的并矢 Green 函数

由于解题过程中的数学式推导较长, 所用符号也较多, 为清楚起见, 这里先概述一下解题的思路和步骤.

正如通常求解电磁场问题时, 可直接求解电场 $\boldsymbol{E}$ 所满足的 Helmholtz 波动方程解得 $\boldsymbol{E}$, 然后再通过 Maxwell 场方程求出磁场 $\boldsymbol{H}$; 也可以先求解磁场 $\boldsymbol{H}$ 所满足的波动方程解得 $\boldsymbol{H}$, 再由 Maxwell 场方程得出电场 $\boldsymbol{E}$; 此外, 还可以通过先求解辅助的磁矢量势 $\boldsymbol{A}$, 再由 $\boldsymbol{A}$ 得出 $\boldsymbol{E}$ 和 $\boldsymbol{H}$. 对于求解电磁场并矢 Green 函数, 相应地我们亦有 $\overline{\overline{\boldsymbol{G}}}_{\mathrm{e}}$ 法、$\overline{\overline{\boldsymbol{G}}}_{\mathrm{m}}$ 法和 $\overline{\overline{\boldsymbol{G}}}_A$ 法.

对于 $\overline{\overline{\boldsymbol{G}}}_{\mathrm{e}}$ 和 $\overline{\overline{\boldsymbol{G}}}_A$ 法, 因 $\nabla\cdot\overline{\overline{\boldsymbol{G}}}_{\mathrm{e}}(\boldsymbol{r},\boldsymbol{r}')\neq 0$ 和 $\nabla\cdot\overline{\overline{\boldsymbol{G}}}_A(\boldsymbol{r},\boldsymbol{r}')\neq 0$, 故用矢量本征波函数展开它们时要用到波函数 $L$、$M$ 和 $N$; 而对于 $\overline{\overline{\boldsymbol{G}}}_{\mathrm{m}}$ 法, 则因有 $\nabla\cdot\overline{\overline{\boldsymbol{G}}}_{\mathrm{m}}(\boldsymbol{r},\boldsymbol{r}')=0$, 故 $\overline{\boldsymbol{G}}_{\mathrm{m}}$ 的展开式只需用到矢量波函数 $M$ 和 $N$. 在三种方法中, 以 $\overline{\overline{\boldsymbol{G}}}_{\mathrm{m}}$ 法较为简单, 故以下将先介绍 $\overline{\overline{\boldsymbol{G}}}_{\mathrm{m}}$ 法.

本征函数展开法 (亦称 Ohm-Rayleigh 法) 是求解 $\overline{\overline{\boldsymbol{G}}}(\boldsymbol{r},\boldsymbol{r}')$($\overline{\overline{\boldsymbol{G}}}_{\mathrm{e}}$、$\overline{\overline{\boldsymbol{G}}}_{\mathrm{m}}$ 和 $\overline{\overline{\boldsymbol{G}}}_A$) 的一种有效方法, 其求解的具体步骤是:

(a) 选择合适的坐标系, 并求解出此坐标系中标量方程 $\nabla^2\psi+K^2\psi=0$ 的泛定解, 并由

$$\boldsymbol{L}=\nabla\psi \tag{1}$$

$$\boldsymbol{M}=\nabla\times(\psi\hat{\boldsymbol{a}}_z) \tag{2}$$

和

$$\boldsymbol{N}=\frac{1}{K}\nabla\times\nabla\times(\psi\hat{\boldsymbol{a}}_z) \tag{3}$$

生成满足与 $\overline{\overline{\boldsymbol{G}}}(\boldsymbol{r},\boldsymbol{r}')$ 相同边界条件的矢量本征波函数. $\boldsymbol{L}$、$\boldsymbol{M}$ 和 $\boldsymbol{N}$ 均满足矢量 Helmholtz 方程 $\nabla\times\nabla\times\boldsymbol{F}-K^2\boldsymbol{F}=0$.

我们约定并矢基本波函数是用 $\boldsymbol{L}$、$\boldsymbol{M}$、$\boldsymbol{N}$ 作为并矢前矢量构成的, 并且算子对并矢的运算是 "前运算", 因此, $\overline{\overline{\boldsymbol{G}}}(\boldsymbol{r},\boldsymbol{r}')$ 应满足的边界条件就转化为 $\boldsymbol{L}$、$\boldsymbol{M}$、$\boldsymbol{N}$ 应满足相同类型的边界条件.

(b) 求出用以展开 $\overline{\overline{\boldsymbol{G}}}(\boldsymbol{r},\boldsymbol{r}')$ 所需矢量本征波函数 $\boldsymbol{L}$、$\boldsymbol{M}$、$\boldsymbol{N}$ 的正交、归一关系式.

(c) 将并矢形式的 Helmholtz 方程的非齐次项 ($\overline{\overline{\boldsymbol{I}}}\delta(\boldsymbol{r}-\boldsymbol{r}')$ 或$\nabla\times\left[\overline{\overline{\boldsymbol{I}}}\delta(\boldsymbol{r}-\boldsymbol{r}')\right]$) 分别用由 $\boldsymbol{L}$、$\boldsymbol{M}$、$\boldsymbol{N}$ 作为前矢量构成的并矢基本波函数进行展开, 并利用矢量波函数的正交、归一性质确定展开式中的矢量系数, 即并矢的后矢量.

(d) 将待求的 $\overline{\overline{\boldsymbol{G}}}(\boldsymbol{r},\boldsymbol{r}')$ 用与非齐次项相同的并矢展开式的形式展开, 然后将它和非齐次项展开式一并代入并矢 Helmholtz 方程, 确定出 $\overline{\overline{\boldsymbol{G}}}(\boldsymbol{r},\boldsymbol{r}')$ 展开式中的系数, 从而得出 $\overline{\overline{\boldsymbol{G}}}(\boldsymbol{r},\boldsymbol{r}')$ 的并矢级数.

一旦确定出 $\overline{\overline{\boldsymbol{G}}}(\boldsymbol{r},\boldsymbol{r}')$ 的并矢级数, 问题即告基本解决. $\overline{\overline{\boldsymbol{G}}}(\boldsymbol{r},\boldsymbol{r}')$ 一般含有两项, 一项是留数级数, 另一项为奇异项, 需注意的是, 在这一步计算中, 会涉及应用留数定理及围线积分, 而围线积分中包含有奇异项积分, 要求细心地把奇异项部分抽取出来分开计算.

## 1 矩形波导的矢量本征波函数 $\boldsymbol{L}$、$\boldsymbol{M}$ 和 $\boldsymbol{N}$

$\psi$ 满足标量波动方程:

$$\nabla^2\psi + K^2\psi = 0 \tag{4}$$

选择直角坐标系 $(x, y, z)$, 应用分离变量法, 令

$$\psi(x,y,z) = X(x)Y(y)\mathrm{e}^{-\mathrm{j}hz} \tag{5}$$

将 (5) 代入 (4) 式可得

$$\frac{\mathrm{d}^2X}{\mathrm{d}x^2} + k_x^2X = 0 \quad 和 \quad \frac{\mathrm{d}^2Y}{\mathrm{d}y^2} + k_y^2Y = 0 \tag{6}$$

式中, $k_x, k_y$ 为分离常数, 并有

$$\begin{gathered} K^2 = k_x^2 + k_y^2 + h^2 = k_c^2 + h^2 \\ k_c^2 = k_x^2 + k_y^2 \end{gathered} \tag{7}$$

故 (4) 式的泛定解可表为

$$\psi(x,y,z) = (A\cos k_xx + B\sin k_xx)(C\cos k_yy + D\sin k_yy)\mathrm{e}^{-\mathrm{j}hz} \tag{8}$$

式中, $A, B, C, D$ 为待定常数, 可利用波导边界条件确定.

将 (8) 代入 (1)~(3) 式, 选择领示矢量 $\hat{\boldsymbol{a}}_z$, 可得矢量波函数:

$$\begin{aligned} \boldsymbol{L} &= \nabla\psi \\ &= k_x(-A\sin k_xx + B\cos k_xx)(C\cos k_yy + D\sin k_yy)\mathrm{e}^{-\mathrm{j}hz}\hat{\boldsymbol{a}}_x \\ &\quad + k_y(A\cos k_xx + B\sin k_xx)(-C\sin k_yy + D\cos k_yy)\mathrm{e}^{-\mathrm{j}hz}\hat{\boldsymbol{a}}_y \\ &\quad - jh(A\cos k_xx + B\sin k_xx)(C\cos k_yy + D\sin k_yy)\mathrm{e}^{-\mathrm{j}hz}\hat{\boldsymbol{a}}_z \end{aligned} \tag{9}$$

$$\begin{aligned} \boldsymbol{M} &= \nabla\times(\psi\hat{\boldsymbol{a}}_z) = \nabla\psi\times\hat{\boldsymbol{a}}_z \\ &= k_y(A\cos k_xx + B\sin k_xx)(-C\sin k_yy + D\cos k_yy)\mathrm{e}^{-\mathrm{j}hz}\hat{\boldsymbol{a}}_x \\ &\quad - k_x(-A\sin k_xx + B\cos k_xx)(C\cos k_yy + D\sin k_yy)\mathrm{e}^{-\mathrm{j}hz}\hat{\boldsymbol{a}}_y + 0\hat{\boldsymbol{a}}_z \end{aligned} \tag{10}$$

$$\begin{aligned} \boldsymbol{N} &= \frac{1}{K}\nabla\times\nabla\times(\psi\hat{\boldsymbol{a}}_z) = \frac{1}{K}\nabla\times\boldsymbol{M} \\ &= \frac{1}{K}\Big\{-\mathrm{j}hk_x(-A\sin k_xx + B\cos k_xx)(C\cos k_yy + D\sin k_yy)\mathrm{e}^{-\mathrm{j}hz}\hat{\boldsymbol{a}}_x \\ &\quad - \mathrm{j}hk_y(A\cos k_xx + B\sin k_xx)(-C\sin k_yy + D\cos k_yy)\mathrm{e}^{-\mathrm{j}hz}\hat{\boldsymbol{a}}_y \\ &\quad + (k_x^2 + k_y^2)(A\cos k_xx + B\sin k_xx)(C\cos k_yy + D\sin k_yy)\mathrm{e}^{-\mathrm{j}hz}\hat{\boldsymbol{a}}_z\Big\} \end{aligned} \tag{11}$$

(i) 对于 $\overline{\overline{\boldsymbol{G}}}_{\mathrm{e1}}$, 满足第一类边界条件 $\hat{\boldsymbol{n}}\times\overline{\overline{\boldsymbol{G}}}_{\mathrm{e1}}\Big|_S=0$, 相应地记 $\overline{\overline{\boldsymbol{G}}}_{\mathrm{e}}$ 为 $\overline{\overline{\boldsymbol{G}}}_{\mathrm{e1}}$.

我们已约定 $\overline{\overline{\boldsymbol{G}}}$ 是用矢量本征波函数 $\boldsymbol{L}$、$\boldsymbol{M}$、$\boldsymbol{N}$ 作为前矢量构成的并矢基函数进行展开的, 并且运算是 "前" 运算, 故边界条件 $\hat{\boldsymbol{n}}\times\overline{\overline{\boldsymbol{G}}}_{\mathrm{e1}}\Big|_S=0$, 相应于有

$$\hat{\boldsymbol{n}}\times\boldsymbol{L}|_S=0,\quad \hat{\boldsymbol{n}}\times\boldsymbol{M}|_S=0,\quad 和\quad \hat{\boldsymbol{n}}\times\boldsymbol{N}|_S=0 \tag{12}$$

式中, $S$ 为波导壁的界面; $\hat{\boldsymbol{n}}$ 为 $S$ 的法向单位矢量.

对于 $\hat{\boldsymbol{n}}\times\boldsymbol{L}|_S=0$, 即 $L_y|_{x=0,a}=L_z|_{x=0,a}=0$ 和 $L_x|_{y=0,b}=L_z|_{y=0,b}=0$, 由 (9) 式, 分别可得

$$A=0,\quad k_x=m\pi/a,(m=0,1,2,\cdots)$$

和

$$C=0,\quad k_y=n\pi/b,(n=0,1,2,\cdots)$$

于是, 由 (8) 式可得归一化 ($BD=1$) 的 $\psi$ 为

$$\psi_{omn}=\sin k_x x\sin k_y y\mathrm{e}^{-\mathrm{j}hz} \tag{13}$$

式中, 下标 "$o$" 表示 $\psi$ 是由正弦 (奇) 函数构成. 而由 (9) 式 ($A=C=0$) 有

$$\begin{aligned}\boldsymbol{L}_{omn}=&\{k_x\cos k_x x\sin k_y y\hat{\boldsymbol{a}}_x+k_y\sin k_x x\cos k_y y\hat{\boldsymbol{a}}_y\\&-\mathrm{j}h\sin k_x x\sin k_y y\hat{\boldsymbol{a}}_z\}\,\mathrm{e}^{-\mathrm{j}hz}\end{aligned} \tag{14}$$

对于 $\hat{\boldsymbol{n}}\times\boldsymbol{M}|_S=0$, 即 $M_y|_{x=0,a}=0$ 和 $M_x|_{y=0,b}=0$, 由 (10) 式, 分别可得

$$B=0,\quad k_x=m\pi/a,\quad (m=0,1,2,\cdots)$$

和

$$D=0,\quad k_y=n\pi/b,\quad (n=0,1,2,\cdots)$$

相应此时归一化 ($AC=1$) 的 $\psi$ 为

$$\psi_{emn}=\cos k_x x\cos k_y y\mathrm{e}^{-\mathrm{j}hz} \tag{15}$$

式中, 下标 "$e$" 表示 $\psi$ 是由余弦 (偶) 函数构成. 故由 (10) 式 ($B=D=0$) 得

$$\boldsymbol{M}_{emn}=\{-k_y\cos k_x x\sin k_y y\hat{\boldsymbol{a}}_x+k_x\sin k_x x\cos k_y y\hat{\boldsymbol{a}}_y\}\,\mathrm{e}^{-\mathrm{j}hz} \tag{16}$$

而对于 $\hat{\boldsymbol{n}}\times\boldsymbol{N}|_S=0$, 即 $N_y|_{x=0,a}=N_z|_{x=0,a}=0$ 和 $N_x|_{y=0,b}=N_z|_{y=0,b}=0$, 由 (11) 式, 分别有

$$A=0,\quad k_x=m\pi/a,\quad (m=0,1,2,\cdots)$$

和

$$C=0,\quad k_y=n\pi/b,\quad (n=0,1,2,\cdots)$$

故相应此时的归一化的 $\psi$ 与 (13) 式相同, 即亦为 $\psi_{omn}$. 故由 (11) 式 ($A=C=0$) 便有

$$\boldsymbol{N}_{omn}=\frac{1}{K}\left\{-\mathrm{j}hk_x\cos k_xx\sin k_yy\hat{\boldsymbol{a}}_x-\mathrm{j}hk_y\sin k_xx\cos k_yy\hat{\boldsymbol{a}}_y+\left(k_x^2+k_y^2\right)\sin k_xx\sin k_yy\hat{\boldsymbol{a}}_z\right\}\mathrm{e}^{-\mathrm{j}hz} \tag{17}$$

以上 (14)、(16) 和 (17) 式的 $\boldsymbol{L}_{omn}$、$\boldsymbol{M}_{emn}$ 和 $\boldsymbol{N}_{omn}$ 是用以展开矩形波导的 $\overline{\overline{\boldsymbol{G}}}_{\mathrm{e1}}(\boldsymbol{r},\boldsymbol{r}')$ 合适的矢量本征波函数. 注意: 对于 $k_x$、$k_y$ 中的 $m$、$n$ 值不能同时为 0, 否则所得解为平庸解.

(ii) 对于 $\overline{\overline{\boldsymbol{G}}}_{\mathrm{m2}}$, 满足第二类边界条件 $\hat{\boldsymbol{n}}\times\nabla\times\overline{\overline{\boldsymbol{G}}}_{\mathrm{m2}}\Big|_S=0$, 相应地记 $\overline{\overline{\boldsymbol{G}}}_{\mathrm{m}}$ 为 $\overline{\overline{\boldsymbol{G}}}_{\mathrm{m2}}$. 因有 $\nabla\cdot\overline{\overline{\boldsymbol{G}}}_{\mathrm{m2}}(\boldsymbol{r},\boldsymbol{r}')=0$, 故展开 $\overline{\overline{\boldsymbol{G}}}_{\mathrm{m2}}$ 仅需用到矢量本征波函数 $\boldsymbol{M}$ 和 $\boldsymbol{N}$. 它们满足相应边界条件:

$$\hat{\boldsymbol{n}}\times\nabla\times\boldsymbol{M}|_S=0 \quad 和 \quad \hat{\boldsymbol{n}}\times\nabla\times\boldsymbol{N}|_S=0$$

对于 $\hat{\boldsymbol{n}}\times\nabla\times\boldsymbol{M}|_S=0$, 即 $K\,\hat{\boldsymbol{n}}\times\boldsymbol{N}|_S=0$, 这正是展开 $\overline{\overline{\boldsymbol{G}}}_{\mathrm{e1}}$ 时的矢量波函数 N 所满足的条件, 故可知此时的归一化 $\psi$ 亦与 (13) 式相同, 即为 $\psi_{omn}$. 故由 (10) 式 ($A=C=0$) 便有

$$\boldsymbol{M}_{omn}=\left\{k_y\sin k_xx\cos k_yy\hat{\boldsymbol{a}}_x-k_x\cos k_xx\sin k_yy\hat{\boldsymbol{a}}_y\right\}\mathrm{e}^{-\mathrm{j}hz} \tag{18}$$

而 N 应满足相应的边界条件是

$$\hat{\boldsymbol{n}}\times\nabla\times\boldsymbol{N}|_S=K\hat{\boldsymbol{n}}\times\boldsymbol{M}|_S=0 \quad 即 \quad \hat{\boldsymbol{n}}\times\boldsymbol{M}|_{x=0,a}=\hat{\boldsymbol{n}}\times\boldsymbol{M}|_{y=0,b}=0 \tag{19}$$

由 (10) 式可得

$$B=0,\quad k_x=m\pi/a,\quad (m=0,1,2,\cdots)$$
$$D=0,\quad k_y=n\pi/b,\quad (n=0,1,2,\cdots)$$

而对于 $\hat{\boldsymbol{n}}\times\nabla\times\boldsymbol{N}|_S=0$, 即 $K\,\hat{\boldsymbol{n}}\times\boldsymbol{M}|_S=0$, 这正是展开 $\overline{\overline{\boldsymbol{G}}}_{\mathrm{e1}}$ 时的矢量波函数 $\boldsymbol{M}$ 所满足的条件, 故可知此时的归一化 $\psi$ 亦与 (15) 式相同, 即为 $\psi_{emn}$. 故由 (11) 式 ($B=D=0$) 便有

$$\boldsymbol{N}_{emn}=\frac{1}{K}\left\{\mathrm{j}hk_x\sin k_xx\cos k_yy\hat{\boldsymbol{a}}_x+\mathrm{j}hk_y\cos k_xx\sin k_yy\hat{\boldsymbol{a}}_y+\left(k_x^2+k_y^2\right)\cos k_xx\cos k_yy\mathrm{e}^{-\mathrm{j}hz}\hat{\boldsymbol{a}}_z\right\}\mathrm{e}^{-\mathrm{j}hz} \tag{20}$$

以上 (18) 和 (20) 式的 $\boldsymbol{M}_{omn}$ 和 $\boldsymbol{N}_{emn}$ 是用以展开矩形波导的 $\overline{\overline{\boldsymbol{G}}}_{\mathrm{m2}}(\boldsymbol{r},\boldsymbol{r}')$ 合适矢量本征波函数.

注意到, 在 $\overline{\overline{G}}_{e1}$ 的展开波函数中, $\boldsymbol{M}_{omn}$ 不含有 $\hat{\boldsymbol{a}}_z$ 纵向分量, 它表示 $TE_{mn}$ 模的电场; 而 $\boldsymbol{N}_{omn}$ 则含有 $\hat{\boldsymbol{a}}_z$ 纵向分量, 但与它所相应的、$\overline{\overline{G}}_{m2}$ 的展开波函数中的 $\boldsymbol{M}_{emn}$ 则没有 $\hat{\boldsymbol{a}}_z$ 纵向分量, $\boldsymbol{M}_{emn}$ 所表示的是 $TM_{mn}$ 模的磁场. 故 $\overline{\overline{G}}_{e1}$ 中的 $\boldsymbol{N}_{omn}$ 表示 $TM_{mn}$ 模的电场. 因此, $\overline{\overline{G}}_{e1}$ 展开式的物理意义将是表示波导中电源产生的电场为所有可能存在的 $TE_{mn}$ 与 $TM_{mn}$ 模电场的叠加. 类似地, $\overline{\overline{G}}_{m2}$ 展开式则将是所有可能存在的 $TE_{mn}$ 与 $TM_{mn}$ 模磁场的叠加.

归纳以上导得的矢量波函数结果如表 E.1 所示.

**表 E.1　矩形波导中的矢量波函数**

| 电磁波模式 | $\psi_{omn}=\sin\frac{m\pi}{a}x\sin\frac{n\pi}{b}y\mathrm{e}^{-\mathrm{j}hz}$ | | $\psi_{emn}=\cos\frac{m\pi}{a}x\cos\frac{n\pi}{b}y\mathrm{e}^{-\mathrm{j}hz}$ | |
|---|---|---|---|---|
| | 展开 $\overline{\overline{G}}_{e1}$、$\overline{\overline{G}}_A$ | 边界条件 | 展开 $\overline{\overline{G}}_{m2}$ | 边界条件 |
| $TE_{mn}$ | $\boldsymbol{L}_{omn}(h)$ | $\hat{\boldsymbol{n}}\times\boldsymbol{L}_{omn}\big\|_S=0$ | —— | —— |
| | $\boldsymbol{M}_{emn}(h)$ | $\hat{\boldsymbol{n}}\times\boldsymbol{M}_{emn}\big\|_S=0$ | $\mathrm{M}_{omn}(h)$ | $\hat{\boldsymbol{n}}\times\nabla\times\boldsymbol{M}_{omn}\big\|_S=0$ |
| $TM_{mn}$ | $\boldsymbol{N}_{omn}(h)$ | $\hat{\boldsymbol{n}}\times\boldsymbol{N}_{omn}\big\|_S=0$ | $\mathrm{N}_{emn}(h)$ | $\hat{\boldsymbol{n}}\times\nabla\times\boldsymbol{N}_{emn}\big\|_S=0$ |

表中, 对于展开 $\overline{\overline{G}}_{e1}$ 和 $\overline{\overline{G}}_A$:

$$\begin{aligned}\boldsymbol{L}_{omn}(h)=&\left\{\frac{m\pi}{a}\cos\frac{m\pi}{a}x\sin\frac{n\pi}{b}y\hat{\boldsymbol{a}}_x+\frac{n\pi}{b}\sin\frac{m\pi}{a}x\cos\frac{n\pi}{b}y\hat{\boldsymbol{a}}_y\right.\\&\left.-\mathrm{j}h\sin\frac{m\pi}{a}x\sin\frac{n\pi}{b}y\hat{\boldsymbol{a}}_z\right\}\mathrm{e}^{-\mathrm{j}hz}\end{aligned}\tag{21a}$$

$$\boldsymbol{M}_{emn}(h)=\left\{-\frac{n\pi}{b}\cos\frac{m\pi}{a}x\sin\frac{n\pi}{b}y\hat{\boldsymbol{a}}_x+\frac{m\pi}{a}\sin\frac{m\pi}{a}x\cos\frac{n\pi}{b}y\hat{\boldsymbol{a}}_y\right\}\mathrm{e}^{-\mathrm{j}hz}\tag{21b}$$

$$\begin{aligned}\boldsymbol{N}_{omn}(h)=&\frac{1}{K}\left\{-\mathrm{j}h\frac{m\pi}{a}\cos\frac{m\pi}{a}x\sin\frac{n\pi}{b}y\hat{\boldsymbol{a}}_x-\mathrm{j}h\frac{n\pi}{b}\sin\frac{m\pi}{a}x\cos\frac{n\pi}{b}y\hat{\boldsymbol{a}}_y\right.\\&\left.+k_c^2\sin\frac{m\pi}{a}x\sin\frac{n\pi}{b}y\hat{\boldsymbol{a}}_z\right\}\mathrm{e}^{-\mathrm{j}hz}\end{aligned}\tag{21c}$$

对于展开 $\overline{\overline{G}}_{m2}$:

$$\boldsymbol{M}_{omn}=\left\{\frac{n\pi}{b}\sin\frac{m\pi}{a}x\cos\frac{n\pi}{b}y\hat{\boldsymbol{a}}_x-\frac{m\pi}{a}\cos\frac{m\pi}{a}x\sin\frac{n\pi}{b}y\hat{\boldsymbol{a}}_y\right\}\mathrm{e}^{-\mathrm{j}hz}\tag{22a}$$

$$\begin{aligned}\boldsymbol{N}_{emn}=&\frac{1}{K}\left\{\mathrm{j}h\frac{m\pi}{a}\sin\frac{m\pi}{a}x\cos\frac{n\pi}{b}y\hat{\boldsymbol{a}}_x+\mathrm{j}h\frac{n\pi}{b}\cos\frac{m\pi}{a}x\sin\frac{n\pi}{b}y\hat{\boldsymbol{a}}_y\right.\\&\left.+k_c^2\cos\frac{m\pi}{a}x\cos\frac{n\pi}{b}y\hat{\boldsymbol{a}}_z\right\}\mathrm{e}^{-\mathrm{j}hz}\end{aligned}\tag{22b}$$

其中

$$K^2=k_x^2+k_y^2+h^2=k_c^2+h^2\quad h\text{为连续谱}$$

$$k_c^2=\left(\frac{m\pi}{a}\right)^2+\left(\frac{n\pi}{b}\right)^2\quad k_c\text{称为截止波数};\quad m、n=0,1,2,\cdots\text{为离散谱}$$

## 2 L, M 和 N 的正交性质和归一化系数

(i) 对于 $\overline{\overline{G}}_{e1}$、$\overline{\overline{G}}_A$ 展开函数 $\boldsymbol{L}_{omn}$, $\boldsymbol{M}_{emn}$ 和 $\boldsymbol{N}_{omn}$, 具有如下正交关系:

$$\iiint_V \boldsymbol{L}_{omn}(h)\cdot\boldsymbol{M}_{em'n'}(-h')\mathrm{d}v=0 \tag{23}$$

$$\iiint_V \boldsymbol{L}_{omn}(h)\cdot\boldsymbol{N}_{om'n'}(-h')\mathrm{d}v=0 \tag{24}$$

$$\iiint_V \boldsymbol{M}_{emn}(h)\cdot\boldsymbol{N}_{om'n'}(-h')\mathrm{d}v=0 \tag{25}$$

($m$、$m'$和$n$、$n'$为任何值)

$$\iiint_V \boldsymbol{L}_{omn}(h)\cdot\boldsymbol{L}_{om'n'}(-h')\mathrm{d}v=0 \tag{26}$$

$$\iiint_V \boldsymbol{M}_{emn}(h)\cdot\boldsymbol{M}_{em'n'}(-h')\mathrm{d}v=0 \tag{27}$$

$$\iiint_V \boldsymbol{N}_{omn}(h)\cdot\boldsymbol{N}_{om'n'}(-h')\mathrm{d}v=0 \tag{28}$$

($m\neq m'$和 (或)$n\neq n'$)

以上式中, $\iiint_V\cdots\mathrm{d}v=\int_0^a\int_0^b\int_{-\infty}^{+\infty}\cdots\mathrm{d}x\mathrm{d}y\mathrm{d}z$ 是对整个空间域积分.

以上 (13)~(28) 式, 当 $m\neq m'$ 和 (或)$n\neq n'$ 时, 利用三角函数的正交关系式, 容易证明这些正交关系式是成立的. 当 $m=m'$ 和 $n=n'$ 时, (26)~(28) 式就是 $\boldsymbol{L}_{omn}$, $\boldsymbol{M}_{emn}$ 和 $\boldsymbol{N}_{omn}$ 的归一化积分. 可以证明, 它们的积分值即归一化系数为

$$\iiint_V \boldsymbol{L}_{omn}(h)\cdot\boldsymbol{L}_{omn}(-h')\mathrm{d}v=\frac{\pi ab}{2}(1+\delta_0)K^2\delta(h-h') \tag{29}$$

$$\iiint_V \boldsymbol{M}_{emn}(h)\cdot\boldsymbol{M}_{emn}(-h')\mathrm{d}v=\frac{\pi ab}{2}(1+\delta_0)k_c^2\delta(h-h') \tag{30}$$

$$\iiint_V \boldsymbol{N}_{omn}(h)\cdot\boldsymbol{N}_{omn}(-h')\mathrm{d}v=\frac{\pi ab}{2}(1+\delta_0)k_c^2\delta(h-h') \tag{31}$$

以上式中, $\delta_0$ 为 Kronecker $\delta$ 函数.

$$\delta_0=\begin{cases}1 & m\ \text{or}\ n=0\\ 0 & m\ \text{and}\ n=0\end{cases} \tag{32}$$

(ii) 对于 $\overline{\overline{G}}_{m2}$ 展开函数 $\boldsymbol{M}_{omn}$ 和 $\boldsymbol{N}_{emn}$, 不难证明, 具有如下正交关系:

$$\iiint_V \boldsymbol{M}_{omn}(-h)\cdot\boldsymbol{N}_{em'n'}(h')\mathrm{d}v=0 \tag{33}$$

$$\iiint_V \boldsymbol{M}_{omn}(-h)\cdot\boldsymbol{M}_{om'n'}(h')\mathrm{d}v=0 \tag{34}$$

$$\iiint_V \boldsymbol{N}_{emn}(-h)\cdot\boldsymbol{N}_{em'n'}(h')\mathrm{d}v=0 \tag{35}$$

对于 (33) 式, $m$、$m'$ 和 $n$、$n'$ 为任何值; 对于 (34) 和 (35) 式: $m\neq m'$ 和 (或)$n\neq n'$; $\iiint_V \cdots\mathrm{d}v=\int_0^a\int_0^b\int_{-\infty}^{+\infty}\cdots\mathrm{d}x\mathrm{d}y\mathrm{d}z$ 是对整个空间域积分.

$\boldsymbol{M}_{omn}$ 和 $\boldsymbol{N}_{emn}$ 的归一化系数为

$$\iiint_V \boldsymbol{M}_{omn}(h)\cdot\boldsymbol{M}_{omn}(-h')\mathrm{d}v=\frac{\pi ab}{2}(1+\delta_0)k_c^2\delta(h-h') \tag{36}$$

$$\iiint_V \boldsymbol{N}_{emn}(h)\cdot\boldsymbol{N}_{emn}(-h')\mathrm{d}v=\frac{\pi ab}{2}(1+\delta_0)k_c^2\delta(h-h') \tag{37}$$

关于 (29) 式归一化系数的证明:

**证明** 将 (21a) 式中的 $L_{omn}$ 代入 (29) 式左端, 有

$$\begin{aligned}I_L=&\int_0^a\int_0^b\int_{-\infty}^{+\infty}\left\{\left(\frac{m\pi}{a}\right)^2\cos^2\left(\frac{m\pi}{a}x\right)\sin^2\left(\frac{n\pi}{b}y\right)\right.\\&+\left(\frac{n\pi}{b}\right)^2\sin^2\left(\frac{m\pi}{a}x\right)\cos^2\left(\frac{n\pi}{b}y\right)\\&\left.+hh'\sin^2\left(\frac{m\pi}{a}x\right)\sin^2\left(\frac{n\pi}{b}y\right)\right\}\mathrm{e}^{-\mathrm{j}(h-h')z}\mathrm{d}x\mathrm{d}y\mathrm{d}z\end{aligned} \tag{38}$$

因有

$$\begin{aligned}&\int_0^a\cos^2\frac{m\pi}{a}x\mathrm{d}x=\frac{1+\delta_0}{2}a;\quad \int_0^b\cos^2\frac{n\pi}{b}x\mathrm{d}x=\frac{1+\delta_0}{2}b\\&\int_0^a\sin^2\frac{m\pi}{a}x\mathrm{d}x=\frac{1-\delta_0}{2}a;\quad \int_0^b\sin^2\frac{n\pi}{b}x\mathrm{d}x=\frac{1-\delta_0}{2}b\end{aligned} \tag{39}$$

和

$$\frac{1}{2\pi}\int_{-\infty}^{+\infty}\mathrm{e}^{-\mathrm{j}(h-h')z}\mathrm{d}z=\delta(h-h')$$

注意到, 当 $m$ 或 $n=0$ 时, $\psi_{omn}=\sin k_x x\mathrm{e}^{-\mathrm{j}hz}$ 或 $\sin k_y y\mathrm{e}^{-\mathrm{j}hz}$, (38) 式积分被积函数中第一和第二项有一项为零; 而第三项积分为 $hh'\sin^2(m\pi x/a)\,\mathrm{e}^{-\mathrm{j}(h-h')z}$ 或 $hh'\sin^2(n\pi y/b)\,\mathrm{e}^{-\mathrm{j}(h-h')z}$, 于是 (38) 式积分后可得 $L_{omn}$ 的归一化系数:

$$\begin{aligned}I_L&=\frac{ab}{4}(1+\delta_0)\left[\left(\frac{m\pi}{a}\right)^2+\left(\frac{n\pi}{b}\right)^2+hh'\right]2\pi\delta(h-h')\\&=\frac{\pi ab}{2}(1+\delta_0)K^2\delta(h-h')\end{aligned}$$

其它矢量波函数的归一化系数的证明仿此.

## 3 Ohm-Rayleigh 法求解 $\overline{\overline{G}}_{e1}(\boldsymbol{r},\boldsymbol{r}')$

(1) $\overline{\overline{G}}_{m}$ 法

$\overline{\overline{G}}_{m}$ 法求解边值问题的 $\overline{\overline{G}}_{e1}(\boldsymbol{r},\boldsymbol{r}')$ 的数学表述归结为是先求出如下 $\overline{\overline{G}}_{m2}$ 的并矢形式 Helmholtz 方程满足所给矩形波导边界条件和辐射条件的解：

$$\nabla\times\nabla\times\overline{\overline{G}}_{m2}(\boldsymbol{r},\boldsymbol{r}')-k^2\overline{\overline{G}}_{m2}(\boldsymbol{r},\boldsymbol{r}')=\nabla\times\left[\overline{\overline{\boldsymbol{I}}}\delta(\boldsymbol{r}-\boldsymbol{r}')\right] \tag{40}$$

$$\hat{\boldsymbol{n}}\times\nabla\times\overline{\overline{G}}_{m2}(\boldsymbol{r},\boldsymbol{r}')\Big|_{\substack{x=0,a\\y=0,b}}=0\quad(\text{在波导壁}S\text{上}) \tag{41}$$

$$\lim_{z\to\pm\infty}\left[\nabla\times\overline{\overline{G}}_{m2}(\boldsymbol{r},\boldsymbol{r}')\pm\mathrm{j}k\hat{\boldsymbol{a}}_z\times\overline{\overline{G}}_{m2}(\boldsymbol{r},\boldsymbol{r}')\right]=0 \tag{42}$$

然后, 再由以下关系式求出 $\overline{\overline{G}}_{e1}(\boldsymbol{r},\boldsymbol{r}')$:

$$\overline{\overline{G}}_{e1}(\boldsymbol{r},\boldsymbol{r}')=\frac{1}{k^2}\left[\nabla\times\overline{\overline{G}}_{m2}(\boldsymbol{r},\boldsymbol{r}')-\overline{\overline{\boldsymbol{I}}}\delta(\boldsymbol{r}-\boldsymbol{r}')\right] \tag{43}$$

式中, $k^2=\omega^2\varepsilon\mu$.

(i) $\nabla\times\left[\overline{\overline{\boldsymbol{I}}}\delta(\boldsymbol{r}-\boldsymbol{r}')\right]$ 的并矢展开式

按 Ohm-Rayleigh 法, 我们先将式 (40) 式右端非齐次项 $\nabla\times\left[\overline{\overline{\boldsymbol{I}}}\delta(\boldsymbol{r}-\boldsymbol{r}')\right]$ 用合适的矢量波函数 (这里是 $\boldsymbol{M}_{omn}(h)$ 和 $\boldsymbol{N}_{emn}(h)$) 作为前矢量构成的并矢基函数展开, 而表为

$$\nabla\times\left[\overline{\overline{\boldsymbol{I}}}\delta(\boldsymbol{r}-\boldsymbol{r}')\right]=\int_{-\infty}^{\infty}\mathrm{d}h\sum_{m,n}\left[\boldsymbol{M}_{omn}(h)\boldsymbol{A}_{omn}(h)+\boldsymbol{N}_{emn}(h)\boldsymbol{B}_{emn}(h)\right] \tag{44}$$

式中, $\boldsymbol{A}_{omn}(h)$ 和 $\boldsymbol{B}_{omn}(h)$ 为展开式的待定矢量系数.

为确定系数 $\boldsymbol{A}_{omn}(h)$, 将 $\boldsymbol{M}_{om'n'}(-h')$ 点乘 (44) 式两边, 并对整个波导空间 $V$ 积分, 得

$$\begin{aligned}&\int_0^a\int_0^b\int_{-\infty}^{\infty}\boldsymbol{M}_{om'n'}(-h')\cdot\nabla\times\left[\overline{\overline{\boldsymbol{I}}}\delta(\boldsymbol{r}-\boldsymbol{r}')\right]\mathrm{d}x\mathrm{d}y\mathrm{d}z\\&=\int_0^a\int_0^b\int_{-\infty}^{\infty}\int_{-\infty}^{\infty}\mathrm{d}h\left[\sum_{m,n}\boldsymbol{M}_{om'n'}(-h')\cdot\boldsymbol{M}_{omn}(h)\boldsymbol{A}_{omn}(h)\right.\\&\quad\left.+\boldsymbol{M}_{om'n'}(-h')\cdot\boldsymbol{N}_{emn}(h)\boldsymbol{B}_{emn}(h)\right]\mathrm{d}x\mathrm{d}y\mathrm{d}z\end{aligned} \tag{45}$$

应用并矢恒等式: $\boldsymbol{A}\cdot\nabla\times\overline{\overline{\boldsymbol{B}}}=-\nabla\cdot\left(\boldsymbol{A}\times\overline{\overline{\boldsymbol{B}}}\right)+(\nabla\times\boldsymbol{A})\cdot\overline{\overline{\boldsymbol{B}}}$, 上式可化为

$$
\begin{aligned}
(45)\text{式左边积分} = & -\int_0^a\int_0^b\int_{-\infty}^{\infty}\nabla\cdot\left[\boldsymbol{M}_{om'n'}(-h')\times\overline{\overline{\boldsymbol{I}}}\delta(\boldsymbol{r}-\boldsymbol{r}')\right]\mathrm{d}x\mathrm{d}y\mathrm{d}z \\
& +\int_0^a\int_0^b\int_{-\infty}^{\infty}\nabla\times\boldsymbol{M}_{om'n'}(-h')\cdot\overline{\overline{\boldsymbol{I}}}\delta(\boldsymbol{r}-\boldsymbol{r}')\mathrm{d}x\mathrm{d}y\mathrm{d}z \\
= & -\oiint_S\hat{\boldsymbol{n}}\cdot\left[\boldsymbol{M}_{om'n'}(-h')\times\overline{\overline{\boldsymbol{I}}}\delta(\boldsymbol{r}-\boldsymbol{r}')\right]\mathrm{d}S \\
& +\int_0^a\int_0^b\int_{-\infty}^{\infty}\nabla\times\boldsymbol{M}_{om'n'}(-h')\cdot\overline{\overline{\boldsymbol{I}}}\delta(\boldsymbol{r}-\boldsymbol{r}')\mathrm{d}x\mathrm{d}y\mathrm{d}z
\end{aligned}
\tag{46}
$$

设源不在波导界面 $S$ 上, 故在 $S$ 上, $\boldsymbol{r}\neq\boldsymbol{r}'$, $\delta(\boldsymbol{r}-\boldsymbol{r}')=0$, 上式第一项面积分为零, 而第二项积分应用 $\delta$ 函数的筛选性质, 便有

$$
(45)\text{式左边积分} = \nabla'\times\boldsymbol{M}'_{om'n'}(-h') \tag{47}
$$

式中, $\nabla'$ 是对源坐标 $(x',y',z')$ 的运算; $\boldsymbol{M}_{om'n'}(-h')$ 是将 (22a) 式 $\boldsymbol{M}_{omn}(-h)$ 中的 $m\to m'$, $m\to m'$, $n\to n'$, $h\to h'$, 而坐标 $(x,y,z)$ 换成带撇的坐标.

对于 (45) 式右边积分, 应用 $\boldsymbol{M}_{omn}(h)$ 和 $\boldsymbol{N}_{emn}(h)$ 的正交、归一关系式 (33)~(37), 便有

$$
\begin{aligned}
(45)\text{式右边积分} = & \int_{-\infty}^{\infty}\frac{\pi ab}{2}(1+\delta_0)\,{k'}_c^2\delta(h-h')\mathrm{A}_{om'n'}(h)\mathrm{d}h \\
= & \frac{\pi ab}{2}(1+\delta_0)\,{k'}_c^2\mathrm{A}_{om'n'}(h')
\end{aligned}
\tag{48}
$$

于是, 由 (47) 和 (48) 式, 得

$$
\nabla'\times\boldsymbol{M}'_{om'n'}(-h') = \frac{\pi ab}{2}(1+\delta_0)\,{k'}_c^2\mathrm{A}_{om'n'}(h')
$$

或

$$
\boldsymbol{A}_{om'n'}(h') = \frac{2-\delta_0}{\pi ab{k'}_c^2}\nabla'\times\boldsymbol{M}'_{om'n'}(-h')
$$

令 $m'\to m, n'\to n, h'\to h$ , 得矢量系数

$$
\boldsymbol{A}_{omn}(h) = \frac{2-\delta_0}{\pi abk_c^2}\nabla'\times\boldsymbol{M}'_{omn}(-h) \tag{49}
$$

类似地, 为确定系数 $\boldsymbol{B}_{omn}(h)$, 将 $\boldsymbol{N}_{em'n'}(-h')$ 点乘 (44) 式两边后, 对波导空间 $V$ 积分, 则

$$
\begin{aligned}
\text{左边积分} = & \int_0^a\int_0^b\int_{-\infty}^{\infty}\boldsymbol{N}_{em'n'}(-h')\cdot\nabla\times\left[\overline{\overline{\boldsymbol{I}}}\delta(\boldsymbol{r}-\boldsymbol{r}')\right]\mathrm{d}x\mathrm{d}y\mathrm{d}z \\
= & \nabla'\times\boldsymbol{N}'_{em'n'}(-h')
\end{aligned}
\tag{50}
$$

而此时其右边应用 $\boldsymbol{M}_{omn}(h)$ 和 $\boldsymbol{N}_{emn}(h)$ 的正交、归一关系式 (33)~(37), 可得

$$\begin{aligned}
\text{右边积分} =& -\int_0^a\int_0^b\int_{-\infty}^{\infty}\int_{-\infty}^{\infty}\mathrm{d}h\Big[\sum_{m,n}\boldsymbol{N}_{em'n'}(-h')\cdot\boldsymbol{M}_{omn}(h)\boldsymbol{A}_{omn}(h)\\
&+\boldsymbol{N}_{em'n'}(-h')\cdot\boldsymbol{N}_{emn}(h)\boldsymbol{B}_{emn}(h)\Big]\mathrm{d}x\mathrm{d}y\mathrm{d}z\\
=&\int_{-\infty}^{\infty}\frac{\pi ab}{2}(1+\delta_0)\,k'^2_c\delta(h-h')\boldsymbol{B}_{em'n'}(h)\mathrm{d}h\\
=&\frac{\pi ab}{2}(1+\delta_0)\,k'^2_c\boldsymbol{B}_{em'n'}(h')
\end{aligned}\tag{51}$$

于是, 由 (50) 和 (51) 式, 得

$$\boldsymbol{B}_{em'n'}(h')=\frac{2-\delta_0}{\pi abk'^2_c}\nabla'\times\boldsymbol{N}'_{em'n'}(-h')$$

令 $m'\to m, n'\to n, h'\to h$ , 得矢量系数

$$\boldsymbol{B}_{emn}(h)=\frac{2-\delta_0}{\pi abk_c^2}\nabla'\times\boldsymbol{N}'_{emn}(-h)\tag{52}$$

将 (49) 和 (52) 代入 (44) 式, 便得到

$$\begin{aligned}
\nabla\times\left[\overline{\overline{\boldsymbol{I}}}\delta(\boldsymbol{r}-\boldsymbol{r}')\right]=&\int_{-\infty}^{\infty}\mathrm{d}h\sum_{m,n}\frac{2-\delta_0}{\pi abk_c^2}\Big[\boldsymbol{M}_{omn}(h)\nabla'\times\boldsymbol{M}'_{omn}(-h)\\
&+\boldsymbol{N}_{emn}(h)\nabla'\times\boldsymbol{N}'_{emn}(-h)\Big]
\end{aligned}$$

因有

$$\boldsymbol{M}=\frac{1}{K}\nabla\times\boldsymbol{N}\quad\text{和}\quad\boldsymbol{N}=\frac{1}{K}\nabla\times\boldsymbol{M}\tag{53}$$

故上式亦可写成

$$\nabla\times\left[\overline{\overline{\boldsymbol{I}}}\delta(\boldsymbol{r}-\boldsymbol{r}')\right]=\int_{-\infty}^{\infty}\mathrm{d}h\sum_{m,n}C_{mn}K\left[\boldsymbol{M}_{omn}(h)\boldsymbol{N}'_{omn}(-h)+\boldsymbol{N}_{emn}(h)\boldsymbol{M}'_{emn}(-h)\right]\tag{54}$$

式中,

$$C_{mn}=\frac{2-\delta_0}{\pi abk_c^2};K^2=k_c^2+h^2;\quad k_c^2=\left(\frac{m\pi}{a}\right)^2+\left(\frac{n\pi}{b}\right)^2\tag{55}$$

(ii) $\overline{\overline{\boldsymbol{G}}}_{\mathrm{m2}}(\boldsymbol{r},\boldsymbol{r}')$ 的并矢展开式

将 $\overline{\overline{\boldsymbol{G}}}_{\mathrm{m2}}(\boldsymbol{r},\boldsymbol{r}')$ 用波函数 $\boldsymbol{M}_{omn}(h)$ 和 $\boldsymbol{N}_{emn}(h)$ 作为前矢量构成的并矢基函数展开, 可得

$$\overline{\overline{\boldsymbol{G}}}_{\mathrm{m2}}(\boldsymbol{r},\boldsymbol{r}')=\int_{-\infty}^{\infty}\mathrm{d}h\sum_{m,n}[\boldsymbol{M}_{omn}(h)\boldsymbol{C}_{omn}(h)+\boldsymbol{N}_{emn}(h)\boldsymbol{D}_{emn}(h)]$$

式中, $\boldsymbol{C}_{omn}(h)$ 和 $\boldsymbol{D}_{omn}(h)$ 为展开式的待定矢量系数.

因 $\overline{\overline{\boldsymbol{G}}}_{\mathrm{m2}}(\boldsymbol{r},\boldsymbol{r}')$ 满足方程 (40), 它的并矢基函数应具有与 $\nabla\times\left[\overline{\overline{\boldsymbol{I}}}\delta(\boldsymbol{r}-\boldsymbol{r}')\right]$ 相同形式, 故我们可直接将 $\overline{\overline{\boldsymbol{G}}}_{\mathrm{m2}}(\boldsymbol{r},\boldsymbol{r}')$ 的并矢展开式写成以下形式:

$$\overline{\overline{\boldsymbol{G}}}_{\mathrm{m2}}(\boldsymbol{r},\boldsymbol{r}')=\int_{-\infty}^{\infty}\mathrm{d}h\sum_{m,n}C_{mn}K\left[a_{omn}\boldsymbol{M}_{omn}(h)\boldsymbol{N}'_{omn}(-h)\right.$$
$$\left.+\,b_{emn}\boldsymbol{N}_{emn}(h)\boldsymbol{M}'_{emn}(-h)\right]\tag{56}$$

式中, $a_{omn}$ 和 $b_{omn}$ 为待定标量系数.

将 (54) 和 (56) 代入 (40) 式, 可得

$$\int_{-\infty}^{\infty}\mathrm{d}h\sum_{m,n}C_{mn}K\left[a_{omn}\nabla\times\nabla\times\boldsymbol{M}_{omn}(h)\boldsymbol{N}'_{omn}(-h)\right.$$
$$\left.+b_{emn}\nabla\times\nabla\times\boldsymbol{N}_{emn}(h)\boldsymbol{M}'_{emn}(-h)\right]$$
$$-k^2\int_{-\infty}^{\infty}\mathrm{d}h\sum_{m,n}C_{mn}K\left[a_{omn}\boldsymbol{M}_{omn}(h)\boldsymbol{N}'_{omn}(-h)+b_{emn}\boldsymbol{N}_{emn}(h)\boldsymbol{M}'_{emn}(-h)\right]$$
$$=\int_{-\infty}^{\infty}\mathrm{d}h\sum_{m,n}C_{mn}K\left(K^2-k^2\right)\left[a_{omn}\boldsymbol{M}_{omn}(h)\boldsymbol{N}'_{omn}(-h)\right.$$
$$\left.+b_{emn}\boldsymbol{N}_{emn}(h)\boldsymbol{M}'_{emn}(-h)\right]$$

因 $\boldsymbol{M}_{omn}(h)$ 和 $\boldsymbol{N}_{emn}(h)$ 是方程 $\nabla\times\nabla\times\boldsymbol{F}-K^2\boldsymbol{F}=0$ 的解, 于是上式可化为

$$\int_{-\infty}^{\infty}\mathrm{d}h\sum_{m,n}C_{mn}K\left(K^2-k^2\right)\left[a_{omn}\boldsymbol{M}_{omn}(h)\boldsymbol{N}'_{omn}(-h)\right.$$
$$\left.+\,b_{emn}\boldsymbol{N}_{emn}(h)\boldsymbol{M}'_{emn}(-h)\right]$$
$$=\int_{-\infty}^{\infty}\mathrm{d}h\sum_{m,n}C_{mn}K\left[\boldsymbol{M}_{omn}(h)\boldsymbol{N}'_{omn}(-h)+\boldsymbol{N}_{emn}(h)\boldsymbol{M}'_{emn}(-h)\right]\tag{57}$$

比较 (57) 式两边系数, 而有

$$\left(K^2-k^2\right)a_{omn}=1;\quad\left(K^2-k^2\right)b_{emn}=1$$

故得

$$a_{omn}=b_{emn}=\frac{1}{K^2-k^2}\tag{58}$$

将上式代入 (56) 式, 就得到 $\overline{\overline{\boldsymbol{G}}}_{m2}(\boldsymbol{r},\boldsymbol{r}')$ 的并矢展开式:

$$\overline{\overline{\boldsymbol{G}}}_{\mathrm{m2}}(\boldsymbol{r},\boldsymbol{r}')=\int_{-\infty}^{\infty}\mathrm{d}h\sum_{m,n}C_{mn}\frac{K}{K^2-k^2}\left[\boldsymbol{M}_{omn}(h)\boldsymbol{N}'_{omn}(-h)+\boldsymbol{N}_{emn}(h)\boldsymbol{M}'_{emn}(-h)\right]\tag{59}$$

(iii) 通过计算 $\nabla\times\overline{\overline{\boldsymbol{G}}}_{\mathrm{m2}}(\boldsymbol{r},\boldsymbol{r}')$ 求 $\overline{\overline{\boldsymbol{G}}}_{\mathrm{e1}}(\boldsymbol{r},\boldsymbol{r}')$

对 (59) 式取旋度, 并应用关系式 (53), 可得

$$\nabla\times\overline{\overline{\boldsymbol{G}}}_{\mathrm{m2}}(\boldsymbol{r},\boldsymbol{r}')=\int_{-\infty}^{\infty}\mathrm{d}h\sum_{m,n}C_{mn}\frac{K^2}{K^2-k^2}\Big[\boldsymbol{N}_{omn}(h)\boldsymbol{N}'_{omn}(-h)+\boldsymbol{M}_{emn}(h)\boldsymbol{M}'_{emn}(-h)\Big] \tag{60}$$

积分 (60) 可应用复变函数中的围线积分法进行计算. 由于积分的被积函数含有奇异部分, 因而需将其中的奇异项部分提取出来分别处理.

为辨认出 (60) 式被积函数中的奇异项, 我们查看被积函数中含积分变量 $h$ 的情况. 由 (21b) 式可知 $\boldsymbol{M}_{emn}(h)$ 中不含 $h$ 和 $K(K=\sqrt{k_c^2+h^2})$, 而由 (21c) 式可知 $\boldsymbol{N}_{omn}(h)$ 的横向分量含有因子 $h/K$, 纵向分量含有因子 $1/K$. $\boldsymbol{N}_{omn}(h)$ 的横向分量与纵向分量所含因子不同, 故将 $\boldsymbol{N}_{omn}(h)$ 表为横向分量 $\boldsymbol{N}_{omnT}(h)$ 与纵向分量 $\boldsymbol{N}_{omnZ}(h)$ 之和, 即

$$\boldsymbol{N}_{omn}(h)=\boldsymbol{N}_{omnT}(h)+\boldsymbol{N}_{omnZ}(h) \tag{61}$$

于是 (60) 式可写成

$$\begin{aligned}\nabla\times\overline{\overline{\boldsymbol{G}}}_{\mathrm{m2}}(\boldsymbol{r},\boldsymbol{r}')&=\int_{-\infty}^{\infty}\sum_{m,n}C_{mn}\frac{K^2}{K^2-k^2}\bigg[(\boldsymbol{N}_{omnT}(h)+\boldsymbol{N}_{omnZ}(h))\Big(\boldsymbol{N}'_{omnT}(-h)\\&\quad+\boldsymbol{N}'_{omnZ}(-h)\Big)+\boldsymbol{M}_{emn}(h)\boldsymbol{M}'_{emn}(-h)\bigg]\mathrm{d}h\\&=\int_{-\infty}^{\infty}\sum_{m,n}C_{mn}\frac{K^2}{K^2-k^2}\Big[\boldsymbol{N}_{omnT}(h)\boldsymbol{N}'_{omnT}(-h)\\&\quad+\boldsymbol{N}_{omnT}(h)\boldsymbol{N}'_{omnZ}(-h)+\boldsymbol{N}_{omnZ}(h)\boldsymbol{N}'_{omnT}(-h)\\&\quad+\boldsymbol{N}_{omnZ}(h)\boldsymbol{N}'_{omnZ}(-h)+\boldsymbol{M}_{emn}(h)\boldsymbol{M}'_{emn}(-h)\Big]\mathrm{d}h\end{aligned} \tag{62}$$

令

$$k_g^2=k^2-k_c^2=k^2-\left[\left(\frac{m\pi}{a}\right)^2+\left(\frac{n\pi}{b}\right)^2\right] \tag{63}$$

于是有

$$K^2-k^2=k_c^2+h^2-k^2=h^2-k_g^2\quad(\text{见 (55) 式}) \tag{64}$$

故 (62) 式积分第一项被积函数含因子 $\dfrac{K^2}{K^2-k^2}\dfrac{h^2}{K^2}=\dfrac{h^2}{h^2-k_g^2}=1+\dfrac{k_g^2}{h^2-k_g^2}$, 当 $h\to\pm\infty$ 时, 具有因子为 1 这部分积分就是奇异项; 积分中第 2、3 项被积函数含因子 $\dfrac{K^2}{K^2-k^2}\dfrac{h}{K^2}$, 而第 4 项含因子 $\dfrac{K^2}{K^2-k^2}\dfrac{1}{K^2}$, 当 $h\to\pm\infty$ 时, 被积函数趋于零, 积分

收敛. (62) 式积分中关于 $\boldsymbol{M}_{emn}(h)\boldsymbol{M}'_{emn}(-h)$ 项含因子 $\dfrac{K^2}{K^2-k^2}=1+\dfrac{k^2}{K^2-k^2}=1+\dfrac{k^2}{h^2-k_g^2}$, 因此其中为 1 这部分也是奇异项. 将 (62) 式中的 $\boldsymbol{N}_{omnT}(h)\boldsymbol{N}'_{omnT}(-h)$ 项的因子用 $\dfrac{K^2}{K^2-k^2}=\dfrac{K^2}{h^2}+\dfrac{K^2}{h^2-k_g^2}\dfrac{k_g^2}{h^2}$ 替换; 而将 $\boldsymbol{M}_{emnT}(h)\boldsymbol{M}'_{emnT}(-h)$ 项的因子用 $\dfrac{K^2}{K^2-k^2}=1+\dfrac{k^2}{K^2-k^2}=1+\dfrac{k^2}{h^2-k_g^2}$ 替换, 则 (62) 式可化为

$$\begin{aligned}\nabla\times\overline{\overline{\boldsymbol{G}}}_{\mathrm{m}2}(\boldsymbol{r},\boldsymbol{r}')=&\int_{-\infty}^{\infty}\sum_{m,n}C_{mn}\left[\boldsymbol{M}_{emn}(h)\boldsymbol{M}'_{emn}(-h)\right.\\&\left.+\frac{K^2}{h^2}\boldsymbol{N}_{omnT}(h)\boldsymbol{N}'_{omnT}(-h)\right]\mathrm{d}h\\&+\int_{-\infty}^{\infty}\sum_{m,n}C_{mn}\left\{\frac{k^2}{h^2-k_g^2}\boldsymbol{M}_{emn}(h)\boldsymbol{M}'_{emn}(-h)\right.\\&+\frac{K^2}{h^2-k_g^2}\left[\frac{k_g^2}{h^2}\boldsymbol{N}_{omnT}(h)\boldsymbol{N}'_{omnT}(-h)\right.\\&+\boldsymbol{N}_{omnT}(h)\boldsymbol{N}'_{omnZ}(-h)+\boldsymbol{N}_{omnZ}(h)\boldsymbol{N}'_{omnT}(-h)\\&\left.\left.+\boldsymbol{N}_{omnZ}(h)\boldsymbol{N}'_{omnZ}(-h)\right]\right\}\mathrm{d}h\\=&I_1+I_2\end{aligned}\tag{65}$$

这样, 就把 $\nabla\times\overline{\overline{\boldsymbol{G}}}_{m2}(\boldsymbol{r},\boldsymbol{r}')$ 积分的奇异项分离出来了. (65) 式中的第一个积分 $I_1$ 就是奇异积分. 以下我们将证明这个奇异积分:

$$\begin{aligned}I_1=&\int_{-\infty}^{\infty}\sum_{m,n}C_{mn}\left[\boldsymbol{M}_{emn}(h)\boldsymbol{M}'_{emn}(-h)+\frac{K^2}{h^2}\boldsymbol{N}_{omnT}(h)\boldsymbol{N}'_{omnT}(-h)\right]\mathrm{d}h\\=&\overline{\overline{\boldsymbol{I}}}_t\delta(\boldsymbol{r}-\boldsymbol{r}')\end{aligned}\tag{66}$$

式中, $C_{mn}=\dfrac{2-\delta_0}{\pi abk_c^2}$; $\overline{\overline{I}}_t=\hat{\boldsymbol{a}}_x\hat{\boldsymbol{a}}_x+\hat{\boldsymbol{a}}_y\hat{\boldsymbol{a}}_y$ 为横向单位并矢.

而 (65) 式中的第二个积分 $I_2$ 可写成

$$\begin{aligned}I_2=&\int_{-\infty}^{\infty}\sum_{m,n}C_{mn}\left\{\frac{k^2}{h^2-k_g^2}\boldsymbol{M}_{emn}(h)\boldsymbol{M}'_{emn}(-h)\right.\\&+\frac{K^2}{h^2-k_g^2}\left[\frac{k_g^2}{h^2}\boldsymbol{N}_{omnT}(h)\boldsymbol{N}'_{omnT}(-h)\right.\\&+\boldsymbol{N}_{omnT}(h)\boldsymbol{N}'_{omnZ}(-h)+\boldsymbol{N}_{omnZ}(h)\boldsymbol{N}'_{omnT}(-h)\\&\left.\left.+\boldsymbol{N}_{omnZ}(h)\boldsymbol{N}'_{omnZ}(-h)\right]\right\}\mathrm{d}h\\=&k^2\overline{\overline{\boldsymbol{S}}}(\boldsymbol{r},\boldsymbol{r}')\end{aligned}\tag{67}$$

这里, $\overline{\overline{\boldsymbol{S}}}(\boldsymbol{r},\boldsymbol{r}')$ 称为留数级数, 其积分结果为

$$\overline{\overline{\boldsymbol{S}}}(\boldsymbol{r},\boldsymbol{r}')=\frac{\mathrm{j}}{ab}\sum_{m,n}\frac{2-\delta_0}{k_g k_c^2}\left[\boldsymbol{M}_{emn}(\pm k_g)\boldsymbol{M}'_{emn}(\mp k_g)+\boldsymbol{N}_{omn}(\pm k_g)\boldsymbol{N}'_{omn}(\mp k_g)\right]$$

$$\pm(z-z')>0 \tag{68}$$

将 (67) 和 (68) 代入 (65) 式求出 $\nabla\times\overline{\overline{\boldsymbol{G}}}_{\mathrm{m}2}(\boldsymbol{r},\boldsymbol{r}')$ 后再代入 (43) 式, 最后得到矩形波导的 $\overline{\overline{\boldsymbol{G}}}_{\mathrm{e}1}(\boldsymbol{r},\boldsymbol{r}')$:

$$\begin{aligned}\overline{\overline{\boldsymbol{G}}}_{\mathrm{e}1}(\boldsymbol{r},\boldsymbol{r}')&=\frac{1}{k^2}\left[\nabla\times\overline{\overline{\boldsymbol{G}}}_{\mathrm{m}2}(\boldsymbol{r},\boldsymbol{r}')-\overline{\overline{\boldsymbol{I}}}\delta(\boldsymbol{r}-\boldsymbol{r}')\right]\\&=\overline{\overline{\boldsymbol{S}}}(\boldsymbol{r},\boldsymbol{r}')-\frac{1}{k^2}\left[\overline{\overline{\boldsymbol{I}}}\delta(\boldsymbol{r}-\boldsymbol{r}')-\overline{\overline{I}}_t\delta(\boldsymbol{r}-\boldsymbol{r}')\right]\\&=\overline{\overline{\boldsymbol{S}}}(\boldsymbol{r},\boldsymbol{r}')-\frac{1}{k^2}\hat{\boldsymbol{a}}_z\hat{\boldsymbol{a}}_z\delta(\boldsymbol{r}-\boldsymbol{r}')\end{aligned} \tag{69}$$

关于 (66) 式奇异积分 $I_1$ 的证明:

**证明**　由 (21a) 和 (21b) 式, 有

$$\boldsymbol{M}_{emn}(h)=\left\{-\frac{n\pi}{b}\cos\frac{m\pi}{a}x\sin\frac{n\pi}{b}y\hat{\boldsymbol{a}}_x+\frac{m\pi}{a}\sin\frac{m\pi}{a}x\cos\frac{n\pi}{b}y\hat{\boldsymbol{a}}_y\right\}\mathrm{e}^{-\mathrm{j}hz}$$

$$\boldsymbol{N}_{omnT}(h)=\frac{1}{K}\left\{-\mathrm{j}h\frac{m\pi}{a}\cos\frac{m\pi}{a}x\sin\frac{n\pi}{b}y\hat{\boldsymbol{a}}_x-\mathrm{j}h\frac{n\pi}{b}\sin\frac{m\pi}{a}x\cos\frac{n\pi}{b}y\hat{\boldsymbol{a}}_y\right\}\mathrm{e}^{-\mathrm{j}hz}$$

以上两式代入 (66) 式被积函数 $\boldsymbol{M}_{emn}(h)\boldsymbol{M}'_{emn}(-h)+\dfrac{K^2}{h^2}\boldsymbol{N}_{omnT}(h)\boldsymbol{N}'_{omnT}(-h)$, 经整理后可得

$$\begin{aligned}&\boldsymbol{M}_{emn}(h)\boldsymbol{M}'_{emn}(-h)+\frac{K^2}{h^2}\boldsymbol{N}_{omnT}(h)\boldsymbol{N}'_{omnT}(-h)\\=&k_c^2\bigg(\cos\frac{m\pi}{a}x\cos\frac{m\pi}{a}x'\sin\frac{n\pi}{b}y\sin\frac{n\pi}{b}y'\hat{\boldsymbol{a}}_x\hat{\boldsymbol{a}}_x\\&+\sin\frac{m\pi}{a}x\sin\frac{m\pi}{a}x'\cos\frac{n\pi}{b}y\cos\frac{n\pi}{b}y'\hat{\boldsymbol{a}}_y\hat{\boldsymbol{a}}_y\bigg)\mathrm{e}^{-\mathrm{j}h(z-z')}\end{aligned} \tag{70}$$

式中

$$k_c^2=\left(\frac{m\pi}{a}\right)^2+\left(\frac{n\pi}{b}\right)^2\quad(m,n=0,1,2,\cdots;\text{不同时为零})$$

将 (70) 代入 (66) 式, 可得

$$\begin{aligned}I_1=&\frac{1}{\pi ab}\int_{-\infty}^{\infty}\mathrm{e}^{-\mathrm{j}h(z-z')}\mathrm{d}h\sum_{m,n}(2-\delta_0)\bigg(\cos\frac{m\pi}{a}x\cos\frac{m\pi}{a}x'\sin\frac{n\pi}{b}y\sin\frac{n\pi}{b}y'\hat{a}_x\hat{\boldsymbol{a}}_x\\&+\sin\frac{m\pi}{a}x\sin\frac{m\pi}{a}x'\cos\frac{n\pi}{b}y\cos\frac{n\pi}{b}y'\hat{\boldsymbol{a}}_y\hat{\boldsymbol{a}}_y\bigg)\end{aligned} \tag{71}$$

注意到, $\delta(x-x')$ 在区间 $[0,a]$ 的 Fourier 余弦级数可表为

$$\delta(x-x')=\frac{a_0}{2}+\sum_{m=1}a_m\cos\frac{m\pi}{a}x$$

其中 Fourier 系数

$$a_m=\frac{2}{a}\int_0^a\delta(x-x')\cos\frac{m\pi}{a}x\mathrm{d}x=\frac{2}{a}\cos\frac{m\pi}{a}x'\quad(m=0,1,2,\cdots)$$

故

$$\begin{aligned}\delta(x-x')&=\frac{a_0}{2}+\sum_{m=1}\frac{2}{a}\cos\frac{m\pi}{a}x\cos\frac{m\pi}{a}x'\\&=\frac{2-\delta_0}{a}\sum_{m=0}\cos\frac{m\pi}{a}x\cos\frac{m\pi}{a}x'\end{aligned}\tag{72}$$

又, $\delta(x-x')$ 在区间 $[0,a]$ 的 Fourier 正弦级数可表为

$$\delta(x-x')=\sum_{m=1}b_m\sin\frac{m\pi}{a}x$$

其中 Fourier 系数

$$b_m=\frac{2}{a}\int_0^a\delta(x-x')\sin\frac{m\pi}{a}x\mathrm{d}x=\frac{2}{a}\sin\frac{m\pi}{a}x'$$

故

$$\delta(x-x')=\frac{2-\delta_0}{a}\sum_{m=0}\cos\frac{n\pi}{a}x\cos\frac{n\pi}{a}x'=\frac{2}{a}\sum_{m=1}\sin\frac{m\pi}{a}x\sin\frac{m\pi}{a}x'\tag{73}$$

类似地, 我们有

$$\delta(y-y')=\frac{2-\delta_0}{b}\sum_{n=0}\cos\frac{n\pi}{b}y\cos\frac{n\pi}{b}y'=\frac{2}{a}\sum_{n=1}\sin\frac{n\pi}{b}y\sin\frac{n\pi}{b}y'\tag{74}$$

此外,

$$\delta(z-z')=\frac{1}{2\pi}\int_{-\infty}^{\infty}\mathrm{e}^{-\mathrm{j}h(z-z')}\mathrm{d}h\tag{75}$$

将 (72)~(75) 代入 (71) 式, 就得到

$$\begin{aligned}I_1&=\frac{1}{2\pi ab}2\pi\delta(z-z')ab\delta(x-x')\delta(y-y')\left(\hat{\boldsymbol{a}}_x\hat{\boldsymbol{a}}_x+\hat{\boldsymbol{a}}_y\hat{\boldsymbol{a}}_y\right)\\&=\delta(x-x')\delta(y-y')\delta(z-z')\left(\hat{\boldsymbol{a}}_x\hat{\boldsymbol{a}}_x+\hat{\boldsymbol{a}}_y\hat{\boldsymbol{a}}_y\right)\qquad\text{(66)式得证.}\\&=\overline{\overline{\boldsymbol{I}}}_t\delta(\boldsymbol{r}-\boldsymbol{r}')\end{aligned}$$

关于留数级数 (68) 式的证明:

**证明** 留数级数 $\overline{\overline{S}}(\boldsymbol{r},\boldsymbol{r}')=\dfrac{1}{k^2}I_2$. 现应用复变函数中的围线积分法对 (67) 式的 d$h$ 进行积分.

因 $\boldsymbol{N}_{omnT}(h)\boldsymbol{N}'_{omnT}(-h)$ 含因子 $h^2/K^2$; $\boldsymbol{N}_{omnT}(h)\boldsymbol{N}'_{omnZ}(-h)$ 和 $\boldsymbol{N}_{omnZ}(h)$ $\boldsymbol{N}'_{omnT}(-h)$ 含因子 $h/K^2$; $\boldsymbol{N}_{omnZ}(h)\boldsymbol{N}'_{omnZ}(-h)$ 含因子 $1/K^2$, 故 (67) 式积分的被积函数只是在 $h=\pm k_g$ 处具有一阶极点.

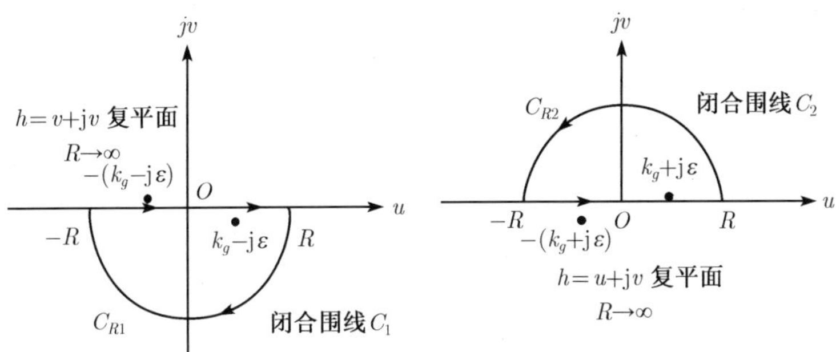


图 E.2 围线积分的积分路径

采用围线积分法积分时, 围线由半圆 $CR$ 与 $-R\to+R(R\to\infty)$ 两部分组成. 我们先假定 $h$ 的极点为 $\pm(k_g\pm \mathrm{j}\varepsilon)(\varepsilon>0)$, 积分后再令 $\varepsilon\to 0$. $h$ 的极点为 $\pm(k_g\pm\mathrm{j}\varepsilon)$ 如图所示. 为使围线积分中沿半圆的积分当 $R\to\infty$ 时其被积函数 $\to 0$, 对于 $z>z'$, 取积分围线为 $C_1$; 对于 $z<z'$, 取积分围线为 $C_2$(见图 E.2). 于是, 按留数定理, 围线积分的值等于围线内被积函数在所有极点处的留数之和乘以 2πj, 因以及 $K^2|_{h=k_g}=k_c^2+k_g^2=k^2$(见 (63) 和 (64) 式), 围线 $C_1$ 和围线 $C_2$ 内仅有单极点, 我们不难求得

$$
\begin{aligned}
I_2=&2\pi\mathrm{j}\sum_{m,n}C_{mn}\bigg\{\frac{k^2}{2k_g}\boldsymbol{M}_{emn}(\pm k_g)\boldsymbol{M}'_{emn}(\mp k_g)\\
&+\frac{k_g^2+k_c^2}{2k_g}\left[\boldsymbol{N}_{omnT}(\pm k_g)\boldsymbol{N}'_{omnT}(\mp k_g)+\boldsymbol{N}_{omnT}(\pm k_g)\boldsymbol{N}'_{omnZ}(\mp k_g)\right.\\
&\left.+\boldsymbol{N}_{omnZ}(\pm k_g)\boldsymbol{N}'_{omnT}(\mp k_g)+\boldsymbol{N}_{omnZ}(\pm k_g)\boldsymbol{N}'_{omnZ}(\mp k_g)\right]\bigg\}\\
=&2\pi\mathrm{j}\sum_{m,n}C_{mn}\frac{k^2}{2k_g}\Big[\boldsymbol{M}_{emn}(\pm k_g)\boldsymbol{M}'_{emn}(\mp k_g)\\
&+\boldsymbol{N}_{omn}(\pm k_g)\boldsymbol{N}'_{omn}(\mp k_g)\Big]\pm(z-z')>0
\end{aligned}
$$

式中, $C_{mn}=\dfrac{2-\delta_0}{\pi abk_c^2}$. 于是, $\overline{\overline{S}}(\boldsymbol{r},\boldsymbol{r}')=\dfrac{1}{k^2}I_2$ 最后可化为

$$\overline{\overline{S}}(\boldsymbol{r},\boldsymbol{r}')=\frac{\mathrm{j}}{ab}\sum_{m,n}\frac{2-\delta_0}{k_g k_c^2}\left[\boldsymbol{M}_{emn}(\pm k_g)\boldsymbol{M}'_{emn}(\mp k_g)+\boldsymbol{N}_{omn}(\pm k_g)\boldsymbol{N}'_{omn}(\mp k_g)\right]$$

$$\pm(z-z')>0$$

(2) $\overline{\overline{G}}_{\mathrm{e1}}$ 法

$\overline{\overline{G}}_{\mathrm{e1}}$ 法求解电磁场边值问题的 $\overline{\overline{G}}_{\mathrm{e1}}(\boldsymbol{r},\boldsymbol{r}')$ 的数学表述归结为直接求 $\overline{\overline{G}}_{\mathrm{e1}}$ 满足如下给定矩形波导边界条件和辐射条件的并矢形式 Helmholtz 方程的解:

$$\nabla\times\nabla\times\overline{\overline{G}}_{\mathrm{e1}}(\boldsymbol{r},\boldsymbol{r}')-k^2\overline{\overline{G}}_{\mathrm{e1}}(\boldsymbol{r},\boldsymbol{r}')=\overline{\overline{I}}\delta(\boldsymbol{r}-\boldsymbol{r}') \tag{76}$$

$$\hat{\boldsymbol{n}}\times\overline{\overline{G}}_{\mathrm{e1}}(\boldsymbol{r},\boldsymbol{r}')\Big|_{\substack{x=0,a\\y=0,b}}=0\quad(\text{在波导壁}S\text{上}) \tag{77}$$

$$\lim_{z\to\pm\infty}\left[\nabla\times\overline{\overline{G}}_{\mathrm{e1}}(\boldsymbol{r},\boldsymbol{r}')\pm\mathrm{j}k\hat{\boldsymbol{a}}_z\times\overline{\overline{G}}_{\mathrm{e1}}(\boldsymbol{r},\boldsymbol{r}')\right]=0 \tag{78}$$

(i) $\overline{\overline{I}}\delta(\boldsymbol{r}-\boldsymbol{r}')$ 的并矢展开式

$\boldsymbol{L}_{omn}(h)$, $\boldsymbol{M}_{emn}(h)$ 和 $\boldsymbol{N}_{omn}(h)$ 是展开 (76) 式右端非齐次项 $\overline{\overline{I}}\delta(\boldsymbol{r}-\boldsymbol{r}')$ 的合适的矢量波函数, 故我们可将此展开式表为

$$\begin{aligned}\delta(\boldsymbol{r}-\boldsymbol{r}')=\int_{-\infty}^{\infty}\sum_{m,n}[&\boldsymbol{L}_{omn}(h)\boldsymbol{A}_{omn}(h)+\boldsymbol{M}_{emn}(h)\boldsymbol{B}_{emn}(h)\\&+\boldsymbol{N}_{omn}(h)\boldsymbol{C}_{omn}(h)]\mathrm{d}h\end{aligned} \tag{79}$$

式中, $\boldsymbol{A}_{omn}(h)$, $\boldsymbol{B}_{omn}(h)$ 和 $\boldsymbol{C}_{omn}(h)$ 为展开式的待定矢量系数.

为确定这些矢量系数, 将 $\boldsymbol{L}_{om'n'}(-h')$, $\boldsymbol{M}_{em'n'}(-h')$ 和 $\boldsymbol{N}_{om'n'}(-h')$ 分别点乘 (79) 式两边, 并对整个波导空间 $V$ 积分, 利用 $\boldsymbol{L}_{omn}(h)$, $\boldsymbol{M}_{emn}(h)$ 和 $\boldsymbol{N}_{omn}(h)$ 矢量本征波函数的正交、归一关系式 (23)~(31), 类似于在 $\overline{\overline{G}}_{\mathrm{m2}}$ 法中确定 $\nabla\times\left[\overline{\overline{I}}\delta(\boldsymbol{r}-\boldsymbol{r}')\right]$ 展开式的矢量系数情形, 我们将不难确定出 (79) 式中的矢量系数 $\boldsymbol{A}_{omn}(h)$, $\boldsymbol{B}_{omn}(h)$ 和 $\boldsymbol{C}_{omn}(h)$, 其结果是:

$$\begin{aligned}\boldsymbol{A}_{omn}(h)&=\frac{2-\delta_0}{\pi abK^2}\boldsymbol{L}'_{omn}(-h)\\\boldsymbol{B}_{omn}(h)&=\frac{2-\delta_0}{\pi abk_c^2}\boldsymbol{M}'_{omn}(-h)\\\boldsymbol{C}_{omn}(h)&=\frac{2-\delta_0}{\pi abk_c^2}\boldsymbol{N}'_{omn}(-h)\end{aligned} \tag{80}$$

将 (80) 代入 (79) 式, 便有

$$\begin{aligned}\delta(\boldsymbol{r}-\boldsymbol{r}')=\int_{-\infty}^{\infty}\sum_{m,n}C_{mn}\Bigg[&\frac{k_c^2}{K^2}\boldsymbol{L}_{omn}(h)\boldsymbol{L}'_{omn}(-h)+\boldsymbol{M}_{emn}(h)\boldsymbol{M}'_{emn}(-h)\\&+\boldsymbol{N}_{omn}(h)\boldsymbol{N}'_{omn}(-h)\Bigg]\mathrm{d}h\end{aligned} \tag{81}$$

式中

$$C_{mn} = \frac{2-\delta_0}{\pi ab k_c^2};\quad k_c^2 = \left(\frac{m\pi}{a}\right)^2 + \left(\frac{n\pi}{b}\right)^2;\quad \delta_0 = \begin{cases} 1 & m \text{ or } n = 0 \\ 0 & m, n \neq 0 \end{cases} \tag{82}$$

(ii) $\overline{\overline{\boldsymbol{G}}}_{e1}(\boldsymbol{r}, \boldsymbol{r}')$ 的并矢展开式

$$\overline{\overline{\boldsymbol{G}}}_{e1}(\boldsymbol{r}, \boldsymbol{r}') = \int_{-\infty}^{\infty} \sum_{m,n} C_{mn} \Big[ a_{omn} \boldsymbol{L}_{omn}(h) \boldsymbol{L}'_{omn}(-h) + b_{emn} \boldsymbol{M}_{emn}(h) \boldsymbol{M}'_{emn}(-h) + c_{omn} \boldsymbol{N}_{omn}(h) \boldsymbol{N}'_{omn}(-h) \Big] \mathrm{d}h \tag{83}$$

式中, $a_{omn}(h)$, $b_{omn}(h)$ 和 $c_{omn}(h)$ 为展开式的待定标量系数.

将 (81) 和 (83) 一并代入 (76) 式, 通过比较等式两边的系数, 因 $\nabla \times \boldsymbol{L} = 0$, $\boldsymbol{M}$ 和 $\boldsymbol{N}$ 满足方程 $\nabla \times \nabla \times \boldsymbol{F} - K^2 \boldsymbol{F} = 0$, 于是有

$$a_{omn} = -\frac{1}{k^2};\quad b_{emn} = c_{omn} = \frac{1}{K^2 - k^2} \tag{84}$$

将 (84) 代入 (83) 式, 就得到 $\overline{\overline{\boldsymbol{G}}}_{e1}(\boldsymbol{r}, \boldsymbol{r}')$ 的并矢展开式:

$$\overline{\overline{\boldsymbol{G}}}_{e1}(\boldsymbol{r}, \boldsymbol{r}') = \int_{-\infty}^{\infty} \sum_{m,n} C_{mn} \Big\{ -\frac{k_c^2}{k^2 K^2} \boldsymbol{L}_{omn}(h) \boldsymbol{L}'_{omn}(-h) + \frac{1}{K^2 - k^2} \left[ \boldsymbol{M}_{emn}(h) \boldsymbol{M}'_{emn}(-h) + \boldsymbol{N}_{omn}(h) \boldsymbol{N}'_{omn}(-h) \right] \Big\} \mathrm{d}h \tag{85}$$

事实上, (85) 是 (69) 式的另一种等价表示式. 这可证明如下:

令

$$\boldsymbol{L}_{omn}(h) = \boldsymbol{L}_{omnT}(h) + \boldsymbol{L}_{omnZ}(h) \tag{86}$$

$$\boldsymbol{N}_{omn}(h) = \boldsymbol{N}_{omnT}(h) + \boldsymbol{N}_{omnZ}(h) \tag{87}$$

式中, 下标里的 “$T$” 和 “$Z$” 分别表示相关量的 “横向” 和 “纵向” 分量.

从比较 (21a) 和 (21b) 式可知, $\boldsymbol{L}_{omnT}$ 与 $\boldsymbol{N}_{omnT}$ 和 $\boldsymbol{L}_{omnZ}$ 与 $\boldsymbol{N}_{omnZ}$ 之间有如下关系:

$$\boldsymbol{L}_{omnT}(h) = \frac{\mathrm{j}K}{h} \boldsymbol{N}_{omnT}(h) \quad \text{和} \quad \boldsymbol{L}_{omnZ}(h) = -\frac{\mathrm{j}hK}{k_c^2} \boldsymbol{N}_{omnZ}(h) \tag{88}$$

于是有

$$\begin{aligned}\boldsymbol{L}_{omn}(h)\boldsymbol{L}'_{omn}(-h) =& \boldsymbol{L}_{omnT}(h)\boldsymbol{L}'_{omnT}(-h) + \boldsymbol{L}_{omnZ}(h)\boldsymbol{L}'_{omnZ}(-h)\\ &+\boldsymbol{L}_{omnT}(h)\boldsymbol{L}'_{omnZ}(-h) + \boldsymbol{L}_{omnZ}(h)\boldsymbol{L}'_{omnT}(-h)\\ =& \frac{K^2}{h^2}\boldsymbol{N}_{omnT}(h)\boldsymbol{N}'_{omnT}(-h) + \frac{h^2K^2}{k_c^4}\boldsymbol{N}_{omnZ}(h)\boldsymbol{N}'_{omnZ}(-h)\\ &-\frac{K^2}{k_c^2}\boldsymbol{N}_{omnT}(h)\boldsymbol{N}'_{omnZ}(-h) - \frac{K^2}{k_c^2}\boldsymbol{N}_{omnZ}(h)\boldsymbol{N}'_{omnT}(-h)\end{aligned} \tag{89}$$

将 (89) 代入 (85) 式, 则可得

$$\begin{aligned}\overline{\overline{\boldsymbol{G}}}_{\mathrm{e}1}(\boldsymbol{r},\boldsymbol{r}') =& \int_{-\infty}^{\infty}\sum_{m,n}C_{mn}\left\{\frac{1}{K^2-k^2}\boldsymbol{M}_{emn}(h)\boldsymbol{M}'_{emn}(-h)\right.\\ &+\left(\frac{1}{K^2-k^2}-\frac{k_c^2}{k^2h^2}\right)\boldsymbol{N}_{omnT}(h)\boldsymbol{N}'_{omnT}(h)\\ &+\left(\frac{1}{K^2-k^2}-\frac{h^2}{k^2k_c^2}\right)\boldsymbol{N}_{omnZ}(h)\boldsymbol{N}'_{omnZ}(h)\\ &+\left(\frac{1}{K^2-k^2}+\frac{1}{k^2}\right)\boldsymbol{N}_{omnT}(h)\boldsymbol{N}'_{omnZ}(h)\\ &\left.+\left(\frac{1}{K^2-k^2}+\frac{1}{k^2}\right)\boldsymbol{N}_{omnZ}(h)\boldsymbol{N}'_{omnT}(h)\right\}\mathrm{d}h\end{aligned} \tag{90}$$

因

$$\frac{1}{K^2-k^2}-\frac{k_c^2}{k^2h^2}=\frac{K^2}{k^2\left(K^2-k^2\right)}\frac{k^2-k_c^2}{h^2}\text{和}\frac{1}{K^2-k^2}+\frac{1}{k^2}=\frac{K^2}{k^2\left(K^2-k^2\right)}$$

$$\frac{1}{K^2-k^2}-\frac{h^2}{k^2k_c^2}=\frac{1}{K^2-k^2}-\frac{K^2-k_c^2}{k^2k_c^2}=\frac{K^2}{k^2\left(K^2-k^2\right)}-\frac{K^2}{k^2k_c^2}$$

于是, (90) 式可化为

$$\begin{aligned}\overline{\overline{\boldsymbol{G}}}_{\mathrm{e}1}(\boldsymbol{r},\boldsymbol{r}') =& \int_{-\infty}^{\infty}\sum_{m,n}C_{mn}\left\{\frac{1}{K^2-k^2}\boldsymbol{M}_{emn}(h)\boldsymbol{M}'_{emn}(-h)\right.\\ &+\frac{K^2}{k^2(K^2-k^2)}\left[\frac{k^2-k_c^2}{h^2}\boldsymbol{N}_{omnT}(h)\boldsymbol{N}'_{omnT}(-h)+\boldsymbol{N}_{omnT}(h)\boldsymbol{N}'_{omnZ}(-h)\right.\\ &\left.\left.+\boldsymbol{N}_{omnZ}(h)\boldsymbol{N}'_{omnZ}(-h)+\boldsymbol{N}_{omnZ}(h)\boldsymbol{N}'_{omnT}(-h)\right]\right\}\mathrm{d}h\\ &-\int_{-\infty}^{\infty}\sum_{m,n}C_{mn}\frac{K^2}{k^2k_c^2}\boldsymbol{N}_{omnZ}(h)\boldsymbol{N}'_{omnZ}(-h)\mathrm{d}h\end{aligned} \tag{91}$$

(91) 式的第一个积分可应用围线积分法和留数定理计算. 因有 $K^2-k^2=h^2-h_g^2$ 和 $k^2-k_c^2=h_g^2$(见 (64) 式), 将它与 $\overline{\overline{G}}_m$ 法中的 (67) 式比较可知, 此即留数级数 $\overline{\overline{\boldsymbol{S}}}(\boldsymbol{r},\boldsymbol{r}')=I_2/k^2$; 而 (91) 式的第二个积分应为奇异项 $-\dfrac{1}{k^2}\hat{\boldsymbol{a}}_z\hat{\boldsymbol{a}}_z\delta(\boldsymbol{r}-\boldsymbol{r}')$. 事实上, 由 (81) 式:

$$\begin{aligned}\hat{\boldsymbol{a}}_z\hat{\boldsymbol{a}}_z\delta(\boldsymbol{r}-\boldsymbol{r}')=\int_{-\infty}^{\infty}\sum_{m,n}C_{mn}\bigg[&\frac{k_c^2}{K^2}\boldsymbol{L}_{omnZ}(h)\boldsymbol{L}'_{omnZ}(-h)\\&+\boldsymbol{N}_{omnZ}(h)\boldsymbol{N}'_{omnZ}(-h)\bigg]\mathrm{d}h\end{aligned}\tag{92}$$

将 (88) 代入上式, 则有

$$\begin{aligned}\hat{\boldsymbol{a}}_z\hat{\boldsymbol{a}}_z\delta(\boldsymbol{r}-\boldsymbol{r}')&=\int_{-\infty}^{\infty}\sum_{m,n}C_{mn}\left[\left(\frac{h^2}{k_c^2}+1\right)\boldsymbol{N}_{omnZ}(h)\boldsymbol{N}'_{omnZ}(-h)\right]\mathrm{d}h\\&=\int_{-\infty}^{\infty}\sum_{m,n}C_{mn}\frac{K^2}{k_c^2}\boldsymbol{N}_{omnZ}(h)\boldsymbol{N}'_{omnZ}(-h)\mathrm{d}h\end{aligned}$$

故 (91) 式可写成: $\overline{\overline{\boldsymbol{G}}}_{\mathrm{e1}}(\boldsymbol{r},\boldsymbol{r})=\overline{\overline{\boldsymbol{S}}}(\boldsymbol{r},\boldsymbol{r}')-\dfrac{1}{k^2}\hat{\boldsymbol{a}}_z\hat{\boldsymbol{a}}_z\delta(\boldsymbol{r}-\boldsymbol{r}')$

这与采用 $\overline{\overline{\boldsymbol{G}}}_{\mathrm{m}}$ 法所求得的结果 (69) 式一致.

(3) $\overline{\overline{\boldsymbol{G}}}_A$ 法

$\overline{\overline{\boldsymbol{G}}}_A$ 法求解电磁场边值问题的 $\overline{\overline{\boldsymbol{G}}}_A(\boldsymbol{r},\boldsymbol{r}')$ 的数学表述归结为先求 $\overline{\overline{\boldsymbol{G}}}_A$ 满足如下给定矩形波导边界条件和辐射条件的并矢形式 Helmholtz 方程的解:

$$\nabla^2\overline{\overline{\boldsymbol{G}}}_A(\boldsymbol{r},\boldsymbol{r}')+k^2\overline{\overline{\boldsymbol{G}}}_A(\boldsymbol{r},\boldsymbol{r}')=-\overline{\overline{\boldsymbol{I}}}\delta(\boldsymbol{r}-\boldsymbol{r}')\tag{93}$$

$$\hat{\boldsymbol{n}}\times\overline{\overline{\boldsymbol{G}}}_A(\boldsymbol{r},\boldsymbol{r}')\bigg|_{\substack{x=0,a\\y=0,b}}=0\quad(\text{在波导壁}S\text{上})\tag{94}$$

$$\lim_{z\to\pm\infty}\left[\nabla\times\overline{\overline{\boldsymbol{G}}}_A(\boldsymbol{r},\boldsymbol{r}')\pm\mathrm{j}k\hat{\boldsymbol{a}}_z\times\overline{\overline{\boldsymbol{G}}}_A(\boldsymbol{r},\boldsymbol{r}')\right]=0\tag{95}$$

然后, 通过如下 $\boldsymbol{E}$ 与 $\boldsymbol{A}$ 关系式的并矢形式求出 $\overline{\overline{\boldsymbol{G}}}_{\mathrm{e1}}(\boldsymbol{r},\boldsymbol{r}')$:

$$\overline{\overline{\boldsymbol{G}}}_{\mathrm{e1}}(\boldsymbol{r},\boldsymbol{r}')=\left(\overline{\overline{\boldsymbol{I}}}+\frac{1}{k^2}\nabla\nabla\right)\cdot\overline{\overline{\boldsymbol{G}}}_A(\boldsymbol{r},\boldsymbol{r}')\tag{96}$$

(81) 式给出了 $\overline{\overline{\boldsymbol{I}}}\delta(\boldsymbol{r}-\boldsymbol{r}')$ 的并矢展开式, 由 (93) 式可知 $\overline{\overline{G}}_A$ 应具有类似的展开式:

$$\overline{\overline{\boldsymbol{G}}}_A(\boldsymbol{r},\boldsymbol{r}')=\int_{-\infty}^{\infty}\sum_{m,n}C_{mn}\bigg[\frac{k_c^2}{K^2}a_{omn}\boldsymbol{L}_{omn}(h)\boldsymbol{L}'_{omn}(-h)+b_{omn}\boldsymbol{M}_{emn}(h)\boldsymbol{M}'_{emn}(-h)$$

$$+ c_{omn}\boldsymbol{N}_{omn}(h)\boldsymbol{N}'_{omn}(-h)\Big]\mathrm{d}h \tag{97}$$

式中, $a_{omn}(h)$, $b_{omn}(h)$ 和 $c_{omn}(h)$ 为展开式的待定标量系数. 由于 $\overline{\overline{\boldsymbol{G}}}_A$ 的并矢展开式的前矢量是 $\boldsymbol{L}_{omn}(h)$、$\boldsymbol{M}_{emn}(h)$ 和 $\boldsymbol{N}_{omn}(h)$, 因而 $\overline{\overline{\boldsymbol{G}}}_A$ 满足它所需的边界条件和辐射条件.

将 (81) 和 (97) 是一并代入 (93) 式, 比较各项系数可得

$$a_{omn} = b_{emn} = c_{omn} = \frac{1}{K^2 - k^2} \tag{98}$$

于是, (97) 式可表为

$$\overline{\overline{G}}_A(\boldsymbol{r},\boldsymbol{r}') = \int_{-\infty}^{\infty}\sum_{m,n}C_{mn}\frac{1}{K^2-k^2}\left[\frac{k_c^2}{K^2}\boldsymbol{L}_{omn}(h)\boldsymbol{L}'_{omn}(-h) + \boldsymbol{M}_{emn}(h)\boldsymbol{M}'_{emn}(-h)\right.$$

$$\left.+ \boldsymbol{N}_{omn}(h)\boldsymbol{N}'_{omn}(-h)\right]\mathrm{d}h \tag{99}$$

上式代入 (96) 式, 因 $\nabla\cdot\boldsymbol{M} = \nabla\cdot\boldsymbol{N} = 0, \nabla\nabla\cdot\mathrm{L} = \nabla\nabla^2\psi = -K^2\boldsymbol{L}$. 于是有

$$\overline{\overline{\boldsymbol{G}}}_{\mathrm{e}1}(\boldsymbol{r},\boldsymbol{r}') = \int_{-\infty}^{\infty}\sum_{m,n}C_{mn}\left\{\frac{1}{K^2-k^2}\frac{k_c^2}{K^2}\left(1-\frac{K^2}{k^2}\right)\boldsymbol{L}_{omn}(h)\boldsymbol{L}'_{omn}(-h)\right.$$

$$\left.+\frac{1}{K^2-k^2}\left[\boldsymbol{M}_{emn}(h)\boldsymbol{M}'_{emn}(-h) + \boldsymbol{N}_{omn}(h)\boldsymbol{N}'_{omn}(-h)\right]\right\}\mathrm{d}h$$

$$= \int_{-\infty}^{\infty}\sum_{m,n}C_{mn}\left\{-\frac{k_c^2}{k^2K^2}\boldsymbol{L}_{omn}(h)\boldsymbol{L}'_{omn}(-h)\right.$$

$$\left.+\frac{1}{K^2-k^2}\left[\boldsymbol{M}_{emn}(h)\boldsymbol{M}'_{emn}(-h) + \boldsymbol{N}_{omn}(h)\boldsymbol{N}'_{omn}(-h)\right]\right\}\mathrm{d}h \tag{100}$$

此式与先前采用 $\overline{\overline{\boldsymbol{G}}}_{\mathrm{e}}$ 法所导得的结果 (85) 式完全相同, 亦与 $\overline{\overline{\boldsymbol{G}}}_{\mathrm{m}}$ 法结果 (69) 式等价, 可表为

$$\overline{\overline{\boldsymbol{G}}}_{\mathrm{e}1}(\boldsymbol{r},\boldsymbol{r}') = \overline{\overline{\boldsymbol{S}}}(\boldsymbol{r},\boldsymbol{r}') - \frac{1}{k^2}\hat{\boldsymbol{a}}_z\hat{\boldsymbol{a}}_z\delta(\boldsymbol{r}-\boldsymbol{r}').$$

以上已分别采用 $\overline{\overline{\boldsymbol{G}}}_{\mathrm{m}}$, $\overline{\overline{\boldsymbol{G}}}_{\mathrm{e}}$ 和 $\overline{\overline{\boldsymbol{G}}}_A$ 法导得了矩形波导的并矢 Green 函数 $\overline{\overline{\boldsymbol{G}}}_{\mathrm{e}1}(\boldsymbol{r},\boldsymbol{r}')$ 的表示式. 当波导中存在有电流分布 $\boldsymbol{J}(\boldsymbol{r})$ 时, 波导中所激励的电场便可由 (1.14.45) 给出:

$$\boldsymbol{E}(\boldsymbol{r}) = -\mathrm{j}\omega\mu\iiint_{V'}\overline{\overline{\boldsymbol{G}}}_{\mathrm{e}1}(\boldsymbol{r},\boldsymbol{r}')\cdot\boldsymbol{J}(\boldsymbol{r}')\mathrm{d}v' \tag{101}$$

而相应的磁场 $\boldsymbol{H}$ 可通过场方程 $\nabla\times\boldsymbol{E}(\boldsymbol{r}) = -\mathrm{j}\omega\mu\boldsymbol{H}(r)$ 计算. 参见 (68)、(69)、(21b) 和 (21c) 式, 具体写出 (101) 式中的 $\overline{\overline{G}}_{\mathrm{e}1}(\boldsymbol{r},\boldsymbol{r}')$ 是:

$$\overline{\overline{G}}_{e1}(\boldsymbol{r},\boldsymbol{r}') = \overline{\overline{S}}(\boldsymbol{r},\boldsymbol{r}') - \frac{1}{k^2}\hat{\boldsymbol{a}}_z\hat{\boldsymbol{a}}_z\delta(\boldsymbol{r}-\boldsymbol{r}')$$
$$= \frac{\mathrm{j}}{ab}\sum_{m,n}\frac{2-\delta_0}{k_g k_c^2}\left[\boldsymbol{M}_{emn}(\pm k_g)\boldsymbol{M}'_{emn}(\mp k_g) + \boldsymbol{N}_{omn}(\pm k_g)\boldsymbol{N}'_{omn}(\mp k_g)\right]$$
$$- \frac{1}{k^2}\hat{\boldsymbol{a}}_z\hat{\boldsymbol{a}}_z\delta(\boldsymbol{r}-\boldsymbol{r}') \quad \pm(z-z')>0 \tag{102}$$

$$\boldsymbol{M}_{emn}(\pm k_g) = \left\{-\frac{n\pi}{b}\cos\frac{m\pi}{a}x\sin\frac{n\pi}{b}y\hat{\boldsymbol{a}}_x + \frac{m\pi}{a}\sin\frac{m\pi}{a}x\cos\frac{n\pi}{b}y\hat{\boldsymbol{a}}_y\right\}\mathrm{e}^{\mp \mathrm{j}k_g z}$$

$$\boldsymbol{M}'_{emn}(\mp k_g) = \left\{-\frac{n\pi}{b}\cos\frac{m\pi}{a}x'\sin\frac{n\pi}{b}y'\hat{\boldsymbol{a}}_x + \frac{m\pi}{a}\sin\frac{m\pi}{a}x'\cos\frac{n\pi}{b}y'\hat{\boldsymbol{a}}_y\right\}\mathrm{e}^{\pm \mathrm{j}k_g z}$$

$$\boldsymbol{N}_{omn}(\pm k_g) = \frac{1}{k}\left\{\mp \mathrm{j}k_g\frac{m\pi}{a}\cos\frac{m\pi}{a}x\sin\frac{n\pi}{b}y\hat{\boldsymbol{a}}_x \mp \mathrm{j}k_g\frac{n\pi}{b}\sin\frac{m\pi}{a}x\cos\frac{n\pi}{b}y\hat{\boldsymbol{a}}_y\right.$$
$$\left. + k_c^2\sin\frac{m\pi}{a}x\sin\frac{n\pi}{b}y\mathrm{e}^{-\mathrm{j}hz}\hat{\boldsymbol{a}}_z\right\}\mathrm{e}^{\mp \mathrm{j}k_g z}$$

$$\boldsymbol{N}'_{omn}(\mp k_g) = \frac{1}{k}\left\{\pm \mathrm{j}k_g\frac{m\pi}{a}\cos\frac{m\pi}{a}x'\sin\frac{n\pi}{b}y'\hat{\boldsymbol{a}}_x \pm \mathrm{j}k_g\frac{n\pi}{b}\sin\frac{m\pi}{a}x'\cos\frac{n\pi}{b}y'\hat{\boldsymbol{a}}_y\right.$$
$$\left. + k_c^2\sin\frac{m\pi}{a}x'\sin\frac{n\pi}{b}y'\hat{\boldsymbol{a}}_z\right\}\mathrm{e}^{\pm \mathrm{j}k_g z}$$

这里, $k_g$ 由 (63) 式给出; $k^2 = \omega^2\varepsilon\mu = (2\pi/\lambda)^2$.

# 附 录 二

## A 时谐电磁场复量 $\boldsymbol{E}$ 和 $\boldsymbol{H}$ 的物理意义

对于时间因子为 $\mathrm{e}^{\mathrm{j}\omega t}$ 的时谐电磁场, 电场 $\boldsymbol{E}$ 和磁场 $\boldsymbol{H}$ 均为复量, 其复量形式可写成

$$\boldsymbol{E} = \boldsymbol{E}_r + \mathrm{j}\boldsymbol{E}_j \quad 和 \quad \boldsymbol{H} = \boldsymbol{H}_r + \mathrm{j}\boldsymbol{H}_j \tag{1}$$

式中, $\boldsymbol{E}_r, \boldsymbol{E}_j, \boldsymbol{H}_r$ 和 $\boldsymbol{H}_j$ 均为实矢量.

以电场 $\boldsymbol{E}$ 为例, 将 (1) 式中的 $\boldsymbol{E}$ 乘以 $\mathrm{e}^{\mathrm{j}\omega t}$ 后取其实部, 即可得电场矢量随时间 $t$ 的简谐变化关系:

$$\begin{aligned}\boldsymbol{E}(x,y,z,t) &= \mathrm{Re}[\boldsymbol{E}(x,y,z)\mathrm{e}^{\mathrm{j}\omega t}] \\ &= \mathrm{Re}\left[(\boldsymbol{E}_r + \mathrm{j}\boldsymbol{E}_j)(\cos\omega t + \mathrm{j}\sin\omega t)\right] \\ &= \boldsymbol{E}_r\cos\omega t - \boldsymbol{E}_j\sin\omega t\end{aligned} \tag{2}$$

由此可知, 电场矢量 $\boldsymbol{E}(x,y,z,t)$ 永远与矢量 $\boldsymbol{E}_r$ 和 $\boldsymbol{E}_j$ 所决定的平面平行, 在此平面内, $\boldsymbol{E}(t)$ 扫出一定轨迹, 一般情况下, 它是一个椭圆; 特殊情况下, 可简化为圆或直线. 这就是场复振幅所表明的物理含义.

以下我们先证明 $\boldsymbol{E}(t)$ 是一闭合曲线, 然后再证明它是一椭圆 (即椭圆极化), 并给出椭圆的长轴 $a$ 和短轴 $b$, 最后再给出椭圆极化退化为圆极化和直线极化应满足的条件.

(1) 椭圆极化 (偏振)

当 $t=t_1$ 时, $\boldsymbol{E}(t_1)=\boldsymbol{E}_r\cos\omega t_1-\boldsymbol{E}_j\sin\omega t_1$, 而当 $t=t_2=t_1+2\pi/\omega$ 时,

$$\begin{aligned}\boldsymbol{E}(t_2)&=\boldsymbol{E}_r\cos\omega(t_1+2\pi/\omega)-\boldsymbol{E}_j\sin\omega(t_1+2\pi/\omega)\\&=\boldsymbol{E}_r\cos\omega t_1-\boldsymbol{E}_j\sin\omega t_1\end{aligned}$$

即经过时间为 $2\pi/\omega$ 后, $\boldsymbol{E}(t)$ 又回到原来位置. 表明 $\boldsymbol{E}(t)$ 随时间扫出的是一条封闭曲线.

选择 $(x,y,z)$ 直角坐标系, 将 $\boldsymbol{E}_r$ 和 $\boldsymbol{E}_j$ 用分量表示

$$\boldsymbol{E}_r=E_{rx}\hat{\boldsymbol{a}}_x+E_{ry}\hat{\boldsymbol{a}}_y+E_{rz}\hat{\boldsymbol{a}}_z,\quad \boldsymbol{E}_j=E_{jx}\hat{\boldsymbol{a}}_x+E_{jy}\hat{\boldsymbol{a}}_y+E_{jz}\hat{\boldsymbol{a}}_z$$

故

$$\begin{aligned}E_x&=E_{rx}\cos\omega t-E_{jx}\sin\omega t\\E_x^2&=E_{rx}^2\cos^2\omega t-2E_{rx}E_{jx}\sin\omega t\cos\omega t+E_{jx}^2\sin^2\omega t\end{aligned}$$

类似地, 有

$$\begin{aligned}E_y^2&=E_{ry}^2\cos^2\omega t-2E_{ry}E_{jy}\sin\omega t\cos\omega t+E_{jy}^2\sin^2\omega t\\E_z^2&=E_{rz}^2\cos^2\omega t-2E_{rz}E_{jz}\sin\omega t\cos\omega t+E_{jz}^2\sin^2\omega t\end{aligned}$$

将以上三式, 连同恒等式 $\cos^2\omega t+\sin^2\omega t=1$ 写成齐次方程的形式, 则其有解条件可表为关于 $1,\cos^2\omega t,\sin\omega t\sin^2\omega t,\sin^2\omega t$ 的系数行列式应等于零, 即

$$\begin{vmatrix}E_x^2 & E_{rx}^2 & -2E_{rx}E_{jx} & E_{jx}^2\\E_y^2 & E_{ry}^2 & -2E_{ry}E_{jy} & E_{jy}^2\\E_z^2 & E_{rz}^2 & -2E_{rz}E_{jz} & E_{jz}^2\\1 & 1 & 0 & 1\end{vmatrix}=0 \tag{3}$$

将以上行列式展开后可得含 $E_x^2,E_y^2$ 和 $E_z^2$ 的二次式方程, 即可得一二次曲面, 它与矢量 $\boldsymbol{E}_r$ 和 $\boldsymbol{E}_j$ 所确定的平面交割是一二次曲线 (双曲线、抛物线和椭圆), 前已证明是封闭曲线, 故 $\boldsymbol{E}(t)$ 扫出的轨迹是一椭圆.

现在, 我们来求此椭圆的长轴 $a$ 和短轴 $b$.

$$\begin{aligned}E^2(t)&=(\boldsymbol{E}_r\cos\omega t-\boldsymbol{E}_j\sin\omega t)\cdot(\boldsymbol{E}_r\cos\omega t-\boldsymbol{E}_j\sin\omega t)\\&=E_r^2\cos^2\omega t-2\boldsymbol{E}_r\cdot\boldsymbol{E}_j\sin\omega t\cos\omega t+\boldsymbol{E}_j^2\sin^2\omega t\\&=\frac{1}{2}\left(\boldsymbol{E}_r^2+\boldsymbol{E}_j^2\right)+\frac{1}{2}\left(\boldsymbol{E}_r^2-\boldsymbol{E}_j^2\right)\cos 2\omega t-\boldsymbol{E}_r\cdot\boldsymbol{E}_j\sin 2\omega t\end{aligned}$$

令

$$\frac{1}{2}\left(\boldsymbol{E}_r^2-\boldsymbol{E}_j^2\right)\cos 2\omega t-\boldsymbol{E}_r\cdot\boldsymbol{E}_j\sin 2\omega t=R\cos(2\omega t+\varphi) \tag{4}$$

故

$$\boldsymbol{E}^2(t)=\frac{1}{2}\left(\boldsymbol{E}_r^2+\boldsymbol{E}_j^2\right)+R\cos(2\omega t+\varphi) \tag{5}$$

因

$$R\cos(2\omega t+\varphi)=R\cos 2\omega t\cos\varphi-R\sin 2\omega t\sin\varphi$$

比较 (4) 式两边 $\cos 2\omega t$ 和 $\sin 2\omega t$ 的系数, 则可得

$$R\cos\varphi=\frac{1}{2}\left(\boldsymbol{E}_r^2-\boldsymbol{E}_j^2\right)\quad \text{和}\quad R\sin\varphi=\boldsymbol{E}_r\cdot\boldsymbol{E}_j$$

因而有

$$R=\sqrt{\frac{1}{4}\left(\boldsymbol{E}_r^2-\boldsymbol{E}_j^2\right)^2+\left(\boldsymbol{E}_r\cdot\boldsymbol{E}_j\right)^2} \tag{6}$$

由于

$$\boldsymbol{E}\cdot\boldsymbol{E}=\boldsymbol{E}_r+\mathrm{j}\boldsymbol{E}_j)\cdot(\boldsymbol{E}_r+\mathrm{j}\boldsymbol{E}_j)=(\boldsymbol{E}_r^2-\boldsymbol{E}_j^2)+2\mathrm{j}\boldsymbol{E}_r\cdot\boldsymbol{E}_j$$
$$\boldsymbol{E}^*\cdot\boldsymbol{E}^*=(\boldsymbol{E}_r-\mathrm{j}\boldsymbol{E}_j)\cdot(\boldsymbol{E}_r-\mathrm{j}\boldsymbol{E}_j)=(\boldsymbol{E}_r^2-\boldsymbol{E}_j^2)-2\mathrm{j}\boldsymbol{E}_r\cdot\boldsymbol{E}_j$$

而有

$$(\boldsymbol{E}_r^2-\boldsymbol{E}_j^2)^2+4\left(\boldsymbol{E}_r\cdot\boldsymbol{E}_j\right)^2=(\boldsymbol{E}\cdot\boldsymbol{E})\left(\boldsymbol{E}^*\cdot\boldsymbol{E}^*\right)$$

故 (6) 式亦可表为

$$R=\frac{1}{2}\sqrt{(\boldsymbol{E}\cdot\boldsymbol{E})\left(\boldsymbol{E}^*\cdot\boldsymbol{E}^*\right)} \tag{7}$$

又

$$\boldsymbol{E}_r^2+\boldsymbol{E}_j^2=(\boldsymbol{E}_r+\mathrm{j}\boldsymbol{E}_j)\cdot(\boldsymbol{E}_r-\mathrm{j}\boldsymbol{E}_j)=\boldsymbol{E}\cdot\boldsymbol{E}^* \tag{8}$$

当 $R\cos(2\omega t+\varphi)=\pm 1$ 时, $\boldsymbol{E}^2(t)$ 分别具有最大值和最小值, 故由 (5) 式可知, 对于椭圆的长轴 $a$ 和短轴 $b$ 有

$$a^2=\frac{1}{2}\left(\boldsymbol{E}_r^2+\boldsymbol{E}_j^2\right)+R=\frac{1}{2}\left(\boldsymbol{E}\cdot\boldsymbol{E}^*+\sqrt{(\boldsymbol{E}\cdot\boldsymbol{E})\left(\boldsymbol{E}^*\cdot\boldsymbol{E}^*\right)}\right)$$

而

$$a=\left[\frac{1}{2}\left(\boldsymbol{E}\cdot\boldsymbol{E}^*+\sqrt{(\boldsymbol{E}\cdot\boldsymbol{E})\left(\boldsymbol{E}^*\cdot\boldsymbol{E}^*\right)}\right)\right]^{\frac{1}{2}} \tag{9}$$

$$b^2=\frac{1}{2}\left(\boldsymbol{E}_r^2+\boldsymbol{E}_j^2\right)-R=\frac{1}{2}\left(\boldsymbol{E}\cdot\boldsymbol{E}^*-\sqrt{(\boldsymbol{E}\cdot\boldsymbol{E})\left(\boldsymbol{E}^*\cdot\boldsymbol{E}^*\right)}\right)$$

而

$$b=\left[\frac{1}{2}\left(\boldsymbol{E}\cdot\boldsymbol{E}^*-\sqrt{(\boldsymbol{E}\cdot\boldsymbol{E})\left(\boldsymbol{E}^*\cdot\boldsymbol{E}^*\right)}\right)\right]^{\frac{1}{2}} \tag{10}$$

(2) 圆极化 (偏振)

作为椭圆极化的特殊情形, 当椭圆长轴 $a$ 等于椭圆短轴 $b$ 时, 椭圆极化将退化为圆极化. 显然, 此时长轴 $a$ 和短轴 $b$ 的表示式中的根号项应为零, 故椭圆极化退化为圆极化的条件是

$$\boldsymbol{E}\cdot\boldsymbol{E}=0 \quad 或 \quad \boldsymbol{E}^*\cdot\boldsymbol{E}^*=0 \tag{11}$$

由于 $(\boldsymbol{E}_r\pm \mathrm{j}\boldsymbol{E}_j)\cdot(\boldsymbol{E}_r\pm \mathrm{j}\boldsymbol{E}_j)=\boldsymbol{E}_r^2-\boldsymbol{E}_j^2\pm 2\mathrm{j}\boldsymbol{E}_r\cdot\boldsymbol{E}_j$, 于是圆极化的条件亦可表为

$$\boldsymbol{E}_r\cdot\boldsymbol{E}_r=\boldsymbol{E}_j\cdot\boldsymbol{E}_j \quad 和 \quad \boldsymbol{E}_r\cdot\boldsymbol{E}_j=0 \tag{12}$$

(3) 直线极化 (偏振)

当椭圆的短轴 $b=0$ 或长轴 $a=0$ 时, 椭圆极化波便退化为直线极化波. 故对于直线极化波的条件可表为

$$\boldsymbol{E}\cdot\boldsymbol{E}^*\pm\sqrt{(\boldsymbol{E}\cdot\boldsymbol{E})\,(\boldsymbol{E}^*\cdot\boldsymbol{E}^*)}=0 \tag{13}$$

另一方面, **当矢量$\boldsymbol{E}_r$与$\boldsymbol{E}_j$平行时**, 有 $\boldsymbol{E}\cdot\boldsymbol{E}=(E_r+\mathrm{j}E_j)^2$ 和 $\boldsymbol{E}^*\cdot\boldsymbol{E}^*=(E_r-\mathrm{j}E_j)^2$, 而有

$$\begin{aligned}\sqrt{(\boldsymbol{E}\cdot\boldsymbol{E})(\boldsymbol{E}^*\cdot\boldsymbol{E}^*)}&=\sqrt{(E_r+\mathrm{j}E_j)^2(E_r-\mathrm{j}E_j)^2}\\&=\sqrt{(E_r^2+E_j^2)^2}=\pm(E_r^2+E_j^2)=\pm(\boldsymbol{E}\cdot\boldsymbol{E}^*)\end{aligned}$$

此即有

$$\boldsymbol{E}\cdot\boldsymbol{E}^*\pm\sqrt{(\boldsymbol{E}\cdot\boldsymbol{E})(\boldsymbol{E}^*\cdot\boldsymbol{E}^*)}=0 \tag{14}$$

这表明当矢量 $\boldsymbol{E}_r$ 与 $\boldsymbol{E}_j$ 平行时, 满足直线极化波的条件. 因此, 直线极化的条件亦可表为

$$\boldsymbol{E}\times\boldsymbol{E}^*=0 \tag{15}$$

对于平面电磁波, 若其振幅为复量, 则表明此平面波一般为椭圆极化波, 特殊情况下, 可为为圆极化波或直线极化波.

**例**　设 $\boldsymbol{E}(z,t)=(E_0\hat{\boldsymbol{a}}_x+\mathrm{j}E_0\hat{\boldsymbol{a}}_y)\mathrm{e}^{\mathrm{j}(\omega t-kz)}$ 为一均匀圆极化平面电磁波, 它满足圆极化波条件:

$$\boldsymbol{E}\cdot\boldsymbol{E}=(E_0\hat{\boldsymbol{a}}_x+\mathrm{j}E_0\hat{\boldsymbol{a}}_y)\cdot(E_0\hat{\boldsymbol{a}}_x+\mathrm{j}E_0\hat{\boldsymbol{a}}_y)=0$$

或

$$\boldsymbol{E}^*\cdot\boldsymbol{E}^*=(E_0\hat{\boldsymbol{a}}_x-\mathrm{j}E_0\hat{\boldsymbol{a}}_y)\cdot(E_0\hat{\boldsymbol{a}}_x-\mathrm{j}E_0\hat{\boldsymbol{a}}_y)=0$$

## B TM$_z$ 平面电磁波对介质夹层的斜入射 (场分析法)

考虑入射平面波沿 $\hat{\boldsymbol{s}}^i$ 方向传播, 其磁场 $\boldsymbol{H}$ 沿 $y$ 方向垂直于入射面, 仅有 $y$ 分量, 电场 $\boldsymbol{E}$ 位于入射平面内, 含有 $x$ 分量和 $z$ 分量, 如图 B.1 所示. 为讨论方便, 重绘此图如下:

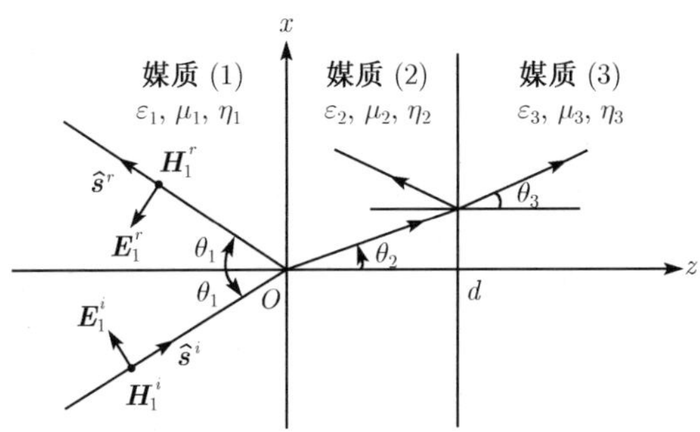


图 B.1 平面波对介质夹层的斜入射 (平行极化波)

省去时间因子 $\mathrm{e}^{\mathrm{j}\omega t}$, 各区域中的电磁场表示式如下:

媒质 (1): ($z \leqslant 0$, $\varepsilon_1$、$\mu_1$; $k_1 = \omega\sqrt{\varepsilon_1\mu_1}$; $\eta_1 = \sqrt{\mu_1/\varepsilon_1}$)

$$H_{1y} = H_{10}^i \mathrm{e}^{-\mathrm{j}k_1(x\sin\theta_1 + z\cos\theta_1)} + H_{10}^r \mathrm{e}^{-\mathrm{j}k_1(x\sin\theta_1 - z\cos\theta_1)} \tag{1}$$

相应 $H_{1y}$ 的电场为 $\boldsymbol{E}_1 = E_{1x}\hat{\boldsymbol{a}}_x + E_{1z}\hat{\boldsymbol{a}}_z$, 其中

$$E_{1x} = \eta_1\cos\theta_1 H_{10}^i \mathrm{e}^{-\mathrm{j}k_1(x\sin\theta_1 + z\cos\theta_1)} - \eta_1\cos\theta_1 H_{10}^r \mathrm{e}^{-\mathrm{j}k_1(x\sin\theta_1 - z\cos\theta_1)} \tag{2}$$

$$E_{1z} = -\eta_1\sin\theta_1 H_{10}^i \mathrm{e}^{-\mathrm{j}k_1(x\sin\theta_1 + z\cos\theta_1)} - \eta_1\sin\theta_1 H_{10}^r \mathrm{e}^{-\mathrm{j}k_1(x\sin\theta_1 - z\cos\theta_1)} \tag{3}$$

媒质 (2): ($0 \leqslant z \leqslant d$, $\varepsilon_2$、$\mu_2$; $k_2 = \omega\sqrt{\varepsilon_2\mu_2}$; $\eta_2 = \sqrt{\mu_2/\varepsilon_2}$)

$$H_{2y} = H_{20}^i \mathrm{e}^{-\mathrm{j}k_2(x\sin\theta_2 + z\cos\theta_2)} + H_{20}^r \mathrm{e}^{-\mathrm{j}k_2(x\sin\theta_2 - z\cos\theta_2)} \tag{4}$$

相应 $H_{2y}$ 的电场为 $\boldsymbol{E}_2 = E_{2x}\hat{\boldsymbol{a}}_x + E_{2z}\hat{\boldsymbol{a}}_z$, 其中

$$E_{2x} = \eta_2\cos\theta_2 H_{20}^i \mathrm{e}^{-\mathrm{j}k_2(x\sin\theta_2 + z\cos\theta_2)} - \eta_2\cos\theta_2 H_{20}^r \mathrm{e}^{-\mathrm{j}k_2(x\sin\theta_2 - z\cos\theta_2)} \tag{5}$$

$$E_{2z} = -\eta_2\sin\theta_2 H_{20}^i \mathrm{e}^{-\mathrm{j}k_2(x\sin\theta_2 + z\cos\theta_2)} - \eta_2\sin\theta_2 H_{20}^r \mathrm{e}^{-\mathrm{j}k_2(x\sin\theta_2 - z\cos\theta_2)} \tag{6}$$

媒质 (3): ($z \geqslant d$, $\varepsilon_3$、$\mu_3$; $k_3 = \omega\sqrt{\varepsilon_3\mu_3}$; $\eta_3 = \sqrt{\mu_3/\varepsilon_3}$)

$$H_{3y} = H_{30}^i \mathrm{e}^{-\mathrm{j}k_3(x\sin\theta_3 + z\cos\theta_3)} \tag{7}$$

而相应 $H_{3y}$ 的电场为: $\boldsymbol{E}_3 = E_{3x}\hat{\boldsymbol{a}}_x + E_{3z}\hat{\boldsymbol{a}}_z$, 其中

$$E_{3x} = \eta_3\cos\theta_3 H_{30}^i \mathrm{e}^{-\mathrm{j}k_3(x\sin\theta_3 + z\cos\theta_3)} \tag{8}$$

$$E_{3z}=-\eta_3\sin\theta_3 H_{30}^i\mathrm{e}^{-\mathrm{j}k_3(x\sin\theta_3+z\cos\theta_3)}\tag{9}$$

按反射系数的定义, 在媒质 (1) 中 $z=0$ 处的反射系数 $R_0^{//}$ 由 (1) 式可知为

$$R_0^{//}=\left.\frac{H_{10}^r\mathrm{e}^{-\mathrm{j}k_1(x\sin\theta_1-z\cos\theta_1)}}{H_{10}^i\mathrm{e}^{-\mathrm{j}k_1(x\sin\theta_1+z\cos\theta_1)}}\right|_{z=0}=\frac{H_{10}^r}{H_{10}^i}\quad 或\quad H_{10}^r=R_0^{//}H_{10}^i\tag{10}$$

而在媒质 (2) 中 $z=d$ 处的反射系数 $R_d^{//}$ 由 (4) 式可知为

$$R_d^{//}=\frac{H_{20}^r\mathrm{e}^{-\mathrm{j}k_2(x\sin\theta_2-d\cos\theta_2)}}{H_{20}^i\mathrm{e}^{-\mathrm{j}k_2(x\sin\theta_2+d\cos\theta_2)}}=\frac{H_{20}^r}{H_{20}^i}\mathrm{e}^{\mathrm{j}2k_2d\cos\theta_2}\tag{11}$$

或

$$H_{20}^r=R_d^{//}H_{20}^i\mathrm{e}^{-\mathrm{j}2k_2d\cos\theta_2}\tag{12}$$

此外, 定义媒质 (3) 中 $z=d$ 处的透射系数 $T_d^{//}$ 为 $H_{3y}^i|_{z=d}$ 与 $H_{1y}^i|_{z=0}$ 之比, 由 (1) 和 (8) 式可知为

$$T_d^{//}=\frac{H_{30}^i\mathrm{e}^{-\mathrm{j}k_3(x\sin\theta_3+z\cos\theta_3)}|_{z=d}}{H_{10}^i\mathrm{e}^{-\mathrm{j}k_1(x\sin\theta_1+z\cos\theta_1)}|_{z=0}}=\frac{H_{30}^i}{H_{10}^i}\mathrm{e}^{-\mathrm{j}k_3d\cos\theta_3}\tag{13}$$

或

$$H_{30}^i=T_d^{//}H_{10}^i\mathrm{e}^{\mathrm{j}k_3d\cos\theta_3}\tag{14}$$

这里, 已应用了折射定律 $k_3\sin\theta_3=k_1\sin\theta_1$.

于是, 我们可将媒质 (1)、(2) 和 (3) 中的电磁场表示式 (1)~(9) 写为

$$H_{1y}=H_{10}^i\left(\mathrm{e}^{-\mathrm{j}k_1z\cos\theta_1}+R_0^{//}\mathrm{e}^{\mathrm{j}k_1z\cos\theta_1}\right)\mathrm{e}^{-\mathrm{j}k_1x\sin\theta_1}\tag{15}$$

$$E_{1x}=\eta_1\cos\theta_1H_{10}^i\left(\mathrm{e}^{-\mathrm{j}k_1z\cos\theta_1}-R_0^{//}\mathrm{e}^{\mathrm{j}k_1z\cos\theta_1}\right)\mathrm{e}^{-\mathrm{j}k_1x\sin\theta_1}\tag{16}$$

$$E_{1z}=-\eta_1\sin\theta_1H_{10}^i\left(\mathrm{e}^{-\mathrm{j}k_1z\cos\theta_1}+R_0^{//}\mathrm{e}^{\mathrm{j}k_1z\cos\theta_1}\right)\mathrm{e}^{-\mathrm{j}k_1x\sin\theta_1}\tag{17}$$

$$H_{2y}=H_{20}^i\left(\mathrm{e}^{-\mathrm{j}k_2z\cos\theta_2}+R_d^{//}\mathrm{e}^{\mathrm{j}k_2(z-2d)\cos\theta_2}\right)\mathrm{e}^{-\mathrm{j}k_2x\sin\theta_2}\tag{18}$$

$$E_{2x}=\eta_2\cos\theta_2H_{20}^i\left(\mathrm{e}^{-\mathrm{j}k_2z\cos\theta_2}-R_d^{//}\mathrm{e}^{\mathrm{j}k_2(z-2d)\cos\theta_2}\right)\mathrm{e}^{-\mathrm{j}k_2x\sin\theta_2}\tag{19}$$

$$E_{2z}=-\eta_2\sin\theta_2H_{20}^i\left(\mathrm{e}^{-\mathrm{j}k_2z\cos\theta_2}+R_d^{//}\mathrm{e}^{\mathrm{j}k_2(z-2d)\cos\theta_2}\right)\mathrm{e}^{-\mathrm{j}k_2x\sin\theta_2}\tag{20}$$

$$H_{3y}=T_d^{//}H_{10}^i\mathrm{e}^{-\mathrm{j}k_3\left[x\sin\theta_3+(z-d)\cos\theta_3\right]}\tag{21}$$

$$E_{3x}=\eta_3\cos\theta_3T_d^{//}H_{10}^i\mathrm{e}^{-\mathrm{j}k_3\left[x\sin\theta_3+(z-d)\cos\theta_3\right]}\tag{22}$$

$$E_{3z}=-\eta_3\sin\theta_3T_d^{//}H_{10}^i\mathrm{e}^{-\mathrm{j}k_3\left[x\sin\theta_3+(z-d)\cos\theta_3\right]}\tag{23}$$

电磁场在 $z=0$ 和 $z=d$ 两相邻媒质分界面上应满足的边界条件是：电场和磁场切向分量连续, 即 $E_{1x}|_{z=0}=E_{2x}|_{z=0}$ 与 $H_{1y}|_{z=0}=H_{2y}|_{z=0}$ 和 $E_{2x}|_{z=d}=E_{3x}|_{z=d}$

与 $H_{2y}|_{z=d} = H_{3y}|_{z=d}$. 由这些等式两边相位因子必须相等可导得反射定律和折射定律. 对于反射定律, 在以上给出媒质 (1) 和媒质 (2) 中的场表示式时业已应用; 对于折射定律, 则有

$$k_1 \sin\theta_1 = k_2 \sin\theta_2 = k_3 \sin\theta_3 \tag{24}$$

应用 $z=0$ 处电磁场幅值边界条件: $H_{1y}|_{z=0} = H_{2y}|_{z=0}$ 与 $E_{1x}|_{z=0} = E_{2x}|_{z=0}$, 有

$$H_{10}^i\left(1+R_0^{//}\right) = H_{20}^i\left(1+R_d^{//}\mathrm{e}^{-\mathrm{j}2k_2d\cos\theta_2}\right) \tag{25}$$

$$\eta_1\cos\theta_1 H_{10}^i\left(1-R_0^{//}\right) = \eta_2\cos\theta_2 H_{20}^i\left(1-R_d^{//}\mathrm{e}^{-\mathrm{j}2k_2d\cos\theta_2}\right) \tag{26}$$

由 (26)÷(25) 式, 注意到 $\eta_{\mathrm{TM}} = \eta\cos\theta$ 为媒质的 $\mathrm{TM}_z$ 横磁波的波阻抗, 可得

$$\frac{1-R_0^{//}}{1+R_0^{//}} = \frac{\eta_{\mathrm{TM}(2)}}{\eta_{\mathrm{TM}(1)}}\frac{1-R_d^{//}\mathrm{e}^{-\mathrm{j}2k_2d\cos\theta_2}}{1+R_d^{//}\mathrm{e}^{-\mathrm{j}2k_2d\cos\theta_2}} \tag{27}$$

令

$$\eta_{\mathrm{eff0}} = \eta_{\mathrm{TM}(2)}\frac{1-R_d^{//}\mathrm{e}^{-\mathrm{j}2k_2d\cos\theta_2}}{1+R_d^{//}\mathrm{e}^{-\mathrm{j}2k_2d\cos\theta_2}} \tag{28}$$

则 (27) 式可写成

$$\eta_{\mathrm{eff0}} = \eta_{\mathrm{TM}(1)}\frac{1-R_0^{//}}{1+R_0^{//}} \tag{29}$$

由此可解得媒质 (1) 中 $z=0$ 处的反射系数:

$$R_0^{//} = -\frac{\eta_{\mathrm{eff0}}-\eta_{\mathrm{TM}(1)}}{\eta_{\mathrm{eff0}}+\eta_{\mathrm{TM}(1)}} = -\frac{\eta_{\mathrm{eff0}}/\eta_{\mathrm{TM}(1)}-1}{\eta_{\mathrm{eff0}}/\eta_{\mathrm{TM}(1)}+1} \tag{30}$$

从 (16) 和 (15) 与 (19) 和 (18) 式可知, 这里 $\eta_{\mathrm{ef0}} = E_{1x}/H_{1y}|_{z=0} = E_{2x}/H_{2y}|_{z=0}$ 为 $z=0$ 点的 $\mathrm{TM}_z$ 波等效波阻抗.

应用 $z=d$ 处电磁场场幅值边界条件: $H_{2y}|_{z=d} = H_{3y}|_{z=d}$ 与 $E_{2x}|_{z=d} = E_{3x}|_{z=d}$, 由 (18) 与 (21), 和 (19) 与 (22) 式, 可得

$$H_{20}^i\left(1+R_d^{//}\right)\mathrm{e}^{-\mathrm{j}k_2d\cos\theta_2} = T_d^{//}H_{10}^i \tag{31}$$

$$\eta_2\cos\theta_2 H_{20}^i\left(1-R_d^{//}\right)\mathrm{e}^{-\mathrm{j}k_2d\cos\theta_2} = \eta_3\cos\theta_3 T_d^{//}H_{10}^i \tag{32}$$

将以上两式相除, 并注意到 $\eta_{\mathrm{TM}} = \eta\cos\theta$ 为媒质的 $\mathrm{TM}_z$ 横磁波的波阻抗, 于是有

$$\frac{1+R_d^{//}}{1-R_d^{//}} = \frac{\eta_2\cos\theta_2}{\eta_3\cos\theta_3} = \frac{\eta_{\mathrm{TM}(2)}}{\eta_{\mathrm{TM}(3)}} \tag{33}$$

由此可解得媒质 (2) 中 $z=d$ 处的反射系数:

$$R_d^{//}=-\frac{\eta_{\mathrm{TM}(3)}-\eta_{\mathrm{TM}(2)}}{\eta_{\mathrm{TM}(3)}+\eta_{\mathrm{TM}(2)}}=-\frac{\eta_3\cos\theta_3-\eta_2\cos\theta_2}{\eta_3\cos\theta_3+\eta_2\cos\theta_2} \tag{34}$$

将 (34) 式 $R_d^{//}$ 代入 (28) 式, 经整理后可得

$$\begin{aligned}\eta_{\mathrm{eff}0}&=\eta_{\mathrm{TM}(2)}\left(1+\frac{\eta_{\mathrm{TM}(3)}-\eta_{\mathrm{TM}(2)}}{\eta_{\mathrm{TM}(3)}+\eta_{\mathrm{TM}(2)}}\mathrm{e}^{-\mathrm{j}2k_2d\cos\theta_2}\right)\Bigg/\left(1-\frac{\eta_{\mathrm{TM}(3)}-\eta_{\mathrm{TM}(2)}}{\eta_{\mathrm{TM}(3)}+\eta_{\mathrm{TM}(2)}}\mathrm{e}^{-\mathrm{j}2k_2d\cos\theta_2}\right)\\&=\eta_{\mathrm{TM}(2)}\frac{\eta_{\mathrm{TM}(3)}\left(1+\mathrm{e}^{-\mathrm{j}2k_2d\cos\theta_2}\right)+\eta_{\mathrm{TM}(2)}\left(1-\mathrm{e}^{-\mathrm{j}2k_2d\cos\theta_2}\right)}{\eta_{\mathrm{TM}(3)}\left(1-\mathrm{e}^{-\mathrm{j}2k_2d\cos\theta_2}\right)+\eta_{\mathrm{TM}(2)}\left(1+\mathrm{e}^{-\mathrm{j}2k_2d\cos\theta_2}\right)}\\&=\eta_{\mathrm{TM}(2)}\frac{\eta_{\mathrm{TM}(3)}\left(\mathrm{e}^{\mathrm{j}k_2d\cos\theta_2}+\mathrm{e}^{-\mathrm{j}k_2d\cos\theta_2}\right)+\eta_{\mathrm{TM}(2)}\left(\mathrm{e}^{\mathrm{j}k_2d\cos\theta_2}-\mathrm{e}^{-\mathrm{j}k_2d\cos\theta_2}\right)}{\eta_{\mathrm{TM}(3)}\left(\mathrm{e}^{\mathrm{j}k_2d\cos\theta_2}-\mathrm{e}^{-\mathrm{j}k_2d\cos\theta_2}\right)+\eta_{\mathrm{TM}(2)}\left(\mathrm{e}^{\mathrm{j}k_2d\cos\theta_2}+\mathrm{e}^{-\mathrm{j}k_2d\cos\theta_2}\right)}\end{aligned}$$

即

$$\eta_{\mathrm{eff}0}=\eta_{\mathrm{TM}(2)}\frac{\eta_{\mathrm{TM}(3)}+\mathrm{j}\eta_{\mathrm{TM}(2)}\tan(k_2d\cos\theta_2)}{\eta_{\mathrm{TM}(2)}+\mathrm{j}\eta_{\mathrm{TM}(3)}\tan(k_2d\cos\theta_2)} \tag{35}$$

由 (25) 式, 有 $\dfrac{H_{20}^i}{H_{10}^i}=\dfrac{1+R_0^{//}}{1+R_d^{//}\mathrm{e}^{-\mathrm{j}2k_2d\cos\theta_2}}$, 将它代入 (31) 式, 即可得透射系数:

$$T_d^{//}=\frac{1+R_0^{//}}{1+R_d^{//}\mathrm{e}^{-\mathrm{j}2k_2d\cos\theta_2}}\left(1+R_d^{//}\right)\mathrm{e}^{-\mathrm{j}k_2d\cos\theta_2} \tag{36}$$

已知透射系数 $T_d^{//}$, 由 (21)~(23) 式便可求得媒质 (3) 中的电磁场. 对于入射波垂直入射情形, $\theta_1=\theta_2=\theta_3=0$, 则 $\eta_{\mathrm{TM}}\to\eta$, (36)→(2.7.29) 式, $R_0^{//}\to R_0$, $R_d^{//}\to R_d$ 和 $T_d^{//}\to T_d$.

## C 平面电磁波对 $M$ 平面分层媒质的斜入射 (场分析法)

设有一沿 $\hat{\boldsymbol{s}}^i$ 方向传播的平面电磁波从 $z\leqslant 0$ 半无限大的 $\varepsilon_0,\mu_0$ 均匀媒质 (0) 以入射角为 $\theta_0$ 斜入射到厚度为 $d$、计有 $M$ 分层的平面分层媒质进入 $z\geqslant d$ 半无限大的 $\varepsilon_{M+1},\mu_{M+1}$ 均匀媒质 $(M+1)$, 如 2.10 节图 C.1 所示. 为分析方便, 重绘此图如图 C.1:

参见图 C.1, 区间 $z_{m-1}\leqslant z\leqslant z_m$ 为第 $(m)$ 层 $\varepsilon_m,\mu_m$ 均匀媒质 $(m=1,2,\cdots,M)$; 平面波入射到两媒质分界面将产生波的反射和折射, 并遵守反射定律和折射定律, 故对于媒质 (0) 和 (1)~ $(M)$ 分层, 我们有反射定律:

$$\theta_m^r=\theta_m^i=\theta_m\quad(m=0,1,\cdots,M) \tag{1}$$

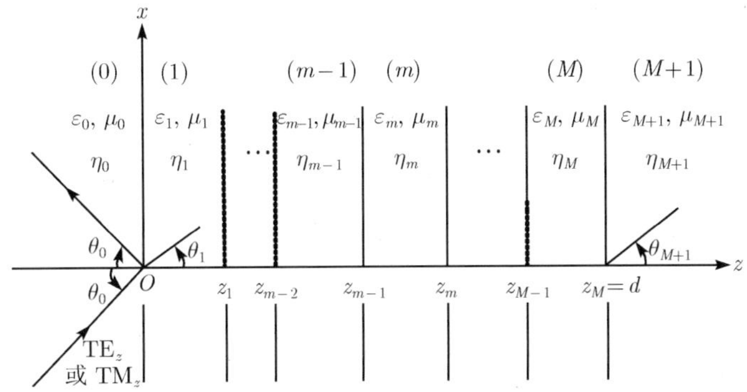


图 C.1 平面波对 $m$ 平面层媒质的斜入射

而对于 (1)∼ ($M$) 分层和媒质 ($M$+1), 我们有折射定律：

$$k_0\sin\theta_0=k_m\sin\theta_m\quad(m=1,2,\cdots,M+1)\tag{2}$$

这里 $k_m=\omega\sqrt{\varepsilon_m\mu_m}$. 若媒质 ($M$+1) 为理想导体, 则其中不存在折射波, 电磁场等于零.

由于分层介质可以用来逼近仅有一维连续变化的媒质, 当分层分得足够细时, 可给出较为精确的结果, 因而在实际中具有重要应用. 例如, 可进行分析和研究高速飞行体周围可能出现按某种分布的电离气体中的电磁波传播过程.

以下分别考虑入射波电场垂直于入射面 (电场沿 $y$ 方向极化) 的垂直极化波与电场平行于入射面 (磁场沿 $y$ 方向) 的平行极化波两种情形：

(1) 垂直极化波 ($\mathrm{TE}_z$ 波)

省去时间因子 $\mathrm{e}^{\mathrm{j}\omega t}$, 并注意到有反射定律 (1) 式, 则各分层中的电磁场的表示式如下：

媒质 (0)：($z\leqslant 0$, $\varepsilon_0$、$\mu_0$; $k_0=\omega\sqrt{\varepsilon_0\mu_0}$; $\eta_0=\sqrt{\mu_0/\varepsilon_0}$)

$$E_{0y}=E_{00}^i\mathrm{e}^{-\mathrm{j}k_0(x\sin\theta_0+z\cos\theta_0)}+E_{00}^r\mathrm{e}^{-\mathrm{j}k_0(x\sin\theta_0-z\cos\theta_0)}\tag{3}$$

$$H_{0x}=-\frac{1}{\eta_0}\cos\theta_0\left(E_{00}^i\mathrm{e}^{-\mathrm{j}k_0(x\sin\theta_0+z\cos\theta_0)}-E_{00}^r\mathrm{e}^{-\mathrm{j}k_0(x\sin\theta_0-z\cos\theta_0)}\right)\tag{4}$$

$$H_{0z}=\frac{1}{\eta_0}\sin\theta_0\left(E_{00}^i\mathrm{e}^{-\mathrm{j}k_0(x\sin\theta_0+z\cos\theta_0)}+E_{00}^r\mathrm{e}^{-\mathrm{j}k_0(x\sin\theta_0-z\cos\theta_0)}\right)\tag{5}$$

第 ($m$) 分层：($z_{m-1}\leqslant z\leqslant z_m$, $\varepsilon_m$、$\mu_m$; $k_m=\omega\sqrt{\varepsilon_m\mu_m}$; $\eta_m=\sqrt{\mu_m/\varepsilon_m}$, $m=1,2,\cdots,M$)

$$E_{my}=E_{m0}^i\mathrm{e}^{-\mathrm{j}k_m(x\sin\theta_m+z\cos\theta_m)}+E_{m0}^r\mathrm{e}^{-\mathrm{j}k_m(x\sin\theta_m-z\cos\theta_m)}\tag{6}$$

$$H_{mx}=-\frac{1}{\eta_m}\cos\theta_m\left(E_{m0}^i\mathrm{e}^{-\mathrm{j}k_m(x\sin\theta_m+z\cos\theta_m)}-E_{m0}^r\mathrm{e}^{-\mathrm{j}k_m(x\sin\theta_m-z\cos\theta_m)}\right)\tag{7}$$

$$H_{mz}=\frac{1}{\eta_m}\sin\theta_m\left(E_{m0}^{i}\mathrm{e}^{-\mathrm{j}k_m(x\sin\theta_m+z\cos\theta_m)}+E_{m0}^{r}\mathrm{e}^{-\mathrm{j}k_m(x\sin\theta_m-z\cos\theta_m)}\right)\tag{8}$$

媒质 $(M+1)$: $(z\geqslant d,\ \varepsilon_{M+1}$、$\mu_{M+1};k_{M+1}=\omega\sqrt{\varepsilon_{M+1}\mu_{M+1}};\eta_{M+1}=\sqrt{\mu_{M+1}/\varepsilon_{M+1}})$

$$E_{M+1,y}=E_{M+1,0}^{i}\mathrm{e}^{-\mathrm{j}k_{M+1}(x\sin\theta_{M+1}+z\cos\theta_{M+1})}\tag{9}$$

$$H_{M+1,x}=-\frac{1}{\eta_{M+1}}\cos\theta_{M+1}E_{M+1,0}^{i}\mathrm{e}^{-\mathrm{j}k_{M+1}(x\sin\theta_{M+1}+z\cos\theta_{M+1})}\tag{10}$$

$$H_{M+1,z}=\frac{1}{\eta_{M+1}}\sin\theta_{M+1}E_{M+1,0}^{i}\mathrm{e}^{-\mathrm{j}k_3(x\sin\theta_3+z\cos\theta_3)}\tag{11}$$

应用第 $(m-1)$ 与 $(m)$ 分层的分界面 $z=z_{m-1}$ 上边界条件: 电场与磁场切向分量连续, 并注意到有折射定律 (2) 式, 则可得

$$\begin{aligned}&E_{m-1,0}^{i}\mathrm{e}^{-\mathrm{j}k_{m-1}z_{m-1}\cos\theta_{m-1}}+E_{m-1,0}^{r}\mathrm{e}^{\mathrm{j}k_{m-1}z_{m-1}\cos\theta_{m-1}}\\=&E_{m0}^{i}\mathrm{e}^{-\mathrm{j}k_m z_{m-1}\cos\theta_m}+E_{m0}^{r}\mathrm{e}^{\mathrm{j}k_m z_{m-1}\cos\theta_m}\end{aligned}\tag{12}$$

$$\begin{aligned}&\frac{1}{\eta_{m-1}}\cos\theta_{m-1}\left(E_{m-1,0}^{i}\mathrm{e}^{-\mathrm{j}k_{m-1}z_{m-1}\cos\theta_{m-1}}-E_{m-1,0}^{r}\mathrm{e}^{\mathrm{j}k_{m-1}z_{m-1}\cos\theta_{m-1}}\right)\\=&\frac{1}{\eta_m}\cos\theta_m\left(E_{m0}^{i}\mathrm{e}^{-\mathrm{j}k_m z_{m-1}\cos\theta_m}-E_{m0}^{r}\mathrm{e}^{\mathrm{j}k_m z_{m-1}\cos\theta_m}\right)\end{aligned}\tag{13}$$

按反射系数的定义, 由 (6) 式令其中 $m\to m-1$, 可得第 $(m-1)$ 与 $(m)$ 分层相邻分层界面 $z=z_{m-1}$ 处的反射系数 $R_{m-1}^{\perp}$ 为

$$R_{m-1}^{\perp}=\left.\frac{E_{m-1,0}^{r}\mathrm{e}^{-\mathrm{j}k_{m-1}(x\sin\theta_{m-1}-z\cos\theta_{m-1})}}{E_{m-1,0}^{i}\mathrm{e}^{-\mathrm{j}k_{m-1}(x\sin\theta_{m-1}+z\cos\theta_{m-1})}}\right|_{z=z_{m-1}}=\frac{E_{m-1,0}^{r}}{E_{m-1,0}^{i}}\mathrm{e}^{\mathrm{j}2k_{m-1}z_{m-1}\cos\theta_{m-1}}\tag{14}$$

或

$$E_{m-1,0}^{r}=R_{m-1}^{\perp}E_{m-1,0}^{i}\mathrm{e}^{-\mathrm{j}2k_{m-1}z_{m-1}\cos\theta_{m-1}}\tag{15}$$

而由 (6) 式或将 (14) 式中的 $m-1\to m$, 可得第 $m$ 与 $m+1$ 相邻分层界面 $z=z_m$ 处的反射系数 $R_m^{\perp}$ 为

$$R_m^{\perp}=\left.\frac{E_{m0}^{r}\mathrm{e}^{-\mathrm{j}k_m(x\sin\theta_m-z\cos\theta_m)}}{E_{m0}^{i}\mathrm{e}^{-\mathrm{j}k_m(x\sin\theta_m+z\cos\theta_m)}}\right|_{z=z_m}=\frac{E_{m0}^{r}}{E_{m0}^{i}}\mathrm{e}^{\mathrm{j}2k_m z_m\cos\theta_m}\tag{16}$$

或

$$E_{m0}^{r}=R_m^{\perp}E_{m0}^{i}\mathrm{e}^{-\mathrm{j}2k_m z_m\cos\theta_m}\tag{17}$$

在 (12) 和 (13) 式中代入 $E_{m-1,0}^{r}$ 和 $E_{m0}^{r}$ 后, 则有

$$\begin{aligned}&E_{m-1,0}^{i}\mathrm{e}^{-\mathrm{j}k_{m-1}z_{m-1}\cos\theta_{m-1}}\left(1+R_{m-1}^{\perp}\right)\\=&E_{m0}^{i}\mathrm{e}^{-\mathrm{j}k_m z_{m-1}\cos\theta_m}\left(1+R_m^{\perp}\mathrm{e}^{-\mathrm{j}2k_m(z_m-z_{m-1})\cos\theta_m}\right)\end{aligned}\tag{18}$$

$$
\begin{aligned}
&E^{i}_{m-1,0}\mathrm{e}^{-\mathrm{j}k_{m-1}z_{m-1}\cos\theta_{m-1}}\left(1-R^{\perp}_{m-1}\right)\\
&=\frac{\eta_{m-1}\cos\theta_m}{\eta_m\cos\theta_{m-1}}E^{i}_{m0}\mathrm{e}^{-\mathrm{j}k_m z_{m-1}\cos\theta_m}\left(1-R^{\perp}_{m}\mathrm{e}^{-\mathrm{j}2k_m(z_m-z_{m-1})\cos\theta_m}\right)
\end{aligned}
\tag{19}
$$

由此两式之比, 即可得

$$
\frac{1+R^{\perp}_{m-1}}{1-R^{\perp}_{m-1}}=\frac{\eta_m\cos\theta_{m-1}}{\eta_{m-1}\cos\theta_m}\frac{1+R^{\perp}_{m}\mathrm{e}^{-\mathrm{j}2k_m(z_m-z_{m-1})\cos\theta_m}}{1-R^{\perp}_{m}\mathrm{e}^{-\mathrm{j}2k_m(z_m-z_{m-1})\cos\theta_m}}
\tag{20}
$$

应用折射定律 (2), 可得 $k_m\cos\theta_m=\sqrt{k_m^2-k_0^2\sin^2\theta_0}=k_0\sqrt{\varepsilon_{rm}\mu_{rm}-\sin^2\theta_0}$, 令记

$$
k_{zm}=k_m\cos\theta_m=k_0\sqrt{\varepsilon_{rm}\mu_{rm}-\sin^2\theta_0}
\tag{21}
$$

式中, $k_0=\omega\sqrt{\varepsilon_0\mu_0}$; $\varepsilon_{rm}$ 和 $\mu_{rm}$ 分别为第 $(m)$ 层介质的相对介电常数和磁导率.

于是, (20) 式亦可简洁地写成

$$
\frac{1+R^{\perp}_{m-1}}{1-R^{\perp}_{m-1}}=\frac{\eta_{\mathrm{TE}(m)}}{\eta_{\mathrm{TE}(m-1)}}\frac{1+R^{\perp}_{m}\mathrm{e}^{-\mathrm{j}2k_{zm}(z_m-z_{m-1})}}{1-R^{\perp}_{m}\mathrm{e}^{-\mathrm{j}2k_{zm}(z_m-z_{m-1})}}
\tag{22}
$$

式中, $\eta_{\mathrm{TE}(m-1)}=\eta_{m-1}/\cos\theta_{m-1}$ 和 $\eta_{\mathrm{TE}(m)}=\eta_m/\cos\theta_m$ 分别为第 $(m)$ 分层和第 $(m-1)$ 分层介质的 $\mathrm{TE}_z$ 波阻抗.

令

$$
\eta^{(m-1)}_{\mathrm{eff}}=\eta_{\mathrm{TE}(m)}\frac{1+R^{\perp}_{m}\mathrm{e}^{-\mathrm{j}2k_{zm}(z_m-z_{m-1})}}{1-R^{\perp}_{m}\mathrm{e}^{-\mathrm{j}2k_{zm}(z_m-z_{m-1})}}
\tag{23}
$$

$$
=\eta_{\mathrm{TE}(m-1)}\frac{1+R^{\perp}_{m-1}}{1-R^{\perp}_{m-1}}
\tag{24}
$$

则由 (24) 式可解得

$$
R^{\perp}_{m-1}=\frac{\eta^{(m-1)}_{\mathrm{eff}}-\eta_{\mathrm{TE}(m-1)}}{\eta^{(m-1)}_{\mathrm{eff}}+\eta_{\mathrm{TE}}(m-1)}\quad(m=M+1,M,\cdots,1)
\tag{25}
$$

令 (25) 式中的 $m\to m+1$ 后代入 (23) 式, 则可得 $\eta^{(m-1)}_{\mathrm{eff}}$ 的另一表示式.

$$
\begin{aligned}
\eta^{(m-1)}_{\mathrm{eff}}&=\eta_{\mathrm{TE}(m)}\frac{1+\left(\eta^{(m)}_{\mathrm{eff}}-\eta_{\mathrm{TE}(m)}\right)/\left(\eta^{(m)}_{\mathrm{eff}}+\eta_{\mathrm{TE}(m)}\right)\mathrm{e}^{-\mathrm{j}2k_{zm}(z_m-z_{m-1})}}{1-\left(\eta^{(m)}_{\mathrm{eff}}-\eta_{\mathrm{TE}(m)}\right)/\left(\eta^{(m)}_{\mathrm{eff}}+\eta_{\mathrm{TE}(m)}\right)\mathrm{e}^{-\mathrm{j}2k_{zm}(z_m-z_{m-1})}}\\
&=\eta_{\mathrm{TE}(m)}\frac{\eta^{(m)}_{\mathrm{eff}}\left(1+\mathrm{e}^{-\mathrm{j}2k_{zm}(z_m-z_{m-1})}\right)+\eta_{\mathrm{TE}(m)}\left(1-\mathrm{e}^{-\mathrm{j}2k_{zm}(z_m-z_{m-1})}\right)}{\eta^{(m)}_{\mathrm{eff}}\left(1-\mathrm{e}^{-\mathrm{j}2k_{zm}(z_m-z_{m-1})}\right)+\eta_{\mathrm{TE}(m)}\left(1+\mathrm{e}^{-\mathrm{j}2k_{zm}(z_m-z_{m-1})}\right)}\\
&=\eta_{\mathrm{TE}(m)}\frac{\eta^{(m)}_{\mathrm{eff}}\cos k_{zm}(z_m-z_{m-1})+\mathrm{j}\eta_{\mathrm{TE}(m)}\sin k_{zm}(z_m-z_{m-1})}{j\eta^{(m)}_{\mathrm{eff}}\sin k_{zm}(z_m-z_{m-1})+\eta_{\mathrm{TE}(m)}\cos k_{zm}(z_m-z_{m-1})}
\end{aligned}
$$

即

$$\eta_{\text{eff}}^{(m-1)}=\eta_{\text{TE}(m)}\frac{\eta_{\text{eff}}^{(m)}+\text{j}\eta_{\text{TE}(m)}\tan k_{zm}(z_m-z_{m-1})}{\eta_{\text{TE}(m)}+\text{j}\eta_{\text{eff}}^{(m)}\tan k_{zm}(z_m-z_{m-1})} \tag{26}$$

$$(m=M,M-1,\cdots,1)$$

另一方面, 令 (6) 和 (7) 式中 $m\to m-1$, 再将 (15) 式代入, 则在 $z=z_{m-1}$ 处, 我们分别有

$$E_{m-1,y}=E_{m-1,0}^{i}\text{e}^{-\text{j}k_{m-1}z_{m-1}\cos\theta_{m-1}}\left(1+R_{m-1}^{\perp}\right)\text{e}^{-\text{j}k_{m-1}x\sin\theta_{m-1}}$$

和

$$H_{m-1,x}=-\frac{\cos\theta_{m-1}}{\eta_{m-1}}E_{m-1,0}^{i}\text{e}^{-\text{j}k_{m-1}z_{m-1}\cos\theta_{m-1}}\left(1-R_{m-1}^{\perp}\right)\text{e}^{-\text{j}k_{m-1}x\sin\theta_{m-1}}$$

它们的比值为: $-\left.\frac{E_{m-1,y}}{H_{m-1,x}}\right|_{z=z_{m-1}}=\eta_{\text{TE}(m-1)}\frac{1+R_{m-1}^{\perp}}{1-R_{m-1}^{\perp}}$, $R_{m-1}^{\perp}$ 为 $z=z_{m-1}$ 处的反射系数. 该比值正是 (24) 式 $\eta_{\text{eff}}^{(m-1)}$; 考虑到 $z=z_{m-1}$ 处电磁场切向分量连续边界条件, 故有

$$\eta_{\text{eff}}^{(m-1)}=-\left.\frac{E_{m-1,y}}{H_{m-1,x}}\right|_{z=z_{m-1}}=-\left.\frac{E_{my}}{H_{mx}}\right|_{z=z_{m-1}}$$

因此, $\eta_{\text{eff}}^{(m-1)}$ 的意义就是在 $z=z_{m-1}$ 处 $\text{TE}_z$ 横电波的等效波阻抗.

以上 (23) 与 (25) 式就建立了第 $m-1$ 与 $m$ 相邻分层界面 $z=z_{m-1}$ 处的反射系数 $R_{m-1}^{\perp}$ 与第 $m$ 与 $m+1$ 相邻分层界面 $z=z_m$ 处的反射系数 $R_m^{\perp}(m=1,2,\cdots,M)$ 之间的递推关系式. $R_M^{\perp}$ 为第 $M$ 与 $M+1$ 相邻分层界面 $z=z_M=d$ 处的反射系数, 它可应用该处场的边界条件确定; 因此, 一旦求得反射系数 $R_M^{\perp}$, 则由 (23) 式可求得 $\eta_{\text{eff}}^{(M-1)}$, 代入 (25) 式而求得 $R_{M-1}^{\perp}$, 如此重复这一过程, 便可求得所关心的分层介质表面 $z=0$ 处的反射系数 $R_0^{\perp}$.

在 $z=z_M$ 第 $M$ 与 $M+1$ 分层界面处电场和磁场切向分量连续的边界条件为:

$$E_{My}|_{z=z_M}=E_{M+1,y}|_{z=z_M}\quad \text{和}\quad H_{Mx}|_{z=z_M}=H_{M+1,x}|_{z=z_M}$$

由它们便可求得反射系数 $R_M^{\perp}$. 由 (18) 和 (19) 式, 令其中的 $m\to M+1$, 以及因媒质 $(M+1)$ 中不存在反射波而有 $R_{M+1}^{\perp}=0$, 于是, 我们可得

$$E_{M0}^{i}\text{e}^{-\text{j}k_Mz_M\cos\theta_M}\left(1+R_M^{\perp}\right)=E_{M+1,0}^{i}\text{e}^{-\text{j}k_{M+1}z_M\cos\theta_{M+1}} \tag{27}$$

$$E_{M0}^{i}\text{e}^{-\text{j}k_{M1}z_M\cos\theta_M}\left(1-R_M^{\perp}\right)=\frac{\eta_M\cos\theta_{M+1}}{\eta_{M+1}\cos\theta_M}E_{M+1,0}^{i}\text{e}^{-\text{j}k_{M+1}z_M\cos\theta_{M+1}} \tag{28}$$

将此两式相除, 便有

$$\frac{1+R_M^{\perp}}{1-R_M^{\perp}}=\frac{\eta_{M+1}\cos\theta_M}{\eta_M\cos\theta_{M+1}}=\frac{\eta_{\mathrm{TE}(M+1)}}{\eta_{\mathrm{TE}(M)}}$$

由此可解出

$$R_M^{\perp}=\frac{\eta_{\mathrm{TE}(M+1)}-\eta_{\mathrm{TE}(M)}}{\eta_{\mathrm{TE}(M+1)}+\eta_{\mathrm{TE}(M)}} \tag{29}$$

特别地, 如果媒质 $(M+1)$ 为理想导体, 则在此 $z \geqslant z_M$ 媒质中的电磁场为零场, 而有 $\eta_{\mathrm{TE}(M+1)}=0$, 于是, 由 (29) 式可知此时反射系数为

$$R_M^{\perp}=-1 \tag{30}$$

计算 $z=0$ 处 $\mathrm{TE}_z$ 波反射系数的另一种算法是应用 (26) 式, 由初值 $\eta_{\mathrm{eff}}^{(M)}=\eta_{\mathrm{TE}(M+1)}$ 逆向递推至 $\eta_{\mathrm{eff}}^{(0)}$, 再应用 (25) 式求得 $R_0^{\perp}$.

比较按场分析法导得的 (25) 和 (26) 式与 2.10 节中应用等效传输线法给出的 (2.10.1) 和 (2.10.2) 式可见, 它们完全相同. 从具体例子再次说明了媒质中均匀平面波的传播与传输线上的波传播之间的二重性.

(2) 平行极化波 ($\mathrm{TM}_z$ 波)

设平面波磁场 $\boldsymbol{H}$ 沿 $y$ 方向垂直于入射面, 仅有 $y$ 分量, 与波传播方向 $z$ 垂直; 电场 $\boldsymbol{E}$ 位于入射平面内, 含有 $x$ 分量和 $z$ 分量. 省去时间因子 $\mathrm{e}^{\mathrm{j}\omega t}$, 并注意到平面波入射到两媒质分界面将产生波的反射和折射, 遵守反射定律和折射定律, 则各媒层介质中的场表示式如下:

媒质 (0): ($z \leqslant 0$, $\varepsilon_0$、$\mu_0$; $k_0=\omega\sqrt{\varepsilon_0\mu_0}$; $\eta_0=\sqrt{\mu_0/\varepsilon_0}$)

$$H_{0y}=H_{00}^{i}e^{-\mathrm{j}k_1(x\sin\theta_0+z\cos\theta_0)}+H_{00}^{r}e^{-\mathrm{j}k_1(x\sin\theta_0-z\cos\theta_0)} \tag{31}$$

$$E_{0x}=\eta_0\cos\theta_0\left(H_{00}^{i}\mathrm{e}^{-\mathrm{j}k_1(x\sin\theta_0+z\cos\theta_0)}-H_{00}^{r}\mathrm{e}^{-\mathrm{j}k_1(x\sin\theta_0-z\cos\theta_0)}\right) \tag{32}$$

$$E_{0z}=-\eta_0\sin\theta_0\left(H_{00}^{i}\mathrm{e}^{-\mathrm{j}k_1(x\sin\theta_0+z\cos\theta_0)}+H_{00}^{r}\mathrm{e}^{-\mathrm{j}k_1(x\sin\theta_0-z\cos\theta_0)}\right) \tag{33}$$

第 $(m)$ 分层: ($z_{m-1} \leqslant z \leqslant z_m$, $\varepsilon_m$、$\mu_m$; $k_m=\omega\sqrt{\varepsilon_m\mu_m}$; $\eta_m=\sqrt{\mu_m/\varepsilon_m}, m=1,2,\cdots,M$)

$$H_{my}=E_{m0}^{i}\mathrm{e}^{-\mathrm{j}k_m(x\sin\theta_m+z\cos\theta_m)}+H_{m,0}^{r}\mathrm{e}^{-\mathrm{j}k_m(x\sin\theta_m-z\cos\theta_m)} \tag{34}$$

$$E_{mx}=\eta_m\cos\theta_m\left(H_{m0}^{i}\mathrm{e}^{-\mathrm{j}k_m(x\sin\theta_m+z\cos\theta_m)}-H_{m0}^{r}\mathrm{e}^{-\mathrm{j}k_m(x\sin\theta_m-z\cos\theta_m)}\right) \tag{35}$$

$$E_{mz}=-\eta_m\sin\theta_m\left(H_{m0}^{i}\mathrm{e}^{-\mathrm{j}k_m(x\sin\theta_m+z\cos\theta_m)}+H_{m0}^{r}\mathrm{e}^{-\mathrm{j}k_m(x\sin\theta_m-z\cos\theta_m)}\right) \tag{36}$$

第 $(M+1)$ 层: ($z \geqslant d$, $\varepsilon_{M+1}$、$\mu_{M+1}$; $k_{M+1}=\omega\sqrt{\varepsilon_{M+1}\mu_{M+1}}$; $\eta_{M+1}=\sqrt{\mu_{M+1}/\varepsilon_{M+1}}$)

$$H_{M+1,y}=H_{M+1,0}^{i}\mathrm{e}^{-\mathrm{j}k_{M+1}\left(x\sin\theta_{M+1}+z\cos\theta_{M+1}\right)} \tag{37}$$

$$E_{M+1,x} = \eta_{M+1} \cos\theta_{M+1} H^i_{M+1,0} \mathrm{e}^{-\mathrm{j}k_{M+1}\left(x\sin\theta_{M+1}+z\cos\theta_{M+1}\right)} \tag{38}$$

$$E_{M+1,z} = -\eta_{M+1} \sin\theta_{M+1} H^i_{M+1,0} \mathrm{e}^{-\mathrm{j}k_{M+1}(x\sin\theta_{M+1}+z\cos\theta_{M+1})} \tag{39}$$

按反射系数的定义, 第 $(m-1)$ 与 $(m)$ 分层相邻分层界面 $z=z_{m-1}$ 处的反射系数 $R^{//}_{m-1}$ 为

$$R^{//}_{m-1} = \left.\frac{H^r_{m-1,0}\mathrm{e}^{-\mathrm{j}k_{m-1}(x\sin\theta_{m-1}-z\cos\theta_{m-1})}}{H^i_{m-1,0}\mathrm{e}^{-\mathrm{j}k_{m-1}(x\sin\theta_{m-1}+z\cos\theta_{m-1})}}\right|_{z=z_{m-1}} = \frac{H^r_{m-1,0}}{H^i_{m-1,0}}\mathrm{e}^{\mathrm{j}2k_{m-1}z_{m-1}\cos\theta_{m-1}} \tag{40}$$

第 $m$ 与 $m+1$ 相邻分层界面 $z=z_m$ 处的反射系数 $R^{//}_m$ 为

$$R^{//}_m = \left.\frac{H^r_{m0}\mathrm{e}^{-\mathrm{j}k_m(x\sin\theta_m-z\cos\theta_m)}}{H^i_{m0}\mathrm{e}^{-\mathrm{j}k_m(x\sin\theta_m+z\cos\theta_m)}}\right|_{z=z_m} = \frac{H^r_{m0}}{H^i_{m0}}\mathrm{e}^{\mathrm{j}2k_m z_m\cos\theta_m} \tag{41}$$

类似于 (1) 垂直极化波 ($\mathrm{TE}_z$ 波) 情形所作的分析与推导, 不再赘述. 这里仅给出其主要结果如下:

$$R^{//}_{m-1} = -\frac{\eta^{(m-1)}_{\mathrm{eff}} - \eta_{\mathrm{TM}(m-1)}}{\eta^{(m-1)}_{\mathrm{eff}} + \eta_{\mathrm{TM}(m-1)}} \quad (m = M+1, M, \cdots, 1) \tag{42}$$

$$\eta^{(m-1)}_{\mathrm{eff}} Z = \eta_{\mathrm{TM}(m)} \frac{1-R^{//}_m\mathrm{e}^{-\mathrm{j}2k_{zm}(z_m-z_{m-1})}}{1+R^{//}_m\mathrm{e}^{-\mathrm{j}2k_{zm}(z_m-z_{m-1})}} \quad (m = M, M-1, \cdots, 1) \tag{43}$$

$$= \eta_{\mathrm{TM}(m-1)} \frac{1-R^{//}_{m-1}}{1+R^{//}_{m-1}} \tag{44}$$

或

$$\eta^{(m-1)}_{\mathrm{eff}} = \eta_{\mathrm{TM}(m)} \frac{\eta^{(m)}_{\mathrm{eff}} + \mathrm{j}\eta_{\mathrm{TM}(m)}\tan k_{zm}(z_m-z_{m-1})}{\eta_{\mathrm{TM}(m)} + \mathrm{j}\eta^{(m)}_{\mathrm{eff}}\tan k_{zm}(z_m-z_{m-1})} \tag{45}$$

$$(m = M, M-1, \cdots, 1)$$

式中, $k_{zm} = k_m\cos\theta_m = k_0\sqrt{\varepsilon_{rm}\mu_{rm} - \sin^2\theta_0}$; 而 $\eta^{(m-1)}_{\mathrm{eff}} = \left.\frac{E_{m-1,x}}{H_{m-1,y}}\right|_{z=z_{m-1}} = -\left.\frac{E_{mx}}{H_{my}}\right|_{z=z_{m-1}}$ 为在 $z=z_{m-1}$ 处 $\mathrm{TM}_z$ 横磁波的等效波阻抗.

以上 (42) 与 (43) 式就建立了第 $m-1$ 与 $m$ 相邻分层界面 $z=z_{m-1}$ 处的反射系数 $R^{//}_{m-1}$ 与第 $m$ 与 $m+1$ 相邻分层界面 $z=z_m$ 处的反射系数 $R^{//}_m(m=1,2,\cdots,M)$ 之间的递推关系式. 其递推初值 $R^{//}_M$ 为

$$R^{//}_M = -\frac{\eta_{\mathrm{TM}(M+1)} - \eta_{\mathrm{TM}(M)}}{\eta_{\mathrm{TM}(M+1)} + \eta_{\mathrm{TM}(M)}} \tag{46}$$

特别地, 如果媒质 $(M+1)$ 为理想导体, $\eta_{\mathrm{TM}(M+1)}=0$, 则有

$$R_M^{/\!/}=1 \tag{47}$$

计算 $z=0$ 处 $\mathrm{TM}_z$ 波反射系数的另一种算法是应用 (45) 式, 由初值 $\eta_{\mathrm{eff}}^{(M)}=\eta_{\mathrm{TM}(M+1)}$ 逆向递推至 $\eta_{\mathrm{eff}}^{(0)}$, 再应用 (42) 式求出 $R_0^{/\!/}$.

## D 计算平面电磁波对介质夹层、多分层介质斜入射时反射系数的 Fortran 程序

(1) 计算平面电磁波对夹层介质斜入射的反射系数的程序 (参见 2.8 节)

此反射系数计算有两种算法可供采用, 子程序名分别为: PB3LRA 和 PB3LRB, 它们的功用、输入与输出变量说明相同.

**子程序名:** PB3LRA(算法一):

**功用:** 对于给定的介质夹层厚度 $D$ 和与媒质的参数, 计算垂直极化入射波反射系数 $R_0^{\perp}$-$\theta_1$ 和平行垂直极化入射波反射系数 $R_0^{/\!/}$-$\theta_1$ 特性, $\theta_1$ 为入射角.

**输入变量:** KP— 极化代码 (KP = 0: 计算垂直极化波和平行极化波;
KP = 1 : 垂直极化波; KP = 2 : 平行极化波)

KM— 媒质 (3) 代码 (KM = 1: 媒质 (3) 为理想导体;
KM = 2 : $\varepsilon_{r3}=1, \mu_{r3}=1$)

D— 介质夹层的厚度 (波长数)

Lambda— 工作波长

EPSR— 媒质 (2) 的相对介电常数

MUR— 媒质 (2) 的相对磁导率

Theta— 平面波入射角 $\theta_1$

**输出变量:** R0E($\theta_1$)— 反射系数 $R_0^{\perp}(\theta_1)$ 和 (或)

R0H— 反射系数 $R_0^{/\!/}(\theta_1)$

```
      SUBROUTINE PB3LRA(KP,KM,EPSR,MUR,LAMBDA,D,ROE,ROH)
C     ===========================================================
C     Purpose: Compute the reflection coefficients at the input
C              interface as a function of incidence angle for
C              a dielectric slab
C     Input  : KP --- Polarization code
C                     KP=0 for both TEz & TMz polarizations
C                     KP=1 for TEz polarization
C                     KP=2 for TMz polarization
C              KM --- Media code
C                     KM=1 for Media (3) being a conductor
```

```
C                    KM=2 for Media (3) being air free space
C                         (Media (1) is air free space)
C              D  --- Length of the slab (in wavelength)
C              Lambda  --- Working wavelength in free space
C              Eprs --- Relative permittivity of the slab
C              Mur  --- Relative permeability of the slab
C              Theta   --- Incident angle of the plane wave
C                         ( 0-90 in Degrees )
C       Output: ROE(theta) --- Reflection coefficient for TEz case
C               ROH(theta) --- Reflection coefficient for TMz case
C                            ( on z=0 interface )
C       ============================================================
        COMPLEX EPSR,MUR,CJ,CS1,CS2,CQR,CQQ,RDE,RDH,CER,ETAF,ROE,ROH
        DIMENSION ROH(0:90),ROE(0:90)
        REAL LAMBDA,K0
        PI=3.1415926
        K0=2.0*PI/LAMBDA
        CJ=(0.0,1.0)
        RD=1.745329E-02
        CQR=CSQRT(MUR/EPSR)
        CQQ=CSQRT(MUR*EPSR)
        DO 10 K=0,90
           THETA=K
           RTHETA=RD*THETA
           CS1=COS(RTHETA)
           CS2=CSQRT(MUR*EPSR-1.0+CS1**2)/CQQ
           CER=CEXP(-CJ*2.0*K0*CQQ*CS2*D)
           IF (KP.LE.1) THEN
              IF (KM.EQ.1) RDE=-1.0
              IF (KM.EQ.2) RDE=(CS2-CQR*CS1)/(CS2+CQR*CS1)
              ETAF=CQR*CS1/CS2*(1.0+RDE*CER)/(1.0-RDE*CER)
              ROE(K)=(ETAF-1.0)/(ETAF+1.0)
           ENDIF
           IF (KP.EQ.2.OR.KP.EQ.0) THEN
              IF (KM.EQ.1) RDH=1.0
              IF (KM.EQ.2) RDH=-(CS1-CQR*CS2)/(CS1+CQR*CS2)
              ETAF=CQR*CS2/CS1*(1.0-RDH*CER)/(1.0+RDH*CER)
              ROH(K)=-(ETAF-1.0)/(ETAF+1.0)
```

```
            ENDIF
10        CONTINUE
          RETURN
          END
```

子程序PB3LRB(算法二):

```
      SUBROUTINE PB3LRB(KP,KM,EPSR,MUR,LAMBDA,D,ROE,ROH)
C     ===========================================================
C     Purpose: Compute the reflection coefficients at the input
C              interface as a function of incidence angle for
C              a dielectric slab
C     Input : KP --- Polarization code
C                    KP=0 for both TEz & TMz polarizations
C                    KP=1 for TEz polarization
C                    KP=2 for TMz polarization
C             KM --- Media code
C                    KM=1 for Media (3) being a conductor
C                    KM=2 for Media (3) being air free space
C                         (Media (1) is air free space)
C             D  --- Length of the slab (in wavelength)
C             Lambda  --- Working wavelength in free space
C             Eprs --- Relative permittivity of the slab
C             Mur  --- Relative permeability of the slab
C             Theta   --- Incident angle of the plane wave
C                           ( 0-90 in Degrees )
C     Output: ROE(theta) --- Reflection coefficient for TEz wave
C             ROH(theta) --- Reflection coefficient for TMz wave
C                              ( on z=0 interface )
C     ===========================================================
      COMPLEX EPSR,MUR,CJ,CS1,CS2,CQR,CQQ,ETAF,CTN,CFO,ROE,ROH
      DIMENSION ROE(0:90),ROEA(0:90),ROH(0:90),ROHA(0:90)
      REAL LAMBDA,KO
      PI=3.1415926
      KO=2.0*PI/LAMBDA
      CJ=(0.0,1.0)
      RD=1.745329E-02
      CQR=CSQRT(MUR/EPSR)
      CQQ=CSQRT(MUR*EPSR)
```

```
      DO 10 K=0,90
         THETA=K
         RTHETA=RD*THETA
         CS1=DCOS(RTHETA)
         CS2=CSQRT(EPSR*MUR-1.0+CS1**2)/CQQ
         CTN=SIN(K0*CQQ*CS2*D)/COS(K0*CQQ*CS2*D)
         IF (KP.EQ.1.OR.KP.EQ.0) THEN
            CF0=CQR*CS1/CS2
            IF (KM.EQ.1) ETAF=CJ*CF0*CTN
            IF (KM.EQ.2) ETAF=CF0*(1.0+CJ*CF0*CTN)/(CF0+CJ*CTN)
            R0E(K)=(ETAF-1.0)/(ETAF+1.0)
         ENDIF
         IF (KP.EQ.2.OR.KP.EQ.0) THEN
            CF0=CQR*CS2/CS1
            IF (KM.EQ.1) ETAF=CJ*CF0*CTN
            IF (KM.EQ.2) ETAF=CF0*(1.0+CJ*CF0*CTN)/(CF0+CJ*CTN)
            R0H(K)=-(ETAF-1.0)/(ETAF+1.0)
         ENDIF
10    CONTINUE
      RETURN
      END
```

**例 1**　设有一平面电磁波以入射角 $\theta_1$ 从 $\varepsilon_{r1}=1,\mu_{r1}=1$ 媒质 (1) 入射到厚度 $D=5\lambda$、$\varepsilon_{r2}=(4.0,-0.1),\mu_{r2}=2.0$ 媒质 (2) 的介质夹层上, 并进入 $\varepsilon_{r3}=1,\mu_{r3}=1$ 媒质 (3)(KM = 2 情形), 试调用子程序 PB3LRA(算法一) 或 PB3LRB(算法二) 计算在介质夹层表面处的反射系数 $|R_0^{\perp}(\theta_1)|$ 和 $|R_0^{//}(\theta_1)|$, 给出 $\theta_1=0(10)90$ 时的典型数值结果, 以及 $|R_0^{\perp}(\theta_1)|$-$\theta_1$ 和 $|R_0^{//}(\theta_1)|$-$\theta_1$ 曲线.

**范例 (1)**　主程序 MPB3LRA(算法一)

```
        PROGRAM MPB3LRA
C       ==============================================================
C       Purpose:Compute the reflection coefficients at the input
C               interface as a function of incidence angle for
C               a dielectric slab
C       Input : KP --- Polarization code
C                      KP=0 for both TEz & TMz polarizations
C                      KP=1 for TEz polarization
C                      KP=2 for TMz polarization
```

```
C             KM --- Media code
C                    KM=1 for Media (3) being a conductor
C                    KM=2 for Media (3) being air free space
C                         (Media (1) is air free space)
C             D --- Length of the slab (in wavelengths)
C             Lambda  --- Working wavelength in free space
C             Eprs --- Relative permittivity of the slab
C             Mur  --- Relative permeability of the slab
C             DT  --- Delta theta  for output or display use
C     Output: ROEA(theta) --- Reflection coefficient |ROE|
C             ROHA(theta) --- Reflection coefficient |ROH|
C                 (ROE:Reflection coefficient for TEz wave;
C                  ROH:Reflection coefficient for TMz wave)
C                           ( on z=0 interface )
C             Theta   --- Incident angle of the plane wave
C                         ( 0-90 in Degrees )
C     Routine called: PB3LRA for computing reflection coefficient
C                        for a dielectric slab
C     ==============================================================
      COMPLEX EPSR,MUR,ROE(0:90),ROH(0:90)
      REAL LAMBDA
      WRITE(*,*)'    Enter KP,KM and Theta step Dt:'
      READ(*,*)KP,KM,DT
      LAMBDA=1.0
      D=5.0*LAMBDA
      EPSR=(4.0,-0.1)
      MUR=2.0
      CALL PB3LRA(KP,KM,EPSR,MUR,LAMBDA,D,ROE,ROH)
      WRITE(*,*)
      WRITE(*,*)'           Theta      |ROE|        |ROH|'
      WRITE(*,*)'           -----------------------------------'
      DO 10 K=0,90,DT
         ROEA=CABS(ROE(K))
         ROHA=CABS(ROH(K))
      WRITE(*,20)K,ROEA,ROHA
10    CONTINUE
      WRITE(*,30)
20    FORMAT(15X,I3,2F13.6)
```

```
30      FORMAT(22X,'(TEz case)    (TMz case)')
        END
```

主程序 MPB3LRB(算法二) 与主程序 MPB3LRA(算法一) 相同, 所不同的是前者调用子程序语句为 CALL PB3LRB(0,KM,...), 后者调用子程序语句为 CALL PB3LRA(0,KM,...); "算法一"(或 "算法二") 主程序经编译后, 输入代码 KP = 0, KM = 2 和 Dt($\Delta\theta$) = 10, 运行所得结果相同, 其典型数值结果如下：

```
Enter code KP, KM & Theta step Dt ?  0,2,10
```

| $\theta_1$ | $\lvert R_0^{\perp}\rvert$ | $\lvert R_0^{//}\rvert$ |
|---|---|---|
| 0 | .176760 | .176760 |
| 10 | .177287 | .164334 |
| 20 | .180555 | .131891 |
| 30 | .221551 | .103449 |
| 40 | .310898 | .058885 |
| 50 | .356296 | .028913 |
| 60 | .426815 | .135136 |
| 70 | .609274 | .334631 |
| 80 | .796227 | .619491 |
| 90 | 1.000000 | 1.000000 |
| | (TEz case) | (TMz case) |

曲线 $|R_0^{\perp}| \sim \theta_1$ 和 $|R_0^{//}| \sim \theta_1$ 参见图 2.8.3.

以上程序 (1) 所计算的是对于给定平面波的频率和入射角时, 均匀夹层介质的反射系数. 如果均匀夹层介质为频散媒质, 则我们只需重复单点频率计算, 即可求得反射系数的频散特性, 并不难编写出相应的子程序, 如以下程序 (2)PB3LRF 所示.

(2) 计算平面波对单夹层色散媒质给定入射角时反射系数的频率特性的程序

**子程序名：**PB3LRF

**功用：**对于给定入射角 $\theta_1$, 和介质夹层厚度 $D$, 计算垂直极化入射波反射系数 $R_0^{\perp}$-$f$ 和平行垂直极化入射波反射系数 $R_0^{//}$-$f$ 特性, $f$ 为入射波的工作频率.

**输入变量**: KP— 极化代码 (KP = 0：计算垂直极化波和平行极化波;

KP = 1 : 垂直极化波;　KP = 2 : 平行极化波)

KM— 媒质 (3) 代码 (KM = 1：媒质 (3) 为理想导体;

$\text{KM} = 2 : \varepsilon_{r3} = 1, \mu_{r3} = 1$)

$D$— 介质夹层的厚度 (cm)

F(I)— 工作频率 (GHz), $\mathrm{F(I)=FL+I*DF, I=0,1,2,\cdots,MI}$

MI— 计算的总工作频率数 $\mathrm{(MI=(FH-FL)/DF)}$

(FL: 最低工作频率: FH: 最高工作频率; DF: 每次计算工作频率增量)

EPSR(I)— 媒质 (2) 的相对介电常数, $\mathrm{I=0,1,2,\cdots,MI}$

MUR(I)— 媒质 (2) 的相对磁导率, $\mathrm{I=0,1,2,\cdots,MI}$

Theta— 平面波入射角 $\theta_1$

**输出变量:** R0E(I)— 工作频率为 F(I) 时的反射系数 $R_0^{\perp}(\mathrm{I})$, $\mathrm{(I=0,1,2,\cdots,MI)}$

R0H(I)— 工作频率为 F(I) 时的反射系数 $R_0^{//}(\mathrm{I})$, $\mathrm{(I=0,1,2,\cdots,MI)}$

```
      SUBROUTINE PB3LRF(KP,KM,THETA,EPSR,MUR,F,MI,D,ROE,ROH)
C     ==============================================================
C     Purpose: Compute the reflection coefficients at the input
C              interface as a function of frequency for given
C              incident angle theta and dielectric slab D
C     Input:  KM --- Media code
C                    KM=1 for Media (3) being a conductor
C                    KM=2 for Media (3) being air free space
C                         (Media (1) is air free space)
C             D --- Length of the slab (in cm)
C             F --- Working frequency (in GHz)
C             FL --- Lower frequency  (in GHz)
C             FH --- Higher frequency (in GHz)
C             DF --- Frequency increment (in GHz)
C             Theta --- Incident angle (in Degrees)
C             Eprs --- Relative permittivity of the slab
C             Mur  --- Relative permeability of the slab
C     Output: ROE(theta) --- Reflection coefficient for TEz case
C             ROEA       --- |ROE|
C             ROH(theta) --- Reflection coefficient for TMz case
C             ROHA       --- |ROH|
C                             ( on z=0 interface )
C     ==============================================================
      COMPLEX EPSR,MUR,CJ,CS1,CS2,CQR,CQQ,CER,ETAF,RDE,RDH,ROE,ROH
      DIMENSION ROH(0:200),ROE(0:200),EPSR(0:200),F(0:200)
      REAL KO
```

```
      PI=3.1415926
      CJ=(0.0,1.0)
      DO 10 I=0,MI
         K0=PI*F(I)/15.0
         RTHETA=1.745329E-02*THETA
         CQR=CSQRT(MUR/EPSR(I))
         CQQ=CSQRT(MUR*EPSR(I))
         CS1=COS(RTHETA)
         CS2=CSQRT(MUR*EPSR(I)-1.0+CS1**2)/CQQ
         CER=CEXP(-CJ*2.0*K0*CQQ*CS2*D)
         IF (KP.LE.1) THEN
            IF (KM.EQ.1) RDE=-1.0
            IF (KM.EQ.2) RDE=(CS2-CQR*CS1)/(CS2+CQR*CS1)
            ETAF=CQR*CS1/CS2*(1.0+RDE*CER)/(1.0-RDE*CER)
            ROE(I)=(ETAF-1.0)/(ETAF+1.0)
         ENDIF
         IF (KP.EQ.2.OR.KP.EQ.0) THEN
            IF (KM.EQ.1) RDH=1.0
            IF (KM.EQ.2) RDH=-(CS1-CQR*CS2)/(CS1+CQR*CS2)
            ETAF=CQR*CS2/CS1*(1.0-RDH*CER)/(1.0+RDH*CER)
            ROH(I)=-(ETAF-1.0)/(ETAF+1.0)
         ENDIF
10    CONTINUE
      RETURN
      END
```

(3) 计算平面波对 M 多层介质斜入射的反射系数 Fortran 计算程序 (参见 2.10 节)

此反射系数计算有两种算法可供采用, 子程序名分别为: PBMLRA 和 PBMLRB, 它们的功用、输入与输出变量说明相同.

**功用**: 对于给定的介质夹层厚度 $D$ 和与媒质的参数, 计算垂直极化入射波反射系数 $R_0^{\perp} \sim \theta_0$ 和平行垂直极化入射波反射系数 $R_0^{//} \sim \theta_0$ 特性, $\theta_0$ 为入射角.

**输入变量**: M— 多层介质夹层的总分层数

KP— 极化代码 (KP = 0: 计算垂直极化波和平行极化波;

KP = 1 : 垂直极化波; KP = 2 : 平行极化波)

KM— 媒质 M + 1 代码 (KM = 1: 媒质 M + 1 为理想导体;

$\mathrm{KM} = 2 : \varepsilon_{r(M+1)} = 1, \mu r_{(M+1)} = 1$)

Z(I)— 第 I 层介质 $[z_{i-1}, z_i]$ 的 $z$ 坐标, 参见图 2.10.1, Z(I) = I*D/M,
I = 1, 2, ⋯ , M, D为多层介质夹层的总厚度(波长数)
(例: 第一层 Z(1) = $z_1$; 第二层 Z(2) = $z_2$; ...; 第 M 层 Z(M) = $z_M$ = D)
Lambda— 自由空间工作波长
EPSR(I)— 第 I 层介质的相对介电常数
MUR(I)— 第 I 层介质的相对磁导率
Theta— 平面波入射角 $\theta_1$

**输出变量**: R0E($\theta_0$)— 反射系数 $R_0^{\perp}(\theta_0)$ 和 |R0E($\theta_0$)|
R0H— 反射系数 $R_0^{//}(\theta_0)$ 和 |R0H($\theta_0$)|

**子程序**PBMLRA(算法一):

```
      SUBROUTINE PBMLRA(KP,KM,M,EPSR,MUR,LAMBDA,Z,R0E,R0EA,R0H,R0HA)
C     ==============================================================
C     Purpose: Compute the reflection coefficients at the input
C              interface as a function of incidence angle for
C              a dielectric slab
C     Input : M  --- Number of divided layers of the slab
C             KP --- Polarization code
C                    KP=1 for TEz polarization
C                    KP=2 for TMz polarization
C             KM --- Media code
C                    KM=1 for media (3) being a conductor
C                    KM=2 for media (3) being air free space
C                             (Media (1) is air free space)
C             Z(i)--- iD/M (i=0,1,... M, D is the length of slab)
C             Lambda  --- Working wavelength infree space
C             Eprs(i) --- Relative permittivity
C             Mur(i)      Relative permeability
C             Theta   --- Incident angle of the plane wave
C                         ( 0-90 Degrees )
C     Output: R0E(theta) --- |R0E| Reflected coefficient for TEz
C             R0H(theta) --- |R0H| Reflected coefficient for TMz
C                             ( on z=0 interface )
C     ==============================================================
      DIMENSION THETA(0:90),R0EA(0:90),R0HA(0:90),Z(0:500)
      COMPLEX EPSR(0:501),MUR(0:501),ETAM1(501),KZM(0:501),CJ,
```

```
     *         RF(0:500),ROE(0:90),ROH(0:90),CEP,CFP,CQR,CQQ
      REAL LAMBDA,K0
      PI=3.1415926
      RD=1.7453293E-02
      K0=2.0*PI/LAMBDA
      DZ=D/M
      CJ=(0.0,1.0)
      DO 40 K=0,90
         THETA(K)=K
         RTHETA=RD*THETA(K)
         CS1=COS(RTHETA)
         DO 10 I=0,M+1
10          KZM(I)=K0*CSQRT(MUR(I)*EPSR(I)-1.0+CS1**2)
         CQR=CSQRT(MUR(M)/EPSR(M))
         CQQ=CSQRT(MUR(M)*EPSR(M))
         IF (KP.EQ.1.OR.KP.EQ.0) THEN
            IF (KM.EQ.1) RF(M)=-1.0
            IF (KM.EQ.2) RF(M)=(KZM(M)/(K0*CQQ)-CQR*CS1)/
     *                         (KZM(M)/(CQQ*K0)+CQR*CS1)
            DO 20 I=M,1,-1
               CEP=CEXP(-CJ*2.0*KZM(I)*(Z(I)-Z(I-1)))
               CFP=MUR(I)/MUR(I-1)*KZM(I-1)/KZM(I)
               ETAM1(I-1)=CFP*(1.0+RF(I)*CEP)/(1.0-RF(I)*CEP)
               RF(I-1)=(ETAM1(I-1)-1.0)/(ETAM1(I-1)+1.0)
20          CONTINUE
            ROE(K)=RF(0)
            ROEA(K)=CABS(ROE(K))
         ENDIF
         IF (KP.EQ.2.OR.KP.EQ.0) THEN
            IF (KM.EQ.1) RF(M)=1.0
            IF (KM.EQ.2) RF(M)=(CQR*KZM(M)/(CQQ*K0)-CS1)/
     *                         (CQR*KZM(M)/(CQQ*K0)+CS1)
            DO 30 I=M,1,-1
               CEP=CEXP(-CJ*2.0*KZM(I)*(Z(I)-Z(I-1)))
               CFP=EPSR(I-1)/EPSR(I)*KZM(I)/KZM(I-1)
               ETAM1(I-1)=CFP*(1.0-RF(I)*CEP)/(1.0+RF(I)*CEP)
               RF(I-1)=-(ETAM1(I-1)-1.0)/(ETAM1(I-1)+1.0)
30          CONTINUE
```

```
         ROH(K)=RF(0)
         ROHA(K)=CABS(ROH(K))
      ENDIF
40    CONTINUE
      RETURN
      END
```

子程序PBMLRB(算法二):

```
      SUBROUTINE PBMLRB(KP,KM,M,EPSR,MUR,LAMBDA,Z,ROE,ROEA,ROH,ROHA)
C     ================================================================
C     Purpose: Compute the reflection coefficients at the input
C              interface as a function of incidence angle for
C              a dielectric slab
C     Input : M  --- Number of divided layers of the slab
C             KP --- Polarization code
C                    KP=1 for TEz polarization
C                    KP=2 for TMz polarization
C             KM --- Media code
C                    KM=1 for media (3) being a conductor
C                    KM=2 for media (3) being air free space
C                            (Media (1) is air free space)
C             Z(i)--- iD/M (i=0,1,... M, D is the length of slab)
C             Lambda  --- Working wavelength infree space
C             Eprs(i) --- Relative permittivity
C             Mur(i)  --- Relative permeability
C             Theta   --- Incident angle of the plane wave
C                         ( 0-90 Degrees )
C     Output: ROE(theta) --- |ROE| Reflected coefficient for TEz
C             ROH(theta)     |ROH| Reflected coefficient for TMz
C                            ( on z=0 interface )
C     ================================================================
      DIMENSION THETA(0:90),ROEA(0:90),ROHA(0:90),Z(0:500)
      COMPLEX EPSR(0:501),MUR(0:501),ETAM1(501),KZM(0:501),CJ,
     *        RF(0:500),ROE(0:90),ROH(0:90),CFP,CTN(0:501)
      REAL LAMBDA,K0
      PI=3.1415926
      RD=1.7453293E-02
```

```
      K0=2.0*PI/LAMBDA
      CJ=(0.0,1.0)
      DO 40 K=0,90
         THETA(K)=K
         RTHETA=RD*THETA(K)
         CS1=COS(RTHETA)
         DO 10 I=0,M+1
10          KZM(I)=K0*CSQRT(MUR(I)*EPSR(I)-1.0+CS1**2)
         IF (KP.EQ.1.OR.KP.EQ.0) THEN
            IF (KM.EQ.1) ETAM1(M)=0.0
            IF (KM.EQ.2) ETAM1(M)=MUR(M+1)/MUR(M)*KZM(M)/KZM(M+1)
            DO 20 I=M,1,-1
               CTN(I)=CDSIN(KZM(I)*(Z(I)-Z(I-1)))/
     *                  CDCOS(KZM(I)*(Z(I)-Z(I-1)))
               CFP=MUR(I)/MUR(I-1)*KZM(I-1)/KZM(I)
               ETAM1(I-1)=CFP*(ETAM1(I)+CJ*CTN(I))/
     *                      (1.0+CJ*ETAM1(I)*CTN(I))
               RF(I-1)=(ETAM1(I-1)-1.0)/(ETAM1(I-1)+1.0)
20          CONTINUE
            ROE(K)=RF(0)
            ROEA(K)=CABS(ROE(K))
         ENDIF
         IF (KP.EQ.2.OR.KP.EQ.0) THEN
            IF (KM.EQ.1) ETAM1(M)=0.0
            IF (KM.EQ.2) ETAM1(M)=EPSR(M)/EPSR(M+1)*KZM(M+1)/KZM(M)
            DO 30 I=M,1,-1
               CTN(I)=CDSIN(KZM(I)*(Z(I)-Z(I-1)))/
     *                  CDCOS(KZM(I)*(Z(I)-Z(I-1)))
               CFP=EPSR(I-1)/EPSR(I)*KZM(I)/KZM(I-1)
               ETAM1(I-1)=CFP*(ETAM1(I)+CJ*CTN(I))/
     *                      (1.0+CJ*ETAM1(I)*CTN(I))
               RF(I-1)=-(ETAM1(I-1)-1.0)/(ETAM1(I-1)+1.0)
30          CONTINUE
            ROH(K)=RF(0)
            ROHA(K)=CABS(ROH(K))
         ENDIF
40    CONTINUE
      RETURN
```

```
      END
```

**例 2** 设有一平面电磁波以入射角 $\theta_0$ 入射到具有金属衬底、总厚度为 $D = 5\lambda$ 的非均匀介质层上, 此介质层的介电常数和磁导率分别为 $\varepsilon_r = 4.0 + (2.0 - j0.1)(z/D)^2$, $\mu_{r2} = 2.0 - j0$, 两侧媒质均为空气. 将此具有金属衬底非均匀介质层采用图 2.10.1 所示 $M = 100$ 多分层介质层逼近; 试调用子程序 PBMLRA 或 PBMLRB, 计算在此金属衬底多层介质 $z = 0$ 表面处的反射系数 $|R_0^{\perp}(\theta_0)|$-$\theta_0$ 和 $|R_0^{//}(\theta_0)|$-$\theta_0(\theta_0 = 0° \sim 90°)$ 特性.

**范例 (2)** 主程序 MPBMLRA(算法一)

```
      PROGRAM MPBMLRA
C     ===========================================================
C     Purpose: Compute the reflection coefficients at the input
C              interface as a function of incidence angle for
C              a dielectric slab
C     Input : M  --- Number of divided layers of the slab
C             KP --- Polarization code
C                    KP=1 for TEz polarization
C                    KP=2 for TMz polarization
C             KM --- Media code; media
C                    KM=1 for media (3) being a conductor
C                    KM=2 for media (3) being air free space
C                            (Media (1) is air free space)
C             D ---  Length of the slab
C             Z(i)--- iD/M (i=0,1,... M)
C             Lambda  --- Working wavelength infree space
C             Eprs(i) --- Relative permittivity
C             Mur(i)  --- Relative permeability
C             Theta   --- Incident angle of the plane wave
C                        ( 0-90 Degrees )
C     Output: ROE(theta) --- |ROE| Reflected coefficient for TEz
C             ROH(theta) --- |ROH| Reflected coefficient for TMz
C                            ( on z=0 interface )
C     Routine called: PBMLRA for computing reflection coefficients
C                            for a slab
C     ===========================================================
      DIMENSION THETA(0:90),ROEA(0:90),ROHA(0:90),Z(0:500)
      COMPLEX EPSR(0:501),MUR(0:501),ROE(0:90),ROH(0:90)
```

```
      REAL LAMBDA
      WRITE(*,*)'Polarization code KP, KM, M & Theta step DT = ?'
      READ(*,*)KP,KM,M,DT
      LAMBDA=1.0
      D=5.0*LAMBDA
      DO 10 I=0,M
         EPSR(I)=4.0+(2.0,-0.1)*((I-1)/FLOAT(M-1))**2
         MUR(I)=(2.0,-0.1)
10       Z(I)=I/FLOAT(M)*D
      EPSR(0)=1.0
      MUR(0)=1.0
      EPSR(M+1)=1.0
      MUR(M+1)=1.0
      CALL PBMLRA(KP,KM,M,EPSR,MUR,LAMBDA,Z,ROE,ROEA,ROH,ROHA)
      IF (KP.EQ.0) THEN
         WRITE(*,*)'      Theta      |ROE|          |ROH|'
         WRITE(*,*)'    ---------------------------------'
      ELSE IF (KP.EQ.1) THEN
         WRITE(*,*)'    Theta     Re[ROE]       Im[ROE]          |ROE|'
         WRITE(*,*)'    --------------------------------------------'
      ELSE IF (KP.EQ.2) THEN
         WRITE(*,*)'    Theta     Re[ROH]       Im[ROH]          |ROH|'
         WRITE(*,*)'    --------------------------------------------'
      ENDIF
      DO 15 K=0,90,DT
         IF (KP.EQ.0) WRITE(*,30)K,ROEA(K),ROHA(K)
         IF (KP.EQ.1) WRITE(*,20)K,ROE(K),ROEA(K)
         IF (KP.EQ.2) WRITE(*,20)K,ROH(K),ROHA(K)
15    CONTINUE
      IF (KP.EQ.0) WRITE(*,40)
      IF (KP.EQ.1) WRITE(*,50)
      IF (KP.EQ.2) WRITE(*,60)
20    FORMAT(5X,I3,3F13.6)
30    FORMAT(7X,I3,2F13.6)
40    FORMAT(14X,'(TEz case)   (TMz case)')
50    FORMAT(18X,'( TEz polarization case )')
60    FORMAT(18X,'( TMz polarization case )')
      END
```

主程序 MPBMLRB(算法二) 与主程序 MPBMLRA(算法一) 相同, 所不同的是后者调用子程序语句为 CALL PBMLRA(0, KM, $\cdots$, $\cdots$), 而前者调用子程序语句为 CALL PBMLRB(0,KM, $\cdots$, $\cdots$); "算法一"(或 "算法二") 主程序经编译后, 输入代码 KP = 0, KM = 1, M = 100 和 Dt($\Delta\theta$) = 10, 运行所得结果相同, 其典型数值结果如下:

```
  Theta       |R0E|         |R0H|
-------------------------------------
    0       .167553       .167553
   10       .174139       .161126
   20       .196369       .143195
   30       .236004       .112351
   40       .286792       .056983
   50       .355402       .035471
   60       .458281       .148278
   70       .593880       .319761
   80       .769230       .583889
   90      1.000000      1.000000
          (TEz case)    (TMz case)
```

曲线 $|R_0^{\perp}|$-$\theta_0$ 和 $|R_0^{//}|$-$\theta_0$ 参见图 2.10.3.

以上程序 (3) 所计算的是对于给定平面波的频率 (波长) 和入射角 $\theta_0$ 时, 多层介质的反射系数. 如果多层介质为频散媒质, 则我们只需重复单点频率计算, 即可求得多层不均匀媒质反射系数的频散特性, 并不难编写出相应的子程序, 如以下程序 (4)PBMLRF 所示.

(4) 计算平面波对 M 多层色散媒质给定入射角时反射系数的频率特性的程序

**子程序名: PBMLRF**

**功用**: 对于给定入射角 $\theta_0$, 和 $M$ 多层色散介质夹层总厚度为 $D$, 计算垂直极化入射波反射系数 $R_0^{\perp}$-$f$ 和平行垂直极化入射波反射系数 $R_0^{//}$-$f$ 特性, $f$ 为入射波的工作频率.

**输入变量**: KP— 极化代码 (KP = 0: 计算垂直极化波和平行极化波;
KP = 1 : 垂直极化波; KP = 2 : 平行极化波)

KM— 媒质 M + 1 代码 (KM = 1: 媒质 M + 1 为理想导体;
KM = 2 : $\varepsilon_{r(M+1)} = 1, \mu_{r(M+1)} = 1$)

$D$— 色散介质夹层的总厚度 (cm)

$M$— 色散介质夹层的总分层数

$Z$(I)— 第 I 分层的坐标 $z_i (i = 0, 1, 2, \cdots, \text{M})$, 见图 2.10.1

F(K)— 工作频率 (GHz), $F(K) = FL + K * DF, I = 0, 1, 2, \cdots, MK$
MK— 计算的总取样工作频率数 ($MK = INT((FH - FL)/DF)$)
(FL: 最低工作频率: FH: 最高工作频率; DF: 工作频率增量)
Theta— 平面波入射角 $\theta_0$

(EPSR(I) 和 MUR(I) 分别为第 I 层色散媒质的相对介电常数和相对磁导率 ($I = 0, 1, 2, \cdots, M$), 它们一般为频率的函数. 在子程序 EPSMU 中输入. )

**输出变量**: R0E($f$)— 工作频率为 F(K) 时的反射系数 $R_0^{\perp}(K)$, ($K = 0, 1, 2, \cdots, MK$)

R0H($f$)— 工作频率为 F(K) 时的反射系数 $R_0^{//}(K)$, ($K = 0, 1, 2, \cdots, MK$)

**调用子程序**: EPSMU 用以输入 M 个分层的相对介电常数 EPSR 和磁导率 MUR.

```
      SUBROUTINE PBMLRF(KP,KM,M,THETA,D,Z,F,MK,R0E,R0H)
C     ============================================================
C     Purpose: Compute the reflection coefficients at the input
C              interface as a function of frequency for given
C              incident angle theta and M-layer dielectric slab D
C     Input  : M  --- Number of divided layers of the slab
C              KP --- Polarization code
C                     KP=0 for both TEz and TMz polarizations
C                     KP=1 for TEz polarization
C                     KP=2 for TMz polarization
C              KM --- Media (M+1) layer code
C                     KM=1 for media (M+1) being a conductor
C                     KM=2 for media (M+1) being air free space
C                             (Media (0) is air free space)
C              D ---  Length of the slab (in cm)
C              Z(i) --- iD/M (i=0,1,... M) (z coordinate)
C              F(i) --- working frequency (in GHz), i=0,1,2,...,MK
C              MK  --- Number of sampling working frequency
C                [FL: Lower frequency; FH: Higher frequency;
C                 DF: Frequency increment, MK=INT((FH-FL)/DF+0.001)]
C              Theta --- Incident angle (in degrees)
C              (Eprs(j) --- Relative permittivity of the j-th layer &
C               Mur(j)  --- Relative permeability of the j-th layer
```

```
C                               are by calling subroutine EPSMU)
C       Output: ROE(f) --- |ROE| Reflection coefficient for TE casez
C               ROH(f) --- |ROH| Reflection coefficient for TMz case
C                                 ( on z=0 interface )
C       Routine called: EPSMU is used to enter data for eprs(f) and
C                       mur(f) of the first layer to the M-th layer
C                       for a giver frequency FP
C       ============================================================
        DIMENSION Z(0:500),F(0:200)
        COMPLEX EPSR(0:501),MUR(0:501),ETAM1(501),KZM(0:501),CJ,
     *          RF(0:501),ROE(0:200),ROH(0:200),CEP,CFP,CQR,CQQ
        REAL LAMBDA,K0
        PI=3.1415926
        CJ=(0.0,1.0)
        EPSR(0)=1.0
        MUR(0)=1.0
        EPSR(M+1)=1.0
        MUR(M+1)=1.0
        RTHETA=1.7453293E-02*THETA
        CS1=COS(RTHETA)
        DO 40 K=0,MK
          FP=F(K)
          K0=PI*FK/15.0D0
          DO 10 I=0,M
            CALL EPSMU(M,D,FP,Z,EPSR,MUR)
            CQR=CSQRT(MUR(I)/EPSR(I))
            CQQ=CSQRT(MUR(I)*EPSR(I))
10          KZM(I)=K0*CSQRT(MUR(I)*EPSR(I)-1.0+CS1**2)
          IF (KP.EQ.1.OR.KP.EQ.0) THEN
            IF (KM.EQ.1) RF(M)=-1.0
            IF (KM.EQ.2) RF(M)=(KZM(M)/(K0*CQQ)-CQR*CS1)/
     *                         (KZM(M)/(CQQ*K0)+CQR*CS1)
            DO 20 I=M,1,-1
              CEP=CEXP(-CJ*2.0*KZM(I)*(Z(I)-Z(I-1)))
              CFP=MUR(I)/MUR(I-1)*KZM(I-1)/KZM(I)
              ETAM1(I-1)=CFP*(1.0+RF(I)*CEP)/(1.0-RF(I)*CEP)
              RF(I-1)=(ETAM1(I-1)-1.0)/(ETAM1(I-1)+1.0)
20          CONTINUE
```

```
            ROE(K)=RF(0)
          ENDIF
          IF (KP.EQ.2.OR.KP.EQ.0) THEN
            IF (KM.EQ.1) RF(M)=1.0
            IF (KM.EQ.2) RF(M)=(CQR*KZM(M)/(CQQ*K0)-CS1)/
     *                         (CQR*KZM(M)/(CQQ*K0)+CS1)
            DO 30 I=M,1,-1
              CEP=CEXP(-CJ*2.0*KZM(I)*(Z(I)-Z(I-1)))
              CFP=EPSR(I-1)/EPSR(I)*KZM(I)/KZM(I-1)
              ETAM1(I-1)=CFP*(1.0-RF(I)*CEP)/(1.0+RF(I)*CEP)
              RF(I-1)=-(ETAM1(I-1)-1.0)/(ETAM1(I-1)+1.0)
30          CONTINUE
            ROH(K)=RF(0)
          ENDIF
40      CONTINUE
        RETURN
        END
```

## E　等离子体及其旋电性质 —— 张量介电常数

等离子体是由电子、负离子、正离子及部分未电离的中性分子组成的游离气体. 其中总的正、负电荷量相等, 即就整个等离子体而言对外呈中性, 故有等离子体之称.

太阳辐射中的紫外线进入地球高空大气层到达地面过程中, 使大气中的气体分子产生电离, 形成环绕地球的高空电离层, 这是自然界中大规模的等离子体. 电离层中气体电离的程度以每单位体积的自由电子数表示, 称为**电子密度**; 其值与被电离的气体分子的密度及电离能量的大小有关, 前者随高度的增加而减小, 而后者随高度的降低而减小, 因此, 电子密度随高度的分布可能出现有一些极大值. 实际观测的结果表明, 电子密度的极大值至少有 4 个, 它们分别称为 $D, E, F_1$ 和 $F_2$ 层. 各层离开地面的高度, 以及他们的平均电子密度大致如下表所示.

显然, 研究电磁波在等离子体中的传播特性对于无线电通信, 以及卫星通信具有重要意义.

现在, 我们来分析和研究等离子体中电磁波的传播问题. 基本思想是将等离子体等效为一种具有空气的磁导率和等效的介电常数的媒质, 而研究电磁波在此类媒质中的传播. 因此, 首先我们需要求得等离体的等效介电常数.

等离子体媒质的特点是其中存在的电子和离子在时谐电磁场与外加恒定磁场的共同作用下将产生运动. 由于一般离子的质量较电子大得多, 因而我们可仅考虑电子的运动. 由于电子带有 (负) 电荷, 它的运动将产生运流电流密度, 故在等离子体媒质中, 总电流密度$J_{\text{total}}$ 应为空气媒质中的位移电流与运流电流密度之和. 将此总电流密度表为 $J_{\text{total}}=\varepsilon\dfrac{\partial E}{\partial t}$, 便可求得等效介电常数 $\varepsilon$ (注: 若将此总电流密度表为 $J_{\text{total}}=\sigma E$, 则可求得等效导电率 $\sigma$, 但通常使用等效介电常数).

**表 E.1**

| 层 | 离地面高度/km | 电子密度 $N_e$ | 备注 |
| --- | --- | --- | --- |
| $D$ | $60\sim 80$ | $10^9(e/\text{m}^3)$ | 夜间消失 |
| $E$ | $100\sim 120$ | $5\times 10^9\sim 10^{11}(e/\text{m}^3)$ | 电子密度白天大夜间小 |
| $F_1$ | 200 | $4\times 10^{11}(e/\text{m}^3)$ | 夜间消失, 常出现于夏季 |
| $F_2$ | $250\sim 400$ | $10^{11}\sim 2\times 10^{12}(e/\text{m}^3)$ | 电子密度白天大夜间小冬季大, 夏季小 |

以下我们将分别讨论均匀等离子体中的自由电子在均匀平面电磁波时谐场作用下、时谐场与外加恒定磁场共同作用下的运动, 以及不考虑运动过程中发生任何碰撞和考虑存在有碰撞共四种情况下的等效介电常数.

(1) 时谐电场作用下的均匀等离子体 (未考虑碰撞)—— 标量介电常数

等离子体中存在有电子和离子, 由于一般离子的质量较电子大得多, 因此, 当电磁波通过等离子体, 且不存在外加恒定磁场时, 我们仅需考虑电子在时谐电场和磁场作用下的运动. 若忽略电子运动时的碰撞, 即不考虑碰撞产生的阻力, 则电子所受到的力为来自时谐场的电场力 $-e\boldsymbol{E}$, 与磁场力 $-e\boldsymbol{u}\times\boldsymbol{B}_0$(洛伦兹力) 之和:

$$\boldsymbol{F}=-e\left[\boldsymbol{E}+\boldsymbol{u}\times(\mu_0\boldsymbol{H})\right] \tag{1}$$

式中, $e$ 是电子的电荷, $\boldsymbol{u}$ 为电子的运动速度.

按牛顿第二定律, 电子受到的力应等于它的质量与加速度的乘积或动量的变化率, 即

$$m_e\frac{\mathrm{d}\boldsymbol{u}}{\mathrm{d}t}=-e\left[\boldsymbol{E}+\boldsymbol{u}\times(\mu_0\boldsymbol{H})\right] \tag{2}$$

对于均匀平面电磁波时谐场, 磁场与电场间具有关系 $H=E/\eta_0$, 故

$$\begin{aligned} e\boldsymbol{u}\times\mu_0\boldsymbol{H}&\leqslant eu\mu_0 H=\frac{u\mu_0}{\eta_0}e\boldsymbol{E}\\ &=\frac{u}{v_c}e\boldsymbol{E}\ll e\boldsymbol{E}\quad(u\ll v_c)\end{aligned} \tag{3}$$

式中, $\eta_0=\sqrt{\mu_0/\varepsilon_0}; v_c=1/\sqrt{\varepsilon_0\mu_0}$. $u\ll v_c$(即电子的运动速度远远小于光速) 表明时谐磁场对运动电子的作用力亦远小于时谐电场对电子的作用力. 于是, (2) 式可简化为

$$m_e\frac{\mathrm{d}\boldsymbol{u}}{\mathrm{d}t}=-e\boldsymbol{E} \tag{4}$$

对于时间因子为 $e^{j\omega t}$ 时谐电磁场, 电子的运动也是作时谐变化, 故 (4) 式可写成

$$jm_e\omega\boldsymbol{u} = -e\boldsymbol{E} \quad 或 \quad \boldsymbol{u} = j\frac{e}{m_e\omega}\boldsymbol{E} \tag{5}$$

设 $N_e$ 代表每单位体积的电子数, $\boldsymbol{u}$ 为电子的运动速度, 故每秒钟内通过单位面积的平均电子数是 $N_e\boldsymbol{u}$, 由此产生的运流电流密度为

$$\boldsymbol{J}_e = -N_e e\boldsymbol{u} = -j\frac{N_e e^2}{m_e\omega}\boldsymbol{E} \tag{6}$$

由于空气本身是一媒质, 在电场作用下的位移电流为

$$\boldsymbol{J}_d = \varepsilon_0\frac{\partial \boldsymbol{E}}{\partial t} = j\omega\varepsilon_0\boldsymbol{E} \tag{7}$$

而等离子体的的全电流密度 $\boldsymbol{J}_{total}$ 为此两部分电流密度之和, 即

$$\boldsymbol{J}_{total} = \boldsymbol{J}_e + \boldsymbol{J}_d = j\omega\varepsilon_0\left(1 - \frac{N_e e^2}{m_e\varepsilon_0\omega^2}\right)\boldsymbol{E} \tag{8}$$

由 Maxwell 场方程组中磁场的旋度方程可知, $\nabla\times\boldsymbol{H} = \boldsymbol{J}_{total}$, 现将等离子体中的全电流密度 $\boldsymbol{J}_{total}$ 等效为仅是位移电流密度 $\dfrac{\partial \boldsymbol{D}}{\partial t}$, 对于时谐场, 即有

$$\boldsymbol{J}_{total} = j\omega\boldsymbol{D} = j\omega\varepsilon_0\varepsilon_r\boldsymbol{E} \tag{9}$$

应用 (8) 与 (9) 式, 即可求得等离子体媒质的相对等效介电常数 $\varepsilon_r$ 为

$$\varepsilon_r = 1 - \omega_p^2/\omega^2 \tag{10}$$

式中,

$$\omega_p^2 = \frac{N_e e^2}{m_e\varepsilon_0}; \quad \omega_p称为等离子体的临界角频率. \tag{11}$$

将 $e = 1.6021917\times10^{-19}$C, $m_e = 9.109558\times10^{-31}$kg 和 $\varepsilon_0 = 8.8542\times10^{-12}$F/m 代入 $\omega_p$, 则可得 $f_p = \dfrac{\omega_p}{2\pi} = \sqrt{80.62N_e}$; 而 (10) 式可表为

$$\varepsilon_r = 1 - 80.62\frac{N_e}{f^2} \tag{12}$$

由此可见等电离体仅有时谐电场作用时其相对介电常数 $\varepsilon_r$ 为一标量, 为各向同性媒质. $\varepsilon_r$ 的值总小于 1, 并随着电波的频率 $f$ 而改变.

(2) 时谐电场作用下的均匀等离子体 (考虑有碰撞)—— 标量介电常数

以上 (10) 式是未考虑电子运动时的碰撞所求得的 $\varepsilon_r$ 结果. 当考虑到电子在运动过程中电子与中性分子或离子碰撞时所产生的阻力, 致使电子动能损失时, 可以

认为电子运动受到了阻尼, 故应在式 (4) 式的右端增加一项与速度成正比的阻尼力 $-m_e\boldsymbol{u}\nu$, 即

$$m_e\frac{d\boldsymbol{u}}{dt}=-e\boldsymbol{E}-m_e\boldsymbol{u}\nu \tag{13}$$

式中, $\nu$ 为碰撞频率. 对于时谐变化的电场, 上式可写成

$$m_e\mathrm{j}\omega\boldsymbol{u}=-e\boldsymbol{E}-m_e\boldsymbol{u}\nu \quad 或 \quad \boldsymbol{u}=\mathrm{j}\frac{e}{m_e}\frac{1}{(\omega-\mathrm{j}\nu)}\boldsymbol{E} \tag{14}$$

由此可得电子的运流电流密度 $\boldsymbol{J}_e=-N_ee\boldsymbol{u}$ 为

$$\boldsymbol{J}_e=-\mathrm{j}\frac{N_ee^2}{m_e}\frac{1}{(\omega-\mathrm{j}\nu)}\boldsymbol{E}=-\mathrm{j}\frac{N_ee^2}{m_e\omega}\frac{1}{(1-\mathrm{j}\nu/\omega)}\boldsymbol{E} \tag{15}$$

故等离子体的的全电流密度 $\boldsymbol{J}_{\mathrm{total}}$ 为

$$\boldsymbol{J}_{\mathrm{total}}=\boldsymbol{J}_e+\boldsymbol{J}_d=\mathrm{j}\omega\varepsilon_0\left(1-\frac{N_ee^2}{m_e\varepsilon_0\omega^2(1-j\nu/\omega)}\right)\boldsymbol{E} \tag{16}$$

将此全电流密度 $\boldsymbol{J}_{\mathrm{total}}$ 等效为仅是位移电流密度 $\varepsilon_0\varepsilon_r\dfrac{\partial\boldsymbol{E}}{\partial t}$, 即可得等离子体考虑了电子碰撞情形下的相对介电常数为

$$\varepsilon_r=1-\frac{N_ee^2}{m_e\varepsilon_0\omega^2(1-j\nu/\omega)}=1-\frac{1}{(1-\mathrm{j}\nu/\omega)}\frac{\omega_p^2}{\omega^2} \tag{17}$$

由此可见, 考虑有电子碰撞情形的等离子体其相对介电常数 $\varepsilon_r$ 亦为一标量, 是各向同性媒质; 但由于 $\varepsilon_r$ 为复量, 故当波在其中传播时将有衰减; 并随着电波的频率 $f$ 而改变.

(3) 时谐电场与恒定磁场共同作用下的均匀等离子体 (未考虑碰撞)— 张量介电常数

现在, 我们考虑电子在时谐电场 $\boldsymbol{E}$ 与外加恒定磁场 $\boldsymbol{B}_0=\mu_0\boldsymbol{H}_0$ 的共同作用下的运动. 设外加恒定磁场 $\boldsymbol{H}_0$ 甚大于时谐磁场 $\boldsymbol{H}$, 且仍先不考虑电子运动时碰撞产生的阻力, 故作用于电子上的力为时谐电场力与外加磁场力 (洛伦兹力) 之和, 即

$$\boldsymbol{F}=-e\left(\boldsymbol{E}+\boldsymbol{u}\times\boldsymbol{B}_0\right) \tag{18}$$

按牛顿第二定律, 我们有

$$m_e\frac{d\boldsymbol{u}}{dt}=-e\left(\boldsymbol{E}+\boldsymbol{u}\times\boldsymbol{B}_0\right) \tag{19}$$

对于时间因子为 $\mathrm{e}^{\mathrm{j}\omega t}$ 的时谐电磁场, 电子的运动也是作时谐变化的, 此时 (19) 式可写成

$$\mathrm{j}m_e\omega\boldsymbol{u}=-e\left(\boldsymbol{E}+\boldsymbol{u}\times\boldsymbol{B}_0\right) \quad 或 \quad \boldsymbol{u}=\mathrm{j}\frac{e}{m_e\omega}\left(\boldsymbol{E}+\boldsymbol{u}\times\boldsymbol{B}_0\right) \tag{20}$$

假定外加恒定磁场沿 $z$ 轴方向, $\boldsymbol{B}_0 = B_0\hat{\boldsymbol{a}}_z$, 故 (20) 式的分量形式可表为

$$\begin{aligned} u_x &= \mathrm{j}\frac{e}{m_{\mathrm{e}}\omega}(E_x + u_y\boldsymbol{B}_0) \\ u_y &= \mathrm{j}\frac{e}{m_{\mathrm{e}}\omega}(E_y - u_x\boldsymbol{B}_0) \\ u_z &= \mathrm{j}\frac{e}{m_{\mathrm{e}}\omega}E_z \end{aligned} \tag{21}$$

由 (21) 式可解得速度分量 $u_x$, $u_y$ 和 $u_z$ 为

$$\begin{aligned} u_x &= \frac{e}{m_{\mathrm{e}}}\left(\frac{\omega_g}{\omega_g^2 - \omega^2}E_y - \mathrm{j}\frac{\omega}{\omega_g^2 - \omega^2}E_x\right) \\ u_y &= \frac{e}{m_{\mathrm{e}}}\left(-\mathrm{j}\frac{\omega}{\omega_g^2 - \omega^2}E_y - \frac{\omega_g}{\omega_g^2 - \omega^2}E_x\right) \\ u_z &= \mathrm{j}\frac{e}{m_{\mathrm{e}}\omega}E_z \end{aligned} \tag{22}$$

式中, $\omega_g = eB_0/m_{\mathrm{e}}$ 称为电子运动的回旋频率,

时谐变电场引起的位移电流为 $\boldsymbol{J}_d = \mathrm{j}\omega\varepsilon_0\boldsymbol{E}$, 等离子体中电子运动产生的运流电流密度为 $\boldsymbol{J}_{\mathrm{e}} = -N_{\mathrm{e}}e\boldsymbol{u}$, 而等离子体的全电流密度 $\boldsymbol{J}_{\mathrm{total}}$ 为此两者之和, 即

$$\boldsymbol{J}_{\mathrm{total}} = \mathrm{j}\omega\varepsilon_0\boldsymbol{E} - N_{\mathrm{e}}e\boldsymbol{u} \tag{23}$$

其分量形式为

$$\begin{aligned} J_x &= \mathrm{j}\omega\varepsilon_0 E_x - N_{\mathrm{e}}eu_x \\ J_y &= \mathrm{j}\omega\varepsilon_0 E_y - N_{\mathrm{e}}eu_y \\ J_z &= \mathrm{j}\omega\varepsilon_0 E_z - N_{\mathrm{e}}eu_z \end{aligned} \tag{24}$$

将 (22) 代入上式后, 便有

$$\begin{aligned} J_x &= \mathrm{j}\omega\varepsilon_0\left[1 + \frac{N_{\mathrm{e}}e^2}{m_{\mathrm{e}}\varepsilon_0\left(\omega_g^2 - \omega^2\right)}\right]E_x - \frac{N_{\mathrm{e}}e^2\omega_g}{m_{\mathrm{e}}\left(\omega_g^2 - \omega^2\right)}E_y \\ J_y &= \frac{N_{\mathrm{e}}e^2\omega_g}{m_{\mathrm{e}}\left(\omega_g^2 - \omega^2\right)}E_x + \mathrm{j}\omega\varepsilon_0\left[1 + \frac{N_{\mathrm{e}}e^2}{m_{\mathrm{e}}\varepsilon_0\left(\omega_g^2 - \omega^2\right)}\right]E_y \\ J_z &= \mathrm{j}\omega\varepsilon_0\left(1 - \frac{N_{\mathrm{e}}e^2}{m_{\mathrm{e}}\varepsilon_0\omega^2}\right)E_z \end{aligned} \tag{25}$$

令

$$\omega_p^2 = \frac{N_{\mathrm{e}}e^2}{m_{\mathrm{e}}\varepsilon_0} \tag{26}$$

$\omega_p$ 称为等离子体的临界角频率, 则 (25) 式可表为

$$\begin{aligned}
J_x &= \mathrm{j}\omega\varepsilon_0\left[\left(1+\frac{\omega_p^2}{\omega_g^2-\omega^2}\right)E_x+\mathrm{j}\frac{\omega_p^2\omega_g}{\omega\left(\omega_g^2-\omega^2\right)}E_y\right]\\
J_y &= \mathrm{j}\omega\varepsilon_0\left[-\mathrm{j}\frac{\omega_p^2\omega_g}{\omega\left(\omega_g^2-\omega^2\right)}E_x+\left(1+\frac{\omega_p^2}{\omega_g^2-\omega^2}\right)E_y\right]\\
J_z &= \mathrm{j}\omega\varepsilon_0\left(1-\frac{\omega_p^2}{\omega^2}\right)E_z
\end{aligned}\tag{27}$$

记

$$\varepsilon_1=1+\frac{\omega_p^2}{\omega_g^2-\omega^2};\quad \varepsilon_2=\frac{\omega_p^2\omega_g}{\omega\left(\omega_g^2-\omega^2\right)};\quad \varepsilon_3=1-\frac{\omega_p^2}{\omega^2}\tag{28}$$

则 (27) 式可进一步简洁地写成

$$\begin{aligned}
J_x &= \mathrm{j}\omega\varepsilon_0\left(\varepsilon_1E_x+\mathrm{j}\varepsilon_2E_y\right)\\
J_y &= \mathrm{j}\omega\varepsilon_0\left(-\mathrm{j}\varepsilon_2E_x+\varepsilon_1E_y\right)\\
J_z &= \mathrm{j}\omega\varepsilon_0\varepsilon_3E_z
\end{aligned}\tag{29}$$

将此式表为矩阵形式, 则为

$$\begin{bmatrix}J_x\\J_y\\J_z\end{bmatrix}=\mathrm{j}\omega\varepsilon_0\begin{bmatrix}\varepsilon_1&\mathrm{j}\varepsilon_2&0\\-\mathrm{j}\varepsilon_2&\varepsilon_1&0\\0&0&\varepsilon_3\end{bmatrix}\cdot\begin{bmatrix}E_x\\E_y\\E_z\end{bmatrix}\tag{30}$$

现将此全电流密度 $\boldsymbol{J}_{\text{total}}$ 等效为仅是位移电流密度 $\dfrac{\partial\boldsymbol{D}}{\partial t}$, 对于时谐场, $\boldsymbol{J}_{\text{total}}=\mathrm{j}\omega\boldsymbol{D}$, 于是得

$$\begin{bmatrix}D_x\\D_y\\D_z\end{bmatrix}=\varepsilon_0\begin{bmatrix}\varepsilon_1&\mathrm{j}\varepsilon_2&0\\-\mathrm{j}\varepsilon_2&\varepsilon_1&0\\0&0&\varepsilon_3\end{bmatrix}\cdot\begin{bmatrix}E_x\\E_y\\E_z\end{bmatrix}\tag{31}$$

(31) 式亦可采用矢量法简洁地记为

$$\boldsymbol{D}=[\varepsilon]\cdot\boldsymbol{E}=\varepsilon_0\left[\varepsilon_r\right]\cdot\boldsymbol{E}$$

式中

$$\left[\varepsilon_r\right]=\frac{[\varepsilon]}{\varepsilon_0}=\begin{bmatrix}\varepsilon_1&\mathrm{j}\varepsilon_2&0\\-\mathrm{j}\varepsilon_2&\varepsilon_1&0\\0&0&\varepsilon_3\end{bmatrix}\tag{32}$$

由 (32) 式可见, 等电离体在时谐场和外加恒定磁场的共同作用下, 其相对介电常数 $[\varepsilon_\mathrm{r}]$ 为反对称张量, 是各向异性媒质; 张量元素由 (28) 式给出, 它们均随着电波的频率 $f$ 而改变.

(4) 时谐电场与恒定磁场共同作用下的均匀等离子体 (考虑有碰撞)— 张量介电常数

当等离子体内存在有电子与中性分子或离子碰撞时, 电子的运动将受到了阻尼, 故在式 (18) 式的右端增加一项阻尼力, 即

$$m_\mathrm{e}\frac{\mathrm{d}\boldsymbol{u}}{\mathrm{d}t}=-e(\boldsymbol{E}+\boldsymbol{u}\times\boldsymbol{B}_0)-m_\mathrm{e}\boldsymbol{u}\nu \tag{33}$$

式中, $\nu$ 为碰撞频率. 对于时谐变化的电场, 上式可写成

$$m_\mathrm{e}\mathrm{j}\omega\boldsymbol{u}=-e(\boldsymbol{E}+\boldsymbol{u}\times\boldsymbol{B}_0)-m_\mathrm{e}\boldsymbol{u}\nu$$

或

$$\boldsymbol{u}=\mathrm{j}\frac{e}{m_\mathrm{e}(\omega-\mathrm{j}\nu)}(\boldsymbol{E}+\boldsymbol{u}\times\boldsymbol{B}_0) \tag{34}$$

记

$$\tilde{\omega}=\omega-\mathrm{j}\nu \tag{35}$$

则有

$$\boldsymbol{u}=\mathrm{j}\frac{e}{m_\mathrm{e}\tilde{\omega}}(\boldsymbol{E}+\boldsymbol{u}\times\boldsymbol{B}_0) \tag{36}$$

将上式与 (20) 式比较, 可见它们有相同的形式, 仅是 $\omega$ 被换成 $\tilde{\omega}=\omega-\mathrm{j}\nu$. 因此, 由 (22) 式将 $\omega\to\tilde{\omega}$, 即可获得有耗情况下电子运动的速度为

$$\begin{aligned}
u_x&=\frac{e}{m_\mathrm{e}}\left(\frac{\omega_g}{\omega_g^2-\tilde{\omega}^2}E_y-\mathrm{j}\frac{\tilde{\omega}}{\omega_g^2-\tilde{\omega}^2}E_x\right)\\
u_y&=\frac{e}{m_\mathrm{e}}\left(-\mathrm{j}\frac{\tilde{\omega}}{\omega_g^2-\tilde{\omega}^2}E_y-\frac{\omega_g}{\omega_g^2-\tilde{\omega}^2}E_x\right)\\
u_z&=\mathrm{j}\frac{e}{m_\mathrm{e}\tilde{\omega}}E_z
\end{aligned} \tag{37}$$

注意到: 时谐电场引起的位移电流 $\boldsymbol{J}_d=\mathrm{j}\omega\varepsilon_0\boldsymbol{E}$ 中的 $\omega$ 无需用 $\tilde{\omega}$ 代换, 于是由 (27) 式可得全电流密度 $\boldsymbol{J}$ 为

$$\begin{aligned}
J_x&=\mathrm{j}\omega\varepsilon_0\left[\left(1+\frac{\omega_p^2\tilde{\omega}}{\omega\left(\omega_g^2-\omega^2\right)}\right)E_x+\mathrm{j}\frac{\omega_p^2\omega_g}{\omega\left(\omega_g^2-\tilde{\omega}^2\right)}E_y\right]\\
J_y&=\mathrm{j}\omega\varepsilon_0\left[-\mathrm{j}\frac{\omega_p^2\omega_g}{\omega\left(\omega_g^2-\tilde{\omega}^2\right)}E_x+\left(1+\frac{\omega_p^2\tilde{\omega}}{\omega\left(\omega_g^2-\tilde{\omega}^2\right)}\right)E_y\right]\\
J_z&=\mathrm{j}\omega\varepsilon_0\left(1-\frac{\omega_p^2}{\omega\tilde{\omega}}\right)E_z
\end{aligned} \tag{38}$$

记

$$
\begin{aligned}
\tilde{\varepsilon}_1 &= 1+\frac{\omega_p^2}{\omega}\frac{\omega-\mathrm{j}\nu}{\omega_g^2-(\omega-\mathrm{j}\nu)^2} \\
\tilde{\varepsilon}_2 &= \frac{\omega_p^2}{\omega}\frac{\omega_g}{\omega_g^2-(\omega-\mathrm{j}\nu)^2} \\
\tilde{\varepsilon}_3 &= 1-\frac{\omega_p^2}{\omega(\omega-\mathrm{j}\nu)}
\end{aligned}
\tag{39}
$$

则 (38) 式的全电流密度与 (29) 式具有相同的形式, 故对于有碰撞损耗情形, 等离子体的相对介电常数张量 $[\tilde{\varepsilon}_{\mathrm{r}}]$ 亦可表为

$$
[\tilde{\varepsilon}_{\mathrm{r}}]=\begin{bmatrix}\tilde{\varepsilon}_1 & \mathrm{j}\tilde{\varepsilon}_2 & 0\\ -\mathrm{j}\tilde{\varepsilon}_2 & \tilde{\varepsilon}_1 & 0\\ 0 & 0 & \tilde{\varepsilon}_3\end{bmatrix}
\tag{40}
$$

由 (40) 式可见, 等电离体在时谐场和外加恒定磁场的共同作用下, 对于有碰撞损耗情形, 其相对介电常数 $[\tilde{\varepsilon}_{\mathrm{r}}]$ 为一反对称张量, 是各向异性媒质; 张量元素由 (39) 式给出, 它们均为复数, 且随着电波的频率 $f$ 而改变.

以上所得 (10), (17), (32) 和 (40) 式分别为情形 (a), (b), (c) 和 (d) 等离子体的等效相对介电常数, 其中对于情形 (d) 是有外加磁场并考虑有碰撞损耗的最一般情形. 不难看出, 当 $\boldsymbol{B}_0=0, \nu=0$ 时, 有 $\omega_g=0$、$\tilde{\omega}\to\omega, \tilde{\varepsilon}=0$、$\tilde{\varepsilon}_1=\tilde{\varepsilon}_3=1-\omega_p^2/\omega^2$, (40) 式便退化为情形 (a) 无外加磁场并不考虑碰撞损耗时的 (10) 式.

对均匀等离子体媒质的等效介电常数的分析将可看出, 其中电磁波的传播有如下特点:

(i) 由 (28) 式可见, 当时谐磁场频率 $\omega$ 接近等离子的回旋频率 $\omega_g$ 时, 有 $\varepsilon_1\to\infty$ 和 $\varepsilon_2\to\infty$, 产生所谓旋磁共振现象. 即当 $\omega\to\omega_g$ 时, 很小的 $E_x$ 或 $E_y$ 就可以产生很大的运流电流, 表明此时电子将以极大的速度运动, 而使电子与中性分子的碰撞加剧, 导致电磁波有极大损耗. 在旋磁共振区, 损耗是不能忽略的, 但在远离共振区, $[\tilde{\varepsilon}_r]$ 与 $[\varepsilon_r]$ 的差别甚微. 对于地球上空的电离层, 在地球磁场的影响下是一个在恒定磁场作用下的等离子体. 当地球磁场 $B_0$ 取平均值 $5\times10^{-5}\mathrm{Wb/m^2}$ 时, 对应回旋频率 $f_g=\dfrac{1}{2\pi}\dfrac{e}{m}B_0$ 的值为 $f_g\cong1.4\mathrm{MHz}$, 这就是说, 地球上空的电离层对频率约为 1.4MHz 的电磁波吸收最大. 因而在无线电通信中应避开使用这一频率.

(ii) 如果不考虑地磁场影响, 即 $\boldsymbol{B}_0=0$, 则 $\omega_g=0$, 而由 (29) 式表明张量介电常数 (32) 退化为标量介电常数 $\varepsilon_{\mathrm{r}}=1-\dfrac{\omega_p^2}{\omega^2}$; 等离子体变成了各向同性. 在这种等离子体中电磁波的传播常数 $\gamma$ 为: $\gamma=\mathrm{j}\omega\sqrt{\mu_0\varepsilon_0}\sqrt{1-\omega_p^2/\omega^2}$, 由此可知:

当 $\omega>\omega_p$ 时, $\gamma=\alpha+\mathrm{j}\beta$ 为纯虚数, $\gamma=\mathrm{j}\beta$, 波可在等离子体中传播. 相位常数

$\beta$ 为

$$\beta=\omega\sqrt{\mu_0\varepsilon_0}\sqrt{1-\omega_p^2/\omega^2} \tag{41}$$

而波的相速为

$$v_{\mathrm{p}}=\frac{\omega}{\beta}=\frac{v_c}{\sqrt{1-\omega_p^2/\omega^2}}>v_c \tag{42}$$

式中, $v_c$ 为光速, 相速 $v_{\mathrm{p}}$ 随频率 $\omega$ 的增大而减小, 故此时等离子体是一种正常色散媒质.

当 $\omega<\omega_p$ 时, $\gamma=\alpha$ 为负实数, 而变成衰减常数, 波不能在等离子体中传播. 此时

$$\alpha=-\omega\sqrt{\mu_0\varepsilon_0}\sqrt{1-\omega_p^2/\omega^2} \tag{43}$$

故 $\omega_p$ 有等离子体中电磁波传播的临界角频率之称.

由 (26) 式可知, 临界角频率 $\omega_p$ 为

$$\omega_p=\sqrt{\frac{N_{\mathrm{e}}e^2}{m_{\mathrm{e}}\varepsilon_0}} \tag{44}$$

它与等离子中的电子密度有关. 代入 $e=1.6021917\times10^{-19}\mathrm{C}$, $m_{\mathrm{e}}=9.109558\times10^{-31}\mathrm{kg}$, $\varepsilon_0=8.8542\times10^{-12}\mathrm{H/m}$ 的值后, 可得

$$f_p=\frac{\omega_p}{2\pi}\cong\sqrt{80.62N_{\mathrm{e}}}\ \mathrm{Hz} \tag{45}$$

地球上空的电离层中, 平衡状态下的电子密度随海拔高度变化, 为不均匀等离子体媒质, 其中 $\mathrm{F}_2$ 层中的电子密度最大, 约在 $(1\sim2)\times10^{12}e/\mathrm{m}^3$, 所以电离层的最大的临界频率约为 $f_{\mathrm{p}}\approx12.7\mathrm{MHz}$. 因此, 为了实现卫星与地球之间的通信, 突破电离层的屏障, 电磁波的频率应高于上述最高临界频率. 另一方面, 为了实现地面间的远距离短波通信, 则希望发射的无线电波被不均匀的电离层全反射回至地面站的接收天线, 而选择通信频率时也需考虑临界频率. 计及到所有因素, 最高可用的短波通信频率在 30MHz 之下. 而卫星通信的最低频率则必须在临界频率之上. 此外, 电离层的厚度、电子密度随太阳辐射的昼夜、季节、地理位置的变化而变化的, 加上其它因素如太阳黑子、磁暴等对电离层的影响, 实际上通信用的最佳频率是经常变化的.

## F　铁氧体及其旋磁性质 —— 张量磁导率

铁氧体是一簇复合氧化物的总称, 系由 $\mathrm{Fe_2O_3}$ 和一种或多种金属氧化物混和烧结而成, 物理特性类似于陶瓷, 是一类非金属磁性材料; 其化学式可用 $\mathrm{MO\cdot Fe_2O_3}$ 表示, 这里 M 表示二价金属离子如 Mn、Mg、Zn 和 Ni 等. 铁氧体按其所含金属

成分, 常用的有 MnZn 铁氧体、MgMn 铁氧体和 MgMnAl 铁氧体等; 按其晶体结构分, 有单晶铁氧体和多晶铁氧体, 其中用于微波器件中最著名的有钇铁石榴石, 简称 YIG, 属于单晶体 (体心立方晶系), 它较其它多晶铁氧体的电磁损耗低一个到几个数量级.

铁氧体的电阻率很高, 一般为 $10^{10} \sim 10^{12}\Omega\cdot\text{m}$, 近似于绝缘体; 因而电磁波在其中传播时损耗很小; 铁氧体有较高的相对介电常数 $\varepsilon_{\rm r} = 5 \sim 25$; 并类似于金属磁性材料具有较高的相对磁导率 $\mu_r = 10^2 \sim 10^4$. 由于铁氧体的这些良好电磁特性, 使得它在低频和微波技术中有着广泛的应用.

以下分析将指出: 铁氧体在外加稳恒磁场 $\boldsymbol{H}_0$ 作用下, 若同时有微波频率的交变磁场 $\boldsymbol{H} = \boldsymbol{H}_{\rm m}{\rm e}^{{\rm j}\omega t}$ 作用时将表现出具有旋磁性质, 其特征是铁氧体的磁导率不是标量, 而是一个张量, 因而它是磁各向异性的. 正是由于旋磁媒质所具有的磁各向异性的性质, 电磁波在其中传播就会产生一系列新的效应, 如极化面旋转 (法拉第旋转效应)、共振吸收等, 现业已利用这些效应制成了多种类型的微波铁氧体器件.

物质原子的核外电子既绕原子核作轨道旋转, 还绕自身的一个轴作自旋运动. 无论轨道旋转还是自旋运动, 由于电子带有 (负) 电, 因而都会产生磁矩. 近代磁学理论指出, 轨道运动磁矩远小于自旋运动磁矩, 因而铁氧体磁性主要来自电子的自旋. 因此, 研究自旋电子在外磁场作用下的物理现象是研究铁氧体物理特性的基础.

当带负电的电子作自旋运动时, 形成一个电流环, 因而具有一定的磁矩, 设此磁矩为 $\boldsymbol{\mu}_{\rm e}$, 而电子自旋时具有一定的角动量 (亦称为动量矩)$\boldsymbol{p}_{\rm e}$, 它们之间具有如下关系:

$$\boldsymbol{\mu}_{\rm e} = -\gamma_{\rm e}\boldsymbol{p}_{\rm e} \tag{1}$$

式中, $\gamma_{\rm e} = e/m_{\rm e} = 0.1759 \times 10^{12}\text{C/kg}$, 称为旋磁比, $e$ 是电子电荷的值; $m_{\rm e}$ 是电子的质量; 负号表示 $\boldsymbol{\mu}_{\rm e}$ 的方向与 $\boldsymbol{p}_{\rm e}$ 的方向相反 (见图 F.1).

现在假定铁氧体处于外加稳恒磁化场 $\boldsymbol{H}_0$ 中, 而 $\boldsymbol{H}_0$ 的方向不与 $\boldsymbol{\mu}_{\rm e}$ 平行, 则此自旋电子将受到来自磁场 $\boldsymbol{H}_0$ 的力矩 $\boldsymbol{T}$ 的作用, 此力矩 $\boldsymbol{T}$ 为

$$\boldsymbol{T} = \boldsymbol{\mu}_{\rm e} \times \boldsymbol{B}_0 = \boldsymbol{\mu}_{\rm e} \times (\mu_0\boldsymbol{H}_0) \tag{2}$$

式中, $\mu_0 = 4\pi \times 10^{-7}\text{H/m}$ 为自由空间的磁导率.

根据经典力学可知, 在没有阻力矩的情况下, 旋转物体受到外力矩作用时, 其角动量的时间变化率就等于所受到的外力矩, 故我们有

$$\frac{\rm d}{{\rm d}t}\boldsymbol{p}_{\rm e} = \boldsymbol{T} \tag{3}$$

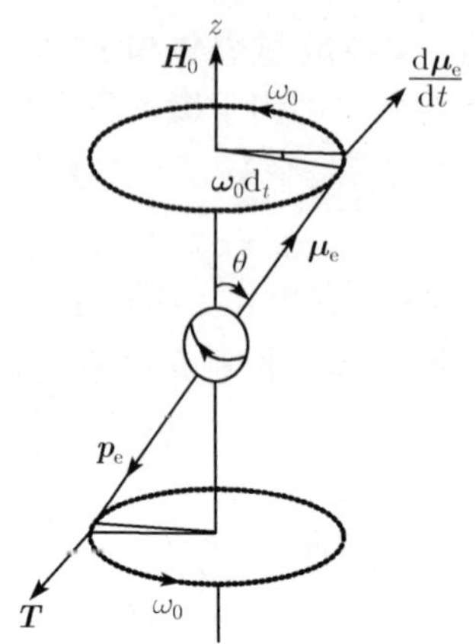


图 F.1　自旋电子在恒定磁场中的进动

由 (1)~(3) 式, 可得

$$\frac{d}{dt}\boldsymbol{\mu}_e = -\gamma_e\mu_0\boldsymbol{\mu}_e \times \boldsymbol{H}_0 = \omega_0 \times \boldsymbol{\mu}_e \tag{4}$$

(4) 式是单个电子的磁矩的运动方程, 它表明磁矩增量 $d\boldsymbol{\mu}_e$ 的方向与 $\boldsymbol{\mu}_e$ 垂直, 即 $d\boldsymbol{\mu}_e$ 沿着与自身垂直的方向变化, 因而电子在作自旋的同时还绕着 $\boldsymbol{H}_0$ 为轴做旋转运动, 这种旋转运动称为 (拉莫) 进动, 进动方向环绕 $\boldsymbol{H}_0$ 成右手螺旋关系 (图 F.1), 式中,

$$\boldsymbol{\omega}_0 = \gamma_e\mu_0\boldsymbol{H}_0 \tag{5}$$

$\omega_0$ 称为进动角频率. 事实上, 由图 2.3, 有 $|d\boldsymbol{\mu}_e| = |\boldsymbol{\mu}_e|\sin\theta\omega_0 dt$, 而由 (4) 式, 可得 $|d\boldsymbol{\mu}_e| = \gamma_e\mu_0|\boldsymbol{\mu}_e|\sin\theta H_0 dt$, 于是便有 $\omega_0 = \gamma_e\mu_0 H_0$ 或 $\omega_0 = \gamma_e\mu_0\boldsymbol{H}_0$.

将 $\gamma_e = 0.1759 \times 10^{12}$ C/kg、$\mu_0 = 4\pi \times 10^{-7}$H/m 和 $f_0 = \omega_0/2\pi$ 代入 (5) 式, 并改用频率 $f_0$ 的单位赫 (Hz) 为兆赫 (MHz), 改磁场 $\boldsymbol{H}_0$ 的单位 A/m 为惯用的单位奥斯特 (Oersted) 表示, 注意到 1A/m= $4\pi \times 10^{-3}$Oe, 则进动频率 $f_0$ 可表为

$$f_0 \approx 2.8H_0(\mathrm{MH}z) \tag{6}$$

若取 $H_0 = 1000$Oe, 则 $f_0 \approx 2800$MHz, 此值相应于微波频率范围内的 10cm 波段, 1000Oe 的磁场强度在技术上是很容易实现的.

对于所考虑的大块铁氧体, 其中含有多个电子. 设每单位体积内含有的自旋电子数为 $N_e$, 则在线性、均匀铁氧体中, 磁化矢量为

$$\boldsymbol{M} = \lim_{\Delta\tau\to 0}\frac{\sum\boldsymbol{\mu}_e}{\Delta\tau} = N_e\boldsymbol{\mu}_e$$

应用 (1) 式, 而有

$$\boldsymbol{M} = -\gamma_e N_e \boldsymbol{p}_e \tag{7}$$

于是, 由 (4) 式可得磁化矢量 (即磁矩)$\boldsymbol{M}$ 的进动 (运动) 方程:

$$\frac{\mathrm{d}\boldsymbol{M}}{\mathrm{d}t}=\gamma_{\mathrm{e}}\mu_0\boldsymbol{H}_0\times\boldsymbol{M} \tag{8}$$

以上分析及 (8) 式是在不考虑有阻力矩, 即在无耗的情况下导得的. 如果没有损耗, 电子的进动将不会停止, 然而实际上铁氧体中总是存在有损耗的, 因而 $\boldsymbol{\mu}_{\mathrm{e}}$ 与 $\boldsymbol{H}_0$ 的夹角 $\theta$ 会逐渐变小, 最后 $\boldsymbol{\mu}_{\mathrm{e}}$ 变成完全与 $\boldsymbol{H}_0$ 的方向平行. 这时铁氧体的磁化达到了饱和.

现在, 我们来考虑铁氧体在外加的稳恒磁场 $\boldsymbol{H}_0$ 与高频交变磁场 $\boldsymbol{h}$ 共同作用下的性质. 设铁氧体被 $\boldsymbol{H}_0$ 磁化到饱和, 并设 $\boldsymbol{H}_0$ 沿 $z$ 轴方向; 并存在有高频磁场 $\boldsymbol{h}(|\boldsymbol{h}|\ll|\boldsymbol{H}_0|)$, 故在铁氧体中除了由于在 $\boldsymbol{H}_0$ 的作用下产生磁化强度 $\boldsymbol{M}_0$(称为饱和磁化强度) 外, 还存在有一个交变磁化强度 $\boldsymbol{m}$, 并有 $|\boldsymbol{m}|\ll|\boldsymbol{M}_0|$. 此时, 铁氧体中磁化矢量 $\boldsymbol{M}$ 的进动方程为

$$\frac{\mathrm{d}\boldsymbol{M}}{\mathrm{d}t}=\gamma_{\mathrm{e}}\mu_0\boldsymbol{H}\times\boldsymbol{M} \tag{9}$$

其中总的磁场 $\boldsymbol{H}$ 和磁化强度 $\boldsymbol{M}$ 分别为

$$\begin{aligned}\boldsymbol{H}&=\boldsymbol{H}_0+\boldsymbol{h}=\hat{\boldsymbol{a}}_xh_x+\hat{\boldsymbol{a}}_yh_y+\hat{\boldsymbol{a}}_z\left(H_0+h_z\right)\\ \boldsymbol{M}&=\boldsymbol{M}_0+\boldsymbol{m}=\hat{\boldsymbol{a}}_xm_x+\hat{a}_ym_y+\hat{\boldsymbol{a}}_z\left(M_0+m_z\right)\end{aligned} \tag{10}$$

这里, 按相关书刊中习惯, 将交变磁场及有关量用英文小写表示, 以免与稳恒磁场 $\boldsymbol{H}_0$ 混淆.

将以上 $\boldsymbol{H}$ 和 $\boldsymbol{M}$ 代入进动方程 (9), 得

$$\frac{\mathrm{d}\left(\boldsymbol{M}_0+\boldsymbol{m}\right)}{\mathrm{d}t}=\gamma_{\mathrm{e}}\mu_0\left(\boldsymbol{H}_0+\boldsymbol{h}\right)\times\left(\boldsymbol{M}_0+\boldsymbol{m}\right)$$

上式两边展开后, 略去高阶小量 $\boldsymbol{h}\times\boldsymbol{m}$ 和常数项 $\boldsymbol{H}_0\times\boldsymbol{M}_0$, 便有

$$\frac{\mathrm{d}\boldsymbol{m}}{\mathrm{d}t}=\gamma_{\mathrm{e}}\mu_0\left(\boldsymbol{H}_0\times\boldsymbol{m}+\boldsymbol{h}\times\boldsymbol{M}_0\right)$$

按分量形式写出, 则为

$$\begin{aligned}\frac{\mathrm{d}m_x}{\mathrm{d}t}&=-\gamma_{\mathrm{e}}\mu_0H_0m_y+\gamma_{\mathrm{e}}\mu_0M_0h_y\\ \frac{\mathrm{d}m_y}{\mathrm{d}t}&=\gamma_{\mathrm{e}}\mu_0H_0m_x-\gamma_{\mathrm{e}}\mu_0M_0h_x\\ \frac{\mathrm{d}m_z}{\mathrm{d}t}&=0\end{aligned} \tag{11}$$

设对于时谐场, 磁场 $\boldsymbol{h}$ 和磁化矢量 $\boldsymbol{m}$ 分别可表为: $\boldsymbol{h}=\boldsymbol{h}_{\mathrm{m}}\mathrm{e}^{\mathrm{j}\omega t}$ 和 $\boldsymbol{m}=\boldsymbol{m}_{\mathrm{m}}\mathrm{e}^{\mathrm{j}\omega t}$, 其中 $\omega$ 为高频场源的角频率.

注意到

$$\omega_0 = \gamma_e \mu_0 H_0, \quad 并令 \quad \omega_m = \gamma_e \mu_0 M_0 \tag{12}$$

则 (11) 式可写成

$$\begin{aligned} j\omega m_x &= -\omega_0 m_y + \omega_m h_y \\ j\omega m_y &= \omega_0 m_x - \omega_m h_x \\ \omega m_z &= 0 \end{aligned} \tag{13}$$

由此, 我们可解得

$$\begin{aligned} m_x &= -\frac{\omega_0 \omega_m}{\omega^2 - \omega_0^2} h_x - j\frac{\omega \omega_m}{\omega^2 - \omega_0^2} h_y \\ m_y &= j\frac{\omega \omega_m}{\omega^2 - \omega_0^2} h_x - \frac{\omega_0 \omega_m}{\omega^2 - \omega_0^2} h_y \\ m_z &= 0 \end{aligned} \tag{14}$$

按照磁感应强度的定义:

$$\boldsymbol{b} = \mu_0 (\boldsymbol{h} + \boldsymbol{m}) \tag{15}$$

将 (14) 代入上式, 并按直角坐标分量写出, 得

$$\begin{aligned} b_x &= \mu_0 \left(1 - \frac{\omega_0 \omega_m}{\omega^2 - \omega_0^2}\right) h_x - j\mu_0 \frac{\omega \omega_m}{\omega^2 - \omega_0^2} h_y \\ b_y &= j\mu_0 \frac{\omega \omega_m}{\omega^2 - \omega_0^2} h_x + \mu_0 \left(1 - \frac{\omega_0 \omega_m}{\omega^2 - \omega_0^2}\right) h_y \\ b_z &= \mu_0 h_z \end{aligned} \tag{16}$$

今记

$$\mu_r = 1 - \frac{\omega_0 \omega_m}{\omega^2 - \omega_0^2}; \quad k_r = \frac{\omega \omega_m}{\omega^2 - \omega_0^2} \tag{17}$$

则 (16) 式可简洁地写成

$$\begin{aligned} b_x &= \mu_0 \mu_r h_x - j\mu_0 k_r h_y \\ b_y &= j\mu_0 k_r h_x + \mu_0 \mu_r h_y \\ b_z &= \mu_0 h_z \end{aligned} \tag{18}$$

写成矩阵形式则为

$$\begin{bmatrix} b_x \\ b_y \\ b_z \end{bmatrix} = \mu_0 \begin{bmatrix} \mu_r & -jk_r & 0 \\ jk_r & \mu_r & 0 \\ 0 & 0 & 1 \end{bmatrix} \begin{bmatrix} h_x \\ h_y \\ h_z \end{bmatrix} \tag{19}$$

或写成矢量形式:

$$\boldsymbol{b} = \mu_0 [\mu_r] \cdot \boldsymbol{h} \tag{20}$$

式中

$$[\mu_r] = \begin{bmatrix} \mu_r & -\mathrm{j}k_r & 0 \\ \mathrm{j}k_r & \mu_r & 0 \\ 0 & 0 & 1 \end{bmatrix} \tag{21}$$

这是一个二阶反对称张量, 称为相对张量磁导率.

从以上均匀铁氧体媒质的等效张量磁导率 $[\mu_r]$ 将可看出, 其物理意义如下:

(i) 若铁氧体上所加稳恒磁场 $\boldsymbol{H}_0 \neq 0$, 则饱和磁化的铁氧体媒质变成是各向异性的. 这时沿着 $x$ 轴方向的磁场强度 $\boldsymbol{h}$ 所产生的磁感应强度 $\boldsymbol{b}$ 的方向不单纯沿着 $x$ 方向, 它除了具有 $x$ 方向的分量 $\mu_0\mu_{\mathrm{r}}h_x$ 外, 同时还具有 $y$ 方向的分量 $\mathrm{j}\mu_0 k_{\mathrm{r}} h_x$. $\mu_0\mu_{\mathrm{r}}$ 项可认为是 $\boldsymbol{h}$ 直接对 $\boldsymbol{b}$ 的贡献; 而 $\mu_0 k_{\mathrm{r}}$ 项可认为是一个耦合项, 它把高频能量从一种极化转换为另一种与之相垂直的极化, 它是由于磁化矢量绕 $\boldsymbol{H}_0$ 进动而产生的.

(ii) 当 $\omega = \omega_0$ 时, $\mu_{\mathrm{r}} \to \infty, k_{\mathrm{r}} \to \infty$, 这时很小的 $h_x$ 和 $h_y$ 就可以产生很强的磁化强度 $m_x$ 和 $m_y$, 因而有很强的磁感应强度 $b_x$ 和 $b_y$. 这就是所谓铁**磁共振现象**. 这是由于在 $\boldsymbol{H}_0$ 垂直的方向上的高频磁场 $h_x$ 和 $h_y$, 能弥补进动的能量损耗, 使 $\boldsymbol{M}$ 的进动可持续下去; 当交变磁场的频率 $\omega$ 与磁化矢量 $\boldsymbol{M}$ 的进动角频率 $\omega_0$ 同步时, 进动的自旋电子系统从外加交变磁场中吸取最大能量, 进动的幅度达到最大. 因此, 这时交变磁场的频率 $\omega = \omega_0$ 称为铁磁共振频率.

(iii) 若铁氧体上未加稳恒磁场, 则铁氧体没有磁化, 即 $\boldsymbol{H}_0 = 0, \boldsymbol{M}_0 = 0$, 因而有 $\omega_0 = \omega_{\mathrm{m}} = 0$, 此时未磁化的铁氧体是具有 $\varepsilon_{\mathrm{r}}$、$\mu_{\mathrm{r}}$ 各向同性的媒质. 由于铁氧体的张量磁导率 (19) 式的应用条件是饱和磁化; 当 $\boldsymbol{H}_0 = 0$ 时, (19) 式已不成立, 因而, 我们不应从它和 (17) 式得出 $\mu_{\mathrm{r}} = 1$ 的结论.

以上是未考虑铁氧体本身的损耗时的旋磁性质. 类似于有耗等离子体情形, 铁氧体的电磁损耗可归结为对磁化矢量 $\boldsymbol{M}$ 进动的阻尼, 故当考虑铁氧体的损耗时可在方程 (9) 中增加一项阻尼力矩, 此阻尼力矩使 $\boldsymbol{M}$ 与 $\boldsymbol{H}_0$ 的夹角 $\theta$ 逐渐变小, 阻尼力矩沿矢量 $\hat{\boldsymbol{a}}_{\mathrm{M}} \times \dfrac{\mathrm{d}\boldsymbol{M}}{\mathrm{d}t}$ 方向, 这里, $\hat{\boldsymbol{a}}_{\mathrm{M}} = \boldsymbol{M}/|\boldsymbol{M}|$ 是沿磁化矢量 $\boldsymbol{M}$ 方向的单位矢量; 因 $\boldsymbol{M} = \boldsymbol{M}_0 + \boldsymbol{m}_{(}|M| \gg |m|)$, $\boldsymbol{M} = M_0\hat{\boldsymbol{a}}_z$, 故此时磁化矢量 $\boldsymbol{M}$ 的进动方程 (9) 变成:

$$\begin{aligned} \frac{\mathrm{d}\boldsymbol{M}}{\mathrm{d}t} &= \gamma_{\mathrm{e}}\mu_0 \boldsymbol{H}_0 \times \boldsymbol{M} + \alpha \hat{\boldsymbol{a}}_{\mathrm{M}} \times \frac{\mathrm{d}\boldsymbol{M}}{\mathrm{d}t} \\ &\approx \gamma_{\mathrm{e}}\mu_0 \boldsymbol{H}_0 \times \boldsymbol{M} + \alpha \hat{\boldsymbol{a}}_z \times \frac{\mathrm{d}\boldsymbol{M}}{\mathrm{d}t} \end{aligned} \tag{22}$$

式中, $\alpha$ 为阻尼系数.

将 (10) 式 $\boldsymbol{H}$ 和 $\boldsymbol{M}$ 代入进动方程 (22), 略去高阶小量 $\boldsymbol{h} \times \boldsymbol{m}$ 和常数项 $\boldsymbol{H}_0 \times$

$\boldsymbol{M}_0$, 重复在讨论无耗铁氧体时的过程和步骤, 并令 $\tilde{\omega}_0=\omega_0+\mathrm{j}\omega\alpha$, 则我们可导得

$$\begin{aligned}&\mathrm{j}\omega m_x=-\tilde{\omega}_0 m_y+\omega_m h_y\\&\mathrm{j}\omega m_y=\tilde{\omega}_0 m_x-\omega_m h_x\\&\omega m_z=0\end{aligned}\tag{23}$$

比较 (23) 与 (13) 式可见, 除在 (23) 式中 $\tilde{\omega}_0$ 取代了 $\omega_0$ 外, 两组方程的形式完全相同, 故对于无耗情形的结果作 $\omega_0\to\tilde{\omega}_0$ 代换后, 便可应用于有耗情形. 例如, 由 (17) 式, 我们有

$$\tilde{\mu}_{\mathrm{r}}=1-\frac{\omega_0\omega_m}{\omega^2-\tilde{\omega}_0^2}=\mu_{\mathrm{r}}'-\mathrm{j}\mu_{\mathrm{r}}'',\tilde{k}_{\mathrm{r}}=\frac{\omega\omega_m}{\omega^2-\tilde{\omega}_0^2}=k_{\mathrm{r}}'-\mathrm{j}k_{\mathrm{r}}''\tag{24}$$

而张量磁导率为

$$[\tilde{\mu}_{\mathrm{r}}]=\begin{bmatrix}\mu'_{\mathrm{r}}-\mathrm{j}\mu_{\mathrm{r}}'' & -\mathrm{j}(k'_{\mathrm{r}}-\mathrm{j}k_{\mathrm{r}}'') & 0\\ \mathrm{j}(k'_{\mathrm{r}}-\mathrm{j}k_{\mathrm{r}}'') & \mu'_{\mathrm{r}}-\mathrm{j}\mu_{r}'' & 0\\ 0 & 0 & 1\end{bmatrix}\tag{25}$$

可见, 当计及铁氧体的损耗时, 张量磁导率元素 $\tilde{\mu}_{\mathrm{r}}$ 和 $\tilde{k}_{\mathrm{r}}$ 均为复量.

# 附 录 三

## A 圆波导 $\mathbf{TM}_{mn}$ 和 $\mathbf{TE}_{mn}$ 波传输功率 (3.3.44) 和 (3.3.47) 式的证明

(1) $\mathrm{TE}_{mn}$ 波

由 (3.3.42) 式可知, $\mathrm{TE}_{mn}$ 波的平均传输功率可表为

$$\overline{P}=\frac{\omega\mu\beta\pi}{\varepsilon_{0m}{\delta'}_{mn}^4}|H_0|^2\int_0^{x'_{mn}}\left[{J'}_m^2(x)+\frac{m^2}{x^2}J_m^2(x)\right]x\mathrm{d}x\tag{1}$$

式中, $\delta'_{mn}$ 为 $\mathrm{TE}_{mn}$ 型波的截止波数; $x'_{mn}=\delta'_{mn}a$ 为 $J'_m(x)$ 的第 $n$ 个零点.

应用递推公式: $J'_m(x)=\dfrac{m}{x}J_m(x)-J_{m+1}(x)$ 和 $\dfrac{2m}{x}J_m(x)=J_{m-1}(x)+J_{m+1}(x)$, 则 (5) 式的被积函数可写为

$$\begin{aligned}J_m^{2'}(x)+\frac{m^2}{x^2}J_m^2(x)=&\frac{1}{2}\left[\frac{2m}{x}J_m(x)\right]^2-\frac{2m}{x}J_m(x)J_{m+1}(x)+J_{m+1}^2(x)\\=&\frac{1}{2}[J_{m-1}(x)+J_{m+1}(x)]^2-[J_{m-1}(x)+J_{m+1}(x)]\\&\times J_{m+1}(x)+J_{m+1}^2(x)\\=&\frac{1}{2}[J_{m-1}^2(x)+J_{m+1}^2(x)]\end{aligned}\tag{2}$$

于是, (1) 式可化为

$$\overline{P}=\frac{\omega\mu\beta\pi}{2\varepsilon_{0m}{\delta'}_{mn}^{4}}|H_0|^2\int_0^{x'_{mn}}[J_{m-1}^2(x)+J_{m+1}^2(x)]x\mathrm{d}x \tag{3}$$

利用 Bessel 函数积分公式 (见附录 D): $\int_0^x J_m^2(x)x\mathrm{d}x=\frac{x^2}{2}[J_m^2(x)-J_{m-1}(x)J_{m+1}(x)]$, 则 (3) 式中的积分部分可表为

$$\begin{aligned}&\int_0^{x'_{mn}}[J_{m-1}^2(x)+J_{m+1}^2(x)]x\mathrm{d}x\\=&\frac{x^2}{2}[J_{m-1}^2(x)+J_{m+1}^2(x)-J_m(x)\big(J_{m-2}(x)+J_{m+2}(x)\big)]\Big|_0^{x'_{mn}}\end{aligned}$$

引用递推公式: $J_{m-1}(x)=J'_m(x)+\frac{m}{x}J_m(x)$; $J_{m+1}(x)=-J'_m(x)+\frac{m}{x}J_m(x)$, 并因 $x'_{mn}$ 是 $J'_m(x)$ 的零点, 而有 $J_{m\mp1}(x'_{mn})=\frac{m}{x'_{mn}}J_m(x'_{mn})$, 于是以上积分结果中的

$$\frac{x^2}{2}\left[J_{m-1}^2(x)+J_{m+1}^2(x)\right]\Big|_0^{x'_{mn}}=m^2J_m^2(x'_{mn})$$

而引用递推公式: $J_{m-1}(x)+J_{m+1}(x)=\frac{2m}{x}J_m(x)$, 则以上积分结果中的

$$J_m(x)[J_{m-2}(x)+J_{m+2}(x)]=J_m(x)\left[\frac{2(m-1)}{x}J_{m-1}(x)+\frac{2(m+1)}{x}J_{m+1}(x)-2J_m(x)\right]$$

由于 $J_{m\mp1}(x'_{mn})=\frac{m}{x'_{mn}}J_m(x'_{mn})$, 而有

$$\begin{aligned}\frac{x^2}{2}J_m(x)[J_{m-2}(x)+J_{m+2}(x)]\Big|_0^{x'_{mn}}&=\frac{{x'}_{mn}^2}{2}J_m^2(x'_{mn})\left[\frac{2m(m-1)}{{x'}_{mn}^2}+\frac{2m(m+1)}{{x'}_{mn}^2}-2\right]\\&=(2m^2-{x'}_{mn}^2)J_m^2(x'_{mn})\end{aligned}$$

于是, 我们有

$$\begin{aligned}\int_0^{x_{mn}}\left[J_{m-1}^2(x)+J_{m+1}^2(x)\right]x\mathrm{d}x&=m^2J_m^2(x'_{mn})-(2m^2-{x'}_{mn}^2)J_m^2(x'_{mn})\\&=({x'}_{mn}^2-m^2)J_m^2(x'_{mn})\end{aligned} \tag{4}$$

将此结果代入 (3) 式, 最后便得到 $\mathrm{TE}_{mn}$ 波的平均传输功率 (3.3.44) 式:

$$\overline{P}=\frac{\omega\mu\beta\pi a^4}{2\varepsilon_{0m}{x'}_{mn}^4}|H_0|^2({x'}_{mn}^2-m^2)J_m^2(x'_{mn})\quad \varepsilon_{0m}=\begin{cases}1 & m=0\\2 & m\neq0\end{cases} \tag{5}$$

(2) $\mathrm{TM}_{mn}$ 波

由 (3.3.46) 式可知, 圆波导 $\mathrm{TM}_{mn}$ 波的平均传输功率可表为

$$\overline{P}=\frac{\omega\varepsilon\beta\pi}{\varepsilon_{0m}\delta_{mn}^4}|E_0|^2\int_0^{x_{mn}}\left(J_m^{2\prime}(x)+\frac{m^2}{x^2}J_m^2(x)\right)x\mathrm{d}x \tag{6}$$

式中, $\delta_{mn}$ 为 $\mathrm{TM}_{mn}$ 型波的截止波数; $x_{mn}=\delta_{mn}a$ 为 $J_m(x)$ 的第 $n$ 个零点.

利用 (2) 式结果, (6) 式可化为

$$\overline{P}=\frac{\omega\varepsilon\beta\pi}{2\varepsilon_{0m}\delta_{mn}^4}|E_0|^2\int_0^{x_{mn}}[J_{m-1}^2(x)+J_{m+1}^2(x)]x\mathrm{d}x \tag{7}$$

因有 $\displaystyle\int_0^x J_m^2(x)x\mathrm{d}x=\frac{x^2}{2}[J_m^2(x)-J_{m-1}(x)J_{m+1}(x)]$ 和 $J_{m\mp1}(x)=\dfrac{m}{x}J_m(x)\pm J_m'(x)$, 注意到 $x_{mn}=\delta_{mn}a$ 是 $J_m(x)$ 的零点, 故 (7) 式积分部分可表为:

$$\begin{aligned}\int_0^{x_{mn}}[J_{m-1}^2(x)+J_{m+1}^2(x)]x\mathrm{d}x=&\frac{x_{mn}^2}{2}[J_{m-1}^2(x)+J_{m+1}^2(x)-J_m(x)\\&\times(J_{m-2}(x)+J_{m+2}(x))]_0^{x_{mn}}\\=&\frac{x_{mn}^2}{2}[J_{m-1}^2(x_{mn})+J_{m+1}^2(x_{mn})]\\=&x_{mn}^2{J'}_{mn}^2(x_{mn})\end{aligned}$$

将此结果代入 (7) 式, 最后便得到 $\mathrm{TM}_{mn}$ 波的平均传输功率 (3.3.47) 式:

$$\overline{P}=\frac{\omega\varepsilon\beta\pi a^4}{2\varepsilon_{0m}x_{mn}^2}|E_0|^2{J'}_m^2(x_{mn})\qquad \varepsilon_{0m}=\begin{cases}1 & m=0\\ 2 & m\neq 0\end{cases} \tag{8}$$

## B 计算同轴线截止波长的近似公式 (3.4.54)~(3.4.56) 式的推导

对于 Bessel 函数, 当宗量 $x$ 值较大时, 有大宗量近似式:

$$J_m(x)\approx\sqrt{\frac{2}{\pi x}}\cos(x-\phi),\quad Y_m(x)\approx\sqrt{\frac{2}{\pi x}}\sin(x-\phi) \tag{1}$$

而

$$J_m'(x)\approx-\sqrt{\frac{2}{\pi x}}\sin(x-\phi),\quad Y_m'(x)\approx\sqrt{\frac{2}{\pi x}}\cos(x-\phi) \tag{2}$$

式中, $\phi=(2m+1)\pi/4$.

于是, 由 $\mathrm{TE}_{mn}$ 模的超越方程 (3.4.41) 式:

$$J_m'(x)Y_m'(cx)-J_m'(cx)Y_m'(x)=0 \tag{3}$$

我们可得

$$-\sin(x-\phi)\cos(cx-\phi)+\sin(cx-\phi)\cos(x-\phi)=0$$

即

$$\sin[(cx-\phi)-(x-\phi)]=\sin[x(c-1)]=0 \tag{4}$$

由此可知超越方程 (3) 的近似解可表为

$$x'_{mn}\approx\frac{n\pi}{c-1}\quad(n=1,2,\cdots)\quad(c=b/a) \tag{5}$$

于是

$$\lambda_{cmn}^{\text{TE}}=\frac{2\pi a}{x'_{mn}}=\frac{2(b-a)}{n} \tag{6}$$

类似地, 用大宗量近似式 (1) 和 (2) 式代入 $\text{TM}_{mn}$ 模超越方程 (3.4.49) 式后, 可得 $J_m(x)Y_m(cx)-J_m(cx)Y_m(x)=0$ 的近似解为

$$x_{mn}=\frac{n\pi}{c-1}\quad(n=1,2,\cdots) \tag{7}$$

于是

$$\lambda_{cmn}^{\text{TM}}=\frac{2\pi a}{x_{mn}}=\frac{2(b-a)}{n} \tag{8}$$

由于近似式 (1) 和 (2) 仅适用于 $x\gg m$ 和 $x\gg 1$ 情形, (5) 和 (7) 式仅当 $x'_{mn}$ 和 $x_{mn}$ 的值较大时, 亦即 $n$ 的值较大时才有好的精度, 并且其精度随 $c=b/a$ 的增大而降低. 因此, (6) 式对 $n=1$ 并不适用, 而不能用来与估算同轴线中第一个高次模的截止波长. 事实上, 采用数值方法求解同轴线 $\text{TE}_{mn}$ 模和 $\text{TM}_{mn}$ 模的超越方程并非难事, 故计算公式的其适用范围则可由 $x'_{mn}$ 和 $x_{mn}$ 的精确数值解结果、与所要求的精度判定. 在实际应用中, 我们仅需知道的高次模的截止波长的粗略值, 以便保证只有主模传播时选定同轴线的合适尺寸, 以及在给定同轴线尺寸情况下了解其中可能传播的模式.

当 $c=b/a<2.5$ 时, 几个前高次模的近似计算公式如下:

$$\lambda_{cm1}^{\text{TE}}=\frac{2\pi a}{x'_{mn}}\approx\frac{\pi(a+b)}{m}\quad(m=1,2,3;n=1) \tag{9}$$

$$\lambda_{c0n}^{\text{TE}}=\frac{2\pi a}{x'_{mn}}\approx\frac{2(b-a)}{n}\quad(n=1,2,3;m=0) \tag{10}$$

$$\lambda_{c0n}^{\text{TM}}=\frac{2\pi a}{x_{0n}}\approx\frac{2(b-a)}{n}\quad(n=1,2,3;m=0) \tag{11}$$

## C 证明确定光波导 $\text{HE}_{mn}$ 模截止波长当 $n_1^2/n_2^2$ 为一级近似时相应 $u$ 值的超越方程 (3.5.65)

$$\frac{1}{u}\frac{J_{m-1}(u)}{J_m(u)}=\frac{1}{m-1}\frac{n_2^2}{n_1^2+n_2^2} \tag{1}$$

**证明**　由 (3.6.58)、(3.6.61) 和 (3.6.62) 式可知, 对于 $m>0$, $\mathrm{HE}_{mn}$ 模的特征方程为:

$$p=-\left(1+\frac{n_2^2}{n_1^2}\right)q-\frac{1}{2}\sqrt{\left(1-\frac{n_2^2}{n_1^2}\right)^2q^2+4m^2\left(\frac{1}{u^2}+\frac{n_2^2}{n_1^2}\frac{1}{w^2}\right)\left(\frac{1}{u^2}+\frac{1}{w^2}\right)} \tag{2}$$

式中

$$p=\frac{1}{u}\frac{J_m'(u)}{J_m(u)}=-\frac{m}{u^2}+\frac{1}{u}\frac{J_{m-1}(u)}{J_m(u)} \tag{3}$$

和

$$q=\frac{1}{w}\frac{K_m'(w)}{K_m(w)}=-\frac{m}{w^2}-\frac{1}{w}\frac{K_{m-1}(w)}{K_m(w)} \tag{4}$$

当 $w\to 0$ 截止时, 因 $\lim\limits_{w\to 0}K_m(w)\sim\dfrac{(m-1)!}{2}\left(\dfrac{2}{w}\right)^m$, 而有 $\lim\limits_{w\to 0}\left[\dfrac{1}{w}\dfrac{K_{m-1}(w)}{K_m(w)}\right]\sim\dfrac{1}{2(m-1)}$, 故

$$q\underset{w\to 0}{=}-\lim_{w\to 0}\left(\frac{m}{w^2}+\frac{1}{2(m-1)}\right) \tag{5}$$

而

$$q^2=\left(\frac{m}{w^2}+\frac{1}{2(m-1)}\right)^2\approx\frac{m^2}{w^4}+\frac{m}{m-1}\frac{1}{w^2} \tag{6}$$

于是, 当 $w\to 0$ 时, 对于 (2) 式中的根号 $\sqrt{\cdots}=\sqrt{SQ}$ 内部分, 将 $q^2$ 代入后, 有

$$\begin{aligned}SQ&=\left(1+\frac{n_2^2}{n_1^2}\right)^2q^2+4m^2\left(\frac{1}{u^2}+\frac{n_2^2}{n_1^2}\frac{1}{w^2}\right)\left(\frac{1}{u^2}+\frac{1}{w^2}\right)-4\frac{n_2^2}{n_1^2}q^2\\&\approx\left(1+\frac{n_2^2}{n_1^2}\right)^2\left(\frac{m^2}{w^4}+\frac{m}{m-1}\frac{1}{w^2}\right)+4m^2\left(\frac{1}{u^2}+\frac{n_2^2}{n_1^2}\frac{1}{w^2}\right)\left(\frac{1}{u^2}+\frac{1}{w^2}\right)\\&\quad-4\frac{n_2^2}{n_1^2}\left(\frac{m^2}{w^4}+\frac{m}{m-1}\frac{1}{w^2}\right)\end{aligned}$$

将 $SQ$ 的第二项乘开后, 经整、和后可得

$$SQ=\left(1+\frac{n_2^2}{n_1^2}\right)^2\frac{m^2}{w^4}+\left(1-\frac{n_2^2}{n_1^2}\right)^2\frac{1}{m-1}\frac{m}{w^2}+\frac{4m^2}{u^4}+\left(1+\frac{n_2^2}{n_1^2}\right)\frac{4m^2}{u^2w^2} \tag{7}$$

注意到: $\dfrac{2m}{m-1}\dfrac{1}{u^2}\dfrac{(1-n_2^2/n_1^2)^2}{(1+n_2^2/n_1^2)}$ 和 $\dfrac{1}{4(m-1)^2}\dfrac{(1-n_2^2/n_1^2)^4}{(1+n_2^2/n_1^2)^2}$ 为高阶无穷小项, 故作为一级近似, 我们可将它们代入 (7) 式中, 使之配成完全平方, 而将 $SQ$ 写成

$$SQ\approx\left(1+\frac{n_2^2}{n_1^2}\right)^2\frac{m^2}{w^4}+\left(1-\frac{n_2^2}{n_1^2}\right)^2\frac{1}{m-1}\frac{m}{w^2}+\frac{4m^2}{u^4}+\left(1+\frac{n_2^2}{n_1^2}\right)\frac{4m^2}{u^2w^2}$$

$$+\frac{2m}{m-1}\frac{1}{u^2}\frac{(1-n_2^2/n_1^2)^2}{(1+n_2^2/n_1^2)}+\frac{1}{4(m-1)^2}\frac{(1-n_2^2/n_1^2)^4}{(1+n_2^2/n_1^2)^2}$$

$$=\left\{\left(1+\frac{n_2^2}{n_1^2}\right)\frac{m}{w^2}+\frac{1}{2}\left[\frac{1}{m-1}\frac{(1-n_2^2/n_1^2)^2}{(1+n_2^2/n_1^2)}+\frac{4m}{u^2}\right]\right\}^2 \tag{8}$$

于是, 将 (5) 和 (8) 代入 (2) 式后, 我们便得到

$$\begin{aligned}p=&-\left(1+\frac{n_2^2}{n_1^2}\right)q-\frac{1}{2}\sqrt{SQ}\\=&\frac{1}{2}\left(1+\frac{n_2^2}{n_1^2}\right)\left(\frac{1}{2(m-1)}+\frac{m}{w^2}\right)\\&-\frac{1}{2}\left[\left(1+\frac{n_2^2}{n_1^2}\right)\frac{m}{w^2}+\frac{1}{2(m-1)}\frac{(1-n_2^2/n_1^2)^2}{(1+n_2^2/n_1^2)}+\frac{2m}{u^2}\right]\\=&-\frac{m}{u^2}+\frac{1}{4(m-1)}\left[(1+n_2^2/n_1^2)-\frac{(1-n_2^2/n_1^2)^2}{(1+n_2^2/n_1^2)}\right]\end{aligned}$$

此即有

$$p=-\frac{m}{u^2}+\frac{1}{m-1}\frac{n_2^2}{n_1^2+n_2^2} \tag{9}$$

因 $p=\dfrac{J_{m-1}(u)}{uJ_m(u)}-\dfrac{m}{u^2}$(见 (3) 式), 这就得到确定 $\mathrm{HE}_{mn}$ 波截止波长相应 $u$ 值的超越方程为

$$\frac{J_{m-1}(u)}{uJ_m(u)}=\frac{1}{m-1}\frac{n_2^2}{n_1^2+n_2^2}\qquad \text{(3.5.65)式得证.}$$

**D 有关 Bessel 函数的几个积分公式的证明**

1) 积分公式: $$\int J_m^2(x)x\mathrm{d}x=\frac{x^2}{2}[J_m^2(x)-J_{m-1}(x)J_{m+1}(x)] \tag{1}$$

2) 积分公式: $$\int\frac{J_1^2(x)}{x}\mathrm{d}x=-\frac{1}{2}[J_0^2(x)+J_1^2(x)] \tag{2}$$

3) 积分公式: $$\int[J_1'(x)]^2x\mathrm{d}x=\frac{1}{2}[J_0^2(x)-J_1^2(x)]+\frac{x^2}{2}[J_1^2(x)+J_0^2(x)] \tag{3}$$

4) 积分公式: $$\int\hat{J}_m^2(x)x\mathrm{d}x-\frac{x}{2}[\hat{J}_m^2(x)-\hat{J}_{m-1}(x)\hat{J}_{m+1}(x)] \tag{4}$$

(4) 式中, $J_m(x)$ 和 $\hat{J}_m(x)$ 分别是 $m$ 阶 Bessel 函数和 Riccati-Bessel 函数.

对于 (1)~(3) 式, 若令 $x=\delta\rho$, 并对取积分限 $\rho$ 从 0 到 $a$, 则我们可导得

$$\int_0^a J_m^2(\delta\rho)\rho\mathrm{d}\rho=\frac{a^2}{2}[J_m^2(\delta a)-J_{m-1}(\delta a)J_{m+1}(\delta a)] \tag{5}$$

$$\int_0^a\frac{J_1^2(\delta\rho)}{\rho}\mathrm{d}\rho=-\frac{1}{2}[J_0^2(\delta a)+J_1^2(\delta a)-1] \tag{6}$$

$$\int_0^a[J_1'(\delta\rho)]^2\rho\mathrm{d}\rho=\frac{1}{2\delta^2}\{[J_0^2(\delta a)-J_1^2(\delta a)-1]+\delta^2a^2[J_1^2(\delta a)+J_0^2(\delta a)]\} \tag{7}$$

特别地, 对于 $m=0$, 因 $J_0(0)=1$ 和 $J_{-1}(x)=-J_1(x)$, 我们有

$$\int_0^a J_0^2(\rho)\rho\mathrm{d}\rho=\frac{a^2}{2}[J_0^2(\delta a)+J_1^2(\delta a)] \tag{8}$$

由 (6) 和 (7) 式, 可得 3.8 节中确定 $\mathrm{TE}_{111}$ 振荡模的电磁储能时需要计算的积分:

$$\int_0^a \frac{J_1^2(\delta\rho)}{\rho}\mathrm{d}\rho+\delta^2\int_0^a [J_1'(\delta\rho)]^2\rho\mathrm{d}\rho=-J_1^2(\delta a)+\frac{\delta^2 a^2}{2}[J_1^2(\delta a)+J_0^2(\delta a)] \tag{9}$$

对于 (4) 式, 若 $m=1$, 并取积分限 $x$ 从 0 到 $\chi$, 则我们便有

$$\int_0^{\chi} \hat{J}_1^2(x)\mathrm{d}x=\frac{\chi}{2}[\hat{J}_1^2(\chi)-\hat{J}_0(\chi)\hat{J}_2(\chi)] \tag{10}$$

以下我们首先来证明积分公式 (1)~(4).

**证明** (1) $J_m(x)$ 是零阶 Bessel 方程的解, 即有

$$x^2J_m''(x)+xJ_m'(x)+(x^2-m^2)J_m(x)=0$$

或写成

$$x\frac{\mathrm{d}}{\mathrm{d}x}[xJ_m'(x)]+(x^2-m^2)J_m(x)=0$$

将上式乘以 $J_m'(x)$, 可得

$$xJ_m'(x)\frac{\mathrm{d}}{\mathrm{d}x}[xJ_m'(x)]+(x^2-m^2)J_m(x)J_m'(x)=0$$

此式亦可写成

$$\frac{\mathrm{d}}{\mathrm{d}x}\left\{\frac{x^2}{2}[J_m'(x)]^2\right\}+(x^2-m^2)J_m(x)J_m'(x)=0$$

将上式对 $x$ 进行积分, 则有

$$\int\frac{\mathrm{d}}{\mathrm{d}x}\left\{\frac{x^2}{2}[J_m'(x)]^2\right\}\mathrm{d}x+\frac{1}{2}\int(x^2-m^2)\mathrm{d}[J_m(x)]^2=0$$

由此可得 (第二项积分应用分部积分)

$$\frac{x^2}{2}[J_m'(x)]^2+\frac{1}{2}(x^2-m^2)J_m^2(x)-\int xJ_m^2(x)\mathrm{d}x=0$$

于是便有

$$\begin{aligned}\int xJ_m^2(x)\mathrm{d}x&=\frac{x^2}{2}J_m^2(x)+\frac{1}{2}\{x^2[J_m'(x)]^2-m^2J_m^2(x)\}\\&=\frac{x^2}{2}J_m^2(x)+\frac{1}{2}[xJ_m'(x)+mJ_m(x)][xJ_m'(x)-mJ_m(x)]\end{aligned}$$

因有递推公式：$J'_m(x)=-\dfrac{m}{x}J_m(x)+J_{m-1}(x)$ 和 $J'_m(x)=\dfrac{m}{x}J_m(x)-J_{m+1}(x)$，于是得

$$\int xJ_m^2(x)\mathrm{d}x=\frac{x^2}{2}[J_m^2(x)-J_{m-1}(x)J_{m+1}(x)]\qquad \text{(1)式得证.}$$

(2) 对于 Bessel 函数，有递推公式 $J'_1(x)=-\dfrac{1}{x}J_1(x)+J_0(x)$ 和 $J'_0(x)=-J_1(x)$. 积分 $\displaystyle\int\frac{J_1^2(x)}{x}\mathrm{d}x$ 的被积函数可表为

$$\frac{J_1^2(x)}{x}=J_1(x)[J_0(x)-J'_1(x)]=-J_0(x)J'_0(x)-J_1(x)J'_1(x)$$

于是

$$\begin{aligned}\int\frac{J_1^2(x)}{x}\mathrm{d}x-\int J_0(x)J'_0(x)\mathrm{d}x-\int J_1(x)J'_1(x)\mathrm{d}x\\ =-\int J_0(x)\mathrm{d}[J_0(x)]-\int J_1(x)\mathrm{d}[J_1(x)]\end{aligned}$$

故有
$$\int\frac{J_1^2(x)}{x}\mathrm{d}x=-\frac{1}{2}[J_0^2(x)+J_1^2(x)]\qquad \text{(2)式得证.}$$

(3) 应用递推公式 $J'_1(x)=-\dfrac{1}{x}J_1(x)+J_0(x)$，积分 $\displaystyle\int x[J'_1(x)]^2\mathrm{d}x$ 的被积函数可表为

$$\begin{aligned}x[J'_1(x)]^2&=x\left[-\frac{1}{x}J_1(x)+J_0(x)\right]^2\\&=xJ_0^2(x)-2J_0(x)J_1(x)+\frac{J_1^2(x)}{x}\end{aligned}$$

于是

$$\begin{aligned}\int[J_1(x)]^2x\mathrm{d}x&=\int\frac{J_1^2(x)}{x}\mathrm{d}x-2\int J_0(x)J_1(x)\mathrm{d}x+\int J_0^2(x)x\mathrm{d}x\\&=I_1+I_2+I_3\end{aligned}\tag{11}$$

由 (2) 式可知，(11) 式的第一项积分 $I_1$ 为

$$I_1=\int\frac{J_1^2(x)}{x}\mathrm{d}x=-\frac{1}{2}[J_0^2(x)+J_1^2(x)]\tag{12}$$

对于 (11) 式的第二项积分 $I_2$：

$$I_2=-2\int J_0(x)J_1(x)\mathrm{d}x=2\int J_0(x)\mathrm{d}[J_0(x)]=J_0^2(x)\tag{13}$$

而由 (1) 式可得，(11) 式的第三项积分 $I_3$ 为

$$I_3=\int xJ_0^2(x)\mathrm{d}x=\frac{x^2}{2}[J_1^2(x)+J_0^2(x)]\tag{14}$$

将 (12)~(14) 代入 (11) 式，就得到

$$\int [J_1'(x)]^2 x\mathrm{d}x = -\frac{1}{2}[J_0^2(x)+J_1^2(x)] + J_0^2(x) + \frac{x^2}{2}[J_1^2(x)+J_0^2(x)]$$
$$=\frac{1}{2}[J_0^2(x)-J_1^2(x)] + \frac{x^2}{2}[J_1^2(x)+J_0^2(x)] \quad \text{(3)式得证.}$$

(4) 应用 Riccati-Bessel 函数 $\hat{J}_m(x)$ 与球 Bessel 函数 $j_m(x)$ 和 Bessel 函数 $J_{m+1/2}(x)$ 之间的如下关系：

$$\hat{J}_m(x) = xj_m(x) \quad 和 \quad j_m(x) = \sqrt{\frac{\pi}{2x}}J_{m+1/2}$$

而有
$$\hat{J}_m^2(x) = x^2 j_m^2(x) = \frac{\pi}{2}xJ_{m+1/2}^2(x)$$

故
$$\int \hat{J}_m^2(x)\mathrm{d}x = \frac{\pi}{2}\int xJ_{m+1/2}^2(x)\mathrm{d}x$$

注意到积分 (1) 亦适用于 $m$ 为非整数情形, 于是积 (12) 式积分可表为

$$\int \hat{J}_m^2(x)\mathrm{d}x = \frac{\pi}{4}x^2[J_{m+1/2}^2(x) - J_{\overline{m-1}+1/2}(x)J_{\overline{m+1}+1/2}(x)]$$

此即有
$$\int \hat{J}_m^2(x)\mathrm{d}x = \frac{x}{2}[\hat{J}_m^2(x) - \hat{J}_{m-1}(x)\hat{J}_{m+1}(x)] \qquad \text{(4)式得证.}$$

现在, 我们来证明 (5) 式.

对积分 (1), 作变数变换：令 $x=\delta\rho$, 并对取积分限 $\rho$ 从 0 到 $a$, 则我们可得：

$$\int_0^a J_m^2(\delta\rho)\rho\mathrm{d}\rho = \frac{1}{\delta^2}\int_0^{\delta a} J_m^2(x)x\mathrm{d}x$$
$$= \frac{x^2}{2\delta^2}[J_m^2(x) - J_{m-1}(x)J_{m+1}(x)]|_0^{\delta a}$$
$$= \frac{a^2}{2}[J_m^2(\delta a) - J_{m-1}(\delta a)J_{m+1}(\delta a)] \qquad \text{(5)式得证.}$$

其它 (6)~(8) 和 (10) 式的证明类此, 不再赘述.

## E　均匀静电场 $\boldsymbol{E}_0$ 中存在有无限长介质圆柱时空间中的电势和电场

设有一半径为 $a$、柱轴沿 $z$ 方向的无限长非磁性介质圆柱位于存在有沿 $x$ 方向均匀静电场 $\boldsymbol{E}_0$ 的 $\varepsilon_0$、$\mu_0$ 空间中, 介质圆柱的相对电常数为 $\varepsilon_r$, 如图 E.1 所示.

这是静电场的边值问题. 空间中的静电势 $\varPhi$ 满足 Laplace 方程. 由于柱体为无限长, $\varPhi$ 仅是 $(\rho,\varphi)$ 的函数、与坐标 $z$ 无关, 因而这是一个二维问题.

参见图 E.1(b), 将介质圆柱内区域记为区域 (1), 其中的电势和电场分别为 $\varPhi_1$ 和 $\boldsymbol{E}_1$; 柱体外区域记为区域 (2), 其中的电势和电场分别为 $\varPhi_2$ 和 $\boldsymbol{E}_2$.

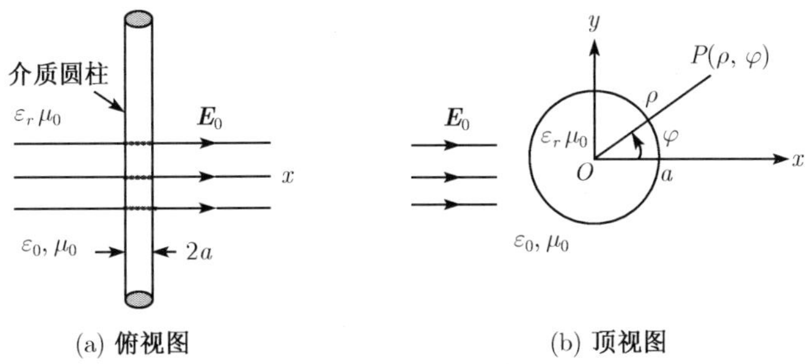


(a) 俯视图　　(b) 顶视图

图 E.1　均匀静电场 $\boldsymbol{E}_0$ 中的介质圆柱

选择圆柱坐标系 $(\rho,\varphi,z)$, 所求问题可归结为求如下边值问题的解:

$$\nabla^2\varPhi_1(\rho,\varphi)=0\quad(\rho\leqslant a)\tag{1}$$

$$\nabla^2\varPhi_2(\rho,\varphi)=0\quad(\rho\geqslant a)\tag{2}$$

具有边界条件: $\varPhi_1(\rho,\varphi)|_{\rho=a}=\varPhi_2(\rho,\varphi)|_{\rho=a}$　(3)

$$\varepsilon_r\frac{\partial\varPhi_1}{\partial\rho}\bigg|_{\rho=a}=\frac{\partial\varPhi_2}{\partial\rho}\bigg|_{\rho=a}\tag{4}$$

$$\varPhi_1(\rho,\varphi)|_{\rho=0}=\text{有限值}\tag{5}$$

$$\varPhi_2(\rho,\varphi)|_{\rho=\infty}=-E_0\rho\cos\varphi\tag{6}$$

(3) 和 (4) 式就是静电问题中静电势应满足的边界条件, (3) 式表明静电势跨越媒质不连续界面时是连续的. 事实上, 若我们考虑贴近不连续界面两侧 $P$、$Q$ 某两点之间的电势差, 则有 $\lim\limits_{h\to0}[\varPhi_{2(Q)}-\varPhi_{1(P)}]=-\lim\limits_{h\to0}\int_P^Q\boldsymbol{E}\cdot\mathrm{d}\boldsymbol{l}=-\lim\limits_{h\to0}E_mh\to0$(因 $E_m$ 为有限值), 因而有 $\varPhi_1|_S=\varPhi_2|_S$. 注意到 $E_\rho=-\dfrac{\partial\varPhi}{\partial\rho}$, 故 (4) 式则是表示明跨越媒质不连续界面时, 有 $\varepsilon E_{1\rho}=\varepsilon_0E_{1\rho}$, 此即为界面上不存在自由电荷时, 电位移的法向分量应连续的边界条件.

对于区域 (2) 中的电势 $\varPhi_2$, 可认为它是由当介质圆柱不存在时, 静电场 $\boldsymbol{E}_0$ 所产生的电势 $\varPhi_0$ 与介质圆柱放置在静电场中由于介质极化场所产生的电势 $\varPhi_p$ 两者之和. 即有

$$\varPhi_2=\varPhi_0+\varPhi_p\tag{7}$$

沿 $x$ 方向的静电场所产生的电势 $\varPhi_0=-E_0x=-E_0\rho\cos\varphi$, 代入 (7) 式可得

$$\varPhi_2=-E_0\rho\cos\varphi+\varPhi_p\tag{8}$$

显然, $\Phi_0$ 满足 Laplace 方程, 故由 (2) 式 $\nabla^2\Phi_2=\nabla^2\Phi_0+\nabla^2\Phi_p=0$ 和 (6) 式可得

$$\begin{aligned}&\nabla^2\Phi_p=0\quad(\rho\geqslant a)\\&\Phi_p(\rho,\varphi)|_{\rho=\infty}=0\end{aligned}\tag{9}$$

在圆柱坐标系中, Laplace 算子 $\nabla^2$ 的表示式为

$$\nabla^2=\frac{\partial^2}{\partial\rho^2}+\frac{1}{\rho}\frac{\partial}{\partial\rho}+\frac{1}{\rho^2}\frac{\partial^2}{\partial\varphi^2}+\frac{\partial^2}{\partial z^2}\tag{10}$$

而与 $z$ 无关的二维 Laplace 方程 $\nabla^2\Phi(\rho,\varphi)=0$ 可表为

$$\nabla^2\Phi(\rho,\varphi)=\frac{\partial^2\Phi}{\partial\rho^2}+\frac{1}{\rho}\frac{\partial\Phi}{\partial\rho}+\frac{1}{\rho^2}\frac{\partial^2\Phi}{\partial\varphi^2}=0\tag{11}$$

采用分离变量法, 我们可得 (11) 式的通解为

$$\begin{aligned}\Phi(\rho,\varphi)=&\sum_{n=1}^{\infty}\rho^n[A_n\cos(n\varphi)+B_n\sin(n\varphi)]\\&+\sum_{n=1}^{\infty}\rho^{-n}[C_n\cos(n\varphi)+D_n\sin(n\varphi)+A_0+B_0\ln\rho\end{aligned}\tag{12}$$

式中, $A_n,B_n,C_n,D_n(n=1,2,\cdots),A_0$ 和 $B_0$ 为待定积分常数.

(12) 式是泛定解, 首先, 根据 $\rho=0$ 时, $\Phi_1$ 必须有限、和 $\rho\to\infty$ 时, $\Phi_p=0$, 以及问题对 $x$ 轴具有对称性, 即 $\Phi_1$ 和 $\Phi_p$ 必须是 $\varphi$ 的偶函数的要求, 摒弃一些不满足问题条件的解 (即确定 (12) 式中的某些应等于零的常数); 其次, 再应用边界条件来确定余下的常数.

对于 $\rho\leqslant a$ 区域 (1), 满足 $\rho=0$ 有限、对 $x$ 轴具有对称性的 $\Phi_1$ 的解可表为

$$\Phi_1(\rho,\varphi)=\sum_{n=1}^{\infty}A_n\rho^n\cos(n\varphi)+A_0\quad(B_n=C_n=D_n=B_0=0)\tag{13}$$

而对于 $\rho\geqslant a$ 区域 (2), 满足 $\rho\to\infty$ 时, $\Phi_p=0$、对 $x$ 轴具有对称性的 $\Phi_p$ 和 $\Phi_2$ 的解可表为:

$$\begin{aligned}&\Phi_p(\rho,\varphi)=\sum_{n=1}^{\infty}C_n\rho^{-n}\cos(n\varphi)\quad(A_n=B_n=D_n=A_0=B_0=0)\\&\Phi_2(\rho,\varphi)=-E_0\rho\cos\varphi+\sum_{n=1}^{\infty}C_n\rho^{-n}\cos(n\varphi)\end{aligned}\tag{14}$$

以下我们应用边界条件来确定 (13) 和 (14) 中的常数 $A_n,C_n$ 和 $A_0$.
由边界条件 (3): $\Phi_1(\rho,\varphi)|_{\rho=a}=\Phi_2(\rho,\varphi)|_{\rho=a}$, 得

$$\sum_{n=1}^{\infty} A_n a^n \cos(n\varphi) + A_0 = -E_0 a \cos\varphi + \sum_{n=1}^{\infty} C_n a^{-n} \cos(n\varphi) \tag{15}$$

比较上式两边的 $\cos(n\varphi)$ 项的系数, 可得

$$n=0 \qquad A_0 = 0 \tag{16}$$

$$n=1 \qquad aA_1 = -E_0 a + a^{-1} C_1 \tag{17}$$

$$n>1 \qquad a^n A_n = a^{-n} C_n \tag{18}$$

由边界条件 (4): $\varepsilon_r \left.\dfrac{\partial \varPhi_1}{\partial \rho}\right|_{\rho=a} = \left.\dfrac{\partial \varPhi_2}{\partial \rho}\right|_{\rho=a}$, 得

$$\varepsilon_r \sum_{n=1}^{\infty} n A_n a^{n-1} \cos(n\varphi) = -E_0 \cos\varphi - \sum_{n=1}^{\infty} n C_n a^{-(n+1)} \cos(n\varphi)$$

比较上式两边的 $\cos(n\varphi)$ 项的系数, 可得

$$n=1 \qquad \varepsilon_r A_1 = -E_0 - a^{-2} C_1 \tag{19}$$

$$n>1 \qquad \varepsilon_r a^{n-1} A_n = -a^{-(n+1)} C_n \tag{20}$$

对于 $n>1$, (18) 和 (20) 式是关于 $A_n$ 和 $C_n$ 的齐次方程组, 且其系数行列式不等于零, 因此, $A_n$ 和 $C_n$ 无非零解, 亦即当 $n>1$ 时, 有

$$A_n = C_n = 0 \tag{21}$$

对于 $n=1$, 由 $\varepsilon_r \times (17) - a \times (19)$ 式, 得

$$(\varepsilon_r + 1) a^{-1} C_1 - E_0 a (\varepsilon_r - 1) = 0$$

由此可解得

$$C_1 = \frac{\varepsilon_r - 1}{\varepsilon_r + 1} a^2 E_0 \tag{22}$$

而将 $C_1$ 代入 (17) 式, 便有

$$A_1 = -E_0 + a^{-2} C_1 = -\frac{2}{\varepsilon_r + 1} E_0 \tag{23}$$

至此, 已确定出系数 $A_n, C_n$ 和 $A_0$, 将它们代入 (13) 和 (14) 式, 我们便求得在区域 (1) 和区域 (2) 中的静电势:

$$\varPhi_1(\rho, \varphi) = A_1 \cos\varphi = -\frac{2}{\varepsilon_r + 1} E_0 \rho \cos\varphi \tag{24}$$

$$\varPhi_2(\rho, \varphi) = -E_0 \rho \cos\varphi + C_1 \rho^{-1} \cos\varphi$$

$$= -\left(1 - \frac{\varepsilon_r - 1}{\varepsilon_r + 1}\frac{a^2}{\rho^2}\right) E_0 \rho \cos\varphi \tag{25}$$

若已求得静电势 $\Phi$, 则电场即可由 $\Phi$ 的梯度的负值求得

$$\boldsymbol{E} = -\nabla\Phi = -\frac{\partial\Phi}{\partial\rho}\hat{\boldsymbol{a}}_\rho - \frac{1}{\rho}\frac{\partial\Phi}{\partial\varphi}\hat{\boldsymbol{a}}_\varphi \tag{26}$$

故在 $\rho \leqslant a$ 介质圆柱内的电场为

$$\begin{aligned}\boldsymbol{E}_1 &= -\nabla\Phi_1(\rho,\varphi) = \frac{2}{\varepsilon_r + 1}E_0(\cos\varphi\hat{\boldsymbol{a}}_\rho - \sin\varphi\hat{\boldsymbol{a}}_\varphi)\\ &= \frac{2}{\varepsilon_r + 1}E_0\hat{\boldsymbol{a}}_x\end{aligned} \tag{27}$$

而在 $\rho \geqslant a$ 介质圆柱外的电场为

$$\begin{aligned}\boldsymbol{E}_2 &= -\nabla\Phi_2(\rho,\varphi)\\ &= \left(1 + \frac{\varepsilon_r - 1}{\varepsilon_r + 1}\frac{a^2}{\rho^2}\right)E_0\cos\varphi\hat{\boldsymbol{a}}_\rho - \left(1 - \frac{\varepsilon_r - 1}{\varepsilon_r + 1}\frac{a^2}{\rho^2}\right)E_0\sin\varphi\hat{\boldsymbol{a}}_\varphi\end{aligned} \tag{28}$$

由 (27) 式可见, 在介质圆柱内的电场 $\boldsymbol{E}_1 = \boldsymbol{E}_0$ 是均匀电场, 其方向为 $x$ 方向, 与均匀电场 $\boldsymbol{E}_0$ 方向一致.

## F　均匀静电场 $\boldsymbol{E}_0$ 中存在有介质圆球时空间中的电势和电场

设有一半径为 $a$ 的非磁性介质圆球位于存在有沿 $x$ 方向均匀静电场 $\boldsymbol{E}_0$ 的 $\varepsilon_0$、$\mu_0$ 空间中, 介质圆球的相对电常数为 $\varepsilon_{\rm r}$, 如图 F.1 所示.

这是静电场的边值问题. 空间中的静电势 $\Phi$ 满足 Laplace 方程. 由于问题具有相对 $z$ 轴对称性, $\Phi$ 仅是 $(r,\theta)$ 的函数、与坐标 $\varphi$ 无关, 因而这是一个二维问题.

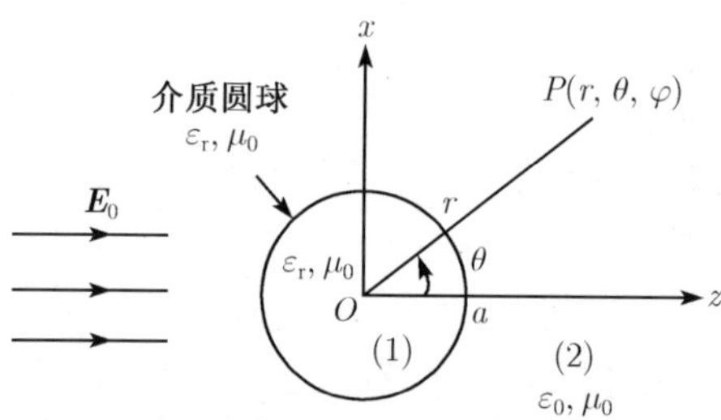


图 F.1　均匀静电场 $\boldsymbol{E}_0$ 中的介质圆球

参见图 F.1, 将介质圆球内区域记为区域 (1), 其中的电势和电场分别为 $\Phi_1$ 和 $\boldsymbol{E}_1$; 圆球外区域记为区域 (2), 其中的电势和电场分别为 $\Phi_2$ 和 $\boldsymbol{E}_2$. 选择球面坐标系 $(r,\theta,\varphi)$, 故所求问题可归结为求如下边值问题的解:

$$\nabla^2\Phi_1(r,\theta) = 0 \quad (r \leqslant a) \tag{1}$$

$$\nabla^2 \Phi_2(r,\theta) = 0 \quad (r \geqslant a) \tag{2}$$

具有边界条件：$\Phi_1(r,\theta)|_{r=a} = \Phi_2(r,\theta)|_{r=a}$ (3)

$$\varepsilon_{\mathrm{r}} \frac{\partial \Phi_1}{\partial r}\bigg|_{r=a} = \frac{\partial \Phi_2}{\partial r}\bigg|_{r=a} \tag{4}$$

$$\Phi_1(r,\theta)|_{r=0、\theta=\pm\pi} = \text{有限值} \tag{5}$$

$$\Phi_2(r,\theta)|_{\theta=\pm\pi} = \text{有限值} \tag{6}$$

$$\Phi_2(r,\theta)|_{r=\infty} = -E_0 r\cos\theta \tag{7}$$

对于区域 (2) 中的电势 $\Phi_2$, 可认为它是由当介质圆球不存在时, 静电场 $\boldsymbol{E}_0$ 所产生的电势 $\Phi_0$ 与介质圆球放置在静电场中由于介质极化场所产生的电势 $\Phi_p$ 两者之和. 即有

$$\Phi_2 = \Phi_0 + \Phi_p \tag{8}$$

沿 $z$ 方向的静电场所产生的电势 $\Phi_0 = -E_0 z = -E_0 r\cos\theta$, 代入 (7) 式可得

$$\Phi_2 = -E_0 r\cos\theta + \Phi_p \tag{9}$$

显然, $\Phi_0$ 满足 Laplace 方程, 故由 (2) 式 $\nabla^2\Phi_2 = \nabla^2\Phi_0 + \nabla^2\Phi_p = 0$ 和 (6) 式可得

$$\begin{aligned} &\nabla^2\Phi_p = 0 \quad (r \geqslant a) \\ &\Phi_p(r,\theta)|_{r=\infty} = 0 \end{aligned} \tag{10}$$

在球面坐标系中, Laplace 算子 $\nabla^2$ 的表示式为

$$\nabla^2 = \frac{1}{r^2}\frac{\partial}{\partial r}\left(r^2\frac{\partial}{\partial r}\right) + \frac{1}{r^2\sin\theta}\frac{\partial}{\partial\theta}\left(\sin\theta\frac{\partial}{\partial\theta}\right) + \frac{1}{r^2\sin^2\theta}\frac{\partial^2}{\partial\varphi^2} \tag{11}$$

而与 $\varphi$ 无关的二维 Laplace 方程 $\nabla^2\Phi(r,\theta) = 0$ 可表为

$$\nabla^2\Phi(r,\theta) = \frac{1}{r^2}\frac{\partial}{\partial r}\left(r^2\frac{\partial\Phi}{\partial r}\right) + \frac{1}{r^2\sin\theta}\frac{\partial}{\partial\theta}\left(\sin\theta\frac{\partial\Phi}{\partial\theta}\right) = 0 \tag{12}$$

采用分离变量法, 可得满足在 $\theta = \pm\pi$ 解 $\Phi$ 为有限条件、(12) 式的通解为

$$\Phi(r,\theta) = \sum_{n=0}^{\infty}(A_n r^n + B_n r^{-(n+1)})P_n(\cos\theta) \tag{13}$$

式中, $P_n(\cos\theta)$ 为 Legendre 多项式; $A_n$ 和 $B_n$ 为待定积分常数, 可应用边界条件予确定.

对于 $r \leqslant a$ 区域 (1), 为满足 $r=0$ 有限, 应有 $B_n=0$, 故

$$\varPhi_1(\rho,\varphi)=\sum_{n=0}^{\infty}A_n r^n P_n(\cos\theta) \tag{14}$$

而对于 $r \geqslant a$ 区域 (2), 为满足 $r\to\infty$ 时, $\varPhi_p=0$, 应有 $A_n=0$:

$$\begin{aligned}\varPhi_p(\rho,\varphi)&=\sum_{n=0}^{\infty}B_n r^{-(n+1)}P_n(\cos\theta)\\ \varPhi_2(\rho,\varphi)&=-E_0 r\cos\theta+\sum_{n=0}^{\infty}B_n r^{-(n+1)}P_n(\cos\theta)\end{aligned} \tag{15}$$

应用边界条件 (3): $\varPhi_1(r,\theta)|_{r=a}=\varPhi_2(r,\theta)|_{r=a}$, 得

$$\sum_{n=0}^{\infty}A_n a^n P_n(\cos\theta)=-E_0 a\cos\theta+\sum_{n=0}^{\infty}B_n a^{-(n+1)}P_n(\cos\theta) \tag{16}$$

比较上式两边的 $P_n(\cos\theta)$ 项的系数, 注意有 $P_0(\cos\theta)=1$ 和 $P_1(\cos\theta)=\cos\theta$, 可得

$$n=0 \qquad A_0=B_0 a^{-1} \tag{17}$$

$$n=1 \qquad aA_1=-E_0 a+a^{-2}B_1 \tag{18}$$

$$n>1 \qquad a^n A_n=a^{-(n+1)}B_n \tag{19}$$

应用由边界条件 (4): $\varepsilon_r\left.\dfrac{\partial\varPhi_1}{\partial r}\right|_{r=a}=\left.\dfrac{\partial\varPhi_2}{\partial r}\right|_{r=a}$, 得

$$\varepsilon_r\sum_{n=0}^{\infty}nA_n a^{n-1}P_n(\cos\theta)=-E_0\cos\theta-\sum_{n=0}^{\infty}(n+1)B_n a^{-(n+2)}P_n(\cos\theta) \tag{20}$$

比较上式两边的 $\cos(n\varphi)$ 项的系数, 可得

$$n=0 \qquad 0=-B_0 a^{-2} \tag{21}$$

$$n=1 \qquad \varepsilon_r A_1=-E_0-2a^{-3}B_1 \tag{22}$$

$$n>1 \qquad \varepsilon_r n a^{n-1}A_n=-(n+1)a^{-(n+2)}B_n \tag{23}$$

由 (21) 和 (17) 式可知, $A_0=B_0=0$; 而对于 $n>1$, (19) 和 (23) 式是关于 $A_n$ 和 $B_n$ 的齐次方程组, 且其系数行列式不等于零, 因此, $A_n$ 和 $B_n$ 无非零解, 亦即当 $n>1$ 时, 有 $A_n=B_n=0$. 因此, 我们有

$$A_n = B_n = 0 \quad (n \neq 1) \tag{24}$$

对于 $n = 1$, 由 $\varepsilon_r * (18) - \ a^*(22)$ 式, 得

$$(\varepsilon_r + 2)a^{-2}B_1 - (\varepsilon_r - 1)E_0 a = 0$$

由此可解得

$$B_1 = \frac{\varepsilon_r - 1}{\varepsilon_r + 2} a^3 E_0 \tag{25}$$

而将 $B_1$ 代入 (18) 式, 便有

$$A_1 = -E_0 + a^{-3}B_1 = -\frac{3}{\varepsilon_r + 2} E_0 \tag{26}$$

至此, 已确定出系数 $A_n = B = 0_n (n \neq 1)$ 和 $A_1$、$B_1$, 将它们代入 (14) 和 (15) 式, 便得到:

在 $\rho \leqslant a$ 区域 (1) 的静电势:

$$\varPhi_1(r, \theta) = A_1 \cos\varphi = -\frac{3}{\varepsilon_r + 2} E_0 r \cos\theta \tag{27}$$

而在 $\rho \leqslant a$ 介质球内的电场为

$$\begin{aligned} \boldsymbol{E}_1 &= -\nabla \varPhi_1 = -\left( \frac{\partial \varPhi_1}{\partial r} \hat{\boldsymbol{a}}_r + \frac{1}{r} \frac{\partial \varPhi_1}{\partial \theta} \hat{\boldsymbol{a}}_\theta + \frac{1}{r \sin\theta} \frac{\partial \varPhi_1}{\partial \varphi} \hat{\boldsymbol{a}}_\varphi \right) \\ &= \frac{3}{\varepsilon_r + 1} E_0 (\cos\theta \hat{\boldsymbol{a}}_r - \sin\theta \hat{\boldsymbol{a}}_\theta) \\ &= \frac{3}{\varepsilon_r + 2} E_0 \hat{\boldsymbol{a}}_z \end{aligned} \tag{28}$$

可见, 介质球内的电场 $\boldsymbol{E}_1 = \boldsymbol{E}_0$ 是均匀电场, 其方向为 $z$ 方向, 与均匀电场 $\boldsymbol{E}_0$ 方向一致.

在 $\rho \geqslant a$ 区域 (2) 中的静电势为

$$\varPhi_2(r, \theta) = -\left( 1 - \frac{\varepsilon_r - 1}{\varepsilon_r + 2} \frac{a^3}{r^3} \right) E_0 r \cos\theta \tag{29}$$

而在 $\rho \geqslant a$ 介质球外的电场为

$$\begin{aligned} \boldsymbol{E}_2 &= -\nabla \varPhi_2 \\ &= \left( 1 + \frac{\varepsilon_r - 1}{\varepsilon_r + 2} \frac{2a^3}{r^3} \right) E_0 \cos\theta \hat{\boldsymbol{a}}_r - \left( 1 - \frac{\varepsilon_r - 1}{\varepsilon_r + 2} \frac{a^3}{r^3} \right) E_0 \sin\theta \hat{\boldsymbol{a}}_\theta \end{aligned} \tag{30}$$

## G 二分法求解超越方程 $J'_m(x) = 0$ 和 $J_m(x) = 0$ 的根的程序

为确定圆波导和同轴波导 $TE_{mn}$ 和 $TM_{mn}$ 模的截止波长 (或频率), 以及球形腔的 $TE_{mn}$ 和 $TM_{mn}$ 谐振波长 (或频率) 时, 我们要遇到求解与特殊函数有关的超越方程的根的问题. 常用的数值方法有 Nenton 迭代法、弦截法, 以及二分法, 其中以 Nenton 迭代法收敛速度最快, 但它要求给出有合适的迭代初值, 并且需计算超越函数本身及其导数的值; 弦截法收敛速度次之, 它无需计算函数的导数值, 但它要求给出有两个迭代初值; 与前两种求根方法相比, 二分法虽然收敛速度最慢, 但它无需计算函数的导数值, 特别是它不易漏掉根, 这点在实际应用中是非常重要的. 因此, 这里和以下我们在求解超越方程根时, 所采用的数值方法均为二分法.

(1) 程序**BISJDZO** 使用说明:

本程序为采用二分法求解 $J'_n(x) = 0$ 和 $J_n(x) = 0$ 根的专用主程序. 其中子程序 BISJ 为二分法求根程序; 子程序 JDN 用以计算 Bessel 函数 $J_n(x)$ 及其导数, 供 BISJ 调用.

功用: 求解 $J'_n(x) = 0$ 和 $J_n(x) = 0$ 的根 (即 $J'_n(x)$ 和 $J_n(x)$ 的零点.

输入: KM　　代码 KM = 1 相应计算 $J'_n(x) = 0$ 零点<br>
　　　　　　　　KM = 2 相应计算 $J_n(x) = 0$ 零点

$n$　　Bessel 函数 $J_n(x)$ 的阶

NRM　　所需求的根的个数

输出: RT($i$)　　$J'_n(x) = 0$ 或 $J_n(x) = 0$ 的第 $i$ 个根 ($i = 1, 2, \cdots$ , NRM)

(2) **Fortran**源程序

主程序: **BISJDZO**

```
      PROGRAM BISJDZO
C     ===========================================================
C     Purpose : Evaluates the zeros of Bessel functions Jn(x) &
C               Jn'(x) by the Bisection Method by calling BISJ
C     Input :   Km --- Mode code for circular waveguide
C                      Km=1 for TMmn; Km=2 for TMmn
C               n  --- Order of Jn(x)
C               NRM --- Total number of the zeros to be found
C               JDN ---Subroutine for computing Jn(x) & Jn'(x)
C                       written by user
C     Output:   RT(i) --- i-th zero of the Jn(x) or Jn'(x)
C                         i is the serial number(i=1,2...,NRM)
C               NRM --- Total number of the roots to be found
C     ===========================================================
      IMPLICIT DOUBLE PRECISION (A-H,O-Z)
```

```
      DIMENSION RT(50)
      WRITE(*,*)'Mode code Km,Order n & Zero number NRM = ?'
      READ(*,*)KM,N,NRM
      WRITE(*,20)KM,N,NRM
      WRITE(*,*)
      A=0.1
      B=5.0*NRM
      H=0.1
      EPS=1.0D-10
      CALL BISJ(KM,N,A,B,H,EPS,NRM,RT)
      IF (KM.EQ.1) WRITE(*,40)
      IF (KM.EQ.2) WRITE(*,50)
      WRITE(*,*)'          -------------------------'
      DO 10 I=1,NRM
10       WRITE(*,30)I,RT(I)
20    FORMAT(12X,'Km =',I1,', n=',I2,', Nrm=',I2)
30    FORMAT(10X,I3,2X,F18.8)
40    FORMAT(12X,'No.     Zeros of Jn''(x)')
50    FORMAT(12X,'No.     Zeros of Jn(x)')
      END
```

子程序: **BISJ**

```
      SUBROUTINE BISJ(KM,N,A,B,H,EPS,NRM,RT)
C     ============================================================
C     Purpose : Evaluates the zeros of Bessel functions Jn(x)
C               and Jn'(x) by the Bisection Method
C     Input :   A --- Lower bound of the zerofinding interval
C               B --- Upper bound of the interval
C               H --- Spacing in location process
C               Eps--- Relative accuracy requirement
C               JDN---Subroutine for computing Jn(x) & Jn'(x)
C                     written by user
C     Output:   RT(I) --- i-th zero of Jn(x) or Jn'(x)
C                         i is the serial number (i=1,2...,NRM)
C               NRM --- Total number of the roots to be found
C     ============================================================
      IMPLICIT DOUBLE PRECISION (A-H,O-Z)
      DIMENSION BJ(0:100),DJ(0:100),RT(50)
```

```
        NR=0
        X=A
        CALL JDN(N,X,BJ,DJ)
        IF (KM.EQ.1)YB=DJ(N)
        IF (KM.EQ.2)YB=BJ(N)
10      X=X+H
        IF (X.GT.B+H) RETURN
        YA=YB
        CALL JDN(N,X,BJ,DJ)
        IF (KM.EQ.1)YB=DJ(N)
        IF (KM.EQ.2)YB=BJ(N)
        IF (ABS(YB).LT.1.0E-14) GO TO 30
        IF (YA*YB.GT.0.0) GO TO 10
        XA=X-H
        XB=X
20      X=.5*(XA+XB)
        CALL JDN(N,X,BJ,DJ)
        IF (KM.EQ.1)Y=DJ(N)
        IF (KM.EQ.2)Y=BJ(N)
        IF (ABS(Y).LT.1.0E-14) GO TO 30
        IF (YA*Y.GT.0.0) XA=X
        IF (YA*Y.LE.0.0) XB=X
        IF (ABS(XB-XA).GT.ABS(X)*EPS) GO TO 20
30      NR=NR+1
        RT(NR)=X
        IF (NR.GE.NRM) RETURN
        GO TO 10
        END
```

子程序: **JDN**

```
        SUBROUTINE JDN(N,X,BJ,DJ)
C       =====================================================
C       Purpose: Compute Bessel functions Jn(x) and Jn'(x)
C       Input :  x --- Argument of Jn(x) and Jn'(x) (x >=0)
C                n --- Order of Jn(x)
C       Output:  BJ(n) --- Jn(x)
C                DJ(n) --- Jn'(x)
C       =====================================================
        IMPLICIT DOUBLE PRECISION (A-H,O-Z)
```

```
      DIMENSION BJ(0:100),DJ(0:100),A(4),B(4),A1(4),B1(4)
      PI=3.141592653589793D0
      IF (X.LT.1.0D-100) THEN
         DO 10 K=0,N
            BJ(K)=0.0D0
10          DJ(K)=0.0D0
         BJ(0)=1.0D0
         DJ(1)=0.5D0
         RETURN
      ENDIF
      IF (X.LE.300.0.OR.N.GT.INT(0.9*X)) THEN
         BS=0.0D0
         F2=0.0D0
         F1=1.0D-100
         DO 15 K=100,0,-1
            F=2.0D0*(K+1.0D0)/X*F1-F2
            IF (K.LE.N+1) BJ(K)=F
            IF (K.EQ.2*INT(K/2).AND.K.NE.0) THEN
               BS=BS+2.0D0*F
            ENDIF
            F2=F1
15          F1=F
         S0=BS+F
         DO 20 K=0,N+1
20          BJ(K)=BJ(K)/S0
      ELSE
         DATA A/-.7031250000000000D-01,.1121520996093750D+00,
     &           -.5725014209747314D+00,.6074042001273483D+01/
         DATA B/ .7324218750000000D-01,-.2271080017089844D+00,
     &            .1727727502584457D+01, .2438052969955606D+02/
         DATA A1/.1171875000000000D+00,-.1441955566406250D+00,
     &            .6765925884246826D+00,-.6883914268109947D+01/
         DATA B1/-.1025390625000000D+00,.2775764465332031D+00,
     &           -.1993531733751297D+01,.2724882731126854D+02/
         T1=X-0.25D0*PI
         P0=1.0D0
         Q0=-0.125D0/X
         DO 25 K=1,4
```

```
          P0=P0+A(K)*X**(-2*K)
25        Q0=Q0+B(K)*X**(-2*K-1)
        CU=DSQRT(R2P/X)
        BJ0=CU*(P0*DCOS(T1)-Q0*DSIN(T1))
        BJ(0)=BJ0
        T2=X-0.75D0*PI
        P1=1.0D0
        Q1=0.375D0/X
        DO 30 K=1,4
          P1=P1+A1(K)*X**(-2*K)
30        Q1=Q1+B1(K)*X**(-2*K-1)
        BJ1=CU*(P1*DCOS(T2)-Q1*DSIN(T2))
        BJ(1)=BJ1
        DO 35 K=2,N
          BJK=2.0D0*(K-1.0D0)/X*BJ1-BJ0
          BJ(K)=BJK
          BJ0=BJ1
35        BJ1=BJK
      ENDIF
      DJ(0)=-BJ(1)
      DO 40 K=1,N
40      DJ(K)=BJ(K-1)-K/X*BJ(K)
      RETURN
      END
```

主程序 BISJDZO 经编译后, 运行此程序屏幕显示:

```
Mode code Km,Order m & Zero number NRM = ?
```

例如, 输入: Km =1, m= 0, Nrm= 6, 屏幕显示计算结果为:

```
 m - n   Zeros of Jm'(x)
-------------------------------
 0 - 1     3.83170597
 0 - 2     7.01558667
 0 - 3    10.17346814
 0 - 4    13.32369194
 0 - 5    16.47063005
 0 - 6    19.61585851
```

又如, 再次运行后输入: Km=2, m=1, Nrm=4, 屏幕显示计算结果为:

```
m - n Zeros of Jm(x)
--------------------------
1 - 1   3.83170597
1 - 2   7.01558667
1 - 3  10.17346814
1 - 4  13.32369194
```

计算所得数值结果可在编写主程序时将它中写入数据文件中, 并同时可在屏幕显示; 亦可在运行时写入数据文件, 此时只需运行 BISJDZO 空格〉数据文件名; 或者运行 BISJDZO 空格〉PRN, 而在打印机上打出计算结果 (注意: 这后两种情况, 数入的 KM, m, NRM 数据在屏幕上没有显示.)

第 3 章表 3.3.1 和表 3.3.2 所列结果可按表格要求通过编写主程序形成; 亦可由本程序所求得的数值结果进行编辑给出.

## H　二分法求解超越方程 $f'(x) = J'_m(x)Y'_m(cx) - J'_m(cx)Y'_m(x) = 0$ 和 $f(x) = J_m(x)Y_m(cx) - J_m(cx)Y_m(x) = 0$ 的根的程序

(1)　程序**BISCJYZO** 使用说明:

本程序为采用二分法求解 $f'(x) = 0$ 和 $f(x) = 0$ 根的专用主程序. 其中子程序 BISCJY 为二分法求根程序; 子程序 JYCDN 用以计算 $f'(x)$ 和 $f(x)$ 而子程序 JYCDN 用以计算 Bessel 函数 $J_n(x)$、$Y_n(x)$ 及其导数, 供子程序 JYCDN 调用.

功用: 求解 $f'(x) = 0$ 和 $f(x) = 0$ 的根 (即 $f'(x)$ 和 $f(x)$ 的零点.

输入: KM　　　　代码 KM = 1 相应计算 $f'(x) = 0$ 零点

　　　　　　　　KM − 2 相应计算 $f(x) = 0$ 零点

$n$　　　　Bessel 函数 $J_n(x)$ 和 $Y_n(x)$ 的阶

NRM　　　　所需求的根的个数

输出: RT($i$)　　　　$f'_n(x) = 0$ 或 $f(x) = 0$ 的第 $i$ 个根 ($i = 1, 2, \cdots, \text{NRM}$)

(2) **Fortran**源程序

主程序: **BISCJYZO**

```
        PROGRAM BISJYCZO
C       ============================================================
C       Purpose : Evaluates the zeros of the non-linear functions
C                 of f1(x)=Jn(x)*Yn(cx)-Jn(cx)*Yn(x) and
C                 f2(x)=Jn'(x)*Yn'(cx)-Jn'(cx)*Yn'(x) for given n
C                 & c=b/a by the Bisection Method by calling BISJYC
C       Input :   Km --- Mode code for coaxial waveguide
C                        Km=1 for TEmn mode; Km=2 for TMmn mode
C                 n  --- Order of Jn(x) and Yn(x)
```

```
C              NRM --- Total number of the zeros to be found
C              JYCDN & JYDN --- Subroutines for computing the
C                     f1(x) and f2(x),and Jn(x),Yn(x) and their
C                     derivatives written by user
C       Output:  RT(i) --- i-th zero of the equation f(x)=0
C                        i is the serial number(i=1,2,...,NRM)
C              NRM --- Total number of the zeros to be found
C       ============================================================
        IMPLICIT DOUBLE PRECISION (A-H,O-Z)
        DIMENSION RT(50)
        WRITE(*,*)'KM,N,C,NRM=?'
        READ(*,*)KM,N,C,NRM
        WRITE(*,20)KM,N,C,NRM
        WRITE(*,*)
        A=0.1
        B=5.0*NRM
        H=0.1
        EPS=1.0D-10
        CALL BISCJY(KD,A,B,H,EPS,NRM,RT,N,C)
        IF (KM.EQ.1) WRITE(*,40)
        IF (KM.EQ.2) WRITE(*,50)
        WRITE(*,*)'          ----------------------------',
     &          '-------------------'
        DO 10 I=1,NRM
10         WRITE(*,30)I,RT(I)
20      FORMAT(12X,'Km =',I1,', n=',I2,', c=b/a=',F4.1,', Nrm=',I2)
30      FORMAT(10X,I3,10X,F18.8)
40      FORMAT(12X,'No.  Zeros of Jn''(x)*Yn''(cx)-Jn''(cx)*Yn''(x)')
50      FORMAT(12X,'No.  Zeros of Jn(x)*Yn(cx)-Jn(cx)*Yn(x)')
        END
```

子程序: **BISCJY**

```
        SUBROUTINE BISCJY(KM,A,B,H,EPS,NRM,RT,N,C)
C       ============================================================
C       Purpose : Evaluates the zeros of the non-linear functions
C                 of f1(x)=Jn(x)*Yn(cx)-Jn(cx)*Yn(x) and
C                 f2(x)=Jn'(x)*Yn'(cx)-Jn'(cx)*Yn'(x) for given n
C                 & c=b/a by the Bisection Method
C       Input :   A --- Lower bound of the zerofinding interval
```

```
C              B --- Upper bound of the interval
C              H --- Spacing in location process
C              Eps-- Relative accuracy requirement
C              JYCDN & JYDN --- Subroutines for computing the
C                     f1(x) and f2(x),and Jn(x),Yn(x) and their
C                     derivatives written by user
C     Output:  RT(i) --- i-th zero of the equation f(x)=0
C                        i is the serial number(i=1,2,...,NRM)
C              NRM --- Total number of the zeros to be found
C     ============================================================
      IMPLICIT DOUBLE PRECISION (A-H,O-Z)
      DIMENSION RT(50),BJY(0:50),DJY(0:50)
      NR=0
      X=A
      CALL JYCDN(N,X,C,BJY,DJY)
      YB=BJY(N)
      IF (KM.EQ.1) YB=DJY(N)
      IF (KM.EQ.2) YB=BJY(N)
10    X=X+H
      IF (X.GT.B+H) RETURN
      YA=YB
      CALL JYCDN(N,X,C,BJY,DJY)
      YB=BJY(N)
      IF (KM.EQ.1) YB=DJY(N)
      IF (KM.EQ.2) YB=BJY(N)
      IF (ABS(YB).LT.1.0E-14) GO TO 30
      IF (YA*YB.GT.0.0) GO TO 10
      XA=X-H
      XB=X
20    X=.5*(XA+XB)
      CALL JYCDN(N,X,C,BJY,DJY)
      Y=BJY(N)
      IF (KM.EQ.1) Y=DJY(N)
      IF (KM.EQ.2) Y=BJY(N)
      IF (ABS(Y).LT.1.0E-14) GO TO 30
      IF (YA*Y.GT.0.0) XA=X
      IF (YA*Y.LE.0.0) XB=X
      IF (ABS(XB-XA).GT.ABS(X)*EPS) GO TO 20
```

```
30      NR=NR+1
        RT(NR)=X
        IF (NR.GE.NRM) RETURN
        GO TO 10
        END
```

子程序: **JYCDN**

```
        SUBROUTINE JYCDN(N,X,C,BJY,DJY)
C       ==============================================================
C       Purpose: Compute the functions of Jn(x)*Yn(cx)- Jn(cx)*Yn(x),
C                and Jn'(x)*Yn'(cx)- Jn'(cx)*Yn'(x) for given n & c
C       Input :  x --- Argument of Jn(x) and Yn(x) (x >=0 )
C                n --- Order of Jn(x) and Yn(x)
C                c --- c=b/a
C       Output:  BJY(n) --- Jn(x)*Yn(cx)- Jn(cx)*Yn(x)
C                DJY(n) --- Jn'(x)*Yn'(cx)- Jn'(cx)*Yn'(x)
C       ==============================================================
        IMPLICIT DOUBLE PRECISION (A-H,O-Z)
        DIMENSION BJ(0:50),DJ(0:50),BY(0:50),DY(0:50),BCJ(0:50),
     &            DCJ(0:50),BCY(0:50),DCY(0:50),BJY(0:50),DJY(0:50)
        CALL JYDN(N,X,BJ,DJ,BY,DY)
        XC=C*X
        CALL JYDN(N,XC,BCJ,DCJ,BCY,DCY)
        DO 10 K=0,N
           BJY(K)=BJ(K)*BCY(K)-BCJ(K)*BY(K)
10         DJY(K)=DJ(K)*DCY(K)-DCJ(K)*DY(K)
        RETURN
        END
```

子程序: **JYDN**

```
        SUBROUTINE JYDN(N,X,BJ,DJ,BY,DY)
C       =====================================================
C       Purpose: Compute Bessel functions Jn(x), Yn(x) and
C                their derivatives
C       Input :  x --- Argument of Jn(x) and Yn(x) (x >=0 )
C                n --- Order of Jn(x) and Yn(x)
C       Output:  BJ(n) --- Jn(x)
C                DJ(n) --- Jn'(x)
C                BY(n) --- Yn(x)
C                DY(n) --- Yn'(x)
```

```
C        ===================================================
         IMPLICIT DOUBLE PRECISION (A-H,O-Z)
         DIMENSION BJ(0:N),DJ(0:N),BY(0:N),DY(0:N),
     &            A(4),B(4),A1(4),B1(4)
         PI=3.141592653589793D0
         R2P=.63661977236758D0
         IF (X.LT.1.0D-100) THEN
            DO 10 K=0,N
               BJ(K)=0.0D0
               DJ(K)=0.0D0
               BY(K)=-1.0D+300
10             DY(K)=1.0D+300
            BJ(0)=1.0D0
            DJ(1)=0.5D0
            RETURN
         ENDIF
         IF (X.LE.300.0.OR.N.GT.INT(0.9*X)) THEN
            BS=0.0D0
            SU=0.0D0
            SV=0.0D0
            F2=0.0D0
            F1=1.0D-100
            DO 15 K=100,0,-1
               F=2.0D0*(K+1.0D0)/X*F1-F2
               IF (K.LE.N+1) BJ(K)=F
               IF (K.EQ.2*INT(K/2).AND.K.NE.0) THEN
                  BS=BS+2.0D0*F
                  SU=SU+(-1)**(K/2)*F/K
               ELSE IF (K.GT.1) THEN
                  SV=SV+(-1)**(K/2)*K/(K*K-1.0)*F
               ENDIF
               F2=F1
15             F1=F
            S0=BS+F
            DO 20 K=0,N+1
20             BJ(K)=BJ(K)/S0
            EC=DLOG(X/2.0D0)+0.5772156649015329D0
            BY0=R2P*(EC*BJ(0)-4.0D0*SU/S0)
```

```
        BY(0)=BY0
        BY1=R2P*((EC-1.0D0)*BJ(1)-BJ(0)/X-4.0D0*SV/S0)
        BY(1)=BY1
      ELSE
        DATA A/-.7031250000000000D-01,.1121520996093750D+00,
     &          -.5725014209747314D+00,.6074042001273483D+01/
        DATA B/ .7324218750000000D-01,-.2271080017089844D+00,
     &           .1727727502584457D+01,-.2438052969955606D+02/
        DATA A1/.1171875000000000D+00,-.1441955566406250D+00,
     &           .6765925884246826D+00,-.6883914268109947D+01/
        DATA B1/-.1025390625000000D+00,.2775764465332031D+00,
     &           -.1993531733751297D+01,.2724882731126854D+02/
        T1=X-0.25D0*PI
        P0=1.0D0
        Q0=-0.125D0/X
        DO 25 K=1,4
           P0=P0+A(K)*X**(-2*K)
25         Q0=Q0+B(K)*X**(-2*K-1)
        CU=DSQRT(R2P/X)
        BJ0=CU*(P0*DCOS(T1)-Q0*DSIN(T1))
        BY0=CU*(P0*DSIN(T1)+Q0*DCOS(T1))
        BJ(0)=BJ0
        BY(0)=BY0
        T2=X-0.75D0*PI
        P1=1.0D0
        Q1=0.375D0/X
        DO 30 K=1,4
           P1=P1+A1(K)*X**(-2*K)
30         Q1=Q1+B1(K)*X**(-2*K-1)
        BJ1=CU*(P1*DCOS(T2)-Q1*DSIN(T2))
        BY1=CU*(P1*DSIN(T2)+Q1*DCOS(T2))
        BJ(1)=BJ1
        BY(1)=BY1
        DO 35 K=2,N
           BJK=2.0D0*(K-1.0D0)/X*BJ1-BJ0
           BJ(K)=BJK
           BJ0=BJ1
35         BJ1=BJK
```

```
      ENDIF
      DJ(0)=-BJ(1)
      DO 40 K=1,N
40       DJ(K)=BJ(K-1)-K/X*BJ(K)
      DO 45 K=2,N
         BYK=2.0D0*(K-1.0D0)*BY1/X-BY0
         BY(K)=BYK
         BY0=BY1
45       BY1=BYK
      DY(0)=-BY(1)
      DO 50 K=1,N
50       DY(K)=BY(K-1)-K*BY(K)/X
      RETURN
      END
```

主程序 BISCJYZO 经编译后, 运行此程序屏幕显示:

```
KM,m,c,NRM = ?
```

例如, 输入: `Km =1, m = 0, c=b/a= 2.3, Nrm= 5`, 屏幕显示计算结果为:

```
m - n Zeros of Jm'(x)*Ym'(cx)-Jm'(cx)*Ym'(x)
-----------------------------------------------
0 - 1             2.39625475
0 - 2             4.82231207
0 - 3             7.24243912
0 - 4             9.66086260
0 - 5            12.07857464
```

又如, 再次运行后输入: `Km =2,n= 1,c=b/a= 3.5, Nrm= 5`, 屏幕显示计算结果为:

```
  No. Zeros of Jn(x)*Yn(cx)-Jn(cx)*Yn(x)
------------------------------------------
  1              1.32197744
  2              2.55220764
  3              3.79709617
  4              5.04731470
  5              6.29994896
```

## I 二分法求解超越方程 $\hat{J}'_n(x) = 0$ 和 $\hat{J}_n(x) = 0$ 的根的程序

(1) 程序**BISRCJZO** 使用说明

本程序为采用二分法求解 $\hat{J}'_n(x) = 0$ 和 $\hat{J}_n(x) = 0$ 根的专用主程序. 其中子程序 BISRJ 为二分法求根程序; 子程序 RCTJ 用以计算 $\hat{J}'_n(x)$ 和 $\hat{J}_n(x)$, 供子程序 BISRJ 调用.

功用: 求解 $\hat{J}'_n(x) = 0$ 和 $\hat{J}_n(x) = 0$ 的根 (即 $\hat{J}'_n(x)$ 和 $\hat{J}_n(x)$ 的零点).

输入: KM 代码 KM = 1 相应计算 $\hat{J}'_n(x) = 0$ 零点

KM = 2 相应计算 $\hat{J}_n(x) = 0$ 零点

$n$ Riccati-Bessel 函数 $\hat{J}'_n(x)$ 的阶

NRM 所需求的根的个数

输出: RT($i$) $\hat{J}'_n(x) = 0$ 或 $\hat{J}_n(x) = 0$ 的第 $i$ 个根 ($i = 1, 2, \cdots$ ,NRM)

(2) **Fortran**源程序

主程序: **BISRCJZO**

```
      PROGRAM BISRCJZO
C     ==========================================================
C     Purpose : Evaluates the zeros of Riccati-Bessel functions
C               xjn(x) & [xjn(x)]' by the Bisection Method by
C               calling BISRJ
C     Input :   Km --- Mode code for spherical resonator
C                      Km=1 for TMr; Km=2 for TEr
C               n  --- Order of  xjn(x)  (n=1,2,...)
C               NRM --- Total number of the zeros to be found
C               RCTJ ---Subroutine for computing xjn(x) & their
C                       derivatives written by user
C     Output:   RT(i) --- i-th zero of the xjn(x) or [xjn(x)]'
C                         i is the serial number(i=1,2...,NRM)
C               NRM --- Total number of the roots to be found
C     ==========================================================
      IMPLICIT DOUBLE PRECISION (A-H,O-Z)
      DIMENSION RT(50)
      WRITE(*,*)'Mode code Km,Order n & Zero number NRM = ?'
      READ(*,*)KM,N,NRM
      WRITE(*,20)KM,N,NRM
      WRITE(*,*)
      A=0.1
      B=5.0*NRM
```

```
      H=0.1
      EPS=1.0D-10
      CALL BISRJ(KM,N,A,B,H,EPS,NRM,RT)
      IF (KM.EQ.1) WRITE(*,40)
      IF (KM.EQ.2) WRITE(*,50)
      WRITE(*,*)'          -------------------------'
      DO 10 I=1,NRM
10       WRITE(*,30)I,RT(I)
20    FORMAT(12X,'KM =',I1,',  n=',I2,',  Nrm=',I2)
30    FORMAT(10X,I3,2X,F18.8)
40    FORMAT(12X,'No.    Zeros of [xjn(x)]''')
50    FORMAT(12X,'No.     Zeros of xjn(x)')
      END
```

子程序: **BISRJ**

```
      SUBROUTINE BISRJ(KM,N,A,B,H,EPS,NRM,RT)
C     ==========================================================
C     Purpose : Evaluates the zeros of Riccati-Bessel functions
C               xjn(x) & [xjn(x)]' by the Bisection Method
C     Input :   A --- Lower bound of zerofinding interval
C               B --- Upper bound of the interval
C               H --- Spacing in location process
C               Eps-- Relative accuracy requirement
C               RCTJ --- Subroutine for computing xjn(x) &
C                     [xjn(x)]' written by user
C     Output:   RT(I) --- i-th root of the equation f(x)=0
C                         i is the serial number(i=1,2...,NR)
C               NR --- Total number of the roots to be found
C     ==========================================================
      IMPLICIT DOUBLE PRECISION (A-H,O-Z)
      DIMENSION RJ(0:100),DJ(0:100),RT(50)
      NR=0
      X=A
      CALL RCTJ(N,X,RJ,DJ)
      IF (KM.EQ.1)YB=DJ(N)
      IF (KM.EQ.2)YB=RJ(N)
10    X=X+H
      IF (X.GT.B+H) RETURN
      YA=YB
```

```
      CALL RCTJ(N,X,RJ,DJ)
      IF (KM.EQ.1)YB=DJ(N)
      IF (KM.EQ.2)YB=RJ(N)
      IF (ABS(YB).LT.1.0E-14) GO TO 30
      IF (YA*YB.GT.0.0) GO TO 10
      XA=X-H
      XB=X
20    X=.5*(XA+XB)
      CALL RCTJ(N,X,RJ,DJ)
      IF (KM.EQ.1)Y=DJ(N)
      IF (KM.EQ.2)Y=RJ(N)
      IF (ABS(Y).LT.1.0E-14) GO TO 30
      IF (YA*Y.GT.0.0) XA=X
      IF (YA*Y.LE.0.0) XB=X
      IF (ABS(XB-XA).GT.ABS(X)*EPS) GO TO 20
30    NR=NR+1
      RT(NR)=X
      IF(NR.GE.NRM) RETURN
      GO TO 10
      END
```

子程序: **RCTJ**

```
      SUBROUTINE RCTJ(N,X,RJ,DJ)
C     ==========================================================
C     Purpose: Compute Riccati-Bessel functions of the first
C              kind and their derivatives
C     Input:   x --- Argument of Riccati-Bessel function
C              n --- Order of jn(x)  ( n = 0,1,2,... )
C     Output:  RJ(n) --- x  n(x)
C              DJ(n) --- [x  n(x)]'
C     ==========================================================
      IMPLICIT DOUBLE PRECISION (A-H,O-Z)
      DIMENSION RJ(0:100),DJ(0:100)
      IF (DABS(X).LT.1.0D-100) THEN
         DO 10 K=0,N
            RJ(K)=0.0D0
10          DJ(K)=0.0D0
         DJ(0)=1.0D0
         RETURN
```

```
      ENDIF
      RJ(0)=DSIN(X)
      RJ(1)=RJ(0)/X-DCOS(X)
      RJ0=RJ(0)
      RJ1=RJ(1)
      IF (N.GE.2) THEN
         M=100
         F0=0.0D0
         F1=1.0D-100
         DO 15 K=M,0,-1
            F=(2.0D0*K+3.0D0)*F1/X-F0
            IF (K.LE.N) RJ(K)=F
            F0=F1
15          F1=F
         IF (DABS(RJ0).GT.DABS(RJ1)) CS=RJ0/F
         IF (DABS(RJ0).LE.DABS(RJ1)) CS=RJ1/F0
         DO 20 K=0,N
20          RJ(K)=CS*RJ(K)
      ENDIF
      DJ(0)=DCOS(X)
      DO 25 K=1,N
25       DJ(K)=-K*RJ(K)/X+RJ(K-1)
      RETURN
      END
```

主程序 BISCJYZO 经编译后, 运行此程序屏幕显示:

```
Mode code Km,Order m & Zero number NRM = ?
```

例如, 输入: KM =1, m= 1, Nrm= 6, 屏幕显示计算结果为:

```
 m - n   Zeros of [xjn(x)]'
------------------------------
 1 - 1      2.74370727
 1 - 2      6.11676426
 1 - 3      9.31661563
 1 - 4     12.48593737
 1 - 5     15.64386611
 1 - 6     18.79625335
```

又如, 再次运行后输入: KM =2, m= 1, Nrm= 4, 屏幕显示计算结果为:

```
   m - n      Zeros of xjn(x)
 -----------------------------
   1 - 1        4.49340946
   1 - 2        7.72525184
   1 - 3       10.90412166
   1 - 4       14.06619391
```

## J 高斯–勒让德数值积分法计算积分 $\int_0^x \hat{J}_1^2(x)\mathrm{d}x$ 的 Fortran 程序

(1) 程序**MGLIRCT** 使用说明

在数理问题中, 我们经常会遇到要计算一个函数的积分; 通常, 除非被积函数很简单, 要求得其积分原函数是十分困难的. 然而, 对于定积分, 我们可方便地应用数值积分法. 常用的数值积分法有辛普森 (Simpson)、龙贝格 (Romberg) 和高斯 - 勒让德 (Gauss-Legendre) 等积分方法; 其中, 以高斯积分法算法最简单, 且具有最高代数精度, 但它需要用到 $n$ 次 Legendre 多项式的 $n$ 个零点值和相应的权系数; 由于这些零点值和相应的权系数有表可查, 或通过编程生成, 而得到广泛用. 这里所给出的是经过改进后的 Gauss-Legendre 积分法, 是将积分区间剖分成 M 等分, 根据积分精度要求自动选择所需 M 值来进行积分.

程序 MGLIRCT 为采用高斯数值积分法计算定积分 $\int_0^x f(x)\mathrm{d}x$ 值的主程序. 其中子程序 GLIM 为采用高斯数值积分求积程序; 子程序 FUNC 用以计算被积函数 $f(x)$ 的值, 供子程序 GLIM 调用. 这里, $f(x) = \hat{J}_1^2(x) = [\sin(x)/x - \cos(x)]^2$.

功用: 求定积分 $\int_0^x f(x)\mathrm{d}x$ 的值

输入: $a$　　积分下限

　　$b$　　积分上限

　　$M$　　积分区间剖分的子区间数 (最大值)

　　$f(x)$　　被积函数

输出: $I$　　积分 $\int_0^x f(x)dx$ 的值

(2) **Fortran** 源程序

主程序: **MGLIRCT**

```
        PROGRAM MGLIRCT
C       ===========================================================
C       Purpose: Compute a definite integral from a to b by using
C                Gaussian-Legendre Integration Method.
C                Here,the integrand f(x) is square of Ricatti-Bessel
C                fuction with order one,ie.
```

```
C                  f(x)=[xj1(x)]^2=[sin(x)/x-cos(x)]^2
C            ( The interval is divided by M, M is an integer )
C       Input :  a --- Lower limit of the integral
C                b --- Upper limit of the integral (x=b)
C                M --- Maximum number of the sub-intervals
C                F(u) --- Integrand wriiten by user
C       Output:  TI --- Integration of f(x), Si(x)
C       Routine called: FUNC for computing f(u)
C       Illustrative example: Integrand f(x) =[sin(x)/x-cos(x)]^2
C                             with limits 0 & x (=2.7437073)
C       Input M,and x: M=10, X=1.0,2.0, Eps=1.0D-10
C       Computed results:  I=1.1385339
C       ============================================================
        DOUBLE PRECISION A,B,TI,X,EPS
        WRITE(*,*)'x, M and Eps = ?'
        READ(*,*)X,M,EPS
        A=0.0D0
        B=X
        CALL GLIM(A,B,M,EPS,TI)
        WRITE(*,10)X,M,EPS
        WRITE(*,*)
        WRITE(*,20)TI
10      FORMAT(10X,'x=',F9.7,', M = ',I2,', Eps=',D7.2)
20      FORMAT(10X,'Computed result: I =',F12.8)
        END

        SUBROUTINE GLIM(A,B,M,EPS,TI)
C       ============================================================
C       Purpose: Compute a definite integral from a to b by using
C                Gaussian-Legendre Integration Method
C               ( The interval is divided by M (M=2**K, K=0,1,2,...)
C       Input :  a --- Lower limit of the integral
C                b --- Upper limit of the integral
C                F --- Function subroutine wriiten by user
C       Output:  TI --- Integration of f(x)
C       Routine called: FUNC for computing f(x)
C       ============================================================
        IMPLICIT DOUBLE PRECISION (A-H,P-Z)
```

```
      DIMENSION T(10),W(10)
      DATA T(1),T(2),T(3),T(4),T(5),T(6),T(7),T(8),T(9),T(10)/
     &     .9931285991850949D0,.9639719272779138D0,
     &     .9122344282513259D0,.8391169718222188D0,
     &     .7463319064601508D0,.6360536807265150D0,
     &     .5108670019508271D0,.3737060887154195D0,
     &     .2277858511416451D0,.7652652113349734D-1/
      DATA W(1),W(2),W(3),W(4),W(5),W(6),W(7),W(8),W(9),W(10)/
     &      .1761400713915212D-1,.4060142980038694D-1,
     &      .6267204833410907D-1,.8327674157670475D-1,
     &      .1019301198172404D0,.1181945319615184D0,
     &      .1316886384491766D0,.1420961093183820D0,
     &      .1491729864726037D0,.1527533871307258D0/
      DO 30 L=1,M
         TI=0.0D0
         C=.5D0*(B-A)/L
         D=A+C
         DO 20 J=1,L
            S=0.0D0
            DO 10 K=1,10
               U1=D+C*T(K)
               U2=D-C*T(K)
               CALL FUNC(U1,F1)
               CALL FUNC(U2,F2)
               S=S+W(K)*(F1+F2)
10          CONTINUE
            TI=TI+S*C
            D=D+2.0D0*C
20       CONTINUE
         IF (DABS((TI-TI0)/TI).LT.EPS) RETURN
         TI0=TI
30    CONTINUE
      END

      SUBROUTINE FUNC(U,F)
C     ==========================================================
C     This subroutine is used to compute function of f(x)
C     Example: f(u) = sin(u)/u
```

```
C              u --- Integration variable
C              F --- Value of f(x) for a given u
C       ==========================================================
        DOUBLE PRECISION F,U
        F=1.0D0
        IF (U.NE.0.0) F=(DSIN(U)/U-DCOS(U))**2
        RETURN
        END
```

主程序 MGLIRCT 经编译后, 运行此程序屏幕显示:

```
x, M and Eps=?
```

输入: `x=2.7437073, M = 10, Eps=.10D-09`, 屏幕显示计算结果为:

```
Computed result: I = 1.13853391
```

## K 圆截面阶梯 (SI) 光纤波导 $\overline{\beta}$-$\nu$ 色散特性 (图 3.5.2) 的计算程序

(1) 算法 A —— 计算 $\overline{\beta}$-$\nu$ 色散曲线

程序和范例说明如下:

子程序名: **OPBISA(KM,M,GI,RNT)**

(a) 子程序**OPBISA**使用说明:

功用: 计算圆光纤 $HE_{11}$、$TE_{01}$、$\cdots$、$HE_{22}$ 等 12 个模的 $\overline{\beta}$-$\nu$ 色散方程曲线.

输入: $n_1$ 纤芯折射率

$n_2$ 包层折射率

$m$ Bessel 函数 $J_m(x)$ 和变型 Bessel 函数 $K_m(x)$ 的阶.

Gv 广义频率 $\nu(7.0\sim 0, \Delta\nu=-0.05)$

Beta 搜索初值 $\overline{\beta}=1.53$; 区间 $\overline{\beta}=1.53\sim 1.51$; 步长 $\mathrm{H}=-0.0001$.

KM 模式代码: KM=1~4 分别为 $TE_{0n}$ 、$TM_{0n}$ 、$HE_{mn}$ 和 $EH_{mn}$ 模.

$f(\mathrm{KM}, m, n_1, n_2, \mathrm{Beta}, \mathrm{Gv})=0$ 为色散方程 ($f$ 由使用者编写、子程序形式).

NR NR=1、2 为给定 $m$、Gv 值, $f(\mathrm{KM},\cdots)=0$ 的 Beta($i$) 的第一和第二个根的序号.

NS 模式代码: NS = 100*M + 10*KM + NR

NSJ 模式代码: NSJ=1~2 分别代表 $HE_{11}$、$TE_{01}$、$TM_{01}$、$HE_{21}$、$EH_{11}$、$HE_{12}$、$HE_{31}$、$EH_{21}$、$HE_{41}$、$TE_{02}$、$TM_{02}$ 和 $HE_{22}$ 模.

例: 对于 $HE_{11}$ 模, $\mathrm{NSJ}=1, \mathrm{M}=1, \mathrm{KM}=3, \mathrm{NR}=1; \mathrm{NS}=131$;

对于 $TM_{02}$ 模, $\mathrm{NSJ}=11, \mathrm{M}=0, \mathrm{KM}=2, \mathrm{NR}=2; \mathrm{NS}=022$;

输出: GI($i$) 广义频率 $\nu(i), i=1,2,\cdots (\nu=0\sim 7.0)$

RNT($i$)　　归一化 $\overline{\beta}(i),(i=1,2,\cdots)$ 相应于给定模式和、$\nu(i)$ 值时, $f(\mathrm{KM},\cdots)=0$ 的根.

调用子程序：FUNA(KM,M,GV,BETA,F) 计算给定 KM,M,GV 和 BETA 时, $\mathrm{F}=f(\mathrm{KM},\cdots)$ 的值, $f(\mathrm{KM},\cdots)=0$ 为色散方程.

OPJ：计算 Bessel 函数 $J_n(x)$ 及其导数.

OPK：计算变型 Bessel 函数 $K_n(x)$ 及其导数.

BJNMM：计算给定 $x$ 与阶 $n$ 采用逆推法求 $J_n(x)$ 和 $K_n(x)$ 时的最大起始阶 M, 和不致出现溢出所可能计算的 $n$ 的最大阶 NM.

(b) 圆光纤 $\overline{\beta}$-$\nu$ 色散曲线的**Fortran**源程序：

```
      SUBROUTINE OPBISA(KM,M,GI,RNT)
C     ===============================================================
C     Purpose: Evaluate the dispersion characteristic beta- v curve
C              by solving the dispersion equation using the method
C              of Bi-Section. beta and v are respectively normalized
C              propagation constant and generalized frequency.
C     Input :  n1 --- Index of the optical fiber core
C              n2 --- Index of the optical fiber clad
C              KM=1,2,3,4 are repectively for TEon,TMon,HEmn & EHmn
C              m --- Order for Jm(x) and Km(x)
C              f(Km,m,n1,n2,beta,gv)=0 --- Dispersion equation
C              [ f(,...)is written in subroutine form by user]
C              GI(I) --- The normalized frequency gv(i) (i=1,2,...)
C                           (0 <= gv(i) <= 7.0)
C              NR=1,2 are the first and the second root number of
C                     beta(i) for f(km,m,n1,n2,beta,gv)=0 for a
C                     given gv(i)
C              NS(Mode codes): NS=100*M+10*KM+NR
C              NSJ(Mode serial number)= 1 to 12 are respectively
C                     for HE11,TEo1,TMo1,HE21,EH11,HE12,HE31,EH21,
C                     HE41,TEo2,TMo2 & HE22
C              Examples: for HE11 mode, NSJ=1; M=1,KM=3,NR=1; NS=131
C                     for TMo2 mode, NSJ=11; M=0,KM=2,NR=2; NS=022
C     Output:  GI(I) --- The normalized frequency gv(i) (i=1,2,...)
C              RNT(NSJ,I) --- The beta(i) solution to f(KM,...)=0
C                             for the nsj mode for a given gv(i)
C                             (i=1,2,...)
```

```
C       Routine called: FUNA for computing F=f(km,m,n1,n2,beta,gv)
C       ==============================================================
        IMPLICIT DOUBLE PRECISION (A-H,O-Z)
        DIMENSION GI(0:150),RNT(0:12,0:150),NS(12)
        DATA NS/131,011,021,231,141,132,331,241,431,012,022,232/
        DO 50 J=1,12
           NSJ=J
           M=NS(J)/100
           KM=(NS(J)-100*M)/10
           NR=NS(J)-100*M-10*KM
           DO 40 L=140,0,-1
              GV=0.05*L
              IF (GV.LT.0.7) GO TO 40
              GI(L)=GV
              X=1.53D0-1.0D-3
              H=-0.0001D0
              NR=0
              CALL FUNA(KM,M,GV,X,YB)
10            X=X+H
              IF (X.LT.1.51D0+0.00001) GO TO 40
              YA=YB
              CALL FUNA(KM,M,GV,X,YB)
              IF (DABS(YB).LT.1.0D-10) GO TO 30
              IF (YA*YB.GT.0.0) GO TO 10
              XA=X-H
              XB=X
20            X=.5D0*(XA+XB)
              CALL FUNA(KM,M,GV,X,Y)
              IF (DABS(Y).LT.1.0D-10) GO TO 30
              IF (YA*Y.GT.0.0) XA=X
              IF (YA*Y.LE.0.0) XB=X
              IF (DABS(XB-XA).GT.DABS(X)*1.0D-12) GO TO 20
30            IF (DABS(Y).GT.1.0E-6) GO TO 10
              NR=NR+1
              IF (NR.EQ.1) X1=X
              IF (NR.EQ.2) X2=X
              IF (NSJ.LE.9.AND.NSJ.NE.6) RNT(NSJ,L)=X1
              IF (NSJ.EQ.1) RNT(6,L)=X2
```

```
            IF (NSJ.EQ.2) RNT(10,L)=X2
            IF (NSJ.EQ.3) RNT(11,L)=X2
            IF (NSJ.EQ.4) RNT(12,L)=X2
            IF (NSJ.LE.4.AND.NR.LE.2) GO TO 10
40        CONTINUE
50      CONTINUE
        RETURN
        END

        SUBROUTINE FUNA(KM,M,CV,BETA,F)
C       ============================================================
C       Purpose: Compute the value of F=f(km,m,n1,n2,beta,gv), and
C                f(km,m,n1,n2,beta,gv)=0 is the dispersion equation
C                (here, km,m,n1,n2,beta & gv are given)
C       Routines called: OPJ for computing Jm(x) and Jm'(x)
C                        OPK for computing Km(x) and Km'(x)
C       ============================================================
        IMPLICIT DOUBLE PRECISION (A-H,O-Z)
        DOUBLE PRECISION KOA,N1,N2,NA,NB,NC
        DIMENSION BJ(0:100),DJ(0:100),BK(0:100),DK(0:100)
        N1=1.53D0
        N2=1.51D0
        NA=(N2/N1)**2
        NB=1.0D0+NA
        NC=(1.0D0-NA)**2
        KOA=GV/DSQRT(N1*N1-N2*N2)
        W=KOA*DSQRT(DABS(BETA*BETA-N2*N2))
        IF (W.NE.0.0) W1=1.0D0/W**2
        U=KOA*DSQRT(DABS(N1*N1-BETA*BETA))
        IF (U.NE.0.0) U1=1.0D0/U**2
        CALL OPJ(M,U,NM,BJ,DJ)
        P=DJ(M)/(U*BJ(M))
        CALL OPK(M,W,NM,BK,DK)
        Q=DK(M)/(W*BK(M))
        M4=4.0D0*M*M
        IF (M.NE.0) THEN
           IF (KM.EQ.3) THEN
              F=P+0.5D0*(NB*Q+DSQRT(NC*Q*Q+M4*(U1+NA*W1)*(U1+W1)))
```

```
      ELSE IF (KM.EQ.4) THEN
         F=P+0.5D0*(NB*Q-DSQRT(NC*Q*Q+M4*(U1+NA*W1)*(U1+W1)))
      ENDIF
   ELSE
      IF (KM.EQ.1) F=P+Q
      IF (KM.EQ.2) F=P+NA*Q
   ENDIF
   RETURN
   END

   SUBROUTINE OPJ(N,X,NM,BJ,DJ)
C  =======================================================
C  Purpose: Compute Bessel functions Jn(x) and Jn'(x)
C  Input :  x --- Argument of Jn(x)(x >=0 )
C           n --- Order of Jn(x)
C  Output:  BJ(n) --- Jn(x)
C           DJ(n) --- Jn'(x)
C           NM --- Highest order computed
C  Routine called: BJNMM for computing NM & the initial
C                  order for backward recurrence M
C  =======================================================
   IMPLICIT DOUBLE PRECISION (A-H,O-Z)
   DIMENSION BJ(0:N),DJ(0:N),A(4),B(4),A1(4),B1(4)
   PI=3.141592653589793D0
   R2P=.63661977236758D0
   NM=N
   NO=N
   IF (N.EQ.0) N=N+1
   IF (X.LT.1.0D-100) THEN
      DO 10 K=0,N
         BJ(K)=0.0D0
10       DJ(K)=0.0D0
      BJ(0)=1.0D0
      DJ(1)=0.5D0
      RETURN
   ENDIF
   IF (X.LE.300.0.OR.N.GT.INT(0.9*X)) THEN
      IF (N.EQ.0) NM=1
```

```
          CALL BJNMM(X,N,NM,M)
          BS=0.0D0
          F2=0.0D0
          F1=1.0D-100
          DO 15 K=M,0,-1
             F=2.0D0*(K+1.0D0)/X*F1-F2
             IF (K.LE.NM) BJ(K)=F
             IF (K.EQ.2*INT(K/2).AND.K.NE.0) BS=BS+2.0D0*F
             F2=F1
15           F1=F
          S0=BS+F
          DO 20 K=0,NM
20           BJ(K)=BJ(K)/S0
       ELSE
          DATA A/-.7031250000000000D-01,.1121520996093750D+00,
     &             -.5725014209747314D+00,.6074042001273483D+01/
          DATA B/ .7324218750000000D-01,-.2271080017089844D+00,
     &             .1727727502584457D+01,-.2438052969955606D+02/
          DATA A1/.1171875000000000D+00,-.1441955566406250D+00,
     &             .6765925884246826D+00,-.6883914268109947D+01/
          DATA B1/-.1025390625000000D+00,.2775764465332031D+00,
     &             -.1993531733751297D+01,.2724882731126854D+02/
          T1=X-0.25D0*PI
          P0=1.0D0
          Q0=-0.125D0/X
          DO 25 K=1,4
             P0=P0+A(K)*X**(-2*K)
25           Q0=Q0+B(K)*X**(-2*K-1)
          CU=DSQRT(R2P/X)
          BJ0=CU*(P0*DCOS(T1)-Q0*DSIN(T1))
          BJ(0)=BJ0
          T2=X-0.75D0*PI
          P1=1.0D0
          Q1=0.375D0/X
          DO 30 K=1,4
             P1=P1+A1(K)*X**(-2*K)
30           Q1=Q1+B1(K)*X**(-2*K-1)
          BJ1=CU*(P1*DCOS(T2)-Q1*DSIN(T2))
```

```
           BJ(1)=BJ1
           DO 35 K=2,NM
              BJK=2.0D0*(K-1.0D0)/X*BJ1-BJ0
              BJ(K)=BJK
              BJ0=BJ1
35            BJ1=BJK
        ENDIF
        DJ(0)=-BJ(1)
        DO 40 K=1,NM
40         DJ(K)=BJ(K-1)-K/X*BJ(K)
        N=N0
        RETURN
        END

        SUBROUTINE OPK(N,X,NM,BK,DK)
C       ==========================================================
C       Purpose: Compute modified Bessel functions Kn(x) & Kn'(x)
C       Input:   x --- Argument of Kn(x)
C                n --- Order of Kn(x)
C       Output:  BK(n) --- Kn(x)
C                DK(n) --- Kn'(x)
C                NM --- Highest order computed
C       Routines called: BJNMM for computing the starting point
C                        for backward recurrence
C       ==========================================================
        IMPLICIT DOUBLE PRECISION (A-H,O-Z)
        DIMENSION BK(0:N),DK(0:N)
        PI=3.141592653589793D0
        EL=0.5772156649015329D0
        NM=N
        X=DABS(X)
        IF (X.LE.1.0D-100) THEN
           DO 10 K=0,N
              BK(K)=1.0D+300
10            DK(K)=-1.0D+300
           RETURN
        ENDIF
        N0=N
```

```
      IF (N.EQ.0) N=N+1
      CALL BJNMM(X,N,NM,M)
      BS=0.0D0
      SK0=0.0D0
      F0=0.0D0
      F1=1.0D-100
      DO 15 K=M,0,-1
         F=2.0D0*(K+1.0D0)/X*F1+F0
         IF (K.EQ.1) BI1=F
         IF (K.EQ.0) BI0=F
         IF (K.NE.0.AND.K.EQ.2*INT(K/2)) SK0=SK0+4.0D0*F/K
         BS=BS+2.0D0*F
         F0=F1
15       F1=F
      S0=DEXP(X)/(BS-F)
      BI0=S0*BI0
      BI1=S0*BI1
      IF (X.LE.8.0D0) THEN
         BK(0)=-(DLOG(0.5D0*X)+EL)*BI0+S0*SK0
         BK(1)=(1.0D0/X-BI1*BK(0))/BI0
      ELSE
         A0=DSQRT(PI/(2.0D0*X))*DEXP(-X)
         K0=16
         IF (X.GE.25.0) K0=10
         IF (X.GE.80.0) K0=8
         IF (X.GE.200.0) K0=6
         DO 30 L=0,1
            BKL=1.0D0
            VT=4.0D0*L
            R=1.0D0
            DO 25 K=1,K0
               R=0.125D0*R*(VT-(2.0*K-1.0)**2)/(K*X)
25             BKL=BKL+R
            BK(L)=A0*BKL
30       CONTINUE
      ENDIF
      G0=BK(0)
      G1=BK(1)
```

```
        DO 35 K=2,NM
           G=2.0D0*(K-1.0D0)/X*G1+G0
           BK(K)=G
           G0=G1
35         G1=G
        DK(0)=-BK(1)
        DO 40 K=1,NM
40         DK(K)=-BK(K-1)-K/X*BK(K)
        N=N0
        RETURN
        END

        SUBROUTINE BJNMM(X,N,NM,M)
C       =======================================================
C       Purpose: For given x and |Jn(x)|<=10**-200,determine
C                the maximum computable order, and the initial
C                order for backward recurrene by curvefitting
C                method
C       Input :  x  --- Argument of Jn(x)  (x <= 300)
C                N  --- Order of Jn(x)
C       Output:  Nm --- Maximum computable order
C                M  --- Initial order for backward recurrence
C       =======================================================
        DOUBLE PRECISION X
        IF (X.GE.1.0D-60.AND.X.LT.1.0D-2) THEN
           NM=INT(0.6-185.48/DLOG10(X)-150.04/DLOG10(X)**2)
        ELSE IF (X.GE.1.0D-2.AND.X.LT.30.0) THEN
           NM=INT(53.0+58.7*SQRT(X)-8.27*X+0.76*X**1.5)
        ELSE IF (X.GT.30.0) THEN
           NM=250
        ENDIF
        IF (X.GE.1.0D-60.AND.X.LT.1.0D-2) THEN
           M=NM+INT(1.0-25.659/DLOG10(X)-24.272/DLOG10(X)**2)
        ELSE IF (X.GE.1.0D-2.AND.X.LT.30.0) THEN
           M=NM+INT(6.4+2.9*SQRT(X)-0.1*X)
        ELSE IF (X.GE.30.0) THEN
           M=NM+INT(15+0.26767*X-0.002224*X**2+8.9E-6*X**3)
        ENDIF
```

```
      IF (N.LE.NM) NM=N
      RETURN
      END
```

**范例 (1)**　计算 $n_1$=1.53、$n_2$=1.51 圆截面 SI 光纤的主模 $HE_{11}$ 和 $TE_{01}$、$TM_{01}$、$HE_{21}$、$EH_{11}$、$HE_{12}$、$HE_{31}$、$EH_{21}$、$HE_{41}$、$TE_{02}$、$TM_{02}$、$HE_{22}$ 前 11 个高次模的 $\overline{\beta}$-$\nu$ 色散特性.

**范例主程序: OPFIBERA**

```
      PROGRAM OPFIBERA
C     ==============================================================
C     Purpose : Find the dispersion characteristic beta-v curve of
C               the first 12 modes for SI optical fiber by the
C               method of Bi-Section
C     Mode serial number NSJ:1 to 12 are respectively for HE11,TEo1,
C               TMo1,HE21,EH11,HE12,HE31,EH21,HE41,TEo2,TMo2 & HE22
C     Mode kind Codes: KM=1,2,3,4 are repectively for TEon,TMon,
C                      HEmn and EHmn modes
C     Routine called: OPBISA for finding beta(i)-gv(i) for 12 modes
C     Output;  GI(I) --- The normalized frequency gv(i) (i=1,2,...)
C                          (0 <= gv(i) <= 7.0)
C            RNT(NSJ,I) --- The beta(i) solution to f(KM,...)=0
C                           for the nsj mode for a given gv(i)
C     ==============================================================
      IMPLICIT DOUBLE PRECISION (A-H,O-Z)
      DOUBLE PRECISION N1,N2
      DIMENSION GI(0:150),RNT(0:12,0:150)
      CALL OPBISA(KM,M,GI,RNT)
      WRITE(*,90)
      WRITE(*,95)
      WRITE(*,*)
      WRITE(*,50)
      WRITE(*,60)
      DO 30 I=15,140
         WRITE(*,80)GI(I),RNT(1,I),RNT(2,I),RNT(3,I),RNT(4,I),
     &              RNT(5,I),RNT(6,I)
30    CONTINUE
      WRITE(*,*)
      WRITE(*,90)
```

```
      WRITE(*,95)
      WRITE(*,*)
      WRITE(*,70)
      WRITE(*,60)
      DO 40 I=15,140
         WRITE(*,80)GI(I),RNT(7,I),RNT(8,I),RNT(9,I),RNT(10,I),
     &                   RNT(11,I),RNT(12,I)
40    CONTINUE
50    FORMAT(6X,'v\beta     HE11      TEo1      TMo1      HE21      ',
     &          'EH11      HE12')
60    FORMAT(2X,'   ==============================================',
     *          '======================')
70    FORMAT(6X,'v\beta     HE31      EH21      HE41      TEo2      ',
     &          'TMo2      HE22')
80    FORMAT(6X,F5.2,1X,6F10.5)
85    FORMAT(6X,F5.2,1X,3F10.5)
90    FORMAT(11X,'Data for normalized beta - v curve of SI optical',
     &          ' fiber')
95    FORMAT(25X,' ( n1=1.53,  n2=1.51 )')
      END
```

运行范例主程序 OPFIBERA 可得主模 $HE_{11}$ 和 $TE_{01}$、$TM_{01}$、$HE_{21}$、$EH_{11}$、$HE_{12}$、$HE_{31}$、$EH_{21}$、$HE_{41}$、$TE_{02}$、$TM_{02}$、$HE_{22}$ 前 11 个高次模的 $\overline{\beta}$-$\nu$ 色散特性的列表数据. 利用这些数据、运用绘图软件即可绘得正文图 3.5.2 所示、光纤的上述 12 个模的 $\overline{\beta}$-$\nu$ 曲线.

以下是范例主程序所得 $\overline{\beta}$-$\nu$ 的部分典型数据:

```
    Data for normalized beta - v curve of SI optical fiber
                    (n1=1.53, n2=1.51 )
```

| v\beta | HE11 | TEo1 | TMo1 | HE21 | EH11 | HE12 |
|---|---|---|---|---|---|---|
| .00 | .00000 | .00000 | .00000 | .00000 | .00000 | .00000 |
| .80 | 1.51012 | .00000 | .00000 | .00000 | .00000 | 1.51009 |
| 1.00 | 1.51079 | .00000 | .00000 | .00000 | .00000 | 1.51009 |
| 2.00 | 1.51828 | .00000 | .00000 | .00000 | .00000 | 1.51009 |
| 2.40 | 1.52057 | .00000 | .00000 | .00000 | .00000 | 1.51009 |
| 2.45 | 1.52082 | 1.51017 | 1.51016 | 1.51012 | .00000 | 1.51009 |

| | | | | | | |
|---|---|---|---|---|---|---|
| 3.00 | 1.52302 | 1.51359 | 1.51354 | 1.51351 | .00000 | 1.51009 |
| 4.00 | 1.52545 | 1.51883 | 1.51877 | 1.51878 | 1.51095 | 1.51009 |
| 5.00 | 1.52682 | 1.52208 | 1.52203 | 1.52204 | 1.51604 | 1.51430 |
| 6.00 | 1.52766 | 1.52413 | 1.52409 | 1.52410 | 1.51954 | 1.51806 |
| 7.00 | 1.52820 | 1.52548 | 1.52546 | 1.52546 | 1.52192 | 1.52072 |

Data for normalized beta - v curve of SI optical fiber
( n1=1.53, n2=1.51 )

| v\beta | HE31 | EH21 | HE41 | TEo2 | TMo2 | HE22 |
|---|---|---|---|---|---|---|
| 2.40 | .00000 | .00000 | .00000 | .00000 | .00000 | .00000 |
| 2.45 | .00000 | .00000 | .00000 | 1.51005 | 1.51005 | 1.51017 |
| 3.00 | .00000 | .00000 | .00000 | 1.51005 | 1.51005 | 1.51017 |
| 3.85 | .00000 | .00000 | .00000 | 1.51005 | 1.51005 | 1.51017 |
| 3.90 | 1.51030 | .00000 | .00000 | 1.51005 | 1.51005 | 1.51017 |
| 4.00 | 1.51087 | .00000 | .00000 | 1.51005 | 1.51005 | 1.51017 |
| 5.00 | 1.51599 | .00000 | .00000 | 1.51005 | 1.51005 | 1.51017 |
| 5.15 | 1.51662 | .00000 | .00000 | 1.51005 | 1.51005 | 1.51017 |
| 5.20 | 1.51681 | 1.51034 | 1.51026 | 1.51005 | 1.51005 | 1.51017 |
| 6.00 | 1.51951 | 1.51411 | 1.51405 | 1.51165 | 1.51163 | 1.51162 |
| 7.00 | 1.52190 | 1.51763 | 1.51760 | 1.51537 | 1.51533 | 1.51534 |

(2) 算法 B– 计算 $\nu$-$\overline{\beta}$ 色散曲线

程序和范例说明如下：

子程序名：**OPBISB(KM, M, BI, RNT)**

(a) 子程序**OPBISB**使用说明：

功用：计算圆光纤 $HE_{11}$、$TE_{01}$、$\cdots$ , $HE_{22}$ 等 12 个模的 $\nu$-$\overline{\beta}$ 色散方程曲线.

输入：$n_1$ 纤芯折射率

$n_2$ 包层折射率

$m$ Bessel 函数 $J_m(x)$ 和变型 Bessel 函数 $K_m(x)$ 的阶.

Gv 广义频率 $\nu(7.0 \sim 0, \Delta\nu = -0.05)$

Beta 搜索初值 $\overline{\beta} = 1.53$; 区间 $\overline{\beta} = 1.53 \sim 1.51$; 步长 $H = -0.0001$.

KM 模式代码：KM=1∼4 分别为 $TE_{0n}$、$TM_{0n}$、$HE_{mn}$ 和 $EH_{mn}$ 模.

$f(\mathrm{KM}, m, n_1, n_2, \mathrm{Beta}, \mathrm{Gv}) = 0$ 为色散方程 ($f$ 由使用者编写、子程序形式).

NR　　NR=1、2 为给定 $m$、beta($i$) 值, $f(\mathrm{KM},\cdots)=0$ 的 gv($i$) 的第一和第二个根的序号.

NS　　模式代码：NS = 100*M + 10*KM + NR

NSJ　　模式代码：NSJ=1~2 分别代表 $HE_{11}$、$TE_{01}$、$TM_{01}$、$HE_{21}$、$EH_{11}$、$HE_{12}$、$HE_{31}$、$EH_{21}$、$HE_{41}$、$TE_{02}$、$TM_{02}$ 和 $HE_{22}$ 模.

例：对于 $HE_{11}$ 模, $\mathrm{NSJ}=1, \mathrm{M}=1, \mathrm{KM}=3, \mathrm{NR}=1; \mathrm{NS}=131;$

对于 $TM_{02}$ 模, $\mathrm{NSJ}=11, \mathrm{M}=0, \mathrm{KM}=2, \mathrm{NR}=2; \mathrm{NS}=022;$

输出：BI($i$)　　归一化频率 $\overline{\beta}(i), i=1,2,\cdots(\overline{\beta}=1.51\sim1.53)$

RNT($i$)　　广义频率 $\nu(i),(i=1,2,\cdots)$ 相应给定模式和、$\overline{\beta}(i)$ 值时,$f(\mathrm{KM},\cdots)=0$ 的根.

调用子程序：FUNB(KM,M,BETA,GV,F) 计算给定 KM,M,BETA 和 GV 时, $\mathrm{F}=f(\mathrm{KM},\cdots)$ 的值, $f(\mathrm{KM},\cdots)=0$ 为色散方程.

OPJ：计算 Bessel 函数 $J_n(x)$ 及其导数.

OPK：计算变型 Bessel 函数 $K_n(x)$ 及其导数.

BJNMM：计算给定 $x$ 与阶 $n$ 采用逆推法求 $J_n(x)$ 和 $K_n(x)$ 时的最大起始阶 M, 和不致出现溢出所可能计算的 $n$ 的最大阶 NM.

(b) 圆光纤 $\nu$-$\overline{\beta}$ 色散曲线的**Fortran**源程序：

```
        SUBROUTINE OPBISB(KM,M,BI,RNT)
C       =============================================================
C       Purpose: Evaluate the dispersion charateristic v - beta curve
C                by solving the dispersion equation using the method
C                of Bi-section. v and beta are respectively generalized
C                frequency and normalized propagation contant.
C       Input :  n1 --- Index of the optical fiber core
C                n2 --- Index of the optical fiber clad
C                KM=1,2,3,4 are repectively for TEon,TMon,HEmn & EHmn
C                m --- Order for Jm(x) and Km(x)
C                f(Km,m,n1,n2,beta,gv)=0 --- Dispersion equation
C                [ f(,...)is written in subroutine form by user]
C                BI(I) --- The normalized beta(i) (i=1,2,....)
C                          (n2<=beta<=n1,here n1=1.53,n2=1.51)
C                NR=1,2 are the first and second root number of gv(i)
C                       for f(km,...)=0 for a given m & beta(i)
C                NS(Mode codes): NS=100*M+10*KM+NR
C                NSJ(Mode serial number)= 1 to 12 are respectively
```

```
C                   for HE11,TEo1,TMo1,HE21,EH11,HE12,HE31,EH21,
C                   HE41,TEo2,TMo2 & HE22
C            Examples: for HE11 mode, NSJ=1; M=1,KM=3,NR=1; NS=131
C                   for TMo2 mode, NSJ=11; M=0,KM=2,NR=2; NS=022
C      Output:  BI(I) --- The normalized beta(i) (i=1,2,....)
C                     (n2<=beta<=n1,here n1=1.53,n2=1.51)
C            RNT(NSJ,I) --- The gv(i) solution to f(KM,...)=0
C                     for the nsj mode for a given beta(i)
C      Routine called: FUNB for computing F=f(km,m,n1,n2,beta,gv)
C      ================================================================
       IMPLICIT DOUBLE PRECISION (A-H,O-Z)
       DIMENSION BI(0:200),RNT(0:12,0:200),NS(12)
       DATA NS/131,011,021,231,141,132,331,241,431,012,022,232/
       DO 50 J=1,12
          NSJ=J
          M=NS(J)/100
          KM=(NS(J)-100*M)/10
          NR=NS(J)-100*M-10*KM
          DO 40 L=0,92
             BETA=1.51D0+0.0002D0*L
             BI(L)=BETA
             NR=0
             X=1.0D-4
             H=0.01D0
             CALL FUNB(KM,M,BETA,X,YB)
10           X=X+H
             IF (X.GT.7.3) GO TO 40
             YA=YB
             CALL FUNB(KM,M,BETA,X,YB)
             IF (DABS(YB).LT.1.0E-10) GO TO 30
             IF (YA*YB.GT.0.0) GO TO 10
             XA=X-H
             XB=X
20           X=.5*(XA+XB)
             CALL FUNB(KM,M,BETA,X,Y)
             IF (DABS(Y).LT.1.0D-15) GO TO 30
             IF (YA*Y.GT.0.0) XA=X
             IF (YA*Y.LE.0.0) XB=X
```

```
      IF (DABS((XB-XA)/X).GT.1.0D-10) GO TO 20
30    IF (DABS(Y).GT.1.0E-6) GO TO 10
      NR=NR+1
      IF (NR.EQ.1) X1=X
      IF (NR.EQ.2) X2=X
      IF (NSJ.LE.9.AND.NSJ.NE.6) RNT(NSJ,L)=X1
      IF (NSJ.EQ.1.AND.BI(L).LE.1.5210) RNT(6,L)=X2
      IF (BI(L).LT.1.5160) THEN
         IF (NSJ.EQ.2) RNT(10,L)=X2
         IF (NSJ.EQ.3) RNT(11,L)=X2
         IF (NSJ.EQ.4) RNT(12,L)=X2
      ENDIF
      IF (RNT(NSJ,L).LT.RNT(NSJ,L-1)) GO TO 10
      IF (NSJ.LE.4.AND.NR.LE.2) GO TO 10
40    CONTINUE
50    CONTINUE
      RNT(1,0)=0.0D0
      RNT(6,0)=RNT(5,0)
      RETURN
      END

      SUBROUTINE FUNB(KM,M,BETA,GV,F)
C     ==============================================================
C     Purpose: Compute the value of F=f(km,m,n1,n2,beta,gv), and
C              f(km,m,n1,n2,beta,gv)=0 is the dispersion equation
C              (here, km,m,n1,n2,beta & gv are given)
C     Routines called: OPJ for computing Jm(x) and Jm'(x)
C                      OPK for computing Km(x) and Km'(x)
C     ==============================================================
      IMPLICIT DOUBLE PRECISION (A-H,O-Z)
      DOUBLE PRECISION KOA,N1,N2,NA,NB,NC
      DIMENSION BJ(0:100),DJ(0:100),BK(0:100),DK(0:100)
      N1=1.53D0
      N2=1.51D0
      NA=(N2/N1)**2
      NB=1.0D0+NA
      NC=(1.0D0-NA)**2
      KOA=GV/DSQRT(N1*N1-N2*N2)
```

```
      W=K0A*DSQRT(DABS(BETA*BETA-N2*N2))
      IF (W.NE.0.0) W1=1.0D0/W**2
      U=K0A*DSQRT(DABS(N1*N1-BETA*BETA))
      IF (U.NE.0.0) U1=1.0D0/U**2
      CALL OPJ(M,U,NM,BJ,DJ)
      P=DJ(M)/(U*BJ(M))
      CALL OPK(M,W,NM,BK,DK)
      Q=DK(M)/(W*BK(M))
      M4=4.0D0*M*M
      IF (M.NE.0) THEN
         IF (BETA.EQ.N2) THEN
            CALL OPJ(M,GV,NM,BJ,DJ)
            IF (KM.EQ.3.AND.M.EQ.1) F=BJ(M)
            IF (KM.EQ.3.AND.M.GT.1) F=BJ(M-1)/(GV*BJ(M))
     &                                 -(1.0+NA)/(4.0*(M-1))
            IF (KM.EQ.4.AND.M.GE.1) F=BJ(M)
         ELSE
            IF (KM.EQ.3) THEN
               F=P+0.5D0*(NB*Q+DSQRT(NC*Q*Q+M4*(U1+NA*W1)*(U1+W1)))
            ELSE IF (KM.EQ.4) THEN
               F=P+0.5D0*(NB*Q-DSQRT(NC*Q*Q+M4*(U1+NA*W1)*(U1+W1)))
            ENDIF
         ENDIF
      ELSE
         IF (BETA.EQ.N2) THEN
            CALL OPJ(M,GV,NM,BJ,DJ)
            F=BJ(M)
         ELSE
            IF (KM.EQ.1) F=P+Q
            IF (KM.EQ.2) F=P+NA*Q
         ENDIF
      ENDIF
      RETURN
      END
```

调用的子程序 OPJ、OPK 和 BJNMM 同算法 A, 这里从略.

**范例 (2)** 计算 $n_1$=1.53、$n_2$=1.51 圆截面 SI 光纤的主模 $HE_{11}$ 和 $TE_{01}$、$TM_{01}$、$HE_{21}$、$EH_{11}$、$HE_{12}$、$HE_{31}$、$EH_{21}$、$HE_{41}$、$TE_{02}$、$TM_{02}$、$HE_{22}$ 前 11 个高次模的 $\nu$-$\overline{\beta}$

色散特性.

**范例主程序：OPFIBERB**

```
      PROGRAM OPFIBERB
C     ==================================================================
C     Purpose : Find the dispersion characteristic gv-beta curve of
C               the first 12 modes for SI optical fiber by the
C               method of Bi-Section
C     Mode serial number NSJ:1 to 12 are respectively for HE11,TEo1,
C               TMo1,HE21,EH11,HE12,HE31,EH21,HE41,TEo2,TMo2 & HE22
C     Mode kind Codes: KM=1,2,3,4 are repectively for TEon,TMon,
C                      HEmn and EHmn modes
C     Routine called: OPBISB for finding gv(i)-beta(i) for 12 modes
C     Output;  GI(I) --- The generalized frequency v(i) for a given
C                        beta(i) (i=1,2,....)
C                        (n2<=beta(i)<=n1,here n1=1.53,n2=1.51)
C           RNT(NSJ,I) --- The gv(i) solution to f(KM,...)=0
C                        for the nsj mode for a given beta(i)
C     ==================================================================
      IMPLICIT DOUBLE PRECISION (A-H,O-Z)
      DOUBLE PRECISION N1,N2
      DIMENSION BI(0:200),RNT(0:12,0:200)
      CALL OPBISB(KM,M,BI,RNT)
      WRITE(*,90)
      WRITE(*,95)
      WRITE(*,*)
      WRITE(*,50)
      WRITE(*,60)
      DO 30 I=0,91
         WRITE(*,80)BI(I),RNT(1,I),RNT(2,I),RNT(3,I),RNT(4,I),
     &               RNT(5,I),RNT(6,I)
30    CONTINUE
      WRITE(*,*)
      WRITE(*,90)
      WRITE(*,95)
      WRITE(*,*)
      WRITE(*,70)
      WRITE(*,60)
      DO 40 I=0,61
```

```
          WRITE(*,80)BI(I),RNT(7,I),RNT(8,I),RNT(9,I),RNT(10,I),
     &              RNT(11,I),RNT(12,I)
40      CONTINUE
50      FORMAT(6X,'beta\v     HE11      TEo1      TMo1      HE21       ',
     &            'EH11      HE12')
60      FORMAT(2X,'   ===============================================',
     *            '======================')
70      FORMAT(6X,'beta\v     HE31      EH21      HE41      TEo2       ',
     &            'TMo2      HE22')
80      FORMAT(5X,F7.4,6F10.5)
90      FORMAT(11X,'Data for normalized v - beta curve of SI optical',
     &             ' fiber')
95      FORMAT(25X,'( n1=1.53,  n2=1.51 )')
        END
```

运行范例主程序 OPFIBERB 可得主模 $HE_{11}$ 和 $TE_{01}$、$TM_{01}$、$HE_{21}$、$EH_{11}$、$HE_{12}$、$HE_{31}$、$EH_{21}$、$HE_{41}$、$TE_{02}$、$TM_{02}$、$HE_{22}$ 前 11 个高次模的 $\nu$-$\overline{\beta}$ 色散特性的列表数据. 利用这些数据、运用绘图软件即可绘得光纤的上述 12 个模的 $\nu$-$\overline{\beta}$ 曲线.

若将所得的 $\nu$-$\overline{\beta}$ 曲线交换 $\nu$ 轴与 $\overline{\beta}$ 轴, 即可得正文中所示的图 3.5.2. 此外, 因波传播截止时 $w=0$. 由 (3.5.87) 和 (3.5.88) 式可知, 此时有 $\overline{\beta}=n_2$ 和 $\nu=u$, 故在以下 $\nu$-$\overline{\beta}$ 数据表中第一行各列给出的 $\nu$ 值, 即表 3.5.2 中给出的、相应各个模式波截止时相应的 $u$ 值.

范例主程序所得 $\overline{\beta}$-$\nu$ 数据表中的部分典型数据如下:

```
      Data for normalized v - beta curve of SI optical fiber
                         ( n1=1.53, n2=1.51 )
  beta\v     HE11      TEo1      TMo1      HE21      EH11      HE12
 =====================================================================
  1.5100     .00000   2.40483   2.40483   2.41569   3.83171   3.83171
  1.5120    1.18893   2.75636   2.76201   2.76876   4.18498   4.49857
  1.5140    1.43675   3.06487   3.07382   3.07793   4.55961   4.93250
  1.5160    1.68263   3.40509   3.41674   3.41862   4.99095   5.41189
  1.5180    1.95757   3.80640   3.82040   3.82028   5.51081   5.98026
  1.5200    2.28922   4.30631   4.32244   4.32045   6.16676   6.69167
  1.5220    2.71955   4.96876   4.98687   4.98307   7.04314
  1.5240    3.33168   5.92456   5.94455   5.93896
  1.5260    4.33763
```

```
1.5280    6.57727
1.5282    6.98909
```

Data for normalized v - beta curve of SI optical fiber

( n1=1.53, n2=1.51 )

| beta\v | HE31 | EH21 | HE41 | TEo2 | TMo2 | HE22 |
|---|---|---|---|---|---|---|
| 1.5100 | 3.84532 | 5.13562 | 5.15083 | 5.52008 | 5.52008 | 5.52484 |
| 1.5120 | 4.19761 | 5.53065 | 5.54495 | 6.08721 | 6.09400 | 6.09498 |
| 1.5140 | 4.57121 | 5.97383 | 5.98706 | 6.60697 | 6.61719 | 6.61612 |
| 1.5160 | 5.00156 | 6.49412 | 6.50629 | 7.19631 | 7.20923 | 7.20648 |
| 1.5180 | 5.52044 | 7.12791 | 7.13899 | | | |
| 1.5200 | 6.17537 | | | | | |
| 1.5220 | 7.05070 | | | | | |
| 1.5222 | 7.15574 | | | | | |

若将所得的 $\nu$-$\overline{\beta}$ 曲线交换 $\nu$ 轴与 $\overline{\beta}$ 轴, 即可得正文中所示的图 3.14. 此外, 我们注意到：以上 $\nu$-$\overline{\beta}$ 数据表的第一行就是各个模式的广义截止频率, 即表 3.5.2 中给出的波截止时相应的 $u$ 值.

## L 同轴光波导的色散 (特征) 方程及其数值解

同轴光波导实质上是一种多层介质波导, 圆截面同轴光纤的结构如图 L.1 所示.

同轴光纤由纤芯 $0 \leqslant \rho \leqslant a_1(\varepsilon_1、\mu_0)$、第一内包层 $a_1 \leqslant \rho \leqslant a_2(\varepsilon_2、\mu_0)$、第二内包层 $a_2 \leqslant \rho \leqslant a_3(\varepsilon_3、\mu_0)$ 和外包层 $a_3 \leqslant \rho \leqslant \infty(\varepsilon_4、\mu_0)$ 四部分区域组成, 它们分别记为区域 (1), (2), (3) 和 (4); $\varepsilon_i$ 和 $\mu_i = \mu_0(i = 1, 2, 3, 4)$ 分别为这四层的介电常数和磁导率; 相应各层的折射率 $n_i$ 为 $n_i = \sqrt{\varepsilon_i\mu_i/\varepsilon_0\mu_0} = \sqrt{\varepsilon_{ri}}(i = 1, 2, 3, 4)$. 光纤的纤芯和各包层的主体材料均为石英玻璃, 但各区域中的掺杂情况不同, 因而它们的折射率不同. 图 L.1 中的纤芯相当于通常同轴波导的内导体, 而第二内包层相当于同轴波导的外导体, 故有同轴光波导之称.

同轴光波导可应用于光滤波器、光耦合器; 以及它用于信号单模传输工作于零色散波长附近可具有较宽的低色散频带. F. D. Nunes 等作者* 曾对同轴光波导进行了理论分析, 所采用的是 LP 近似法; 这里, 我们所采用则是严格的场分析法, 并且分析可推广用于多层情形, 因而对于径向不均匀的介质波导的分析亦可采用多分层法来逼近.

---

∗ Rrederico Dias Nunes, Cláudia Adriana de Souza Meto, and Humberto Filomeno da Silva Fiho. Applied Physics, 1996, 35(3): 20.

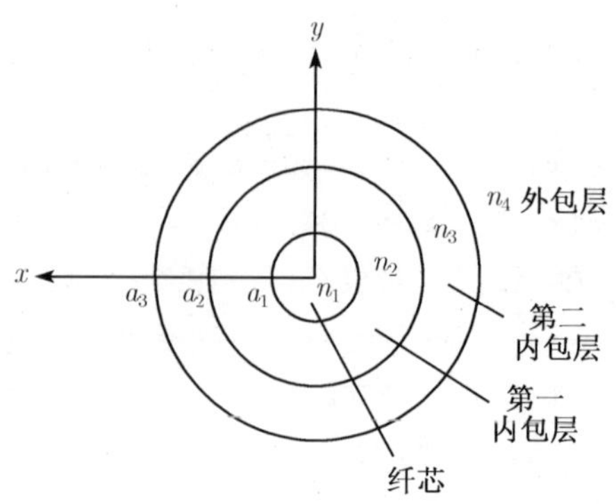


图 L.1 同轴光纤的结构

以下将从电磁场方程出发分析圆截面同轴阶梯光纤中各区域中的电磁场严格解表示式, 并采用数值方法求解由场边界条件所导得的色散方程, 从而得出同轴光纤中若干模式的色散特性曲线.

## 1 电磁场方程解表示式

同轴光纤区分成纤芯、第一包层、第二包层和外包层四个区域, 在每一个区域, 电场和磁场均满足 Helmholtz 方程, 当应用纵向场法求出它们纵向分量的解后, 由 Maxwell 场方程便可求得各个区域的横向电磁场表示式. 以下叙述我们将应用纵向场法, 并根据各区域分界面上的电磁场边界条件导出色散方程 (特征方程), 和应用数值方法解此色散方程得出光纤中不同传播模式的色散特性 (即传播常数 $\beta$ 与工作频率 $f$ 的关系). 已知传播常数 $\beta$, 则场量表示式中的指数项便已知; 若继而再通过求解所建立的齐次 (色散) 方程组便可求得场表示式中的各个系数; 从而可得知光纤各区域中的电磁场的分布. 以下分析和讨论我们将限于色散方程的导出及其数值解.

假定电磁场是沿 $z$ 方向传播的波, 因而, 在纤芯与包层中的场将具有波因子 $\mathrm{e}^{\mathrm{j}(\omega t-\beta z)}$, 采用圆柱坐标系其试探解可写为: $E=E(\rho,\varphi)\mathrm{e}^{\mathrm{j}(\omega t-\beta z)}$ 和 $H=H(\rho,\varphi)$ $\mathrm{e}^{\mathrm{j}(\omega t-\beta z)}$ 的形式. 这里, $\beta$ 是待定的相位常数, 它由特征方程的解确定.

在区域 (1)~(4) 中的电场和磁场的纵向分量分别满足 Helmholtz 方程:

$$\nabla_{\mathrm{T}}^2 E_{zi}+(\omega^2\varepsilon_i\mu_0-\beta^2)E_{zi}=0 \tag{1}$$

$$\nabla_{\mathrm{T}}^2 H_{zi}+(\omega^2\varepsilon_i\mu_0-\beta^2)H_{zi}=0 \tag{2}$$

式中, $i=1,2,3,4$; $\nabla_{\mathrm{T}}^2$ 为横向 Laplace 算子.

方程 (1) 和 (2) 式可采用分离变量法求解. 当其中 $\delta_i^2=\omega^2\varepsilon_i\mu_0-\beta^2>0$ 时, $\delta_i$ 为实数, 有关变量 $\rho$ 的方程是 Bessel 方程, 其一般解为 Bessel 函数 $J_m(\delta_i\rho)$ 与 $Y_m(\delta_i\rho)$ 的线性组合; 而当 $\delta_i^2=\omega^2\varepsilon_i\mu_0-\beta^2<0$ 时, $\delta_i$ 为纯虚数, 有关变量 $\rho$ 的方

程为变型 Bessel 方程, 其一般解为变型 Bessel 函数 $I_m(\delta_i\rho)$ 与 $K_m(\delta_i\rho)$ 的线性组合.

对于纤芯, 由于当 $\rho=0$ 时, 场必须有限, 有关变量 $\rho$ 的解只能是 $J_m(\delta_1\rho)$; 因而应有 $\delta_1^2=\omega^2\varepsilon_1\mu_0-\beta^2>0$; 对于外包层, 由于当 $\rho\to\infty$ 时, 场必须有限并趋于零, 以保证电磁场被约束在光纤内及其表面附近, 此时有关变量 $\rho$ 的解只能是第二类变型 Bessel 函数 $K_m(\delta_4\rho)$; 因而应有 $\delta_4^2=\omega^2\varepsilon_4\mu_0-\beta^2<0$; 对于内包层区域 (2), 若 $\delta_2^2=\omega^2\varepsilon_2\mu_0-\beta^2>0$, $\delta_2$ 为实数, 此时有关变量 $\rho$ 的一般解为 $J_m(\delta_2\rho)$ 与 $Y_m(\delta_2\rho)$ 的线性组合, 而若 $\delta_2^2<0$, 则有关变量 $\rho$ 的一般解为 $I_m(\delta_i\rho)$ 与 $K_m(\delta_i\rho)$ 的线性组合 (或虚宗量的 Bessel 函数的线性组合); 对于内包层区域 (3), 类同于区域 (2).

为避免涉及虚宗量的 Bessel 函数计算, 我们令

$$\delta_i^2=\nu_i(\omega^2\varepsilon_i\mu_0-\beta^2)$$

式中, $\nu_i$ 的取值为 1 或 $-1$. 对于纤芯 $(i=1)$, $\nu_1=1$; 对于外包层 $(i=4)$, $\nu_2=-1$; 对于内包层 $(i=2、3)$, 当 $\delta_i^2=\omega^2\varepsilon_i\mu_0-\beta^2>0$ 时, 取 $\nu_i=1$, 否则取 $\nu_i=-1$. 于是, 方程 (1) 和 (2) 可表为

$$\nabla_{\mathrm{T}}^2E_{zi}+\nu_i\delta_i^2E_{zi}=0 \tag{3}$$

$$\nabla_{\mathrm{T}}^2H_{zi}+\nu_i\delta_i^2H_{zi}=0 \tag{4}$$

这样, 对于 $\omega^2\varepsilon_i\mu_0-\beta^2>0$ 或 $\omega^2\varepsilon_i\mu_0-\beta^2>0$, 以上式中 $\delta_i(i=1,2,3,4)$ 均为实数.

方程 (1) 和 (2) 关变量 $\varphi$ 的方程是谐振动方程, 其解为 $\cos m\varphi$ 与 $\sin m\varphi$ 的线性组合或表为 $\cos(m\varphi+\varphi_m)$. 故我们可写出方程 (3) 和 (4) 纵向电场 $E_{zi}$ 和磁场 $H_{zi}$ 的一般解为:

区域 (1): 纤芯 $0\leqslant\rho\leqslant a_1(\varepsilon、\mu_0)$

$$E_{z1}=a_{m1}^{(1)}Z_m^{(1)}(\delta_1\rho)\cos(m\varphi+\varphi_m)\mathrm{e}^{\mathrm{j}(\omega t-\beta z)} \tag{5}$$

$$H_{z1}=b_{m1}^{(1)}Z_m^{(1)}(\delta_1\rho)\sin(m\varphi+\varphi_m)\mathrm{e}^{\mathrm{j}(\omega t-\beta z)} \tag{6}$$

区域 (2): 第一内包层 $a_1\leqslant\rho\leqslant a_2(\varepsilon_2、\mu_0)$

$$E_{z2}=[a_{m2}^{(1)}Z_m^{(1)}(\delta_2\rho)+a_{m2}^{(2)}Z_m^{(2)}(\delta_2\rho)]\cos(m\varphi+\varphi_m)\mathrm{e}^{\mathrm{j}(\omega t-\beta z)} \tag{7}$$

$$H_{z2}=[a_{m2}^{(1)}Z_m^{(1)}(\delta_2\rho)+a_{m2}^{(2)}Z_m^{(2)}(\delta_2\rho)]\sin(m\varphi+\varphi_m)\mathrm{e}^{\mathrm{j}(\omega t-\beta z)} \tag{8}$$

区域 (3): 第二内包层 $a_2\leqslant\rho\leqslant a_3(\varepsilon_3、\mu_0)$

$$E_{z3}=[a_{m3}^{(1)}Z_m^{(1)}(\delta_3\rho)+a_{m3}^{(2)}Z_m^{(2)}(\delta_3\rho)]\cos(m\varphi+\varphi_m)\mathrm{e}^{\mathrm{j}(\omega t-\beta z)} \tag{9}$$

$$H_{z3} = [a_{m3}^{(1)} Z_m^{(1)}(\delta_3 \rho) + a_{m3}^{(2)} Z_m^{(2)}(\delta_3 \rho)] \sin(m\varphi + \varphi_m) \mathrm{e}^{\mathrm{j}(\omega t - \beta z)} \tag{10}$$

区域 (4): 外包层 $a_3 \leqslant \rho \leqslant \infty(\varepsilon_4、\mu_0)$

$$E_{z4} = a_{m4}^{(2)} Z_m^{(2)}(\delta_4 \rho) \cos(m\varphi + \varphi_m) \mathrm{e}^{\mathrm{j}(\omega t - \beta z)} \tag{11}$$

$$H_{z4} = b_{m4}^{(2)} Z_m^{(2)}(\delta_4 \rho) \sin(m\varphi + \varphi_m) \mathrm{e}^{\mathrm{j}(\omega t - \beta z)} \tag{12}$$

以上式中, $a_{m1}^{(1)}, b_{m1}^{(1)}, a_{m2}^{(1)}, a_{m2}^{(2)}, b_{m2}^{(1)}, b_{m2}^{(2)}, a_{m3}^{(1)}, a_{m3}^{(2)}, b_{m3}^{(1)}, b_{m3}^{(2)}, a_{m4}^{(2)}$ 和 $b_{m4}^{(2)}$ 均为待定系数; $\delta_i = k_0\sqrt{\nu_i(\varepsilon_{ri} - \overline{\beta}^2)}(i = 1, 2, 3, 4), \overline{\beta} = \beta/k_0$ 称为归一化传播常数, $\beta$ 为传播常数; $k_0 = 2\pi/\lambda$ 为自由空间波数,$\nu_1 = 1, \nu_2 = 1$ 或 $-1, \nu_3 = 1$ 或 $-1, \nu_4 = -1; \varepsilon_{ri} = \varepsilon_i/\varepsilon_0 = n_i^2, \varepsilon_{ri}$ 和 $n_i$ 分别是第 "$i$" 区域的相对介电常数和折射率; 而

$$\begin{aligned} Z_m^{(1)}(\delta_i \rho) = J_m(\delta_i \rho), Z_m^{(2)}(\delta_i \rho) = Y_m(\delta_i \rho) \quad (\nu_i = 1) \\ Z_m^{(1)}(\delta_i \rho) = I_m(\delta_i \rho), Z_m^{(2)}(\delta_i \rho) = K_m(\delta_i \rho) \quad (\nu_i = -1) \end{aligned} \tag{13}$$

这里, $J_m(x)$ 和 $Y_m(x)$ 为第一类和第二类 Bessel 函数; $I_m(x)$ 和 $K_m(x)$ 为第一类和第二类变型 Bessel 函数. 系数 $a_{mi}^{(1)}$ 、$b_{mi}^{(1)}$、$a_{mi}^{(2)}$、$b^{(2)}$、$Z_m^{(1)}$ 和 $Z_m^{(2)}$ 的下标 "$i$" 表示区域, 上标 "(1)" 和 "(2)" 分别表示 Bessel 函数或变型 Bessel 函数的类别.

按纵向场法, 已知纵向场 $E_z$ 和 $H_z$, 则电磁场的横向分量便可由 Maxwell 场方程求得. 由 (3.3.1) 式, 在纤芯和包层中的横向电磁场可表为

$$E_{\rho i} = -\frac{1}{\nu_i \delta_i^2}\left(\mathrm{j}\beta \frac{\partial E_{zi}}{\partial \rho} + \frac{\mathrm{j}\omega\mu_0}{\rho}\frac{\partial H_{zi}}{\partial \varphi}\right) \tag{14}$$

$$E_{\varphi i} = -\frac{1}{\nu_i \delta_i^2}\left(\frac{\mathrm{j}\beta}{\rho} \frac{\partial E_{zi}}{\partial \varphi} - \mathrm{j}\omega\mu_0\frac{\partial H_{zi}}{\partial \rho}\right) \tag{15}$$

$$H_{\rho i} = -\frac{1}{\nu_i \delta_i^2}\left(-\frac{\mathrm{j}\omega\varepsilon_i}{\rho} \frac{\partial E_{zi}}{\partial \varphi} + \mathrm{j}\beta\frac{\partial H_{zi}}{\partial \rho}\right) \tag{16}$$

$$H_{\varphi i} = -\frac{1}{\nu_i \delta_i^2}\left(\mathrm{j}\omega\varepsilon_i \frac{\partial E_{zi}}{\partial \rho} + \frac{\mathrm{j}\beta}{\rho}\frac{\partial H_{zi}}{\partial \varphi}\right) \tag{17}$$

故场横向分量可通过将 (5) 和 (6), (7) 和 (8), (9) 和 (10), 以及 (11) 和 (12) 分别代入 (14)~(17) 式求得, 于是, 连同 (5)~(12) 式我们便可给出区域 (1)~(4) 中的所有电磁场分量的表示式.

## 2 色散方程 (特征方程) 的推导

阶梯光纤的色散方程 (特征方程) 可应用区域 (1)~(4) 的相邻区域 $\rho = a_i$ 分界面两侧电场和磁场切向 ($z$ 和 $\varphi$ 方向) 分量必须连续的边界条件: $E_{zi} = E_{z,i+1}|_{\rho=a_i}$、$H_{zi} = H_{z,i+1}|_{\rho=a_i}$、$E_{\varphi i} = E_{\phi,i+1}|_{\rho=a_i}$ 和 $H_{\varphi i} = H_{\varphi,i+1}|_{\rho=a_i}(i = 1, 2, 3)$, 导得.

(a) 按在 $\rho = a_1$ 处, 场的边界条件: $E_{z1} = E_{z2}|_{\rho=a_1} H_{z1} = H_{z2}|_{\rho=a_1}$, $E_{\varphi1} = E_{\varphi2}|_{\rho=a_1}$ 和 $H_{\varphi1} = H_{\varphi2}|_{\rho=a_1}$, 由 (5) 与 (7), (6) 与 (8), 以及 (5)~(8) 与 (15) 和 (17) 式, 我们分别有

$$Z_m^{(1)}(\delta_1 a_1)a_{m1}^{(1)} = Z_m^{(1)}(\delta_2 a_1)a_{m2}^{(1)} + Z_m^{(2)}(\delta_2 a_1)a_{m2}^{(2)} \tag{18}$$

$$Z_m^{(1)}(\delta_1 a_1)b_{m1}^{(1)} = Z_m^{(1)}(\delta_2 a_1)b_{m2}^{(1)} + Z_m^{(2)}(\delta_2 a_1)b_{m2}^{(2)} \tag{19}$$

$$\begin{aligned}&\frac{1}{\nu_1\delta_1^2}\left[\frac{\mathrm{j}\beta m}{a_1}Z_m^{(1)}(\delta_1 a_1)a_{m1}^{(1)} + j\omega\mu_0\delta_1 Z_m^{(1)'}(\delta_1 a_1)b_{m1}^{(1)}\right] = \frac{1}{\nu_2\delta_2^2}\cdot\\&\left[\frac{\mathrm{j}\beta m}{a_1}\left(Z_m^{(1)}(\delta_2 a_1)a_{m2}^{(1)}+Z_m^{(2)}(\delta_2 a_1)a_{m2}^{(2)}\right)+\mathrm{j}\omega\mu_0\delta_2\left(Z_m^{(1)'}(\delta_2 a_1)b_{m2}^{(1)}+Z_m^{(2)'}(\delta_2 a_1)b_{m2}^{(2)}\right)\right]\end{aligned} \tag{20}$$

$$\begin{aligned}&\frac{1}{\nu_1\delta_1^2}\left[\mathrm{j}\omega\varepsilon_1\delta_1 Z_m^{(1)'}(\delta_1 a_1)a_{m1}^{(1)} + \frac{\mathrm{j}\beta m}{a_1}Z_m^{(1)}(\delta_1 a_1)b_{m1}^{(1)}\right] = \frac{1}{\nu_2\delta_2^2}\cdot\\&\left[\mathrm{j}\omega\varepsilon_2\delta_2\left(Z_m^{(1)'}(\delta_2 a_1)a_{m2}^{(1)}+Z_m^{(2)'}(\delta_2 a_1)a_{m2}^{(2)}\right)+\frac{\mathrm{j}\beta m}{a_1}\left(Z_m^{(1)}(\delta_2 a_1)b_{m2}^{(1)}+Z_m^{(2)}(\delta_2 a_1)b_{m2}^{(2)}\right)\right]\end{aligned} \tag{21}$$

(b) 按在 $\rho = a_2$ 处, 电磁场的边界条件: $E_{z2} = E_{z3}|_{\rho=a_2}$, $H_{z2} = H_{z3}|_{\rho=a_2}$, $E_{\varphi2} = E_{\phi3}|_{\rho=a_2}$ 和 $H_{\varphi2} = H_{\varphi3}|_{\rho=a_2}$, 由 (7) 与 (9), (8) 与 (10), 以及 (7)~(10) 与 (15) 和 (17) 式, 我们分别有

$$Z_m^{(1)}(\delta_2 a_2)a_{m2}^{(1)} + Z_m^{(2)}(\delta_2 a_2)a_{m2}^{(2)} = Z_m^{(1)}(\delta_3 a_2)a_{m3}^{(1)} + Z_m^{(2)}(\delta_3 a_2)a_{m3}^{(2)} \tag{22}$$

$$Z_m^{(1)}(\delta_2 a_2)b_{m2}^{(1)} + Z_m^{(2)}(\delta_2 a_2)b_{m2}^{(2)} = Z_m^{(1)}(\delta_3 a_2)b_{m3}^{(1)} + Z_m^{(2)}(\delta_3 a_2)b_{m3}^{(2)} \tag{23}$$

$$\begin{aligned}&\frac{1}{\nu_2\delta_2^2}\left[\frac{\mathrm{j}\beta m}{a_2}\left(Z_m^{(1)}(\delta_2 a_2)a_{m2}^{(1)}+Z_m^{(2)}(\delta_2 a_2)a_{m2}^{(2)}\right)+\mathrm{j}\omega\mu_0\delta_2\left(Z_m^{(1)'}(\delta_2 a_2)b_{m2}^{(1)}+Z_m^{(2)'}(\delta_2 a_2)b_{m2}^{(2)}\right)\right]\\=&\frac{1}{\nu_3\delta_3^2}\left[\frac{\mathrm{j}\beta m}{a_2}\left(Z_m^{(1)}(\delta_3 a_2)a_{m3}^{(1)}+Z_m^{(2)}(\delta_3 a_2)a_{m3}^{(2)}\right)+\mathrm{j}\omega\mu_0\delta_3\left(Z_m^{(1)'}(\delta_3 a_2)b_{m3}^{(1)}+Z_m^{(2)'}(\delta_3 a_2)b_{m3}^{(2)}\right)\right]\end{aligned} \tag{24}$$

$$\begin{aligned}&\frac{1}{\nu_2\delta_2^2}\left[\mathrm{j}\omega\varepsilon_2\delta_2\left(Z_m^{(1)'}(\delta_2 a_2)a_{m2}^{(1)}+Z_m^{(2)'}(\delta_2 a_2)a_{m2}^{(2)}\right)+\frac{\mathrm{j}\beta m}{a_2}\left(Z_m^{(1)}(\delta_2 a_2)b_{m2}^{(1)}+Z_m^{(2)}(\delta_2 a_2)b_{m2}^{(2)}\right)\right]\\=&\frac{1}{\nu_3\delta_3^2}\left[\mathrm{j}\omega\varepsilon_3\delta_3\left(Z_m^{(1)'}(\delta_3 a_2)a_{m3}^{(1)}+Z_m^{(2)'}(\delta_3 a_2)a_{m3}^{(2)}\right)+\frac{\mathrm{j}\beta m}{a_2}\left(Z_m^{(1)}(\delta_3 a_2)b_{m3}^{(1)}+Z_m^{(2)}(\delta_3 a_2)b_{m3}^{(2)}\right)\right]\end{aligned} \tag{25}$$

(c) 按在 $\rho = a_3$ 处, 电磁场的边界条件: $E_{z3} = E_{z4}|_{\rho=a_3}$, $H_{z3} = H_{z4}|_{\rho=a_3}$, $E_{\varphi3} = E_{\phi4}|_{\rho=a_3}$ 和 $H_{\varphi3} = H_{\varphi4}|_{\rho=a_3}$, 由 (9) 与 (11), (10) 与 (12), 以及 (9)~(12) 与 (15) 和 (17) 式, 我们分别有

$$Z_m^{(1)}(\delta_3 a_3)a_{m3}^{(1)} + Z_m^{(2)}(\delta_3 a_3)a_{m3}^{(2)} = Z_m^{(1)}(\delta_4 a_3)a_{m4}^{(1)} + Z_m^{(2)}(\delta_4 a_3)a_{m4}^{(2)} \tag{26}$$

$$Z_m^{(1)}(\delta_3 a_3)b_{m3}^{(1)} + Z_m^{(2)}(\delta_3 a_3)b_{m3}^{(2)} = Z_m^{(1)}(\delta_4 a_3)b_{m4}^{(1)} + Z_m^{(2)}(\delta_4 a_3)b_{m4}^{(2)} \tag{27}$$

$$\begin{aligned}&\frac{1}{\nu_3\delta_3^2}\left[\frac{\mathrm{j}\beta m}{a_3}\left(Z_m^{(1)}(\delta_3 a_3)a_{m3}^{(1)} + Z_m^{(2)}(\delta_3 a_3)a_{m3}^{(2)}\right)\right.\\&\left.+\mathrm{j}\omega\mu_0\delta_3\left(Z_m^{(1)'}(\delta_3 a_3)b_{m3}^{(1)} + Z_m^{(2)'}(\delta_3 a_3)b_{m3}^{(2)}\right)\right]\\&=\frac{1}{\nu_4\delta_4^2}\left[\frac{\mathrm{j}\beta m}{a_3}Z_m^{(2)}(\delta_4 a_3)a_{m4}^{(2)} + \mathrm{j}\omega\mu_0\delta_4 Z_m^{(2)'}(\delta_4 a_3)b_{m4}^{(2)}\right]\end{aligned} \tag{28}$$

$$\begin{aligned}&\frac{1}{\nu_3\delta_3^2}\left[\mathrm{j}\omega\varepsilon_3\delta_3\left(Z_m^{(1)'}(\delta_3 a_3)a_{m3}^{(1)} + Z_m^{(2)'}(\delta_3 a_3)a_{m3}^{(2)}\right)\right.\\&\left.+\frac{\mathrm{j}\beta m}{a_3}\left(Z_m^{(1)}(\delta_3 a_3)b_{m3}^{(1)} + Z_m^{(2)}(\delta_3 a_3)b_{m3}^{(2)}\right)\right]\\&=\frac{1}{\nu_4\delta_4^2}\left[\mathrm{j}\omega\varepsilon_4\delta_4 Z_m^{(2)'}(\delta_4 a_3)a_{m4}^{(2)} + \frac{\mathrm{j}\beta m}{a_3}Z_m^{(2)}(\delta_4 a_3)b_{m4}^{(2)}\right]\end{aligned} \tag{29}$$

为书写简洁, 令 $u_i = \delta_i a_i, x_i = \delta_{i+1}a_i (i = 1, 2, 3)$, 和 $\overline{\beta} = \beta/k_0$, 其中 $k_0 = \omega\sqrt{\varepsilon_0\mu_0}$. 并注意到: $\eta_0 = \sqrt{\dfrac{\mu_0}{\varepsilon_0}} = \dfrac{\omega\mu_0}{k_0} = \dfrac{k_0}{\omega\varepsilon_0}$, 以及 $\dfrac{\omega\varepsilon_i}{k_0} = \dfrac{\varepsilon_{ri}}{\eta_0} = \dfrac{n_i^2}{\eta_0}$, 其中 $\varepsilon_{ri} = \dfrac{\varepsilon_i}{\varepsilon_0} = n_i^2$ $(i = 1\sim 4)$, 若将 (18)~(29) 式中系数按 $a_{m1}^{(1)}, b_{m1}^{(1)}, a_{m2}^{(2)}, b_{m2}^{(2)}, a_{m2}^{(1)}, b_{m2}^{(1)}, a_{m3}^{(2)}, b_{m3}^{(2)}, a_{m3}^{(1)}, b_{m3}^{(1)}, a_{m4}^{(2)}$ 和 $b_{m4}^{(2)}$ 顺序写出, 则可简洁地表为

$$Z_m^{(1)}(u_1)a_{m1}^{(1)} - Z_m^{(1)}(x_1)a_{m2}^{(1)} - Z_m^{(2)}(x_1)a_{m2}^{(2)} = 0 \tag{30}$$

$$Z_m^{(1)}(u_1)\eta_0 b_{m1}^{(1)} - Z_m^{(1)}(x_1)\eta_0 b_{m2}^{(1)} - Z_m^{(2)}(x_1)\eta_0 b_{m2}^{(2)} = 0 \tag{31}$$

$$\begin{aligned}&\frac{\overline{\beta}m}{\nu_1 u_1^2}Z_m^{(1)}(u_1)a_{m1}^{(1)} + \frac{1}{\nu_1 u_1}Z_m^{(1)'}(u_1)\eta_0 b_{m1}^{(1)} - \frac{\overline{\beta}m}{\nu_2 x_1^2}Z_m^{(2)}(x_1)a_{m2}^{(2)}\\&-\frac{1}{\nu_2 x_1}Z_m^{(2)'}(x_1)\eta_0 b_{m2}^{(2)} - \frac{\overline{\beta}m}{\nu_2 x_1^2}Z_m^{(1)}(x_1)a_{m2}^{(1)} - \frac{1}{\nu_2 x_1}Z_m^{(1)'}(x_1)\eta_0 b_{m2}^{(1)} = 0\end{aligned} \tag{32}$$

$$\begin{aligned}&\frac{n_1^2}{\nu_1 u_1}Z_m^{(1)'}(u_1)a_{m1}^{(1)} + \frac{\overline{\beta}m}{\nu_1 u_1^2}Z_m^{(1)}(u_1)\eta_0 b_{m1}^{(1)} - \frac{n_2^2}{\nu_2 x_1}Z_m^{(2)'}(x_1)a_{m2}^{(2)}\\&-\frac{\overline{\beta}m}{\nu_2 x_1^2}Z_m^{(2)}(x_1)\eta_0 b_{m2}^{(2)} - \frac{n_2^2}{\nu_2 x_1}Z_m^{(1)'}(x_1)a_{m2}^{(1)} - \frac{\overline{\beta}m}{\nu_2 x_1^2}Z_m^{(1)}(x_1)\eta_0 b_{m2}^{(1)} = 0\end{aligned} \tag{33}$$

$$Z_m^{(2)}(u_2)a_{m2}^{(2)} + Z_m^{(1)}(u_2)a_{m2}^{(1)} - Z_m^{(2)}(x_2)a_{m3}^{(2)} - Z_m^{(1)}(x_2)a_{m3}^{(1)} = 0 \tag{34}$$

$$Z_m^{(2)}(u_2)\eta_0 b_{m2}^{(2)} + Z_m^{(1)}(u_2)\eta_0 b_{m2}^{(1)} - Z_m^{(2)}(x_2)\eta_0 b_{m3}^{(2)} - Z_m^{(1)}(x_2)\eta_0 b_{m3}^{(1)} = 0 \tag{35}$$

$$\frac{\overline{\beta}m}{\nu_2 u_2^2}Z_m^{(2)}(u_2)a_{m2}^{(2)} + \frac{1}{\nu_2 u_2}Z_m^{(2)'}(u_2)\eta_0 b_{m2}^{(2)} + \frac{\overline{\beta}m}{\nu_2 u_2^2}Z_m^{(1)}(u_2)a_{m2}^{(1)}$$

$$+\frac{1}{\nu_2 u_2}Z_m^{(1)'}(u_2)\eta_0 b_{m2}^{(1)}-\frac{\overline{\beta}m}{\nu_3 x_2^2}Z_m^{(2)}(x_2)a_{m3}^{(2)}-\frac{1}{\nu_3 x_2}Z_m^{(2)'}(x_2)\eta_0 b_{m3}^{(2)}$$

$$-\frac{\overline{\beta}m}{\nu_3 x_2^2}Z_m^{(1)}(x_2)a_{m3}^{(1)}-\frac{1}{\nu_3 x_2}Z_m^{(1)'}(x_2)\eta_0 b_{m3}^{(1)}=0 \tag{36}$$

$$\frac{n_2^2}{\nu_2 u_2}Z_m^{(2)'}(u_2)a_{m2}^{(2)}+\frac{\overline{\beta}m}{\nu_2 u_2^2}Z_m^{(2)}(u_2)\eta_0 b_{m2}^{(2)}+\frac{n_2^2}{\nu_2 u_2}Z_m^{(1)'}(u_2)a_{m2}^{(1)}$$

$$+\frac{\overline{\beta}m}{\nu_2 u_2^2}Z_m^{(1)}(u_2)\eta_0 b_{m2}^{(1)}-\frac{n_3^2}{\nu_3 x_2}Z_m^{(2)'}(x_2)a_{m3}^{(2)}-\frac{\overline{\beta}m}{\nu_3 x_2^2}Z_m^{(2)}(x_2)\eta_0 b_{m3}^{(2)}$$

$$-\frac{n_3^2}{\nu_3 x_2}Z_m^{(1)'}(x_2)a_{m3}^{(1)}-\frac{\overline{\beta}m}{\nu_3 x_2^2}Z_m^{(1)}(x_2)\eta_0 b_{m3}^{(1)}=0 \tag{37}$$

$$Z_m^{(2)}(u_3)a_{m3}^{(2)}+Z_m^{(1)}(u_3)a_{m3}^{(1)}-Z_m^{(2)}(x_3)a_{m4}^{(2)}=0 \tag{38}$$

$$Z_m^{(2)}(u_3)\eta_0 b_{m3}^{(2)}+Z_m^{(1)}(u_3)\eta_0 b_{m3}^{(1)}-Z_m^{(2)}(x_3)\eta_0 b_{m4}^{(2)}=0 \tag{39}$$

$$\frac{\overline{\beta}m}{\nu_3 u_3^2}Z_m^{(2)}(u_3)a_{m3}^{(2)}+\frac{1}{\nu_3 u_3}Z_m^{(2)'}(u_3)\eta_0 b_{m3}^{(2)}+\frac{\overline{\beta}m}{\nu_3 u_3^2}Z_m^{(1)}(u_3)a_{m3}^{(1)}$$

$$+\frac{1}{\nu_3 u_3}Z_m^{(1)'}(u_3)\eta_0 b_{m3}^{(1)}-\frac{\overline{\beta}m}{\nu_4 x_3^2}Z_m^{(2)'}(x_3)a_{m4}^{(2)}-\frac{1}{\nu_4 x_3}Z_m^{(2)'}(x_3)\eta_0 b_{m4}^{(2)}=0 \tag{40}$$

$$\frac{n_3^2}{\nu_3 u_3}Z_m^{(2)'}(u_3)a_{m3}^{(2)}+\frac{\overline{\beta}m}{\nu_3 u_3^2}Z_m^{(2)}(u_3)\eta_0 b_{m3}^{(2)}+\frac{n_3^2}{\nu_3 u_3}Z_m^{(1)'}(u_3)a_{m3}^{(1)}$$

$$+\frac{\overline{\beta}m}{\nu_3 u_3^2}Z_m^{(1)}(u_3)\eta_0 b_{m3}^{(1)}-\frac{n_4^2}{\nu_4 x_3}Z_m^{(2)'}(x_3)a_{m4}^{(2)}-\frac{\overline{\beta}m}{\nu_4 x_3^2}Z_m^{(2)}(x_3)\eta_0 b_{m4}^{(2)}=0 \tag{41}$$

至此, 我们已求得了确定系数 $a_{m1}^{(1)},\tilde{b}_{m1}^{(1)},a_{m2}^{(2)},\tilde{b}_{m2}^{(2)},a_{m2}^{(1)},\tilde{b}_{m2}^{(1)},a_{m3}^{(2)},\tilde{b}_{m3}^{(2)},a_{m3}^{(1)},\tilde{b}_{m3}^{(1)}$, $a_{m4}^{(2)}$ 和 $\tilde{b}_{m4}^{(2)}$ 的齐次方程组 (30)~(41), 这里 $\tilde{b}_{mi}^{(1)}=\eta_0 b_{mi}^{(1)},\tilde{b}_{mi}^{(2)}=\eta_0 b_{mi}^{(2)}$. 若此超越方程组有解, 则其 $12\times 12$ 阶系数矩阵行列式应等于零, 此行列式等于零的方程就是确定四层圆截面阶梯光纤传输 $\text{HE}_{mn}$ 混合模的色散 (特征) 方程.

## 3 色散方程的数值解 ——*B*-*ν* 色散曲线

记 $F$ 为齐次方程组 (30)~(41) 的 $12\times 12$ 阶系数矩阵行列式, 则色散方程为

$$F=|12\times 12|=0 \tag{42}$$

$12\times 12$ 阶系数矩阵共有 144 矩阵元素, 但其中有 60 个是零元素; 此系数矩阵的具体表示式见下页 (44) 式. 将矩阵行列式 $F$ 展开, 可知它是 $m$(Bessel 函数的阶)、$n_1,n,n_3$ 和 $n_4$(纤芯和各层的折射率)、$a_1,a_2$ 和 $a_3$(纤芯和包层的几何参数)、归一化传播常数 $\overline{\beta}=\beta/k_0$(及已知 $\nu_i$) 的复杂函数. 故色散方程亦可表为

$$F = f(m, a_1, a_2, a_3, n_1, n_2, n_3, n_4, \overline{\beta}, k_0) = 0 \tag{43}$$

可见, 同轴光纤的色散方程实质上是以 $n_1, n, n_3, n_4$、$a_1, a_2, a_3$ 和 $m$ 为参数, 联系 $k_0$ 与归一化传播常数 $\overline{\beta}$ 的超越方程. 对于光纤的传输模, $k_0$ 与 $\overline{\beta}$ 必须满足此色散方程, 对于给定某一 $k_0$ 值, 由 (43) 式便可解得相应的 $\overline{\beta}_{m1}, \overline{\beta}_{m2}, \cdots, \overline{\beta}_{mn}$ 的值 (存在多个解). 注意到 $\beta = k_0\overline{\beta}, k_0 = \dfrac{2\pi}{\lambda} = 2\pi f\sqrt{\varepsilon_0\mu_0}$ 故所求得的 $(\overline{\beta}_{mn}, k_0)$, 实际上就是 $(\beta_{mn}, f)$. 因而, 对一系列的 $f$ 值, 求解 (43) 式便可求得同轴光纤混合模 $\mathrm{HE}_{mn}$ 的 $\beta_{mn}$-$f$ 色散曲线; 一旦知道同轴光纤在给定的几何参数下、其 $\mathrm{HE}_{mn}$ 模的色散曲线, 便就可确定光纤的仅传播主模 (单模) 的工作频率范围; 此外, 对于给定工作频率 $f$, 一旦解得了 $\overline{\beta}_{mn}$ 值, 回代至齐次方程组 (30)~(41) 式, 则取某一系数例如, $a_{mn}^{(1)} = 1$、求解此齐次方程组便可求得同轴光纤四个区域中该 $\mathrm{HE}_{mn}$ 模场表示式中的所有系数, 从而可得知同轴光波导中此 $\mathrm{HE}_{mn}$ 模的电磁场分布 (相对值). 因此, 不同模式的色散特性是光纤中波传播问题的最重要研究内容.

对于同轴光纤 (类似于双层光纤), 代替通常使用的 $\beta$-$f$ 色散曲线, 我们将采用具有一定通用性的 $B$-$\nu$ 色散曲线; 这里, $B$ 为广义化传播常数, $\nu$ 为广义化频率.

为了便于比较、验证方法的可行性和所编程序的正确性, 我们采用 F. D. Nunes 等作者的 "*Theoretical study of coaxial fibers*" 文中的 WI、WII、MI 和 MII 四种同轴光纤作为数值计算具体例子, 并使用相同的广义化 (规一化) 传播常数和广义化频率的定义. 这四种光纤的几何参数、各层的折射率, 以及使用的 $B$ 和 $\nu$ 的定义分别如下:

几何参数: $a_{13} = a_1/a_3 = 0.072, a_{23} = a_2/a_3 = 0.352$

广义化传播常数 $B$ 和广义化频率 $\nu$:

$$B = \frac{\overline{\beta}^2 - n_4^2}{n_1^2 - n_4^2}; \quad \nu = k_0 a_3\sqrt{n_1^2 - n_4^2}(\text{WI、WII型}) \tag{45}$$

$$B = \frac{\overline{\beta}^2 - n_4^2}{n_3^2 - n_4^2}; \quad \nu = k_0 a_3\sqrt{n_3^2 - n_4^2}(\text{MI、MII型}) \tag{46}$$

纤芯和包层的折射率:

WI型: $n_1 = 1.4658, n_2 = 1.4587, n_3 = 1.46, n_4 = 1.44$

WII型: $n_1 = 1.4658, n_2 = 1.44, n_3 = 1.46, n_4 = 1.4587$

MI型: $n_1 = 1.46, n_2 = 1.4587, n_3 = 1.4658, n_4 = 1.44$

MII型: $n_1 = 1.46, n_2 = 1.44, n_3 = 1.4658, n_4 = 1.4587$

同轴光纤的系数矩阵行列式:

$$
\begin{array}{cccccccccccc}
1 & 2 & 3 & 4 & 5 & 6 & 7 & 8 & 9 & 10 & 11 & 12 \\
a_{m1}^{(1)} & b_{m1}^{(1)} & a_{m2}^{(2)} & b_{m2}^{(2)} & a_{m2}^{(1)} & b_{m2}^{(1)} & a_{m3}^{(2)} & b_{m3}^{(2)} & a_{m3}^{(1)} & b_{m3}^{(1)} & a_{m4}^{(2)} & a_{m4}^{(2)}
\end{array}
$$

$$
F=\left|\begin{array}{cccccccccccc}
Z_m^{(1)}(u_1) & 0 & -Z_m^{(2)}(x_1) & 0 & -Z_m^{(1)}(x_1) & 0 & 0 & 0 & 0 & 0 & 0 & 0 \\
0 & Z_m^{(1)}(u_1) & 0 & -Z_m^{(2)}(x_1) & 0 & -Z_m^{(1)}(x_1) & 0 & 0 & 0 & 0 & 0 & 0 \\
\frac{\bar{\beta}m}{v_1u_1^2}Z_m^{(1)}(u_1) & \frac{Z_m^{(1)}(u_1)}{v_1u_1} & -\frac{\bar{\beta}m}{v_1x_1^2}Z_m^{(2)}(x_1) & -\frac{Z_m^{(2)}(u_1)}{v_1x_1} & -\frac{\bar{\beta}m}{v_2x_1^2}Z_m^{(1)}(x_1) & -\frac{Z_m^{(1)}(x_1)}{v_2x_1} & 0 & 0 & 0 & 0 & 0 & 0 \\
\frac{n_1^2}{v_1u_1}Z_m^{(1)}(u_1) & \frac{\bar{\beta}m}{v_1u_1^2}Z_m^{(1)}(u_1) & -\frac{n_1^2}{v_2u_1}Z_m^{(2)}(x_1) & -\frac{\bar{\beta}m}{v_2u_1^2}Z_m^{(2)}(x_1) & -\frac{n_2^2}{v_2u_1}Z_m^{(1)}(x_1) & -\frac{\bar{\beta}m}{v_2u_1^2}Z_m^{(1)}(x_1) & 0 & 0 & 0 & 0 & 0 & 0 \\
0 & 0 & Z_m^{(2)}(u_2) & 0 & Z_m^{(1)}(u_2) & 0 & -X_m^{(2)}(x_2) & 0 & -Z_m^{(1)}(x_2) & 0 & 0 & 0 \\
0 & 0 & 0 & Z_m^{(2)}(u_2) & 0 & Z_m^{(1)}(u_2) & 0 & -Z_m^{(2)}(x_2) & 0 & -Z_m^{(1)}(x_2) & 0 & 0 \\
0 & 0 & \frac{\bar{\beta}m}{v_2u_2^2}Z_m^{(2)}(u_2) & \frac{Z_m^{(2)}(u_2)}{v_2u_2} & \frac{\bar{\beta}m}{v_2u_2^2}Z_m^{(1)}(u_2) & \frac{Z_m^{(1)}(u_2)}{v_2u_2} & -\frac{\bar{\beta}m}{v_3x_2^2}Z_m^{(2)}(x_2) & -\frac{Z_m^{(2)}(x_2)}{v_3x_2} & -\frac{\bar{\beta}m}{v_3x_2^2}Z_m^{(1)}(x_2) & -\frac{Z_m^{(1)}(x_2)}{v_3x_2} & 0 & 0 \\
0 & 0 & \frac{n_1^2}{v_2u_2}Z_m^{(2)}(u_1) & \frac{\bar{\beta}m}{v_2u_2^2}Z_m^{(2)}(u_2) & \frac{n_2^2}{v_2u_2}Z_m^{(1)}(u_2) & \frac{\bar{\beta}m}{v_2u_2^2}Z_m^{(1)}(u_2) & -\frac{n_3^2}{v_3x_2}Z_m^{(2)}(x_2) & -\frac{\bar{\beta}m}{v_3x_2^2}Z_m^{(2)}(x_2) & -\frac{n_3^2}{v_3x_2}Z_m^{(1)}(x_2) & -\frac{\bar{\beta}m}{v_3x_2^2}Z_m^{(1)}(x_2) & 0 & 0 \\
0 & 0 & 0 & 0 & 0 & 0 & Z_m^{(2)}(u_3) & 0 & Z_m^{(1)}(u_3) & 0 & -Z_m^{(2)}(x_3) & 0 \\
0 & 0 & 0 & 0 & 0 & 0 & 0 & Z_m^{(2)}(u_3) & 0 & Z_m^{(1)}(u_3) & 0 & -Z_m^{(2)}(x_3) \\
0 & 0 & 0 & 0 & 0 & 0 & \frac{\bar{\beta}m}{v_3x_3^2}Z_m^{(2)}(u_3) & \frac{Z_m^{(2)}(u_3)}{v_3x_3} & \frac{\bar{\beta}m}{v_3x_3^2}Z_m^{(1)}(u_3) & \frac{Z_m^{(1)}(u_3)}{v_3x_3} & -\frac{\bar{\beta}m}{v_4x_3^2}Z_m^{(2)}(x_3) & -\frac{Z_m^{(2)}(x_3)}{v_4x_3} \\
0 & 0 & 0 & 0 & 0 & 0 & \frac{n_3^2}{v_3x_3}Z_m^{(2)}(u_3) & \frac{\bar{\beta}m}{v_3x_3^2}Z_m^{(2)}(u_3) & \frac{n_3^2}{v_3x_3}Z_m^{(1)}(u_3) & \frac{\bar{\beta}m}{v_3x_3^2}Z_m^{(1)}(u_3) & -\frac{n_4^2}{v_4x_3}Z_m^{(2)}(x_3) & -\frac{\bar{\beta}m}{v_4x_3^2}Z_m^{(2)}(x_3)
\end{array}\right|
\begin{array}{c} 1 \\ 2 \\ 3 \\ 4 \\ 5 \\ 6 \\ 7 \\ 8 \\ 9 \\ 10 \\ 11 \\ 12 \end{array}
\tag{44}
$$

注意到：当同轴光纤中波传播截止时, 应有 $\delta_4^2=\omega^2\varepsilon_4\mu_0-\beta^2=0$ 或 $\overline{\beta}^2=n_4^2$, 故由 (45) 和 (46) 式可知, 此时有 $B=0$; 对于 WI、WII、MI 和 MII 型光纤, $B$ 最大取值小于 1, 故当求色散方程数值解时, 若给定 $B$ 求满足色散方程相应的 $v$ 值时, 则 $B$ 的取值范围为 $0<B<1$; 另一方面, 当求色散方程数值解时, 若给定 $\nu$ 求满足色散方程相应的 $B$ 值时, 我们给定 $\nu$ 的取值范围为 $0<\nu\leqslant 20$. 因 $k=2\pi/\lambda$, 由 (45) 和 (46) 式可知有

$$\nu=2\pi\sqrt{n_1^2-n_4^2}a_3/\lambda\approx 1,720a_3/\lambda \quad (\text{WI、WII型})$$

和

$$\nu=2\pi\sqrt{n_3^2-n_4^2}a_3/\lambda\approx 0.9054a_3/\lambda \quad (\text{MI、MII型})$$

故对于一定的 $a_3$ 值, 给定 $\nu$ 求色散方程 $B$ 的解就相当于求在给定光波工作波长 $\lambda$ 下同轴光纤给定模式的传播常数.

图 L.2(a) ~ (d) 是按所述算法求得的 WI 型同轴光纤的 $\text{HE}_{mn}(m=1\sim 3, n=1\sim 7)$ 和 $\text{HE}_{4n}(n=1\sim 5)$ 模的 $B$-$\nu$ 色散曲线从此图可见 $\text{HE}_{m2}$ 与 $\text{HE}_{m3}$ 模、$\text{HE}_{m4}$

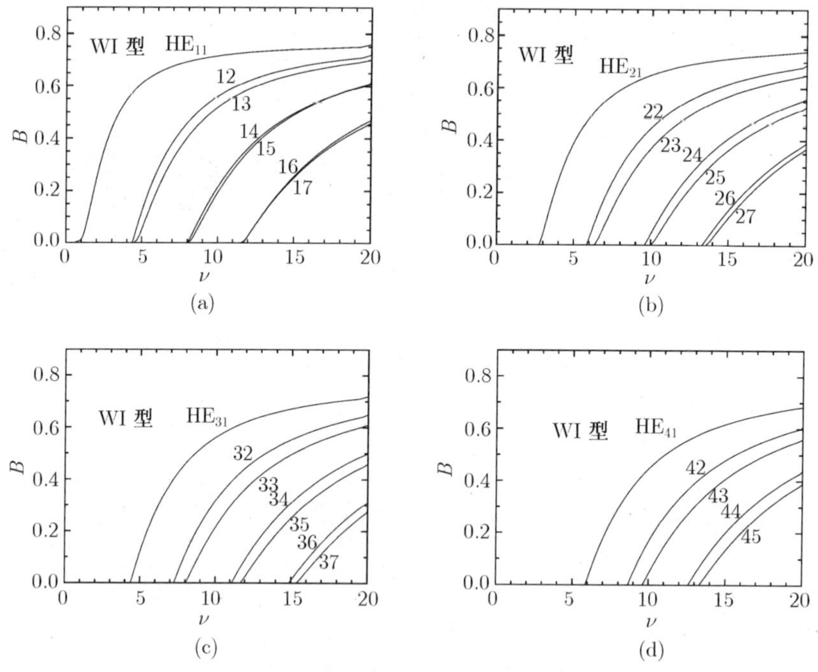


图 L.2　同轴光纤(WI 型)不同模式的 $B$-$\nu$ 色散曲线

与 $\mathrm{HE}_{m5}$ 模, 以及 $\mathrm{HE}_{m6}$ 与 $\mathrm{HE}_{m7}(m = 1 \sim 4)$ 模的色散曲线之间靠得很近, 并且随着 $m$ 增大而分开逐渐变大; 将它们与 F. D. Nunes 等作者给出的色散曲线相比, 说明 LP 近似法在第一高次模后遗漏了一些模式; 此时, 在严格解中 LP 的 $\mathrm{HE}_{m2}$、$\mathrm{HE}_{m3}$ 和 $\mathrm{HE}_{m4}$ 模色散曲线一条分裂成了两条. 对于其它三种同轴光纤亦有类似情况.

图 L.3(a) ~ (d) 分别是 WI、WII、MI 和 MII 四种同轴光纤前若干低次模的 $B$-$\nu$ 色散曲线. 对应于曲线 $B = 0$ 时 $\nu$ 的值就相应于该模的广义化截止频率; 其中 $\mathrm{HE}_{11}$ 模为主模. 对于 MI 型同轴光纤, 图 3.5(c) 中还出现有色散曲线相交的情形, 这表明在此交点工作频率处, 存在有模式简并.

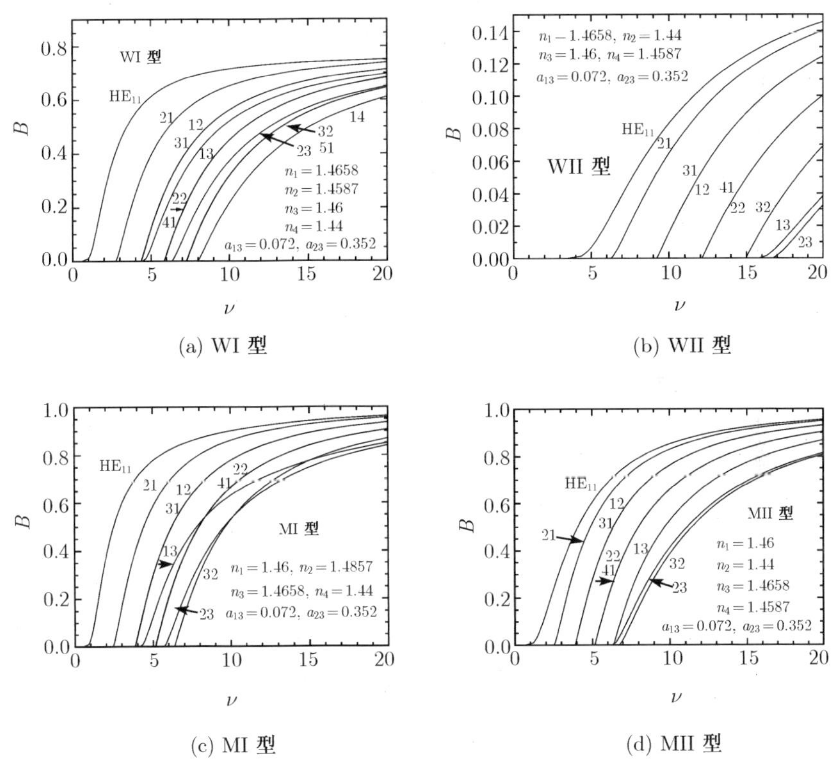

(a) WI 型 (b) WII 型

(c) MI 型 (d) MII 型

图 L.3 不同型式同轴光纤的 $B$-$\nu$ 色散曲线

注意到, 在同轴光纤色散方程的系数矩阵 (44) 中有两个虚线框, 其中 $4 \times 4$ 是两层光纤的系数矩阵; $8 \times 8$ 是三层光纤的系数矩阵. 一般地, 对于 $M$ 层光纤, 其系数矩阵的阶为 $4(M-1) \times 4(M-1)$; 每增加一层, 增加 24 个非零元素. 例如, $M = 7$ 时, 系数矩阵的为 $24 \times 24$ 阶行列式, 共有 132 个非零元素. 鉴于所增加的非零元素以及程序中输入这些非零元素具有规律性可循, 因此, 将色散方程推广至多层情形并无困难, 只是需要求解更为复杂的色散方程, 但对于主模 $HE_{11}$ 和第一个高次模 $HE_{21}$, 数值计算表明 $M = 10$ 并无甚困难. 因此, 我们可采用分析多分层介质波导法来逼近径向不均匀的介质波导问题.

当采用二分法求解同轴光纤的色散方程 $F = 0$ 时, 由于 $F$ 为矩阵形式, 因而, 在求解超越方程的二分法程序中为了求得函数 $F$ 的值, 需要调用计算行列式值的子程序; 此外, 由于函数 $F$ 中含有 $J_m(x)$、$Y_m(x)$、$I_m(x)$ 和 $K_m(x)$, 因而还需调用计算第一类和第二类 Bessel 函数和变型 Bessel 函数的程序. 在二分法中, 需细心选择合适的搜索步长; 对于计算行列式值和 Bessel 函数子程序则均应采用双精度计算, 要求它们有较好的适应能力.

以下给出在求同轴光纤色散方程数值解时曾用到的、计算色散方程的 $F$ 值时需要调用第一类和第二类 Bessel 函数和变型 Bessel 函数的两个主要子程序, 供有兴趣的读者参考.

(1) 子程序名: **OPJY**

功用: 计算 Bessel 函数 $J_m(x)$、$Y_m(x)$ 及其导数

输入: $m$　　$J_m(x)$ 和 $Y_m(x)$ 的阶

$x$　　$J_m(x)$ 和 $Y_m(x)$ 的宗量

输出: BJ($k$)　　$J_k(x)$

DJ($k$)　　$J_k(x)$

BY($k$)　　$Y_k(x)$　　$(k = 0, 1, 2, \cdots, n)$

DY($k$)　　$Y'_k(x)$

```
      SUBROUTINE OPJY(N,X,BJ,DJ,BY,DY)
C     ========================================================
C     Purpose: Compute Bessel functions Jn(x), Yn(x) and
C              their derivatives
C     Input : x --- Argument of Jn(x) and Yn(x) (x >=0 )
C             n --- Order of Jn(x) and Yn(x)
C     Output: BJ(n) --- Jn(x)
C             DJ(n) --- Jn'(x)
C             BY(n) --- Yn(x)
C             DY(n) --- Yn'(x)
c             ( Note: if x < 10**-8, set x=0 )
C     ========================================================
      IMPLICIT DOUBLE PRECISION (A-H,O-Z)
      DIMENSION BJ(0:120),DJ(0:120),BY(0:120),DY(0:120),
```

```
     &         A(4),B(4),A1(4),B1(4)
      PI=3.141592653589793D0
      R2P=.63661977236758D0
      IF (X.GT.1.0) MM=110+INT(X)
      IF (X.LT.1.0.AND.X.GE.1.0D-8) MM=110+15*INT(LOG10(X))
      IF (X.LT.1.0D-8) THEN
        DO 10 K=0,N+1
           BJ(K)=0.0D0
           DJ(K)=0.0D0
           BY(K)=-1.0D+300
10         DY(K)=1.0D+300
         BJ(0)=1.0D0
         DJ(1)=0.5D0
         RETURN
      ENDIF
      IF (X.LT.12.0) THEN
         BS=0.0D0
         SU=0.0D0
         SV=0.0D0
         F2=0.0D0
         F1=1.0D-100
        DO 15 K=MM,0,-1
           F=2.0D0*(K+1.0D0)/X*F1-F2
           IF (K.LE.N+1) BJ(K)=F
           IF (K.EQ.2*INT(K/2).AND.K.NE.0) THEN
              BS=BS+2.0D0*F
              SU=SU+(-1)**(K/2)*F/K
           ELSE IF (K.GT.1) THEN
              SV=SV+(-1)**(K/2)*K/(K*K-1.0)*F
           ENDIF
           F2=F1
15         F1=F
         S0=BS+F
         DO 20 K=0,N+1
20          BJ(K)=BJ(K)/S0
         EC=DLOG(X/2.0D0)+0.5772156649015329D0
         BY0=R2P*(EC*BJ(0)-4.0D0*SU/S0)
         BY(0)=BY0
```

```
          BY1=R2P*((EC-1.0D0)*BJ(1)-BJ(0)/X-4.0D0*SV/S0)
          BY(1)=BY1
        ELSE
           DATA A/-.7031250000000000D-01,.1121520996093750D+00,
     &          -.5725014209747314D+00,.6074042001273483D+01/
           DATA B/ .7324218750000000D-01,-.2271080017089844D+00,
     &              .1727727502584457D+01,-.2438052969955606D+02/
           DATA A1/.1171875000000000D+00,-.1441955566406250D+00,
     &              .6765925884246826D+00,-.6883914268109947D+01/
           DATA B1/-.1025390625000000D+00,.2775764465332031D+00,
     &            -.1993531733751297D+01,.2724882731126854D+02/
           T1=X-0.25D0*PI
           P0=1.0D0
           Q0=-0.125D0/X
           DO 25 K=1,4
              P0=P0+A(K)*X**(-2*K)
25            Q0=Q0+B(K)*X**(-2*K-1)
           CU=DSQRT(R2P/X)
           BJ0=CU*(P0*DCOS(T1)-Q0*DSIN(T1))
           BY0=CU*(P0*DSIN(T1)+Q0*DCOS(T1))
           BJ(0)=BJ0
           BY(0)=BY0
           T2=X-0.75D0*PI
           P1=1.0D0
           Q1=0.375D0/X
           DO 30 K=1,4
              P1=P1+A1(K)*X**(-2*K)
30            Q1=Q1+B1(K)*X**(-2*K-1)
           BJ1=CU*(P1*DCOS(T2)-Q1*DSIN(T2))
           BY1=CU*(P1*DSIN(T2)+Q1*DCOS(T2))
           BJ(1)=BJ1
           BY(1)=BY1
           DO 35 K=2,N+1
              BJK=2.0D0*(K-1.0D0)/X*BJ1-BJ0
              BJ(K)=BJK
              BJ0=BJ1
35            BJ1=BJK
        ENDIF
```

```
      DJ(0)=-BJ(1)
      DO 40 K=1,N+1
40       DJ(K)=BJ(K-1)-K/X*BJ(K)
      DO 45 K=2,N+1
        BYK=2.0D0*(K-1.0D0)*BY1/X-BY0
        BY(K)=BYK
        BY0=BY1
45      BY1=BYK
      DY(0)=-BY(1)
      DO 50 K=1,N+1
50       DY(K)=BY(K-1)-K*BY(K)/X
      RETURN
      END
```

(2) 子程序名：**OPIK**

功用：计算变型 Bessel 函数 $I_m(x)$、$K_m(x)$ 及其导数

输入：$m$　　$I_m(x)$ 和 $K_m(x)$ 的阶

　　　$x$　　$I_m(x)$ 和 $K_m(x)$ 的宗量

输出：BI($k$)　　$I_k(x)$

　　　DI($k$)　　$I_k(x)$

　　　BK($k$)　　$K_k(x)$　　$(k = 0, 1, 2, \cdots, n)$

　　　DK($k$)　　$K'_k(x)$

```
      SUBROUTINE OPIK(N,X,BI,DI,BK,DK)
C     ===========================================================
C     Purpose: Compute modified Bessel functions In(x) and Kn(x),
C              and their derivatives
C     Input:  x --- Argument of In(x) and Kn(x)
C             n --- Order of In(x) and Kn(x)
C     Output: BI(n) --- In(x)
C             DI(n) --- In'(x)
C             BK(n) --- Kn(x)
C             DK(n) --- Kn'(x)
C             ( Note: if x < 10**-10, set x=0 )
C     ===========================================================
      IMPLICIT DOUBLE PRECISION (A-H,O-Z)
      DIMENSION BI(0:120),DI(0:120),BK(0:120),DK(0:120)
      PI=3.141592653589793D0
      EL=0.5772156649015329D0
```

```
      IF (X.GT.1.0) MM=110+INT(X)
      IF (X.LE.1.0.AND.X.GE.1.0D-8) MM=110+15*INT(LOG10(X))
      IF (X.LT.1.0D-10) THEN
        DO 10 K=0,N+1
           BI(K)=0.0D0
           DI(K)=0.0D0
           BK(K)=1.0D+300
10          DK(K)=-1.0D+300
        BI(0)=1.0D0
        DI(1)=0.5D0
        RETURN
      ENDIF
      BS=0.0D0
      SK0=0.0D0
      F0=0.0D0
      F1=1.0D-100
      DO 15 K=MM,0,-1
         F=2.0D0*(K+1.0D0)/X*F1+F0
         IF (K.LE.N+1) BI(K)=F
         IF (K.NE.0.AND.K.EQ.2*INT(K/2)) SK0=SK0+4.0D0*F/K
         BS=BS+2.0D0*F
         F0=F1
15       F1=F
      S0=DEXP(X)/(BS-F)
      DO 20 K=0,N+1
20       BI(K)=S0*BI(K)
      IF (X.LE.8.0D0) THEN
        BK(0)=-(DLOG(0.5D0*X)+EL)*BI(0)+S0*SK0
        BK(1)=(1.0D0/X-BI(1)*BK(0))/BI(0)
      ELSE
        A0=DSQRT(PI/(2.0D0*X))*DEXP(-X)
        K0=16
        IF (X.GE.25.0) K0=10
        IF (X.GE.80.0) K0=8
        IF (X.GE.200.0) K0=6
        DO 30 L=0,1
           BKL=1.0D0
           VT=4.0D0*L
```

```
         R=1.0D0
         DO 25 K=1,K0
            R=0.125D0*R*(VT-(2.0*K-1.0)**2)/(K*X)
25          BKL=BKL+R
         BK(L)=A0*BKL
30     CONTINUE
      ENDIF
      G0=BK(0)
      G1=BK(1)
      DO 35 K=2,N+1
        G=2.0D0*(K-1.0D0)/X*G1+G0
        BK(K)=G
        G0=G1
35      G1=G
      DI(0)=BI(1)
      DK(0)=-BK(1)
      DO 40 K=1,N+1
        DI(K)=BI(K-1)-K/X*BI(K)
40      DK(K)=-BK(K-1)-K/X*BK(K)
      RETURN
      END
```

# 附 录 四

## A 积分 (4.6.16) 式: $\int_0^{\pi}\frac{\cos^2\left(\frac{\pi}{2}\cos\theta\right)}{\sin\theta}\mathrm{d}\theta=\frac{1}{2}\left[\gamma+\ln(2\pi)-\mathrm{Ci}(2\pi)\right]$ 的证明及其数值计算

**证明** 记

$$I=\int_0^{\pi}\frac{\cos^2\left(\frac{\pi}{2}\cos\theta\right)}{\sin\theta}\mathrm{d}\theta \tag{1}$$

作变数变换, 令 $u=\cos\theta$, $\mathrm{d}u=-\sin\theta\mathrm{d}\theta$; $\sin^2\theta=1-\cos^2\theta=1-u^2$, 并因 $\cos^2\left(\frac{\pi}{2}\cos\theta\right)=\frac{1+\cos(\pi\cos\theta)}{2}=\frac{1+\cos\pi u}{2}$, 于是 (1) 式可化为

$$I=\int_{-1}^{1}\frac{1+\cos\pi u}{2}\frac{\mathrm{d}u}{1-u^2}=\int_{-1}^{1}\frac{1+\cos\pi u}{4}\left(\frac{1}{1+u}-\frac{1}{1-u}\right)\mathrm{d}u \tag{2}$$

对于上式第二项积分, 若作变换, 令 $u \to -u$, 则它可化为第一项积分, 即此两项积分贡献相同, 故 (2) 式亦可表为

$$I = \frac{1}{2}\int_{-1}^{1} \frac{1+\cos \pi u}{1+u} \mathrm{d}u \tag{3}$$

再次作变数变换, 令 $v = (1+u)\pi$, $\cos v = \cos(1+u)\pi = -\cos \pi u$; $\mathrm{d}u = \mathrm{d}v/\pi$, 故有

$$I = \frac{1}{2}\int_{0}^{2\pi} \frac{1-\cos v}{v} \mathrm{d}v \tag{4}$$

按余弦函数 $\mathrm{Ci}(z)$ 的定义, 有关系式 (见 [19] p.645, (17.1.4) 式):

$$\mathrm{Ci}(z) = \gamma + \ln(2\pi) - \int_{0}^{z} \frac{1-\cos t}{t} \mathrm{d}t \tag{5}$$

式中, $\gamma = 0.5772156\cdots$, 为 Euler 常数. 于是, 由 (1) 和 (4) 式, 可知有

$$\int_0^{\pi} \frac{\cos^2\left(\dfrac{\pi}{2}\cos\theta\right)}{\sin\theta} \mathrm{d}\theta = \frac{1}{2}\left[\gamma + \ln(2\pi) - \mathrm{Ci}(2\pi)\right] \quad (4.6.15)\text{式得证}.$$

上式中的 $\mathrm{Ci}(z)$ 可进行编程计算 [19], 因而可求得积分 $I$ 的值; 而积分本身亦可采用数值积分法计算, 例见第 3 章附录 $J$ 高斯积分法; 这时, 仅需将其中子程序 FUNC(U, F) 中增加一语句 PI = 3.1415926 并定义 PI 为双精度, 以及将积分 $I$ 的被积函数 $F$ 换成 $F = (\mathrm{DCOS(PI/2.0 * DCOS(U)) * *2/DSIN(U)}$ 即可,

输入 $x = 3.1415926$, 求得的积分结果为 $I \approx 1.2188267\cdots$.

## B 电磁场矢量 Green 定理 (4.8.42) 和 (4.8.43) 式的证明

由 (4.8.38) 和 (4.8.39) 式, 已知

$$\boldsymbol{E}_P = \frac{1}{4\pi}\oint\!\!\!\oint_S \left[-\mathrm{j}\omega\mu\psi\left(\hat{\boldsymbol{n}}\times\boldsymbol{H}\right) + \left(\hat{\boldsymbol{n}}\times\boldsymbol{E}\right)\times\nabla\psi\left(\hat{\boldsymbol{n}}\cdot\boldsymbol{E}\right)\nabla\psi\right]\mathrm{d}S \tag{1}$$

和

$$\boldsymbol{H}_P = \frac{1}{4\pi}\oint\!\!\!\oint_S \left[\mathrm{j}\omega\varepsilon\psi\left(\hat{\boldsymbol{n}}\times\boldsymbol{E}\right) + \left(\hat{\boldsymbol{n}}\times\boldsymbol{H}\right)\times\nabla\psi + \left(\hat{\boldsymbol{n}}\cdot\boldsymbol{H}\right)\nabla\psi\right]\mathrm{d}S \tag{2}$$

式中, $\psi(r) = \dfrac{\mathrm{e}^{-\mathrm{j}kr}}{r}$.

试证明它们分别亦可表为

$$\boldsymbol{E}_P = \oint\!\!\!\oint_S \left(\boldsymbol{E}\frac{\partial\psi}{\partial n} - \psi\frac{\partial\boldsymbol{E}}{\partial n}\right)\mathrm{d}S \quad [(4.8.42)\text{式}]$$

和

$$\boldsymbol{H}_P = \oint\!\!\!\oint_S \left(\boldsymbol{H}\frac{\partial\psi}{\partial n} - \psi\frac{\partial\boldsymbol{H}}{\partial n}\right)\mathrm{d}S \quad [(4.8.43)\text{式}]$$

**证明** 因 $-\mathrm{j}\omega\mu\boldsymbol{H}=\nabla\times\boldsymbol{E}+\boldsymbol{J}_{\mathrm{m}}$, (1) 式积分内被积函数第一项可写成

$$-\mathrm{j}\omega\mu\,(\hat{\boldsymbol{n}}\times\boldsymbol{H})\,\psi=\hat{\boldsymbol{n}}\times(\nabla\times\boldsymbol{E}+\boldsymbol{J}_{\mathrm{m}})\,\psi \tag{3}$$

应用矢量恒等式: $\nabla\times(u\boldsymbol{A})=u\nabla\times\boldsymbol{A}-\boldsymbol{A}\times\nabla u$ 及 $\boldsymbol{a}\times\boldsymbol{b}\times\boldsymbol{c}=(\boldsymbol{a}\cdot\boldsymbol{c})\boldsymbol{b}-(\boldsymbol{a}\cdot\boldsymbol{b})\boldsymbol{c}$, 则上式中

$$\begin{aligned}\hat{\boldsymbol{n}}\times(\nabla\times\boldsymbol{E})&=\hat{\boldsymbol{n}}\times[\nabla\times(E_x\hat{\boldsymbol{a}}_x)+\nabla\times(E_y\hat{\boldsymbol{a}}_y)+\nabla\times(E_z\hat{\boldsymbol{a}}_z)]\\&=-\hat{\boldsymbol{n}}\times[\hat{\boldsymbol{a}}_x\times\nabla E_x+\hat{\boldsymbol{a}}_y\times\nabla E_y+\hat{\boldsymbol{a}}_z\times\nabla E_z]\\&=(\hat{\boldsymbol{n}}\cdot\hat{\boldsymbol{a}}_x)\,\nabla E_x-(\hat{\boldsymbol{n}}\cdot\nabla E_x)\,\hat{\boldsymbol{a}}_x\\&\quad+(\hat{\boldsymbol{n}}\cdot\hat{\boldsymbol{a}}_y)\,\nabla E_y-(\hat{\boldsymbol{n}}\cdot\nabla E_y)\,\hat{\boldsymbol{a}}_y\\&\quad+(\hat{\boldsymbol{n}}\cdot\hat{\boldsymbol{a}}_z)\,\nabla E_z-(\hat{\boldsymbol{n}}\cdot\nabla E_z)\,\hat{\boldsymbol{a}}_z\end{aligned} \tag{4}$$

因

$$\begin{aligned}&(\hat{\boldsymbol{n}}\cdot\hat{\boldsymbol{a}}_x)\,\nabla E_x+(\hat{\boldsymbol{n}}\cdot\hat{\boldsymbol{a}}_y)\,\nabla E_y+(\hat{\boldsymbol{n}}\cdot\hat{\boldsymbol{a}}_z)\,\nabla E_z\\&=\left(\frac{\partial E_x}{\partial n}\hat{\boldsymbol{n}}\cdot\hat{\boldsymbol{a}}_x+\frac{\partial E_y}{\partial n}\hat{\boldsymbol{n}}\cdot\hat{\boldsymbol{a}}_y+\frac{\partial E_y}{\partial n}\hat{\boldsymbol{n}}\cdot\hat{\boldsymbol{a}}_z\right)\hat{\boldsymbol{n}}\\&=(\nabla E_x\cdot\hat{\boldsymbol{a}}_x+\nabla E_y\cdot\hat{\boldsymbol{a}}_y+\nabla E_z\cdot\hat{\boldsymbol{a}}_z)\,\hat{\boldsymbol{n}}\\&=\left(\frac{\partial E_x}{\partial x}+\frac{\partial E_y}{\partial y}+\frac{\partial E_z}{\partial z}\right)\hat{\boldsymbol{n}}=(\nabla\cdot\boldsymbol{E})\,\hat{\boldsymbol{n}}\end{aligned}$$

和

$$\begin{aligned}&(\hat{\boldsymbol{n}}\cdot\nabla E_x)\,\hat{\boldsymbol{a}}_x+(\hat{\boldsymbol{n}}\cdot\nabla E_y)\,\hat{\boldsymbol{a}}_y+(\hat{\boldsymbol{n}}\cdot\nabla E_z)\,\hat{\boldsymbol{a}}_z\\&=\frac{\partial E_x}{\partial n}\hat{\boldsymbol{a}}_x+\frac{\partial E_y}{\partial n}\hat{\boldsymbol{a}}_y+\frac{\partial \boldsymbol{E}_z}{\partial n}\hat{\boldsymbol{a}}_z=\frac{\partial \boldsymbol{E}}{\partial n}\end{aligned}$$

以及有场方程: $\nabla\cdot\boldsymbol{E}=\dfrac{1}{\varepsilon}\rho$, 于是 (4) 式可化为

$$\hat{\boldsymbol{n}}\times(\nabla\times\boldsymbol{E})=(\nabla\cdot\boldsymbol{E})\,\hat{\boldsymbol{n}}-\frac{\partial\boldsymbol{E}}{\partial n}=\frac{1}{\varepsilon}\rho\hat{\boldsymbol{n}}-\frac{\partial\boldsymbol{E}}{\partial n} \tag{5}$$

于是 (1) 式右边第一项 (3) 式可写成

$$-\mathrm{j}\omega\mu\,(\hat{\boldsymbol{n}}\times\boldsymbol{H})\,\psi=\left(\frac{1}{\varepsilon}\rho\hat{\boldsymbol{n}}-\frac{\partial\boldsymbol{E}}{\partial n}+\hat{\boldsymbol{n}}\times\boldsymbol{J}_{\mathrm{m}}\right)\psi \tag{6}$$

再次应用三矢量的叉积恒等式, (1) 式积分内被积函数的第二与第三项之和可表为

$$\begin{aligned}&(\hat{\boldsymbol{n}}\times\boldsymbol{E})\times\nabla\psi+(\hat{\boldsymbol{n}}\cdot\boldsymbol{E})\,\nabla\psi\\&=-\,(\nabla\psi\cdot\boldsymbol{E})\,\hat{\boldsymbol{n}}+(\nabla\psi\cdot\hat{\boldsymbol{n}})\,\boldsymbol{E}+(\hat{\boldsymbol{n}}\cdot\boldsymbol{E})\,\nabla\psi\\&=-\left(\frac{\partial\psi}{\partial n}\hat{\boldsymbol{n}}\cdot\boldsymbol{E}\right)\hat{\boldsymbol{n}}+\left(\frac{\partial\psi}{\partial n}\hat{\boldsymbol{n}}\cdot\hat{\boldsymbol{n}}\right)\boldsymbol{E}+(\hat{\boldsymbol{n}}\cdot\boldsymbol{E})\,\frac{\partial\psi}{\partial n}\hat{\boldsymbol{n}}=\frac{\partial\psi}{\partial n}\boldsymbol{E}\end{aligned} \tag{7}$$

将 (6) 和 (7) 代入 (1) 式后, 便有

$$\boldsymbol{E}_P = \frac{1}{4\pi}\left\{\oiint_S \left(\frac{1}{\varepsilon}\rho\hat{\boldsymbol{n}} - \frac{\partial \boldsymbol{E}}{\partial n} + \hat{\boldsymbol{n}} \times \boldsymbol{J}_{\mathrm{m}}\right)\psi + \frac{\partial \psi}{\partial n}\boldsymbol{E}\right\}\mathrm{d}S \tag{8}$$

因在曲面 $S$ 上, $\rho = 0, J_{\mathrm{m}} = 0$, 于是, 上式便化为

$$\boldsymbol{E}_P = \frac{1}{4\pi}\oiint_S \left(\boldsymbol{E}\frac{\partial \psi}{\partial n} - \psi\frac{\partial \boldsymbol{E}}{\partial n}\right)\mathrm{d}S \quad \text{(4.8.42)式得证.}$$

采用类似步骤或应用 Maxwell 场方程 $\boldsymbol{E}$ 与 $\boldsymbol{H}$ 的二重性, 亦不难证得 (4.8.43) 式.

## C　电磁场的辐射条件

由附录 B 中 (1) 和 (2) 式:

$$\boldsymbol{E}_P = \frac{1}{4\pi}\oiint_S \{-\mathrm{j}\omega\mu\psi(\hat{\boldsymbol{n}} \times \boldsymbol{H}) + (\hat{\boldsymbol{n}} \times \boldsymbol{E}) \times \nabla\psi + (\hat{\boldsymbol{n}} \cdot \boldsymbol{E})\nabla\psi\}\mathrm{d}S \tag{1}$$

$$\boldsymbol{H}_P = \frac{1}{4\pi}\oiint_S \{\mathrm{j}\omega\varepsilon\psi(\hat{\boldsymbol{n}} \times \boldsymbol{H}) + (\hat{\boldsymbol{n}} \times \boldsymbol{H}) \times \nabla\psi + (\hat{\boldsymbol{n}} \cdot \boldsymbol{H})\nabla\psi\}\mathrm{d}S \tag{2}$$

式中, $S = S(R)$ 为半径 $R \to \infty$ 的球面; 其法向单位矢量 $\hat{\boldsymbol{n}} = -\hat{\boldsymbol{a}}_r$; $\psi = \dfrac{\mathrm{e}^{-\mathrm{j}kr}}{r}$.

对于 $\boldsymbol{E}_P$, 由 (1) 式可得

$$\begin{aligned}\boldsymbol{E}_P &= \frac{1}{4\pi}\lim_{R\to\infty}\oiint_{S(R)}\left\{\mathrm{j}\omega\mu(\hat{\boldsymbol{a}}_r \times \boldsymbol{H}) - \left(\mathrm{j}k + \frac{1}{R}\right)\left[\hat{\boldsymbol{a}}_r \times (\hat{\boldsymbol{a}}_r \times \boldsymbol{E})\right.\right.\\ &\quad \left.\left. - (\hat{\boldsymbol{a}}_r \cdot \boldsymbol{E})\hat{\boldsymbol{a}}_r\right]\frac{\mathrm{e}^{-\mathrm{j}kR}}{R}\right\}\mathrm{d}S\\ &= \frac{1}{4\pi}\lim_{R\to\infty}\oiint_{S(R)}\left\{\mathrm{j}\omega\mu\left[\hat{\boldsymbol{a}}_r \times \boldsymbol{H} + \sqrt{\frac{\varepsilon}{\mu}}\boldsymbol{E}\right] + \frac{\boldsymbol{E}}{R}\right\}\frac{\mathrm{e}^{\mathrm{j}kR}}{R}\mathrm{d}S\end{aligned} \tag{3}$$

由于场源的功率是有限的, 电磁场的自然边界条件是: 当 $R \to \infty$ 时, 电磁场必须为零. 元面积 $\mathrm{d}S$ 与 $R^2$ 成正比, 故应有

$$\lim_{R\to\infty} R\boldsymbol{E} = \text{有限值} \tag{4}$$

和

$$\lim_{R\to\infty} R\left[\hat{\boldsymbol{a}}_r \times \boldsymbol{H} + \sqrt{\frac{\varepsilon}{\mu}}\boldsymbol{E}\right] = 0 \tag{5}$$

第一个条件 (4) 表示当场点 $P$ 距场源很远时, 场 $\boldsymbol{E}$ 随 $r$ 的增加而减小只少应具有 $R^{-1}$ 的量级, 当 $R \to \infty$ 时, $\boldsymbol{E} \to 0$; 第二个条件 (5) 则表示当 $R \to \infty$ 时, 球面波具有类似平面波的性质: $\boldsymbol{E}$、$\boldsymbol{H}$ 和波传播方向 $\hat{\boldsymbol{a}}_r$ 三者相互垂直, 且 $\boldsymbol{E}$ 与 $\boldsymbol{H}$ 之比等于媒质的波阻抗.

类似地, 对于 $\boldsymbol{H}_P$, 当 $R \to \infty$ 时, 我们应有

$$\lim_{R\to\infty} R\boldsymbol{H} = \text{有限值} \tag{6}$$

和

$$\lim_{R\to\infty} R\left[\sqrt{\frac{\varepsilon}{\mu}}\left(\hat{\boldsymbol{a}}_r \times \boldsymbol{E}\right) - \boldsymbol{H}\right] = 0 \tag{7}$$

(4)~(7) 式称为电磁场的辐射条件, 它们是由于场源辐射功率为有限时的自然边界条件.

于是, 将辐射条件代入 (1) 和 (2) 式便得到

$$\begin{aligned}\lim_{R\to\infty} \boldsymbol{E}_P = \lim_{R\to\infty} \frac{1}{4\pi}\oiint_{S(R)} \{&-\mathrm{j}\omega\mu\psi\left(\hat{\boldsymbol{n}} \times \boldsymbol{H}\right) + \left(\hat{\boldsymbol{n}} \times \boldsymbol{E}\right) \\ &\times\nabla\psi + \left(\hat{\boldsymbol{n}} \cdot \boldsymbol{E}\right)\nabla\psi\}\mathrm{d}S = 0\end{aligned} \tag{8}$$

和

$$\lim_{R\to\infty} \boldsymbol{H}_P = \lim_{R\to\infty} \frac{1}{4\pi}\oiint_{S(R)} \{\mathrm{j}\omega\varepsilon\psi\left(\hat{\boldsymbol{n}} \times \boldsymbol{E}\right) + \left(\hat{\boldsymbol{n}} \times \boldsymbol{H}\right) \times \nabla\psi + \left(\hat{\boldsymbol{n}} \cdot \boldsymbol{H}\right)\nabla\psi\}\mathrm{d}S = 0 \tag{9}$$

## D 标量 Green 定理和 Kirchhoff 公式的推导

设 $\phi$ 和 $\psi$ 为两个标量函数, 在由曲面 $S$ 所包围的体积 $V$ 内其一阶和二阶导数连续.

由矢量恒等式: $\nabla\cdot(\phi_\nabla\psi) = \nabla\psi\cdot\nabla\phi + \phi\nabla\cdot\nabla\psi$ 两边取体积分后, 有

$$\iiint_V (\nabla\psi\cdot\nabla\phi + \phi\nabla\cdot\nabla\psi)\,\mathrm{d}v = \iiint_V \nabla\cdot(\phi\nabla\psi)\,\mathrm{d}v$$

应用高斯定理, 上式可表为

$$\begin{aligned}\iiint_V (\nabla\psi\cdot\nabla\phi + \phi\nabla\cdot\nabla\psi)\,\mathrm{d}v &= -\oiint_S \phi\nabla\psi\cdot\hat{\boldsymbol{n}}\mathrm{d}S \\ &= -\oiint_S \phi\frac{\partial\psi}{\partial n}\mathrm{d}S\end{aligned} \tag{1}$$

式中, $\hat{\boldsymbol{n}}$ 为曲面 $S$ 的内指法向单位矢量.

对 (1) 式, 交换 $\psi$ 与 $\phi$ 后, 有

$$\int_V \left[\nabla\psi\cdot\nabla\phi + \psi\nabla^2\phi\right] dv = -\oiint_S \psi\frac{\partial\phi}{\partial n}\mathrm{d}S \tag{2}$$

由 (1) 减去 (2) 式, 可得

$$\int_V \left[\phi\nabla^2\psi - \psi\nabla^2\phi\right]\mathrm{d}v = -\oiint_S \left(\phi\frac{\partial\psi}{\partial n} - \psi\frac{\partial\phi}{\partial n}\right)\mathrm{d}S \tag{3}$$

(3) 式称为标量格林定理 (Green Theorem).

又设 $\phi$ 和 $\psi$ 均满足标量 Helmholtz 方程:

$$\nabla^2\phi+k^2\phi=0 \qquad 和 \qquad \nabla^2\psi+k^2\psi=0 \tag{4}$$

式中, $k^2=\omega^2\varepsilon\mu$. 将 (4) 代入 (3) 式, 则有

$$\oiint_S\left(\phi\frac{\partial\psi}{\partial n}-\psi\frac{\partial\phi}{\partial n}\right)\mathrm{d}S=0 \tag{5}$$

令 $\psi=\dfrac{\mathrm{e}^{-\mathrm{j}kr}}{r}$, 而 $\phi$ 为曲面 $S$ 所包围的体积 $V$ 内的一个标量函数, 例如, 是 $\boldsymbol{E}$ 的某一分量; $r$ 为曲面上某点相对于 $P$ 点 (坐标系原点) 的距离, 如图 D.1 所示. 显然, 函数 $\psi$ 在 $V$ 内除 $P$ 点外是连续的; 现绕 $P$ 点作半径为 $r_0$ 的小球面 $\varSigma$, 并令 $r_0\to 0$, 使在曲面 $S'=S+\varSigma$ 包围的体积 $V'=V-V_\varSigma$ 内满足 (4) 式对 $\psi$ 的连续性要求. 故对所给函数 $\psi$, 而有

$$\oiint_{S'=S+\varSigma}\left(\phi\frac{\partial\psi}{\partial n}-\psi\frac{\partial\phi}{\partial n}\right)\mathrm{d}S=0 \tag{6}$$

或

$$\oiint_S\left(\phi\frac{\partial\psi}{\partial n}-\psi\frac{\partial\phi}{\partial n}\right)\mathrm{d}S=-\oiint_\varSigma\left(\phi\frac{\partial\psi}{\partial n}-\psi\frac{\partial\phi}{\partial n}\right)\mathrm{d}S \tag{7}$$

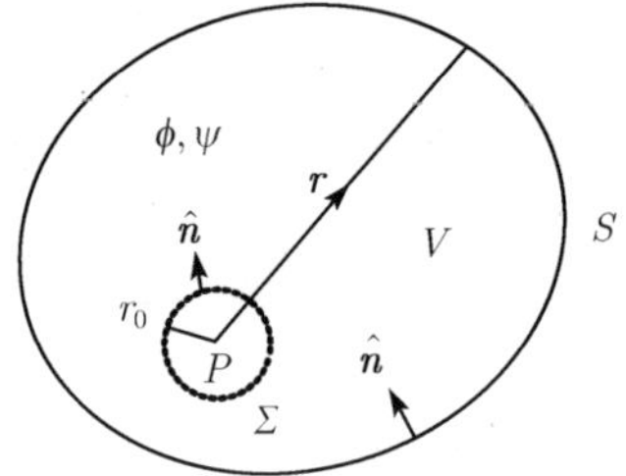


图 D.1 Kirchhoff 公式的推导

将 $\psi=\dfrac{\mathrm{e}^{-\mathrm{j}kr}}{r}$ 和 $\dfrac{\partial\psi}{\partial n}=\dfrac{\partial\psi}{\partial r}=-\left(\dfrac{1}{r}+\mathrm{j}k\right)\dfrac{\mathrm{e}^{-\mathrm{j}kr}}{r}$ 代入 (7) 式右端, 则有

$$\begin{aligned}\oiint_\varSigma\left(\phi\frac{\partial\psi}{\partial n}-\psi\frac{\partial\phi}{\partial n}\right)\mathrm{d}S&=-\lim_{r_0\to 0}\oiint_\varSigma\left[\phi\left(\frac{1}{r}+\mathrm{j}k\right)+\frac{\partial\phi}{\partial n}\right]\frac{\mathrm{e}^{-\mathrm{j}kr}}{r}\mathrm{d}S\\&=-4\pi r_0^2\left\{\left[\phi\left(\frac{1}{r}+\mathrm{j}k\right)+\frac{\partial\phi}{\partial n}\right]+\frac{\mathrm{e}^{-\mathrm{j}kr}}{r}\right\}_{r=r_0}\end{aligned} \tag{8}$$

当 $r_0\to 0$ 小球面 $\varSigma$ 缩成一点时, $\mathrm{e}^{-\mathrm{j}kr_0}=1$, $S'=S+\varSigma\to S$, $\phi=\phi_p$, 而 $\partial\phi/\partial n$ 为有限值, 于是有

$$\oiint_\varSigma\left(\phi\frac{\partial\psi}{\partial n}-\psi\frac{\partial\phi}{\partial n}\right)\mathrm{d}S=-4\pi\phi_P \tag{9}$$

将 $\psi$ 代入上式, 最后我们就得到

$$\phi_P = -\frac{1}{4\pi}\oiint_S \left[\phi\frac{\partial}{\partial n}\left(\frac{\mathrm{e}^{-\mathrm{j}kr}}{r}\right) - \frac{\mathrm{e}^{-\mathrm{j}kr}}{r}\frac{\partial\phi}{\partial n}\right]\mathrm{d}S \tag{10}$$

(10) 式即 Huygens-Fresnel 原理的数学表达式, 亦称 Kirchhoff 公式.

**E 证明关系式 (4.9.12)**

$$\boldsymbol{E}_P = -\frac{1}{4\pi\mathrm{j}\omega\varepsilon}\oint_{\Gamma_A}\nabla\psi\,(\hat{\boldsymbol{\tau}}\cdot\boldsymbol{H}_\Gamma)\mathrm{d}l + \frac{1}{4\pi}\oint_{\Gamma_A}\psi\,(\hat{\boldsymbol{\tau}}\times\boldsymbol{E})\mathrm{d}l + \frac{1}{4\pi}\iint_A\left(\boldsymbol{E}\frac{\partial\psi}{\partial n} - \psi\frac{\partial\boldsymbol{E}}{\partial n}\right)\mathrm{d}S \tag{4.9.12}$$

**证明** 由 (4.9.9) 式, 已知有

$$\begin{aligned}\boldsymbol{E}_P = &-\frac{1}{4\pi\mathrm{j}\omega\varepsilon}\oint_{\Gamma_A}\nabla\psi\,(\hat{\boldsymbol{\tau}}\cdot\boldsymbol{H}_\Gamma)\mathrm{d}l\\ &+\frac{1}{4\pi}\iint_A\{-\mathrm{j}\omega\mu\psi\,[\hat{\boldsymbol{n}}\times\boldsymbol{H}] + [\hat{\boldsymbol{n}}\times\boldsymbol{E}]\times\nabla\psi + (\hat{\boldsymbol{n}}\cdot\boldsymbol{E})\,\nabla\psi\}\mathrm{d}S\end{aligned} \tag{1}$$

因 $\boldsymbol{H} = -\frac{1}{\mathrm{j}\omega\mu}\nabla\times\boldsymbol{E}$, 于是 (1) 式可化为

$$\begin{aligned}\boldsymbol{E}_P = &-\frac{1}{4\pi\mathrm{j}\omega\varepsilon}\oint_{\Gamma_A}\nabla\psi\,(\hat{\boldsymbol{\tau}}\cdot\boldsymbol{H}_\Gamma)\,\mathrm{d}l\\ &+\frac{1}{4\pi}\iint_A\{\psi\,[\hat{\boldsymbol{n}}\times(\nabla\times\boldsymbol{E})] + [\hat{\boldsymbol{n}}\times\boldsymbol{E}]\times\nabla\psi + (\hat{\boldsymbol{n}}\cdot\boldsymbol{E})\,\nabla\psi\}\mathrm{d}S\end{aligned} \tag{2}$$

应用矢量恒等式: $\nabla(\boldsymbol{a}\cdot\boldsymbol{b}) = (\boldsymbol{a}\cdot\nabla)\,\boldsymbol{b} + (\boldsymbol{b}\cdot\nabla)\,\boldsymbol{a} + \boldsymbol{a}\times\nabla\times\boldsymbol{b} + \boldsymbol{b}\times\nabla\times\boldsymbol{a}$, 即有

$$\nabla(\boldsymbol{E}\cdot\hat{\boldsymbol{n}}) = (\boldsymbol{E}\cdot\nabla)\,\hat{\boldsymbol{n}} + (\hat{\boldsymbol{n}}\cdot\nabla)\,\boldsymbol{E} + \boldsymbol{E}\times\nabla\times\hat{\boldsymbol{n}} + \hat{\boldsymbol{n}}\times\nabla\times\boldsymbol{E} \tag{3}$$

因 $\hat{\boldsymbol{n}} = \hat{\boldsymbol{a}}_z$ 为常矢量, $(\boldsymbol{E}\cdot\nabla)\,\hat{\boldsymbol{n}} = \boldsymbol{E}\times\nabla\times\hat{\boldsymbol{n}} = 0$, 故可得 $\nabla(\boldsymbol{E}\cdot\hat{\boldsymbol{n}}) = \hat{\boldsymbol{n}}\cdot\nabla\boldsymbol{E} + \hat{\boldsymbol{n}}\times\nabla\times\boldsymbol{E}$, 即有

$$\hat{\boldsymbol{n}}\times(\nabla\times\boldsymbol{E}) = \nabla(\boldsymbol{E}\cdot\hat{\boldsymbol{n}}) - (\hat{\boldsymbol{n}}\cdot\nabla)\,\boldsymbol{E} = \nabla(\boldsymbol{E}\cdot\hat{\boldsymbol{n}}) - \frac{\partial\boldsymbol{E}}{\partial n} \tag{4}$$

又

$$(\hat{\boldsymbol{n}}\times\boldsymbol{E})\times\nabla\psi = (\hat{\boldsymbol{n}}\cdot\nabla\psi)\,\boldsymbol{E} - (\boldsymbol{E}\cdot\nabla\psi)\,\hat{\boldsymbol{n}} = \frac{\partial\psi}{\partial n}\boldsymbol{E} - (\boldsymbol{E}\cdot\nabla\psi)\,\hat{\boldsymbol{n}} \tag{5}$$

将 (4) 和 (5) 代入 (2) 式中的第二个积分, 则有

$$\boldsymbol{E}_P = -\frac{1}{4\pi\mathrm{j}\omega\varepsilon}\oint_{\Gamma_A}\nabla\psi\,(\hat{\boldsymbol{\tau}}\cdot\boldsymbol{H}_\Gamma)\mathrm{d}l$$

$$+\frac{1}{4\pi}\iint_A [\psi\nabla(\boldsymbol{E}\cdot\hat{\boldsymbol{n}})-(\boldsymbol{E}\cdot\nabla\psi)\hat{\boldsymbol{n}}+(\hat{\boldsymbol{n}}\cdot\boldsymbol{E})\nabla\psi]\mathrm{d}S$$

$$+\frac{1}{4\pi}\iint_A\left(\boldsymbol{E}\frac{\partial\psi}{\partial n}-\psi\frac{\partial\boldsymbol{E}}{\partial n}\right)\mathrm{d}S \tag{6}$$

应用矢量恒等式：$\nabla(\phi\psi)=\phi\nabla\psi+\psi\nabla\phi$, 而有 $\nabla[\psi(\boldsymbol{E}\cdot\hat{\boldsymbol{n}})]=(\boldsymbol{E}\cdot\hat{\boldsymbol{n}})\nabla\psi+\psi\nabla(\boldsymbol{E}\cdot\hat{\boldsymbol{n}})$, 于是, (6) 式可化为

$$\boldsymbol{E}_P=-\frac{1}{4\pi\omega\varepsilon}\oint_{\Gamma_A}\nabla\psi(\hat{\boldsymbol{\tau}}\cdot\boldsymbol{H}_\Gamma)\mathrm{d}l+\frac{1}{4\pi}\iint_A\{\nabla[\psi(\boldsymbol{E}\cdot\hat{\boldsymbol{n}})]-(\boldsymbol{E}\cdot\nabla\psi)\hat{\boldsymbol{n}}\}\mathrm{d}S$$

$$+\frac{1}{4\pi}\iint_A\left(\boldsymbol{E}\frac{\partial\psi}{\partial n}-\psi\frac{\partial\boldsymbol{E}}{\partial n}\right)\mathrm{d}S \tag{7}$$

此外, 对于 (7) 式的第二项积分, 我们可以证明有：

$$\frac{1}{4\pi}\iint_A\{\nabla[\psi(\boldsymbol{E}\cdot\hat{\boldsymbol{n}})]-(\boldsymbol{E}\cdot\nabla\psi)\hat{\boldsymbol{n}}\}\mathrm{d}S=\frac{1}{4\pi}\oint_{\Gamma_A}\psi(\hat{\boldsymbol{\tau}}\times\boldsymbol{E})\,\mathrm{d}l \tag{8}$$

为此, 考虑位于 $x$-$y$ 平面上的一个小矩形 $ABCD$ 围线的边界与 $x$ 和 $y$ 轴平行, 其面积为 $a$, $\hat{\boldsymbol{n}}=\hat{\boldsymbol{a}}_z$ 为平面 $a$ 的法向单位矢量, 如图 E.1 所示.

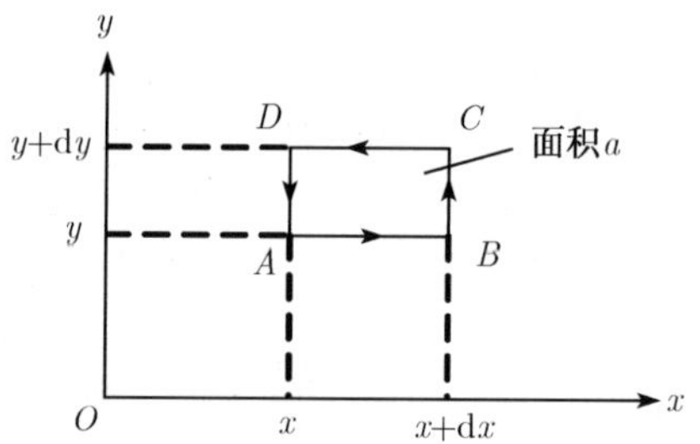


图 E.1　回线积分的计算

现计算积分：

$$\oint_{\Gamma_a}\psi\hat{\boldsymbol{\tau}}\times\boldsymbol{E}\mathrm{d}l=\oint_{AB+BC+CD+DA}\psi\hat{\boldsymbol{\tau}}\times\boldsymbol{E}\mathrm{d}l \tag{9}$$

这里, $\Gamma_a$ 为矩形 $ABCD$ 的围线; $\hat{\boldsymbol{\tau}}$ 为沿围线的单位矢量, 它与 $\hat{\boldsymbol{n}}=\hat{\boldsymbol{a}}_z$ 成右手螺旋关系. (9) 式展开后, 可得

$$\oint_{\Gamma_a}\psi\hat{\boldsymbol{\tau}}\times\boldsymbol{E}\mathrm{d}l=\int_{AB}\psi(-\hat{\boldsymbol{a}}_yE_z+\hat{\boldsymbol{a}}_zE_y)\,\mathrm{d}x+\int_{BC}\psi(\hat{\boldsymbol{a}}_xE_z-\hat{\boldsymbol{a}}_zE_x)\,\mathrm{d}y$$

$$\times\int_{CD}\psi(\hat{\boldsymbol{a}}_yE_z-\hat{\boldsymbol{a}}_zE_y)\,\mathrm{d}x+\int_{DA}\psi(-\hat{\boldsymbol{a}}_xE_z+\hat{\boldsymbol{a}}_zE_x)\,\mathrm{d}y \tag{10}$$

令矩形 $ABCD$ 的边长 $AB=DC=\Delta x\to\mathrm{d}x$; $AD=BC=\Delta y\to\mathrm{d}y$ 趋于无限小, 则有

$$(\psi E_z)_{CD}=(\psi E_z)_{AB}+\frac{\partial}{\partial y}(\psi E_z)\,\mathrm{d}y;\qquad(\psi E_y)_{CD}=(\psi E_y)_{AB}+\frac{\partial}{\partial y}(\psi E_y)\,\mathrm{d}y;$$

$$(\psi E_z)_{BC} = (\psi E_z)_{DA} + \frac{\partial}{\partial x}(\psi E_z)\,\mathrm{d}x; \qquad (\psi E_x)_{BC} = (\psi E_x)_{DA} + \frac{\partial}{\partial x}(\psi E_x)\,\mathrm{d}x$$

于是, (10) 式可化为

$$\oint_{\Gamma_a} \psi \hat{\boldsymbol{\tau}} \times \boldsymbol{E}\mathrm{d}l = \left[\hat{\boldsymbol{a}}_x \frac{\partial}{\partial x}(\psi E_z) + \hat{\boldsymbol{a}}_y \frac{\partial}{\partial y}(\psi E_z) - \hat{\boldsymbol{a}}_z \frac{\partial}{\partial x}(\psi E_x) - \hat{\boldsymbol{a}}_z \frac{\partial}{\partial y}(\psi E_y)\right]\mathrm{d}x\mathrm{d}y$$

对于任意周线为 $\Gamma_A$ 的平面 $A$, 可将它剖分成无限多个小的矩形面积之和. 由于两个相邻小面积的公有周线上的积分相互抵消, 因而, 我们有

$$\oint_{\Gamma_A} \psi \hat{\boldsymbol{\tau}} \times \boldsymbol{E}\mathrm{d}l = \iint_A \left[\hat{\boldsymbol{a}}_x \frac{\partial}{\partial x}(\psi E_z) + \hat{\boldsymbol{a}}_y \frac{\partial}{\partial y}(\psi E_z) - \hat{\boldsymbol{a}}_z \frac{\partial}{\partial x}(\psi E_x) - \hat{\boldsymbol{a}}_z \frac{\partial}{\partial y}(\psi E_y)\right]\mathrm{d}S \tag{11}$$

另一方面, 因 $\hat{\boldsymbol{n}} = \hat{\boldsymbol{a}}_z$, $\nabla[\psi(\boldsymbol{E}\cdot\hat{\boldsymbol{n}})] = \nabla(\psi E_z)$, $(\boldsymbol{E}\cdot\nabla\psi)\hat{\boldsymbol{n}} = \nabla\cdot(\psi\boldsymbol{E}) - \psi\nabla\cdot\boldsymbol{E}$, 和 $\nabla\cdot\boldsymbol{E} = 0$, 有

$$\nabla[\psi(\boldsymbol{E}\cdot\hat{\boldsymbol{n}})] = \hat{\boldsymbol{a}}_x \frac{\partial}{\partial x}(\psi E_z) + \hat{\boldsymbol{a}}_y \frac{\partial}{\partial y}(\psi E_z) + \hat{\boldsymbol{a}}_z \frac{\partial}{\partial z}(\psi E_z)$$

$$(\boldsymbol{E}\cdot\nabla\psi)\hat{\boldsymbol{n}} = [\nabla\cdot(\psi\boldsymbol{E})]\hat{\boldsymbol{n}} = \hat{\boldsymbol{a}}_z\left[\frac{\partial}{\partial x}(\psi E_x) + \frac{\partial}{\partial y}(\psi E_y) + \frac{\partial}{\partial z}(\psi E_z)\right]$$

于是有

$$\nabla[\psi(\boldsymbol{E}\cdot\hat{\boldsymbol{n}})] - (\boldsymbol{E}\cdot\nabla\psi)\hat{\boldsymbol{n}} = \hat{\boldsymbol{a}}_x \frac{\partial}{\partial x}(\psi E_z) + \hat{\boldsymbol{a}}_y \frac{\partial}{\partial y}(\psi E_z) - \hat{\boldsymbol{a}}_z \frac{\partial}{\partial x}(\psi E_x) - \hat{\boldsymbol{a}}_z \frac{\partial}{\partial y}(\psi E_y) \tag{12}$$

注意到, (13) 式右边即 (12) 式中的面积分被积函数, 于是有

$$\frac{1}{4\pi}\oint_{\Gamma_A} \psi(\hat{\boldsymbol{\tau}} \times \boldsymbol{E})\,\mathrm{d}l = \frac{1}{4\pi}\iint_A \{\nabla[\psi(\boldsymbol{E}\cdot\hat{\boldsymbol{n}})] - (\boldsymbol{E}\cdot\nabla\psi)\hat{\boldsymbol{n}}\}\mathrm{d}S \tag{13}$$

这样就证明了 (8) 式. 于是, 由 (7) 式我们便得到

$$\begin{aligned}\boldsymbol{E}_P = &-\frac{1}{4\pi\mathrm{j}\omega\varepsilon}\oint_{\Gamma_A} \nabla\psi(\hat{\boldsymbol{\tau}}\cdot\boldsymbol{H}_\Gamma)\mathrm{d}l + \frac{1}{4\pi}\oint_{\Gamma_A} \psi(\hat{\boldsymbol{\tau}} \times \boldsymbol{E})\,\mathrm{d}l \\ &+ \frac{1}{4\pi}\iint_A \left(\boldsymbol{E}\frac{\partial\psi}{\partial n} - \psi\frac{\partial\boldsymbol{E}}{\partial n}\right)\mathrm{d}S \quad \text{(4.9.12)式得证.}\end{aligned}$$

**F 证明 (4.9.18) 式 $\nabla L = |\nabla L|\,\hat{\boldsymbol{s}} = \dfrac{k}{k_0}\hat{\boldsymbol{s}}$**

一般地, 口径 $A$ 上的标量场可表为

$$u = A(x, y, z)\mathrm{e}^{-\mathrm{j}k_0 L(x,y,z)} \tag{1}$$

这里, $u$ 代表电磁场的某一分量, 故有

$$\boldsymbol{E}=\boldsymbol{A}(x,y,z)\mathrm{e}^{-\mathrm{j}k_0L(x,y,z)} \tag{2}$$

由于 $\boldsymbol{E}$ 满足电场 Helmholtz 方程:

$$\nabla^2\boldsymbol{E}+k^2\boldsymbol{E}=0 \tag{3}$$

于是

$$\boldsymbol{E}=-\frac{1}{k^2}\nabla^2\boldsymbol{E}=-\frac{1}{k^2}\left(\nabla\nabla\cdot\boldsymbol{E}-\nabla\times\nabla\times\boldsymbol{E}\right)$$

因有场方程 $\nabla\cdot\boldsymbol{D}=\varepsilon\nabla\cdot\boldsymbol{E}=0$, 则有

$$\boldsymbol{E}=\frac{1}{k^2}\nabla\times\nabla\times\boldsymbol{E} \tag{4}$$

将 (2) 代入上式, 应用矢量恒等式: $\nabla\times(\phi\boldsymbol{a})=\nabla\phi\times\boldsymbol{a}+\phi\nabla\times\boldsymbol{a}$, 可得

$$\begin{aligned}\boldsymbol{E}&=\frac{1}{k^2}\nabla\times\nabla\times\left(\boldsymbol{A}\mathrm{e}^{-\mathrm{j}k_0L}\right)\\&=\frac{1}{k^2}\nabla\times\left(\nabla\mathrm{e}^{-\mathrm{j}k_0L}\times\boldsymbol{A}\right)+\frac{1}{k^2}\nabla\times\left(\mathrm{e}^{-\mathrm{j}k_0L}\nabla\times\boldsymbol{A}\right)\end{aligned} \tag{5}$$

因 $\nabla\left(\mathrm{e}^{-\mathrm{j}k_0L}\right)=-\mathrm{j}k_0\mathrm{e}^{-\mathrm{j}k_0L}\nabla L$, 而有

$$\begin{aligned}\nabla\times\left(\nabla\mathrm{e}^{-\mathrm{j}k_0L}\times\boldsymbol{A}\right)&=-\mathrm{j}k_0\nabla\times\left[\mathrm{e}^{-\mathrm{j}k_0L}\left(\nabla L\times\boldsymbol{A}\right)\right]\\&=-\mathrm{j}k_0\nabla\left(\mathrm{e}^{-\mathrm{j}k_0L}\right)\times\left(\nabla L\times\boldsymbol{A}\right)-\mathrm{j}k_0\mathrm{e}^{-\mathrm{j}k_0L}\nabla\times\left(\nabla L\times\boldsymbol{A}\right)\\&=\left(-\mathrm{j}k_0\right)^2\mathrm{e}^{-\mathrm{j}k_0L}\nabla L\times\left(\nabla L\times\boldsymbol{A}\right)-\mathrm{j}k_0\mathrm{e}^{-\mathrm{j}k_0L}\nabla\times\left(\nabla L\times\boldsymbol{A}\right)\end{aligned} \tag{6}$$

$$\begin{aligned}\nabla\times\left(\mathrm{e}^{-\mathrm{j}k_0L}\nabla\times\boldsymbol{A}\right)&=\nabla\left(\mathrm{e}^{-\mathrm{j}k_0L}\right)\times\left(\nabla\times\boldsymbol{A}\right)+\mathrm{e}^{-\mathrm{j}k_0L}\nabla\times\left(\nabla\times\boldsymbol{A}\right)\\&=-\mathrm{j}k_0\mathrm{e}^{-\mathrm{j}k_0L}\nabla L\times\left(\nabla\times\boldsymbol{A}\right)+\mathrm{e}^{-\mathrm{j}k_0L}\nabla\times\nabla\times\boldsymbol{A}\end{aligned} \tag{7}$$

将 (6)、(7) 和 (2) 代入 (5) 式, 并因 $k/k_0=\sqrt{\varepsilon\mu}\big/\sqrt{\varepsilon_0\mu_0}=n$, $n$ 为媒质 $\varepsilon,\mu$ 的折射率, 约去等号两边的 $\mathrm{e}^{-\mathrm{j}k_0L}$ 后, 可得

$$\boldsymbol{A}=-\frac{1}{n^2}\nabla L\times(\nabla L\times\boldsymbol{A})-\mathrm{j}\frac{1}{n^2k_0}\left[\nabla\times(\nabla L\times\boldsymbol{A})+\nabla L\times(\nabla\times\boldsymbol{A})\right]+\frac{1}{n^2k_0^2}\nabla\times\nabla\times\boldsymbol{A}$$

当 $\lambda_0\to0$, $k_0=2\pi/\lambda_0\to\infty$, 于是有

$$\boldsymbol{A}=-\frac{1}{n^2}\nabla L\times(\nabla L\times\boldsymbol{A}) \tag{8}$$

应用矢量恒等式: $\boldsymbol{c}\times(\boldsymbol{a}\times\boldsymbol{b})=(\boldsymbol{c}\cdot\boldsymbol{b})\boldsymbol{a}-(\boldsymbol{c}\cdot\boldsymbol{a})\boldsymbol{b}$, 则上式亦可表为

$$\boldsymbol{A}=-\frac{1}{n^2}\left(\boldsymbol{A}\cdot\nabla L\right)\nabla L-\left(\nabla L\cdot\nabla L\right)\boldsymbol{A} \tag{9}$$

由于 $\nabla L$ 的方向代表射线的方向, 它与 $L(x,y,z)=$ 常数的等相面垂直, 而电场 $\boldsymbol{E}$ 位于等相面内, 即 $\boldsymbol{E}$ 与 $\nabla L$ 垂直, 即有 $\boldsymbol{A}\cdot\nabla \mathrm{L}=0$, 故 (9) 式可化为

$$\boldsymbol{A}=\frac{1}{n^2}(\nabla L\cdot\nabla L)\boldsymbol{A}$$

此即, 在 $\lambda_0\to 0$ 几何光学条件下, 有

$$|\nabla L|^2=n^2 \qquad 而 \qquad \nabla L=n\hat{\boldsymbol{s}}=\frac{k}{k_0}\hat{\boldsymbol{s}} \tag{10}$$

## G Cassegrain 天线的几何参量及参量间关系的证明与等效抛物面及其焦距的确定

参见图 G.1, Cassegrain 天线共有 7 个几何参量, 它们是:

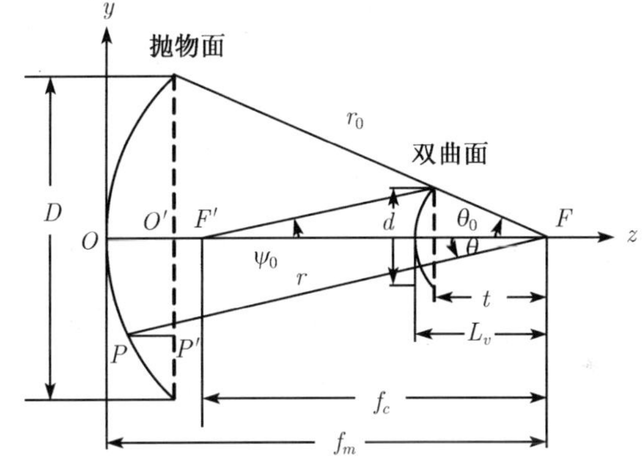


(a) 主抛物面和双曲面

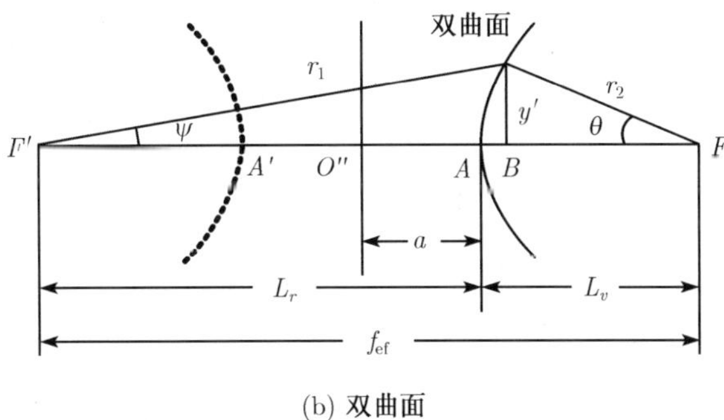


(b) 双曲面

图 G.1 Cassegrain 天线系统的几何关系示意图

$f_m$—— 主抛物面的焦距, 它是主抛物面顶点与双曲面的虚焦点之间的距离.

$D$—— 主抛物面口径的直径.

$\theta_0$—— 主抛物面口径相对其焦距点 $F$ 的半张角.

$f_c$—— 双曲面的实焦点 $F'$ 与虚焦点 $F$ 之间的距离.

$L_v$—— 双曲面的顶点与与虚焦点 $F$ 之间的距离.

$d$—— 双曲面口径的直径.

$\psi_0$—— 双曲面口径口径相对于实焦点 $F'$ 的半张角.

以上 7 个参量满足如下三个关系式:

$$\tan\frac{\theta_0}{2}=\frac{1}{4}\frac{D}{f_m} \tag{1}$$

$$\frac{1}{\tan\psi_0}+\frac{1}{\tan\theta_0}=\frac{2f_c}{d} \tag{2}$$

和

$$1-\frac{\sin{(\theta-\psi)}/2}{\sin{(\theta+\psi)}/2}=\frac{2L_v}{f_c} \tag{3}$$

因此, 为了完整地描述整个天线系统, 只须给出 7 个参量中的 4 个即可. 通常, 参量 $D$, $f_m$, $f_c$ 和 $\psi_0$ 由天线的性能要求和空间限制确定, 然后再由 (1)~(3) 式求得 $\theta_0$, $d$ 和 $L_v$.

1. Cassegrain 天线的几何参量间关系的证明

参见图 G.1(a), 由抛物面几何性质: $FP+PP'=OF+OO'$ 和 $OO'-PP'=OF-FP\cos\theta$, 我们有 $FP=2OF-FP\cos\theta$. 因 $FP=r$ 和 $OF=f_m$, 故可得 $r=\dfrac{2f_m}{1+\cos\theta}$. 对于口径边缘射线, $r=r_0$, $\theta=\theta_0$, 此时便有

$$r_0=\frac{2f_m}{1+\cos\theta_0} \tag{4}$$

由图 G.1(a), $\sin\theta_0=\dfrac{D}{2r_0}$ 或 $r_0=\dfrac{D}{2\sin\theta_0}$, 并因有三角函数关系式: $1+\cos\theta_0=\dfrac{\sin\theta_0}{\tan{(\theta_0/2)}}$, 于是 (4) 式可表为: $\dfrac{D}{2\sin\theta_0}=2f_m\dfrac{\tan{(\theta_0/2)}}{\sin\theta_0}$. 由此可得 (1) 式:

$$\tan\frac{\theta_0}{2}=\frac{1}{4}\frac{D}{f_m}$$

对于 (2) 式的证明, 参见图 G.1(a) 有

$$\tan\psi_0=\frac{d}{2\left(f_c-t\right)}\qquad 和 \qquad \tan\theta_0=\frac{d}{2t}$$

由此两式得倒数相加, 便可得 (2) 式:

$$\frac{1}{\tan\psi_0}+\frac{1}{\tan\theta_0}=\frac{2(f_c-t)}{d}+\frac{2t}{d}=\frac{2f_c}{d}$$

对于 (3) 式的证明, 参见图 G.1(b), 我们有

$$F'B = y'\cot\psi; \qquad BF = y'\cot\theta$$

而

$$f_c = F'B + BF = y'\left(\cot\psi + \cot\theta\right) \tag{5}$$

又 $r_1 = \dfrac{y'}{\sin\psi}$ 和 $r_2 = \dfrac{y'}{\sin\theta}$, 由双曲线的性质: $r_1 - r_2 = 2a$, 于是有

$$y'\left(\frac{1}{\sin\psi} - \frac{1}{\sin\theta}\right) = 2a \qquad \text{或} \qquad y' = 2a\frac{\sin\theta\sin\psi}{\sin\theta - \sin\psi}$$

将此 $y'$ 代入 (5) 式, 便有

$$f_c = 2a\frac{\sin\theta\sin\psi}{\sin\theta - \sin\psi}\left(\cot\psi + \cot\theta\right)$$

由此可得

$$f_c = 2a\frac{\sin\theta\cos\psi + \cos\theta\sin\psi}{\sin\theta - \sin\psi} = 2a\frac{\sin(\theta+\psi)}{\sin\theta - \sin\psi} \tag{6}$$

按离心率定义, 我们有

$$\varepsilon = \frac{O''F}{O''A} = \frac{f_c}{2a} = \frac{\sin(\theta+\psi)}{\sin\theta - \sin\psi} \tag{7}$$

应用三角函数关系式: $\sin\alpha = 2\sin\dfrac{\alpha}{2}\cos\dfrac{\alpha}{2}$ 和 $\sin\alpha - \sin\beta = 2\cos\dfrac{\alpha+\beta}{2}\sin\dfrac{\alpha+\beta}{2}$, 则 (7) 式亦可化为:

$$\varepsilon = \frac{\sin\left(\theta+\psi\right)/2}{\sin\left(\theta-\psi\right)/2} \tag{8}$$

另一方面,

$$1 - \frac{1}{\varepsilon} = 1 - \frac{O''A}{O''F} = \frac{O''F - O''A}{O''F} = \frac{2L_v}{f_c} \tag{9}$$

于是, 由 (8) 和 (9) 式便可证得 (3) 式:

$$1 - \frac{\sin\left(\theta-\psi\right)/2}{\sin\left(\theta+\psi\right)/2} = \frac{2L_v}{f_c}$$

当 $\psi = \psi_0$ 时, $\theta = \theta_0$, 此时即有

$$1 - \frac{\sin\left(\theta_0-\psi_0\right)/2}{\sin\left(\theta_0+\psi_0\right)/2} = \frac{2L_v}{f_c} \tag{10}$$

在直角坐标系中, 坐标原点 $O$ 位于抛物面顶点时的抛物面方程是

$$x^2 + y^2 = 4f_m z \tag{11}$$

而在直角坐标系中, 坐标原点取在双曲面的顶点 $A$ 时的双曲面方程是

$$\frac{(z-a)^2}{a^2} - \frac{x^2+y^2}{b^2} = 1; \qquad b^2 = a^2\left(\varepsilon^2 - 1\right) \tag{12}$$

2. Cassegrain 天线的等效抛物面及其焦距 $f_{\text{eff}}$ 的确定

参见图 4.11.9, 有

$$y = r\sin\theta \qquad 和 \qquad y' = r'\sin\psi \tag{13}$$

按作为等效抛物面的条件, 有 $y = y'$, 于是得

$$r' = r\frac{\sin\theta}{\sin\psi} \tag{14}$$

抛物面的方程是:

$$r = \frac{2f_m}{1+\cos\theta} \tag{15}$$

将 (15) 代入 (14) 式得

$$r' = \frac{2f_m}{1+\cos\theta}\frac{\sin\theta}{\sin\psi}$$

因 $\dfrac{1+\cos\theta}{2} = \cos^2\dfrac{\theta}{2}$ 和 $\sin\alpha = 2\sin\dfrac{\alpha}{2}\cos\dfrac{\alpha}{2}$, 于是便有

$$r' = \frac{f_m\sin\frac{\theta}{2}\cos\dfrac{\theta}{2}}{\cos^2\dfrac{\theta}{2}\sin\dfrac{\psi}{2}\cos\dfrac{\psi}{2}} = \frac{f_m}{\cos^2\dfrac{\psi}{2}}\frac{\tan\frac{\theta}{2}}{\tan\dfrac{\psi}{2}}$$

$$= \frac{2f_m}{1+\cos\psi}\frac{\tan(\theta/2)}{\tan(\psi/2)} \tag{16}$$

令 $M = \dfrac{\tan(\theta/2)}{\tan(\psi/2)}$, 则 (16) 式可写成

$$r' = \frac{2(Mf_m)}{1+\cos\psi} \tag{17}$$

从 (17) 式可见, 等效曲面为一抛物面, 称为等效抛物面, 其等效焦距 $f_{\text{eff}}$ 为

$$f_{\text{eff}} = Mf_m = \frac{\tan(\theta/2)}{\tan(\psi/2)}f_m \tag{18}$$

这里, $M>1$ 称为 Cassegrain 天线系统的放大率. 可以证明:

$$M = \frac{\varepsilon+1}{\varepsilon-1} = \frac{L_r}{L_v} = 常数 \tag{19}$$

式中, $L_r$ 为实际馈源 (实焦点 $F'$) 距双曲面顶点 $A$ 的距离; 而 $L_v$ 为虚馈源 (虚焦点 $F$) 距双曲面顶点 $A$ 的距离.

事实上, $M = \dfrac{\tan(\theta/2)}{\tan(\psi/2)} = \dfrac{\sin(\theta/2)\cos(\psi/2)}{\sin(\psi/2)\cos(\theta/2)}$, 应用三角函数积化和差公式而有

$$M = \frac{\sin(\theta+\psi)/2 + \sin(\theta-\psi)/2}{\sin(\theta+\psi)/2 - \sin(\theta-\psi)/2} \tag{20}$$

另一方面, 由 (8) 式可得

$$\varepsilon+1=\frac{\sin(\theta+\psi)/2+\sin(\theta-\psi)/2}{\sin(\theta-\psi)/2};\varepsilon-1=\frac{\sin(\theta+\psi)/2-\sin(\theta-\psi)/2}{\sin(\theta-\psi)/2}$$

于是, (20) 式亦可表为:

$$M=\frac{\varepsilon+1}{\varepsilon-1} \tag{21}$$

又由 (7) 式和图 G.1(b), 我们有

$$\varepsilon+1=\frac{O''F}{O''A}+1=\frac{O''F+O''A}{O''A}=\frac{O''F+A'O''}{O''A}=\frac{L_r}{O''A}$$

$$\varepsilon+1=\frac{O''F}{O''A}-1=\frac{O''F-A'O''}{O''A}=\frac{L_v}{O''A}$$

故有

$$\frac{\varepsilon+1}{\varepsilon-1}=\frac{L_r}{L_v} \tag{22}$$

因此, 等效抛物面的焦距 $f_{\mathrm{eff}}$ 为

$$f_{\mathrm{eff}}=Mf_m$$

其中, $M=\dfrac{\varepsilon+1}{\varepsilon-1}=\dfrac{L_r}{L_v}=$ 常数, (19) 式得证.

## H 积分表示式 (4.13.18): $H_0^{(2)}(\alpha z)=\dfrac{\mathrm{j}}{\pi}\displaystyle\int_{-\infty}^{+\infty}\frac{\mathrm{e}^{-\mathrm{j}\alpha\sqrt{x^2+t^2}}}{\sqrt{x^2+t^2}}\mathrm{d}t$ 的证明

**证明** 已知变型 Bessel 函数 $K_\nu(z)$ 与 Hankel 函数有如下关系 [17]:

$$K_\nu(z)=-\frac{\mathrm{j}}{2}\pi\mathrm{e}^{-\frac{1}{2}\nu\pi\mathrm{j}}H_\nu^{(2)}(z\mathrm{e}^{-\frac{1}{2}\pi\mathrm{j}})\qquad(-\pi/2<\arg z\leqslant\pi) \tag{1}$$

令 $z\to\mathrm{j}z$, 得 $K_\nu(\mathrm{j}z)=-\dfrac{\mathrm{j}}{2}\pi\mathrm{e}^{-\frac{1}{2}\nu\pi\mathrm{j}}H_\nu^{(2)}(z)$; 再取 $\nu=0,z\to\alpha z$, 便有

$$K_0(\mathrm{j}\alpha z)=-\frac{\mathrm{j}}{2}\pi H_0^{(2)}(\alpha z)$$

此即有

$$H_0^{(2)}(\alpha z)=\frac{\mathrm{j}}{\pi}2K_0(\mathrm{j}\alpha z) \tag{2}$$

另一方面, $K_\nu(xz)$ 有积分表示式:

$$K_\nu(xz)=\frac{\Gamma(\nu+1/2)(2z)^\nu}{\pi^{1/2}x^\nu}\int_0^\infty\frac{\cos(xt)}{(t^2+z^2)^{\nu+1/2}}\mathrm{d}t$$

$$(\mathrm{Re}\,\nu>-1/2,x>0,|\arg z|<\pi/2) \tag{3}$$

对于 $\nu=0, x\to\alpha$, 则有

$$\begin{aligned} K_0(\alpha z) &= \int_0^{\infty}\frac{\cos(\alpha t)}{(t^2+z^2)^{1/2}}\mathrm{d}t \\ &= \frac{1}{2}\left[\int_0^{\infty}\frac{\mathrm{e}^{\mathrm{j}\alpha t}}{(t^2+z^2)^{1/2}}\mathrm{d}t+\int_0^{\infty}\frac{\mathrm{e}^{-\mathrm{j}\alpha t}}{(t^2+z^2)^{1/2}}\mathrm{d}t\right] \\ &= \frac{1}{2}\left[\int_0^{\infty}\frac{\mathrm{e}^{\mathrm{j}\alpha t}}{(t^2+z^2)^{1/2}}\mathrm{d}t-\int_0^{-\infty}\frac{\mathrm{e}^{\mathrm{j}\alpha t}}{(t^2+z^2)^{1/2}}\mathrm{d}t\right] \end{aligned} \tag{4}$$

此即有

$$K_0(\alpha z)=\frac{1}{2}\int_{-\infty}^{+\infty}\frac{\mathrm{e}^{\mathrm{j}\alpha t}}{(t^2+z^2)^{1/2}}\mathrm{d}t \tag{5}$$

作变换, 令 $u=\sqrt{t^2+z^2}, \mathrm{d}u=\dfrac{t}{\sqrt{t^2+z^2}}\mathrm{d}t, t=\sqrt{u^2-z^2}$, 则上式变为

$$K_0(\alpha z)=\frac{1}{2}\int_{-\infty}^{+\infty}\frac{\mathrm{e}^{\mathrm{j}\alpha\sqrt{u^2-z^2}}}{\sqrt{u^2-z^2}}\mathrm{d}u \tag{6}$$

令 $z=\mathrm{j}z$, 并将积分变量 $u\to t$, 即有

$$K_0(\mathrm{j}\alpha z)=\frac{1}{2}\int_{-\infty}^{+\infty}\frac{\mathrm{e}^{\mathrm{j}\alpha\sqrt{u^2+z^2}}}{\sqrt{u^2+z^2}}\mathrm{d}u \tag{7}$$

将 (7) 代入 (2) 式, 这就得到

$$H_0^{(2)}(\alpha z)=\frac{\mathrm{j}}{\pi}\int_{-\infty}^{+\infty}\frac{\mathrm{e}^{-\mathrm{j}\alpha\sqrt{x^2+t^2}}}{\sqrt{x^2+t^2}}\mathrm{d}t \quad \text{(4.13.18)式得证.}$$

(4.13.18) 式左边可应用现成的 Hankel 函数程序计算, 而右边积分可采用数值积分法计算, 故积分表示式的正确性可应用数值方法 (给定某 $(\alpha,z)$ 值) 进行验证.

# 附 录 五

## 柱散射雷达散射宽度(SW)的程序计算

在本章 5.3~5.10 节中, 已论述了正向入射平面波的无限长理想导电圆柱、介质圆柱、介质敷层理想导体圆柱, 以及多层介质和介质敷层导体圆柱的散射. 无论 $\mathrm{TM}_z$ 入射极化波或 $\mathrm{TE}_z$ 入射极化波, 其双站散射宽度 $\sigma_{2D}$ 均可按如下公式计算:

$$\sigma_{2D}(\text{Bistatic})=\frac{2\lambda_0}{\pi}\left|\sum_{n=0}^{\infty}\varepsilon_n\tilde{s}_n\cos n\varphi\right|^2 \tag{1}$$

式中, $\varepsilon_n = \begin{cases} 1 & n = 0 \\ 2 & n \neq 0 \end{cases}$

单站散射宽度 $\sigma_{2D}$(Monostatic) 是双站 $\sigma_{2D}$(Bistatic) 当 $\varphi = 180°$ 时的值, 故

$$\sigma_{2D}(\text{Monostatic}) = \frac{2\lambda_0}{\pi}\left|\sum_{n=0}^{\infty}\varepsilon_n(-1)^n\tilde{s}_n\right|^2 \tag{2}$$

$\sigma_{2D}$ 的单位为 m 或 cm(米或厘米); $\sigma_{2D}$ 的 dB, (分贝) 数定义为

$$\sigma_{2D}(\text{dB或dB}) = 10\lg\sigma_{2D}(\text{m或cm}) \tag{3}$$

对不同圆柱结构和极化情形, (1) 和 (2) 式中散射系数 $\tilde{s}_n$ 分别由下列公式给出：

| | | |
|---|---|---|
| 理想导体圆柱： | $TM_z$ 波 | (5.3.14) 式 |
| | $TE_z$ 波 | (5.4.14) 式 |
| 介质圆柱： | $TM_z$ 波 | (5.5.23) 式 |
| | $TE_z$ 波 | (5.6.23) 式 |
| 介质敷层导体圆柱： | $TM_z$ 波 | (5.7.22) 式 |
| | $TE_z$ 波 | (5.8.22) 式 |
| 多层介质圆柱和敷层导体圆柱： | $TM_z$ 波 | (5.9.40) 式 |
| | $TE_z$ 波 | (5.10.40) 式 |

将给出的是用 Fortran 语言编写的计算圆柱散射的散射宽度 $\sigma_{2D}$ 计算程序, 计有：

1) 无限长埋想导体圆柱的 Monostatic 和 Bistatic 散射宽度 $\sigma_{2D}$ 计算程序.

2) 无限长介质圆柱的 Monostatic 和 Bistatic 散射宽度 $\sigma_{2D}$ 计算程序.

3) 无限长介质敷层理想导体圆柱的 Monostatic 和 Bistatic 散射宽度 $\sigma_{2D}$ 计算程序.

4) 多层介质圆柱和多层介质敷层导体圆柱的 Bistatic 散射宽度 $\sigma_{2D}$ 计算程序.

为方便使用, 程序中 Monostatic 与 Bistatic 采用代码 KS 区分; $TM_z$ 与 $TE_z$ 波采用代码 KP 区分; 并附有输入与输出变量说明和范例.

程序 1~3 分别是计算导体圆柱、介质圆柱, 和介质敷层导体圆柱散射的 Monostatic 和 Bistatic 散射宽度 $\sigma_{2D}$ 专用程序; 而程序 4 则是计算多层介质圆柱和多层介质敷层导体圆柱 (包括前三种情形) 的散射宽度 $\sigma_{2D}$ 的通用程序.

程序和范例说明如下：

## 1 无限长理想导体圆柱的 Monostatic 和 Bistatic 散射宽度 $\sigma_{2D}$ 计算程序

子程序名：CMCYSW

CMCYSW(KS,KP,LAMBDA,AMAX,AMIN,DA,R,A,DPHI,P0,SL)

(a) **CMCYSW 子程序使用说明**

功用：计算导体圆柱的 Monostatic 和 Bistatic 散射宽度 $\sigma_{2D}$

输入：KS　KS=1 相应 Monostatic; KS=2 相应 Bistatic

KP　KP=1 相应$\mathrm{TM}_z$ 波; KP=2 相应$\mathrm{TE}_z$ 波

Lambda　工作波长 $\lambda_0$

KS=1　Monostatic 情形 :

Amin　导体圆柱半径 $A$ 的最小值 (单位同 Lambda)

Amax　导体圆柱半径 $A$ 的最大值

DA　导体圆柱半径 $A$ 增量 (步长)

R(i)　导体圆柱外径$/\lambda_0$, $\mathrm{R(i)} = A/\lambda_0 = (a_{\min} + \mathrm{i^*DA})/\lambda_0$

$i = 0, 1, \cdots, \mathrm{MI}; \quad \mathrm{MI} = \mathrm{INT}\left(\dfrac{a_{\max} - a_{\min}}{\mathrm{DA}}\right)$

KS=2　Bistatic 情形:

A　导体圆柱半径 (单位同 Lambda)

Dphi　角步长,$\delta\varphi$(取1° 或$\geqslant$0.5°; $\varphi_{\min}=0°$, $\varphi_{\max}=180°$)

P0(i)　方位角$\varphi(i)$; $P0(\mathrm{i}) = \mathrm{i} * \mathrm{Dphi}$

$i = 0, 1, \cdots, N; \quad N = 180/\mathrm{Dphi}$

输出：KS=1 Monostatic 情形:

SL(i)~R(i)　散射宽度 $\sigma_{2D} \sim$ 柱体半径 $a$ 的关系

KS=2 Bistatic 情形:

SL(i)~P0(i)　散射宽度 $\sigma_{2D}\sim$ 方位角 $\varphi(i)$ 的关系

调用子程序: CJYH2N: 计算复宗量 Bessel 函数 $J_n(z), Y_n(z)$ 和第二类 Hankel 函数 $H_n^{(2)}(z)$ 及其导数的程序.

BJNMM: 计算对于给定 $z$ 与阶 $n$ 采用逆推法求 $J_n(z)$ 的最大起始阶 M, 和不致出现溢出所可能计算的 $n$ 的最大阶 NM

(b) **理想导体圆柱散射的 Fortran 源程序**

```
      SUBROUTINE CMCYSW(KS,KP,LAMBDA,AMAX,AMIN,DA,R,A,DPHI,P0,SL)
C     ==============================================================
C     Purpose: This subroutine computes monostatic and bistatic SW
C              by an infinite conductiong circular cylinder for TMz
C              and TEz polarization wave cases
C     Input :  KS --- KS=1 for monostatic, KS=2 for bistatic
```

```
C               KP --- KP=1 for TMz wave, KP=2 for TEz wave
C               Lambda --- wavelength, eg. Lambda=1.0 (unit Value)
C               a --- Radius of the conducting cylinder(0.0001 to 1.6)
C               amin --- Minimum a
C               amax --- Maximum a
C               DA --- Step a, delta a
C               R(i) --- a(i)/lambda, i=1,2,...,N
C               PO(i) --- phi(i), i=0,1,2,... ,N
C               Dphi --- Step phi, delta phi
C       Output:  SW/Lambda - a/lambda  (KS=1)
C                or SW/Lambda - azimuth phi  (KS=2)
C       Routine called: CJYH2N for computing Jn(z), Yn(z) and Hn(2)(z),
C                              and their derivatives
C       ===============================================================
        IMPLICIT DOUBLE PRECISION (A,B,D-H,P-S)
        IMPLICIT COMPLEX *16 (C,Z)
        REAL*8 LAMBDA
        DIMENSION CBJ(0:200),CBY(0:200),CDJ(0:200),CDY(0:200),R(0:200),
     &            CBH(0:200),CDH(0:200),CSN(0:200),PO(0:360),SL(0:360)
        PI=3.141592653589793D0
        RD=0.017453292519943D0
        N=200
        IF (KS.EQ.1) THEN
           MI=INT((AMAX-AMIN+0.001)/DA)+1
        ELSE IF (KS.EQ.2) THEN
           MI=INT((180.0+0.001)/DPHI)
           ZOA=2.0D0*PI*A/LAMBDA
           CALL CJYH2N(N,ZOA,NM,CBJ,CDJ,CBY,CDY,CBH,CDH)
        ENDIF
        DO 30 I=0,MI
           IF (KS.EQ.1) THEN
              A=DA*I
              IF (I.EQ.0) A=0.0001D0
              R(I)=A
              ZOA=2.0D0*PI*A/LAMBDA
              CALL CJYH2N(N,ZOA,NM,CBJ,CDJ,CBY,CDY,CBH,CDH)
           ELSE IF (KS.EQ.2) THEN
              PHI=I*DPHI*RD
```

```
            PO(I)=I*DPHI
         ENDIF
         CTEO=(0.0D0,0.0D0)
         CSGA=(0.0D0,0.0D0)
         DO 10 K=0,NM
            EPN=2.0D0
            IF (K.EQ.0) EPN=1.0D0
            IF (KP.EQ.1) CSN(K)=-CBJ(K)/CBH(K)
            IF (KP.EQ.2) CSN(K)=-CDJ(K)/CDH(K)
            IF (KS.EQ.1) CSGA=CSGA+(-1)**K*EPN*CSN(K)
            IF (KS.EQ.2) CSGA=CSGA+EPN*CSN(K)*DCOS(K*PHI)
            IF (CDABS((CSGA-CTEO)/CSGA).LT.1.0D-10.AND.K.GT.20)
     &         GO TO 20
            CTEO=CSGA
10       CONTINUE
20       SL(I)=2.0D0/PI*CDABS(CSGA)**2
30    CONTINUE
      RETURN
      END

      SUBROUTINE CJYH2N(N,Z,NM,CBJ,CDJ,CBY,CDY,CBH,CDH)
C     ============================================================
C     Purpose: Compute Bessel functions Jn(z), Yn(z) & Hn(2)(z),
C              their derivatives for a complex argument
C     Input :  z --- Complex argument of Jn(z) and Yn(z)
C                    ( Set z=0 for |z|<=10.0d-150 )
C              n --- Order of Jn(z) and Yn(z)
C     Output:  CBJ(n) --- Jn(z)
C              CDJ(n) --- Jn'(z)
C              CBY(n) --- Yn(z)
C              CDY(n) --- Yn'(z)
C              CBH(n) --- Hn(2)(z)
C              CDH(n) --- Hn(2)'(z)
C              NM --- Highest order computed
C     Routine called: BJNMM for computing the starting
C                     order for backward recurrence
C     ============================================================
      IMPLICIT DOUBLE PRECISION (A,B,E,P,R,Y)
```

```
      IMPLICIT COMPLEX*16 (C,Z)
      DIMENSION CBJ(0:N),CDJ(0:N),CBY(0:N),CDY(0:N),
   &           CBH(0:N),CDH(0:N),A(4),B(4),A1(4),B1(4)
      CJ=(0.0D0,1.0D0)
      EL=0.5772156649015329D0
      PI=3.141592653589793D0
      R2P=.63661977236758D0
      Y0=DABS(DIMAG(Z))
      A0=CDABS(Z)
      NM=N
      IF (A0.LE.1.0D-60) THEN
         IF (A0.LE.1.0D-150) THEN
            CBJ(0)=1.0D0
            CDJ(0)=0.0D0
            CBJ(1)=0.0D0
            CDJ(1)=0.0D0
            CBY(0)=-1.0D+300
            CDY(0)=1.0D+300
            CBY(1)=-1.0D+300
            CDY(1)=1.0D+300
         ELSE IF (A0.GT.1.0D-150) THEN
            CBJ(0)=1.0D0-0.25D0*Z**2
            CDJ(0)=-0.5D0*Z
            CBJ(1)=(0.5D0-0.0625D0)*Z
            CDJ(1)=0.5D0-0.1875D0*Z**2
            CBY(0)=R2P*(CDLOG(0.5D0*Z)+EL)*CBJ(0)
            CDY(0)=R2P/Z*CBJ(0)+R2P*(CDLOG(0.5D0*Z)+EL)*CDJ(0)
            CBY(1)=-R2P/Z
            CDY(1)=R2P/Z**2
         ENDIF
         NM=1
         DO 10 K=0,NM
            CBH(K)=CBJ(K)-CJ*CBY(K)
10          CDH(K)=CDJ(K)-CJ*CDY(K)
         RETURN
      ENDIF
      IF (A0.LE.300.D0.OR.N.GT.INT(0.25*A0)) THEN
         CALL BJNMM(A0,N,NM,M)
```

```
            IF (N.EQ.0) NM=1
            CBS=(0.0D0,0.0D0)
            CSU=(0.0D0,0.0D0)
            CSV=(0.0D0,0.0D0)
            CF2=(0.0D0,0.0D0)
            CF1=(1.0D-100,0.0D0)
            DO 15 K=M,0,-1
               CF=2.0D0*(K+1.0D0)/Z*CF1-CF2
               IF (K.LE.NM) CBJ(K)=CF
               IF (K.EQ.2*INT(K/2).AND.K.NE.0) THEN
                  IF (Y0.LE.1.0D0) THEN
                     CBS=CBS+2.0D0*CF
                  ELSE
                     CBS=CBS+(-1)**(K/2)*2.0D0*CF
                  ENDIF
                  CSU=CSU+(-1)**(K/2)*CF/K
               ELSE IF (K.GT.1) THEN
                  CSV=CSV+(-1)**(K/2)*K/(K*K-1.0D0)*CF
               ENDIF
               CF2=CF1
15             CF1=CF
            IF (Y0.LE.1.0D0) THEN
               CS0=CBS+CF
            ELSE
               CS0=(CBS+CF)/CDCOS(Z)
            ENDIF
            DO 20 K=0,NM
20             CBJ(K)=CBJ(K)/CS0
            CE=CDLOG(Z/2.0D0)+EL
            CBY(0)=R2P*(CE*CBJ(0)-4.0D0*CSU/CS0)
            CBY(1)=R2P*(-CBJ(0)/Z+(CE-1.0D0)*CBJ(1)-4.0D0*CSV/CS0)
         ELSE
            DATA A/-.7031250000000000D-01,.1121520996093750D+00,
     &             -.5725014209747314D+00,.6074042001273483D+01/
            DATA B/ .7324218750000000D-01,-.2271080017089844D+00,
     &              .1727727502584457D+01,-.2438052969955606D+02/
            DATA A1/.1171875000000000D+00,-.1441955566406250D+00,
     &              .6765925884246826D+00,-.6883914268109947D+01/
```

```
      DATA B1/-.1025390625000000D+00,.2775764465332031D+00,
     &        -.1993531733751297D+01,.2724882731126854D+02/
      CT1=Z-0.25D0*PI
      CP0=(1.0D0,0.0D0)
      DO 25 K=1,4
25       CP0=CP0+A(K)*Z**(-2*K)
      CQ0=-0.125D0/Z
      DO 30 K=1,4
30       CQ0=CQ0+B(K)*Z**(-2*K-1)
      CU=CDSQRT(R2P/Z)
      CBJ0=CU*(CP0*CDCOS(CT1)-CQ0*CDSIN(CT1))
      CBY0=CU*(CP0*CDSIN(CT1)+CQ0*CDCOS(CT1))
      CBJ(0)=CBJ0
      CBY(0)=CBY0
      CT2=Z-0.75D0*PI
      CP1=(1.0D0,0.0D0)
      DO 35 K=1,4
35       CP1=CP1+A1(K)*Z**(-2*K)
      CQ1=0.375D0/Z
      DO 40 K=1,4
40       CQ1=CQ1+B1(K)*Z**(-2*K-1)
      CBJ1=CU*(CP1*CDCOS(CT2)-CQ1*CDSIN(CT2))
      CBY1=CU*(CP1*CDSIN(CT2)+CQ1*CDCOS(CT2))
      CBJ(1)=CBJ1
      CBY(1)=CBY1
      DO 45 K=2,NM
         CBJK=2.0D0*(K-1.0D0)/Z*CBJ1-CBJ0
         CBJ(K)=CBJK
         CBJ0=CBJ1
45       CBJ1=CBJK
   ENDIF
   CDJ(0)=-CBJ(1)
   DO 50 K=1,NM
50    CDJ(K)=CBJ(K-1)-K/Z*CBJ(K)
   IF (CDABS(CBJ(0)).GT.1.0D0) THEN
      CBY(1)=(CBJ(1)*CBY(0)-2.0D0/(PI*Z))/CBJ(0)
   ENDIF
   DO 55 K=2,NM
```

```
            IF (CDABS(CBJ(K-1)).GE.CDABS(CBJ(K-2))) THEN
               CYY=(CBJ(K)*CBY(K-1)-2.0D0/(PI*Z))/CBJ(K-1)
            ELSE
               CYY=(CBJ(K)*CBY(K-2)-4.0D0*(K-1.0D0)/(PI*Z*Z))/CBJ(K-2)
            ENDIF
            CBY(K)=CYY
55       CONTINUE
         CDY(0)=-CBY(1)
         DO 60 K=1,NM
60          CDY(K)=CBY(K-1)-K/Z*CBY(K)
         DO 65 K=0,NM
            CBH(K)=CBJ(K)-CJ*CBY(K)
65          CDH(K)=CDJ(K)-CJ*CDY(K)
         RETURN
         END

         SUBROUTINE BJNMM(X,N,NM,M)
C        ===========================================================
C        Purpose: For given x and |Jn(x)| >= 10**-200, determine
C                 the maximum computable order, and the initial
C                 order for backward recurrence by Curvefitting
C                 Method
C        Input :  x --- Argument of Jn(x) ( x<=300 )
C                 N --- Order of Jn(x)
C        Output:  Nm --- Maximum compatable order
C                 M ---  Initial order for backward recurrence
C        ===========================================================
         DOUBLE PRECISION X
         IF (X.GE.1.0D-60.AND.X.LT.1.0D-2) THEN
            NM=INT(0.6-185.48/DLOG10(X)-150.04/(DLOG10(X)**2))
         ELSE IF (X.GE.1.0D-2.AND.X.LT.30.0) THEN
            NM=INT(53.0+58.7*SQRT(X)-8.27*X+0.76*X**1.5)
         ELSE IF (X.GE.30.0) THEN
            NM=250
         ENDIF
         IF (N.LE.NM) NM=N
         IF (X.GE.1.0D-60.AND.X.LT.1.0D-2) THEN
            M=NM+INT(1.0-25.659/DLOG10(X)-24.272/(DLOG10(X)**2))
```

```
      ELSE IF (X.GE.1.0D-2.AND.X.LT.30.0) THEN
         M=NM+INT(6.4+2.9*SQRT(X)-0.1*X)
      ELSE IF (X.GE.30.0.AND.X.LE.300.0) THEN
         M=NM+INT(15+0.26767*X-0.002224*X**2+8.9E-6*X**3)
      ENDIF
      RETURN
      END
```

**范例 (1)** 计算理想导体圆柱散射宽度 $TM_z$ 和 $TE_z$ 波的 Bistatic $\sigma_{2D}/\lambda_0$-$\varphi$ 的关系曲线. 输入参变量:

KS=2, KP=1, 2; $a = 0.5\lambda_0, \varphi = 0^\circ \sim 180^\circ, \delta\varphi = 1^\circ$.

**(2)** 计算理想导体圆柱散射宽度 $TM_z$ 和 $TE_z$ 波的 Monostatic $\sigma_{2D}/\lambda_0$-$a/\lambda_0$ 的关系曲线. 输入参变量:

KS=1, KP=1, 2; $0.01\lambda_0 \leqslant a \leqslant 1.6\lambda_0, \delta a = 0.01\lambda_0$ 和 $\varphi = 180^\circ$.

**范例 (1) 和 (2) 的主程序 MCMCYSW**

```
      PROGRAM MCMCYSW
C     ============================================================
C     Purpose: This mainprogram computes monostatic SW/Lambda -
C              a/lambda or bistatic SW/Lambda - azimuth phi by
C              an infinite conductiong circular cylinder for TMz
C              and TEz polarization wave cases by calling CMCYSW
C     ============================================================
      IMPLICIT DOUBLE PRECISION (A,B,D-H,P-S)
      IMPLICIT COMPLEX *16 (C,Z)
      REAL*8 LAMBDA
      DIMENSION R(0:200),P0(0:360),SL(0:360)
      WRITE(*,*)' Please enter code KS and KP'
      READ(*,*)KS,KP
      LAMBDA=1.0D0
      IF (KS.EQ.1) THEN
         AMIN=0.01D0
         AMAX=1.6D0
         DA=0.01D0
         MI=INT((AMAX-AMIN+0.001)/DA)+1
      ELSE IF (KS.EQ.2) THEN
         A=0.5D0
         DPHI=1.0D0
```

```
         MI=INT((180.0+0.001)/DPHI)
      ENDIF
      WRITE(*,*)
      CALL CMCYSW(KS,KP,LAMBDA,AMAX,AMIN,DA,R,A,DPHI,P0,SL)
      IF (KS.EQ.1) WRITE(*,51)
      IF (KS.EQ.2) WRITE(*,52)
      IF (KP.EQ.1) WRITE(*,53)
      IF (KP.EQ.2) WRITE(*,54)
      IF (KS.EQ.2) WRITE(*,55)A
      IF (KS.EQ.1) WRITE(*,56)
      IF (KS.EQ.2) WRITE(*,57)
      WRITE(*,58)
      DO 10 I=0,MI
         IF (KS.EQ.1) WRITE(*,30)R(I),SL(I)
         IF (KS.EQ.2) WRITE(*,30)P0(I),10.*dlog10(SL(I))
10    CONTINUE
30    FORMAT(14X,F7.2,F17.6)
51    FORMAT(13X,'Monostatic EM Scattering Width')
52    FORMAT(13X,'Bistaic EM Scattering Width')
53    FORMAT(13X,'Conducting Cylinder(TMz wave)')
54    FORMAT(13X,'Conducting Cylinder(TEz wave)')
55    FORMAT(20X,'a/lambda0 =',F4.2)
56    FORMAT(16X,'a/lambda0     SW/lambda0')
57    FORMAT(14X,'Azimuth phi   SW/lambda0')
58    FORMAT(13X,'-----------------------------')
      END
```

范例 (1) 计算结果分别如图 5.3.2 和 5.4.2 中的 $a = 0.5\lambda_0$ 曲线所示; 范例 (2) 计算结果如图 5.3.3 所示.

## 2 无限长介质圆柱的 Monostatic 和 Bistatic 散射宽度$\sigma_{2D}$ 计算程序

子程序名：CDCYSW

CDCYSW(KS,KP,LAMBDA,CEPS,CMU,AMAX,AMIN,DA,R,A,DPHI,P0,SL,SLDB)

(a) **CDCYSW 子程序使用说明：**

功用：计算介质圆柱的 Monostatic 和 Bistatic 散射宽度 $\sigma_{2D}$

输入：

KS　　KS=1 相应 Monostatic; KS=2 相应 Bistatic

KP　KP=1 相应 $TM_z$ 波; KP=2 相应 $TE_z$ 波

Lambda　工作波长 $\lambda_0$

CEPS　复相对介电常数, $\varepsilon_r = \varepsilon/\varepsilon_0, \varepsilon = \varepsilon' - \mathrm{j}\varepsilon''$

CMU　复相对磁导率, $\mu_r = \mu/\mu_0, \mu = \mu' - \mathrm{j}\mu''$

KS=1 Monostatic 情形:

Amin　介质圆柱半径 $A$ 的最小值 (单位同 Lambda)

Amax　介质圆柱半径 $A$ 的最大值

DA　介质圆柱半径 $A$ 增量 (步长)

R(i)　介质圆柱外径/$\lambda_0$, $\mathrm{R}(i) = A/\lambda_0 = (a_{\min} + \mathrm{i} * \mathrm{DA})/\lambda_0$

$$i = 0, 1, \cdots, \mathrm{MI}; \quad \mathrm{MI} = \mathrm{INT}\left(\frac{a_{\max} - a_{\min}}{\mathrm{DA}}\right)$$

KS=2 Bistatic 情形:

$A$　介质圆柱半径 (单位同 Lambda)

Dphi　角步长, $\delta\varphi$(取$1^\circ$或 $\geqslant 0.5^\circ$; $\varphi_{\min} = 0^\circ, \varphi_{\max} = 180^\circ$)

P0(i)　方位角$\varphi(i)$; P0(i)=i*Dphi

$$i = 0, 1, \cdots, \mathrm{MI}; \quad \mathrm{MI} = 180/\mathrm{Dphi}$$

输出: KS=1 Monostatic 情形:

SL(i) ~ R(i)　散射宽度$\sigma_{2D}$- 柱体半径$a$的关系

KS=2 Bistatic 情形:

SL(i) ~ P0(i)　散射宽度$\sigma_{2D}$ ~ 方位角$\varphi(i)$的关系

调用子程序: CJYH2N: 计算复宗量 Bessel 函数$J_n(z), Y_n(z)$和第二类 Hankel 函数$H_n^{(2)}(z)$及其导数的程序.

BJNMM: 计算对于给定$z$与阶$n$采用逆推法求$J_n(z)$的最大起始阶 M 和不致出现溢出所可能计算的$n$的最大阶 NM.

(b) **介质圆柱散射的 Fortran 源程序:**

```
      SUBROUTINE CDCYSW(KS,KP,LAMBDA,CEPS,CMU,AMIN,AMAX,DA,R,A,
     &                  DPHI,P0,SL,SLDB)
C       ==============================================================
C       Purpose: This subroutine computes monostatic and bistatic SW
C                by an infinite dielectric circular cylinder for TMz
C                and TEz wave
C       Input :  KS --- KS=1 for monostatic, KS=2 for bistatic
```

```
C              KP --- KP=1 for TMz wave, KP=2 for TEz wave
C              Lambda --- wavelength, eg. Lambda=1.0 (unit value)
C              a  --- Radius of the cylinder(0.0001 to 1.6)
C              Amin  --- Minmum a
C              Amax  --- Maximum a
C              DA --- Step A, delta a
C              R(i) --- a(i)/lambda0, i=1,2,...,MI
C              Dphi(i) --- Step phi, delta phi
C              P0(i) --- phi(i), i=0,1,...,MI
C              ceps --- epsr, permittivity of the dielectric cylinder
C              cmu  --- mur, permeability of the dielectric cylinder
C                       ( mur = 1.0 )
C       Output:  SW/Lambda0 & 10log10[SW/Lambda0] - a/lambda0 (KS=1)
C             or SW/Lambda0 & 10log10[SW/Lambda0] - Azimuth phi (KS=2)
C       Routine called: CJYH2N for computing Jn(z), Yn(z) and Hn(2)(z),
C                      and their derivatives
C       ===============================================================
        IMPLICIT DOUBLE PRECISION (A,B,D-F,P-S)
        IMPLICIT COMPLEX *16 (C,Z)
        REAL*8 LAMBDA
        DIMENSION CBJ(0:200),CBY(0:200),CDJ(0:200),CDY(0:200),
     &            CBH(0:200),CDH(0:200),ZBJA(0:200),ZDJA(0:200),
     &            ZBYA(0:200),ZDYA(0:200),SL(0:180),SLDB(0:200),
     &            CSN(0:200),R(0:200),P0(0:360)
        CMU=(1.0D0,0.0D0)
        LAMBDA=1.0D0
        PI=3.141592653589793D0
        RD=0.017453292519943D0
        N=200
        IF (KS.EQ.1) THEN
           MI=INT((AMAX-AMIN+0.001)/DA)+1
        ELSE
           MI=INT((180.0+0.001)/DPHI)
           CEPS2=CDSQRT(CEPS)
           CMU2=CDSQRT(CMU)
           ZKA=2.0D0*PI*A*CEPS2*CMU2/LAMBDA
           CALL CJYH2N(N,ZKA,NM,ZBJA,ZDJA,ZBYA,ZDYA,CBH,CDH)
           Z0A=2.0D0*PI*A/LAMBDA
```

```
         CALL CJYH2N(N,ZOA,NM,CBJ,CDJ,CBY,CDY,CBH,CDH)
      ENDIF
      DO 30 I=0,MI
         IF (KS.EQ.1) THEN
            A=DA*I
            IF (I.EQ.0) A=0.0001D0
            R(I)=A/LAMBDA
            CEPS2=CDSQRT(CEPS)
            CMU2=CDSQRT(CMU)
            ZKA=2.0D0*PI*A*CEPS2*CMU2/LAMBDA
            CALL CJYH2N(N,ZKA,NM,ZBJA,ZDJA,ZBYA,ZDYA,CBH,CDH)
            ZOA=2.0D0*PI*A/LAMBDA
            CALL CJYH2N(N,ZOA,NM,CBJ,CDJ,CBY,CDY,CBH,CDH)
         ELSE IF (KS.EQ.2) THEN
            PHI=I*DPHI*RD
            PO(I)=I*DPHI
         ENDIF
         CTEO=(0.0D0,0.0D0)
         CSGA=(0.0D0,0.0D0)
         DO 10 K=0,NM
            EPN=2.0D0
            IF (K.EQ.0) EPN=1.0D0
            IF (KP.EQ.1) THEN
               CSN(K)=-(CEPS2*ZDJA(K)*CBJ(K)-CMU2*ZBJA(K)*CDJ(K))/
     &                 (CEPS2*ZDJA(K)*CBH(K)-CMU2*ZBJA(K)*CDH(K))
            ELSE IF (KP.EQ.2) THEN
               CSN(K)=-(CMU2*ZDJA(K)*CBJ(K)-CEPS2*ZBJA(K)*CDJ(K))/
     &                 (CMU2*ZDJA(K)*CBH(K)-CEPS2*ZBJA(K)*CDH(K))
            ENDIF
            IF (KS.EQ.1) CSGA=CSGA+(-1)**K*EPN*CSN(K)
            IF (KS.EQ.2) CSGA=CSGA+EPN*CSN(K)*DCOS(K*PHI)
            IF (CDABS((CSGA-CTEO)/CSGA).LT.1.0D-10.AND.K.GT.20)
     &         GO TO 20
            CTEO=CSGA
10       CONTINUE
20       SW=2.0D0*LAMBDA/PI*CDABS(CSGA)**2
         SWDB=10.0D0*Dlog10(SW)
         SL(I)=SW
```

```
          SLDB(I)=SWDB
30     CONTINUE
       RETURN
       END

       SUBROUTINE CJYH2N(N,Z,NM,CBJ,CDJ,CBY,CDY,CBH,CDH)
C      =============================================================
C      Purpose: Compute Bessel functions Jn(z), Yn(z) and Hn(2)(z),
C               and their derivatives for a complex argument
C      .....  ..... ....   .....
C      =============================================================
       IMPLICIT DOUBLE PRECISION (A,B,E,P,R,Y)
       .....  ..... ....   .....
          (See illustrative example 1 for subroutine CJYH2N)
       .....  ..... ....   .....
       RETURN
       END

       SUBROUTINE BJNMM(X,N,NM,M)
C      =========================================================
C      Purpose: For given x and |Jn(x)| >= 10**-200, determine
C               the maximum computable order, and the initial
C               order for backward recurrence by Curvefitting
C               Method
C      .....  ..... ....   .....
C      =========================================================
       DOUBLE PRECISION X
       .....  ..... ....   .....
          (See illustrative example 1 for subroutine BJNMM)

       RETURN
       END
```

**范例 (3)** 计算介质圆柱散射宽度 $\mathrm{TM}_z$ 和 $\mathrm{TE}_z$ 波的 Bistatic $\sigma_{2D}/\lambda_0$-$\varphi$ 的关系曲线. 输入参变量: KS=2, KP=1, 2; $\varepsilon_\mathrm{r} = 3.0-\mathrm{j}4.0, \mu_\mathrm{r} = 1.0; a = 0.5\lambda_0$, 和 $\varphi = 0^\circ \sim 180^\circ, \delta\varphi = 10^\circ$

**(4)** 计算介质圆柱散射宽度 $\mathrm{TM}_z$ 和 $\mathrm{TE}_z$ 波的 Monostatic $\sigma_{2D}/\lambda_0$-$a/\lambda_0$ 的关系曲线. 输入参变量: KS=1, KP=1,2; $\varepsilon_\mathrm{r} = 3.0 - \mathrm{j}4.0, \mu_\mathrm{r} = 1.0$;

$0.01\lambda_0 \leqslant a \leqslant 1.6\lambda_0, \delta a = 0.01\lambda_0$ 和 $\varphi = 180°$.

**范例 (3) 和 (4) 的主程序 MCMCYSW**

```
      PROGRAM MCDCYSW
C     ==============================================================
C     Purpose: This mainprogram computes monostatic and bistatic
C              SW/Lambda0 & 10log10[SW/Lambda0] - a/lambda0 (KS=1)
C              or SW/Lambda0 & 10log10[SW/Lambda0] - Observation
C              angle phi (KS=2) by an infinite dielectric circular
C              cylinder for TMz and TEz wave cases
C     ==============================================================
      IMPLICIT DOUBLE PRECISION (A,B,D-F,P-S)
      IMPLICIT COMPLEX *16 (C,Z)
      REAL*8 LAMBDA
      DIMENSION SL(0:200),SLDB(0:200),R(0:200),P0(0:360)
      WRITE(*,*)'  Please enter code KS and KP'
      READ(*,*)KS,KP
      LAMBDA=1.0D0
      CEPS=(3.0,-4.0)
      CMU=1.0D0
      IF (KS.EQ.1) THEN
         DA=0.1D0
         AMIN=DA
         AMAX=1.6D0
         MI=INT((AMAX-AMIN+0.001)/DA)+1
      ELSE IF (KS.EQ.2) THEN
         A=0.5D0
         DPHI=10.0D0
         MI=INT((180.0+0.001)/DPHI)
      ENDIF
      WRITE(*,*)
      CALL CDCYSW(KS,KP,LAMBDA,CEPS,CMU,AMIN,AMAX,DA,R,A,DPHI,
     &              P0,SL,SLDB)
      IF (KS.EQ.1) WRITE(*,51)
      IF (KS.EQ.2) WRITE(*,52)
      IF (KP.EQ.1) WRITE(*,53)
      IF (KP.EQ.2) WRITE(*,54)
      IF (KS.EQ.1) WRITE(*,55)CEPS
      IF (KS.EQ.2) WRITE(*,56)A,CEPS
```

```
      IF (KS.EQ.1) WRITE(*,57)
      IF (KS.EQ.2) WRITE(*,58)
      WRITE(*,59)
      DO 10 I=0,MI
         IF (KS.EQ.1) WRITE(*,20)R(I),SL(I),SLDB(I)
         IF (KS.EQ.2) WRITE(*,20)P0(I),SL(I),SLDB(I)
10    CONTINUE
20    FORMAT(10X,F6.2,2F17.6)
51    FORMAT(18X,'Monostatic EM Scattering Width')
52    FORMAT(18X,'Bistaic EM Scattering Width')
53    FORMAT(18X,'Dielectric Cylinder(TMz wave)')
54    FORMAT(18X,'Dielectric Cylinder(TEz wave)')
55    FORMAT(21X,'   epsr = (',F4.2,',',F6.2,')')
56    FORMAT(16X,'a/lambda0 =',F4.2,', epsr = (',F4.2,',',F6.2,')')
57    FORMAT(10X,'a/lambda0     SW/lambda0     SW/lambda0(db)')
58    FORMAT(9X,'angle phi       SW/lambda0     SW/lambda0(db)')
59    FORMAT(8X,'-------------------------------------------------')
      END
```

运行主程序 MCDCYSW, 范例 (3) 和 (4) 的计算结果分别如图 5.5.4 和图 5.5.5 所示.

## 3　无限长介质敷层理想导体圆柱的 Monostatic和Bistatic 散射宽度 $\sigma_{2D}$ 计算程序.

子程序名：CDCMSW

CDCMSW(KS, KP, LAMBDA, CEPS, CMU, A, BMIN, BMAX, DB, R, B, DPHI, P0, SL, SLDB)

(a) **CDCMSW 子程序使用说明：**

功用：计算介质敷层理想导体圆柱的 Monostatic 和 Bistatic 散射宽度 $\sigma_{2D}$

输入：

| | |
|---|---|
| KS | KS=1 相应 Monostatic; KS=2 相应 Bistatic |
| KP | KP=1 相应TM$_z$波; KP=2 相应TE$_z$波 |
| Lambda | 工作波长$\lambda_0$ |
| CEPS | 复相对介电常数, $\varepsilon_r=\varepsilon/\varepsilon_0, \varepsilon=\varepsilon'-j\varepsilon''$ |
| CMU | 复相对磁导率, $\mu_r=\mu/\mu_0, \mu=\mu'-j\mu''$ |

KS=1 Monostatic 情形:

A 导体柱芯半径 (单位同 Lambda)
Bmin B 介质敷层圆柱外径的最小值 (单位同 Lambda)
Bmax B 介质敷层圆柱外径的最大值
DB 介质敷层圆柱半径 B 增量 (步长 )
R(i) 介质敷层外径$/\lambda_0$, $R(i)=\mathrm{B}/\lambda_0=(b_{\min}+i*\mathrm{DB})/\lambda_0$

$$i=0,1,\cdots,\mathrm{MI};\quad \mathrm{MI}=\mathrm{INT}\left(\frac{b_{\max}-b_{\min}}{\mathrm{DB}}\right)$$

KS=2 Bistatic 情形:

A 导体柱芯半径 (单位同 Lambda)
B 介质敷层圆柱外径 (B > A)
Dphi 角步长, $\delta\varphi$(取$1^\circ$或$\geqslant 0.5^\circ$; $\varphi_{\min}=0^\circ, \varphi_{\max}=180^\circ$)
P0(i) 方位角$\varphi(i)$; P0(i)=i*$\delta\varphi$

$$i=0,1,\cdots,\mathrm{MI};\quad \mathrm{MI}=180/\delta\varphi$$

输出: KS=1 Monostatic 情形:

SL(i) ~ R(i)散射宽度$\sigma_{2D}$-敷层外径$b$的关系

KS=2 Bistatic 情形:

SL(i) ~ P0(i)散射宽度$\sigma_{2D}$-方位角$\varphi(i)$的关系

调用子程序: CJYH2N: 计算复宗量 Bessel 函数$J_n(z), Y_n(z)$和第二类 Hankel 函数$H_n^{(2)}(z)$及其导数的程序.

BJNMM: 计算对于给定$z$与阶$n$采用逆推法求$J_n(z)$的最大起始阶 M, 和不致出现溢出所可能计算的$n$的最大阶 NM.

(b) **介质敷层理想导体圆柱散射的 Fortran 源程序:**

```
        SUBROUTINE CDCMSW(KS,KP,LAMBDA,CEPS,CMU,A,BMIN,BMAX,DB,R,B,
     &                    DPHI,P0,SL,SLDB)
C       ===============================================================
C       Purpose: This subroutine computes monostatic and bistatic SW
C                by an infinite dielectric-coated conducting circular
C                cylinder for TMz and TEz wave cases
C       Input :  KS --- KS=1 for monostatic, KS=2 for bistatic
C                KP --- KP=1 for TMz wave, KP=2 for TEz wave
```

```
C              Lambda --- wavelength, eg. Lambda=1.0 (unit Value)
C              a  --- Radius of the conducting cylinder (a>0.00001)
C              bmin --- Minimum outer radius of the coated-dielectric
C                       cylinder
C              bmax --- Maximum outer radius of the coated-dielectric
C                       cylinder
C                       ( b > a, b/lambda(eps) <= 1.0)
C              DB --- Step B, delta b
C              R(i) --- b(i)/lambda0, i=1,2,...,MI
C              Dphi(i) --- Step phi, delta phi
C              P0(i) --- phi(i), i=0,1,...,MI
C              ceps --- epsr, permittivity of the dielectric cylinder
C              cmu  --- mur, permeability of the dielectric cylinder
C                       ( mur = 1.0 )
C       Output:  SW/Lambda0 & 10log10[SW/Lambda0] - b/lambda(eps)(KS=1)
C             or SW/Lambda0 & 10log10[SW/Lambda0] - Azimuth phi (KS=2)
C       Routine called: CJYH2N for computing Jn(z), Yn(z) and Hn(2)(z),
C                       and their derivatives
C       ===============================================================
        IMPLICIT DOUBLE PRECISION (A,B,D-F,P-S)
        IMPLICIT COMPLEX *16 (C,Z)
        REAL*8 LAMBDA
        DIMENSION CBJ(0:150),CBY(0:150),CDJ(0:150),CDY(0:150),
     &            CBH(0:150),CDH(0:150),ZBJA(0:150),ZDJA(0:150),
     &            ZBYA(0:150),ZDYA(0:150),ZBJB(0:150),ZDJB(0:150),
     &            ZBYB(0:150),ZDYB(0:150),CSN(0:150),R(0:200),
     &            P0(0:360),SL(0:360),SLDB(0:360)
        PI=3.141592653589793D0
        RD=0.017453292519943D0
        N=150
        CEPS2=CDSQRT(CEPS)
        CMU2=CDSQRT(CMU)
        ZKA=2.0D0*PI*A*CEPS2*CMU2/LAMBDA
        CALL CJYH2N(N,ZKA,NM,ZBJA,ZDJA,ZBYA,ZDYA,CBH,CDH)
        IF (KS.EQ.1) THEN
           MI=INT((BMAX-BMIN+0.5*DB)/DB)+1
        ELSE IF (KS.EQ.2) THEN
           ZKB=2.0D0*PI*B*CEPS2*CMU2/LAMBDA
```

```
        CALL CJYH2N(N,ZKB,NM,ZBJB,ZDJB,ZBYB,ZDYB,CBH,CDH)
        Z0B=2.0D0*PI*B/LAMBDA
        CALL CJYH2N(N,Z0B,NM,CBJ,CDJ,CBY,CDY,CBH,CDH)
        MI=INT((180.0+0.001)/DPHI)
     ENDIF
     DO 30 I=0,MI
        IF (KS.EQ.1) THEN
           B=DB*I
           R(I)=B/LAMBDA
           IF (B.LE.A) GO TO 30
           ZKB=2.0D0*PI*B*CEPS2*CMU2/LAMBDA
           CALL CJYH2N(N,ZKB,NM,ZBJB,ZDJB,ZBYB,ZDYB,CBH,CDH)
           Z0B=2.0D0*PI*B/LAMBDA
           CALL CJYH2N(N,Z0B,NM,CBJ,CDJ,CBY,CDY,CBH,CDH)
        ELSE IF (KS.EQ.2) THEN
           P0(I)=DPHI*I
           PHI=DPHI*I*RD
        ENDIF
        CTM0=(0.0D0,0.0D0)
        CSGA=(0.0D0,0.0D0)
        DO 10 K=0,NM
           EPN=2.0D0
           IF (K.EQ.0) EPN=1.0D0
           IF (KP.EQ.1) THEN
              CTMU=CMU2*CDJ(K)*(ZBJB(K)*ZBYA(K)-ZBJA(K)*ZBYB(K))
  &                 -CEPS2*CBJ(K)*(ZDJB(K)*ZBYA(K)-ZBJA(K)*ZDYB(K))
              CTMD=CMU2*CDH(K)*(ZBJB(K)*ZBYA(K)-ZBJA(K)*ZBYB(K))
  &                 -CEPS2*CBH(K)*(ZDJB(K)*ZBYA(K)-ZBJA(K)*ZDYB(K))
              CSN(K)=CTMU/CTMD
           ELSE IF (KP.EQ.2) THEN
              CTEU=CEPS2*CDJ(K)*(ZBJB(K)*ZDYA(K)-ZDJA(K)*ZBYB(K))
  &                 -CMU2*CBJ(K)*(ZDJB(K)*ZDYA(K)-ZDJA(K)*ZDYB(K))
              CTED=CEPS2*CDH(K)*(ZBJB(K)*ZDYA(K)-ZDJA(K)*ZBYB(K))
  &                 -CMU2*CBH(K)*(ZDJB(K)*ZDYA(K)-ZDJA(K)*ZDYB(K))
              CSN(K)=CTEU/CTED
           ENDIF
           IF (KS.EQ.1) CSGA=CSGA+(-1)**K*EPN*CSN(K)
           IF (KS.EQ.2) CSGA=CSGA+EPN*CSN(K)*DCOS(K*PHI)
```

```
            IF (CDABS((CSGA-CTM0)/CSGA).LT.1.0D-10.AND.K.GE.20)
     &         GO TO 20
            CTM0=CSGA
10       CONTINUE
20       SW=2.0D0*LAMBDA/PI*CDABS(CSGA)**2
         SWDB=10.0D0*DLOG10(SW)
         SL(I)=2.0D0*LAMBDA/PI*CDABS(CSGA)**2
         SLDB(I)=10.0D0*DLOG10(SL(I))
30    CONTINUE
      RETURN
      END

      SUBROUTINE CJYH2N(N,Z,NM,CBJ,CDJ,CBY,CDY,CBH,CDH)
C     =============================================================
C     Purpose: Compute Bessel functions Jn(z), Yn(z) and Hn(2)(z),
C              and their derivatives for a complex argument
C     .....  ..... ....    .....
C     =============================================================
      IMPLICIT DOUBLE PRECISION (A,B,E,P,R,Y)
      .....  ..... ....    .....
          (See illustrative example 1 for subroutine CJYH2N)
      .....  ..... ....    .....
      RETURN
      END

      SUBROUTINE BJNMM(X,N,NM,M)
C     ==========================================================
C     Purpose: For given x and |Jn(x)| >= 10**-200, determine
C              the maximum computable order, and the initial
C              order for backward recurrence by Curvefitting
C              Method
C     .....  ..... ....    .....
C     ==========================================================
      DOUBLE PRECISION X
      .....  ..... ....    .....
          (See illustrative example 1 for subroutine BJNMM)

      RETURN
```

```
      END
```

**范例 (5)** 计算介质敷层导电散射宽度 $TM_z$ 和 $TE_z$ 波的 Bistatic $\sigma_{2D}/\lambda_0$-$\varphi$ 的关系曲线. 输入参变量: KS=2, KP=1, 2; $\varepsilon_r=2.56, \mu_r=1.0$; $\lambda_0=1.0$; $a=0.15\lambda_0; b=0.228125\lambda_0$(和 $b=0.30625\lambda_0$); $\varphi=0^\circ\sim180^\circ, \delta\varphi=10^\circ$.

**(6)** 计算介质敷层导电散射宽度 $TM_z$ 和 $TE_z$ 波的 Monostatic $\sigma_{2D}/\lambda_0$-$b/\lambda_0$ 的关系曲线. 输入参变量: KS=1, KP=1, 2; $\varepsilon_r=2.56$, $\mu_r=1.0$; $\lambda_0=1.0$ $a=0.15\lambda_0$(和 $a=0.30\lambda_0$); $0.05\lambda_0\leqslant b\leqslant1.6\lambda_0$, $\delta b=0.05\lambda_0$; $\varphi=180^\circ$.

范例 (5) 和 (6) 的主程序 MCDCMSW

```
      PROGRAM MCDCMSW
C     ================================================================
C     Purpose: This mainprogram computes monostatic and bistatic SW
C              SW/Lambda0 & 10log10[SW/Lambda0] - b/lambda0 (KS=1)
C              or SW/Lambda0 & 10log10[SW/Lambda0] - azimuth phi(KS=2)
C              by an infinite dielectric-coated conducting circular
C              cylinder for TMz and TEz wave cases
C     ================================================================
      IMPLICIT DOUBLE PRECISION (A,B,D-F,P-S)
      IMPLICIT COMPLEX *16 (C,Z)
      REAL*8 LAMBDA
      DIMENSION R(0:200),P0(0:360),SL(0:360),SLDB(0:360)
      WRITE(*,*)' Please enter code KS and KP'
      READ(*,*)KS,KP
      LAMBDA=1.0D0
      CMU=(1.0D0,0.0D0)
      CEPS=(2.56D0,0.0D0)
      IF (KS.EQ.1) THEN
         A=0.15D0
         DB=0.005D0
         BMIN=DB
         BMAX=1.0D0
         MI=INT((BMAX-BMIN+0.5*DB)/DB)+1
      ELSE IF (KS.EQ.2) THEN
         A=0.15D0
         B=0.228125D0
         DPHI=10.0D0
         MI=INT((180.0+0.001)/DPHI)
```

```
      ENDIF
      CALL CDCMSW(KS,KP,LAMBDA,CEPS,CMU,A,BMIN,BMAX,DB,R,B,DPHI,
     &             P0,SL,SLDB)
      IF (KS.EQ.1) WRITE(*,51)
      IF (KS.EQ.2) WRITE(*,52)
      IF (KP.EQ.1) WRITE(*,53)
      IF (KP.EQ.2) WRITE(*,54)
      IF (KS.EQ.1) WRITE(*,55)A,CEPS
      IF (KS.EQ.2) WRITE(*,56)A,B,CEPS
      IF (KS.EQ.1) WRITE(*,57)
      IF (KS.EQ.2) WRITE(*,58)
      WRITE(*,59)
      AL=A/LAMBDA
C     b(i)/lambda(in dielectric)=R(i)/sqrt(epsr) for real epsr
C     b(i)/lambda0=R(i)
      DO 10 I=0,MI
         IF (KS.EQ.1) R(I)=CDSQRT(CEPS)*R(I)
         IF (KS.EQ.1.AND.R(I).GT.AL) WRITE(*,20)R(I),SL(I),SLDB(I)
         IF (KS.EQ.2) WRITE(*,20)P0(I),SL(I),SLDB(I)
10    CONTINUE
20    FORMAT(10X,F7.3,2F17.6)
51    FORMAT(18X,'Monostatic EM Scattering Width')
52    FORMAT(18X,'Bistaic EM Scattering Width')
53    FORMAT(8X,'Dielectric-coated conducting cylinder(TMz wave)')
54    FORMAT(8X,'Dielectric-coated conducting cylinder(TEz wave)')
55    FORMAT(6X,'a/lambda0 =',F4.2,', epsr = (',F5.2,',',F5.2,')')
56    FORMAT(6X,'a/lambda0=',F4.2,',  b/lambda0=',F7.5,', epsr = (',
     &       F5.2,',',F5.2,')')
57    FORMAT(10X,'b/alambd0    SW/lambda0   SW/lambda0(db)')
58    FORMAT(9X,'Azimuth phi    SW/lambda0   SW/lambda0(db)')
59    FORMAT(8X,'-----------------------------------------------')
      END
```

运行主程序 MCDCMSW, 范例 (5) 的 $TM_z$ 和 $TE_z$ 波的 Bistatic $\sigma_{2D}/\lambda_0$-$\varphi$ 的计算结果分别示于图 5.7.2 和 5.8.2; 而范例 (6) 的 Monostatic$\sigma_{2D}/\lambda_0$-$b/\lambda_0$ 的计算结果分别示于图 5.7.5 和 5.8.4.

## 4 无限长多层介质圆柱和多层介质敷层理想导体圆柱的 Bistatic 散射宽度 $\sigma_{2D}$ 计算程序.

子程序名：CYMLSW

CYMLSW(KS,KP,LAMBDA,CEPS,CMU,A, BMIN,BMAX,DB,R,B,DPHI,P0,SL,SLDB)

**(a) CYMLSW 子程序使用说明：**

功用：计算多层介质圆柱和多层介质敷层理想导体圆柱的 Bistatic 散射宽度 $\sigma_{2D}$

输入：M　　圆柱体的分层数

| | |
|---|---|
| KF | KF=1 相应理想导体柱芯; KF=2 相应介质柱芯 |
| KP | KP=1 相应TM$_z$ 波; KP=2 相应TE$_z$ 波 |
| Lambda | 工作波长$\lambda_0$ |
| A(i) | 第 $i$ 层圆柱外径 |
| CEPS(i) | 第 $i$ 层复相对介电常数,$\varepsilon_{ri}=\varepsilon_i/\varepsilon_0, \varepsilon_i=\varepsilon_i'+\mathrm{j}\varepsilon_i''$ |
| CMU(i) | 第 $i$ 层复相对磁导率,$\mu_{ri}=\mu_i/\mu_0, \mu_i=\mu_i'+\mathrm{j}\mu_i''$ |
| CEPS(M+1) | 第 $m+1$ 层柱外自由空间复相对介电常数,$\varepsilon_{r,m+1}=1$ |
| CMU(M+1) | 第 $m+1$ 层柱外自由空间复相对磁导率,$\mu_{r,m+1}=1$ |
| Dphi | 角步长,$\delta\varphi$(取1°或 $\geqslant 0.5°$; $\varphi_{\min}=0°, \varphi_{\max}=180°$) |
| P0(i) | 方位角$\varphi(i)$; P0(i)=i*$\delta\varphi$ |

$$i=0,1,\cdots,\mathrm{MI};\quad \mathrm{MI}=180/\delta\varphi$$

输出：SL(i)~P0(i)　　散射宽度 $\sigma_{2D}/\lambda_0$-$\varphi$ 方位角的关系

SLDB(i)~P0(i)　　散射宽度 $10\log_{10}(\sigma_{2D}/\lambda_0)$-$\varphi$ 方位角的关系

调用子程序：CJYH2N：计算复宗量 Bessel 函数 $J_n(z), Y_n(z)$ 和第二类 Hankel 函数 $H_n^{(2)}(z)$ 及其导数的程序.

BJNMM：计算对于给定 $z$ 与阶 $n$ 采用逆推法求 $J_n(z)$ 的最大起始阶 M, 和不致出现溢出所可能计算的 $n$ 的最大阶 NM.

**(b) 多层圆柱散射的 Fortran 源程序：**

```
      SUBROUTINE CYMLSW(M,KF,KP,LAMBDA,A,CEPS,CMU,DPHI,P0,SL,SLDB)
C       ===============================================================
C       Purpose: This subroutine computes bistatic SW of a multi-layer
C                cylinder EM scattering for TMz & TEz waves
C       Input :  M  --- Number of the layers (MP1=MP+1)
C                KF --- KF=1 for conducting cylinder core
C                       KF=2 for dielectric cylinder core
C                KP --- KP=1 for TMz wave, KP=2 for TEz wave
```

```
C               Lambda --- wavelength, eg. Lambda=1.0 (unit Value)
C               a(i) --- Radius of the i-th layer cylinder,
C                        i=1,2,...,m
C               ceps(i) --- epsr(i), permittivity of the i-th zone
C                        i=2,...,m for KF = 1; i=1,2,...,m for KF=2;
C                        i=1 for core cylinder;
C                        i=m+1 for free space, ceps(m+1)=1.0 (epsr0)
C               cmu  --- mur(i), permeability of the i-th zone
C                        i=2,...,m for KF = 1; i=1,2,...,m for KF=2;
C                        i=1 for core cylinder;
C                        i=m+1 for free space, cmu(m+1)=1.0 (mur0)
C                        Assume that mur(i)=1.0, i=1,2,...,m+1
C               phi ---  Azimuth angle, phi (Degs.)
C               P0(i) --- phi(i), i=0,1,..., MI ( 0 to 180)
C               Dphi --- delta phi, angle step, eg. delta phi=1.0
C               ( csn(k) --- work unit, Expansion coefficients,
C                            k = 0,1,2,... nm )
C      Output:  SL(i) --- Scattering width in wavelengths, SW/lambda0
C               SLDB(i) --- Scattering width, 10log10(SW/lambda0) db
C      Routine called: CJYH2N for computing Jn(z),Yn(z) and Hn(2)(z),
C                      and their derivatives
C      ===============================================================
       IMPLICIT DOUBLE PRECISION (A,B,D-F,P-S)
       IMPLICIT COMPLEX *16 (C,Z)
       REAL*8 LAMBDA
       DIMENSION CBJ(0:100),CBY(0:100),CDJ(0:100),CDY(0:100),
     &       CBH(0:100),CDH(0:100),ZBJA(0:100),ZDJA(0:100),A(200),
     &       CEPS(200),CEPS2(200),CMU2(200),CMU(200),CBN(100),
     &       CR(100),CSN(0:100),P0(0:360),SL(0:360),SLDB(0:360)
       PI=3.141592653589793D0
       PI2=2.0D0*PI
       RD=0.017453292519943D0
       MP1=M+1
       DO 10 I=1,M
          CEPS2(I)=CDSQRT(CEPS(I))
10        CMU2(I)=CDSQRT(CMU(I))
       CEPS2(MP1)=CDSQRT(CEPS(MP1))
       CMU2(MP1)=CDSQRT(CMU(MP1))
```

```
      N=100
      IF (M.EQ.1) THEN
         IF (KF.EQ.2) THEN
            Z1A=PI2*A(1)*CEPS2(1)*CMU2(1)/LAMBDA
            CALL CJYH2N(N,Z1A,NM,ZBJA,ZDJA,CBY,CDY,CBH,CDH)
         ENDIF
         Z0A=PI2*A(1)*CEPS2(M+1)*CMU2(M+1)/LAMBDA
         CALL CJYH2N(N,Z0A,NM,CBJ,CDJ,CBY,CDY,CBH,CDH)
      ENDIF
      MI=INT((180.0+0.5*DPHI)/DPHI)
      DO 50 IP=0,MI
         PHI=IP*DPHI*RD
         P0(IP)=IP*DPHI
         CTM0=(0.0D0,0.0D0)
         CSGA=(0.0D0,0.0D0)
         DO 30 K=0,100
            IF (M.EQ.1) THEN
               IF (KF.EQ.1) THEN
                  IF (KP.EQ.1) CSN(K)=-CBJ(K)/CBH(K)
                  IF (KP.EQ.2) CSN(K)=-CDJ(K)/CDH(K)
               ELSE IF (KF.EQ.2) THEN
                  IF (KP.EQ.1) CSN(K)=-(CEPS2(1)*ZDJA(K)*CBJ(K)
     &                  -CMU2(1)*ZBJA(K)*CDJ(K))/(CEPS2(1)*ZDJA(K)
     &                  *CBH(K)-CMU2(1)*ZBJA(K)*CDH(K))
                  IF (KP.EQ.2) CSN(K)=-(CMU2(1)*ZDJA(K)*CBJ(K)
     &                  -CEPS2(1)*ZBJA(K)*CDJ(K))/(CMU2(1)*ZDJA(K)
     &                  *CBH(K)-CEPS2(1)*ZBJA(K)*CDH(K))
               ENDIF
            ELSE IF (M.GT.1.AND.IP.EQ.0) THEN
               IF (KF.EQ.2) THEN
                  Z1A1=PI2*A(1)*CEPS2(1)*CMU2(1)/LAMBDA
                  CALL CJYH2N(N,Z1A1,NM,CBJ,CDJ,CBY,CDY,CBH,CDH)
                  IF (KP.EQ.1) CW=CEPS2(2)*CMU2(1)/(CEPS2(1)*CMU2(2))
                  IF (KP.EQ.2) CW=CMU2(2)*CEPS2(1)/(CMU2(1)*CEPS2(2))
                  CR(1)=CW*CBJ(K)/CDJ(K)
               ENDIF
               Z2A1=PI2*A(1)*CEPS2(2)*CMU2(2)/LAMBDA
               CALL CJYH2N(N,Z2A1,NM,CBJ,CDJ,CBY,CDY,CBH,CDH)
```

```
            IF (KF.EQ.1) THEN
               IF (KP.EQ.1) CBN(2)=-CBJ(K)/CBY(K)
               IF (KP.EQ.2) CBN(2)=-CDJ(K)/CDY(K)
            ELSE IF (KF.EQ.2) THEN
               CBN(2)=-(CBJ(K)-CR(1)*CDJ(K))/(CBY(K)-CR(1)*CDY(K))
            ENDIF
            DO 20 I=2,M
               ZIAI=PI2*A(I)*CEPS2(I)*CMU2(I)/LAMBDA
               CALL CJYH2N(N,ZIAI,NM,CBJ,CDJ,CBY,CDY,CBH,CDH)
               IF (KP.EQ.1) CW=CEPS2(I+1)*CMU2(I)/(CEPS2(I)
     &                        *CMU2(I+1))
               IF (KP.EQ.2) CW=CMU2(I+1)*CEPS2(I)/(CMU2(I)
     &                        *CEPS2(I+1))
               CR(I)=CW*(CBJ(K)+CBN(I)*CBY(K))/(CDJ(K)+CBN(I)
     &                  *CDY(K))
               IF (I.EQ.M) GO TO 20
               ZKAI=PI2*A(I)*CEPS2(I+1)*CMU2(I+1)/LAMBDA
               CALL CJYH2N(N,ZKAI,NM,CBJ,CDJ,CBY,CDY,CBH,CDH)
               CBN(I+1)=-(CBJ(K)-CR(I)*CDJ(K))/(CBY(K)-CR(I)
     &                   *CDY(K))
20          CONTINUE
            ZOAM=PI2*A(M)*CEPS2(M+1)*CMU2(M+1)/LAMBDA
            CALL CJYH2N(N,ZOAM,NM,CBJ,CDJ,CBY,CDY,CBH,CDH)
            CSN(K)=-(CBJ(K)-CR(M)*CDJ(K))/(CBH(K)-CR(M)*CDH(K))
         ENDIF
         EPN=2.0D0
         IF (K.EQ.0) EPN=1.0D0
         CSGA=CSGA+EPN*CSN(K)*DCOS(K*PHI)
         IF (K.GT.30.AND.CDABS((CSGA-CTM0)/CSGA).LT.1.0D-10)
     &      GO TO 40
         CTM0=CSGA
30    CONTINUE
40    SL(IP)=2.0D0*LAMBDA/PI*CDABS(CSGA)**2
      SLDB(IP)=10.0D0*DLOG10(SL(IP))
50    CONTINUE
      RETURN
      END
```

```
      SUBROUTINE CJYH2N(N,Z,NM,CBJ,CDJ,CBY,CDY,CBH,CDH)
C     ===========================================================
C     Purpose: Compute Bessel functions Jn(z), Yn(z) and Hn(2)(z),
C              and their derivatives for a complex argument
C     .....  ..... ....   .....
C     ===========================================================
      IMPLICIT DOUBLE PRECISION (A,B,E,P,R,Y)
      .....  ..... ....   .....
         (See illustrative example 1 for subroutine CJYH2N)
      .....  ..... ....   .....
      RETURN
      END

      SUBROUTINE BJNMM(X,N,NM,M)
C     =======================================================
C     Purpose: For given x and |Jn(x)| >= 10**-200, determine
C              the maximum computable order, and the initial
C              order for backward recurrence by Curvefitting
C              Method
C     .....  ..... ....   .....
C     =======================================================
      DOUBLE PRECISION X
      .....  ..... ....   .....
         (See illustrative example 1 for subroutine BJNMM)

      RETURN
      END
```

**范例 (7)** 设有一含两层介质敷层的导电圆柱 ($M = 3$). 试求第 3 层介质圆柱厚度 $d$ 具有不同值时的 $\text{TM}_z$ 波的 Monostatic 散射宽度, 给出 $\sigma_{2D}/\lambda_0$-$d/\lambda_0$ 的关系曲线.

程序 4 中的层数 $M$, 代码 KF, KP, 和各层的参数如下:

第 1 层: $0 \leqslant \rho \leqslant a_1, \sigma = \infty$ 理想导体; $a_1 = 1.5\lambda_0$

第 2 层: $a_1 \leqslant \rho \leqslant a_2, \varepsilon_{\text{r}2} = 2.56, \mu_{r2} = 1$ 理想介质; $a_2 = a_1 + \lambda_{\varepsilon 2}/4 = 1.65625\lambda_0$

第 3 层: $a_2 \leqslant \rho \leqslant a_3, \varepsilon_{\text{r}2} = (3.0, -1.0), \mu_{r3} = 1$ 有耗介质;

$$a_3 = a_2 + d, 0 < d \leqslant 0.5\lambda_0$$

**范例 (7) 的主程序 MCYMLSWA**

```
      PROGRAM MCYMLSWA
C     ==================================================================
C     Purpose: This mainprogram computes momostatic SW/lambda0 vs
C              d/lambda0 for a 3-layer dielectric-coated cylinderfor
C              TMz and TEz waves by using subroutine CYMLSW
C              Example: M=3, KF=1,KP=1, Lambda=1.0
C              1-layer: Perfectly conductor, a(1)=1.5 lambda0,
C              2-layer: Dielectric,a(2)=a(1)+lambda(eps)/4=1.65625
C                                   lambda0, epsr2=2.56, mur2=1.0
C              3-layer: Dielectric.a(3)=a(2)+d. 0 < d <= 0.6 lambda0
C                                  epsr3=(3.0,-4.0), mur3=1.0
C     ==================================================================
      IMPLICIT DOUBLE PRECISION (A,B,D-F,P-S)
      IMPLICIT COMPLEX *16 (C,Z)
      REAL*8 LAMBDA
      DIMENSION A(200),P0(0:360),SL(0:360),SLDB(0:360),CEPS(201),
     &          CMU(201)
C      WRITE(*,*)'Please enter code KF, KP, and Number of layers, M'
C      READ(*,*)KF,KP,M
C     Input data:
      KF=1
      KP=1
      M=3
      MP1=M+1
      LAMBDA=1.0D0
      DPHI=180.0D0
      MI=INT((180.0+0.5*DPHI)/DPHI)
      A(1)=1.5D0
      A(2)=A(1)+0.15625D0
      IF (KF.EQ.2) CEPS(1)=(2.56D0,0.0D0)
      CEPS(2)=(2.56D0,0.0D0)
      CEPS(3)=(3.0D0,-1.0D0)
      DO 20 I=1,MP1
20       CMU(I)=(1.0D0,0.0D0)
      CEPS(MP1)=(1.0D0,0.0D0)
      IF (KF.EQ.1) THEN
         WRITE(*,51)M
         IF (KP.EQ.1) WRITE(*,52)
```

```
         IF (KP.EQ.2) WRITE(*,53)
      ELSE IF (KF.EQ.2) THEN
         WRITE(*,54)
         IF (KP.EQ.1) WRITE(*,55)
         IF (KP.EQ.2) WRITE(*,56)
      ENDIF
      DO 30 I=0,M
         SR=REAL(CEPS(I))
         SI=-AIMAG(CEPS(I))
         IF (KF.EQ.1.AND.I.EQ.1) WRITE(*,58)I,A(I)
         IF (KF.EQ.2.AND.I.EQ.1) WRITE(*,57)I,A(I),I,SR,SI
         IF (I.EQ.2) WRITE(*,57)I,A(I),I,SR,SI
         IF (I.EQ.3) WRITE(*,61)I,I-1,I,SR,SI
30    CONTINUE
      WRITE(*,59)MP1,1.0
      WRITE(*,*)'                    FSW=10log10(SW/lambda0)  (phi=0)'
      WRITE(*,*)'                    BSW=10log10(SW/lambda0)  (phi=180)'
      WRITE(*,*)
      WRITE(*,62)
      WRITE(*,63)
      DO 40 J=0,10
         D=0.05D0*J
         IF (J.EQ.0) D=0.00001D0
         A(3)=A(2)+D
         CALL CYMLSW(M,KF,KP,LAMBDA,A,CEPS,CMU,DPHI,P0,SL,SLDB)
40       WRITE(*,50)D,SLDB(0),SLDB(1)
50    FORMAT(16X,F7.5,2F18.6)
51    FORMAT(6X,'EM Scattering by a ',I2,'-Layer dielectric-coated ',
     &          'conducting cylinder ')
52    FORMAT(20X,'for TMz wave case ( KF=1, KP=1 )')
53    FORMAT(20X,'for TEz wave case ( KF=1, KP=2 )')
54    FORMAT(6X,'EM Scattering by a ',I2,'-Layer dielectric cylinder')
55    FORMAT(23X,'for TMz wave case ( KF=2, KP=1 )')
56    FORMAT(23X,'for TEz wave case ( KF=2, KP=2 )')
57    FORMAT(17X,'a(',I2,') = ',F7.5,', epsr(',I2,') =',F5.2,
     &          ' -j ',F4.2)
58    FORMAT(17X,'a(',I2,') = ',F7.5)
59    FORMAT(34X,'epsr(',I2,') =',F5.2)
```

```
61      FORMAT(17X,'a(',I2,') = a(',I2,')+d, epsr(',I2,') =',F5.2,
     &             ' -j ',F4.2)
62      FORMAT(18X,'  d          BSWdb(phi=0)     BSWdb(phi=180)')
63      FORMAT(17X,'-------------------------------------------')
        END
```

范例 (7) 的 $\mathrm{TM}_z$ 波 Monostatic 散射宽度 $10\lg\left(\sigma_{2D}/\lambda_0\right)$-$d/\lambda_0$ 的计算结果如这里的图 5.1 所示. 在此曲线中 $\sigma_{2D}/\lambda_0$ 在 $d/\lambda_0 = d_{\min}/\lambda_0 \approx 0.295$ 处呈现有一最小值. 这一结果可以从物理上给出以下定性解释. 当圆柱半径很大时, 可将圆柱面近似视为平面, 于是平面波的柱散射便化为平面波穿透介质 3 与介质 2 的理想导体平面的反射; 按平面波的传播与传输线问题的类似性, 反射系数的大小取决于从自由空间看向介质 3 表面处的输入阻抗; 如果此输入阻抗近似等于自由空间的波阻抗, 即两者接近匹配时, 则反射系数将达到最小值. 现对于 $\mathrm{TM}_z$ 波, 低达介质 2 与导电平面分界面上的入射波受到反射, 因该界面是电场的节点, 而介质 2 的厚度是 $\lambda_{\varepsilon 2}/4$, 故在介质 2 与介质 3 分界面处是波的电场腹点, 且处在电场腹点附近, 由于介质是有耗介质其 $\varepsilon_{3\mathrm{r}}$ 为复数, 反射波将受到很大衰减. 在介质 3 与自由空间界面处的波阻抗与 $d$ 和 $\varepsilon_{3\mathrm{r}}$ 有关, 因而存在有反射系数具有最小值的某 $d = d_{\min}$ 值.

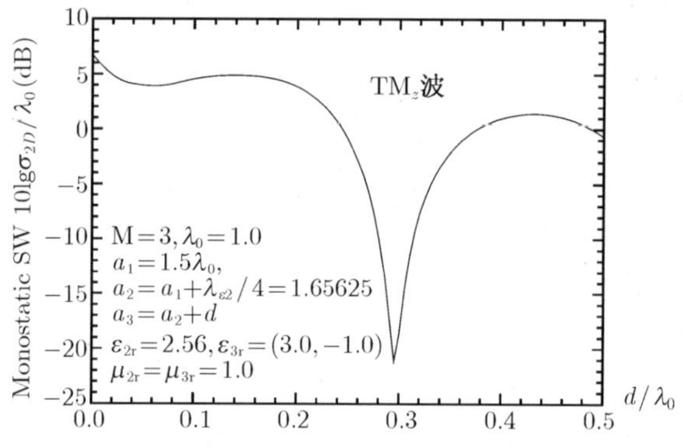


图 5.1　多层介质敷层理想导体圆柱的散射之例

对于以上多层介质敷层导电圆柱, 当 $d_{\min} = 0.295\lambda_0$ 时, 反向散射为 $-21.164$dB, 前向散射为 17.53028dB; 另一方面, 对于半径为 $a = 1.5\lambda_0$ 和 $a = (1.5 + 0.15625 + d_{\min})\lambda_0$ 简单导电圆柱, 采用程序 1 计算可知, 反向散射分别约为 6.756dB 和 7.891dB; 而前向散射分别约为 18.569dB 和 20.678dB; 若采用单层 $\varepsilon_r = (3.0, -1.0)$ 有耗介质敷层导电圆柱, 则当 $a = 1.5\lambda_0$ 和 $b = (a + 0.15625)\,\lambda_0$ 时, 采用程序 3 计算, 反向散射为 $-3.0006$dB, 前向为 18.4735dB. 由此可见, 在导电柱表面上增加上述介质一有耗介质敷层或单层有耗介质敷层可降低反向散射, 而具有 “隐身” 作用. 多层介质导体圆柱的散射分析与程序计算对于吸波材料的优化设计将会是有帮助的.

运行范例 (7) 主程序 MCYMLSWA 所得多层介质敷层导电圆柱 $\mathrm{TM}_z$ 波 Monostatic 散射宽度 $10\lg\left(\sigma_{2D}/\lambda_0\right)$-$d/\lambda_0$ 的关系曲线如图 5.1 所示, 以及一些典型数值结果如下:

```
EM Scattering by a 3-Layer dielectric-coated conducting cylinder
        for TMz wave case ( KF=1, KP=1 )
      a( 1) = 1.50000
      a( 2) = 1.65625, epsr( 2) = 2.56 -j .00
      a( 3) = a( 2)+d, epsr( 3) = 3.00 -j 1.00
                       epsr( 4) = 1.00
       FSW=10log10(SW/lambda0) (phi=0)
       BSW=10log10(SW/lambda0) (phi=180)

        d        BSWdb(phi=0)    BSWdb(phi=180)
      ---------------------------------------------
      .00001       17.530280       6.733963
      .05000       19.361505       3.994097
      .10000       20.298472       4.546880
      .15000       20.358271       4.877317
      .20000       20.388859       3.858846
      .25000       20.437244       -.995697
      .30000       20.479627       -18.671386
      .35000       20.562606       -2.076910
      .40000       20.818450       .990423
      .45000       21.146965       1.267248
      .50000       21.422268       -.688018
```

范例 (8) 设有一含两层介质圆柱, 第一层介质圆柱半径 $a = 0.3\lambda_0$, 相对介电常数和磁导率分别为 $\varepsilon_{ra} = (2.0, -0.2), \mu_{ra} = 1$; 第二层外径 $b = 0.45\lambda_0$, 但其相对介电常数和磁导率为 $\varepsilon_{rb}(\rho) = \left(b/\rho\right)^2$ 是径向坐标的函数, 磁导率 $\mu_{rb} = 1$. 试求此 2 层介质圆柱厚度的 $\mathrm{TM}_z$ 波 Bistatic 散射宽度 $10\lg\left(\sigma_{2D}/\lambda_0\right)$-$\varphi$ 的关系曲线.

现将具有不均匀介电常数 $\varepsilon_{rb}(\rho)$ 的第 2 层 $a \leqslant \rho \leqslant b$ 区域进行分层, 将连续分布 $\varepsilon_{rb}(\rho)$ 用每一分层的介电常数为均匀的阶梯分布近似, 即将 $a \leqslant \rho \leqslant b$ 区域用多层 (例如, $M-1$) 介质圆柱近似, 从而将范例 (8) 化为有如下参数的多层介质圆柱 $\mathrm{TM}_z$ 波 Bistatic 散射问题.

程序 4 中的层数 $M$, 代码 KF, KP, 和各层的参数如下: $M = 100$,

代码 KF = 2, KP = 1

第 1 层: $0 \leqslant \rho \leqslant a_1$ 有耗介质; $a_1 = a = 0.3\lambda_0$; $\varepsilon_{r1} = (2.0, 0.2), \mu_{r2} = 1$

第 2～ $M$ 层: $a_1 \leqslant \rho \leqslant a_M$ 理想非磁性介质; $\mu_{r3} = 1$; $\varepsilon_{ri} = \left(\dfrac{a_M}{a_{i-1}}\right)^2$, $(i = 2, 3, \cdots, M)$

$$a_i = a_1 + (i-1)\delta a \quad 其中 \quad , \quad \delta a = \frac{a_M - a_1}{M-1}$$

第 $M$ 层: $a_{M-1} \leqslant \rho \leqslant a_M$ 理想介质; $\varepsilon_{rM} = 1.00677, \mu_{rM} = 1$; $a_M = b = 0.45\lambda_0$

范例 (8) 的主程序 MCYMLSWB

```
      PROGRAM MCYMLSWB
C     ==============================================================
C     Purpose: This mainprogram computes momostatic SW/lambda0 vs
C              Observation angle phi for a 100-layer dielectric
C              cylinder for TMz wave by using subroutine CYMLSW
C     Example 8: M=100, KF=2,KP=1, Lambda=1.0
C              1st-layer: a(1)=0.3 lambda, a(m)=0.45 lambda
C              2 to 100th layers:a(i)=a(1)+(i-1)delta a,
C                        delta a=[a(m)-a(1)]/(m-1)
C                        epsr(1)=(2.0,-0.2), epsr(m)=1.00677
C                        epsr(i)=[a(m)-a(i-1)]**2, i=2,3,..., m
C                        mur(i)=1.0, i=1,2,..., m
C              101th layer: epsr(m+1)=1.0, mur(m+1)=1.0,
C     ==============================================================
      IMPLICIT DOUBLE PRECISION (A,B,D-F,P-S)
      IMPLICIT COMPLEX *16 (C,Z)
      REAL*8 LAMBDA
      DIMENSION A(200),SL(0:200),SLDB(0:200),CEPS(201),CMU(201),
     &          P0(0:180)
      M=100
      KF=2
      KP=1
      MP1=M+1
      LAMBDA=1.0D0
      DPHI=1.0D0
      A(1)=0.3D0
      A(M)=0.45D0
      DA=(A(M)-A(1))/(M-1)
      DO 10 I=2,M
```

```
10          A(I)=A(1)+DA*(I-1.0D0)
        CEPS(1)=(2.0D0,-0.2D0)
        CMU(1)=(1.0D0,0.0)
        DO 20 I=2,M
           CEPS(I)=(A(M)/A(I-1))**2
20         CMU(I)=(1.0D0,0.0D0)
        CEPS(MP1)=(1.0D0,0.0D0)
        CMU(MP1)=(1.0D0,0.0D0)
        IF (KF.EQ.1) THEN
           WRITE(*,51)M
           IF (KP.EQ.1) WRITE(*,52)
           IF (KP.EQ.2) WRITE(*,53)
        ELSE IF (KF.EQ.2) THEN
           WRITE(*,54)M
           IF (KP.EQ.1) WRITE(*,55)
           IF (KP.EQ.2) WRITE(*,56)
        ENDIF
        IF (KF.EQ.1.AND.I.EQ.1) WRITE(*,59)1,A(1)
        MS=1
        IF (M.GT.10) MS=INT(M/10)
        DO 30 I=0,M,MS
           IF (I.EQ.0) GO TO 30
           SR=REAL(CEPS(I))
           SI=-AIMAG(CEPS(I))
           IF (KF.EQ.1.AND.I.EQ.1) GO TO 30
           IF (KF.EQ.2.AND.I.EQ.1) WRITE(*,58)I,A(I),I,SR,SI
           IF (I.GT.1) WRITE(*,57)I,A(I),I,SR,SI
30      CONTINUE
        WRITE(*,61)MP1,1.0
        WRITE(*,62)1.0,MP1
        WRITE(*,*)
        WRITE(*,*)
        CALL CYMLSW(M,KF,KP,LAMBDA,A,CEPS,CMU,DPHI,P0,SL,SLDB)
        WRITE(*,63)
        WRITE(*,64)
        MI=INT((180.0+0.5*DPHI)/DPHI)
        DO 40 K=0,MI,30
40         WRITE(*,50)P0(K),SL(K),SLDB(K)
```

```
50      FORMAT(19X,F5.1,2F16.6)
51      FORMAT(8X,'EM Scattering by a ',I3,'-Layer dielectric-coated ',
     &          'conducting cylinder ')
52      FORMAT(17X,'for TMz wave case ( KF=1, KP=1 )')
53      FORMAT(17X,'for TEz wave case ( KF=1, KP=2 )')
54      FORMAT(13X,'EM Scattering by a ',I3,'-Layer dielectric ',
     &           'cylinder ')
55      FORMAT(20X,'for TMz wave case ( KF=2, KP=1 )')
56      FORMAT(20X,'for TEz wave case ( KF=2, KP=2 )')
57      FORMAT(15X,'a(',I3,') = ',F7.5,', opor(',I3,') =',F8.5,
     &      '-j',F6.4)
58      FORMAT(15X,'a(',I3,') = ',F7.5,', epsr(',I3,') =',F8.5,
     &      '-j',F6.4)
59      FORMAT(15X,'a(',I3,') = ',F7.5)
61      FORMAT(33X,'epsr(',I3,') =',F8.5)
62      FORMAT(19X,'mur(i) =',F8.5,',  i=1,2,...,',I3)
63      FORMAT(19X,'phi         SW/lambda  10log(SW/lambda) db')
64      FORMAT(17X,'---------------------------------------------')
        END
```

运行范例 (8) 主程序 MCYMLSWB 所得多层介质圆柱 $TM_z$ 波 Bistatic 散射宽度 $10\lg\left(\sigma_{2D}/\lambda_0\right)$-$\varphi$ 的关系曲线如图 5.2 所示. 一些典型数值结果如下：

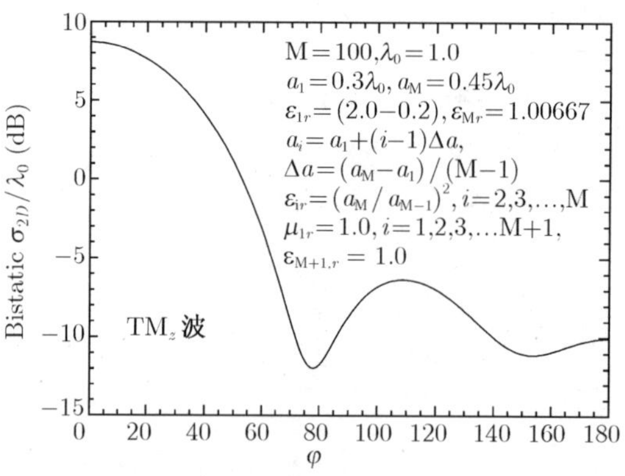


图 5.2　多层介质圆柱的散射之例

```
EM Scattering by a 100-Layer dielectric cylinder
     for TMz wave case ( KF=2, KP=1 )
 a( 10) = .31364, epsr( 10) = 2.07864-j .0000
```

```
a( 20) = .32879, epsr( 20) = 1.89063-j .0000
a( 40) = .35909, epsr( 40) = 1.58376-j .0000
a( 60) = .38939, epsr( 60) = 1.34596-j .0000
a( 80) = .41970, epsr( 80) = 1.15796-j .0000
a(100) = .45000, epsr(100) = 1.00677-j .0000
                 epsr(101) = 1.00000
  mur(i) = 1.00000, i=1,2,...,101

  phi       SW/lambda 10log(SW/lambda) db
--------------------------------------------
      .0      7.427664      8.708522
    30.0      4.152666      6.183270
    60.0       .481703     -3.172203
    90.0       .135350     -8.685408
   120.0       .200915     -6.969885
   150.0       .078662    -11.042377
   180.0       .098774    -10.053568
```

# 附 录 六

**球散射雷达散射截面 (RCS) 的程序计算**

在本章 6.5~6.8 节中, 已论述了正向入射平面波的理想导电圆球、介质圆球、介质敷层理想导体圆球, 以及多层介质和介质敷层导体圆球的散射. 它们的双站雷达散射截面 (RCS)$\sigma$(Bistatic) 均可按如下公式计算:

$$\sigma(\text{Bistatic}) = \lim_{r\to\infty}\left[4\pi r^2 \frac{|\boldsymbol{E}^s|^2}{|\boldsymbol{E}^i|^2}\right] \tag{1}$$

例如, 将 (6.5.28)、(6.5.29) 和 (6.4.1) 代入上式后, 我们可得

$$\sigma(\text{Bistatic}) = \frac{\lambda_0^2}{\pi}\left[\cos^2\varphi\,|A_c|^2 + \sin^2\varphi\,|A_s|^2\right] \tag{2}$$

其中,

$$|A_c|^2 = \left|\sum_{n=0}^{\infty} \mathrm{j}^n \left[b_n \sin\theta P_n^{1'}(\cos\theta) - c_n \frac{P_n^1(\cos\theta)}{\sin\theta}\right]\right|^2 \tag{3}$$

$$|A_s|^2 = \left|\sum_{n=0}^{\infty} \mathrm{j}^n \left[b_n \frac{P_n^1(\cos\theta)}{\sin\theta} - c_n \sin\theta P_n^{1'}(\cos\theta)\right]\right|^2 \tag{4}$$

当 $\varphi=0°$ 时, $\sigma$-$\theta$ 曲线给出 $\boldsymbol{E}$ 平面内的 Bistatic RCS 散射特性; 当 $\varphi=90°$ 时, $\sigma$-$\theta$ 曲线给出 $\boldsymbol{H}$ 平面内的 Bistatic RCS 散射特性

单站雷达散射截面 $\sigma$(Monostatic) 是双站雷达散射截面当 $\varphi=\pi$ 时的特殊情形. 因

$$\left[\frac{P_n^1(\cos\theta)}{\sin\theta}\right]_{\theta=\pi} = \left[\sin\theta P_n^{1'}(\cos\theta)\right]_{\theta=\pi} = (-1)^n \frac{1}{2} n(n+1)$$

而有

$$\sigma(\text{Monostatic}) = \left|\sum_{n=1}^{\infty} \mathrm{j}^n (-1)^n \frac{1}{2} n(n+1)\,(b_n - c_n)\right|^2 \tag{5}$$

式中, $\lambda_0$ 为 $\varepsilon_0, \mu_0$ 媒质自由空间波长, 单位为 cm 或 m(厘米或米); $\sigma$ 单位为 Scm(cm$^2$, 平方厘米) 或 Sm(m$^2$, 平方米).

雷达散射截面 (RCS) 的分贝数定义为

$$\text{RCS(dB)} = 10\lg(\text{RCS})(\text{单位：dBscm 或 dBsm}) \tag{6}$$

对不同的球体结构, (3)~(5) 式中的系数 $b_n$ 和 $c_n$ 分别由下列公式给出：

| | |
|---|---|
| 理想导体圆球 | (6.3.14)式 |
| 介质圆球 | (6.5.20)式 |
| 介质敷层导体圆球 | (6.7.24)式 |
| 多层介质圆球和敷层导体圆球 | (6.9.40)式 |

将给出的是用 Fortran 语言编写的计算圆球散射的散射截面 RCS 计算程序, 计有：

1) 理想导体圆球的 Monostatic 和 Bistatic 雷达散射截面 RCS 计算程序

2) 介质圆球的 Monostatic 和 Bistatic 雷达散射截面 RCS 计算程序

3) 介质敷层理想导体圆球 Monostatic 和 Bistatic 雷达散射截面 RCS 计算程序

4) 多层介质圆柱和多层介质敷层导体圆柱的 Bistatic 雷达散射截面 RCS 计算程序为方便使用, 程序中 Monostatic 与 Bistatic 采用代码 **KS** 区分; 并附有输入与输出变量说明和范例.

程序 1~3 分别是计算导体圆球、介质圆球和介质敷层导体圆球散射的 Monostatic 和 Bistatic 雷达散射截面 RCS. 专用程序; 而程序 4 则是计算多层介质圆柱

和多层介质敷层导体圆柱 (包括三种情形) 的雷达散射截面 RCS 的通用程序. 程序和范例说明如下：

## 1 理想导体圆球的 Monostatic 和 Bistatic 雷达散射截面 RCS 计算程序

子程序名：MSRCS

MSRCS(KS,LAMBDA,RA0,RAM,DRA,RA,PHI,DTH,RAJ,THETA,RCS,NT)

**(a) MSRCS 子程序使用说明**

功用：计算导体圆球的 monostatic 和 bistatic 雷达散射截面 $\sigma$

输入：KS KS=1 相应 Monostatic; KS=2 相应 Bistatic

Lambda 工作波长 $\lambda_0$(单位：厘米或米)

KS=1 Monostatic 情形：

RA0 导体球半径 $a_{\min}$($a$ 的最小值, 单位与 $\lambda_0$ 相同)

RAM 导体球半径 $a_{\max}$($a$ 的最大值, 单位与 $\lambda_0$ 相同)

DRA $\delta a$, 导体求柱半径 $a$ 增量 (步长)

RAJ(j) 导体球外径, $a(i)/\lambda_0=(a_{\min}+\mathrm{i}*\delta a)/\lambda_0$

$i=0,1,\cdots,\mathrm{N_T};\quad \mathrm{N_T}=\mathrm{INT}\left(\dfrac{a_{\max}-a_{\min}}{\delta a}\right)$

KS=2 Bistatic 情形：

RA 导体球半径 (单位与 $\lambda_0$ 相同)

DTH 角步长, $\delta\theta$(取 $1^\circ$ 或 $\geqslant 0.5^\circ$; $\theta_{\min}=0^\circ$, $\theta_{\max}=180^\circ$)

THETA(i) 角 $\theta(i)=i*\delta\theta$, $i=0,1,\cdots,\mathrm{N}$; $\mathrm{N}=180/\delta\theta$

输出：KS=1 Monostatic 情形：

RCS(i)~RA(i) 雷达散射截面 $\sigma(i)$ ~球半径 $a(i)$ 的关系

$$i=0,1,\cdots,\mathrm{N_T};\quad \mathrm{N_T}=\mathrm{INT}\left(\frac{a_{\max}-a_{\min}}{\delta a}\right)$$

KS=2 Bistatic 情形.

`RCS(i)`~`THETA(i)` 雷达散射截面 $\sigma(i)$~ 角 $\theta(i)$ 的关系

$$i=0,1,\cdots,\mathrm{N_T};\quad \mathrm{N_T}=180/\delta\theta$$

调用子程序： BCNMS：计算导体球散射的散射系数 $b_n$ 和 $c_n$.

AP1N：计算缔合 Legendre 函数 $\sin\theta P_n^{1'}(\cos\theta)$ 和 $\dfrac{P_n^1(\cos\theta)}{\sin\theta}$.

BCTJH：计算复宗量 RIccati-Bessel 函数 $\hat{J}_n(z)$ 和 $\hat{H}_n^{(2)}(z)$, 及其导数.

BJNMM: 计算对于给定 $z$ 与阶 $n$ 采用逆推法求 $\hat{J}_n(z)$ 的最大起始阶 M, 和不致出现溢出所可能计算的 $n$ 的最大阶 NM.

**(b) 理想导体圆球散射的Fortran源程序**

```
        SUBROUTINE MSRCS(KS,LAMBDA,RA0,RAM,DRA,RA,PHI,DTH,RAJ,
     &                    THETA,RCS,NT)
C       ============================================================
C       Purpose: Compute monostatic and bistatic RCS for a metal
C                sphere
C       Input :      lambda --- Wavelength (in cm)
C                    [ f: frequency(GHz), labmda(cm)=30.0)/f(HGz) ]
C                Code KS=1 for monostatic
C                     RA0 --- Minimun a (in cm)
C                     RAM --- Maximum a (in cm)
C                     DRA --- Delta a (Step length, in cm)
C                     RAJ --- a(i), a(i)=RA0+(i-1)*DRA,i=1,2,...
C                Code KS=2 for bistatic
C                     RA  --- a, Radius of the sphere(in cm)
C                     Phi --- Angle phi, phi=0 for E-Plane;
C                                        phi=90 for H-Plane
C                     Theta --- Angle theta (in Degs) (0 to 180)
C                     DTH  --- Delta theta (Step Theta,in degs.)
C       Output: RCS(i) --- Radar cross section(in square centimeter)
C               RAJ(i) --- Radius a(i)
C               Theta(i) --- Angle theta(i) (in Degs) (0 to 180)
C       Routine called: BCNMS for computing coefficients bn and cn
C       ============================================================
        IMPLICIT COMPLEX*16 (C,Z)
        IMPLICIT DOUBLE PRECISION (D,L,P,R,T,X,W)
        COMPLEX*16 B1N(200),BPA(200)
        DIMENSION C1N(200),CPA(200),RAJ(0:200),PM1(0:200),
     &           PD1(0:200),RCS(0:360),THETA(0:360)
        PI=3.141592653589793D0
        PI2=2.0D0*PI
        RD=1.7453292519943296D-2
        CJ=(0.0D0,1.0D0)
        LAMBDA=1.0D0
```

```
      IF (KS.EQ.1) NT=INT((RAM-RA0+0.5*DRA)/DRA)+1
      IF (KS.EQ.2) NT=INT((180+0.5*DTH)/DTH)
      IF (KS.EQ.1) THEN
        DO 30 J=1,NT
          RA=RA0+(J-1.0D0)*DRA
          RAJ(J)=RA
          CALL BCNMS(RA,LAMBDA,Nm,B1N,C1N,BPA,CPA)
          CW=0.0
          DO 10 K=1,Nm
            CW0=CW
            CW=CW+(-1)**K*(2.0D0*K+1.0D0)*(BPA(K)-CPA(K))
            IF (CABS(1.0D0-CW0/CW).LE.1.0D-10) GO TO 20
10        CONTINUE
20        W2=CDABS(CW)**2
          RCS(J)=LAMBDA**2/(4.0D0*PI)*W2
          RCS(J)=RCS(J)/(PI*RA**2)
30      CONTINUE
      ELSE IF (KS.EQ.2) THEN
        RPHI=RD*PHI
        RC2P=DCOS(RPHI)**2
        RS2P=DSIN(RPHI)**2
        CALL BCNMS(RA,LAMBDA,Nm,B1N,C1N,BPA,CPA)
        DO 80 J=0,NT
          THETA(J)=J*DTH
          XP=DCOS(RD*THETA(J))
          CALL AP1N(Nm,XP,PM1,PD1)
          CW=0.0D0
          DO 40 K=1,Nm
            CW0=CW
            CW=CW+(CJ)**K*(B1N(K)*PD1(K)-C1N(K)*PM1(K))
            IF (CDABS(1.0D0-CW0/CW).LE.1.0D-10) GO TO 50
40        CONTINUE
50        RA2T=CDABS(CW)**2
          CP=0.0D0
          DO 60 K=1,Nm
            CP0=CP
            CP=CP+(CJ)**K*(B1N(K)*PM1(K)-C1N(K)*PD1(K))
            IF (CDABS(1.0D0-CP0/CP).LE.1.0D-10) GO TO 70
```

```
60             CONTINUE
70             RA2P=CDABS(CP)**2
               RCS(J)=LAMBDA**2/PI*(RC2P*RA2T+RS2P*RA2P)
               RCS(J)=10.0D0*DLOG10(RCS(J)/(PI*RA**2))
80          CONTINUE
         ENDIF
         RETURN
         END

         SUBROUTINE BCNMS(RA,LAMBDA,Nm,B1N,C1N,BPA,CPA)
C        ==========================================================
C        Purpose: Compute the scattering coefficients bn and cn
C                 for a metal sphere
C        Input :  RA --- Radius of the metal sphere (in cm)
C                 Lambda --- Wavelength (in cm)
C        Output:  B1N --- bn
C                 C1N --- cn
C                 BPA --- bn/an
C                 CPA --- cn/an
C                 Nm  --- Maximum N
C        Routine called: RCTJH for computing zjn(z), zhn(2)(z),
C                        and their derivatives
C        ==========================================================
         IMPLICIT COMPLEX*16 (C,Z)
         IMPLICIT DOUBLE PRECISION (L,P,R)
         COMPLEX*16 A1N(200),B1N(200),BPA(200)
         DIMENSION CRJ(0:200),CRDJ(0:200),CRH(0:200),CRDH(0:200),
     &             C1N(200),CPA(200)
         PI=3.14159265359D0
         PI2=2.0D0*PI
         CJ=(0.0D0,1.0D0)
         N=200
         ZA=PI2*RA/LAMBDA
         CALL RCTJH(N,ZA,NM,CRJ,CRDJ,CRH,CRDH)
         NM=120
         DO 10 K=1,NM
10          A1N(K)=CJ**(-K)*(2.0D0*K+1.0)/(K*(K+1.0))
         DO 20 K=1,NM
```

```
         BPA(K)=-CRDJ(K)/CRDH(K)
         B1N(K)=BPA(K)*A1N(K)
         CPA(K)=-CRJ(K)/CRH(K)
         C1N(K)=CPA(K)*A1N(K)
         IF (CDABS(B1N(K)).LT.1.0D-200.OR.CDABS(C1N(K)).LT.1.0D-200)
     &           GO TO 30
20      CONTINUE
30      NM=K-1
        RETURN
        END

        SUBROUTINE RCTJH(N,Z,NM,CRJ,CRDJ,CRH,CRDH)
C       ==============================================================
C       Purpose: Compute complex Riccati-Bessel functions z*jn(z)
C                & z*hn(2)(z) and their derivatives
C       Input :  z --- Complex argument (|z|=0.001 to 50.0)
C                n --- Order of z*jn(z) & z*hn(z) (n = 0,1,2,...)
C       Output:  CRJ(n) --- z*jn(z)
C                CRDJ(n) ---[z*jn(z)]'
C                CRH(n) --- z*hn(2)(z)
C                CRDH(n) ---[z*hn(2)(z)]'
C       Routine called: BJNMM for determining the maximum computable
C                order & the initial order of backward recurrence of
C                z*jn(z) by Curvefitting Method
C                (Complex argument, Double precision)
C       ==============================================================
        IMPLICIT COMPLEX*16 (C,Z)
        DIMENSION CRJ(0:N),CRDJ(0:N),CRY(0:200),CRDY(0:200),
     &            CRH(0:N),CRDH(0:N)
        DOUBLE PRECISION A0
        CJ=(0.0D0,1.0D0)
        A0=CDABS(Z)
        CALL BJNMM(A0,N,NM,M)
        CRJ(0)=CDSIN(Z)
        CRJ(1)=CRJ(0)/Z-CDCOS(Z)
        CRJ0=CRJ(0)
        CRJ1=CRJ(1)
        CF0=0.0D0
```

```
        CF1=1.0D-200
        DO 10 K=M,0,-1
           CF=(2.0D0*K+3.0)*CF1/Z-CF0
           IF (K.LE.Nm) CRJ(K)=CF
           CF0=CF1
10         CF1=CF
        IF (CDABS(CRJ0).GT.CDABS(CRJ1)) CS=CRJ0/CF
        IF (CDABS(CRJ0).LE.CDABS(CRJ1)) CS=CRJ1/CF0
        DO 20 K=0,Nm
20         CRJ(K)=CS*CRJ(K)
        CRDJ(0)=CDCOS(Z)
        DO 30 K=1,Nm
30         CRDJ(K)=-K*CRJ(K)/Z+CRJ(K-1.0D0)
        CRY(0)=-CDCOS(Z)
        CRY(1)=CRY(0)/Z-CDSIN(Z)
        CRF0=CRY(0)
        CRF1=CRY(1)
        DO 40 K=2,Nm
           CRF2=(2.0D0*K-1.0)*CRF1/Z-CRF0
           IF (CDABS(CRF2).GT.1.0D+150) GO TO 50
           CRY(K)=CRF2
           CRF0=CRF1
40         CRF1=CRF2
50      CRDY(0)=CDSIN(Z)
        DO 60 K=1,Nm
60         CRDY(K)=-K*CRY(K)/Z+CRY(K-1.0D0)
        DO 70 K=0,Nm
           CRH(K)=CRJ(K)-CJ*CRY(K)
70         CRDH(K)=CRDJ(K)-CJ*CRDY(K)
        RETURN
        END

        SUBROUTINE AP1N(N,X,PM1,PD1)
C       ====================================================
C       Purpose: Compute associated Legendre polynomials
C                P1n(x)/sqrt(1-x*x) & p1n'(x)*sqrt(1-x*x)
C       Input :  x --- Argument
C                n --- Degree ( n = 0,1,...)
```

```
C       Output:  PM1(n) --- P1n(x)/sqrt(1-x*x)
C                PD1(n) --- P1n'(x)*sqrt(1-x*x)
C       ==================================================
        IMPLICIT DOUBLE PRECISION (P,X)
        DIMENSION PM1(0:200),PD1(0:200)
        PA=-1.0D0
        PB=-3.0D0*X
        PM1(0)=0.0D0
        PM1(1)=PA
        PM1(2)=PB
        DO 10 K=3,N
           PK=((2.0D0*K-1.0)*X*PB-K*PA)/(K-1.0)
           PM1(K)=PK
           PA=PB
10         PB=PK
        PD1(0)=0.0D0
        DO 20 K=1,N
20         PD1(K)=(K+1.0D0)*PM1(K-1.0)-K*X*PM1(K)
        RETURN
        END

        SUBROUTINE BJNMM(X,N,NM,M)
C       =========================================================
C       Purpose: For given x and |xjn(x)| >= 10**-200, determine
C                the maximum computable order, and the initial
C                order for backward recurrence by Curvefitting
C                Method
C       Input :  x --- Argument of xjn(x) ( x<=300 )
C                N --- Order of xjn(x)
C       Output:  NM --- Maximum compatable order
C                M ---  Initial order for backward recurrence
C       =========================================================
        DOUBLE PRECISION X
        IF (X.GE.1.0D-60.AND.X.LT.1.0D-2) THEN
           NM=INT(0.6-185.48/DLOG10(X)-150.04/(DLOG10(X)**2))
        ELSE IF (X.GE.1.0D-2.AND.X.LT.30.0) THEN
           NM=INT(53.0+58.7*SQRT(X)-8.27*X+0.76*X**1.5)
        ELSE IF (X.GE.30.0) THEN
```

```
      NM=200
   ENDIF
   IF (N.LE.NM) NM=N
   IF (X.GE.1.0D-60.AND.X.LT.1.0D-2) THEN
      M=NM+INT(1.0-25.659/DLOG10(X)-24.272/(DLOG10(X)**2))
   ELSE IF (X.GE.1.0D-2.AND.X.LT.30.0) THEN
      M=NM+INT(6.4+2.9*SQRT(X)-0.1*X)
   ELSE IF (X.GE.30.0.AND.X.LE.300.0) THEN
      M=NM+INT(15+0.26767*X-0.002224*X**2+8.9E-6*X**3)
   ENDIF
   RETURN
   END
```

**范例 (1)**　计算平面波理想导体圆球散射的 $\boldsymbol{E}$ 平面和 $\boldsymbol{H}$ 平面 Bistatic RCS: $\sigma_{2D}/\pi a^2$-$\theta°$ 的关系曲线. 输入参变量: KS=2; $\lambda_0 = 1\text{cm}, a = 0.5\text{cm}, \varphi = 0°$($\boldsymbol{E}$ 平面) 和 $\varphi = 90°$($\boldsymbol{H}$ 平面); 步长 $\delta\theta = 1°$.

**范例 (2)**　计算平面波理想导体圆球散射的 Monostatic RCS: $\sigma/\pi a^2$-$a/\lambda_0$ 的关系曲线. 输入参变量: KS=1; $\lambda_0 = 1\text{cm}, 0.01\text{cm} \leqslant a \leqslant 2.0\text{cm}$; 步长 $\delta a = 0.01\text{cm}$.

范例(1)和(2)的主程序 MMCRCS

```
        PROGRAM MMSRCS
C       ==============================================================
C       Purpose: As illustrative example for computing monostatic
C                and bistatic RCS for a metal sphere
C       Output:  Monostatic (KS=1):
C                        10log10(RCS(j)/  **2) - a/lambda
C                Bistaic (KS=2):
C                        10log10(RCS(j)/  **2) - theta (in Degs.)
C       Example: KS=1:  (a)min=0.1,(a)max=2.0,delta a=0.1,lambda=1.0(cm)
C                KS=2:  a=0.5 cm, lambda=1.0 cm, phi=0(or 90),
C                       delta theta=10.0 Degs
C       Routine called: MSRCS for computing monostatic and bistatic
C                       RCS for a metal sphere
C       ==============================================================
        IMPLICIT COMPLEX*16 (C,Z)
        IMPLICIT DOUBLE PRECISION (D,L,P,R,T)
        DIMENSION RAJ(0:200),RCS(0:360),THETA(0:360)
        WRITE(*,*) 'Please enter code KS'
```

```
      READ(*,*)KS
      IF (KS.EQ.1) THEN
C           WRITE(*,*)'Please enter radius a(min), a(max), delta a, &',
C     &                 ' lambda (in cm)'
C           READ(*,*)RA0,RAM,DRA,LAMBDA
          RA0=0.1D0
          RAM=2.0D0
          DRA=0.1D0
          LAMBDA=1.0D0
      ELSE IF (KS.EQ.2) THEN
C           WRITE(*,*)'Please enter radius a,lambda (in cm) ',
C     &                 'phi, and delta theta (in degs.)'
C           READ(*,*)RA,LAMBDA,PHI,DTH
         RA=0.5D0
         LAMBDA=1.0D0
         PHI=0.0D0
         DTH=10.0D0
      ENDIF
      CALL MSRCS(KS,LAMBDA,RA0,RAM,DRA,RA,PHI,DTH,RAJ,THETA,RCS,NT)
      IF (KS.EQ.1) THEN
         WRITE(*,*)'    *** Monostatic RCS for a metal sphere ***'
         WRITE(*,*)
         WRITE(*,*)'              a(in cm)  Rcs/pia**2'
      ELSE IF (KS.EQ.2) THEN
         WRITE(*,*)'    *** Bistatic RCS for a metal sphere ***'
         IF (PHI.EQ.0.0) WRITE(*,*)'                  ( E-Plane )'
         IF (PHI.EQ.90.0) WRITE(*,*)'                 ( H-Plane )'
         WRITE(*,*)'          theta(Degs)  Rcs/pia**2(db)'
      ENDIF
      WRITE(*,*)'          ----------------------------'
      DO 10 J=0,NT
         IF (KS.EQ.1) WRITE(*,20) RAJ(J),RCS(J)
         IF (KS.EQ.2) WRITE(*,20) THETA(J),RCS(J)
10    CONTINUE
20    FORMAT(10X,F10.2,F15.6)
      END
```

范例 (1) 和范例 (2) 计算结果如图 6.5.2 和 6.5.3 所示.

## 2 介质圆球的 Monostatic 和 Bistatic 雷达散射截面 RCS 计算程序

子程序名：DSRCS

DSRCS(KS,LAMBDA,EPSR,MUR,RA0,RAM,DRA,RA,PHI,DTH,RAJ, THETA, RCS,NT)

**(a) MSRCS子程序使用说明**

功用：计算介质圆球的 Monostatic 和 Bistatic 雷达散射截面 $\sigma$

输入：KS　KS=1　相应　Monostatic; KS=2 相应 Bistatic

Lambda　工作波长 $\lambda_0$ (单位：厘米或米)

CEPS　复相对介电常数, $\varepsilon_r - \varepsilon/\varepsilon_0$

CMU　复相对磁导率, $\mu_r = \mu/\mu_0$

KS=1 Monostatic 情形：

RA0　介质球半径 $a_{\min}$($a$ 的最小值, 单位与 $\lambda_0$ 相同)

RAM　介质球半径 $a_{\max}$($a$ 的最大值, 单位与 $\lambda_0$ 相同)

DRA　$\delta a$, 介质球半径 $a$ 增量 (步长)

RAJ(i)　介质球外径, $a(i)/\lambda_0 = (a_{\min} + \mathrm{i} * \delta a)/\lambda_0$

$$i = 0, 1, \cdots, \mathrm{N_T};\quad \mathrm{N_T} = \mathrm{INT}\left(\frac{a_{\max} - a_{\min}}{\delta a}\right)$$

KS=2 Bistatic 情形：

RA　介质球半径 (单位与 $\lambda_0$ 相同)

DTH　角步长, $\delta\theta$(取 $1^\circ$ 或 $\geqslant 0.5^\circ$; $\theta_{\min} = 0^\circ, \theta_{\max} = 180^\circ$)

THETA(i) 角 $\theta(i) = i * \delta\theta, i = 0, 1, \cdots, \mathrm{N_T}$; $\mathrm{N_T} = 180/\delta\theta$

输出：KS=1 Monostatic 情形：

RCS(i)~RA(i)　雷达散射截面 $\sigma(i)$- 球半径 $a(i)$ 的关系

$$i = 0, 1, \cdots, \mathrm{N_T};\quad \mathrm{N_T} = \mathrm{INT}\left(\frac{a_{\max} - a_{\min}}{\delta a}\right)$$

KS=2 Bistatic 情形：

RCS(i)~THETA(i)　雷达散射截面 $\sigma(i)$- 角 $\theta(i)$ 的关系

$$i = 0, 1, \cdots, \mathrm{N_T};\quad \mathrm{N_T} = 180/\delta\theta$$

调用子程序：BCNDS：计算介质球散射的散射系数 $b_n$ 和 $c_n$.

AP1N：计算缔合 Legendre 函数 $\sin\theta P_n^{1'}(\cos\theta)$ 和 $\dfrac{P_n^1(\cos\theta)}{\sin\theta}$.

BCTJH：计算复宗量 RIccati-Bessel 函数 $\hat{J}_n(z)$ 和 $\hat{H}_n^{(2)}(z)$, 及其导数.

BJNMM：计算对于给定 $z$ 与阶 $n$ 采用逆推法求 $\hat{J}_n(z)$ 的最大起始阶 M, 和不致出现溢出所可能计算的 $n$ 的最大阶 NM.

## (b) 介质圆球散射的Fortran源程序

```
      SUBROUTINE DSRCS(KS,LAMBDA,EPSR,MUR,RA0,RAM,DRA,RA,PHI,DTH,
     &                 RAJ,THETA,RCS,NT)
C     ==============================================================
C     Purpose: Compute monostatic & bistatic RCS for a dielectric
C              sphere
C     Input :  epsr --- Relative permittivity of the dielectric
C              mur  --- Relative permeability of the dielectric
C              lambda --- Wavelength (in cm)
C              [ f: frequency(GHz), labmda(cm)=30.0)/f(HGz) ]
C              Code KS=1 for monostatic
C                   RA0 --- (a)min (in cm)
C                   RAM --- (a)max (in cm)
C                   DRA --- Delta a (Step length, in cm)
C                   RAJ --- a(i), a(i)=RA0+(i-1)*DRA,i=1,2,...
C              Code KS=2 for bistatic
C                   RA  --- a, Radius of the sphere(in cm)
C                   Phi --- angle,phi=0 for E-Plane;phi=90 for H-Plane
C                   Theta --- Angle theta (in Degs) (0 to 180)
C                   DTH  --- delta theta (Step Theta,in degs.)
C     Output: RCS(j) --- Radar cross section(in square centimeter)
C             RAJ(j) --- Radius a(i)
C             Theta(j) --- Angle theta(i) (in Degs) (0 to 180)
C     Routine called: BCNDS for computing coefficients bn and cn
C     ============================================================
      IMPLICIT COMPLEX*16 (C,Z)
      IMPLICIT DOUBLE PRECISION (D,L,P,R,T,X,W)
      COMPLEX*16 B1N(200),BPA(200),EPSR,MUR
      DIMENSION C1N(200),CPA(200),RAJ(0:200),PM1(0:200),
     &          PD1(0:200),RCS(0:360),THETA(0:360)
      PI=3.141592653589793D0
      PI2=2.0D0*PI
      RD=1.7453292519943296D-2
      CJ=(0.0D0,1.0D0)
      LAMBDA=1.0D0
      IF (KS.EQ.1) NT=INT((RAM-RA0+0.5*DRA)/DRA)+1
      IF (KS.EQ.2) NT=INT((180+0.5*DTH)/DTH)
```

```
      IF (KS.EQ.1) THEN
         DO 30 J=1,NT
            RA=RA0+(J-1.0D0)*DRA
            RAJ(J)=RA
            CALL BCNDS(RA,LAMBDA,EPSR,MUR,Nm,B1N,C1N,BPA,CPA)
            CW=0.0
            DO 10 K=1,Nm
               CW0=CW
               CW=CW+(-1)**K*(2.0D0*K+1.0D0)*(BPA(K)-CPA(K))
               IF (CABS(1.0D0-CW0/CW).LE.1.0D-10) GO TO 20
10          CONTINUE
20          W2=CDABS(CW)**2
            RCS(J)=LAMBDA**2/(4.0D0*PI)*W2
30       CONTINUE
      ELSE IF (KS.EQ.2) THEN
         RPHI=RD*PHI
         RC2P=DCOS(RPHI)**2
         RS2P=DSIN(RPHI)**2
         CALL BCNDS(RA,LAMBDA,EPSR,MUR,Nm,B1N,C1N,BPA,CPA)
         DO 100 J=0,NT
            THETA(J)=J*DTH
            XP=DCOS(RD*THETA(J))
            CALL AP1N(Nm,XP,PM1,PD1)
            IF (PHI.EQ.90.0) GO TO 60
            CW=0.0D0
            DO 40 K=1,Nm
               CW0=CW
               CW=CW+(CJ)**K*(B1N(K)*PD1(K)-C1N(K)*PM1(K))
               IF (CDABS(1.0D0-CW0/CW).LE.1.0D-10) GO TO 50
40          CONTINUE
50          RA2T=CDABS(CW)**2
            IF (PHI.EQ.0.0) GO TO 90
60          CP=0.0D0
            DO 70 K=1,Nm
               CP0=CP
               CP=CP+(CJ)**K*(B1N(K)*PM1(K)-C1N(K)*PD1(K))
               IF (CDABS(1.0D0-CP0/CP).LE.1.0D-10) GO TO 80
70          CONTINUE
```

```
80          RA2P=CDABS(CP)**2
90          RCS(J)=LAMBDA**2/PI*(RC2P*RA2T+RS2P*RA2P)
100       CONTINUE
        ENDIF
        RETURN
        END

        SUBROUTINE BCNDS(RA,LAMBDA,EPSR,MUR,Nm,B1N,C1N,BPA,CPA)
C       ============================================================
C       Purpose: Compute the scattering coefficients bn and cn for
C                a dielectric sphere
C       Input :  RA --- Radius of the dielectric sphere (in cm)
C                EPSR--- Relative permittivity of dielectric sphere
C                MUR --- Relative permeability of dielectric sphere
C                Lambda --- Wavelength (in cm)
C       Output:  B1N --- bn
C                C1N --- cn
C                BPA --- bn/an
C                CPA --- cn/an
C                Nm  --- Maximum n
C       Routine called: RCTJH for computing zjn(z), zhn(2)(z),
C                       and their derivatives
C       ============================================================
        IMPLICIT COMPLEX*16 (C,Z)
        IMPLICIT DOUBLE PRECISION (L,P,R)
        COMPLEX*16 A1N(200),B1N(200),BPA(200),EPSR,EPS2,MUR,MU2,
     &           R1B(200),R1C(200)
        DIMENSION CRJ(0:200),CRDJ(0:200),CRH(0:200),CRDH(0:200),
     &          C1N(200),CPA(200)
        N=200
        PI=3.14159265359D0
        PI2=2.0D0*PI
        CJ=(0.0D0,1.0D0)
        EPS2=CDSQRT(EPSR)
        MU2=CDSQRT(MUR)
        ZKA=PI2*RA/LAMBDA*EPS2*MU2
        CALL RCTJH(N,ZKA,NM,CRJ,CRDJ,CRH,CRDH)
        DO 10 K=1,NM
```

```
         R1B(K)=CRDJ(K)/CRJ(K)*MU2/EPS2
10       R1C(K)=CRJ(K)/CRDJ(K)*MU2/EPS2
      ZK0A=PI2*RA/LAMBDA
      CALL RCTJH(N,ZK0A,NM,CRJ,CRDJ,CRH,CRDH)
      DO 20 K=1,NM
         A1N(K)=CJ**(-K)*(2.0D0*K+1.0)/(K*(K+1.0))
20    CONTINUE
      DO 30 K=1,NM
         BPA(K)=-(CRDJ(K)-R1B(K)*CRJ(K))/(CRDH(K)-R1B(K)*CRH(K))
         B1N(K)=BPA(K)*A1N(K)
         CPA(K)=-(CRJ(K)-R1C(K)*CRDJ(K))/(CRH(K)-R1C(K)*CRDH(K))
         C1N(K)=CPA(K)*A1N(K)
         IF (CDABS(B1N(K)).LT.1.0D-200.OR.CDABS(C1N(K)).LT.1.0D-200)
     &       GO TO 40
30    CONTINUE
40    NM=K-1
      RETURN
      END

      SUBROUTINE AP1N(N,X,PM1,PD1)
C     ==================================================
C     Purpose: Compute associated Legendre polynomials
C              P1n(x)/sqrt(1-x*x) & p1n'(x)*sqrt(1-x*x)
C     ==================================================
      IMPLICIT DOUBLE PRECISION (P,X)
      ....  .... .... ....
      (See illustrative example 1 for subroutine AP1N)
      .... .... .... ....
      RETURN
      END

      SUBROUTINE RCTJH(N,Z,NM,CRJ,CRDJ,CRH,CRDH)
C     ==========================================================
C     Purpose: Compute complex Riccati-Bessel functions z*jn(z)
C              & z*hn(2)(z) and their derivatives
C     ==========================================================
      IMPLICIT COMPLEX*16 (C,Z)
      ....  .... .... ....
```

```
      (See illustrative example 1 for subroutine RCTJH)
      .... .... .... ....
      RETURN
      END

      SUBROUTINE BJNMM(X,N,NM,M)
C     ======================================================
C     Purpose: For given x and |xjn(x)| >= 10**-200,determine
C              the maximum computable order, and the initial
C              order for backward recurrence by Curvefitting
C              Method
C     ======================================================
      DOUBLE PRECISION X
      ....  .... .... ....
      (See illustrative example 1 for subroutine BJNMM)
      .... .... .... ....
      RETURN
      END
```

**范例 (3)** 计算平面波介质圆球散射的 Monostatic10lg $(\sigma/\pi a^2)$-$a/\lambda_0$ 的关系曲线.

输入参变量：KS=1; $\lambda_0 = 1.0\text{cm}, \varepsilon_r$ 分别为 2.56 和 $3.0 - \text{j}4.0; \mu_r = 1.0$;

$$0.01 \leqslant a \leqslant 2.0\text{cm}, \quad \delta a = 0.01\text{cm}$$

**范例 (4)** 计算平面波介质圆球散射 $\boldsymbol{E}$ 平面和 $\boldsymbol{H}$ 平面内的 Bistatic 10lg$(\sigma/\pi a^2)$-$\theta°$ 的关系曲线.

输入参变量：KS=2; $\lambda_0 = 1.0\text{cm}, \varepsilon_r$ 分别为 2.56 和 $3.0 - \text{j}4.0; \mu_r = 1.0$;

$a = 0.5\text{cm}$;

$\varphi = 0°$ 和 $\varphi = 180°$; $\theta = 0° \sim 180°$; 步长 $\delta\theta = 1°$.

**范例 (3) 和 (4) 的主程序 MDSRCS**

```
      PROGRAM MDSRCS
C     ==============================================================
C     Purpose: As illustrative examples for computing monostatic
C              and bistatic RCS for a dielectric sphere
C         (1): Monostatic (KS=1)
C                 epsr=(3.0,-4.0), mur=(1.0,0.0)
C                 a(min)=0.1,a(max)=2.0,delta a=0.1,lambda=1.0(cm)
C     Outout :    10log10(RCS(j)/pia**2) - a(j)/lambda (KS=1)
```

```
C          (2): Bistatic (KS=2)
C                epsr=(3.0,-4.0), mur=(1.0,0.0)
C                a=0.5cm,lambda=1.0cm,phi=0 & phi=90,delta phi=1.0
C     Output :   10log10(RCS(j)/pia**2) - theta(j) (in Degs.)
C     Routine called: DSRCS for computing monostatic and bistatic
C                       RCS for a dielectric sphere
C     ================================================================
      IMPLICIT COMPLEX*16 (C,Z)
      IMPLICIT DOUBLE PRECISION (D,L,P,R,T)
      COMPLEX*16 EPSR,MUR
      DIMENSION RAJ(0:200),RCS(0:360),THETA(0:360)
      PI=3.141592653589793D0
      WRITE(*,*) '      Please enter code KS, and epsr'
      READ(*,*)KS,EPSR
      MUR=(1.0D0,0.0D0)
      IF (KS.EQ.1) THEN
C         WRITE(*,*)'      Enter radius a(min),a(max),delta a, &',
C    &                ' lambda (in cm)'
C         READ(*,*)RA0,RAM,DRA,LAMBDA
         RA0=0.1D0
         RAM=2.0D0
         DRA=0.1D0
         LAMBDA=1.0D0
      ELSE IF (KS.EQ.2) THEN
C         WRITE(*,*)'Please enter radius a,lambda (in cm) ',
C    &                'phi, and delta theta (in degs.)'
C         READ(*,*)RA,LAMBDA,PHI,DTH
        RA=0.5D0
        LAMBDA=1.0D0
        PHI=90.0D0
        DTH=10.0D0
      ENDIF
      CALL DSRCS(KS,LAMBDA,EPSR,MUR,RA0,RAM,DRA,RA,PHI,DTH,RAJ,
     &                THETA,RCS,NT)
      IF (KS.EQ.1) THEN
         WRITE(*,*)'  *** Monostatic RCS for a dielectric sphere ***'
         WRITE(*,*)
         WRITE(*,*)'            a(in cm)   10log10(Rcs/pia**2) db'
```

```
      ELSE IF (KS.EQ.2) THEN
         WRITE(*,*)'  *** Bistatic RCS for a dielectric sphere ***'
         IF (PHI.EQ.0.0) WRITE(*,*)'                  ( E-Plane )'
         IF (PHI.EQ.90.0) WRITE(*,*)'                 ( H-Plane )'
         WRITE(*,*)'       theta(Degs)  10log10(Rcs/pia**2) db'
      ENDIF
      WRITE(*,*)'          -------------------------------'
      DO 10 J=0,NT
         IF (KS.EQ.1.AND.J.NE.0) THEN
             RCS(J)=RCS(J)/(PI*RAJ(J)**2)
             RCS(J)=10.0D0*DLOG10(RCS(J))
             WRITE(*,20) RAJ(J),RCS(J)
         ELSE IF (KS.EQ.2) THEN
            RCS(J)=RCS(J)/(PI*RA**2)
            RCS(J)=10.0D0*DLOG10(RCS(J))
            WRITE(*,20) THETA(J),RCS(J)
         ENDIF
10    CONTINUE
      WRITE(*,*)
      UER=REAL(EPSR)
      UEI=AIMAG(EPSR)
      VMR=REAL(MUR)
      VMI=AIMAG(MUI)
      WRITE(*,*)'     The above computed results are for:'
      IF (KS.EQ.1) THEN
         WRITE(*,41)KS,LAMBDA
         WRITE(*,42)UER,UEI,VMR,VMI
         WRITE(*,43)RA0,RAM,DRA
      ELSE IF (KS.EQ.2) THEN
         WRITE(*,51)KS,LAMBDA
         WRITE(*,42)UER,UEI,VMR,VMI
         WRITE(*,52)RA,PHI,DTH
      ENDIF
20    FORMAT(7X,F10.2,3X,F15.6)
41    FORMAT(11X,'Monostatic (KS=',I2,'), lambda=',F5.2,' cm')
42    FORMAT(11X,'epsr= (',F5.2,', ',F5.2,'),  mur= (',F5.2,', ',
     &            F5.2,')')
43    FORMAT(11X,'(a)min=',F5.2,' cm, a(max)=',F5.2,' cm, delta a=',
```

```
     &          F4.2' cm')
51      FORMAT(11X,'Bistatic (KS=',I2,'), lambda=',F5.2,' cm')
52      FORMAT(11X,'a =',F5.2,' cm, phi=',F5.1,' degs.,delta theta=',
     &          F5.1' degs.')
        END
```

**范例 (3)** 对于 $\varepsilon_r = 2.56$ 和 $\varepsilon_r = 3.0 - \mathrm{j}4.0; \mu_r = 1.0$ 单站介质球散射的计算结果分别见图 6.6.3 和图 6.6.5. 它们分别相应输入：1, (2.56, 0.0) 和 1, (3.0, −4.0).

**范例 (4)** 对于 $\varepsilon_r = 2.56$ 和 $\varepsilon_r = 3.0 - \mathrm{j}4.0; \mu_r = 1.0$ 双站介质球散射的计算结果分别如图 6.6.2 和图 6.6.4 所示.

## 3 介质敷层理想导体圆球的Monostatic和Bistatic 雷达散射截面 $\sigma$ 计算程序

子程序名：DCMSRCS

DCMSRCS(KS,LAMBDA,EPSR,MUR,RA,RB,RBM,DRB,PHI,DTH,RAJ,THETA,RCS,NT)

### (a) DCMSRCS 子程序使用说明

功用：计算介质敷层理想导体圆球的 Monostatic 和 Bistatic 雷达散射截面 $\sigma$

输入：KS KS=1 相应 Monostatic; KS=2 相应 Bistatic

Lambda 工作波长 $\lambda_0$ (单位：厘米或米)

CEPS 复相对介电常数, $\varepsilon_r = \varepsilon/\varepsilon_0$

CMU 复相对磁导率, $\mu_r = \mu/\mu_0$

KS=1 Monostatic 情形：

RA 导体球半径 $a$(单位与 $\lambda_0$ 相同)

RBM 介质球外径 $b_{\max}$($b$ 的最大值, 单位与 $\lambda_0$ 相同)

DRB $\delta b$, 介质球半径 $b$ 增量 (步长)

RBJ($i$) 介质球半径, $b(i)/\lambda_0 = (a + \mathrm{i} * \delta b)/\lambda_0$

$$i = 0, 1, \cdots, \mathrm{N_T}; \quad \mathrm{N_T} = \mathrm{INT}\left(\frac{b_{\max} - a}{\delta b}\right)$$

KS=2 Bistatic 情形：

RA 导体球半径 (单位与 $\lambda_0$ 相同)

RB 介质球半径 (单位与 $\lambda_0$ 相同)

DTH 角步长, $\delta\theta$(取 1° 或 $\geqslant 0.5°$; $\theta_{\min} = 0°$, $\theta_{\max} = 180°$)

THETA(i) 角 $\theta(i) = i * \delta\theta, i = 0, 1, \cdots, \mathrm{N_T}$; $\mathrm{N_T} = 180/\delta\theta$

**输出**：KS=1 Monostatic 情形：

RCS(i)~RA(i) 雷达散射截面 $\sigma(i)$- 球半径 $b(i)$ 的关系

$$i = 0, 1, \cdots, \mathrm{N_T}; \quad \mathrm{N_T} = \mathrm{INT}\left(\frac{b_{\max} - a}{\delta b}\right)$$

KS=2 Bistatic 情形：

RCS(i)~THETA(i) 雷达散射截面 $\sigma(i)$- 角 $\theta(i)$ 的关系

$$i = 0, 1, \cdots, \mathrm{N_T}; \quad \mathrm{N_T} = 180/\delta\theta$$

调用子程序有 BCNDCMS：计算敷层介质导体球散射的散射系数 $b_n$ 和 $c_n$.

AP1N：计算缔合 Legendre 函数 $\sin\theta P_n^{1'}(\cos\theta)$ 和 $\dfrac{P_n^1(\cos\theta)}{\sin\theta}$.

BCTJH：计算复宗量 RIccati-Bessel 函数 $\hat{J}_n(z)$ 和 $\hat{H}_n^{(2)}(z)$, 及其导数.

BJNMM：计算对于给定 $z$ 与阶 $n$ 采用逆推法求 $\hat{J}_n(z)$ 的最大起始阶 M, 和不致出现溢出所可能计算的 $n$ 的最大阶 NM.

**(b) 介质敷层理想导体圆球散射的Fortran源程序**

```
      SUBROUTINE DCMSRCS(KS,LAMBDA,EPSR,MUR,RA,RB,RBM,DRB,PHI,DTH,
     &                  RBJ,THETA,RCS,NT)
C     ==============================================================
C     Purpose: Compute monostatic & bistatic RCS for a dielectric-
C              coated metal sphere
C     Input :  Code KS=1 for monostatic:
C                 epsr --- Relative permittivity of the dielectric
C                 mur  --- Relative permeability of the dielectric
C                 RA  --- Radius of the metal sphere(in cm)
C                 RB0 --- Minimum RB, RB0=RA (in cm)
C                 RBM --- Maximum RB (in cm)
C                 DRB --- Delta RB (Step length, in cm)
C                 lambda --- Wavelength (in cm)
C     Output:     RCS(i) - b(i) in cm
C              Code KS=2 for bistatic:
C                 RA --- Radius of the metal sphere, a (in cm)
C                 RB --- Maximum RA (in cm)
C                 lambda --- Wavelength (in cm)
C                 Phi --- Angle, Phi=0 for E-Plane;
C                                Phi=90 for H-Plane
C                 Theta(i) --- Angle theta(i) (in Degs) (0 to 180)
```

```
C               DTH  --- delta theta (Step theta,in degs.)
C               (labmda = 30.0)/f(in GHz), f: frequency)
C     Output:   RCS(i)-theta(i) (in Degs) (0 to 180)
C               (RCS: Radar Cross Section in square centimeter)
C     Routine called: BCNDCMS for computing coefficients bn and cn
C     ================================================================
      IMPLICIT COMPLEX*16 (C,Z)
      IMPLICIT DOUBLE PRECISION (D,L,P,R,T,X,W)
      COMPLEX*16 B1N(160),BPA(160),EPSR,MUR
      DIMENSION PM1(0:160),PD1(0:160),C1N(160),RBJ(0:200),
     &          CPA(160),RCS(0:360),THETA(0:360)
      PI=3.141592653589793D0
      PI2=2.0D0*PI
      RD=1.7453292519943296D-2
      CJ=(0.0D0,1.0D0)
      IF (KS.EQ.1) THEN
        NT=INT((RBM-RA+0.5*DRB)/DRB)+1
      ELSE IF (KS.EQ.2) THEN
        NT=INT((180+0.5*DTH)/DTH)
      ENDIF
      IF (KS.EQ.1) THEN
        DO 30 J=1,NT
          RB=RA+(J-1.0D0)*DRB
          RBJ(J)=RB
          CALL BCNDCMS(RA,RB,LAMBDA,EPSR,MUR,Nm,B1N,C1N,BPA,CPA)
          CW=0.0
          DO 10 K=1,Nm
            CW0=CW
            CW=CW+(-1)**K*(2.0D0*K+1.0D0)*(BPA(K)-CPA(K))
            IF (CABS(1.0D0-CW0/CW).LE.1.0D-10) GO TO 20
10        CONTINUE
20        W2=CDABS(CW)**2
          RCS(J)=LAMBDA**2/(4.0D0*PI)*W2
30      CONTINUE
      ELSE IF (KS.EQ.2) THEN
        RPHI=RD*PHI
        RC2P=DCOS(RPHI)**2
        RS2P=DSIN(RPHI)**2
```

```
      CALL BCNDCMS(RA,RB,LAMBDA,EPSR,MUR,Nm,B1N,C1N,BPA,CPA)
      DO 100 J=0,NT
        THETA(J)=J*DTH
        XP=DCOS(RD*THETA(J))
        CALL AP1N(Nm,XP,PM1,PD1)
        IF (PHI.EQ.90.0) GO TO 60
        CW=0.0D0
        DO 40 K=1,Nm
          CW0=CW
          CW=CW+(CJ)**K*(B1N(K)*PD1(K)-C1N(K)*PM1(K))
          IF (CDABS(1.0D0-CW0/CW).LE.1.0D-10) GO TO 50
40      CONTINUE
50      RA2T=CDABS(CW)**2
        IF (PHI.EQ.0.0) GO TO 90
60      CP=0.0D0
        DO 70 K=1,Nm
          CP0=CP
          CP=CP+(CJ)**K*(B1N(K)*PM1(K)-C1N(K)*PD1(K))
          IF (CDABS(1.0D0-CP0/CP).LE.1.0D-10) GO TO 80
70      CONTINUE
80      RA2P=CDABS(CP)**2
90      RCS(J)=LAMBDA**2/PI*(RC2P*RA2T+RS2P*RA2P)
100   CONTINUE
   ENDIF
   RETURN
   END

   SUBROUTINE BCNDCMS(RA,RB,LAMBDA,EPSR,MUR,Nm,B1N,C1N,BPA,CPA)
C  ==============================================================
C  Purpose: Compute the coefficients an, bn and cn
C  Input :  RA --- Radius of the metal core sphere (in cm)
C                  (Inner radius of the dielectric sphere shell)
C           RB --- Outer radius of the dielectric sphere shell
C                  (in cm)
C           EPSR--- Relative permittivity of the coated layer
C           MUR --- Relative permeability of the coated layer
C           Lambda --- Wavelength (in cm)
C  Output:  B1N --- bn
```

```
C               C1N --- cn
C               BPA --- bn/an
C               CPA --- cn/an
C               Nm  --- Maximum N
C       Routine called: RCTJYH for computing zjn(z), zyn(z), zhn(z),
C                       and their derivatives
C       ============================================================
        IMPLICIT COMPLEX*16 (C,Z)
        DOUBLE PRECISION LAMBDA,RA,RB,PI,PI2
        COMPLEX*16 EPSR,EPS2,MUR,MU2,A1N(160),B1N(160),BPA(160),
     &             RED(160),RHG(160),R2B(160),R2C(160)
        DIMENSION CRJ(0:160),CRDJ(0:160),CRY(0:160),CRDY(0:160),
     &            CRH(0:160),CRDH(0:160),C1N(160),CPA(160)
        PI=3.141592653589793D0
        PI2=2.0D0*PI
        CJ=(0.0D0,1.0D0)
        EPS2=CDSQRT(EPSR)
        MU2=CDSQRT(MUR)
        N=160
        ZKA=PI2*RA/LAMBDA*EPS2*MU2
        CALL RCTJYH(N,ZKA,NM,CRJ,CRDJ,CRY,CRDY,CRH,CRDH)
        DO 20 K=1,NM
           RED(K)=-CRDJ(K)/CRDY(K)
           RHG(K)=-CRJ(K)/CRY(K)
           IF (CDABS(RED(K)).LT.1.0D-200.OR.CDABS(RHG(K)).LT.1.0D-260)
     &         GO TO 25
20      CONTINUE
25      NMO=K-1
        ZKB=PI2*RB/LAMBDA*EPS2*MU2
        CALL RCTJYH(N,ZKB,NM,CRJ,CRDJ,CRY,CRDY,CRH,CRDH)
        IF (NM.GT.NMO) NM=NMO
        IF (RA.NE.RB) THEN
           DO 30 K=1,NM
              R2B(K)=(CRDJ(K)+RED(K)*CRDY(K))/(CRJ(K)+RED(K)*CRY(K))*
     &                MU2/EPS2
              R2C(K)=(CRJ(K)+RHG(K)*CRY(K))/(CRDJ(K)+RHG(K)*CRDY(K))*
     &                MU2/EPS2
30         CONTINUE
```

```
      ENDIF
      NMO=NM
      ZKOB=PI2*RB/LAMBDA
      CALL RCTJYH(N,ZKOB,NM,CRJ,CRDJ,CRY,CRDY,CRH,CRDH)
      IF (NM.GT.NMO) NM=NMO
      DO 40 K=1,NM
40       A1N(K)=CJ**(-K)*(2.0D0*K+1.0)/(K*(K+1.0))
      DO 45 K=1,NM
         BPA(K)=-(CRDJ(K)-R2B(K)*CRJ(K))/(CRDH(K)-R2B(K)*CRH(K))
         B1N(K)=BPA(K)*A1N(K)
         CPA(K)=-(CRJ(K)-R2C(K)*CRDJ(K))/(CRH(K)-R2C(K)*CRDH(K))
         C1N(K)=CPA(K)*A1N(K)
         IF (CDABS(B1N(K)).LT.1.0D-200.OR.CDABS(C1N(K)).LT.1.0D-200)
     &       GO TO 50
45    CONTINUE
50    NM=K-1
      RETURN
      END

      SUBROUTINE AP1N(N,X,PM1,PD1)
C     ==================================================
C     Purpose: Compute associated Legendre polynomials
C              P1n(x)/sqrt(1-x*x) & p1n'(x)*sqrt(1-x*x)
C     ==================================================
      IMPLICIT DOUBLE PRECISION (P,X)
      ....  .... .... ....
      (See illustrative example 1 for subroutine AP1N)
      .... .... .... ....
      RETURN
      END

      SUBROUTINE RCTJH(N,Z,NM,CRJ,CRDJ,CRH,CRDH)
C     ==========================================================
C     Purpose: Compute complex Riccati-Bessel functions z*jn(z)
C              & z*hn(2)(z) and their derivatives
C     ==========================================================
      IMPLICIT COMPLEX*16 (C,Z)
      ....  .... .... ....
```

```
      (See illustrative example 1 for subroutine RCTJH)
      .... .... .... ....
      RETURN
      END

      SUBROUTINE BJNMM(X,N,NM,M)
C     ==========================================================
C     Purpose: For given x and |xjn(x)| >= 10**-200,determine
C              the maximum computable order, and the initial
C              order for backward recurrence by Curvefitting
C              Method
C     ==========================================================
      DOUBLE PRECISION X
      ....  .... .... ....
      (See illustrative example 1 for subroutine BJNMM)
      .... .... .... ....
      RETURN
      END
```

**范例 (5)**　计算平面波介质敷层导电圆球散射 $\boldsymbol{E}$ 平面和 $\boldsymbol{H}$ 平面内的双站 Bistatic $10\lg\left(\sigma/\pi a^2\right)$-$\theta^\circ$ 的关系曲线. 输入参变量：KS= 2; $\lambda_0 = 1.0$ cm, $\varepsilon_r = 3.0 - \mathrm{j}4.0$, $\mu_r = 1.0$; $a = 0.5$ cm, $b = 0.6$ cm; $\varphi = 0^\circ$ 和 $\varphi = 180^\circ$; $\theta = 0^\circ \sim 180^\circ$; 步长 $\delta\theta = 1^\circ$.

**范例 (6)**　计算平面波介质敷层导电圆球散射的单站 Monostatic$10\lg\left(\sigma/\pi a^2\right)$-$b/\lambda_0$ 的关系曲线. 输入参变量：KS=1; $\lambda_0 = 1.0$ cm, $\varepsilon_r = 3.0 - \mathrm{j}4.0$; $\mu_r = 1.0$; $0.01 \leqslant b \leqslant 2.0$ cm, $\delta b = 0.01$ cm

**范例 (5) 和 (6) 的主程序 MDCMSRCS**

```
      PROGRAM MDCMSRCS
C     ==============================================================
C     Purpose: Illustration Examples for computing monostatic and
C              bistatic RCS for a dielectric-coated metal sphere
C         (1): Monostatic (KS=1)
C              Input : epsr=(3.0,-4.0), mur=(1.0,0.0)
C                      a=0.5cm,  lambda=1.0
C                      b(min)=0.5cm, b(max)=2.0cm, delta b=0.1cm,
C              Outout: 10log10(RCS(i)) - b(i)
C         (2): Bistatic (KS=2)
```

```
C              Input : epsr=(3.0,-4.0), mur=(1.0,0.0)
C                      a=0.5cm, b=0.6cm, lambda=1.0cm,
C                      phi=0 (or phi=90), delta phi=10.0
C              Output: 10log10(RCS(i)) db scm - theta(i) Degs.
C      Routine called: DCMSRCS for computing monostatic and bistatic
C                      RCS for a dielectric-coated metal sphere
C      ==============================================================
      IMPLICIT COMPLEX*16 (C,Z)
      IMPLICIT DOUBLE PRECISION (D,L,P,R,T)
      COMPLEX*16 EPSR,MUR
      DIMENSION RBJ(0:160),RCS(0:360),THETA(0:360)
      PI=3.141592653589793D0
C       WRITE(*,*) '      Please enter code KS, epsr and Mur'
C       READ(*,*)KS,EPSR,MUR
      WRITE(*,*) '      Please enter code KS'
      READ(*,*)KS
      EPSR=(3.0,-4.0)
      MUR=(1.0,0.0)
      IF (KS.EQ.1) THEN
C           WRITE(*,*)'      Enter radius a(min), a(max), delta a, &',
C    &                 ' lambda (in cm)'
C           READ(*,*)RA,RBM,DRB,LAMBDA
          RA=0.5D0
          RBM=2.0D0
          DRB=0.1D0
          LAMBDA=1.0D0
      ELSE IF (KS.EQ.2) THEN
C           WRITE(*,*)'Please enter radius a,b,lambda (in cm) ',
C    &                 'phi, and delta theta (in degs.)'
C           READ(*,*)RA,RB,LAMBDA,PHI,DTH
         RA=0.5D0
         RB=0.6D0
         LAMBDA=1.0D0
         PHI=0.0D0
         DTH=10.0D0
      ENDIF
      CALL DCMSRCS(KS,LAMBDA,EPSR,MUR,RA,RB,RBM,DRB,PHI,DTH,RBJ,
     &             THETA,RCS,NT)
```

```
      IF (KS.EQ.1) THEN
         WRITE(*,*)' *** Monostatic RCS for a dielectric-coated ',
   &              'metal sphere ***'
         WRITE(*,*)
      ELSE IF (KS.EQ.2) THEN
         WRITE(*,*)' *** Bistatic RCS for a dielectric-coated ',
   &              'metal  sphere ***'
         IF (PHI.EQ.0.0) WRITE(*,*)'                ( E-Plane )'
         IF (PHI.EQ.90.0) WRITE(*,*)'                ( H-Plane )'
      ENDIF
      IF (KS.EQ.1) WRITE(*,31)
      IF (KS.EQ.2) WRITE(*,32)
      WRITE(*,33)
      DO 10 J=0,NT
         IF (KS.EQ.1.AND.J.NE.0) THEN
            RCS(J)=10.0D0*DLOG10(RCS(J))
            WRITE(*,20) RBJ(J),RCS(J)
         ELSE IF (KS.EQ.2) THEN
           RCS(J)=10.0D0*DLOG10(RCS(J))
           WRITE(*,20) THETA(J),RCS(J)
         ENDIF
10    CONTINUE
      WRITE(*,*)
      UER=REAL(EPSR)
      UEI=AIMAG(EPSR)
      VMR=REAL(MUR)
      VMI=AIMAG(MUI)
      IF (KS.EQ.1) THEN
         WRITE(*,*)'      The computed results are for ',
   &            'monostatic case (KS=1):'
         WRITE(*,42)UER,UEI,VMR,VMI
         WRITE(*,41)LAMBDA,RA
         WRITE(*,43)RA,RBM,DRB
      ELSE IF (KS.EQ.2) THEN
         WRITE(*,*)'      The computed results are for ',
   &            'bistatic case (KS=2):'
         WRITE(*,42)UER,UEI,VMR,VMI
         WRITE(*,51)LAMBDA,RA,RB
```

```
          WRITE(*,52)PHI,DTH
        ENDIF
20      FORMAT(7X,F10.2,3X,F15.6)
31      FORMAT(12X,'b(in cm)   10log10(Rcs) dbscm')
32      FORMAT(11X,' theta(Degs)   10log10(Rcs) dbscm')
33      FORMAT(9X,'------------------------------')
41      FORMAT(11X,'lambda=',F5.2,' cm,  a=',F5.2,' cm')
42      FORMAT(11X,'epsr= (',F5.2,', ',F5.2,'),  mur= (',F5.2,', ',
     &              F5.2,')')
43      FORMAT(11X,'(b)min=',F5.2,' cm, b(max)=',F5.2,' cm, delta b=',
     &         F4.2' cm')
51      FORMAT(11X,'lambda=',F5.2,' cm,  a =',F5.2,' cm,  b =',F5.2,
     &             ' cm')
52      FORMAT(11X,'phi =',F5.1,' degs., delta theta=',F4.1' degs.')
        END
```

范例 (5) 和 (6) 对于 $\varepsilon_r = 3.0 - \mathrm{j}4.0; \mu_r = 1.0$ 双站和单站介质敷层导体球散射的计算结果分别如图 6.7.2 和图 6.7.3 所示.

## 4 多层介质球和多层介质敷层理想导体球的Bistatic雷达散射截面 $\sigma$ 计算程序

子程序名：MLSRCS

MLSRCS (KF,M, LAMBDA, RA, EPSR, MUR, PHI, DTH, RCS, NT)

**(a) MLSRCS子程序使用说明**

功用：多层介质球和多层介质敷层理想导体球的 Monostatic 和 Bistatic 雷达散射截面 $\sigma$

输入：KF　KS=1 相应导体球芯; KF=2 相应介质球芯

M　球体分层数

Lambda　工作波长 $\lambda_0$（单位：厘米或米）

RA(i)　第 $i$ 层球半径 $a(i)$（单位与 $\lambda_0$ 相同）

CEPS(i)　第 $i$ 层球复相对介电常数，$\varepsilon_r = \varepsilon/\varepsilon_0$

CMU(i)　第 $i$ 层复相对磁导率，$\mu_r = \mu/\mu_0$

$$i = 2, 3, \cdots, \mathrm{M(KF=1)}; \quad i = 1, 2, \cdots, \mathrm{M(KF=2)}$$

CEPS(M+1)　第 $m+1$ 层球外自由空间复相对介电常数，$\varepsilon_{r,m+1} = 1$

CMU(M+1)　第 $m+1$ 层球外自由空间复相对磁导率, $\mu_{r,m+1} = 1$

DTH　角步长, $\delta\theta$(取 1° 或 $\geqslant 0.5°$； $\theta_{\min} = 0°, \theta_{\max} = 180°$)

THETA(i)　角 $\theta(i) = i * \delta\theta, i = 0, 1, \cdots, \mathrm{N_T}$； $\mathrm{N_T} = 180/\delta\theta$

输出：RCS(i)~THETA(i) 雷达散射截面 $\sigma(i)$- 角 $\theta(i)$ 的关系

$$i = 0, 1, \cdots, \mathrm{N_T}; \quad \mathrm{N_T} = 180/\delta\theta$$

RCS(i)~RA(i) 雷达散射截面 $\sigma(i)$- 球半径 $b(i)$ 的关系

$$i = 0, 1, \cdots, \mathrm{N_T}; \quad \mathrm{N_T} = \mathrm{INT}\left(\frac{a_{\max} - a_{\min}}{\delta a}\right)$$

RCS 单位：平方厘米 (Scm) 或平方米 (Sm).

调用子程序： BCML：计算多层介质球和多层介质敷层理想导体球散射的散射系数 $b_n$ 和 $c_n$.

AP1N：计算缔合 Legendre 函数 $\sin\theta P_n^{1'}(\cos\theta)$ 和 $\dfrac{P_n^1(\cos\theta)}{\sin\theta}$.

BCTJH：计算复宗量 Riccati-Bessel 函数 $\hat{J}_n(z)$ 和 $\hat{H}_n^{(2)}(z)$，及其导数 .

BJNMM：计算对于给定 $z$ 与阶 $n$ 采用逆推法求 $\hat{J}_n(z)$ 的最大起始阶 M，和不致出现溢出所可能计算的 $n$ 的最大阶 NM.

**(b) 多层介质球和多层介质敷层理想导体球散射的Fortran源程序**

```
      SUBROUTINE MLSRCS(KF,M,LAMBDA,RA,EPSR,MUR,PHI,DTH,
     &                  THETA,RCS,NT)
C     ===============================================================
C     Purpose: Compute the bistatic RCS for a M-1-layer dielectric
C              coated metal sphere or a M-layer dielectric sphere
C     Input :  KF --- Code, KF=1 for multi-layer dielectric-coated
C                                   metal sphere
C                             KF=2 for multi-layer dielectric sphere
C              M --- Number of layers ( M=1,2,...; MP1=M+1 )
C              RA(1) --- Radius of the first layer
C              DRA   --- Delta(ra)
C              RA(i) --- Radius of the i-th layer,
C                        RA(i)=RA(1)+(i-1)*DRA
C                        ( Max.[RA(M)/lambda] <= 3.5 )
C              Lambda --- Wavelength (in cm),
C                 ( f --- Frequency in GHz, Lambda=30.0/f(GHz) )
C              EPSR(i) --- Relative permittivity of the i-th layer
C              MUR(i)  --- Relative permeability of the i-th layer
C                          i=2,3,... M (KF=1); i=1,2,...,M (KF=2)
```

```
C             EPSR(M+1)=(1.0,0.0), MUR(M+1)=(1.0,0.0)
C      Output:  RCS(i) (in scm or sm)  - theta(i) (in Degs)
C             ( scm: square centimeter; sm: square metrer )
C      Routine called: BCNML for computing coefficients bn and cn for
C             a multi-layer dielectric-coated and dielectric sphere
C      ================================================================
       IMPLICIT COMPLEX*16 (C,Z)
       IMPLICIT DOUBLE PRECISION (L,D,P,R,T,X)
       COMPLEX*16 EPSR(201),MUR(201),B1N(120)
       DIMENSION BIN(120),C1N(120),PM1(0:120),PD1(0:120),
     &           RCS(0:360),THETA(0:360)
       MP1=M+1
       PI=3.14159265359D0
       RD=1.7453292519943296D-2
       CJ=(0.0D0,1.0D0)
       RPHI=RD*PHI
       RC2P=DCOS(RPHI)**2
       RS2P=DSIN(RPHI)**2
       CALL BCNML(KF,M,RA,LAMBDA,EPSR,MUR,Nm,B1N,C1N)
       IF (NM.GT.120) NM=120
       NT=INT((180+0.5*DTH)/DTH)
       DO 70 J=0,NT
          THETA(J)=J*DTH
          XP=DCOS(RD*THETA(J))
          CALL AP1N(Nm,XP,PM1,PD1)
          IF (PHI.EQ.90.0) GO TO 30
          CW=0.0D0
          DO 10 K=1,Nm
             CW0=CW
             CW=CW+(CJ)**K*(B1N(K)*PD1(K)-C1N(K)*PM1(K))
             IF (CDABS(1.0D0-CW0/CW).LE.1.0D-10) GO TO 20
10        CONTINUE
20        RA2T=CDABS(CW)**2
          IF (PHI.EQ.0.0) GO TO 60
30        CP=0.0D0
          DO 40 K=1,Nm
             CP0=CP
             CP=CP+(CJ)**K*(B1N(K)*PM1(K)-C1N(K)*PD1(K))
```

```
          IF (CDABS(1.0D0-CP0/CP).LE.1.0D-10) GO TO 50
40      CONTINUE
50      RA2P=CDABS(CP)**2
60      RCS(J)=LAMBDA**2/PI*(RC2P*RA2T+RS2P*RA2P)
70    CONTINUE
      RETURN
      END

      SUBROUTINE BCNML(KF,M,RA,LAMBDA,EPSR,MUR,Nm,B1N,C1N)
C     ===========================================================
C     Purpose: Compute the bistatic RCS for a M-1-layer dielectric
C              coated metal sphere or a M-layer dielectric sphere
C              KF --- Code,   KF=1 for multi-dielectric-coated metal
C                                  sphere
C                             KF=2 for a multi-dielectric sphere
C              M --- Number of layers ( M=1,2,...; MP1=M+1 )
C              RA(i) --- Radius of the i-th layer
C              ( Max.[RA(M)/Lambda] <= 3.5, depending on EPSR,MUR )
C              EPSR(i) --- Relative permittivity for the i-th layer
C              MUR(i)  --- Relative permeability for the i-th layer
C                          ( i = 1,2,... ,M )
C              EPSR(MP1)=(1.0,0.0), MUR(MP1)=(1.0,0.0)
C              Lambda --- Wavelength (in cm)
C              ( Lambda=30.0/f cm, f (in GHz, Frequency)
C     Output:  Coefficients bn and cn for EM scattering by a
C                         multi-layer sphere
C              B1N(n) --- bn(n), n=1,2,...,Nm
C              C1N(n) --- cn(n), n=1,2 ...,Nm
C              Nm  --- Maximum N
C     Routine called: RCTJYH for computing complex Riccati-Bessel
C              functions z*jn(z) & z*hn(2)(z) and their derivatives
C     Note:    All data are given in a subroutine DATAF
C     ===========================================================
      IMPLICIT COMPLEX*16 (C,Z)
      DOUBLE PRECISION PI,RA(120),LAMBDA
      COMPLEX*16 EPSR(161),MUR(161),A1N(120),B1N(120),BPA(120),
     &           RED(120),RHG(120),RB(120),RC(120)
      DIMENSION CRJ(0:120),CRDJ(0:120),CRY(0:120),CRDY(0:120),
```

```
&             CRH(0:120),CRDH(0:120),C1N(120),CPA(120)
      MP1=M+1
      PI=3.141592653589793D0
      N=120
      IF (KF.EQ.2) THEN
         Z11=2.0D0*PI/LAMBDA*CDSQRT(EPSR(1)*MUR(1))*RA(1)
         CALL RCTJYH(N,Z11,NM,CRJ,CRDJ,CRY,CRDY,CRH,CRDH)
         CERM=CDSQRT(EPSR(2)/EPSR(1)*MUR(1)/MUR(2))
         DO 10 K=1,NM
            RB(K)=CRDJ(K)/CRJ(K)*CERM
            RC(K)=CRJ(K)/CRDJ(K)*CERM
10       CONTINUE
      ENDIF
      Z21=2.0D0*PI/LAMBDA*CDSQRT(EPSR(2)*MUR(2))*RA(1)
      CALL RCTJYH(N,Z21,NM,CRJ,CRDJ,CRY,CRDY,CRH,CRDH)
      IF (KF.EQ.2) THEN
         DO 20 K=1,NM
            RED(K)=-(CRDJ(K)-RB(K)*CRJ(K))/(CRDY(K)-RB(K)*CRY(K))
            RHG(K)=-(CRJ(K)-RC(K)*CRDJ(K))/(CRY(K)-RC(K)*CRDY(K))
            IF (CDABS(RED(K)).LT.1.0D-200) GO TO 35
            IF (CDABS(RHG(K)).LT.1.0D-200) GO TO 35
20       CONTINUE
      ELSE IF (KF.EQ.1) THEN
         DO 30 K=1,NM
            RED(K)=-CRDJ(K)/CRDY(K)
            RHG(K)=-CRJ(K)/CRY(K)
            IF (CDABS(RED(K)).LT.1.0D-200) GO TO 35
            IF (CDABS(RHG(K)).LT.1.0D-200) GO TO 35
30       CONTINUE
      ENDIF
35    CONTINUE
      NM=K-1
      DO 60 I=2,M
         C00=CDSQRT(EPSR(I+1)/EPSR(I)*MUR(I)/MUR(I+1))
         ZJM1=2.0D0*PI/LAMBDA*CDSQRT(EPSR(I)*MUR(I))*RA(I)
         CALL RCTJYH(N,ZJM1,NM,CRJ,CRDJ,CRY,CRDY,CRH,CRDH)
         DO 40 K=1,NM
            RB(K)=(CRDJ(K)+RED(K)*CRDY(K))/(CRJ(K)+RED(K)*CRY(K))*C00
```

```
            RC(K)=(CRJ(K)+RHG(K)*CRY(K))/(CRDJ(K)+RHG(K)*CRDY(K))*C00
            IF (CDABS(RB(K)).LT.1.0D-200) GO TO 45
            IF (CDABS(RC(K)).LT.1.0D-200) GO TO 45
40       CONTINUE
45       NM1=K-1
         IF (I.EQ.M) GO TO 60
         ZJ1=2.0D0*PI/LAMBDA*CDSQRT(EPSR(I+1)*MUR(I+1))*RA(I)
         CALL RCTJYH(N,ZJ1,NM,CRJ,CRDJ,CRY,CRDY,CRH,CRDH)
         DO 50 K=1,NM
            RED(K)=-(CRDJ(K)-RB(K)*CRJ(K))/(CRDY(K)-RB(K)*CRY(K))
            RHG(K)=-(CRJ(K)-RC(K)*CRDJ(K))/(CRY(K)-RC(K)*CRDY(K))
            IF (CDABS(RED(K)).LT.1.0D-200) GO TO 60
            IF (CDABS(RHG(K)).LT.1.0D-200) GO TO 60
50       CONTINUE
60    CONTINUE
      IF (M.EQ.1) THEN
         IF (KF.EQ.1) THEN
            DO 70 K=1,NM
               RB(K)=0.0D0
               RC(K)=0.0D0
70          CONTINUE
         ELSE IF (KF.EQ.2) THEN
            C00=CDSQRT(EPSR(2)/EPSR(1)*MUR(1)/MUR(2))
            Z1=2.0D0*PI/LAMBDA*CDSQRT(EPSR(1)*MUR(1))*RA(1)
            CALL RCTJYH(N,Z1,NM,CRJ,CRDJ,CRY,CRDY,CRH,CRDH)
            DO 80 K=1,NM
               RB(K)=CRDJ(K)/CRJ(K)*C00
               RC(K)=CRJ(K)/CRDJ(K)*C00
               IF (CDABS(RB(K)).LT.1.0D-200) GO TO 85
               IF (CDABS(RC(K)).LT.1.0D-200) GO TO 85
80          CONTINUE
85          NM=K-1
         ENDIF
      ENDIF
      CJ=(0.0D0,1.0D0)
      Z=2.0D0*PI/LAMBDA*CDSQRT(EPSR(MP1)*MUR(MP1))*RA(M)
      CALL RCTJYH(N,Z,NM,CRJ,CRDJ,CRY,CRDY,CRH,CRDH)
      DO 90 K=1,NM
```

```
         A1N(K)=CJ**(-K)*(2.0D0*K+1.0)/(K*(K+1.0))
90      CONTINUE
        DO 100 K=1,NM
           BPA(K)=-(CRDJ(K)-RB(K)*CRJ(K))/(CRDH(K)-RB(K)*CRH(K))
           CPA(K)=-(CRJ(K)-RC(K)*CRDJ(K))/(CRH(K)-RC(K)*CRDH(K))
           B1N(K)=BPA(K)*A1N(K)
           C1N(K)=CPA(K)*A1N(K)
           IF (CDABS(B1N(K)).LT.1.0D-200.OR.CDABS(B1N(K)).LT.1.0D-200)
     &        GO TO 105
100     CONTINUE
105     NM=K-1
        RETURN
        END

        SUBROUTINE AP1N(N,X,PM1,PD1)
C       ==================================================
C       Purpose: Compute associated Legendre polynomials
C                P1n(x)/sqrt(1-x*x) & p1n'(x)*sqrt(1-x*x)
C       ==================================================
        IMPLICIT DOUBLE PRECISION (P,X)
        .... .... .... ....
        (See illustrative example 1 for subroutine AP1N)
        .... .... .... ....
        RETURN
        END

        SUBROUTINE RCTJYH(N,Z,NM,CRJ,CRDJ,CRY,CRDY,CRH,CRDH)
C       ========================================================
C       Purpose: Compute complex Riccati-Bessel functions z*jn(z)
C                & z*hn(2)(z) and their derivatives
C       .... .... .... ....
C       ========================================================
        IMPLICIT COMPLEX*16 (C,Z)
        .... .... .... ....
        (See illustrative example 1 for subroutine RCTJYN)
        .... .... .... ....
        RETURN
        END
```

```
      SUBROUTINE BJNMM(X,N,NM,M)
C     ==========================================================
C     Purpose: For given x and |xjn(x)| >= 10**-200, determine
C              the maximum computable order, and the initial
C              order for backward recurrence by Curvefitting
C              Method
C     ==========================================================
      DOUBLE PRECISION X
      ...., .... .... ....
      (See illustrative example 1 for subroutine BJNMM)
      .... .... .... ....
      RETURN
      END
```

**范例 (7)**　设 $\varepsilon_0, \mu_0$ 自由空间中有一含两层介质敷层的导体圆球 (M = 3), 试求其第 (3) 层介质球厚度 $d$ 具有不同值时, $\boldsymbol{H}$ 平面背向单站雷达散射截面 $10\lg\sigma_{\theta=\pi}$-$d/\lambda_0$ 的关系曲线. 本例用程序 4 计算, 其中的层数 M、代码 KF 和各层的参数如下：

$\mathrm{M}=3, \mathrm{KF}=1, \lambda_0=1.0\mathrm{cm}; \mathrm{PHI}=90.0, \mathrm{DTH}=180.0$

第 (1) 层：$0 \leqslant r \leqslant a_1, \sigma=\infty$ 理想导体; $a_1=1.5\lambda_0$

第 (2) 层：$a_1 \leqslant r \leqslant a_2$ 理想介质; $a_2=a_1+\lambda_{\varepsilon 2}=1.65625\lambda_0$;

$\varepsilon_{r2}=2.56, \mu_{r2}=1.0$

第 (3) 层：$a_2 \leqslant r \leqslant a_3$ 有耗介质; $a_3=a_2+d, 0<d\leqslant 0.3\lambda_0$;

$\varepsilon_{r3}=(3.0,-4.0), \mu_{2r}=1.0$

(注：$a_3(i)$ 在主程序中编入, 其他各项输入数据给在数据子程序 DATAF 中)

范例 (7) 的主程序 MMLSRCSA 和输入数据子程序 DATAF

```
      PROGRAM MMLSRCSA
C     ==============================================================
C     Purpose: This mainprogram computse monostatic RCS vs
C              d/lambda0 for a 3 layer dielectric coated-metal
C              sphere by using subrouting MLSRCS
C              ( for illustrative example 7 )
C     Illustrative example: KF=1, M=3, lambda=1.0 cm
C              a(1)=1.5 cm, a(2)=a(1)+0.15625 cm,a(3)=a(2)+d(i)
C              epsr(2)=2.56,,epsr(3)=(3.0,-1.0), epsr(4)=1.0
```

```
C                  mur(i)=1.0, (i=2,3,...,M+1), delta theta=180.0 degs.
C         Output:  10log10(RCS(i)) dbscm - d(i) cm (d(i)=0 to 0.4)
C         ============================================================
          IMPLICIT DOUBLE PRECISION (D,L,P,R,T)
          COMPLEX*16 EPSR(201),MUR(201)
          DIMENSION RA(201),RCS(0:360),THETA(0:360),SMA(200)
          CALL DATAF(KF,M,RA,DRA,LAMBDA,EPSR,MUR,PHI,DTH)
          WRITE(*,25)
          WRITE(*,30)
          WRITE(*,40)
          DO 10 I=1,200
             DL=0.002*I
             RA(3)=RA(2)+DL
             CALL MLSRCS(KF,M,LAMBDA,RA,EPSR,MUR,PHI,DTH,THETA,RCS,NT)
             RCS(NT)=10.0D0*DLOG10(RCS(NT))
             RCS(0)=10.0D0*DLOG10(RCS(0))
10           WRITE(*,20)DL,RCS(0),RCS(NT)
20        FORMAT(10X,F10.3,F17.6,F20.6)
25        FORMAT(28X,'theta=0             theta=180')
30        FORMAT(16X,'d(cm)    10log10Rcs(dbscm)    10log10Rcs(dbscm)')
40        FORMAT(12X,'----------------------------------------------------')
          END

          SUBROUTINE DATAF(KF,M,RA,DRA,LAMBDA,EPSR,MUR,PHI,DTH)
C         ================================================================
C         Purpose: Input Data:
C                  KF --- Code  KF=1 is for M-1 layer dielectric coated
C                               metal sphere; KF=2 is for M layer
C                               dielectric sphere
C                  M --- Number of layers ( M=1,2,...; MP1=M+1 )
C                  RA(1) --- Radius of the first layer sphere (in cm)
C                  DRA   --- Delta(ra) (in cm)
C                  RA(i) --- Radius of the i-th layer sphere
C                            RA(i)=RA(1)+(i-1)*DRA (in cm)
C                            ( Max.[RA(M)/lambda] <= 3.5 )
C                  Lambda --- Wavelength (in cm)
C                      ( f --- Frequency in GHz, Lambda=30.0/f(GHz) )
C                  EPSR(i) --- Relative permittivity of the i-th layer
```

```
C              MUR(i)  --- Relative permeability  of the i-th layer
C                           ( i = 1,2,... ,M )
C              EPSR(M+1)=(1.0,0.0), MUR(M+1)=(1.0,0.0)
C              PHI --- phi=0(degs) for E-plane; phi=90 for H-plane
C              DTH --- delta theta
C       ==============================================================
        COMPLEX*16 EPSR(201),MUR(201)
        DOUBLE PRECISION RA(201),DRA,LAMBDA,DTH,PHI
        KF=1
        M=3
        MP1=M+1
        LAMBDA=1.0D0
        RA(1)=1.5D0
        RA(2)=1.5D0+0.15625D0
        EPSR(2)=2.56D0
        EPSR(3)=(3.0D0,-1.0D0)
        EPSR(4)=1.0D0
        DO 20 I=2,M+1
20         MUR(I)=(1.0D0,0.0D0)
        PHI=90.0D0
        DTH=180.0D0
        WRITE(*,41)
        WRITE(*,*)
        RM=0.4D0
        RA(3)=RA(2)+RM
        WRITE(*,54)M,LAMBDA,RM
        WRITE(*,42)
        WRITE(*,43)
        WRITE(*,44)
        WRITE(*,52)1,RA(1)
        WRITE(*,51)2,RA(2),EPSR(2),MUR(2)
        WRITE(*,51)3,RA(3),EPSR(3),MUR(3)
30      CONTINUE
        WRITE(*,53)RA(3),EPSR(4),MUR(4)
        WRITE(*,55)PHI
41      FORMAT(12X,'*** Multi-layer dielectric coated metal sphere ***')
42      FORMAT(7X,'Layer   radius      peamittivity      permeability',
     &           '(i)')
```

```
43      FORMAT(9X,'i        a           i-th layer          i-th layer')
44      FORMAT(8X,'-------------------------------------------------',
     &           '------')
51      FORMAT(7X,I3,F8.3,' cm,    (',F8.5,F6.2,' )',' (',2F6.2,' )')
52      FORMAT(7X,I3,F8.2,' cm,        ( Metal sphere core )')
53      FORMAT(9X,'a >',F6.3,' cm,    (',F8.5,F6.2,' )','   (',2F6.2,
     &           ' )')
54      FORMAT(7X,'Number of layers =',I2,', Lambda =',F6.2,' cm',
     &           ', (d)max =',F5.2,' cm' )
55      FORMAT(26X,'( Phi=',F4.1,' Degs.)'/)
        RETURN
        END
```

运行主程序 MMLSRCSA, 便可得范例 (7) 的 $\boldsymbol{H}$ 平面正向和背向 RCS 的计算结果, 其背向 Monostatic RCS 的计算结果如图 6.1 所示. 它在

$$d/\lambda_0 = d_{\min}/\lambda_0 \approx 0.30$$

处呈现有最小值 RCS = −21.107 dBscm. 这一结果的分析和解释类似于第 5 章柱散射情形 (参见第 5 章附录图 5.1 及其结果分析), 这里不再赘述.

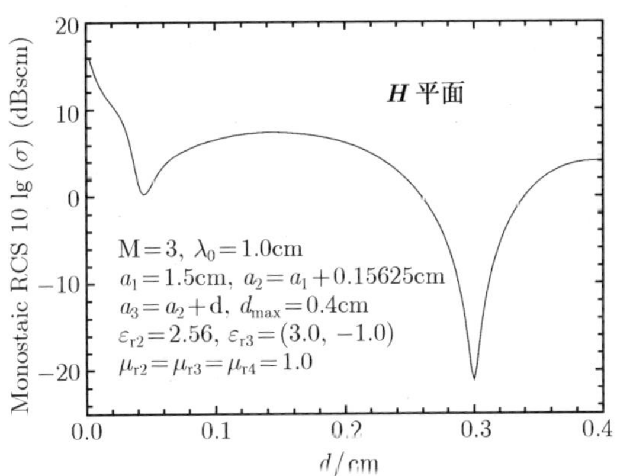


图 6.1 多层介质敷层导体圆球的散射之例

**范例 (8)** 设有一半径为 $a = 2.0\text{cm}$ 的非磁性介质圆球, 其介电常数沿径向 $r$ 具有不均匀分布为: $\varepsilon_r = 2 - (r/a)^2$, $\mu_{r0} = 1.0$; 工作频率为 $f = 30.0\text{GHz}$, 相应工作波长 $\lambda_0 = 1.0\text{cm}$. 试求此介质圆的球 Bistatic 雷达散射截面 10lg($\sigma$)-$\theta$ 的关系曲线.

现对此具有径向不均匀介质球进行分层, 将连续分布 $\varepsilon_r(r)$ 用每一分层介电常数为均匀的阶梯分布近似, 即将 $0 \leqslant r \leqslant a$ 区域用多层介质球近似, 从而将范例 (8) 化为求具有如下参数的多层介质圆球 Bistatic 散射问题, 而可应用程序 4 计算.

此时, 程序中的层数 M, 代码 KF 和各层的参数选取如下:

$M = 100, KF = 2, \lambda_0 = 1.0\text{cm}; a_m = 2.0\text{cm}; 0 \leqslant \theta \leqslant 180°, \delta\theta = 1°$

第 (1) 层：$0 \leqslant r \leqslant a_1$ , $a_1 = 0.02\text{cm}; \varepsilon_{1r} = 2.0, \mu_{1r} = 1.0$

第 ($i$) 层：$a_{i-1} \leqslant r \leqslant a_i$, $a_i = 0.02i$ cm $(i = 2, 3, \cdots, m)$;

$$\varepsilon_{ri} = 2.0 - (a_{i-1}/a_m)^2, \mu_{2r} = 1.0$$

第 ($m+1$) 层：$r \geqslant a_m; \varepsilon_{m+1,r} = 1.0, \mu_{m+1,r} = 1.0$

(注：各项输入数据给在数据子程序 DATAF 中)

范例 (8) 的子程序与范例 (7) 的相同, 其主程序 MMLSRCSB 和输入数据子程序 DATAF 如下：

```
      PROGRAM MMLSRCSB
C     ==============================================================
C     Purpose: Compute the bistatic RCS for a 100 layer dielectric
C              sphere for illustrative example (8)
C     Illustrative example (8): KF=2, M=100, lambda=1.0 cm
C              a(100)=2.0 cm, a(1)=0.02 cm
C              epsr(1)=2.0, epsr(i)=2-[a(i-1)/a(100)]**2,
C                             (i=2,3,...,M), epsr(101)=1.0
C              mur(i)=1.0, (i=2,3,...,MP1),delta theta=1.0 degs.
C     Output:  10log10(RCS(i)) dbscm - theta(i) degs.
C     ============================================================
      IMPLICIT DOUBLE PRECISION (D,L,P,R,T)
      COMPLEX*16 EPSR(201),MUR(201)
      DIMENSION RA(201),RCS(0:360),THETA(0:360),SMA(200)
      WRITE(*,*)'Enter Phi =? (phi=0 for E-Plane;phi=90 for H-Plane)'
      READ(*,*)PHI
      CALL DATAF(KF,M,RA,DRA,LAMBDA,EPSR,MUR,PHI,DTH)
      CALL MLSRCS(KF,M,LAMBDA,RA,EPSR,MUR,PHI,DTH,THETA,RCS,NT)
      WRITE(*,30)
      WRITE(*,40)
      DO 10 I=0,NT
         THETA(I)=I*DTH
         RCS(I)=10.0D0*DLOG10(0.0001D0*RCS(I))
10       WRITE(*,20)THETA(I),RCS(I)
20    FORMAT(11X,F10.1,F24.6)
30    FORMAT(15X,'theta(i) degs.     10log10(? dbsm  ')
40    FORMAT(12X,'------------------------------------')
      END
```

```
      SUBROUTINE DATAF(KF,M,RA,DRA,LAMBDA,EPSR,MUR,PHI,DTH)
C     ==========================================================
C     Purpose: Input data :
C              KF --- Code  KF=1 and KF=2 are for M-layer
C                           coated metal and dielectric
C                           sphere,respectively
C              M --- Number of layers ( M=1,2,...)
C                     ( MP1 = M+1 )
C              RA(1) --- Radius of the first layer
C              DRA   --- Delta(ra)
C              RA(i) --- Radius of the i-th layer
C                        RA(i)=RA(1)+(i-1)*DRA
C              Max.[RA(M)/Lambda]---3.0~5.0
C                        (depending on EPSR,MUR)
C              EPSR(i) --- Relative permittivity
C                          of the i-th layer
C              MUR(i)  --- Relative permeability
C                          of the i-th layer
C                          ( i=1,2,... ,M )
C              EPSR(MP1)=(1.0,0.0), MUR(MP1)=(1.0,0.0)
C              Lambda --- Wavelength (in cm)
C              PHI --- Phi=0 for E-plane (in degs)
C                      phi=90 for H-plane
C              DTH --- Delta(theta) (in degs.)
C     ==========================================================
      COMPLEX*16 EPSR(260),MUR(260)
      DOUBLE PRECISION RA(260),DRA,RM,LAMBDA,DTH,PHI
      WRITE(*,*)'Compute bistatic RCS for 100 Layer dielectric sphere'
      WRITE(*,*)'                (epsilon)r=2-(r/a)**2, (mu)r=1.0'
      WRITE(*,*)'                Frequency f=30.0 GHz, Lambda=1.0 cm'
      WRITE(*,*)'                a=2.0 cm = 2.0 lambda'
      WRITE(*,*)'                r(1)=0.02 cm,  delta(r)=0.02 cm'
      KF=2
      M=100
      MP1=M+1
      RA(1)=0.02D0
      RA(M)=2.0D0
      DRA=RA(1)
```

```
      DO 10 I=1,M
         RA(I)=RA(1)+(I-1.0)*DRA
10    CONTINUE
      EPSR(1)=2.0D0
      MUR(1)=1.0D0
      DO 20 I=2,M
         EPSR(I)=2.0D0-(RA(I-1)/RA(M))**2
         MUR(I)=(1.0D0,0.0)
20    CONTINUE
      EPSR(M+1)=(1.0D0,0.0)
      MUR(M+1)=(1.0D0,0.0)
      LAMBDA=1.0D0
      DTH=1.0D0
      WRITE(*,*)
      WRITE(*,41)
      WRITE(*,*)
      RM=2.0D0
      WRITE(*,54)M,LAMBDA,RM
      WRITE(*,42)
      WRITE(*,43)
      WRITE(*,44)
      DO 30 I=1,M
30       WRITE(*,51)I,RA(I),EPSR(I),MUR(I)
      WRITE(*,53)Rm,EPSR(MP1),MUR(MP1)
      IF (PHI.EQ.0.0) WRITE(*,55)PHI
      IF (PHI.EQ.90.0) WRITE(*,56)PHI
41    FORMAT(15X,'*** Multi-layer dielectric sphere ***')
42    FORMAT(7X,'Layer   radius      peamittivity      permeability',
     &          '(i)')
43    FORMAT(9X,'i      a(i)        i-th layer          i-th layer')
44    FORMAT(8X,'-----------------------------------------------',
     &          '------')
51    FORMAT(7X,I3,F8.3,' cm,     (',F8.5,F6.2,' )',' (',2F6.2,' )')
53    FORMAT(9X,'a >',F6.3,' cm,     (',F8.5,F6.2,' )',' (',2F6.2,
     &          ' )')
54    FORMAT(7X,'Number of layers =',I3,', Lambda =',F6.2,' cm',
     &          ', a(100) =',F5.2,' cm' )
55    FORMAT(23X,'( Phi=',F4.1,' Degs.  E-Plane )'/)
```

```
56      FORMAT(23X,'( Phi=',F4.1,' Degs.  H-Plane )'/)
        RETURN
        END
```

运行主程序 MMLSRCSB, 输入 phi = 0 和 phi = 90.0, 分别可得范例 (8) 多层介质圆球的 ***E*** 平面和 ***H*** 平面的 Bistatic 雷达散射截面 10lg($\sigma$)-$\theta$ 的计算结果如图 6.2 所示.

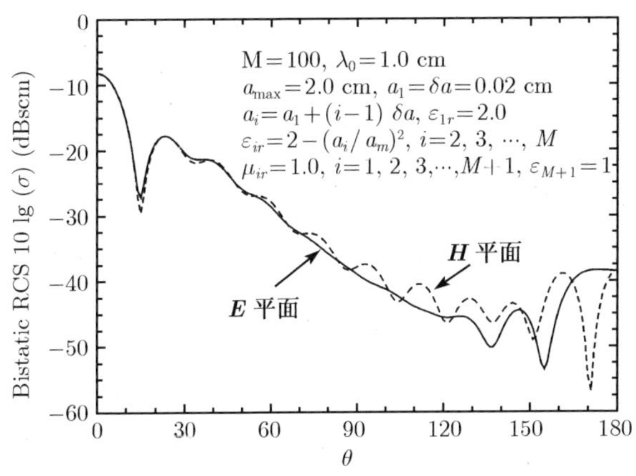


图 6.2 多层介质圆球的散射之例

# 数学附录　矢量场论、圆柱和球函数

## A　矢量场论

### 1. 矢量恒等式

$$\boldsymbol{a}\cdot\boldsymbol{b}\times\boldsymbol{c}=\boldsymbol{b}\cdot\boldsymbol{c}\times\boldsymbol{a}=\boldsymbol{c}\cdot\boldsymbol{a}\times\boldsymbol{b}$$

$$\boldsymbol{a}\times\boldsymbol{b}\times\boldsymbol{c}=\boldsymbol{b}(\boldsymbol{a}\cdot\boldsymbol{c})-\boldsymbol{c}(\boldsymbol{a}\cdot\boldsymbol{b}) \tag{1}$$

$$\nabla(\phi\psi)=\phi\nabla\psi+\psi\nabla\phi$$

$$\nabla\cdot(\phi\boldsymbol{A})=\boldsymbol{A}\cdot\nabla\phi+\phi\nabla\cdot\boldsymbol{A}$$

$$\nabla\times(\phi\boldsymbol{A})=\nabla\phi\times\boldsymbol{A}+\phi\nabla\times\boldsymbol{A} \tag{2}$$

$$\nabla(\boldsymbol{A}\cdot\boldsymbol{B})=(\boldsymbol{A}\cdot\nabla)\boldsymbol{B}+(\boldsymbol{B}\cdot\nabla)\boldsymbol{A}+\boldsymbol{A}\times\nabla\times\boldsymbol{B}+\boldsymbol{B}\times\nabla\times\boldsymbol{A}$$

$$\nabla\cdot(\boldsymbol{A}\times\boldsymbol{B})=\boldsymbol{B}\cdot\nabla\times\boldsymbol{A}-\boldsymbol{A}\cdot\nabla\times\boldsymbol{B}$$

$$\nabla\times(\boldsymbol{A}\times\boldsymbol{B})=\boldsymbol{A}(\nabla\cdot\boldsymbol{B})-\boldsymbol{B}(\nabla\cdot\boldsymbol{A})+(\boldsymbol{B}\cdot\nabla)\boldsymbol{A}-(\boldsymbol{A}\cdot\nabla)\boldsymbol{B} \tag{3}$$

$$\nabla\times\nabla\phi=0$$

$$\nabla\cdot\nabla\times\boldsymbol{A}=0 \tag{4}$$

$$\nabla^2\phi=\nabla\cdot\nabla\phi$$

$$\nabla^2\boldsymbol{A}=\nabla\cdot\nabla\boldsymbol{A}$$

$$\nabla\times\nabla\times\boldsymbol{A}=\nabla\nabla\cdot\boldsymbol{A}-\nabla^2\boldsymbol{A} \tag{5}$$

### 2. 积分定理

(a) Gauss 散度定理

$$\int_V\nabla\phi\mathrm{d}v=\oiint_S\phi\hat{\boldsymbol{n}}\mathrm{d}S$$

$$\int_V\nabla\cdot\boldsymbol{A}\mathrm{d}v=\oiint_S\boldsymbol{A}\cdot\hat{\boldsymbol{n}}\mathrm{d}S$$

$$\int_V\nabla\times\boldsymbol{A}\mathrm{d}v=-\oiint_S\boldsymbol{A}\times\hat{\boldsymbol{n}}\mathrm{d}S \tag{6}$$

式中, $S$ 是闭合曲面, $V$ 为其所包围的体积; $\hat{\boldsymbol{n}}$ 是 $S$ 的法向单位矢量, 其正方向指向 $V$ 外.

(b) Stockes 定理

$$
\begin{aligned}
\int_S \nabla \times \boldsymbol{A} \cdot \hat{\boldsymbol{n}} \mathrm{dS} &= \oint_C \boldsymbol{A} \cdot \mathrm{d}\boldsymbol{l} \\
\int_S \nabla \phi \times \hat{\boldsymbol{n}} \mathrm{d}S &= -\oint_C \phi \mathrm{d}\boldsymbol{l}
\end{aligned} \tag{7}
$$

式中, $C$ 是闭合曲线, $S$ 为其所所包围的面积, $\mathrm{d}\boldsymbol{l}$ 为曲沿线 $C$ 的有向线元.

(c) Green 定理

第一标量 Green 恒等式:

$$
\int_V \left(\phi \nabla^2 \psi + \nabla \phi \cdot \nabla \psi\right) \mathrm{d}v = \pm \oiint_S \phi \frac{\partial \psi}{\partial n} \mathrm{d}S \tag{8}
$$

标量 Green 定理 (第二 Green 恒等式):

$$
\begin{aligned}
\int_V \left(\psi \nabla^2 \phi - \phi \nabla^2 \psi\right) \mathrm{d}v &= \pm \oiint_S (\psi \nabla \phi - \phi \nabla \psi) \cdot \hat{\boldsymbol{n}} \mathrm{d}S \\
&= \pm \oiint_S \left(\psi \frac{\partial \phi}{\partial n} - \phi \frac{\partial \psi}{\partial n}\right) \mathrm{d}S
\end{aligned} \tag{9}
$$

矢量 Green 定理:

$$
\int_V (\boldsymbol{A} \cdot \nabla \times \nabla \times \boldsymbol{B} - \boldsymbol{B} \cdot \nabla \times \nabla \times \boldsymbol{A}) \mathrm{d}v = \pm \oiint_S \hat{\boldsymbol{n}} \cdot [(\nabla \times \boldsymbol{B}) \times \boldsymbol{A} + \boldsymbol{B} \times (\nabla \times \boldsymbol{A})] \, \mathrm{d}S \tag{10}
$$

矢量一并矢 Green 定理:

$$
\int_V \left[(\nabla \times \nabla \times \boldsymbol{B}) \cdot \overline{\overline{\boldsymbol{A}}} - \boldsymbol{B} \cdot \nabla \times \nabla \times \overline{\overline{\boldsymbol{A}}}\right] \mathrm{d}v = \pm \oiint_S \hat{\boldsymbol{n}} \cdot \left[(\nabla \times \boldsymbol{B}) \times \overline{\overline{\boldsymbol{A}}} + \boldsymbol{B} \times \left(\nabla \times \overline{\overline{\boldsymbol{A}}}\right)\right] \mathrm{d}S \tag{11}
$$

式中, $V$ 是 $S$ 是闭合曲面 $S$ 所包围的体积; $\hat{\boldsymbol{n}}$ 是 $S$ 的法向单位矢量, 当约定 $\hat{\boldsymbol{n}}$ 的正方向为指向 $V$ 外时, 以上式中取 "+" 号; 当约定 $\hat{\boldsymbol{n}}$ 的正方向为指向 $V$ 内时, 则取 "—" 号.

### 3. 直角、圆柱和球面坐标系中场的梯度、散度、旋度和拉普拉斯的表示式

(a) 直角坐标系 $(x, y, z)$

$$
\nabla = \hat{\boldsymbol{a}}_x \frac{\partial}{\partial x} + \hat{\boldsymbol{a}}_y \frac{\partial}{\partial y} + \hat{\boldsymbol{a}}_z \frac{\partial}{\partial z} \tag{12}
$$

$$
\nabla \phi = \hat{\boldsymbol{a}}_x \frac{\partial \phi}{\partial x} + \hat{\boldsymbol{a}}_y \frac{\partial \phi}{\partial y} + \hat{\boldsymbol{a}}_z \frac{\partial \phi}{\partial z} \tag{13}
$$

$$
\nabla \cdot \boldsymbol{A} = \frac{\partial A_x}{\partial x} + \frac{\partial A_y}{\partial y} + \frac{\partial A_z}{\partial z} \tag{14}
$$

$$
\nabla \times \boldsymbol{A} = \hat{\boldsymbol{a}}_x \left(\frac{\partial A_z}{\partial y} - \frac{\partial A_y}{\partial z}\right) + \hat{\boldsymbol{a}}_y \left(\frac{\partial A_x}{\partial z} - \frac{\partial A_z}{\partial x}\right) + \hat{\boldsymbol{a}}_z \left(\frac{\partial A_y}{\partial x} - \frac{\partial A_x}{\partial y}\right) \tag{15}
$$

$$\nabla^2\phi = \nabla\cdot\nabla\phi = \frac{\partial^2\phi}{\partial x^2} + \frac{\partial^2\phi}{\partial y^2} + \frac{\partial^2\phi}{\partial z^2} \tag{16}$$

$$\begin{aligned}\nabla^2\boldsymbol{A} &= \nabla\cdot\nabla\boldsymbol{A} = \nabla^2(\hat{\boldsymbol{a}}_x A_x + \hat{\boldsymbol{a}}_y A_y + \hat{\boldsymbol{a}}_z A_z)\\ &= \hat{\boldsymbol{a}}_x\nabla^2 A_x + \hat{\boldsymbol{a}}_y\nabla^2 A_y + \hat{\boldsymbol{a}}_z\nabla^2 A_z\end{aligned} \tag{17}$$

或

$$\nabla^2\boldsymbol{A} = \nabla\nabla\cdot\boldsymbol{A} - \nabla\times\nabla\times\boldsymbol{A} \tag{18}$$

(b) 圆柱坐标系 $(\rho,\varphi,z)$

柱面坐标系 $(\rho,\varphi,z)$ 与直角坐标 $(x,y,z)$ 间的关系：

$$\begin{aligned}&x = \rho\cos\varphi,\quad y = \rho\sin\varphi,\quad z = z\\ &\hat{\boldsymbol{a}}_\rho = \hat{\boldsymbol{a}}_x\cos\varphi + \hat{\boldsymbol{a}}_y\sin\varphi;\quad \hat{\boldsymbol{a}}_\varphi = -\hat{\boldsymbol{a}}_x\sin\varphi + \hat{\boldsymbol{a}}_y\cos\varphi;\quad \hat{\boldsymbol{a}}_z = \hat{\boldsymbol{a}}_z\\ &\hat{\boldsymbol{a}}_x = \hat{\boldsymbol{a}}_\rho\cos\varphi - \hat{\boldsymbol{a}}_\varphi\sin\varphi; \hat{\boldsymbol{a}}_y = \hat{\boldsymbol{a}}_\rho\sin\varphi + \hat{\boldsymbol{a}}_\varphi\cos\varphi\end{aligned} \tag{19}$$

$$\nabla = \hat{\boldsymbol{a}}_\rho\frac{\partial}{\partial\rho} + \hat{\boldsymbol{a}}_\varphi\frac{1}{\rho}\frac{\partial}{\partial\varphi} + \hat{\boldsymbol{a}}_z\frac{\partial}{\partial z} \tag{20}$$

$$\nabla\phi = \hat{\boldsymbol{a}}_\rho\frac{\partial\phi}{\partial\rho} + \hat{\boldsymbol{a}}_\varphi\frac{1}{\rho}\frac{\partial\phi}{\partial\varphi} + \hat{\boldsymbol{a}}_z\frac{\partial\phi}{\partial z} \tag{21}$$

$$\nabla\cdot\boldsymbol{A} = \frac{1}{\rho}\frac{\partial}{\partial\rho}(\rho A_\rho) + \frac{1}{\rho}\frac{\partial A_\phi}{\partial\phi} + \frac{\partial A_z}{\partial z} \tag{22}$$

$$\nabla\times\boldsymbol{A} = \hat{\boldsymbol{a}}_\rho\left(\frac{1}{\rho}\frac{\partial A_z}{\partial\varphi} - \frac{\partial A_\varphi}{\partial z}\right) + \hat{\boldsymbol{a}}_\varphi\left(\frac{\partial A_\rho}{\partial z} - \frac{\partial A_z}{\partial\rho}\right) + \hat{\boldsymbol{a}}_z\left(\frac{1}{\rho}\frac{\partial(\rho A_\varphi)}{\partial\rho} - \frac{1}{\rho}\frac{\partial A_\rho}{\partial\varphi}\right) \tag{23}$$

$$\nabla^2\phi = \frac{1}{\rho}\frac{\partial}{\partial\rho}\left(\rho\frac{\partial\phi}{\partial\rho}\right) + \frac{1}{\rho^2}\frac{\partial^2\phi}{\partial\varphi^2} + \frac{\partial^2\phi}{\partial z^2} \tag{24}$$

$$\begin{aligned}\nabla^2\boldsymbol{A} &= \nabla\nabla\cdot\boldsymbol{A} - \nabla\times\nabla\times\boldsymbol{A}\\ &= \hat{\boldsymbol{a}}_\rho\left(\nabla^2 A_\rho - \frac{A_\rho}{\rho^2} - \frac{2}{\rho^2}\frac{\partial A_\varphi}{\partial\varphi}\right) + \hat{\boldsymbol{a}}_\varphi\left(\nabla^2 A_\varphi - \frac{A_\varphi}{\rho^2} + \frac{2}{\rho^2}\frac{\partial A_\rho}{\partial\varphi}\right) + \hat{\boldsymbol{a}}_z\nabla^2 A_z\end{aligned} \tag{25}$$

以上式中, $\hat{\boldsymbol{a}}_\rho$、$\hat{\boldsymbol{a}}_\varphi$ 和 $\hat{\boldsymbol{a}}_z$ 分别是沿柱坐标 $\rho$, $\varphi$ 和 $z$ 方向上的单位矢量.

(c) 圆球坐标系 $(r,\theta,\varphi)$

球面坐标系 $(r,\theta,\varphi)$ 与直角坐标系 $(x,y,z)$ 间的关系：

$$\begin{aligned}&x = r\sin\theta\cos\varphi,\quad y = r\sin\theta\sin\varphi,\quad z = r\cos\theta\\ &\hat{\boldsymbol{a}}_r = \hat{\boldsymbol{a}}_x\sin\theta\cos\varphi + \hat{\boldsymbol{a}}_y\sin\theta\sin\varphi + \hat{\boldsymbol{a}}_z\cos\theta\\ &\hat{\boldsymbol{a}}_\theta = \hat{\boldsymbol{a}}_x\cos\theta\cos\varphi + \hat{\boldsymbol{a}}_y\cos\theta\sin\varphi - \hat{\boldsymbol{a}}_z\sin\theta\\ &\hat{\boldsymbol{a}}_\varphi = -\hat{\boldsymbol{a}}_x\sin\varphi + \hat{\boldsymbol{a}}_y\cos\varphi\\ &\hat{\boldsymbol{a}}_x = \hat{\boldsymbol{a}}_r\sin\theta\cos\varphi + \hat{\boldsymbol{a}}_\theta\cos\theta\cos\varphi - \hat{\boldsymbol{a}}_\varphi\sin\varphi\end{aligned} \tag{26}$$

$$\hat{\boldsymbol{a}}_y = \hat{\boldsymbol{a}}_r \sin\theta\sin\varphi + \hat{\boldsymbol{a}}_\theta \cos\theta\sin\varphi + \hat{\boldsymbol{a}}_\varphi \cos\varphi$$

$$\hat{\boldsymbol{a}}_z = \hat{\boldsymbol{a}}_r \cos\theta - \hat{\boldsymbol{a}}_\theta \sin\theta$$

$$\nabla = \hat{\boldsymbol{a}}_r \frac{\partial}{\partial r} + \hat{\boldsymbol{a}}_\theta \frac{1}{r}\frac{\partial}{\partial\theta} + \hat{\boldsymbol{a}}_\varphi \frac{1}{r\sin\theta}\frac{\partial}{\partial\varphi} \tag{27}$$

$$\nabla\phi = \hat{\boldsymbol{a}}_r \frac{\partial\phi}{\partial r} + \hat{\boldsymbol{a}}_\theta \frac{1}{r}\frac{\partial\phi}{\partial\theta} + \hat{\boldsymbol{a}}_\varphi \frac{1}{r\sin\theta}\frac{\partial\phi}{\partial\varphi} \tag{28}$$

$$\nabla\cdot\boldsymbol{A} = \frac{1}{r^2}\frac{\partial}{\partial r}(r^2 A_r) + \frac{1}{r\sin\theta}\frac{\partial}{\partial\theta}(\sin\theta A_\theta) + \frac{1}{r\sin\theta}\frac{\partial A_\varphi}{\partial\varphi} \tag{29}$$

$$\begin{aligned}\nabla\times\boldsymbol{A} =& \frac{\hat{\boldsymbol{a}}_r}{r\sin\theta}\left(\frac{\partial}{\partial\theta}(A_\varphi\sin\theta) - \frac{\partial A_\theta}{\partial\varphi}\right) + \frac{\hat{\boldsymbol{a}}_\theta}{r}\left(\frac{1}{\sin\theta}\frac{\partial A_r}{\partial\varphi} - \frac{\partial}{\partial r}(rA_\varphi)\right)\\ &+ \frac{\hat{\boldsymbol{a}}_\varphi}{r}\left(\frac{\partial}{\partial r}(rA_\theta) - \frac{\partial A_r}{\partial\theta}\right)\end{aligned} \tag{30}$$

$$\nabla^2\phi = \frac{1}{r^2}\frac{\partial}{\partial r}\left(r^2\frac{\partial\phi}{\partial r}\right) + \frac{1}{r^2\sin\theta}\frac{\partial}{\partial\theta}\left(\sin\theta\frac{\partial\phi}{\partial\theta}\right) + \frac{1}{r^2\sin^2\theta}\frac{\partial^2\phi}{\partial\varphi^2} \tag{31}$$

$$\begin{aligned}\nabla^2\boldsymbol{A} =& \nabla\nabla\cdot\boldsymbol{A} - \nabla\times\nabla\times\boldsymbol{A}\\ =& \hat{\boldsymbol{a}}_r\left(\nabla^2 A_r - \frac{2A_r}{r^2} - \frac{2\cot\theta}{r^2}A_\theta - \frac{2}{r^2}\frac{\partial A_\theta}{\partial\theta} - \frac{2}{r^2\sin\theta}\frac{\partial A_\varphi}{\partial\varphi}\right)\\ &+\hat{\boldsymbol{a}}_\theta\left(\nabla^2 A_\theta + \frac{2}{r^2}\frac{\partial A_r}{\partial\theta} - \frac{A_\theta}{r^2\sin^2\theta} - \frac{2\cos\theta}{r^2\sin^2\theta}\frac{\partial A_\varphi}{\partial\varphi}\right)\\ &+\hat{\boldsymbol{a}}_\varphi\left(\nabla^2 A_\varphi + \frac{2}{r^2\sin\theta}\frac{\partial A_r}{\partial\varphi} - \frac{A_\varphi}{r^2\sin^2\theta} + \frac{2\cos\theta}{r^2\sin^2\theta}\frac{\partial A_\theta}{\partial\varphi}\right)\end{aligned} \tag{32}$$

以上式中, $\hat{\boldsymbol{a}}_r$、$\hat{\boldsymbol{a}}_\theta$ 和 $\hat{\boldsymbol{a}}_\varphi$ 分别是沿球坐标 $r, \theta$ 和 $\varphi$ 方向上的单位矢量.

# B 圆柱函数

Bessel 函数和变型 Bessel 函数是在圆柱坐标系 $(\rho, \varphi, z)$ 中采用分离变量法求解 Laplace 方程和 Helmholtz 方程时所遇到的、关于径向坐标 $\rho$ 的常微分方程 (Bessel 方程或变型 Bessel 方程) 的解; 而球 Bessel 函数则是在球面坐标系 $(r, \theta, \varphi)$ 中分离变量法求解 Helmholtz 方程时关于径向坐标 $r$ 的常微分方程 (称为球 Bessel 方程, 因其作函数变换后可化为半整数阶 Bessel 方程) 的解, 故这些 Bessel 函数统称为圆柱函数.

以下简要介绍这些圆柱函数, 以及与之有关的 Ricatti-Bessel 函数和 Lambda 函数.

### 1. Bessel 函数

二阶线性、齐次常微分方程：

$$x^2\frac{\mathrm{d}^2w}{\mathrm{d}x^2}+x\frac{\mathrm{d}w}{\mathrm{d}x}+\left(x^2-n^2\right)w=0(n\ 为整数) \tag{1}$$

称为 $n$ 阶 Bessel 方程. $J_n(x)$ 和 $Y_n(x)$ 是它的两个线性无关特解, 分别称为第一类和第二类 Bessel 函数; 其如下特定线性组合：

$$H_n^{(1)}(x)=J_n(x)+jY_n(x) \quad 和 \quad H_n^{(2)}(x)=J_n(x)-jY_n(x) \tag{2}$$

亦是 Bessel 方程的解; $H_n^{(1)}(x)$ 和 $H_n^{(2)}(x)$ 分别称为第一类和第二类 Hankel 函数.

Bessel 方程的一般解可表为 $J_n(x)$、$Y_n(x)H_n^{(1)}(x)$ 和 $H_n^{(2)}(x)$ 中任意两个解的线性组合; 例如

$$w(x)=a_nJ_n(x)+b_nY_n(x) \quad 或 \quad w(z)=a_nJ_n(z)+b_nH_n^{(2)}(x) \tag{3}$$

式中, $a_n$ 和 $b_n$ 为任意常数.

Bessel 函数有如下主要性质：

#### (1) Bessel 函数 $J_n(x)$ 和 $Y_n(x)$ 的图像

Bessel 方程的解 $J_n(x)$ 和 $Y_n(x)$ 的表示式是非闭式的, 其值需通过数值方法计算. 图 1(a) 和 1(b) 分别是几个低阶 Bessel 函数 $J_n(x)$ 和 $Y_n(x)$ 随 $x$ 的变化曲线. 曲线特点是振荡型的; 对于给定的 $n$, $J_n(x)$ 从 $1(n=0)$ 和 $0(n\geqslant 1)$、而 $Y_n(x)$ 从 $-\infty$ 随 $x$ 的增加作振荡变化, 其幅值不断减小, 当 $x\to\infty$ 时它们趋于零; $J_n(x)$ 和 $Y_n(x)$ 都有无穷多个根, 两根之间的间距随 $x$ 的增加而趋于 π; 对于给定的 $x$, 当 $n$ 增大时, $|J_n(x)|$ 随 $n$ 的增大而减小, 而 $|Y_n(x)|$ 则随 $n$ 的增大而增大.

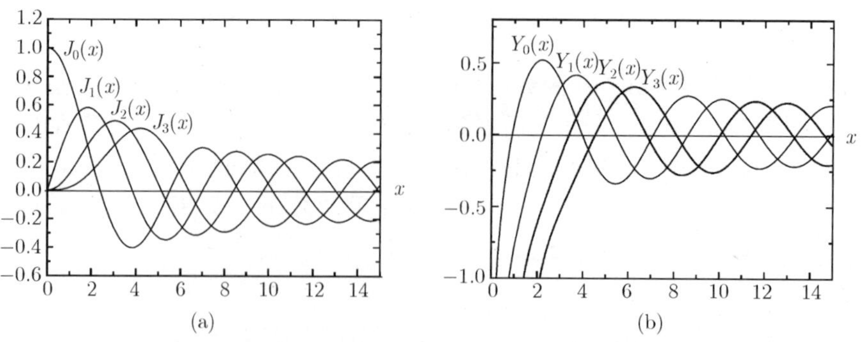


图 1　Bessel 函数 $J_n(x)$-$x$ 和 $Y_n(x)$-$x$ 曲线

**(2) $J_n(x)$ 和 $Y_n(x)$ 的级数表示式**

$$J_n(x)=\sum_{m=0}^{\infty}(-1)^m\frac{(x/2)^{2m+n}}{m!(m+n)!} \tag{4}$$

$$\begin{aligned}Y_n(x)&=\lim_{\nu\to n}Y_\nu(x)=\lim_{\nu\to n}\frac{J_\nu(x)\cos\nu\pi-J_{-\nu}(x)}{\sin\nu\pi}\\&=-\frac{1}{\pi}\sum_{\substack{m=0\\n>0}}^{n-1}\frac{(n-m-1)!}{m!}\left(\frac{x}{2}\right)^{2m-n}\\&\quad+\frac{2}{\pi}\sum_{m=0}^{\infty}(-1)^m\frac{(x/2)^{2m+n}}{m!(n+m)!}\left[\ln\left(\frac{x}{2}\right)+\gamma-\frac{1}{2}\left(\sum_{k=1}^{n+m}\frac{1}{k}+\sum_{k=1}^{m}\frac{1}{k}\right)\right]\end{aligned} \tag{5}$$

式中, $\nu\neq$ 整数; $\gamma=0.5772156649015328\cdots$ 为 Euler 常数.

特别地, 对于 $n=0$ 和 $n=1$, 有

$$J_0(x)=1-\frac{(x/2)^2}{(1!)^2}+\frac{(x/2)^4}{(2!)^2}-\frac{(x/2)^6}{(3!)^2}+\cdots \tag{6}$$

$$J_1(x)=\frac{(x/2)}{0!1!}-\frac{(x/2)^3}{1!2!}+\frac{(x/2)^5}{2!3!}-\cdots \tag{7}$$

$$Y_0(x)=\frac{2}{\pi}\left(\ln\frac{x}{2}+\gamma\right)J_0(x)-\frac{2}{\pi}\sum_{m=0}^{\infty}(-1)^m\frac{(x/2)^{2m}}{(m!)^2}\left(\sum_{k=1}^{\infty}\frac{1}{k}\right) \tag{8}$$

$$\begin{aligned}Y_1(x)&=-\frac{2}{\pi z}+\frac{2}{\pi}\left(\ln\frac{x}{2}+\gamma\right)J_1(x)\\&\quad-\frac{1}{\pi}\sum_{m=0}^{\infty}(-1)^m\frac{(x/2)^{2m+1}}{m!(m+1)!}\left(2\sum_{k=1}^{\infty}\frac{1}{k}+\frac{1}{m+1}\right)\end{aligned} \tag{9}$$

**(3) $J_n(x)$ 和 $Y_n(x)$ 的特殊值**

(a) 当 $x\to 0$ 时,

$$\begin{aligned}&J_0(x)\underset{x\to 0}{\approx}1; &&J_n(x)\underset{x\to 0}{\approx}\frac{(x/2)^n}{n!};\\&Y_0(x)\underset{x\to 0}{\approx}\frac{2}{\pi}\ln\left(\frac{x}{2}\right); &&Y_n(x)\underset{x\to 0}{\approx}-\frac{(n-1)!}{\pi}\left(\frac{2}{x}\right)^n\end{aligned} \tag{10}$$

(b) 当 $n$ 取定值, $x\to\infty$ 时的大宗量渐近式

$$J_n(x)\underset{x\to\infty}{\approx}\sqrt{\frac{2}{\pi x}}\cos\left(x-\frac{n\pi}{2}-\frac{\pi}{4}\right);\quad Y_n(x)\underset{x\to\infty}{\approx}\sqrt{\frac{2}{\pi x}}\sin\left(x-\frac{n\pi}{2}-\frac{\pi}{4}\right) \tag{11}$$

$$H_n^{(1)}(x)\underset{x\to\infty}{\approx}\sqrt{\frac{2}{\pi x}}e^{j\left(x-\frac{n\pi}{2}-\frac{\pi}{4}\right)};\quad H_n^{(2)}(x)\underset{x\to\infty}{\approx}\sqrt{\frac{2}{\pi x}}e^{-j\left(x-\frac{n\pi}{2}-\frac{\pi}{4}\right)} \tag{12}$$

**(4) Bessel 函数的微分和积分公式**

令 $B_n(x)$ 代表 $J_n(x)$, 或 $Y_n(x)$、$H_n^{(1)}(x)$ 与 $H_n^{(2)}(x)$, 有微分公式:

$$\frac{\mathrm{d}}{\mathrm{d}x}\left[x^n B_n(x)\right] = x^n B_{n-1}(x); \quad \frac{\mathrm{d}}{\mathrm{d}x}\left[x^{-n} B_n(x)\right] = -x^{-n} B_{n+1}(x) \tag{13}$$

$$\left(\frac{\mathrm{d}}{x\mathrm{d}x}\right)^k \left[x^n B_n(x)\right] = x^{n-k} B_{n-k}(x);$$

$$\left(\frac{\mathrm{d}}{x\mathrm{d}x}\right)^k \left[x^{-n} B_n(x)\right] = (-1)^k x^{-(n+k)} B_{n+k}(x) \tag{14}$$

特别地, 对于 $n=0$, 有 $B_0'(x) = -B_1(x)$. 而积分公式:

$$\int x^{n+1} B_n(x)\mathrm{d}x = x^{n+1} B_{n+1}(x) + C(\text{积分常数}) \tag{15}$$

$$\int x^{-n+1} B_n(x)\mathrm{d}x = -x^{-n+1} B_{n-1}(x) + C \tag{16}$$

特别地, 对于 $n=0$ 和 $n=1$, 有

$$\int x B_0(x)\mathrm{d}x = x B_1(x) + C \tag{17}$$

$$\int B_1(x)\mathrm{d}x = -B_0(x) + C \tag{18}$$

**(5) 递推公式**

令 $B_n(x)$ 代表 $J_n(x)$, 或 $Y_n(x)$、$H_n^{(1)}(x)$ 与 $H_n^{(2)}(x)$, 有如下递推公式:

$$B_{n-1}(x) + B_{n+1}(x) = \frac{2n}{x} B_n(x) \tag{19}$$

$$B_n'(x) = -\frac{n}{x} B_n(x) + B_{n-1}(x) \tag{20}$$

$$B_n'(x) = \frac{n}{x} B_n(x) - B_{n+1}(x) \tag{21}$$

$$B_n'(x) = \frac{1}{2}\left[B_{n-1}(x) - B_{n+1}(x)\right] \tag{22}$$

**(6) 朗斯基 (Wronskian) 行列式**

依 $B_n(x)$ 和 $B_n(x)$ 的朗斯基行列式定义, 有如下朗斯基行列式:

$$W\left[J_n(x), Y_n(x)\right] = \begin{vmatrix} J_n(x) & J_n'(x) \\ Y_n(x) & Y_n'(x) \end{vmatrix} = J_n(x)Y_n'(x) - J_n'(x), Y_n(x) = \frac{2}{\pi x} \tag{23}$$

$$W\left[H_n^{(1)}(x), H_n^{(2)}(x)\right] = H_n^{(1)}(x)H_n^{(2)'}(x) - H_n^{(1)'}(x), H_n^{(2)}(x) = -\mathrm{j}\frac{4}{\pi x} \tag{24}$$

$$W\left[J_n(x), H_n^{(2)}(x)\right] = J_n(x)H_n^{(2)'}(x) - J_n'(x), H_n^{(2)}(x) = -\mathrm{j}\frac{2}{\pi x} \tag{25}$$

**(7) 解析延拓公式**

$$J_n(-x) = (-1)^n J_n(x); \quad J_{-n}(x) = (-1)^n J_n(x) \tag{26}$$

$$Y_{-n}(x) = (-1)^n Y_n(x) \tag{27}$$

**(8) $J_n(x)$ 的积分表示式**

$$J_n(x) = \frac{1}{\pi}\int_0^{\pi} \cos(x\sin\theta - n\theta)\mathrm{d}\theta = \frac{1}{2\pi}\int_0^{2\pi} \cos(x\sin\theta - n\theta)\mathrm{d}\theta \tag{28}$$

或

$$J_n(x) = \frac{1}{2\pi}\int_0^{2\pi} \mathrm{e}^{\mathrm{j}(x\sin\theta - n\theta)}\mathrm{d}\theta = \frac{\mathrm{j}^{-n}}{2\pi}\int_0^{2\pi} \mathrm{e}^{\mathrm{i}(x\cos\theta - n\theta)}\mathrm{d}\theta \tag{29}$$

**(9) $J_n(x)$ 和 $Y_n(x)$ 的零点**

$J_n(x)$ 的第 $i$ 个零点 $(n=0,1,2; i=1\sim 5)$ 表

| $i$ | $n=0$ | $n=1$ | $n=2$ |
|---|---|---|---|
| 1 | 2.40482556 | 3.83170597 | 5.13562230 |
| 2 | 5.52007811 | 7.01558667 | 8.41724414 |
| 3 | 8.65372791 | 10.17346814 | 11.61984117 |
| 4 | 11.79153444 | 13.32369194 | 14.79595178 |
| 5 | 14.93091771 | 16.47063005 | 17.95981949 |

$J'_n(x)$ 的第 $i$ 个零点 $(n=0,1,2; i=1\sim 5)$ 表

| $i$ | $n=0$ | $n=1$ | $n=2$ |
|---|---|---|---|
| 1 | 3.83170597 | 1.84118378 | 3.05423693 |
| 2 | 7.01558667 | 8.53631637 | 6.70613319 |
| 3 | 10.17346814 | 11.70600490 | 9.96946782 |
| 4 | 13.32369194 | 14.86358863 | 13.17037086 |
| 5 | 16.47063005 | 18.01552786 | 16.34752232 |

$Y_n(x)$ 的第 $i$ 个零点 $(n=0,1,2; i=1\sim 5)$ 表

| $i$ | $n=0$ | $n=1$ | $n=2$ |
|---|---|---|---|
| 1 | 0.89357697 | 2.19714133 | 3.38424177 |
| 2 | 3.95767842 | 5.42968104 | 6.79380751 |
| 3 | 7.08605106 | 8.59600587 | 10.02347798 |
| 4 | 10.22234504 | 11.74915483 | 13.20998671 |
| 5 | 13.36109747 | 14.89744213 | 16.37896656 |

$Y_n'(x)$ 的第 $i$ 个零点 $(n=0,1,2;i=1\sim5)$ 表

| $i$ | $n=0$ | $n=1$ | $n=2$ |
|---|---|---|---|
| 1 | 2.19714133 | 3.68302286 | 5.00258293 |
| 2 | 5.42968104 | 6.94149995 | 8.35072470 |
| 3 | 8.59600587 | 10.12340466 | 11.57419547 |
| 4 | 11.74915483 | 13.28575816 | 14.76090931 |
| 5 | 14.89744213 | 16.44005801 | 17.93128594 |

**2. 变型 Bessel 函数**

二阶线性、齐次常微分方程:

$$x^2\frac{\mathrm{d}^2w}{\mathrm{d}x^2}+x\frac{\mathrm{d}w}{\mathrm{d}x}-\left(x^2+n^2\right)w=0\quad(n\text{为整数})\tag{1}$$

称为 $n$ 阶变型 Bessel 方程. $I_n(x)$ 和 $K_n(x)$ 是它的两个线性无关特解, 分别称为第一类和第二类变型 Bessel 函数.

变型 Bessel 方程的一般解可表为 $I_n(x)$ 与 $K_n(x)$ 两个特解的线性组合;

$$w(x)=a_nI_n(x)+b_nK_n(x)\tag{2}$$

式中, $a_n$ 和 $b_n$ 为任意常数.

变型 Bessel 函数有如下主要性质:

**(1) $I_n(x)$ 和 $K_n(x)$ 的级数表示式**

$$I_n(x)=\sum_{m=0}^{\infty}\frac{(x/2)^{2m+n}}{m!(m+n)!}\tag{3}$$

$$\begin{aligned}K_n(x)&=\lim_{\nu\to n}K_\nu(x)=\frac{\pi}{2}\lim_{\nu\to n}\frac{I_{-\nu}(x)-I_\nu(x)}{\sin\nu\pi}\\&=\frac{1}{2}\sum_{m=0}^{n-1}(-1)^m\frac{(n-m-1)!}{m!}\left(\frac{x}{2}\right)^{2m-n}\\&\quad+(-1)^{n+1}\sum_{m=0}^{\infty}\frac{(x/2)^{2m+n}}{m!(m+n)!}\left(\ln\frac{x}{2}+\gamma-\frac{1}{2}\sum_{k=1}^{m}\frac{1}{k}-\frac{1}{2}\sum_{k=1}^{m+n}\frac{1}{k}\right)\end{aligned}\tag{4}$$

式中, $n=$ 整数; $\gamma=0.5772156649015328\cdots$ 为 Euler 常数.

特别地, 对于 $n=0$ 和 $n=1$, 有

$$I_0(x)=1+\frac{(x/2)^2}{(1!)^2}+\frac{(x/2)^4}{(2!)^2}+\frac{(x/2)^6}{(3!)^2}+\cdots\tag{5}$$

$$I_1(x)=\frac{x}{2}\left[1+\frac{(x/2)^2}{1!2!}+\frac{(x/2)^4}{2!3!}+\frac{(x/2)^6}{3!4!}+\cdots\right] \tag{6}$$

$$\begin{aligned}K_0(x)=&-\left(\ln\frac{x}{2}+\gamma\right)I_0(x)\\&+\frac{(x/2)^2}{(1!)^2}+\left(1+\frac{1}{2}\right)\frac{(x/2)^4}{(2!)^2}+\left(1+\frac{1}{2}+\frac{1}{3}\right)\frac{(x/2)^6}{(3!)^2}+\cdots\end{aligned} \tag{7}$$

$$\begin{aligned}K_1(x)=&\frac{1}{x}+\left(\ln\frac{x}{2}+\gamma\right)I_1(x)\\&-\frac{x}{2}\left[\frac{1}{2}+\left(1+\frac{1}{2}\cdot\frac{1}{2}\right)\frac{(x/2)^2}{1!2!}+\left(1+\frac{1}{2}+\frac{1}{2}\cdot\frac{1}{3}\right)\frac{(x/2)^4}{2!3!}\right.\\&\left.+\left(1+\frac{1}{2}+\frac{1}{3}+\frac{1}{2}\cdot\frac{1}{4}\right)\frac{(x/2)^6}{3!4!}+\cdots\right]\end{aligned} \tag{8}$$

**(2) $I_n(x)$ 和 $K_n(x)$ 的函数图像**

几个低阶的变型 Bessel 函数 $I_n(x)$ 和 $K_n(x)$ 随 $x$ 的变化曲线如图 2 所示; $I_n(x)$-$x$ 和 $K_n(x)$-$x$ 曲线不是振荡型的. 对于给定的 $n$, 当 $x$ 从 0 增加时, $I_n(x)$ 从 $1(n=0)$ 和 $0(n\geqslant 1)$ 随 $x$ 的增加而增加直至 $\infty$; 而 $K_n(x)$ 从 $\infty$ 随 $x$ 的增加而减小直至零. 对于给定的 $x$, 当 $n$ 增大时, $I_n(x)$ 随 $n$ 的增大而减小, 而 $K_n(x)$ 则随 $n$ 的增大而增大.

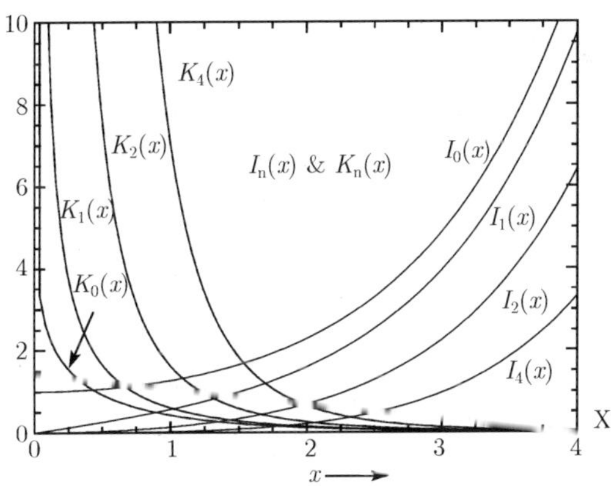


图 2 几个低阶的 $I_n(x)$-$x$ 和 $K_n(x)$-$x$ 曲线

**(3) $I_n(x)$ 和 $K_n(x)$ 的特殊值**

(a) 当 $x\to 0$ 时,

$$\begin{aligned}&I_0(x)\underset{x\to 0}{\approx}1;\quad I_n(x)\underset{x\to 0}{\approx}\frac{(x/2)^n}{n!}(n>0)\\&K_0(x)\underset{x\to 0}{\approx}-\ln x;\quad K_n(z)\underset{x\to 0}{\approx}\frac{(n-1)!}{2}\left(\frac{2}{x}\right)^n\quad(n>0)\end{aligned} \tag{9}$$

(b) 当 $n$ 为定值, $x \to \infty$ 时，有

$$I_n(x) \underset{x\to\infty}{\approx} \frac{1}{\sqrt{2\pi x}}\mathrm{e}^x; \quad K_n(x) \underset{x\to\infty}{\approx} \sqrt{\frac{\pi}{2x}}\mathrm{e}^{-x} \tag{10}$$

由此可见, 当 $x \to \infty$ 时, $I_n(x)$-$\frac{1}{\sqrt{2\pi x}}\mathrm{e}^x$ 按指数函数 $\mathrm{e}^x$ 趋于 $\infty$, 而 $K_n(x)$ 按 $\mathrm{e}^{-x}$ 趋于零.

**(4) $I_n(x)$ 和 $K_n(x)$ 的微分和积分公式**

微分公式：

$$\frac{\mathrm{d}}{\mathrm{d}x}\left[x^{-n}I_n(x)\right] = x^{-n}I_{n+1}(x); \quad \frac{\mathrm{d}}{\mathrm{d}x}\left[x^n I_n(x)\right] = x^n I_{n-1}(x) \tag{11}$$

$$\frac{\mathrm{d}}{\mathrm{d}x}\left[x^{-n}K_n(x)\right] = -x^{-n}K_{n+1}(x); \quad \frac{\mathrm{d}}{\mathrm{d}x}\left[x^n K_n(x)\right] = -x^n K_{n-1}(x) \tag{12}$$

而积分公式：

$$\int x^{-n+1}I_n(x)\mathrm{d}x = x^{-n+1}I_{n-1}(x) + C(\text{积分常数}) \tag{13}$$

$$\int x^{-n+1}K_n(x)\mathrm{d}x = -x^{-n+1}K_{n-1}(x) + C \tag{14}$$

特别地, 对于 $n=1$, 有

$$\int I_1(x)\mathrm{d}x = I_0(x) + C \tag{15}$$

$$\int K_1(x)\mathrm{d}x = -K_0(x) + C \tag{16}$$

**(5) 变型 Bessel 函数的递公式**

$$I_{n-1}(x) - I_{n+1}(x) = \frac{2n}{x}I_n(x) \tag{17}$$

$$I_n'(x) = I_{n-1}(x) - \frac{n}{x}I_n(x) \tag{18}$$

$$I_n'(z) = \frac{n}{x}I_n(x) + I_{n+1}(x) \tag{19}$$

$$I_n'(x) = \frac{1}{2}\left[I_{n-1}(x) + I_{n+1}(x)\right] \tag{20}$$

和

$$K_{n-1}(x) - K_{n+1}(x) = -\frac{2n}{x}K_n(x) \tag{21}$$

$$K_n'(x) = -K_{n-1}(x) - \frac{n}{x}K_n(x) \tag{22}$$

$$K_n'(x) = \frac{n}{x}K_n(x) - K_{n+1}(x) \tag{23}$$

$$K_n'(x) = -\frac{1}{2}\left[K_{n-1}(x) + K_{n+1}(x)\right] \tag{24}$$

特别地, 对于 $n=0$, 有

$$I_0'(x) = I_1(x) \quad 和 \quad K_0'(x) = -K_1(x) \tag{25}$$

**(6) 解析延拓和负阶公式**

$$I_n(-x) = (-1)^n I_n(x) \tag{26}$$

$$I_{-n}(x) = I_n(x); \qquad K_{-n}(x) = K_n(x) \tag{27}$$

**(7) 朗斯基 (Wronskian) 行列式**

$$W\left[I_n(x), K_n(x)\right] = I_n(x)K_n'(x) - I_n'(x)K_n(x) = -\frac{1}{x} \tag{28}$$

**(8) $\boldsymbol{I_n(x)}$ 和 $\boldsymbol{K_n(x)}$ 的大宗量近似式**

当 $|x| \gg 1$ 且 $x \gg n$ 时

$$\begin{aligned} I_n(x) &\underset{x\to\infty}{\approx} \frac{\mathrm{e}^x}{\sqrt{2\pi x}}\left[1 - \frac{\mu-1}{1!8x} + \frac{(\mu-1)(\mu-9)}{2!(8x)^2} - \frac{(\mu-1)(\mu-9)(\mu-25)}{3!(8x)^3} + \cdots\right] \\ K_n(x) &\approx \sqrt{\frac{\pi}{2x}}\mathrm{e}^{-x}\left[1 + \frac{\mu-1}{1!8x} + \frac{(\mu-1)(\mu-9)}{2!(8x)^2} + \frac{(\mu-1)(\mu-9)(\mu-25)}{3!(8x)^3} + \cdots\right] \end{aligned} \tag{29}$$

式中, $\mu = 4n^2$.

**(9) $\boldsymbol{I_n(x)}$ 和 $\boldsymbol{K_n(x)}$ 的积分表示式**

$$I_n(x) = \frac{1}{\pi}\int_0^{\pi} \mathrm{e}^{x\cos\theta}\cos(n\theta)\mathrm{d}\theta \tag{30}$$

$$K_n(x) = \int_0^{\infty} \mathrm{e}^{-x\cosh t}\cosh(nt)\mathrm{d}t \tag{31}$$

特别地, 当 $n=0$ 时, 有

$$I_0(x) = \frac{1}{\pi}\int_0^{\pi} \mathrm{e}^{x\cos\theta}\mathrm{d}\theta \tag{32}$$

$$K_0(x) = \int_0^{\infty} \mathrm{e}^{-x\cosh t}\mathrm{d}t \tag{33}$$

### 3. 球 Bessel 函数

二阶常微分方程

$$x^2\frac{\mathrm{d}^2 w}{\mathrm{d}x^2}+2x\frac{\mathrm{d}w}{\mathrm{d}x}+\left[x^2-n(n+1)\right]w=0 \tag{1}$$

称为球 Bessel 方程. 应用函数变换 $zu(x)=\sqrt{\dfrac{\pi}{2x}}u(x)$, 则 $u(x)$ 满足 $n+1/2$ 阶标准形式的 Bessel 方程, 故球 Bessel 方程的两个线性无关特解 (分别记为 $j_n(x)$ 和 $y_n(x)$) 可表为

$$\begin{aligned} j_n(x)=w_1(x)=\sqrt{\frac{\pi}{2x}}J_{n+1/2}(x)\\ y_n(x)=w_2(x)=\sqrt{\frac{\pi}{2x}}Y_{n+1/2}(x)\end{aligned} \tag{2}$$

$j_n(x)$ 和 $y_n(x)$ 分别称为 $n$ 阶第一类和第二类球 Bessel 函数.

第一类和第二类 $n$ 阶球 Hankel 函数 (类似于标准 Hankel 函数) 分别定义为

$$\begin{aligned} h_n^{(1)}(x)=j_n(x)+\mathrm{j}y_n(x)=\sqrt{\frac{\pi}{2x}}H_{n+1/2}^{(1)}(x)\\ h_n^{(2)}(x)=j_n(x)-\mathrm{j}y_n(x)=\sqrt{\frac{\pi}{2x}}H_{n+1/2}^{(2)}(x)\end{aligned} \tag{3}$$

式中, $H_{n+1/2}^{(1)}(x)$ 和 $H_{n+1/2}^{(2)}(x)$ 分别为第一类第二类 $n+1/2$ 阶 Hankel 函数.

球 Beesel 方程的一般解是 $j_n(z)$、$y_n(x)$、$h_n^{(1)}(x)$ 和 $h_n^{(2)}(x)$ 其中任意两个线性无关特解的线性组合, 例如:

$$w(x)=a_n j_n(x)+b_n y_n(x)\quad 或\quad w(x)=a_n h_n^{(1)}(x)+b_n h_n^{(2)}(x) \tag{4}$$

式中, $a_n$ 和 $b_n$ 为任意常数.

**球 Bessel 函数的主要性质:**

**(1) $j_n(x)$ 和 $y_n(x)$ 的级数表示式**

$$\begin{aligned} j_n(x)=\frac{x^n}{1\cdot3\cdot5\cdots(2n+1)}\left\{1-\frac{(x/2)^2}{1!(n+3/2)}+\frac{(x/2)^4}{2!(n+3/2)(n+5/2)}-\cdots\right\}\\ y_n(x)=-\frac{1\cdot3\cdot5\cdots(2n-1)}{x^{n+1}}\left\{1-\frac{(x/2)^2}{1!(1/2-n)}+\frac{(x/2)^4}{2!(1/2-n)(3/2-n)}-\cdots\right\}\end{aligned} \tag{5}$$

特别地, 对于 $n=0,1,2$, 有

$$j_0(x)=1-\frac{x^2}{3!}+\frac{x^4}{5!}-\frac{x^6}{7!}+\cdots=\frac{\sin x}{x}$$

$$j_1(x) = \frac{x}{3} - \frac{x^3}{30} + \frac{x^5}{840} - \frac{x^7}{45360} + \cdots = \frac{\sin x}{x^2} - \frac{\cos x}{x}$$

$$j_2(x) = \frac{x^2}{15} - \frac{x^4}{210} + \frac{x^6}{7560} - \frac{x^8}{498960} + \cdots = \left(\frac{3}{x^3} - \frac{1}{x}\right)\sin x - \frac{3}{x^2}\cos x \qquad (6)$$

$$y_0(x) = -\frac{\cos x}{x}$$

$$y_1(x) = -\frac{\cos x}{x^2} - \frac{\sin x}{x} \qquad (7)$$

$$y_2(x) = -\left(\frac{3}{x^3} - \frac{1}{x}\right)\cos x - \frac{3}{x^2}\sin x$$

$$h_0^{(1)}(x) = -\frac{\mathrm{j}}{x}\mathrm{e}^{\mathrm{j}x}$$

$$h_1^{(1)}(x) = -\frac{1}{x}\left(1 + \frac{\mathrm{j}}{x}\right)\mathrm{e}^{\mathrm{j}x} \qquad (8)$$

$$h_2^{(1)}(x) = \frac{1}{x}\left(\mathrm{j} - \frac{3}{x} - \mathrm{j}\frac{3}{x^2}\right)\mathrm{e}^{\mathrm{j}x}$$

$$h_0^{(2)}(x) = \frac{\mathrm{j}}{x}\mathrm{e}^{-\mathrm{j}x}$$

$$h_1^{(2)}(x) = -\frac{1}{x}\left(1 - \frac{\mathrm{j}}{x}\right)\mathrm{e}^{-\mathrm{j}x} \qquad (9)$$

$$h_2^{(2)}(x) = -\frac{1}{x}\left(\mathrm{j} + \frac{3}{x} - \mathrm{j}\frac{3}{x^2}\right)\mathrm{e}^{-\mathrm{j}x}$$

**(2) $j_n(x)$ 和 $y_n(x)$ 的函数图像**

图 3(a) 和 (b) 分别是几个低阶球 Bessel 函数 $j_n(x)$-$x$ 和 $y_n(x)$-$x$ 曲线. 它们都是振荡型的; 对于给定的 $n$, $j_n(x)$ 从 $1(n=0)$ 和 $0(n \geqslant 1)$、而 $y_n(x)$ 从 $-\infty$ 随 $x$ 的增加作振荡变化, 其幅值不断减小, 当 $x \to \infty$ 时它们趋于零; $j_n(x)$ 和 $y_n(x)$ 都有无穷多个根, 两根之间的间距随 $x$ 的增加而趋于 π. 此外, 对于给定的 $x$, 当 $n$ 增大时, $|j_n(x)|$ 随 $n$ 的增大而减小, 而 $|y_n(x)|$ 则随 $n$ 的增大而增大.

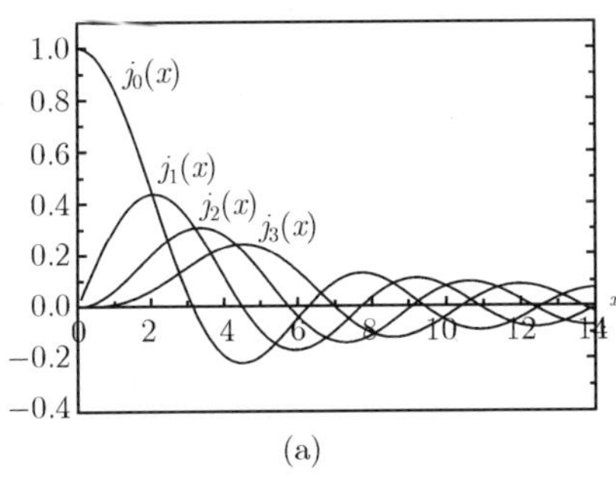

(a)

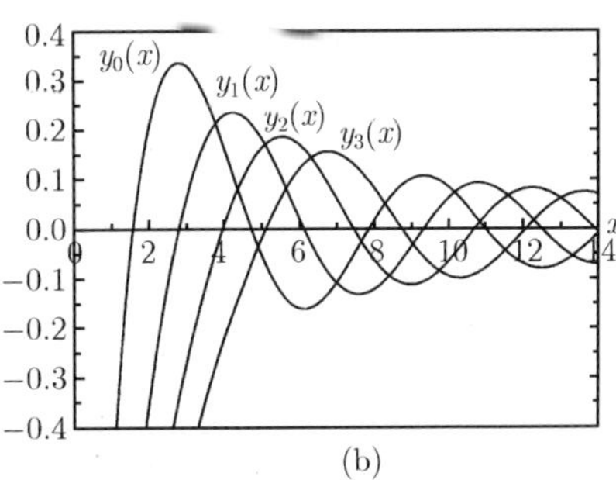

(b)

图 3 几个低阶的 $j_n(x)$-$x$ 和 $y_n(x)$-$x$ 曲线

**(3) $j_n(x)$ 和 $y_n(x)$ 的特殊值**

(a) 当 $x \to 0$ 时,

$$
\begin{aligned}
j_n(x) &\underset{x\to 0}{\approx} \frac{x^n}{1\cdot 3\cdot 5\cdots(2n+1)} \\
y_n(x) &\underset{x\to 0}{\approx} -\frac{1\cdot 3\cdot 5\cdots(2n-1)}{x^{n+1}}
\end{aligned} \tag{10}
$$

(b) 当 $n$ 为定值, $x \to \infty$ 时的大宗量近似式

$$
\begin{aligned}
j_n(x) &\underset{x\to\infty}{\approx} \frac{1}{x}\cos\left(x - \frac{n+1}{2}\pi\right) \\
y_n(x) &\underset{x\to\infty}{\approx} \frac{1}{x}\sin\left(x - \frac{n+1}{2}\pi\right)
\end{aligned} \tag{11}
$$

$$
\begin{aligned}
h_n^{(1)}(x) &\underset{x\to\infty}{\approx} \frac{1}{x}(-\mathrm{j})^{n+1}\mathrm{e}^{\mathrm{j}x} \\
h_n^{(2)}(x) &\underset{x\to\infty}{\approx} \frac{1}{x}\mathrm{j}^{n+1}\mathrm{e}^{-\mathrm{j}x}
\end{aligned} \tag{12}
$$

**(4) 球 Bessel 函数的微分公式**

令 $b_n(x)$ 代表 $j_n(x), y_n(x), h_n^{(1)}(x)$ 和 $h_n^{(2)}(x)$, 或它们的线性组合, 则 $b_n(x)$ 有如下的微分公式:

$$\left(\frac{1}{x}\frac{\mathrm{d}}{\mathrm{d}x}\right)^k \left[x^{n+1}b_n(x)\right] = x^{n-k+1}b_{n-k}(x)\ (k=1,2,3,\cdots) \tag{13}$$

$$\left(\frac{1}{x}\frac{\mathrm{d}}{\mathrm{d}x}\right)^k \left[x^{-n}b_n(x)\right] = (-1)^k x^{-n-k}b_{n+k}(x)\ (k=1,2,3,\cdots) \tag{14}$$

**(5) 球 Bessel 函数的递推关系式**

令 $b_n(z)$ 代表 $j_n(x)$、$y_n(x)$、$h_n^{(1)}(x)$ 和 $h_n^{(2)}(x)$, 或它们的线性组合, 而有

$$b_{n-1}(x) + b_{n+1}(x) = \frac{2n+1}{x}b_n(x) \tag{15}$$

$$b_n'(x) = -\frac{n+1}{x}b_n(x) + b_{n-1}(x) \tag{16}$$

$$b_n'(x) = -b_{n+1}(x) + \frac{n}{x}b_n(x) \tag{17}$$

$$b_n'(x) = \frac{1}{2n+1}\left[nb_{n-1}(x) - (n+1)b_{n+1}(x)\right] \tag{18}$$

特别地, 对于 $n=0$, 有 $b_0'(x) = -b_1(x)$, 即有

$$j_0'(x) = -j_1(x), \quad y_0'(x) = -y_1(x) \tag{19}$$

$$h_0^{(1)'}(x) = -h_1^{(1)}(x), \quad h_0^{(2)'}(x) = -h_1^{(2)}(x) \tag{20}$$

**(6) $j_n(x)$ 和 $y_n(x)$ 的初等函数表示式**

$j_n(x)$ 和 $y_n(x)$ 可用以下 Rayleigh 公式表示：

$$\begin{aligned} j_n(x) &= x^n \left(-\frac{1}{x}\frac{\mathrm{d}}{\mathrm{d}x}\right)^n \frac{\sin x}{x} \\ y_n(x) &= -x^n \left(-\frac{1}{x}\frac{\mathrm{d}}{\mathrm{d}x}\right)^n \frac{\cos x}{x} \end{aligned} \tag{21}$$

$$\begin{aligned} h_n^{(1)}(x) &= -\mathrm{j}x^n \left(-\frac{1}{x}\frac{\mathrm{d}}{\mathrm{d}x}\right)^n \left(\frac{\mathrm{e}^{\mathrm{j}x}}{x}\right) \\ h_n^{(2)}(x) &= \mathrm{j}x^n \left(-\frac{1}{x}\frac{\mathrm{d}}{\mathrm{d}x}\right)^n \left(\frac{\mathrm{e}^{-\mathrm{j}x}}{x}\right) \end{aligned} \tag{22}$$

**(7) 解析延拓公式**

$$\begin{aligned} j_n(-x) &= (-1)^n j_n(x) \\ y_n(-x) &= (-1)^{n+1} y_n(x) \end{aligned} \tag{23}$$

$$\begin{aligned} h_n^{(1)}(-x) &= (-1)^n h_n^{(2)}(x) \\ h_n^{(2)}(-x) &= (-1)^n h_n^{(1)}(x) \end{aligned} \tag{24}$$

**(8) 朗斯基 (Wronskian) 行列式**

$$W\left[j_n(x), y_n(x)\right] = j_n(x)y_n'(x) - j_n'(x), y_n(x) = x^{-2} \tag{25}$$

$$W\left[j_n(x), h_n^{(2)}(x)\right] = j_n(x)h_n^{(2)\prime}(x) - j_n'(x)h_n^{(2)}(x) = -\mathrm{j}x^{-2} \tag{26}$$

$$W\left[h_n^{(1)}(x), h_n^{(2)}(x)\right] = h_n^{(1)}(x)h_n^{(2)\prime}(x) - h_n^{(1)\prime}(x)h_n^{(2)}(x) = -\frac{2\mathrm{j}}{x^2} \tag{27}$$

## 4. Ricatti-Bessel 函数

Ricatti-Bessel 函数是与球 Bessel 函数密切相关的函数, 在研究球体的电磁散射中有重要应用; 它是二阶常微分方程

$$x^2\frac{\mathrm{d}^2 w}{\mathrm{d}x^2} + \left[x^2 - n(n+1)\right]w = 0 \quad (n = 0, \pm 1, \pm 2, \cdots) \tag{1}$$

的解. 应用函数变换：$w(x) = xu(x)$, 则 $u(x)$ 满足 $n$ 阶标准形式的球 Bessel 方程, 故 Ricatti-Bessel 方程的两个线性无关特解 (分别记为 $\hat{J}_n(x)$ 和 $\hat{Y}_n(x)$) 可表为：

$$\begin{aligned} \hat{J}_n(x) &= w_1(x) = xj_n(x) \\ \hat{Y}_n(x) &= w_2(x) = xy_n(x) \end{aligned}$$

$\hat{J}_n(x)$ 和 $\hat{Y}_n(x)$ 分别称为 $n$ 阶第一类和第二类 Ricatti-Bessel 函数.

第一类和第二类 $n$ 阶 Ricatti-Hankel 函数分别定义为

$$\begin{aligned}\hat{H}_n^{(1)}(x) &= \hat{J}_n(x) + j\hat{Y}_n(x) = xh_n^{(1)}(x)\\ \hat{H}_n^{(2)}(x) &= \hat{J}_n(x) - j\hat{Y}_n(x) = xh_n^{(2)}(x)\end{aligned} \tag{2}$$

Ricatti-Beesel 方程的一般解是 $\hat{J}_n(z)$、$\hat{Y}_n(z)$、$\hat{H}_n^{(1)}(x)$ 和 $\hat{H}_n^{(2)}(x)$ 其中任意两个线性无关特解的线性组合, 例如:

$$w(x) = a_n\hat{J}_n(x) + b_n\hat{Y}_n(x) \quad 或 \quad w(x) = a_n\hat{J}_n(x) + b_n\hat{H}_n^{(2)}(x)$$

或

$$w(x) = a_n\hat{H}_n^{(1)}(x) + \hat{H}_n^{(2)}(x) \tag{3}$$

式中, $a_n$ 和 $b_n$ 为任意常数.

Ricatti-Bessel 函数与球 Bessel 函数存在有简单关系, 因而其数学性质, 诸如函数特殊值、微分公式、递推公式, 以及朗斯基行列式等, 均不难由球 Bessel 函数的数学性质导得.

**Ricatti-Beesel 函数的主要性质:**

**(1) $\hat{J}_n(x)$ 和 $\hat{Y}_n(x)$ 的级数表示式**

$$\hat{J}_n(x) = \frac{x^{n+1}}{1\cdot3\cdot5\cdots(2n+1)}\left\{1 - \frac{(x/2)^2}{1!(n+3/2)} + \frac{(x/2)^4}{2!(n+3/2)(n+5/2)} - \cdots\right\} \tag{4}$$

$$\hat{Y}_n(x) = -\frac{1\cdot3\cdot5\cdots(2n-1)}{x^n}\left\{1 - \frac{(x/2)^2}{1!(1/2-n)} + \frac{(x/2)^4}{2!(1/2-n)(3/2-n)} - \cdots\right\} \tag{5}$$

特别地, 对于 $n = 0, 1\ 2$, 有

$$\begin{aligned}\hat{J}_0(x) &= \sin x\\ \hat{J}_1(x) &= \frac{\sin x}{x} - \cos x\\ \hat{J}_2(x) &= \left(\frac{3}{x^2} - 1\right)\sin x - \frac{3}{x}\cos x\end{aligned} \tag{6}$$

$$\begin{aligned}\hat{Y}_0(x) &= -\cos x\\ \hat{Y}_1(x) &= -\frac{\cos x}{x} - \sin x\\ \hat{Y}_2(x) &= -\left(\frac{3}{x^2} - 1\right)\cos x - \frac{3}{x}\sin x\end{aligned} \tag{7}$$

$$\begin{aligned}\hat{H}_0^{(1)}(x) &= \hat{J}_0(x) + \mathrm{j}\hat{Y}_0(x) = -\mathrm{j}\mathrm{e}^{\mathrm{j}x}\\ \hat{H}_1^{(1)}(x) &= \hat{J}_1(x) + \mathrm{j}\hat{Y}_1(x) = -\left(1 + \frac{\mathrm{j}}{x}\right)\mathrm{e}^{\mathrm{j}x}\end{aligned} \tag{8}$$

$$\hat{H}_2^{(1)}(x) = \left(\mathrm{j} - \frac{3}{x} - \mathrm{j}\frac{3}{x^2}\right)\mathrm{e}^{\mathrm{j}x}$$
$$\hat{H}_0^{(2)}(x) = \hat{J}_0(x) - \mathrm{j}\hat{Y}_0(x) = \mathrm{j}\mathrm{e}^{-\mathrm{j}x}$$
$$\hat{H}_1^{(2)}(x) = \hat{J}_1(x) - \mathrm{j}\hat{Y}_1(x) = -\left(1 - \frac{\mathrm{j}}{x}\right)\mathrm{e}^{-\mathrm{j}x} \tag{9}$$
$$\hat{H}_2^{(2)}(x) = -\left(\mathrm{j} + \frac{3}{x} - \mathrm{j}\frac{3}{x^2}\right)\mathrm{e}^{-\mathrm{j}x}$$

**(2) $\hat{J}_n(x)$ 和 $\hat{Y}_n(x)$ 的函数图像**

图 4(a) 和 (b) 分别是几个低阶 Ricatti-Bessel 函数 $\hat{J}_n(x)$-$x$ 和 $\hat{Y}_n(x)$-$x$ 曲线. 它们都是振荡型的; 对于给定的 $n$, $\hat{J}_n(x)$ 从 0、而 $\hat{Y}_n(x)$ 从 $-1(n=0)$ 和 $-\infty(n>0)$ 随 $x$ 的增加作振荡变化, 其幅值仅有很小变化; $\hat{J}_n(x)$ 和 $\hat{Y}_n(x)$ 都有无穷多个零点. 此外, 对于给定的 $x$, 当 $n$ 增大时, $|\hat{J}_n(x)|$ 随 $n$ 的增大而减小, 而 $|\hat{Y}_n(x)|$ 则随 $n$ 的增大而增大.

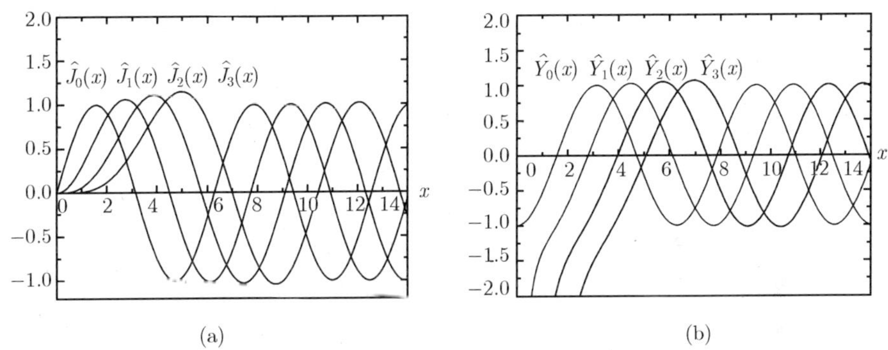


图 4 几个低阶的 $\hat{J}_n(x)$-$x$ 和 $\hat{Y}_n(x)$-$x$ 曲线

**(3) $\hat{J}_n(x)$ 和 $\hat{Y}_n(x)$ 的特殊值**

(a) 当 $x \to 0$ 时,

$$\hat{J}_n(x) \underset{x\to 0}{\approx} \frac{x^{n+1}}{1\cdot 3\cdot 5\cdots(2n+1)} \tag{10}$$

$$\hat{Y}_n(x) \underset{x\to 0}{\approx} -\frac{1\cdot 3\cdot 5\cdots(2n-1)}{x^n} \tag{11}$$

(b) 当 $n$ 为定值, $x\to\infty$ 时的大宗量近似式

$$\hat{J}_n(x) \underset{x\to\infty}{\approx} \cos\left(x - \frac{n+1}{2}\pi\right)$$
$$\hat{Y}_n(x) \underset{x\to\infty}{\approx} \sin\left(x - \frac{n+1}{2}\pi\right) \tag{12}$$

$$\hat{H}_n^{(1)}(x) \underset{x\to\infty}{\approx} (-\mathrm{j})^{n+1}\mathrm{e}^{\mathrm{j}x}$$
$$\hat{H}_n^{(2)}(x) \underset{x\to\infty}{\approx} \mathrm{j}^{n+1}\mathrm{e}^{-\mathrm{j}x} \tag{13}$$

**(4) Ricatti-Bessel 函数的微分公式**

令 $\hat{B}_n(x)$ 代表 $j_n(x), y_n(x), h_n^{(1)}(x)$ 和 $h_n^{(2)}(x)$, 或它们的线性组合, 则 $\hat{B}_n(x)$ 有如下的微分公式:

$$\left(\frac{1}{x}\frac{\mathrm{d}}{\mathrm{d}x}\right)^k \left[x^n \hat{B}_n(x)\right] = x^{n-k}\hat{B}_{n-k}(x) \tag{14}$$

$$\left(\frac{1}{x}\frac{\mathrm{d}}{\mathrm{d}x}\right)^k \left[x^{-(n+1)} \hat{B}_n(x)\right] = (-1)^k x^{-(n+k+1)}\hat{B}_{n+k}(x) \tag{15}$$

$$(n = 0, \pm 1, \pm 2, \cdots; k = 1, 2, 3, \cdots)$$

**(5) Ricatti-Bessel 函数的递推公式**

令 $\hat{B}_n(x)$ 代表 $\hat{J}_n(x), \hat{Y}_n(x), \hat{H}_n^{(1)}(x)$ 和 $\hat{H}_n^{(2)}(x)$, 或它们的线性组合, 则 $\hat{B}_n(x)$ 有如下递推公式:

$$\hat{B}_{n-1}(x) + \hat{B}_{n+1}(x) = \frac{2n+1}{x}\hat{B}_n(x) \tag{16}$$

$$\hat{B}_n'(x) = -\frac{n}{x}\hat{B}_n(x) + \hat{B}_{n-1}(x) \tag{17}$$

$$\hat{B}_n'(x) = -\hat{B}_{n+1}(x) + \frac{n+1}{x}\hat{B}_n(x) \tag{18}$$

$$B_n'(x) = \frac{1}{2n+1}\left[(n+1)\hat{B}_{n-1}(x) - n\hat{B}_{n+1}(x)\right] \tag{19}$$

特别地, 对于 $n = 0$, 有 $\hat{B}_0'(x) = \hat{B}_{-1}(x)$, 即有

$$\hat{J}_0'(x) = \hat{J}_{-1}(x) = -\hat{Y}_0(x) \quad \hat{Y}_0'(x) = \hat{Y}_{-1}(x) = \hat{J}_0(x) \tag{20}$$

$$\hat{H}_0^{(1)'}(x) = \hat{H}_{-1}^{(1)}(x) = \mathrm{j}\hat{H}_0^{(1)}(x) \quad \hat{H}_0^{(2)'}(x) = \hat{H}_{-1}^{(2)}(x) = -\mathrm{j}\hat{H}_0^{(2)}(x) \tag{21}$$

**(6) Ricatti-Bessel 函数的初等函数表示式**

$\hat{J}_n(x)$、$\hat{Y}_n(x)$、$\hat{H}_n^{(1)}(x)$ 和 $\hat{H}_n^{(2)}(x)$ 有以下 Rayleigh 公式:

$$\hat{J}_n(x) = x^{n+1}\left(-\frac{1}{x}\frac{\mathrm{d}}{\mathrm{d}x}\right)^n \frac{\sin x}{x} \tag{22}$$

$$\hat{Y}_n(x) = -x^{n+1}\left(-\frac{1}{x}\frac{\mathrm{d}}{\mathrm{d}x}\right)^n \frac{\cos x}{x} \tag{23}$$

$$\hat{H}_n^{(1)}(x) = -\mathrm{j}x^{n+1}\left(-\frac{1}{x}\frac{\mathrm{d}}{\mathrm{d}x}\right)^n \frac{\mathrm{e}^{\mathrm{j}x}}{x} \tag{24}$$

$$\hat{H}_n^{(2)}(x) = \mathrm{j}x^{n+1}\left(-\frac{1}{x}\frac{\mathrm{d}}{\mathrm{d}x}\right)^n \frac{\mathrm{e}^{-\mathrm{j}x}}{x} \tag{25}$$

**(7) 解析延拓公式**

$$\begin{aligned}&\hat{J}_n(-x) = (-1)^{n+1}\hat{J}_n(x)\\&\hat{Y}_n(-x) = (-1)^n\hat{Y}_n(x)\end{aligned} \tag{26}$$

$$\begin{aligned}&\hat{H}_n^{(1)}(-x) = (-1)^{n+1}\hat{H}_n^{(2)}(x)\\&\hat{H}_n^{(2)}(-x) = (-1)^{n+1}\hat{H}_n^{(1)}(x)\end{aligned} \tag{27}$$

**(8) 朗斯基 (Wronskian) 行列式**

$$W\left[\hat{J}_n(x), \hat{Y}_n(x)\right] = \hat{J}_n(x)\hat{Y}_n'(x) - \hat{J}_n'(x)\hat{Y}_n(x) = 1 \tag{28}$$

$$W\left[\hat{H}_n^{(1)}(x), \hat{H}_n^{(2)}(x)\right] = \hat{H}_n^{(1)}(x)\hat{H}_n^{(2)\prime}(x) - \hat{H}_n^{(1)\prime}(x)\hat{H}_n^{(2)}(x) = -2j \tag{29}$$

$$W\left[\hat{J}_n(x), \hat{H}_n^{(1)}(x)\right] = \hat{J}_n(x)\hat{H}_n^{(1)\prime}(x) - \hat{J}_n'(x)\hat{H}_n^{(1)}(x) = j \tag{30}$$

$$W\left[\hat{J}_n(x), \hat{H}_n^{(2)}(x)\right] = \hat{J}_n(x)\hat{H}_n^{(2)\prime}(x) - \hat{J}_n'(x)\hat{H}_n^{(2)}(x) = -j \tag{31}$$

## 5. Lambda 函数

Lambda 函数是与 Bessel 函数密切相关的函数, 用 $\Lambda_n(x)$ 表示, 其定义为

$$\Lambda_n(x) = 2^n n!\frac{J_n(x)}{x^n} \quad (n = 0, 1, 2, \cdots) \tag{1}$$

是以下二阶齐次常微分方程:

$$z^2\frac{\mathrm{d}^2 w}{\mathrm{d}z^2} + \left[z^2 - n(n+1)\right] w = 0 \quad (n = 0, \pm 1, \pm 2, \cdots) \tag{2}$$

的一个特解; 它在圆口径天线的研究中具有应用.

特别地, 对于 $n = 0, 1, 2$, 有

$$\Lambda_0(x) = J_0(x); \quad \Lambda_1(x) = \frac{2}{x}J_1(x); \quad \Lambda_2(x) = \frac{8}{x^2}J_2(x) \tag{3}$$

**Lambda 函数的主要性质:**

**(1) $\Lambda_n(x)$ 的级数表示式**

$$\begin{aligned}\Lambda_n(x) &= 1 - \frac{(x/2)^2}{1!(n+1)} + \frac{(x/2)^4}{2!(n+1)(n+2)} - \cdots\\&= 1 + \sum_{m=1}^{\infty}\prod_{k=1}^{m}\left[\frac{(x/2)^2}{k(n+k)}\right]\end{aligned} \tag{4}$$

特别地, 对于 $x=0$, 有

$$\Lambda_n(0)=1;\quad \Lambda_n'(0)=0 \tag{5}$$

**(2) $\boldsymbol{\Lambda_n(x)}$ 的函数图像**

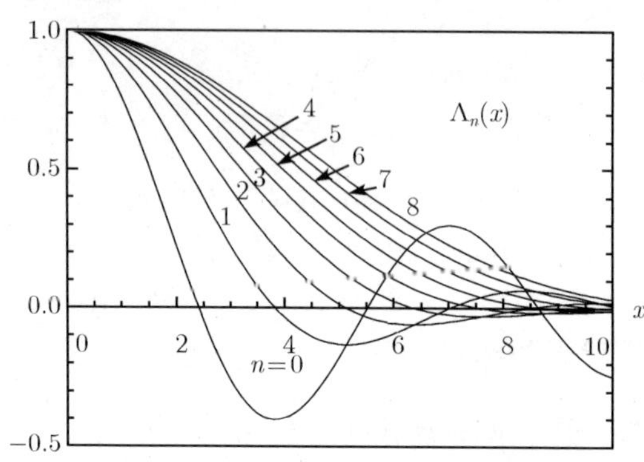


图 5　几个低阶的 $\Lambda_n(x)$-$x$ 曲线

**(3) 递推公式**

$$\Lambda_{n+2}(x)=\frac{4(n+1)(n+2)}{x^2}\left[\Lambda_{n+1}(x)-\Lambda_n(x)\right] \tag{6}$$

$$\Lambda_n'(x)=-\frac{x}{2(n+1)}\Lambda_{n+1}(x) \tag{7}$$

特别地, 对于 $n=0$, 有

$$\Lambda_0'(x)=-\frac{x}{2}\Lambda_1(x) \tag{8}$$

# C　球　函　数

在球坐标系 $(r,\theta,\varphi)$ 中采用分离变量法求解 Laplace 和 Helmholtz 方程时, 关于坐标 $\theta$ 的常微分方程为:

$$\sin\theta\frac{\mathrm{d}}{\mathrm{d}\theta}\left(\sin\theta\frac{\mathrm{d}\Theta}{\mathrm{d}\theta}\right)+\left[\nu(\nu+1)\sin^2\theta-\mu^2\right]\Theta=0 \tag{1}$$

式中, $\nu$ 和 $\mu$ 为分离常数. 作变数变换, 令 $x=\cos\theta$, $\Theta(\theta)=w(x)$, 则上式可化为:

$$(1-x^2)\frac{\mathrm{d}^2w}{\mathrm{d}x^2}-2x\frac{\mathrm{d}w}{\mathrm{d}x}+\left[\nu(\nu+1)-\frac{\mu^2}{1-x^2}\right]w=0 \tag{2}$$

方程 (2) 称为 $\mu$ 阶、$\nu$ 次缔合 Legendre 方程.

缔合 Legendre 方程 (2) 的两个线性无关的特解, 分别记为 $P_\nu^\mu(x)$ 和 $Q_\nu^\mu(x)$, 称为 $\mu$ 阶 $\nu$ 次第一类和第二类缔合 Legendre 函数. 方程 (2) 的一般解是它们的线性组合, 可表为

$$w(x)=a_{\mu\nu}P_\nu^\mu(x)+b_{\mu\nu}Q_\nu^\mu(x) \tag{3}$$

式中, $a_{\mu\nu}$ 和 $b_{\mu\nu}$ 为任意常数.

当 $\mu=0$ 时, 方程 (2) 式退化为

$$(1-x^2)\frac{\mathrm{d}^2w}{\mathrm{d}x^2}-2x\frac{\mathrm{d}w}{\mathrm{d}x}+\nu(\nu+1)w=0 \tag{4}$$

(4) 式称为 Legendre 方程, 其两个线性无关特解为 $P_\nu(x)=P_\nu^0(x)$ 和 $Q_\nu(x)=Q_\nu^0(x)$ 分别称为 $\nu$ 次第一类和第二类 Legendre 函数. 方程 (4) 的一般解可写为

$$w(x)=a_\nu P_\nu(x)+b_\nu Q_\nu(x) \tag{5}$$

式中, $a_\nu$ 和 $b_\nu$ 为任意常数.

由于在实际应用中最常遇到的问题其求解域为 $0\leqslant\theta\leqslant\pi$、$0\leqslant\varphi\leqslant2\pi(|x|\leqslant1)$, 为了满足 $\varphi$ 的 $2\pi$ 周期条件, 和在求解域 $(x=\pm1)$ 解必须有界要求, 应有 $\mu=m$ 和 $\nu=n$($m$、$n$ 均为整数), 因而, 此时所需求解的就是整数 $m$ 阶 $n$ 次的缔合 Legendre 方程和 Legendre 方程.

$P_n^m(x)$ 和 $P_n(x)$ 分别是 $x$ 的 $m-n$ 和 $n$ 次多项式, 故它们又称为缔合 Legendre 多项式和 Legendre 多项式; 而 $Q_n^m(x)$ 和 $Q_n(x)$ 是 $x$ 的无穷级数, 但它们均可用其中含有 $x$ 的对数函数 $\ln\dfrac{1+x}{1-x}$ 的闭式表示, 当 $x=\pm1$ 时, $Q_n^m(x)$ 和 $Q_n(x)$ 将趋于无限. 因此, 对于问题的求解域为 $0\leqslant\theta\leqslant\pi$, 因摒弃不能满足 $Q_n^m(\pm1)$ 和 $Q_n(\pm1)$ 有界条件的第二类 Legendre 函数.

以下简要介绍第一类 Legendre 函数和缔合 Legendre 函数的主要数学性质;

## 1. Legendre 多项式 $P_n(x)$ 的主要性质

### (1) Legendre 多项式 $P_n(x)$ 的表示式

$$P_n(x)=\sum_{m=0}^{[n/2]}(-1)^m\frac{(2n-2m)!}{2^n m!(n-m)!(n-2m)!}x^{n-2m} \tag{6}$$

特别地, 对于 $n=0,1,2,3$ 时, 前 4 个多项式为

$$\begin{aligned}&P_0(x)=1;\quad P_1(x)=x;\\&P_2(x)=\frac{1}{2}\left(3x^2-1\right);\quad P_3(x)=\frac{1}{2}\left(5x^3-3x\right)\end{aligned} \tag{7}$$

### (2) Legendre 多项式 $P_n(x)$ 的图像

图 6(a) 给出了几个低次 Legendre 多项式 $P_n(x)$ 随 $x$ 的变化曲线, 由于 $P_n(x)$ 当 $n$ 为偶次时是 $x$ 的偶函数, 奇次时是 $x$ 的奇函数, 故图中仅给出了区间 $0\leqslant x\leqslant1$ 的曲线. 在许多实际应用中, Legendre 多项式是作为 $\cos\theta$ 的函数, 图 6(b) 则是给

出了这几个低阶 $P_n(\cos\theta)$ 随 $\theta$ 的变化曲线, 因 $P_n(\cos\theta)$ 当 $n$ 为偶次时是 $\theta$ 的偶函数, 奇次时是 $\theta$ 的奇函数, 图中仅给出了区间 $0 \leqslant \theta \leqslant \pi/2$ 的曲线.

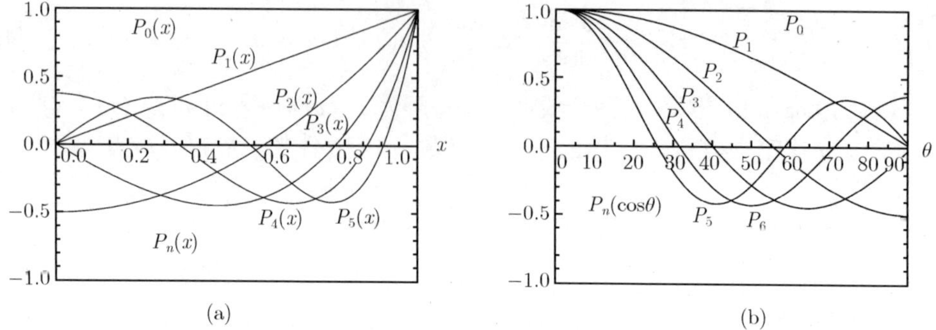


图 6 Legendre 多项式 $P_n(x)$-$x$ 和 $P_n(\cos\theta)$-$\theta$ 曲线

**(3) $x=0$ 和 $x=1$ 时 $P_n(x)$ 的值**

对于 $n=$ 偶数

$$\begin{cases} P_n(0)=(-1)^{\frac{n}{2}}\dfrac{1\cdot 3\cdot 5\cdots(n-1)}{2\cdot 4\cdot 6\cdots n} \\ P_n'(0)=0 \end{cases} \tag{8}$$

对于 $n=$ 奇数

$$\begin{cases} P_n(0)=0 \\ P_n'(0)=(-1)^{\frac{n-1}{2}}\dfrac{1\cdot 3\cdot 5\cdots n}{2\cdot 4\cdot 6\cdots(n-1)} \end{cases} \tag{9}$$

$$P_n(1)=1, \quad P_n(-1)=(-1)^n, \tag{10}$$

$$P_n'(1)=\frac{1}{2}n(n+1), \quad P_n'(-1)=(-1)^{n+1}\frac{1}{2}n(n+1) \tag{11}$$

**(4) $P_n(x)$ 的对称关系**

$$P_n(-x)=(-1)^nP_n(x); \quad P_n'(-x)=(-1)^{n+1}P_n'(x) \tag{12}$$

**(5) $P_n(x)$ 的 Rodrigue 微分公式**

$$P_n(x)=\frac{1}{2^nn!}\frac{\mathrm{d}^n}{\mathrm{d}x^n}(x^2-1)^n \tag{13}$$

**(6) $P_n(x)$ 的递推公式**

$$P_n(x)=\frac{2n-1}{n}xP_{n-1}(x)-\frac{n-1}{n}P_{n-2}(x) \quad (n\geqslant 2) \tag{14}$$

$$P_n'(x) = \frac{n}{1-x^2}\left[P_{n-1}(x) - xP_n(x)\right] \qquad (|x| \neq 1) \tag{15}$$

$$P_n'(x) = \frac{n+1}{1-x^2}\left[xP_n(x) - P_{n+1}(x)\right] \qquad (|x| \neq 1) \tag{16}$$

$$P_n'(x) = \frac{1}{x}\left[nP_n(x) + P_{n-1}'(x)\right] \qquad (|x| \neq 0) \tag{17}$$

**(7) $P_n(x)$ 的正交归一关系式**

$$\int_{-1}^{+1} P_n(x)P_m(x)\mathrm{d}x = \begin{cases} \dfrac{2}{2n+1} & m = n \\ 0 & m \neq n \end{cases} \tag{18}$$

**(8) Legendre 多项式 $P_n(x)$ 的零点**

$P_n(x)$ 是 $x$ 的 $n$ 次多项式, 它有 $n$ 个零点, 这些零点分布在区间 $[-1,+1]$ 内, 并且都是实的单零点. 由于 $n$ 为奇数时, $P_n(x)$ 是奇函数; $n$ 为偶数时, $P_n(x)$ 是偶函数; 故 $P_n(x)$ 的零点相对于 $x=0$ 是对称分布的, 在 $0 \leqslant x < 1$ 内共有 $[(n+1)/2]$ 个零点, 方括号表示对其中的值取整; $n$ 为奇数时, 有一个零点是 $x=0$. $P_n(x)$ 的零点分布是不均匀的, 靠近 $|x|=1$ 处较密, $n$ 愈大时表现愈明显; 此外, $P_n(x)$ 的每两个零点之间有一个 $P_{n+1}(x)$ 的零点, 而 $P_{n+1}(x)$ 的每两个零点之间有一个 $P_n(x)$ 的零点, 即 $P_n(x)$ 与 $P_{n+1}(x)$ 的零点是交叉分布的.

**Legendre 多项试 $P_n(x)$ 的零点 $x_{nk}$ 表 $(n=2,3,5)$**

| $n$ | $k$ | $x_{nk}$ |
|---|---|---|
| 2 | 1 | -.577350269189626 |
| | 2 | .577350269189626 |
| 3 | 1 | -.774596669241483 |
| | 2 | .000000000000000 |
| | 3 | .774596669241483 |
| 5 | 1 | -.906179845938664 |
| | 2 | -.538469310105683 |
| | 3 | .000000000000000 |
| | 4 | .538469310105683 |
| | 5 | .906179845938664 |

## 2. 第一类缔合 Legendre 函数 $P_n^m(x)$ 的主要性质

**(1) $P_n^m(x)$ 的定义**

第一类缔合 Legendre 函数的 (Hobson 霍布森) 定义为:

$$P_n^m(x) = (-1)^m(1-x^2)^{\frac{m}{2}}\frac{\mathrm{d}^m P_n(x)}{\mathrm{d}x^m} \quad (-1 \leqslant x \leqslant 1) \tag{1}$$

显见, 有 $P_n^0(x)=P_n(x)$ 和 $P_n^m(x)=0(m>n)$.

前几个低阶次 $|x|\leqslant 1$ 的缔合 Legendre 多项式为:

$$\begin{aligned}
n=1,m=1,\quad & P_1^1(x)=-(1-x^2)^{\frac{1}{2}}\\
n=2,m=1,\quad & P_2^1(x)=-3x(1-x^2)^{\frac{1}{2}}\\
m=2,\quad & P_2^2(x)=3(1-x^2)\\
n=3,m=1,\quad & P_3^1(x)=-\frac{3}{2}(1-x^2)^{\frac{1}{2}}(5x^2-1)\\
m=2,\quad & P_3^2(x)=15x(1-x^2)\\
m=3,\quad & P_3^3(x)=-15(1-x^2)^{\frac{3}{2}}
\end{aligned}\tag{2}$$

**(2)　缔合 Legendre 多项式 $x=0$ 和 $x=\pm 1$ 时 $P_n^m(x)$ 的值**

$$\begin{cases}P_n^m(0)=(-1)^{\frac{n+m}{2}}\dfrac{1\cdot 3\cdot 5\cdots(n+m-1)}{2\cdot 4\cdot 6\cdots(n-m)}\\ P_n^{m\prime}(0)=0\end{cases}\quad n+m=\text{偶数}\tag{3}$$

$$\begin{cases}P_n^m(0)=0\\ P_n'(0)=(-1)^{\frac{n+m-1}{2}}\dfrac{1\cdot 3\cdot 5\cdots(n+m)}{2\cdot 4\cdot 6\cdots(n-m-1)}\end{cases}\quad n+m=\text{奇数}\tag{4}$$

$$P_n^m(\pm 1)=\begin{cases}(\pm 1)^n & m=0\\ 0 & m>0\end{cases}\tag{5}$$

$$P_n^{m\prime}(1)=\begin{cases}(\pm 1)^{n+1}\dfrac{1}{2}n(n+1) & m=0\\ (\pm 1)^n\infty & m=1\\ (\pm 1)^{n+1}\left(-\dfrac{1}{4}\right)\dfrac{(n+2)!}{(n-2)!} & m=2\\ 0 & m>2\end{cases}\tag{6}$$

**(3)　$P_n^m(x)$ 的对称关系**

$$P_n^m(-x)=(-1)^{n-m}P_n^m(x)\tag{7}$$

$$P_n^{m\prime}(-x)=(-1)^{n-m+1}P_n^{m\prime}(x)\tag{8}$$

**(4)　$P_n^m(x)$ 的 Rodrigue 微分公式**

$$P_n^m(x)=\frac{1}{2^n n!}(1-x^2)^{\frac{m}{2}}\frac{\mathrm{d}^{n+m}}{\mathrm{d}x^{n+m}}(x^2-1)^n\quad(m\leqslant n)\tag{9}$$

**(5) $P_n^m(x)$ 的递推公式**

$$P_n^m(x) = -\frac{2(m-1)}{\sqrt{1-x^2}} x P_n^{m-1}(x) - (n+m-1)(n-m+2)P_n^{m-2}(x) \tag{10}$$

$$P_n^m(x) = \frac{1}{n-m}\left[(2n-1)xP_{n-1}^m(x) - (n+m-1)P_{n-2}^m(x)\right] \tag{11}$$

$$P_n^m(x) = xP_{n-1}^m(x) - (n+m-1)\sqrt{1-x^2}P_{n-1}^{m-1}(x) \tag{12}$$

$$P_n^{m\prime}(x) = \frac{m}{1-x^2} x P_n^m(x) + \frac{(n+m)(n-m+1)}{\sqrt{1-x^2}} P_n^{m-1}(x) \tag{13}$$

$$P_n^{m\prime}(x) = \frac{1}{1-x^2}\left[(n+m)P_{n-1}^m(x) - nxP_n^m(x)\right] \tag{14}$$

**(6) 缔合 Legendre 多项式正交关系式**

$$\int_{-1}^{+1} P_n^m(x)P_{n'}^m(x)\mathrm{d}x = \frac{2}{2n+1}\frac{(n+m)!}{(n-m)!}\delta_{nn'} \tag{15}$$

$$\int_{-1}^{+1} P_n^m(x)P_{n'}^{-m}(x)\mathrm{d}x = (-1)^m\frac{2}{2n+1}\delta_{nn'} \tag{16}$$

$$\int_{-1}^{+1} P_n^m(x)P_n^{m'}(x)(1-x^2)^{-1}\mathrm{d}x = \frac{1}{m!}\frac{(n+m)!}{(n-m)!}\delta_{mm'} \tag{17}$$

$$\int_{-1}^{+1} P_n^m(x)P_{n'}^{-m'}(x)\mathrm{d}z = (-1)^m\frac{1}{m}\delta_{nn'} \tag{18}$$

式中，

$$\delta_{nn'} = \begin{cases} 1 & n' = n \\ 0 & n' \neq n \end{cases} \qquad \delta_{mm'} = \begin{cases} 1 & m' = m \\ 0 & m' \neq m \end{cases}$$

# 部分外国人名英汉对照表

Ampère 安培
Bessel 贝塞尔
Coulomb 库仑
D'Alembert 达朗贝尔
Dirac 狄拉克
Dirichlet 狄利克雷
Faraday 法拉第
Fourier 傅里叶
Fresnel 菲涅尔
Gauss 高斯
Green 格林
Helmholtz 亥姆霍兹
Henry 亨利
Hertz 赫兹
Huygens 惠更斯
Kirchhoff 基尔霍夫
Laplace 拉普拉斯
Legendre 勒让德
Levine 莱文
Luneburg 龙伯
Lorentz 洛伦兹
Maxwell 麦克斯韦
Mie 米
Neumann 诺依曼
Poisson 泊松
Poynting 坡印亭
Rayleigh 瑞利
Ricatti 黎卡提
Robin 罗宾
Romberg 龙贝格
Schwinger 史文格
Simpson 辛普森
Stokes 斯托克斯
Wronski 朗斯基

## 《现代物理基础丛书·典藏版》书目

| | |
|---|---|
| 1. 现代声学理论基础 | 马大猷　著 |
| 2. 物理学家用微分几何（第二版） | 侯伯元　侯伯宇　著 |
| 3. 计算物理学 | 马文淦　编著 |
| 4. 相互作用的规范理论（第二版） | 戴元本　著 |
| 5. 理论力学 | 张建树　等　编著 |
| 6. 微分几何入门与广义相对论（上册·第二版） | 梁灿彬　周　彬　著 |
| 7. 微分几何入门与广义相对论（中册·第二版） | 梁灿彬　周　彬　著 |
| 8. 微分几何入门与广义相对论（下册·第二版） | 梁灿彬　周　彬　著 |
| 9. 辐射和光场的量子统计理论 | 曹昌祺　著 |
| 10. 实验物理中的概率和统计（第二版） | 朱永生　著 |
| 11. 声学理论与工程应用 | 何　琳　等　编著 |
| 12. 高等原子分子物理学（第二版） | 徐克尊　著 |
| 13. 大气声学（第二版） | 杨训仁　陈　宇　著 |
| 14. 输运理论（第二版） | 黄祖洽　丁鄂江　著 |
| 15. 量子统计力学（第二版） | 张先蔚　编著 |
| 16. 凝聚态物理的格林函数理论 | 王怀玉　著 |
| 17. 激光光散射谱学 | 张明生　著 |
| 18. 量子非阿贝尔规范场论 | 曹昌祺　著 |
| 19. 狭义相对论（第二版） | 刘　辽　等　编著 |
| 20. 经典黑洞和量子黑洞 | 王永久　著 |
| 21. 路径积分与量子物理导引 | 侯伯元　等　编著 |
| 22. 全息干涉计量——原理和方法 | 熊秉衡　李俊昌　编著 |
| 23. 实验数据多元统计分析 | 朱永生　编著 |
| 24. 工程电磁理论 | 张善杰　著 |
| 25. 经典电动力学 | 曹昌祺　著 |
| 26. 经典宇宙和量子宇宙 | 王永久　著 |
| 27. 高等结构动力学（第二版） | 李东旭　编著 |
| 28. 粉末衍射法测定晶体结构（第二版·上、下册） | 梁敬魁　编著 |
| 29. 量子计算与量子信息原理<br>——第一卷：基本概念 | Giuliano Benenti　等　著<br>王文阁　李保文　译 |

30. 近代晶体学（第二版） 张克从 著
31. 引力理论（上、下册） 王永久 著
32. 低温等离子体 B. M. 弗尔曼 И. M. 扎什京 编著
——等离子体的产生、工艺、问题及前景 邱励俭 译
33. 量子物理新进展 梁九卿 韦联福 著
34. 电磁波理论 葛德彪 魏 兵 著
35. 激光光谱学 W. 戴姆特瑞德 著
——第 1 卷：基础理论 姬 扬 译
36. 激光光谱学 W. 戴姆特瑞德 著
——第 2 卷：实验技术 姬 扬 译
37. 量子光学导论（第二版） 谭维翰 著
38. 中子衍射技术及其应用 姜传海 杨传铮 编著
39. 凝聚态、电磁学和引力中的多值场论 H. 克莱纳特 著 姜 颖 译
40. 反常统计动力学导论 包景东 著
41. 实验数据分析（上册） 朱永生 著
42. 实验数据分析（下册） 朱永生 著
43. 有机固体物理 解士杰 等 著
44. 磁性物理 金汉民 著
45. 自旋电子学 翟宏如 等 编著
46. 同步辐射光源及其应用（上册） 麦振洪 等 著
47. 同步辐射光源及其应用（下册） 麦振洪 等 著
48. 高等量子力学 汪克林 著
49. 量子多体理论与运动模式动力学 王顺金 著
50. 薄膜生长（第二版） 吴自勤 等 著
51. 物理学中的数学方法 王怀玉 著
52. 物理学前沿——问题与基础 王顺金 著
53. 弯曲时空量子场论与量子宇宙学 刘 辽 黄超光 编著
54. 经典电动力学 张锡珍 张焕乔 著
55. 内应力衍射分析 姜传海 杨传铮 编著
56. 宇宙学基本原理 龚云贵 编著
57. B 介子物理学 肖振军 著